LabVIEW 2018 中文版 虚拟仪器程序设计

自学手册

耿立明 崔平 解璞 / 编著

人民邮电出版社

北京

图书在版编目（CIP）数据

LabVIEW 2018中文版虚拟仪器程序设计自学手册 / 耿立明，崔平，解璞编著. -- 北京 : 人民邮电出版社，2020.6（2022.8重印）
ISBN 978-7-115-53237-4

Ⅰ. ①L… Ⅱ. ①耿… ②崔… ③解… Ⅲ. ①软件工具－程序设计－手册 Ⅳ. ①TP311.561-62

中国版本图书馆CIP数据核字(2020)第005410号

内 容 提 要

本书以 LabVIEW 2018 中文版为平台，介绍了虚拟仪器程序设计的方法和技巧。全书共 13 章，分别介绍 LabVIEW 基础知识，前面板设计，程序框图与程序结构，数值字符串与布尔运算，数组、矩阵与簇，数据图形显示，数学函数，波形运算，信号生成与处理，文件管理，数据采集，通信技术，以及综合实例。

本书可以作为大中专院校电子相关专业的教学教材，也可以作为各种培训机构的培训教材，同时还可作为电子设计爱好者的自学辅导书。

◆ 编　　著　耿立明　崔　平　解　璞
　责任编辑　俞　彬
　责任印制　王　郁　马振武

◆ 人民邮电出版社出版发行　　北京市丰台区成寿寺路 11 号
　邮编　100164　　电子邮件　315@ptpress.com.cn
　网址　https://www.ptpress.com.cn
　北京七彩京通数码快印有限公司印刷

◆ 开本：787×1092　1/16
　印张：29.5　　2020 年 6 月第 1 版
　字数：804 千字　　2022 年 8 月北京第 4 次印刷

定价：79.80 元

读者服务热线：(010)81055410　印装质量热线：(010)81055316
反盗版热线：(010)81055315
广告经营许可证：京东市监广登字20170147号

前 言

PREFACE

虚拟仪器的起源可以追溯到20世纪70年代，当时计算机测控系统在国防、航天等领域已经有了相当好的发展。个人电脑的出现，使仪器级的计算机化成为可能，甚至在微软公司的Windows诞生之前，NI公司已经在Macintosh计算机上推出了LabVIEW 2.0以前的早期版本。对虚拟仪器和LabVIEW长期、系统、有效的研究开发使NI公司成为业界公认的权威。

LabVIEW是图形化开发环境语言，又称G语言，它结合了图形化编程方式的高性能与灵活性，以及专为测试测量与自动化控制应用设计的高性能模块及其配置功能，能为数据采集、仪器控制、测量分析与数据显示等各种应用提供必要的开发工具。

LabVIEW 2018中文版的发布大大缩短了软件易用性和强大功能之间的差距，为工程师提供了效率与性能俱佳的开发平台。它适用于各种测试测量和自动化控制领域，无论工程师是否有丰富的开发经验，都能顺利应用。

本书以LabVIEW 2018中文版为平台，介绍了虚拟仪器程序设计的方法和技巧。全书共13章，第1章介绍LabVIEW基础知识，第2章介绍前面板设计，第3章介绍程序框图与程序结构，第4章介绍数值字符串与布尔运算，第5章介绍数组、矩阵与簇，第6章介绍数据图形显示，第7章介绍数学函数，第8章介绍波形运算，第9章介绍信号生成与处理，第10章介绍文件管理，第11章介绍数据采集，第12章介绍通信技术，第13章介绍综合实例。

书中各部分的介绍由浅入深，从易到难，各章既相对独立又前后关联。作者根据自己多年的经验及对读者学习的通常心理的了解，给出总结和相关提示，帮助读者及时掌握所学知识。全书讲解翔实，图文并茂，语言简洁，思路清晰。本书可以作为初学者的入门教材，也可作为相关行业工程技术人员以及各院校相关专业师生的学习参考用书。

读者通过扫描随书二维码可获得电子资料包，电子资料包中包含全书实例操作过程视频讲解文件和实例源文件。扫描“资源下载”二维码即可获得下载方式。

资源下载

为方便读者学习，本书以二维码的形式提供了全书实例的视频教程。扫描“云课”二维码，即可播放全书视频，也可扫描正文中的二维码观看对应章节的视频。

云课

提示：关注“职场研究社”公众号，回复关键词“53237”，即可获得所有资源的获取方式。

本书由沈阳城市学院机电工程学院的耿立明老师以及陆军工程大学石家庄校区的崔平和解璞老师主编，其中耿立明执笔编写了第 1 章～第 6 章，崔平执笔编写了第 7 章～第 9 章，解璞执笔编写了第 10 章～第 13 章。闫聪聪、胡仁喜、刘昌丽等也参加了部分章节的编写工作。

由于编者水平有限，书中不足之处在所难免，望广大读者发电子邮件至 yanjingyan@ptpress.com.cn 进行批评指正，编者将不胜感激。

作者

2020.1

目录
CONTENTS

第 1 章 LabVIEW 基础知识

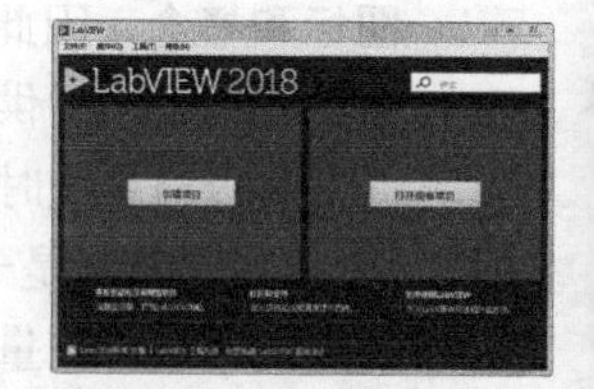

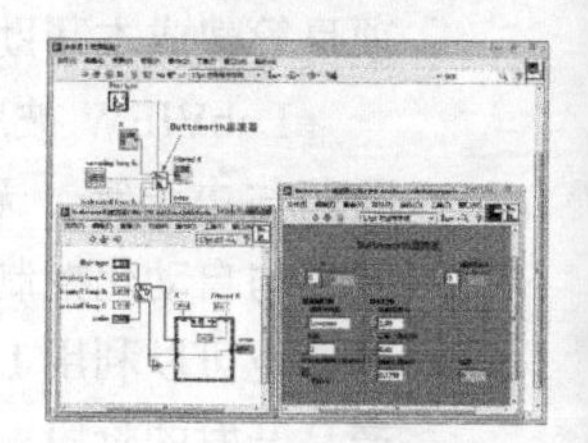

内容指南

本章主要介绍 LabVIEW 的概况、编程环境及设计方法的一般流程，主要为初学者提供一个基本的编程思路和简单指导，为深入学习 LabVIEW 编程原理和技巧打下基础。

知识重点

- LabVIEW 简介
- LabVIEW 编程环境
- VI 管理
- LabVIEW 2018 的帮助系统

1.1 LabVIEW 简介

本节主要介绍图形化编程语言 LabVIEW，并对 LabVIEW 2018 中文版的新功能和新特性进行介绍。

1.1.1 LabVIEW 概述

LabVIEW 是实验室虚拟仪器集成环境（Laboratory Virtual Instrument Engineering Workbench）的英文缩写，是美国国家仪器公司（NATIONAL INSTRUMENTS，NI）的创新软件产品，也是目前应用较广、发展迅速、功能强大的图形化软件开发集成环境，它又被称为 G 语言。和 Visual Basic、Visual C++、Delphi、Perl 等基于文本型程序代码的编程语言不同，LabVIEW 采用图形模式的结构框图构建程序代码。因而，在使用这种语言编程时，基本上不写程序代码，取而代之的是用图标、连线构成的流程图。LabVIEW 尽可能地利用了开发人员、科学家、工程师所熟悉的术语、图标和概念，因此，是一个面向最终用户的工具。LabVIEW 可以增强用户构建自己的科学和工程系统的能力，提供了实现仪器编程和数据采集系统的便捷途径。使用它进行原理研究、设计、测试并实现仪器系统时，可以大大提高工作效率。

LabVIEW 是一个工业标准的图形化开发环境，它结合了图形化编程方式的高性能与灵活性以及专为测试、测量与自动化控制应用设计的高端性能与配置功能，能为数据采集、仪器控制、测量分析与数据显示等各种应用提供必要的开发工具，因此，LabVIEW 通过减少应用系统开发时间与项目筹建成本帮助科学家与工程师们提高工作效率。

LabVIEW 被广泛应用于各种行业中，包括汽车、半导体、航空航天、交通运输、电信、生物医药与电子等。无论在哪个行业，工程师与科学家们都可以使用 LabVIEW 创建功能强大的测试、测量与自动化控制系统，在产品开发中快速进行原型创建与仿真工作。在产品的生产过程中，工程师们也可以利用 LabVIEW 进行生产测试，监控产品的生产过程。总之，LabVIEW 可用于各行各业产品开发的阶段。

LabVIEW 的功能非常强大，它是可扩展函数库和子程序库的通用程序设计系统，不仅可以用于一般的 Windows 桌面应用程序设计，而且还提供了通用接口总线（General-Purpose Interface Bus，GPIB）设备控制、VXI 总线（VMEbus Extesions for Instrumentation）控制、串行口设备控制以及数据分析、显示和存储等应用程序模块，其强大的专用函数库使得它非常适合编写用于测试、测量以及工业控制的应用程序。LabVIEW 可方便地调用 Windows 动态链接库和用户自定义的动态链接库中的函数，还提供了代码接口节点（Code Interface Node，CIN）以便用户可以使用由 C 或 C++ 语言，如 ANSI C（美国国家标准协会发布的 C 语言标准）等编译的程序模块，使得 LabVIEW 成为一个开放的开发平台。LabVIEW 还直接支持动态数据交换（Dynamic Data Exchange，DDE）、结构化查询语言（Structured Query Language，SQL）、传输控制协议（Transmission Control Protocol，TCP）和用户数据报协议（User Dataprogram Protocol，UDP）等。此外，LabVIEW 还提供了专门用于程序开发的工具箱，使得用户可以很方便地设置断点，动态地执行程序来非常直观形象地观察数据的传输过程，而且可以方便地进行调试。

当我们困惑于基于文本模式的编程语言，陷入函数、数组、指针、表达式乃至对象、封装、继承等枯燥的概念和代码中时，我们迫切需要一种代码直观、层次清晰、简单易用却不失强大功能的语言。G 语言就是这样一种语言，而 LabVIEW 则是 G 语言的杰出代表。LabVIEW 基于 G 语言的基本特征——用图标和程序框图产生块状程序，这对于熟悉仪器结构和硬件电路的硬件工程师、现场工程技术人员及测试技术人员来说，编程就像是设计电路图一样。因此，硬件工程师、现场技术人员及测试技术人员学习LabVIEW可以驾轻就熟，在很短的时间内就能够学会并应用LabVIEW。

就宏观上讲，LabVIEW这种语言的运行机制已经不再是传统的冯·诺依曼计算机体系结构的执行方式了。传统的计算机语言（如C语言）中的顺序执行结构在LabVIEW中被并行机制所代替。从本质上讲，它是一种带有图形控制流结构的数据流模式（Data Flow Mode），这种方式确保了程序中的函数节点（Function Node），只有在获得它的全部数据后程序才能够被执行。也就是说，在这种数据流程序的概念中，程序的执行是数据流驱动的，它不受操作系统、计算机等因素的影响。

LabVIEW的程序是数据流驱动的。数据流程序设计规定，一个目标只有当它的所有输入都有效时才能执行；而目标的输出，只有当它的功能完全时才是有效的。这样，LabVIEW中被连接的方框图之间的数据流控制着程序的执行次序，而不像文本程序受到行顺序执行的约束。因而，我们可以通过相互连接功能方框图快速简洁地开发应用程序，甚至还可以有多个数据通道同步运行。

1.1.2　LabVIEW 2018的新功能

LabVIEW 2018是NI公司推出的功能较为强大的LabVIEW系列软件之一，也是NI公司推出的第一个中文版本的LabVIEW软件。

LabVIEW 2018优化了性能，改进了生成优化机器代码的后台编译器，启动速度比LabVIEW 2017更快。与原来的版本相比，新版本的LabVIEW主要有以下一些新功能和更改。

1. 针对不同数据类型自定义自适应VI（Virtual Instrumentation）

- “比较”选板新增“检查类型”子选板。
- 使用“检查类型”VI和函数可强制让自适应VI（.vim）只接受满足特定要求的数据类型。
- 使用类型专用结构可为指定数据类型自定义自适应VI（.vim）中的代码段。

2. 使用用于LabVIEW的命令行接口运行操作

LabVIEW 2018允许使用用于LabVIEW的命令行接口（Command Line Interface，CLI）执行命令在LabVIEW中运行操作。用于LabVIEW的CLI支持以下操作。

- MassCompile——批量编译指定目录中的文件。
- ExecuteBuildSpec——使用指定生成规范中的设定生成应用程序、库或文件，并返回输出文件的路径。
- RunVI——使用预定义连线板接口运行VI，并返回输出或错误信息。
- CloseLabVIEW——关闭LabVIEW，无提示。
- RunVIAnalyzer——在LabVIEW VI Analyzer工具包中运行指定的VI分析器任务，并将测试报告保存到指定位置。
- RunUnitTests——在LabVIEW Unit Test Framework工具包中对指定文件运行测试，并将JUnit文件保存到指定位置。

3. 从LabVIEW调用Python代码

“互连接口”选板新增“Python”子选板，可使用它从LabVIEW代码中调用Python代码。

“Python”子选板包含以下函数。

- 打开 Python 会话：用特定版本的 Python 打开 Python 会话。
- Python 节点：直接调用 Python 函数。
- 关闭 Python 会话：关闭 Python 会话。

4. 应用程序生成器的改进

LabVIEW 2018 对 LabVIEW 应用程序生成器和程序生成规范进行了下列改进。

（1）在 Windows 和 Linux Real-Time 终端上创建程序包。

（2）LabVIEW 生成的 .NET 程序集的向后兼容性支持。

5. 环境的改进

LabVIEW 2018 包含以下对 LabVIEW 环境的改进。

（1）创建自定义类型的功能改进：LabVIEW 2018 提供更多创建自定义类型的方式，可将自定义控件的所有实例链接到已保存的自定义控件文件。

（2）用于格式化文本的键盘组合键。

在 LabVIEW 环境中编辑文本时，使用以下键盘组合键来格式化字体样式。

- <Ctrl>+<B>：将文本加粗。
- <Ctrl>+<I>：将文本变为斜体。
- <Ctrl>+<U>：为文本添加下划线。

6. 程序框图的改进

LabVIEW 2018 对程序框图和相关功能进行了以下改进。

（1）并行 For 循环中错误处理的改进。

LabVIEW 2018 新增了错误寄存器以简化启用了并行循环的 For 循环的错误处理。错误寄存器取代了并行 For 循环上错误簇的移位寄存器。

（2）删除并重连对象的改进。

删除并重连选中的程序框图对象时，LabVIEW 也会移除选择矩形中的任何装饰，包括自由标签。在程序框图对象周围拖曳矩形选择框，鼠标右键单击选中的对象，选择“删除并重连”，可删除并重连对象。

7. 前面板改进

“NXG 风格”控件：“控件”选板包含新的 NXG 风格前面板控件。使用 NXG 风格的控件，可创建 LabVIEW NXG 风格的前面板。

8. 新增 VI 和函数

LabVIEW 2018 中新增了下列 VI 和函数。

（1）“比较”选板新增“检查类型”子选板，包含以下 VI 和函数。

- 检查数组维数是否一致。
- 检查数组维数大小是否一致。
- 检查是否为复数数值型。
- 检查是否为错误簇型。
- 检查是否为定点数值型。
- 检查是否为浮点数值型。

- 检查是否为小数数值型。
- 检查是否为整型。
- 检查是否为实数浮点数值型。
- 检查是否为实数数值或波形类型。
- 检查是否为实数数值型。
- 检查是否为相同类或子孙类。
- 检查是否为标量数值或波形类型。
- 检查是否为标量数值型。
- 检查是否为有符号整型。
- 检查结构类型是否匹配。
- 检查是否为无符号整型。
- 类型专用结构。

（2）“互连接口”选板新增“Python”子选板，包含以下函数。

- 打开 Python 会话。
- Python 节点。
- 关闭 Python 会话。

（3）“转换”选板新增“强制转换至类型”函数。使用该函数可将输入数据转换为兼容的数据类型，同时保留数据值。与“强制类型转换”函数不同，该函数不会重解析输入数据。在下列场景使用该函数。

- 消除强制转换点。
- 将不带有类型自定义的数据转换为兼容类型自定义，反之亦然。
- 重命名线上数据（如用户事件引用句柄）。

（4）“定时”选板新增高精度轮询等待 VI。使用该 VI 可指定等待秒数，其精度高于等待函数的精度。

9. 新增和改动的属性和方法

LabVIEW 2018 包含下列新增和改动的属性和方法。

（1）LeftShiftRegister 类新增“是错误寄存器”属性。使用该属性可读取某个移位寄存器是否为错误寄存器。

（2）VI 类新增“将前面板配置为隐藏顶层”方法。当 VI 作为顶层 VI 运行时，使用该方法可隐藏 VI 的前面板，并可选择在任务栏中隐藏该 VI。

（3）DisableStructure 类新增“禁用样式”属性。使用该属性可读取一个结构是程序框图禁用结构、条件禁用结构还是类型专用结构的信息。

（4）更改禁用样式（类：DisableStructure）方法的禁用样式参数新增“Type Specialization Style”选项。使用该选项可将程序框图禁用结构或条件禁用结构更改为类型专用结构。

1.2　LabVIEW 编程环境

在安装 LabVIEW 2018 后，在开始菜单中便会自动生成启动 LabVIEW 2018 的快捷方式——NI LabVIEW 2018（32 位），如图 1-1 所示。单击该快捷方式即可启动 LabVIEW。

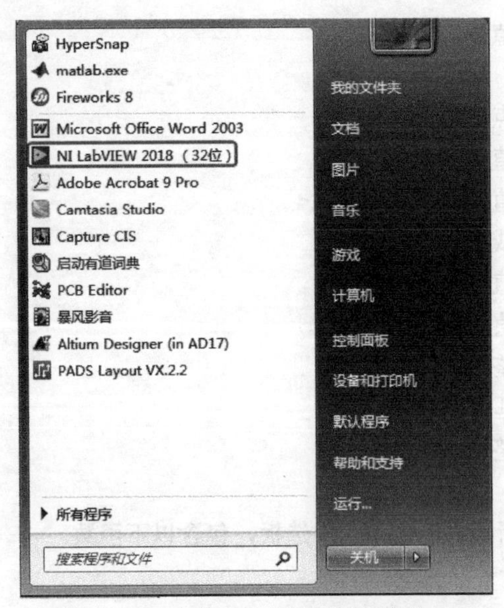

图 1-1　开始菜单中的 LabVIEW 快捷方式

LabVIEW 2018 简体中文专业版的启动界面如图 1-2 所示。

图 1-2　LabVIEW 启动时的界面

启动 LabVIEW 后将出现启动窗口，如图 1-3 所示。在这个窗口中有创建项目、打开现有项目、查找驱动程序和附加软件、社区和支持，以及欢迎使用 LabVIEW 等。同时还可查看 LabVIEW 新闻，搜索信息。

在启动窗口利用菜单命令可以创建新 VI、选择最近打开的 LabVIEW 文件、查找范例以及打开 LabVIEW 帮助。还可查看各种信息和资源，如《用户手册》、帮助主题以及 National Instruments 网站上的各种资源等。

打开现有文件或创建新文件后，启动窗口就会消失。关闭所有已打开的前面板窗口和程序框图窗口后，启动窗口会再次出现。也可在前面板窗口或程序框图窗口的菜单栏中选择“查看”→“启动窗口”命令，从而显示启动窗口。

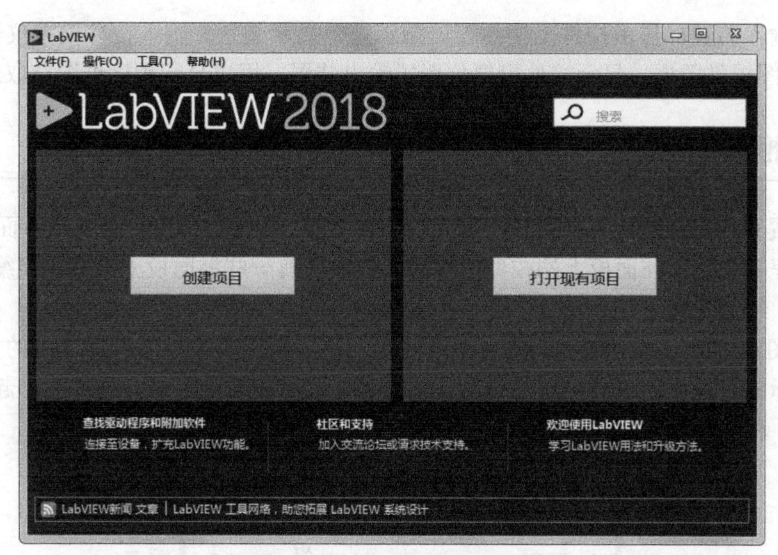

图 1-3　LabVIEW 启动窗口

1.2.1　前面板

前面板是图形用户界面，也就是 VI 的虚拟仪器面板，前面板窗口如图 1-4 所示。这一窗口上有用户输入和显示输出两类对象，具体表现有开关、旋钮、图形以及其他控件（control）和显示对象（indicator）。

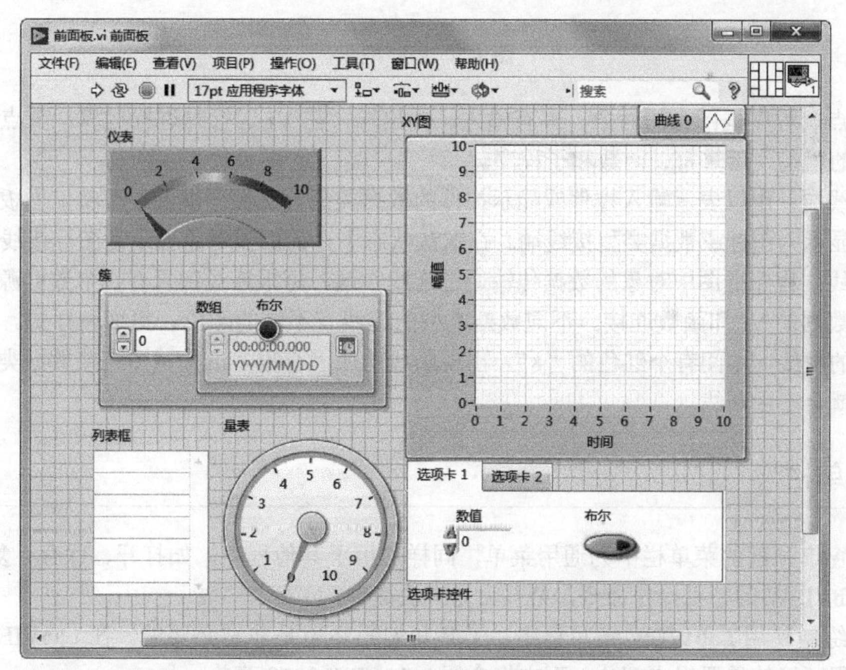

图 1-4　前面板窗口

并非简单地画两个控件就可以运行虚拟仪器，在前面板后还有一个与之配套的程序框图。

前面板由输入控件和显示控件组成，这些控件是 VI 的输入、输出端口。输入控件是指旋钮、按钮、转盘等输入装置，显示控件是指图表、指示灯等显示装置。输入控件模拟仪器的输入装置，为 VI 的程序框图提供数据。显示控件模拟仪器的输出装置，用以显示程序框图获取或生成的数据。

1.2.2 程序框图

程序框图提供 VI 的图形化源程序。在流程图中对 VI 编程，以控制定义在前面板上的输入和输出功能。流程图中包括前面板上的控件的连线端口，还有一些前面板上没有，但编程必须有的内容，例如函数、结构和连线等。

由程序框图组成的图形对象共同构造出源代码。程序框图与文本编程语言中的文本行相对应。程序框图是实际的可执行的代码。程序框图是通过将完成特定功能的对象连接在一起而构建的。程序框图由下列 3 种组件构建而成，如图 1-5 所示。

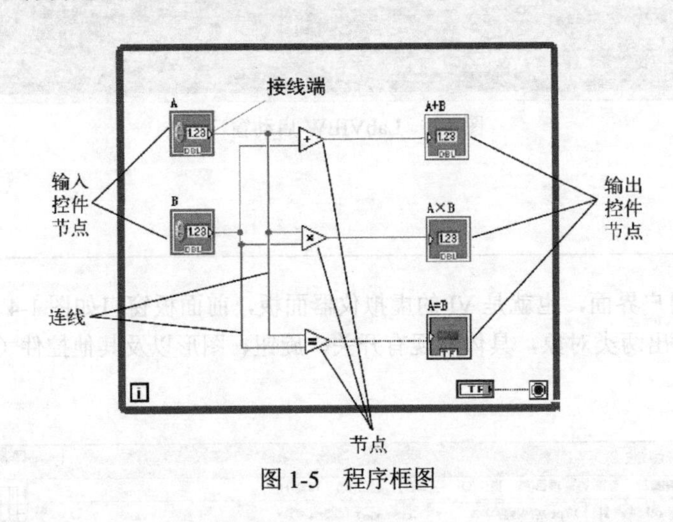

图 1-5 程序框图

（1）节点：程序框图上的对象，具有输入、输出端，在 VI 运行时进行运算。节点相当于文本编程语言中的语句、运算符、函数和子程序。

（2）接线端：用以表示输入控件或显示控件的数据类型。在程序框图中可将前面板的输入控件或显示控件显示为图标或数据类型接线端。在默认状态下，前面板对象显示为图标接线端。

（3）连线：程序框图中对象的数据传输通过连线实现。每根连线都只有一个数据源，但可以与多个读取该数据的 VI 和函数连接。不同数据类型的连线有不同的颜色、粗细和样式。断开的连线显示为黑色的虚线，中间有个红色的“×”。出现断线的原因有很多，如试图连接数据类型不兼容的两个对象时就会产生断线。

1.2.3 菜单栏

前面板窗口顶部的菜单栏中为通用菜单，同样适用于其他程序，如打开、保存、复制和粘贴，以及其他 LabVIEW 的特殊操作命令。某些命令有快捷键。

要想熟练地使用 LabVIEW 编写程序，了解其编程环境是非常必要的。在 LabVIEW 2018 中，菜单是其编程环境的重要组成部分，下文将介绍 LabVIEW 2018 菜单。

1. 文件菜单

LabVIEW 2018 的文件菜单几乎包括了对其程序（即 VI）操作的所有命令，如图 1-6 所示。

- 新建 VI：用于新建一个空白的 VI 程序。
- 新建：打开“创建项目”对话框，可以新建空白 VI、根据模板创建 VI 或者创建其他类型的 VI。
- 打开：用来打开一个 VI。
- 关闭：用于关闭当前 VI。
- 关闭全部：关闭所有打开的 VI。
- 保存：保存当前编辑过的 VI。
- 另存为：将当前 VI 另存为其他 VI。
- 保存全部：保存所有修改过的 VI，包括子 VI。
- 保存为前期版本：为了能在前期版本中打开现在所编写程序，可以保存为前期版本的 VI。
- 创建项目：新建项目。
- 打开项目：打开项目。
- 页面设置：用于设置打印当前 VI 的一些参数。
- 打印：打印当前 VI。
- VI 属性：用来分开和设置当前 VI 的一些属性。
- 近期项目：最近打开过的一些项目，用来快速打开曾经打开过的项目。
- 近期文件：最近打开过的一些文件，用来快速打开曾经打开过的 VI。
- 退出：用于退出 LabVIEW 2018。

2. 编辑菜单

编辑菜单中几乎包括所有对 VI 及其组件进行编辑的命令，如图 1-7 所示。

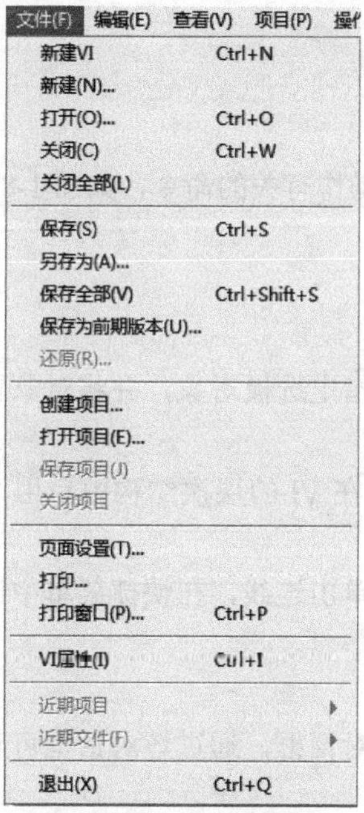

文件(F) 编辑(E) 查看(V) 项目(P) 操作
新建VI Ctrl+N
新建(N)...
打开(O)... Ctrl+O
关闭(C) Ctrl+W
关闭全部(L)
保存(S) Ctrl+S
另存为(A)...
保存全部(V) Ctrl+Shift+S
保存为前期版本(U)...
还原(R)...
创建项目...
打开项目(E)...
保存项目(J)
关闭项目
页面设置(T)...
打印...
打印窗口(P)... Ctrl+P
VI属性(I) Ctrl+I
近期项目
近期文件(F)
退出(X) Ctrl+Q

图 1-6 文件菜单

编辑(E) 查看(V) 项目(P) 操作(O) 工具(T)
撤消 颜色改动 Ctrl+Z
重做 Ctrl+Shift+Z
剪切(T) Ctrl+X
复制(C) Ctrl+C
粘贴(P) Ctrl+V
删除(D)
选择全部(A) Ctrl+A
当前值设置为默认值(M)
重新初始化为默认值(Z)
自定义控件(E)...
导入图片至剪贴板(I)...
设置Tab键顺序(O)...
删除断线(B) Ctrl+B
整理程序框图 Ctrl+U
从层次结构中删除断点(K)
从所选项创建VI片段(N)
创建子VI(S)
禁用前面板网格对齐(G) Ctrl+#
对齐所选项 Ctrl+Shift+A
分布所选项 Ctrl+D
VI修订历史(Y)... Ctrl+Y
运行时菜单(R)...
查找和替换(F)... Ctrl+F
显示搜索结果(H) Ctrl+Shift+F

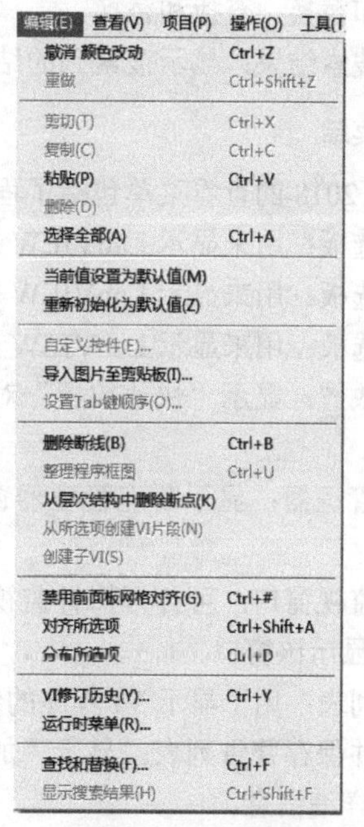

图 1-7 编辑菜单

- 撤消：用于撤销上一步操作，恢复到上一次编辑之前的状态。
- 重做：执行和“撤消”相反的操作，再次执行上一次“撤消”所做的修改。

- 剪切：删除所选定的文本、控件或者其他对象，并将其放到剪贴板中。
- 复制：用于将选定的文本、控件或者其他对象复制到剪贴板中。
- 粘贴：用于将剪贴板中的文本、控件或者其他对象从剪贴板中放到当前鼠标指针位置。
- 删除：用于删除当前选定的文本、控件或者其他对象，和剪切不同的是，删除不把这些对象放入剪贴板中。
- 选择全部：选择全部对象。
- 当前值设置为默认值：将前面板值设置为默认值，将当前前面板上的对象的取值设置为该对象的默认值，这样当下一次打开该 VI 时，该对象将被赋予该默认值。
- 重新初始化为默认值：将前面板上对象的取值初始化为默认值。
- 自定义控件：用于定制前面板中的控件。
- 导入图片至剪贴板：用来从文件中导入图片。
- 设置 Tab 键顺序：设定 <Tab> 键切换顺序，可以设定用 <Tab> 键切换前面板上对象的顺序。
- 删除断线：用于除去 VI 前面板中由于连线不当造成的断线。
- 整理程序框图：重新整理对象和信号并调整大小，提高可读性。
- 从所选项创建 VI 片段：在出现的对话框中，选择要保存 VI 片段的目录。
- 创建子 VI：用于创建一个子 VI。
- 禁用前面板网格对齐：面板栅格对齐功能失效，禁用前面板上面的对齐网格，单击该命令，该命令变为启用“前面板网格对齐”，再次单击该命令将显示面板上面的对齐网格。
- 对齐所选项：将所选对象对齐。
- VI 修订历史：用于记录 VI 的修订历史。
- 运行时菜单：用于设置程序运行时的菜单项。
- 查找和替换：查找和替换。
- 显示搜索结果：显示搜索到的结果。

3. 查看菜单

LabVIEW 2018 的查看菜单包括了程序中所有与显示操作有关的命令，如图 1-8 所示。

- 控件选板：用来显示 LabVIEW 的“控件”选板。
- 函数选板：用来显示 LabVIEW 的“函数”选板。
- 工具选板：用来显示 LabVIEW 的“工具”选板。
- 快速放置：显示“快速放置”对话框，依据名称指定选板对象，并将对象置于程序框图或前面板。
- 断点管理器：显示断点管理器窗口，该窗口用于在 VI 的层次结构中启用、禁用或清除全部断点。
- 探针监视窗口：可打开探针监视窗口。鼠标右键单击连线，在快捷菜单中选择探针或使用探针工具，可显示该窗口。
- 错误列表：用于显示 VI 程序的错误。
- 加载并保存警告列表：显示“加载并保存警告”对话框，通过该对话框可查看要加载或保存的项的警告详细信息。
- VI 层次结构：显示 VI 的层次结构，用于显示该 VI 与其调用的子 VI 之间的层次关系。
- LabVIEW 类层次结构：类浏览器，用于浏览程序中使用的类。
- 浏览关系：浏览 VI 类之间的关系，用来浏览程序中所使用的所有 VI 之间的相对关系。

- ActiveX 控件属性浏览器：用于浏览 ActiveX 控件的属性。
- 启动窗口：执行该命令，启动图 1-3 所示的启动窗口。
- 导航窗口：显示导航窗口菜单，用于显示 VI 程序的导航窗口。
- 工具栏：工具栏选项。

4. 项目菜单

LabVIEW 2018 中文版的项目菜单中包含 LabVIEW 中所有与项目操作相关的命令，如图 1-9 所示。

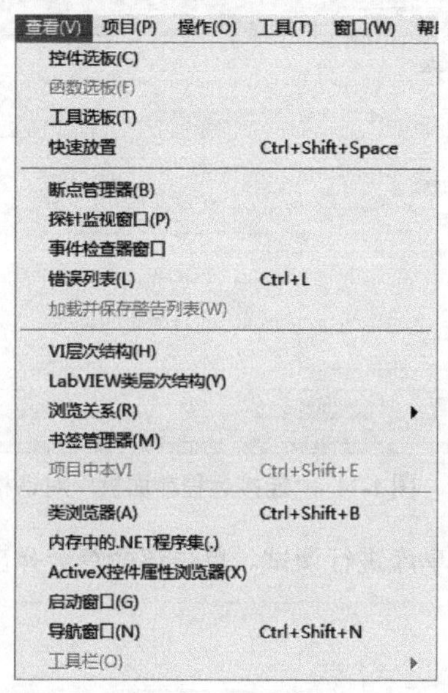

图 1-8　查看菜单

图 1-9　项目菜单

- 创建项目：用于新建一个项目文件。
- 打开项目：用于打开一个已有的项目文件。
- 保存项目：用于保存一个项目文件。
- 关闭项目：用于关闭项目文件。
- 添加至项目：将 VI 或者其他文件添加到现有的项目文件中。
- 文件信息：当前项目的信息。
- 解决冲突：打开“解决项目冲突”对话框，可通过重命名冲突项，或使冲突项从正确的路径重新调用依赖项解决冲突。
- 属性：显示当前项目属性。

5. 操作菜单

LabVIEW 2018 中文版的操作菜单中包括了对 VI 操作的基本命令，如图 1-10 所示。

- 运行：用于运行 VI 程序。
- 停止：用来终止 VI 程序的运行。
- 单步步入：单步执行进入程序单元。
- 单步步过：单步执行完成程序单元。
- 单步步出：单步执行出程序单元。
- 调用时挂起：当 VI 被调用时，挂起程序。
- 结束时打印：在 VI 运行结束后打印该 VI。

- 结束时记录：在 VI 运行结束后记录运行结果到记录文件。
- 数据记录：单击数据记录命令可以打开它的下级菜单，设置记录文件的路径等。
- 切换至运行模式：切换到运行模式，当用户单击该命令时，LabVIEW 将切换为运行模式，同时该命令变为切换至编辑模式，再次单击该命令，则切换至编辑模式。
- 连接远程前面板：与远程前面板连接，单击该命令将弹出图 1-11 所示的“连接远程前面板”对话框，可以设置与远程的 VI 连接、通信。

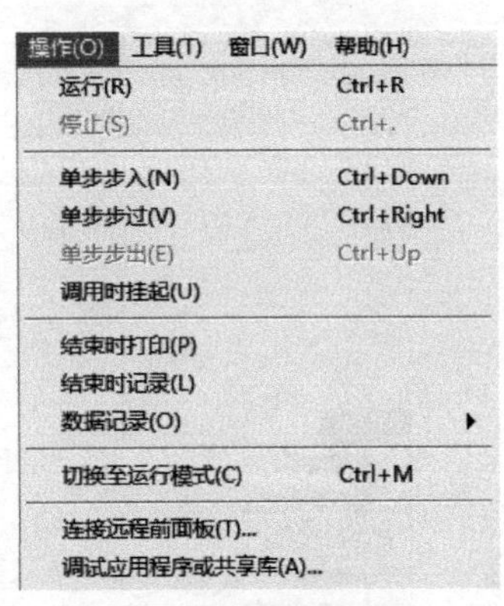

图 1-10　操作菜单

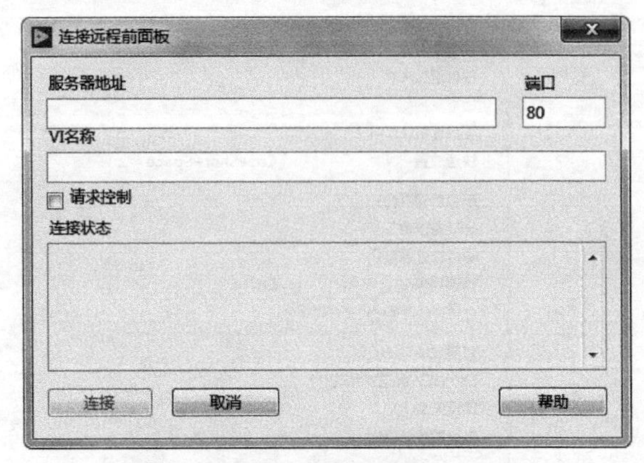

图 1-11　“连接远程前面板”对话框

- 调试应用程序或共享库：对应用程序或共享库进行调试。单击该命令会弹出“调试应用程序或共享库”对话框，如图 1-12 所示。

6. 工具菜单

LabVIEW 2018 中文版的工具菜单中几乎包括编写程序的所有工具，包括一些主要工具和辅助工具。如图 1-13 所示。

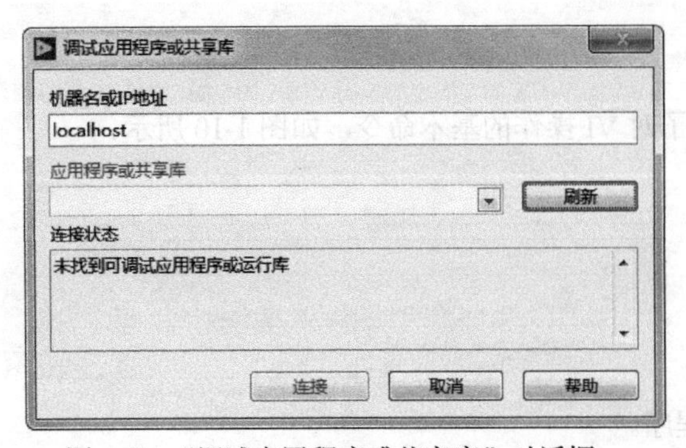

图 1-12　“调试应用程序或共享库”对话框

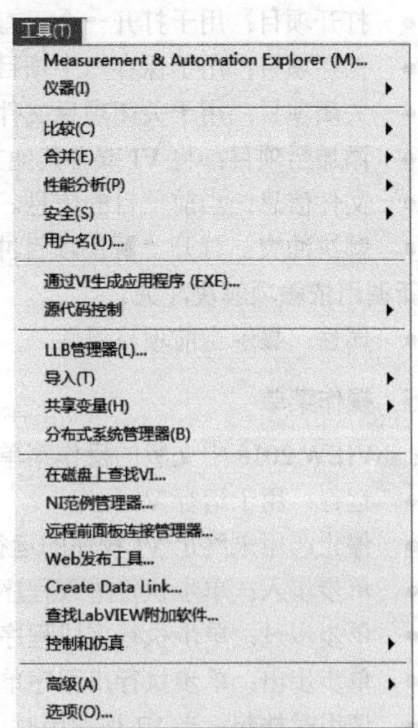

图 1-13　工具菜单

- Measurement & Automation Explorer（M）：打开 MAX 程序。
- 仪器：单击该命令可以打开它的下级菜单，可以选择连接 NI 的仪器驱动网络或者导入 CVI 仪器驱动程序。
- 性能分析：对 VI 的性能（即占用资源的情况）进行比较。
- 安全：对用户所编写的程序进行保护，如设置密码等。
- 用户名：使用该命令可以设置用户的姓名。
- 通过 VI 生成应用程序：弹出“通过 VI 生成应用程序”对话框，该对话框通过打开的 VI 生成独立的应用程序。
- LLB 管理器：单击此命令可以打开库文件管理器，并对库文件进行新建、复制、重命名、删除和转换等操作。
- 导入：用来向当前程序导入“.NET”控件、“ActiveX”控件、共享库等。
- 共享变量：包含共享变量函数。在菜单栏中选择“工具”→“共享变量”→“注册计算机”命令，弹出“注册远程计算机”对话框。
- 在磁盘上查找 VI：用来搜索磁盘上指定路径下的 VI 程序。
- NI 范例管理器：用于查找 NI 为用户提供的各种范例。
- 远程前面板连接管理器：用于管理远程 VI 程序的远程连接。
- Web 发布工具：单击此命令可以打开“Web 发布工具”对话框，设置通过网络访问用户的 VI 程序。
- 高级：单击此命令可以打开它的下级菜单，包含一些对 VI 操作的高级使用工具。
- 选项：用于设置 LabVIEW 以及 VI 的一些属性和参数。

7. 窗口菜单

利用窗口菜单可以打开 LabVIEW 2018 中文版的各种窗口，例如前面板窗口、程序框图窗口以及导航窗口。LabVIEW 2018 中文版的窗口菜单如图 1-14 所示。

- 左右两栏显示：用来将 VI 的前面板和程序框图左右（横向）排布。
- 上下两栏显示：用来将 VI 的前面板和程序框图上下（纵向）排布。

另外，在窗口菜单的最下方显示了当前打开的所有 VI 的前面板和程序框图，因此，可以从窗口菜单的最下方直接进入 VI 的前面板或程序框图。

8. 帮助菜单

LabVIEW 2018 中文版提供了强大的帮助功能，集中体现在它的帮助菜单上。LabVIEW 2018 中文版的帮助菜单如图 1-15 所示。

- 显示即时帮助：选择显示即时帮助窗口以获得即时帮助。
- 锁定即时帮助：用于锁定即时帮助窗口。
- LabVIEW 帮助：VI、函数以及如何获取帮助菜单，打开帮助文档，搜索帮助信息。
- 解释错误：提供关于 VI 错误的完整参考信息。
- 本 VI 帮助：直接查看 LabVIEW 帮助中关于 VI 的完整参考信息。
- 查找范例：用于查找 LabVIEW 中带有的所有范例。
- 查找仪器驱动：显示 NI 仪器驱动查找器，查找和安装 LabVIEW 即插即用仪器驱动。该选项在 macOS 上不可用。
- 网络资源：打开 NI 公司的官方网站，在网络上查找 LabVIEW 程序的帮助信息。
- 激活 LabVIEW 组件：显示 NI 激活向导，用于激活 LabVIEW 许可证。该选项仅在 LabVIEW

试用模式下出现。

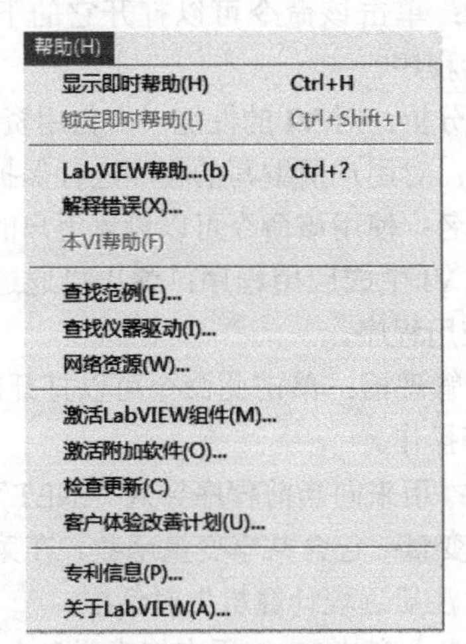

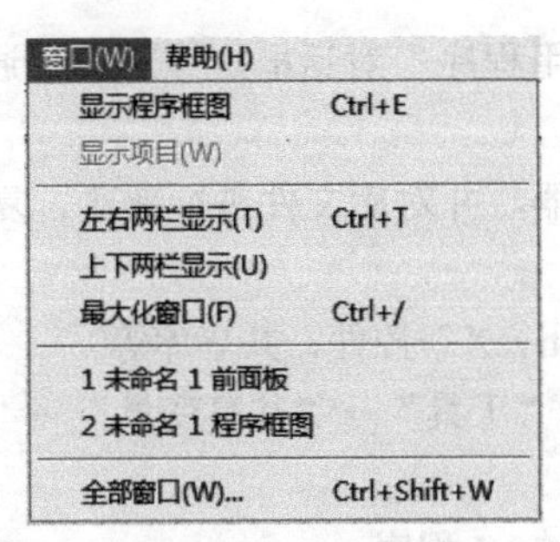

图 1-14　窗口菜单　　　　图 1-15　帮助菜单

- 激活附加软件：通过该向导可激活第三方附加软件。依据自动或手动激活一个或多个附件。
- 检查更新：显示 NI 更新服务窗口，可查看可用更新。
- 专利信息：显示 NI 公司的所有相关专利。
- 关于 LabVIEW：显示 LabVIEW 的相关信息。

1.2.4　工具栏

工具栏按钮用于运行、中断、终止、调试 VI，修改字体，对齐、组合、分布对象等。

1.2.5　项目浏览器窗口

项目浏览器窗口用于创建和编辑 LabVIEW 项目。在菜单栏中选择“文件”→“创建项目”命令，打开创建项目窗口，如图 1-16 所示，选择“项目”模板，单击“完成”按钮，即可打开项目浏览器窗口。也可选择“文件”→“新建”命令，打开新建窗口，如图 1-17 所示。双击“项目”选项，打开项目浏览器窗口，如图 1-18 所示。

默认情况下，项目浏览器窗口包括以下各项。

（1）我的电脑：表示可作为项目终端使用的本地计算机。

（2）依赖关系：用于查看某个终端下 VI 所需的项。

（3）程序生成规范：包括对源代码的发布、编译、配置，以及 LabVIEW 工具包和模块所支持的其他编译形式的配置。如已安装 LabVIEW 专业版开发系统或应用程序生成器，可使用程序生成规范配置独立应用程序、动态链接库、安装程序及 .zip 文件。

在项目中添加其他终端时，LabVIEW 会在项目浏览器窗口中创建代表该终端的项。各个终端也包括依赖关系和程序生成规范，在每个终端下可添加文件。

可将 VI 从项目浏览器窗口中拖放到另一个已打开 VI 的程序框图中。在项目浏览器窗口中选择需作为子 VI 使用的 VI，并把它拖放到其他 VI 的程序框图中。

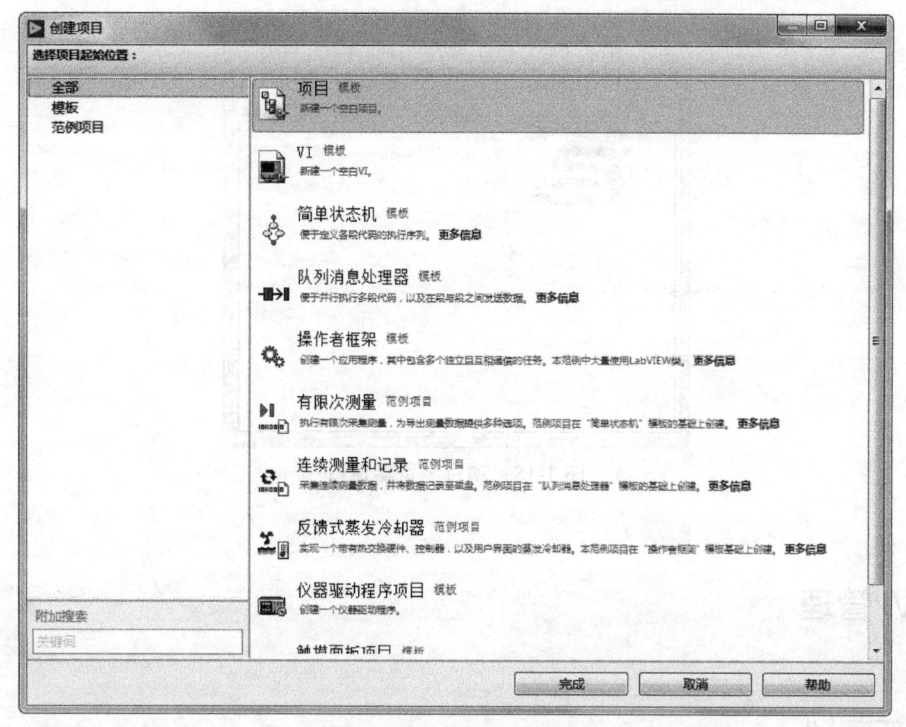

图 1-16　创建项目窗口

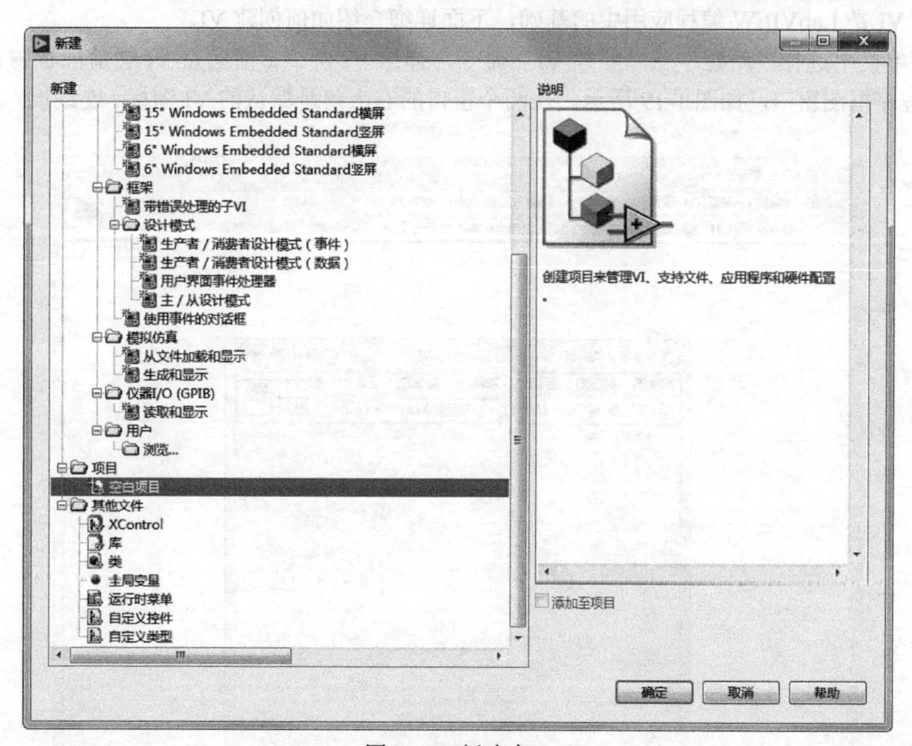

图 1-17　新建窗口

使用项目属性和方法，可通过编程配置和修改项目以及项目浏览器窗口。

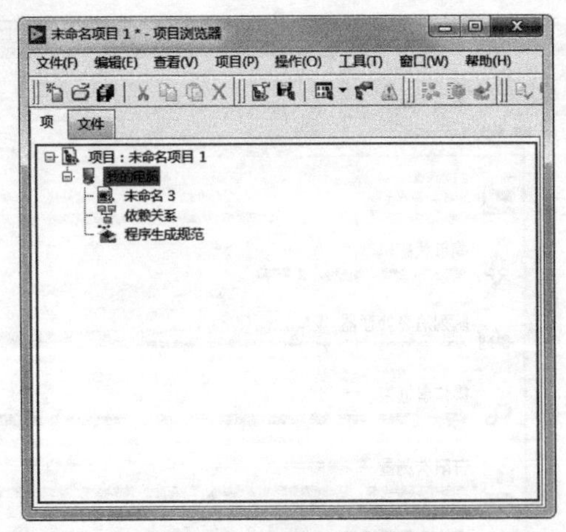

图 1-18　项目浏览器窗口

1.3　VI 管理

1.3.1　新建 VI

创建 VI 是 LabVIEW 编程应用中的基础，下面详细介绍如何创建 VI。

在菜单栏中选择“新建”→“新建 VI”命令，弹出 VI 窗口。前面是 VI 的前面板窗口，后面是 VI 的程序框图窗口，如图 1-19 所示。在两个窗口的右上角是默认的 VI 图标 / 连线板。

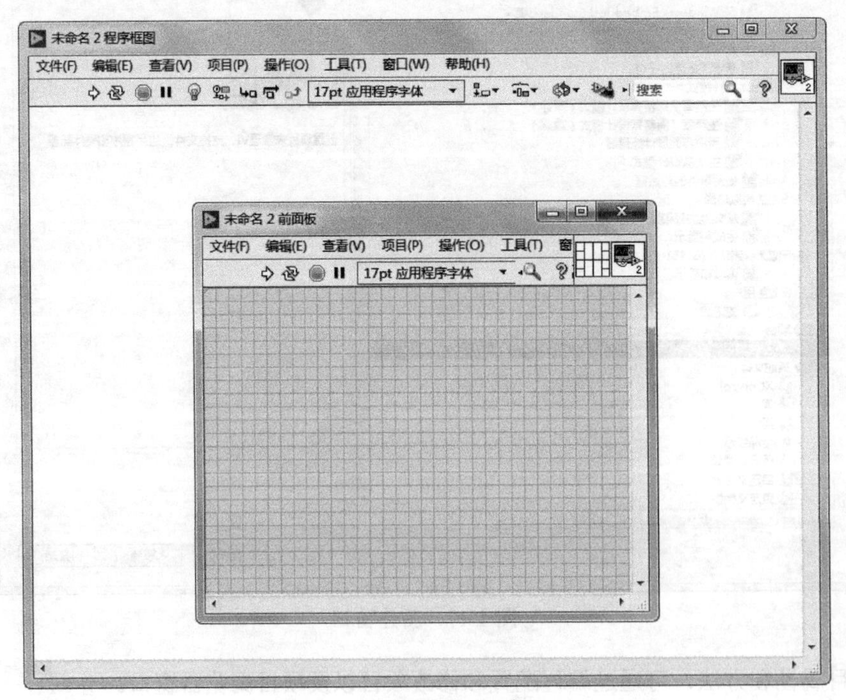

图 1-19　新建的 VI 窗口

1.3.2 保存VI

在前面板窗口或程序框图窗口的菜单栏中选择“文件”→“保存”命令，然后在弹出的“保存文件”对话框中选择适当的路径和文件名保存该VI。如果一个VI在修改后没有保存，那么在该VI的前面板窗口和程序框图窗口的标题栏中就会出现一个“*”，提示用户注意保存。

1.3.3 运行VI

在LabVIEW中，用户可以通过两种方式来运行VI，即运行和连续运行。用户也可以对运行中的VI进行停止和暂停的操作。下面介绍这些方式的使用方法。

1. 运行VI

在前面板窗口或程序框图窗口的工具栏中单击“运行”按钮，可以运行VI。使用这种方式运行VI，VI只运行一次。当VI正在运行时，“运行”按钮会变为（正在运行）状态，如图1-20所示。

2. 连续运行VI

在工具栏中单击“连续运行”按钮，可以连续运行VI。连续运行的意思是指一次VI运行结束后，继续重新运行VI。当VI正在连续运行时，“连续运行”按钮会变为（正在连续运行）状态。单击按钮可以停止VI的连续运行。

3. 停止运行VI

当VI处于运行状态时，在工具栏中单击“终止执行”按钮，可强制停止运行VI。这项功能在程序的调试过程中非常有用，当用户不小心使程序处于死循环状态时，用该按钮可安全地停止运行程序。当VI处于编辑状态时，“终止执行”按钮处于（不可用）状态，此时的按钮是不可被操作的。

4. 暂停VI运行

在工具栏中单击“暂停”按钮，可暂停VI的运行，再次单击该按钮，可恢复VI的运行。

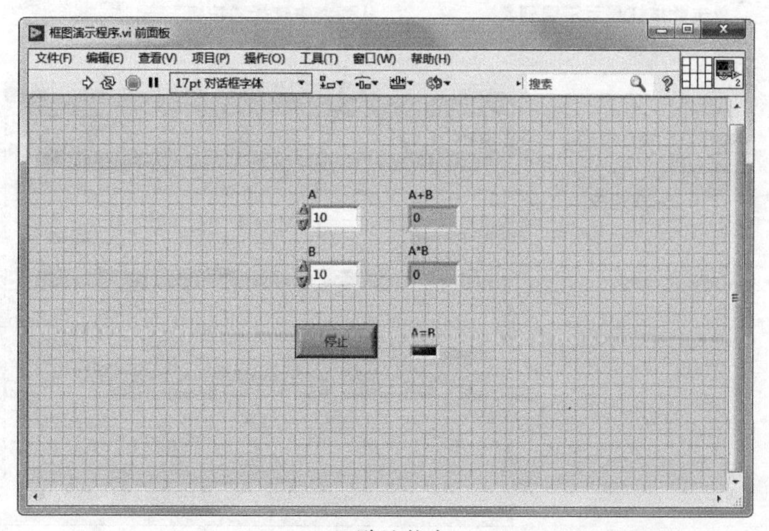

a）默认状态

图1-20 VI默认状态和运行状态的前面板

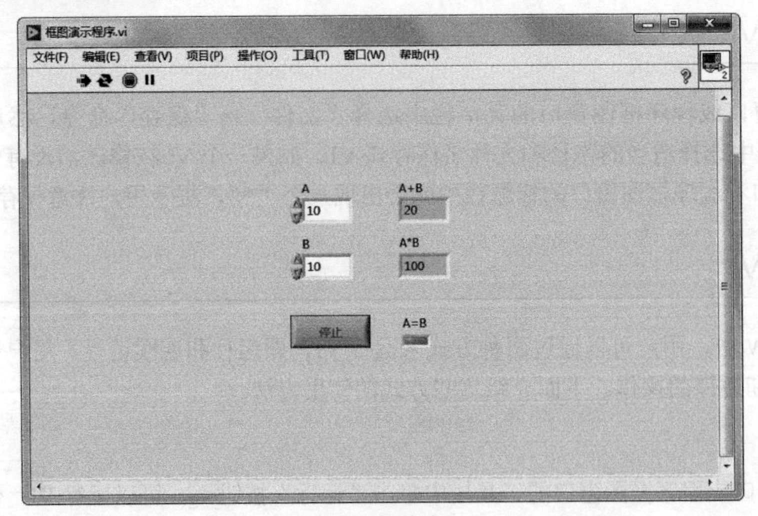

b）运行状态

图 1-20　VI 默认状态和运行状态的前面板（续）

1.3.4　纠正 VI 的错误

由于编程错误而使 VI 不能编译或运行时，工具条上将出现“Broken run”按钮。典型的编程错误出现在 VI 开发和编程阶段，而且会一直保留到将程序框图中的所有对象都正确地连接起来之前。单击“Broken run”按钮可以列出所有的程序错误，列出所有程序错误的信息框称为“错误列表”。具有断线错误信息的 VI 的错误列表窗口如图 1-21 所示。

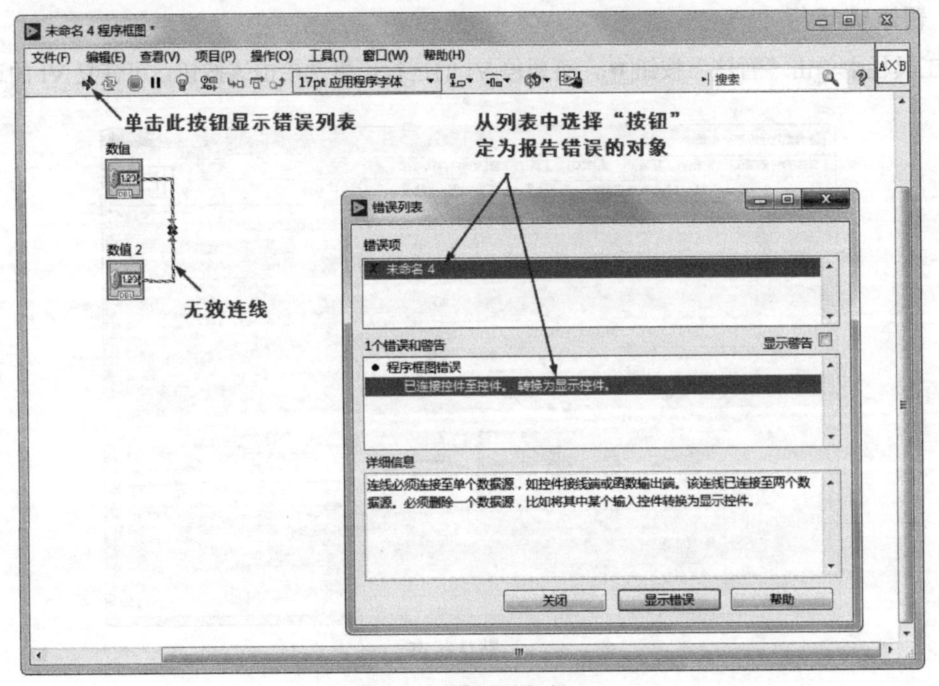

图 1-21　错误列表窗口

当运行VI时，警告信息让用户了解潜在的问题，但不会禁止程序运行。如果想知道有哪些警告，在错误列表窗口中勾选“显示警告”复选框，这样，每当出现警告情况时，工具栏上就会出现警告按钮。

如果程序中有阻止程序正确执行的任何错误，通过在错误列表窗口中选择“错误项”，然后单击“显示错误”按钮，可搜索选定错误项的源代码。这时程序框图上报告错误的对象将会高亮显示，如图1-21所示。在错误列表窗口中单击错误信息也将使报告错误对象高亮显示。

在编程期间导致VI中断的一些常见的原因如下。

（1）要求输入的函数端口未连接。例如，算术函数的输入端如果未连接，将报告错误。

（2）由于数据类型不匹配或存在散落、未连接的线段，使程序框图包含断线。

（3）子VI中断。

1.3.5 高亮显示程序执行过程

通过单击“高亮显示执行过程”按钮，可以使用动画演示VI程序框图的执行情况，该按钮位于如图1-22所示的程序框图窗口的工具栏中。

程序框图的高亮显示执行效果如图1-23所示。可以看到VI执行过程中的动画演示对于调试是很有帮助的。当单击“高亮显示执行过程”按钮时，该按钮变为闪亮的灯泡，指示当前程序执行时的数据流情况。再次单击“高亮显示执行过程”按钮将返回正常运行模式。

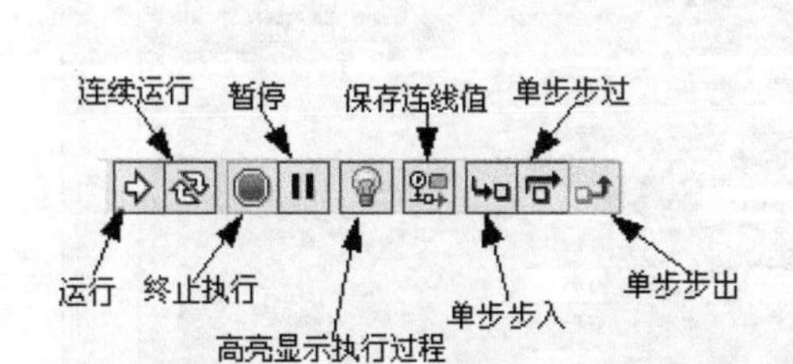

图1-22 位于程序框图上方的运行调试工具栏

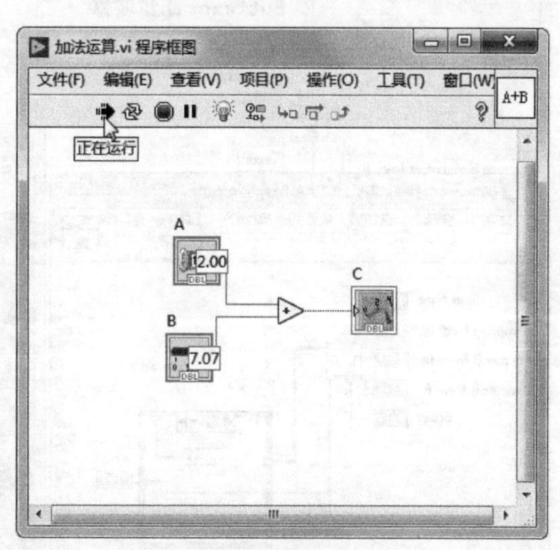

图1-23 高亮显示执行过程模式下经过VI的数据流

“高亮显示执行过程”功能普遍用于单步执行模式下跟踪程序框图中数据流的情况，目的是理解数据在程序框图中是如何“流动”的。应该注意的是，当使用高亮显示执行过程特性时，VI的执行时间将大大增加。数据流动画用“气泡”来指出沿着连线运动的数据，演示从一个节点到另一个节点的数据运动。另外，在单步模式下，将要执行的下一个节点会一直闪烁，直到单击单步按钮为止。

1.3.6 单步通过VI及其子VI

为了进行调试，可能想要一个节点接着一个节点地执行程序框图，这个过程称为单步执行。

要在单步模式下运行 VI，在工具栏上单击任何一个单步调试按钮，然后继续进行下一步。单步按钮显示在图 1-22 的工具栏上。单步按钮决定下一步从哪里开始执行。“单步步入”或“单步步过”按钮是执行完当前节点后前进到下一个节点。如果节点是结构（如 While 循环）或子 VI，可单击“单步步过”按钮执行该节点。例如，如果节点是子 VI，单击“单步步过”按钮，则执行子 VI 并前进到下一个节点，但不能看到子 VI 节点内部是如何执行的。要单步通过子 VI，应单击“单步步入”按钮。

单击“单步步出”按钮完成程序框图节点的执行。当单击任何一个单步按钮时，也启用了“暂停”按钮的功能。在任何时候通过释放“暂停”按钮可返回到正常执行的情况。

值得注意的是，如果将鼠标指针放置在任何一个单步按钮上，将出现一个提示条，显示如果按该按钮时下一步将要执行的内容描述。

当单步通过 VI 时，可能想要高亮显示执行过程，以便数据流过时可以跟踪数据。在单步和高亮显示执行过程模式下执行子 VI 时，如图 1-24 所示。子 VI 的框图窗口显示在主 VI 程序框图的上面。接着我们可以单步通过子 VI 或让其自己执行。

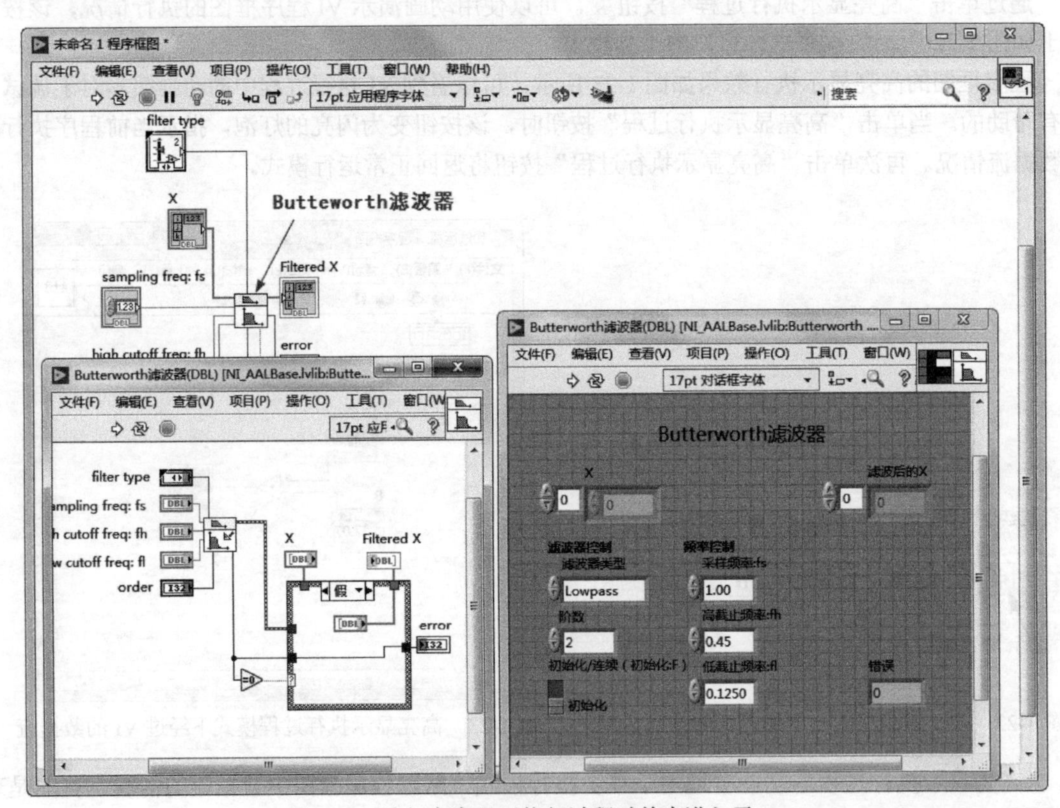

图 1-24　选择高亮显示执行过程时单步进入子 VI

没有单步或高亮显示执行过程的 VI 可以减少内存需求并提高性能。其实现方法是，在菜单栏中选择“文件”→“VI 属性”命令，弹出“VI 属性”对话框。在“类别”下拉列表框中选择“执行”选项，取消勾选“允许调试”复选框来隐藏“高亮显示执行过程”及“单步执行”按钮，如图 1-25 所示。

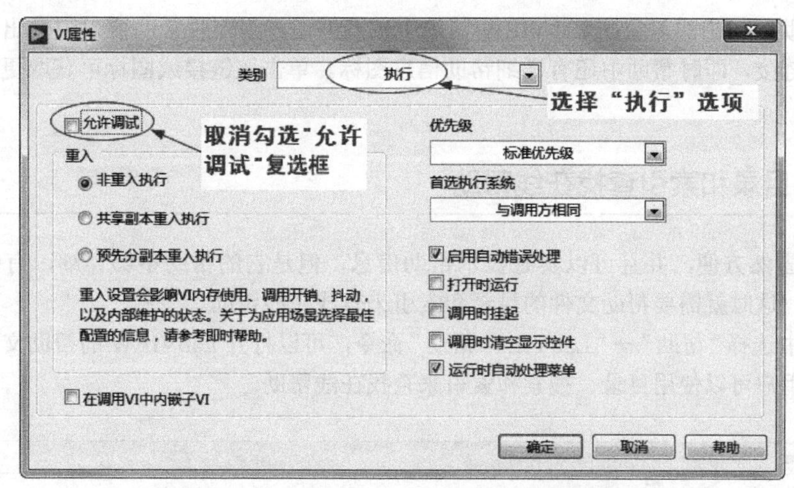

图 1-25 使用"VI 属性"对话框来关闭调试选项

1.4 LabVIEW 2018 的帮助系统

为了让用户更快地掌握 LabVIEW、更好地理解 LabVIEW 的编程机制并用 LabVIEW 编写出优秀的应用程序，LabVIEW 的各个版本都提供了完善的帮助系统。LabVIEW 2018 中文版也不例外，提供了由即时帮助、帮助文件以及丰富的实例构成的本地帮助系统。作为帮助系统的重要组成部分，NI 的网络帮助系统也发挥着重要的作用，包括一些在线电子文档和电子书。

这一节将主要介绍如何获取 LabVIEW 2018 的帮助信息，这对于初学者快速掌握 LabVIEW 是非常重要的，对于一些高级用户也是很有好处的。

1.4.1 使用即时帮助

将鼠标指针移至一个对象上，即时帮助窗口将显示该 LabVIEW 对象的基本信息。VI、函数、常数、结构、选板、属性、方式、事件、对话框和项目浏览器中的项均有即时帮助信息。即时帮助窗口还可帮助确定 VI 或函数的连线位置。

在菜单栏中选择"帮助"→"显示即时帮助"命令，显示即时帮助窗口。在工具栏中选择，显示即时帮助窗口，也可打开即时帮助。Windows 操作系统中按 <Ctrl>+<H> 键也可显示该窗口。

即时帮助窗口可根据内容的多少自动调整大小。用户也可调整即时帮助窗口的大小使之最大化。LabVIEW 将记住即时帮助窗口的位置和大小，因此当 LabVIEW 重启时该窗口的位置和最大尺寸不变。如果缩小即时帮助窗口，LabVIEW 将对即时帮助窗口中的文本自动换行，缩短连线板中的连线的长度，如果窗口太小不能显示全部内容，则会将输入和输出端在表格中列出。

锁定即时帮助窗口当前的内容，当鼠标指针移到其他位置时，窗口的内容将保持不变。在菜单栏中选择"帮助"→"锁定即时帮助"命令可锁定或解锁即时帮助窗口的当前内容。单击即时帮助窗口上的"锁定"按钮，也可锁定或解锁帮助窗口的当前内容。快捷键 <Ctrl>+<Shift>+<L> 也可用于锁定或解锁帮助窗口。

单击即时帮助窗口上的"显示可选接线端和完整路径"按钮，将显示连线板的可选接线端和 VI 的完整路径。

如即时帮助窗口中的对象在 LabVIEW 帮助中也有描述，则即时帮助窗口中会出现一个蓝色的详细帮助信息链接，即时帮助中还有详细帮助信息图标。单击该链接或图标可获取更多关于对象的信息。

1.4.2 使用目录和索引查找在线帮助

即时帮助固然方便，并且可以实时显示帮助信息，但是它的帮助不够详细，有些时候不能满足编程的需要，这时就需要帮助文件的目录和索引来查找在线帮助。

在菜单栏中选择“帮助”→“LabVIEW 帮助”命令，可以打开 LabVIEW 的帮助文件，如图 1-26 所示。在这里用户可以使用目录、搜索和索引来查找在线帮助。

图 1-26 查看 LabVIEW 的帮助文件

在这里用户可以根据索引查看某个感兴趣的对象的帮助信息，也可以打开搜索页，直接用关键词搜索帮助信息。

在这里用户可以找到最为详尽的关于 LabVIEW 中每个对象的使用说明及其相关对象说明的链接，可以说 LabVIEW 的帮助文件是学习 LabVIEW 的最为有力的工具之一。

1.4.3 查找 LabVIEW 范例

学习和借鉴 LabVIEW 中的范例不失为一种快速、深入学习 LabVIEW 的好方法。通过在菜单栏中选择“帮助”→“查找范例”命令，可以查找 LabVIEW 的范例。帮助文件将范例按照任务和目录结构分门别类地显示出来，方便用户按照各自的需求查找和借鉴，如图 1-27 所示。

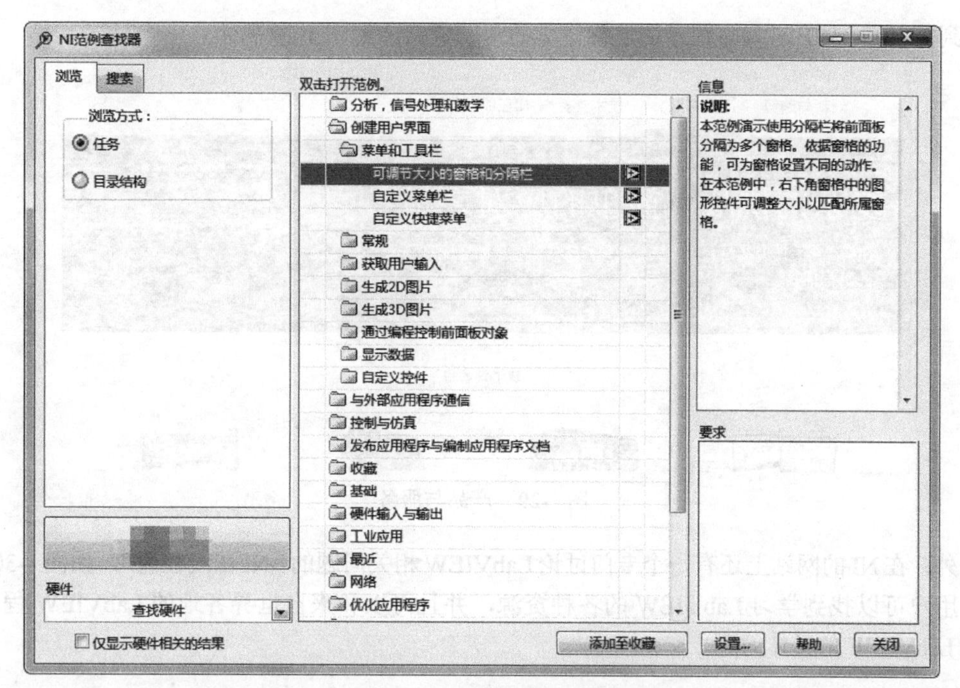

图 1-27　利用“NI 范例查找器”搜索范例

另外，用户也可以利用搜索功能用关键字来查找范例，甚至在 LabVIEW 2018 中可以向“NI 在线社区”提交自己编写的程序作为范例。单击“搜索”选项卡，再单击“提交范例”按钮即可连接到 NI 的官方网站提交范例。

1.4.4　使用网络资源

LabVIEW 2018 不仅为用户提供了丰富的本地帮助资源，而且在网络上也提供了丰富的学习 LabVIEW 的资源，这些资源成为学习 LabVIEW 的有力助手和工具。

NI 的官方网站无疑是公认的学习 LabVIEW 的网络资源平台，它为 LabVIEW 提供了非常全面的帮助和支持，如图 1-28 所示。

图 1-28　网络资源

在 NI 官方网站的“产品与服务”页面上有关于 LabVIEW 2018 的非常详细的介绍，从这里也可以找到关于 LabVIEW 编写程序的非常详尽的帮助资料，如图 1-29 所示。

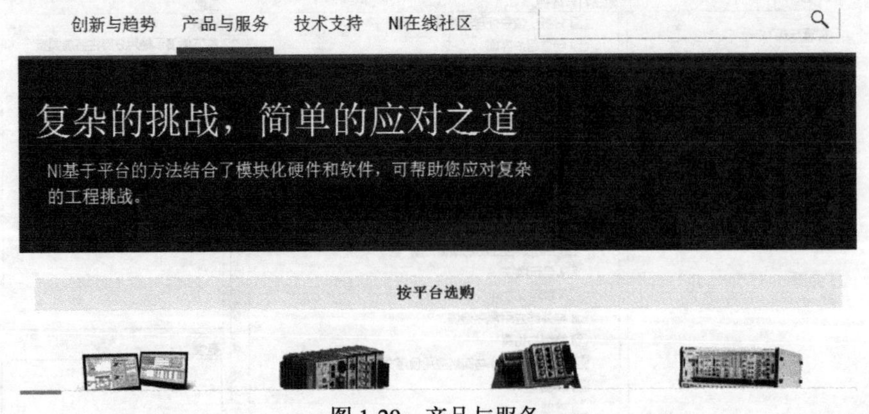

图 1-29　产品与服务

另外，在 NI 的网站上还有一个专门讨论 LabVIEW 相关问题的“NI 在线社区”，如图 1-30 所示。在这里用户可以找到学习 LabVIEW 的各种资源，并且可以和来自世界各地的 LabVIEW 程序员讨论有关 LabVIEW 的具体问题。

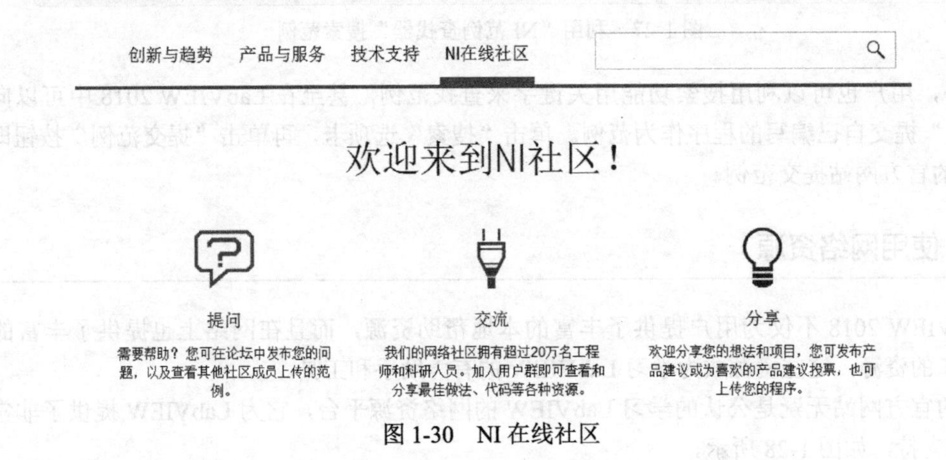

图 1-30　NI 在线社区

第 2 章 前面板设计

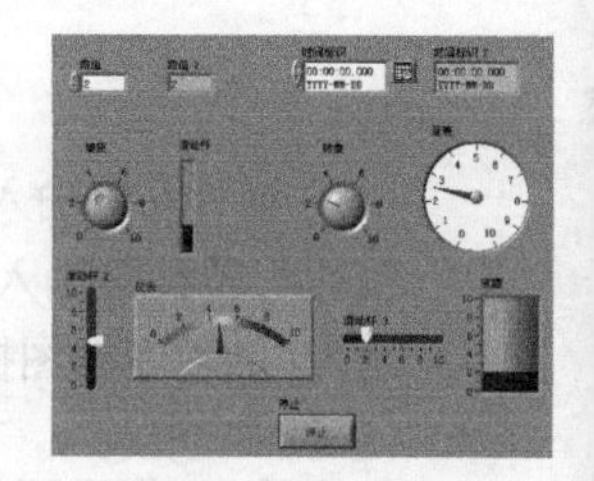

内容指南

作为一种基于图形模式的编程语言，LabVIEW 在图形界面的设计上有着得天独厚的优势，可以设计出漂亮大方而且方便易用的程序界面。前面板是图形界面的演示者，控件是图形界面的组成部分，将二者有机结合在一起，设计出符合设计者意图的图形界面，是 LabVIEW 存在的本质。

知识重点

- 前面板
- 前面板控件
- 对象的设置
- 设置前面板的外观
- 菜单设计

2.1 前面板

前面板是 VI 的用户界面。前面板如图 2-1 所示。

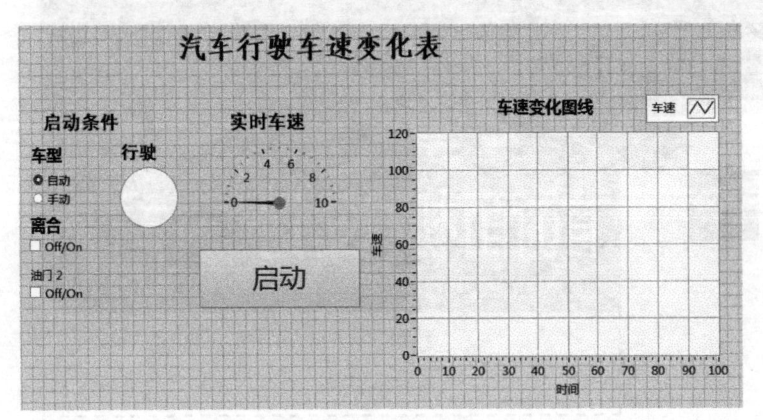

图 2-1 VI 的前面板

前面板由输入控件和显示控件组成。这些控件是 VI 的输入 / 输出端口。输入控件是指旋钮、按钮、转盘等输入装置。显示控件是指图表、指示灯等显示装置。输入控件模拟仪器的输入装置，为 VI 的程序框图提供数据。显示控件模拟仪器的输出装置，用以显示程序框图获取或生成的数据。

2.1.1 “工具”选板

在前面板窗口和程序框图窗口中都可看到“工具”选板。“工具”选板上的每一个工具都对应于鼠标的一种操作模式。鼠标指针对应于选板上的工具图标，可选择合适的工具对前面板和程序框图上的对象进行操作和修改。

如果自动工具选择功能已打开，当鼠标指针移到前面板或程序框图的对象上时，LabVIEW 将自动从“工具”选板中选择相应的工具。打开“工具”选板，选择查看“工具”选板，LabVIEW 将记住“工具”选板的位置和大小，因此当重启 LabVIEW 时选板的位置和大小保持不变。

图 2-2 “工具”选板

LabVIEW 2018 中文版的“工具”选板如图 2-2 所示。利用“工具”选板可以创建、修改 LabVIEW 中的对象，并对程序进行调试。“工具”选板是在 LabVIEW 中对对象进行编辑的工具，按 <Shift> 键并单击鼠标右键，鼠标指针所在位置将出现“工具”选板。

“工具”选板中各种不同工具的图标及其相应的功能介绍如下。

- 自动工具选择：若已经启用自动工具选择，鼠标指针移到前面板或程序框图的对象上时，LabVIEW 将从“工具”选板中自动选择相应的工具。也可禁用自动工具选择，手动选择工具。
- 操作工具：改变控件值。
- 定位工具：定位、选择或改变对象大小。
- 标签工具：用于输入标签文本或者创建标签。
- 连线工具：用于在前面板中连接两个对象的数据端口，当用连线工具接近对象时，会显示出其数据端口以供连线之用。如果打开了即时帮助窗口，那么当使用连线工具且将鼠标指针置于某连线上时，会在即时帮助窗口显示其数据类型。

- 对象快捷菜单工具：当用该工具单击某对象时，会弹出该对象的快捷菜单。
- 滚动工具：使用该工具时，无须滚动条就可以自由滚动整个窗口。
- 断点工具：在调试程序过程中设置断点。
- 探针工具：在程序框图连线上加入探针，用于调试程序过程中监视数据的变化。
- 获取颜色工具：从当前窗口中提取颜色。
- 上色工具：用来设置窗口中对象的前景色和背景色。

2.1.2　实例——标注汽车行驶车速变化表

通过本例，练习标签工具的使用，掌握“工具”选板的使用方法。

扫码看视频

操作步骤

（1）打开 VI。选择菜单栏中的“文件”→“打开”命令，打开“汽车行驶车速变化表 .vi”。

（2）保存 VI。选择菜单栏中的“文件”→“另存为”命令，输入 VI 名称为“标注汽车行驶车速变化表”。

（3）按 <Shift> 键并单击鼠标右键，弹出“工具”选板，单击标签工具，在前面板控件下方空白处单击，进入文本编辑状态，输入标签文本“汽车在单位时间内驶过的距离，简称车速。常用单位是公里 / 小时或米 / 秒。汽车行车速度是描述交通流的三个参数之一，在交通流理论的研究中占有重要地位。汽车行车速度也可泛指机动车行车速度。”，如图 2-3 所示。

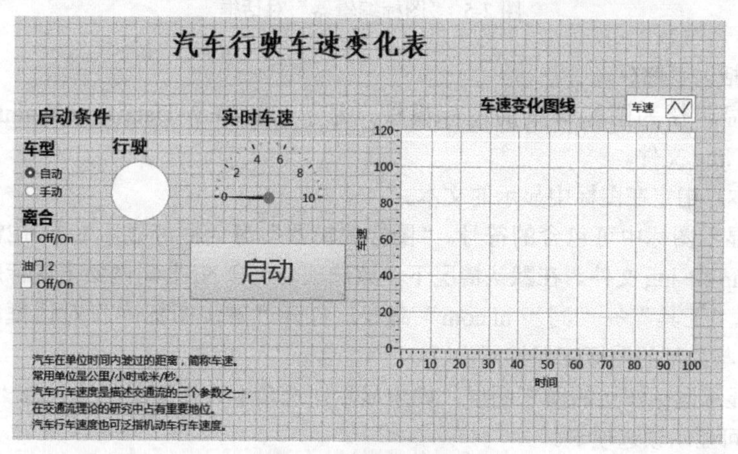

图 2-3　输入标签文本

（4）单击自动工具选择，退出文本编辑状态。

2.1.3　图标 / 连接器

VI 具有层次化和结构化的特征。一个 VI 可以作为子程序，这里称为子 VI（subVI），子 VI 可以被其他 VI 调用。图标与连接器在这里相当于图形化的参数，如图 2-4 所示。稍后介绍详细情况。

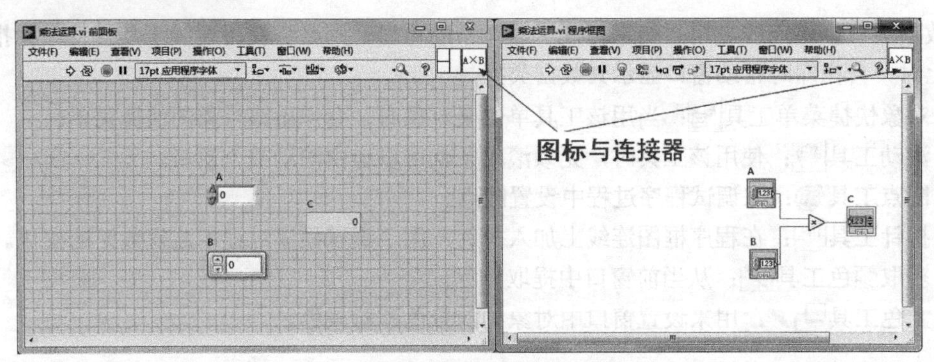

图 2-4　图标 / 连接器

双击前面板窗口或程序框图窗口右上角的 VI 图标，或在 VI 图标处单击鼠标右键，并在弹出的快捷菜单中选择“编辑图标”，将弹出“图标编辑器”对话框，如图 2-5 所示。

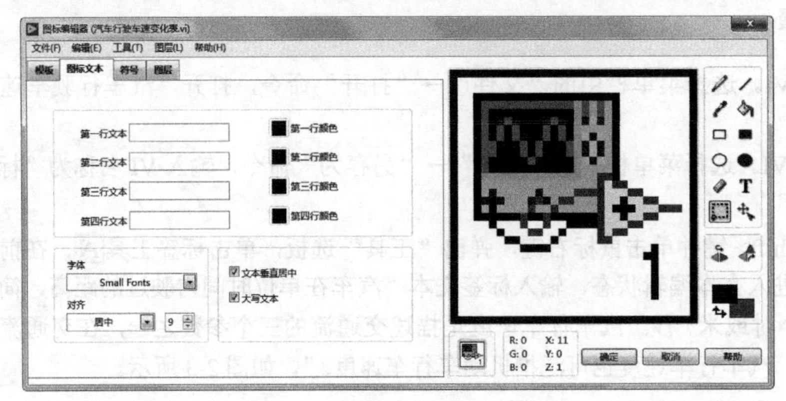

图 2-5　“图标编辑器”对话框

该对话框包括以下部分。

- 模板：显示作为图标背景的图标模板。显示 LabVIEW Data\Icon Templates 目录中的所有 .png、.bmp 和 .jpg 文件。
- 图标文本：指定在图标中显示的文本。
- 符号：显示图标中可包含的符号。“图标编辑器”对话框可显示 LabVIEW Data\Glyphs 中所有的 .png、.bmp 和 .jpg 文件。在默认情况下，该选项卡包含 NI 公司网站上图标库中所有的符号。在菜单栏中选择“工具”→“同步 ni.com”命令，打开“同步图标库”对话框，可使 LabVIEW Data\Glyphs 目录与最新的图标库保持同步。
- 图层：显示图标图层的所有图层。如未显示该选项卡，在菜单栏中选择“图层”→“显示所有图层”命令可显示该选项卡。

其中，“图标文本”标签栏右侧部分按钮的功能解释如下。

- 图标：显示图标的实际大小预览。图标可显示通过“图标编辑器”对话框进行的更改。
- 预览：显示图标的放大预览。预览可显示通过“图标编辑器”对话框进行的更改。
- RGB：显示鼠标指针所在位置像素的 RGB 颜色组成。
- XYZ：显示鼠标指针所在位置的像素坐标（x，y）。Z 值为图标的用户图层总数。
- 工具：用于显示手动修改图标的编辑工具。如使用编辑工具时单击鼠标左键，LabVIEW 将使用线条颜色工具；若使用编辑工具时单击鼠标右键，LabVIEW 将使用填充颜色工具。

如需创建自定义编辑环境，可修改“图标编辑器”对话框。在修改“图标编辑器”对话框前，应保存位于 labview\resource\plugins 的原有文件 lv_icon.vi 和 IconEditor 文件夹。创建自定义图标编辑器时，可使用 labview\resource\plugins\IconEditor\Discover Who Invoked the Icon Editor.vi 文件中的“搜索图标库调用方”VI 获取当前编辑项图标的名称、路径和应用程序引用。通过该信息可自定义图标。

2.1.4　实例——设计汽车行驶车速变化表图标

通过本例，练习对图标的设置，提高前面板的设计水平。

操作步骤

（1）打开 VI。选择菜单栏中的“文件”→“打开”命令，打开“标注汽车行驶车速变化表 .vi”。

（2）保存 VI。选择菜单栏中的“文件”→“另存为”命令，输入 VI 名称为“汽车行驶车速变化表图标”。

（3）双击前面板窗口右上角的图标，或在图标上单击鼠标右健，选择“编辑图标”命令，弹出“图标编辑器”对话框，删除黑色矩形框内图形，如图 2-6 所示。

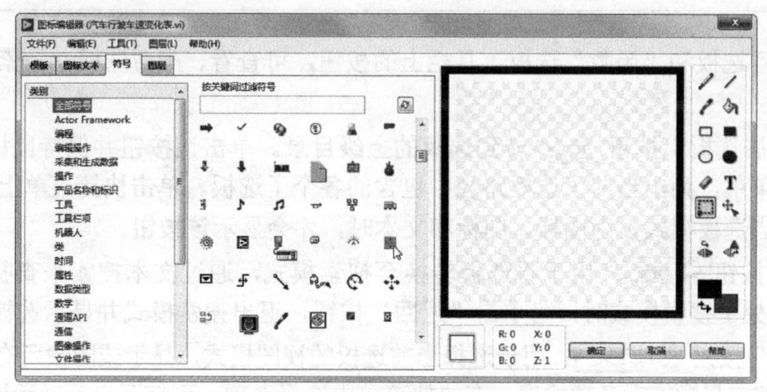

图 2-6　“图标编辑器”对话框 1

（4）打开“符号”选项卡，选中符号并放置在右侧绘图区内，如图 2-7 所示。

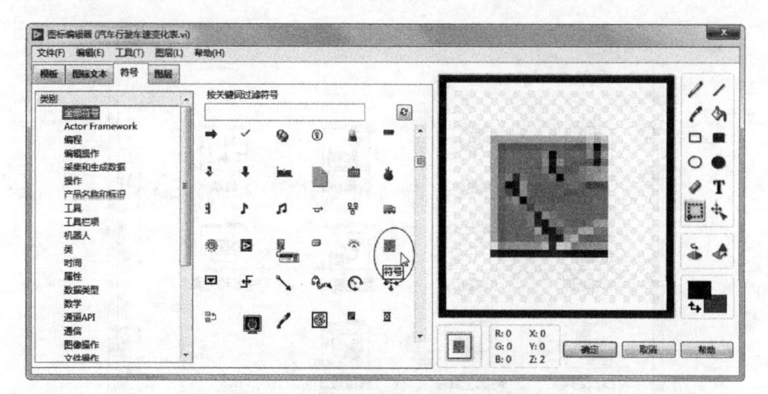

图 2-7　“图标编辑器”对话框 2

（5）单击“确定”按钮，退出对话框，前面板窗口显示如图 2-8 所示。

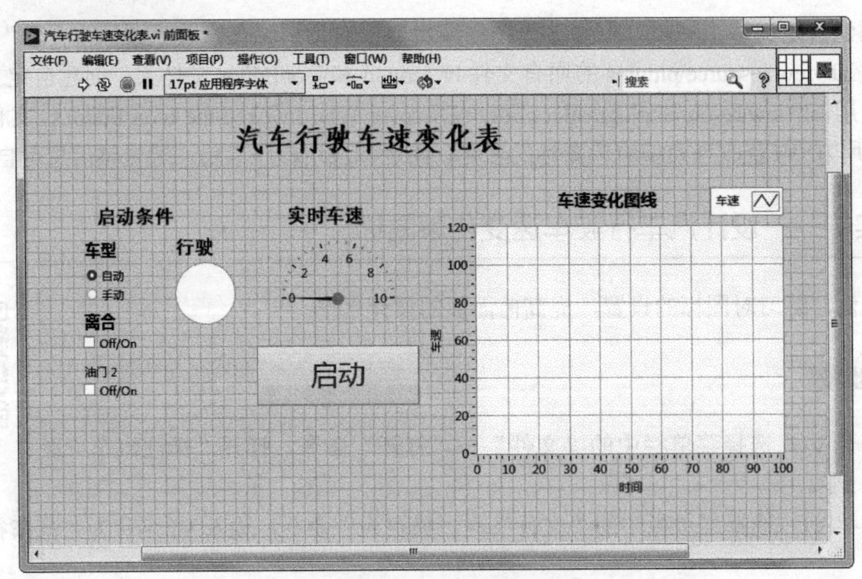

图 2-8　前面板图标修改结果

2.1.5　选板可见性设置

使用“控件”选板和“函数”选板工具栏上的按钮，可查看、配置选板，搜索控件和函数，如图 2-9 所示。

● “返回所属选板”按钮：转到选板的上级目录。单击该按钮并保持鼠标指针位置不动，将显示一个快捷菜单，列出当前子选板路径中包含的各个子选板。单击快捷菜单上的子选板名称进入子选板。只有当选板模式设为图标、图标和文本时，才会显示该按钮。

● “搜索”按钮 搜索：用于将选板转换至搜索模式，通过文本搜索来查找选板上的控件、VI 或函数。选板处于搜索模式时，可单击“返回”按钮，退出搜索模式并显示选板。

● “自定义”按钮 自定义：用于选择当前选板的视图模式，显示或隐藏所有选板目录，在文本和树形模式下按字母顺序对各项排序。在快捷菜单中选择选项，可打开选项对话框中的控件 / 函数选板页，为所有选板选择显示模式。只有当单击选板左上方的图钉标识将选板锁定时，才会显示该按钮。

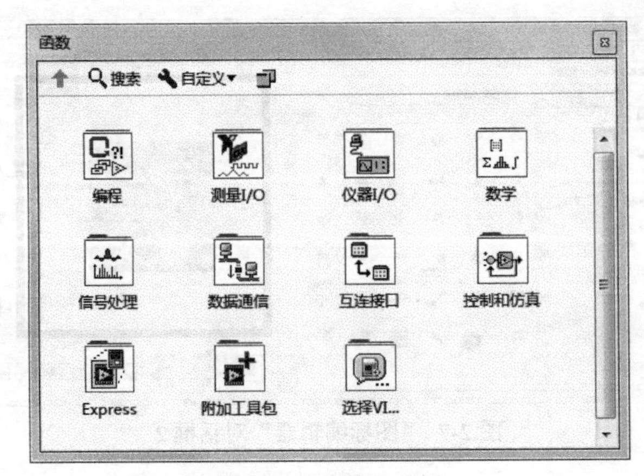

图 2-9 “函数”选板

- 恢复选板大小 ：将选板恢复至默认大小。只有单击选板左上方的图钉标识锁定选板，并调整“控件”选板或“函数”选板的大小后，才会出现该按钮。

2.2 前面板控件

在用 LabVIEW 进行程序设计的过程中，对前面板的设计主要是对前面板控件的设置，首先需要了解控件的样式与放置方法。

2.2.1 “控件”选板

“控件”选板仅位于前面板窗口。“控件”选板包括创建前面板所需要的输入控件和显示控件。根据不同输入控件和显示控件的类型，可以将控件归入不同的子选板中。

若需显示“控件”选板，请在菜单栏中选择“查看”→“控件选板”命令或在前面板窗口中单击鼠标右键。LabVIEW 将记住“控件”选板的位置和大小，因此当 LabVIEW 重启时选板的位置和大小将保持不变。在“控件”选板中可以进行内容修改。

“控件”选板中包括了用于创建前面板对象的各种控制量和显示量，是用户设计前面板的工具，LabVIEW 2018 中的“控件”选板如图 2-10 所示。

在“控件”选板中，按照所属类别，各种控制量和显示量被分门别类地安排在不同的子选板中。

在前面板窗口中，用户可以直接添加图形模块到设计区域，输入控件主要包括布尔、数值等，输出指示符主要包括图形、表格和数值显示等。添加这些组件的方法是在设计区域的空白处单击鼠标右键，选择相应的类型即可。

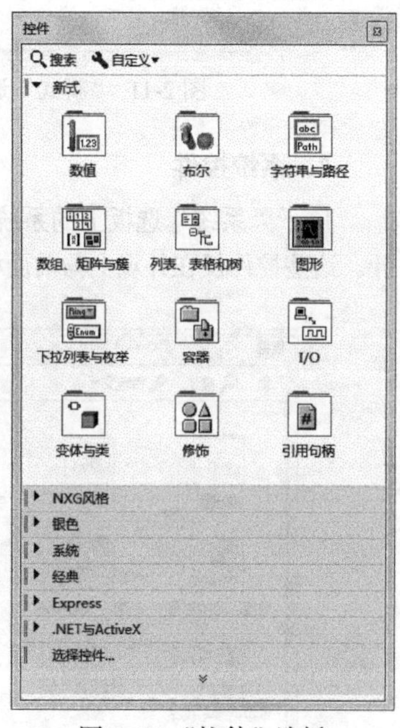

图 2-10 “控件”选板

2.2.2 控件样式

在菜单栏中选择“查看”→“控件选板”命令或在前面板工作区单击鼠标右键，显示“控件”选板。许多前面板控件具有高彩外观，为了获取控件的最佳外观，显示器最低应设置为 16 位色。

1. 新式控件

位于“新式”选板上的控件也有相应的低彩对象，“新式”选板如图 2-11 所示。

2. 经典控件

“经典”选板上的控件适用于创建在 256 色和 16 色显示器上显示的 VI，“经典”控件还可以用于创建自定义外观的控件，及黑白打印面板。“经典”选板如图 2-12 所示。

3. 银色控件

银色控件为终端用户的交互 VI 提供了另外一种视觉样式。控件的外观随终端用户运行 VI 的平台改变。“银色”选板如图 2-13 所示。

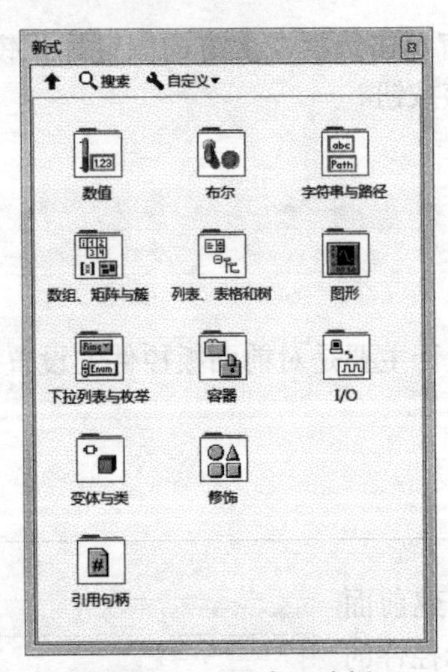

图 2-11 “新式”选板

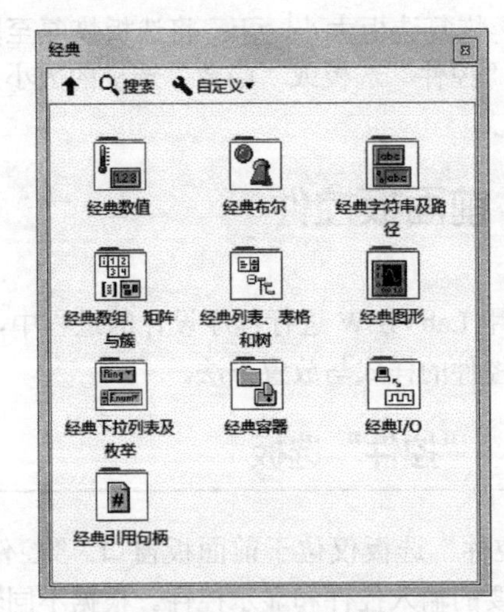

图 2-12 “经典”选板

4. 系统控件

位于“系统”选板上的系统控件可用在用户创建的对话框中。系统控件专为在对话框中使用而设计。这些控件仅在外观上与前面板控件不同，颜色与系统设置的颜色一致。“系统”选板如图 2-14 所示。

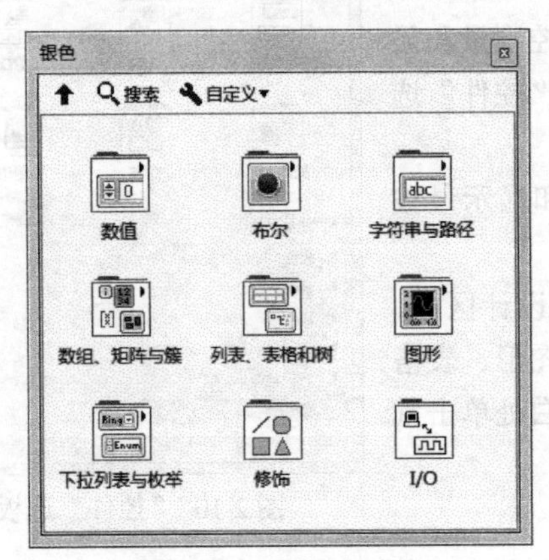

图 2-13 “银色”选板

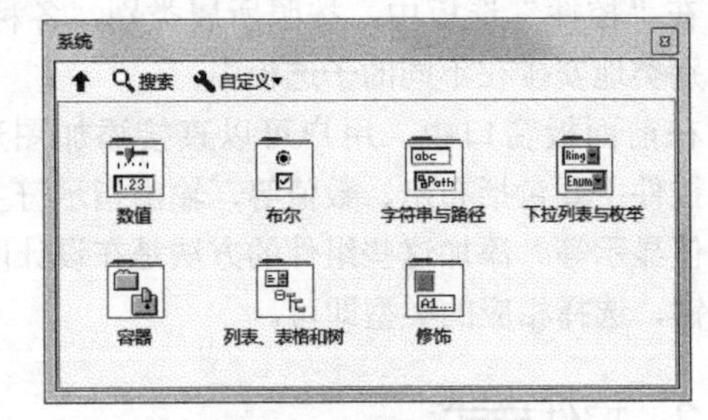

图 2-14 “系统”选板

5. NXG 风格控件

NXG 风格控件包含编程常用的大部分控件，是 LabVIEW 2018 版新增的控件。“NXG 风格”选板如图 2-15 所示。

6. Express 控件

Express 控件按照输入控件与显示控件的区别进行分类，多为常用控件，“Express”选板如图 2-16 所示。

7. .NET 与 ActiveX 控件

位于“.NET 与 ActiveX”选板上的“.NET”控件和“ActiveX”控件可用于对常用的“.NET”控件或“ActiveX”控件进行操作。可添加更多“.NET”控件或“ActiveX”控件至该选板，供日后使用，“.NET 与 ActiveX”选板如图 2-17 所示。

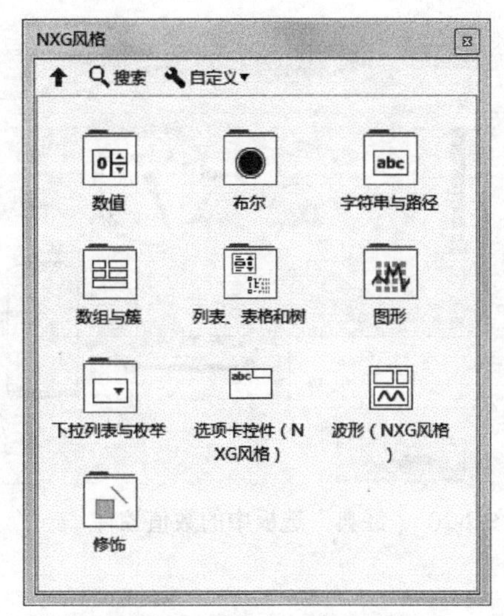

图 2-15　“NXG 风格”选板

图 2-16　“Express”选板

8. 用户控件

用户控件包含了添加至子选板的自定义控件，这些自定义控件保存在 LabVIEW 用户库中。默认情况下用户控件选板不包含任何对象。

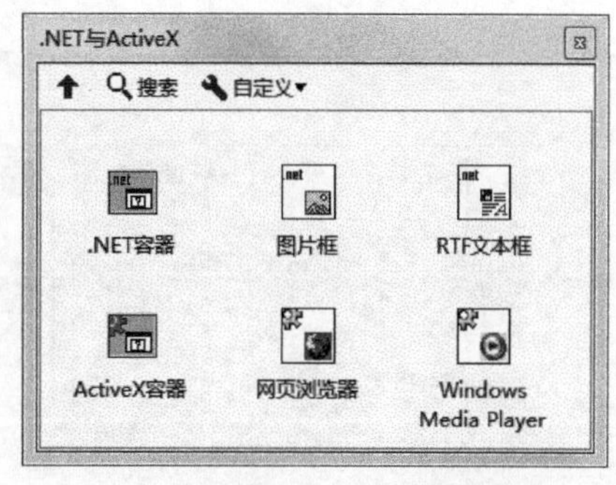

图 2-17　“NET 与 ActiveX”选板

2.2.3　实例——数值控件的使用

通过前文，读者对前面板中基本控件有了大致的了解，读者可利用本实例加深对不同选板中控件的使用方法的理解。

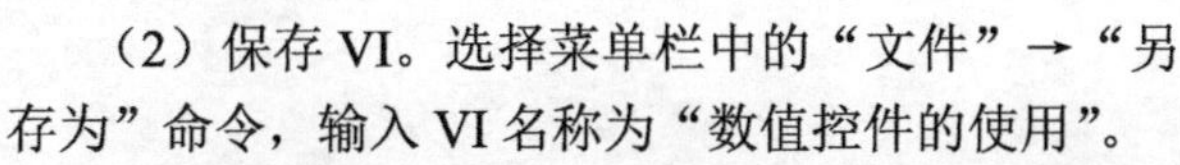

（1）新建 VI。选择菜单栏中的“文件”→“新建 VI”命令，新建一个 VI，打开 VI 的前面板。

（2）保存 VI。选择菜单栏中的“文件”→“另存为”命令，输入 VI 名称为“数值控件的使用”。

（3）选择菜单栏中的“查看”→“控件选板”命令或在前面板窗口单击鼠标右键，显示“控件”选板，单击选板左上角“固定”按钮，将“控件”选板固定在前面板。

（4）从“控件”选板的“新式”→“数值”子选板中选取控件，并放置在前面板的适当位置，VI 前面板如图 2-18 所示。

（5）在“银色”选板、“经典”选板、“系统”选板、“NXG 风格”选板中选择数值控件，练习使用方法，前面板如图 2-19、图 2-20、图 2-21、图 2-22 所示。

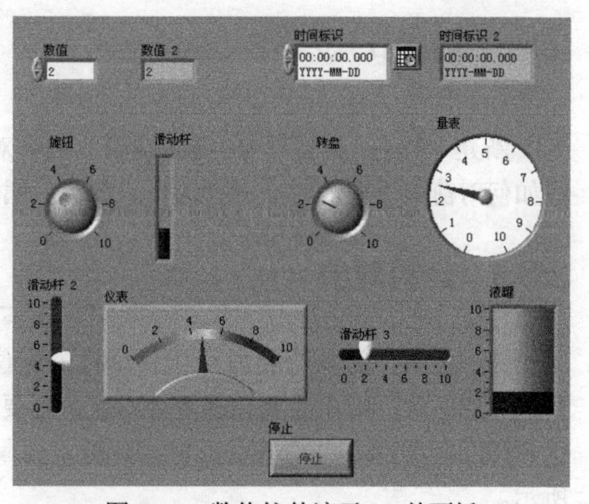

图 2-18　数值控件演示 VI 前面板

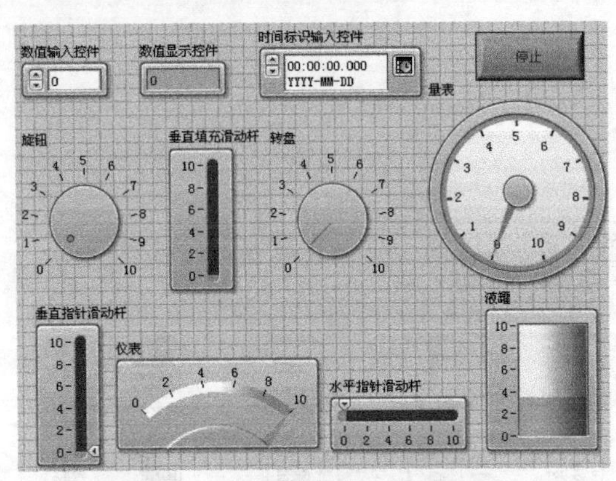

图 2-19 “银色”选板中的数值控件

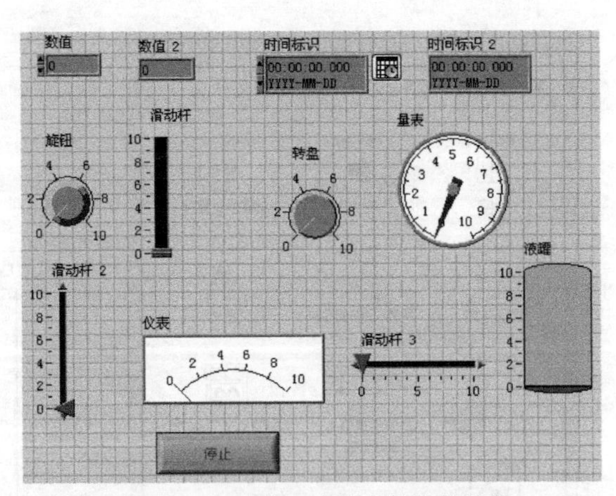

图 2-20 “经典”选板中的数值控件

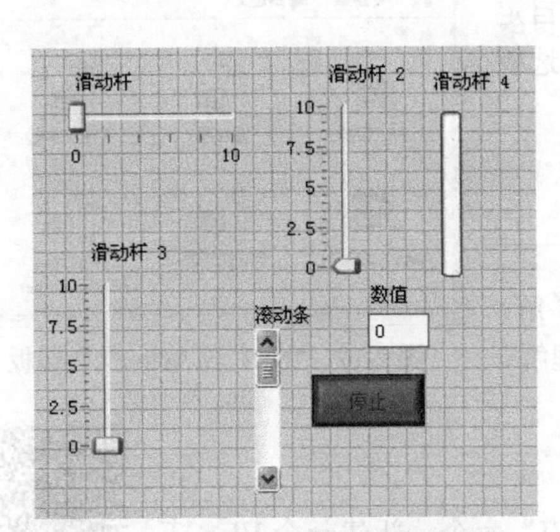

图 2-21 “系统”选板中的数值控件

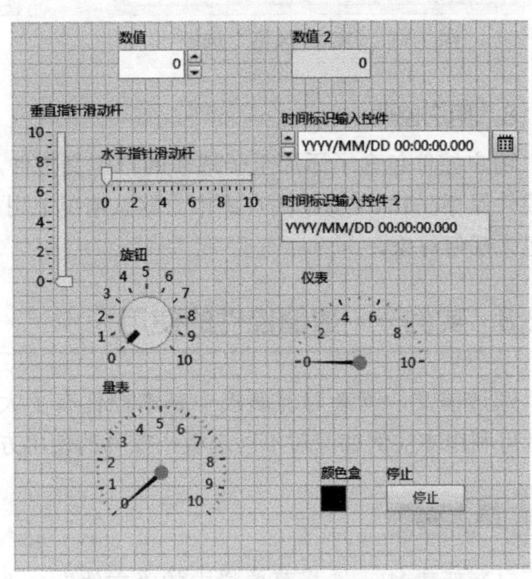

图 2-22 “NXG 风格”选板中的数值控件

2.3 对象的设置

新建 VI 后，需要对 VI 进行编辑，编辑对象包括前面板中的控件、文本、图片等，本节将介绍如何对前面板中的对象进行选择、删除、属性设置等操作。

2.3.1 选择对象

在“工具”选板中将鼠标指针切换为定位工具。当选择单个对象时，直接用鼠标左键单击需要选中的对象；如果需要选择多个对象，则要在窗口空白处拖动鼠标指针，使拖出的虚线框包含要选择的目标对象，或者按住〈Shift〉键，用鼠标左键单击选中多个目标对象。操作过程如图 2-23 所示。

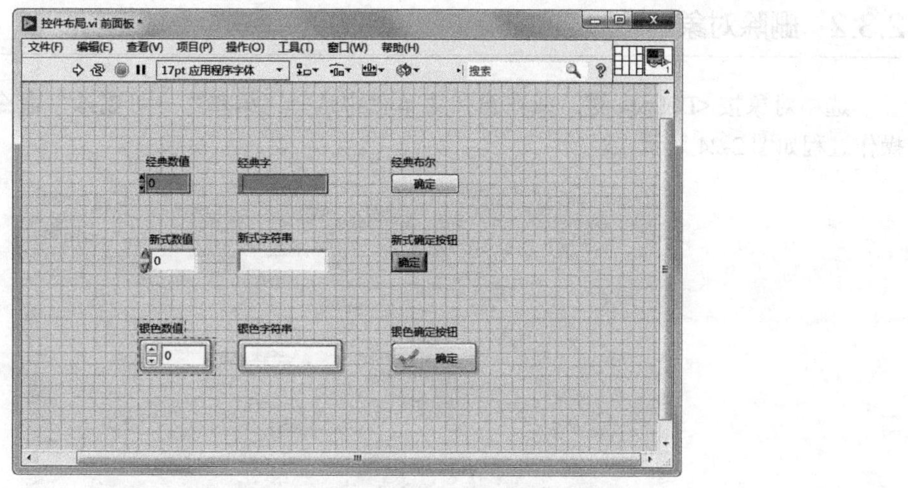

a）

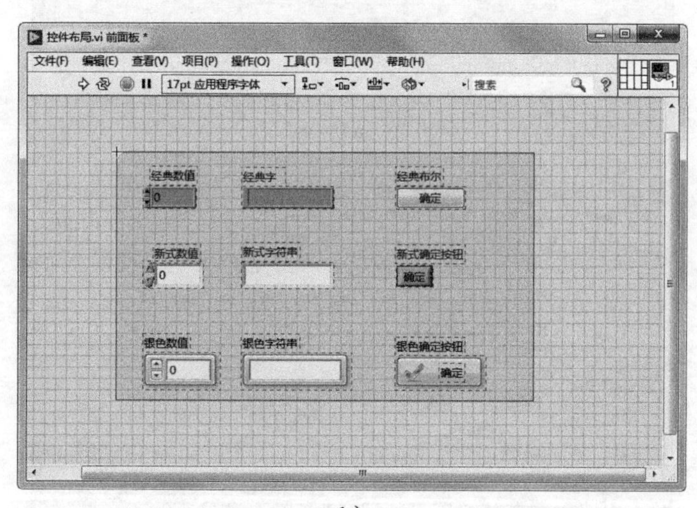

b）

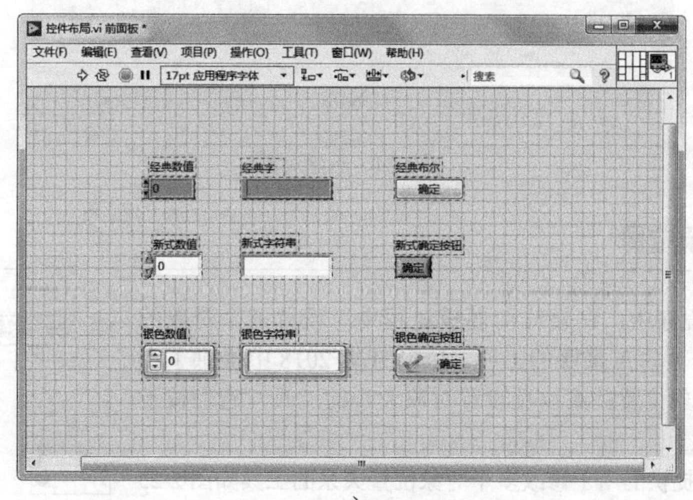

c）

图 2-23　选择对象

2.3.2 删除对象

选中对象按 <Delete> 键，或在窗口菜单栏中选择“编辑”→“删除”命令，即可删除对象。操作过程如图 2-24 所示。

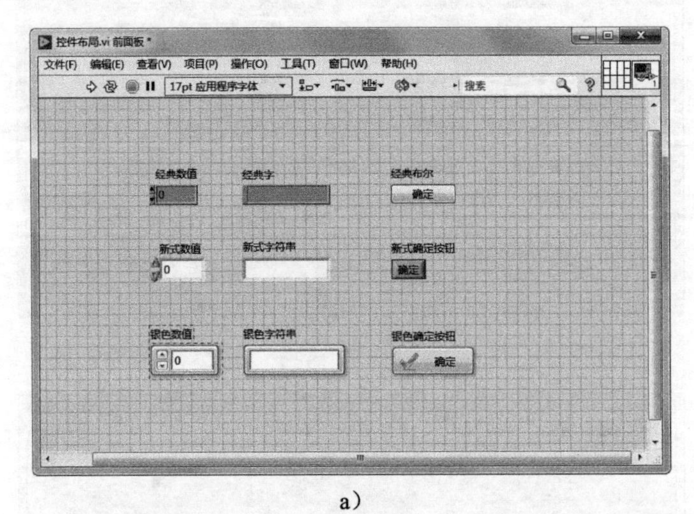

a）

b）

图 2-24 删除对象

2.3.3 变更对象位置

在 LabVIEW 程序中，在设计前面板过程中，设置多个对象的相对位置关系是一项非常重要的工作。LabVIEW 2018 中提供了专门用于调整多个对象位置关系以及设置对象大小的工具，它们位于 LabVIEW 的工具栏上。

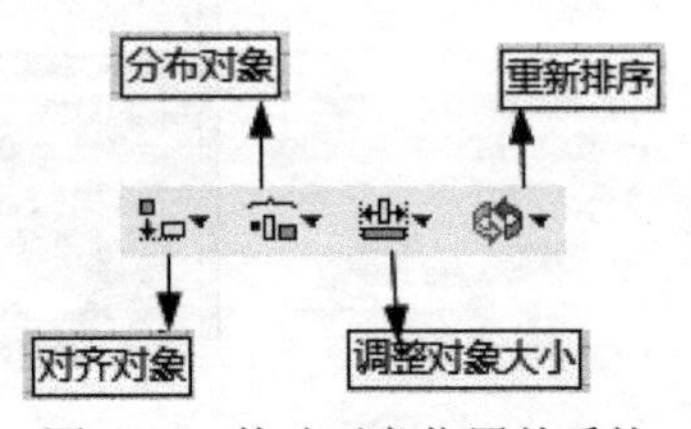

图 2-25 修改对象位置关系的工具

（1）LabVIEW 提供的用于修改多个对象位置关系的工具如图 2-25 所示。这 4 种工具分别用于调整多个对象的对齐关系和调整对象之间的距离。

（2）使用定位工具拖动目标对象到指定位置，如图 2-26 所示。拖动对象时窗口中会出现一个黄色的文本框，实时显示对象移动的相对坐标。

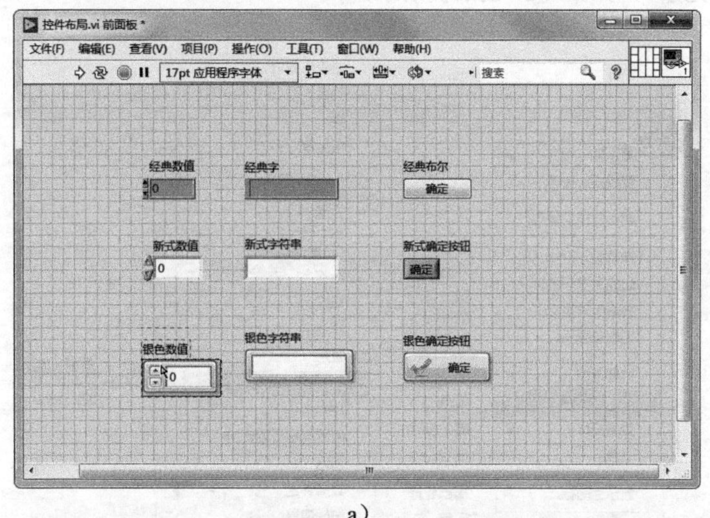

a）

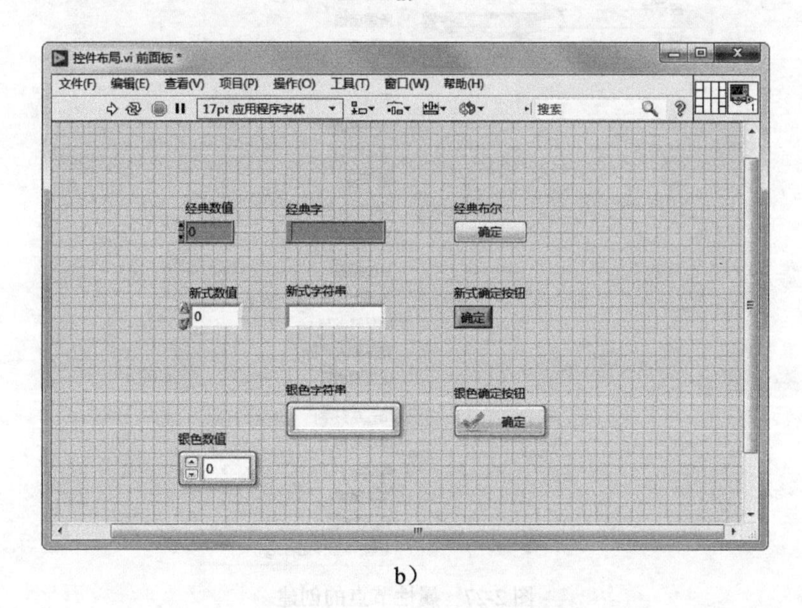

b）

图 2-26　移动的对象位置

2.3.4　属性节点

属性节点可以实时改变前面板对象的颜色、大小和是否可见等属性，从而达到最佳的人机交互效果。通过改变前面板对象的属性值，可以在程序运行中动态地改变前面板对象的属性。

下面以数值控件为例来介绍属性节点的创建：在数值控件上单击鼠标右键，在弹出的快捷菜单中依次选择“创建”→“属性节点”命令，然后选择要选的属性，若此时选择其中的可见属性，则选择“可见”，出现右边的小图标，如图 2-27 所示。

若需要同时改变所选对象的多个属性，一种方法是创建多个属性节点，如图 2-28 所示；另外一种简便的方法是在一个属性节点的图标上添加多个端口。添加的方法有两种：一种是用鼠标指针拖动属性节点图标下边缘的尺寸控制点，如图 2-29 的左侧所示；另一种是在属性节点图标的快捷菜单中选择“添加元素”，如图 2-29 的右侧所示。

图 2-27　属性节点的创建

有效地使用属性节点可以使用户设计的图形化人机交互界面更加友好、美观，操作更加方便。由于前面板对象的属性种类繁多，很难一一介绍，所以下面仅以数值控件为例来介绍部分属性节点的用法。

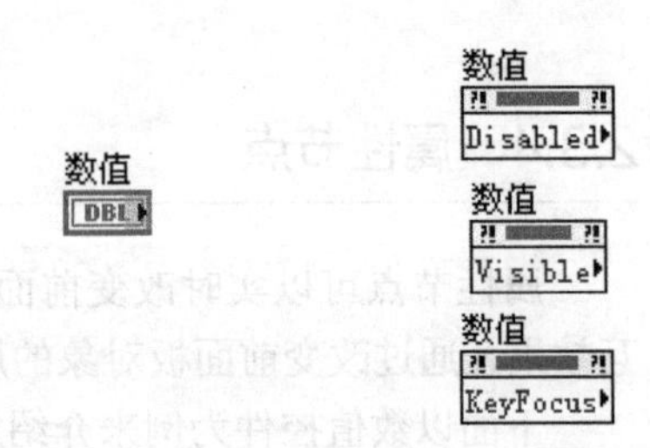

图 2-28　创建多个属性节点方法一

1. 键选中属性（KeyFocus）

该属性用于控制所选对象是否处于焦点状态，其数据类型为布尔类型，如图 2-30 所示。

- 当输入为真时，所选对象将处于焦点状态。
- 当输入为假时，所选对象将处于一般状态。

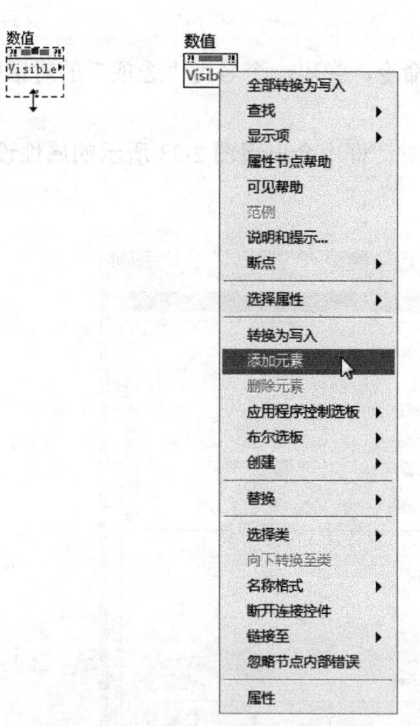

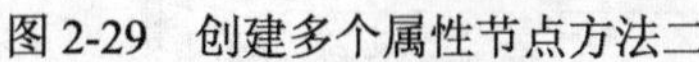

图 2-29　创建多个属性节点方法二

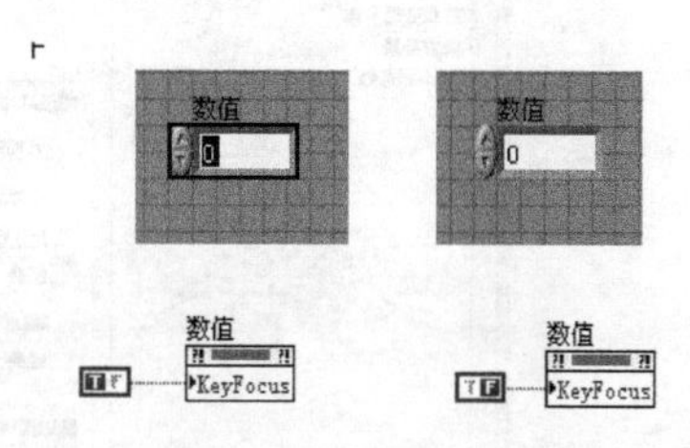

图 2-30　键选中属性

2. 禁用属性（Disabled）

通过这个属性，可以控制用户是否可以访问一个前面板，其数据类型为数值型，如图 2-31 所示。

- 当输入值为 0 时，前面板对象处于正常状态，用户可以访问前面板对象。
- 当输入值为 1 时，前面板对象处于正常状态，但用户不能访问前面板对象的内容。
- 当输入值为 2 时，前面板对象处于禁用状态，用户不可以访问前面板对象的内容。

3. 可见属性（Visible）

通过这个属性来控制前面板对象是否可见，其数据类型为布尔型，如图 2-32 所示。

- 当输入值为真时，前面板对象在前面板上处于可见状态。
- 当输入值为假时，前面板对象在前面板上处于不可见状态。

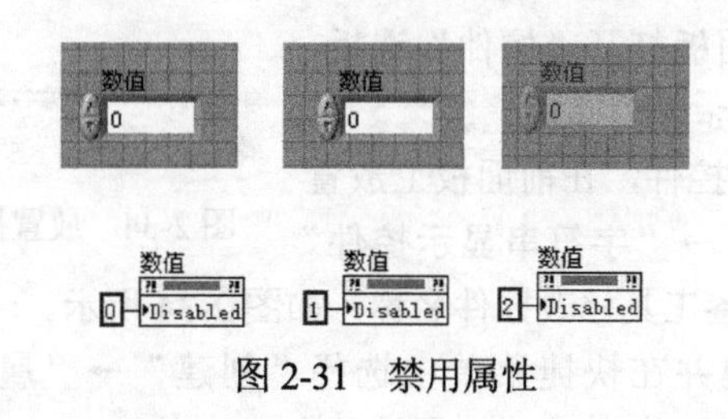

图 2-31　禁用属性

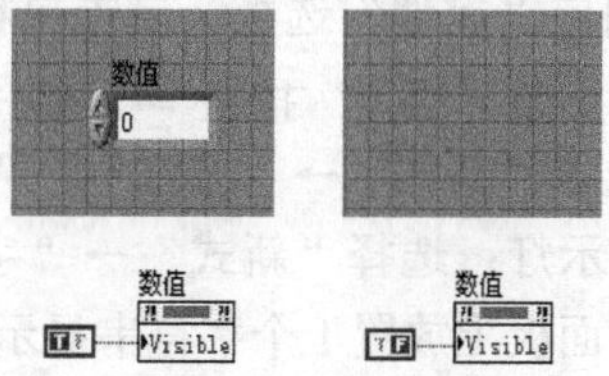

图 2-32　可见属性

4. 闪烁属性

通过这个属性可以控制前面板对象是否闪烁。

- 当输入值为真时，前面板对象处于闪烁状态。

- 当输入值为假时，前面板对象处于正常状态。

在 LabVIEW 菜单栏中选择“工具”→“选项”命令，弹出一个名为“选项”的对话框，在该对话框中可以设置闪烁的速度和颜色。

在对话框左侧的下拉列表框中选择“前面板”，对话框中会出现图 2-33 所示的属性设定选项，可以在其中设置闪烁速度。

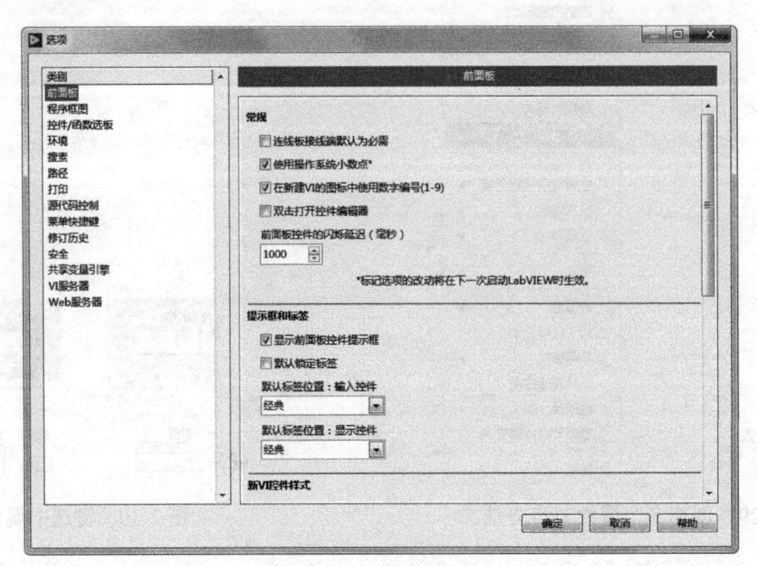

图 2-33　设置闪烁速度

2.3.5　实例——控件显示

通过本例，练习用一个按钮来控制字符串显示控件的显示状态，按下时显示，不按下时隐藏。

（1）新建 VI。选择菜单栏中的“文件”→“新建 VI”命令，新建一个 VI，一个空白的 VI 包括前面板及程序框图。

（2）保存 VI。选择菜单栏中的“文件”→“另存为”命令，输入 VI 名称为“控件显示”。

（3）固定“控件”选板。单击鼠标右键，在前面板打开“控件”选板，单击选板左上角“固定”按钮，将“控件”选板固定在前面板上。

（4）选择“新式”→“布尔”→“圆形指示灯”控件，在前面板上放置 1 个圆形指示灯；选择“新式”→“字符串与路径”→“字符串显示控件”控件，在前面板上放置 1 个字符串显示控件，利用标签工具修改控件名称，如图 2-34 所示。

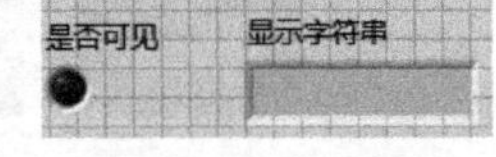

图 2-34　放置控件

（5）选中“显示字符串”控件，单击鼠标右键并在快捷菜单中选择“创建”→“属性节点”→“可见”命令，如图 2-35 所示，创建字符串显示控件的 Visible 属性节点，单击“确定”按钮，退出对话框。

（6）在属性节点单击鼠标右键，在快捷菜单中选择“全部转换为写入”命令，如图 2-36 所示，将“显示字符串”控件转换为输入控件。连接控件，将“是否可见”控件的“机械动作”设为“单击时触发”，如图 2-37 所示。将控件输出连接到属性节点输入，就可以实现用按钮控制文本显示状态，如图 2-38 所示。

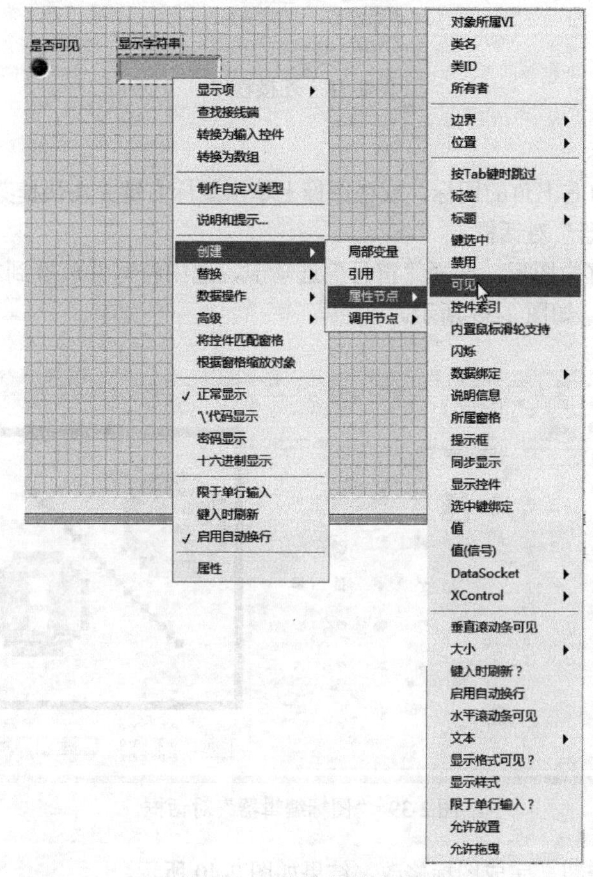

图 2-35　快捷菜单命令

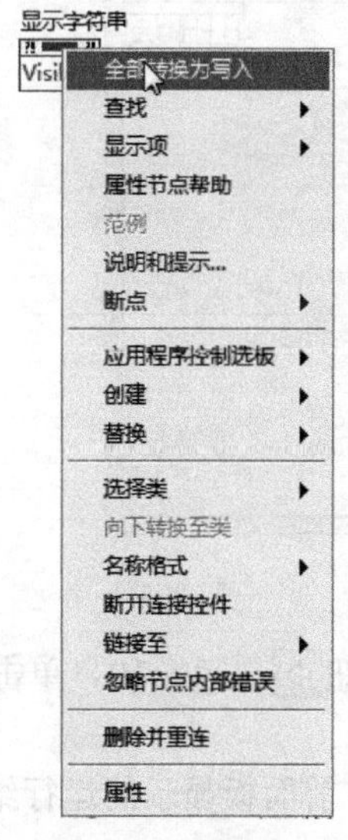

图 2-36　转换输入

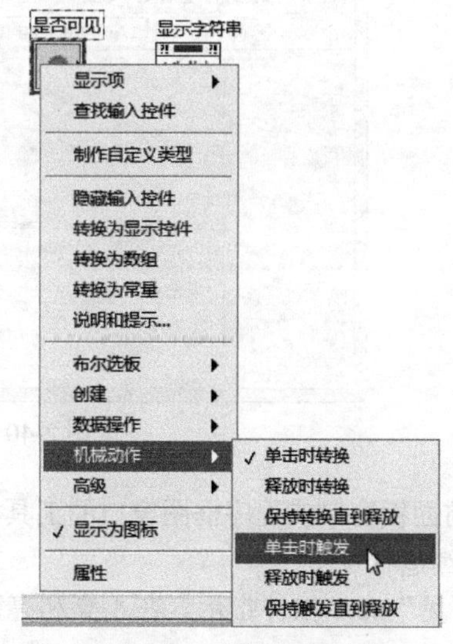

图 2-37　设置机械动作

图 2-38　连接程序

（7）设计子 VI 图标

① 双击前面板窗口右上角的图标，或在图标上单击鼠标右键并在快捷菜单中选择“编辑图标”命令，弹出“图标编辑器”对话框。

② 删除黑色矩形框内图形，选择“符号”选项卡，选中符号并放置到右侧绘图区，在右侧绘图区实时显示修改结果，如图 2-39 所示。

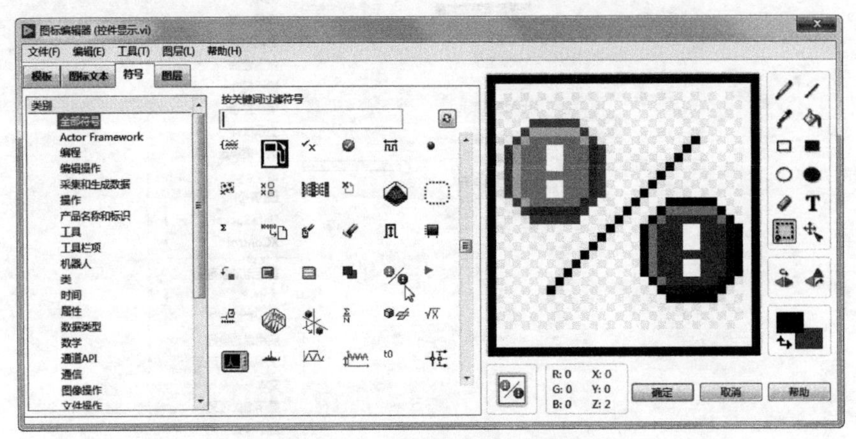

图 2-39 “图标编辑器”对话框

③ 单击“确定”按钮，完成图标修改，结果如图 2-40 所示。

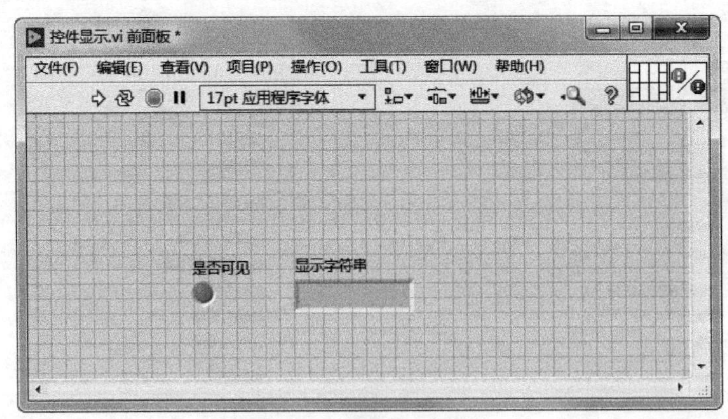

图 2-40　图标修改结果

（8）在前面板窗口或程序框图窗口的工具栏中单击“运行”按钮，运行 VI，单击“连续运行”按钮，持续运行 VI。

“是否可见”布尔控件指示灯在不亮和亮两种不同的情况下，前面板显示的运行结果如图 2-41 所示。

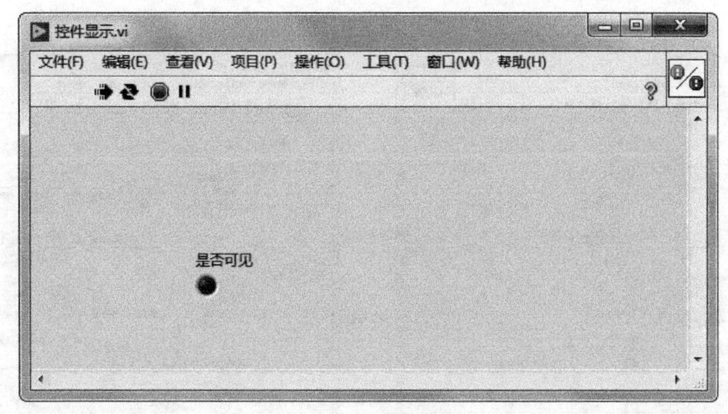

a）指示灯不亮

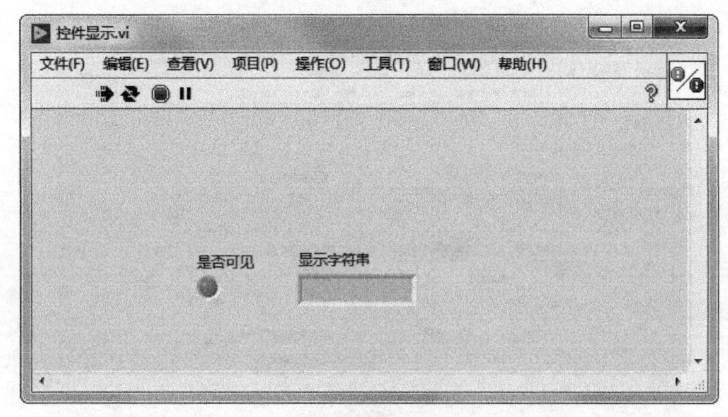

b）指示灯亮

图 2-41　运行结果

2.4　设置前面板的外观

为了更好地进行前面板的设计，LabVIEW 提供了丰富的设计前面板的方法，使 VI 的图形化交互式用户界面更加美观、友好且易于操作，使程序框图的布局和结构更加合理且易于理解、修改。

2.4.1　改变对象的大小

几乎每一个 LabVIEW 对象都有 8 个尺寸控制点，当定位工具位于对象上时，这 8 个尺寸控制点会显示出来，用定位工具拖动某个尺寸控制点，可以改变对象在该位置的尺寸，如图 2-42 所示。注意，有些对象的大小是不能改变的，例如程序框图中的输入端口或者输出端口、“函数”选板中的节点图标和子 VI 图标等。

注意

在拖动对象的边框时，窗口中也会出现一个黄色的文本框，实时显示对象的相对坐标。

LabVIEW 的前面板窗口的工具条上还提供了一个“调整对象大小”按钮，单击该按钮，会弹出一个图形化下拉选单，如图 2-43 所示。

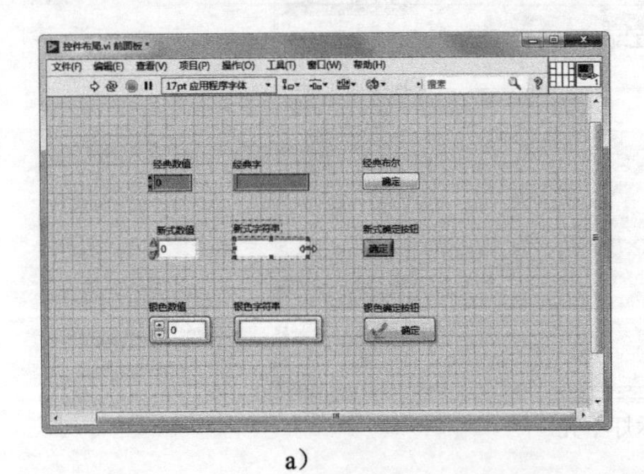

a）

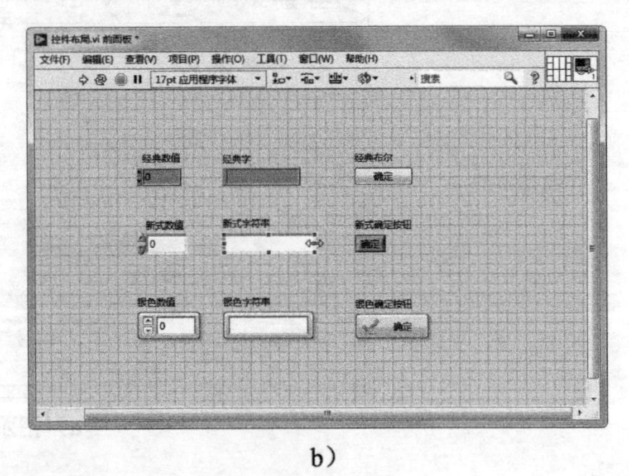

b）

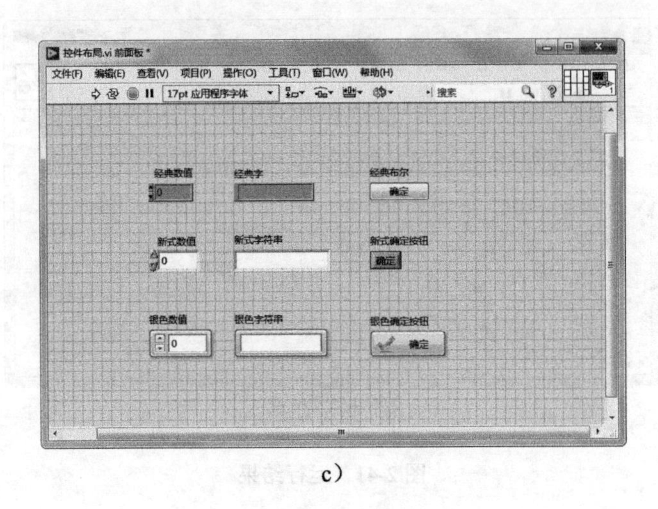

c）

图 2-42　改变对象的大小

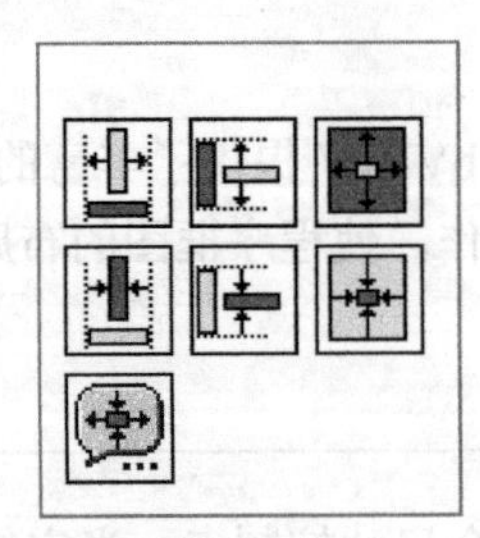

图 2-43　“调整对象大小”下拉选单

2.4.2　改变对象的颜色

前景色和背景色是前面板对象的两个重要属性，合理搭配对象的前景色和背景色会使用户的 VI 增色不少。下面具体介绍设置 VI 前面板前景色和背景色的方法。

首先选择工具模板中的上色工具，这时在前面板上将出现“设置颜色”对话框，如图 2-44 所示。

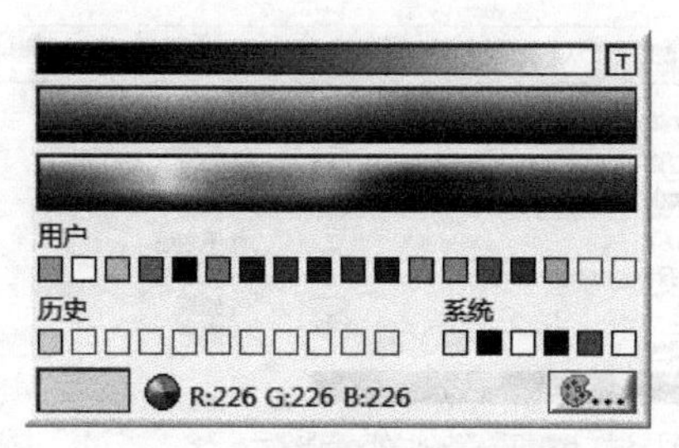

图 2-44　“设置颜色”对话框

从中选择适当的颜色，然后单击程序的程序框图，则程序框图的背景色被设置为指定的颜色。

同样的方法，在出现“设置颜色”对话框后，选择适当的颜色，并单击前面板的控件，则相应控件被设置为指定的颜色。

用鼠标右键单击对象透明的部分，弹出图 2-44 所示的色彩选择框，单击色彩选择框的最右上角带方框的 T 字图标，将该对象改变成透明状态，如图 2-45 所示。

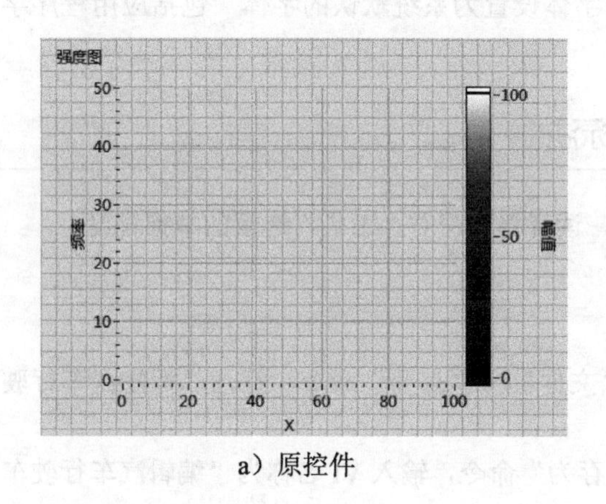

a）原控件

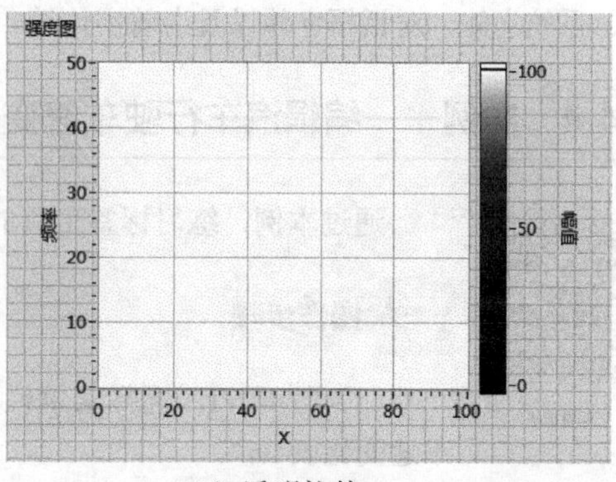

b）透明控件

图 2-45　控件的透明变换

- 在“设置颜色”对话框中，有两个上下重叠的颜色框，上面的颜色框代表对象的前景色或边框色，下面的颜色框代表对象的背景色。单击其中一个颜色框，就可以在弹出的“设置颜色”对话框中为其选择需要的颜色。
- 若“设置颜色”对话框中没有所需要的颜色，可以单击颜色对话框中的“更多颜色”按钮，此时系统会弹出一个 Windows 标准“颜色”对话框，在这个对话框中可以选择预先设定的各种颜色，或者直接设定 RGB 三原色的数值，更加精确地设定颜色。

完成颜色的选择后，单击需要改变颜色的对象，即可将对象改为指定的颜色。

2.4.3　设置对象的字体

选中对象，在工具栏中的“文本设置”下拉列表框 17pt 应用程序字体 中选择“字体对话框”，弹出“前面板默认字体”对话框后可设置对象的字体、大小、颜色、风格及对齐方式，如图 2-46 所示。

“文本设置”下拉列表框中的其他选项只是将“前面板默认字体”对话框中的内容分别列出，若只改变字体的某一个属性，可以在这些选项中方便地更改，而无须在字体对话框中更改。

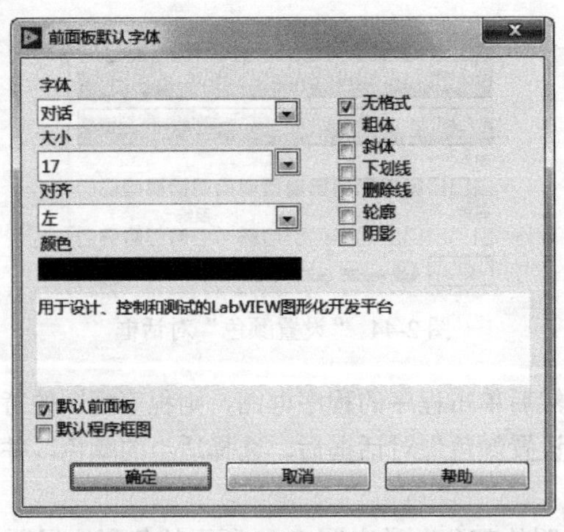

图 2-46 “前面板默认字体”对话框

另外，还可以在“文本设置”下拉列表框中将字体设置为系统默认的字体，包括应用程序字体、系统字体、对话框字体以及当前字体等。

2.4.4 实例——编辑汽车行驶车速变化表标注

扫码看视频

通过本例，练习标签工具的使用，读者将加深对“工具”选板的掌握程度。

（1）打开 VI。选择菜单栏中的“文件”→“打开”命令，打开“标注汽车行驶车速变化表 .vi”。

（2）保存 VI。选择菜单栏中的“文件”→“另存为”命令，输入 VI 名称为“编辑汽车行驶车速变化表标注”。

（3）按 <Shift> 键并单击鼠标右键，弹出“工具”选板，选择标签工具，单击选中控件下文本，进入文本编辑状态。

（4）选中文本，选择工具模板中的上色工具，这时在前面板上将出现“设置颜色”对话框，如图 2-47 所示。

从中选择黄色，然后单击文本，则文本的背景色被设定为黄色，如图 2-48 所示。

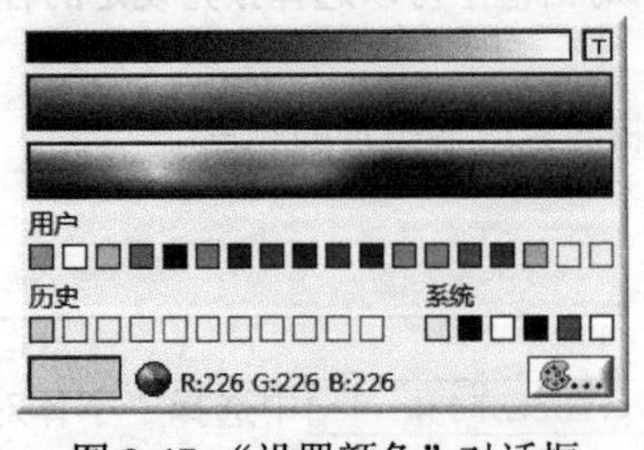

图 2-47 “设置颜色”对话框

汽车在单位时间内驶过的距离，简称车速。
常用单位是公里/小时或米/秒。
汽车行车速度是描述交通流的三个参数之一，
在交通流理论的研究中占有重要地位。
汽车行车速度也可泛指机动车行车速度。

图 2-48 设置文本颜色

（5）在工具栏中的“文本设置”下拉列表框 17pt 应用程序字体 中选择“字体对话框”，弹出“字体样式”对话框后可设置对象的字体、大小、颜色、风格及对齐方式，如图 2-49 所示。

（6）单击“确定”按钮，完成字体设置，调整文本宽度，最终结果如图 2-50 所示。

（7）单击自动工具选择，退出文本编辑状态。

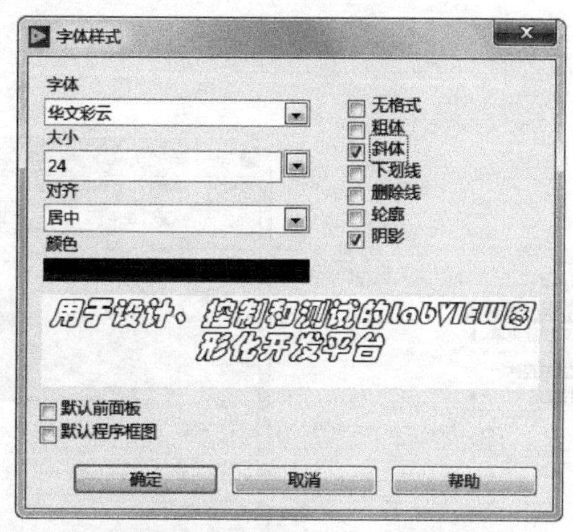

图 2-49　“字体样式”对话框

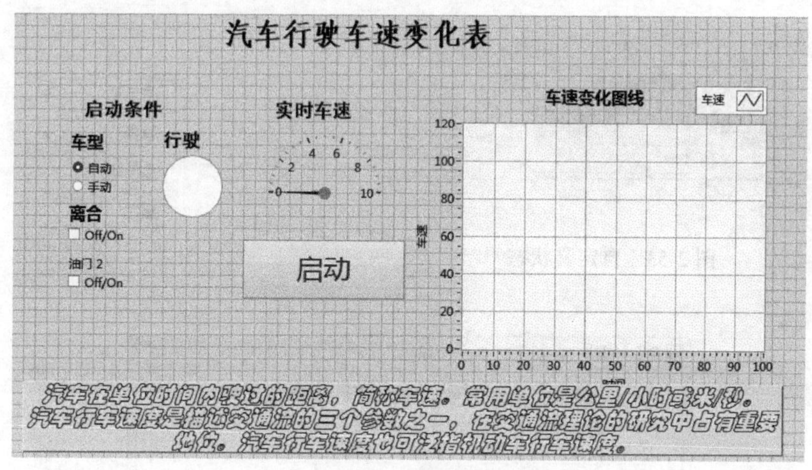

图 2-50　编辑文本

2.4.5　对象编辑窗口

为了使控件更真实地演示试验台，可利用自定义控件达到更加逼真的效果，下面介绍具体方法。

选中前面板中放置的控件，单击鼠标右键弹出快捷菜单，选择“高级”→“自定义”命令，如图 2-51 所示。弹出该控件的编辑窗口，如图 2-52 所示。

控件编辑窗口与前面板窗口类似，两者的工具栏稍有差异，在控件编辑窗口的工具栏中可以按照前面的方法直接修改对象大小、颜色和字体等。

下面介绍如何自定义修改控件。

（1）选中编辑窗口中的控件，单击工具栏中的“切换至自定义模式”按钮，进入编辑状态，控件由整体转换为单个的对象，如图 2-53 所示。同时在控件右侧自动添加数值显示文本框。

（2）选中该数值显示文本框，单击鼠标右键，弹出图 2-54 所示的快捷菜单，选择“属性”命令，弹出“旋钮类的属性：仪表”对话框。选择“外观”选项卡，勾选“显示数字显示框”复选框，如

图 2-55 所示，即可在控件右侧显示数字显示框，取消该复选框的勾选，则不显示该数字显示框。

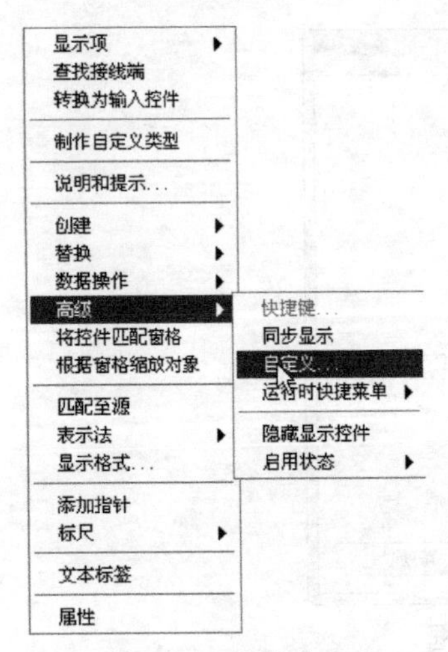

图 2-51 快捷命令

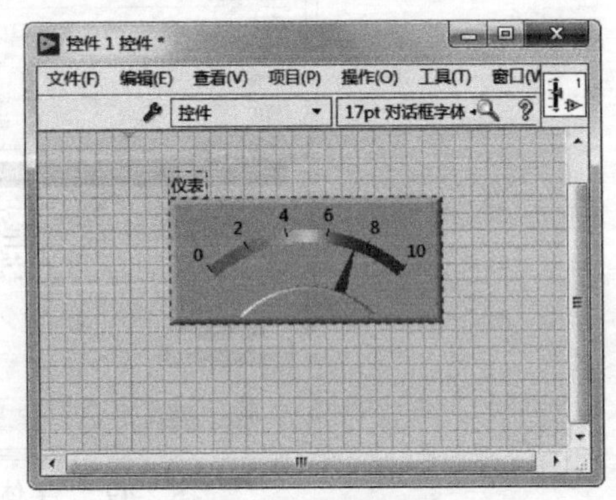

图 2-52 编辑窗口

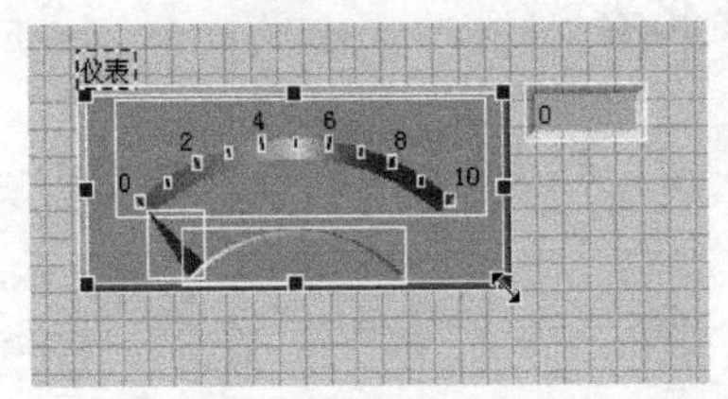

图 2-53 自定义状态

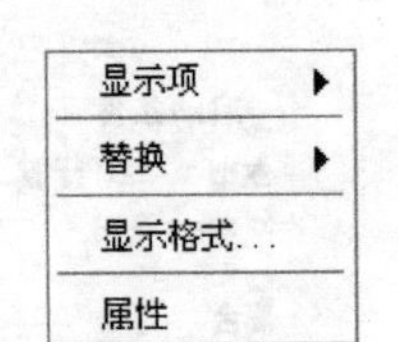

图 2-54 快捷菜单

图 2-55 “旋钮类的属性：仪表”对话框

（3）在控件编辑状态下，可对单个对象进行移动与大小调整。如图 2-56、图 2-57 所示，修改了控件的整体外观。

（4）选中控件中单个对象，单击鼠标右键弹出快捷菜单，如图 2-58 所示。利用快捷菜单命令，可对控件上对象的数量进行调整，也可添加导入的对象，如图 2-59 所示。

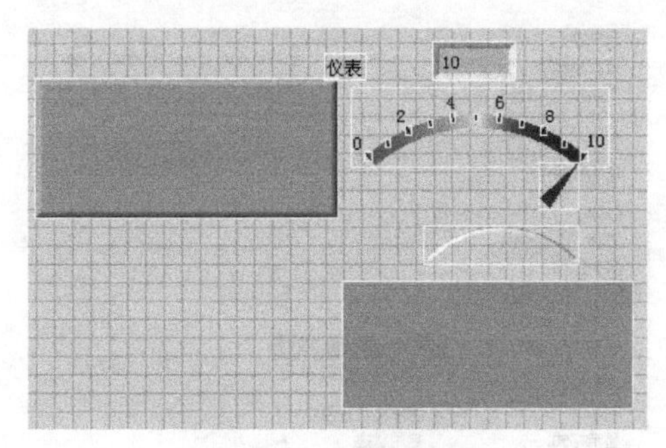

图 2-56　移动控件

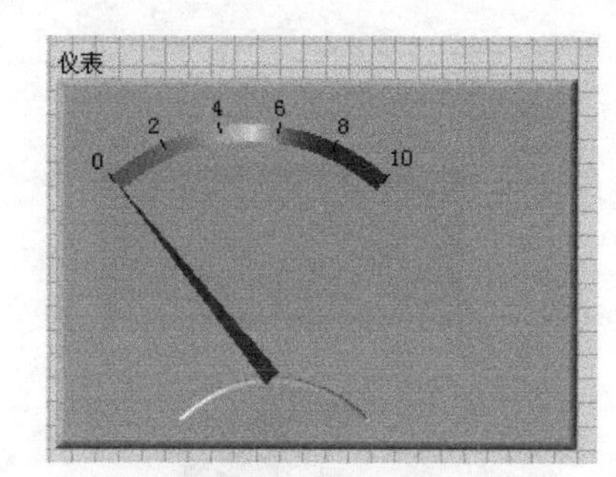

图 2-57　修改控件大小

复制至剪贴板
剪贴板导入图片
以相同大小从剪贴板导入
从文件导入...
以相同大小从文件导入...
还原
原始大小

图 2-58　快捷菜单

图 2-59　导入图片

单击工具栏中的“切换至编辑模式”按钮，完成自定义状态。

2.4.6　实例——设计计算机控件

本例将在液罐控件的基础上，对该控件进行编辑修改，转换成计算机控件，人为地增加“控件库”中的控件个数，也提供了一种设计控件的简便方法。

扫码看视频

操作步骤

（1）新建 VI。选择菜单栏中的“文件”→“新建 VI”命令，新建一个 VI，一个空白的 VI 包括前面板及程序框图。

（2）保存 VI。选择菜单栏中的“文件”→“另存为”命令，输入 VI 名称为“设计计算机控件”。

（3）固定“控件”选板。单击鼠标右键，在前面板打开“控件”选板，单击选板左上角“固定”按钮，将“控件”选板固定在前面板。

（4）选择“新式”→“数值”→“液罐”控件，并放置在前面板的适当位置，如图 2-60 所示。

（5）选中“液罐”控件，单击鼠标右键弹出快捷菜单，选择“高级”→“自定义”命令，如图 2-61 所示。弹出该控件的编辑窗口。

（6）选中编辑窗口中的控件，单击工具栏中的“切换至自定义模式”按钮，进入编辑状态，控件由整体转换为单个的对象，同时在控件右侧自动添加数值显示文本框，如图 2-62 所示。

（7）选择菜单栏中的“编辑”→“重新初始化为默认值”命令，将“液罐”控件数值设置为 0，如图 2-63 所示。

（8）单击选中控件中单个对象，适当调整控件形状，结果如图 2-64 所示。

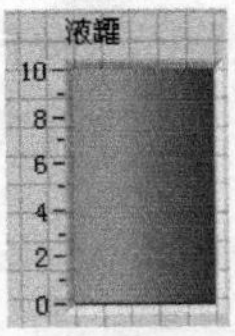

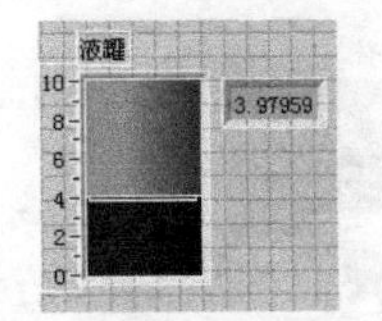

图 2-60　放置控件

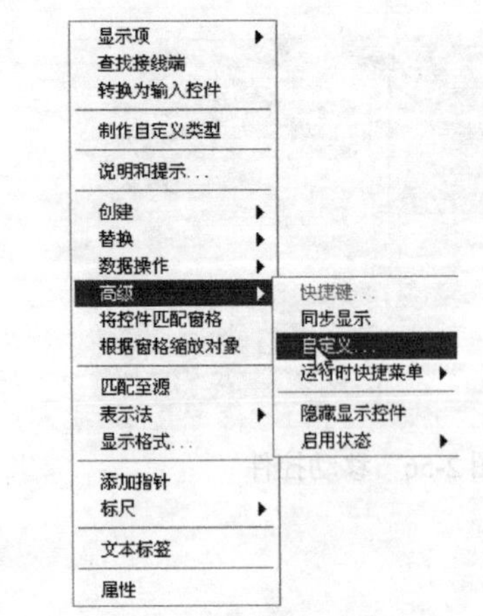

图 2-61　快捷命令

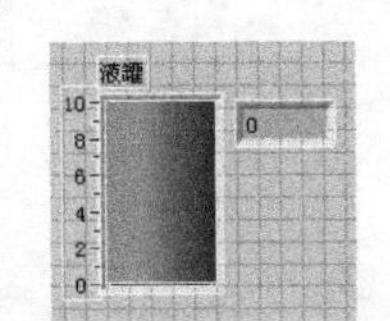

图 2-62　自定义状态

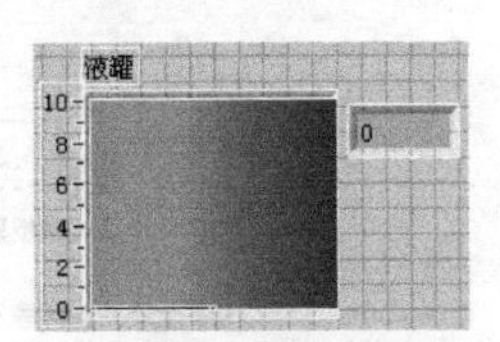

图 2-63　设置初始值

图 2-64　控件形状

（9）选中控件中单个对象，单击鼠标右键弹出快捷菜单，如图 2-65 所示。选择“以相同大小从文件导入”命令，在该控件上导入计算机图片，如图 2-66 所示。

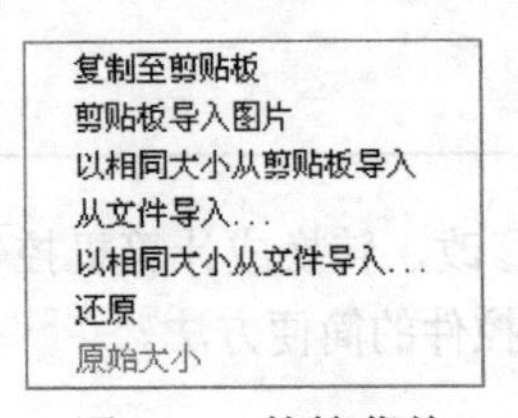

图 2-65　快捷菜单

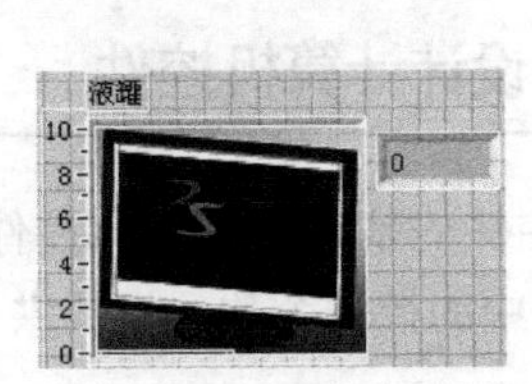

图 2-66　导入图片

（10）在“工具”选板中单击标签工具A，单击标签“液罐”，将其修改为“计算机”，结果如图 2-67 所示。

（11）单击工具栏中的“切换至编辑模式”按钮，完成自定义状态，结果如图 2-68 所示。

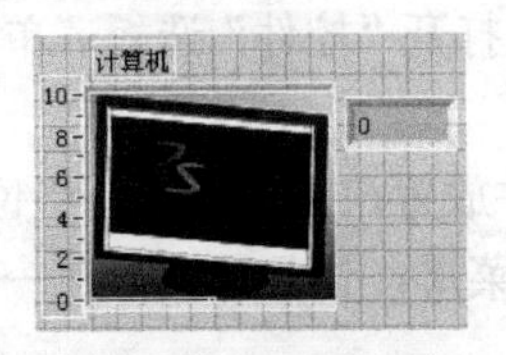

图 2-67　修改名称

图 2-68　自定义状态

（12）关闭控件编辑窗口，返回 VI 前面板，显示编辑结果，在左侧显示刻度，单击鼠标右键在快捷菜单中选择“标尺”→“样式”命令，选择图 2-69 所示的样式。

（13）完成样式设置的控件结果如图 2-70 所示。

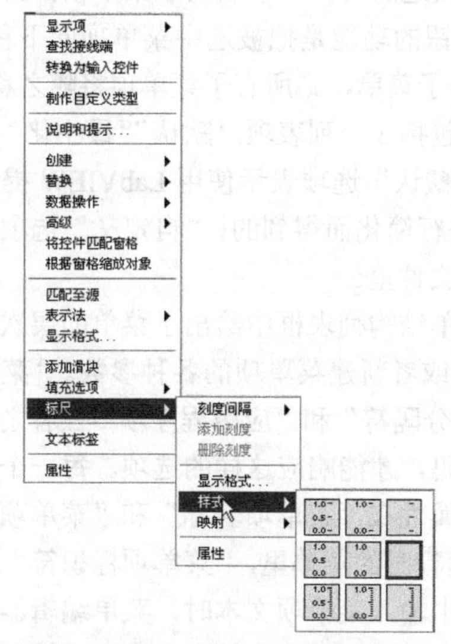

图 2-69　快捷菜单

图 2-70　控件编辑结果

2.5　菜单设计

菜单是图形用户界面中重要和通用的元素，几乎每个具有图形用户界面的程序都包含菜单，流行的图形操作系统也都支持菜单。菜单的主要作用是使程序功能层次化，而且用户在掌握了一个程序菜单的使用方法之后，可以没有任何困难地使用其他程序的菜单。

2.5.1　菜单编辑器

建立和编辑菜单的工作是通过“菜单编辑器”来完成的。在前面板窗口或程序框图窗口的主菜单里选择“编辑”→“运行时菜单…”命令，打开图 2-71 所示的“菜单编辑器”对话框。

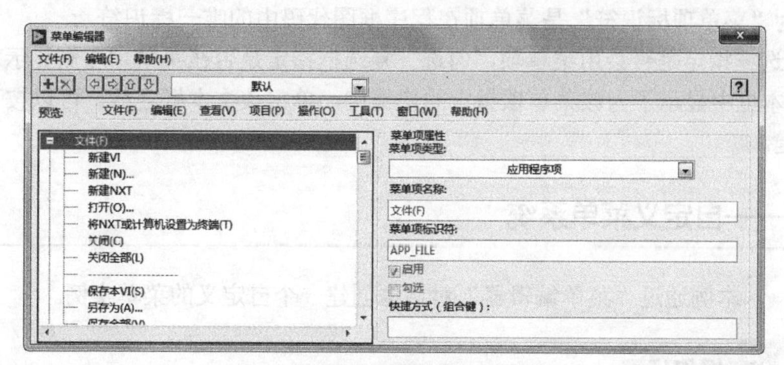

图 2-71　“菜单编辑器”对话框

菜单编辑器本身的菜单条有“文件”“编辑”和“帮助”3 个菜单项。菜单栏下面是工具栏，在工具栏的左边有 6 个按钮：第 1 个按钮的功能是在被选中菜单项的后面插入生成一个新的菜单项；第 2 个按钮的功能是删除被选中的菜单项；第 3 个按钮的功能是把被选中的菜单项提高一级，使得被选中菜单项后面的所有同级菜单项成为被选中菜单项的子菜单项；第 4 个按钮的功能是把被选中菜单项降低一级，使得被选中的菜单项成为前面最接近的统计菜单项的子菜单项；第 5 个按钮的功能是把被选中菜单项向上移动一个位置；第 6 个按钮的功能是把被选中菜单项向下移动一个位置。对于第 5、6 个按钮的移动动作，如果该选项是一个子菜单，则所有子菜单项将随之移动。

在工具栏按钮的右侧是菜单类型下拉列表框，包括 3 个列表项，“默认”“最小化”和“自定义”，它们决定了与当前 VI 关联的运行时菜单的类型。“默认”选项表示使用 LabVIEW 提供的标准默认菜单；“最小化”选项是在“默认”菜单的基础上进行简化而得到的；“自定义”选项表示完全由程序员生成菜单，这样的菜单保存在扩展名为 .rtm 的文件里。

工具栏的“预览”给出了当前菜单的预览；菜单结构列表框中给出了菜单的层次结构显示。

在“菜单项属性”选项组内设定被选中菜单项或者新建菜单项的各种参数。“菜单项类型”下拉列表框定义了菜单项的类型，可以是“用户项”“分隔符”和“应用程序项”三者之一。“用户项”表示用户自定义的选项，必须在程序框图中编写代码，才能响应这样的选项。每一个“用户项”菜单选项都有选项名和选项标记符两个属性，这两个属性在“菜单项名称”和“菜单项标识符”文本框中指定。“菜单项名称”作为菜单项文本出现在运行时的菜单里，“菜单项标识符”作为菜单项的标识出现在程序框图上。在“菜单项名称”文本框中输入菜单项文本时，菜单编辑器会自动地把该文本复制到“菜单项标识符”文本框中，即在默认情况下菜单选项的文本和程序框图表示相同。可以修改“菜单项标识符”文本框的内容，使之不同于“菜单项名称”的内容。“分隔符”选项建立菜单里的分割线，该分割线表示不同功能菜单项组合之间的分界。“应用程序项”实际上是一个子菜单，里面包含了所有系统预定义的菜单项。可以在“应用程序项”菜单里选择单独的菜单项，也可以选中整个子菜单。类型为“应用程序项”的菜单项的“菜单项名称”“菜单项标识符”属性都不能修改，而且不需要在程序框图上对这些菜单项进行响应，因为它们都是已经定义好的标准动作。

“菜单项名称”和“菜单项标识符”文本框分别定义菜单项文本和菜单项标识。“菜单项名称”中出现的下划线具有特殊的意义，即在真正的菜单中，下划线将显示在“菜单项名称”文本中紧接在下划线后面的字母下面，在菜单项所在的菜单里按下这个字符，将会自动选中该菜单项。如果该菜单项是菜单栏上的最高级菜单项，则按下 <Alt>+< 字符 > 键将会选中该菜单项。例如可以自定义某个菜单项的名字为“文件（_F）”，这样在真正的菜单里显示的文本将为“文件（F）”。如果菜单项没有位于菜单栏中，则在该菜单项所在菜单里按 <F> 键，将自动选择该菜单项。如果“文件（F）”是菜单栏中的最高级菜单项，则按 <Alt>+<F> 键将打开该菜单项。所有菜单项的“菜单项标识符”必须不同，因为“菜单项标识符”是菜单项在程序框图代码中的唯一标识符。

“启用”复选框指定是否禁用菜单项，“勾选”复选框指定是否在菜单项左侧显示对号确认标记。“快捷方式”文本框中显示了为该菜单项指定的快捷键，单击该文本框之后，可以按下适当的按键，定义新的快捷键。

2.5.2 实例——自定义菜单系统

本例通过“菜单编辑器”对话框创建一个自定义的菜单实例。

扫码看视频

操作步骤

1. 设置编辑环境

（1）新建 VI。选择菜单栏中的“文件”→“新建 VI”命令，新建一个 VI，一个空白的 VI 包括前面板及程序框图。

（2）在菜单栏中选择“编辑”→“运行时菜单…”命令，打开“菜单编辑器”对话框。

（3）在菜单栏中选择“文件”→“新建”命令，新建空白的菜单编辑文件，自动增加一个默认的空白用户项，如图 2-72 所示。

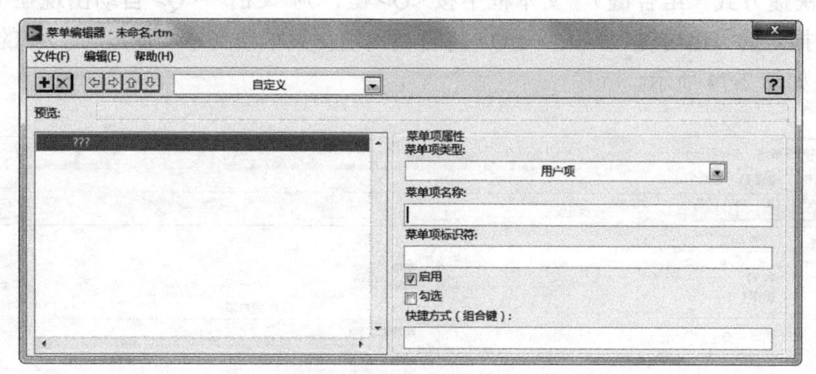

图 2-72　空白的菜单编辑文件

2. 编辑“文件”菜单

选择默认的空白用户项，设置“菜单项名称”为“文件（_F)”，“菜单项标识符”为“文件”。表示“文件”菜单作为菜单项时的显示出来的实际文本为“文件（F)”。

在图 2-72 给出的菜单中，选择菜单栏中的“编辑”→“插入用户项”命令或单击工具栏中的 按钮，添加用户项。

选择菜单栏中的“编辑”→“设置为子项”命令或单击工具栏中的 按钮，将用户项转化为子项。

（1）第 1 项是“保存”菜单项，设置如下，设置结果如图 2-73 所示。

- “菜单项名称”为“保存（S)”。表示打开“文件”菜单后按 <S> 键将自动选中该菜单项。
- “菜单项标识符”为“文件 _ 保存”。
- 在“快捷方式（组合键）”文本框中按 <S> 键，则 <Ctrl>+<S> 自动出现在文本框内，运行时该菜单项指定的“组合键”<Ctrl>+<S> 将自动出现在菜单项文本“保存（S)”的后面。

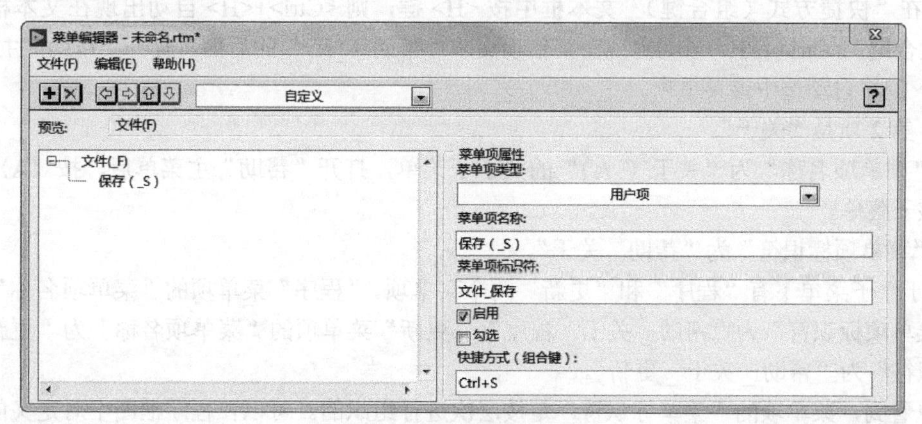

图 2-73　“保存”菜单

（2）第 2 项是“分隔符”。

选择菜单栏中的“编辑”→“插入分隔符”命令，添加分隔符。

（3）第 3 项是“退出”菜单项。

● “菜单项名称”为“退出（_Q）”，表示打开“文件”菜单后，按 <Q> 键将自动选中该菜单项。

● “菜单项标识符”为“文件 _ 退出”。

● 在“快捷方式（组合键）”文本框中按 <Q> 键，则 <Ctrl>+<Q> 自动出现在文本框内，运行时该菜单项指定的“组合键” <Ctrl>+<Q> 将自动出现在菜单项文本“退出（Q）”的后面。

设置结果如图 2-74 所示。

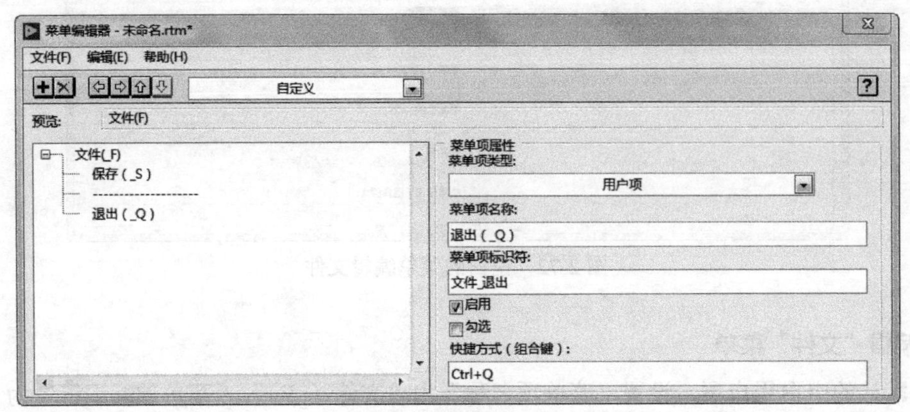

图 2-74 “退出”菜单

3. 编辑“帮助”菜单

“帮助”菜单作为菜单项时，“菜单项名称”为“帮助（_H）”，显示出来的实际文本为“帮助（H）”，“菜单项标识符”为“帮助”，按“组合键” <Alt>+<H> 将自动打开该菜单。“帮助”菜单下有两项内容。

（1）第 1 项是“帮助”。

● “菜单项名称”为“帮助（_H）”的帮助菜单项。

● “菜单项标识符”为“帮助 _ 帮助”。

● 在“快捷方式（组合键）”文本框中按 <H> 键，则 <Ctrl>+<H> 自动出现在文本框内，运行时“组合键” <Ctrl>+<H> 自动出现在菜单项文本“帮助（_H）”的后面，打开“帮助”主菜单后，按下 <H> 键将自动选中该菜单项。

（2）第 2 项是“关于”。

● “菜单项名称”为“关于（_A）”的关于子菜单，打开“帮助”主菜单后，按〈A〉键将自动打开该子菜单。

● “菜单项标识符”为“帮助 _ 关于”。

“关于”子菜单下有“程序”和“更新”两个菜单项。“程序”菜单项的“菜单项名称”为“程序”，“菜单项标识符”为“帮助 _ 关于 _ 程序”；“更新”菜单项的“菜单项名称”为“更新”，“菜单项标识符”为“帮助 _ 关于 _ 更新”。

可以看到，菜单项的“菜单标识符”是按层次进行组织的。可以在程序框图中对定义的菜单进行编程。

选择菜单栏中的“文件”→“另存为”命令，保存创建的自定义菜单为“自定义”，如图 2-75 所示。

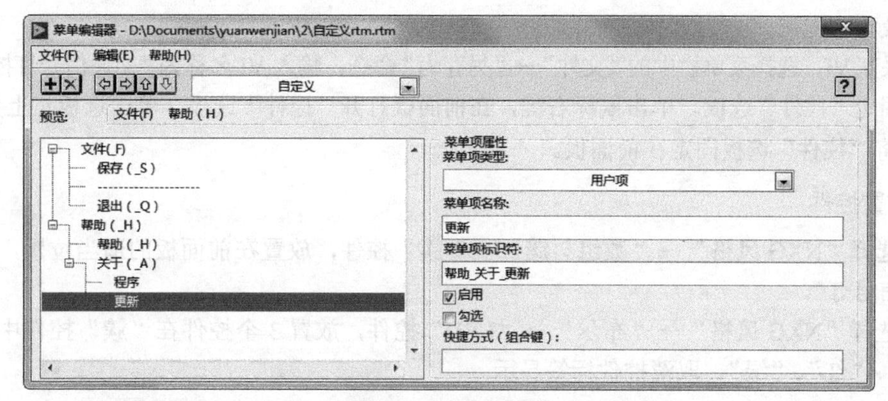

图 2-75 自定义菜单

2.5.3 “菜单”函数

在“函数”选板中选择“编程”→“对话框与用户界面”→“菜单”子选板，如图 2-76 所示，“菜单”子选板中包含了所有对菜单进行操作的函数，用于修改 LabVIEW 应用程序中的菜单。

用户可以根据需要进行选用。关于这些函数的详细使用方法，请参考 LabVIEW 自带的帮助文件。

下面介绍“菜单”子选板中的具体菜单函数。

- 插入菜单项：在菜单或子菜单中插入项名称或项标识符指定的菜单项。
- 当前 VI 菜单栏：返回当前 VI 的菜单引用句柄。
- 获取菜单项信息：返回菜单项或菜单栏的属性。
- 获取快捷菜单信息：返回可通过快捷键访问的菜单项。
- 获取所选菜单项：返回最后选中的菜单项的项标签，等待毫秒超时接线端指定的时间，以 ms 为单位。
- 启用菜单跟踪：启用或禁用菜单项选择的跟踪。
- 删除菜单项：删除菜单或子菜单中的菜单项。
- 设置菜单项信息：设置菜单项或菜单栏的属性。

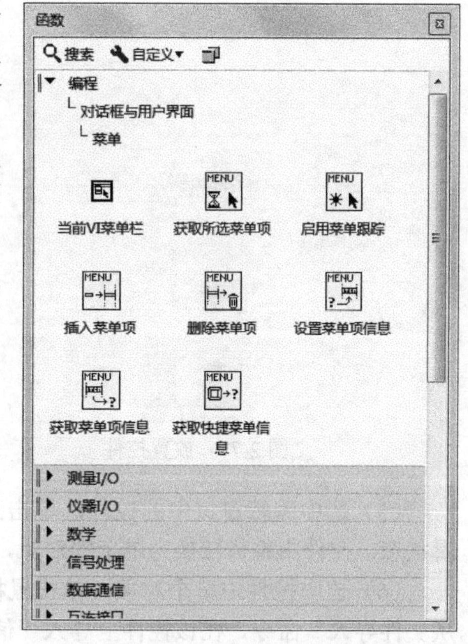

图 2-76 “菜单”子选板

2.6 综合实例——交通信号灯控制系统

通过本例交通信号灯控制系统前面板的设计，读者可完整地掌握前面板设计技巧，同时熟悉前面板中控件的位置，在绘制过程中熟练、快速地找到所需要的控件。

扫码看视频

操作步骤

1. 设置工作环境

（1）新建 VI。选择菜单栏中的“文件”→“新建 VI”命令，新建一个 VI，一个空白的 VI 包

括前面板及程序框图。

（2）保存 VI。选择菜单栏中的“文件”→“另存为”命令，输入 VI 名称为“交通信号灯控制系统”。

（3）固定“控件”选板。单击鼠标右键，在前面板打开“控件”选板，单击选板左上角“固定”按钮，将“控件”选板固定在前面板。

2. 放置控件

（1）选择“NXG 风格”→“数组与簇”→“簇”控件，放置在前面板的适当位置，修改名称为“交通信号灯”。

（2）选择“NXG 风格”→“布尔”→“LED”控件，放置 3 个控件在“簇”控件中，修改名称为“黄”、“红”、“绿”，取消控件标签显示。

（3）按 <Shift> 键并单击鼠标右键，弹出“工具”选板，选择上色工具，在 LED 控件处单击，分别设置三个控件颜色为黄、红、绿，结果如图 2-77 所示。

（4）选中“簇”控件，单击鼠标右键弹出快捷菜单，选择“高级”→“自定义”命令，如图 2-78 所示。弹出该控件的编辑窗口，保存控件名称为“信号灯”。

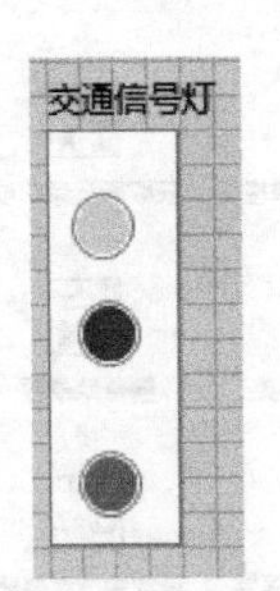

图 2-77　放置控件

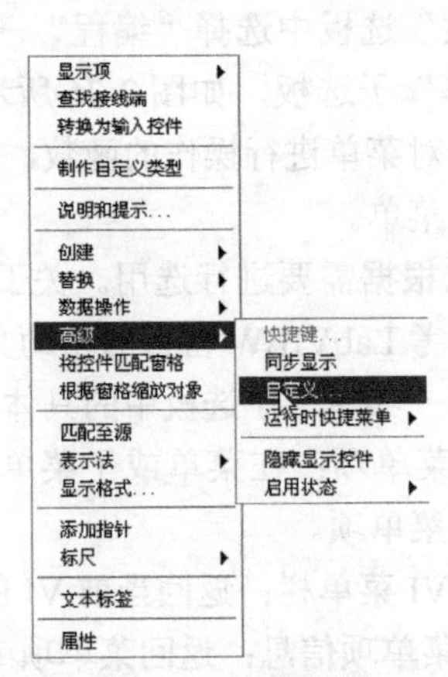

图 2-78　快捷菜单

（5）选中编辑窗口中的控件，单击工具栏中的“切换至自定义模式”按钮，进入自定义编辑状态，控件由整体转换为单个的对象，同时在控件右侧自动添加数值显示文本框。

（6）选中控件中单个对象，单击鼠标右键弹出快捷菜单，如图 2-79 所示。选择“以相同大小从文件导入”命令，在该控件上导入“信号灯”图片。

（7）在工具面板中选择上色工具，用鼠标右键单击“交通信号灯”控件，弹出“设置颜色”对话框，单击框的右上角带方框的 T 字图标，将“交通信号灯”控件改变成透明状态，如图 2-80 所示。

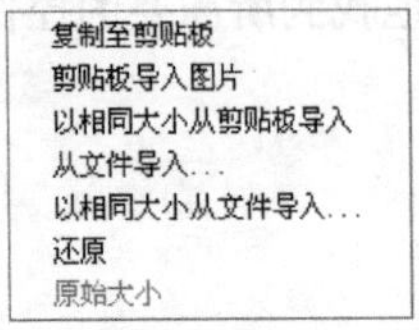

复制至剪贴板
剪贴板导入图片
以相同大小从剪贴板导入
从文件导入...
以相同大小从文件导入...
还原
原始大小

图 2-79　快捷菜单

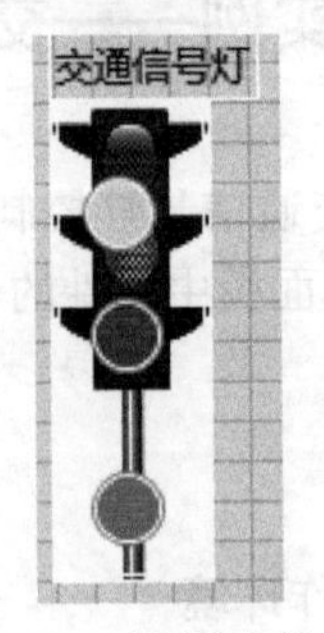

图 2-80　透明控件

（8）单击工具栏中的“切换至编辑模式”按钮，完成自定义状态，进入编辑状态。选中“交通信号灯”控件中单个 LED 控件对象，适当调整控件位置，结果如图 2-81 所示。

小技巧

按 <Shift> 键一次选中三个 LED 控件，单击工具栏中“对齐对象”按钮下的“左边缘”按钮，使对象左对齐；选中“分布对象”按钮下的“垂直间距”按钮，调整对象垂直间距，即可合理布置控件。

（9）关闭控件编辑窗口，返回 VI 前面板，显示编辑结果，如图 2-82 所示。

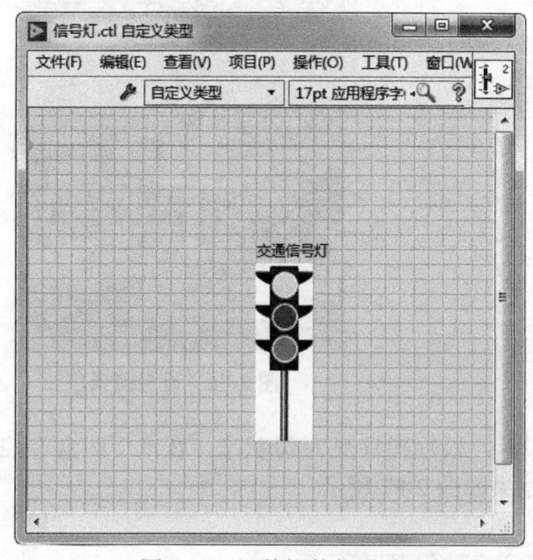

图 2-81　调整控件位置

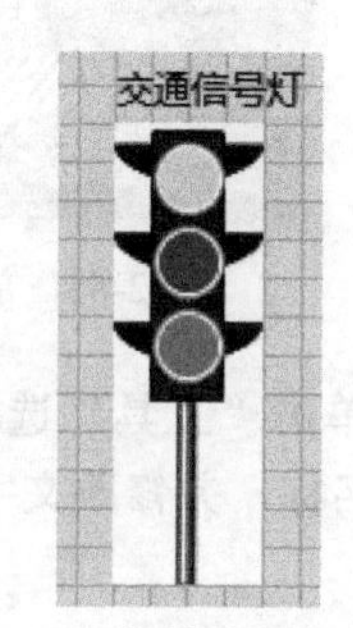

图 2-82　控件编辑结果

3. 前面板设计

（1）利用“复制”“粘贴”命令，在前面板中插入图片，拉伸成适当尺寸放置在对应位置，如图 2-83 所示。

（2）选中“上凸盒”控件，在工具栏中单击“重新排序”按钮下拉菜单，选择“移至后面”命令，改变对象在窗口中的前后次序，如图 2-84 所示。

图 2-83　插入图片

图 2-84　设置对象前后次序

（3）从“控件”选板的“修饰”子选板中选取“下凹盒”控件，拖出一个方框，并放置在控件上方，如图 2-85 所示。

（4）选择“工具”选板中的上色工具，为修饰控件设置颜色。将前面板的前景色设置为黄绿色，如图 2-86 所示。

图 2-85　放置下凹盒

图 2-86　设置前景色

（5）单击“工具”选板中的标签工具，鼠标指针变为状态，在“下凹盒”控件上单击，输入系统名称，并修改文字大小、样式，结果如图 2-87 所示。

图 2-87　输入文字

第 3 章 程序框图与程序结构

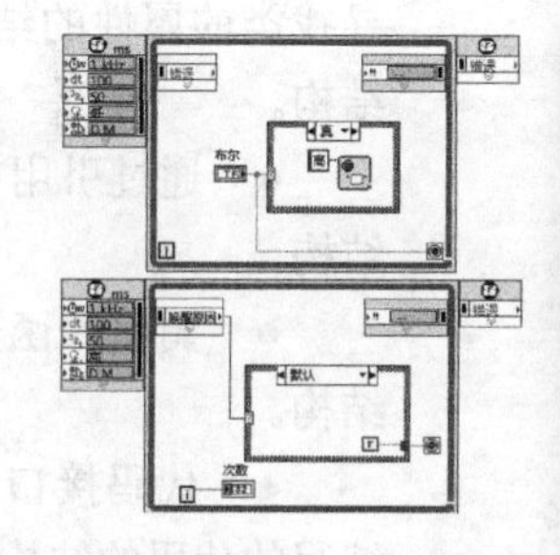

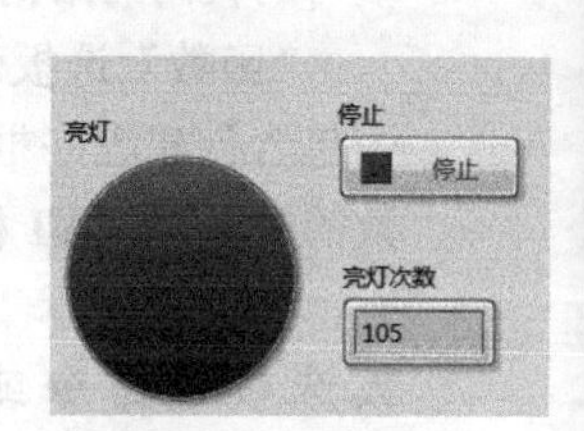

内容指南

本章主要介绍 LabVIEW 的程序框图及程序控制结构框图，程序控制结构包括循环结构、条件结构、顺序结构、事件结构和定时结构；最后对 LabVIEW 中常用的公式节点的使用方法进行介绍。

LabVIEW 采用结构化数据流程图编程，也能够处理循环、顺序、条件和事件等程序控制的结构框图，这是 LabVIEW 编程的核心，也是其区别于其他图形化编程开发环境的独特和灵活之处。

知识重点

- 程序框图
- 循环结构
- 条件结构
- 顺序结构
- 事件结构

3.1 程序框图

节点是程序框图上的对象，带有输入输出端，在 VI 运行时进行运算。节点类似于文本编程语言中的语句、运算符、函数和子程序。LabVIEW 有以下类型的节点。

- 函数：内置的执行元素，相当于操作符、函数或语句。
- 子 VI：用于另一个 VI 程序框图上的 VI，相当于子程序。
- Express VI：协助常规测量任务的子 VI，Express VI 是在配置对话框中配置的。
- 结构：执行控制元素，如 For 循环、While 循环、条件结构、平铺式和层叠式顺序结构、定时结构和事件结构。
- 公式节点和表达式节点：公式节点是可以直接向程序框图输入方程的结构，其大小可以调节；表达式节点是用于计算含有单变量表达式或方程的结构。
- 属性节点和调用节点：属性节点是用于设置或寻找类的属性的结构；调用节点是设置对象执行方式的结构。
- 通过引用节点调用：用于调用动态加载的 VI 的结构。
- 调用库函数节点：调用大多数标准库或 DLL 的结构。
- 代码接口节点（CIN）：调用使用文本编程语言编写的代码的结构。

“函数”选板仅位于程序框图窗口中。“函数”选板中包含创建程序框图所需要的 VI 和函数。按照 VI 和函数的类型，将 VI 和函数归入不同子选板中。

如需要显示“函数”选板，可选择“查看”→“函数选板”命令或在程序框图窗口单击鼠标右键。LabVIEW 将记住“函数”选板的位置和大小，因此当 LabVIEW 重启时选板的位置和大小不变。在“函数”选板中可以进行内容修改。

在“函数”选板中，按照功能分门别类地存储相关函数、VIs 和 Express VIs。LabVIEW 2018 简体中文专业版的“函数”选板如图 3-1 所示，在后面的章节中将详细介绍该选板中的各个函数。

本章主要讲解的是程序结构，包括循环结构、条件结构、顺序结构、事件结构和定时结构，在“函数”选板中的“编程”→“结构”子选板中显示，如图 3-2 所示。

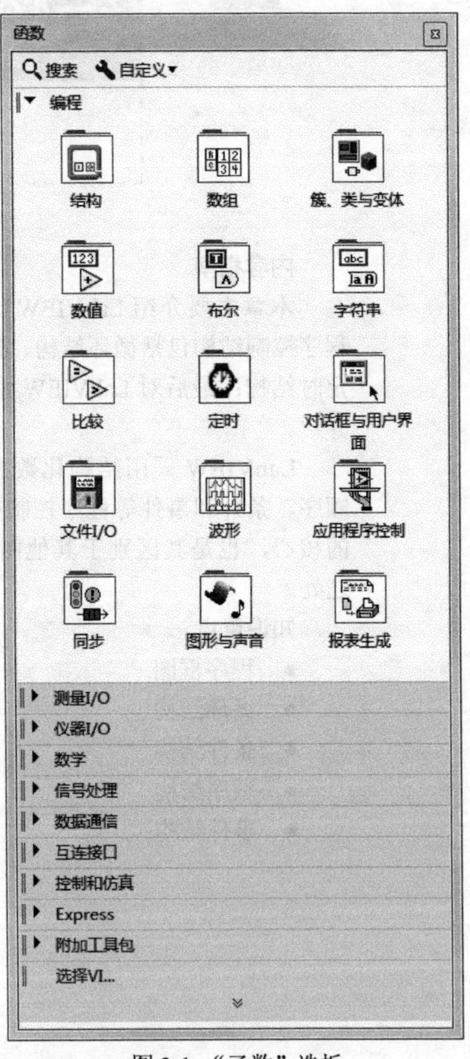

图 3-1 “函数”选板

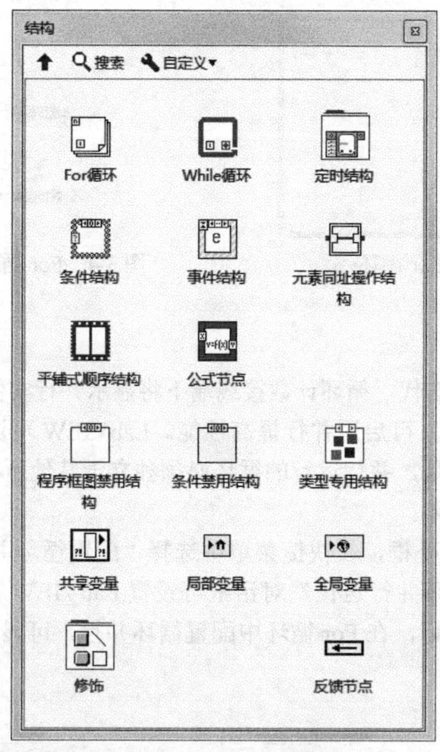

图 3-2 “结构”子选板

3.2　循环结构

LabVIEW 中有两种类型的循环结构，分别是 For 循环和 While 循环。它们的区别是，For 循环在使用时要预先指定循环次数，当循环体运行了指定次数的循环后自动退出；而 While 循环则无须指定循环次数，只要满足循环退出的条件便退出相应的循环，如果无法满足循环退出的条件，则循环变为死循环。在本节中，将分别介绍 For 循环和 While 循环两种循环结构。

3.2.1　For 循环及并行循环

For 循环位于“函数”选板→“编程”→“结构”子选板中，For 循环并不立即出现，而是以表示 For 循环的小图标出现，用户可以从中拖曳出放在程序框图上，自行调整大小并定位于适当位置，如图 3-3 所示。

1. For 循环

For 循环有两个端口，总线接线端（输入端）和计数接线端（输出端），如图 3-4 所示。输入端 N 指定要循环的次数，该端口的数据表示类型的是 32 位有符号整数，输入端必须连接循环次数常量或控件，否则程序运行将出错，程序运行次数 i 小于等于循环次数 N。

若输入为 6.5，则其将被舍为 6，即把浮点数舍为最近的整数，若输入为 0 或负数，则该循环无法执行并在输出中显示该数据类型的默认值；输出端显示当前的循环次数，也是 32 位有符号整数，默认从 0 开始，依次增加 1，即 $N-1$ 表示的是第 N 次循环。

图 3-3 For 循环

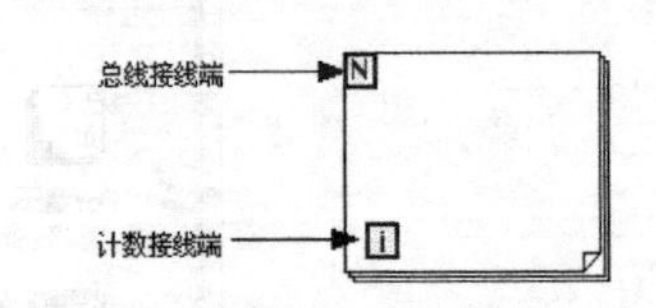

图 3-4 For 循环的输入端与输出端

2. 并行循环

如 For 循环启用并行循环迭代，循环计数接线端下将显示并行实例（P）接线端，如图 3-5 所示。如通过 For 循环处理大量计算，可启用并行提高性能。LabVIEW 可通过并行循环利用多个处理器提高 For 循环的执行速度。但是，并行运行的循环必须独立于其他所有循环。通过查找可并行循环结果窗口确定可并行的 For 循环。

用鼠标右键单击 For 循环外框，在快捷菜单中选择“配置循环并行”，可显示“For 循环并行迭代”对话框。通过“For 循环并行迭代”对话框可设置 LabVIEW 在编译时生成的 For 循环实例数量。用鼠标右键单击 For 循环，在 For 循环中配置循环并行，可显示如图 3-6 所示对话框，启用 For 循环并行迭代。

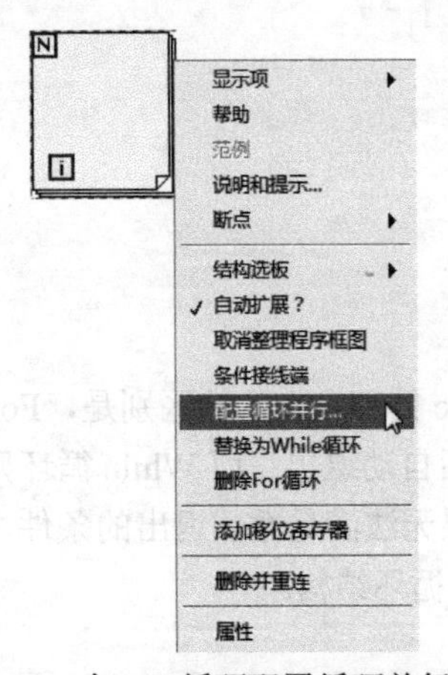

图 3-5 在 For 循环配置循环并行

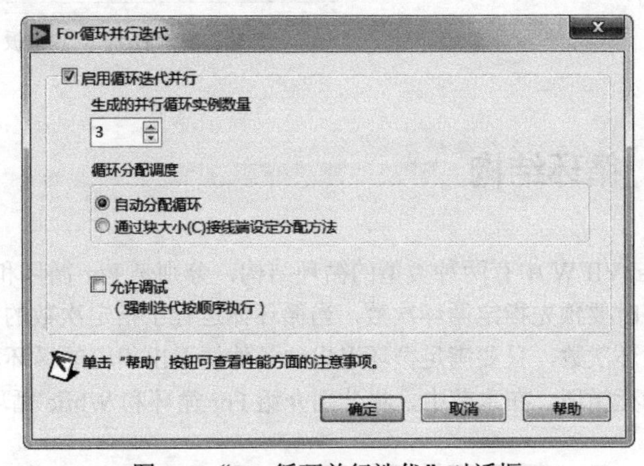

图 3-6 “For 循环并行迭代”对话框

通过并行实例接线端可指定运行时的循环实例数量，如图 3-7 所示。如未连线并行实例接线端，LabVIEW 可确定运行时可用的逻辑处理器数量，同时为 For 循环创建相同数量的循环实例。通过 CPU 信息函数可确定计算机包含的可用逻辑处理器数量。但是，需要指定循环实例所在的处理器。

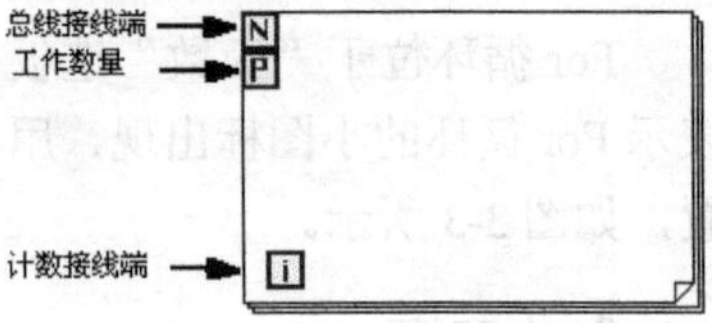

图 3-7 配置循环并行 For 循环的输入端与输出端

该对话框包括以下部分。

● 启用循环迭代并行：启用 For 循环迭代并行。启用该选项后，循环计数（N）接线端下将显示并行实例（P）接线端。在 For 循环上配置并行循环时，LabVIEW 将自动把移位寄存器转换为错误寄存器，从而遵循通过移位寄存器传输错误的最佳实践。错误寄存器是一种特殊形式的移位寄存器，它存在于启用了并行循环的 For 循环中，且其数据类型是错误簇。

● 生成的并行循环实例数量：确定编译时 LabVIEW 生成的 For 循环实例数量。生成的并行循环实例数量应当等于执行 VI 的逻辑处理器数量。如需在多台计算机上发布 VI，生成的并行循环实例数量应当等于计算机的最大逻辑处理器数量。通过 For 循环的并行实例接线端可指定运行时的并行实例数量。如连线至“并行实例”接线端的值大于该对话框中输入的值，LabVIEW 将使用对话框中的值。

● 允许调试：通过设置循环顺序执行可允许在 For 循环中进行调试。默认状态下，启用循环迭代并行后将无法进行调试。

选择“工具”→“性能分析”→“查找可并行循环”命令，如图 3-8 所示。“查找可并行循环结果”对话框用于显示可并行的 For 循环，如图 3-9 所示。

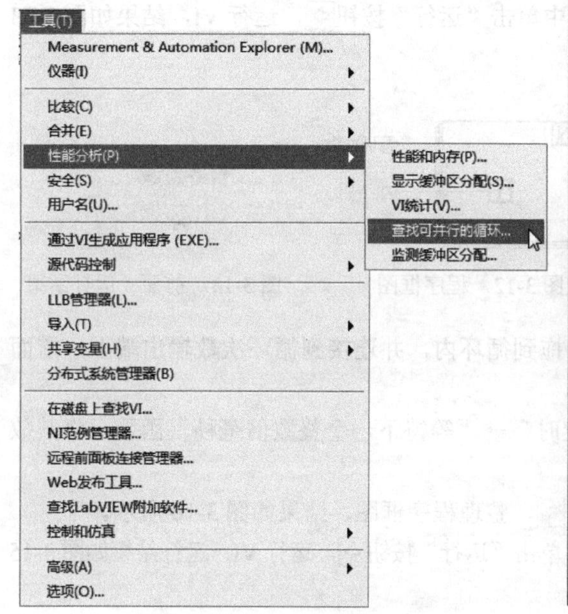

图 3-8 “查找可并行的循环”命令

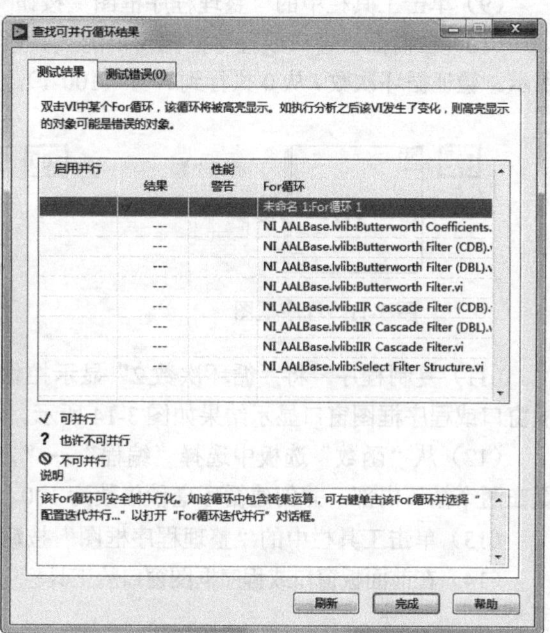

图 3-9 “查找可并行循环结果”对话框

3.2.2　实例——显示循环次数

本例为显示 For 循环的循环次数程序，如图 3-10 所示。

扫码看视频

操作步骤

（1）新建 VI。选择菜单栏中的“文件”→“新建 VI”命令，新建一个 VI，一个空白的 VI 包括前面板及程序框图。

（2）保存 VI。选择菜单栏中的“文件”→“另存为”命令，输入 VI 名称为“显示循环次数”。

（3）固定“控件”选板。单击鼠标右键，在前面板打开“控件”选板，单击选板左上角“固定”按钮，将“控件”选板固定在前面板。

图 3-10　程序框图

（4）固定“函数”选板。打开程序框图窗口，单击鼠标右键，打开“函数”选板，单击选板左上角“固定”按钮，将“函数”选板固定在程序框图窗口。

（5）从“控件”选板中选择“银色”→“数值”→“数值显示控件（银色）”，修改名称为“循环次数”，放置在前面板的适当位置。

（6）从“函数”选板中选择“编程”→“结构”→“For 循环”，拖出一个适当大小的 For 循环。

（7）连接循环次数输出端，拖动连线到循环外，并连接到“循环次数”显示控件上，如图 3-11 所示。

（8）在错误连线与 For 循环的“自动隧道模式”连接点上单击鼠标右键，在快捷菜单中选择“隧道模式”→“最终值”命令，显示正确连线。

（9）单击工具栏中的“整理程序框图”按钮，整理程序框图，结果如图 3-12 所示。

（10）在前面板窗口或程序框图窗口的工具栏中单击“运行”按钮，运行 VI，结果如图 3-13 所示。验证循环次数 *i* 从 0 执行到 *N*−1（100-1）。

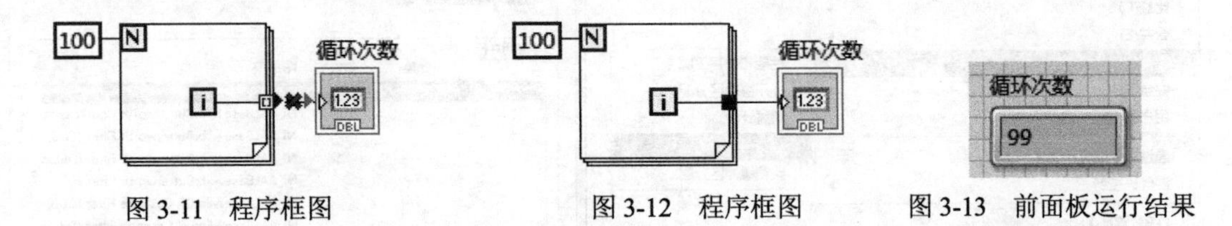

图 3-11　程序框图　　图 3-12　程序框图　　图 3-13　前面板运行结果

（11）复制程序，将“循环次数 2”显示控件拖到循环内，并连接到循环次数输出端上，前面板窗口或程序框图窗口显示结果如图 3-14 所示。

（12）从“函数”选板中选择“编程”→“定时”→“等待下一个整数倍毫秒”函数，将其放置在两个循环内部，并创建循环毫秒倍数为 100。

（13）单击工具栏中的“整理程序框图”按钮，整理程序框图，结果如图 3-10 所示。

（14）在前面板窗口或程序框图窗口的工具栏中单击“运行”按钮，运行 VI，运行结果如图 3-15 所示。

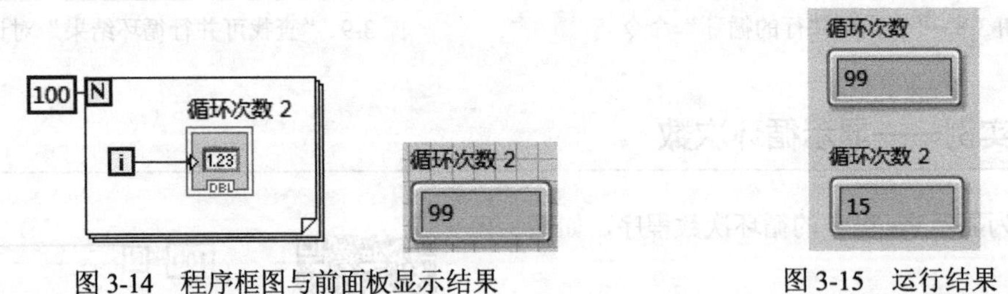

图 3-14　程序框图与前面板显示结果　　图 3-15　运行结果

3.2.3　移位寄存器

移位寄存器是 LabVIEW 的循环结构中的一个附加对象，也是一个非常重要的方面，其功能是把当前循环完成时的某个数据传递给下一个循环。

1. 添加移位寄存器

移位寄存器的添加可以通过在循环结构的左边框或右边框上弹出的快捷菜单实现，在其中选择“添加移位寄存器”命令即可。如图 3-16 显示的是在 For 循环中添加移位寄存器，图 3-17 显示的是添加移位寄存器后的程序框图。

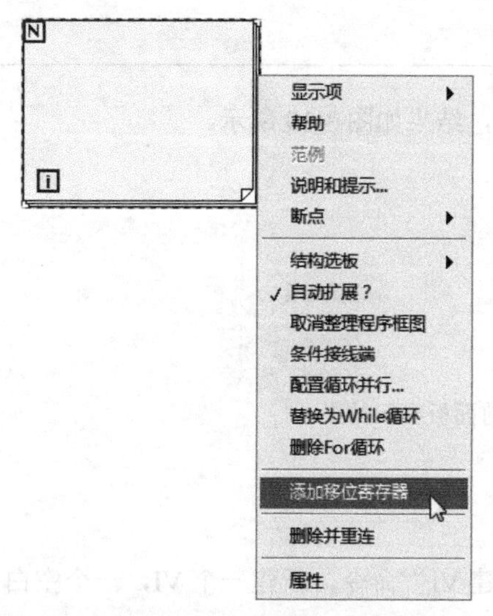

图 3-16　在 For 循环中添加移位寄存器

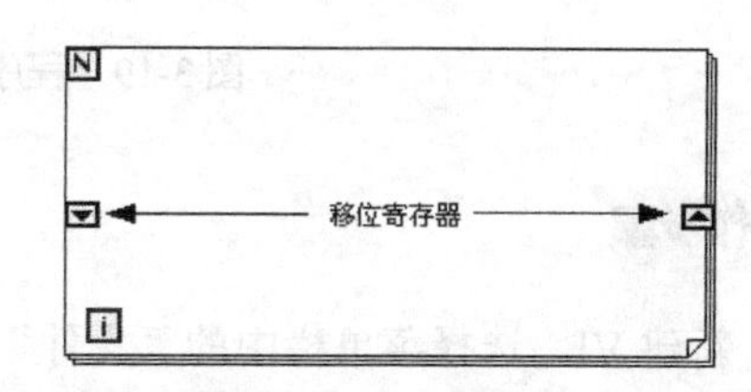

图 3-17　添加了移位寄存器的程序框图

右端口在每完成一次循环后存储数据，在下次循环开始时移位寄存器将上次循环的存储数据移动到左端口上。移位寄存器可以存储任何数据类型，但连接在同一个寄存器端口上的数据必须是同一种类型，移位寄存器存储的数据类型与第一个连接到其端口之一的对象数据类型相同。

2. 移位寄存器初始值

在使用移位寄存器时应注意初始值问题，如果不给移位寄存器指定明确的初始值，则左端口将在对其所在循环调用之间保留数据，当多次调用包含循环结构的子 VI 时会出现这种情况，需要特别注意。如果对此情况不加考虑，可能会导致错误的程序逻辑。

一般情况下应为左端口明确提供初始值，以免出错，但在某些场合，利用这一特性也可以实现比较特殊的程序功能。除非显式地初始化移位寄存器，否则当第一次执行程序时移位寄存器将初始化为移位寄存器相应数据类型的默认值，若移位寄存器数据类型是布尔型，初始化值将为假；若移位寄存器数据类型是数字类型，初始化值将为零。但当第二次执行开始时，第一次运行时的值将作为第二次运行时的初始值，依此类推。

在编写程序时有时需要访问以前多次循环的数据，而层叠移位寄存器可以保存以前多次循环的值，并将值传递到下一次循环中。创建层叠移位寄存器，可以通过使用右键单击左侧的接线端并从其中选择添加元素来实现，层叠移位寄存器只能位于循环左侧，因为右侧的接线端仅用于把当前循环的数据传递给下一次循环。

3. 移位寄存器多次循环

用户也可以添加多个移位寄存器，可通过多个移位寄存器保存多个数据。在编写程序的过程中有时需要访问以前多次循环的数据，而层叠移位寄存器可以保存以前多次循环的值，并将值传递到下一次循环中。

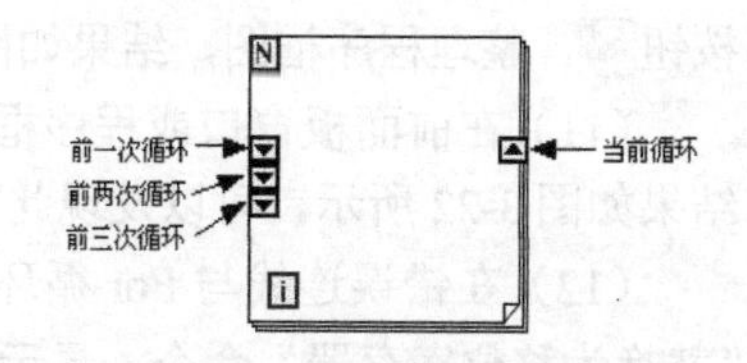

图 3-18　层叠移位寄存器

创建层叠移位寄存器，可以通过使用鼠标右键单击左侧的接线端并从快捷菜单中选择添加元素来实现，如图 3-18 所示。层叠移位寄存器只能位于循环左侧，因为右侧的接线端仅用于把当前循环的数据传递给下一次循环。

3.2.4 实例——计算 1+2+…+100

扫码看视频

本例为计算 1+2+…+100 的值程序，结果如图 3-19 所示。

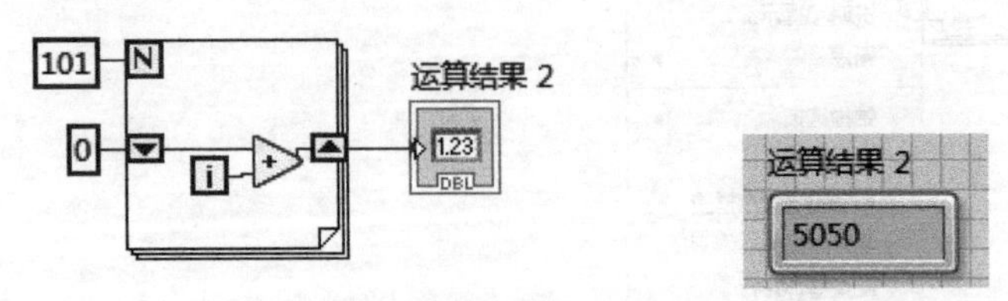

图 3-19 程序框图与前面板显示结果

操作步骤

（1）新建 VI。选择菜单栏中的“文件”→“新建 VI”命令，新建一个 VI，一个空白的 VI 包括前面板及程序框图。

（2）保存 VI。选择菜单栏中的“文件”→“另存为”命令，输入 VI 名称为“1+2+…+100”。

（3）固定“控件”选板。单击鼠标右键，在前面板打开“控件”选板，单击选板左上角“固定”按钮，将“控件”选板固定在前面板。

（4）固定“函数”选板。打开程序框图窗口，单击鼠标右键，打开“函数”选板，单击选板左上角“固定”按钮，将“函数”选板固定在程序框图窗口。

（5）从“控件”选板中选择“银色”→“数值”→“数值显示控件（银色）”，修改名称为“运算结果”，放置在前面板的适当位置。

（6）从“函数”选板中选择“编程”→“结构”→“For 循环”，拖出一个适当大小的 For 循环。

（7）在 For 循环的输入端 N 上单击鼠标右键，创建常量，由于 For 循环是从 0 执行到 N−1，所以输入端 N 赋予了 101。

（8）选择“编程”→“数值”→“加”函数，并放置在程序框图中，计算常量 0 与循环次数输出端，并连接到“运算结果”显示控件上，如图 3-20 所示。

（9）在错误连线与 For 循环的“自动隧道模式”连接点上单击鼠标右键，在快捷菜单中选择“隧道模式”→“最终值”命令，显示正确连线。

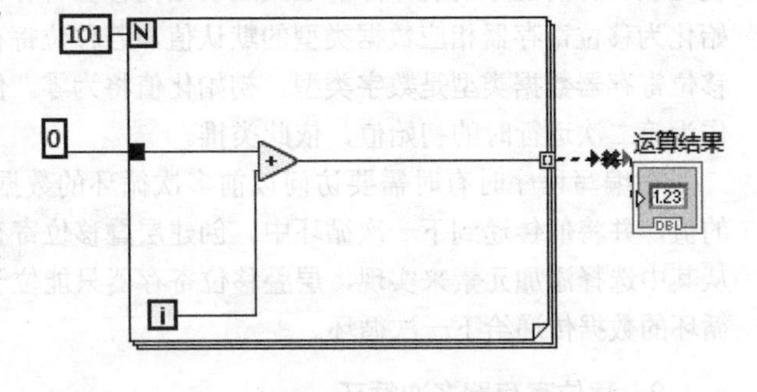

图 3-20 程序框图

（10）单击工具栏中的“整理程序框图”按钮，整理程序框图，结果如图 3-21 所示。

（11）在前面板窗口或程序框图窗口的工具栏中单击“运行”按钮，运行 VI，VI 居中显示，结果如图 3-22 所示，可以发现此时没有实现累加结果的功能。

（12）在错误连线与 For 循环的“自动隧道模式”连接点上单击鼠标右键，在快捷菜单中选择“替换为移位寄存器”命令，显示正确连线。

（13）单击工具栏中的“整理程序框图”按钮，整理程序框图，结果如图 3-21 所示。

（14）在前面板窗口或程序框图窗口的工具栏中单击“运行”按钮，运行 VI，VI 居中显示，结果如图 3-23 所示，可以发现此时已经实现累加结果的功能。

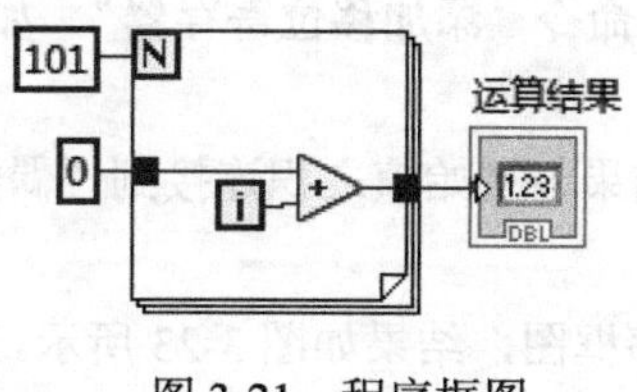

图 3-21　程序框图

图 3-22　运行结果

图 3-23　前面板运行结果

3.2.5　实例——计算偶数的和与积

本例求偶数的和与积。

扫码看视频

操作步骤

由于 For 循环中的默认递增步长为 1，此时根据题目要求步长应变为 2，具体的程序框图如图 3-24 所示。

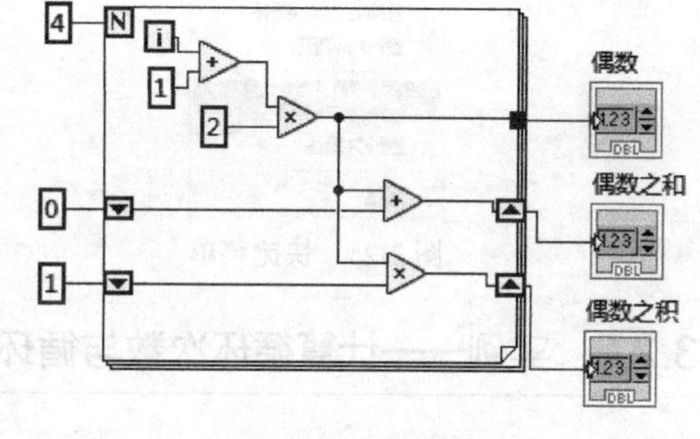

图 3-24　程序框图

（1）新建 VI。选择菜单栏中的“文件”→“新建 VI”命令，新建一个 VI，一个空白的 VI 包括前面板及程序框图。

（2）保存 VI。选择菜单栏中的“文件”→“另存为”命令，输入 VI 名称为“偶数的和与积”。

（3）固定“控件”选板。单击鼠标右键，在前面板打开“控件”选板，单击选板左上角“固定”按钮，将“控件”选板固定在前面板。

（4）从“控件”选板中选择“NXG 风格”→“数值”→“数值显示控件”，创建 3 个显示控件，修改其名称为“偶数”“偶数之和”“偶数之积”，放置在前面板的适当位置。

（5）固定“函数”选板。打开程序框图窗口，单击鼠标右键，打开“函数”选板，单击选板左上角“固定”按钮，将“函数”选板固定在程序框图窗口。

（6）从“函数”选板中选择“编程”→“结构”→“For 循环”，拖出一个适当大小的 For 循环。

（7）在 For 循环的输入端 N 上单击鼠标右键，创建常量，由于 For 循环是从 0 执行到 N-1，所以输入端 N 赋予了 4。

（8）输出偶数。

① 选择“编程”→“数值”→“加”函数，i 从 0 开始取值，为方便后面乘积计算，循环次数从 1 开始，即计算循环次数 $i=i+1$。

② 选择“编程”→“数值”→“乘”函数，并放置在程序框图中，计算常量 2 与循环次数 i 之积，连接到“偶数”显示控件上输入端。

（9）输出偶数之和。

① 在 For 循环的边界上单击鼠标右键，选择快捷菜单中的命令“添加移位寄存器”，如图 3-25 所示。创建循环初始值为 0。

② 选择“编程”→“数值”→“加”函数，将偶数输出结果与初始值之和连接到“偶数之和”显示控件上。

（10）输出偶数之积。

① 在 For 循环的边界上单击鼠标右键，选择快捷菜单中的命令“添加移位寄存器”，如图 3-24 所示。创建循环初始值为 1。

② 选择“编程”→“数值”→“乘”函数，将偶数输出结果与初始值之积连接到“偶数之积”显示控件上。

（11）单击工具栏中的“整理程序框图”按钮，整理程序框图，结果如图 3-23 所示。

（12）在前面板窗口或程序框图窗口的工具栏中单击“运行”按钮，运行 VI，运行结果如图 3-26 所示。

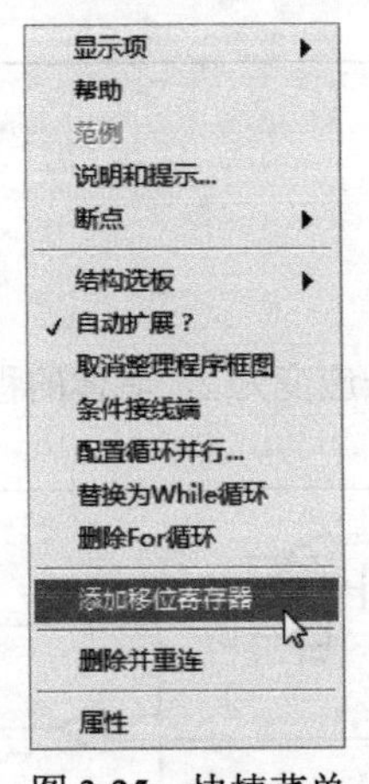

图 3-25 快捷菜单

图 3-26 运行结果

3.2.6 实例——计算循环次数与循环总数

本例使用层叠移位寄存器计算循环次数与循环总数，不仅要表示出当前的循环值，而且要分别表示出前一次循环、前两次循环、前三次循环的值。程序框图如图 3-27 所示。

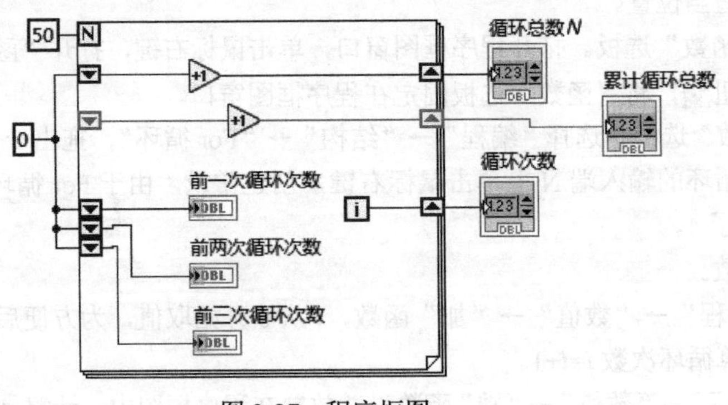

图 3-27 程序框图

操作步骤

（1）新建 VI。选择菜单栏中的“文件”→“新建 VI”命令，新建一个 VI，一个空白的 VI 包括前面板及程序框图。

（2）保存 VI。选择菜单栏中的“文件”→“另存为”命令，输入 VI 名称为“循环次数与循环总数”。

（3）固定“控件”选板。单击鼠标右键，在前面板打开“控件”选板，单击选板左上角“固定”按钮，将“控件”选板固定在前面板。

（4）在“控件”选板上选择“NXG 风格”→“数值”→“数值显示控件”，创建 6 个显示控件，修改它们的名称为“累计循环总数”“循环总数 *N*”“循环次数”“前一次循环次数”“前两次循环次数”“前三次循环次数”，放置在前面板的适当位置，如图 3-28 所示。

（5）固定“函数”选板。打开程序框图窗口，单击鼠标右键，打开“函数”选板，单击选板左上角“固定”按钮，将“函数”选板固定在程序框图窗口。

（6）从“函数”选板中选择“编程”→“结构”→“For 循环”，拖出一个适当大小的 For 循环。

（7）在 For 循环的输入端 N 上单击鼠标右键，创建常量，由于 For 循环是从 0 执行到 $N-1$，所以输入端 N 被赋予了 50。

（8）输出循环总数。

① 将循环线次数 i 直接连接到“循环次数”显示控件，直接显示循环次数 $N-1$。

② 在 For 循环的边界上单击鼠标右键，选择快捷菜单中的命令“添加移位寄存器”，放置一组移位寄存器，创建循环初始值 0。

③ 选择“编程”→“数值”→“加一”函数，并放置在程序框图中，由于 For 循环是从 0 执行到 $N-1$，计算循环总数 $N=N-1+1$。将循环初始值 0 连接到函数输入端，到循环总数输出“循环总数”控件。

④ 在 For 循环的边界上单击鼠标右键，选择快捷菜单中的命令“添加移位寄存器”，放置一组移位寄存器，不创建循环初始值。连接左侧移位寄存器导函数输入端，输出循环总数到“累计循环总数”控件，运行过程中存储运行的数据，方便下一次运行继续叠加，“累计循环总数”显示控件显示的结果 = 运行次数 ×N。

（9）输出循环次数。

① 在 For 循环的边界上单击鼠标右键，选择快捷菜单中的命令“添加移位寄存器”，连接循环初始值为 0。

② 在移位寄存器上单击鼠标右键，在快捷菜单中选择“添加元素”命令，添加两个元素，将结果输出到对应的循环次数显示控件上。

（10）单击工具栏中的“整理程序框图”按钮，整理程序框图，结果如图 3-27 所示。

（11）在前面板窗口或程序框图窗口的工具栏中单击“运行”按钮，运行 VI，运行结果如图 3-29 所示。

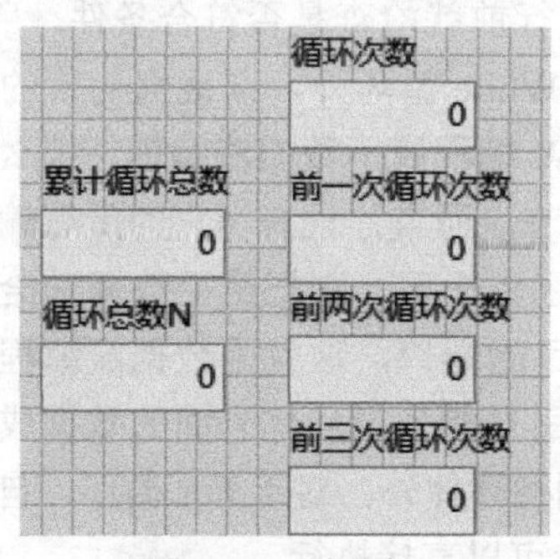

图 3-28　前面板

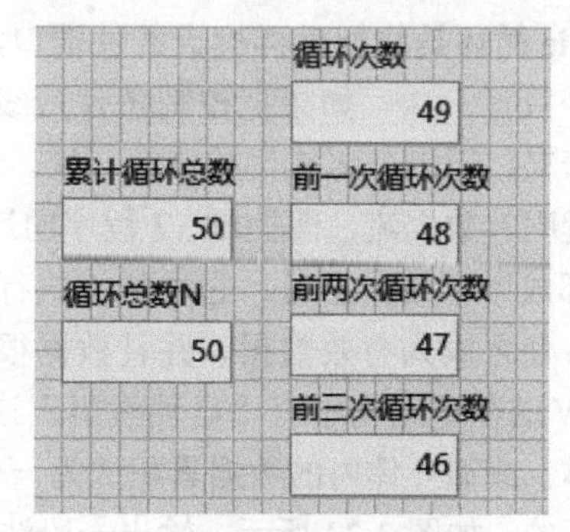

图 3-29　运行结果

（12）多次单击“运行”按钮，运行 VI，结果如图 3-30 所示。

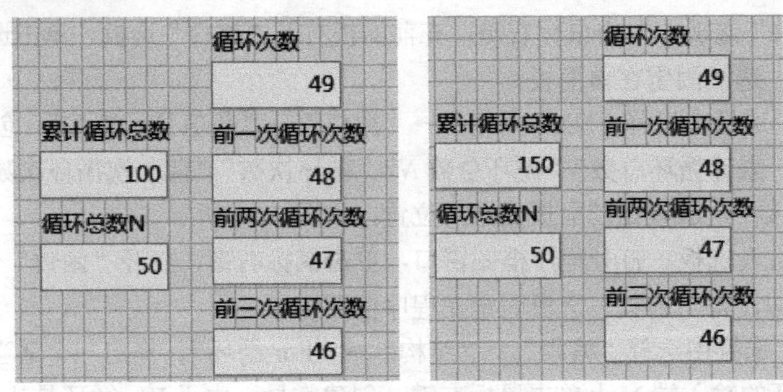

图 3-30　连续运行结果

3.2.7　While 循环

While 循环位于“函数”选板的“编程”→“结构”子选板中，同 For 循环类似，While 循环也需要通过拖动来调整大小和定位适当的位置。同 For 循环不同的是，While 循环无须指定循环的次数，当且仅当满足循环退出条件时，才退出循环，所以当用户不知道循环要运行的次数时，While 循环就显得很重要。例如当用户想在一个正在执行的循环中跳转出去时，就可以通过某种逻辑条件跳出循环，即用 While 循环来代替 For 循环。

While 循环重复执行代码片段直到条件接线端接收到某一特定的布尔值为止。While 循环有两个端口，计数接线端（输出端）和条件接线端（输入端），如图 3-31 所示。输出端记录循环已经执行的次数，作用与 For 循环中的输出端相同；输入端的设置分两种情况，条件为真时继续执行（如图 3-32 a）所示）和条件为真时停止执行（如图 3-32 b）所示）。

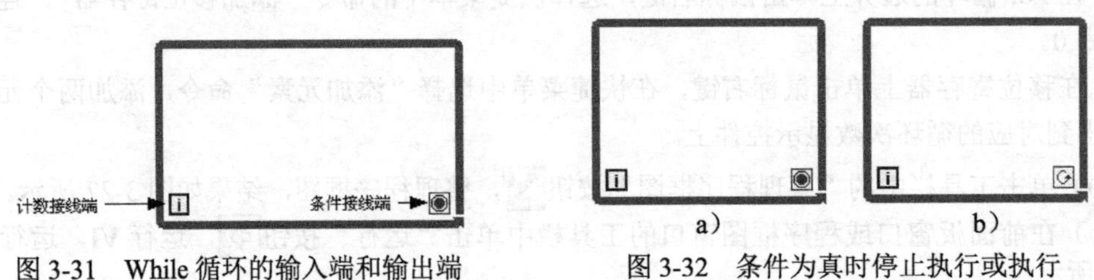

图 3-31　While 循环的输入端和输出端　　　图 3-32　条件为真时停止执行或执行

While 循环是执行后再检查条件端口，而 For 循环是执行前就检查是否符合条件，所以 While 循环至少执行一次。如果把控制条件接线端口的控件放在 While 循环外，则根据初值的不同将出现两种情况：无限循环或仅被执行一次。这是因为 LabVIEW 编程属于数据流编程。那么什么是数据流编程呢？数据流，即控制 VI 程序的运行方式。对一个节点而言，只有当它的所有输入端口上的数据都成为有效数据时，它才能被执行。当节点程序运行完毕后，它把结果数据送给所有的输出端口，使之成为有效数据。并且数据很快从源端口送到目的端口，这就是数据流编程原理。在 LabVIEW 的循环结构中有“自动索引”这一概念。自动索引是指使循环体外面的数据成员逐个进入循环体，或循环体内的数据累积成为一个数组后再输出到循环体外。对于 For 循环，自动索引是默认打开的，如图 3-33 所示。输出一段波形，用 For 循环就可以直接执行。

但是此时对于 While 循环直接执行则不可以，因为 While 循环自动索引功能是关闭的，需在自动索引的方框■上单击鼠标右键，选择启用索引，使其变为▣。

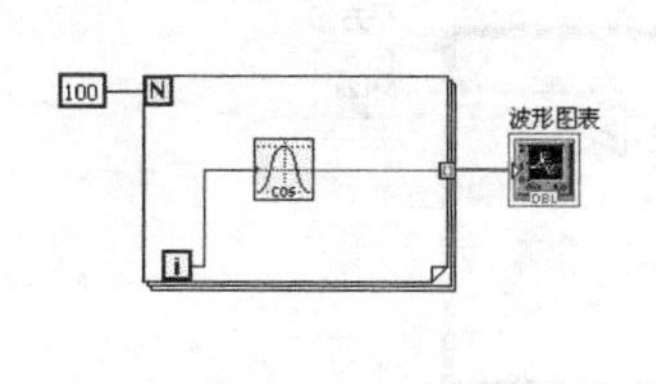

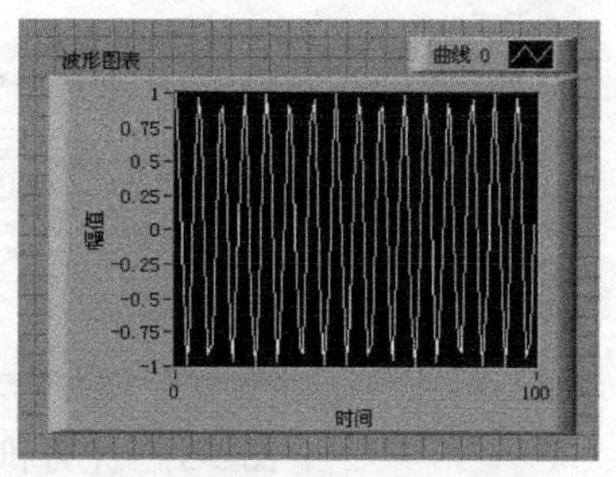

图 3-33　For 循环的自动索引

由于 While 循环是先执行再判断条件的，所以容易出现死循环。如将一个真或假常量连接到条件接线端口，或出现了一个恒为真的条件，那么循环将永远执行下去，如图 3-34 所示。

因此为了避免死循环的发生，在编写程序时最好添加一个布尔变量控件，与控制条件相“与”后再连接到条件接线端口（如图 3-35 所示）。这样，如果程序出现逻辑错误而导致死循环，那么就可以通过这个布尔控件来强行结束程序的运行，等完成了所有程序的开发，经检验无误后，再将布尔控件去除。当然，也可以通过窗口工具栏上的停止按钮来强行终止程序。

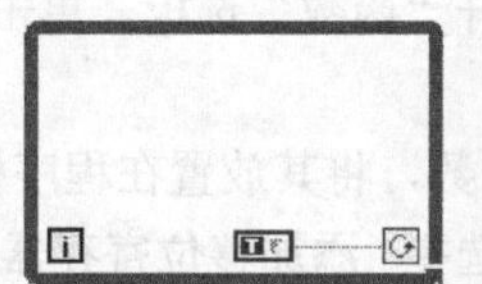

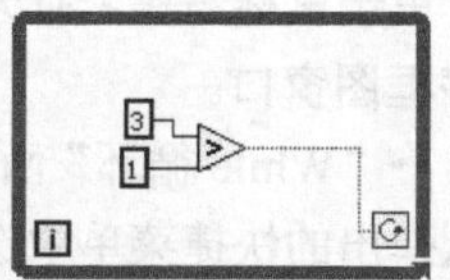

图 3-34　处于死循环状态的 While 循环

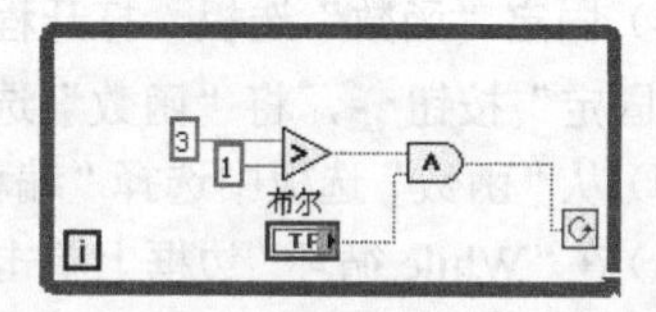

图 3-35　添加了布尔控件的 While 循环

错误寄存器取代了并行 For 循环中错误簇的移位寄存器，简化启用了并行循环的 For 循环的错误处理。错误寄存器是在并行 For 循环两侧显示的一对接线端，程序框图如图 3-36 所示。

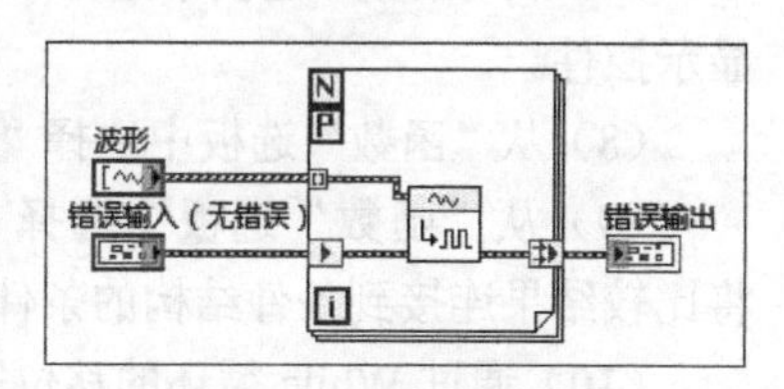

图 3-36　添加错误寄存器

左侧错误寄存器接线端的行为类似于不启用索引的输入隧道，每个循环产生相同的值。右侧错误寄存器接线端合并每个循环的值，使得来自最早循环的错误或警告值（按索引）为错误寄存器的输出值。如果 For 循环执行零次，则连接到左侧隧道的值将移动到右侧隧道的输出。

在 For 循环上配置并行循环时，LabVIEW 将自动把移位寄存器转换为错误寄存器，从而遵循通过移位寄存器传输错误的最佳实践。此外，也可用鼠标右键单击隧道，并选择要创建的隧道类型来更改隧道类型。

错误寄存器可自动合并并行循环的错误。在 For 循环上配置并行循环时，LabVIEW 将自动把移位寄存器转换为错误寄存器，从而遵循通过移位寄存器传输错误的最佳实践。

错误寄存器和移位寄存器的运行时行为不同。左侧错误寄存器接线端的行为类似于不启用索引的输入隧道，每个循环产生相同的值。右侧错误寄存器接线端合并每次循环的值，使得来自最早循环的错误或警告值（按索引）为错误寄存器的输出值。如果 For 循环执行零次，则连接到左侧隧道的值将移动到右侧隧道的输出。

3.2.8　实例——求解平方和最大值

本实例计算 $1^2+2^2+3^2+\cdots\cdots n^2>1000$，计算最小的 n 值及对应该 n 值的表达式的累加和，如图 3-37 所示。

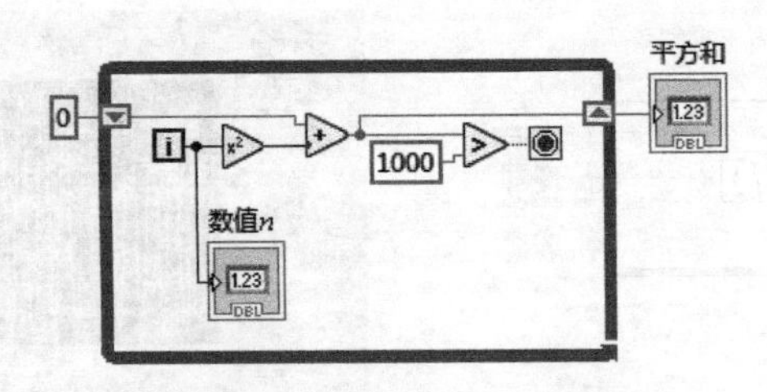

图 3-37　平方和最大值程序框图

操作步骤

（1）新建 VI。选择菜单栏中的“文件”→“新建 VI”命令，新建一个 VI，一个空白的 VI 包括前面板及程序框图。

（2）保存 VI。选择菜单栏中的“文件”→“另存为”命令，输入 VI 名称为“求解平方和最大值”。

（3）固定“控件”选板。单击鼠标右键，在前面板打开“控件”选板，单击选板左上角“固定”按钮，将“控件”选板固定在前面板。

（4）固定“函数”选板。打开程序框图窗口，单击鼠标右键，打开“函数”选板，单击选板左上角“固定”按钮，将“函数”选板固定在程序框图窗口。

（5）从“函数”选板中选择“编程”→“结构”→“While 循环”函数，将其放置在程序框图中。

（6）在“While 循环”边框上单击鼠标右键，从弹出的快捷菜单中选择“添加移位寄存器”命令，在“While 循环”边框上添加移位寄存器，分别创建移位寄存器初始值 0。

（7）从“函数”选板中选择“编程”→“数值”→“平方”函数，连接循环次数，创建“数值 *n*”显示控件。

（8）从“函数”选板中选择“编程”→“数值”→“加”函数，连接寄存器初始值 0 与平方值。

（9）从“函数”选板中选择“编程”→“比较”→“大于”函数，比较平方和与常量 1000，将比较结果连接到条件结构的条件输入端。

（10）通过 While 循环的移位寄存器在输出端创建“平方和”输出控件。

（11）单击工具栏中的“整理程序框图”按钮，整理程序框图，结果如图 3-37 所示。

（12）单击“运行”按钮，运行 VI，在前面板显示运行结果，如图 3-38 所示。

图 3-38　运行结果

3.2.9 反馈节点

反馈节点和只有一个左端口的移位寄存器的功能相同，同样用于在两次循环之间传输数据。循环中一旦连线构成反馈，就会自动出现反馈节点箭头和初始化端口。使用反馈节点需注意其在选项板上的位置，若在分支连接到数据输入端的连线之前把反馈节点放在连线上，则反馈节点把每个值都传递给数据输入端；若在分支连接到数据输入端的连线之后把反馈节点放到连线上，反馈节点把每个值都传回 VI 或函数的输入，并把最新的值传递给数据输入端。

扫码看视频

3.2.10 实例——指示灯显示

使用移位寄存器来实现每隔 400ms 亮一次指示灯，并记录亮灯次数。由于本例需访问以前的循环数据，所以要使用移位寄存器或反馈节点程序，如图 3-39 和图 3-40 所示。

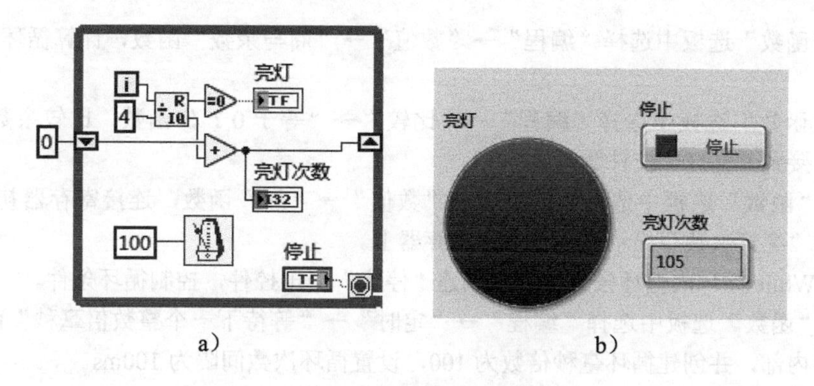

图 3-39　使用带移位寄存器的循环

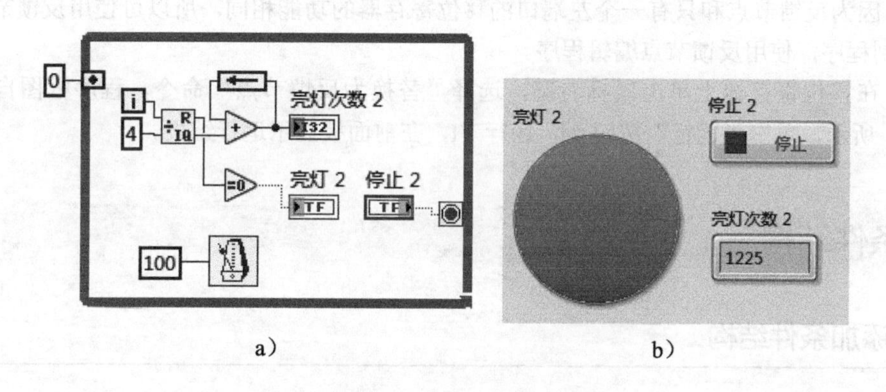

图 3-40　使用带反馈节点的循环

操作步骤

（1）新建 VI。选择菜单栏中的“文件”→“新建 VI”命令，新建一个 VI，一个空白的 VI 包括前面板及程序框图。

（2）保存 VI。选择菜单栏中的“文件”→“另存为”命令，输入 VI 名称为“指示灯显示”。

（3）固定“控件”选板。单击鼠标右键，在前面板打开“控件”选板，单击选板左上角“固定”按钮，将“控件”选板固定在前面板。

（4）从“控件”选板中选择“银色”→“数值”→“数值显示控件”，选择“银色”→“布尔”→“LED”“停止按钮”，放置控件，修改它们的名称为“亮灯”“亮灯次数”“停止”，如图 3-41 所示。

（5）固定“函数”选板。打开程序框图窗口，单击鼠标右键，打开“函数”选板，单击选板左上角“固定”按钮，将“函数”选板固定在程序框图窗口。

（6）从“函数”选板中选择“编程”→“结构”→“While 循环”函数，将其放置在程序框图中。

（7）在“While 循环”边框上单击鼠标右键，从弹出的快捷

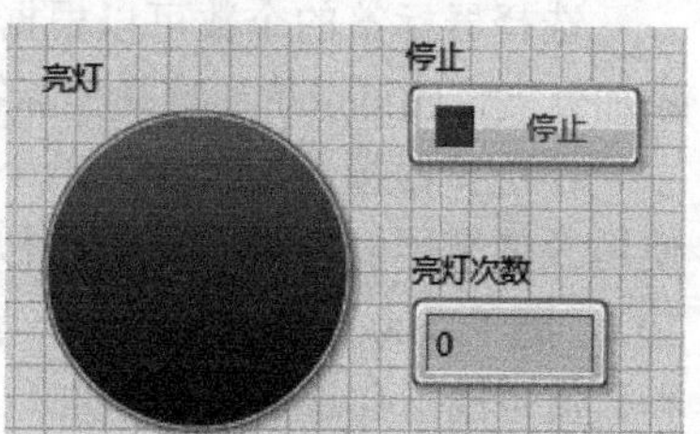

图 3-41　前面板

菜单中选择“添加移位寄存器”命令，在“While 循环”边框上添加移位寄存器，分别创建移位寄存器初始值 0。

（8）从“函数”选板中选择“编程”→“数值”→“商与余数”函数，计算循环次数 i 与 4 的商与余数。

（9）从“函数”选板中选择“编程”→“比较”→“等于 0？”函数，比较余数是否等于 0，将比较结果连接到“亮灯”控件输入端。

（10）从“函数”选板中选择“编程”→“数值”→“加”函数，连接寄存器初始值 0 与商，连接到创建的“亮灯次数”显示控件与移位寄存器上。

（11）从 While 循环的循环条件输入端创建“停止”输出控件，控制循环条件。

（12）从“函数”选板中选择“编程”→“定时”→“等待下一个整数倍毫秒”函数，将其放置在两个循环内部，并创建循环毫秒倍数为 100，设置循环次数间隔为 100ms。

（13）单击工具栏中的“整理程序框图”按钮，整理程序框图，结果如图 3-39 a）所示。

（14）单击“运行”按钮，运行 VI，在前面板显示运行结果，如图 3-39 b）所示。

（15）因为反馈节点和只有一个左端口的移位寄存器的功能相同，所以可使用反馈节点来完成程序，复制程序，使用反馈节点编辑程序。

（16）在移位寄存器上单击鼠标右键，选择“替换为反馈节点”命令，程序框图自动改变为图 3-40 a）所示，单击“运行”按钮，运行 VI，在前面板显示运行结果。

3.3 条件结构

3.3.1 添加条件结构

条件结构同样位于“函数”选板中的“结构”子选板中，从“结构”子选板中选取条件结构，并在程序框图上拖动以形成一个图框，如图 3-42 所示。图框中左边的数据端口是条件选择端口，通过其中的值选择要执行的子图形代码框，这个值默认的是布尔型，可以改变为其他类型。在改变为数据类型时要考虑的一点是：如果条件结构的选择端口最初接收的是数字输入，那么代码中可能存在有 n 个分支。当改变为布尔型时，分支 0 和 1 自动变为假和真，而分支 2、3 等却未丢失。在条件结构执行前，一定要明确地删除这些多余的分支，以免出错。条件结构的顶端是选择器标签，里面有所有可以被选择的条件，两旁的按钮分别为减量按钮和增量按钮。

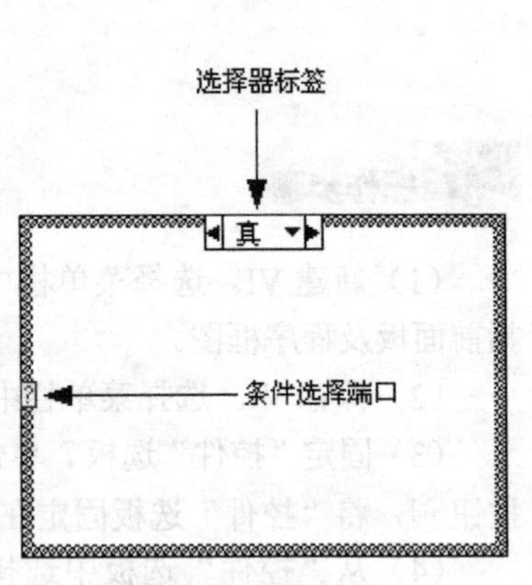

图 3-42　条件结构

选择器标签的个数可以根据实际需要来确定，在选择器标签上选择在前面添加分支或在后面添加分支，就可以增加选择器标签的个数。

在选择器标签中可输入单个值或数值列表和范围。在使用列表时，数值之间用逗号隔开；在使用数值范围时，指定一个类似“10..20”的范围用于表示 10 到 20 之间的所有数字（包括 10 和 20），而“..100”表示所有小于等于 100 的数，“100..”表示所有大于 100 的数。当然也可以将列表和数值范围结合起来使用，如“..6，8，9，16..”。若在同一个选择器标签中输入的数有重叠，条件结构将以更紧凑的形式重新显示该标签，如输入“..9，..18，26，70..”，那么将自动更新为“..18，

26，70..”。使用字符串范围时，范围“a..c”包括 a、b 和 c。

在选择器标签中输入字符串和枚举型数据时，这些值将显示在双引号中，比如“blue”，但在输入这些字符串时并不需要输入双引号，除非字符串或枚举值本身已经包含逗号（“,”）或范围符号（“..”）。在字符串值中，反斜杠用于表示非字母数字的特殊字符，比如 \r 表示回车，\n 表示换行。当改变条件结构中选择器接线端连线的数据类型时，若有可能，条件结构会自动将条件选择器的值转换为新的数据类型。如果将数值转换为字符串，比如 19，则该字符串的值为“19”。如果将字符串转换为数值，LabVIEW 仅转换可以用于表示数值的字符串，而仍将其余值保存为字符串。如果将一个数值转换为布尔值，LabVIEW 会将 0 和 1 分别转换为假和真，而任何其他数值将转换为字符串。

输入选择器的值和选择器接线端所连接的对象如果不是同一数据类型，则该值将变成红色，在结构执行之前必须删除或编辑该值，否则将不能运行。可将之修改为可以连接相匹配的数据类型，如图 3-43 所示。同样由于浮点算术运算可能存在四舍五入造成的误差，因此浮点数不能作为选择器标签的值。若将一个浮点数连接到条件分支，LabVIEW 将对其进行舍入到最近的整数值。若在选择器标签中输入浮点数，则该值将变成红色，在执行前必须对该值进行删除或修改。

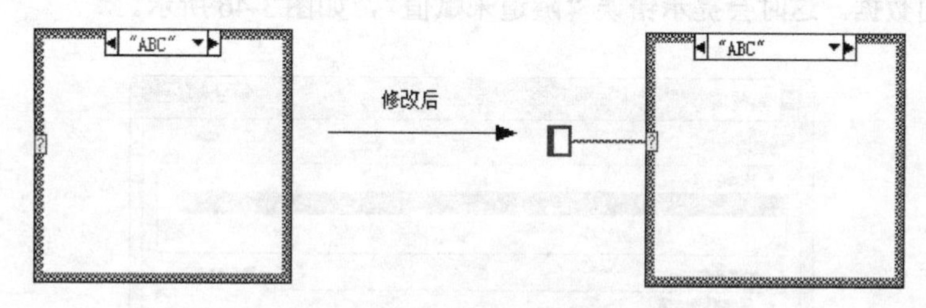

图 3-43　选择器标签的输入

3.3.2　实例——计算圆面积

本实例根据圆面积公式 $S=\pi r^2$，设计如图 3-44 所示的计算圆面积程序。由于半径需要满足大于 0，所以应先判断输入的数是否满足该条件，可以用条件结构来分两种情况：当大于 0 时，满足条件，运行正常；当小于 0 时，报告有错误，发出蜂鸣声。

扫码看视频

图 3-44　程序框图

操作步骤

（1）新建 VI。选择菜单栏中的“文件”→“新建 VI”命令，新建一个 VI，一个空白的 VI 包括前面板及程序框图。

（2）保存 VI。选择菜单栏中的“文件”→“另存为”命令，输入 VI 名称为“计算圆面积 .vi”。

（3）固定“控件”选板。单击鼠标右键，在前面板打开“控件”选板，单击选板左上角“固定”

按钮，将“控件”选板固定在前面板界面。

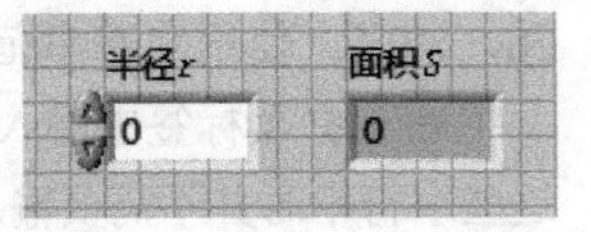

图 3-45　修改控件名称

（4）选择“新式”→“数值”→“数值输入控件”“数值显示控件”，并放置在前面板的适当位置，双击控件标签，修改控件名称，结果如图 3-45 所示。

（5）从“函数”选板中选择“编程”→“比较”→“大于”函数，比较半径是否大于 0。

（6）从“函数”选板中选择“编程”→“结构”→“条件结构”函数，调整出适当大小的矩形框。

（7）设置“真”条件。

在条件筛选器中选择“真”，从“函数”选板中选择“数学”→“数值”→“乘”“平方”函数，选择“数学”→“数值”→“数学与科学常数”→“Pi”函数，计算圆面积。连接两控件的输入、输出端。

（8）设置“假”条件。

在条件筛选器中选择“假”，从“函数”选板中选择“编程”→“图形与声音”→“蜂鸣器”函数。

在程序框图中，在小于 0 时，若没为输出数据赋予错误代码，则程序不能正常运行，因为分支 2 已经连接了输出数据。这时会提示错误“隧道未赋值”，如图 3-46 所示。

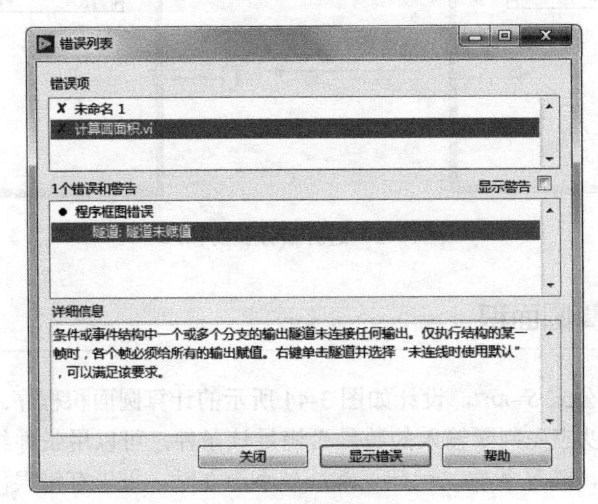

图 3-46　提示错误

在“面积 S”显示控件与条件结构连接点处单击鼠标右键，在快捷菜单中选择“未连接时使用默认”命令，连线显示正确。

（9）单击工具栏中的“整理程序框图”按钮，整理程序框图，结果如图 3-46 所示。

（10）单击“工具”选板中的标签工具，鼠标指针变为，在修饰控件上单击，输入程序名称“计算圆面积”，并修改文字大小为 36、样式为“华文彩云”，结果如图 3-47 所示。

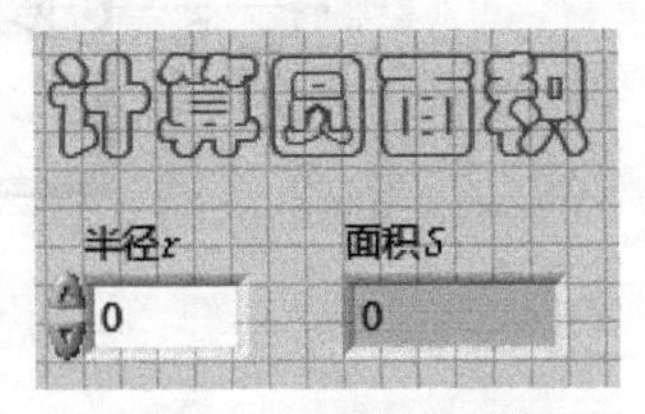

图 3-47　添加标题

（11）在控件“半径 r”中分别输入初始值“10”“-1”，单击“运行”按钮，运行 VI，在控件中显示运行结果，如图 3-48 所示。

在连接输入和输出时要注意的是，分支不一定要使用输入数据或提供输出数据，但若任何一个分支提供了输出数据，则所有的分支也都必须提供。这主要是因为，条件结构的执行是根据外部控制条件，从其所有的子框架中选择其一执行的，子框架的选择不分彼此，所以每个子框架都必须连接一个数据。对于一个框架通道，子框架如果没有连接数据，那么在根据控制条件执行时，框架通道就没有向外输出数据的来源，程序就会出错。

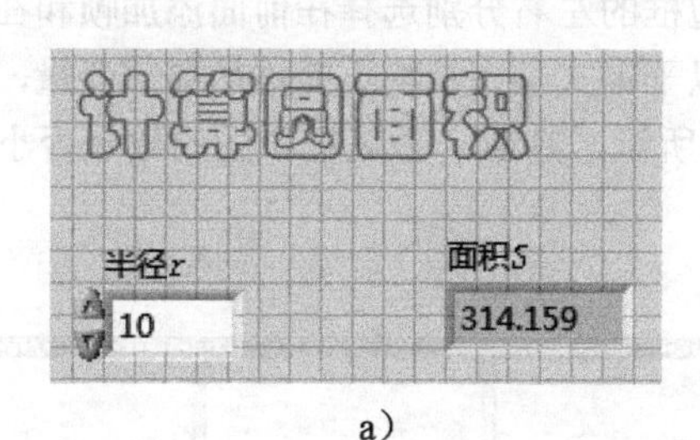

a）

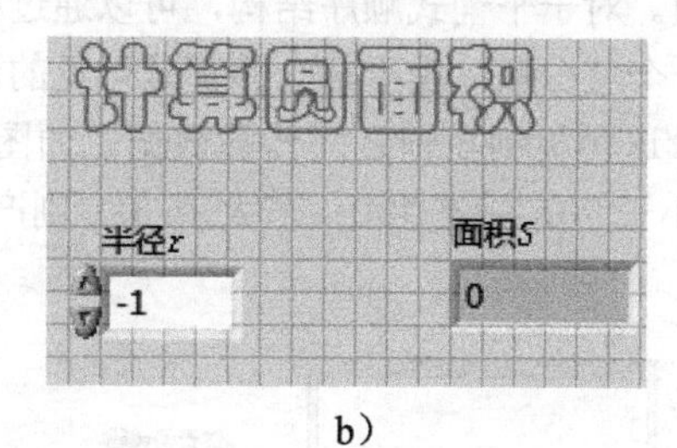

b）

图 3-48 运行结果

LabVIEW 的条件结构与其他语言的条件结构相比，简单明了、结构简单，不但相当于 switch 语句，还可以实现 if…else 语句的功能。条件结构的边框通道和顺序结构的边框通道都没有自动索引和禁止索引这两种属性。

3.4 顺序结构

数据流编程虽然为用户带来了很多方便，但在某些方面也存在不足。如果 LabVIEW 程序框图中有两个节点同时满足节点执行的条件，那么这两个节点就会同时执行。但是若编程时要求这两个节点按一定的先后顺序执行，那么数据流编程是无法满足要求的，这时就必须使用顺序结构来明确执行次序。

顺序结构分为平铺式顺序结构和层叠式顺序结构，从功能上讲两者结构完全相同。两者都可以从“结构”子选板中选择。

LabVIEW 顺序框架的使用比较灵活，在编辑状态时可以很容易地改变层叠式顺序结构各框架的顺序。平铺式顺序结构各框架的顺序不能改变，但可以先将平铺式顺序结构替换为层叠式顺序结构，如图 3-49 所示。在层叠式顺序结构中改变各框架的顺序如图 3-50 所示。再将层叠式顺序结构转换为平铺式顺序结构，这样就可以改变平铺式顺序结构各框架的顺序。

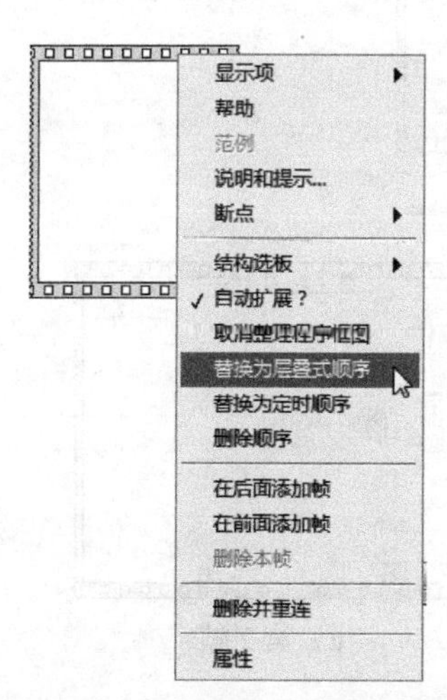

图 3-49 平铺式顺序结构替换为层叠式顺序结构

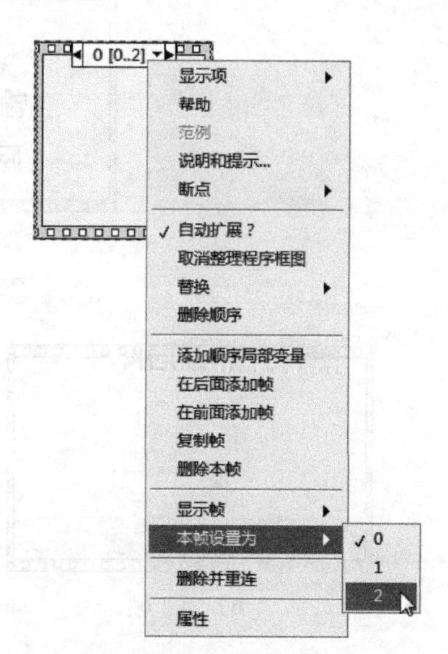

图 3-50 改变各框架的顺序

平铺式顺序结构如图 3-51 所示。顺序结构中的每个子框图都称为一个帧，刚建立顺序结构时只有一个帧。对于平铺式顺序结构，可以通过在帧边框的左右分别选择在前面添加帧和在后面添加帧来增加一个空白帧。由于每个帧都是可见的，所以平铺式顺序结构不能添加局部变量，不需要借助局部变量这种机制在帧之间传输数据。如图 3-52 所示，判断一个随机产生的数是否小于或不小于 70，若小于 70，则产生 0；若大于 70，则产生 1。

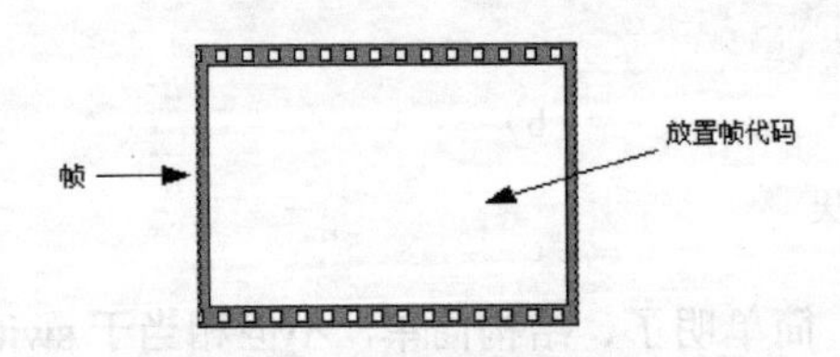

图 3-51　平铺式顺序结构

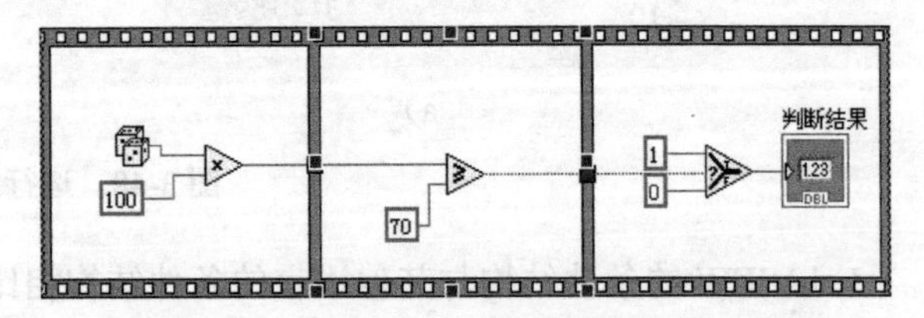

图 3-52　使用平铺式顺序结构的程序框图

层叠式顺序结构的表现形式与条件结构十分相似，都是在程序框图的同一位置层叠多个子程序框图，每个程序框图都有自己的序号，执行顺序结构时，按照序号由小到大逐个执行。条件结构与层叠式顺序结构的不同：条件结构的每一个分支都可以为输出提供一个数据源，在层叠式顺序结构中，输出隧道只能有一个数据源。输出可源自任何帧，但仅在执行完毕后数据才输出，而不是在个别帧执行完毕后，数据才离开层叠式顺序结构。层叠式顺序结构中的局部变量用于帧间传送数据。对输入隧道中的数据，所有的帧都可能使用。层叠式顺序结构的程序框图如图 3-53 所示。

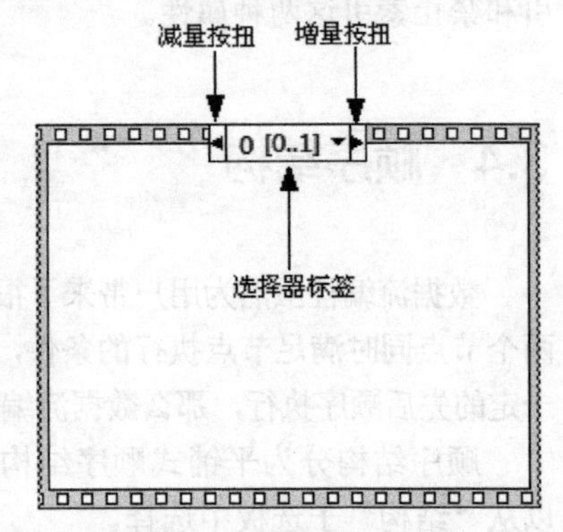

图 3-53　层叠式顺序结构

在层叠式顺序结构中需要用到局部变量，用于不同帧之间，实现数据的传递。例如当用层叠式顺序结构做如图 3-53 所示的程序框时，就需用局部变量，具体程序框图如图 3-54 所示。

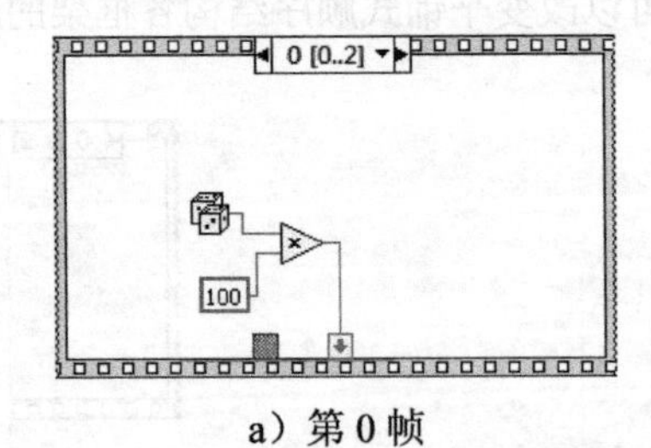

a）第 0 帧

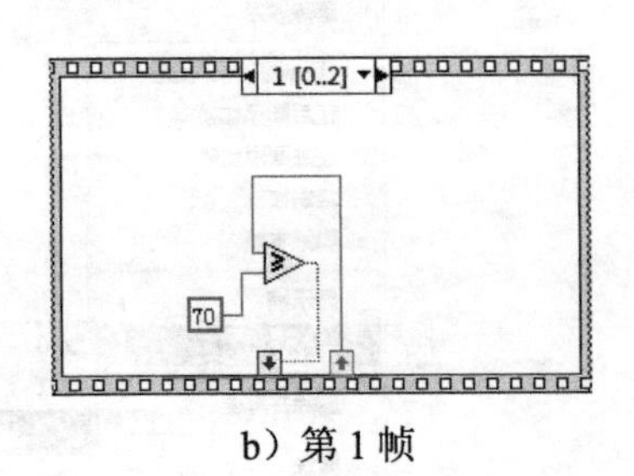

b）第 1 帧

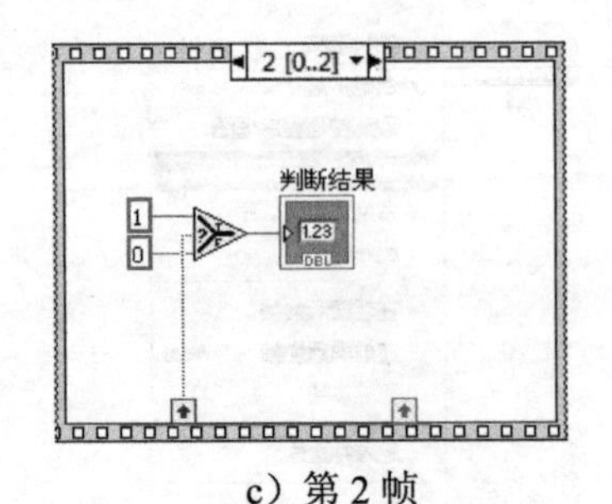

c）第 2 帧

图 3-54　程序框图

输入一串 0 ～ 10000 的整数，测量机器需要多少时间才能产生与之相同的数。由于计算多少时间需要用到前后两个时刻的差，即用到了先后次序，所以应用顺序结构解决此题。在产生了的数据中，先将其转换为整型。转换函数在“数值”子选板中。具体程序框图和前面板显示如图 3-55 ～图 3-57 所示。

图 3-58 所示的也是一个计算时间的程序框图，用于计算一个 For 循环的执行大约需要多少时间。

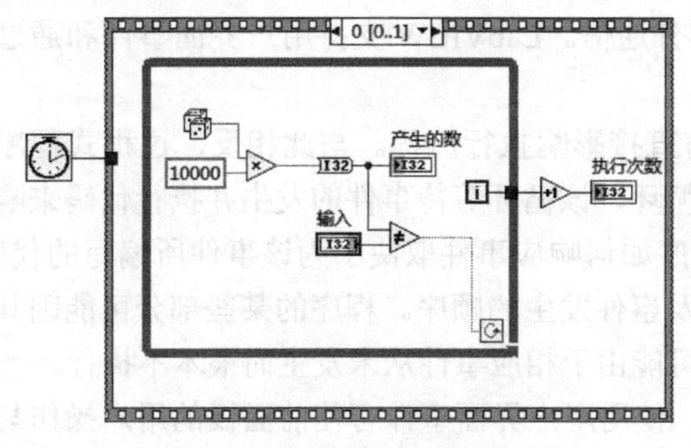

图 3-55　程序框图的第 0 帧

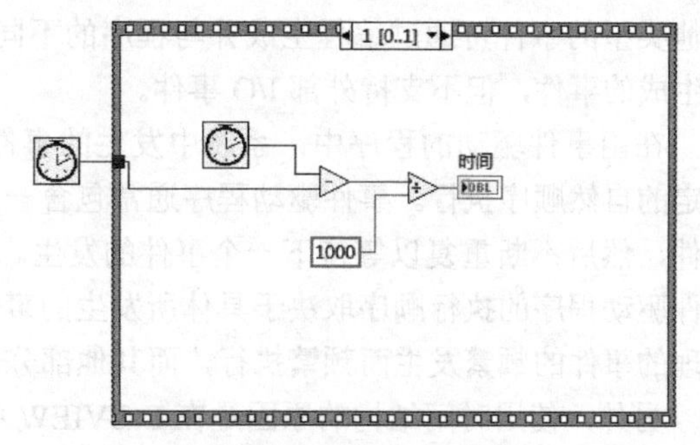

图 3-56　程序框图的第 1 帧

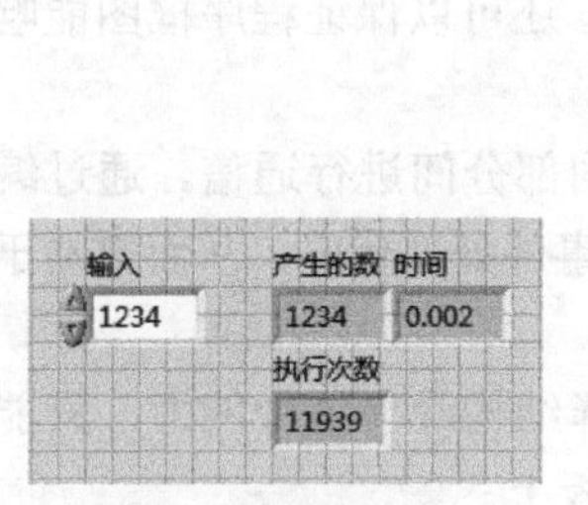

图 3-57　前面板

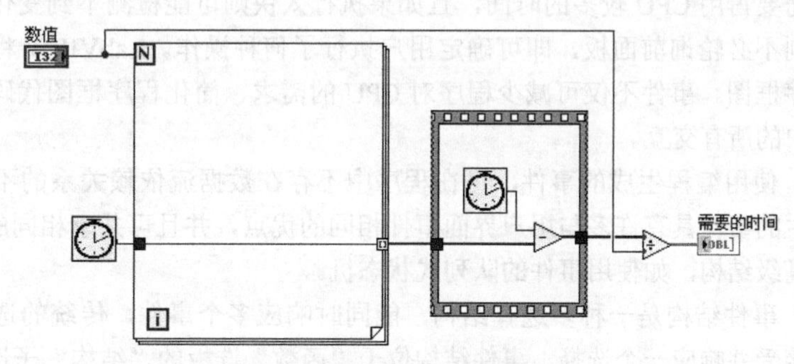

图 3-58　计算时间的程序框图

在使用 LabVIEW 编写程序时，应充分利用 LabVIEW 固有的并行机制，避免使用太多顺序结构。顺序结构虽然可以保证执行顺序，但同时也阻止了并行操作。例如，如果不使用顺序结构，使用 PXI、GPIB、串口、DAQ 等 I/O 设备的异步任务就可以与其他操作并发运行。需控制执行顺序时，可以考虑建立节点间的数据依赖性。例如，数据流参数（如错误 I/O）可用于控制执行顺序。

不要在顺序结构的多个帧中更新同一个显示控件。例如，某个用于测试应用程序的 VI 可能含有一个状态显示控件用于显示测试过程中当前测试的名称。如果每个测试都是从不同帧调用的子 VI，则不能从每一帧中更新该显示控件，此时层叠式顺序结构中的连线是断开的。

由于层叠式顺序结构中的所有帧都在数据输出该结构之前执行，因此只能由其中某一帧将值传递给状态显示控件。条件结构中的每个分支都相当于顺序结构中的某一帧。While 循环的每次循环将执行下一个分支。状态显示控件显示每个分支 VI 的状态，由于数据在每个分支执行完毕后才传出顺序结构，因此在调用相应子 VI 选框的前一个分支中将更新该状态显示控件。

跟顺序结构不同，在执行任何分支时，条件结构都可传递数据结束 While 循环。例如，在运行第一个测试时发生错误，条件结构可以将假值传递至条件接线端从而终止循环。但是对于顺序结构，即使执行过程中有错误发生，顺序结构也必须执行完所有的帧。

3.5 事件结构

在讲解事件结构前，先介绍一下事件的有关内容。首先，什么是事件？事件是对活动发生的异步通知。事件可以来自于用户界面、外部 I/O 或程序的其他部分。用户界面事件包括鼠标单击、键盘按键等动作。外部I/O事件则诸如数据采集完毕或发生错误时，硬件定时器或触发器发出信号。其他类型的事件可通过编程生成并与程序的不同部分通信。LabVIEW 支持用户界面事件和通过编程生成的事件，但不支持外部 I/O 事件。

在由事件驱动的程序中，系统中发生的事件将直接影响执行流程。与此相反，过程式程序按预定的自然顺序执行。事件驱动程序通常包含一个循环，该循环等待事件的发生并执行代码来响应事件，然后不断重复以等待下一个事件的发生。程序如何响应事件取决于为该事件所编写的代码。事件驱动程序的执行顺序取决于具体所发生的事件及事件发生的顺序。程序的某些部分可能因其所处理的事件的频繁发生而频繁执行，而其他部分也可能由于相应事件从未发生而根本不执行。

另外，使用时间结构的原因是在 LabVIEW 中，使用用户界面事件可使前面板的用户操作与程序框图执行保持同步。事件允许用户每当执行某个特定操作时执行特定的事件处理分支。如果没有事件，程序框图必须在一个循环中轮询前面板对象的状态以检查是否发生任何变化。轮询前面板对象需要占用 CPU 较多的时间，且如果执行太快则可能检测不到变化。通过事件响应特定的用户操作则不必轮询前面板，即可确定用户执行了何种操作。LabVIEW 将在指定的交互发生时主动通知程序框图。事件不仅可减少程序对 CPU 的需求、简化程序框图代码，还可以保证程序框图能响应用户的所有交互。

使用编程生成的事件，可在程序中不存在数据流依赖关系的不同部分间进行通信。通过编程产生的事件具有许多与用户界面事件相同的优点，并且可共享相同的事件处理代码，从而更易于实现高级结构，如使用事件的队列式状态机。

事件结构是一种多选择结构，能同时响应多个事件，传统的选择结构没有这个能力，只能一次接受并响应一个选择。事件结构位于“函数”选板的“结构”子选板上。

事件结构的工作原理就像具有内置“等待通知”函数的条件结构。事件结构可包含多个分支，一个分支即一个独立的事件处理程序。一个分支配置可处理一个或多个事件，但每次只能发生这些事件中的一个事件。事件结构执行时，将等待一个之前指定事件的发生，待该事件发生后即执行事件相应的条件分支。一个事件处理完毕后，事件结构的执行也结束。事件结构并不通过循环来处理多个事件。与“等待通知”函数相同，事件结构也会在等待事件通知的过程中超时。发生这种情况时，将执行特定的超时分支。

事件结构由超时端口、事件结构节点和事件选择标签组成，如图 3-59 所示。

超时端口用于设定事件结构在等待指定事件发生时的超时时间，以 ms 为单位。当值为 −1 时，事件结构处于永远等待状态，直到指定的事件发生为止。当值为一个大于 0 的整数时，时间结构会等待相应的时间，当事件在指定的时间内发生时，事件接受并响应该事件、若超过指定的时间，事件没发生，则事件会停止执行，并返回一个超时事件。通常情况下，应当事件结构指定一个超时时间，否则事件结构将一直处于等待状态。

事件结构节点由若干个事件数据端口组成，增减数据端口可通过拖动事件结构节点来进行，也可以在事件结构节点上单击鼠标右键选添加或删除元素来进行。事件选择标签用于标识当前显示的子框图所处理的事件源，其增减与层叠式顺序结构和选择结构中的增减类似。

与条件结构一样，事件结构也支持隧道。但在默认状态下，无须为每个分支中的事件结构输出隧道连线。所有未连线的隧道的数据类型将使用默认值。用鼠标右键单击隧道，从快捷菜单中取消选择“未连线时使用默认”命令可恢复至默认的条件结构行为，即所有条件结构的隧道必须连线。

对于事件结构，无论是编辑、添加或是复制等操作，都会使用到编辑事件窗口。打开编辑事件窗口的方法是，在事件结构的边框上单击鼠标右键，从快捷菜单中选择“编辑本分支所处理的事件”命令，如图 3-60 所示。

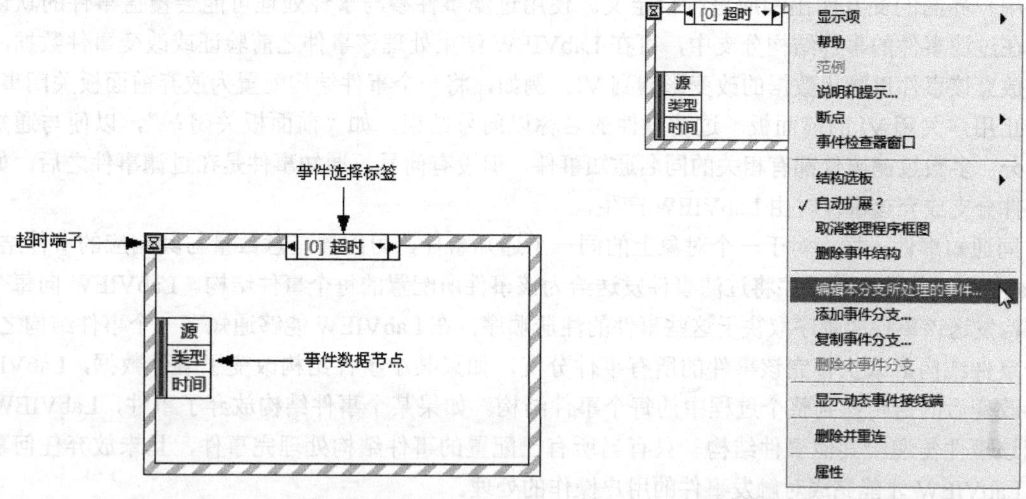

图 3-59　事件结构框图　　　　图 3-60　打开编辑事件窗口

如图 3-61 所示为一个编辑事件窗口。每个事件分支都可以配置为多个事件，当这些事件中有一个发生时，对应的事件分支代码都会得到执行。事件说明符的每一行都是一个配置好的事件，每行分为左右两部分，左边列出事件源，右边列出该事件源产生事件的名称，如图 3-61 中分支 2 只指定了一个事件，事件源是“< 本 VI>”。

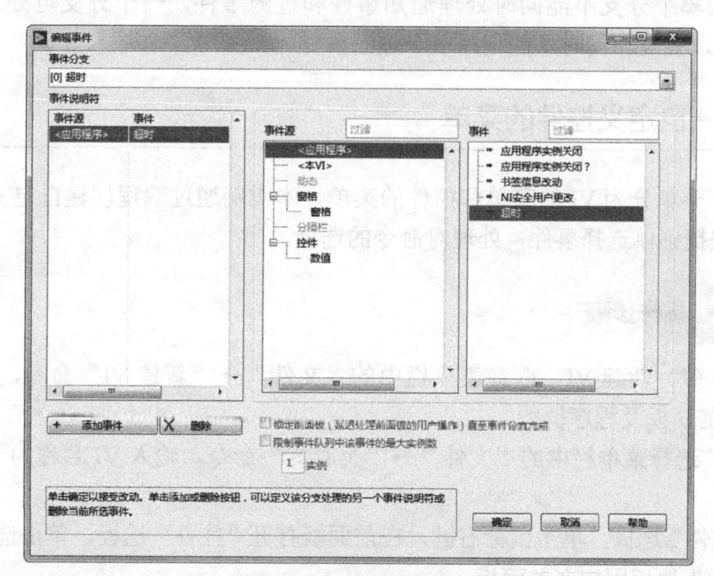

图 3-61　编辑事件窗口

事件结构能够响应的事件有两种类型：通知事件和过滤事件。在编辑事件窗口的事件列表中，通知事件左边为绿色箭头，过滤事件左边为红色箭头。通知事件用于通知程序代码某个用户界面事件发生了，过滤事件用来控制用户界面的操作。

通知事件表明某个用户操作已经发生，如用户改变了控件的值。通知事件用于在事件发生且LabVIEW 已对事件处理后对事件作出响应。可配置一个或多个事件结构对一个对象上的同一通知事件作出响应。事件发生时，LabVIEW 会将该事件的副本发送到每个并行处理该事件的事件结构。

过滤事件将通知用户 LabVIEW 在处理事件之前已由用户执行了某个操作，以便用户就程序如何与用户界面的交互作出响应进行自定义。使用过滤事件参与事件处理可能会覆盖事件的默认行为。在过滤事件的事件结构分支中，可在 LabVIEW 结束处理该事件之前验证或改变事件数据，或完全放弃该事件以防止数据的改变影响到 VI。例如，将一个事件结构配置为放弃前面板关闭事件，可防止用户关闭 VI 的前面板。过滤事件的名称以问号结束，如“前面板关闭？”，以便与通知事件区分。多数过滤事件都有相关的同名通知事件，但没有问号。通知事件是在过滤事件之后，如没有事件分支放弃该事件时由 LabVIEW 产生。

同通知事件一样，对于一个对象上的同一个通知事件，可配置任意数量与其响应的事件结构。但 LabVIEW 将按自然顺序将过滤事件发送给为该事件所配置的每个事件结构。LabVIEW 向每个事件结构发送该事件的顺序取决于这些事件的注册顺序。在 LabVIEW 能够通知下一个事件结构之前，每个事件结构必须执行完该事件的所有事件分支。如果某个事件结构改变了事件数据，LabVIEW 会将改变后的值传递到整个过程中的每个事件结构。如果某个事件结构放弃了事件，LabVIEW 便不把该事件传递给其他事件结构。只有当所有已配置的事件结构处理完事件，且未放弃任何事件时，LabVIEW 才能完成对触发事件的用户操作的处理。

建议仅在希望参与处理用户操作时使用过滤事件，过滤事件可以是放弃事件或修改事件数据。如仅需知道用户执行的某一特定操作，应使用通知事件。

处理过滤事件的事件结构分支有一个事件过滤节点。可将新的数据值连接至这些接线端以改变事件数据。如果不对某一数据项连线，那么该数据项将保持不变。可将真值连接至“放弃？”接线端以完全放弃某个事件。

事件结构中的单个分支不能同时处理通知事件和过滤事件。一个分支可处理多个通知事件，但当所有事件数据项完全相同时才能处理多个过滤事件。

3.5.1 实例——自定义控件的菜单

扫码看视频

菜单分为 VI 的菜单和控件的菜单，本实例通过编程创建自定义控件的菜单，配置快捷菜单选择事件，处理对命令的选择。

（1）新建 VI。选择菜单栏中的“文件”→“新建 VI”命令，新建一个 VI，一个空白的 VI 包括前面板及程序框图。

（2）保存 VI。选择菜单栏中的“文件”→“另存为”命令，输入 VI 名称为“自定义控件的菜单 .vi”。

（3）固定“控件”选板。单击鼠标右键，在前面板打开“控件”选板，单击选板左上角“固定”按钮，将“控件”选板固定在前面板。

（4）从“函数”选板中选择“编程”→“结构”→“事件结构”函数，在程序框图窗口中放置一个事件结构，将控件置于事件结构外。

（5）选择“NXG 风格”→“数值”→“数值输入控件”，并放置在前面板的适当位置，结果如图3-62所示。

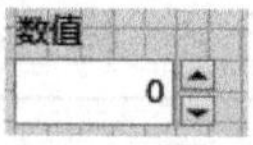

数值 0

图3-62 放置控件

（6）用鼠标右键单击事件结构，从快捷菜单中选择“编辑本分支所处理的事件”命令，弹出编辑事件窗口，从事件源列表中选择“数值”，然后从事件列表中选择“快捷菜单激活？”，单击“确定”按钮，关闭窗口，结果如图3-63所示。

（7）选择“编程”→“对话框与用户界面”→“菜单”→“插入菜单项”函数，放置在程序框图上的“快捷菜单激活？”事件结构中。

（8）用鼠标右键单击“插入菜单项”函数的“项名称”输入端，从快捷菜单中选择“创建”→“常量”命令，创建字符串数组。

（9）在字符串数组常量的元素0中输入“剪切”，元素1中输入“复制”。将左侧事件数据栏中的“菜单引用”与“插入菜单选项”函数的“菜单引用”输入端相连接。

（10）单击工具栏中的“整理程序框图”按钮，整理程序框图，结果如图3-64所示。

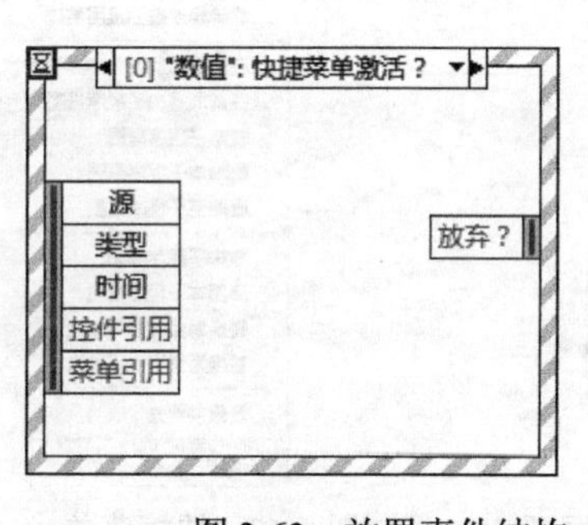

图3-63 放置事件结构

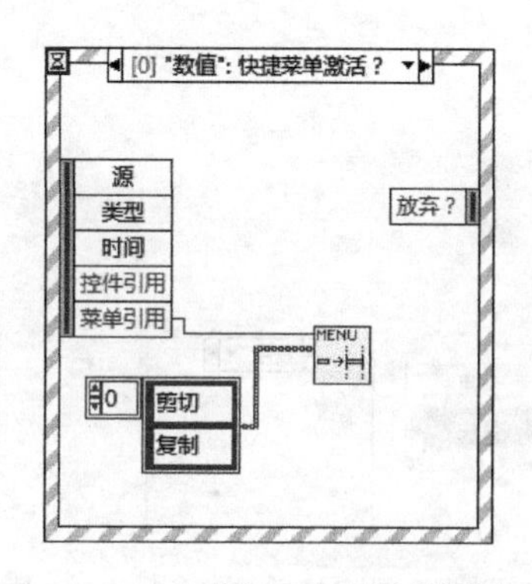

图3-64 程序框图

（11）切换到前面板窗口，并用鼠标右键单击数值控件，显示图3-65所示的默认快捷菜单。

（12）单击“运行”按钮，运行VI，用鼠标右键单击数值控件，快捷菜单中包括“剪切”命令和“复制”命令。在前面板显示运行结果，如图3-66所示。

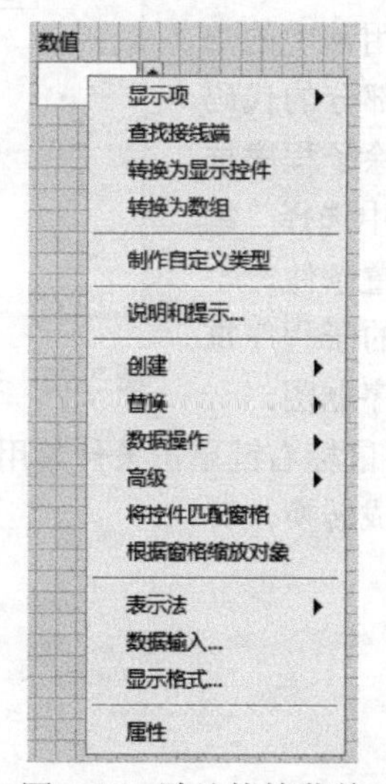

图3-65 默认快捷菜单

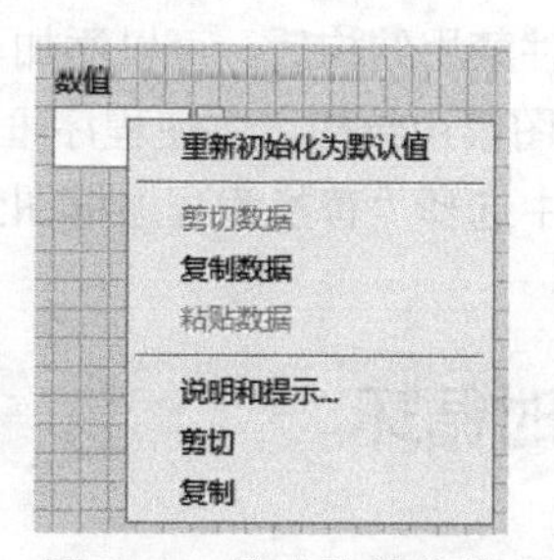

图3-66 修改快捷菜单

3.5.2 程序框图禁用结构

程序框图禁用结构用于禁用部分程序框图，包括一个或多个子程序框图（分支），只有处于启用状态的子程序框图可执行，结构如图 3-67 所示。

该结构与条件结构相似，默认包括“启用”与“禁用”两个选择器，还可以添加多个选择器，如图 3-68 所示。

选中该结构，单击鼠标右键，弹出图 3-69 所示的快捷菜单，该菜单可以对程序框图进行设置，其中的快捷命令与其余结构类似，这里不再一一叙述。

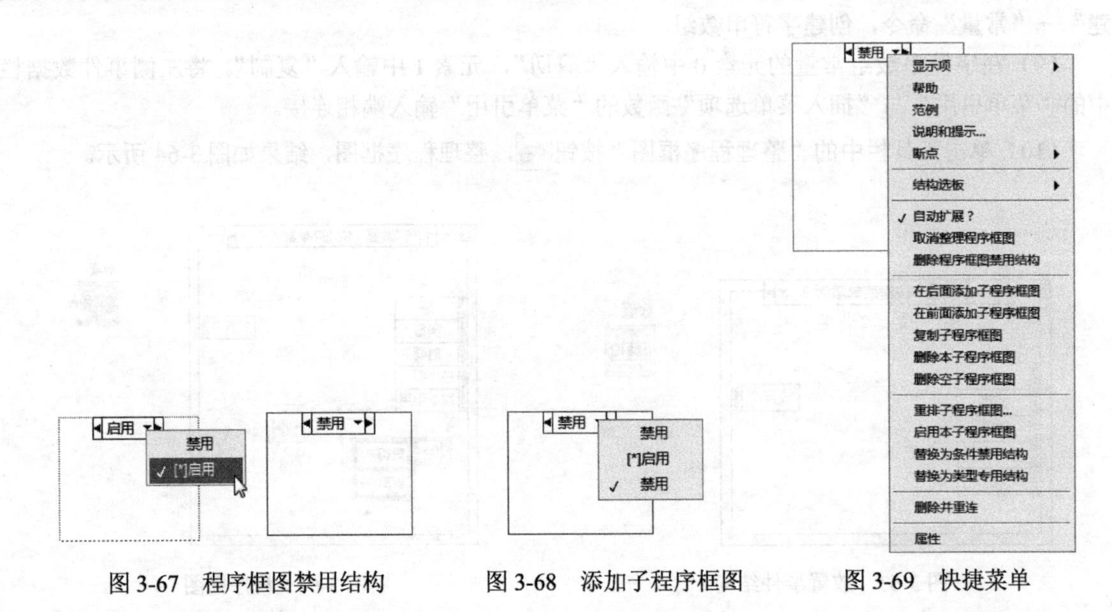

图 3-67 程序框图禁用结构　　图 3-68 添加子程序框图　　图 3-69 快捷菜单

3.5.3 条件禁用结构

条件禁用结构包括一个或多个子程序框图，如图 3-70 所示。

图 3-70 条件禁用结构

LabVIEW 在执行时可依据子程序框图的条件配置，只使用其中的一个子程序框图。需要依据用户定义的条件禁用程序框图上某部分的代码时，使用该结构。用鼠标右键单击结构边框，可以添加或删除子程序框图。添加子程序框图或用鼠标右键单击结构边框，在快捷菜单中选择“编辑本子程序框图的条件”命令，可在“配置条件”对话框中配置条件。

单击选择器标签中的向左和向右箭头可以滚动浏览已有的子程序框图。创建条件禁用结构后，可以添加、复制、重排或删除子程序框图。

程序框图禁用结构可以使程序框图上某部分代码失效。用鼠标右键单击条件禁用结构的边框，在快捷菜单中选择“替换为程序框图禁用结构”命令，可以完成转换。

3.6 定时循环

定时循环和定时顺序结构都用于在程序框图上重复执行代码块或在限时及延时条件下按特定

顺序执行代码，定时循环和定时顺序结构都位于“定时结构”子选板中，如图 3-71 所示。

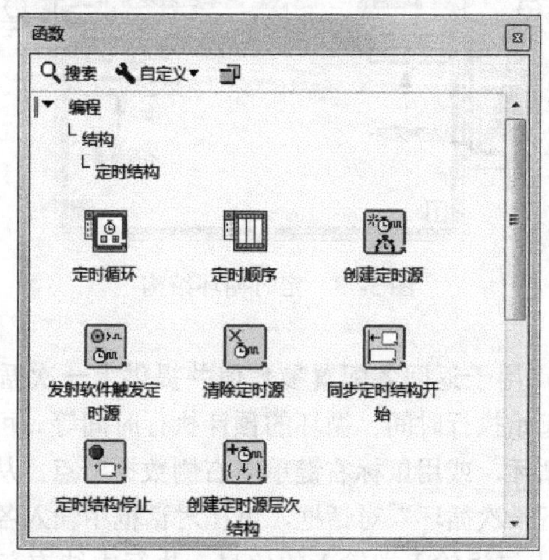

图 3-71　“定时结构”子选板

3.6.1　定时循环和定时顺序结构

添加定时循环与添加普通的循环一样，通过定时循环，用户可以设定精确的代码定时，协调多个对时间要求严格的测量任务，并定义不同优先级的循环，以创建多采样的应用程序。与 While 循环不同的是，定时循环不要求与“停止”接线端相连。如不把任何条件连接到“停止”接线端，循环将无限运行下去。定时循环的执行优先级介于实时和高之间。这意味着在一个程序框图的数据流中，定时循环总是在优先级不是实时的 VI 前执行。若程序框图中同时存在优先级设为实时的 VI 和定时顺序，将导致无法预计的定时行为。

对于定时循环，双击输入端口，或用鼠标右键单击输入节点并从快捷菜单中选择“配置输入节点”命令可打开“配置定时循环”对话框。在对话框中可以配置定时循环的参数。也可直接将各参数值连接至输入节点的输入端进行定时循环的初始配置，如图 3-72 所示。定时循环的结构如图 3-73 所示。

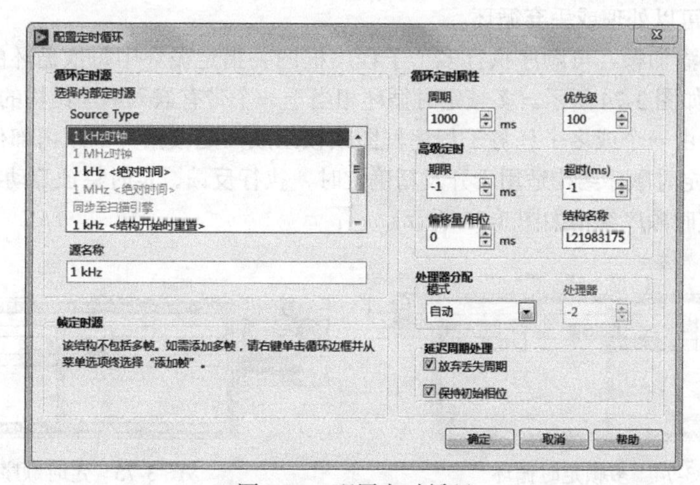

图 3-72　配置定时循环

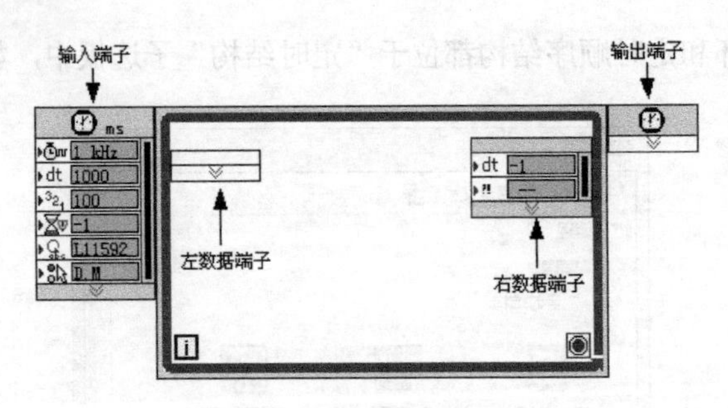

图 3-73　定时循环结构

定时循环的左侧数据节点用于返回各配置参数值并提供上一次循环的定时和状态信息，如循环是否延迟执行、循环实际起始执行时间、循环的预计执行时间等。可将各值连接至右数据端口的输入端，以动态配置下一次循环，或用鼠标右键单击右侧数据节点，从快捷菜单中选择“配置输入节点”命令，可打开“配置下一次循环”对话框，可在对话框中输入各参数值。

输出端口返回由输入节点错误输入端输入的信息、执行中结构产生的错误信息或在定时循环内执行的任务子程序框图所产生的错误信息等。输出端子还返回定时和状态信息。

输入端口的左侧有 10 个可能的端口，将鼠标指针在输入端口可以看到其各自的名称。包括源名称、周期、优先级、期限、结构名称、模式等。

源名称决定了循环能够执行的最高频率，默认为 1kHz。

周期为相邻两次循环之间的时间间隔，其单位由定时源决定。当采用默认定时源时，循环周期的单位为 ms。

优先级的数值为整数，数字越大，优先级越高。优先级的概念是在同一程序框图中的多个定时循环之间相对而言的，即在其他条件相同的前提下，优先级高的定时循环先被执行。

结构名称是定时循环的一个标志，一般被作为停止定时循环的输入参数，或者用来标识具有相同的启动时间的定时循环组。

执行定时循环的某一次循环的时间可能比指定的时间晚，模式决定了如何处理这些迟到的循环，处理方式可以如下。

（1）定时循环调度器可以继续执行已经定义好的调度计划。

（2）定时循环调度器可以定义新的执行计划，并且立即启动。

（3）定时循环可以处理或丢弃循环。

当向定时循环添加帧，可顺序执行多个子程序框图并指定循环中每次循环的周期，形成了一个多帧定时循环，如图 3-74 所示。多帧定时循环相当于一个带有嵌入顺序结构的定时循环。

定时顺序结构由一个或多个任务子程序框图或帧组成，是根据外部或内部信号时间源定时后顺序执行的结构。定时顺序结构适用于开发精确定时、执行反馈、定时特征等动态改变或有多层执行优先级的 VI。定时顺序结构如图 3-75 所示。

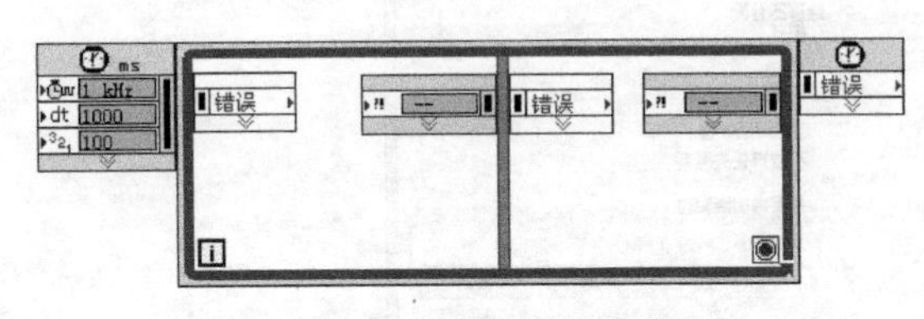

图 3-74　多帧定时循环

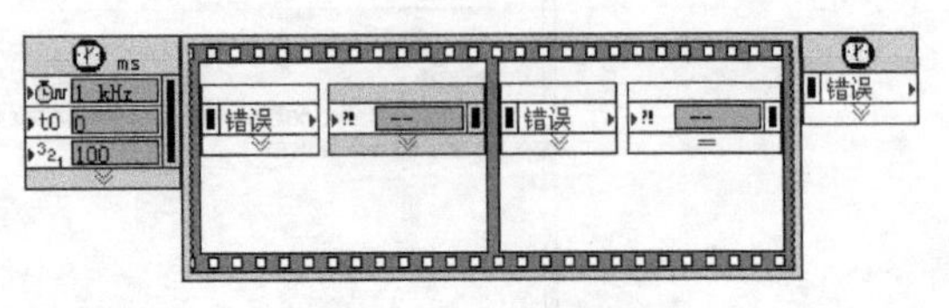

图 3-75　定时顺序结构

3.6.2 实例——定时循环参数设置

在定时循环的输入端口、输出数据端口可以看到其各自的名称，本例介绍如何设置输入、输出参数。

扫码看视频

（1）新建 VI。选择菜单栏中的“文件”→“新建 VI”命令，新建一个 VI，一个空白的 VI 包括前面板及程序框图。

（2）保存 VI。选择菜单栏中的“文件”→“另存为”命令，输入 VI 名称为“定时循环参数设置”。

（3）固定“函数”选板。打开程序框图窗口，单击鼠标右键，打开“函数”选板，单击选板左上角“固定”按钮，将“函数”选板固定在程序框图窗口。

（4）从“函数”选板中选择“编程”→“结构”→“定时结构”→“定时循环”，拖出一个适当大小的定时循环，如图 3-76 所示。

（5）在定时循环左侧第 3 个输入端口上单击鼠标右键，在弹出的快捷菜单中选择“选择输入”命令，如图 3-77 所示。显示勾选“优先级”选项，表示该输入端口显示的是“优先级”。选择“偏移量”选项，修改端口选项为“偏移量”。

（6）在定时循环左侧第 4 个输入端口上单击鼠标左键，弹出如图 3-78 所示的快捷菜单，显示勾选“处理器”选项，表示该输入端口显示的是“处理器”。选择“期限”选项，修改端口选项为“期限”。

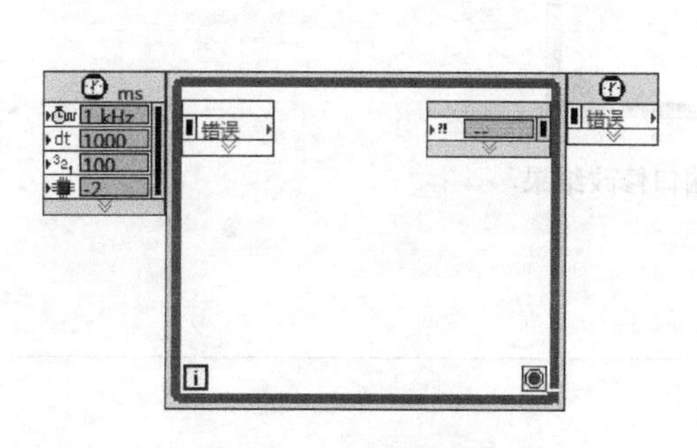

图 3-76 定时循环

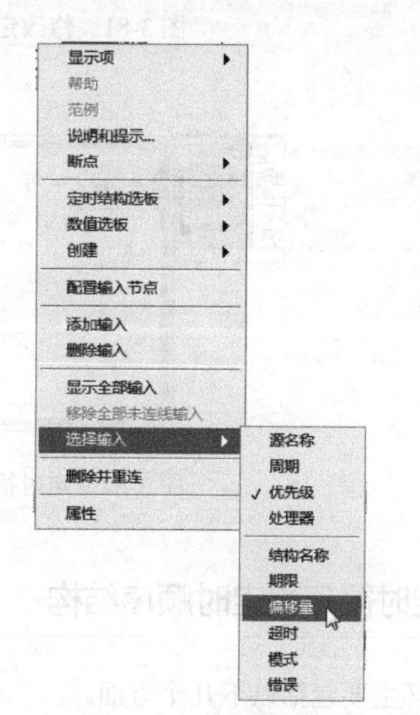

图 3-77 快捷菜单 1

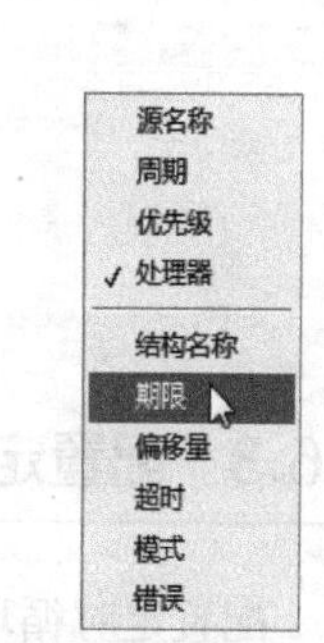

图 3-78 快捷菜单 2

（7）在定时循环左侧数据端口上单击鼠标左键，弹出如图 3-79 所示的快捷菜单，显示勾选“错误”选项，表示该输入端口显示的是“错误”。选择“处理器”选项，修改端口选项为“处理器”，右侧数据端口修改端口选项为“处理器”，修改结果如图 3-80 所示。

（8）在定时循环右侧输出端口上单击鼠标左键，弹出如图 3-81 所示的快捷菜单，显示勾选“错误”选项，表示该输入端口显示的是“错误”。选择“上一次循环定时”→“预期结束”选项，修改端口选项为“预期结束”，修改结果如图 3-82 所示。

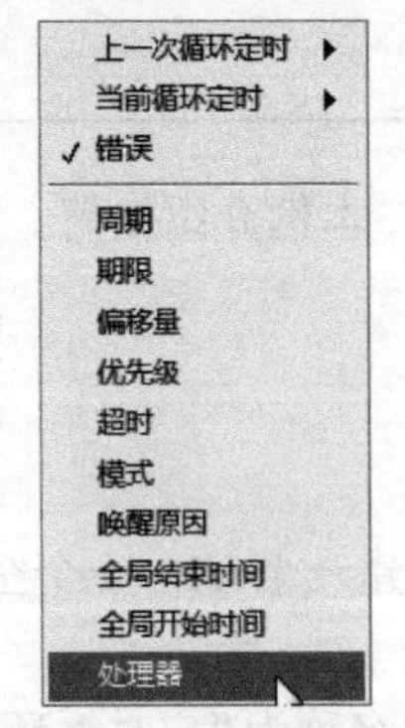

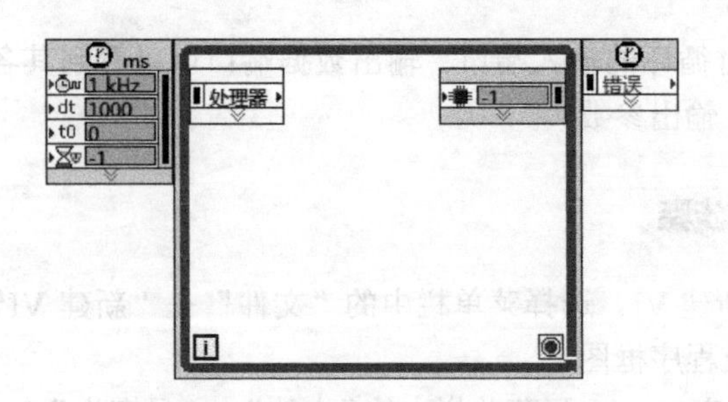

图 3-79　快捷菜单 3　　　图 3-80　修改定时循环输入端口

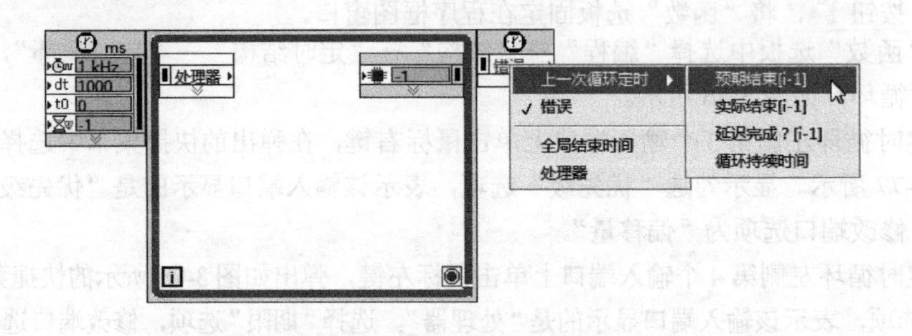

图 3-81　修改定时循环输出端口

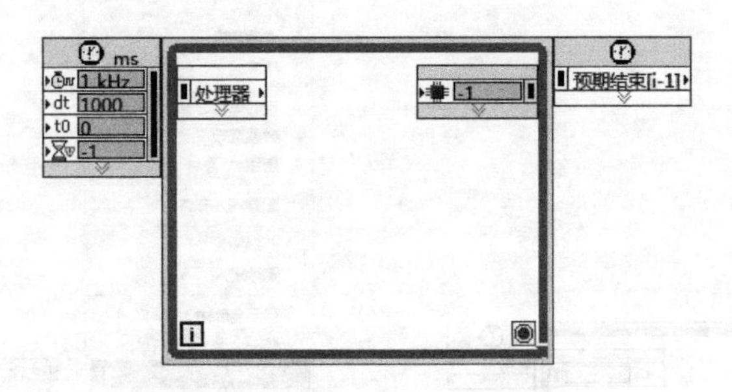

图 3-82　定时循环端口修改结果

3.6.3　配置定时循环和定时顺序结构

配置定时循环主要包括以下几个方面。

1．配置下一帧

双击当前帧的右侧数据节点或用鼠标右键单击该节点，从快捷菜单中选择“配置输入节点”命令，打开“配置下一次循环”对话框，如图 3-83 所示。

在这个对话框中，可为下一帧设置优先级、执行期限以及超时等选项。开始时间指定了下一帧开始执行的时间。要指定一个相对于当前帧的起始时间值，其单位应与帧定时源的绝对单位一致。在开始文本框中指定起始时间值。还可使用帧的右侧数据节点的输入端动态配置下一次定时循环或动态配置下一帧。默认状态下，定时循环帧的右侧数据节点不显示所有可用的输出端。如需显示所有可用的输出端，可调整右侧数据节点大小或用鼠标右键单击右侧数据节点并从快捷菜单中选择“显示隐藏的接线端”。

2. 设置定时循环周期

周期指定各次循环间的时间长度，以定时源的绝对单位为单位。

图 3-84 所示程序框图的定时循环使用默认的 1 kHz 的定时源。循环 1 的周期为 1000ms，循环 2 的周期为 2000 毫秒，这意味着循环 1 每秒执行一次，循环 2 每两秒执行一次。这两个定时循环均在 6 次循环后停止执行。循环 1 于 6s 后停止执行，循环 2 则在 12s 后停止执行。

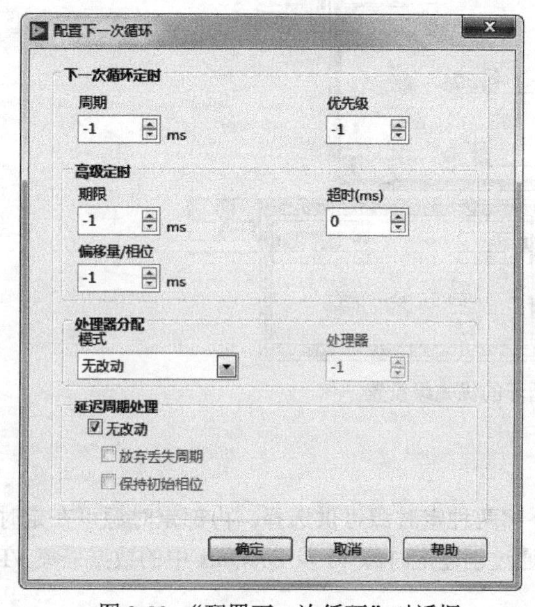

图 3-83 “配置下一次循环”对话框

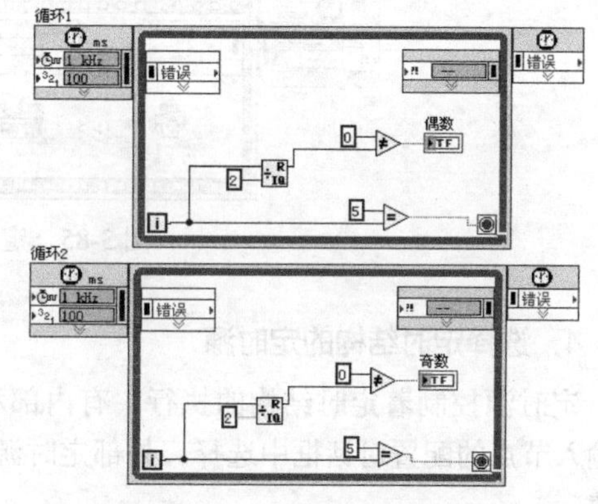

图 3-84　定时循环的简单使用

3. 设置定时结构的优先级

定时结构的优先级指定了定时结构相对于程序框图上其他对象开始执行的时间。设置定时结构的优先级，可使应用程序中存在多个在同一 VI 中互相预占执行顺序的任务。定时结构的优先级越高，它相对于程序框图中其他定时结构的优先级便越高。优先级的输入值必须为 1 ～ 65535 之间的正整数。

程序框图中的每个定时结构会创建和运行含有单一线程的自有执行系统，因此不会出现并行的任务。定时循环的执行优先级介于实时和高之间。这意味着在一个程序框图的数据流中，定时循环总是在优先级不是实时的 VI 前执行。

所以，如同前面所说，若程序框图中同时存在优先级设为实时的 VI 和定时结构，将导致无法预计的定时行为。

用户可为每个定时顺序或定时循环的帧指定优先级。运行包含定时结构的 VI 时，LabVIEW 将检查结构框图中所有可执行帧的优先级，并从优先级为实时的帧开始执行。

使用定时循环时，可将一个值连接至循环最后一帧的右侧数据节点的“优先级”输入端，以动态设置定时循环后续各次循环的优先级。对于定时结构，可将一个值连接至当前帧的右侧数据节点，以动态设置下一帧的优先级。默认状态下，帧的右侧数据节点不显示所有可用的输出端。如需显示所有可用的输出端，可调整右侧数据节点的大小或用鼠标右键单击右侧数据节点并从快捷菜单中选择“显示隐藏的接线端”。

如图 3-85 所示，程序框图包含了一个定时循环及定时顺序。定时顺序第一帧的优先级（100）高于定时循环的优先级（100），因此定时顺序的第一帧先执行。定时顺序第一帧执行完毕后，LabVIEW 将比较其他可执行的结构或帧的优先级。定时循环的优先级（100）高于定时顺序第二帧（50）的优先级。LabVIEW 将执行一次定时循环，再比较其他可执行的结构或帧的优先级。在本例中，定时循环将在定时顺序第二帧执行前完全执行完毕。

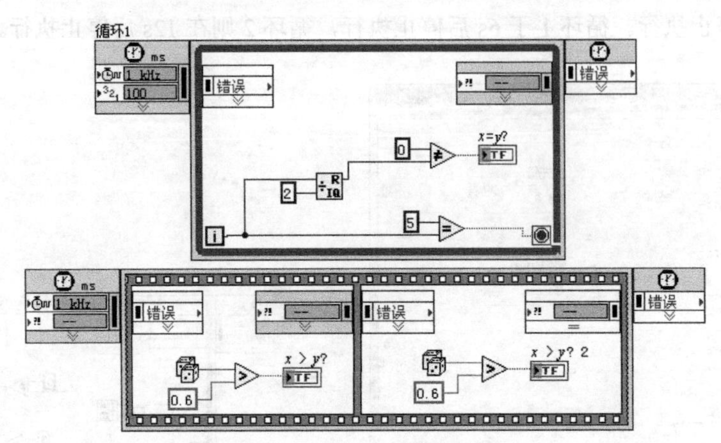

图 3-85　定时循环的优先级设置

4. 选择定时结构的定时源

定时源控制着定时结构的执行。有内部和外部两种定时源可供选择。内部定时源可在定时结构输入节点的配置对话框中选择。外部定时源可通过创建定时源 VI 及 DAQmx 中的数据采集 VI 来创建。

内部定时源用于控制定时结构的内部定时，包括操作系统自带的 1 kHz 时钟及实时（RT）终端的 1 MHz 时钟。通过“配置定时循环”对话框、“配置定时顺序”对话框或“配置多帧定时循环”对话框的循环定时源或顺序定时源，可选中一个内部定时源。

1 kHz 时钟：默认状态下，定时结构以操作系统的 1 kHz 时钟为定时源。如使用 1 kHz 时钟，定时结构每毫秒执行一次循环。所有可运行定时结构 LabVIEW 平台都支持 1 kHz 定时源。

1 MHz 时钟：终端可使用终端处理器的 1 MHz 时钟来控制定时结构。如使用 1MHz 时钟，定时结构每微秒执行一次循环。如终端没有系统所支持的处理器，便不能选择使用 1 MHz 时钟。

1 kHz 时钟 <结构开始时重置>：与 1 kHz 时钟相似的定时源，每次定时结构循环后重置为 0。

1 MHz 时钟 <结构开始时重置>：与 1 MHz 时钟相似的定时源，每次定时结构循环后重置为 0。

外部定时源用于创建控制定时结构的外部定时。使用创建定时源 VI 通过编程选中一个外部定时源。另有几种类型 DAQmx 定时源可用于控制定时结构，如频率、数字边缘计数器、数字改动检测和任务源生成的信号等。通过 DAQmx 的数据采集 VI 可创建用于控制定时结构的 DAQmx 定时源。可使用次要定时源控制定时结构中各帧的执行。例如，以 1 kHz 时钟控制定时循环，以 1 MHz 时钟控制每次循环中各个帧的定时。

5. 设置执行期限

执行期限指执行一个子程序框图或一帧所需要的时间。执行期限与帧的起始时间相对。通过执行期限可设置子程序框图的时限。如子程序框图未能在执行期限前完成，下一帧的左侧数据节点将在“延迟完成？”输出端返回真值并继续执行。指定一个执行期限，其单位与帧定时源的单位一致。

在图 3-86 中，定时顺序中首帧的执行期限已配置为 50 毫秒。执行期限指定子程序框图必须在 1 kHz 时钟走满 50 下前结束执行，即在 50 ms 前完成。而子程序框图耗时 100 ms 完成代码执行。当帧无法在指定的最后期限前结束执行代码时，第二帧的“延迟完成？”输出端将返回真值。

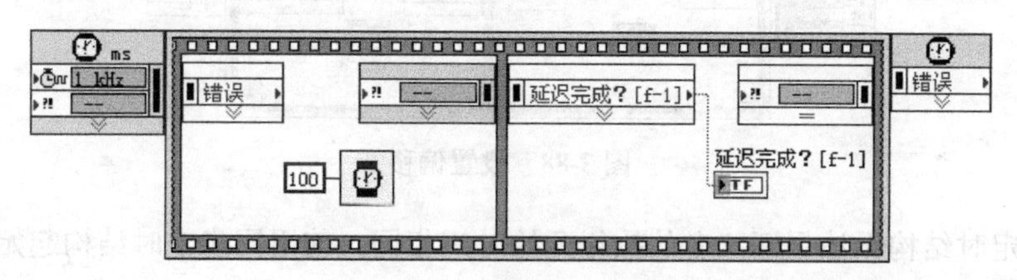

图 3-86　设置执行期限

6. 设置超时

“超时”指子程序框图开始执行前可等待的最长时间，以 ms 为单位。超时与循环起始时间或上一帧的结束时间相对。如子程序框图未能在指定的超时前开始执行，定时循环将在该帧的左侧数据节点的“唤醒原因”输出端中返回超时。

如图 3-87 所示，定时顺序的第一帧耗时 50 ms 执行，第二帧配置为定时顺序开始 51 ms 后再执行。第二帧的超时设为 10 ms，这意味着，该帧将在第一帧执行完毕后等待 10 ms 再开始执行。如第二帧未能在 10 ms 前开始执行，定时结构将继续执行余下的非定时循环，而第二帧则在左侧数据节点的“唤醒原因”输出端中返回超时。

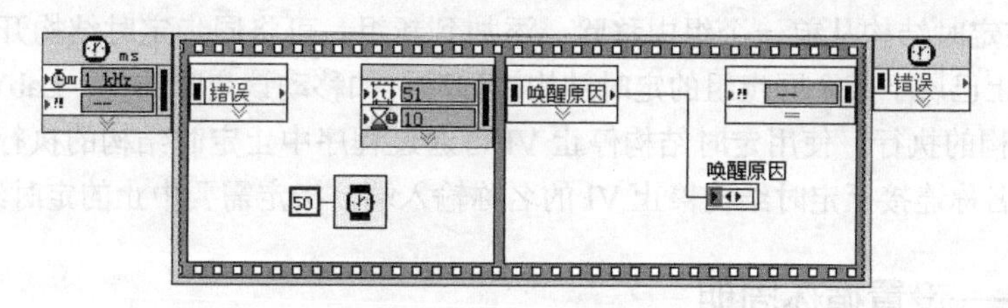

图 3-87　设置超时

余下各帧的定时信息与发生超时的帧的定时信息相同。如定时循环必须再完成一次循环，而循环会停止于发生超时的帧，等待最初的超时事件。

定时结构第一帧的超时默认值为 -1，即无限等待子程序框图或帧的开始。其他帧的超时默认值为 0，即保持上一帧的超时值不变。

7. 设置偏移

偏移是相对于定时结构开始时间的时间长度，这种结构等待第一个子程序框图或帧执行的开始。偏移的单位与结构定时源的单位一致。

还可在不同定时结构中使用与定时源相同的偏移，对齐不同定时结构的相位，图 3-88 中，定时循环都使用相同的 1kHz 定时源，且偏移值为 500，这意味着循环将在定时源触发循环开始后等待 500 ms。

在定时循环的最后一帧中，可使用右侧数据节点动态改变下一次循环的偏移。然而，在动态改变下一次循环的偏移时，必须将值连接至右侧数据节点的模式输入端以指定一个模式。

如通过右侧数据节点改变偏移，必须选择一个模式值。

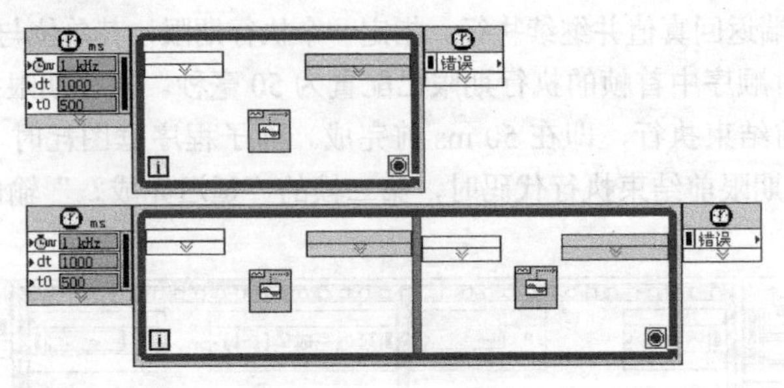

图 3-88　设置偏移

对齐两个定时结构无法保证二者的执行开始时间相同。使用同步定时结构起始时间，可以令定时结构执行起始时间同步。

3.6.4　同步开始定时结构和中止定时结构的执行

同步定时结构用于将程序框图中各定时结构的起始时间同步。例如，使两个定时结构根据相对于彼此的同一时间表来执行。例如，令定时结构甲首先执行并生成数据，定时结构乙在定时结构甲完成循环后处理生成的数据。令上述定时结构的开始时间同步，以确保二者具有相同的起始时间。

可创建同步组以指定程序框图中需要同步的结构。创建同步组的步骤如下：将名称连接至同步组名称输入端，再将定时结构名称数组连接至同步定时结构开始程序的定时结构名称输入端。同步组将在程序执行完毕前始终保持活动状态。

定时结构无法属于两个同步组。如要向一个同步组添加一个已属于另一同步组的定时结构，LabVIEW 将把该定时结构从前一个组中移除，添加到新组。可将同步定时结构开始程序的替换输入端设为假，防止已属于某个同步组的定时结构被移动。如移动该定时结构，LabVIEW 将报错。

中止定时结构的执行，使用定时结构停止 VI 可通过程序中止定时结构的执行。将字符串常量或控件中的结构名称连接至定时结构停止 VI 的名称输入端，指定需要中止的定时结构的名称。

3.6.5　实例——设置循环周期

本例演示如何设置循环周期程序，结果如图 3-89 所示。

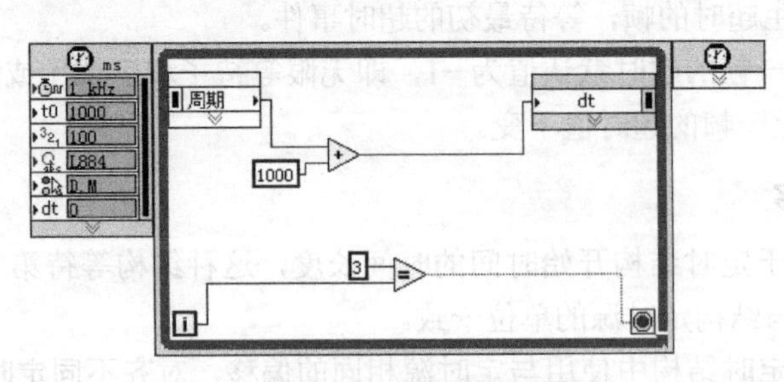

图 3-89　设置循环周期

（1）新建 VI。选择菜单栏中的“文件”→“新建 VI”命令，新建一个 VI，一个空白的 VI 包括前面板及程序框图。

（2）保存 VI。选择菜单栏中的“文件”→“另存为”命令，输入 VI 名称为“设置循环周期”。

（3）固定“函数”选板。打开程序框图窗口，单击鼠标右键，打开“函数”选板，单击选板左上角“固定”按钮，将“函数”选板固定在程序框图窗口。

（4）从“函数”选板中选择“编程”→“结构”→“定时结构”→“定时循环”，拖出一个适当大小的定时循环。

（5）设置定时循环左侧输入端口依次为源名称、周期、优先级、结构名称、模式、偏移量，设置定时循环左侧、右侧数据端口均为周期。

（6）选择“编程”→“数值”→“加”函数，计算常量 1000 与左侧“周期”数据端口之和，并输出到右侧数据端口“周期”上，表示程序开始运行时定时源启动，经过 1000ms 的偏移之后，第一次循环开始执行。

（7）选择“编程”→“比较”→“等于”函数，并放置在程序框图中，比较常量 3 与循环次数，并连接到“循环条件”输入端，表示循环体执行 4 次。执行完第 4 次后，周期变为 4000ms，但在循环结束前，周期为 3000ms，所以循环体本身执行时间为 6s（0ms+1000ms+2000ms+3000ms），又因为偏移等待时间为 1s，所以整个代码执行时间为 7s。程序框图结果如图 3-89 所示。

3.7　公式节点

3.7.1　程序逻辑的公式节点

由于一些复杂的算法完全依赖图形代码实现会过于繁琐。为此，在 LabVIEW 中还包含了以文本编程的形式实现程序逻辑的公式节点。

公式节点类似于其他结构，本身也是一个可调整大小的矩形框。当需要设置输入变量时可在边框上单击鼠标右键，在弹出的快捷菜单中选择“添加输入”命令，并且输入变量名，如图 3-90 所示。

同理也可以添加输出变量，如图 3-91 所示。

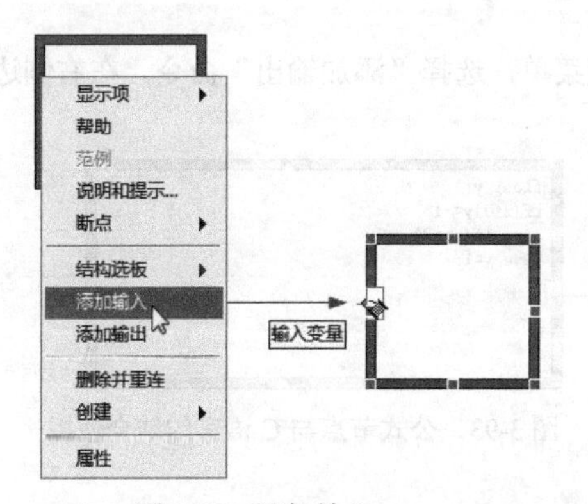

图 3-90　添加输入

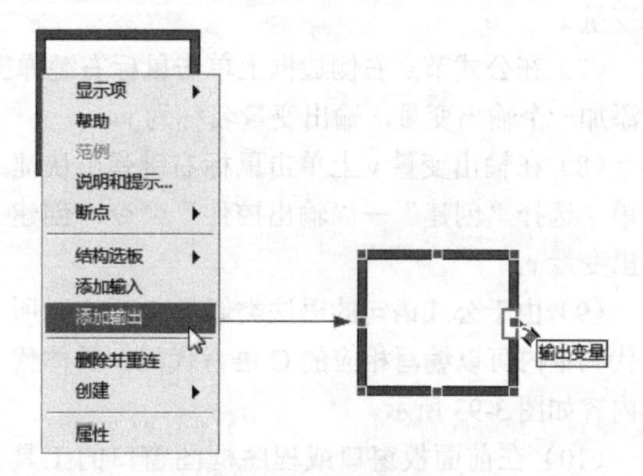

图 3-91　添加输出

输入变量和输出变量的数目可以根据具体情况而定，设定的变量的名字是大小写敏感的。

例如，输入 x 的值，求得相应的 y，z 的值，其中 $y=3x+6, z=5y+x$。

由题目可知，输入变量有 1 个，输出变量有 2 个，使用公式节点时可直接将表达式写入其中，具体内容见图 3-92。

输入表达式时需要注意的是：公式节点中的表达式其结尾应以分号表示结束，否则将产生错误。

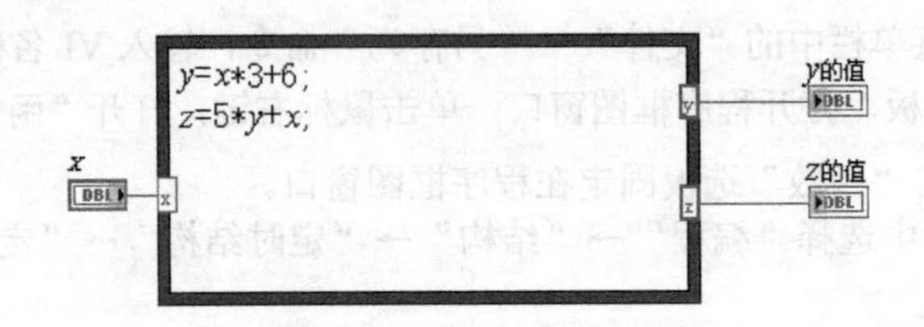

图 3-92　公式节点的使用

公式节点中的语句使用的句法类似于多数文本编程语言，并且也可以给语句添加注释，注释内容用一对“/*”封起来。

3.7.2　实例——输出函数值

扫码看视频

有一函数：当 $x<0$ 时，y 为 −1；当 $x=0$ 时，y 为 0；当 $x>0$ 时，y 为 1；编写程序，实现输入 1 个 x 值，输出相应的 y 值。

（1）新建 VI。选择菜单栏中的“文件”→“新建 VI”命令，新建一个 VI，一个空白的 VI 包括前面板及程序框图。

（2）保存 VI。选择菜单栏中的“文件”→“另存为”命令，输入 VI 名称为“输出函数值”。

（3）固定“函数”选板。打开程序框图窗口，单击鼠标右键，打开“函数”选板，单击选板左上角“固定”按钮，将“函数”选板固定在程序框图窗口。

（4）从“函数”选板中选择“编程”→“结构”→“公式节点”，拖出一个适当大小的公式节点。

（5）在公式节点左侧边框上单击鼠标右键弹出快捷菜单，选择“添加输入”命令，在左侧边框上添加一个输入变量，输入变量名称为 x。

（6）在输入变量 x 上单击鼠标右键弹出快捷菜单，选择“创建”→“输入控件”命令，创建输入变量 x。

（7）在公式节点右侧边框上单击鼠标右键弹出快捷菜单，选择“添加输出”命令，在右侧边框上添加一个输出变量，输出变量名称为 y。

（8）在输出变量 y 上单击鼠标右键弹出快捷菜单，选择“创建”→“输出控件”命令，创建输出变量 y。

（9）由于公式语句的语法类似于 C 语言，所以代码框内可以编写相应的 C 语言代码，具体代码内容如图 3-93 所示。

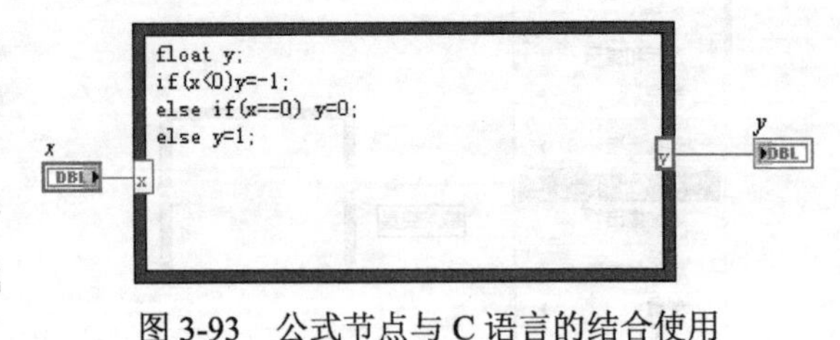

图 3-93　公式节点与 C 语言的结合使用

（10）在前面板窗口或程序框图窗口的工具栏中单击“运行”按钮，运行 VI，运行结果如图 3-94 所示。

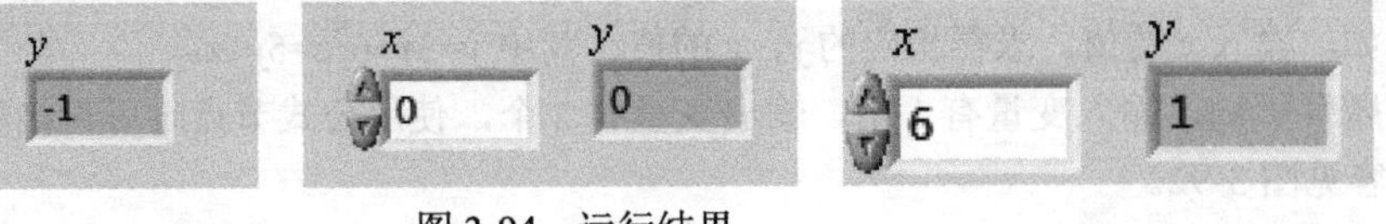

图 3-94　运行结果

3.8　综合实例——定时循环显示循环次数

本例中运行高定时循环时显示已完成循环的次数，并可以通过低定时循环中含有的定时结构停止 VI，程序框图如图 3-95 所示。

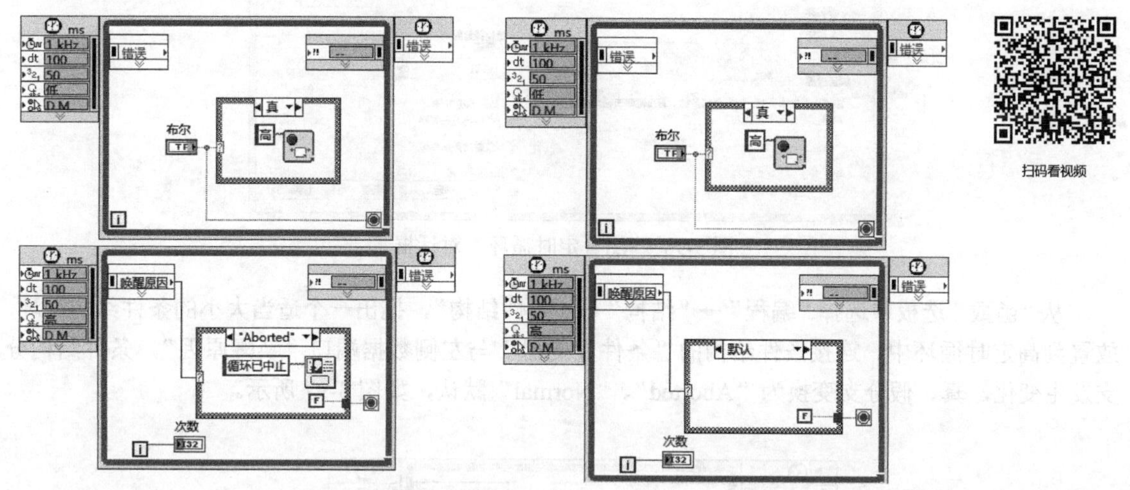

图 3-95　程序框图

操作步骤

（1）新建 VI。选择菜单栏中的“文件”→“新建 VI”命令，新建一个 VI，一个空白的 VI 包括前面板及程序框图。

（2）保存 VI。选择菜单栏中的“文件”→“另存为”命令，输入 VI 名称为“定时循环显示循环次数”。

（3）固定“函数”选板。打开程序框图窗口，单击鼠标右键，打开“函数”选板，单击选板左上角“固定”按钮，将“函数”选板固定在程序框图窗口。

（4）从“函数”选板中选择“编程”→“结构”→“定时结构”→“定时循环”，拖出一个适当大小的定时循环。

（5）设置定时循环左侧输入端口依次为源名称、周期、优先级、结构名称、模式，双击输入端口，弹出“配置定时循环”对话框，在该对话框中设置周期为100、优先级为50、结构名称为“低”，创建低定时循环，如图 3-96 所示。

（6）同样的方法设置高定时循环，设置高定时循环左侧数据端口为“唤醒原因”，在循环结构输出端创建数值显示控件，命名为“次数”。

（7）从“函数”选板中选择“编程”→“结构”→“条件结构”，拖出一个适当大小的条件结构循环，放置到低定时循环中。在条件结构的“条件分支器”上创建输入控件“布尔”，同时连接布尔控件与低定时循环循环条件。

（8）从“函数”选板中选择“编程”→“结构”→“定时结构”→“定时结构停止”，将其放置在条件结构“真”条件分支中。

（9）在“定时结构停止”VI“名称”输入端创建“高”常量。

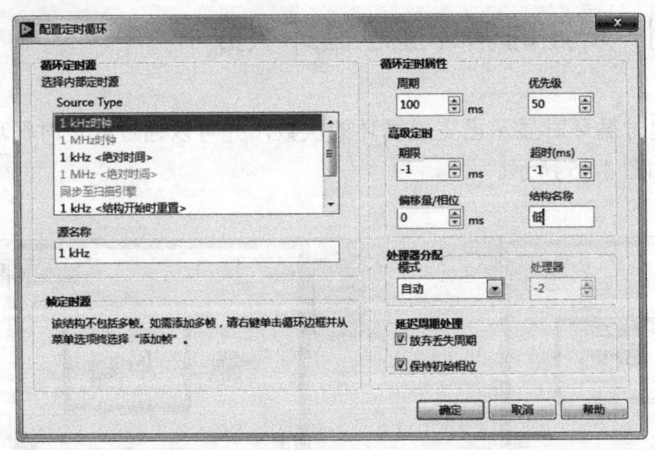

图 3-96 “配置定时循环”对话框

从“函数”选板中选择“编程”→“结构”→“条件结构”，拖出一个适当大小的条件结构循环，放置到高定时循环中。连接条件结构的“条件分支器”与左侧数据端口“唤醒原因”，条件结构分支发生变化，真、假分支变换为“Aborted”、“Normal”默认，如图 3-97 所示。

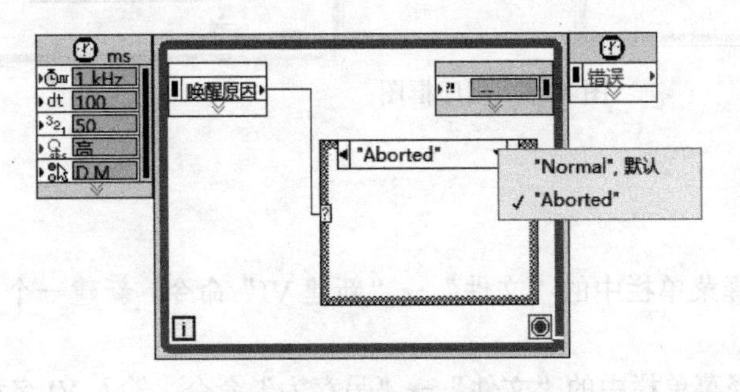

图 3-97 连接条件分支器

（10）切换到条件结构“Aborted”分支，选择“编程”→“对话框与用户界面”→“单按钮对话框”函数，在该函数“消息”输入端创建常量，输入“循环已终止”。

（11）选择“编程”→“布尔”→“假常量”函数，分别放置到条件结构“Aborted”、“Normal”默认分支中，通过边框与高定时循环的循环条件连接。

（12）单击工具栏中的“整理程序框图”按钮，整理程序框图，结果如图 3-97 所示。

（13）单击位于前面板的中止实时循环按钮“布尔”控件，左侧数据节点的“唤醒原因”输出端将返回“循环已中止”，同时弹出对话框。单击对话框的“确定”按钮后，VI 将停止运行，前面板如图 3-98 所示。

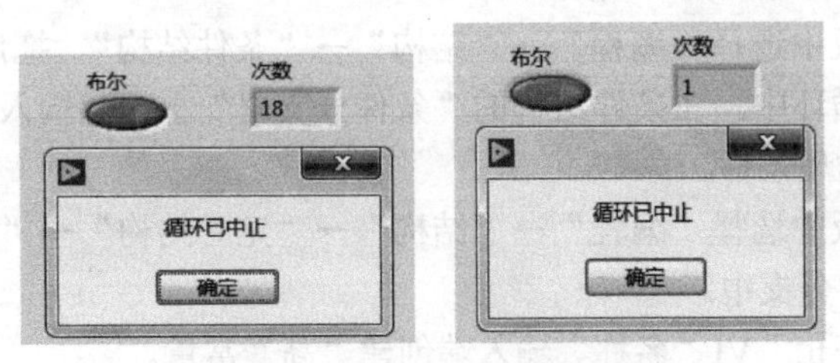

图 3-98 中止定时循环的前面板

第 4 章 数值字符串与布尔运算

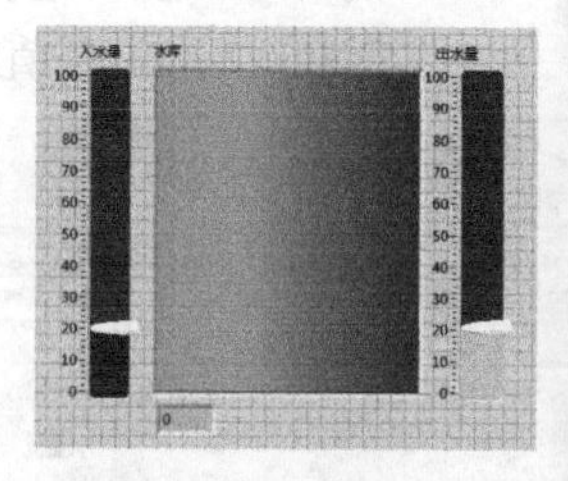

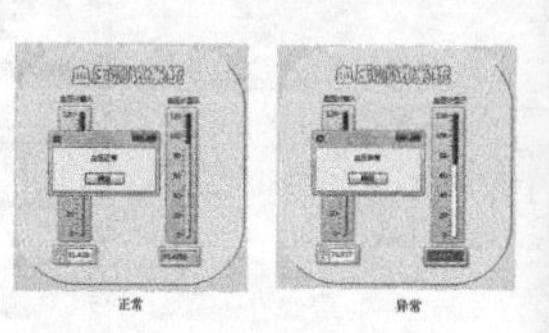

内容指南

在 LabVIEW 中，计算机数据与仪器的有机结合实现虚拟功能，而这些操作需要基本的数据来支撑。本章介绍数值、字符串与布尔控件的基本设置与相关计算函数。

知识重点

- 控件
- 数值运算
- 字符串运算
- 其余运算

4.1 数值控件

控件是 LabVIEW 图形语言的基石，没有控件，LabVIEW 编程语言就是一纸空谈。因此，熟悉掌握控件，对读者学习该语言至关重要。

随着 LabVIEW 的不断升级，控件样式越来越多，功能越来越合理。但系统仍保留旧版控件，因此控件数量直线上升，同时，图形化语言的表达能力也越来越强。

系统控件的外观取决于 VI 运行的平台，因此在 VI 中创建的控件外观应与所有 LabVIEW 平台兼容。在不同的平台上运行 VI 时，系统控件将改变其颜色和外观，与该平台的标准对话框控件相匹配。

控件分为 8 类：新式、NXG 风格、银色、经典、系统、Express、.NET 与 Active、用户控件。

4.1.1 数值型控件

位于“数值”和“经典”选板上的数值对象可用于创建滑动杆、滚动条、旋钮、转盘和数值显示框。其中，“经典”选板上还有颜色盒和颜色梯度，用于设置颜色值；其余选板上还有时间标识，用于设置时间和日期值。数值对象用于输入和显示数值。LabVIEW 2018 中文版的各种类型的数值对象如图 4-1 所示。

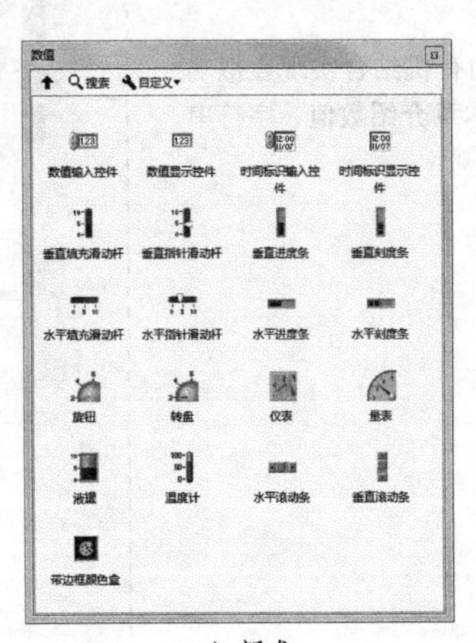

a）新式

b）经典

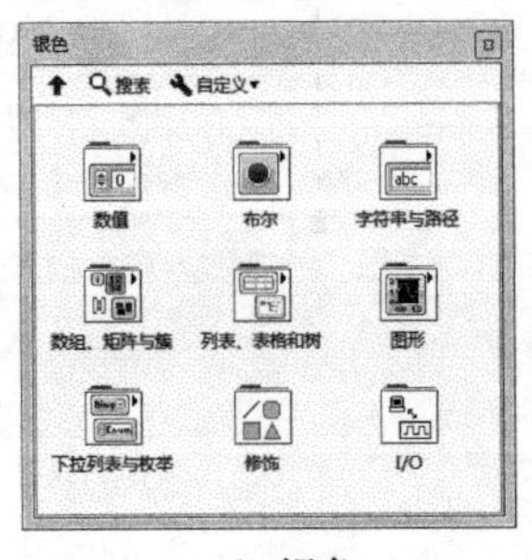

c）银色

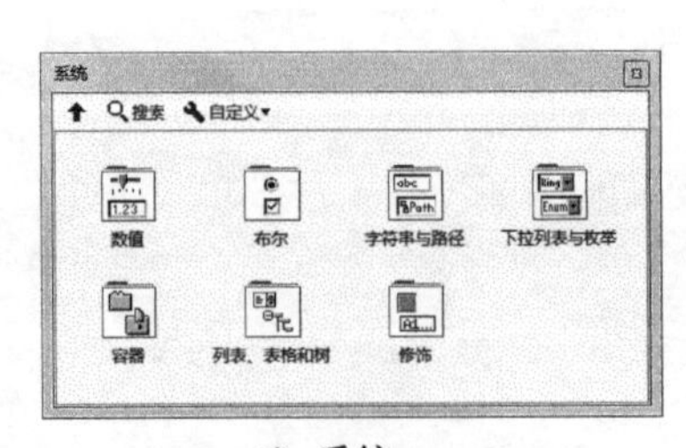

d）系统

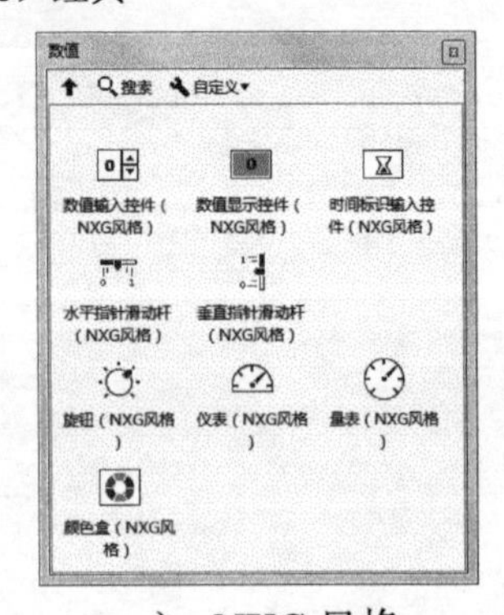

e） NXG 风格

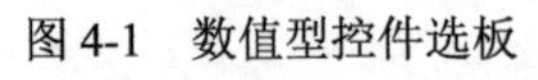

图 4-1　数值型控件选板

1.“数值”控件

“数值”控件是输入和显示数值数据的最简单方式。这些前面板对象可在水平方向上调整大小，以显示更多位数。使用下列方法改变“数值”控件的值。

- 用操作工具或标签工具单击数字显示框，然后通过键盘输入数字。
- 用操作工具单击“数值”控件的递增或递减箭头。
- 使用操作工具或标签工具将鼠标指针放置于需改变的数字右边，然后在键盘上按向上或向下箭头键。
- 默认状态下，LabVIEW 的数字显示和存储与计算器类似。数值控件一般最多显示 6 位数字，超过 6 位自动转换为科学计数法表示。用鼠标右键单击数值对象并从快捷菜单中选择“格式与精度”命令，打开“数值属性”对话框的格式与精度选项卡，从中设置 LabVIEW 在切换到科学计数法之前所显示的数字位数。

2.“滑动杆”控件

“滑动杆”控件是带有刻度的数值对象。“滑动杆”控件包括垂直和水平滑动杆，液罐和温度计。可使用下列方法改变滑动杆控件的值。

- 使用操作工具拖曳滑块至新的位置。
- 与“数值”控件中的操作类似，在数字显示框中输入新数据。

滑动杆控件可以显示多个值。用鼠标右键单击该对象，在快捷菜单中选择“添加滑块”命令，可添加更多滑块。带有多个滑块的控件的数据类型为包含各个数值的簇。

3. 滚动条控件

与滑动杆控件相似，滚动条控件是用于滚动数据的数值对象。滚动条控件有水平滚动条和垂直滚动条两种。使用操作工具拖曳滑块至一个新的位置，单击递增和递减箭头或单击滑块和箭头之间的空间都可以改变滚动条的值。

4. 旋转型控件

旋转型控件包括旋钮、转盘、量表和仪表。旋转型对象的操作与滑动杆控件相似，都是带有刻度的数值对象。可使用下列方法改变旋转型控件的值。

- 用操作工具拖曳指针至一个新的位置。
- 与数值控件中的操作类似，在数字显示框中输入新数据。

旋转型控件可显示多个值。用鼠标右键单击旋转型对象，在快捷菜单中选择“添加指针”命令，可添加新指针。带有多个指针的控件的数据类型为包含各个数值的簇。

5. 时间标识控件

时间标识控件用于向程序框图发送或从程序框图获取时间和日期值。可使用下列方法改变时间标识控件的值。

- 单击“时间 / 日期浏览”按钮，显示“设置时间和日期”对话框，如图 4-2 所示。
- 用鼠标右键单击该控件并从快捷菜单中选择“数据操作”→“设置时间和日期”命令，显示“设置时间和日期”对话框。
- 用鼠标右键单击控件，从快捷菜单中选择“数据操作”→“设置为当前时间”命令。

4.1.2 实例——水库蓄水系统前面板设计

本实例设计的水库蓄水系统的前面板，通过调整入水量与出水量显示水库的蓄水量。本实例的前面板如图 4-3 所示。

图 4-2 “设置日期和时间”对话框

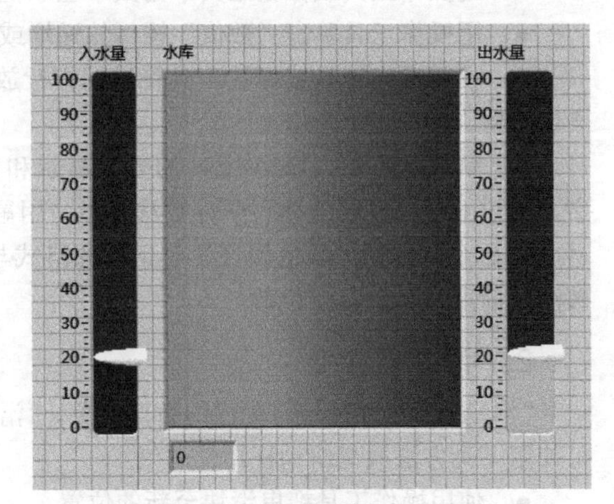

图 4-3 前面板

操作步骤

1. 设置工作环境

（1）新建 VI。选择菜单栏中的“文件”→“新建 VI”命令，新建一个 VI，一个空白的 VI 包括前面板及程序框图。

（2）保存 VI。选择菜单栏中的“文件”→“另存为”命令，输入 VI 名称为“水库蓄水系统”。

（3）固定“控件”选板。单击鼠标右键，在前面板打开“控件”选板，单击选板左上角“固定”按钮，将“控件”选板固定在前面板。

2. 放置控件

（1）选择“新式”→“数值”→“液罐”控件，放置在前面板的适当位置，修改名称为“水库”。

（2）在“水库”控件上单击鼠标右键弹出快捷菜单，选择“显示项”→“数字显示”命令，在控件右侧添加数字显示。设置控件最大刻度值为 100.000，用鼠标右键单击控件，在弹出的快捷菜单中选择“标尺”→“样式”命令，选择图 4-4 所示的标尺样式，取消控件标签显示。

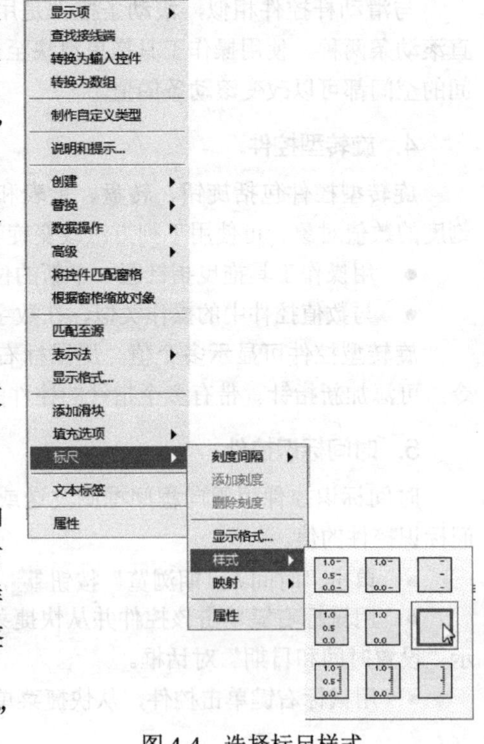

图 4-4 选择标尺样式

（3）选择“新式”→“数值”→“垂直指针滑动杆”控件，将两个控件放置在前面板的适当位置，修改名称为“入水量”“出水量”，如图 4-5 所示。

（4）双击修改“入水量”“出水量”左侧标尺刻度的最大值为 100.0。

（5）用鼠标右键单击数值控件“入水量”，选择“属性”命令，弹出“数值类的属性”对话框，打开“外观”选项卡，设置“颜色”→“填充”选项颜色为红色，如图 4-6 所示。

（6）用同样的方法设置数值控件“出水量”的“填充”选项颜色为黄色，前面板最终结果如图 4-3 所示。

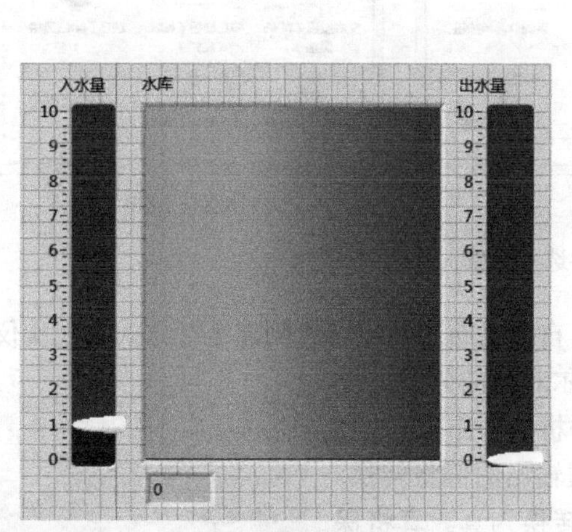

图 4-5　放置控件

图 4-6　设置填充

4.1.3　布尔型控件和单选按钮

位于新式、经典、银色及系统选板的布尔选板上的布尔控件可用于创建按钮、开关和指示灯。LabVIEW 2018 中文版的新型、经典银色及系统的布尔控件选板如图 4-7 所示。布尔控件用于输入并显示布尔值（TRUE/FALSE）。例如，监控一个实验的温度时，可在前面板上放置一个布尔指示灯，当温度超过一定水平时，即可发出警示。

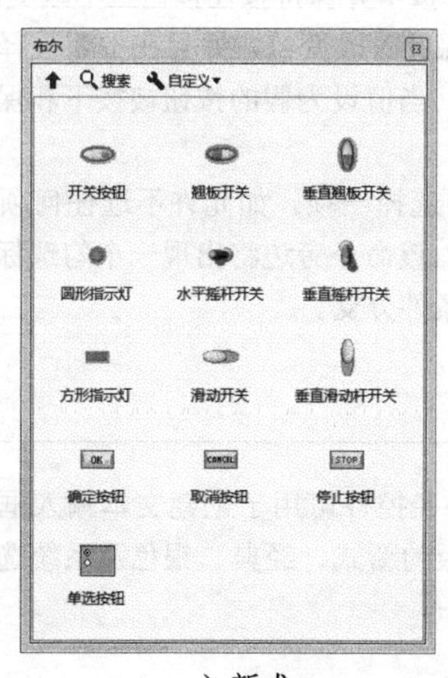

a）新式

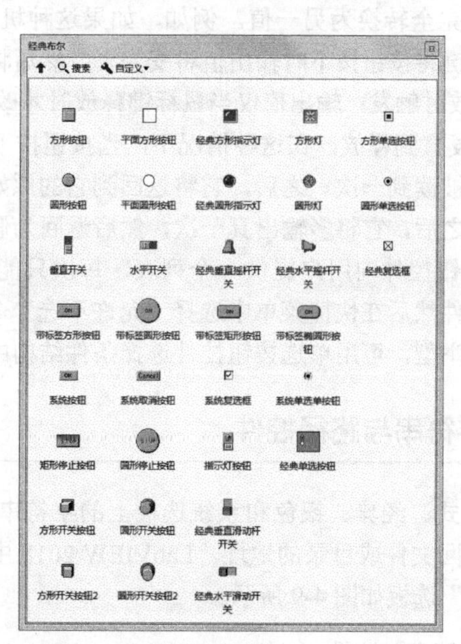

b）经典

图 4-7　布尔控件选板

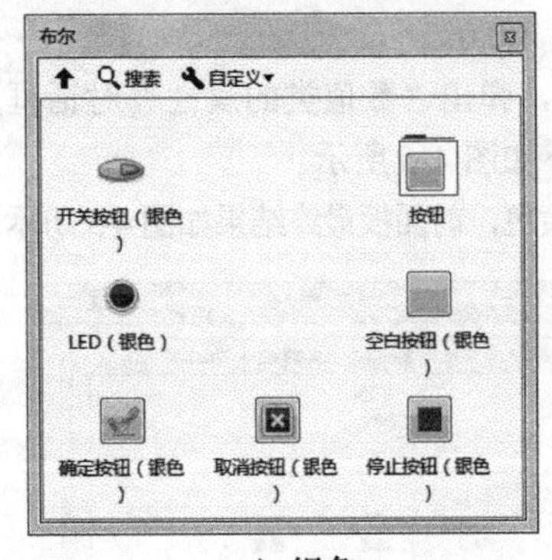

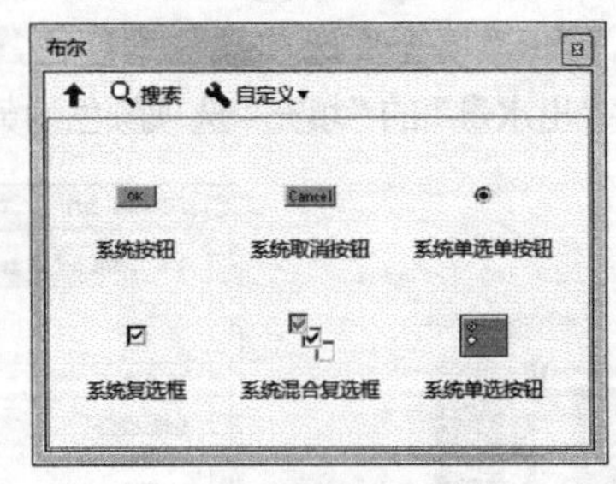

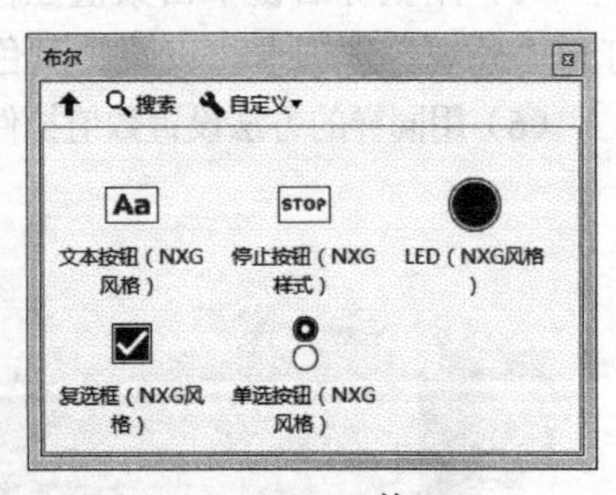

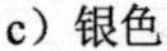
c）银色　　d）系统　　e）NXG 风格

图 4-7　布尔控件选板（续）

布尔输入控件有 6 种机械动作，如图 4-8 所示。自定义布尔对象，可创建运行方式与现实仪器类似的前面板。快捷菜单中的命令可用来自定义布尔对象的外观，以及单击这些对象时它们的运行方式。下面介绍这 6 种机械动作。

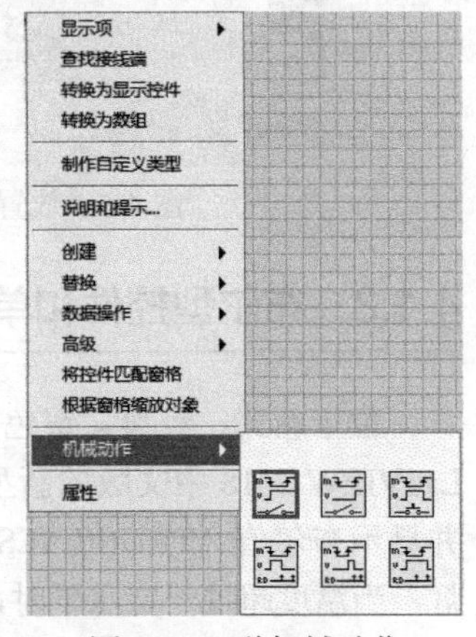

图 4-8　6 种机械动作

- 单击时转换：当用鼠标将按钮按下时，按钮输出的值将转换。例如，如果按钮的值设为假，当按钮被按下，值就转换为真。真将保持下去直到按钮再次被按下。
- 释放时转换：当鼠标按键从按钮上释放时，按钮的值才转换。按下鼠标键并保持不能改变按钮的值。
- 转换直到释放：转换的值将一直持续按钮被按下所持续的时间。如果按钮设为假，只要你保持按下状态，它将维持为真，当按键释放时返回为假。
- 单击时触发：触发与转换不同，因为按钮输出相反的值只一次，而不是完全转换为另一值。例如，如果这种机械动作的按钮设为假，当鼠标键将按钮按下时输出值将变为真，然后将立刻回到输出假。
- 释放时触发：输出值仅当鼠标键释放时才改变，按下并保持按住按钮且不改变值。
- 触发直到释放：在这种情况下，当按钮按下并保持时改变值，并且在按钮被释放后保持这个改变的值被读到一次。之后，它将返回到它的原始值。当值设为假的按钮被按下和保持时将变为真。在释放之后，它将多输出真一次，然后返回为假。

单选按钮控件向用户提供一个列表，每次只能从中选择一项。如允许不选任何项，用鼠标右键单击该控件然后在快捷菜单中选择“允许不选”命令，该命令旁边将出现一个勾选标志。单选按钮控件为枚举型，可用单选按钮控件选择条件结构中的条件分支。

4.1.4　字符串与路径控件

位于新式、经典、银色和系统选板上的字符串与路径控件可用于创建文本输入框和标签，以及输入或返回文件或目录的地址。LabVIEW 2018 中文版的新式、经典、银色及系统选板上的“字符串与路径”选板如图 4-9 所示。

1. “字符串”控件

操作工具或标签工具可用于输入或编辑前面板上“字符串”控件中的文本。默认状态下，新文本或经改动的文本在编辑操作结束之前不会被传至程序框图。运行时，单击前面板的其他位置，切换到另一窗口，单击工具栏上的“确定输入”按钮，或按 <Enter> 键，都可结束编辑状态。按 <Enter> 键将输入回车符。用鼠标右键单击“字符串”控件为其文本选择显示类型，如以密码形式显示或十六进制数显示。

2. “组合框”控件

“组合框”控件可用来创建一个字符串列表，在前面板上可循环浏览该列表。“组合框”控件类似于文本型或菜单型下拉列表控件。但是，“组合框”控件是字符串型数据，而“下拉列表”控件是数值型数据。

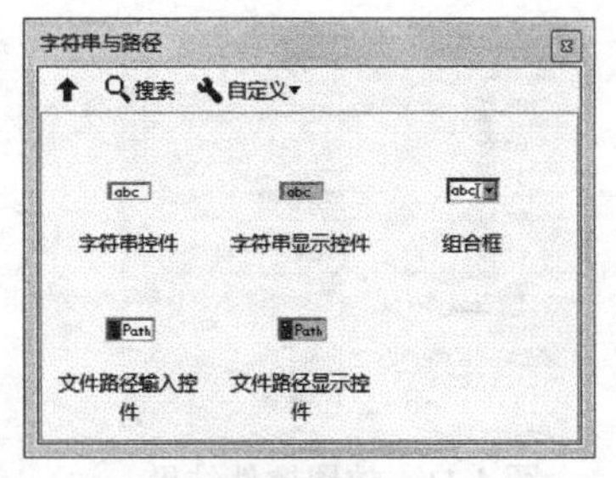

a）新式

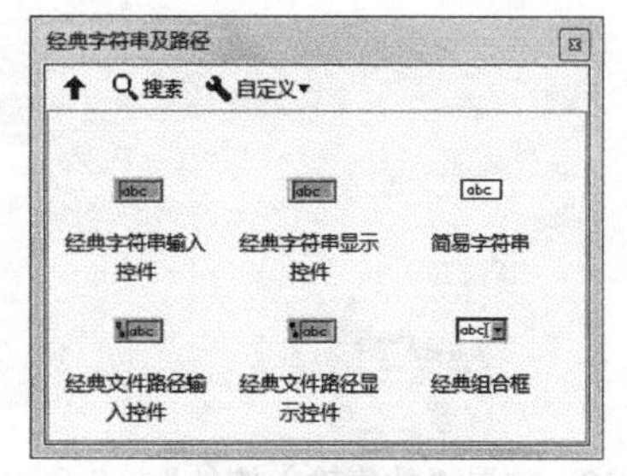

b）经典

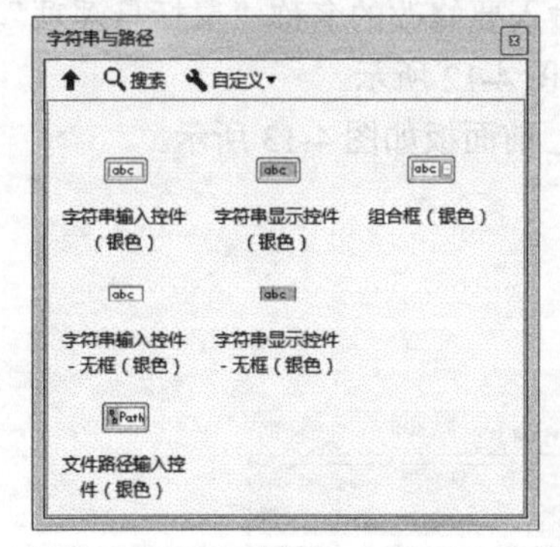

c）银色

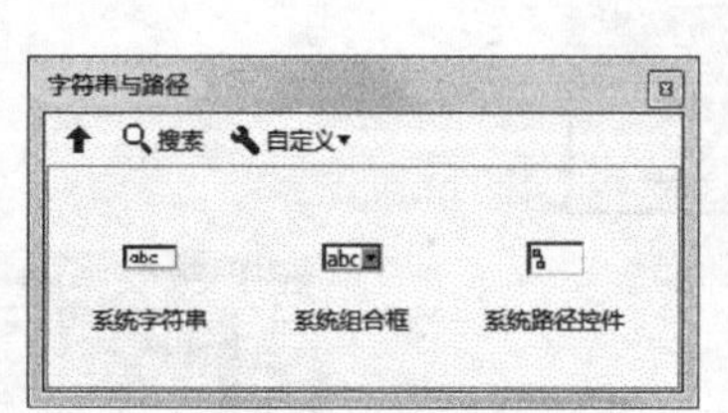

d）系统

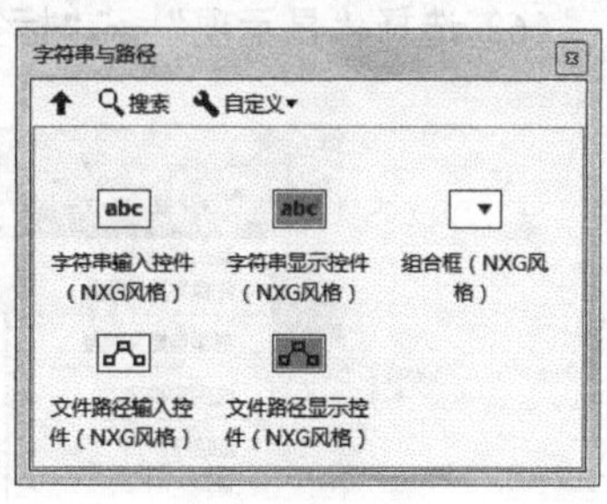

e）NXG 风格

图 4-9　“字符串与路径”选板

3. 文件路径输入控件

文件路径输入控件用于输入或返回文件或目录的地址。Windows 和 macOS 系统如允许运行时拖放，则可从 Windows 的窗口拖曳一个路径、文件夹或文件放置在路径控件中。

文件路径输入控件与“字符串”控件的工作原理类似，但 LabVIEW 会根据用户所使用的操作平台的标准句法，将路径按一定格式处理。

4.1.5 实例——“银色”选板控件的使用方法

本实例演示“银色”选板中控件的使用方法。

扫码看视频

（1）新建一个 VI。打开 VI 的前面板，单击鼠标右键，弹出“控件”选板，单击选板左上角的“固定”按钮，将选板变为固定状态。

（2）从“控件”选板中选择“银色”→“数值”→“数值输入控件”，在前面板中适当位置单击，完成控件在前面板中的放置，如图 4-10 所示。

（3）在“数值”子选板中选择“垂直填充滑动杆”控件，在“布尔”子选板中选择“LED（银色）”“停止按钮（银色）”控件，在“字符串与路径”子选板中选择“字符串显示控件（银色）”。放置结果如图 4-11 所示。

（4）将鼠标指针放置在“布尔”控件上方，单击，当鼠标指针变为“调整大小”按钮，拖动控件至适当大小。

图 4-10　放置“数值输入控件”

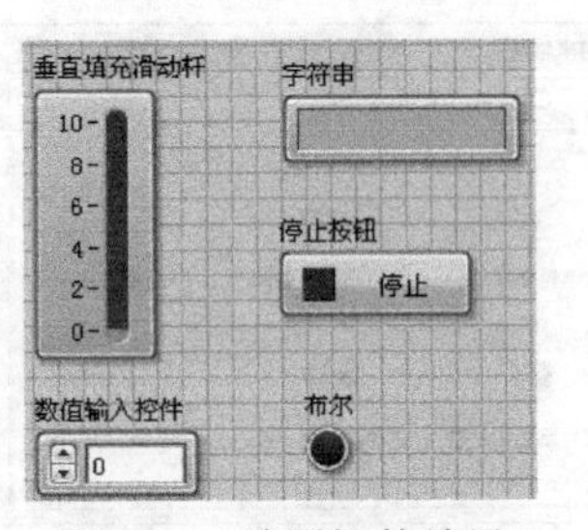

图 4-11　放置控件结果

（5）双击前面板“字符串显示控件（银色）”上方的标题，输入要修改的名称“鼠标悬浮项”。在“停止按钮（银色）”控件上单击鼠标右键，弹出快捷菜单，如图 4-12 所示。

（6）选择“显示项”→“标签”命令，取消控件标签的显示，前面板如图 4-13 所示。

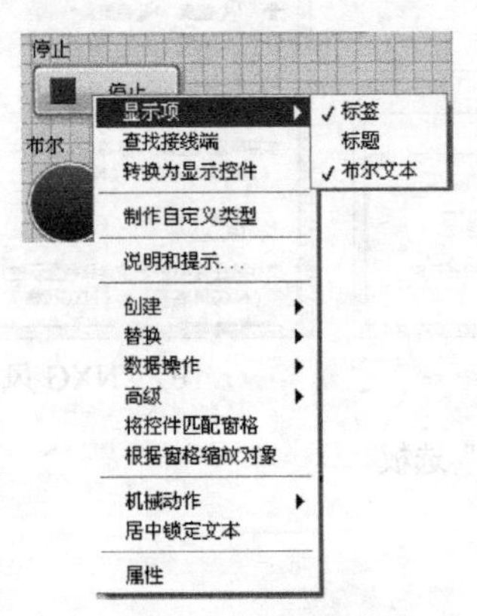

图 4-12　快捷菜单

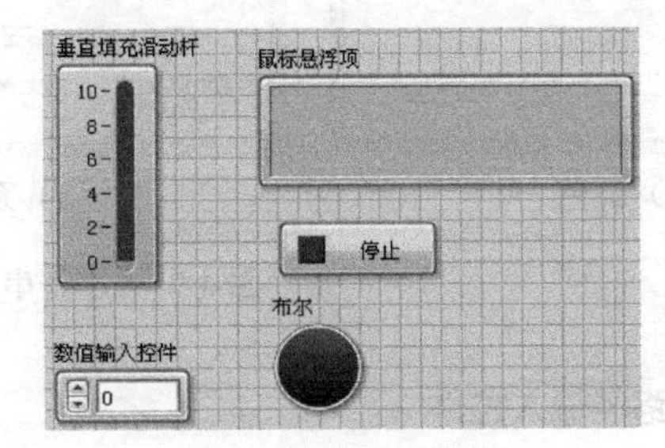

图 4-13　前面板控件

4.1.6　设置数值型控件的属性

LabVIEW 2018 中的数值型控件（位于“控件”选板中的“新式”子选板中）有着许多共有属性，每个控件又有自己独特的属性，本小节只对控件的共有属性详细介绍。

下面以数值型控件——量表为例，介绍数值型控件的常用属性及其设置方法。

数值型控件的常用属性如下。

- 标签：用于对控件的类型及名称进行注释。
- 标题：控件的标题，通常和标签相同。
- 数字显示：以数字的方式显示控件所表达的数据。

图 4-14 显示了量表控件的标签、标题、数字显示等属性。

在前面板的图标上单击鼠标右键，弹出如图 4-15 所示的快捷菜单。可以通过从快捷菜单中选择标签、标题、数字显示等属性，切换是否显示控件的这些属性。另外，通过“工具”选板中的标签工具A来修改标签和标题的内容。

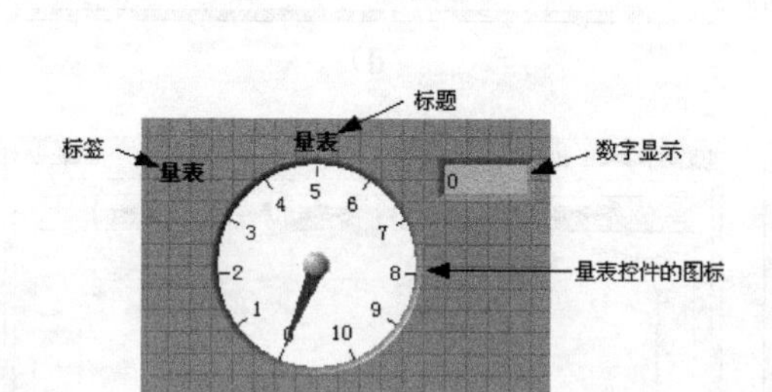

图 4-14　量表控件的基本属性

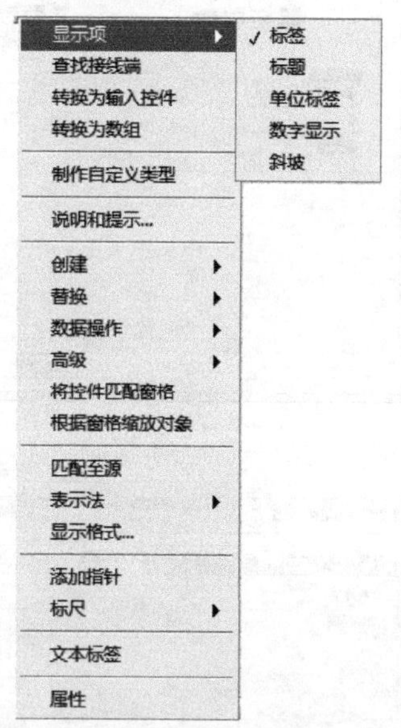

图 4-15　数值型控件（以量表为例）的属性快捷菜单

数值型控件的其他属性可以通过“旋钮类的属性”对话框进行设置。在控件的图标上单击鼠标右键，并从弹出的快捷菜单中选择“属性”命令，可以打开“旋钮类的属性：量表”对话框。该对话框分为 8 个选项卡，分别是外观、数据类型、标尺、显示格式、文本标签、说明信息、数据绑定和快捷键。8 个选项卡分别如图 4-16 所示。

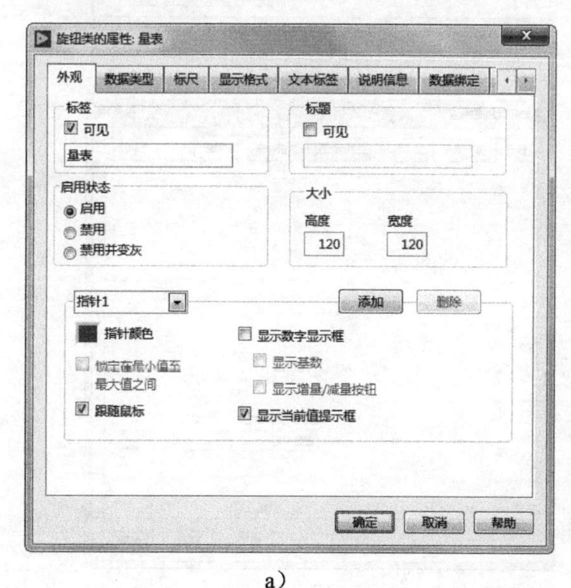

a）

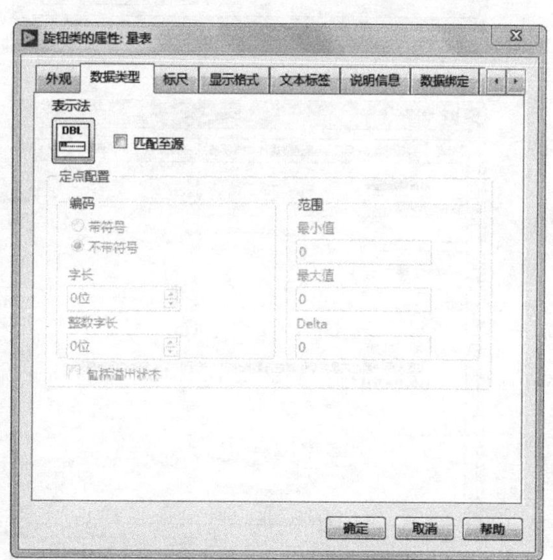

b）

图 4-16　数值型控件量表的属性选项卡

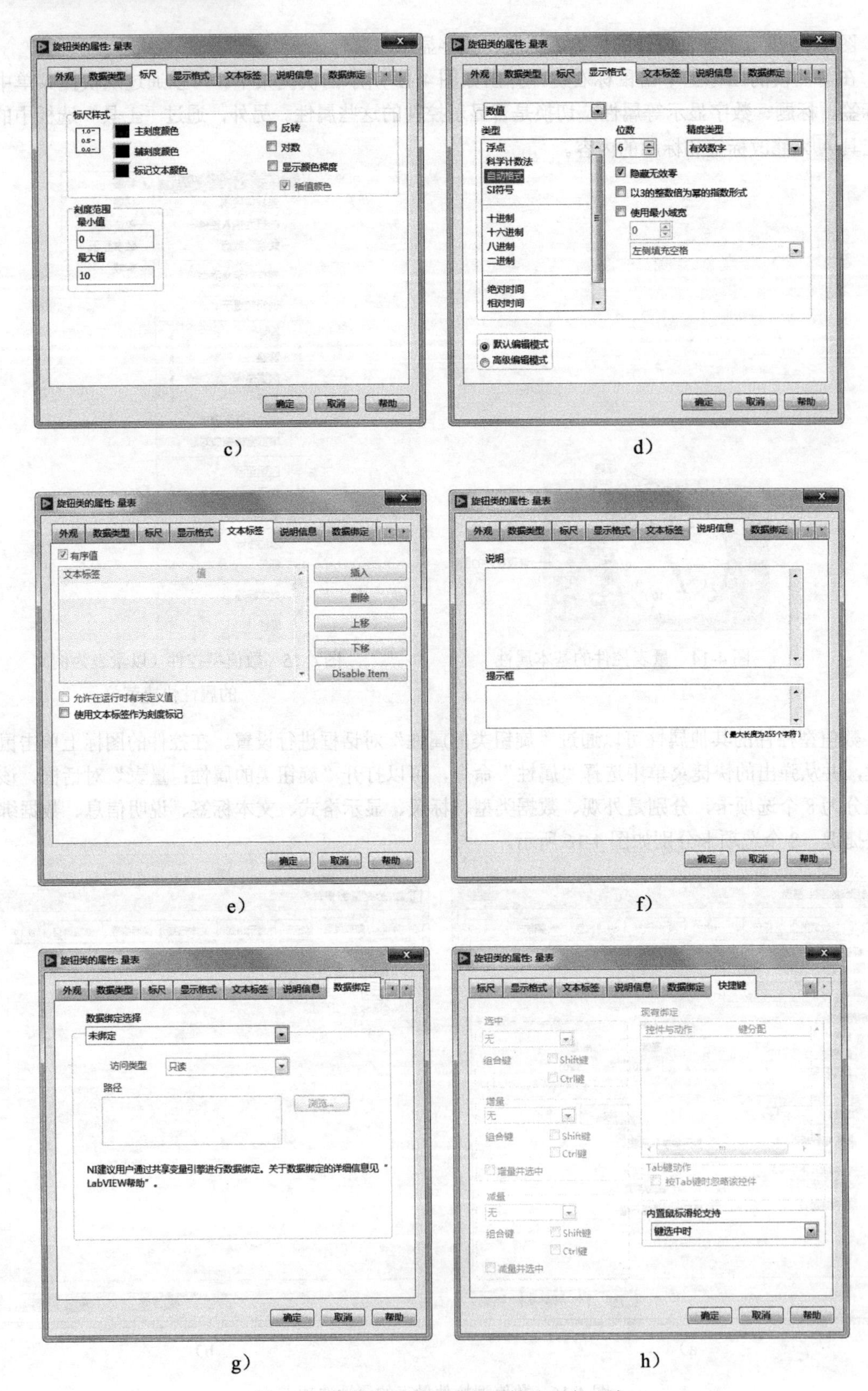

图 4-16　数值型控件量表的属性选项卡（续）

● 外观选项卡：用户可以设置与控件外观有关的属性。用户可以修改控件的标签和标题属性以及设置其是否可见；可以设置控件的启用状态，以决定控件是否可以被程序调用；也可以设置控件的颜色和风格。

● 数据类型选项卡：用户可以设置数值型控件的数据范围以及默认值。

● 标尺选项卡：用户可以设置数值型控件的标尺样式及刻度范围。用户可以选择的刻度样式类型如图 4-17 所示。

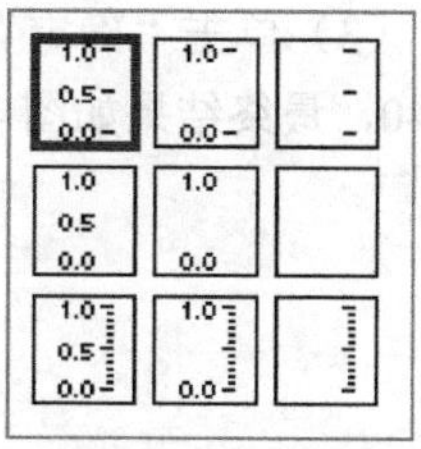

图 4-17　用户可以选择的数值型控件刻度样式

● 显示格式选项卡：与数据类型和标尺选项卡一样，显示格式选项也是数值型控件所特有的属性。在显示格式选项卡中用户可以设置控件的数据显示格式以及精度。该选项卡也包含两种编辑模式，分别是默认编辑模式和高级编辑模式。在高级编辑模式下，用户可以对控件的格式与精度进行更为复杂的设置。

● 文本标签选项卡：用于配置带有标尺的数值对象的文本标签。

● 说明信息选项卡：用于描述该对象的目的并给出使用说明。

● 数据绑定选项卡：用于将前面板对象绑定至网络发布项目项以及网络上的 PSP 数据项。

● 快捷键选项卡：用于设置控件的快捷键。

LabVIEW 2018 为用户提供了丰富、形象而且功能强大的数值型控件，用于数值型数据的控制和显示，合理地设置这些控件的属性是使用它们进行前面板设计的有力保证。

4.1.7　实例——显示温度单位

本实例将设计如图 4-18 所示的温度计控件，该控件可显示温度单位。

扫码看视频

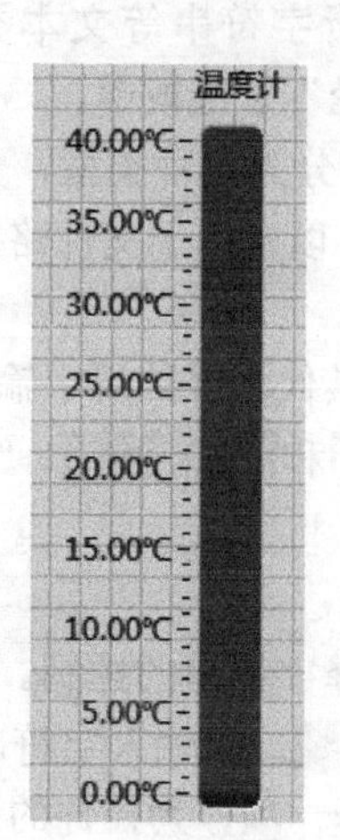

图 4-18　显示温度单位

操作步骤

（1）从“控件”选板中选择“新式”→“数值”→“垂直填充滑动杆”，调整控件大小，创建“温度计”控件，如图 4-19 所示。

（2）在“温度计”控件上单击鼠标右键，选择“属性”命令，弹出如图 4-20 所示的“滑动杆类的属性：温度计”对话框，打开“显示格式”选项卡，在左下角选择“高级编辑模式”，在“格式字符串”选项下输入“%.2f℃”。

（3）单击“确定”按钮，退出对话框，前面板中控件显示刻度如图 4-21 所示。修改最大刻度为 40，最终结果如图 4-18 所示。

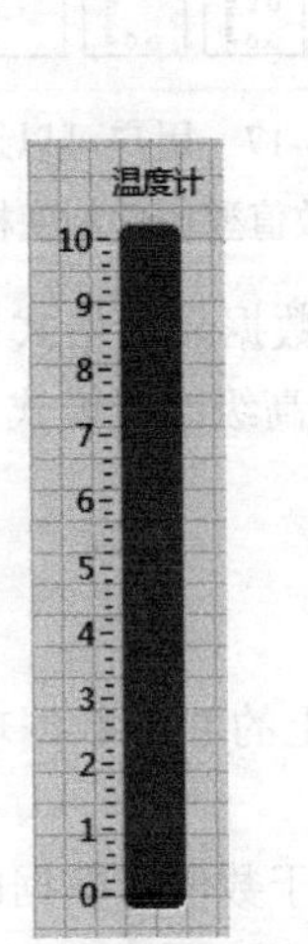

图 4-19 “温度计”控件

图 4-20 “滑动杆类的属性：温度计”对话框

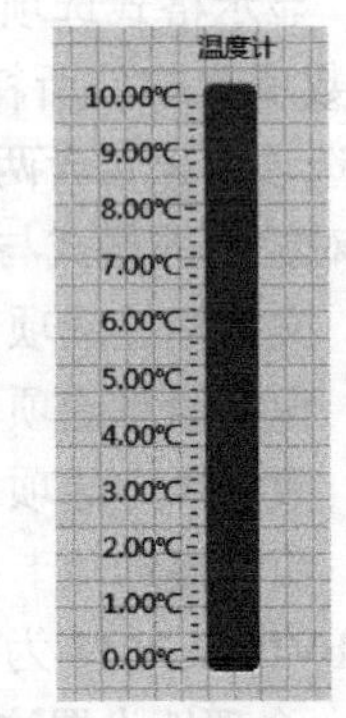

图 4-21 显示单位

4.1.8 设置文本型控件的属性

LabVIEW 中的文本型控件主要负责字符串等文本类型数据的控制和显示，这些控件位于 LabVIEW“控件”选板的“字符串和路径”子选板中。

LabVIEW 2018 中的文本型控件可以分为三种类型，分别是：用于输入字符串的输入与显示控件，用于选择字符串的输入与显示控件，以及用于文件路径的输入与显示控件。下面分别详细说明三种类型文本型控件的设置方法。

文本输入控件和文本显示控件是最具代表性的用于输入字符串的控件，在 LabVIEW 的前面板中他们的图标分别是“新式”和；“经典”和；“银色”和；“NXG 风格”和。这两种控件的属性可以通过其属性对话框进行设置。

文本型控件的另一种类型是用于选择字符串的控制。文本型控件主要包括文本下拉列表、菜单下拉列表和组合框。与输入字符串的文本控件不同，这类控件需要预先设定一些选项，用户在使用时可以从中选择一项作为控件的当前值。

这类控件的设置同样可以通过其属性对话框来完成，下面以组合框为例介绍设置这类控件属性的方法。

“组合框”控件的属性对话框如图 4-22 所示。组合框属性的外观、说明信息、数据绑定等和数值型控件的相应选项卡相似，设置方法也类似，这里不再叙述，主要介绍编辑项选项卡。

在编辑项选项卡中，用户可以设定该控件中能够显示的文本选项。在“项”中填入相应的文本选项，单击“插入”按钮便可以加入这一选项，同时标签的右边显示当前选项的选项值。

选择某一选项，单击“删除”按钮可以删除此选项，单击“上移”按钮可以将该选项向上移动，单击“下移”按钮可以将该选项向下移动。

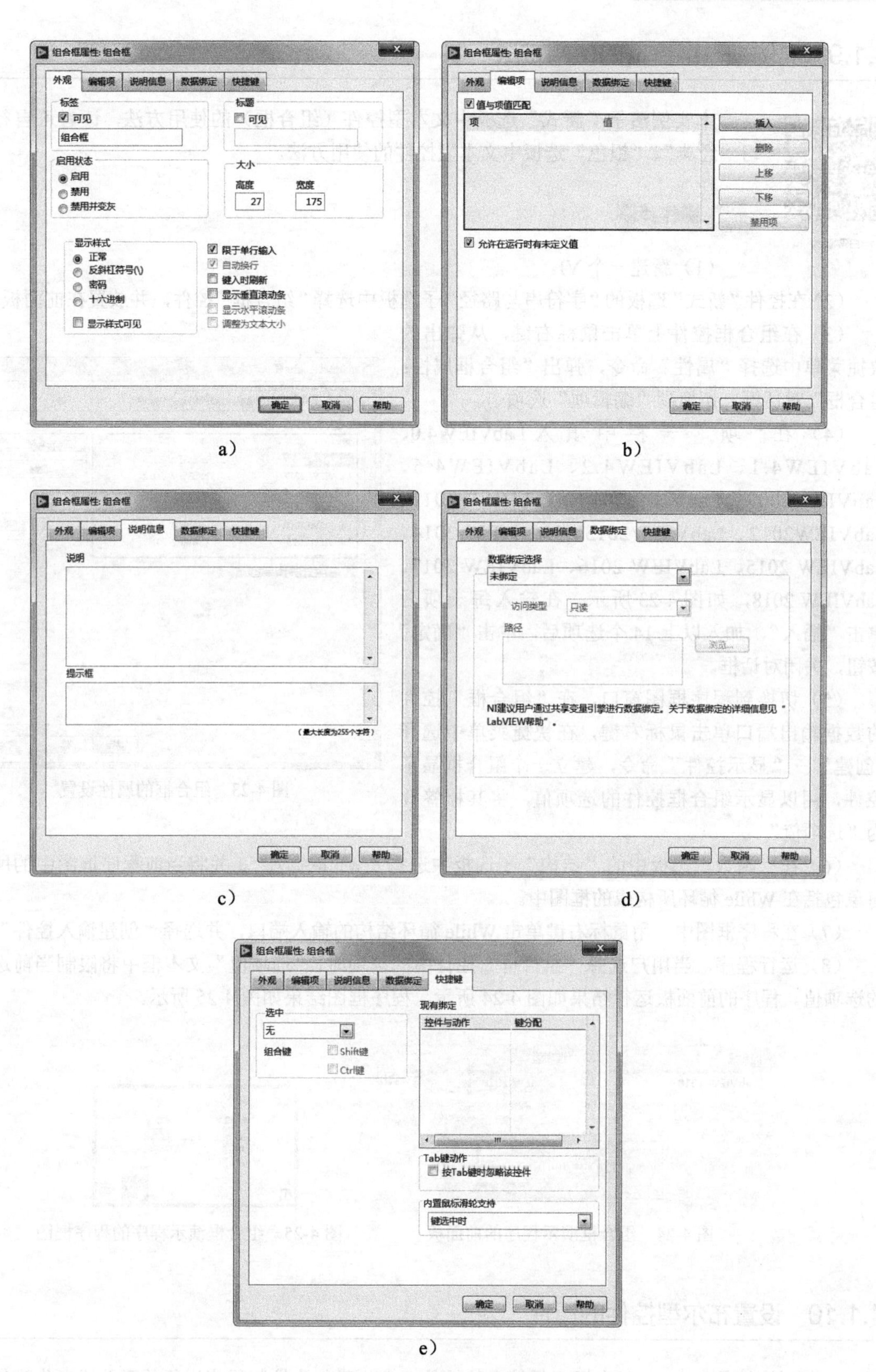

图 4-22　组合框属性选项卡

4.1.9 实例——组合框的使用方法

扫码看视频

本实例演示“新式”选板中文本型控件（组合框）的使用方法，读者可自行练习“经典”、“银色”选板中文本型控件的使用方法。

（1）新建一个 VI。

（2）在控件“新式”选板的“字符串与路径”子选板中选择“组合框”控件，并放置在前面板中。

（3）在组合框控件上单击鼠标右键，从弹出的快捷菜单中选择“属性”命令，弹出“组合框属性：组合框”对话框，切换到“编辑项”选项卡。

（4）在“项”一栏中填入 LabVIEW4.0、LabVIEW4.1、LabVIEW4.2、LabVIEW4.6、LabVIEW2009、LabVIEW2010、LabVIEW2011、LabVIEW2012、LabVIEW2013、LabVIEW 2014、LabVIEW 2015、LabVIEW 2016、LabVIEW 2017、LabVIEW 2018，如图 4-23 所示。在输入每一项后单击“插入”，加入以上 14 个选项后，单击“确定”按钮，关闭对话框。

图 4-23　组合框的属性设置

（5）切换到程序框图窗口，在“组合框”控件的数据输出端口单击鼠标右键，在快捷菜单中选择“创建”→“显示控件”命令，建立一个组合框显示控件，用以显示组合框控件的选项值，将其标签改为“选项值”。

（6）在“函数”选板中的“结构”子选板中选择“While 循环”。并将当前程序框图中的所有对象包括在 While 循环所构成的框图中。

（7）在程序框图中，用鼠标右键单击 While 循环结构的输入端口，并选择“创建输入控件”。

（8）运行程序，当用户选择“组合框”控件中的选项时，“选项值”文本框中将限制当前选项的选项值。程序的前面板运行结果如图 4-24 所示，程序框图结果如图 4-25 所示。

图 4-24　组合框演示程序的前面板

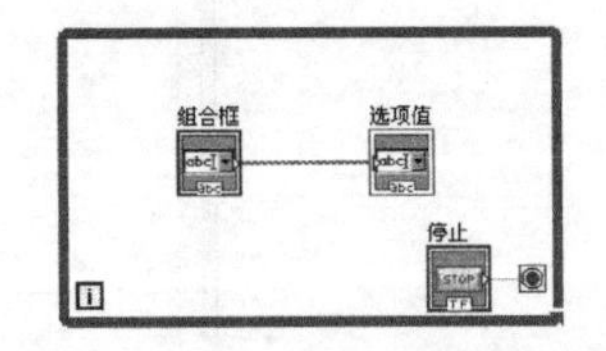

图 4-25　组合框演示程序的程序框图

4.1.10 设置布尔型控件的属性

布尔型控件是 LabVIEW 中运用得较多的控件，它一般作为控制程序运行的开关或者作为检测程序运行状态的显示控件等。

布尔型控件的属性对话框有两个常用的选项卡，分别为外观和操作，如图 4-26 所示。在外观选项卡中，用户可以调整开关或按钮的颜色等外观参数。操作是布尔型控件所特有的选项卡，在这里用户可以设置按钮或者开关的机械动作类型，该选项卡对每种动作类型有相应的说明，用户可以预览开关的动作效果以及开关的状态。

a）

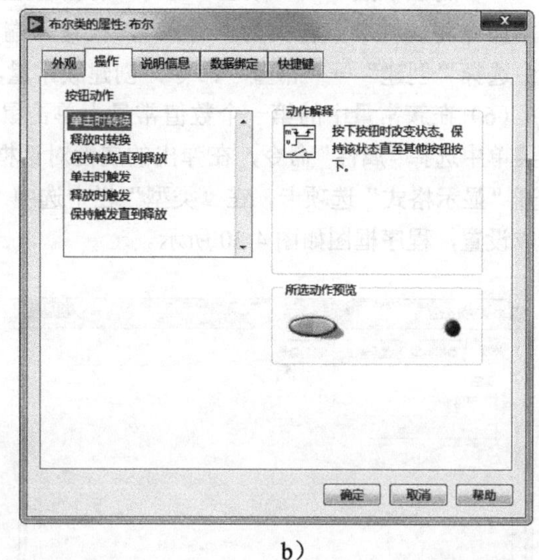

b）

图 4-26　外观和操作选项卡

注意

布尔型控件可以用文字的方式在控件上显示其状态，例如没有显示开关状态的按钮为，而显示了开关状态的按钮为关。如果要显示开关的状态，只需要在布尔型控件的显示选项卡中勾选“显示布尔文本”，或者用鼠标右键单击控件，在快捷菜单中选择“显示项”→“布尔文本”命令。

4.1.11　实例——切换按钮颜色

本实例绘制图 4-27 所示的程序框图，演示如何切换按钮颜色。

扫码看视频

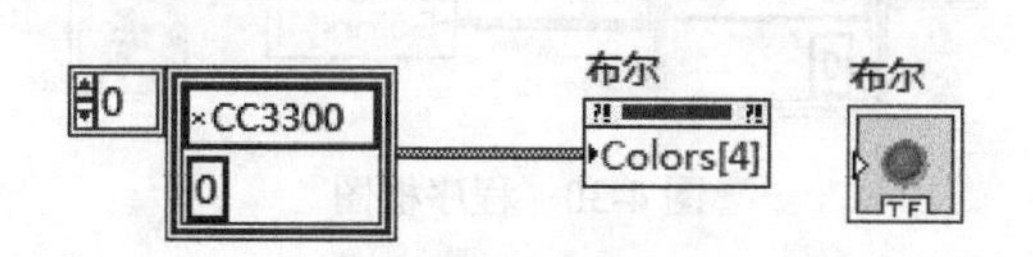

图 4-27　程序框图

（1）新建 VI。选择菜单栏中的“文件”→“新建 VI”命令，新建一个 VI，一个空白的 VI 包括前面板及程序框图。

（2）保存 VI。选择菜单栏中的“文件”→“另存为”命令，输入 VI 名称为“切换按钮颜色”。

(3) 固定“控件”选板。单击鼠标右键，在前面板打开“控件”选板，单击选板左上角“固定”按钮，将“控件”选板固定在前面板。

(4) 选择“新式”→“布尔”→“圆形指示灯”，并放置在前面板的适当位置，拖动控件调整大小，结果如图4-28所示。

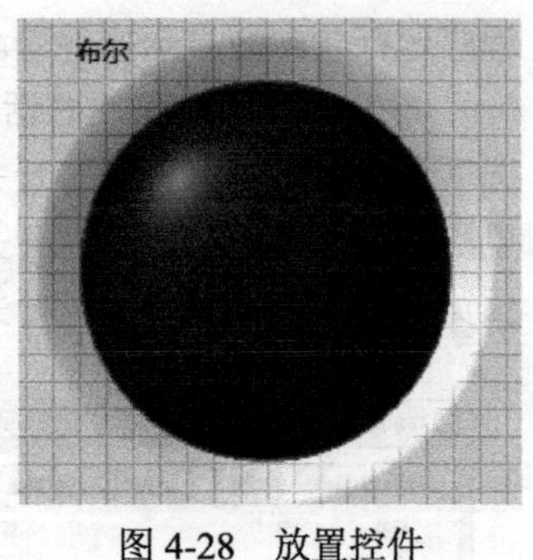

图4-28　放置控件

(5) 在控件上单击鼠标右键，从弹出的快捷菜单中选择“创建”→“属性节点”→“颜色”命令，添加颜色属性节点。利用快捷菜单命令将属性节点转换为“写入”，在输入端单击右键，在快捷菜单中选择“创建”→“常量”命令，创建簇常量。

(6) 在簇常量中的第一个数值常量上单击鼠标右键，在弹出的快捷菜单中选择“属性”命令，在弹出的属性对话框中打开“外观”选项卡，勾选“显示基数”复选框；打开“显示格式”选项卡，在“类型”栏中选中“十六进制”，如图4-29所示。单击“确定”按钮，完成设置，程序框图如图4-30所示。

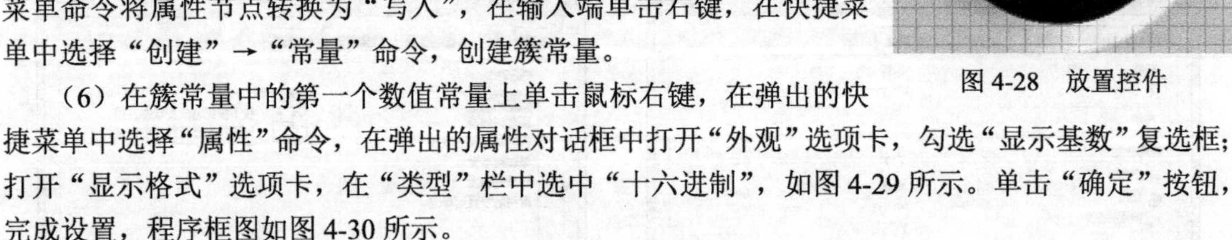

a)

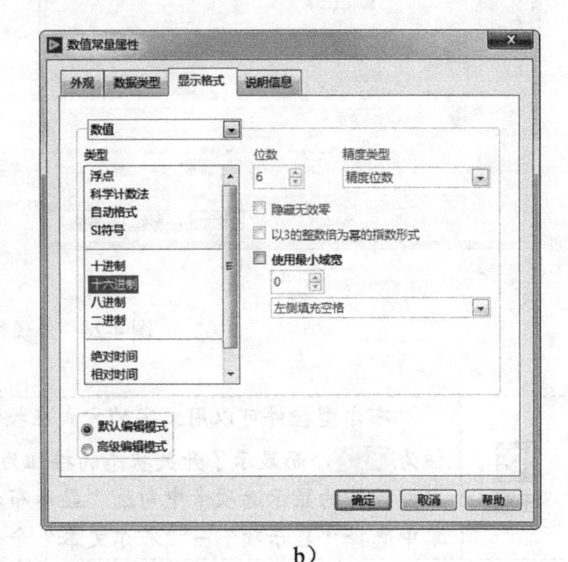

b)

图4-29　设置格式

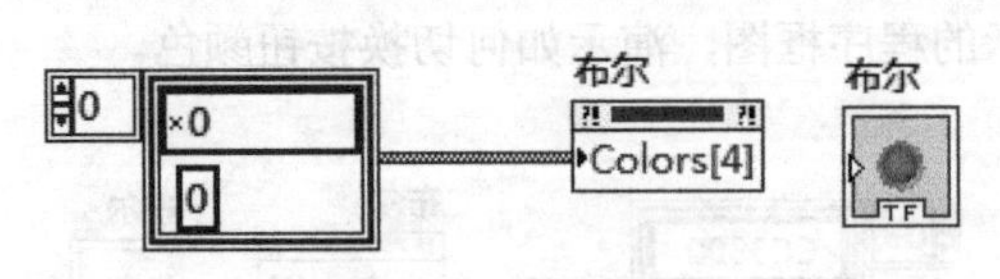

图4-30　程序框图

(7) 在前面板窗口中选择布尔控件，单击控件可切换按钮颜色状态，如图4-31所示。

(8) 在簇常量中输入初始值“CC3300”，单击“运行”按钮，运行VI，在控件中显示运行颜色为砖红色，如图4-32所示。

在图4-33中显示了十六进制代码对应颜色效果，输入不同的十六进制代码，运行程序，观察程序框图中布尔控件的按钮显示与代码对应的颜色效果。

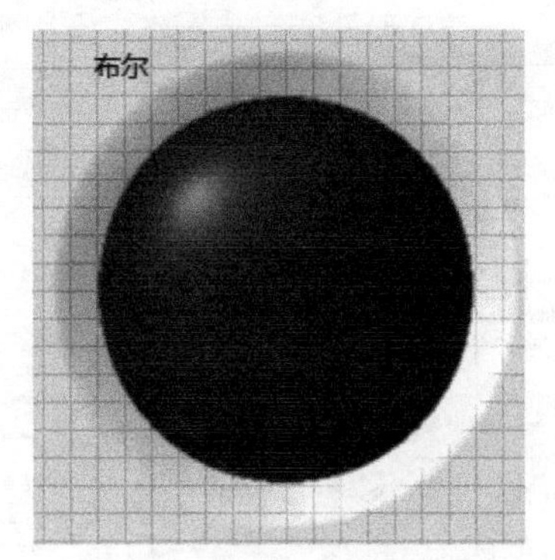

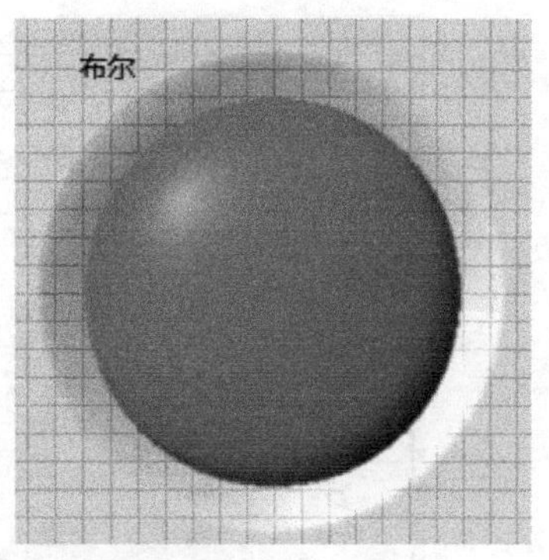

图 4-31　切换按钮颜色

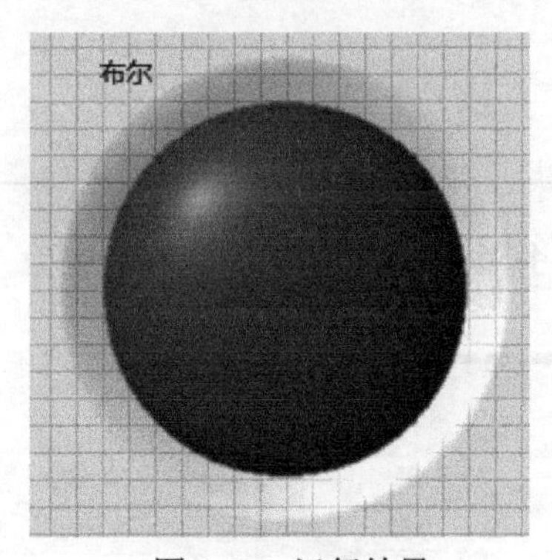

图 4-32　运行结果

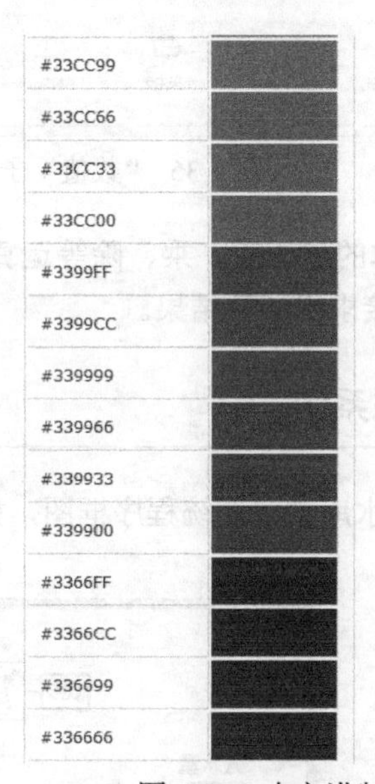

图 4-33　十六进制代码对应颜色效果

4.2　数值运算

在“函数”选板中选择“数学”，打开如图 4-34 所示的“数学”选板，在该选板下常用的为“数值”“初等与特殊”函数。

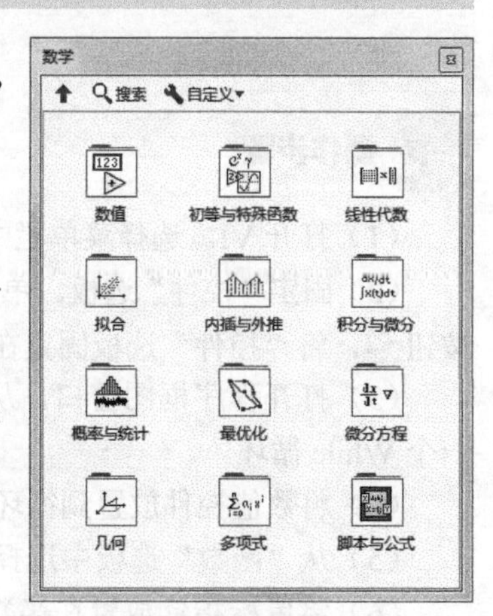

图 4-34 “数学”选板

4.2.1　数值函数

选择“数学”→“数值”，打开如图 4-35 所示的“数值”子选板，在该选板中包括基本的几何运算函数、数组几何运算函数、不同类型的数值常量等，另外，还包括 6 个带子选板的选项。

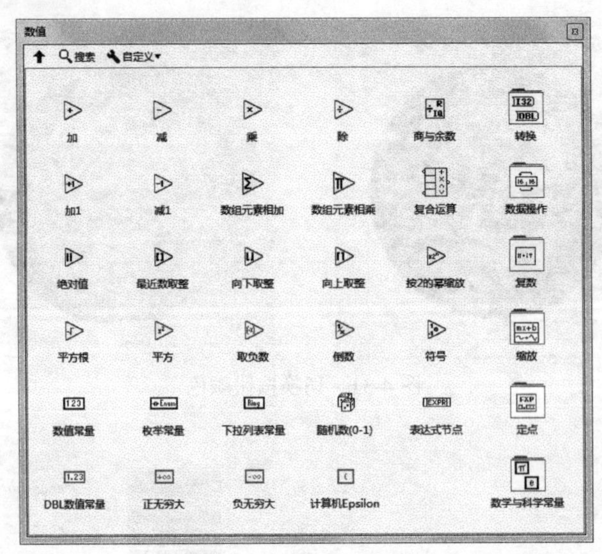

图 4-35 “数值”子选板

“数值”子选板中包括基本的加、减、乘、除等运算函数，还包括商与余数、平方、平方根等复杂运算，利用这些函数可直接求出计算结果。

4.2.2 实例——水库蓄水系统

本实例绘制水库蓄水系统程序框图，如图 4-36 所示。

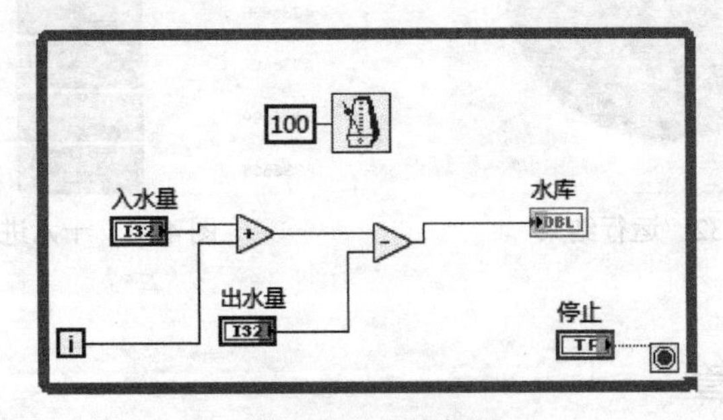

图 4-36 程序框图

操作步骤

（1）打开 VI。选择菜单栏中的“文件”→“打开”命令，打开文件“水库蓄水系统”。

（2）固定“控件”选板。单击鼠标右键，在前面板打开“控件”选板，单击选板左上角“固定”按钮，将“控件”选板固定在前面板。

（3）打开程序框图窗口，从“函数”选板中选择“编程”→“结构”→“While 循环”，新建一个 While 循环。

（4）将数值控件放置到循环内部，分别利用快捷菜单命令修改控件表示。

（5）从“函数”选板中选择“编程”→“数值”→“加”“减”函数，进行数据计算。

（6）将鼠标指针放置在函数及控件的输入、输出端口，鼠标指针变为连线状态，按照图 4-36

连接程序框图。

（7）从“函数”选板中选择“编程”→“定时”→“等待下一个整数倍毫秒”函数，并在输入端创建输入常量 100.0。

（8）在 While 循环“循环条件”按钮上单击鼠标右键，选择“创建”→“输入控件”命令，创建“停止”按钮，并在布尔控件上单击鼠标右键，在快捷菜单中选择“显示为图标”命令。

（9）在前面板窗口或程序框图窗口的工具栏中单击“运行”按钮，运行 VI，运行结果如图 4-37 所示，发现此时没有累加结果的功能。

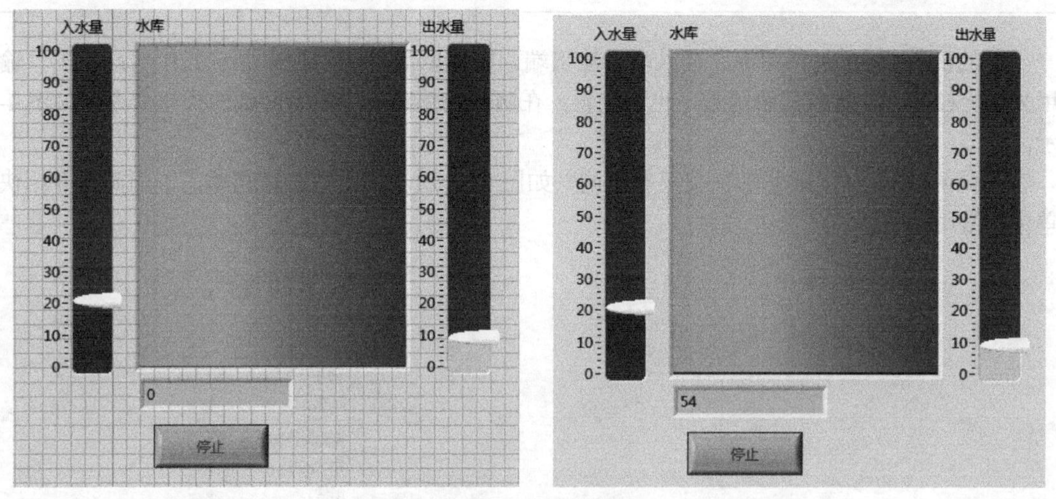

图 4-37　运行结果

（10）整理程序框图，结果如图 4-36 所示。

4.2.3　实例——仪表显示

本实例绘制图 4-38 所示的程序，为仪表数值显示添加单位。

扫码看视频

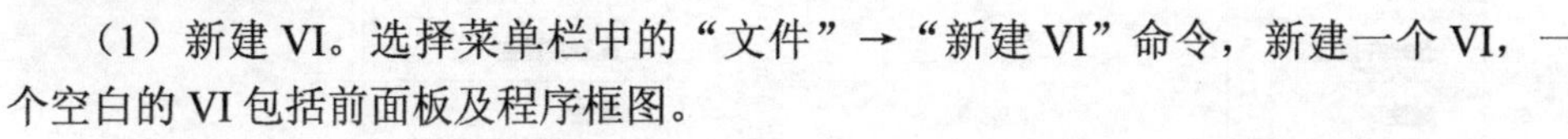

（1）新建 VI。选择菜单栏中的“文件”→“新建 VI”命令，新建一个 VI，一个空白的 VI 包括前面板及程序框图。

（2）保存 VI。选择菜单栏中的“文件”→“另存为”命令，输入 VI 名称为“仪表显示”。

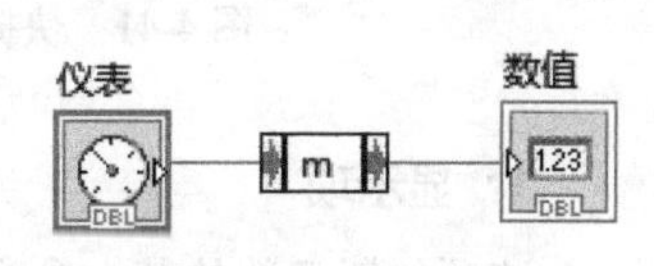

图 4-38　程序框图

（3）固定“控件”选板。单击鼠标右键，在前面板打开“控件”选板，单击选板左上角“固定”按钮，将“控件”选板固定在前面板。

（4）选择“NXG 风格”→“数值”→“仪表（NXG 风格）”控件，并放置在前面板的适当位置，结果如图 4-39 所示。

（5）打开程序框图窗口，从“函数”选板中选择“编程”→“数值”→“转换”→“单位转换”函数，并放置在程序框图中，输入添加的单位 m，连接控件，并在函数输出端单击鼠标右键选择“创建”→“显示控件”命令，结果如图 4-38 所示。

（6）单击“运行”按钮，运行 VI，在控件中显示运行结果，如图 4-40 所示。

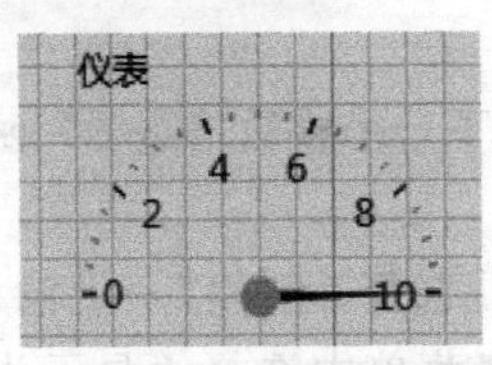

图 4-39　放置控件

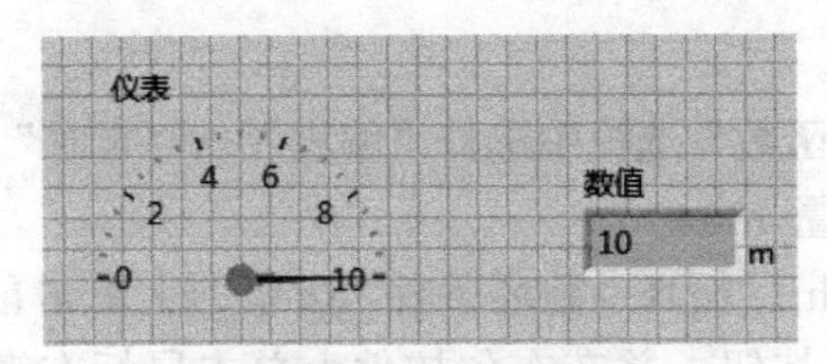

图 4-40　运行结果

4.2.4　函数快捷菜单命令

一般的函数或 VI 包括图标、输入端、输出端。图标以简单的图画来显示其作用；输出、输入端用来连接控件、常量或其余函数，也可空置。在函数快捷菜单中显示函数的操作命令，如图 4-41 所示。

在不同函数或 VI 上显示的快捷菜单不同，如图 4-42 所示为函数快捷菜单。下面简单介绍快捷菜单中的常用命令。

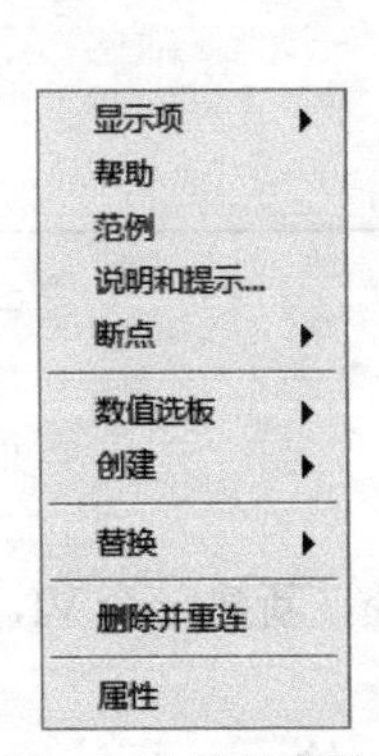

图 4-41　快捷菜单

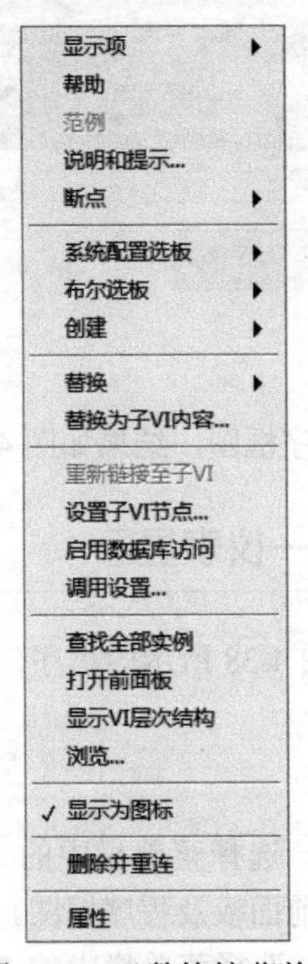

图 4-42　函数快捷菜单

1. 显示项

该项包括函数的基本参数：标签与子程序框图标签。图标一般以图例的形式显示，接线端口以直观的方式显示输入、输出端的个数。

2. 断点

利用该命令，可启用、禁用断点。

3. 数值 / 字符串转换选板

在该子选板中选择函数与 VI。

4. 字符串选板

在该选板中选择函数与 VI。

5. 创建

选择该命令，弹出快捷菜单，如图 4-43 所示。可在函数输入、输出端创建相应的对象。

图 4-43　函数属性设置对话框

6. 替换

将该函数或 VI 替换为其余函数或 VI，此操作适用于绘制完成的 VI，各函数已互相连接。若在该处删除原函数、添加新函数，容易导致连线发生错误，因此在此种情况下使用“替换”命令。一般要替换的函数与原函数输入端、输出端个数相同，不易发生连线错误的现象。

7. 属性

选择该命令，弹出函数属性设置对话框，如图 4-44 所示。该对话框与前面板中控件的属性设置对话框相似，这里不再叙述。

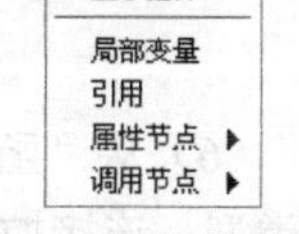

图 4-44　快捷菜单

4.2.5　实例——车检基本情况表

本实例设计车检基本情况表，设计如图 4-45 所示的显示程序的程序框图。

扫码看视频

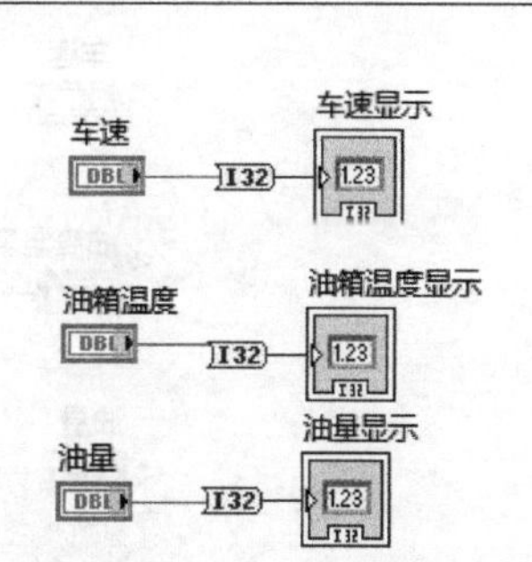

图 4-45　显示程序的程序框图

操作步骤

（1）新建 VI。选择菜单栏中的“文件”→“新建 VI”命令，新建一个 VI，一个空白的 VI 包括前面板及程序框图。

（2）保存 VI。选择菜单栏中的“文件”→“另存为”命令，输入 VI 名称为“车检基本情况表 .vi”。

（3）固定“控件”选板。单击鼠标右键，在前面板打开“控件”选板，单击选板左上角“固定”

按钮，将“控件”选板固定在前面板。

（4）选择“新式”→“数值”→“温度计”“仪表”“液罐”，并放置在前面板的适当位置，双击控件标签，修改控件名称，结果如图 4-46 所示。

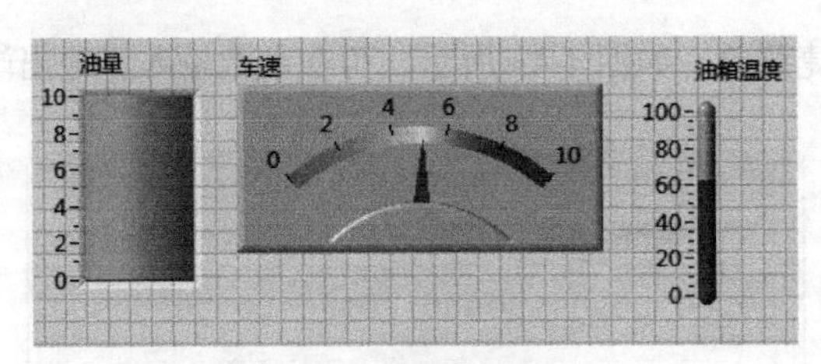

图 4-46　修改控件名称

（5）打开程序框图窗口，显示控件，三个控件中两个为显示控件。在“油箱温度”控件上单击鼠标右键，从弹出的快捷菜单中选择“转换为输入控件”命令，将显示控件转换为输入控件。使用同样的方法转换“油量”控件，如图 4-47 所示。选择快捷菜单命令“显示为图标”，切换控件显示样式，结果如图 4-48 所示。

图 4-47　程序框图 1　　　　图 4-48　程序框图 2

（6）从“函数”选板中选择“数学”→“数值”→“转换”→“转换为长整型”函数，转换数值类型，连接控件输入 / 输出端，结果如图 4-49 所示。

（7）在“转换为长整型”函数上单击鼠标右键，从弹出的快捷菜单中选择“创建”→“显示控件”命令，创建一个数值显示控件，修改控件名称，如图 4-50 所示。

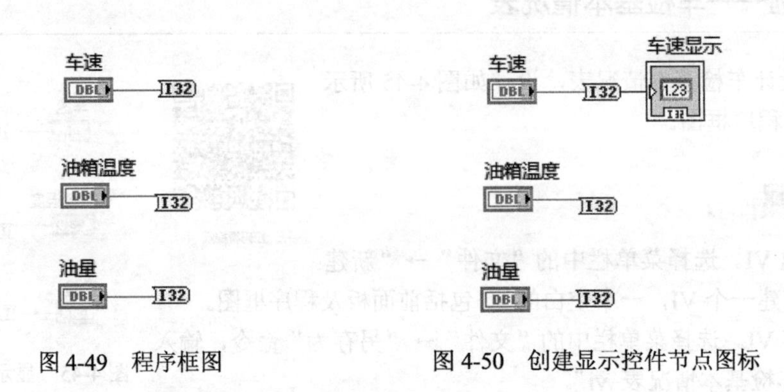

图 4-49　程序框图　　　　图 4-50　创建显示控件节点图标

（8）使用同样的方法，创建其余显示控件，结果如图 4-45 所示。

（9）单击“工具”选板中的标签工具A，将鼠标指针切换至标签工具状态，鼠标指针变为口状态，在修饰控件上单击，输入程序名称“车检基本情况表”。

（10）在“应用程序字体”下拉列表框中选择“字体对话框”命令，弹出“程序框图默认字体”对话框，如图 4-51 所示。修改文字大小为 36、字体为“华文新魏”，结果如图 4-52 所示。

图 4-51　“程序框图默认字体”对话框

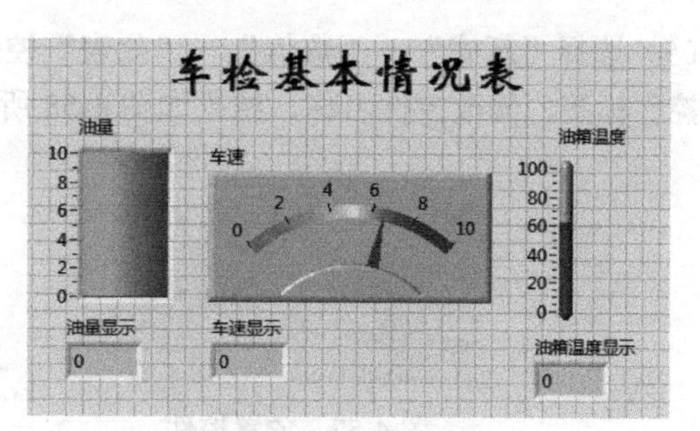

图 4-52　设置标题

（11）在“油量”“车速”“油箱温度”控件中设置初始值，单击“运行”按钮⇨，运行 VI，在控件中显示运行结果，如图 4-53 所示。

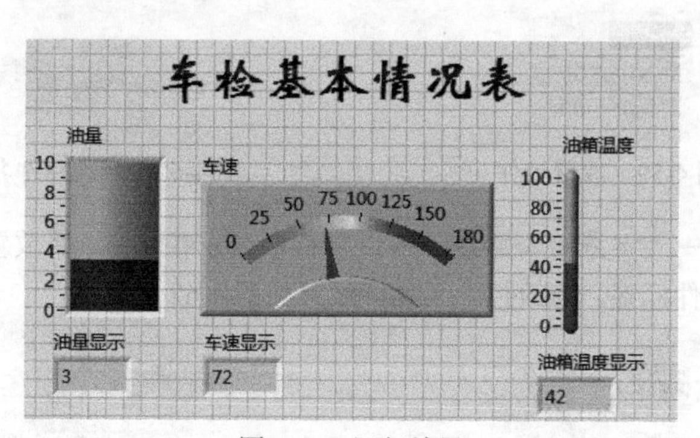

图 4-53　运行结果

4.2.6　实例——气温测试系统

本实例设计图 4-54 所示的气温测试系统的前面板。

扫码看视频

操作步骤

（1）新建 VI。选择菜单栏中的“文件”→“新建 VI”命令，新建一个 VI，一个空白的 VI 包括前面板及程序框图。

（2）保存 VI。选择菜单栏中的“文件”→“另存为”命令，输入 VI 名称为“气温测试系统”。

（3）固定“控件”选板。单击鼠标右键，在前面板打开“控件”选板，单击选板左上角“固定”按钮，将“控件”选板固定在前面板。

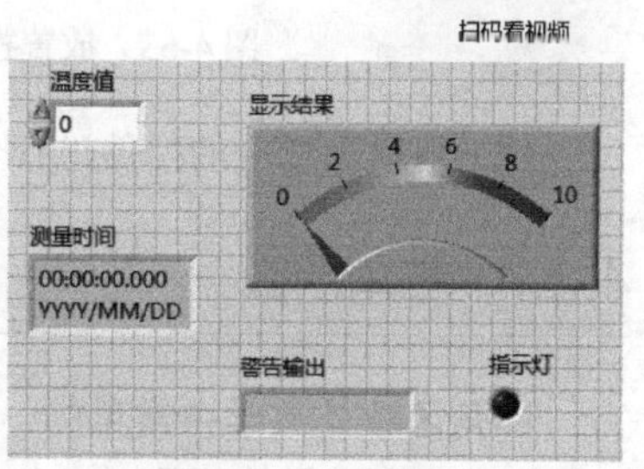

图 4-54　前面板

（4）选择“新式”→“数值”→“数值输入”控件，并放置在前面板的适当位置，如图4-55所示。双击控件标签，修改控件名称，结果如图4-56所示。

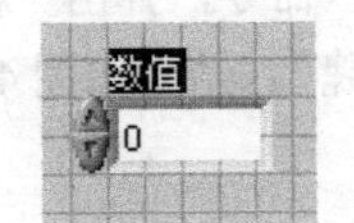

图4-55　放置控件

图4-56　修改控件名称

（5）选择“新式”→“数值”→“仪表”控件，并放置在前面板的适当位置，如图4-57所示。双击控件标签，修改控件名称，结果如图4-58所示。

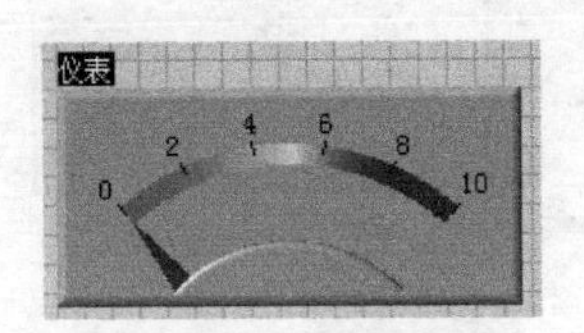

图4-57　放置控件

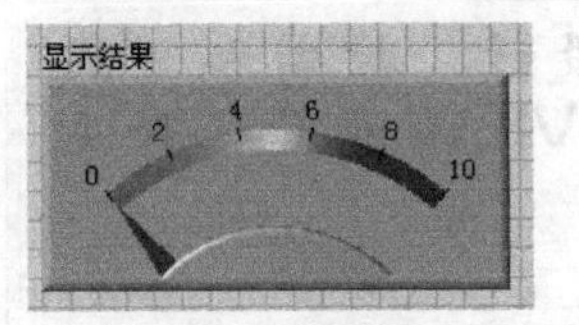

图4-58　修改控件名称

（6）选择“新式”→“数值”→“时间标识显示控件”，并放置在前面板的适当位置，如图4-59所示。双击控件标签，修改控件名称，结果如图4-60所示。

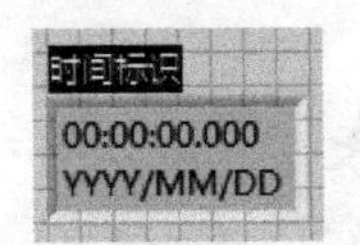

图4-59　放置控件

图4-60　修改控件名称

（7）选择“新式”→“字符串与路径”→“字符串显示控件”，并放置在前面板的适当位置，如图4-61所示。双击控件标签，修改控件名称，结果如图4-62所示。

图4-61　放置控件

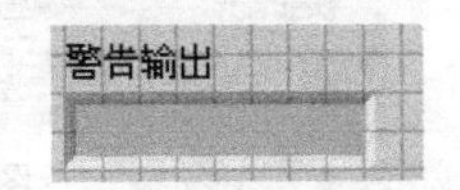

图4-62　修改控件名称

（8）选择“新式”→“布尔”→“圆形指示灯”控件，并放置在前面板的适当位置，如图4-63所示。双击控件标签，修改控件名称，结果如图4-64所示。

图4-63　放置控件

图4-64　修改控件名称

（9）对前面板中的控件进行合理布局，结果如图4-54所示。

4.2.7　三角函数

三角函数是数学中常见的一类关于角度的函数。也可以说以角度为自变量，角度对应任意两边的比值为因变量的函数叫三角函数。三角函数将直角三角形的内角和它的两个边长度的比值相关联，也可以等价地用与单位圆有关的各种线段的长度来定义。三角函数在研究三角形和圆等几何形状的性质时有重要作用，也是研究周期性现象的基础数学工具。在数学分析中，三角函数也被定义为无穷级限或特定微分方程的解，允许它们的取值扩展到任意实数值，甚至是复数值。

三角函数属于初等函数，LabVIEW 中的三角函数用于计算三角函数及其反函数，“三角函数”子选板如图 4-65 所示。

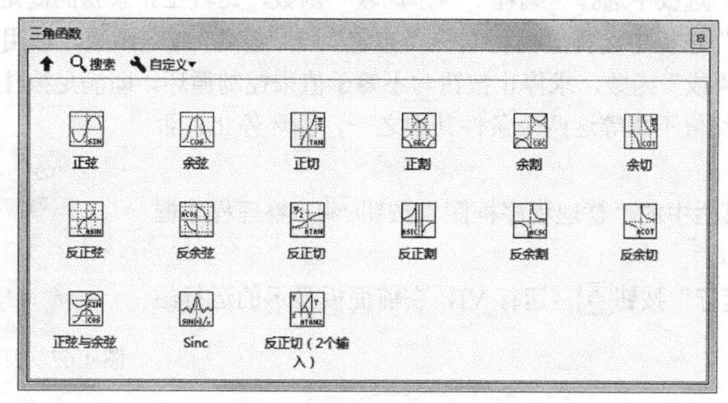

图 4-65　“三角函数”子选板

常见的三角函数包括正弦函数、余弦函数和正切函数。在航海学、测绘学、工程学等学科中，还会用到如余切函数、正割函数、余割函数、正矢函数、余矢函数、半正矢函数、半余矢函数等三角函数。不同的三角函数之间的关系可以通过几何图形直观表达或者计算得出三角恒等式。

4.2.8　实例——正切函数计算

本实例设计图 4-66 所示的程序框图，验证公式 $\tan x=\sin x/\cos x$。

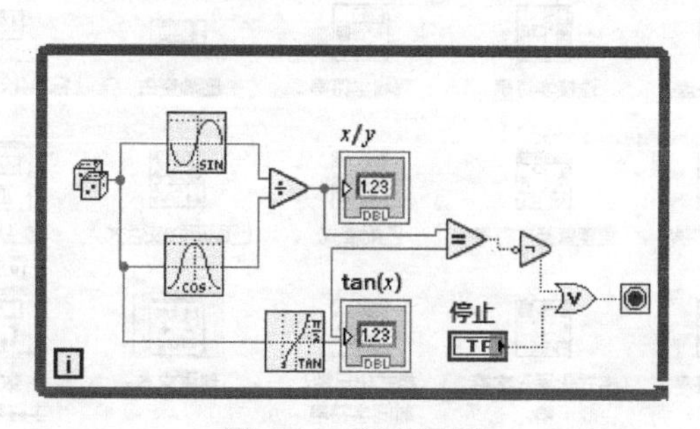

图 4-66　程序框图

操作步骤

（1）新建 VI。选择菜单栏中的“文件”→“新建 VI”命令，新建一个 VI，一个空白的 VI 包括前面板及程序框图。

（2）保存 VI。选择菜单栏中的“文件”→“另存为”命令，输入 VI 名称为“正切函数计算”。

（3）固定“控件”选板。单击鼠标右键，在前面板打开“控件”选板，单击选板左上角“固定”按钮，将“控件”选板固定在前面板。

（4）从“函数”选板中选择“编程”→“结构”→“While 循环”函数，拖出适当大小的矩形框，在 While 循环的循环条件接线端创建停止控件，控制循环的停止。

（5）从“函数”选板中选择“编程”→“数值”→“随机数”函数，创建随机数输入值。

（6）从“函数”选板中选择“数学”→“三角函数”→“初等与特殊函数”→“正弦”“余弦”“正切”函数，放置函数到循环内部。

（7）从“函数”选板中选择“编程”→“数值”→“除”函数，计算正弦余弦的商。

（8）从“函数”选板中选择“编程”→“比较”函数，比较正弦余弦的商是否与正切值相等。

（9）从“函数”选板中选择“编程”→“布尔”→“非”“或”函数，利用“非”函数求比较值的相反值。利用“或”函数，求停止按钮与不等于值来控制循环，即满足按住停止按钮或计算的正弦余弦的商与正切值不相等这两个条件其中之一，循环停止，否则循环持续运行。

（10）单击工具栏中的“整理程序框图”按钮，整理程序框图，如图 4-66 所示。

（11）单击“运行”按钮，运行 VI，在前面板显示的运行结果如图 4-67 所示。

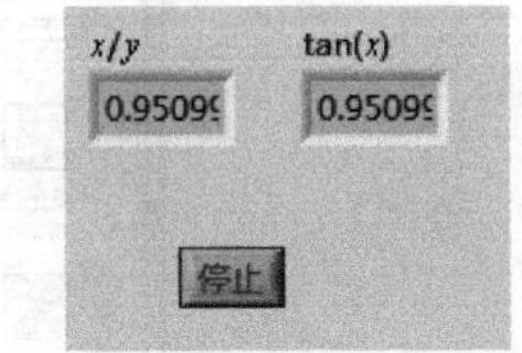

图 4-67　前面板显示的运行结果

4.3　字符串运算

在函数选板中选择“编程”→“字符串”，打开如图 4-68 所示的“字符串”子选板，在该子选板下常用的函数为“字符串长度”、“连接字符串”等。

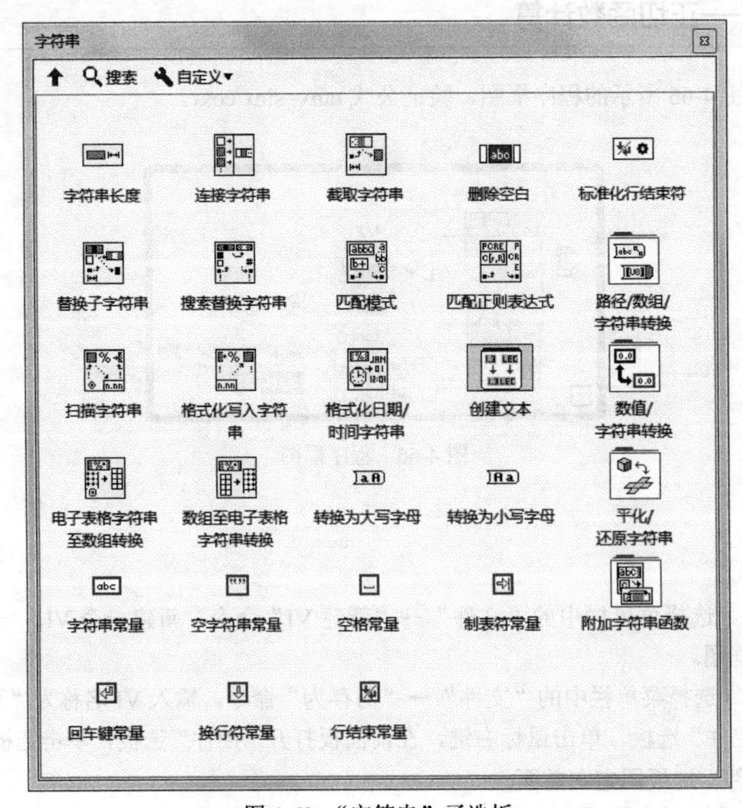

图 4-68　“字符串”子选板

4.3.1　字符串常量

在 LabVIEW 中，经常需要用到字符串控件或字符串常量，用于显示屏幕信息。下面介绍字符串的概念。

字符串是一系列 ASCII 码字符的集合，这些字符可能是可显示的，也可能是不可显示的，如换行符、制表位等。程序通常在以下情况用到字符串。

- 传递文本信息。
- 用 ASCII 码格式存储数据。把数值型的数据作为 ASCII 码文件存盘，必须先把它转换为字符串。
- 与传统仪器的通信。在仪器控制中，需要把数值型的数据作为字符串传递，然后再转化为数字。

在前面板的“字符串与路径”子选板中包括字符串输入控件与字符串显示控件，如图 4-69 所示。

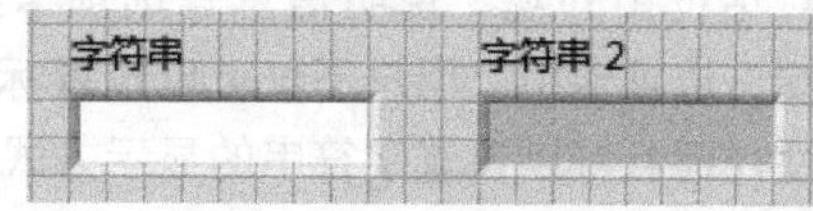

图 4-69　字符串控件

4.3.2　实例——字符显示

本实例绘制如图 4-70 所示的字符显示程序的程序框图。

扫码看视频

（1）新建 VI。选择菜单栏中的“文件”→“新建 VI”命令，新建一个 VI，一个空白的 VI 包括前面板及程序框图。

（2）保存 VI。选择菜单栏中的“文件”→“另存为”命令，输入 VI 名称为“字符显示”。

（3）固定“控件”选板。单击鼠标右键，在前面板打开“控件”选板，单击选板左上角“固定”按钮，将“控件”选板固定在前面板。

（4）选择“新式”→“字符串与路径”→“字符串控件”“字符串显示控件”，并放置在前面板的适当位置，双击控件标签，修改控件名称，结果如图 4-71 所示。

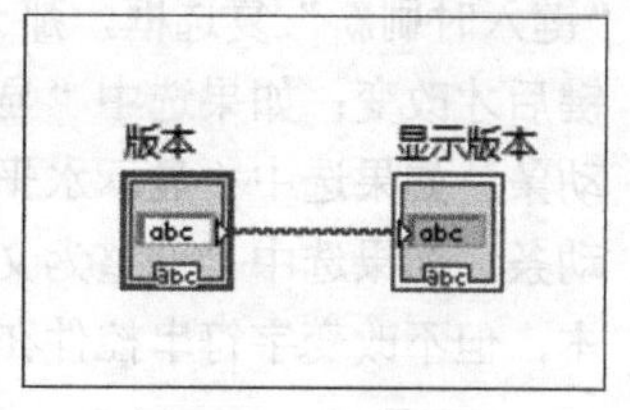

图 4-70　程序框图

（5）打开程序框图窗口，连接两控件的输入和输出端。

（6）在控件“版本”中输入初始值“LABVIEW 2018”，单击“运行”按钮，运行 VI，在控件中显示运行结果，如图 4-72 所示。

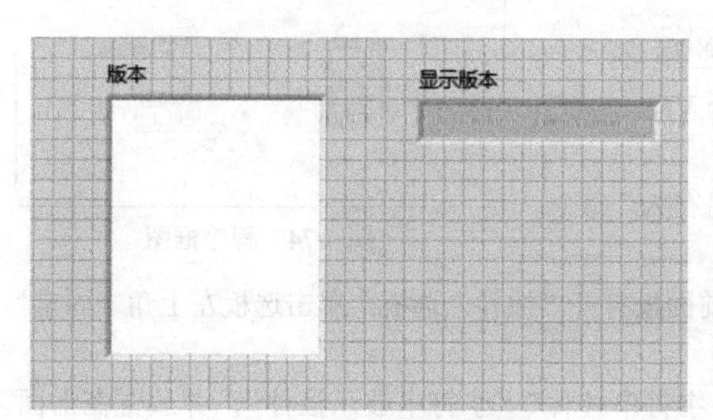

图 4-71　修改控件名称

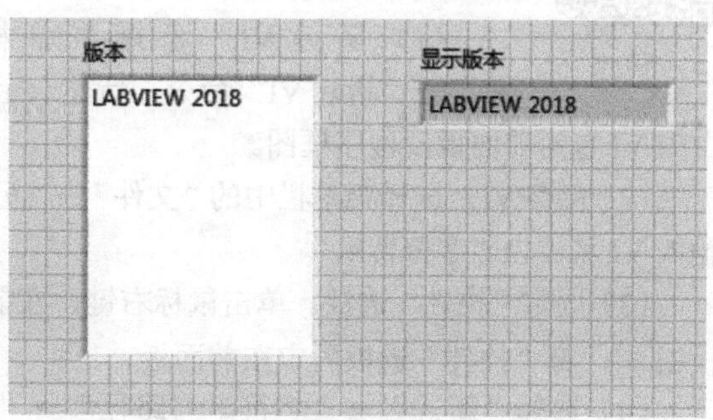

图 4-72　运行结果

4.3.3 设置字符串控件的属性

LabVIEW 2018 中的文本型控件可以分为 2 种类型，字符串的输入与显示控件、用于选择字符串的输入与显示控件。下面详细说明设置文本型控件的方法。

文本输入控件和文本显示控件是用于输入字符串的控件，“字符串类的属性：字符串”对话框如图 4-73 所示。

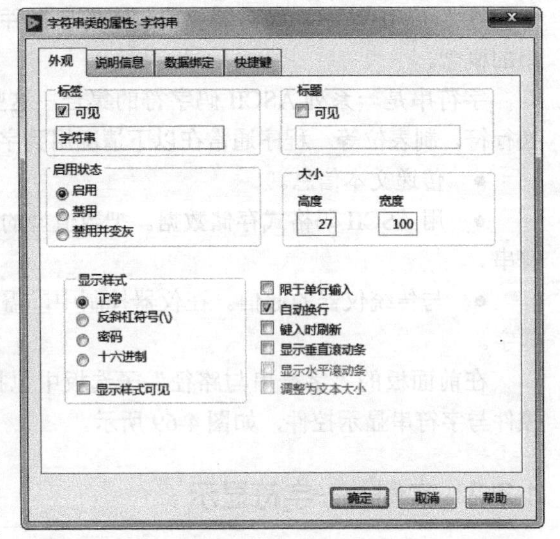

图 4-73 “字符串类的属性：字符串”对话框

字符串输入控件和字符串显示控件的“属性”对话框由外观、说明信息等选项卡组成。在“外观”选项卡中，用户不仅可以设置标签和标题等属性，而且可以设置字符串的显示方式。

字符串输入控件和字符串显示控件中的字符串可以以四种方式进行显示，分别为正常、反斜杠符号、密码和十六进制。其中反斜杠符号显示方式表示文本框中的字符串以反斜杠符号的方式显示，例如“\n”代表换行，“\r”代表回车，而“\b”代表退格；“密码”表示以密码的方式显示文本，即不显示文本内容，而以“*”代之；十六进制表示以十六进制数来显示字符串。

在字符串属性对话框中，如果选中“限于单行输入”复选框，那么将限制用户按行输入字符串，而不能回车换行；如果选中“自动换行”复选框，那么将根据文本的多少自动换行；如果选中“键入时刷新”复选框，那么文本框的值会随用户输入的字符而实时改变，不会等到用户按 <Enter> 键后才改变；如果选中“显示垂直滚动条”复选框，则当文本框中的字符串不只一行时显示垂直滚动条；如果选中“显示水平滚动条”复选框，则当文本框中的字符串在一行显示不下时显示水平滚动条；如果选中“调整为文本大小”复选框，则调整字符串控件在竖直方向上的大小以显示所有文本，但不改变字符串控件在水平方向上的大小。

4.3.4 实例——字符转换

扫码看视频

本实例绘制图 4-74 所示的字符转换程序的程序框图。

（1）新建 VI。选择菜单栏中的“文件”→“新建 VI”命令，新建一个 VI，一个空白的 VI 包括前面板及程序框图。

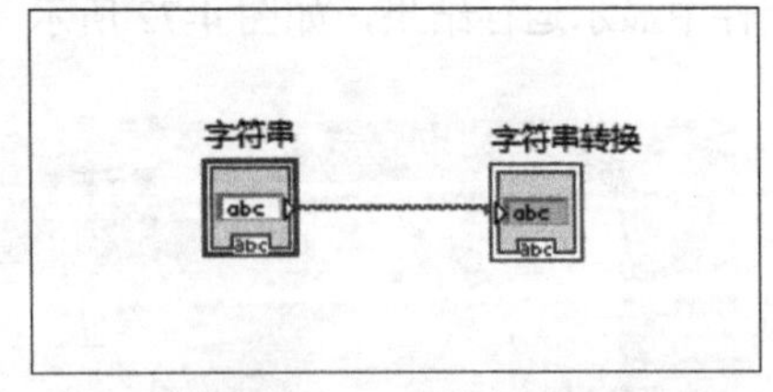

图 4-74 程序框图

（2）保存 VI。选择菜单栏中的“文件”→“另存为”命令，输入 VI 名称为“字符转换”。

（3）固定“控件”选板。单击鼠标右键，在前面板打开“控件”选板，单击选板左上角“固定”按钮，将“控件”选板固定在前面板。

（4）选择“新式”→“字符串与路径”→“字符串控件”“字符串显示控件”，并放置在前面板的适当位置，双击控件标签，修改控件名称，结果如图 4-75 所示。

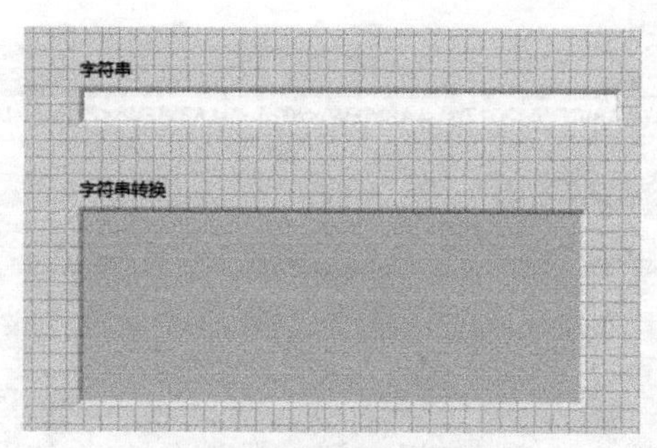

图 4-75　修改控件名称

（5）打开程序框图窗口，连接两控件的输入和输出端，结果如图 4-74 所示。

（6）在控件“字符串”中输入初始值“LABVIEW 2018　LABVIEW 2017　LABVIEW 2016　LABVIEW 2015　LABVIEW 2014”，单击“运行”按钮，运行 VI，在控件中显示运行结果，如图 4-76 所示。

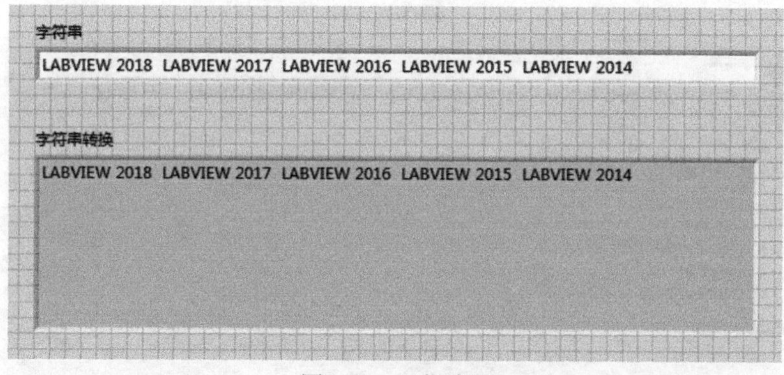

图 4-76　运行结果

（7）在“字符串”控件上单击鼠标右键，在弹出的快捷菜单中选择“属性”命令，弹出“字符串类的属性：字符串”对话框，在“显示样式”选项组下选中“反斜杠符号”单选按钮，如图 4-77 所示。单击“确定”按钮，退出设置，前面板显示结果如图 4-78 所示。

图 4-77　设置属性

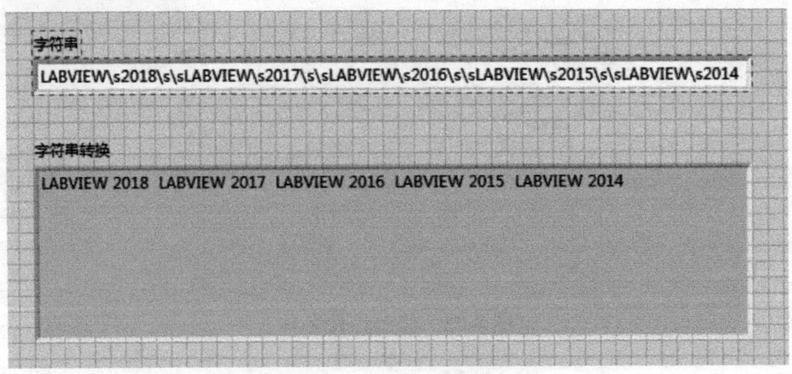

图 4-78　前面板显示结果

（8）修改“字符串”控件中的初始值为“LABVIEW\s2018\nLABVIEW\s2017\nLABVIEW\s2016\nLABVIEW\s2015\nLABVIEW\s2014”，单击“运行”按钮，运行 VI，在控件中显示运行结果，如图 4-79 所示。

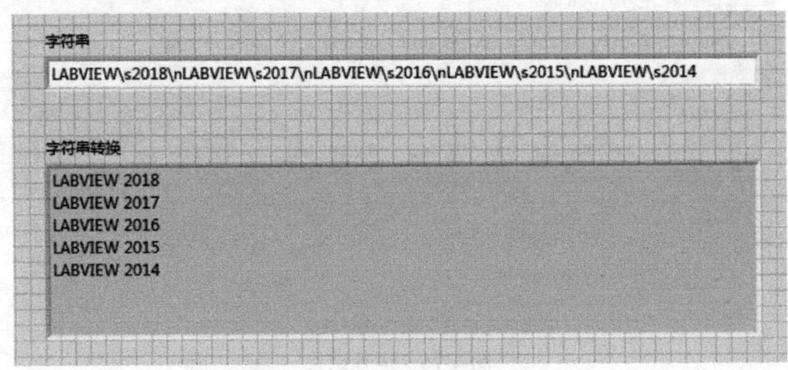

图 4-79　换行显示运行结果

4.3.5　实例——字符选择

本实例绘制如图 4-80 所示的字符选择程序的程序框图。

扫码看视频

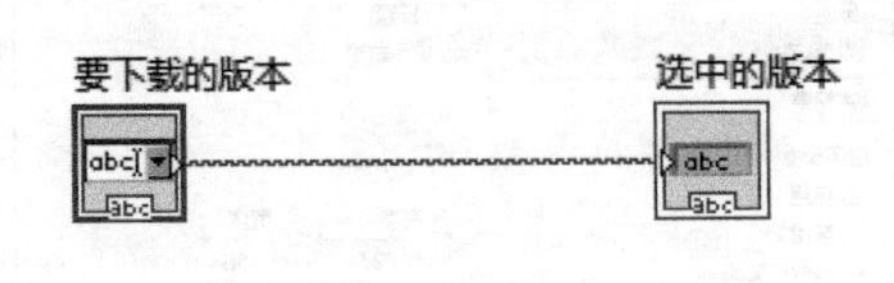

图 4-80　程序框图

操作步骤

（1）新建 VI。选择菜单栏中的“文件”→“新建 VI”命令，新建一个 VI，一个空白的 VI 包括前面板及程序框图。

（2）保存 VI。选择菜单栏中的“文件”→“另存为”命令，输入 VI 名称为“字符选择”。

（3）固定“控件”选板。单击鼠标右键，在前面板打开“控件”选板，单击选板左上角“固定”按钮，将“控件”选板固定在前面板。

（4）选择“新式”→“字符串与路径”→“组合框”“字符串显示控件”，放置在前面板的适当位置，双击控件标签，修改控件名称，结果如图 4-81 所示。

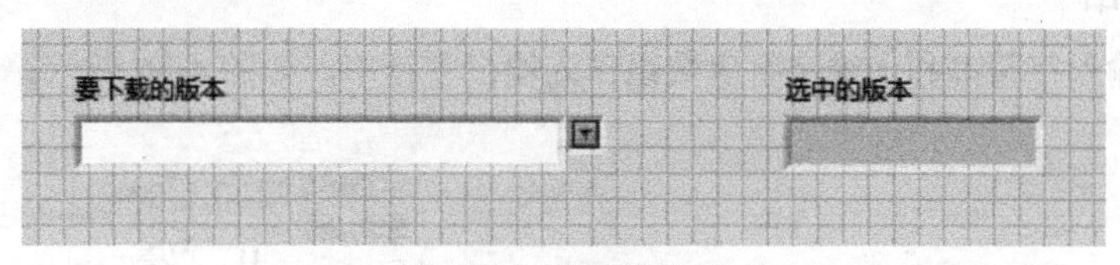

图 4-81　前面板设计

（5）在组合框控件“要下载的版本”上单击鼠标右键，从弹出的快捷菜单中选择“属性”命令，弹出“组合框属性：要下载的版本”对话框，并切换到编辑项选项卡。

（6）在“项”一栏中填入 LabVIEW4.0、LabVIEW4.1、LabVIEW4.2、LabVIEW4.6、LabVIEW2009、LabVIEW2010、LabVIEW2011、LabVIEW2012、LabVIEW2013、LabVIEW 2014、LabVIEW 2015、LabVIEW 2016、LabVIEW 2017、LabVIEW 2018，如图 4-82 所示。在输入每一项后单击插入按钮，加入以上 14 个选项后，单击“确定”按钮，退出属性对话框。

（7）在程序框图中，连接输入和输出端，结果如图 4-80 所示。

（8）在前面板“要下载的版本”中显示设置的选项，如图 4-83 所示。选择版本“LabVIEW 2018”，运行程序，程序的运行结果如图 4-84 所示。

图 4-82　组合框的属性设置

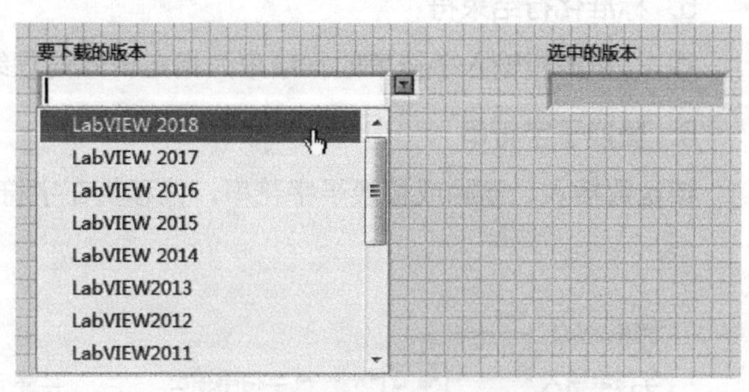

图 4-83　演示程序的前面板

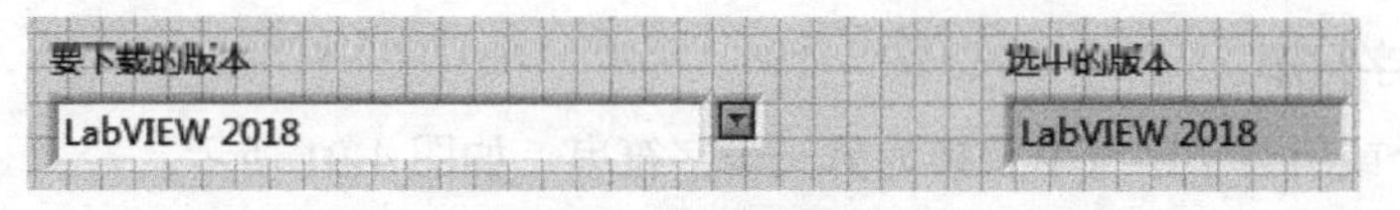

图 4-84　运行结果

4.3.6　字符串函数

字符串函数用于合并两个或两个以上字符串、从字符串中提取子字符串、将数据转换为字符串、将字符串格式化用于文字处理或电子表格应用程序。

1. 字符串长度

该函数通过长度返回字符串的字符长度（字节），如图 4-85 所示。

2. 连接字符串

该函数连接输入字符串和一维字符串数组作为输出字符串，如图 4-86 所示。

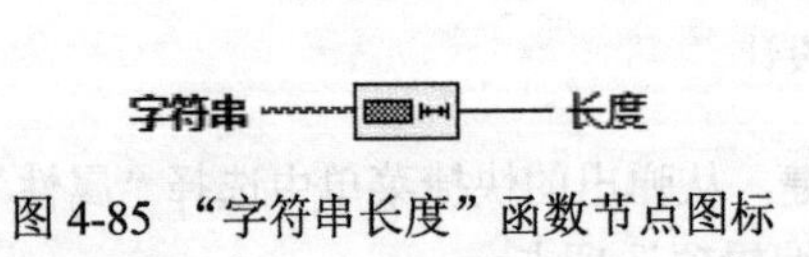

图 4-85 “字符串长度”函数节点图标

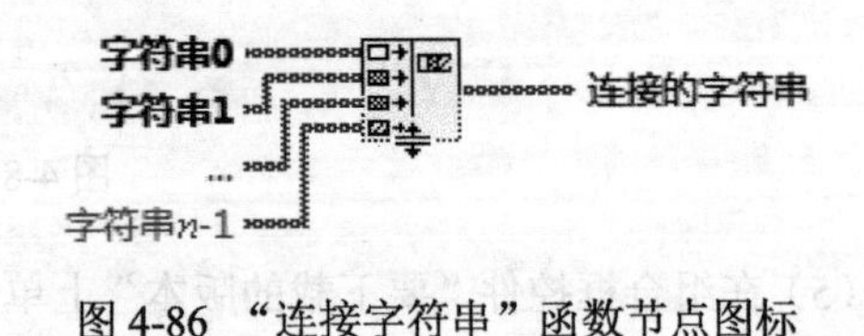

图 4-86 “连接字符串”函数节点图标

3. 截取字符串

该函数返回输入字符串的子字符串，从偏移量位置开始，包含长度个字符，如图 4-87 所示。

4. 删除空白

该 VI 在字符串的起始、末尾或两端删除所有空白（空格、制表符、回车符和换行符），如图 4-88 所示。

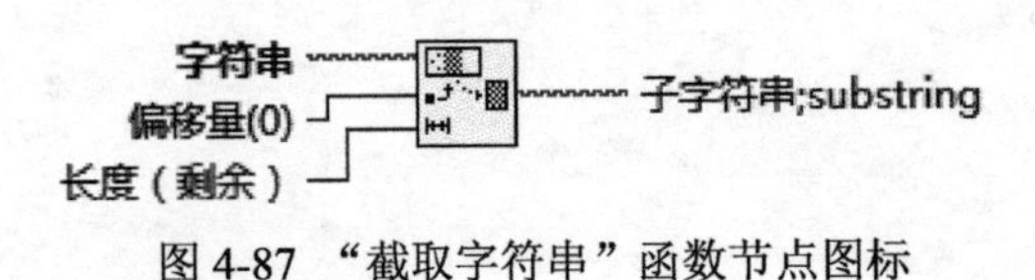

图 4-87 “截取字符串”函数节点图标

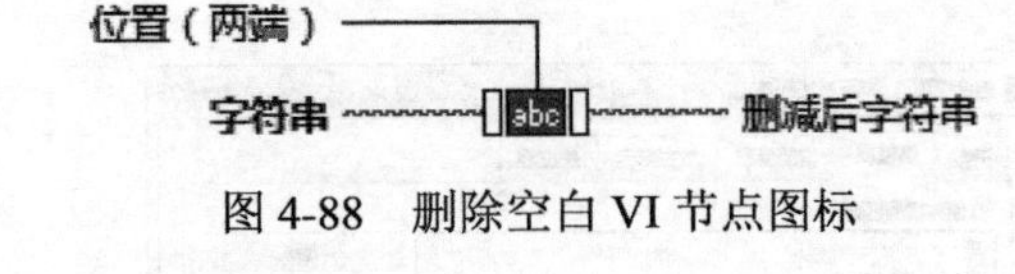

图 4-88 删除空白 VI 节点图标

5. 标准化行结束符

该 VI 转换指输入字符串的行结束为指定格式的行结束，如图 4-89 所示。

6. 替换子字符串

该函数插入、删除或替换子字符串，偏移量在字符串中指定，如图 4-90 所示。

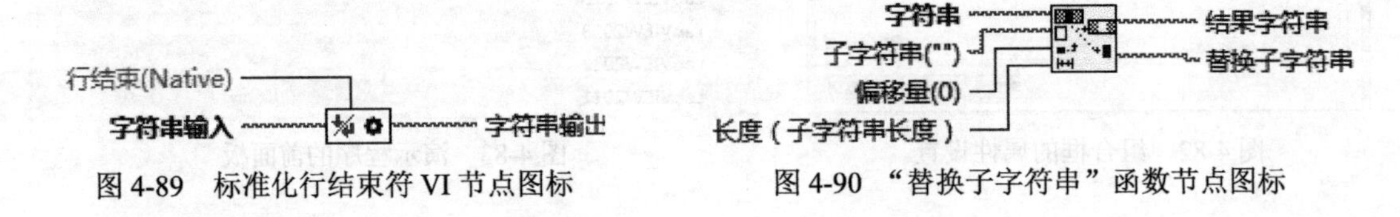

图 4-89 标准化行结束符 VI 节点图标

图 4-90 “替换子字符串”函数节点图标

7. 搜索替换字符串

该函数使一个或所有子字符串替换为另一子字符串，如图 4-91 所示。

8. 匹配模式

该函数在从偏移量起始的字符串中搜索正则表达式，如图 4-92 所示。

9. 匹配正则表达式

该函数在从偏移量起始的字符串中搜索正则表达式，如图 4-93 所示。

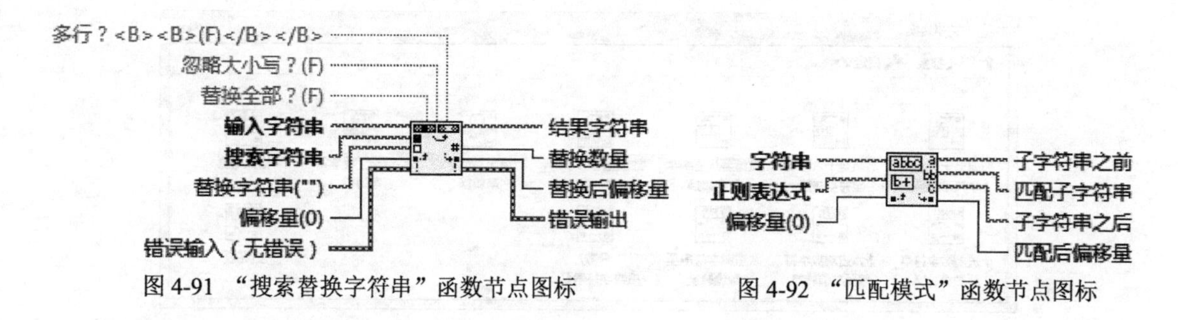

图 4-91　“搜索替换字符串”函数节点图标　　图 4-92　“匹配模式”函数节点图标

10. 路径 / 数组 / 字符串转换

该子选板中的函数用于转换路径、数组和字符串，如图 4-94 所示。

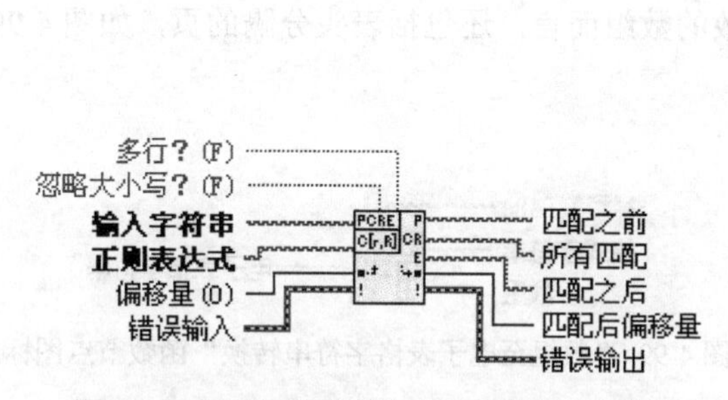

图 4-93　“匹配正则表达式”函数节点图标

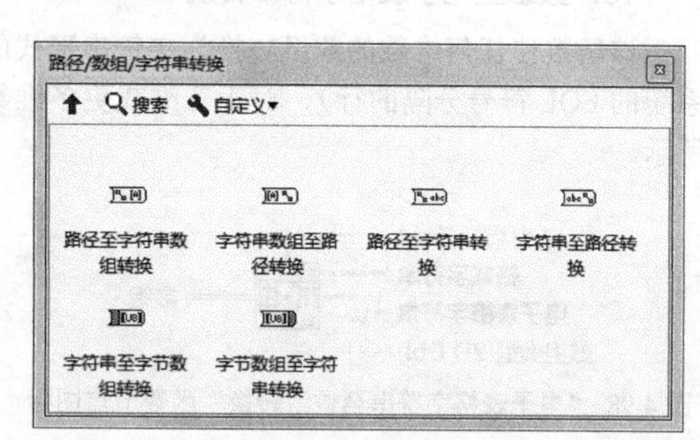

图 4-94　“路径 / 数组 / 字符串转换”子选板

11. 扫描字符串

该函数扫描输入字符串，然后依据格式字符串进行转换，如图 4-95 所示。

12. 格式化日期 / 时间字符串

该函数通过时间格式代码指定格式，按照该格式使时间标识的值或数值显示为时间，如图 4-96 所示。

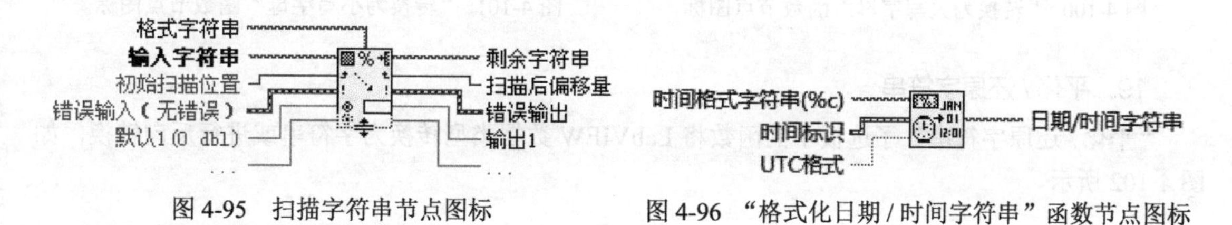

图 4-95　扫描字符串节点图标　　图 4-96　“格式化日期 / 时间字符串”函数节点图标

13. 创建文本

该函数对文本和参数化输入进行组合，创建输出字符串，如输入的不是字符串，该 Express VI 将依据配置使之转化为字符串。

14. 数值 / 字符串转换

该子选板中的函数用于转换字符串，如图 4-97 所示。

15. 电子表格字符串至数组转换

该函数使电子表格字符串转换为数组，维度和表示法与数组类型一致，如图 4-98 所示。

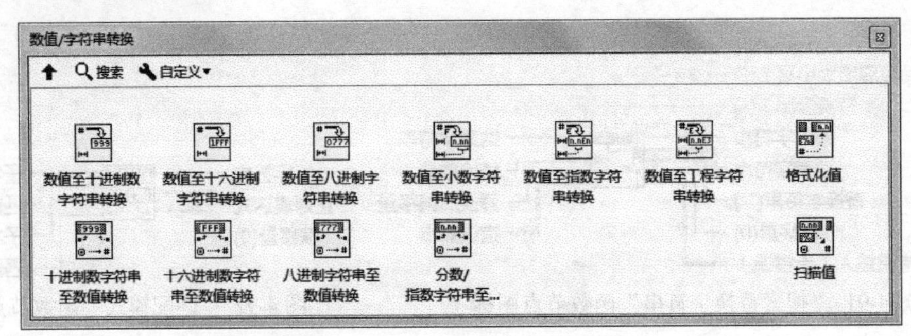

图 4-97 “数值 / 字符串转换”子选板

16. 数组至电子表格字符串转换

该函数使任何维数的数组转换为字符串形式的表格（包括制表位分隔的列元素、独立于操作系统的 EOL 符号分隔的行），对于三维或更多维数的数组而言，还包括表头分隔的页，如图 4-99 所示。

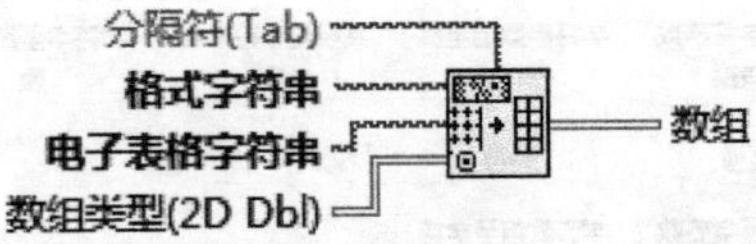

图 4-98 “电子表格字符串至数组转换”函数节点图标 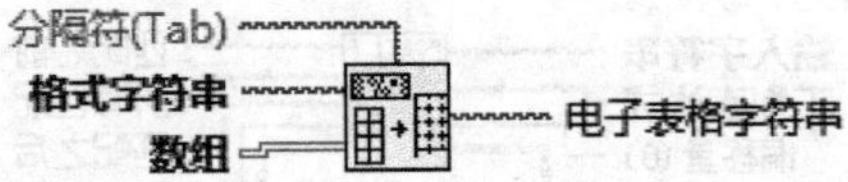　图 4-99 “数组至电子表格字符串转换”函数节点图标

17. 转换为大写字母

该函数使字符串中的所有字母字符转换为大写字母，如图 4-100 所示。

18. 转换为小写字母

该函数使字符串中的所有字母字符转换为小写字母，如图 4-101 所示。

字符串 —— 所有大写字母字符串　　字符串 —— 所有小写字母字符串

图 4-100 “转换为大写字母”函数节点图标 　图 4-101 “转换为小写字母”函数节点图标

19. 平化 / 还原字符串

“平化 / 还原字符串”子选板中的函数将 LabVIEW 数据类型转换为字符串或进行反向转换，如图 4-102 所示。

20. 其他字符串 VI 和函数

“附加字符串函数”子选板中的函数用于字符串内扫描和搜索、模式匹配以及字符串的相关操作，如图 4-103 所示。

21. 字符串常量

该函数通过常量为程序框图提供文本字符串常量。可以通过操作工具设置字符串常量的值，或使用标签工具单击字符串，并输入字符串。

字符串函数选板中还包括另外 6 种特殊功能字符串常量，包括空字符串常量、空格常量、制表符常量、回车键常量、换行符常量、行结束常量。

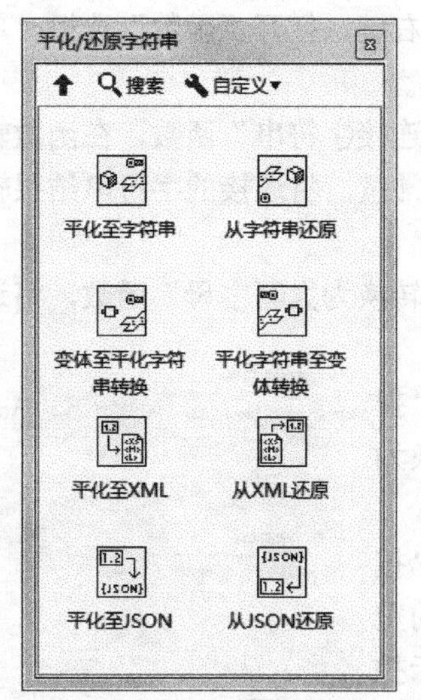

图 4-102 “平化 / 还原字符串”子选板

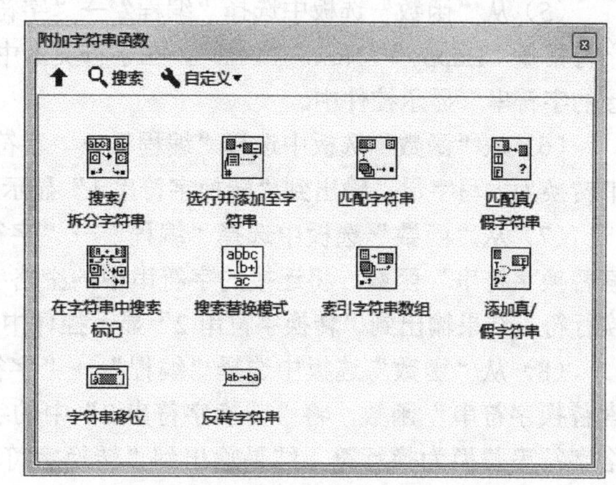

图 4-103 “附加字符串函数”子选板

4.3.7 实例——英文字符转换

本实例设计如图 4-104 所示的英文字符转换程序的程序框图。

扫码看视频

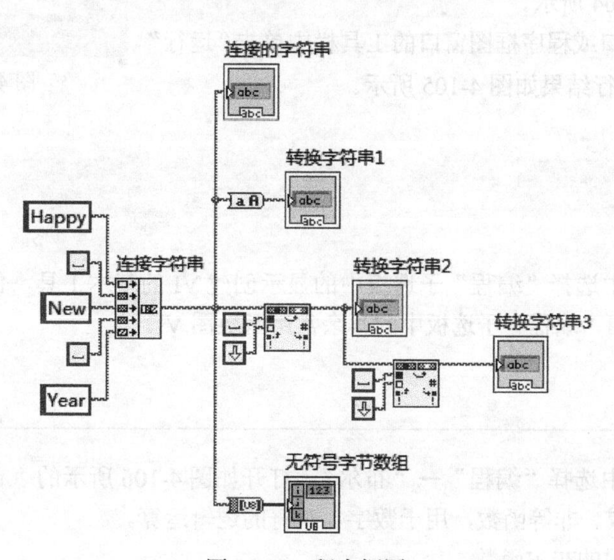

图 4-104　程序框图

（1）新建 VI。选择菜单栏中的“文件”→“新建 VI”命令，新建一个 VI，一个空白的 VI 包括前面板及程序框图。

（2）保存 VI。选择菜单栏中的“文件”→“另存为”命令，输入 VI 名称为“英文字符转换”。

（3）固定“控件”选板。单击鼠标右键，在前面板打开“控件”选板，单击选板左上角“固定”按钮，将“控件”选板固定在前面板。

（4）固定“函数”选板。打开程序框图窗口，单击鼠标右键，打开“函数”选板，单击选板左上角“固定”按钮，将“函数”选板固定在程序框图窗口。

（5）从“函数”选板中选择“编程”→“字符串”→“连接字符串”函数，在函数输入端创建字符常量“Happy”“New”“Year”，在字符文本中添加空格常量，将连接的字符串结果输出到“连接的字符串”显示控件中。

（6）从“函数”选板中选择“编程”→“字符串”→“转换为大写字母”函数，将连接的字符串转换为大写字母，输出到“转换字符串 1”显示控件中。

（7）从“函数”选板中选择“编程”→“字符串”→“搜索替换字符串”函数，将连接的字符串中的空格字符串替换为换行符，结果输出到“转换字符串 2”显示控件中。

（8）从“函数”选板中选择“编程”→“字符串”→“搜索替换字符串”函数，将“转换字符串 2”中的字符串中的空格字符串替换为换行符，结果输出到“转换字符串 3”显示控件中。

（9）从“函数”选板中选择“编程”→“字符串”→“路径 / 数组 / 字符串”→“字符串至字节数组转换”函数，将连接的字符串结果输出到“无符号字节数组”显示控件中。

（10）单击工具栏中的“整理程序框图”按钮，整理程序框图，结果如图 4-104 所示。

（11）在前面板窗口或程序框图窗口的工具栏中单击“运行”按钮，运行 VI，运行结果如图 4-105 所示。

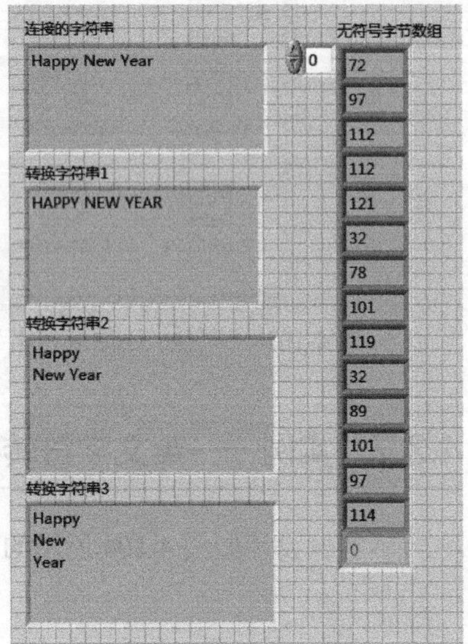

图 4-105　运行结果

4.4　其余运算

在“函数”选板中选择“编程”子选板中的显示创建 VI 的基本工具，包括数值、字符串。布尔运算，下面简单介绍“编程”子选板中的其余常用函数图 VI。

4.4.1　布尔运算

在“函数”选板中选择“编程”→“布尔”，打开如图 4-106 所示的“布尔”子选板，在该子选板下常用的为与、或、非等函数，用于数字、字符的逻辑运算。

下面介绍几种常用的布尔函数。

“与”函数：计算输入的逻辑与。两个输入必须为布尔值、数值或错误簇。如两个输入都为 TRUE，函数返回 TRUE。否则，返回 FALSE。

“或”函数：计算输入的逻辑或。两个输入必须为布尔值、数值或错误簇。如两个输入都为 FALSE，则函数返回 FALSE。否则，返回 TRUE。

“或非”函数：计算输入的逻辑或非。两个输入必须为布尔值、数值或错误簇。如两个输入都为 FALSE，则函数返回 TRUE。否则，返回 FALSE。

真常量：通过该常量为程序框图提供 TRUE 值。

假常量：通过该常量为程序框图提供 FALSE 值。

“与非“函数：计算输入的逻辑与非。两个输入必须为布尔值、数值或错误簇。如两个输入都为 TRUE，则函数返回 FALSE。否则，返回 TRUE。

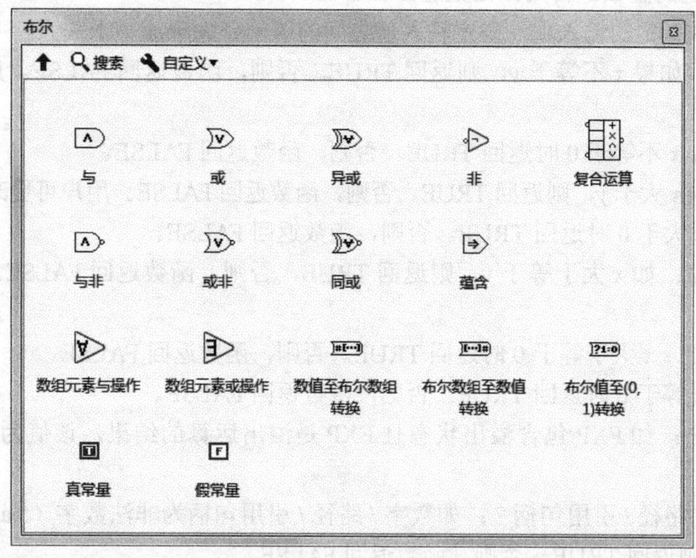

图 4-106　“布尔”子选板

4.4.2　比较运算

在“函数”选板中选择“编程”→“比较”，打开如图 4-107 所示的“比较”子选板，在该子选板下常用的为“等于”“大于”“小于”等函数，用于对布尔值、字符串、数值、数组和簇的比较。

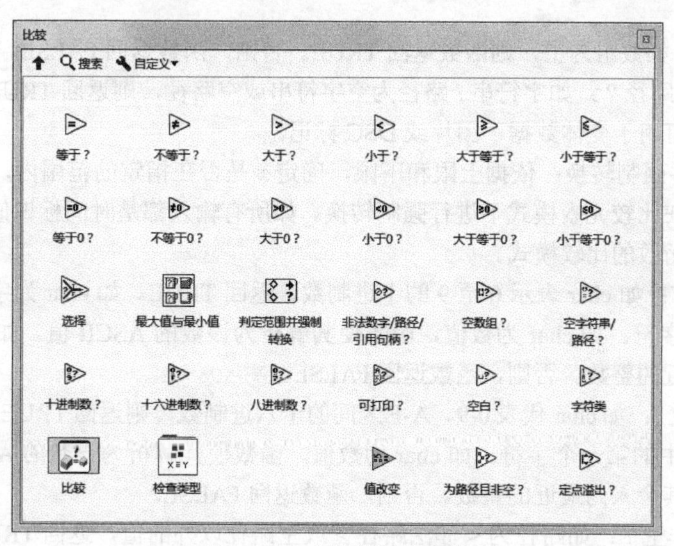

图 4-107　“比较”子选板

下面介绍比较运算中的比较函数。

- 等于？：如 x 等于 y，则返回 TRUE。否则，函数返回 FALSE。用户可更改函数的比较模式。

- 八进制数？：如 char 表示 0 至 7 的八进制数，返回 TRUE。如 char 为字符串，该函数使用字符串中的第一个字符。如 char 为数值，函数使其解析为该数的 ASCII 值。如 char 是浮点数，该函数使其舍入为最近的整数。否则，函数返回 FALSE。
- 比较：比较指定的输入项，确定输入值之间的等于、大于或小于关系。
- 不等于？：如果 x 不等于 y，则返回 TRUE。否则，函数返回 FALSE。用户可更改函数的比较模式。
- 不等于 0?：x 不等于 0 时返回 TRUE。否则，函数返回 FALSE。
- 大于？：如 x 大于 y，则返回 TRUE。否则，函数返回 FALSE。用户可更改函数的比较模式。
- 大于 0?：x 大于 0 时返回 TRUE。否则，函数返回 FALSE。
- 大于等于？：如 x 大于等于 y，则返回 TRUE。否则，函数返回 FALSE。用户可更改函数的比较模式。
- 大于等于 0?：x 大于等于 0 时返回 TRUE。否则，函数返回 FALSE。
- 等于 0?：x 等于 0 时返回 TRUE。否则，函数返回 FALSE。
- 定点溢出？：如 FXP 包含溢出状态且 FXP 是溢出运算的结果，该值为 TRUE。否则，函数返回 FALSE。
- 非法数字 / 路径 / 引用句柄？：如数字 / 路径 / 引用句柄为非法数字（NaN）、< 非法路径 > 或非法引用句柄，则返回 TRUE。否则，函数返回 FALSE。
- 可打印？：如 char 代表可打印的 ASCII 字符，则返回 TRUE。如 char 为字符串，该函数使用字符串中的第一个字符。如 char 为数值，函数使其解析为该数的 ASCII 值。如 char 是浮点数，该函数使其舍入为最近的整数。否则，函数返回 FALSE。
- 空白？：如 char 代表空白字符（例如，空白、制表位、换行、回车符、换页或垂直制表符），则返回 TRUE。如 char 为字符串，该函数使用字符串中的第一个字符。如 char 为数值，函数使其解析为该数的 ASCII 值。如 char 是浮点数，该函数使其舍入为最近的整数。否则，函数返回 FALSE。
- 空数组？：如数组为空，则函数返回 TRUE。否则，函数返回 FALSE。
- 空字符串 / 路径？：如字符串 / 路径为空字符串或空路径，则返回 TRUE。否则，函数返回 FALSE。该函数也可用于变体数据、图片或 DSC 标记。
- 判定范围并强制转换：依据上限和下限，确定 x 是否在指定的范围内，还可选择将值强制转换至范围内。只在比较元素模式下进行强制转换。如所有输入都是时间标识值，该函数接受时间标识。用户可更改函数的比较模式。
- 十进制数？：如 char 表示 0 至 9 的十进制数，返回 TRUE。如 char 为字符串，该函数使用字符串中的第一个字符。如 char 为数值，函数使其解析为该数的 ASCII 值。如 char 是浮点数，该函数使其舍入为最近的整数。否则，函数返回 FALSE。
- 十六进制数?：如 char 代表 0-9、A-F 之间的十六进制数，则返回 TRUE。如 char 为字符串，则函数使用字符串中的第一个字符。如 char 为数值，函数使其解析为该数的 ASCII 值。如 char 是浮点数，该函数使其舍入为最近的整数。否则，函数返回 FALSE。
- 为路径且非空？：如路径为 < 非法路径 > 或空路径以外的值，返回 TRUE。否则，VI 返回 FALSE。
- 小于?：如 x 小于 y，则返回 TRUE。否则，函数返回 FALSE。用户可更改函数的比较模式。
- 小于 0?：x 小于 0 时返回 TRUE。否则，函数返回 FALSE。
- 小于等于？：如 x 小于等于 y，则返回 TRUE。否则，函数返回 FALSE。用户可更改函数的比较模式。

- 小于等于 0?：x 小于等于 0 时返回 TRUE。否则，函数返回 FALSE。
- 选择：依据 s 的值，返回连线至 t 输入或 f 输入的值。s 为 TRUE 时，函数返回连线至 t 的值。s 为 FALSE 时，函数返回连线至 f 的值。
- 值改变：如首次调用该 VI，或输入值自上一次调用 VI 后发生改变，返回 TRUE。
- 字符类：返回 char 的类编号。如 char 为字符串，该函数使用字符串中的第一个字符。如 char 为数值，函数使其解析为该数的 ASCII 值。
- 最大值与最小值：比较 x 和 y 的大小，在顶部的输出端中返回较大值，在底部的输出端中返回较小值。如所有输入都是时间标识值，该函数接受时间标识。如输入为时间标识值，则函数在顶部输出中返回离当前较近的值，在底部输出中返回离当前较远的值。用户可更改函数的比较模式。

4.4.3 定时运算

在“函数”选板中选择“编程”→“定时”，打开如图 4-108 所示的“定时”子选板，在该子选板下常用的为“等待下一个整数倍毫秒”“大于”“小于”等函数，用于控制运算的执行速度并获取基于计算机时钟的时间和日期。

下面介绍常用的函数与 VI。

1. “等待下一个整数倍毫秒”函数

该函数进行异步系统调用，但函数节点却是同步操作的。所以，直至指定时间结束，函数才停止执行。如图 4-109 所示。

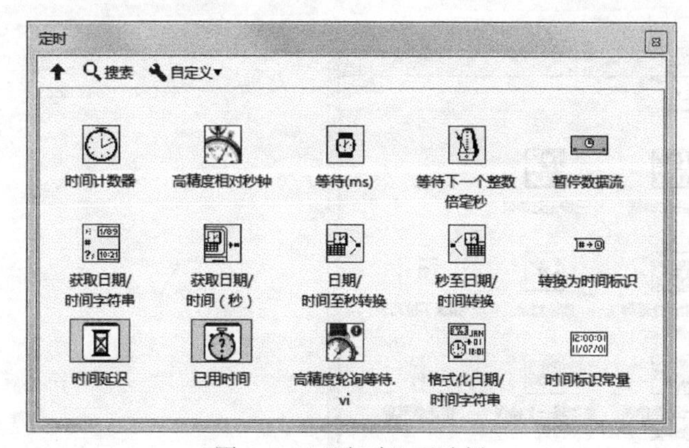

图 4-108　“定时”子选板

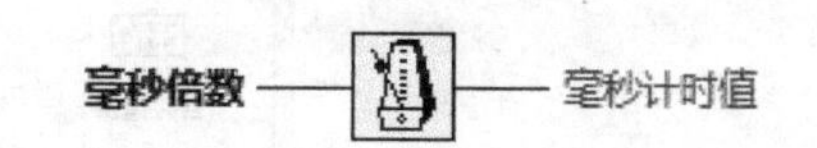

图 4-109　“等待下一个整数倍毫秒”函数节点图标

2. “等待（ms）”函数

该函数等待指定长度的毫秒数，并返回毫秒计时器的值，如图 4-110 所示。LabVIEW 调用 VI 时，如毫秒计时值为 112ms，等待时间（毫秒）为 10ms，则毫秒计时值为 122ms 时，VI 执行结束。

3. “等待前面板活动”函数

该函数暂停执行处于运行模式中的调用 VI 的程序框图，直至在监控的前面板上出现前面板活动时再继续，如图 4-111 所示。

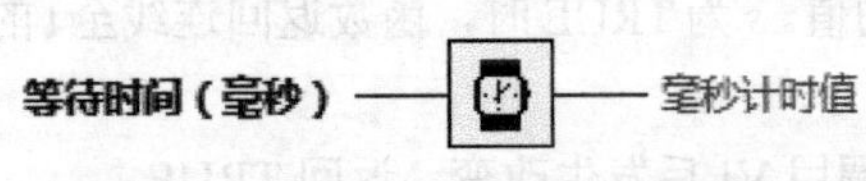

图 4-110 等待（ms）函数节点图标

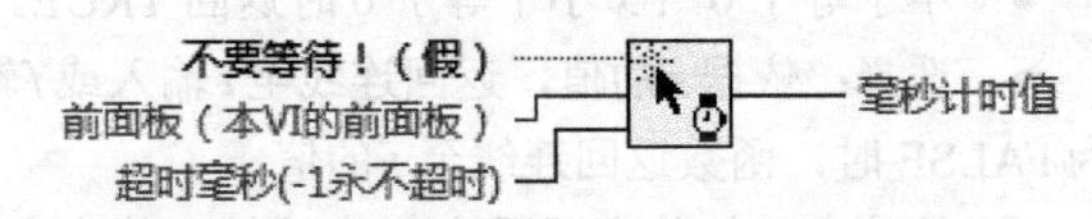

图 4-111 “等待前面板活动”函数节点图标

4. “获取日期 / 时间字符串”函数

该函数使时间标识的值或数值转换为计算机配置的时区的日期和时间字符串，如图 4-112 所示。

5. “获取日期 / 时间（秒）”函数

该函数返回当前时间的时间标识，如图 4-113 所示。

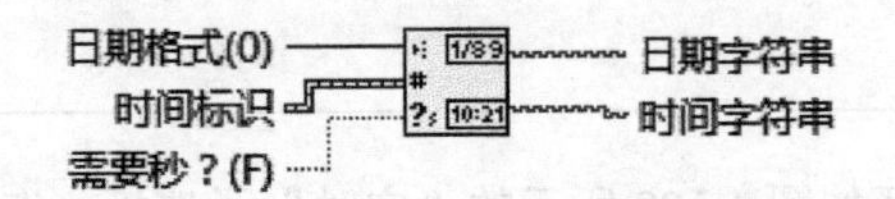

图 4-112 “获取日期 / 时间字符串”函数节点图标

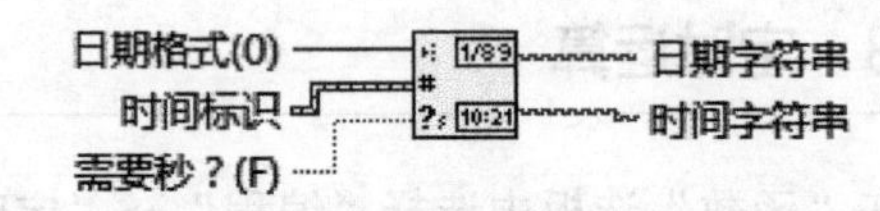

图 4-113 “获取日期 / 时间（秒）”函数节点图标

4.4.4 对话框与用户界面运算

在“函数”选板中选择“编程”→“对话框与用户界面”，打开如图 4-114 所示的“对话框与用户界面”子选板，在该子选板下常用的为“单按钮对话框”“双按钮对话框”“简易错误处理器”等函数，用于创建提示用户操作的对话框。

图 4-114 “对话框与用户界面”子选板

下面介绍常用的函数与 VI。

1. “单按钮对话框”函数

该函数显示包含消息和单个按钮的对话框，如图 4-115 所示。

2. “双按钮对话框”函数

该函数显示一个包含一条消息和两个按钮的对话框，如图 4-116 所示。

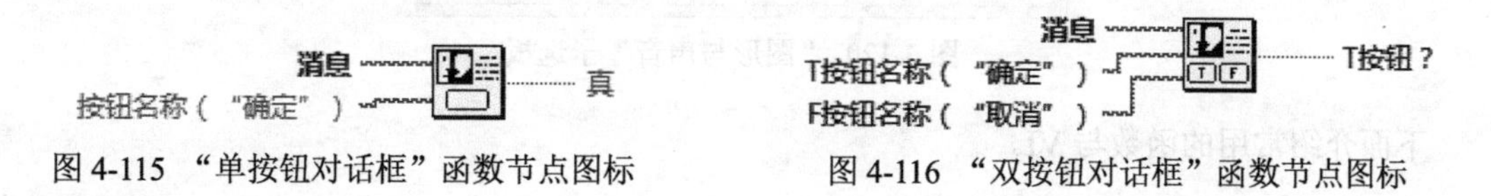

图 4-115　“单按钮对话框”函数节点图标　　图 4-116　“双按钮对话框”函数节点图标

3. 通用错误处理器 VI

程序发生错误时，显示有错误发生。如发生一个错误，该 VI 返回错误描述，或选择性地打开一个对话框，如图 4-117 所示。

4. 简易错误处理器 VI

程序发生错误时，显示有错误发生。如发生一个错误，该 VI 返回错误描述，或选择性地打开一个对话框，如图 4-118 所示。对比通用错误处理器，该 VI 相同的基本功能，但是选项较少。

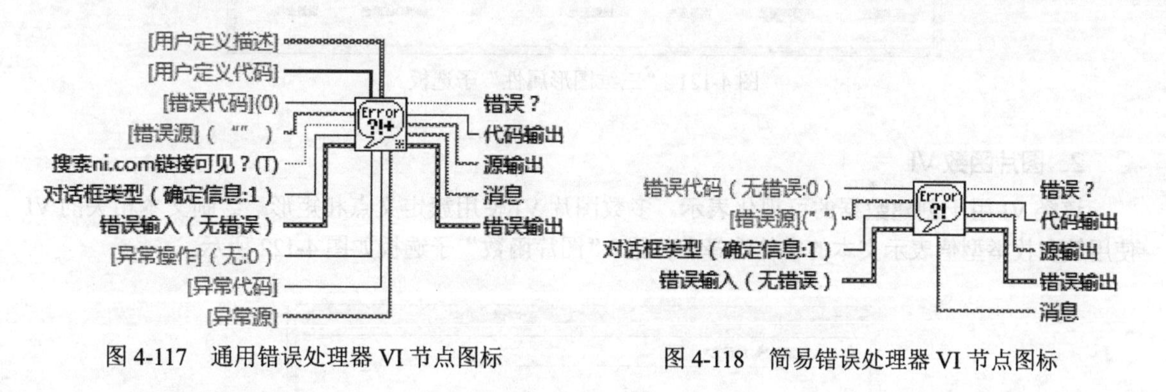

图 4-117　通用错误处理器 VI 节点图标　　图 4-118　简易错误处理器 VI 节点图标

5. 清除错误 VI

该 VI 将错误状态重置为无错误，代码重置为 0，源重置为空字符串。使用该 VI 来忽略一个错误，如图 4-119 所示。

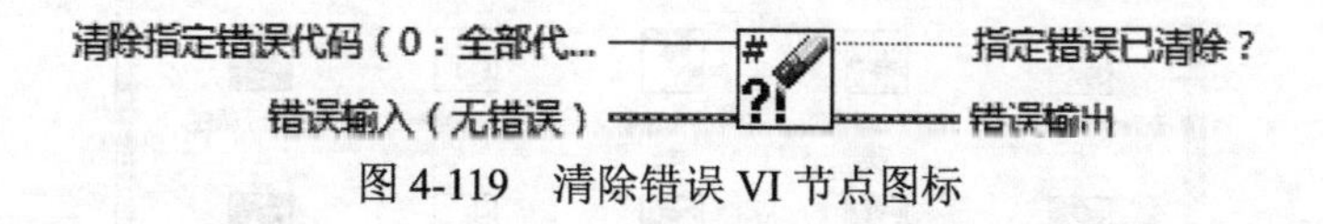

图 4-119　清除错误 VI 节点图标

4.4.5　图形与声音运算

在“函数”选板中选择“编程”→“图形与声音”，打开如图 4-120 所示的“图形与声音”子选板，在该子选板下常用的有蜂鸣声、大于、小于等 VI，用于创建自定义的显示、从图片文件导入导出数据以及播放声音。

图 4-120 “图形与声音”子选板

下面介绍常用的函数与 VI。

1. 三维图形属性 VI

该类 VI 用于生成可显示的三维数据。“三维图形属性”子选板如图 4-121 所示。

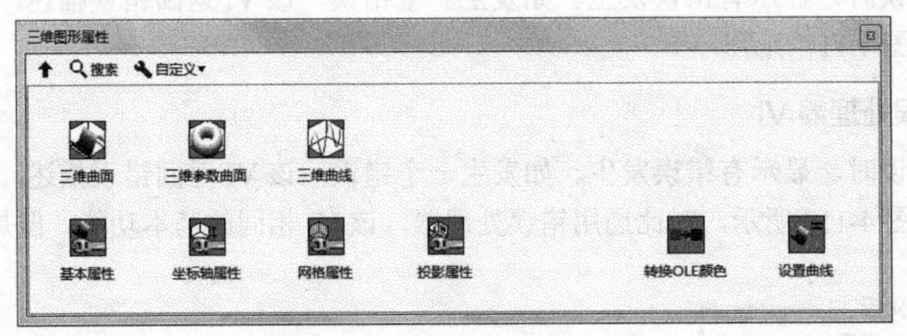

图 4-121 “三维图形属性”子选板

2. 图片函数 VI

该类 VI 用于创建数据的可视化表示。多数图片 VI 使用簇定义点和矩形。绘制文本相关的 VI 使用簇和枚举型值表示文本的字体选择和位置。“图片函数”子选板如图 4-122 所示。

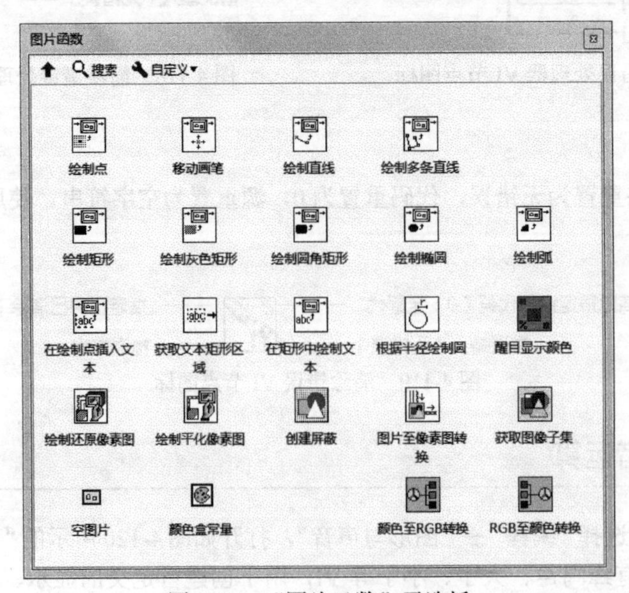

图 4-122 “图片函数”子选板

3. 图形格式 VI

该类 VI 用于以 BMP、JPEG 或 PNG 等图像文件格式获取或存储图像数据。“图形格式”子选板如图 4-123 所示。

4. 蜂鸣声 VI

该 VI 使系统发出蜂鸣声，如图 4-124 所示。

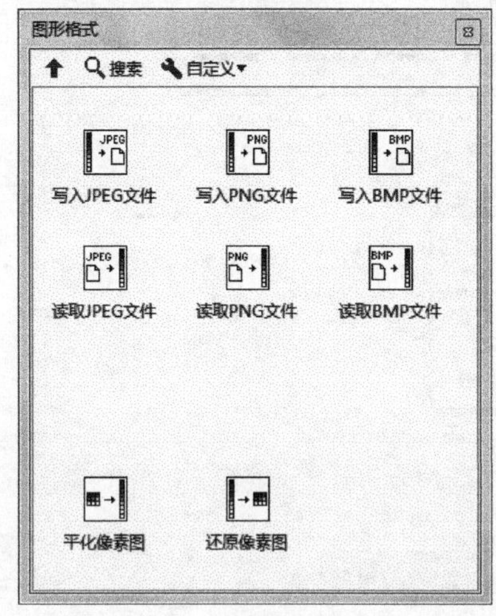

图 4-123　“图形格式”子选板

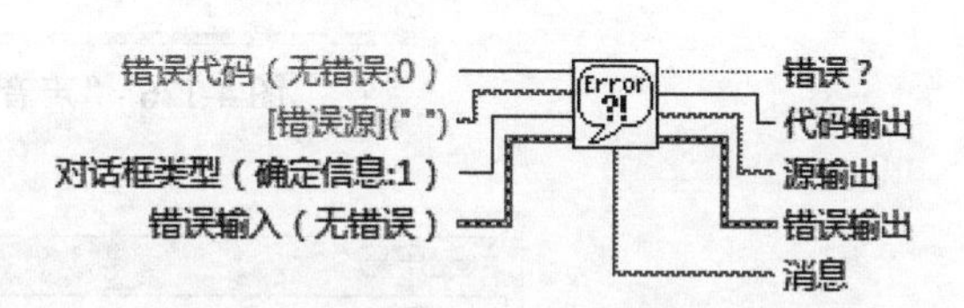

图 4-124　蜂鸣声 VI 节点图标

5. 图片绘制 VI

该类 VI 用于以图形方式表示数据。“图片绘制”子选板如图 4-125 所示。

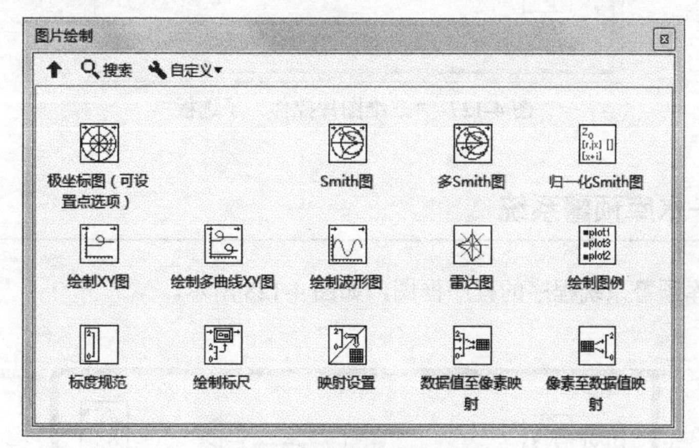

图 4-125　“图片绘制”子选板

6. 声音 VI

“声音”子选板中的 VI 包括处理与声音相关的 VI，包括“输出”“输入”“文件”这三个子选板，其中的 VI 可用于播放声音，如图 4-126 所示。

7. 三维图片控件 VI

该类 VI 用于图形化显示三维场景中的对象，“三维图片控件”子选板如图 4-127 所示。

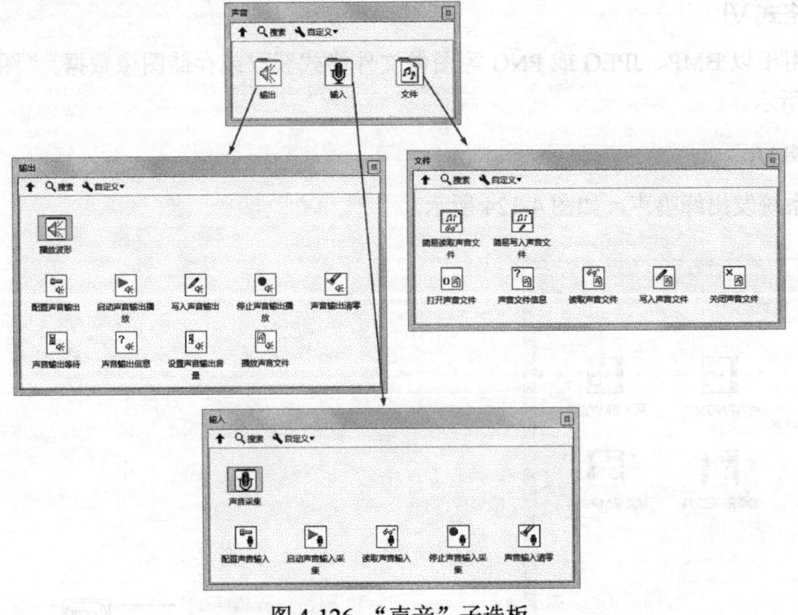

图 4-126 “声音”子选板

图 4-127 “三维图片控件”子选板

4.4.6 实例——水库预警系统

本实例绘制水库预警系统程序的程序框图，如图 4-128 所示。

扫码看视频

图 4-128 程序框图

操作步骤

（1）打开 VI。选择菜单栏中的“文件”→“打开”命令，打开文件“水库蓄水系统”。

（2）保存 VI。选择菜单栏中的“文件”→“另存为”命令，输入 VI 名称为“水库预警系统”。

（3）固定“控件”选板。单击鼠标右键，在前面板打开“控件”选板，单击选板左上角“固定”按钮，将“控件”选板固定在前面板。

（4）打开程序框图窗口，从“函数”选板中选择“编程”→“比较”→“大于”函数，设置若“水库”蓄水值大于 8000，停止蓄水，即停止循环。

（5）从“函数”选板中选择“编程”→“布尔”→“或”函数，将上步的比较值与停止按钮值连接输出到 While 循环的循环条件输入端，即可以通过停止按钮与水库中蓄水值超过定量来控制蓄水操作。

（6）从“函数”选板中选择“编程”→“图形与声音”→“蜂鸣声”函数，对超过预定蓄水值后进行声音预警。

（7）整理程序框图，结果如图 4-128 所示。

4.5　综合实例——血压测试系统

本例主要利用数值与字符串函数来设定颜色值范围，并通过对话框来进行提示，使前面板的运行状态更形象直观。

扫码看视频

操作步骤

1. 设置工作环境

（1）新建 VI。选择菜单栏中的“文件”→“新建 VI”命令，新建一个 VI，一个空白的 VI 包括前面板及程序框图。

（2）保存 VI。选择菜单栏中的“文件”→“另存为”命令，输入 VI 名称为“血压测试系统”。

2. 添加控件

从“控件”选板中选择“银色”→“数值”→“温度计”控件，并放置在前面板的适当位置，将名称修改为“血压计输入”“血压计显示”，在控件上显示“数字显示”文本框，将其移动到下方，如图 4-129 所示。

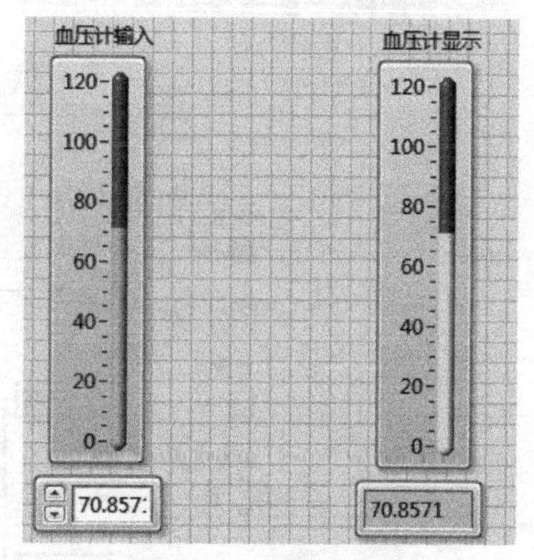

图 4-129　放置控件

3. 设计前面板

（1）选择菜单栏中的“窗口”→“显示程序框图”命令，或双击前面板中的任一输入、输出控件，将前面板置为当前，如图 4-130 所示。

（2）选中控件，单击鼠标右键，选择快捷菜单命令“显示为图标”，转换控件显示模式，如图 4-131 所示。

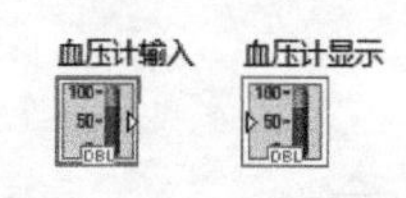

图 4-130　显示程序框图

血压计输入　血压计显示

DBL　DBL

图 4-131　数据显示

（3）连接输入控件与输出控件，则实现数据传导。其中对输入数值设限，80 ～ 120 为正常血压，过高与过低均显示异常。

（4）从“函数”选板中选择“编程”→“比较”→“判定范围并强制转换”函数，在输入端创建上限、下限常量分别为 120、80，连接输入控件。

（5）从“函数”选板中选择“编程”→“比较”→“选择”函数，在输入端创建真、假字符常量“血压正常”“血压异常”，将上步判定范围的输出结果连接到输入端。当输出值在 80 ～ 120，值为真，否则为假。

（6）从“函数”选板中选择“编程”→“对话框与用户界面”→“单按钮对话框”函数，接收数据流中的真假值，选择对话框显示输出结果。

（7）从“血压计显示”输出控件上单击鼠标右键，选择“创建”→“属性节点”→“填充颜色”命令，在程序框图中放置属性节点“血压计显示”，该节点只需设置输出控件的颜色显示。

（8）从“函数”选板中选择“编程”→“比较”→“大于”“小于”函数，划分输入值。

（9）从“函数”选板中选择“编程”→“比较”→“选择”函数，在输入端创建颜色常量“正常”“高压”“低压”，将划分的数值输入值连接到输入端，将输出结果连接到属性节点输入端，根据输入值所属范围、对应颜色，显示在“血压计显示”输出控件上。

（10）单击工具栏中的“整理程序框图”按钮，整理程序框图，结果如图 4-132 所示。

4. 控件设置

从“控件”选板中选择“修饰”→“上凸圆盒”控件，拖出一个方框，并放置在控件上方，覆盖整个控件组，在工具栏中单击“重新排序”按钮，弹出下拉选单，选择“移至后面”命令，改变对象在窗口中的前后次序。

（1）选择“工具”选板中的上色工具，为修饰控件设置颜色。将前面板的前景色设置为黄色。

（2）选择“工具”选板中的标签工具，在空白处输入标题“血压测试系统”，字体样式为“华文彩云”，大小为 36，结果如图 4-133 所示。

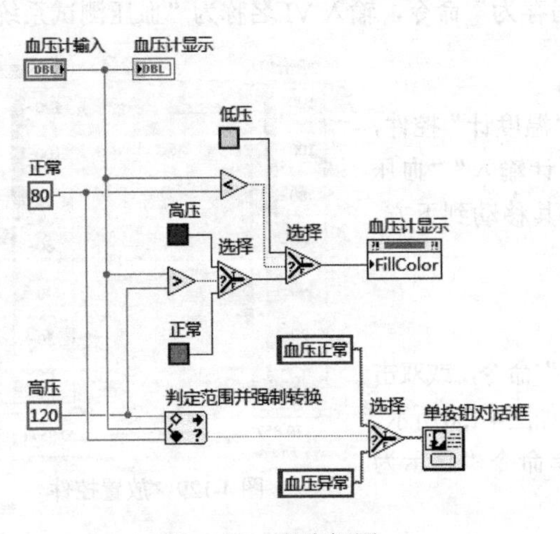

图 4-132　程序框图

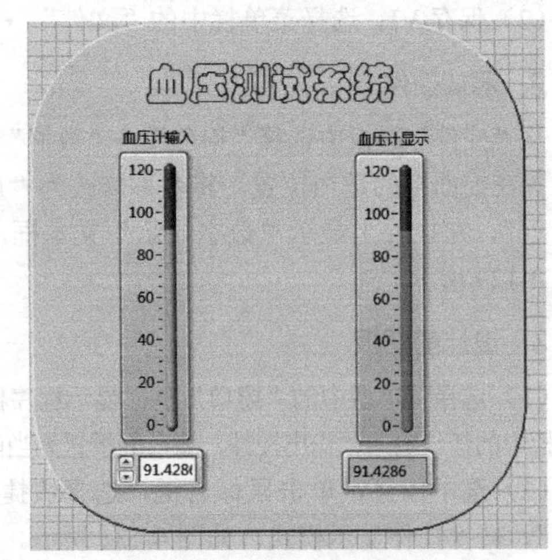

图 4-133　设置字体

5. 运行程序

在前面板窗口或程序框图窗口的工具栏中单击“运行”按钮，运行 VI，结果如图 4-134 所示。

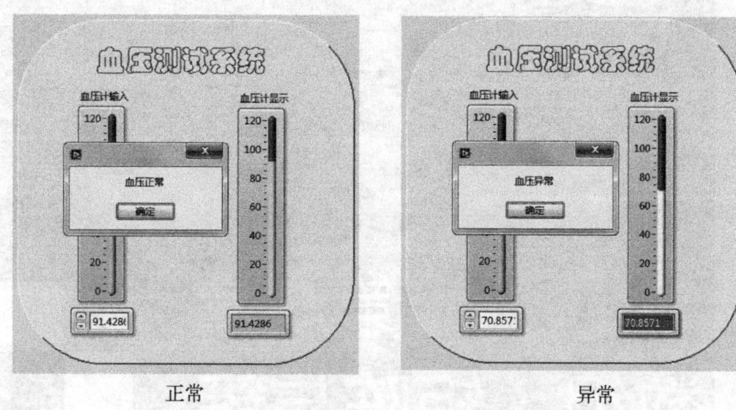

正常　　　　　　　　　　异常

图 4-134　运行结果

第 5 章 数组、矩阵与簇

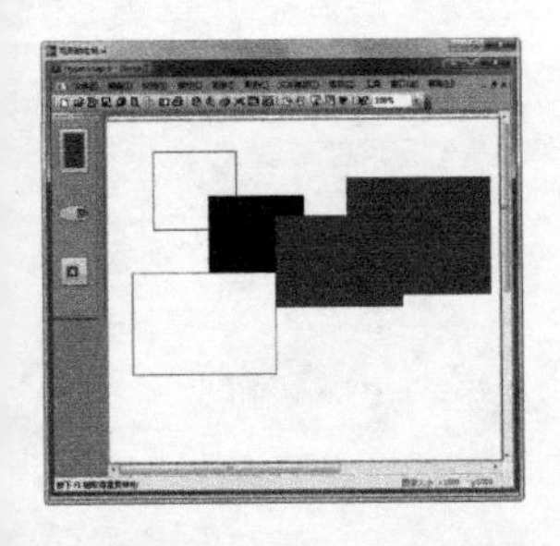

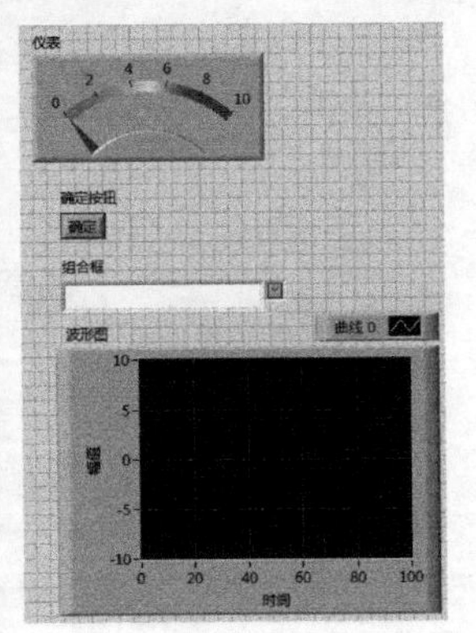

内容指南

LabVIEW 将计算机数据与仪器有机结合，实现虚拟功能所需的基础数据，除数值布尔字符串等基础数据，还包括组合数据，如数组、矩阵与簇等。

知识重点

- 数组控件
- 数组
- 簇
- 矩阵

5.1　数组控件

在介绍关于数组、矩阵与簇函数之前，需要了解数组、矩阵与簇及相关控件。

5.1.1　数组、矩阵和簇控件

位于新式、经典、银色及系统选板上的“数组、矩阵和簇”选板上有数组、矩阵和簇控件，可用来创建数组、矩阵和簇。数组是同一类型数据元素的集合。簇将不同类型的数据元素归为一组。矩阵是若干行列实数或复数数据的集合，用于线性代数等数学操作。LabVIEW 2018 的新式、经典及银色选板上的“数组、矩阵与簇”选板如图 5-1 所示。

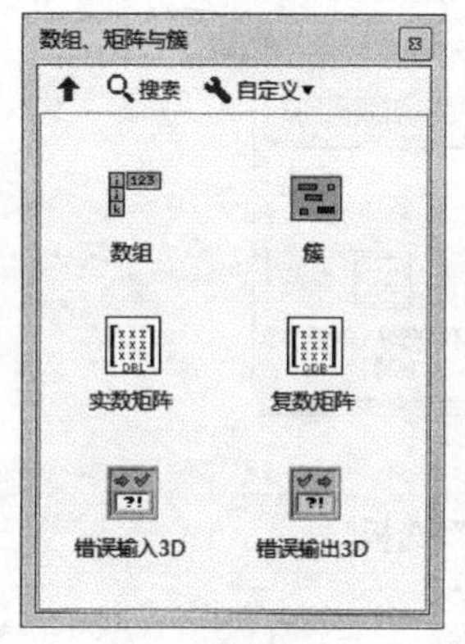

a）新式

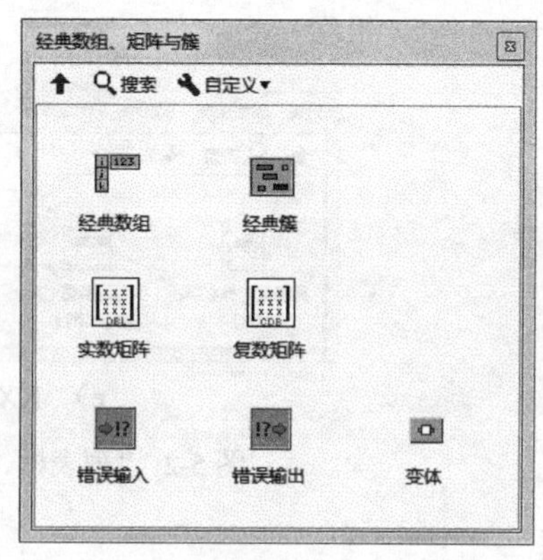

b）经典

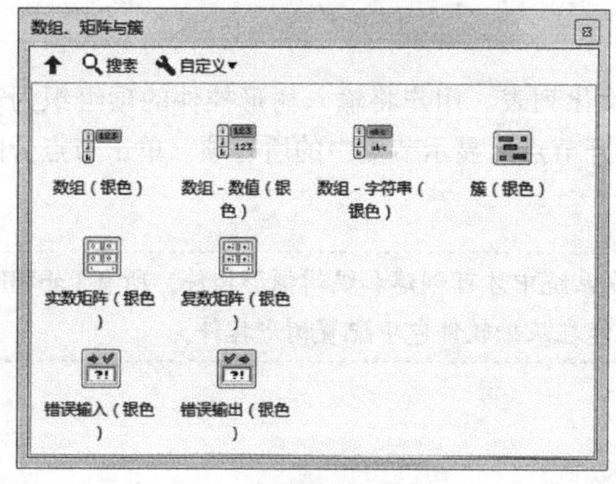

c）银色

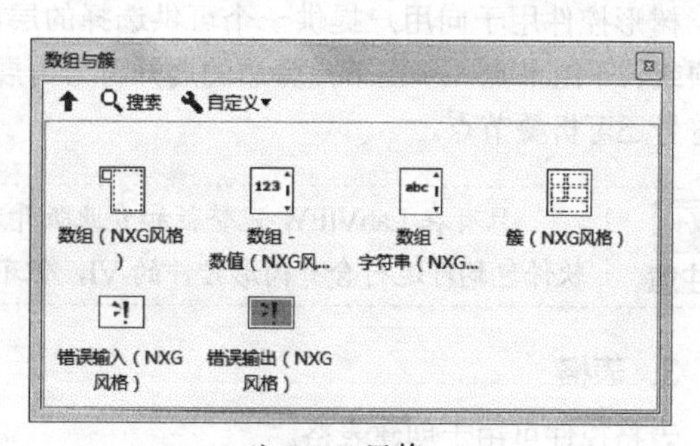

d）NXG 风格

图 5-1　“数组、矩阵与簇”选板

5.1.2　列表框、树形控件和表格

位于新式、经典、银色及系统选板上的“列表框、表格和树”选板上有列表框控件，用于向用户提供一个可供选择的项列表。LabVIEW 2018 中文版的新式、经典、银色及系统选板上的“列表框、表格和树”选板如图 5-2 所示。

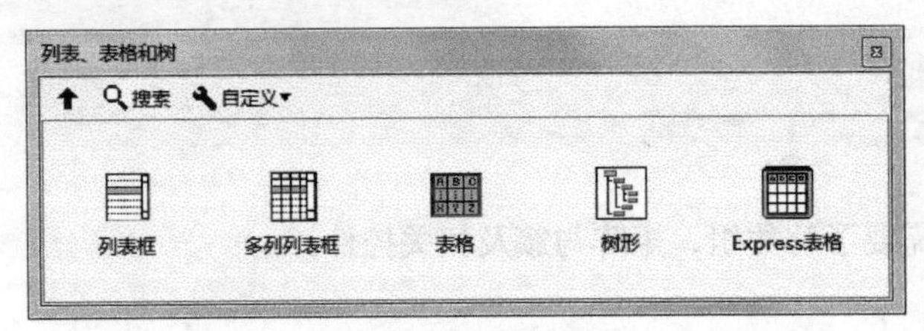

a）新式

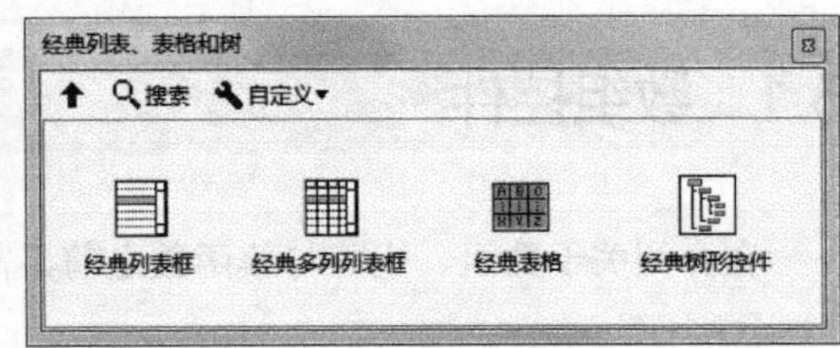

b）经典

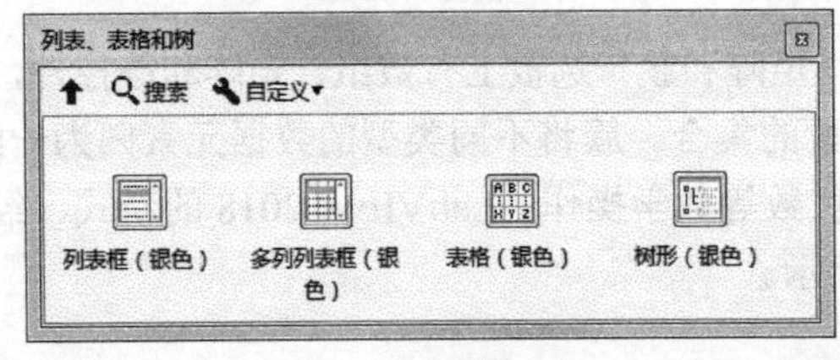

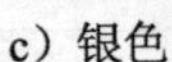

c）银色

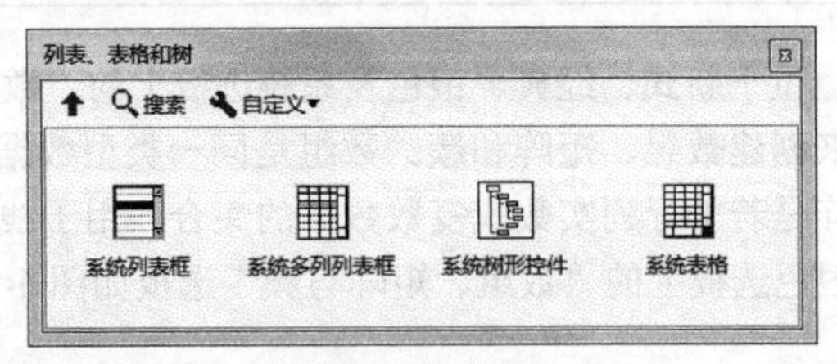

d）系统

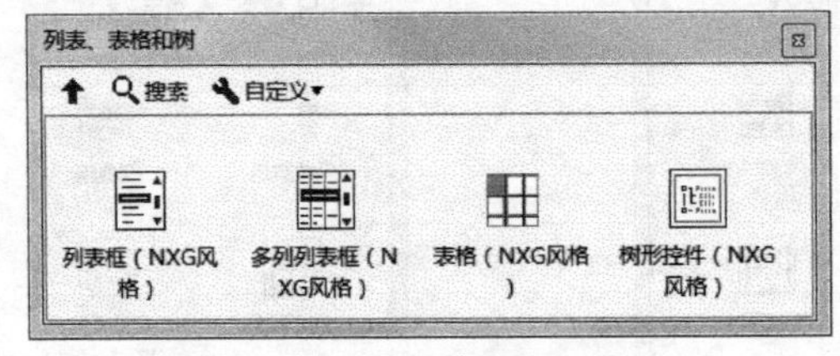

e） NXG 风格

图 5-2 “列表框、表格和树”选板

1. 列表框

列表框可配置为单选或多选。多选列表可显示更多条目信息，如大小和创建日期等。

2. 树形控件

树形控件用于向用户提供一个可供选择的层次化列表。用户将输入树形控件的项组织为若干组项或若干组节点。单击节点旁边的展开符号可展开节点，显示节点中的所有项。单击节点旁的折叠符号还可折叠节点。

注意　只有在 LabVIEW 完整版和专业版开发系统中才可创建和编辑树形控件。所有 LabVIEW 软件包均可运行含有树形控件的 VI，但不能在基础软件包中配置树形控件。

3. 表格

表格控件可用于创建表格。

5.1.3 容器控件

位于新式、经典、银色和系统选板上的“容器”选板上的容器控件可用于组合控件，或在当前 VI 的前面板上显示另一个 VI 的前面板。容器控件还可用于在前面板上显示 .NET 和 ActiveX 对象。LabVIEW 2018 中文版的新式、经典、银色选板上的“容器”选板如图 5-3 所示。

1. 选项卡控件

“选项卡控件”用于将前面板的输入控件和显示控件重叠放置在一个较小的区域内。“选项卡控件”由选项卡和选项卡标签组成。可将前面板对象放置在“选项卡控件”的每一个选项卡中，并将选项卡标签作为显示不同页的选择器。可使用“选项卡控件”组合在操作某一阶段需用到的前面板对象。例如，某 VI 在测试开始前可能要求用户先设置几个选项，然后在测试过程中允许用户修改测试的某些方面，最后允许用户显示和存储相关数据。在程序框图上，选项卡控件默认为枚举控件。选项卡控件中的控件接线端与程序框图上的其他控件接线端在外观上是一致的。

2. 子面板控件

“子面板”控件用于在当前 VI 的前面板上显示另一个 VI 的前面板。例如，“子面板”控件可用于设计一个类似向导的用户界面。在顶层 VI 的前面板上放置“上一步”和“下一步”按钮，并用“子面板”控件加载向导中每一步的前面板。

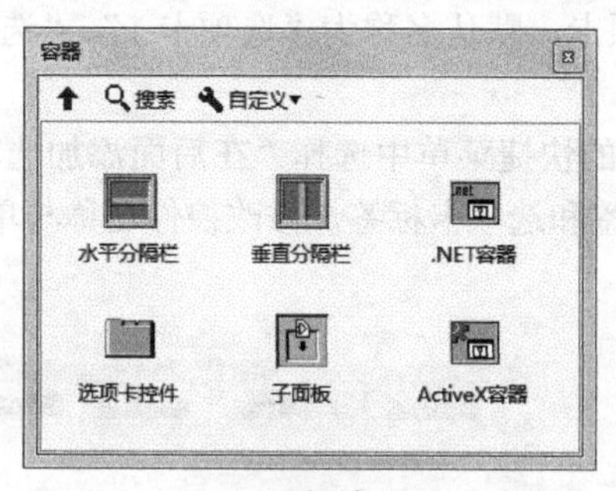

a）新式

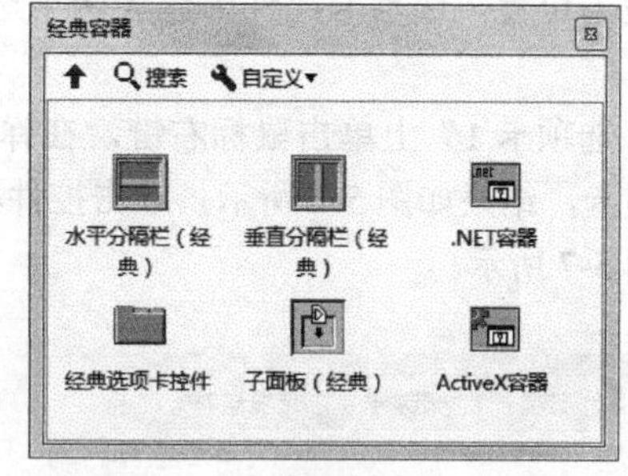

b）经典

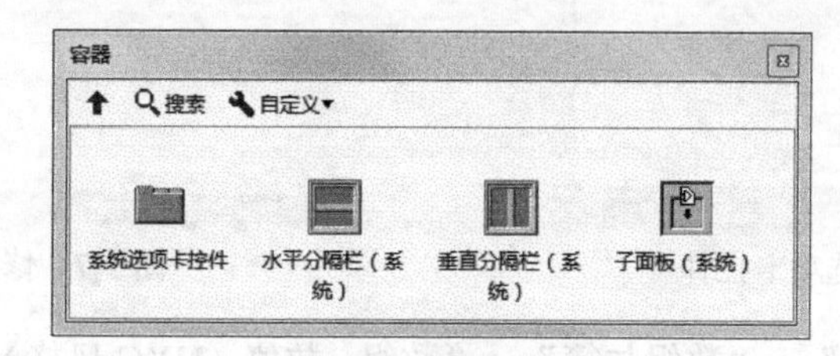

c）系统

图 5-3 “容器”选板

只有 LabVIEW 完整版和专业版系统才具有创建和编辑子面板控件的功能。所有 LabVIEW 软件包均可运行含有子面板控件的 VI，但不能在基础软件包中配置子面板控件。

5.1.4 实例——数组分类

本实例绘制不同类型的数组，显示如图 5-4 所示程序框图中的图标。

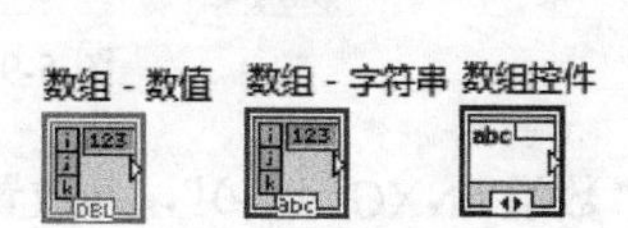

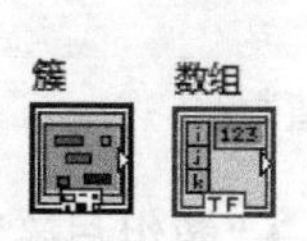

图 5-4 程序框图中的图标

操作步骤

（1）新建 VI。选择菜单栏中的“文件”→“新建 VI”命令，新建一个 VI，一个空白的 VI 包括前面板及程序框图。

（2）保存 VI。选择菜单栏中的“文件”→“另存为”命令，输入 VI 名称为“数组分类”。

（3）固定“控件”选板。单击鼠标右键，在前面板打开“控件”选板，单击选板左上角“固定”按钮，将“控件”选板固定在前面板。

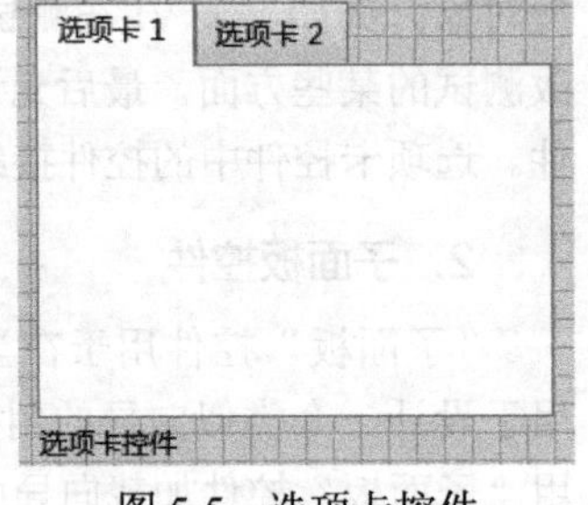

图 5-5　选项卡控件

（4）选择“NXG 风格”→“选项卡控件（NXG 风格）”，并放置在前面板的适当位置，选项卡控件中包含两个选项卡，默认名称为“选项卡 1”、“选项卡 2”，如图 5-5 所示。

（5）在“选项卡 1”上单击鼠标右键，在弹出的快捷菜单中选择“在后面添加选项卡”命令，显示 4 个选项卡，结果如图 5-6 所示。双击控件标签和选项卡标签，修改控件名称与单个选项卡名称，结果如图 5-7 所示。

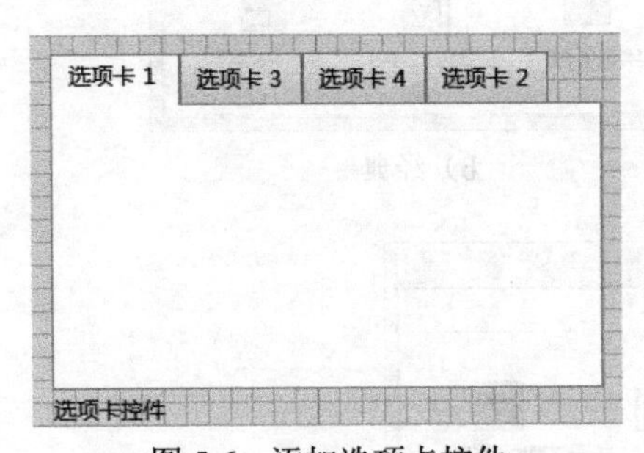

图 5-6　添加选项卡控件

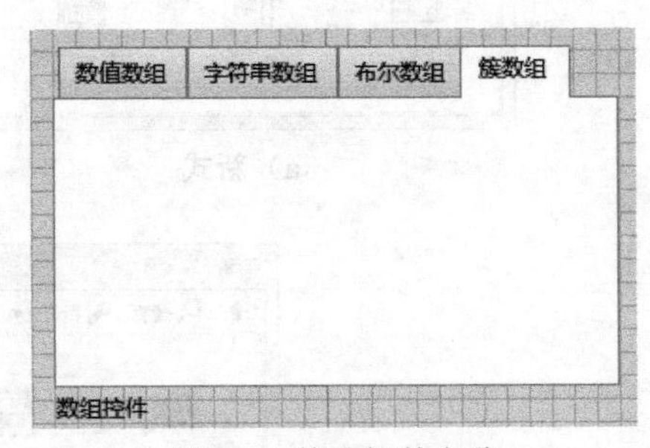

图 5-7　修改控件名称

（6）选择“NXG 风格”→“数组与簇”→“数组 - 数值（NXG 风格）”，并放置在“数组数值”选项卡中，如图 5-8 所示。

（7）选择“NXG 风格”→“数组与簇”→“数组 - 字符串（NXG 风格）”，并放置在“字符串数组”选项卡中，如图 5-9 所示。

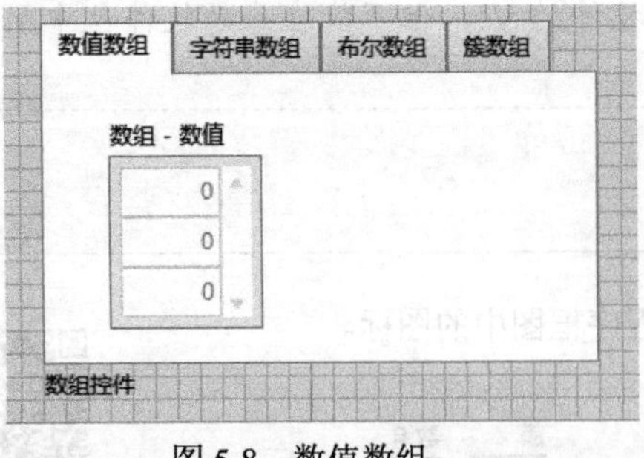

图 5-8　数值数组

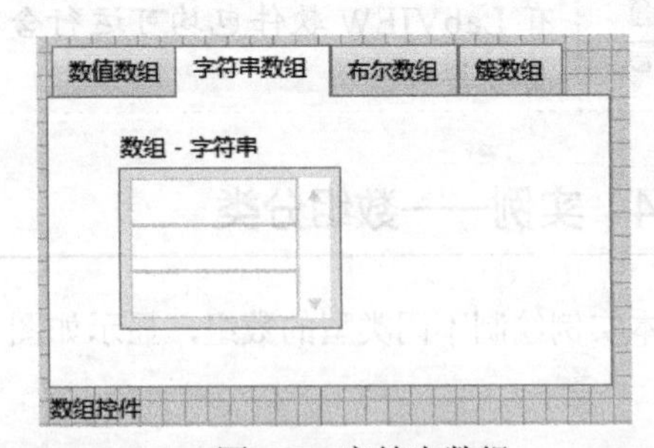

图 5-9　字符串数组

（8）选择“NXG 风格”→“数组与簇”→“数组（NXG 风格）”，并放置在“布尔数组”选项卡中。选择“NXG 风格”→“布尔”→“文本按钮（NXG 风格）”，将其放置到“数组”控件上，如图 5-10 所示。

（9）选择“NXG 风格”→“数组与簇”→“簇（NXG 风格）”，并放置在“簇数组”选项卡中。选择“NXG 风格”→“数组与簇”→“数组（NXG 风格）”，将其放置到“簇”控件上，如图 5-11 所示。

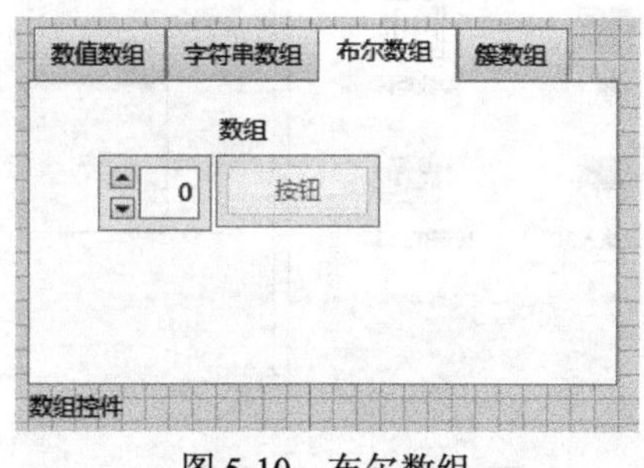

图 5-10　布尔数组

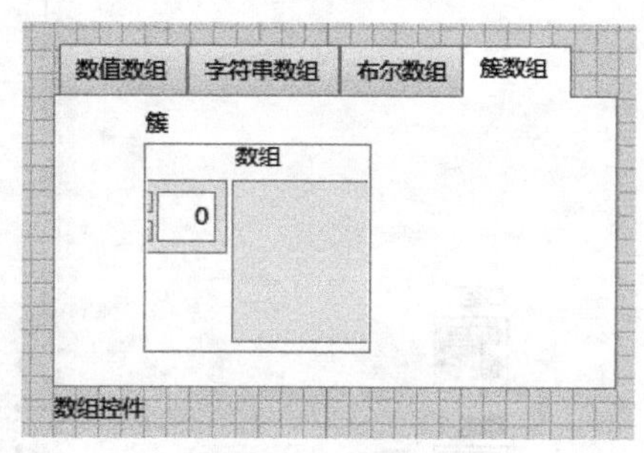

图 5-11　簇数组

（10）打开程序框图，显示与前面板对应的控件图标，如图 5-4 所示。

5.2　数组

在程序设计语言中，“数组”是一种常用的数据结构，是相同数据类型数据的集合，是一种存储和组织相同类型数据的良好方式。与其他程序设计语言一样，LabVIEW 中的数组是数值型、布尔型、字符串型等多种数据类型中的同类数据的集合，在前面板的数组对象往往由一个存储数据的容器和数据本身构成，在程序框图上则体现为一个一维或多维矩阵。数组中的每一个元素都有其唯一的索引数值，可以通过索引值来访问数组中的数据。下面详细介绍数组数据以及处理数组数据的方法。

5.2.1　数组的组成

数组是由同一类型数据元素组成的大小可变的集合。当有一串数据需要处理时，它们可能是一个数组，当需要频繁地对一批数据进行绘图处理时，使用数组将会更加便利。数组作为组织绘图数据的一种机制是十分有用的。当执行重复计算，或解决能自然描述成矩阵向量符号的问题时数组也是很有用的，如解答线性方程。在 VI 中使用数组能够压缩框图代码，由于具有大量的内部数组函数和 VI，使得代码开发更加容易。

5.2.2　实例——创建数组控件

本实例创建数组控件，程序框图如图 5-12 所示。

扫码看视频

操作步骤

（1）从“控件”选板中选择“数组、矩阵与簇”→“数组”控件，再选其中的数组拖入前面板，如图 5-13 所示。

（2）将需要的有效数据对象拖入数组框，如果不分配数据类型，该数组将显示为带空括号的黑框，如图 5-14 所示为空数组。

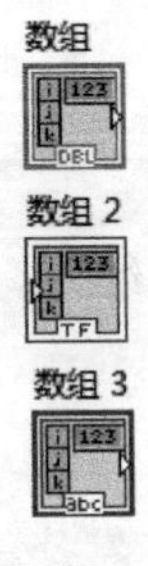

图 5-12　程序框图

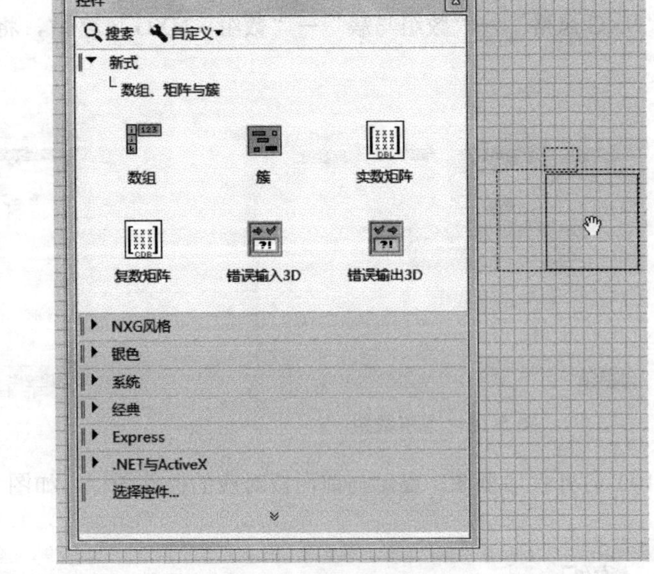

图 5-13　数组创建第一步

提示　如图 5-15 所示，数组 1 未分配数据类型，数组 2 为分配了布尔类型的数组，所以此时边框显示为绿色。

（3）选择“数值”→“数值输入控件”，将其放置到空数组 1 内部，创建数值数组。

（4）选择“布尔”→“圆形指示灯”，将其放置到空数组 2 内部，创建布尔数组。

（5）选择“字符串与路径”→“字符串控件”，将其放置到空数组 3 内部，如图 5-16 所示，创建字符串数组。

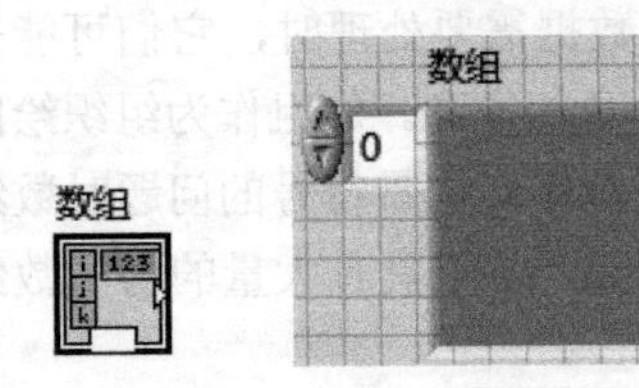

图 5-14　创建空数组

图 5-15　数组创建第二步

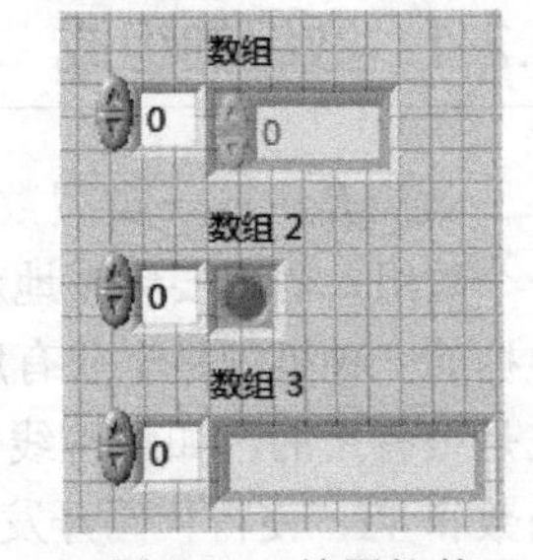

图 5-16　放置控件

（6）双击任一控件，切换到程序框图，发现 3 个数组控件显示颜色不同，根据不同的数据类型显示不同的颜色，如图 5-12 所示。

在数组框图的左端或左上角为数组的索引值，索引值对应数组中第一个可显示的元素，通过索引值的组合可以访问到数组中的每一个元素。

扫码看视频

5.2.3　实例——创建多维数组控件

本实例创建多维数组控件，前面板如图 5-17 所示。

操作步骤

（1）从“控件”选板中选择“数组、矩阵与簇”→“数组”控件，再选其中的数组拖入前面板。

（2）从“控件”选板中选择“新式”→“数值”→“数值输入控件”，将其放置到空数组 1 内部，创建数值数组，如图 5-18 所示。

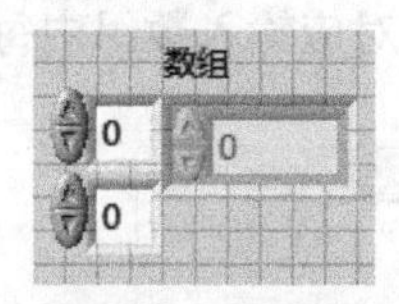

图 5-17　前面板

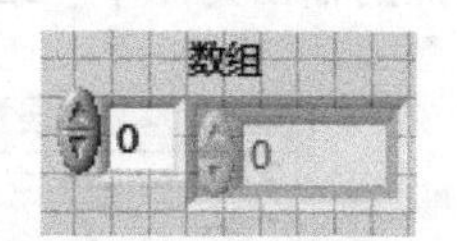

图 5-18　创建数值数组

（3）将鼠标指针放置到数组右下角，鼠标指针显示为可编辑状态，如图 5-19 所示。任意向右横向下拖动鼠标指针，即可增加数组中的元素个数。

（4）如图 5-19 所示，横向拖动鼠标，数组变为一维多个元素；如图 5-20 所示，纵向拖动鼠标，数组变为一维多个元素数组。

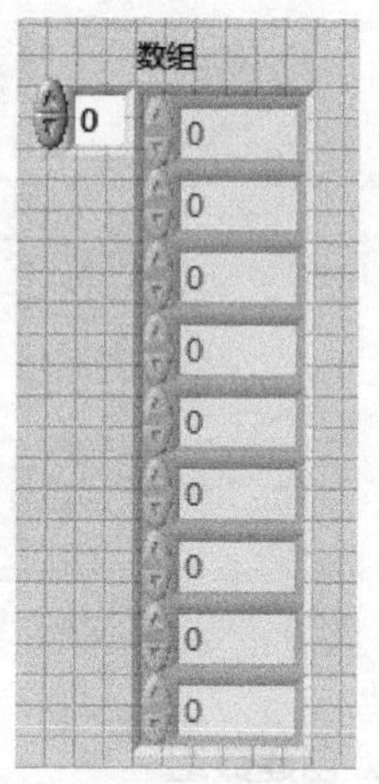

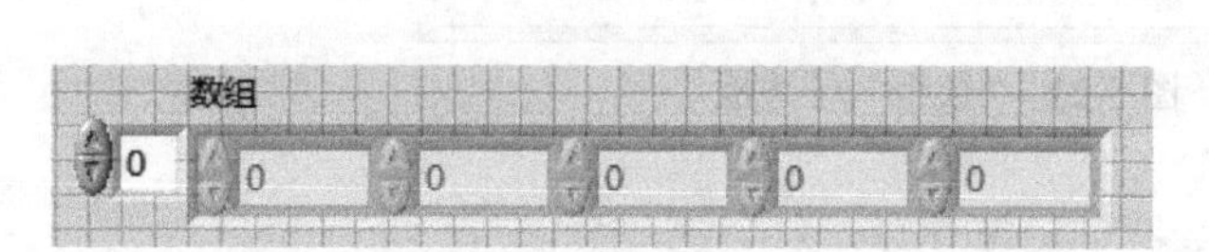

图 5-19　横向拖动鼠标

图 5-20　纵向拖动鼠标

（5）在索引框上单击鼠标右键，选择“添加维度”命令，数组变为二维数组，如图 5-17 所示。

LabVIEW 中的数组与其他编程语言相比而言更灵活，任何一种数据类型的数据（数组本身除外）都可以组成数组。而其他的编程语言如 C 语言，在使用一个数组时，必须首先定义数组的长度，但 LabVIEW 却不必如此，它会自动确定数组的长度。在内存允许的情况下，数组中每一维的元素最多可以达 $2^{31}-1$ 个。数组中元素的数据类型必须完全相同，如都是无符号 16 位整数，或全为布尔型等。当数组中有 n 个元素时，元素的索引号从 0 开始，到 $n-1$ 结束。

5.2.4　数组函数

可对一个数组进行很多操作，比如求数组的长度、对数组进行排序、查找数组中的某一元素、替换数组中的元素等。传统的编程语言主要依靠各种数组函数来实现这些运算，而在 LabVIEW 中，这些函数是以功能函数节点的形式来表现的。LabVIEW 中用于处理数组数据的函数位于“函数”选板的“数组”子选板中，如图 5-21 所示。

下面将介绍几种常用的数组函数。

1. 数组大小

“数组大小”函数的节点图标和端口节点图标如图 5-22 所示，“数组大小”函数返回输入数组的元素个数，节点的输入为一个 n 维数组，输出为该数组各维包含元素的个数。当 $n=1$ 时，节点的输出为一个标量。

当 $n>1$ 时，节点的输出为一个一维数组，数组的每个元素对应输入数组中每一维的长度。

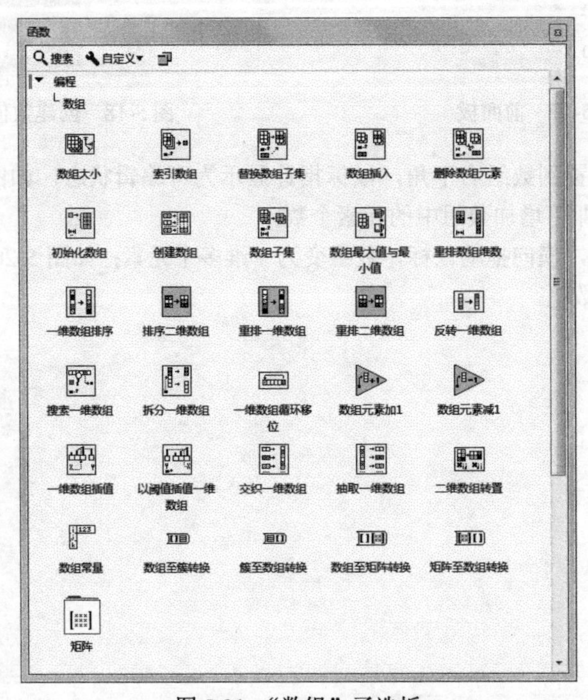

图 5-21 “数组”子选板

2. 创建数组

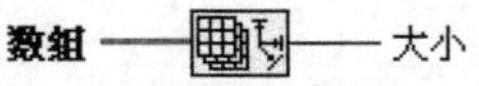

数组 —— 大小

图 5-22 “数组大小”函数的图标和端口节点图标

“创建数组”函数的图标及端口节点图标如图 5-23 所示。“创建数组”函数用于合并多个数组或给数组添加元素。函数有两种类型的输入：标量和数组。因此函数可以接受数组和单值元素输入，节点将从左侧端口输入的元素或数组按从上到下的顺序组成一个新数组。如图 5-24 所示，使用创建数组函数创建一个一维数组。

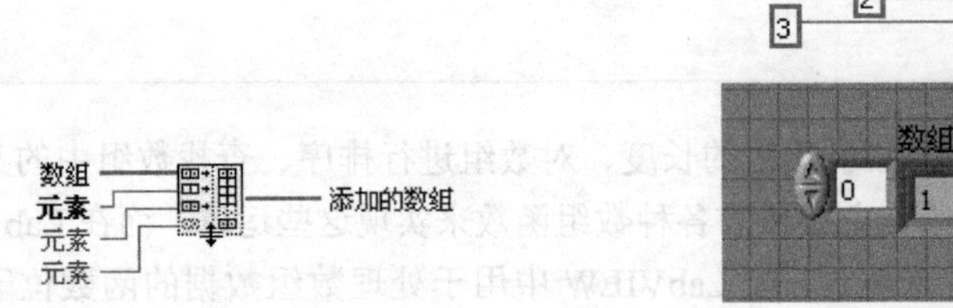

图 5-23 “创建数组”函数的图标和端口节点图标

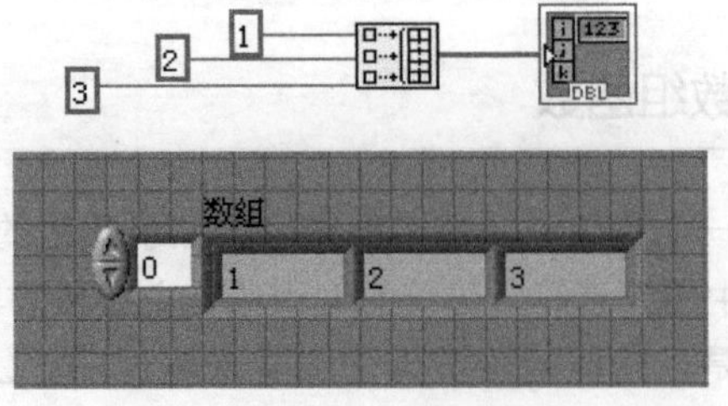

图 5-24 使用“创建数组”函数创建一维数组

当两个数组需要连接时，可以将数组看成整体，即看作一个元素。图5-25显示了两个数组合并成一个数组的情况。相应的前面板运行结果如图5-26所示。

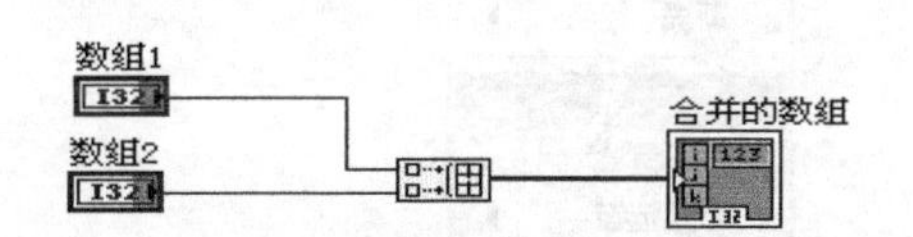

图5-25 使用"创建数组"函数创建二维数组的程序框图

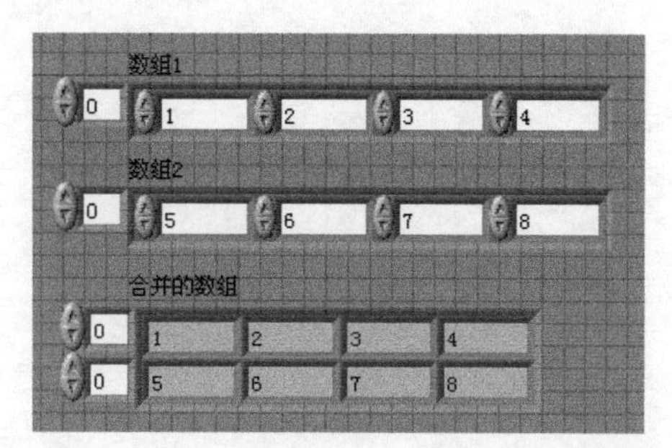

图5-26 使用"创建数组"函数创建二维数组

有时可能根据需要使用"创建数组"函数时，不是将两个一维数组合成一个二维数组，而是将两个一维数组连接成一个更长的一维数组；也不是将两个二维数组连接成一个三维数组，而是将两个二维数组连接成一个新的二维数组。这种情况下，需要利用创建数组节点的连接输入功能，在创建数组节点的右键快捷菜单中选择"连接输入"，创建数组的图标也有所改变。

3. 索引数组

"索引数组"函数的图标及端口节点图标如图5-27所示。索引数组用于访问数组的一个元素，使用输入索引指定要访问的数组元素，第n个元素的索引号是n-1，如图5-28所示，索引号是2，访问的是第3个元素。

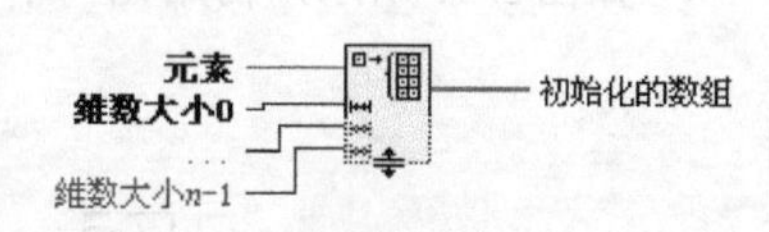

图5-27 索引数组函数的图标和端口节点图标

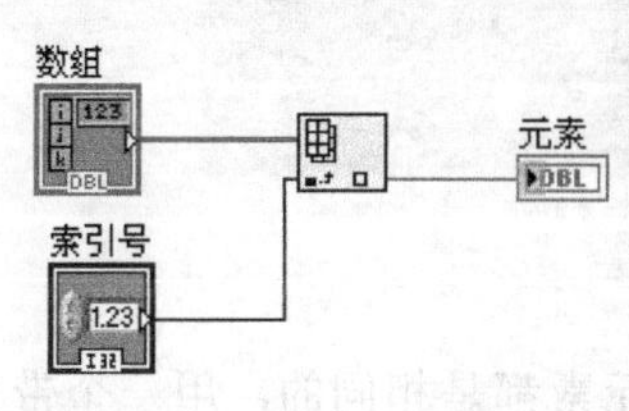

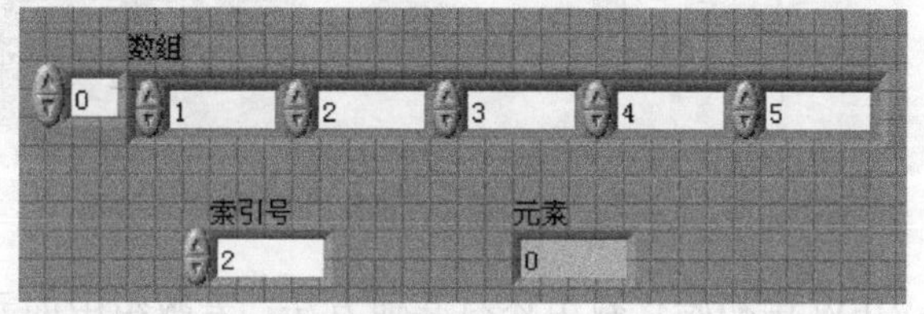

图5-28 一维数组的索引

"索引数组"函数会自动调整大小以匹配连接的输入数组维数，若将一维数组连接到索引函数，那么函数将显示一个索引输入；若将二维数组连接到索引函数，那么将显示两个索引输入，即索引（行）和索引（列）；当索引输入仅连接行输入时，则抽取完整的一维数组的那一行；若仅连接列输入时，那么将抽取完整的一维数组的那一列；若连接了行输入和列输入，那么将抽取数组的单个元素。每个输入数组是独立的，可以访问任意维数组的任意部分。

4. 初始化数组

"初始化数组"函数的图标及端口节点图标如图5-29所示。"初始化数组"函数的功能是创建n维数组，数组维数由函数左侧的维数大小端口的个数决定。创建之后每个元素的值都与输入到元素端口的值相同。函数刚放在程序框图上时，只有一个维数大小输入端口，此时创建的是指定大小的一维数组。可以通过拖拉下边缘或在维数大小端口的右键快捷菜单中选择"添加维度"命令，来添加维数大小端口，如图5-30所示。

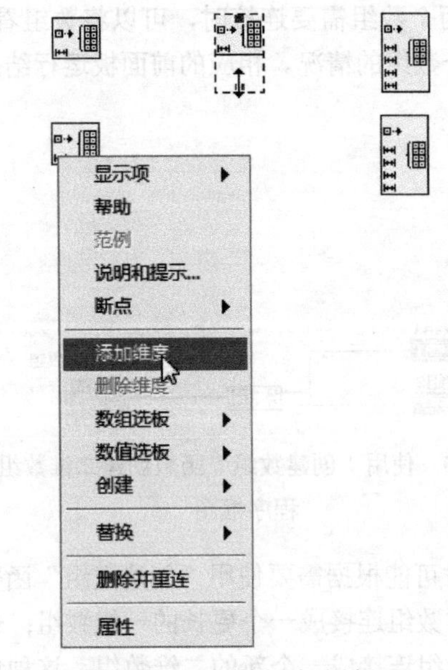

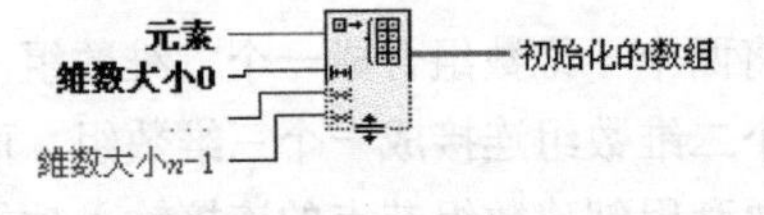

图 5-29　初始化数组的图标和端口节点图标

图 5-30　添加数组大小端口

如图 5-31 所示，初始化一个一维数组和一个二维数组。

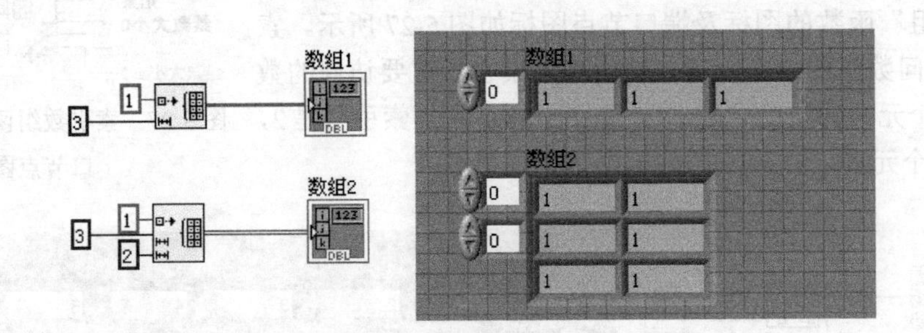

图 5-31　数组的初始化

在 LabVIEW 中初始化数组还有其他方法。若数组中的元素都是相同的，用一个带有常数的 For 循环即可初始化，这种方法的缺点是创建数组时要占用一定的时间。

若元素值可以由一些直接的方法计算出来，把公式放到前一种方法的 For 循环中取代其常数即可。这种方法可以产生一个特殊波形。也可以在程序框图中创建一个数组常量，手动输入各个元素的数值，而后将其连接到需要初始化的数组上。这种方法的缺点是烦琐，并且在存盘时会占用一定的磁盘空间。如果初始化数组所用的数据量很大，可以先将其放到一个文件中，在程序开始运行时再装载。

需要注意的是，在初始化时有一种特殊情况，那就是空数组，空数组不是一个元素值为 0、假、空字符串或类似的数组，而是一个包含零个元素的数组，相当于 C 语言中创建了一个指向数组的指针。经常用到空数组的例子是初始化一个连有数组的循环移位寄存器。有以下几种方法创建一个空数组：用一个数组大小输入端口不连接数值或输入值为 0 的初始化函数来创建一个空数组；创建一个 n 为 0 的 For 循环，在 For 循环中放入所需数据类型的常量，For 循环将执行零次，但在其框架通道上将产生一个相应类型的空数组。不能用“创建数组”函数来创建空数组，因为它的输出至少包含一个元素。

5.2.5　实例——比较数组

本实例通过调整循环次数，比较图 5-32 的程序框图所示的数组大小。

扫码看视频

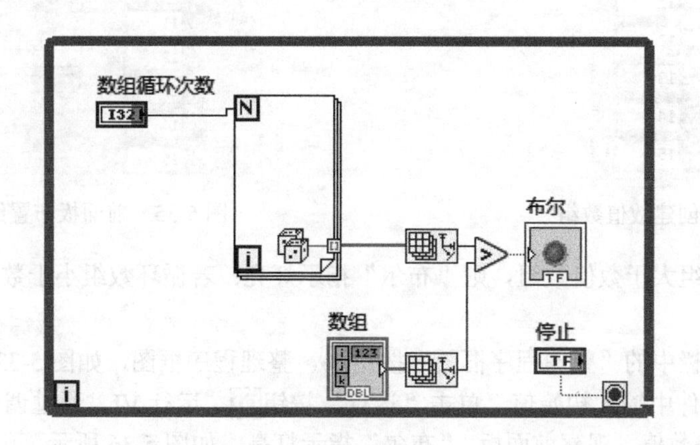

图 5-32　程序框图

操作步骤

（1）新建 VI。选择菜单栏中的“文件”→“新建 VI”命令，新建一个 VI，一个空白的 VI 包括前面板及程序框图。

（2）保存 VI。选择菜单栏中的“文件”→“另存为”命令，输入 VI 名称为“比较数组大小”。

（3）固定“控件”选板。单击鼠标右键，在前面板打开“控件”选板，单击选板左上角“固定”按钮，将“控件”选板固定在前面板。

（4）固定“函数”选板。打开程序框图窗口，单击鼠标右键，打开“函数”选板，单击选板左上角“固定”按钮，将“函数”选板固定在程序框图窗口。

（5）从“函数”选板中选择“编程”→“结构”→选取“While 循环”，拖出一个适当大小的 While 循环，在“循环条件”输入端创建“停止”输入控件。

（6）从“函数”选板中选择“编程”→“结构”→选取“For 循环”，拖出一个适当大小的 For 循环，创建输入控件，修改名称为“数组循环次数”，替换控件为“新式”→“数值”→“水平指针滑动杆”控件，如图 5-33 所示。

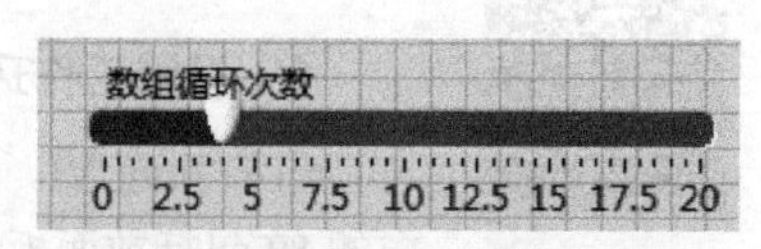

图 5-33 “水平指针滑动杆”控件

（7）从“函数”选板中选取“编程”→“数值”→“随机数”函数，置于 For 循环，通过循环创建随机数组成的循环数组，数组个数由“数组循环次数”控件控制。

（8）从“控件”选板中选取“数组、矩阵与簇”→“数组”控件，放置 1 个数组到前面板。

（9）从“控件”选板选取“新式”→“数值”→“数值输入控件”，将其放置到数组内部，创建数值数组，调整数组元素个数与初始值，如图 5-34 所示。

（10）从“函数”选板中选择“编程”→“数组”→“数组大小”函数，放置到程序框图，分别连接循环输出的数值与数组控件。

（11）从“函数”选板中选择“编程”→“比较”→“大于”函数，比较两个数组的大小，从“控件”选板中选择“新式”→“布尔”→“圆形指示灯”控件，将输出结果连接到布尔控件中，前面板布置结果如图 5-35 所示。

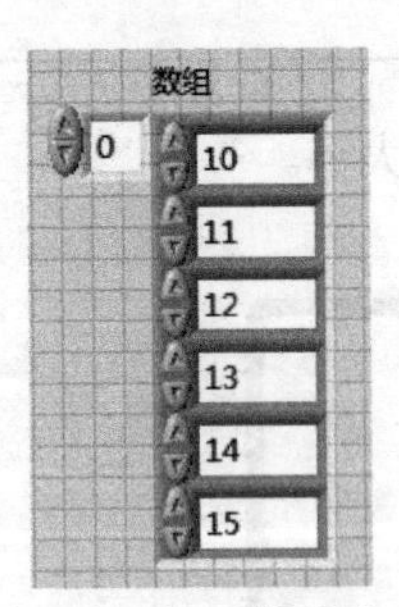

图 5-34　创建数值数组

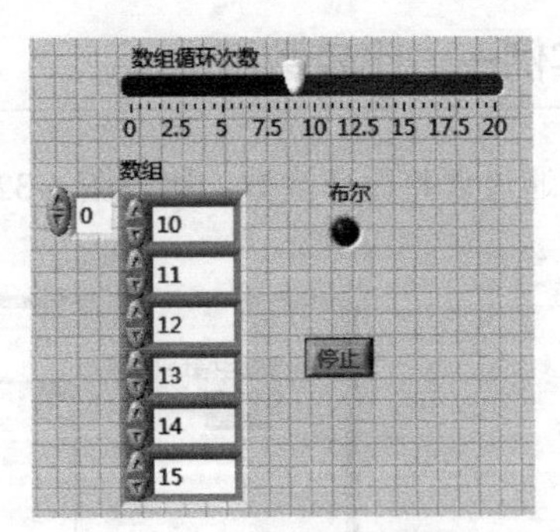

图 5-35　前面板布置结果

（12）若循环数组大于数值数组，则“布尔”指示灯亮；若循环数组小于数值数组，则“布尔”指示灯灭。

（13）单击工具栏中的“整理程序框图”按钮，整理程序框图，如图 5-32 所示。

（14）在输入控件中输入初始值，单击“运行”按钮，运行 VI，通过调整“数组循环次数”控件的滑动杆，调整数值，观察前面板，“布尔”指示灯亮，如图 5-36 所示。

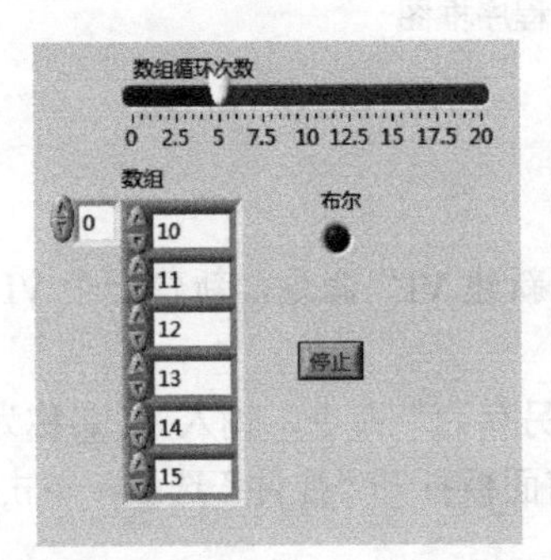

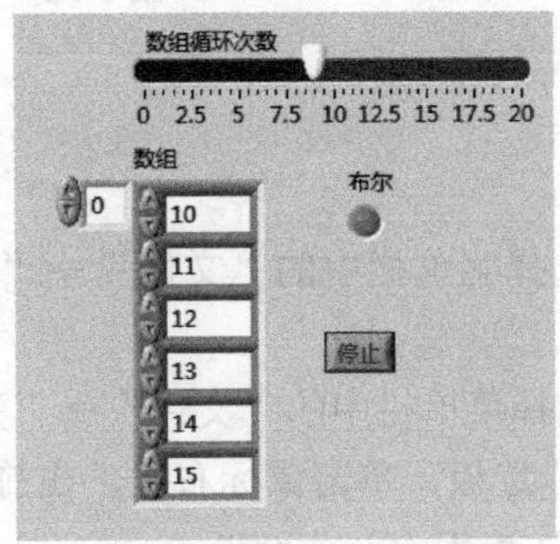

图 5-36　运行结果

5.2.6　实例——选项卡数组

本例通过演示不同数组函数的使用体现数组函数的多样性。

1. 设置工作环境

（1）新建 VI。选择菜单栏中的“文件”→“新建 VI”命令，新建一个 VI，一个空白的 VI 包括前面板及程序框图。

（2）保存 VI。选择菜单栏中的“文件”→“另存为”命令，输入 VI 名称为“选项卡数组”。

2. 设置前面板

从“控件”选板中选择“新式”→“容器”→“选项卡”控件，默认该控件包含 2 个选项卡，单击鼠标右键选择“在后面添加选项卡”命令，创建包含 5 个选项卡的控件，如图 5-37 所示。

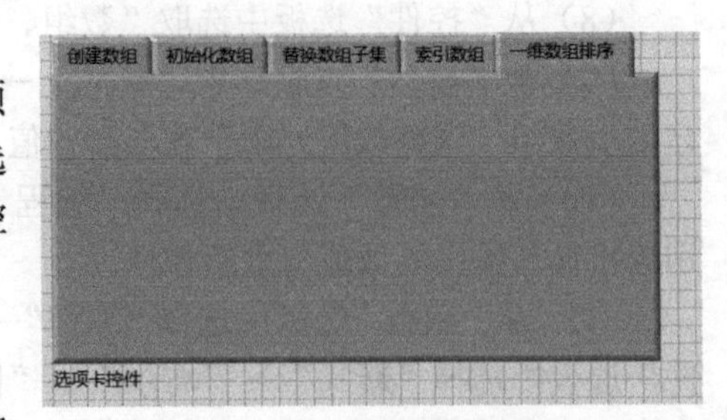

图 5-37　创建选项卡控件

3. 创建数组

（1）打开程序框图，从“函数”选板中选择“编程”→“数组”→“创建数组”函数，在输入、输出端创建控件与常量，如图5-38所示。

（2）双击控件，打开前面板，在输入控件中输入初始值，如图5-39所示。

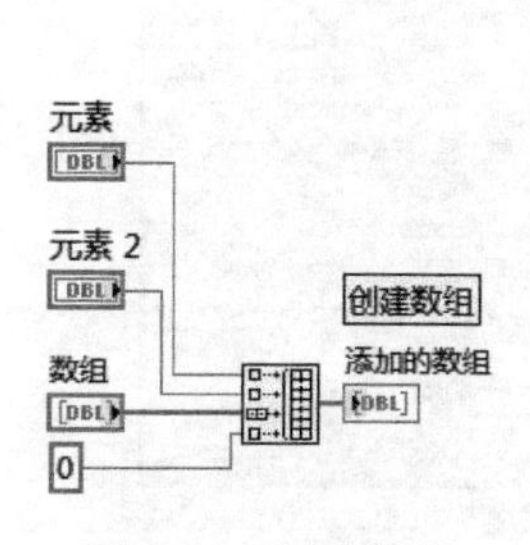

图5-38　创建数组

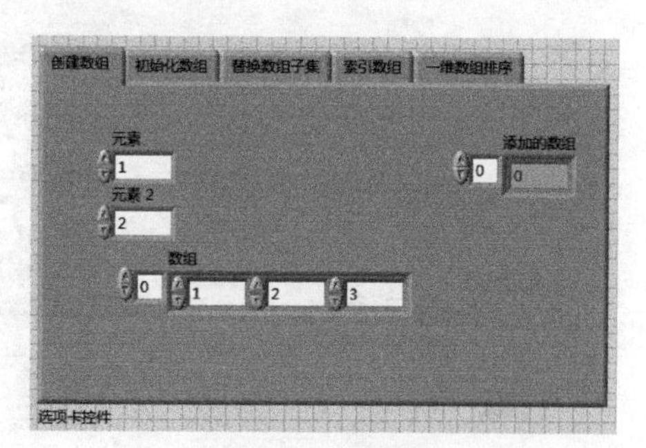

图5-39　前面板

4．初始化数组

（1）从“函数”选板中选择“编程”→“数组”→“初始化数组”函数，在输入、输出端创建控件与常量，如图5-40所示。

（2）双击控件，打开前面板，在输入控件中输入初始值，如图5-41所示。

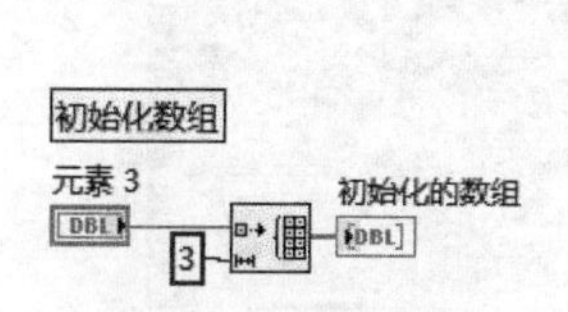

图5-40　初始化数组

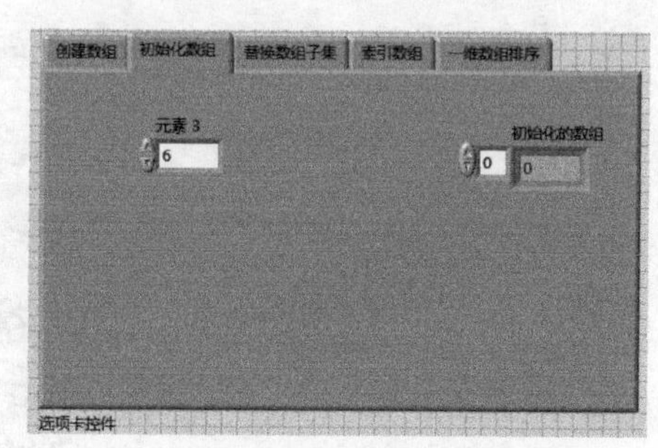

图5-41　前面板

5．替换数组子集

（1）从“函数”选板中选择“编程”→“数组”→“替换数组子集”函数，创建输入、输出控件，如图5-42所示。

（2）双击控件，打开前面板，在输入控件中输入初始值，如图5-43所示。

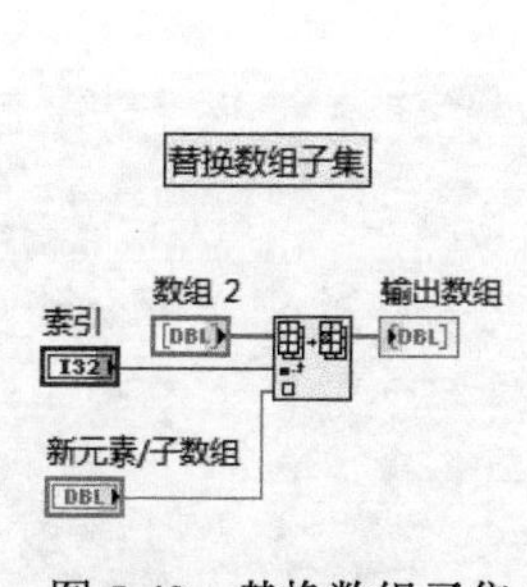

图5-42　替换数组子集

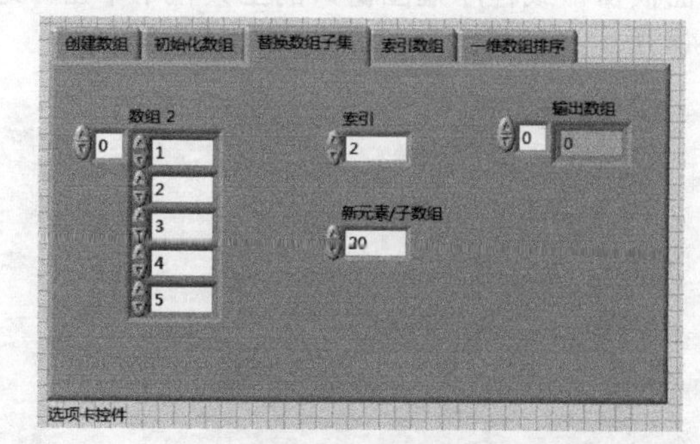

图5-43　前面板

6．索引数组

（1）打开程序框图，从“函数”选板中选择“编程”→“数组”→“索引数组”函数，创建输入、输出控件，如图 5-44 所示。

（2）双击控件，打开前面板，在输入控件中输入初始值，如图 5-45 所示。

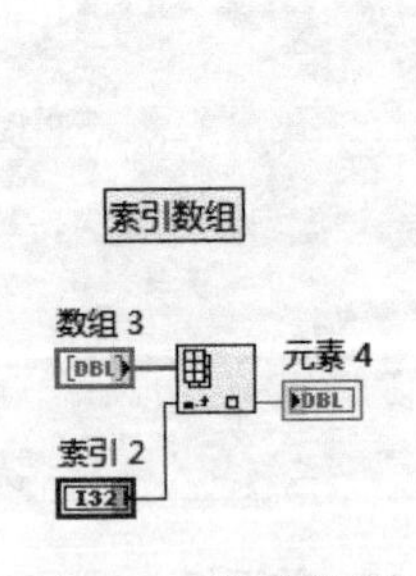

图 5-44　索引数组

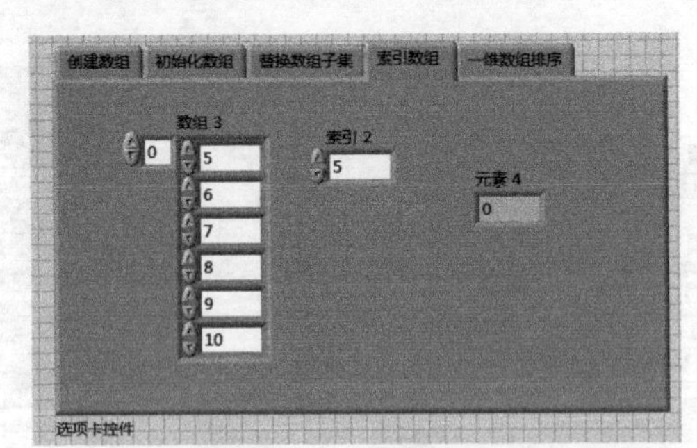

图 5-45　前面板

7．一维数组排序

（1）从“函数”选板中选择“编程”→“数组”→“一维数组排序”函数，创建输入输出控件，如图 5-46 所示。

（2）双击控件，打开前面板，在输入控件中输入初始值，如图 5-47 所示。

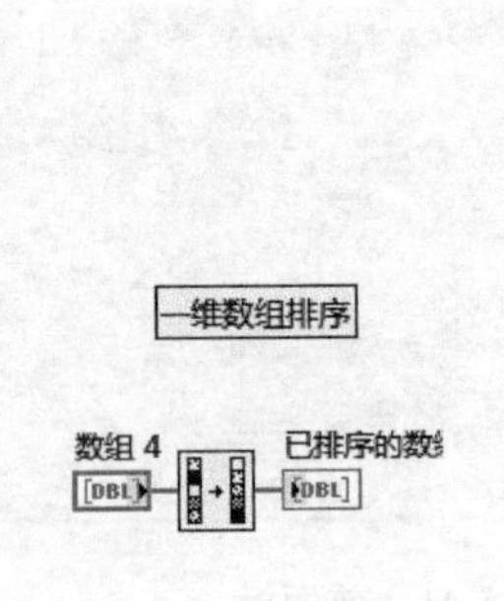

图 5-46　一维数组排序

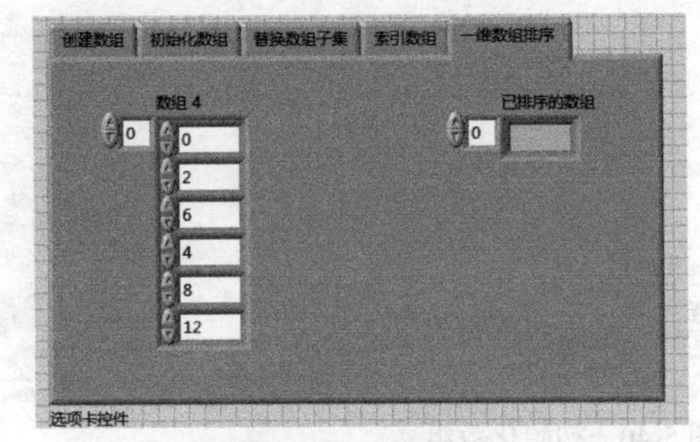

图 5-47　前面板

（3）选择菜单栏中的“编辑”→“将当前值默认为初始值”命令，则保留“演讲稿”输入控件中输入的内容。

8．运行程序

在前面板窗口或程序框图窗口的工具栏中单击“运行”按钮，运行 VI，VI 居中显示，结果如图 5-48 所示。

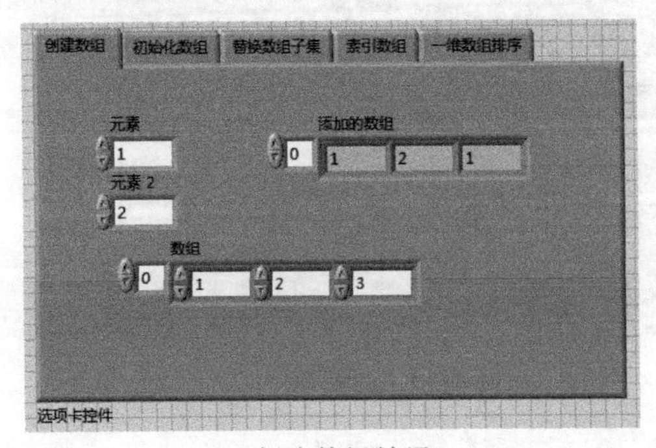

a）创建数组结果

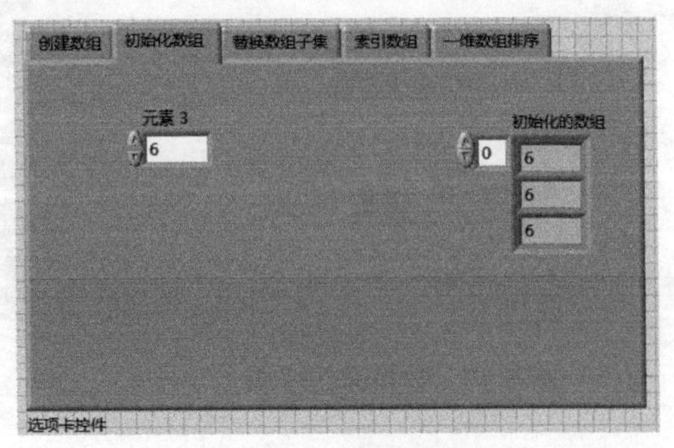

b）初始化数组结果

图 5-48　运行结果

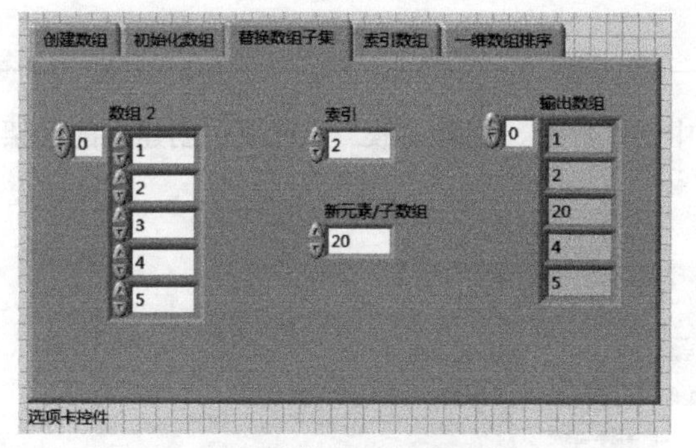

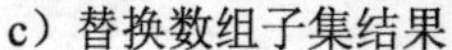
c）替换数组子集结果

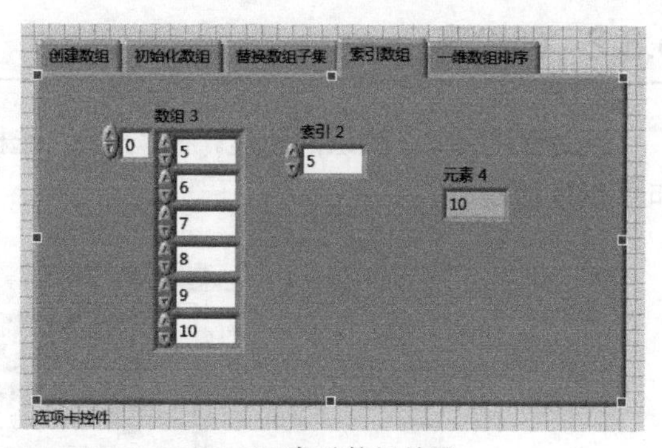

d）索引数组结果

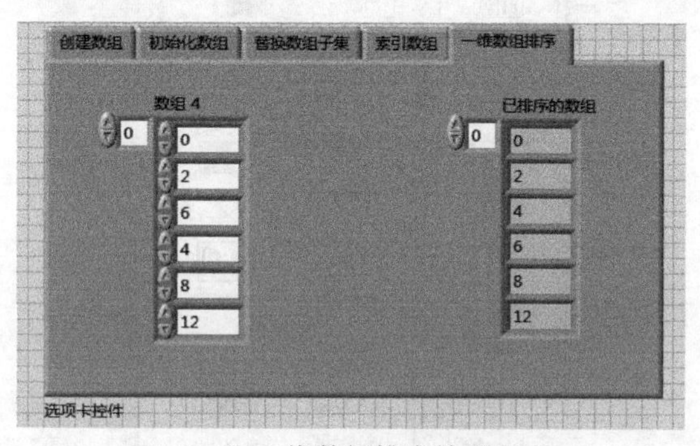

e）一维数组排序结果

图 5-48　运行结果（续）

5.3　簇

“簇”是 LabVIEW 中一种特殊的数据类型，是由不同数据类型的数据构成的集合。在使用 LabVIEW 编写程序的过程中，不仅需要相同数据类型的集合——数组来进行数据的组织，有些时候也需要将不同数据类型的数据组合起来以更加有效地行使其功能。在 LabVIEW 中，“簇”这种数据类型得到了广泛的应用。

5.3.1　簇的组成

簇可以将几种不同的数据类型集中到一个单元中形成一个整体，类似于 C 语言中的结构。

簇可将出现在程序框图上的有关数据元素分组管理。因为簇在程序框图中仅用唯一的连线表示，所以可以减少连线混乱和子 VI 需要的连接器端口个数。使用簇有着积极的效果，可以将簇看作是一捆连线，其中每个连线表示簇不同的元素。在程序框图上，只有当簇具有相同元素类型、相同元素数量和相同元素顺序时，才可以将簇的端口连接。

簇和数组的异同。簇可以包含不同类型的数据，而数组仅可以包含相同的数据类型。簇和数组中的元素都是有序排列的，但访问簇中元素最好是通过释放的方法同时访问其中部分或全部元素，而不是通过索引一次访问一个元素。簇和数组的另一差别是簇具有固定的大小。簇和数组的相似之处是二者都是由输入控件或输出控件组成的，不能同时包含输入控件和输出控件。

5.3.2 创建簇

簇的创建类似于数组的创建。在“控件”选板中的“数组、矩阵与簇”子选板中创建簇的框架，如图 5-49 所示。

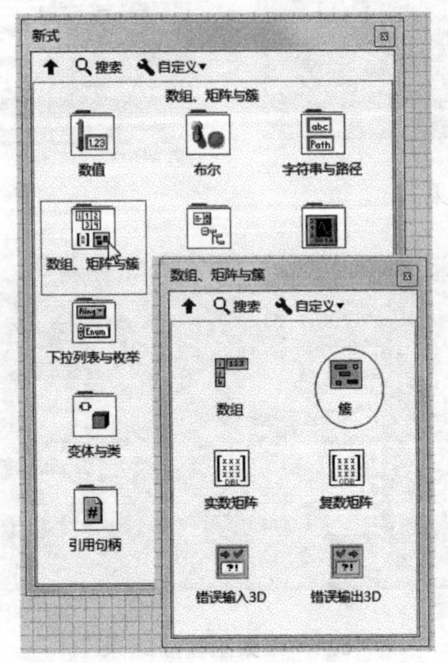

图 5-49 簇

5.3.3 实例——创建簇控件

扫码看视频

本实例创建图 5-50 所示的簇控件。

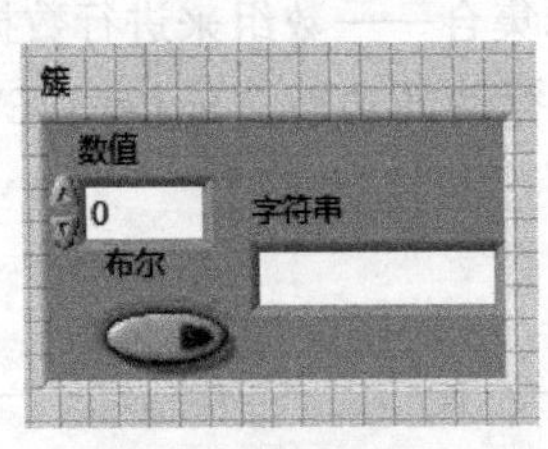

a）自动匹配

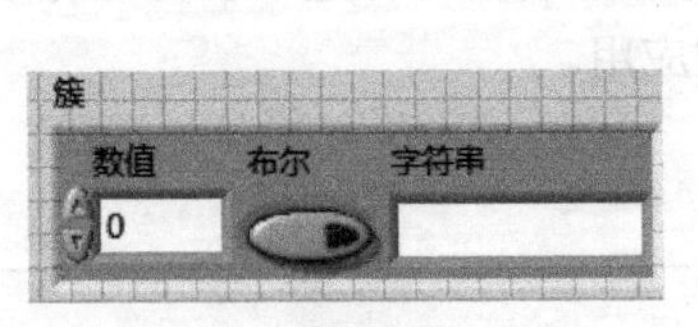

b）水平排列

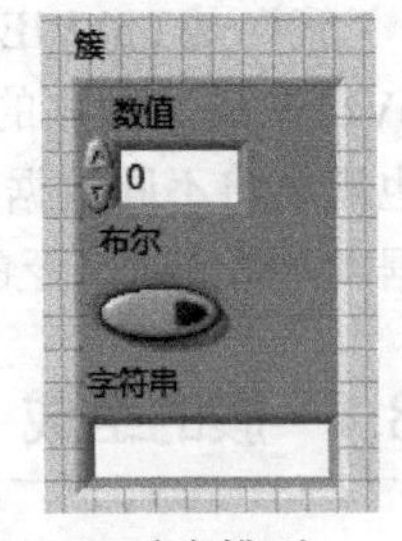

c）垂直排列

图 5-50 “簇”控件大小调整结果

操作步骤

（1）从“控件”选板中选择“数组、矩阵与簇”→“簇”控件，再选其中的簇拖入前面板中，如图 5-51 所示。

（2）从“控件”选板中选择“新式”→“数值”→“数值输入控件”，将其放置到空簇内部。

（3）从“控件”选板中选择“新式”→“布尔”→“开关按钮”，将其放置到空簇内部。

（4）从“控件”选板中选择“新式”→选取“字符串与路径”→“字符串控件”，将其放置到空簇内部，如图 5-52 所示。

图 5-51　创建空白簇

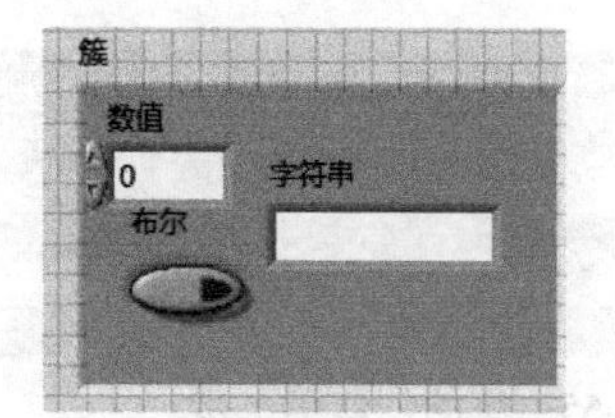

图 5-52　放置“字符串控件”

（5）在“簇”控件上单击鼠标右键，选择“自动调整大小”命令，弹出如图 5-53 所示的调整方式，在图 5-54 中显示不同的调整结果。

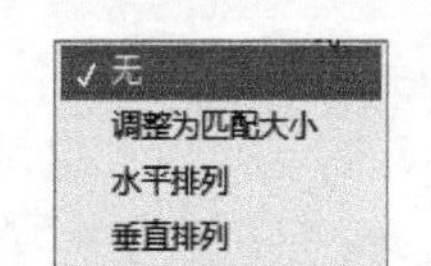

图 5-53　自动调整大小

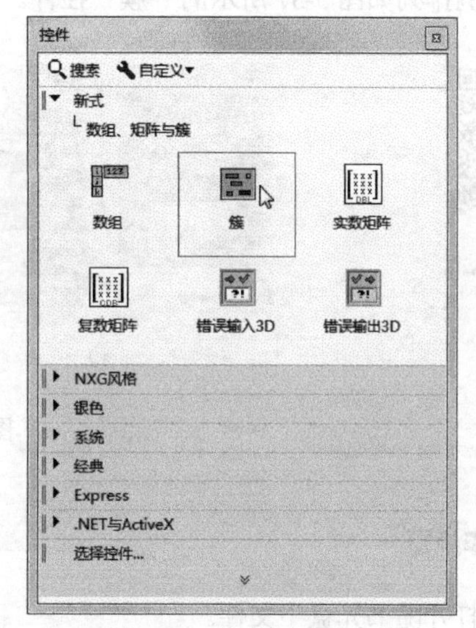

图 5-54　簇的创建第一步

（6）向簇框架中添加所需的元素，并且可以根据需要更改簇和簇中各元素的名称，如图 5-55 所示。

一个簇变为输入控件或显示控件取决于放进簇中的第一个元素，若放进簇框架中的第一个元素是布尔控件，那么后来给簇添加的任何元素都将变成输入对象，簇变为了输入控件簇，并且当从任何簇元素的快捷菜单中选择转换为输入控件或转换为显示控件时，簇中的所有元素都将发生变化。

在簇框架上单击鼠标右键弹出快捷菜单，在菜单中的“自动调整大小”中的三个命令可以用来调整簇框架的大小以及簇元素的布局，“调整为匹配大小”命令调整簇框架的大小，以适合所包含的所有元素；“水平排列”命令水平压缩排列所有元素；“垂直排列”命令垂直压缩排列所有元素。图 5-56 给出了这三种调整的实例。

簇的元素有一定的排列顺序，按照簇元素放入簇中的先后顺序排序，而不是按照簇框架内的物理顺序排序，簇框架中的第一个对象标记为 0，第二个为 1，依次排列。在簇中删除元素时，剩余元素的顺序将自行调整，在簇的解除捆绑和捆绑函数中，簇顺序决定了元素的显示顺序。如果要访问簇中的单个元素，必须记住簇顺序，因为簇中的单个元素是按顺序访问的。

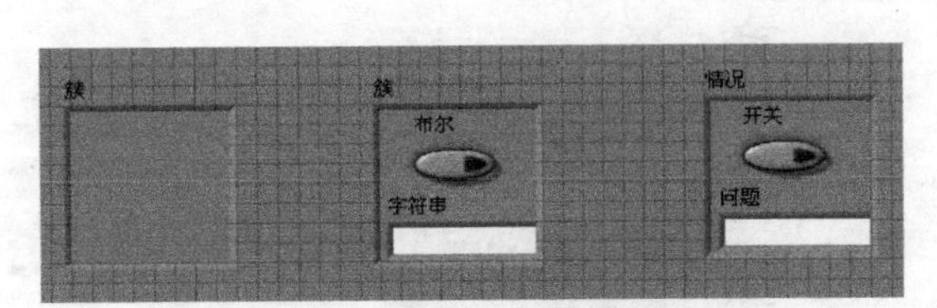

图 5-55　簇的创建第二步

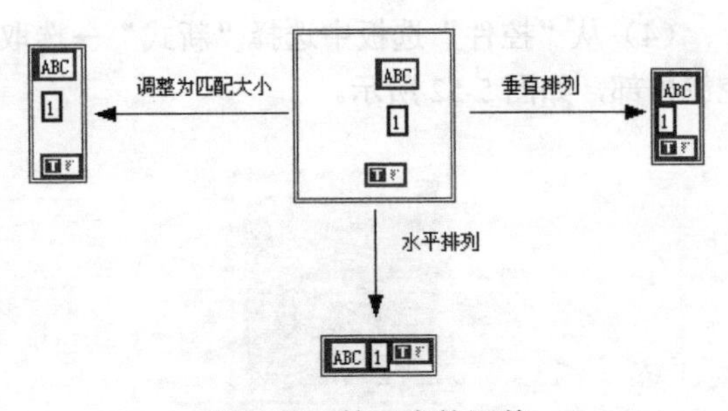

图 5-56　簇元素的调整

5.3.4 实例——调整“簇”控件顺序

本实例排列如图 5-57 所示的“簇”控件。

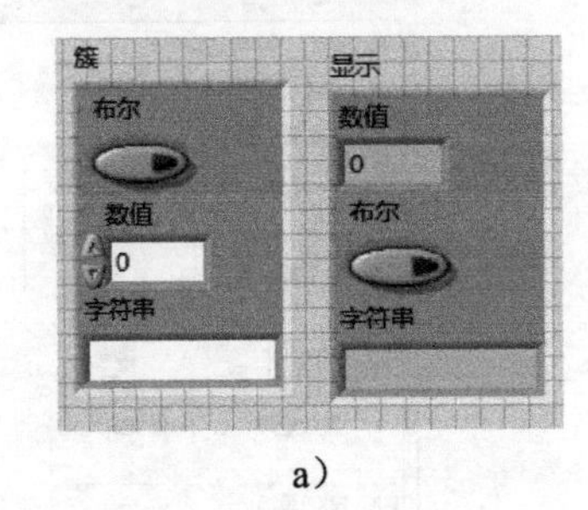

a）

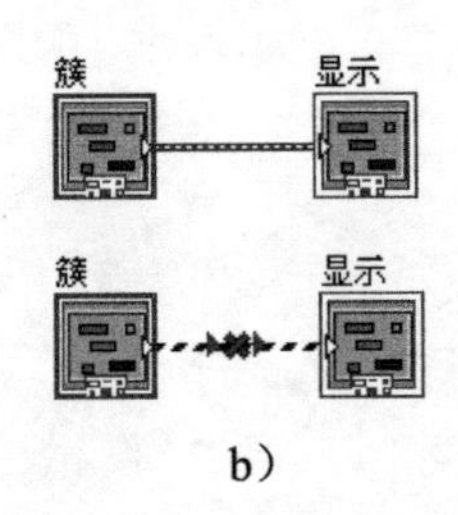

b）

图 5-57　排列“簇”控件

操作步骤

（1）打开随书光盘中文件。

（2）原始顺序是：先是数值常量 1，再是布尔常量 2，最后是字符串常量 3。在使用了垂直排列后，分别按顺序号从上到下排列了这 3 个簇元素，如图 5-58 所示。

（3）打开程序框图。在簇控件上单击鼠标右键选择“创建显示控件”命令，创建名为“显示”的输出控件，如图 5-59 所示，程序自动连接。

（4）在簇控件上单击鼠标右键，选择“重新排序簇中控件”命令，进入编辑环境，可以检查和改变簇内元素的顺序，此时图中的工具变成了一组新按扭，簇的背景也有变化，连鼠标指针也改变为了簇排序指针，如图 5-60 所示。

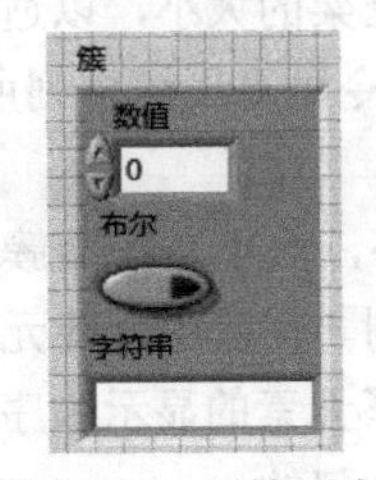

图 5-58　原始顺序

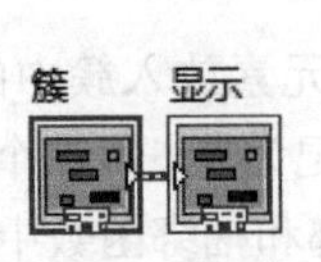

图 5-59　创建输出

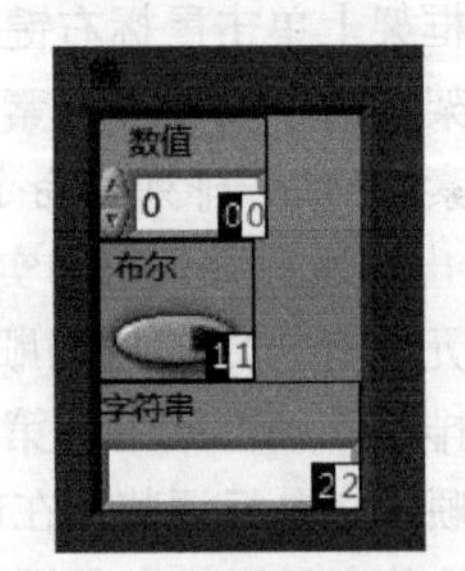

图 5-60　编辑簇中控件顺序

簇中每一个元素右下角都出现了并排的框，包括白框和黑框，白框指出该元素在簇顺序中的当前序号，黑框指出在用户改变顺序后的新序号，在此顺序改变前，白框和黑框中的数字是一样的。用簇排序指针单击某个元素，该元素在簇顺序中的位置就会变成顶部工具栏显示的数字，单击☒按扭后可恢复到以前的排列顺序。调整数值控件与布尔控件的顺序，如图 5-61 所示。

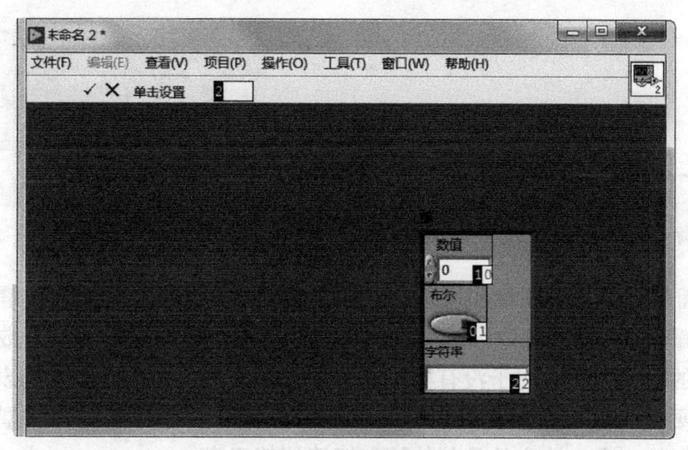

图 5-61 调整顺序

提示

使用簇时应当遵循的原则是：在一个高度交互的面板中，不要把一个簇既作为输入又作为输出。

（5）单击工具栏中的“√”按钮，完成编辑，最终结果如图 5-57 所示。此时程序框图中因为改变簇中控件的顺序，导致簇数据类型发生变化，与输出控件不符，连接无效。

5.3.5 簇函数

对簇数据进行处理的函数位于“函数”选板中的“编程”→“簇、类与变体”子选板中，如图 5-62 所示。

1．解除捆绑和按名称解除捆绑

“解除捆绑”函数的图标及端口节点图标如图 5-63 所示。

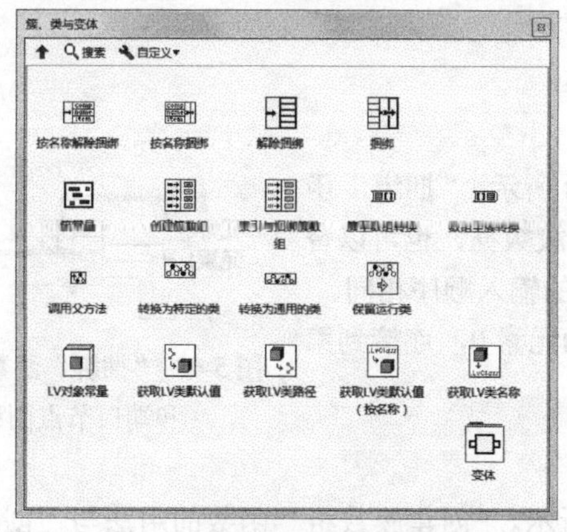

图 5-62 用于处理簇数据的函数

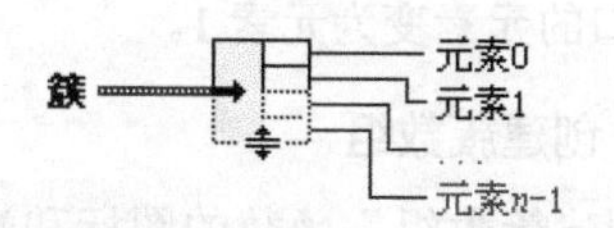

图 5-63 “解除捆绑”函数的图标和端口节点图标

“解除捆绑”函数用于从簇中提取单个元素，并将解除后的数据成员作为函数的结果输出。当解除捆绑未接入输入参数时，右端只有两个输出端口，当接入一个簇时，“解除捆绑”函数会自动检测到输入簇的元素个数，生成相应个数的输出端口。如图 5-64 和图 5-65 所示，将一个含有数值、布尔、旋钮和字符串的簇解除捆绑。

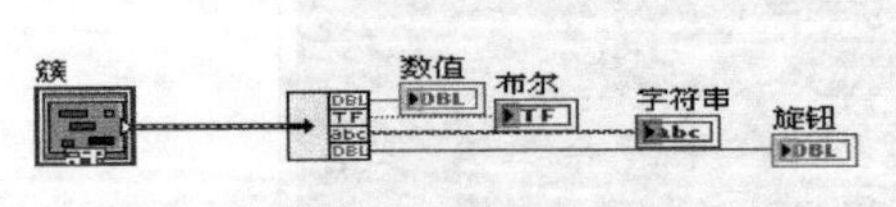

图 5-64 “解除捆绑”函数使用的程序框图

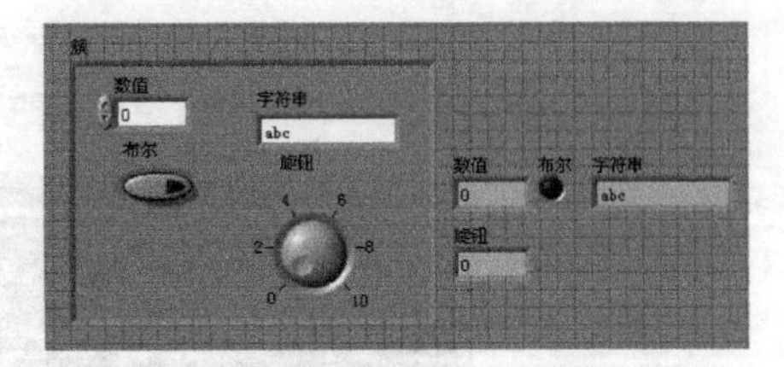

图 5-65 “解除捆绑”函数的前面板

“按名称解除捆绑”函数的图标和端口节点图标如图 5-66 所示。“按名称解除捆绑”函数是把簇中的元素按标签解除捆绑，只有对于有标签的元素，“按名称解除捆绑”函数的输出端才能弹出带有标签的簇元素的标签列表。对于没有标签的元素，输出端不弹出其标签列表，输出端口的个数不限，可以根据需要添加任意数目的端口。如图 5-67 所示，由于簇中的布尔型数据没有标签，所以输出端没有它的标签列表，输出的是其他的有标签的簇元素。

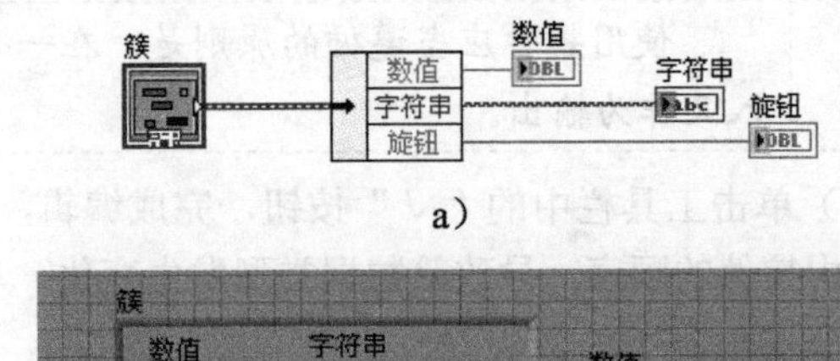

a）

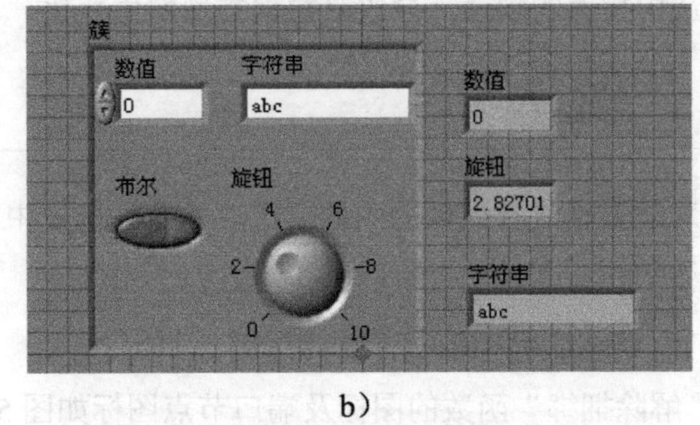

b）

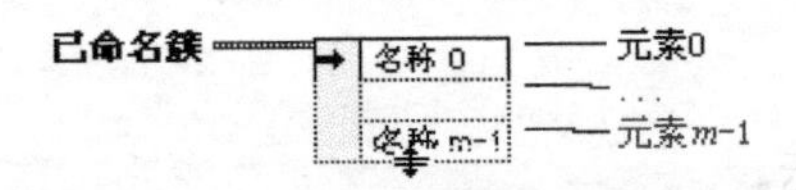

图 5-66 “按名称解除捆绑”函数的图标和端口节点图标

图 5-67 “按名称解除捆绑”函数的使用

2. 捆绑和按名称捆绑

“捆绑”函数的图标和端口节点图标如图 5-68 所示。“捆绑”函数用于将若干基本数据类型的数据元素合成为一个簇数据，也可以替换现有簇中的值，簇中元素的顺序和“捆绑”函数的输入顺序相同。

顺序定义是从上到下，即连接顶部的元素变为元素 0，连接到第二个端口的元素变为元素 1。

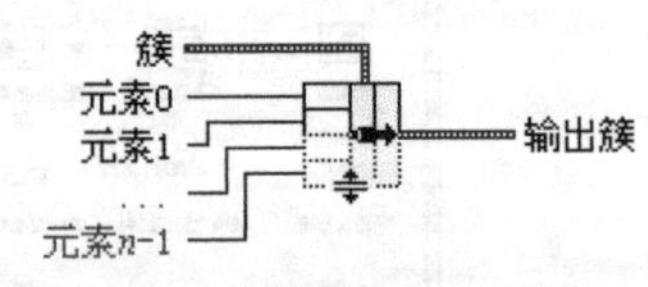

图 5-68 “捆绑”函数的图标和端口节点图标

3. 创建簇数组

“创建簇数组”函数的图标和端口如图 5-69 所示。“创建簇数组”函数的用法与“创建数组”

函数的用法类似，与“创建数组”函数不同的是其输入端口的分量元素可以是簇。该函数会首先将输入到输入端口的每个分量元素转化簇，然后再将这些簇组成一个簇的数组，输入参数可以都为数组，但要求维数相同。要注意的是，所有从分量元素端口输入的数据的类型必须相同，分量元素端口的数据类型与第一个连接进去的数据类型相同。如图 5-70 所示，第一个输入的是字符串类型，则剩下的分量元素输入端口将自动变为紫色，即表示是字符串类型，所以当再输入数值型数据或布尔型数据时将发生错误。

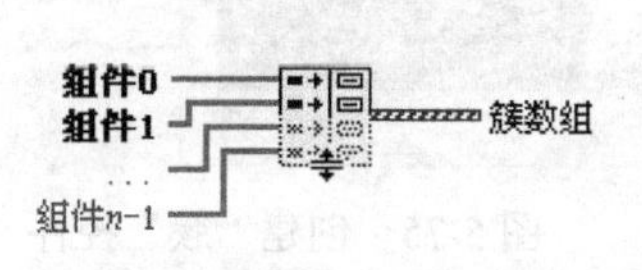

图 5-69　“创建簇数组”函数的图标和端口

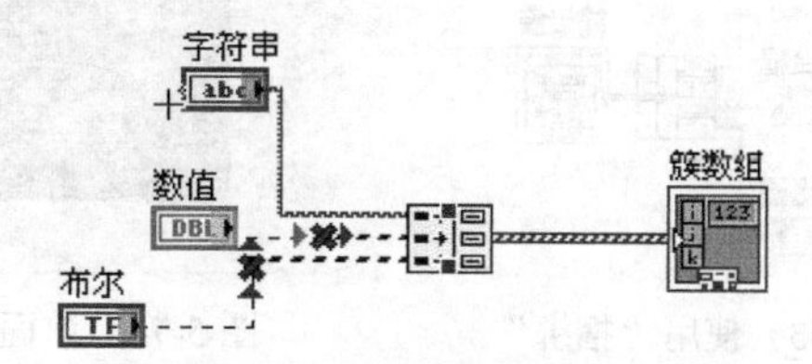

图 5-70　创建簇数组的错误使用

图 5-71 和图 5-72 显示了两个簇（簇 1 和簇 2）合并成一个簇数组的程序框图和前面板。

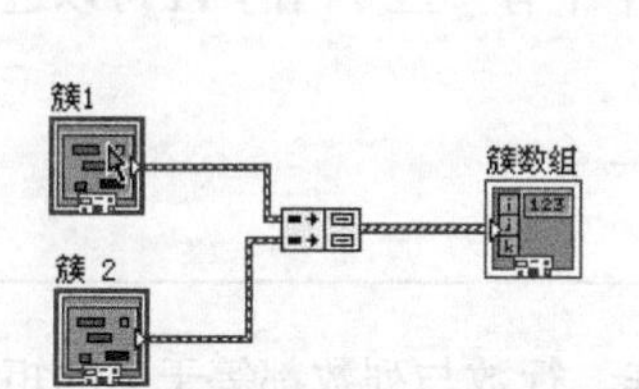

图 5-71　创建簇数组的使用的程序框图

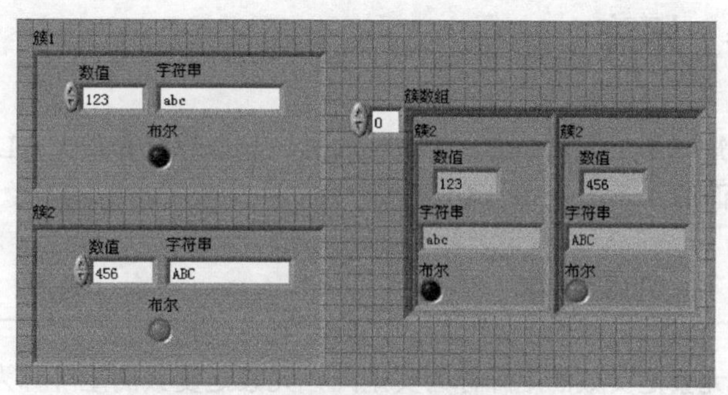

图 5-72　创建簇数组的使用的前面板

5.3.6　实例——使用“捆绑”函数创建“簇”控件

本实例使用“捆绑”函数将数值型数据、布尔型数据、字符串型数据组成一个簇，如图 5-73 所示。

扫码看视频

操作步骤

（1）从“函数”选板中选择“编程”→“簇、类与变体”→“捆绑”函数，放置到程序框图。

（2）从“控件”选板中选择“新式”→“数值”→“仪表”，将其放置到前面板。

（3）从“控件”选板中选择“新式”→“布尔”→“确定按钮”，将其放置到前面板。

（4）从“控件”选板中选择“新式”→“字符串与路径”→“组合框”，将其放置到前面板。

（5）从“控件”选板中选择“新式”→“图形”→“波形图”，将其放置到前面板，如图 5-74 所示。

（6）切换到程序框图，将 4 个控件均转换为输入控件，取消控件图标显示，并在工具栏选择“左对齐”按钮，对齐控件。

（7）连接控件，并在“捆绑”函数上单击鼠标右键，选择“创建”→“显示控件”命令，创建“输出簇”，如图 5-75 所示。

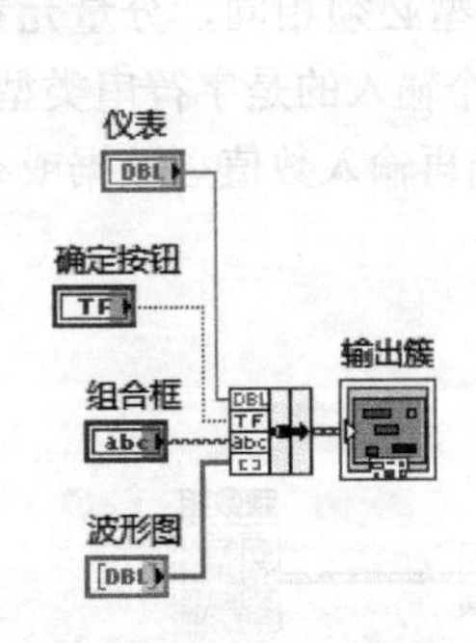

图 5-73　使用“捆绑”函数创建“簇”控件

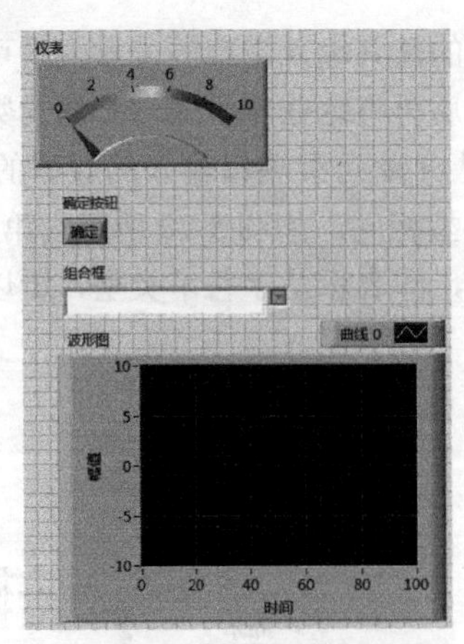

图 5-74　前面板

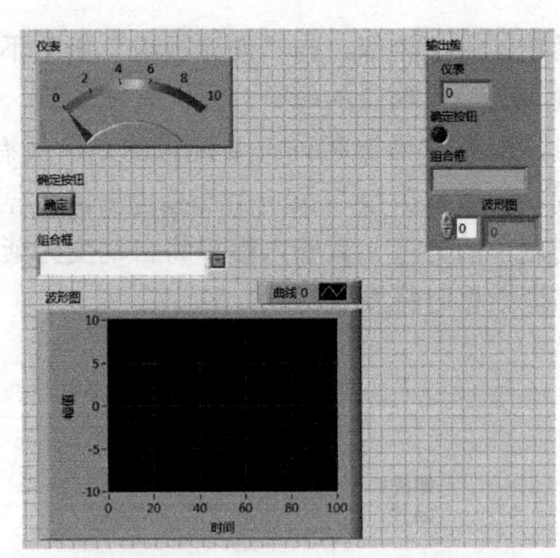

图 5-75　创建“簇”控件

5.4　矩阵

矩阵是工程数学的一个重要内容，其运算量非常大，LabVIEW 中有一些专门的 VI 可以进行矩阵方面的计算。

5.4.1　创建矩阵

元素是实数的矩阵称为实矩阵，元素是复数的矩阵称为复矩阵。行数与列数都等于 *n* 的矩阵称为 *n* 阶矩阵或 *n* 阶方阵。

矩阵的创建与数组的创建不同，在“控件”选板中的“数组、矩阵与簇”子选板中创建矩阵，如图 5-76 所示。

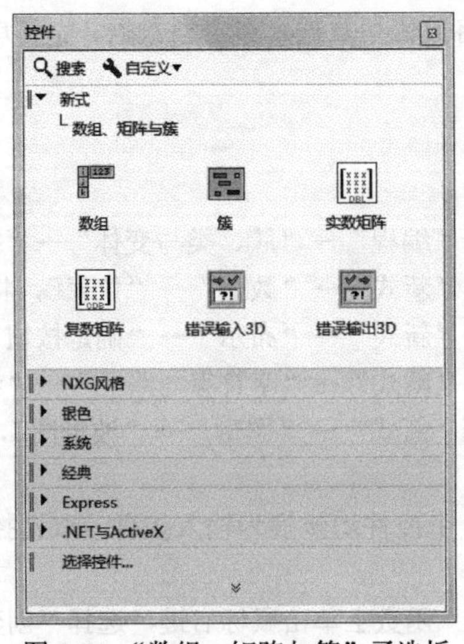

图 5-76　“数组、矩阵与簇”子选板

矩阵包括实数矩阵与复数矩阵。顾名思义，实数矩阵是指元素均为实数的矩阵，复数矩阵是指元素均为复数的矩阵，如图 5-77 所示。

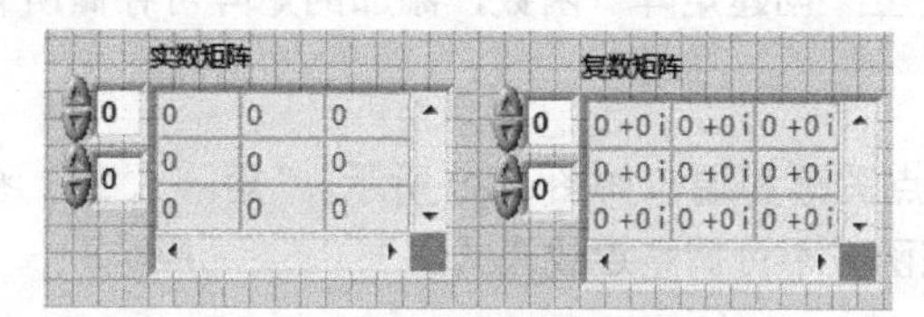

图 5-77　矩阵

5.4.2　矩阵函数

从“函数”选板中选择“编程”→“数组”→“矩阵”子选板，如图 5-78 所示。该子选板中的矩阵函数可对矩阵或二维数组矩阵中的元素、对角线或子矩阵进行操作，多数矩阵函数可进行数组运算，也可进行矩阵的数学运算。“矩阵”与“数组”函数类似，但矩阵最少为二维矩阵，数组可包含一维数组。

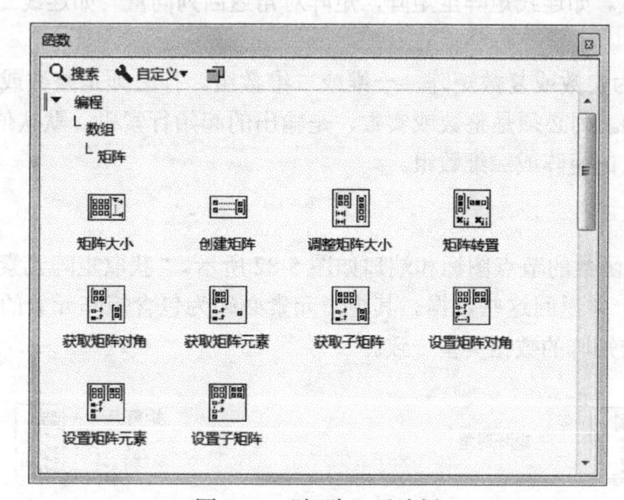

图 5-78　“矩阵”子选板

1．创建矩阵

“创建矩阵”函数的图标和端口如图 5-79 所示，“创建矩阵”函数可按照行或列添加矩阵元素。在程序框图上添加函数时，只有输入端可用。鼠标右键单击函数并在快捷菜单中选择“添加输入”命令，或调整函数大小，均可向函数增加输入端。

“创建矩阵”函数可进行两种模式的运算：按行添加或按列添加。在程序框图上放置函数时，默认模式为按列添加。

如鼠标右键单击函数，选择“创建矩阵模式”→“按行添加”，函数在第一列的最后一行后添加元素或矩阵。如鼠标右键单击函数，选择“创建矩阵模式”→“按列添加”，函数在第一行的最后一列后添加元素或矩阵。

连线至“创建矩阵”函数的输入有不同的维度。通过用默认的标量值填充较小的输入，LabVIEW 可创建添加的矩阵。

如元素为空矩阵或数组，函数可忽略空的维数。但是，元素的维数和数据类型可影响添加矩阵的维数和数据类型。

将不同的数值类型连接至“创建矩阵”函数，添加的矩阵可存储所有输入且无精度损失。

2. 矩阵大小

“矩阵大小”函数的节点图标和端口如图 5-80 所示。“矩阵大小”函数用于从矩阵获取行数与列数，并返回这些数据。该函数不可调整连线模式。

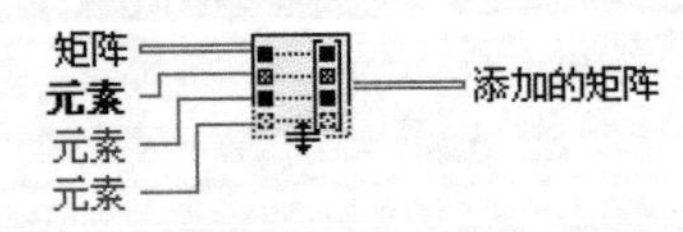

图 5-79 “创建矩阵”函数的图标和端口

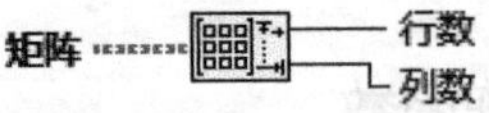

矩阵 行数 列数

图 5-80 “矩阵大小”函数的节点图标和端口

3. 获取矩阵对角

“获取矩阵对角”函数的节点图标和端口如图 5-81 所示。获取矩阵对角函数用于从矩阵获取从索引（行，列）开始的对角线元素，并返回这些数据。矩阵对角输出必须为某列的数值类型与矩阵一致的矩阵或二维数组。如连线矩阵至矩阵，矩阵对角返回列向量。如连线二维数组至矩阵，矩阵对角返回二维数组。

其中，矩阵必须为实数或复数矩阵、一维或二维数组。行必须是整数或实数，行是输出的起始行索引，默认值为 0。列必须是整数或实数，是输出的起始行索引，默认值为 0。矩阵对角必须为包含矩阵对角线元素的矩阵或二维数组。

4. 获取矩阵元素

“获取矩阵元素”函数的节点图标和端口如图 5-82 所示。“获取矩阵元素”函数用于从矩阵获取位于行和列的元素，并返回这些数据。其中，元素必须为包含矩阵元素的标量、矩阵或二维数组。元素的数据类型与矩阵的数据类型一致。

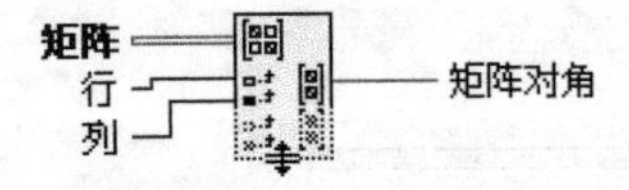

图 5-81 “获取矩阵对角”函数的节点图标和端口

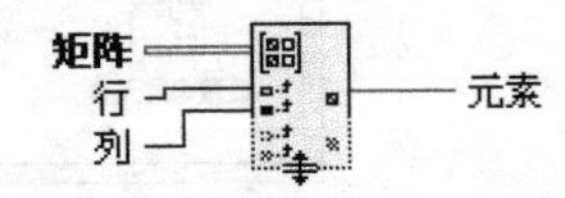

图 5-82 “获取矩阵元素”函数的节点图标和端口

5. 获取子矩阵

“获取子矩阵”函数的节点图标和端口如图 5-83 所示。“获取子矩阵”函数用于从矩阵获取从行 1 和列 1 开始，到行 N 和列 N 结束的子矩阵，并返回这些数据。其中，子矩阵是包含子矩阵的矩阵。如矩阵为空矩阵或数组，子矩阵将返回矩阵。

6. 矩阵转置

“矩阵转置”函数的节点图标和端口如图 5-84 所示。“矩阵转置”函数用于从矩阵获取共轭转置，并返回这些数据。该函数不可调整连线模式。

7. 设置矩阵对角

“设置矩阵对角”函数的节点图标和端口如图 5-85 所示。“设置矩阵对角”函数用于设置从矩阵获取从（行，列）开始的对角。其中，输出矩阵是包含新对角线的矩阵。

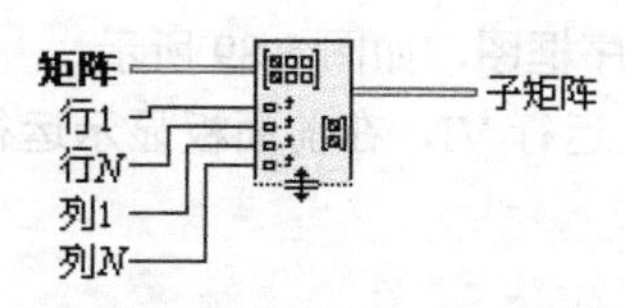

图 5-83　“获取子矩阵”函数的节点图标和端口

图 5-84　“矩阵转置”函数的节点图标和端口

8. 设置矩阵元素

“设置矩阵元素”函数的节点图标和端口如图 5-86 所示。“设置矩阵元素”函数用于设置矩阵索引为行和列的矩阵元素，输出矩阵是包含新对元素的矩阵。如矩阵为空矩阵或数组，输出矩阵将调整大小容纳新元素。

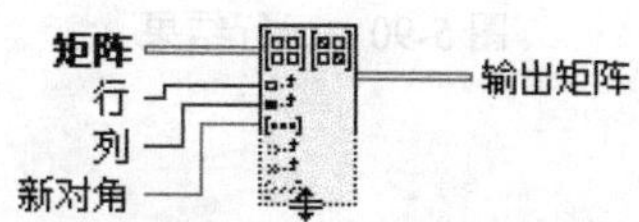

图 5-85　“设置矩阵对角”函数的节点图标和端口

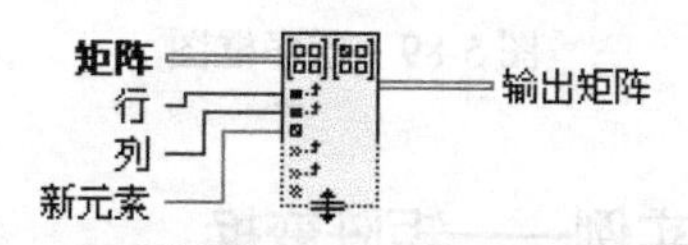

图 5-86　“设置矩阵元素”函数的节点图标和端口

9. 设置子矩阵

“设置子矩阵”函数的节点图标和端口如图 5-87 所示。“设置子矩阵”函数用于添加子矩阵，行 1 和列 1 开始，行 N 和列 N 结束。新子矩阵必须为实数或复数矩阵、一维或二维数组。如新子矩阵未连线，默认值为 0。输出矩阵是包含新子矩阵的矩阵。如矩阵为空矩阵或数组，输出矩阵将调整大小容纳新元素。

10. 调整矩阵大小

“调整矩阵大小”函数的节点图标和端口如图 5-88 所示。“调整矩阵大小”函数用于依据行数和列数调整矩阵大小，调整后矩阵是列数和行数指定大小的矩阵。

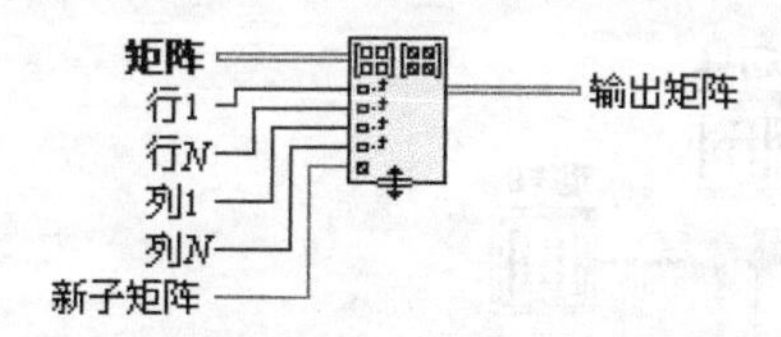

图 5-87　“设置子矩阵”函数的节点图标和端口

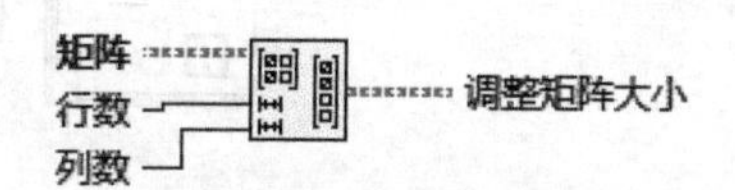

图 5-88　调整矩阵大小函数的节点图标和端口

5.4.3　实例——创建矩阵控件

本实例创建图 5-89 所示的程序框图中的矩阵控件。

扫码看视频

（1）从“函数”选板中选择“编程”→“数组”→“矩阵”→“创建矩阵”函数，调整函数包括 3 个输入端，放置到程序框图。

（2）在函数上单击鼠标右键，选择“创建”→“所有的输入和显示控件”命令，自动创建所有的控件，取消控件显示为图标。

（3）单击工具栏中的“整理程序框图”按钮，整理程序框图，如图 5-89 所示。

（4）在输入控件中输入初始值，单击“运行”按钮，运行 VI，在前面板显示运行结果，如图 5-90 所示。

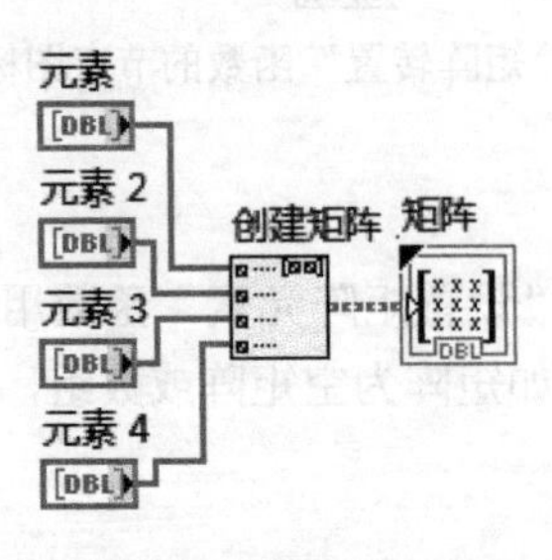

图 5-89　程序框图

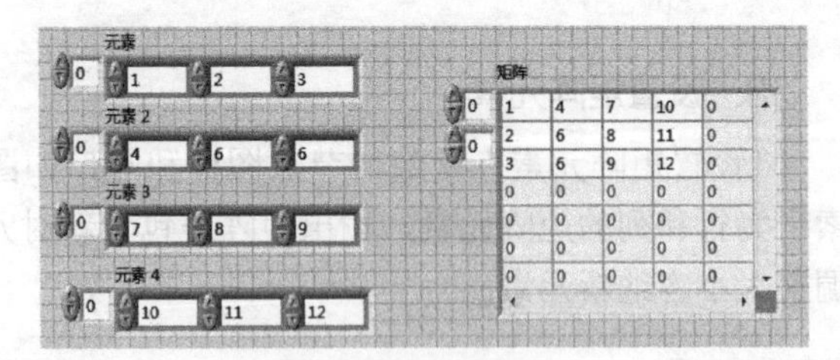

图 5-90　运行结果

5.4.4　实例——矩阵变换

扫码看视频

通过修改矩阵元素，创建矩阵 $\boldsymbol{A}=\begin{pmatrix}5&1&1&9\\1&3&1&1\\1&1&3&1\\1&1&1&3\end{pmatrix}$，并将矩阵 $\boldsymbol{A}$ 变成一个新矩阵

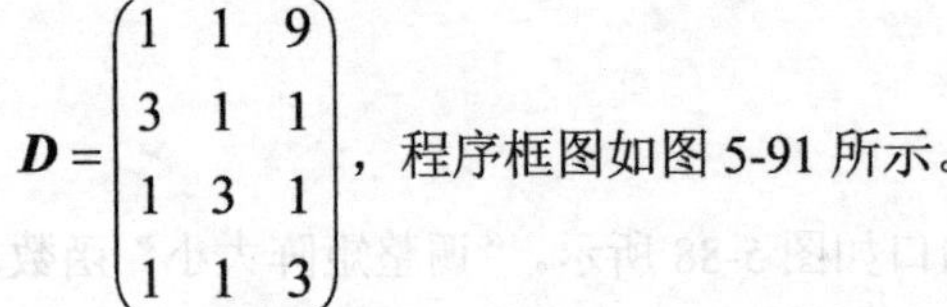

$\boldsymbol{D}=\begin{pmatrix}1&1&9\\3&1&1\\1&3&1\\1&1&3\end{pmatrix}$，程序框图如图 5-91 所示。

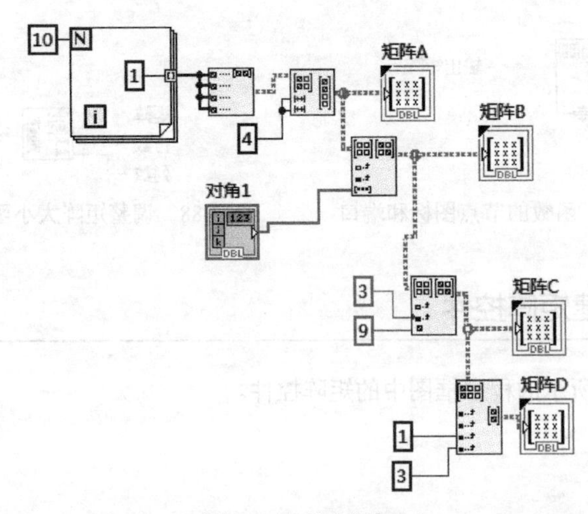

图 5-91　程序框图

操作步骤

（1）新建 VI。选择菜单栏中的“文件”→“新建 VI”命令，新建一个 VI，一个空白的 VI 包

括前面板及程序框图。

（2）保存 VI。选择菜单栏中的“文件”→“另存为”命令，输入 VI 名称为“矩阵变换”。

（3）从“函数”选板中选择“编程”→“结构”→“For 循环”，拖出一个适当大小的 For 循环，选择“函数”选板中的“编程”→“数值”→“数值常量”函数，创建常量 1，循环次数为 10，即创建包含 10 个元素全是 1 的数组。

（4）从“函数”选板中选择“编程”→“数组”→“矩阵”→“创建矩阵”函数，调整函数包括 4 个输入端，分别连接全 1 矩阵，放置到程序框图。

（5）从“函数”选板中选择“编程”→“数组”→“矩阵”→“调整矩阵大小”函数，创建函数行数、列数为 4，矩阵连接全 1 矩阵，创建 4 行 4 列全 1 矩阵，在函数输出端创建显示控件 A，放置到程序框图中。

（6）从“函数”选板中选择“编程”→“数组”→“矩阵”→“设置矩阵对角”函数，创建函数输入控件对角矩阵 1，输入矩阵元素 5 3 3 3，替换全 1 矩阵元素对角线元素，创建矩阵 ***B***。

（7）从“函数”选板中选择“编程”→“数组”→“矩阵”→“设置矩阵对角”函数，输入矩阵元素 9，替换矩阵 ***B*** 索引 3 中元素，创建矩阵 ***C***。

（8）从“函数”选板中选择“编程”→“数组”→“矩阵”→“获取子矩阵”函数，抽取矩阵 ***C*** 从列 1 到列 3，创建矩阵 ***D***。

（9）单击工具栏中的“整理程序框图”按钮，整理程序框图，如图 5-91 所示。

（10）在输入控件中输入初始值，单击“运行”按钮，运行 VI，在前面板显示运行结果，如图 5-92 所示。

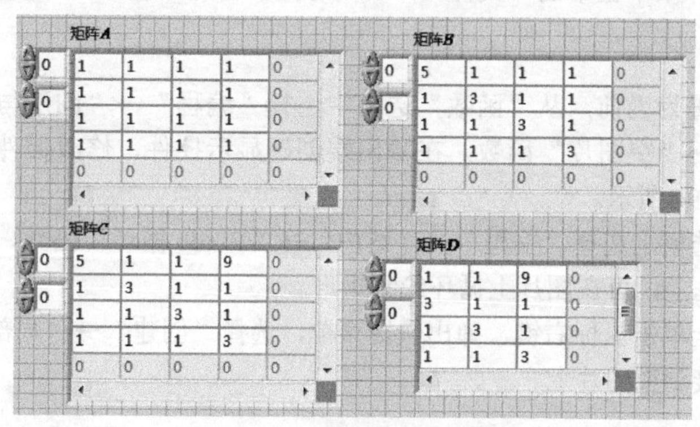

图 5-92　前面板运行结果

5.5　综合实例——矩形的绘制

通过簇函数，可将不同类型的数据组合演化成另外一种组合排布，程序框图如图 5-93 所示。通过该实例，读者可学习簇函数的使用。

扫码看视频

1. 设置工作环境

（1）新建 VI。选择菜单栏中的“文件”→“新建 VI”命令，新建一个 VI，一个空白的 VI 包

括前面板及程序框图。

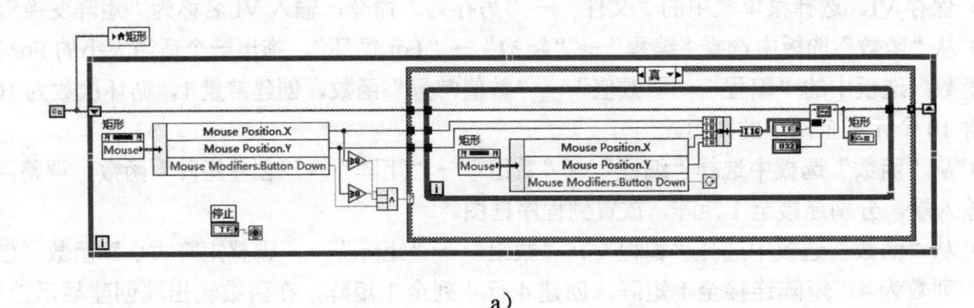

a）

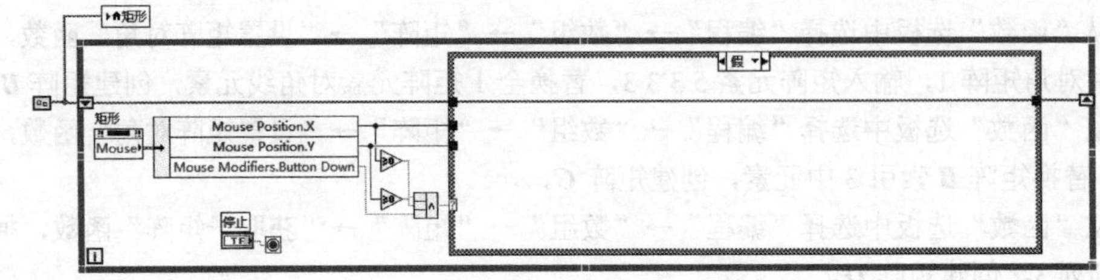

b）

图 5-93　程序框图

（2）保存 VI。选择菜单栏中的“文件”→“另存为”命令，输入 VI 名称为“矩形的绘制”。

2. 初始化图片

（1）将程序框图置为当前，从“函数”选板中选择“编程”→“图形与声音”→“图片函数”→“空图片”函数，在输出端创建显示控件，修改控件名称为“矩形”，如图 5-94 所示。

图 5-94　创建图片控件

（2）在“函数”选板上选择“编程”→“结构”→“While 循环”函数，将空图片连接到循环边框上，可在图片上循环绘制矩形。

（3）在图片控件上单击鼠标右键，弹出快捷菜单，选择“创建”→“局部变量”命令，在输出端创建局部变量，连接到空图片上。

3. 创建矩形第一点坐标

（1）在图片控件上单击鼠标右键，选择“创建”→“属性节点”命令，创建“鼠标”属性节点，将鼠标的按键转化成矩形参数。

（2）从“函数”选板中选择“编程”→“簇、类与变体”→“按名称解除捆绑”函数，拖动调整为 3 个元素，连接到属性节点上。

（3）在函数上单击鼠标右键，选择“选择项”→“Mouse Position”→“X”命令，如图 5-95 所示，输出矩形第一点 X 坐标。

（4）选择“选择项”→“Mouse Position”→“Y”命令，输出矩形第一点 Y 坐标。

（5）选择“选择项”→“Mouse Modifiers”→“Button Down”命令，设置鼠标属性为单击按下有效。

（6）“按名称解除捆绑”函数中通过名称属性的选择，直接控制输出的对象，结果如图 5-96 所示，通过鼠标的按下位置，转化成该点的 X、Y 坐标值。

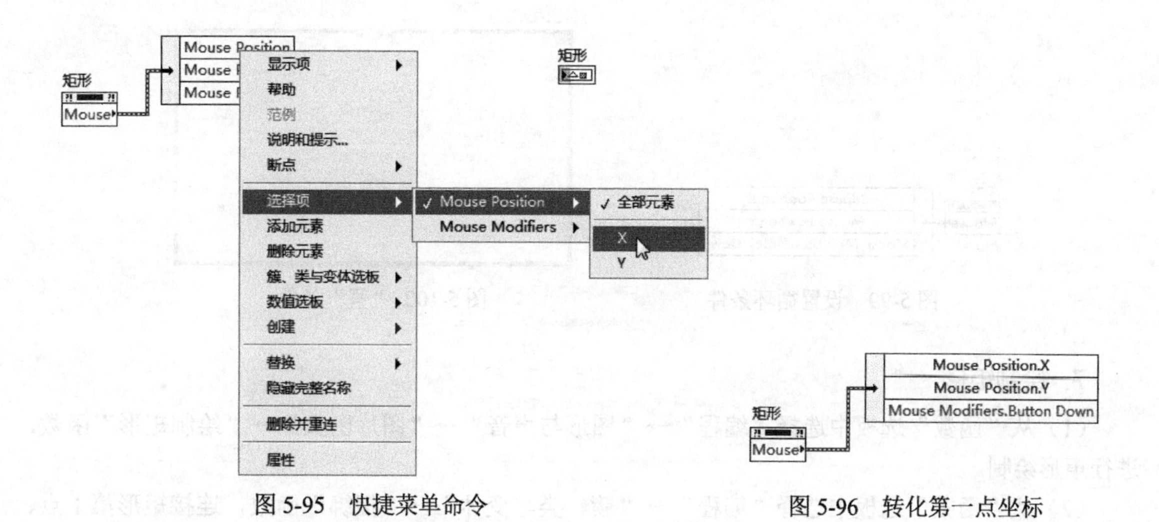

图 5-95 快捷菜单命令　　图 5-96 转化第一点坐标

4．确定鼠标指针是否在图片上

（1）从“函数”选板中选择“编程”→“比较”→“大于等于 0”函数，在“函数”选板上选择“编程”→“数值”→“复合运算”函数，设置运算模式为“与”，连接捆绑函数输出数据，进行“与”运算，如图 5-97 所示。

（2）在“While 循环”“循环条件”输入端创建输入控件，控制程序的起止，如图 5-98 所示。

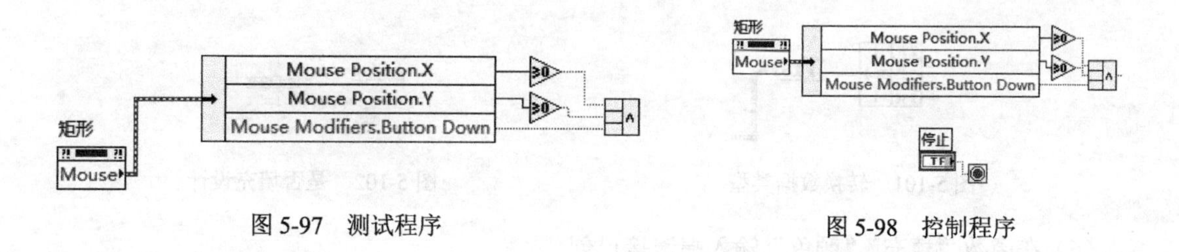

图 5-97 测试程序　　图 5-98 控制程序

5．启动绘制功能

从“函数”选板中选择“编程”→“结构”→“条件循环”函数，将“与”输出结果连接到分支选择器输入端，若鼠标指针在图片上并单击鼠标时，*X*、*Y* 值为 1，符合“真”条件，启动绘制进程。若当鼠标指针不在图片上，*X*、*Y* 值为 −1，符合“假”条件，不进行绘制。

6．确定矩形第 2 点

（1）打开“真”选择条件，设置鼠标指针的动作与图片的关系，从“函数”选板中选择“编程”→“结构”→“While 循环”函数，将该循环嵌入到条件循环结构当中。

（2）在内侧“While 循环”内部放置“矩形”属性节点（鼠标）与“按名称解除捆绑”函数，设置属性，输出矩形第 2 点坐标。

（3）将嵌套的“循环条件”连接到鼠标属性输出端，可根据鼠标单击启动循环绘制，如图 5-99 所示。

（4）打开“假”条件，默认为空，即鼠标指针不在图片上，不执行任何操作，如图 5-100 所示。

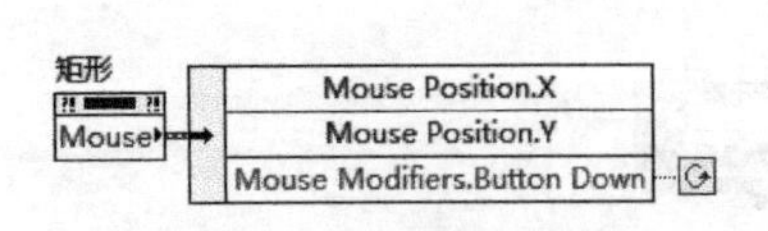

图 5-99　设置循环条件

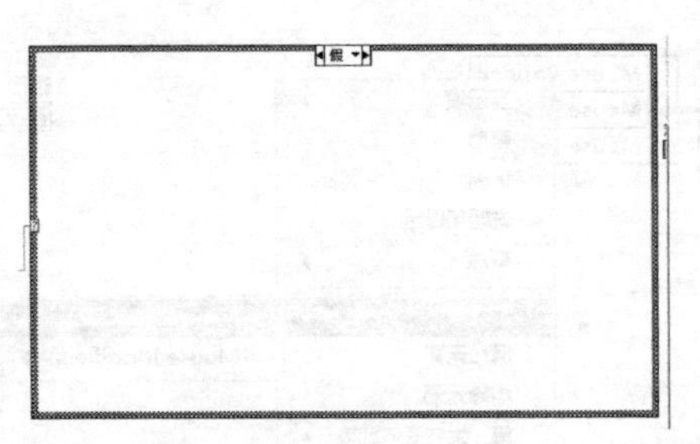

图 5-100　“假”条件

7. 绘制矩形

（1）从“函数”选板中选择“编程”→“图形与声音”→“图片函数”→“绘制矩形”函数，进行矩形绘制。

（2）从“函数”选板中选择“编程”→“簇、类与变体”→“捆绑”函数，连接矩形第 1 点、第 2 点坐标值，输出包含 4 个元素的“簇”控件。

（3）在“绘制矩形”函数“矩形”输入端需要连接矩形的两个点坐标，包含 4 个双整形元素的簇。

（4）从“函数”选板中选择“编程”→“数值”→“转换”→“转换为双字节整型”函数，将“捆绑”函数输出的簇转换为双字节整形数据，连接到“矩形”输入端，如图 5-101 所示。

（5）在前面板中“银色”选板中选择“填充颜色”“是否填充”控件，放置到前面板，如图 5-102 所示。

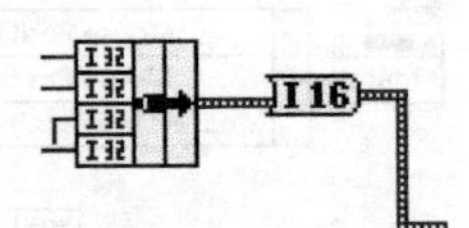

图 5-101　转换数据类型

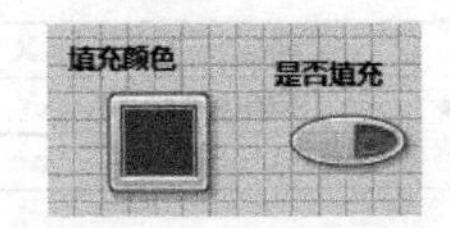

图 5-102　是否填充设计

（6）在函数“填充”“颜色”输入端连接已创建的“填充颜色”“是否填充”控件。

（7）将空图片常量通过循环连接到“图片”输入端，在“新图片”输出端连接“矩形”显示控件，将输出信息连接到最外层的循环边框上的移位寄存器。

（8）程序框图设计结果如图 5-93 所示。

（9）在前面板中插入图片，设计结果如图 5-103 所示。

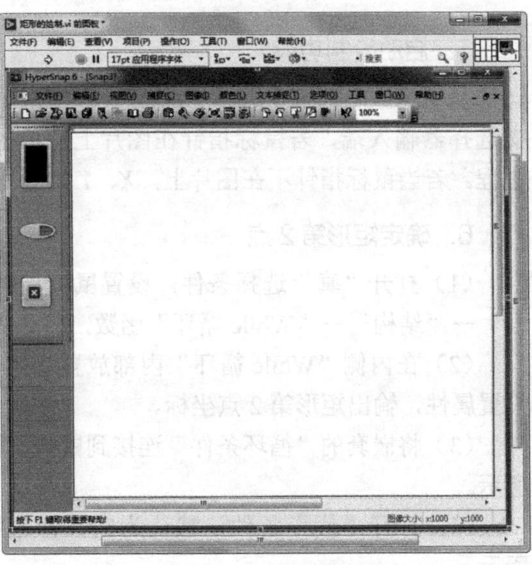

图 5-103　前面板设计结果

8. 设置 VI 属性

选择菜单栏中的“文件”→“VI 属性”命令，弹出“VI 属性”对话框，在“类别”下拉列表中选择“窗口外观”选项，如图 5-104 所示。单击“自定义”按钮，弹出“自定义窗口外观”对话框，勾选“调用时显示前面板”复选框，如图 5-105 所示。

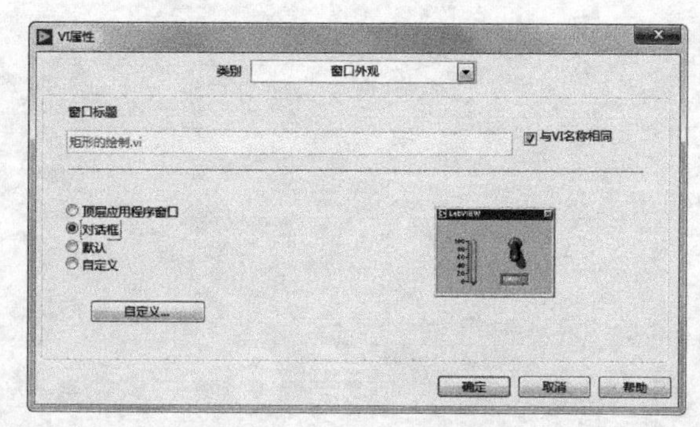

图 5-104　选择窗口外观

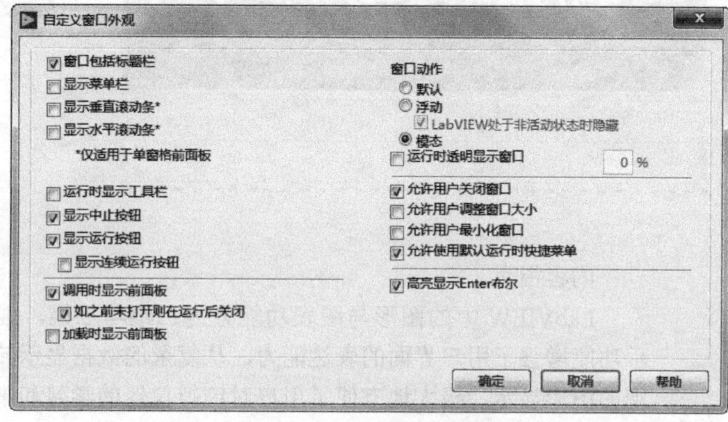

图 5-105　设置窗口外观

9. 运行程序

在前面板窗口或程序框图窗口的工具栏中单击“运行”按钮，运行 VI，运行结果如图 5-106 所示。

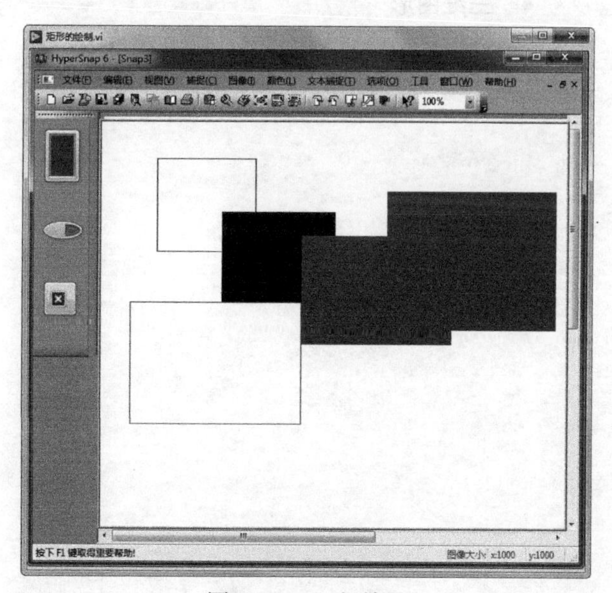

图 5-106　运行结果

第 6 章 数据图形显示

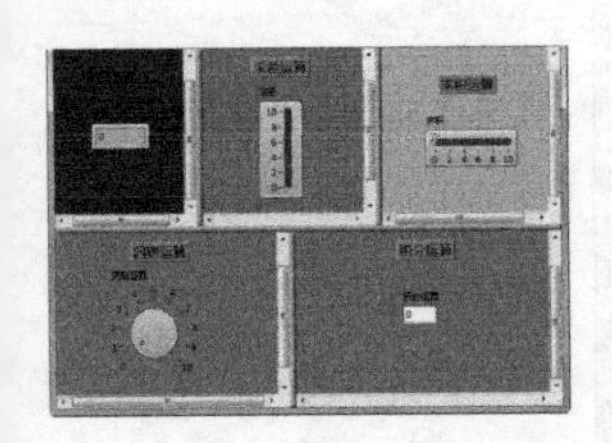

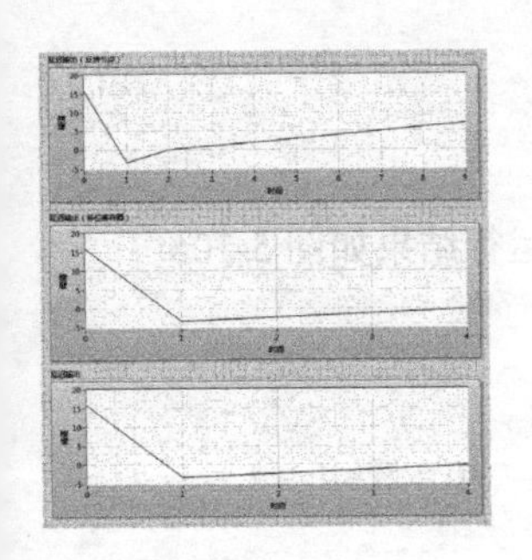

内容指南

LabVIEW 中的图形与图表功能分为二维与三维，强大的显示功能增强了用户界面的表达能力，从复杂的数据显示转化到直观的图形显示，极大地方便了用户对虚拟仪器的学习和掌握，本章将介绍图形与图表的相关内容。

知识重点

- 图形控件
- 图表图形
- 二维图形
- 三维图形

6.1 图形控件

本节中主要讲解图形与图表控件及相关控件，包括修饰控件、I/O 控件等。

6.1.1 图形和图表

位于"图形"和"经典图形"选板上的图形控件可以图形和图表的形式绘制数值数据。LabVIEW 2018 中文版的新式、经典及银色选板中的"图形"选板如图 6-1 所示。

a）新式

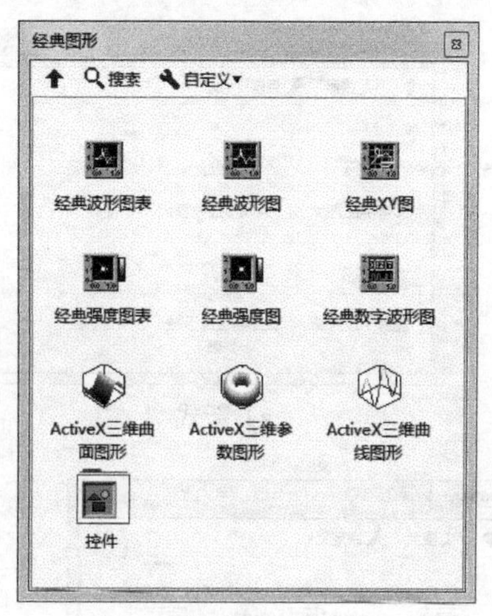

b）经典

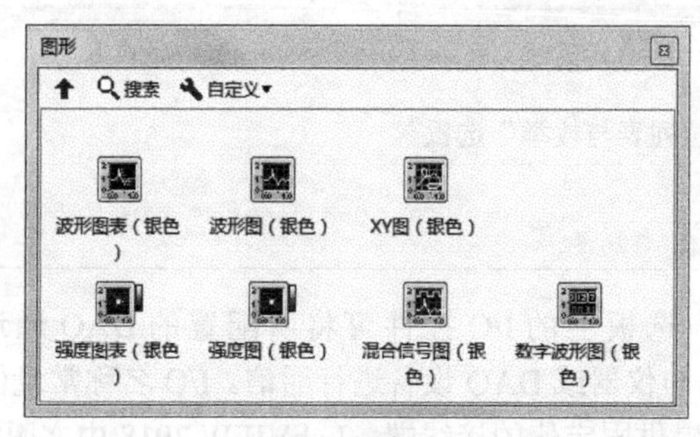

c）银色

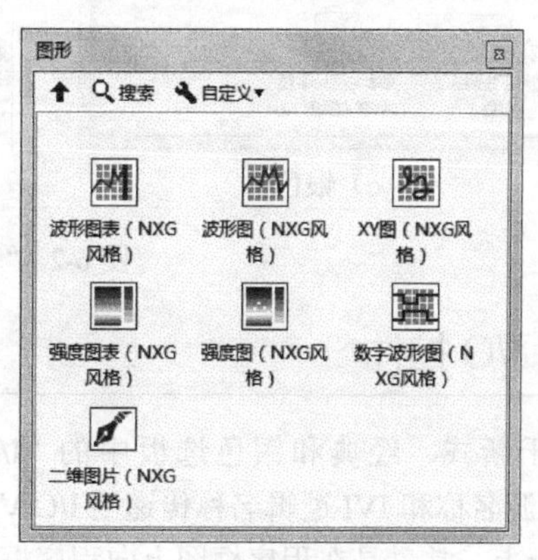

d） NXG 风格

图 6-1 "图形"选板

6.1.2 下拉列表与枚举控件

位于新式、经典、银色及系统选板中的"下拉列表与枚举"选板上的下拉列表和枚举控件可用于创建可循环浏览的字符串列表。LabVIEW 2018 中文版的新式、经典、银色及系统选板中的"下拉列表与枚举”选板如图 6-2 所示。

1. 下拉列表控件

下拉列表控件是将数值与字符串或图片建立关联的数值对象。下拉列表控件以下拉菜单的形式出现，用户可在循环浏览的过程中作出选择。下拉列表控件可用于选择互斥项，如触发模式。例如，用户可在下拉列表控件中从连续、单次和外部触发中选择一种模式。

2. 枚举控件

枚举控件用于向用户提供一个可供选择的项列表。枚举控件与文本或菜单下拉列表控件类似，但是，枚举控件的数据类型包括控件中所有项的数值和字符串标签的相关数值信息。

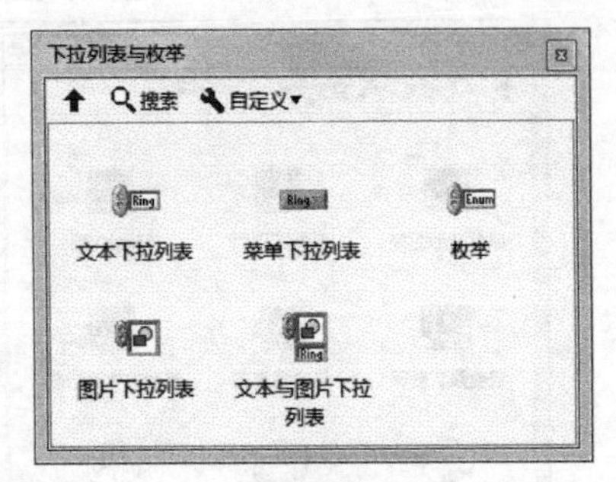

a）新式

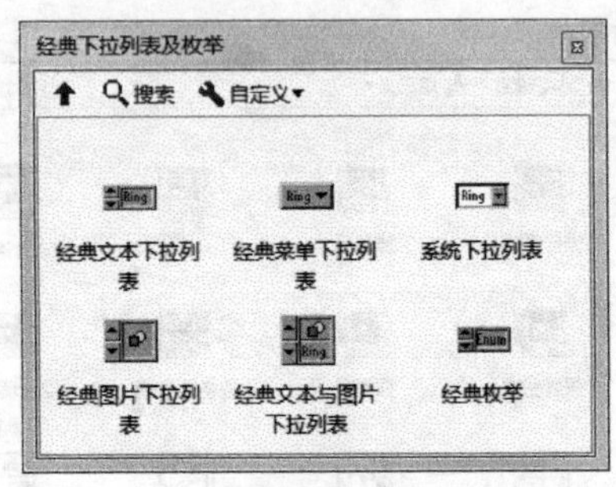

b）经典

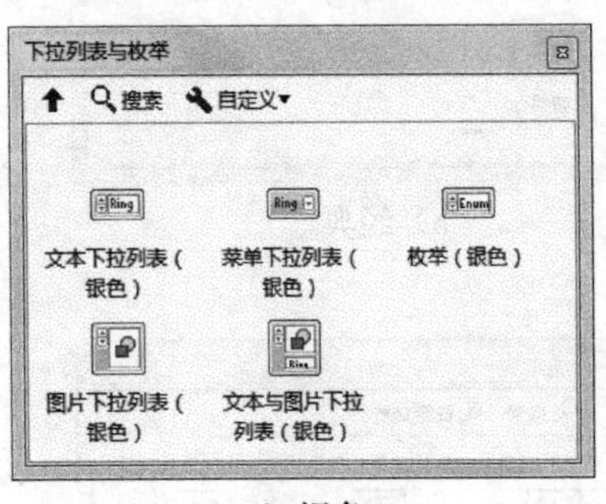

c）银色

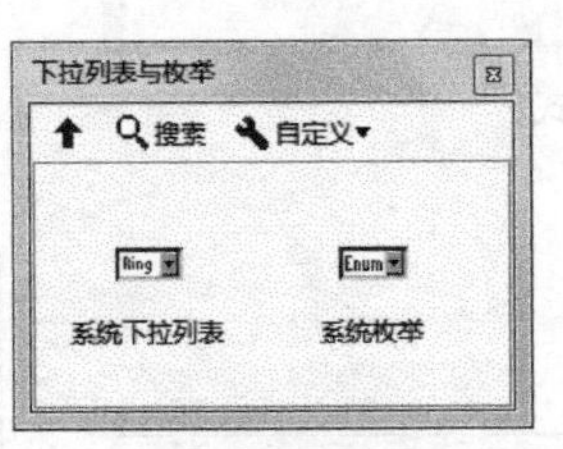

d）系统

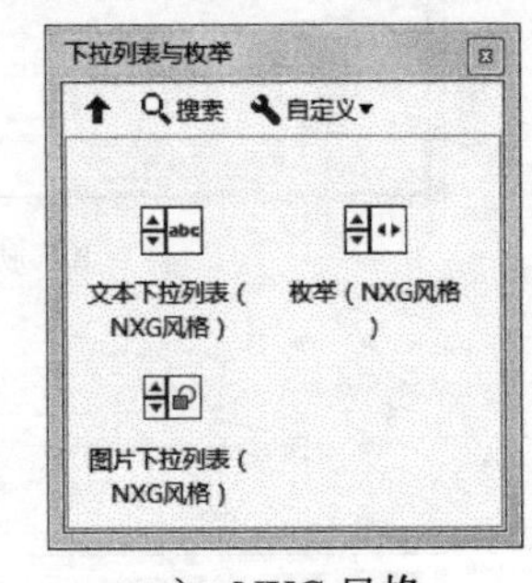

e） NXG 风格

图 6-2 “下拉列表与枚举”选板

6.1.3 I/O 控件

位于新式、经典和银色选板中的“I/O”选板上的 I/O 控件可将所配置的 DAQ 通道名称、VISA 资源名称和 IVI 逻辑名称传递至 I/O VI，与仪器或 DAQ 设备进行通信。I/O 名称常量位于“函数”选板上。常量是在程序框图上向程序框图提供固定值的接线端。LabVIEW 2018 中文版的新式、经典及银色 I/O 控件如图 6-3 所示。

1. “波形”控件

“波形”控件可用于对波形中的单个数据元素进行操作。波形数据类型包括波形的数据、起始时间和时间间隔（Delta t）。

2. “数字波形”控件

“数字波形”控件可用于对数字波形中的单个数据元素进行操作。

3. “数字数据”控件

“数字数据”控件显示行列排列的数字数据。“数字数据”控件可用于创建数字波形或显示从数字波形中提取的数字数据。将数字波形数据输入控件连接至数字数据显示控件，可查看数字波形的采样和信号。

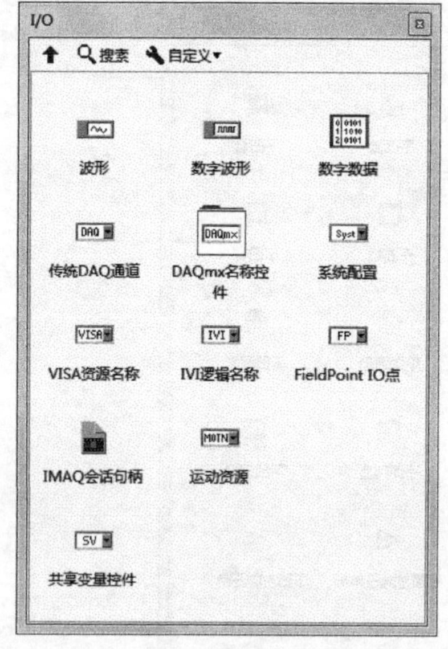

a）新式

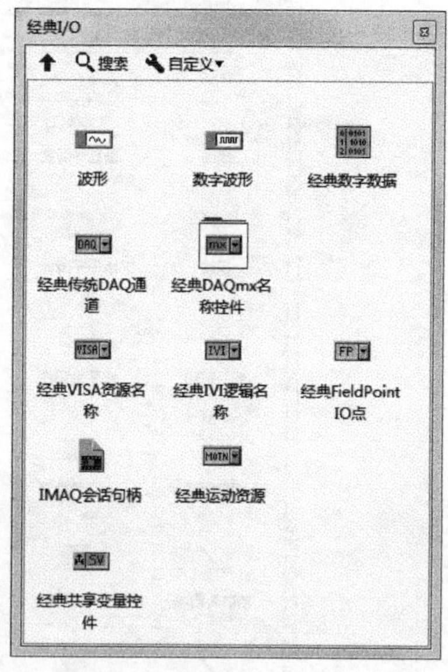

b）经典

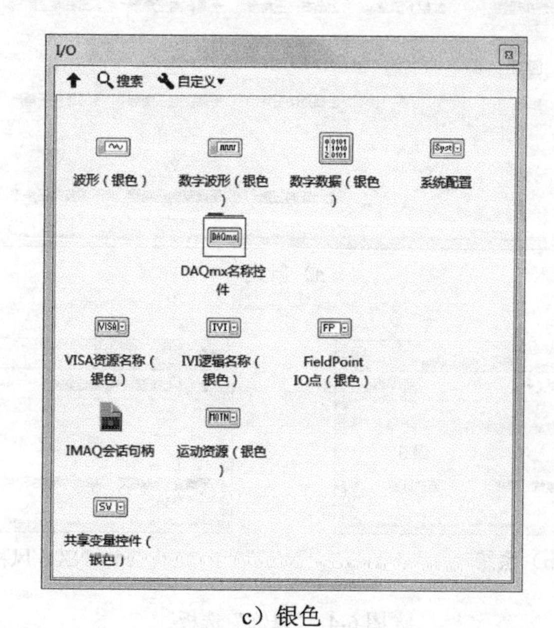

c）银色

图 6-3　“I/O”选板

6.1.4　修饰控件

位于“修饰”选板上的修饰控件可对前面板对象进行组合或分隔。这些对象仅用于修饰，并不显示数据。

在前面板上放置修饰控件后，使用重新排序下拉菜单可对层叠的对象重新排序，也可在程序框图上使用修饰控件。LabVIEW 2018 中文版的“修饰”选板如图 6-4 所示。

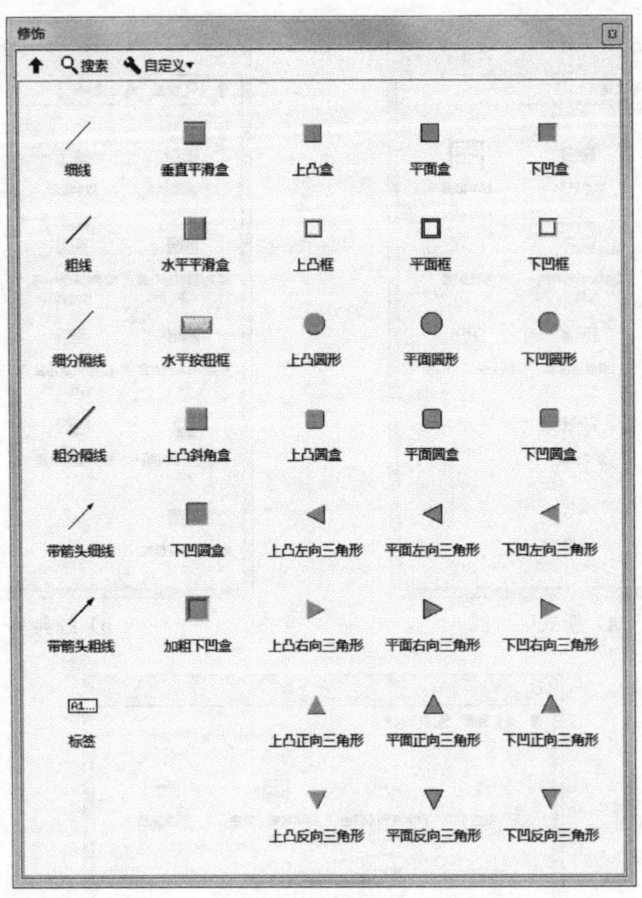

a）新式

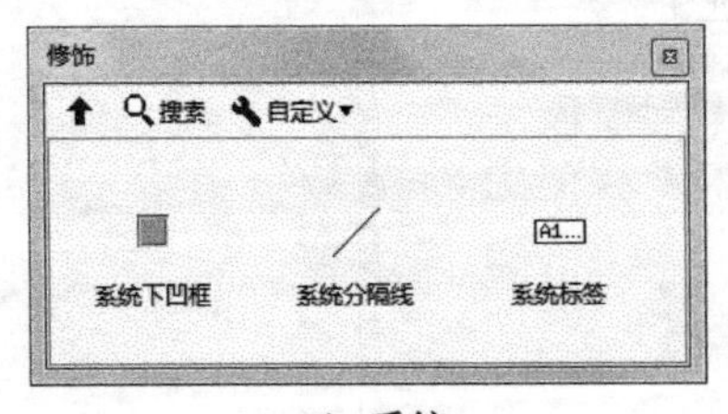

b）系统

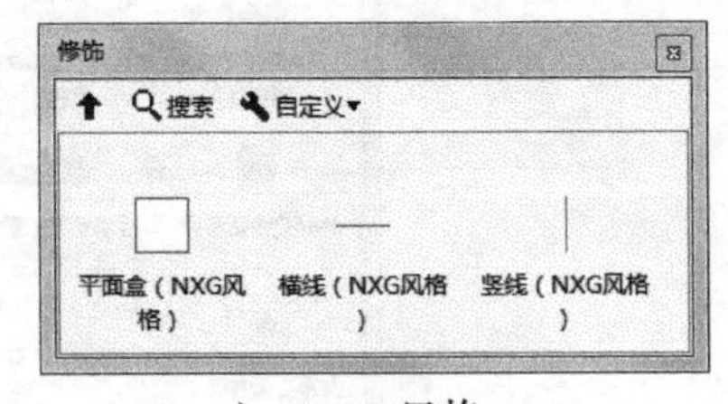

c） NXG 风格

图 6-4 “修饰”选板

6.1.5 实例——设计数学运算系统前面板

本例设计如图 6-5 所示的前面板。

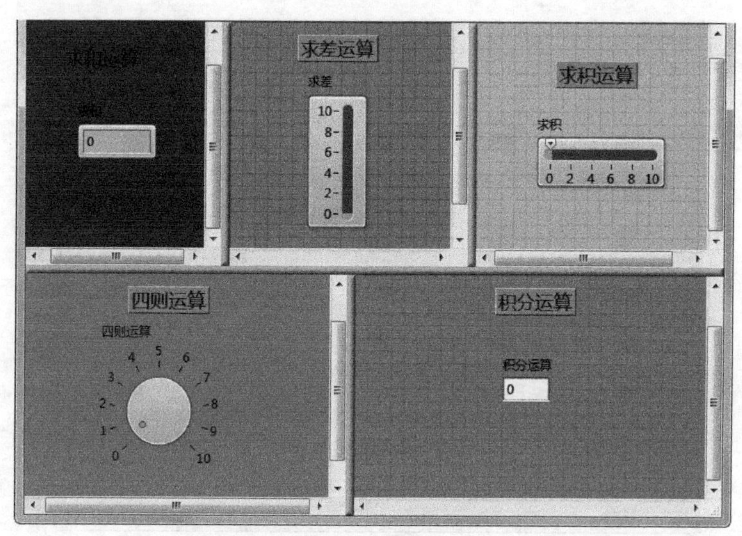

图 6-5　前面板

（1）新建 VI。选择菜单栏中的“文件”→“新建 VI”命令，新建一个 VI，一个空白的 VI 包括前面板及程序框图。

（2）保存 VI。选择菜单栏中的“文件”→“另存为”命令，输入 VI 名称为“设计数学运算系统前面板”。

（3）固定“控件”选板。单击鼠标右键，在前面板打开“控件”选板，单击选板左上角“固定”按钮，将“控件”选板固定在前面板上。

（4）选择“新式”→“容器”中的“分隔栏”控件，分隔前面板为两行，上三列下两列。

（5）从“控件”选板中选择“银色”→“数值”→“数值显示控件（银色）”“垂直填充滑动杆（银色）”“水平填充滑动杆（银色）”“旋钮（银色）”“数值 - 无框（银色）”，修改控件名称，放置在前面板的适当位置。

（6）选择“工具”选板中的标签工具，鼠标指针变为状态，在“修饰”控件上单击鼠标，输入系统名称及文本注释。选择工具选板中的上色工具，设置每个分隔板的背景色及注释文字颜色。整理前面板，结果如图 6-5 所示。

6.1.6　对象和应用程序的引用

位于“引用句柄”和“经典引用句柄”选板上的引用句柄控件可用于对文件、目录、设备和网络连接进行操作。引用句柄控件用于将前面板对象信息传送给子 VI。LabVIEW 2018 中文版的“引用句柄”选板如图 6-6 所示。

引用句柄是对象的唯一标识符，这些对象包括文件、设备或网络连接等。打开一个文件、设备或网络连接时，LabVIEW 会生成一个指向该文件、设备或网络连接的引用句柄。对打开的文件、设备或网络连接进行的所有操作均使用引用句柄来识别每个对象。引用句柄控件用于将一个引用句柄传进或传出 VI。例如，引用句柄控件可在不关闭或不重新打开文件的情况下修改其指向的文件内容。

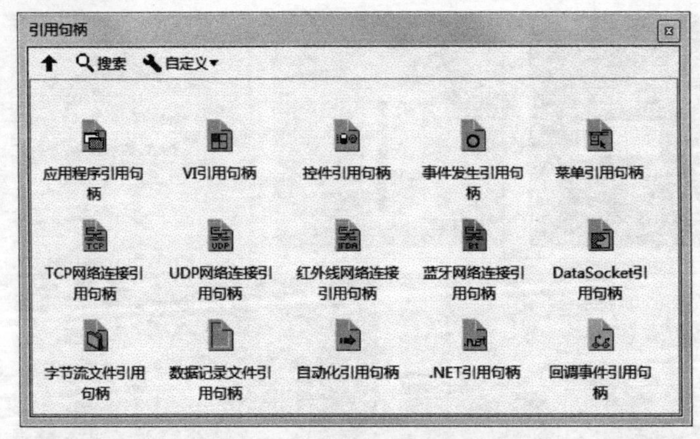

a）新式

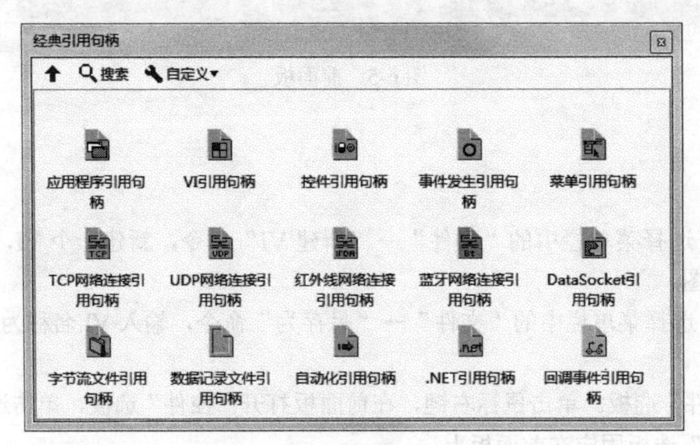

b）经典

图 6-6 “引用句柄”选板

由于引用句柄是一个打开对象的临时指针，因此它仅在对象打开期间有效。若关闭对象，LabVIEW 会将引用句柄与对象分开，引用句柄即失效。若再次打开对象，LabVIEW 将创建一个与第一个引用句柄不同的新引用句柄。LabVIEW 将为引用句柄所指的对象分配内存空间。关闭引用句柄，该对象就会从内存中释放出来。

由于 LabVIEW 可以记住每个引用句柄所指的信息，如读取或写入的对象的当前地址和用户访问情况，因此可以对单一对象执行并行但相互独立的操作。如果一个 VI 多次打开同一个对象，那么每次打开操作都将返回一个不同的引用句柄。VI 结束运行时 LabVIEW 会自动关闭引用句柄，但如果用户在结束使用引用句柄时就将其关闭，就可以最有效地利用内存空间和其他资源，这是一个良好的编程习惯。关闭引用句柄的顺序与打开时相反。例如，如对象 A 获得了一个引用句柄，然后在对象 A 上调用方法以获得一个指向对象 B 的引用句柄，在关闭时应先关闭对象 B 的引用句柄然后再关闭对象 A 的引用句柄。

6.1.7 .NET 与 ActiveX 控件

位于“.NET 与 ActiveX”选板上的“.NET”控件和“ActiveX”控件用于对常用的“.NET”控件或“ActiveX”控件进行操作。可添加更多“.NET”控件或“ActiveX”控件至该选板，供日后使用，如图6-7所示。

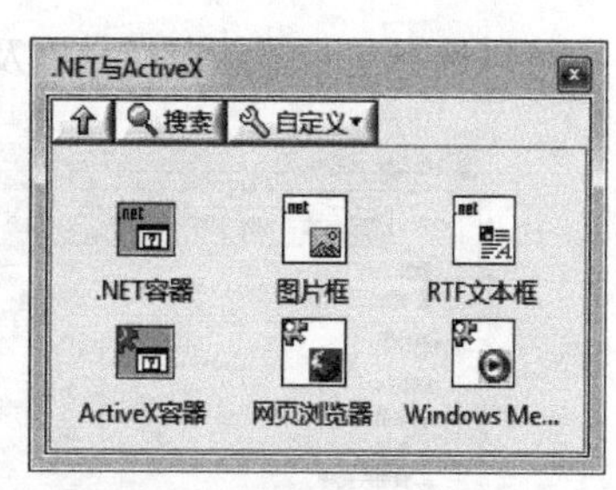

图6-7　“.NET与ActiveX”选板

选择“工具”→“导入”→“.NET控件至选板”，弹出“添加.NET控件至选板”对话框，如图6-8所示；或选择“工具”→“导入”→“ActiveX控件至选板”，弹出“添加ActiveX控件至选板”对话框，如图6-9所示。上述方法可分别转换.NET控件集或ActiveX控件集，自定义控件并将这些控件添加至“.NET与ActiveX”选板。

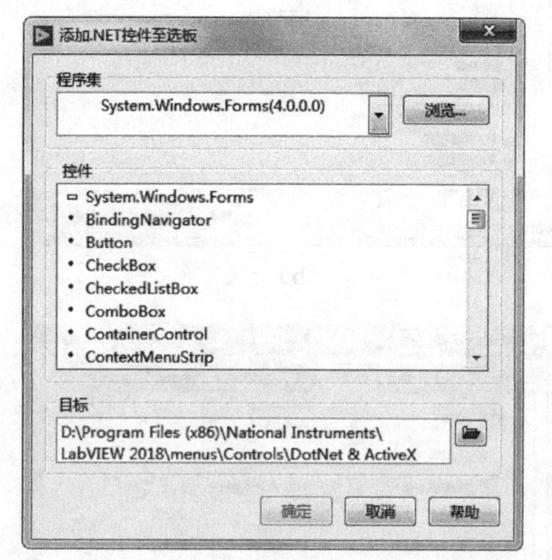

图6-8　“添加.NET控件至选板”对话框

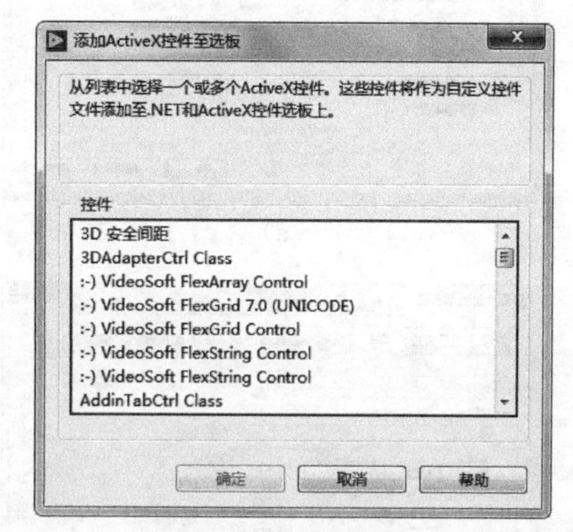

图6-9　“添加ActiveX控件至选板”对话框

注意

创建.NET对象并与之通信，需安装.NET Framework 6.1 Service Pack 1或更高版本。建议只在LabVIEW项目中使用.NET对象。如果装有Microsoft .NET Framework 2.0或更高版本，可使用应用程序生成器生成.NET互操作程序集。

6.1.8　设置图形显示控件的属性

图形显示控件是LabVIEW中相对比较复杂的专门用于数据显示的控件，如“波形图表”和“波形图”。这类控件的属性相对前面板数值型控件、文本型控件和布尔型控件而言更加复杂，其使用方法将在之后详细介绍，这里只对其常用的一些属性及其设置方法做简略地说明。

和前面提到的三种控件一样，图形型控件的属性可以通过其属性对话框进行设置。下面以图形型控件“波形图”为例，介绍设置图形型控件属性的方法。

1. 基本属性

波形图控件属性对话框的选项卡分别如图6-10所示，分别为外观、显示格式、曲线、标尺等。其中，在“外观”选项卡中，用户可以设定是否需要显示控件的一些外观参数选项，如“标签”“标题”“启用状态”“显示图形工具选板”“显示图例”“显示游标图例”等。“显示格式”选项卡可以在“默认编辑模式”和“高级编辑模式”之间进行切换，用于设置图形型控件所显示的数据的格式与精度。“曲线”选项卡用于设置使用图形型控件绘图时需要用到的一些参数，包括数据点的表示方法、曲线的线型及其颜色等。在“标尺”选项卡中，用户可以设置图形型控件有关标尺的属性，例如是否显示标尺，刻度样式与颜色以及网格样式与颜色等。在“游标”选项卡里，用户可以选择是否显示游标，以及显示游标的风格等。

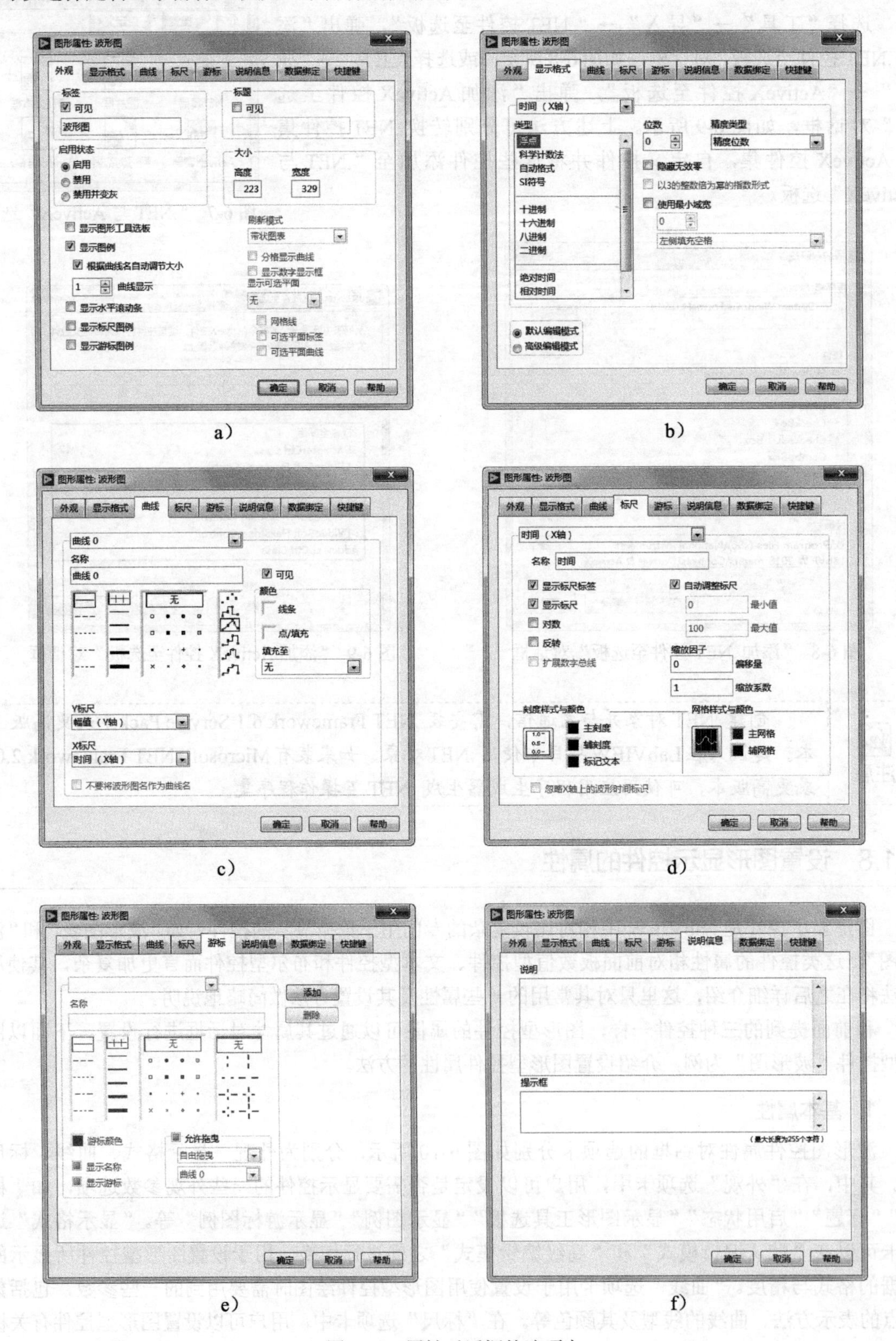

图 6-10 属性对话框的选项卡

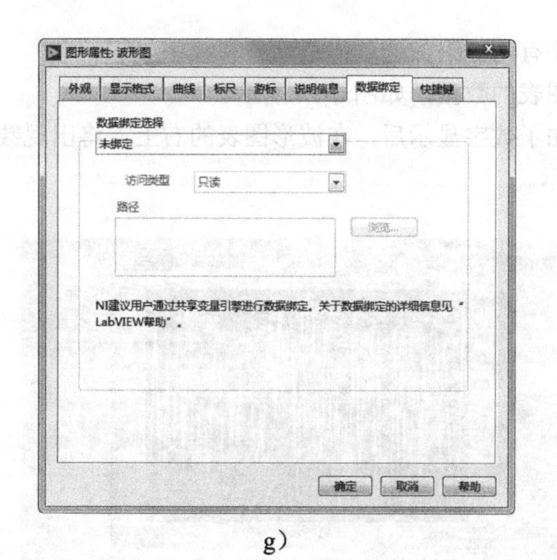

g）

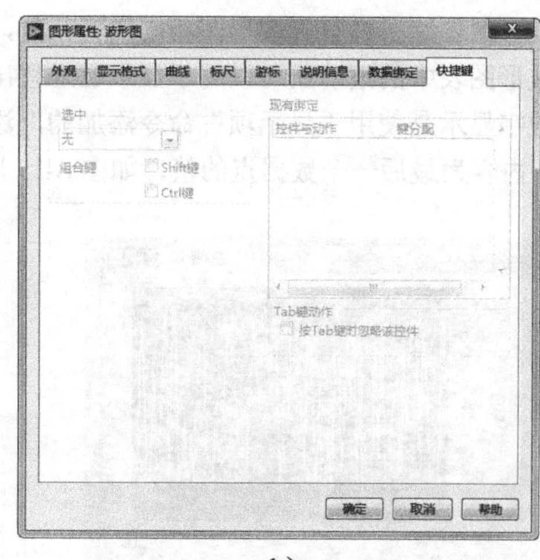

h）

图 6-10　属性对话框的选项卡（续）

LabVIEW 2018 中几乎所有控件的属性对话框中都会有“说明信息”选项卡。在该选项卡中，用户可以设置对控件的注释以及提示。当用户将鼠标指针移到前面板上的控件时，程序会显示该提示。

2. 个性化设置

在使用波形图时，为了便于分析和观察，经常使用“显示项”中的“游标图例”，如图 6-11 所示。游标可以使用游标图例的快捷菜单的“创建游标”命令创建，如图 6-12 所示。

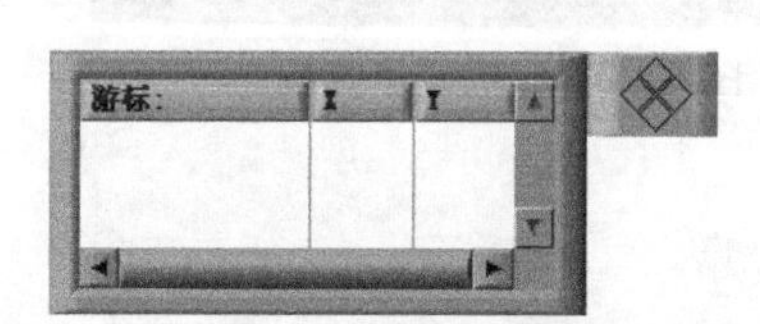

图 6-11　游标图例

图 6-12　游标的创建

图 6-13 为使用了游标图例的波形图。

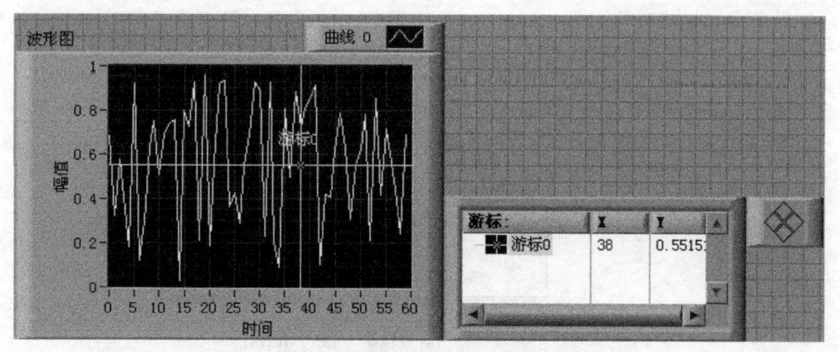

图 6-13　使用了游标图例的波形图

波形图表除了具有与波形图相同的特征外，还有两个附加选项：滚动条和数字显示。

波形图表中的滚动条可以用于显示已经移出图表的数据，如图 6-14 所示。

数字显示是使用“显示项”命令添加的，添加了数字显示后，在波形图表的右上方将出现数字显示，内容为最后一个数据点的值，如图 6-15 所示。

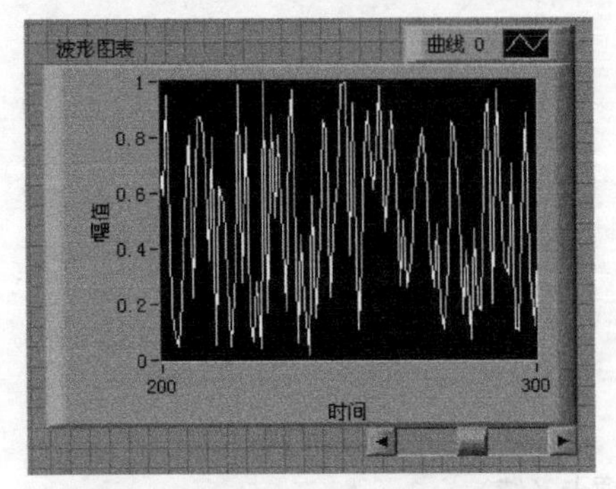

图 6-14　使用了滚动条的波形图表

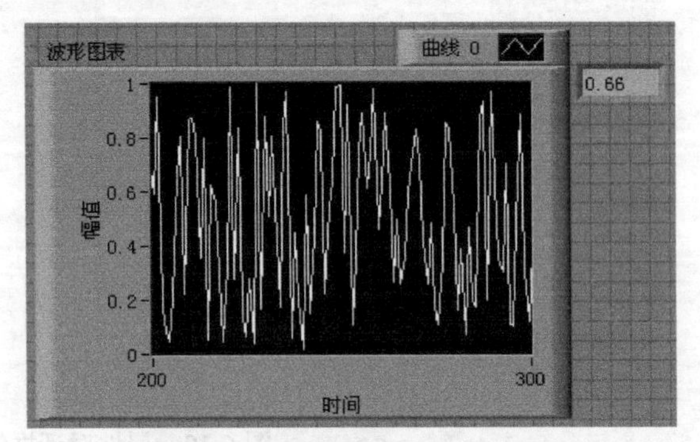

图 6-15　添加了数字显示的波形图表

多曲线图表则可以选择层叠或重叠模式，即层叠显示曲线或分格显示曲线，如图 6-16 和图 6-17 所示。

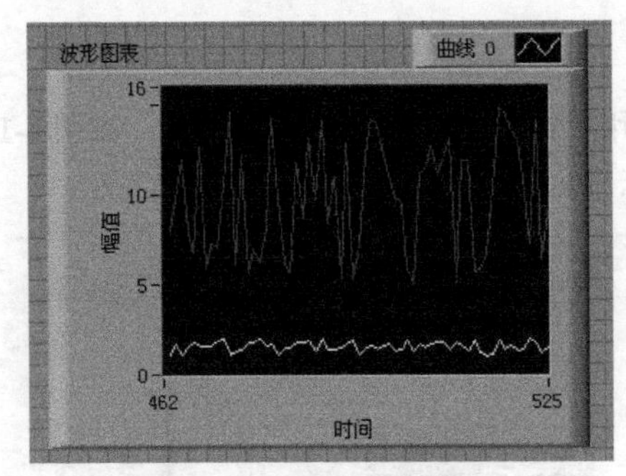

图 6-16　层叠显示曲线

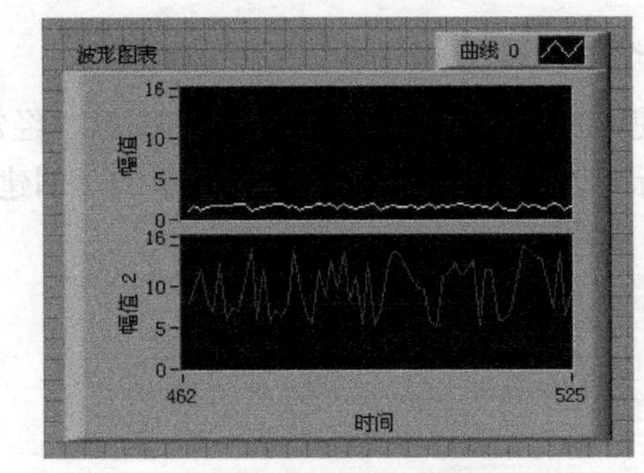

图 6-17　分格显示曲线

6.1.9　实例——标注曲线

扫码看视频

本例使用公式节点在同一个图形窗口内画出函数$y_1 = \sin x$、$y_2 = \dfrac{x}{2}$和$y_3 = \cos x$的图像，并作出相应的图例标注，程序框图如图 6-18 所示。

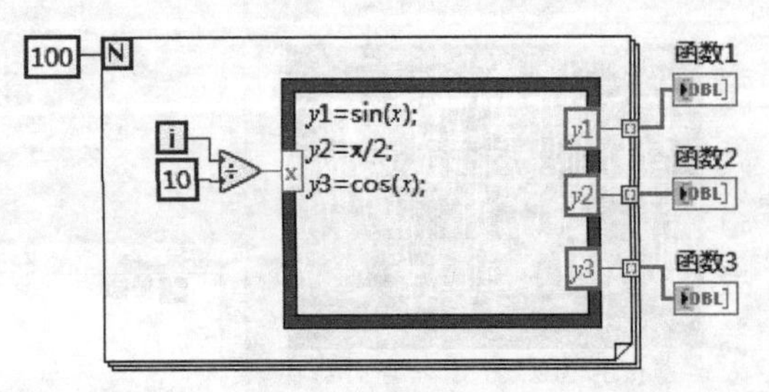

图 6-18　程序框图

操作步骤

（1）新建VI。选择菜单栏中的“文件”→“新建VI”命令，新建一个VI，一个空白的VI包括前面板及程序框图。

（2）保存VI。选择菜单栏中的“文件”→“另存为”命令，输入VI名称为“标注曲线”。

（3）固定“控件”选板。单击鼠标右键，在前面板打开“控件”选板，单击选板左上角“固定”按钮，将“控件”选板固定在前面板上。

（4）从“函数”选板中选择“编程”→“结构”→“For循环”函数，拖动出适当大小的矩形框，在For循环总线接线端创建循环次数为100。

（5）从“函数”选板中选择“编程”→“数值”→“除”函数，计算循环次数除以10作为操作值。

（6）从“函数”选板中选择“编程”→“结构”→“公式节点”函数，放置在For循环内部。

（7）在公式节点左侧边框上单击鼠标右键弹出快捷菜单，选择“添加输入”，在左侧边框上添加一个输入变量，输入变量名称为*x*。

（8）在公式节点右侧边框上单击鼠标右键弹出快捷菜单，选择“添加输出”，在右侧边框上添加3个输出变量，输出变量名称为*y*1、*y*2、*y*3。

（9）在公式节点内部输入函数公式：

*y*1=sin(*x*)；

*y*2=*x*/2;

*y*3=cos(*x*)。

（10）打开前面板，从“控件”选板中选择“新式”→“图形”→“波形图”控件，创建波形图控件函数1、函数2、函数3，将循环的公式输出值连接到3个波形图中。

（11）单击工具栏中的“整理程序框图”按钮，整理程序框图，结果如图6-18所示。

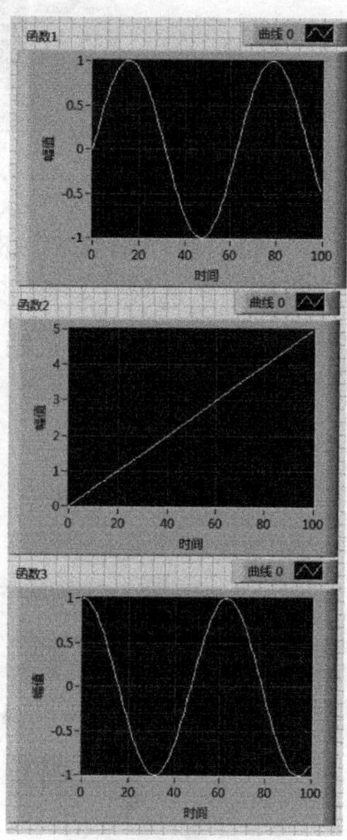

图6-19　运行结果

（12）单击“运行”按钮，运行VI，在前面板显示运行结果，如图6-19所示。

（13）在“函数1”波形图控件图例上单击鼠标右键选择“常用曲线样式”命令，如图6-20所示。设置曲线样式的结果如图6-21所示。

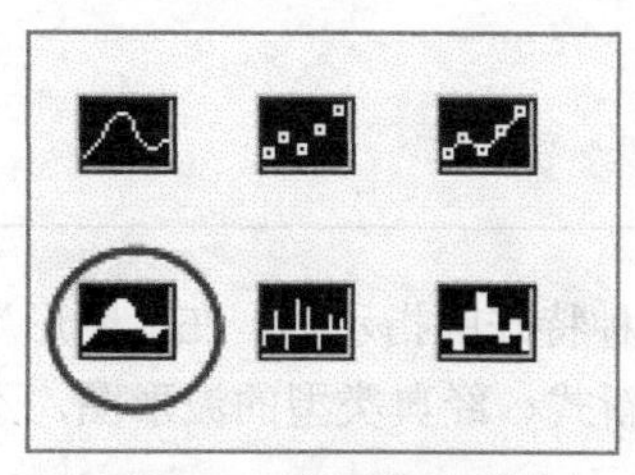
图6-20　常用曲线样式

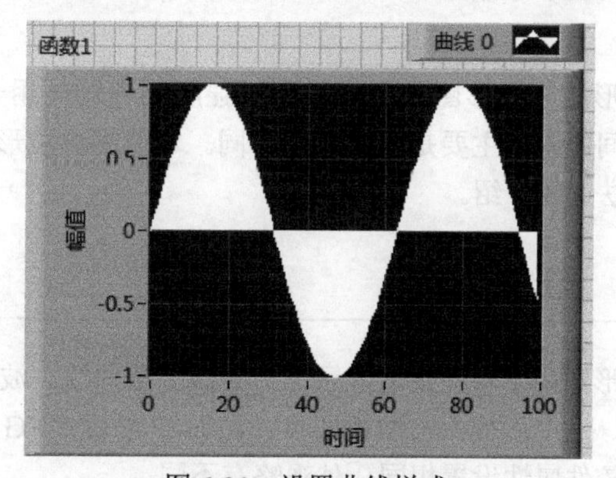

图6-21　设置曲线样式

（14）在“函数 2”波形图控件上单击鼠标右键选择“显示项”→“游标图例”命令，显示游标，在游标上单击鼠标右键，选择“创建游标”→“单曲线”命令，曲线中添加移动的黄色十字游标，单击右侧的 图标中的左右按钮，设置曲线结果如图 6-22 所示。

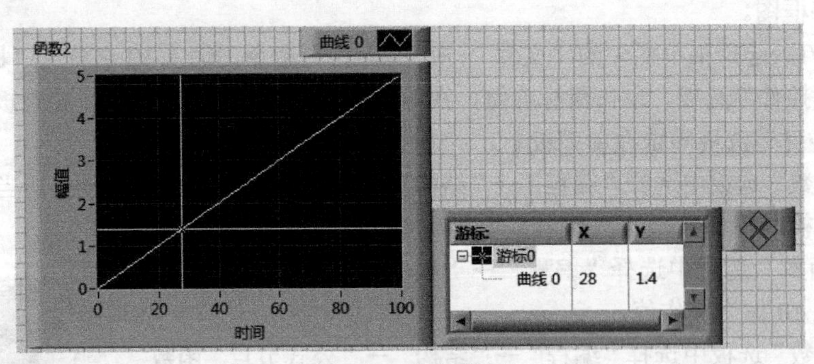

图 6-22　添加游标

（15）在“函数 3”波形图控件上单击鼠标右键选择“显示项”→“图形工具选板”命令，显示图形工具选板，在图形工具选板缩放按钮上单击，选择如图 6-23 所示的缩放类型，在曲线上选择缩放区域，曲线设置结果如图 6-24 所示。

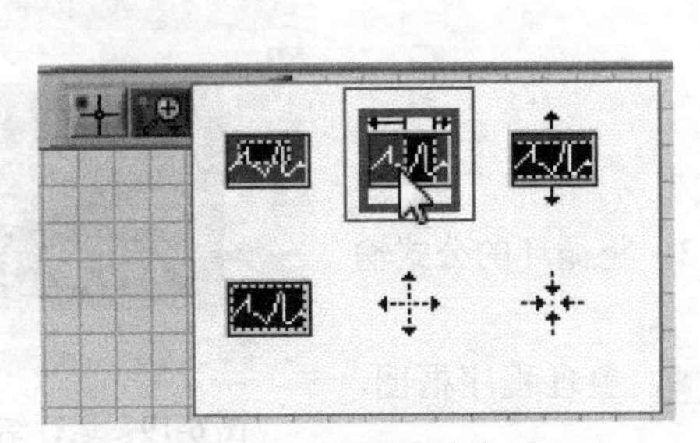

图 6-23　选择缩放类型

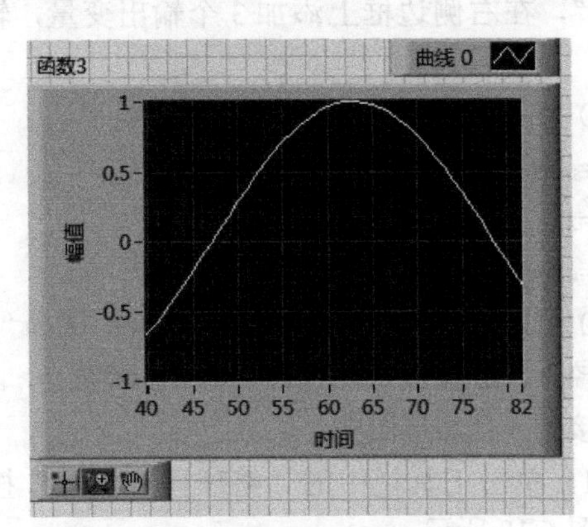

图 6-24　曲线设置结果

6.2　图表图形

波形图、波形图表、强度图和强度图表均使用一个二维的显示结构来表示一个二维的数据，它们之间的差别主要是刷新方式不同。本节将对波形图、波形图表、XY 图、强度图和强度图表的使用方法进行介绍。

6.2.1　波形图

波形图用于将测量值显示为一条或多条曲线。波形图是一种特殊的指示器，在“图形”子选板中找到，选中后拖入前面板即可，图 6-25 显示 NXG、银色、新式、经典类型的波形图，不同类型的图形控件属性设置相同，外观略有不同。

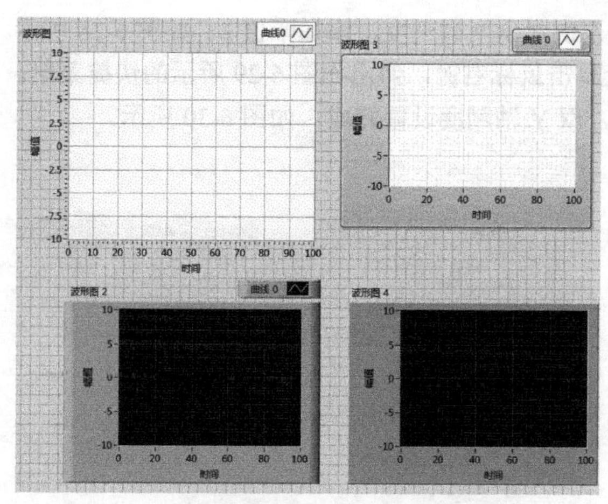

图 6-25　波形图

波形图仅绘制单值函数，即在 $y=f(x)$ 中，各点沿 x 轴均匀分布。波形图可显示包含任意个数据点的曲线。波形图接收多种数据类型，从而最大程度地减少了数据在显示为图形前进行类型转换的工作量。波形图显示波形是以成批数据一次刷新方式进行的，数据输入的基本形式是数据数组（一维或二维数组）、簇或波形数据。

6.2.2　实例——双 Y 轴曲线

本例在同一个图上画出 $y=x^2, y=\sqrt{x}, y=\dfrac{1}{x}$ 的曲线图，设计图 6-26 所示的程序框图。

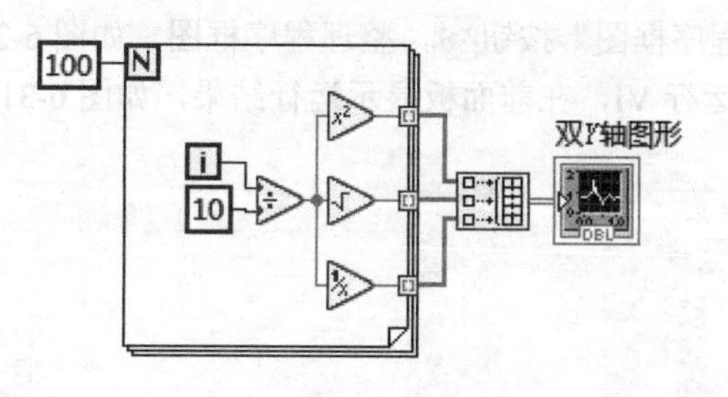

图 6-26　程序框图

操作步骤

（1）新建 VI。选择菜单栏中的“文件”→“新建 VI”命令，新建一个 VI，一个空白的 VI 包括前面板及程序框图。

（2）保存 VI。选择菜单栏中的“文件”→“另存为”命令，输入 VI 名称为“双 Y 轴曲线”。

（3）固定“控件”选板。单击鼠标右键，在前面板打开“控件”选板，单击选板左上角“固定”按钮，将“控件”选板固定在前面板。

（4）从“控件”选板中选择“NXG 风格”→“图形”→“波形图（NXG 风格）”，修改其名称为“双 Y 轴图形”，放置在前面板的适当位置。

（5）在“双 Y 轴图形”控件坐标轴刻度上单击鼠标右键，弹出如图 6-27 所示的快捷菜单，选择“复制标尺”命令，在左侧显示两列刻度，添加幅值 2，如图 6-28 所示。

（6）在幅值 2 刻度上单击鼠标右键，弹出如图 6-29 所示的快捷菜单，选择“两侧交换”命令，在右侧显示列刻度幅值 2，双 Y 轴刻度设置完成，如图 6-30 所示。

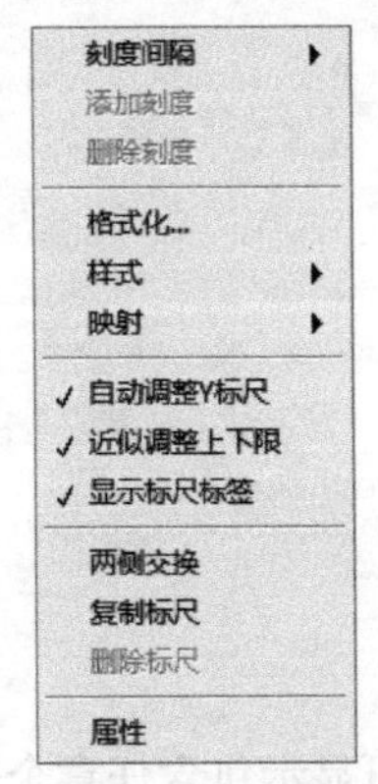

图 6-27　快捷菜单

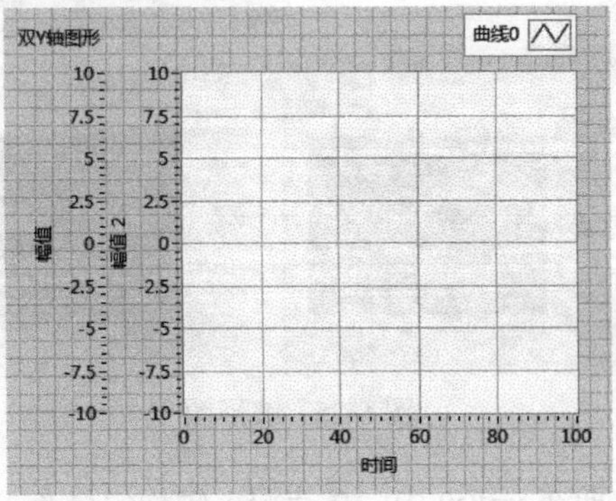

图 6-28　添加刻度

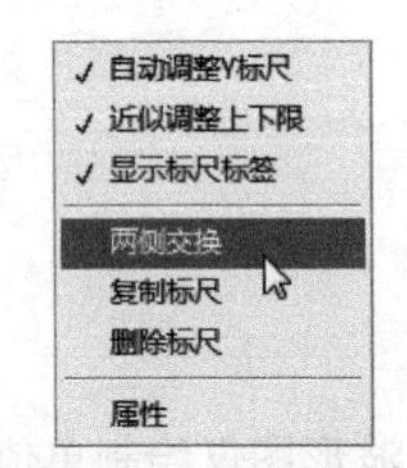

图 6-29　快捷菜单

（7）从“函数”选板中选择“编程”→“结构”→“For 循环”函数，拖出适当大小的矩形框，在 For 循环总线接线端创建循环次数为 100。

（8）从“函数”选板中选择“编程”→“数值”→“除”函数，计算循环次数除以 10 作为操作值。

（9）从“函数”选板中选择“编程”→“数值”→“平方根”“开方”“倒数”函数，放置函数到循环内部，计算操作值对应的函数解。

（10）从“函数”选板中选择“编程”→“数组”→“创建数组”函数，将“平方”“开方”“倒数”求解值组成数组数值，曲线叠加显示在“双 Y 轴图形”波形图中。

（11）单击工具栏中的“整理程序框图”按钮，整理程序框图，如图 6-26 所示。

（12）单击“运行”按钮，运行 VI，在前面板显示运行结果，如图 6-31 所示。

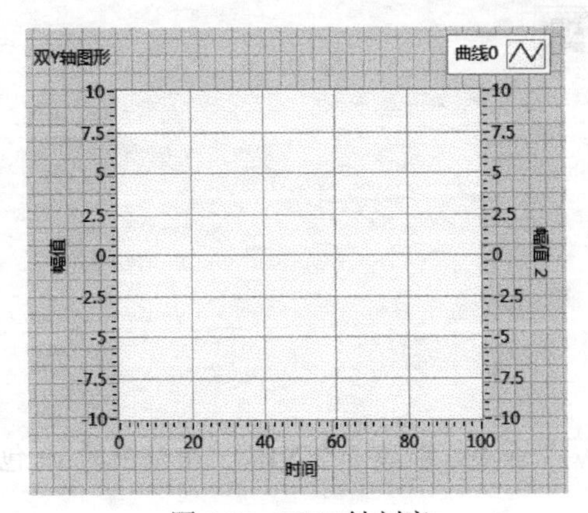

图 6-30　双 Y 轴刻度

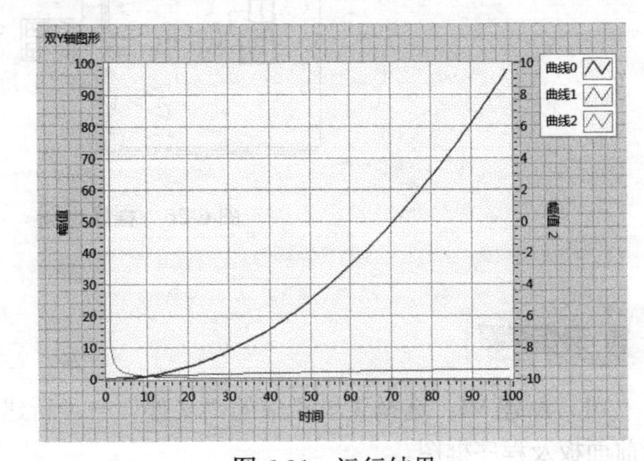

图 6-31　运行结果

6.2.3　波形图表

波形图表是一种特殊的指示器，在“图形”子选板中找到，选中后拖入前面板即可，如图 6-32 所示。

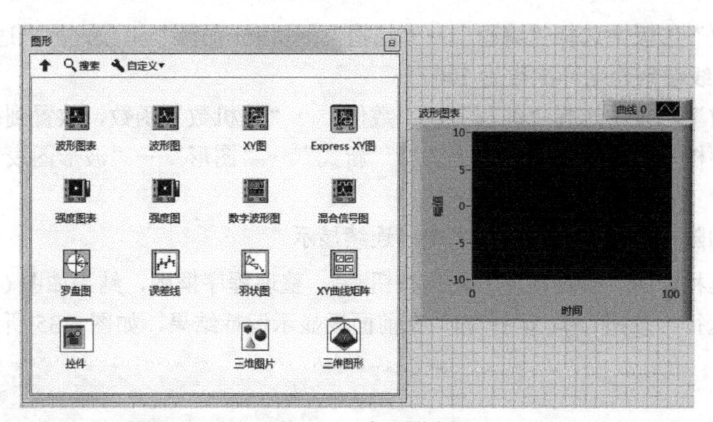

图 6-32　波形图表

6.2.4　实例——波形图表数据显示模式

本实例演示波形图表将交互式数据显示为图 6-33 所示的 3 种刷新模式。

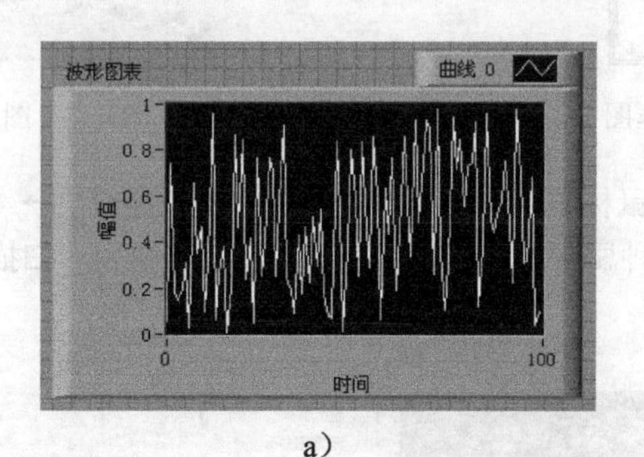

a）

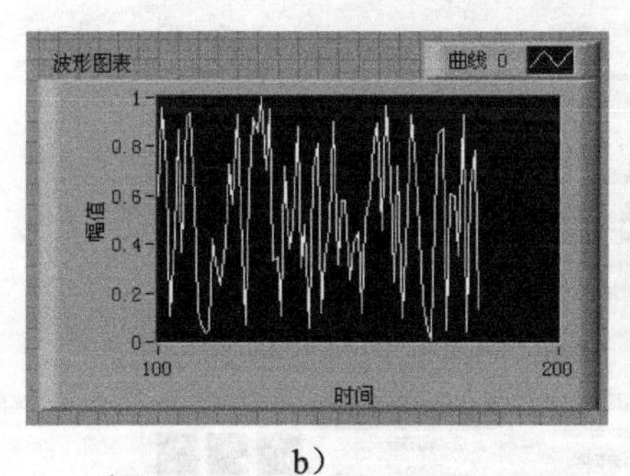

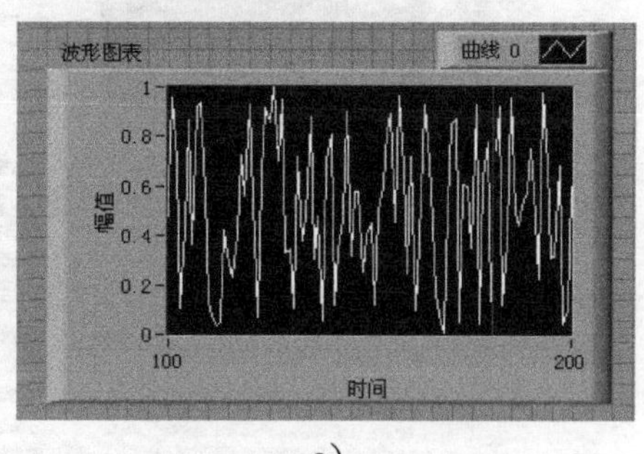

b）　c）

图 6-33　带状图表、示波器图表和扫描图表

操作步骤

（1）新建 VI。选择菜单栏中的“文件”→“新建 VI”命令，新建一个 VI，一个空白的 VI 包括前面板及程序框图。

（2）保存 VI。选择菜单栏中的“文件”→“另存为”命令，输入 VI 名称为“波形图表数据显示模式”。

（3）从“函数”选板中选择“编程”→“结构”→“For 循环”函数，拖出适当大小的矩形框，在 For 循环总线接线端创建循环次数为 100。

（4）从“函数”选板中选择“编程”→“数值”→“随机数”函数，放置到循环内部。

（5）打开前面板，在“控件”选板上选择“新式”→“图形”→“波形图表”控件，创建波形图表控件。

（6）将循环的随机数连接到波形图表中，连续显示。

（7）单击工具栏中的“整理程序框图”按钮，整理程序框图，结果如图 6-34 所示。

（8）单击“运行”按钮，运行 VI，在前面板显示运行结果，如图 6-35 所示。

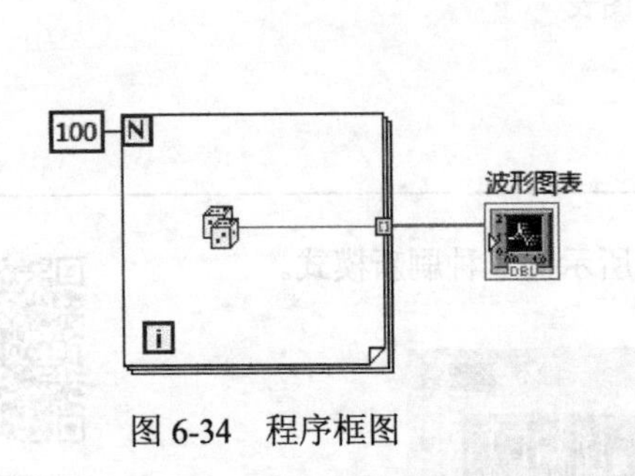

图 6-34　程序框图

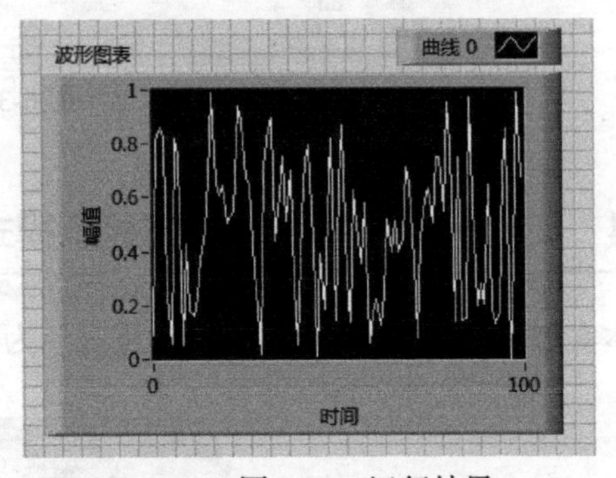

图 6-35　运行结果

（9）在波形图表中单击鼠标右键，选择快捷菜单中的“高级”→“刷新模式”，显示图 6-36 所示的交互式数据。其中有 3 种刷新模式：带状图表、示波器图表、扫描图表。

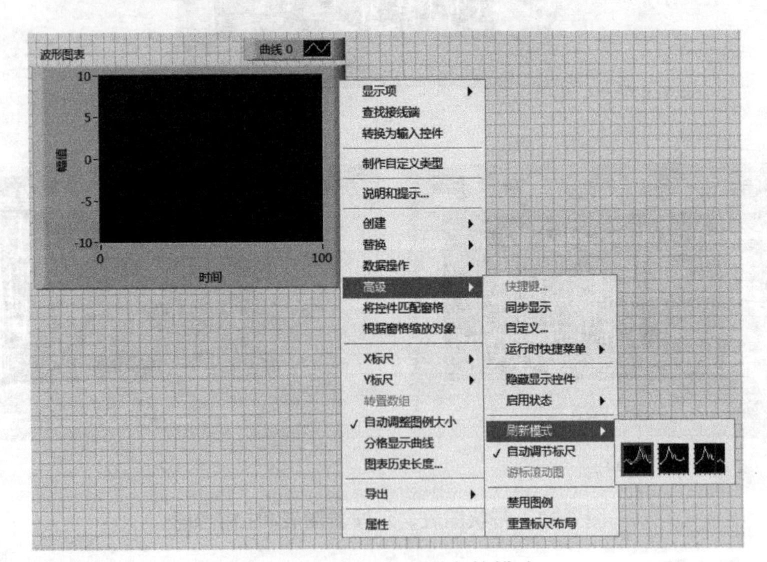

图 6-36　选择波形图表的模式

带状图表、示波器图表和扫描图在处理数据时略有不同。带状图表有一个滚动显示屏，当新的数据到达时，整个曲线会向左移动，最原始的数据点移出视野，而最新的数据则会添加到曲线的最右端，这一过程与实验中常见的纸带记录仪的运行方式非常相似，如图 6-33 所示。

示波器图表和示波器的工作方式十分相似。当数据点多到足以使曲线到达示波器图表绘图区域的右边界时，将清除整个曲线，并从绘图区的左侧开始重新绘制。扫描图表和示波器图表非常类似，不同之处在于当曲线到达绘图区的右边界时，不是将旧曲线消除，而是用一条移动的红线标记新曲线的开始，并随着新数据的不断增加在绘图区中逐渐移动。示波器图表和扫描图表比带状图表运行得快。

波形图表和波形图的不同之处是：波形图表保存了旧的数据，所保存旧数据的长度可以自行指定。新传给波形图表的数据被接续在旧数据的后面，这样就可以在保持一部分旧数据显示的同时显示新数据。也可以把波形图表的这种工作方式想象为“先进先出”的队列，新数据到来之后，会把同样长度的旧数据从队列中挤出去。

6.2.5 XY图

波形图和波形图表只能用于显示一维数组中的数据或是一系列单点数据，对于需要显示横、纵坐标对的数据，它们就无能为力了。前面讲述的波形图的 *Y* 值对应实际的测量数据，*X* 值对应测量点的序号，适合显示等间隔数据序列的变化，比如按照一定采样时间采集数据的变化。但是它不适合描述 *Y* 值随 *X* 值变化的曲线，也不适合绘制两个相互依赖的变量（如 *Y/X*）。对于这种曲线，LabVIEW 专门设计了 XY 图。

与波形图相同的是，XY 图也是一次性完成波形显示刷新，不同的是 XY 图的输入数据类型是由两组数据打包构成的簇，簇的每一对数据都对应一个显示数据点的 *X*、*Y* 坐标。在“图形”子选板中找到，选中后拖入前面板即可，如图 6-37 所示。

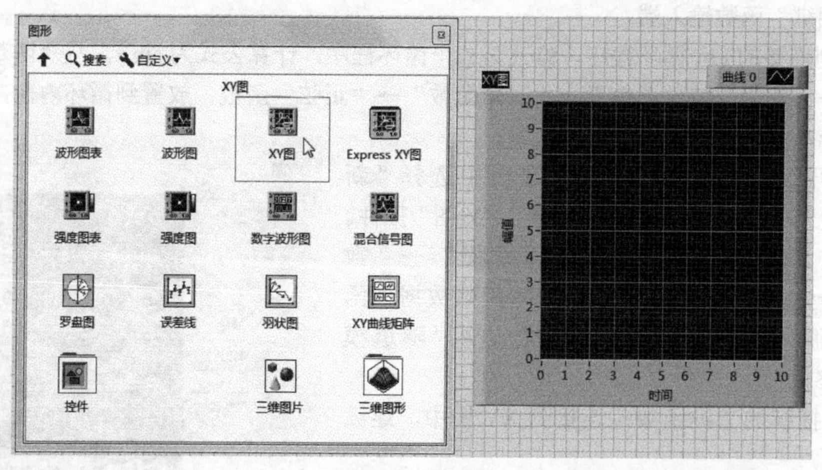

图 6-37 XY 图

6.2.6 实例——绘制跳动曲线

本实例设计图 6-38 所示的绘制跳动曲线程序的程序框图。

（1）新建 VI。选择菜单栏中的“文件”→“新建 VI”命令，新建一个 VI，一个空白的 VI 包括前面板及程序框图。

（2）保存 VI。选择菜单栏中的“文件”→“另存为”命令，输入 VI 名称为“绘制跳动曲线”。

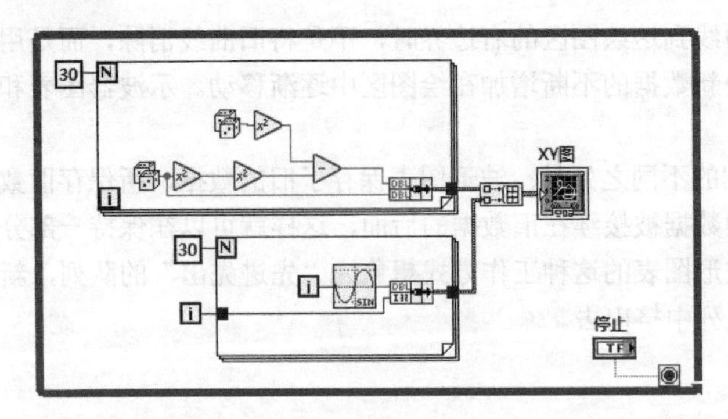

图 6-38　使用 XY 图绘制曲线的程序框图

（3）从“函数”选板中选择“编程”→“结构”→“While 循环”函数，拖出适当大小的矩形框，在 While 循环条件接线端创建停止控件。

（4）从“函数”选板中选择“编程”→“结构”→“For 循环”函数，拖出适当大小的矩形框，在 For 循环总线接线端创建循环次数为 30。

（5）从“函数”选板中选择“编程”→“数值”→“随机数”函数，放置两个随机数函数到循环内部，输出随机数 x、y。

（6）从“函数”选板中选择“编程”→“数值”→“平方”函数，计算函数 x^2-y^4 的值。

（7）从“函数”选板中选择“编程”→“簇、类与变体”→“捆绑”函数，连接随机数数据与函数值到“捆绑”函数输入端。

（8）复制连接的 For 循环程序，修改第二个循环程序，计算公式为 $\sin x$。从“函数”选板中选择“数学”→“初等与特殊函数”→“三角函数”→“正弦”函数，放置到循环内部，求随机数生成数值的正弦余弦值，输入值为循环次数。

（9）打开前面板，从“控件”选板中选择“新式”→“图形”→“XY 图”控件，创建“XY 图”控件。

（10）从“函数”选板中选择“编程”→“数组”→“创建数组”函数，连接两个随机数数据到函数输入端，循环边框与数组的连接处设置“隧道模式”→“最终值”。

（11）将捆绑的二维函数值连接到 XY 图中，连续跳动显示。

（12）单击工具栏中的“整理程序框图”按钮，整理程序框图，如图 6-38 所示。

（13）单击“运行”按钮，运行 VI，在前面板显示运行结果，如图 6-39 所示。

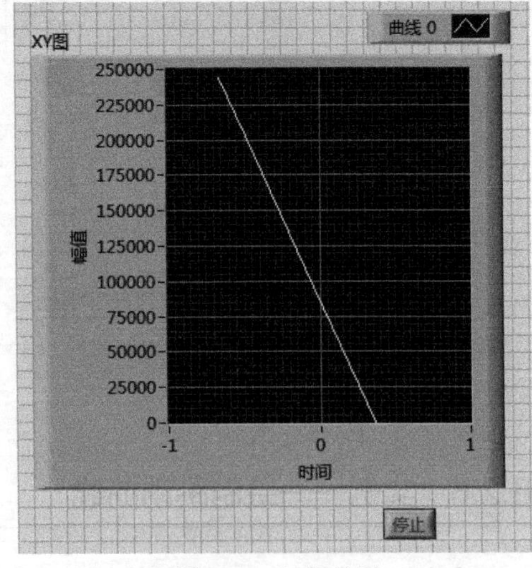

图 6-39　运行结果

6.2.7　强度图

强度图是 LabVIEW 提供的另一种波形显示，它用一个二维强度图表示一个三维的数据类型，一个典型的强度图如图 6-40 所示。

从图中可以看出强度图与前面介绍过的曲线显示工具在外形上的最大区别是，强度图表拥有标签为幅值的颜色控制组件，如果把标签为时间和频率的坐标轴分别理解为 X 轴和 Y 轴，则幅值组件相当于 Z 轴的刻度。

在使用强度图前先介绍一下颜色梯度。颜色梯度在“控件”选板中的“经典”→“经典数值”子选板中，当把这个控件放在前面板时，默认建立一个指示器，如图 6-41 所示。

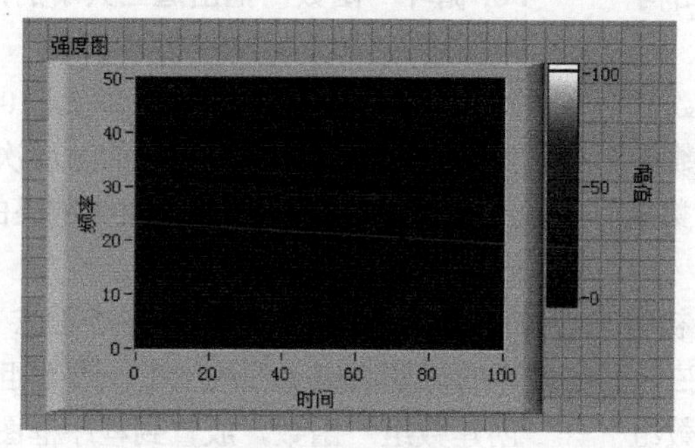

图 6-40　强度图

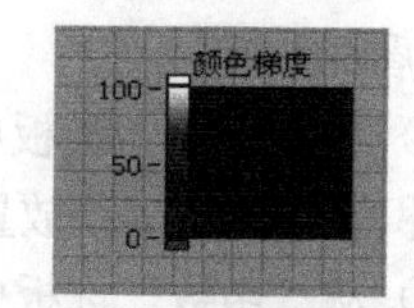

图 6-41　前面板上的颜色梯度指示器

可以看到颜色梯度指示器的左边有个颜色条，颜色条上有数字刻度，当指示器得到数值输入数据时，输入值作为刻度在控件右侧的颜色框中显示在颜色条上对应的颜色。若输入值不在颜色条边上的刻度值范围之内，则当超过 100 时，显示颜色条上方小矩形内的颜色，默认时为白色；当超过下界时，显示颜色条下方小矩形内的颜色，默认时为红色。当输入值为 100 和 −1 时，分别显示为白色和红色，如图 6-42 所示。

在编辑和运行程序时，用户可单击上下两个小矩形，这时会弹出“设置颜色”对话框，在里面定义超界颜色，如图 6-43 所示。

实际上，颜色梯度只包含 3 个颜色值：0 对应黑色，50 对应蓝色，100 对应白色。0 ～ 50 之间和 50 ～ 100 之间的颜色都是插值的结果。在颜色条上弹出的快捷菜单中选择“增加刻度”可以增加新的刻度，如图 6-44 所示。增加刻度之后，可以改变新刻度对应的颜色，这样就为刻度梯度增加了一个数值颜色对。

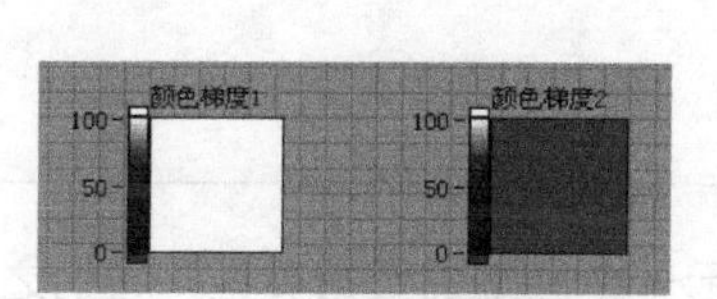

图 6-42　默认超界时的颜色

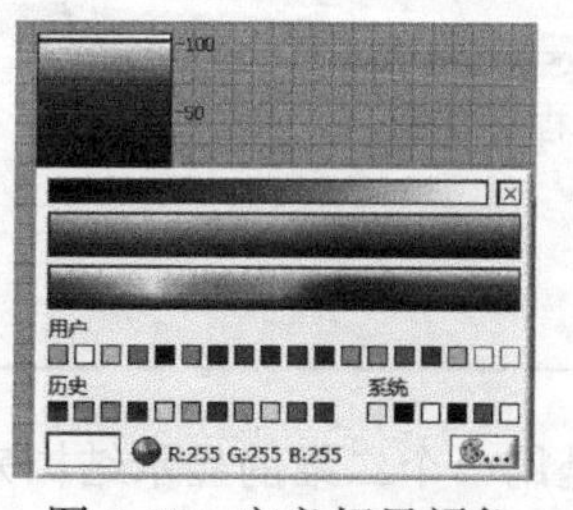

图 6-43　定义超界颜色

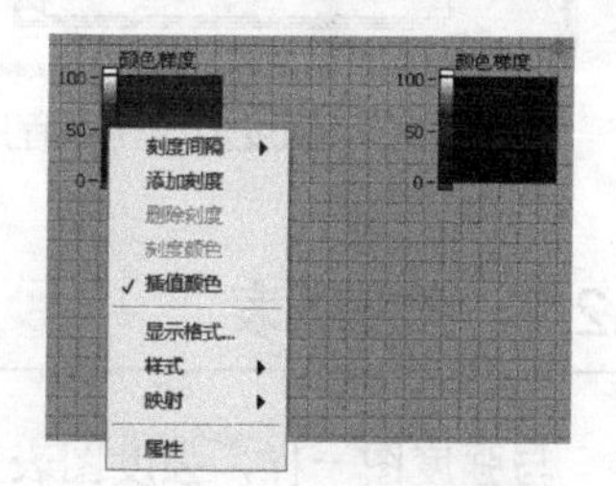

图 6-44　增加刻度

6.2.8　实例——强度图的使用

本实例设计图 6-45 所示的强度图的使用程序的程序框图。

（1）新建 VI。选择菜单栏中的“文件”→“新建 VI”命令，新建一个 VI，一个空白的 VI 包括前面板及程序框图。

（2）保存 VI。选择菜单栏中的“文件”→“另存为”命令，输入 VI 名称为“强度图的使用”。

（3）从“函数”选板中选择“编程”→“结构”→“While 循环”函数，拖出适当大小的矩形框，在 While 循环条件接线端创建“停止”输入控件。

（4）从“函数”选板中选择“编程”→“结构”→“For 循环”函数，拖出适当大小的矩形框，在 For 循环总线接线端创建循环次数为 100。

（5）从“函数”选板中选择“编程”→“数值”→“除”“pi 乘以 2”函数，计算 2π/10。

（6）从“函数”选板中选择“编程”→“数值”→“加”函数，叠加两个循环的循环次数。

（7）从“函数”选板中选择“编程”→“数值”→“乘”函数，计算除法与加法结果的乘积，放置到循环内部。

（8）从“函数”选板中选择“数学”→“初等与特殊函数”→“三角函数”→“正弦”函数，计算乘积值的正弦值，放置到循环内部，让正弦函数在循环的边框通道上形成一个一维数组。

（9）从“函数”选板中选择“编程”→“数组”→“创建数组”函数，放置到程序框图，形成一个列数为 1 的二维数组送到控件中去显示。

（10）打开前面板，从“控件”选板中选择“新式”→“图形”→“强度图”控件，创建“强度图”控件。二维数组是强度图必需的数据类型。

（11）单击工具栏中的“整理程序框图”按钮，整理程序框图，结果如图 6-45 所示。

（12）单击“运行”按钮，运行 VI，在前面板显示运行结果，如图 6-46 所示。

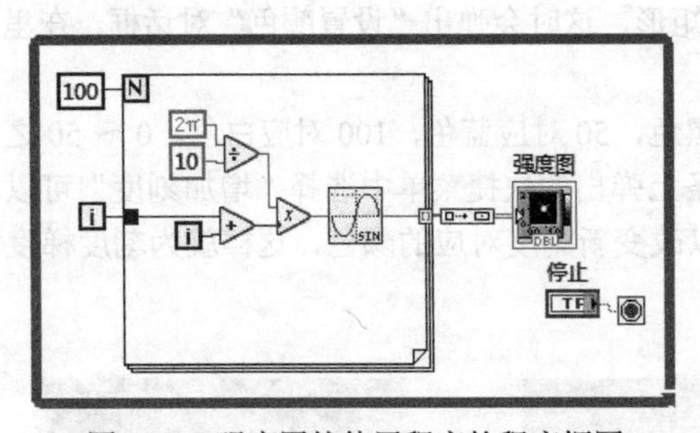

图 6-45 强度图的使用程序的程序框图

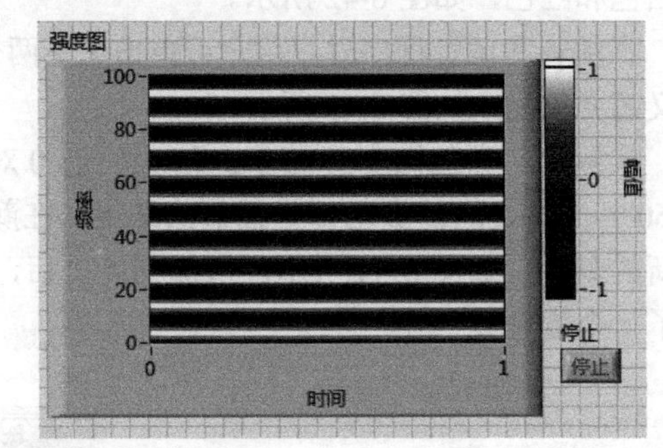

图 6-46 运行结果

6.2.9 强度图表

与强度图一样，强度图表也是用一个二维的显示结构来表示一个三维的数据类型，它们之间的主要区别在于图像的刷新方式不同：强度图接收到新数据时，会自动清除旧数据的显示；而强度图表会把新数据的显示接续到旧数据的后面。如同波形图表和波形图的区别。

上一节介绍了强度图的数据格式为一个二维的数组，强度图可以把这些数据一次性显示出来。虽然强度图表也是接收和显示一个二维的数据数组，但它显示的方式不一样。它可以一次性显示一列或几列图像，它在屏幕及缓冲区保存一部分旧的图像和数据，每次接收到新的数据时，新的图像紧接着在原有图像的后面显示。当下一列图像将超出显示区域时，将有一列或几列旧图像移出屏幕。数据缓冲区同波形图表一样，也是先进先出，大小可以自己定义，但结构与波形图表（二维）不一样，强度图表的缓冲区结构是一维的。这个缓冲区的大小是可以设定的，默认为 128 个数据点，若想改变缓冲区的大小，可以在强度图表上单击鼠标右键，从弹出的快捷菜单中选择“图表历史长度”命令，即可改变缓冲区的大小，如图 6-47 所示。

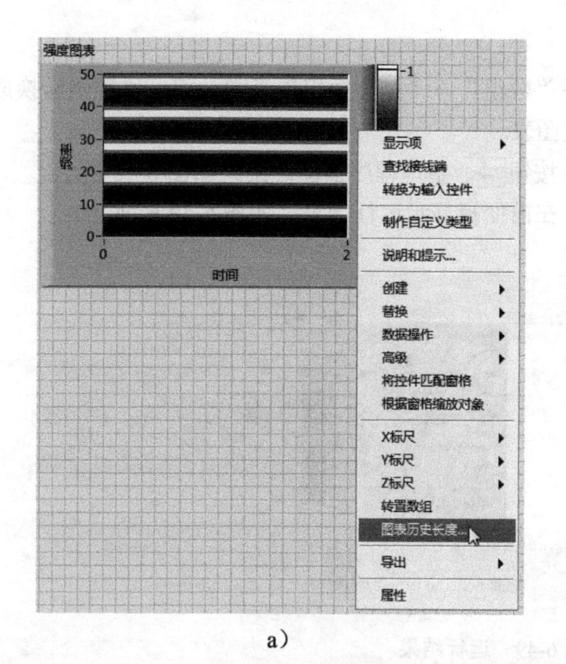

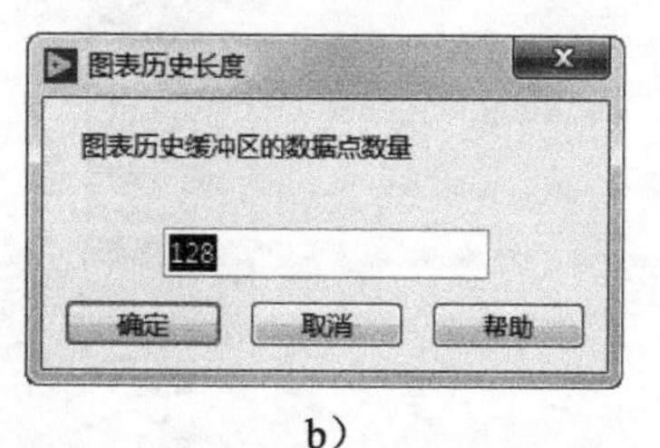

a） b）

图 6-47 设置图表历史长度

6.2.10 实例——强度图表的使用

本实例运行图 6-48 所示的强度图表的使用程序的程序框图。

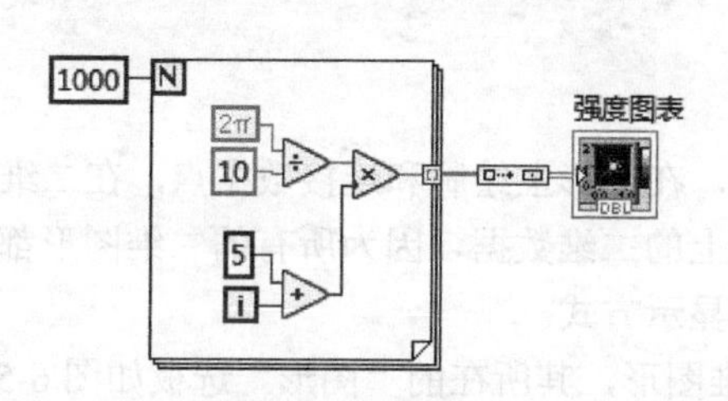

图 6-48 强度图表的使用程序的程序框图

操作步骤

（1）新建 VI。选择菜单栏中的“文件”→“新建 VI”命令，新建一个 VI，一个空白的 VI 包括前面板及程序框图。

（2）保存 VI。选择菜单栏中的“文件”→“另存为”命令，输入 VI 名称为“强度图表的使用”。

（3）从“函数”选板中选择“编程”→“结构”→“For 循环”函数，拖出适当大小的矩形框，在 For 循环总线接线端创建循环次数为 1000。

（4）从“函数”选板中选择“编程”→“数值”→“除”“pi 乘以 2”函数，计算 2π/10。

（5）从“函数”选板中选择“编程”→“数值”→“加”函数，叠加循环次数与常量 5。

（6）从“函数”选板中选择“编程”→“数值”→“乘”函数，计算除法与加法结果的乘积，放置到循环内部，在循环的边框通道上形成一个一维数组。

（7）打开前面板，从“控件”选板中选择“新式”→“图形”→“强度图表”控件，创建“强度图表”控件。

（8）从“函数”选板中选择“编程”→“数组”→“创建数组”函数，将一维数组转换成一个列数为1的二维数组，连接乘积数据到强度图表。

（9）单击工具栏中的“整理程序框图”按钮，整理程序框图，结果如图6-48所示。

（10）单击“运行”按钮，运行VI，在前面板显示运行结果，如图6-49所示。

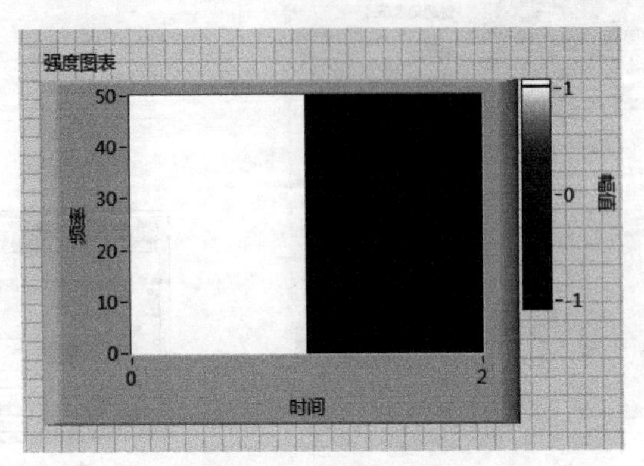

图6-49 运行结果

提示 因为二维数组是强度图表所必需的数据类型，所以需要将一维数组转换为二维数组，即使只有一行，这一步骤也是必要的。

6.3 二维图形

二维图形使用 x 和 y 数据，在图形上绘制和连接数据点，在二维视图中显示数据。使用二维图形可以可视化方法查看XY图上的二维数据，因为所有的二维图形都是XY图。使用二维图形的属性可修改数据在二维图形中的显示方式。

LabVIEW中包含以下二维图形，其所在的“图形”选板如图6-50所示。

图6-50 “图形”子选板

- 罗盘图——绘制由罗盘图形的中心发出的向量。
- 误差线图——绘制线条图形上下各个点的误差线。
- 羽状图——绘制由水平坐标轴上均匀分布的点发出的向量。
- XY 曲线矩阵——绘制多行和多列曲线图形。

6.3.1　罗盘图

罗盘图即起点为坐标原点的二维或三维向量，同时还在坐标系中显示圆形的分隔线，在“新式”→“图形”子选板中找到，选中后拖入前面板即可，如图 6-51 a）所示。在图 6-51 b）中可以看出，罗盘图相应的程序框图由两部分组成：2D Compass 和二维罗盘图绘图帮助 VI。其中 2D Compass 只负责图形显示，作图则由二维罗盘图绘图帮助 VI 来完成。

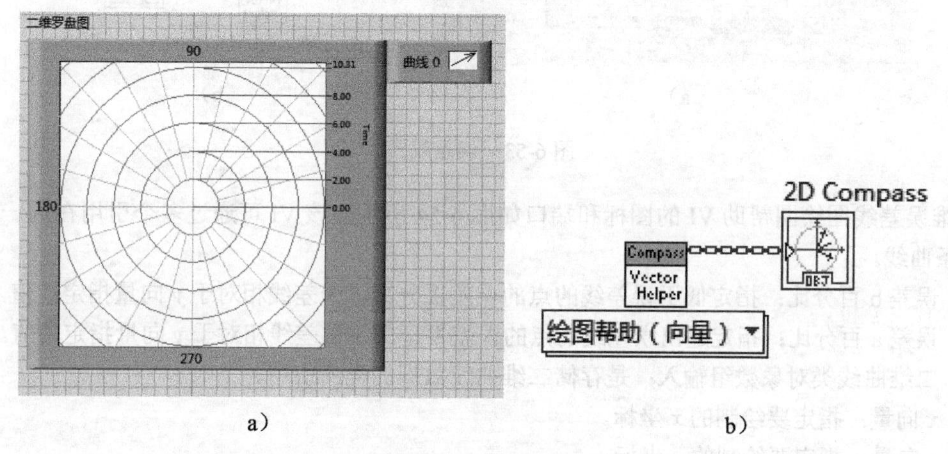

a）　　b）

图 6-51　罗盘图

二维罗盘图绘图帮助 VI 的图标和端口如图 6-52 所示，该 VI 可通过多个引用在同一图形上生成多条曲线。

- 二维曲线类对象数组输入：是存储二维曲线数据的类的引用。
- ***theta*** 向量：指定罗盘图的角度。
- 半径向量：指定从中心扩展的向量长度。
- 错误输入（无错误）：表明节点运行前发生的错误，将提供标准错误输入功能。
- 二维曲线类对象数组输出：是二维曲线图。
- 错误输出：包含错误信息，将提供标准错误输出功能。

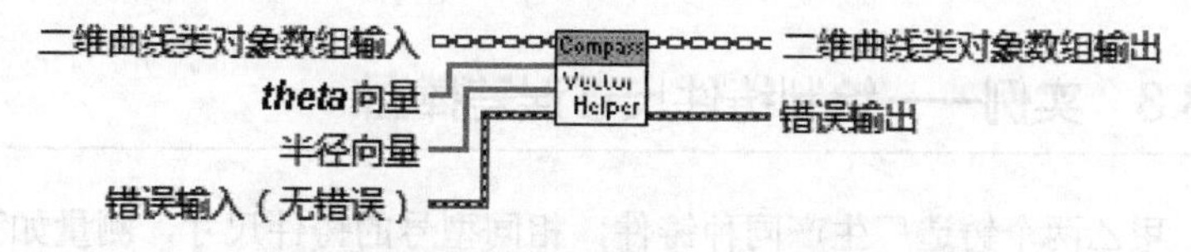

图 6-52　二维罗盘图绘图帮助 VI 的图标和端口

6.3.2　误差线图

误差线图是绘制线条图形上各点误差百分比或向量的曲线，在“新式”→“图形”子选板中找到，选中后拖入前面板即可，如图 6-53 a）所示。在图 6-53 b）中可以看出，误差线图相应的程序框图由两部分组成：2D Error Bar 和二维误差线图绘图帮助 VI。其中 2D Error Bar 只负责图形显示，作图则由二维误差线图绘图帮助 VI 来完成。

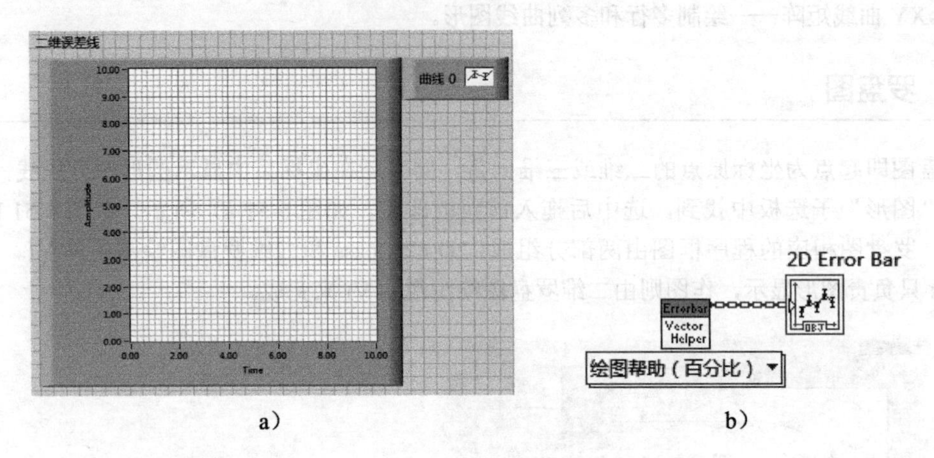

a）　　　　b）

图 6-53　误差线图

二维误差线图绘图帮助 VI 的图标和端口如图 6-54 所示，该 VI 可通过多个引用在同一图形上生成多条曲线。

- 误差 b 百分比：指定低于误差线的点的误差百分比，误差线相对于 ***y*** 向量指定的值。
- 误差 a 百分比：指定超出误差线的点的误差百分比，误差线相对于 ***y*** 向量指定的值。
- 二维曲线类对象数组输入：是存储二维曲线数据的类的引用。
- ***x*** 向量：指定要绘制的 *x* 坐标。
- ***y*** 向量：指定要绘制的 *y* 坐标。
- 错误输入（无错误）：表明节点运行前发生的错误，将提供标准错误输入功能。
- 二维曲线类对象数组输出：输出误差线图形。
- 错误输出：包含错误信息，将提供标准错误输出功能。

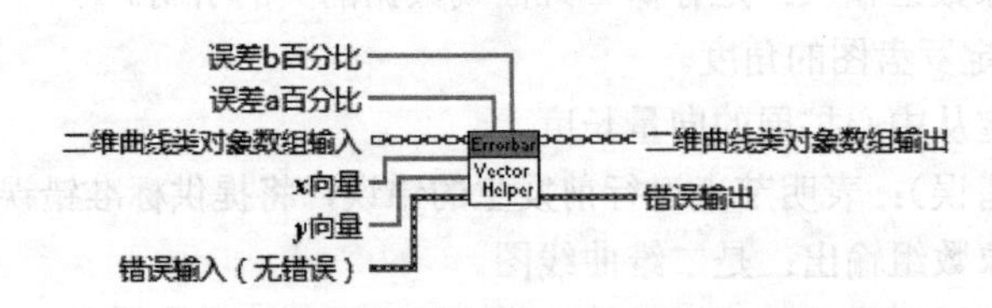

图 6-54　二维误差线图绘图帮助 VI 的图标和端口

6.3.3　实例——绘制铸件尺寸误差棒图

甲乙两个铸造厂生产同种铸件，相同型号的铸件尺寸，测量如下，绘出表 6-1 数据中的误差棒图。本例将绘制铸件尺寸误差棒图。

表 6-1　铸件尺寸给定数据

甲	96.3	92.1	94.7	90.1	96.6	90.0	94.7
乙	96.6	94.9	96.2	96.1	96.8	96.3	94.1

操作步骤

（1）新建 VI。选择菜单栏中的“文件”→“新建 VI”命令，新建一个 VI，一个空白的 VI 包括前面板及程序框图。

（2）保存 VI。选择菜单栏中的“文件”→“另存为”命令，输入 VI 名称为“绘制铸件尺寸误差棒图”。

（3）固定“控件”选板。单击鼠标右键，在前面板打开“控件”选板，单击选板左上角“固定”按钮，将“控件”选板固定在前面板。

（4）打开前面板，从“控件”选板中选择“新式”→“图形”→“误差线”，创建“二维误差线表”控件，在控件图例上单击，设置曲线颜色为红色，方便显示。

（5）打开前面板窗口，从“控件”选板中选择“NXG 风格”→“数组与簇”→“数组 - 数值（NXG 风格）”，创建 2 个数组控件，命名为“甲厂数据”“乙厂数据”，并分别输入表 6-1 中对应的尺寸数据，如图 6-55 所示。

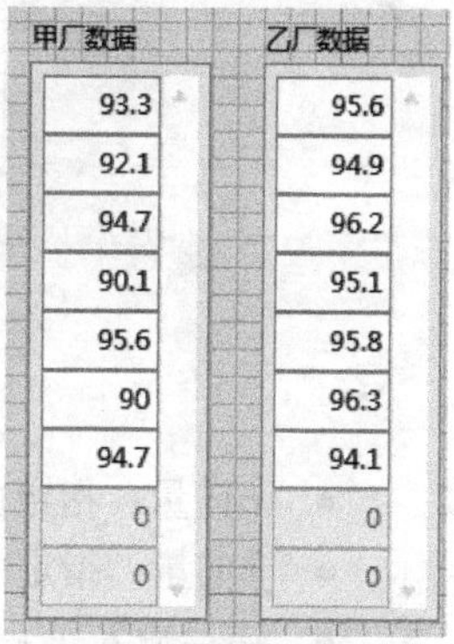

图 6-55　输入尺寸数据

（6）从“函数”选板中选择“编程”→“数值”→“减”函数，求“甲厂数据”“乙厂数据”的差值，作为误差百分比，连接到二维误差线图绘图帮助 VI 的误差 a 百分比、误差 b 百分比输入端。将“甲厂数据”连接到二维误差线图绘图帮助 VI 的 ***y*** 向量输入端。

（7）单击工具栏中的“整理程序框图”按钮，整理程序框图，结果如图 6-56 所示。

（8）单击“运行”按钮，运行 VI，在前面板显示运行结果，如图 6-57 所示。

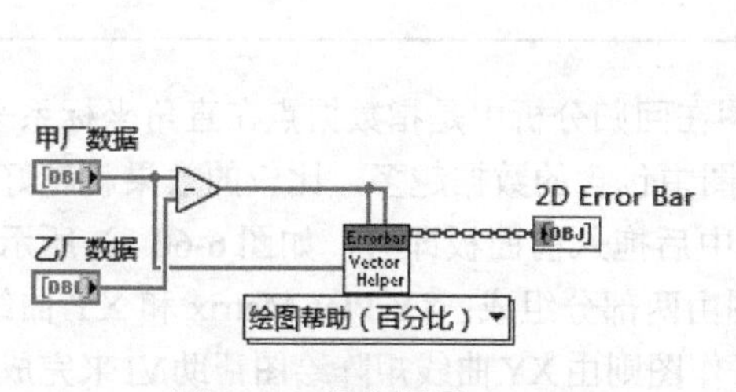

图 6-56　程序框图

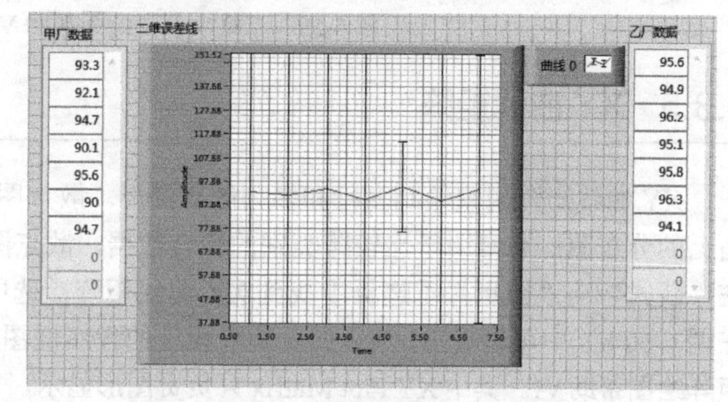

图 6-57　运行结果

6.3.4　羽状图

羽状图是在横坐标上等距地显示向量的图形，看起来就像鸟的羽毛一样，在“新式”→“图形”子选板中找到，选中后拖入前面板即可，如图 6-58 a）所示。在图 6-58 b）中可以看出，羽状图相应的程序框图由两部分组成：2D Compass 和二维羽状图绘图帮助 VI。其中 2D Compass 只负责图形显示，作图则由二维羽状图绘图帮助 VI 来完成。

二维羽状图绘图帮助 VI 的图标和端口如图 6-59 所示，该 VI 绘制由水平坐标轴上的零点均匀分布的点发出的向量，可通过多个引用在同一图形上生成多条曲线。

- 二维曲线类对象数组输入：是存储二维曲线数据的类的引用。

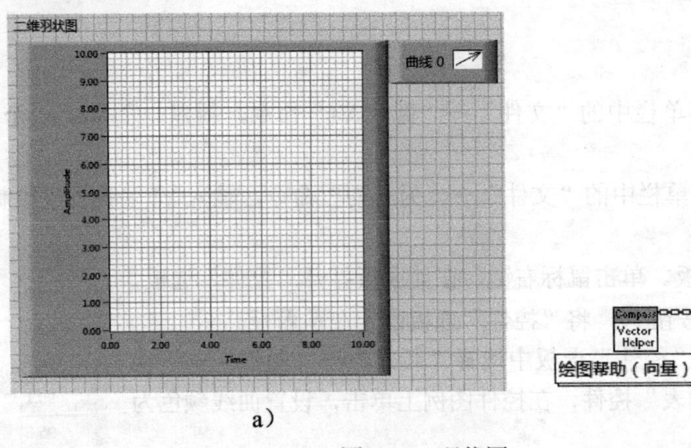

a）　　　　　　　　　　　　　　　　　　　　　b）

图 6-58　羽状图

- ***x*** 向量：指定由水平轴发出的向量的端点的 *x* 坐标。
- ***y*** 向量：指定由水平轴发出的向量的长度的 *y* 坐标。
- 错误输入（无错误）：表明节点运行前发生的错误，提供标准错误输入功能。
- 二维曲线类对象数组输出：输出羽状图图形。
- 错误输出：包含错误信息，提供标准错误输出功能。

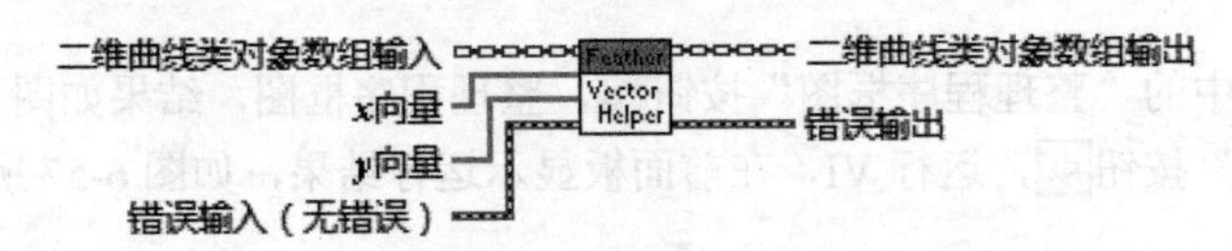

图 6-59　二维羽状图绘图帮助 VI 的图标和端口

6.3.5　XY 曲线矩阵

XY 曲线矩阵用来绘制多行和多列散点图形。散点图在回归分析中是指数据点在直角坐标系平面上的分布图；通常用于比较跨类别的聚合数据。散点图中包含的数据越多，比较的效果就越好。在“新式”→“图形”子选板中找到 XY 曲线矩阵，选中后拖入前面板即可，如图 6-60 a）所示。在图 6-60 b）中可以看出，XY 曲线矩阵相应的程序框图由两部分组成：XY Plot Matrix 和 XY 曲线矩阵绘图帮助 VI。其中 XY Plot Matrix 只负责图形显示，作图则由 XY 曲线矩阵绘图帮助 VI 来完成。

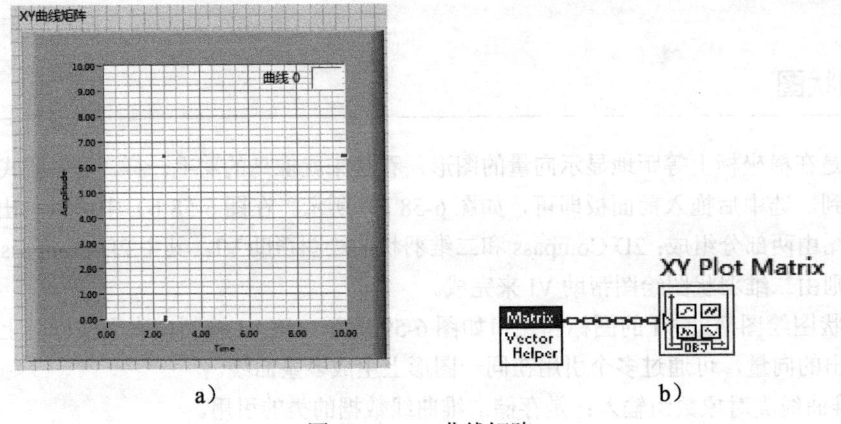

a）　　　　　　　　　　　　　　　　　　　　　b）

图 6-60　XY 曲线矩阵

XY 曲线矩阵绘图帮助 VI 的图标和端口如图 6-61 所示，该 VI 可通过多个引用在同一图形上生成多条曲线。

- 二维曲线类对象数组输入：存储 XY 曲线数据的类的引用。
- ***X*** 矩阵：指定要绘制的 ***x*** 坐标。***X*** 矩阵中的列指定了运行 VI 时各个图形中的列数。
- ***Y*** 矩阵：指定要绘制的 ***y*** 坐标。***Y*** 矩阵中的列指定了运行 VI 时各个图形中的行数。
- 错误输入（无错误）：表明节点运行前发生的错误，提供标准错误输入功能。
- 二维曲线矩阵类对象数组输出：输出 XY 曲线矩阵图。
- 错误输出：包含错误信息，提供标准错误输出功能。

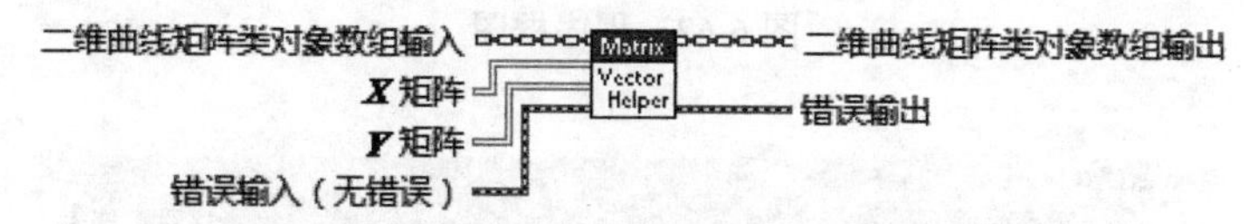

图 6-61　XY 曲线矩阵绘图帮助 VI 的图标和端口

6.3.6　实例——绘制 XY 曲线矩阵图

本例基于随机数生成的正弦余弦值组成的数组，绘出 XY 曲线矩阵图。在该例中，有 2 个 *X* 列，2 个 *Y* 列，所以 XY 曲线矩阵中会有 4 条 XY 曲线。程序框图如图 6-62 所示。

扫码看视频

（1）新建 VI。选择菜单栏中的“文件”→“新建 VI”命令，新建一个 VI，一个空白的 VI 包括前面板及程序框图。

（2）保存 VI。选择菜单栏中的“文件”→“另存为”命令，输入 VI 名称为“绘制 XY 曲线矩阵图”。

（3）固定“控件”选板。单击鼠标右键，在前面板打开“控件”选板，单击选板左上角“固定”按钮，将“控件”选板固定在前面板。

（4）打开前面板窗口，从“控件”选板中选择“新式”→“图形”→“XY 曲线矩阵”，创建 XY 曲线矩阵图控件。

（5）从“函数”选板中选择“编程”→“结构”→“For 循环”函数，拖出适当大小的矩形框，在 For 循环总线接线端，创建循环次数为 100。

（6）从“函数”选板中选择“编程”→“数值”→“随机数”函数，放置到循环内部。

（7）从“函数”选板中选择“数字”→“初等与特殊函数”→“三角函数”→“正弦”“余弦”函数，放置到循环内部，求随机数生成数值的正弦余弦值。

（8）从“函数”选板中选择“编程”→“数组”→“创建数组”函数，放置到循环内部和外部，连接数组，在循环内的“创建数组”函数用于将循环数值生成数组，循环外的“创建数组”函数用于将数组生成二维数组。

（9）将循环外的二维数组连接到 XY 曲线矩阵的 ***X*** 矩阵、***Y*** 矩阵输入端，显示数组数据图形。

（10）从“函数”选板中选择“编程”→“对话框与用户界面”→“简易错误处理器”函数，连接到 XY 曲线矩阵的错误输出端，发生错误时，显示有错误发生。

（11）单击工具栏中的“整理程序框图”按钮，整理程序框图，结果如图 6-62 所示。

（12）单击“运行”按钮，运行 VI，在前面板显示运行结果，XY 曲线矩阵中会有 4 条 XY 曲线，如图 6-63 所示。

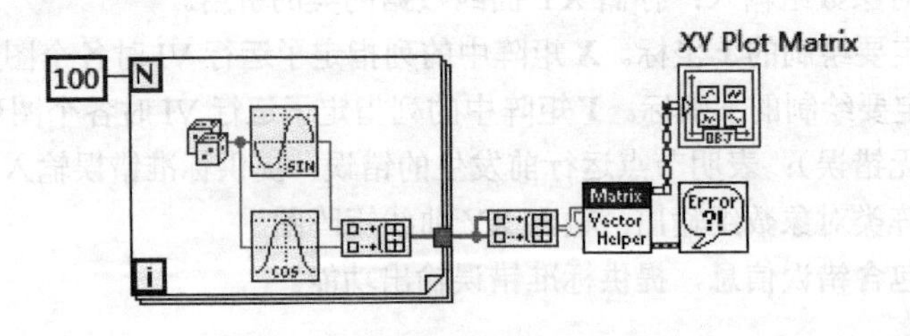

图 6-62　程序框图

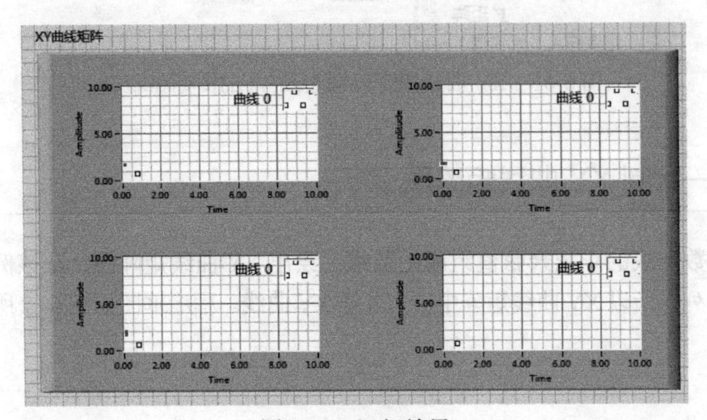

图 6-63　运行结果

6.4　三维图形

在很多情况下，把数据绘制在三维空间里会更形象和更有表现力。大量实际应用中的数据，例如某个平面的温度分布、联合时频分析、飞机的运动等，都需要在三维空间中可视化显示数据。三维图形可令三维数据可视化，修改三维图形属性可改变数据的显示方式。

LabVIEW 中包含以下三维图形，其所在子选板如图 6-64 所示。

- 散点图：显示两组数据的统计趋势和关系。
- 杆图：显示冲激响应并按分布组织数据。
- 彗星图：创建数据点周围有圆圈环绕的动画图。
- 曲面图：在相互连接的曲面上绘制数据。
- 等高线图：绘制等高线图。
- 网格图：绘制有开放空间的网格曲面。
- 瀑布图：绘制数据曲面和 *Y* 轴上低于数据点的区域。
- 箭头图：生成速度曲线。
- 带状图：生成平行线组成的带状图。
- 条形图：生成垂直条带组成的条形图。
- 饼图：生成饼状图。

- 三维曲面图：在三维空间绘制一个曲面。
- 三维参数图：在三维空间中绘制一个参数图。
- 三维线条图：在三维空间绘制线条。

注意

只有安装了 LabVIEW 完整版和专业版开发系统才可使用三维图片控件。

- ActiveX 三维曲面图：使用 ActiveX 技术，在三维空间绘制一个曲面。
- ActiveX 三维参数图：使用 ActiveX 技术，在三维空间绘制一个参数图。
- ActiveX 三维曲线图：使用 ActiveX 技术，在三维空间绘制一条曲线。

a）

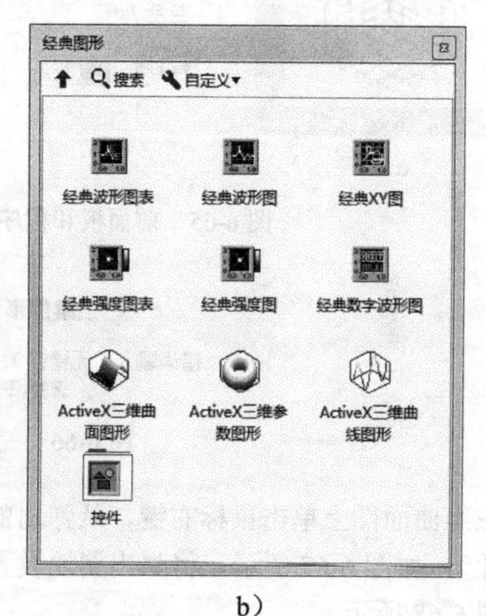

b）

图 6-64　三维图形所在子选板

前 14 项位于“控件”选板中“新式”→“图形”→“三维图形”子选板中，即图 6-64 a)；后 3 项位于“经典”→“经典图形”子选板中，即图 6-64 b）图形第 3 行。

注意

ActiveX 三维图形控件仅在 Windows 操作系统中的 LabVIEW 完整版和专业版开发系统上可用。

与其他 LabVIEW 控件不同，这 3 个三维图形模块不是独立的。实际上这 3 个三维图形模块都是包含了 ActiveX 控件的 ActiveX 容器与某个三维绘图函数的组合。

6.4.1　三维曲面图

三维曲面图用于显示三维空间的一个曲面。在前面板放置一个三维曲面图时，程序框图将出现两个图标，如图 6-65 所示。

在图 6-65 b）中可以看出，三维曲面图对应的程序框图由两部分组成：3D Surface 和三维曲面。其中 3D Surface 只负责图形显示，作图则由三维曲面来完成。

三维曲面的图标和端口如图 6-66 所示。三维图形输入端口是 ActiveX 控件输入端，该端口的下面是两个一维数组输入端，用以输入 *X*、*Y* 坐标值。***Z*** 矩阵端口的数据类型为二维数组，用以输入 *Z* 坐标值。三维曲面在作图时采用的是描点法，即根据输入的 *X*、*Y*、*Z* 坐标在三维空间确定一系列数据点，然后通过插值得到曲面。在作图时，三维曲面根据 *X* 和 *Y* 的坐标数组在 XY 平面上确定一个矩形网络，每个网格结点都对应着三维曲线上的一个点在 XY 坐标平面的投影。***Z*** 矩阵数组给出了每个网格节点所对应的曲面点的 *Z* 坐标，三维曲面根据这些信息就能够完成作图。三维曲面不能显示三维空间的封闭图形，如果显示封闭图形应使用三维参数曲面。

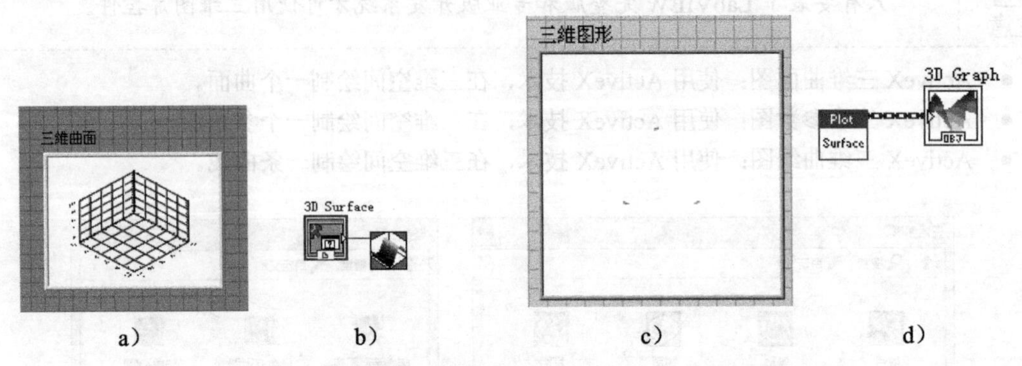

图 6-65　前面板和程序框图中的三维曲面图、三维图形

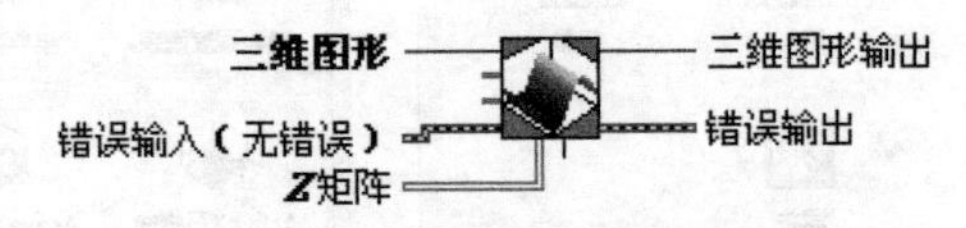

图 6-66　三维曲面的图标和端口

在三维曲面图上单击鼠标右键，从弹出的快捷菜单中选择“CWGraph3D”，从下一级菜单中选择“属性”，如图 6-67 所示。将弹出属性设置的对话框，同时会出现一个小的 CWGraph3D 控件面板，如图 6-68 所示。

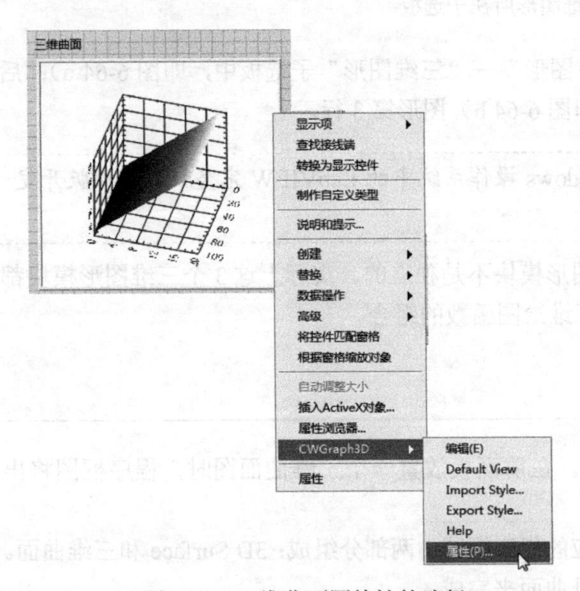

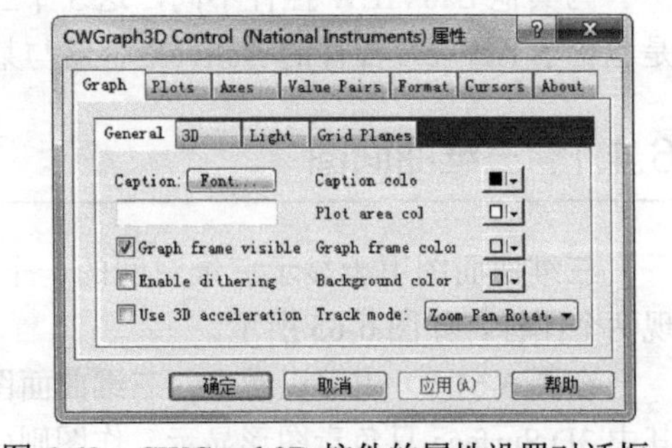

图 6-67　三维曲面图特性的选择　　　　图 6-68　CWGraph3D 控件的属性设置对话框

属性对话框中共有 7 个选项卡，包括：Graph、Plots、Axes、Value Pairs、Format、Cursors、About。下面对常用的选项卡进行介绍，其他各项属性的设置方法相似。

Graph 选项卡中包含 4 部分：General、3D、Light、Grid Planes，即常规属性设置、三维显示设置、灯光设置、网格平面设置。

常规属性设置用来设置 CWGraph3D 控件的标题。Font 用来设置标题的字体。Graph frame Visible 用来设置图像边框的可见性。Enable dithering 用来设置是否开启抖动，开启抖动可以使颜色过渡更为平滑。Use 3D acceleration 用来设置是否使用 3D 加速。Caption color 用来设置标题颜色。Background color 用来设置标题的背景色。Track mode 用来设置跟踪的时间类型。

三维显示设置中的 Projection 用来设置投影类型，有正交投影（Orthographic）和透视（Perspective）两种类型。Fast Draw for Pan/Zoom/Rotate 用来设置是否开启快速画法，此项开启时，在进行移动、缩放、旋转时只将用数据点来代替曲面，以提高作图速度，默认值为 True。Clip Data to Axes Ranges 用来设置是否剪切数据，当此项为 True 时只显示坐标轴范围内的数据，默认值为 True。View Direction 用来设置视角。User Defined View Direction 用来设置用户视角，共有 3 个参数：纬度、精度、视点距离，如图 6-69 所示。

在灯光设置里，除了默认的光照，CWGraph3D 控件还提供了 4 个可控制的灯。Enable Lighting 用来设置是否开启辅助灯光照明。Ambient 用来设置环境光的颜色。Enable Light 用来设置具体每一盏灯的属性，包括纬度（Latitude）、精度（Longitude）、距离（Distance）、衰减（Attenuation），如图 6-70 所示。

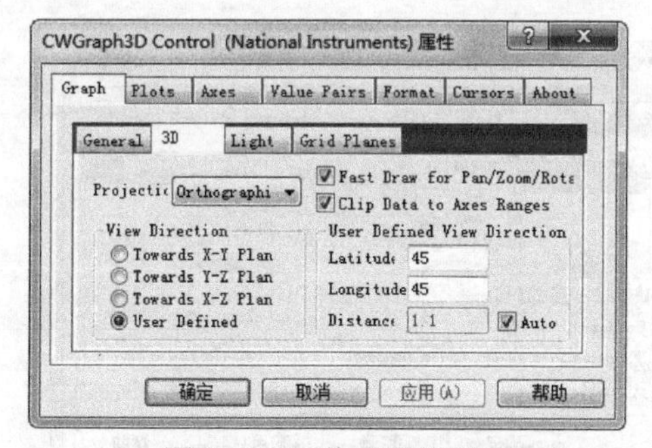

图 6-69　三维显示设置

图 6-70　灯光设置

例如若想添加光影效果，可单击 Enable Light 图标，添加光影效果后的正弦曲面如图 6-71 所示。

在网格平面设置里，Show Grid Plane 用来设置显示网格的平面，Smooth Grid Line 用来设置平滑网格线。Grid Frame Color 用来设置网格边框的颜色，如图 6-72 所示。

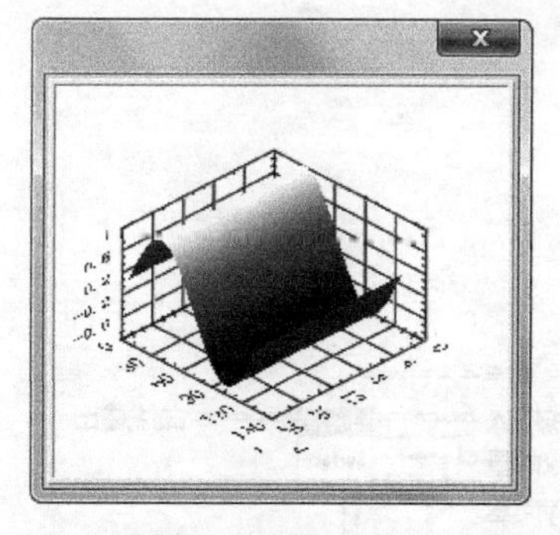

图 6-71　添加了光影效果的正弦曲面图

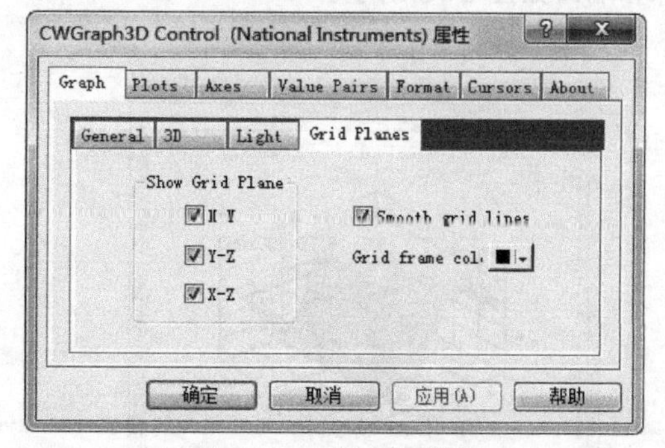

图 6-72　网格平面设置

在 CWGraph3D 的 Plot 选项中，可以更改图形的显示风格。Plot 项如图 6-73 所示。

若要改变显示风格，可单击“Plot Style”，将显示9种风格，如图6-74所示。默认为“Surface”，例如若选择“Surf+Line”将出现新的显示风格，如图6-75所示。

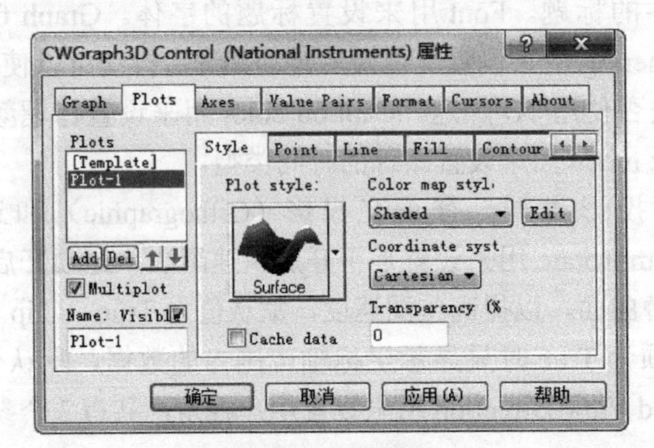

图 6-73　Plot 项

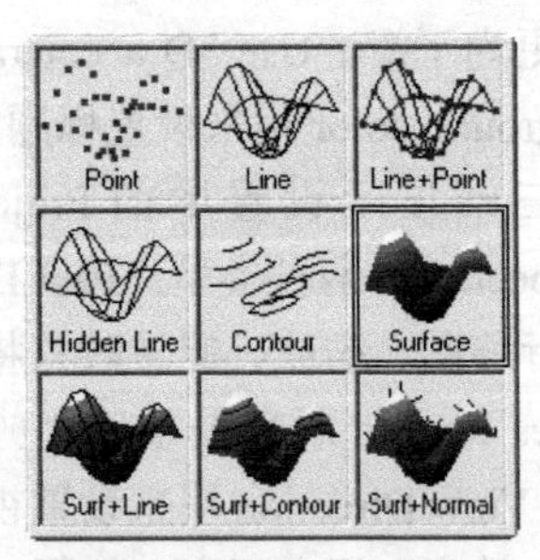

图 6-74　图形的显示风格

在三维曲面图中，经常会使用到Cursor，用户可在CWGraph3D的Cursor选项卡中选择。添加方法是单击Add，设置需要的坐标即可，如图6-76所示。添加了Cursor的三维曲面图如图6-77所示。

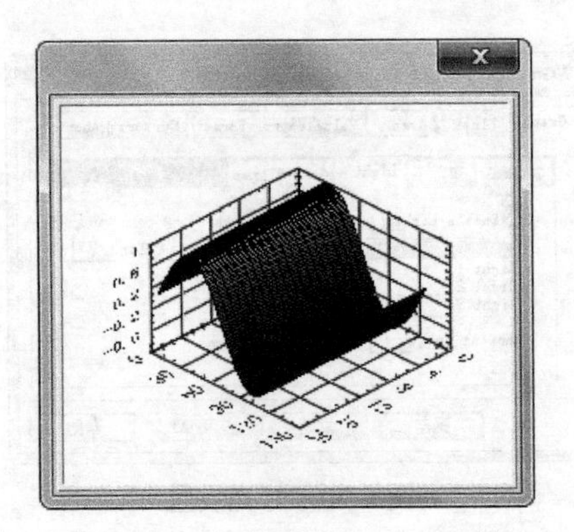

图 6-75　“Surf+Line”显示风格

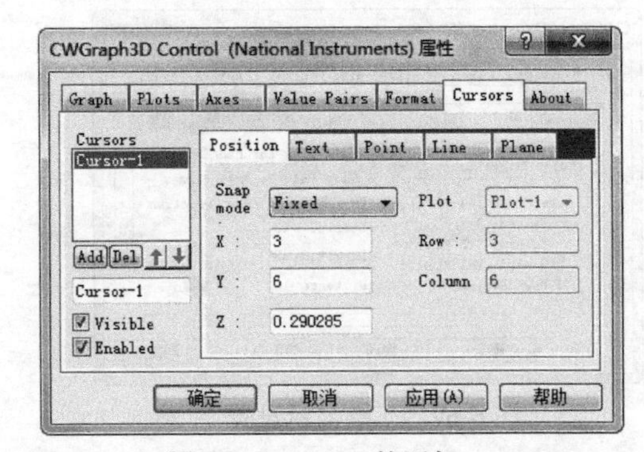

图 6-76　Cursor 的添加

在图6-65 d）中可以看出，三维图形对应的程序框图由两部分组成：3D Graph和三维曲面图设置VI。其中3D Graph只负责图形显示，作图则由三维曲面图设置VI来完成。三维曲面图设置VI的图标和端口如图6-78所示。

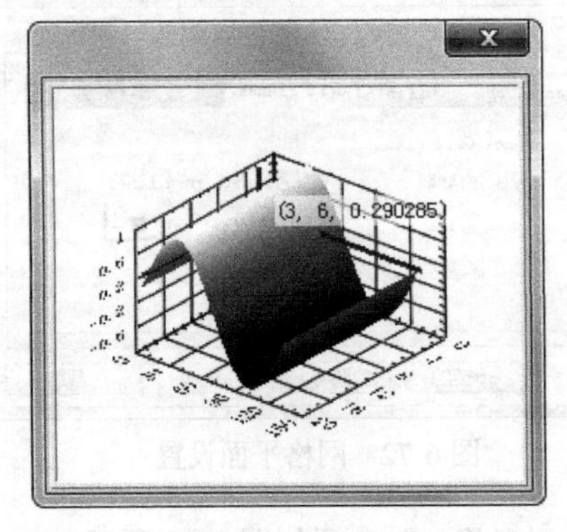

图 6-77　添加了 Cursor 的三维曲面图

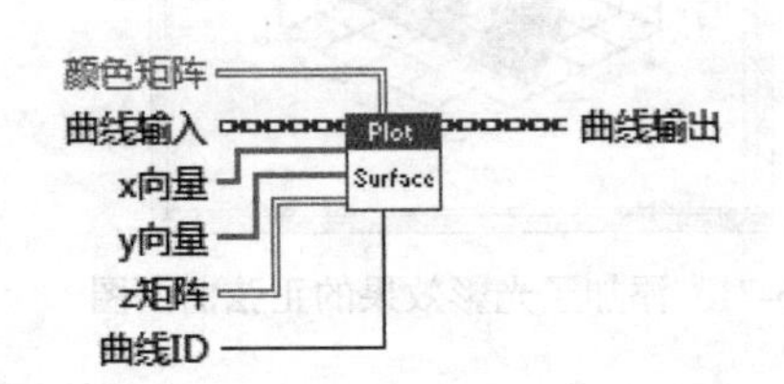

图 6-78　三维曲面图设置 VI 的图标和端口

6.4.2 实例——山峰函数曲面图

本实例使用三维曲面图输出了山峰函数曲面图，其程序框图如图 6-79 所示。

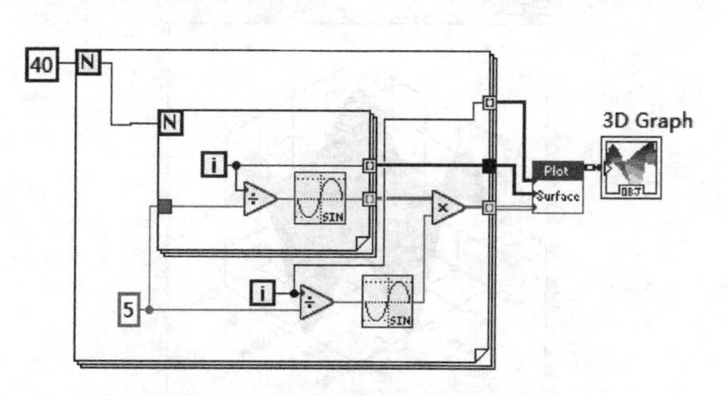

图 6-79 山峰函数曲面图的程序框图

操作步骤

（1）新建 VI。选择菜单栏中的“文件”→“新建 VI”命令，新建一个 VI，一个空白的 VI 包括前面板及程序框图。

（2）保存 VI。选择菜单栏中的“文件”→“另存为”命令，输入 VI 名称为“山峰函数曲面图”。

（3）固定“控件”选板。单击鼠标右键，在前面板打开“控件”选板，单击选板左上角“固定”按钮，将“控件”选板固定在前面板。

（4）从“控件”选板中选择“新式”→“图形”→“三维图形”→“三维曲面图形”控件，创建“三维曲面图形”控件。

（5）从“函数”选板中选择“编程”→“结构”→“For 循环”函数，拖出适当大小的矩形框，在 For 循环总线接线端创建循环次数为 40，循环计数 i 直接连接到三维曲面图设置 VI 中的 $\boldsymbol{x}$ 向量输入端。

提示

由于后面嵌套计算循环计数 i，为区分计算，连接到 $\boldsymbol{x}$ 向量输入端的 For 循环中循环计数 i 用 x 表示。同样的，连接到 $\boldsymbol{y}$ 向量输入端的 For 循环中循环计数 i 用 y 表示。

（6）从“函数”选板中选择“编程”→“数值”→“除”函数，计算循环计数 $i/5$，即 $x/5$。

（7）从“函数”选板中选择“数字”→“初等与特殊函数”→“三角函数”→“正弦”函数，放置到循环内部，求正弦值 $\sin(x/5)$，以区分后面的循环计算。

（8）从“函数”选板中选择“编程”→“结构”→“For 循环”函数，内部嵌套 For 循环，内部 For 循环总线接线端创建循环次数为 40，循环计数 i 直接连接到三维曲面图设置 VI 中的 $\boldsymbol{y}$ 向量输入端。

（9）从“函数”选板中选择“编程”→“数值”→“除”函数，计算内部循环计数 $i/5$，即 $y/5$。

（10）从“函数”选板中选择“数字”→“初等与特殊函数”→“三角函数”→“正弦”函数，放置到循环内部，求内部循环正弦值 $\sin(y/5)$。

（11）从“函数”选板中选择“编程”→“数值”→“乘”函数，计算 $\sin(y/5)\times\sin(y/5)$，直接连接到三维曲面图设置 VI 中的 $\boldsymbol{Z}$ 矩阵输入端。

（12）单击工具栏中的“整理程序框图”按钮，整理程序框图，结果如图 6-79 所示。

（13）单击“运行”按钮，运行 VI，在前面板显示运行结果，如图 6-80 所示。

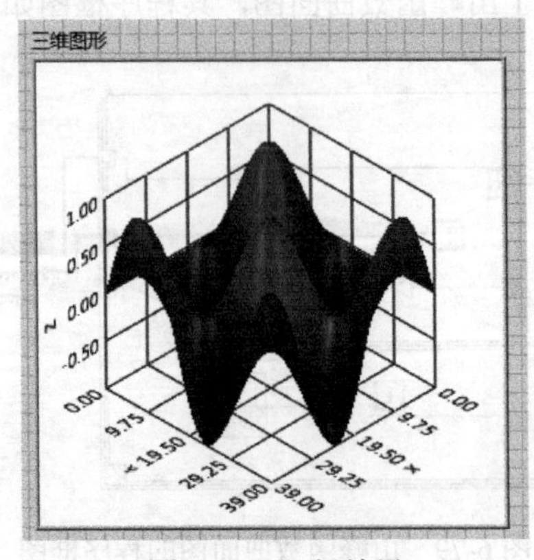

图 6-80　运行结果

6.4.3　三维参数图

前文介绍了三维曲面的使用方法，三维曲面可以显示三维空间的一个曲面，但要显示三维空间的封闭图形时就无能为力了，这时就需要使用三维参数图了。图 6-81 是三维参数图的前面板和程序框图显示。其程序框图中将出现两个图标：一个是 3D Parametric Surface，另一个是三维参数曲面。

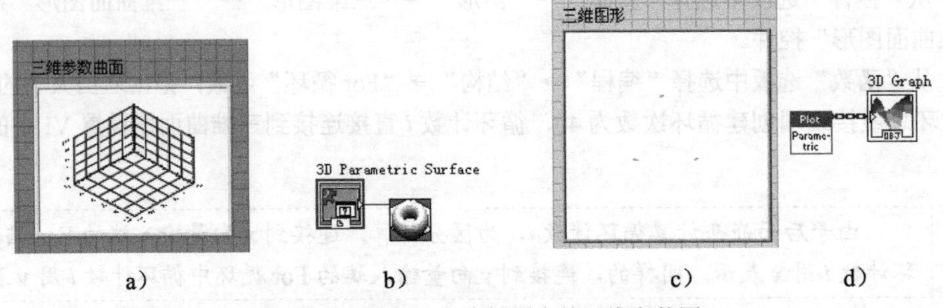

图 6-81　前面板和程序框图中的三维参数图

图 6-82 所示为三维参数曲面的图标和端口，三维参数曲面各端口的含义是：三维图形表示 3D Parametric 输入端，***X*** 矩阵表示参数变化时 x 坐标所形成的二维数组；***Y*** 矩阵表示参数变化时 y 坐标所形成的二维数组，***Z*** 矩阵表示参数变化时 z 坐标所形成的二维数组。三维参数曲面的使用较为复杂，但借助参数方程的形式更易于理解，需要 3 个方程：$x=fx(I,j)$；$y=fy(I,j)$；$z=fz(I,j)$。其中，x，y，z 是图形中点的三维坐标，I，j 是两个参数。

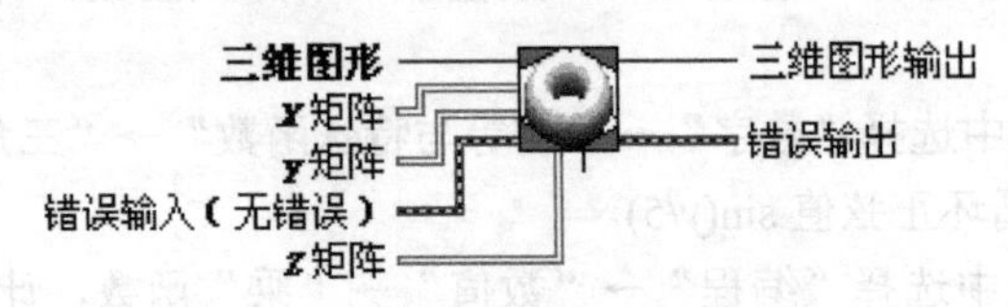

图 6-82　三维参数曲面的图标和端口

6.4.4　实例——单位球面

本例绘制单位球面，其程序框图和前面板如图 6-83 所示球面的参数方程为。

$$\begin{cases} x=\cos\alpha\cos\beta & (6\text{-}1) \\ y=\cos\alpha\sin\beta & (6\text{-}2) \\ z=\sin\beta & (6\text{-}3) \end{cases}$$

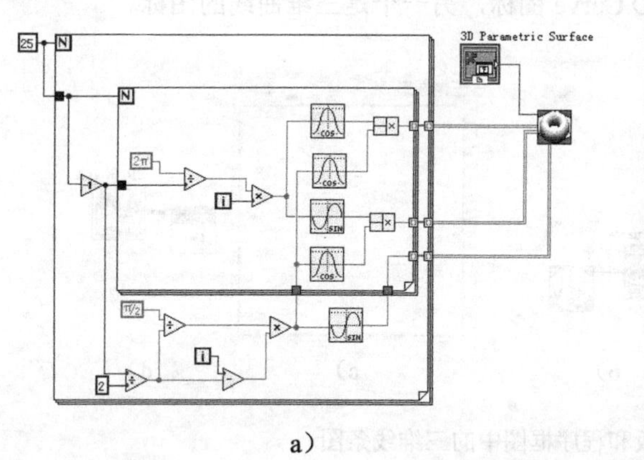

a）

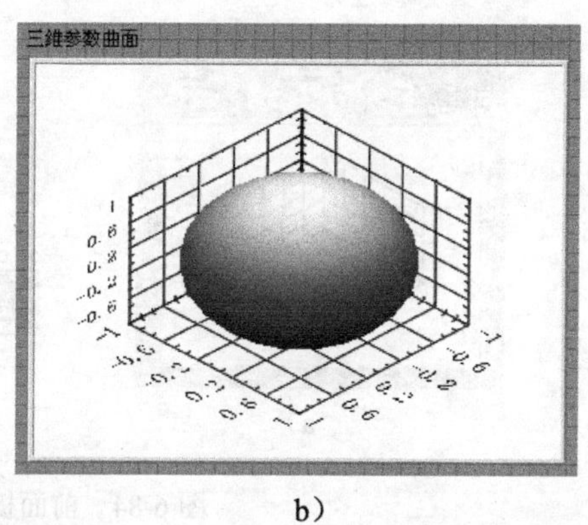

b）

图 6-83　程序框图和前面板

操作步骤

（1）新建 VI。选择菜单栏中的“文件”→“新建 VI”命令，新建一个 VI，一个空白的 VI 包括前面板及程序框图。

（2）保存 VI。选择菜单栏中的“文件”→“另存为”命令，输入 VI 名称为“单位球面”。

（3）固定“控件”选板。单击鼠标右键，在前面板打开“控件”选板，单击选板左上角“固定”按钮，将“控件”选板固定在前面板。

（4）打开程序框图窗口，从“控件”选板中选择“经典”→“经典图形”→“ActiveX 三维参数图形”控件，创建三维参数曲面控件。

（5）从“函数”选板中选择“编程”→“结构”→“For 循环”函数，放置循环，在 For 循环总线接线端创建循环次数为 25。

（6）从“函数”选板中选择“编程”→“数值”→“除”“乘”函数，计算$\alpha=\dfrac{2\pi i}{N}$。其中 α 为球到球面任意一点的半径与 Z 轴之间的夹角，令 α 从 0 变化到 π，步长为 π/24。

（7）从“函数”选板中选择“编程”→“数值”→“减 1”“除”“减”“乘”函数，计算 $\beta=\dfrac{\dfrac{\pi}{2}\left(i-\dfrac{N-1}{2}\right)}{\dfrac{N-1}{2}}$，$\beta$ 是球半径在 XY 平面上的投影与 X 轴的夹角，β 从 0 变化到 2π，步长为 π/12。

（8）从“函数”选板中选择“数字”→“初等与特殊函数”→“三角函数”→“正弦”“余弦”函数，放置到循环内部，求 $\cos\alpha$、$\cos\beta$、$\sin\beta$。

（9）从“函数”选板中选择“编程”→“数值”→“复合运算”函数，计算参数方程 $x=\cos\alpha\cos\beta$、$y=\cos\alpha\sin\beta$、$z=\sin\beta$，通过球面的参数方程确定一个球面。将计算结果分别连接到 ***X*** 矩阵、***Y*** 矩阵、***Z*** 矩阵输入端。

（10）单击工具栏中的“整理程序框图”按钮，整理程序框图，结果如图 6-83 a）所示。

（11）单击“运行”按钮，运行 VI，在前面板显示运行结果，如图 6-83 b）所示。

6.4.5 三维曲线图

三维曲线图用于显示三维空间中的一条曲线。前面板和程序框图中的三维曲线图如图 6-84 所示。程序框图中将出现两个图标，一个是 3D Curve 图标，另一个是三维曲线的图标。

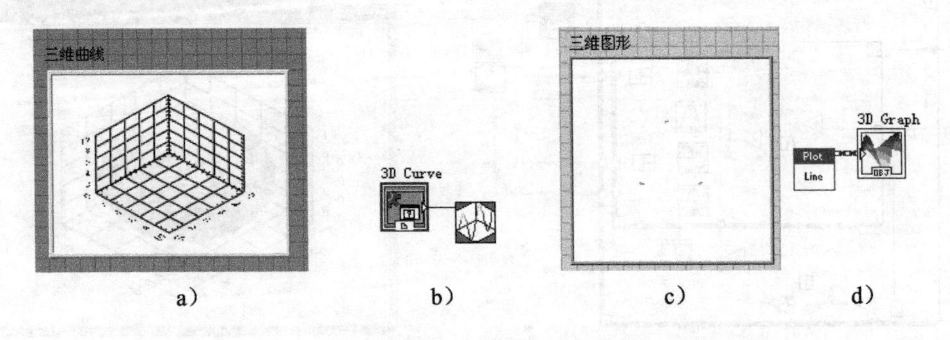

图 6-84 前面板和程序框图中的三维线条图

如图 6-85 所示，三维曲线有三个重要的输入数据端口，分别是 ***x*** 向量、***y*** 向量、***z*** 向量，分别对应曲线的三个坐标向量。在编写程序时，只要分别在三个坐标向量上连接一维数组数据就可以显示三维曲线。

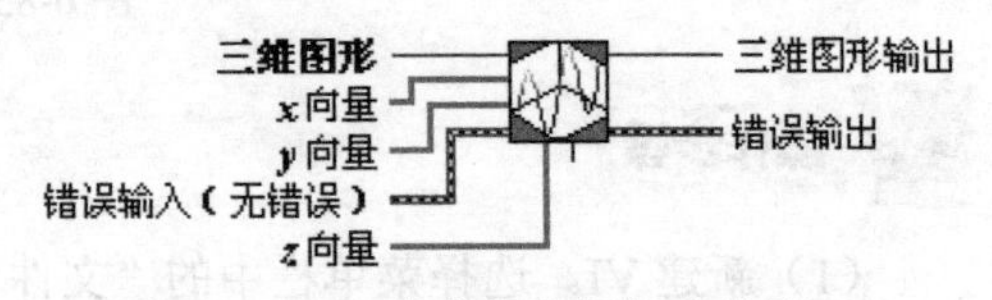

图 6-85 三维曲线的图标及其端口

6.4.6 实例——绘制螺旋线

本实例画出下面的螺线的图像。

$$\begin{cases} x = \cos t \\ y = \sin t \\ z = t \end{cases}$$

设计如图 6-86 所示的程序框图。

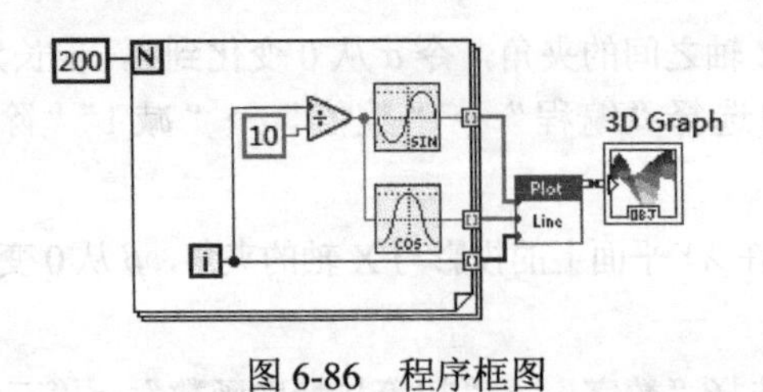

图 6-86 程序框图

操作步骤

（1）新建 VI。选择菜单栏中的“文件”→“新建 VI”命令，新建一个 VI，一个空白的 VI 包括前面板及程序框图。

（2）保存 VI。选择菜单栏中的“文件”→“另存为”命令，输入 VI 名称为“绘制螺旋线”。

（3）从“函数”选板中选择“编程”→“结构”→“For 循环”函数，拖出适当大小的矩形框，在 For 循环总线接线端创建循环次数为 200。

（4）从“函数”选板中选择“编程”→“数值”→“除”函数，计算循环次数 *i*/10。

（5）从“函数”选板中选择“数字”→“初等与特殊函数”→“三角函数”→“正弦”“余弦”函数，放置到循环内部，生成正弦余弦值。

（6）打开程序框图，从“控件”选板中选择“新式”→“图形”→“三维图形”→“三维线条图形”控件，创建“三维线条图形”控件。

（7）单击工具栏中的“整理程序框图”按钮，整理程序框图，结果如图 6-86 所示。

（8）单击“运行”按钮，运行 VI，在前面板显示运行结果，如图 6-87 所示。

从图中可以看出特性若不加设置直接输出则效果不好，所以要进行特性设置，三维曲线的特性设置与三维曲面图的特性设置类似。

（9）程序运行过程中，在“三维图形”控件上单击鼠标右键，选择“三维图形属性”命令，弹出“三维图形属性”对话框，打开“图形”选项卡的“常规”，将其中的绘图区域颜色设置为黄色，如图 6-88 所示。设置后的前面板如图 6-89 所示。

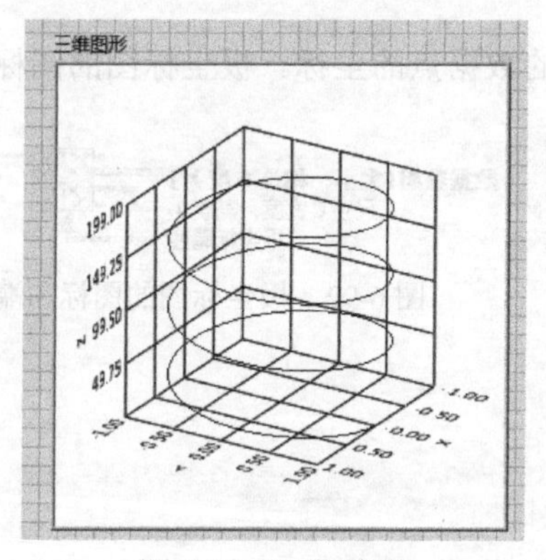

图 6-87　运行结果

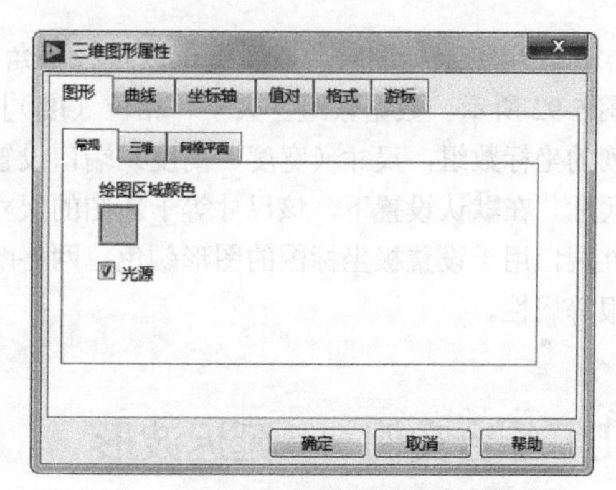

图 6-88　“三维图形属性”对话框

（10）三维曲线图有属性浏览器窗口，通过属性浏览器窗口用户可以很方便地浏览并修改对象的属性。在三维曲线图上单击鼠标右键，从弹出的快捷菜单中选择“呈现窗”命令，将弹出呈现窗窗口，如图 6-90 所示。

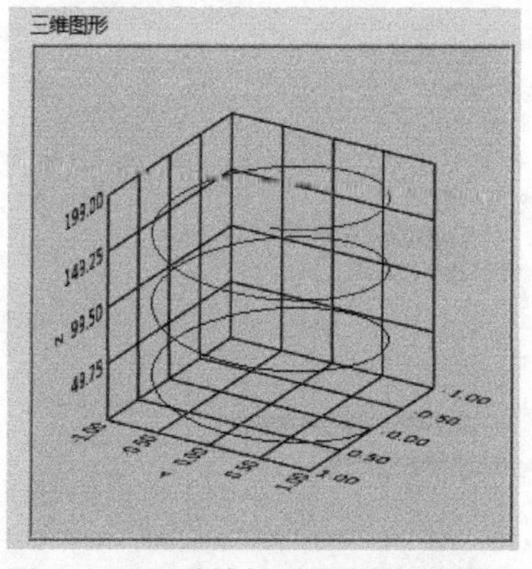

图 6-89　经过特性设置后的前面板

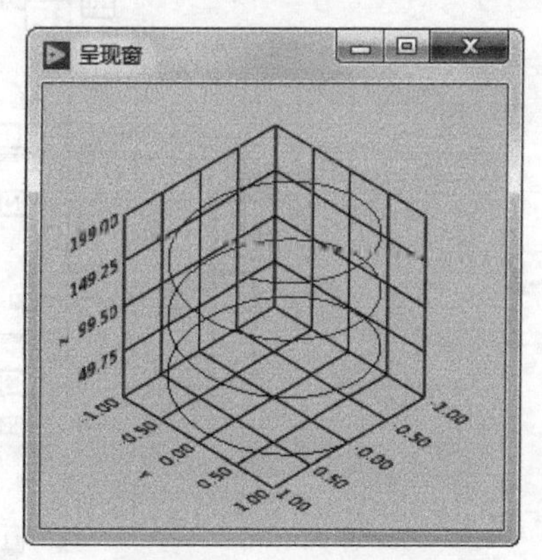

图 6-90　呈现窗窗口

6.4.7 极坐标图

极坐标图实际上是一个图片控件，极坐标的使用相对简单，前面板和程序框图中的极坐标图如图 6-91 所示。

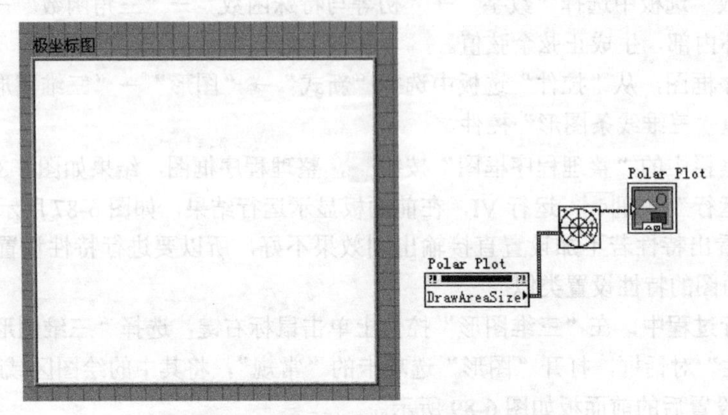

图 6-91　前面板和程序框图中的极坐标图

在使用极坐标图时，需要提供以极径极角方式表示的数据点的坐标。极坐标图的图标和端口如图 6-92 所示。数据数组［大小、相位（度）］端口连接点列的坐标数组，尺寸（宽度、高度）端口设置极坐标图的尺寸。在默认设置下，该尺寸等于新图的尺寸。极坐标属性端口用于设置极坐标图的图形颜色、网格颜色、显示象限等属性。

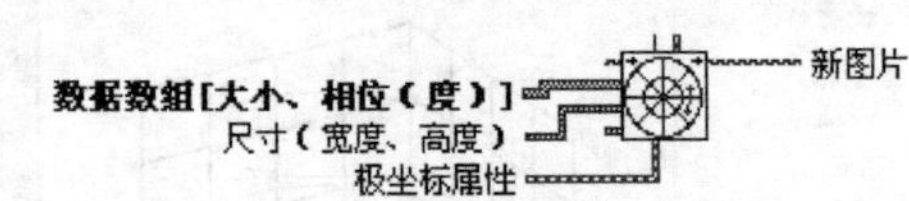

图 6-92　极坐标图的图标和端口

6.5 综合实例——延迟波形

本例通过输入相同数据，对比“反馈节点”与“移位寄存器”的输出结果的差异。其程序框图如图 6-93 所示。

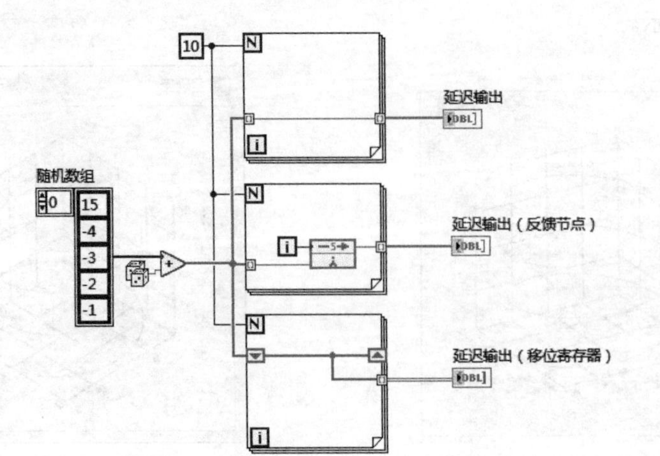

图 6-93　程序框图

操作步骤

1. 设置工作环境

（1）新建 VI。选择菜单栏中的“文件”→“新建 VI”命令，新建一个 VI，一个空白的 VI 包括前面板及程序框图。

（2）保存 VI。选择菜单栏中的“文件”→“另存为”命令，输入 VI 名称为“延迟波形”。

2. 添加控件

从“控件”选板中选择“银色”→“图形”→“波形图”控件，并放置在前面板的适当位置，修改控件名称，结果如图 6-94 所示。

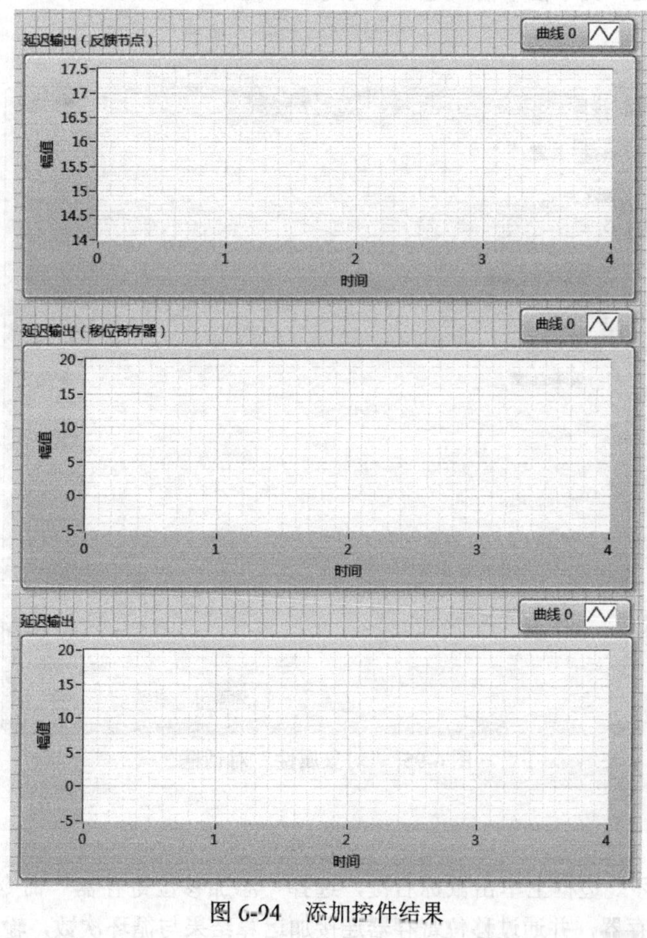

图 6-94 添加控件结果

3. 设计程序框图

（1）选择菜单栏中的“窗口”→“显示程序框图”命令，或双击前面板中的任一输入输出控件，将程序框图置为当前。

（2）从“函数”选板中选择“编程”→“数组”→“数组常量”“数值”→“数值常量”函数，拖动鼠标，创建包含 5 个数值的数组常量，为数组中各元素赋值。

（3）从“函数”选板中选择“编程”→“数值”→“随机数”“加”函数，求数组常量与随机数之和。

（4）从“函数”选板中选择“编程”→“结构”→“For 循环”函数，创建 3 个 For 循环结构，将其放置在程序框图，并创建循环次数为 10。

4. 创建循环 1

将加运算输出结果通过“For 循环”连接到“延迟输出”输出控件。

5. 创建循环 2

（1）在“循环”内部，连接加运算结果与循环次数，输出结果到“延迟输出（反馈节点）”输出控件上。

（2）选中“反馈节点”，单击鼠标右键，选择“属性”命令，弹出“对象属性”对话框，打开“配置”选项卡，在“延迟”文本框中输入延迟时间为 5，如图 6-95 所示，单击“确定”按钮，退出对话框。

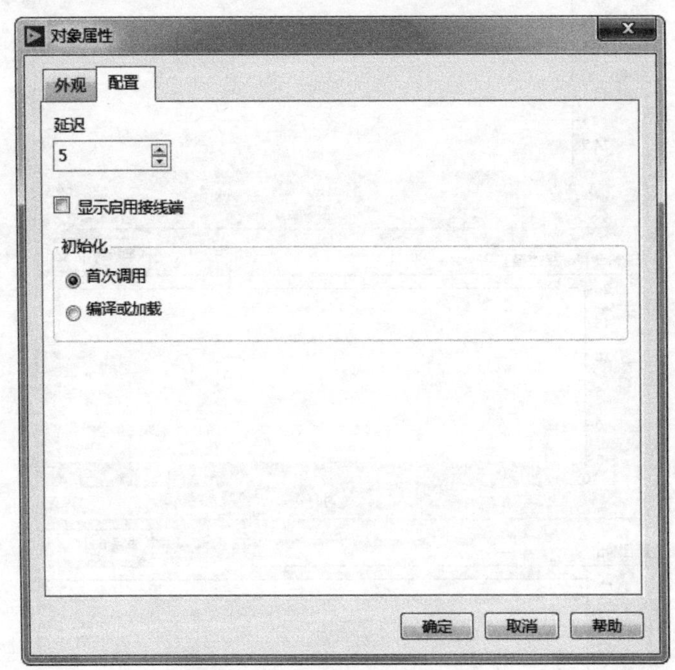

图 6-95 “对象属性”对话框

6. 创建循环 3

（1）在“For 循环”边框上单击鼠标右键，选择“添加移位寄存器”命令，在“For 循环”边框上添加一组移位寄存器，并通过移位寄存器连接加运算结果与循环次数，输出结果到“延迟输出（移位寄存器）”输出控件。

（2）单击工具栏中的“整理程序框图”按钮，整理程序框图，结果如图 6-93 所示。

7. 运行程序

（1）在前面板窗口或程序框图窗口的工具栏中单击“运行”按钮，运行结果如图 6-96 所示。

（2）从运行结果中发现，添加“反馈节点”的程序比其余两个程序延迟 5s。

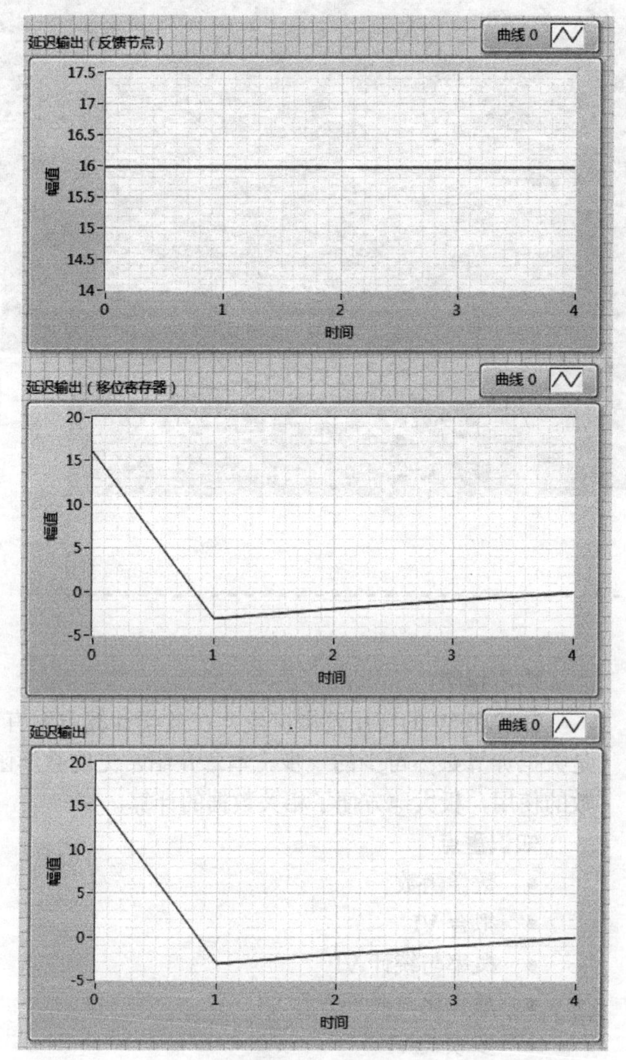
延迟输出（反馈节点）
曲线 0
17.5
17
16.5
16
15.5
15
14.5
14
0
1
2
3
4
幅值
时间
延迟输出（移位寄存器）
曲线 0
20
15
10
5
0
-5
0
1
2
3
4
幅值
时间
延迟输出
曲线 0
20
15
10
5
0
-5
0
1
2
3
4
幅值
时间

图 6-96　运行结果

第 7 章 数学函数

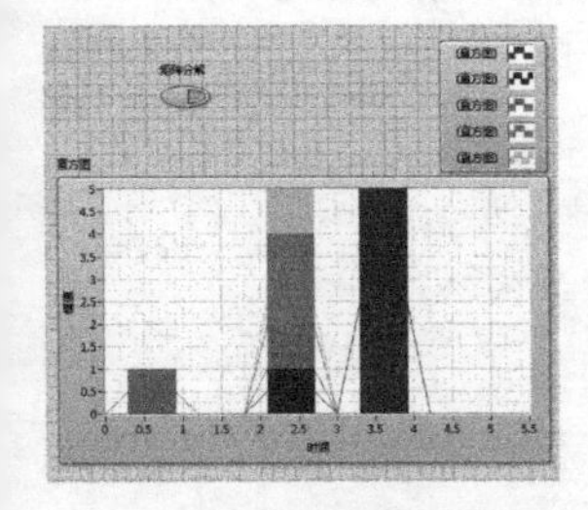

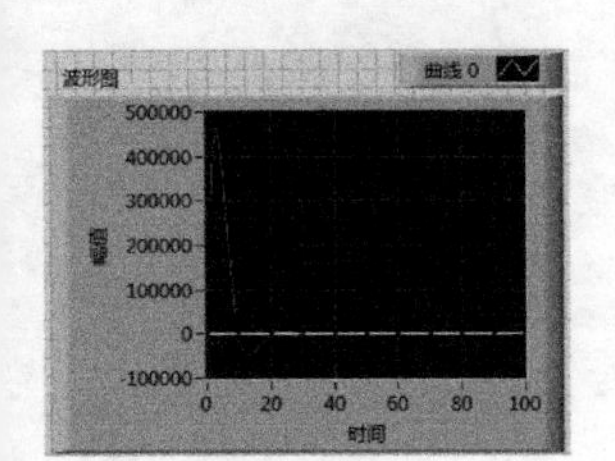

内容指南

LabVIEW 的应用范围广泛，在数学计算方面有明显的优势，是数据计算必不可少的一步。本章介绍常见的数学函数，这些函数的使用，极大地方便了相关数据的计算。

知识重点

- 数学函数
- 拟合 VI
- 概率与统计 VI
- 最优化与微分方程 VI
- 多项式 VI

7.1　数学函数运算

LabVIEW 除了简单的数值计算外，还可进行精密的数学计算，如使用相应函数对输入的常量、生成的波形、采集的信号进行必要的数学计算，这些函数主要集中在“函数”选板中的“数学”子选板中，如图 7-1 所示。该子选板中的函数或 VI 用于进行多种数学分析。数学算法也可与实际测量任务相结合来给出实际解决方案。

其中的“数值”子选板与“编程”→“数值”子选板中的函数相同，可实现对数值创建和执行算术及复杂的数学运算，或将数据从一种数据类型转换为另一种数据类型。

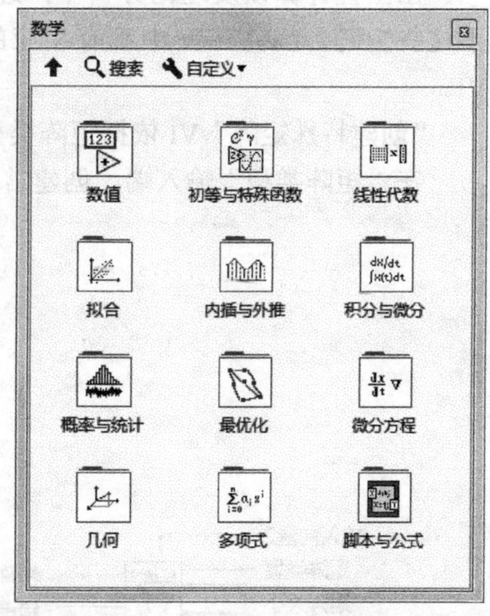

图 7-1 “数学”子选板

7.2　线性代数 VI

线性代数是工程数学的主要组成部分，其运算量非常大，LabVIEW 中有一些专门的 VI 可以进行线性代数方面的研究。线性代数 VI 用于进行矩阵相关的计算和分析，“线性代数”子选板如图 7-2 所示。

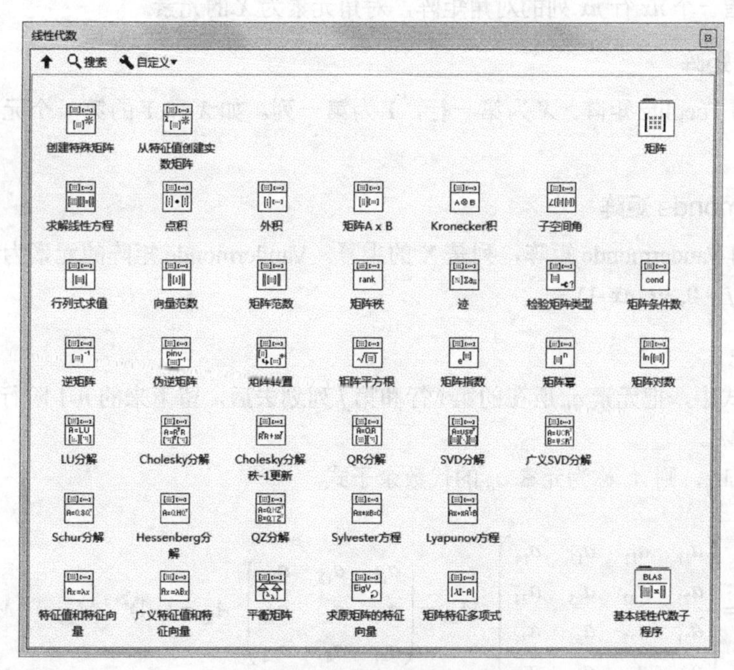

图 7-2 “线性代数”子选板

7.2.1 特殊矩阵

在工程计算以及理论分析中，经常会遇到一些特殊的矩阵，比如单位矩阵、随机矩阵等。对于这些矩阵，LabVIEW 中都有相应的命令可以直接生成。下面我们就介绍一些常用的特殊矩阵 VI。

“创建特殊矩阵” VI 依据矩阵类型创建特殊的矩阵。节点图标如图 7-3 所示。

在“矩阵类型”输入端，创建常量，即可选择矩阵类型，如图 7-4 所示。

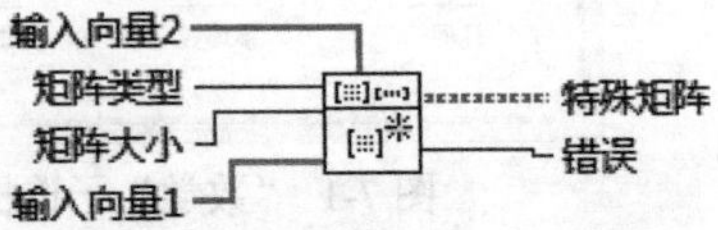

输入向量2
矩阵类型
矩阵大小
输入向量1
特殊矩阵
错误

图 7-3 “创建特殊矩阵” VI 节点图标

图 7-4 矩阵类型

下面介绍几种特殊矩阵的类型。

1. 单位矩阵

单位矩阵是指 *n* 行 *n* 列的单位矩阵。

2. 对角矩阵

对角矩阵是指一个 *nx* 行 *nx* 列的对角矩阵，对角元素为 *X* 的元素。

3. Toeplitz 矩阵

nx 行 *ny* 列的 Toeplitz 矩阵，*X* 为第一行，*Y* 为第一列。如 *X* 和 *Y* 的第一个元素不同，则使用第一个 *X* 元素。

4. Vandermonde 矩阵

nx 行 *nx* 列的 Vandermonde 矩阵，列是 X 的乘幂。Vandermonde 矩阵的元素为：

$b_{i,j} = x_i^{nx-j-1}(i, j = 0, \cdots, nx-1)$。

5. 伴随矩阵

在 *n* 阶行列式中，把元素 a_{ij} 所在的第 *i* 行和第 *j* 列划去后，留下来的 *n*-1 阶行列式叫作元素 a_{ij} 的余子式，记作 M_{ij}。

若 $A_{ij}=(-1)^{i+j} M_{ij}$，则 A_{ij} 称为元素 a_{ij} 的代数余子式。

$$D=\begin{pmatrix} a_{11} & a_{12} & a_{13} & a_{14} \\ a_{21} & a_{22} & a_{23} & a_{24} \\ a_{31} & a_{32} & a_{33} & a_{34} \\ a_{41} & a_{42} & a_{43} & a_{44} \end{pmatrix} \quad M_{23}=\begin{pmatrix} a_{11} & a_{12} & a_{14} \\ a_{31} & a_{32} & a_{34} \\ a_{41} & a_{42} & a_{44} \end{pmatrix} \quad A_{23}=(-1)^{2+3}M_{23}=-M_{23}$$

最后将由代数余子式替换后的矩阵进行转置，得到 n 阶行列式 A 的伴随矩阵。

6. Hankel 矩阵

一个 nx 行 ny 列的 Hankel 矩阵，X 为第一列，Y 为最后一行。如 Y 的第一个元素和 X 的最后一个元素不同，该 VI 使用最后一个 X 元素。

7. Hadamard 矩阵

n 行 n 列 Hadamard 矩阵，矩阵成员为 1 和 −1。所有的列或行彼此正交。矩阵大小必须为 2 的幂、2 的幂与 12 相乘或 2 的幂与 20 相乘。当 n 为 1 时，该 VI 返回空矩阵。

8. Wilkinson 矩阵

n 行 n 列的 Wilkinson 矩阵，矩阵特征值是病态的。

9. Hilbert

Hilbert 矩阵是一种数学变换矩阵，其中元素 $A(i, j)=1/(i+j-1)$，i、j 分别为矩阵的行标和列标。如下所示。

[1, 1/2, 1/3, ……, 1/n]

[1/2, 1/3, 1/4……, 1/(n+1)]

[1/3, 1/4, 1/5……, 1/(n+2)]

……

[1/n, 1/(n+1), 1/(n+2)……, 1/(2n-1)]

若 Hilbert 矩阵中的任何一个元素发生一点变动，整个矩阵的行列式的值和逆矩阵的值都会发生巨大的变化。

10. 逆 Hilbert 矩阵

n 行 n 列的逆 Hilbert 矩阵。

11. Rosser 矩阵

8 行 8 列的 Rosser 矩阵，矩阵特征值是病态的。

12. Pascal 矩阵

Pascal 矩阵是由杨辉三角形表组成的矩阵。杨辉三角形表是由二次项 $(x+y)^n$ 展开后的系数随自然数 n 增大而组成的一个三角形表。

Pascal 矩阵的第一行元素和第一列元素都为 1，其余位置的元素是该元素的左边元素与上一行对应位置元素相加的结果，如下所示。

元素 $A_{i,j}=A_{i,j-1}+A_{i-1,j}$，其中 $A_{i,j}$ 表示第 i 行第 j 列上的元素。

1　　1　　1

1　　2　　3

1　　3　　6

7.2.2 矩阵的基本运算

矩阵的基本运算包括加、减、乘、数乘、点乘、乘方、左乘、右乘、求逆等。

对于上述的运算，需要注意的是：矩阵的加、减、乘运算的维数要求与线性代数中的要求一致。

1. 点积

“点积”VI 计算 ***X*** 向量和 ***Y*** 向量的点积。其节点图标如图 7-5 所示。

2. 外积

“外积”VI 计算 ***X*** 向量和 ***Y*** 向量的外积。其节点图标如图 7-6 所示。

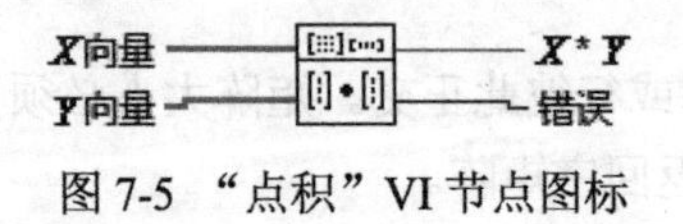

图 7-5 “点积”VI 节点图标

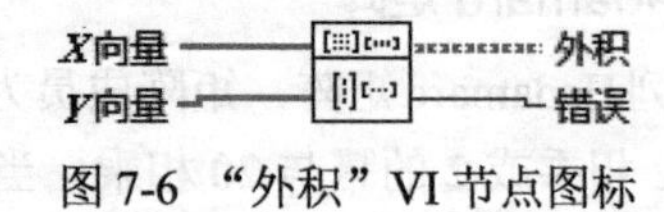

图 7-6 “外积”VI 节点图标

3. 矩阵 A×B

“矩阵 A×B”VI 使两个矩阵或一个矩阵和一个向量相乘，其节点图标如图 7-7 所示。

4. 行列式求值

由 n^2 个数组成的数表，$\begin{pmatrix} a_{11} & a_{12} & \cdots & a_{1n} \\ a_{21} & a_{22} & \cdots & a_{2n} \\ \vdots & \vdots & & \vdots \\ a_{n1} & a_{n2} & \cdots & a_{nn} \end{pmatrix}$ 称为 n 阶行列式。同时，行列式还可以表达成 $(-1)^{t(j_1 j_2 \cdots\cdots j_n)} a_{1j_1} a_{2j_2} \ldots\ldots a_{nj_n}$ 项的代数和，其中 $j_1, j_{2,} j \ldots j_n$ 是 $1,2,\ldots,n$ 的一个排列 $t(j_1 j_2 j \ldots\ldots j_n)$ 是排列 $j_1 j_2 j \ldots\ldots j_n$ 的逆序数，即 $\begin{pmatrix} a_{11} & a_{12} & \cdots & a_{1n} \\ a_{21} & a_{22} & \cdots & a_{2n} \\ \vdots & \vdots & & \vdots \\ a_{n1} & a_{n2} & \cdots & a_{nn} \end{pmatrix} = \sum (-1)^{t(j_1 j_2 \ldots\ldots j_n)} a_{1j_1} a_{2j_2} \ldots\ldots a_{nj_n}$

“行列式求值”VI 计算输入矩阵的行列式。节点图标如图 7-8 所示。

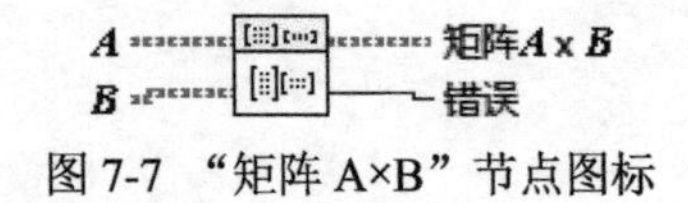

图 7-7 “矩阵 A×B”节点图标

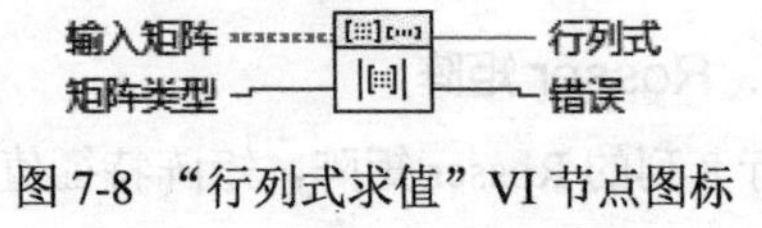

图 7-8 “行列式求值”VI 节点图标

5. 逆矩阵

对于 n 阶矩阵 A，如果有 n 阶矩阵 B 满足 $AB=BA=I$，则称矩阵 A 为可逆的，称矩阵 B 为 A 的逆矩阵，记为 A^{-1}。

逆矩阵的性质。

（1）若 A 可逆，则 A^{-1} 是唯一的。

（2）若 A 可逆，则 A^{-1} 也可逆，并且（A^{-1}）$^{-1}$=A。

（3）若 n 阶方阵 A 与 B 都可逆，则 AB 也可逆，且（AB）$^{-1}$=$B^{-1}A^{-1}$。

（4）若 A 可逆，则 $|A^{-1}|=|A|^{-1}$。

我们把满足 $|A|\neq 0$ 的方阵 A 称为非奇异的，否则就称为奇异的。“逆矩阵”VI 得到输入矩阵的逆矩阵。节点图标如图 7-9 所示。

6. 矩阵转置

对于矩阵 A，如果有矩阵 B 满足 $B=A(j, i)$，即 $B(i, j)=A(j, i)$，即 B 的第 i 行第 j 列元素是 A 的第 j 行第 i 列元素，简单来说就是，将矩阵 A 的行元素变成矩阵 B 的列元素，矩阵 A 的列元素变成

矩阵 **B** 的行元素，则称 $\boldsymbol{A}^{\mathrm{T}}=\boldsymbol{B}$，矩阵 **B** 式矩阵 **A** 的转置矩阵。

$$D=\begin{pmatrix} a_{11} & a_{12} & \cdots & a_{1n} \\ a_{21} & a_{22} & \cdots & a_{2n} \\ \vdots & \vdots & & \vdots \\ a_{n1} & a_{n2} & \cdots & a_{nn} \end{pmatrix}, D^T=\begin{pmatrix} a_{11} & a_{21} & \cdots & a_{n1} \\ a_{12} & a_{22} & \cdots & a_{n2} \\ \vdots & \vdots & & \vdots \\ a_{1n} & a_{2n} & \cdots & a_{nn} \end{pmatrix}$$

矩阵的转置满足下述运算规律。

（1）$(\boldsymbol{A}^T)^T=\boldsymbol{A}$

（2）$(\boldsymbol{A}+\boldsymbol{B})^T=\boldsymbol{A}^T+\boldsymbol{B}^T$

（3）$(\lambda\boldsymbol{A}^T)^T=\lambda\boldsymbol{A}^T$

（4）$(\boldsymbol{AB})^T=\boldsymbol{B}^T\boldsymbol{A}^T$

“矩阵转置”VI 转置输入矩阵。其节点图标如图 7-10 所示。

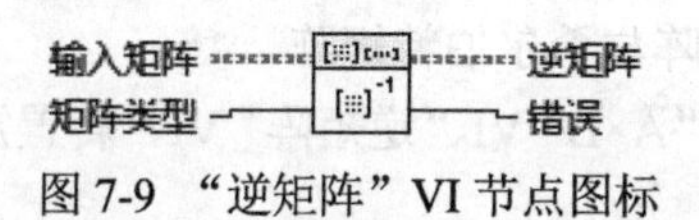

图 7-9　“逆矩阵”VI 节点图标

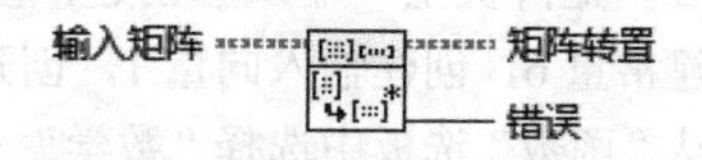

图 7-10　“矩阵转置”VI 节点图标

7. 矩阵幂

A 是一个 **n** 阶矩阵，*k* 是一个正整数，规定

$$A^k=\underbrace{AA\cdots\cdots A}_{k个}$$

称为矩阵的幂。其中 *k*、*l* 为正整数。

矩阵的幂运算是将矩阵中的每个元素进行乘方运算，即

$$\begin{pmatrix} \lambda_1 & 0 & \cdots & 0 \\ 0 & \lambda_2 & \cdots & 0 \\ \vdots & \vdots & & \vdots \\ 0 & 0 & \cdots & \lambda_n \end{pmatrix}^k=\begin{pmatrix} \lambda_1^k & 0 & \cdots & 0 \\ 0 & \lambda_2^k & \cdots & 0 \\ \vdots & \vdots & & \vdots \\ 0 & 0 & \cdots & \lambda_n^k \end{pmatrix}$$

对于单个 **n** 阶矩阵 **A**，

$$A^k A^l=A^{k+l},(A^k)^l=A^{kl}.$$

“矩阵幂”VI 计算 **X** 向量和 **Y** 向量的点积。其节点图标如图 7-11 所示。

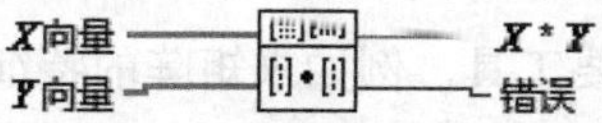

*X*向量　　*X* * *Y*
*Y*向量　　错误

图 7-11　“矩阵幂”VI 节点

7.2.3　实例——创建逆矩阵与转置矩阵

本实例求 6 阶托普利兹矩阵与希尔伯特矩阵之积的逆矩阵与转置矩阵，程序框图如图 7-12 所示。

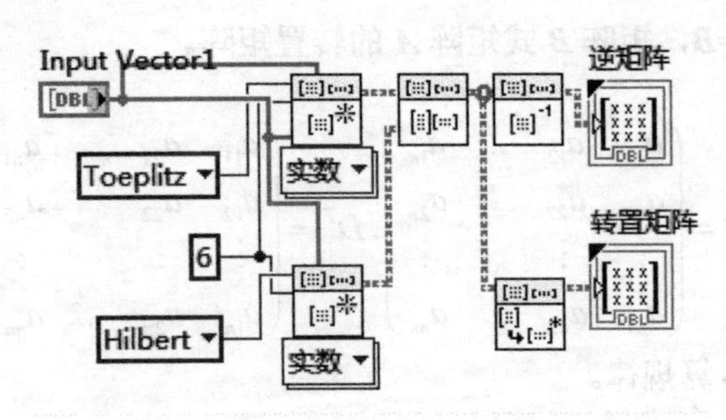

图 7-12　程序框图

操作步骤

（1）打开程序框图窗口，从“函数”选板中选择“数学”→“线性代数”→“创建特殊矩阵”。

（2）在“矩阵类型”输入端创建常量，设置“Toeplitz”“Hilbert”选项，在 VI 的“矩阵大小”输入端创建常量 6，创建输入向量 1，创建 6 阶托普利兹矩阵与希尔伯特矩阵。

（3）从“函数”选板中选择“数学”→“线性代数”→“A×B”VI、“逆矩阵”VI、“转置矩阵”VI，在 VI 输出端创建输出矩阵。

（4）单击工具栏中的“整理程序框图”按钮，整理程序框图，如图 7-12 所示。

（5）双击控件，打开前面板，将对应的控件放置到选项卡中，在输入控件中输入初始值，如图 7-13 所示。

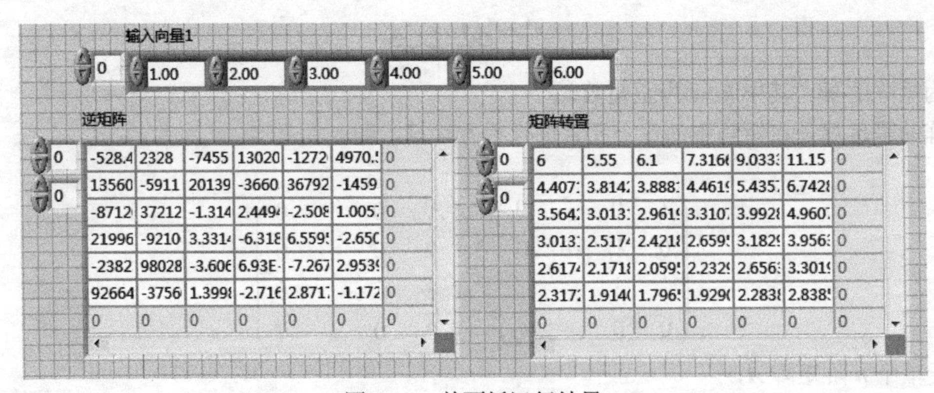

图 7-13　前面板运行结果

7.2.4　矩阵的分解

矩阵分解是矩阵分析的一个重要工具，例如求矩阵的特征值和特征向量、矩阵的逆以及矩阵的秩等都要用到矩阵分解。在工程实际中，尤其是在电子信息理论和控制理论中，矩阵分解尤为重要。本节主要讲述如何利用 MATLAB 来实现矩阵分析中常用的一些矩阵分解。

矩阵分解（decomposition，factorization）是将矩阵拆解为数个矩阵的乘积，可分为三角分解、满秩分解、QR 分解、Jordan 分解和 SVD（奇异值）分解等。

1．奇异值分解

奇异值分解（Singular Value Decomposition）简称 SVD，是一种正交矩阵分解法，是最可靠的分解法，是现代数值分析（尤其是数值计算）最基本和最重要的工具之一，因此在工程实际中有着广泛的应用。

2. 楚列斯基（Cholesky）分解

楚列斯基分解是专门针对对称正定矩阵的分解。设 $\boldsymbol{M}$ 是 n 阶方阵，如果对任何非零向量 $\boldsymbol{z}$，都有 $\boldsymbol{z}^{\mathrm{T}}\boldsymbol{M}\boldsymbol{z}>0$，其中 $\boldsymbol{z}^{\mathrm{T}}$ 表示 $\boldsymbol{z}$ 的转置，就称 $\boldsymbol{M}$ 为正定矩阵。正定矩阵在合同变换下可化为标准型，即对角矩阵。所有特征值大于零的对称矩阵（或厄米矩阵）都是正定矩阵。

- 正定矩阵的特征值全为正。
- 正定矩阵的各阶顺序子式都为正。
- 正定矩阵等同于单位矩阵。
- 正定矩阵一定是非奇异且可逆的。

设 $\boldsymbol{A}=(a_{ij})\in\boldsymbol{R}^{n\times n}$ 是对称正定矩阵，$\boldsymbol{A}=\boldsymbol{R}^{\mathrm{T}}\boldsymbol{R}$ 称为矩阵 $\boldsymbol{A}$ 的楚列斯基分解，其中 $\boldsymbol{R}\in\boldsymbol{R}^{n\times n}$，是一个具有正对角元的上三角矩阵，即 $\boldsymbol{R}=\begin{pmatrix} r_{11} & r_{12} & r_{13} & r_{14} \\ & r_{22} & r_{23} & r_{24} \\ & & r_{33} & r_{34} \\ & & & r_{44} \end{pmatrix}$。这种分解是唯一存在的。

3. 三角分解

三角分解法是将原正方（square）矩阵分解成一个上三角形矩阵或是排列（permuted）的一个上三角形矩阵和一个下三角形矩阵，这样的分解法又称为 LU 分解法。它的用途主要是简化一个大矩阵行列式值的计算过程，求逆矩阵和求解联立方程组。

这种分解法所得到的上下三角形矩阵并非唯一，还可找到数个不同的成对上下三角形矩阵，每对三角形矩阵相乘也会得到原矩阵。三角分解法在解线性方程组、求矩阵的逆等计算中有着重要的作用。

4. $\mathrm{LDM^T}$ 与 $\mathrm{LDL^T}$ 分解

对于 n 阶方阵 $\boldsymbol{A}$，所谓的 $\mathrm{LDM^T}$ 分解就是将 $\boldsymbol{A}$ 分解为三个矩阵的乘积：$\mathrm{LDM^T}$，其中 $\boldsymbol{L}$、$\boldsymbol{M}$ 是单位下三角矩阵，$\boldsymbol{D}$ 为对角矩阵。

事实上，这种分解是 LU 分解的一种变形，因此这种分解可以通过将 LU 分解稍作修改得到，也可以根据三个矩阵的特殊结构直接计算出来。

5. QR 分解

矩阵 $\boldsymbol{A}$ 的 QR 分解也叫正交三角分解，即将矩阵 $\boldsymbol{A}$ 表示成一个正交矩阵 $\boldsymbol{Q}$ 与一个上三角矩阵 $\boldsymbol{R}$ 的乘积形式。这种分解是应用最广泛的一种矩阵分解。

QR 分解法是将矩阵分解成一个正规正交矩阵与上三角形矩阵，所以称为 QR 分解法，与正规正交矩阵的通用符号 Q 有关。

6. 海森伯格（Hessenberg）分解

如果矩阵 $\boldsymbol{H}$ 的第一子对角线下元素都是 0，则 $\boldsymbol{H}$（或其转置形式）称为上（下）海森伯格矩阵。这种矩阵在零元素所占比例及分布上都接近三角矩阵，虽然它在特征值等性质方面不如三角矩阵那样简单，但在实际应用中，应用相似变换将一个矩阵化为海森伯格矩阵是可行的，而化为三角矩阵则不易实现。而且通过将一个矩阵化为海森伯格矩阵的方法来处理矩阵计算问题能够大大节省计算量，因此在工程计算中，海森伯格分解也是常用的工具之一。

7.2.5 实例——分解帕斯卡矩阵

扫码看视频

本实例设计图 7-14 所示特殊矩阵的程序框图。

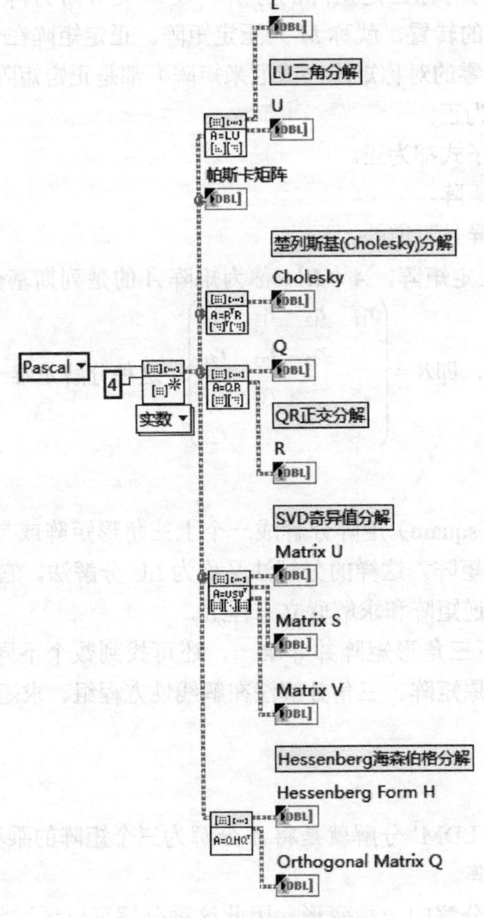

图 7-14　程序框图

操作步骤

1. 创建矩阵函数

（1）打开程序框图窗口，从“函数”选板中选择“数学”→“线性代数”→“创建特殊矩阵”。

（2）在“矩阵类型”输入端创建常量，设置为“Pascal”选项，创建帕斯卡矩阵。

（3）分别在 VI 的“矩阵大小”输入端创建常量 4，创建 4 阶矩阵。

（4）从“函数”选板中选择“数学”→“线性代数”→“LU 三角分解”“楚列斯基（Cholesky）分解”“QR 正交分解”“SVD 奇异值分解”“Hessenberg 海森伯格分解”VI，分解创建帕斯卡矩阵。

（5）单击“工具”选板中的标签工具A，鼠标指针变为状态。在程序框图空白处的适当位置单击鼠标，根据需要输入文字。

（6）在 VI 输出端创建分解显示控件，单击工具栏中的“整理程序框图”按钮，整理程序框图，如图 7-14 所示。

2. 输入初始值

双击控件，打开前面板，将对应的控件放置到选项卡。在输入控件中输入初始值，前面板如图 7-15 所示。

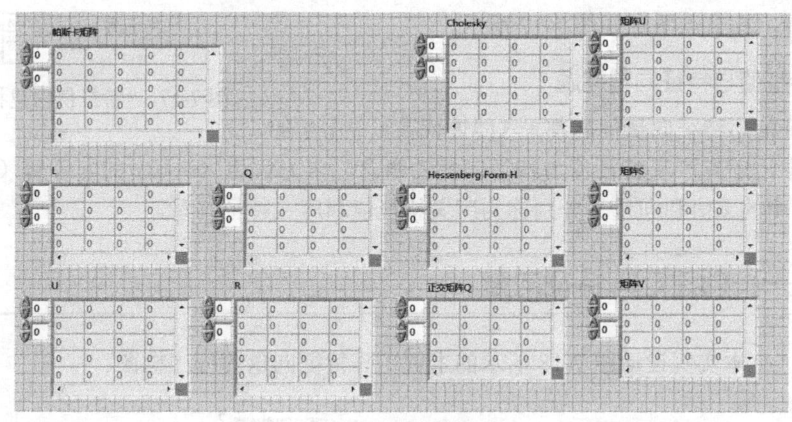

图 7-15　前面板

3. 运行程序

在前面板窗口或程序框图窗口的工具栏中单击“运行”按钮，运行 VI，VI 居中显示，结果如图 7-16 所示。

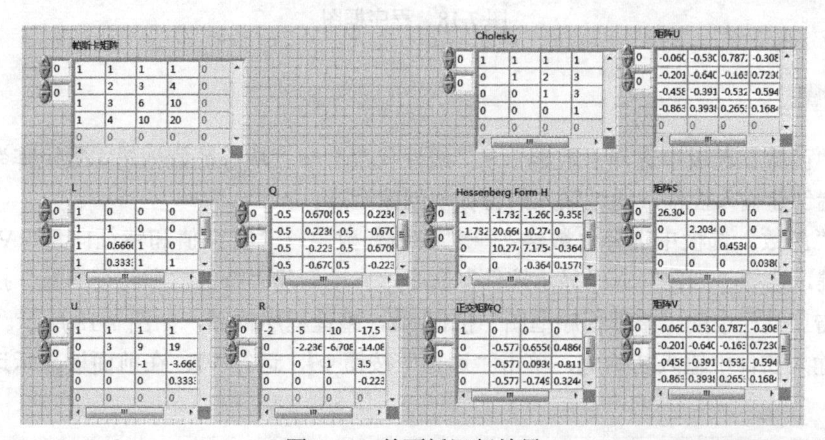

图 7-16　前面板运行结果

7.2.6　特征值

物理、力学和工程技术中的很多问题在数学上都归结为求矩阵的特征值问题，例如振动问题（桥梁的振动、机械的振动、电磁振荡、地震引起的建筑物的振动等）、物理学中某些临界值的确定等。

1. 标准特征值与特征向量问题

对于矩阵 $\boldsymbol{A}\in\boldsymbol{R}^{n\times n}$，多项式，

$$f(\lambda)=\det(\lambda I-A)$$

称为 A 的特征多项式，它是关于 λ 的 n 次多项式。方程 $f(\lambda)=0$ 的根称为矩阵 A 的特征值。设 λ 为 A 的一个特征值，方程组（$\lambda I-A$）$x=0$ 的非零解 x（即 $Ax=\lambda x$ 的非零解）称为矩阵 A 对应于特征值 λ 的特征向量。

在 LabVIEW 中，使用“从特征值创建特征向量”从特征值创建特征向量，其节点图标如图 7-17 所示。

特征值　矩阵　错误

图 7-17 “特征值创建特征向量”节点

2. 广义特征值与特征向量问题

上面的特征值与特征向量问题都是《线性代数》中所学的，在《矩阵论》中，还有广义特征值与特征向量的概念。求方程组 $Ax=\lambda Bx$ 的非零解（其中 A、B 为同阶矩阵），其中的 λ 值和向量 x 分别称为广义特征值和广义特征向量。

7.2.7 实例——创建矩阵特征向量

扫码看视频

本实例设计图 7-18 所示的求解矩阵特征向量的程序框图。

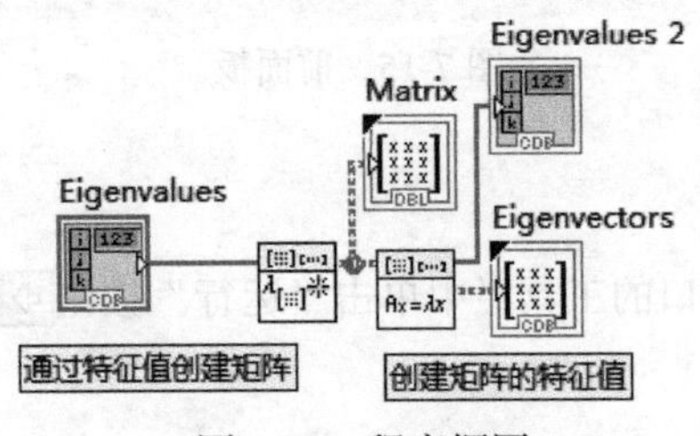

图 7-18 程序框图

（1）从“函数”选板中选择“数学”→“线性代数”→“从特征值创建实数矩阵”VI，在“特征值”输入端创建输入控件，通过输入的特征值创建矩阵。

（2）从“函数”选板中选择“数学”→“线性代数”→“特征值和特征向量”VI，在函数上单击鼠标右键，选择“创建”→“显示控件”命令，自动创建“特征值和特征向量”控件。

（3）单击工具栏中的“整理程序框图”按钮，整理程序框图，如图 7-18 所示。

（4）在输入控件中输入初始值，单击“运行”按钮，运行 VI，在前面板显示运行结果，如图 7-19 所示。

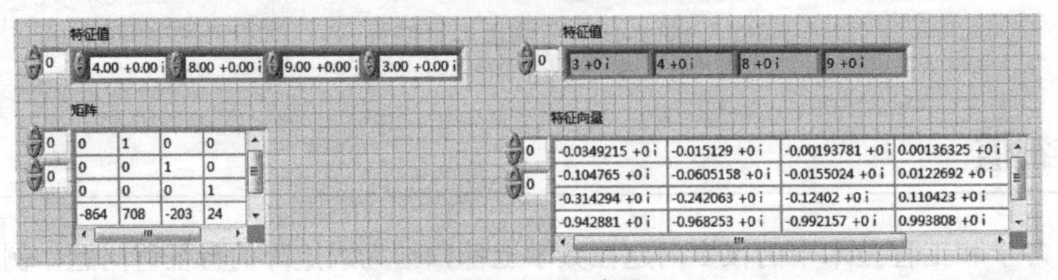

图 7-19 运行结果

7.2.8 线性方程组

在线性代数中，求解线性方程组是一个基本内容。在实际中，许多工程问题都可以化为线性方程组的求解问题。本节将讲述如何用 MATLAB 来解各种线性方程组。为了使读者能够更好地掌握本节内容，我们将本节分为四部分。第一部分简单介绍线性方程组的基础知识。

对于线性方程组 $\boldsymbol{Ax}=\boldsymbol{b}$，其中 $\boldsymbol{A}\in\boldsymbol{R}^{m\times n}$，$\boldsymbol{b}\in\boldsymbol{R}^{m}$。若 $m=n$，我们称之为恰定方程组。若 $m>n$，我们称之为超定方程组；若 $m<n$，我们称之为欠定方程组。若 $\boldsymbol{b}=0$，则相应的方程组称为齐次线性方程组，否则称为非齐次线性方程组。对于齐次线性方程组解的个数有下面的定理。

定理 1：设方程组系数矩阵 $\boldsymbol{A}$ 的秩为 r，则

（1）若 $r=n$，则齐次线性方程组有唯一解；

（2）若 $r<n$，则齐次线性方程组有无穷解。

对于非齐次线性方程组解的存在性有下面的定理。

定理 2：设方程组系数矩阵 $\boldsymbol{A}$ 的秩为 r，增广矩阵［A, b］的秩为 s，则

（1）若 $r=s=n$，则非齐次线性方程组有唯一解；

（2）若 $r=s<n$，则非齐次线性方程组有无穷解；

（3）若 $r\neq s$，则非齐次线性方程组无解。

关于齐次线性方程组与非齐次线性方程组之间的关系有下面的定理。

定理 3：非齐次线性方程组的通解等于其一个特解与对应齐次方程组的通解之和。

若线性方程组有无穷多解，我们希望找到一个基础解系 $\eta_1,\eta_2,\cdots,\eta_r$，以此来表示相应齐次方程组的通解：$k_1\eta_1+k_2\eta_2+\cdots+k_r\eta_r\ (k_i\in\boldsymbol{R})$。对于这个基础解系，我们可以通过求矩阵 $\boldsymbol{A}$ 的核空间矩阵得到。

在 LabVIEW 中，使用“求解线性方程”函数用于求解线性方程组 $\boldsymbol{AX}=\boldsymbol{Y}$。输入矩阵和右端项输入端的数据类型可确定要使用的多态实例，节点图标如图 7-20 所示。

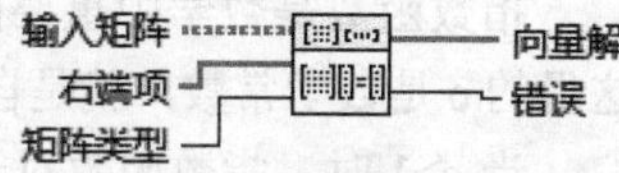

图 7-20 “求解线性方程”函数节点图标

7.3　初等与特殊函数

初等与特殊函数用于常见数学函数的运算，常用函数包含三角函数和对数函数。如图 7-21 所示，“初等与特殊函数”子选板包括 12 大类函数，下面介绍常用的几种。

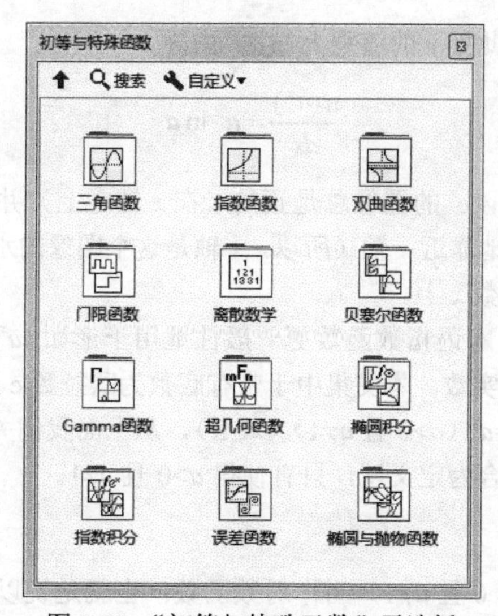

图 7-21 “初等与特殊函数”子选板

7.3.1 指数函数

该类函数用于计算指数函数与对数函数，“指数函数”子选板如图 7-22 所示。

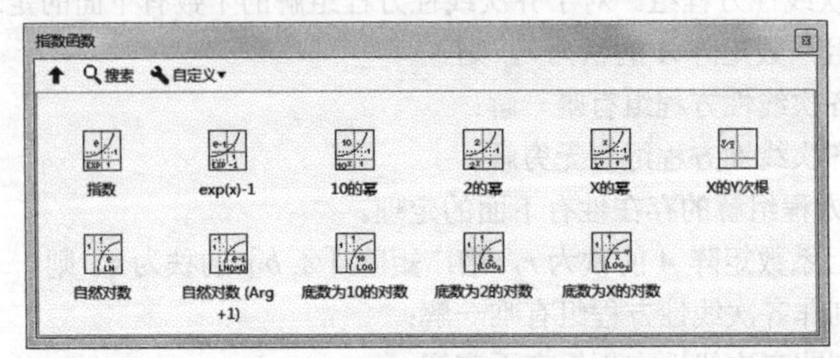

图 7-22 “指数函数”子选板

1. 指数函数

以指数为自变量，底数为大于 0 且不等于 1 的函数称为指数函数，它是初等函数中的一种，图 7-23 为指数函数。

指数函数是数学中重要的函数。应用到值 e 上的这个函数写为 exp(x)。还可以等价的写为 e^x，这里的 e 是数学常数，就是自然对数的底数，近似等于 2.71828，还称为欧拉数。

当 a>1 时，指数函数对于 x 的负数值的曲线非常平坦，对于 x 的正数值的曲线迅速攀升，在 x 等于 0 的时候，y 等于 1。当 0<a<1 时，指数函数对于 x 的负数值的曲线迅速攀升，对于 x 的正数值的曲线非常平坦，在 x 等于 0 的时候，y 等于 1，如图 7-24 所示。

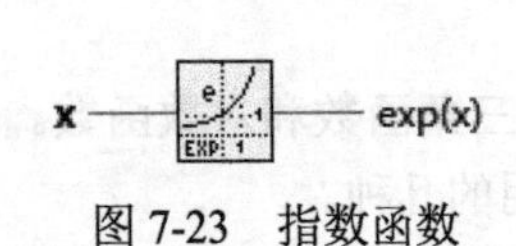

图 7-23 指数函数

0<a<1	a>1

图 7-24 指数函数曲线

在 x 处的切线的斜率等于此处 y 的值乘上 $\ln a$。由导数知识得：

$$\frac{d(a^x)}{dx} = a^x \ln a$$

作为实数变量 x 的函数，$y=e^x$ 的图像总是正的（在 x 轴之上）并递增（从左向右）。它永不触及 x 轴，尽管它可以无限程度地靠近 x 轴（所以，x 轴是这个图像的水平渐近线）。它的反函数是自然对数 ln(x)，它定义在所有正数 x 上。

有时，尤其是在科学中，术语指数函数更一般性地用于形如 $ka^x(k \in \mathrm{R})$ 的函数，这里的 a 叫作“底数”，是不等于 1 的任何正实数。本文集中于带有底数为欧拉数 e 的指数函数。

指数函数的一般形式为 $y=a^x$（a>0 且 $a \neq 1$）（$x \in \mathrm{R}$），从上面我们关于幂函数的讨论就可以知道，要想使得 x 能够取整个实数集合为定义域，只有使得 a>0 且 $a \neq 1$。

2. 对数函数

一般地，函数 $y=\log_a x$（a>0 且 $a \neq 1$）叫作对数函数。也就是说以指数为自变量，幂为因变量，底数为常量的函数，叫对数函数。

由于底数的特殊性，与对数相关的函数底数为定值。“底数为x的对数”函数，如图7-25所示。其中，如y为0，输出为$-\infty$。如x和y都是非负数，且x小于等于0，或y小于0，输出为NaN。连线板可显示该多态函数的默认数据类型。

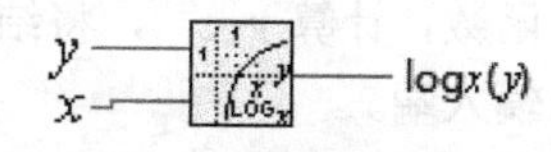

图7-25　“底数为x的对数”函数

7.3.2　实例——绘制火柴杆图

绘制下面函数的火柴杆图。

$$\begin{cases} x = e^{\cos t} \\ y = e^{\sin t} \\ z = e^{-t} \end{cases}$$

程序框图如图7-26所示。

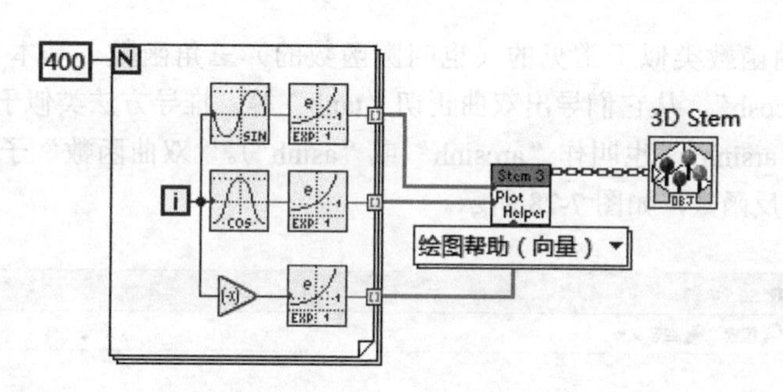

图7-26　程序框图

操作步骤

（1）新建VI。选择菜单栏中的“文件”→“新建VI”命令，新建一个VI，一个空白的VI包括前面板及程序框图。

（2）保存VI。选择菜单栏中的“文件”→“另存为”命令，输入VI名称为“绘制火柴杆图”。

（3）固定“控件”选板。单击鼠标右键，在前面板打开“控件”选板，单击选板左上角“固定”按钮，将“控件”选板固定在前面板。

（4）打开程序框图窗口，从“控件”选板中选择“新式”→“图形”→“三维图形”→“杆图”控件，创建三维杆图控件。

（5）从“函数”选板中选择“编程”→“结构”→“For循环”函数，拖出适当大小的矩形框，在For循环总线接线端创建循环次数为400。

（6）“三维杆图”控件程序框图中对应的绘图函数x向量、y向量、z向量三个端口，需要三路数据。

（7）计算x值。从“函数”选板中选择“数学”→“初等与特殊函数”→“三角函数”→“余弦”函数，计算$\cos t$。从“函数”选板中选择“数学”→“初等与特殊函数”→“指数函数”→“指数”函数，计算$x=e^{\cos t}$，将结果直接连接到绘图函数x向量输入端。

（8）计算y值。从“函数”选板中选择“数学”→“初等与特殊函数”→“三角函数”→“正弦”函数，计算$\sin t$。从“函数”选板中选择“数学”→“初等与特殊函数”→“指数函数”→“指数”

函数，计算 $y=e^{\sin t}$，将结果直接连接到绘图函数 **y** 向量输入端。

（9）计算 z 值。从“函数”选板中选择“编程”→“数值”→“取负值”函数，放置到循环内部，计算 $-t$。从“函数”选板中选择“数学”→“初等与特殊函数”→“指数函数”→“指数”函数，计算 $x=e^{-t}$，将结果直接连接到绘图函数 **z** 向量输入端。

（10）单击工具栏中的“整理程序框图”按钮，整理程序框图，结果如图 7-26 所示。

（11）单击“运行”按钮，运行 VI，在前面板显示运行结果，如图 7-27 所示。

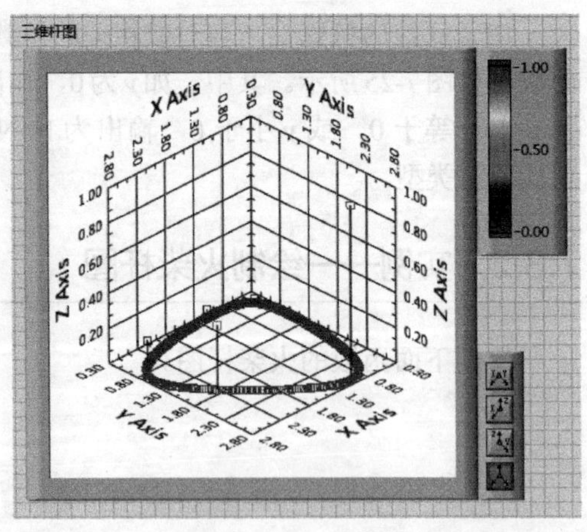

图 7-27　运行结果

7.3.3　双曲函数

在数学中，双曲函数类似于常见的（也叫圆函数的）三角函数。基本双曲函数是双曲正弦“sinh”，双曲余弦“cosh”，从它们导出双曲正切“tanh”等。推导方法类似于三角函数的推导。反函数是反双曲正弦“arsinh”（也叫作“arcsinh”或“asinh”）。“双曲函数”子选板中的函数基本用于计算双曲函数及其反函数，如图 7-28 所示。

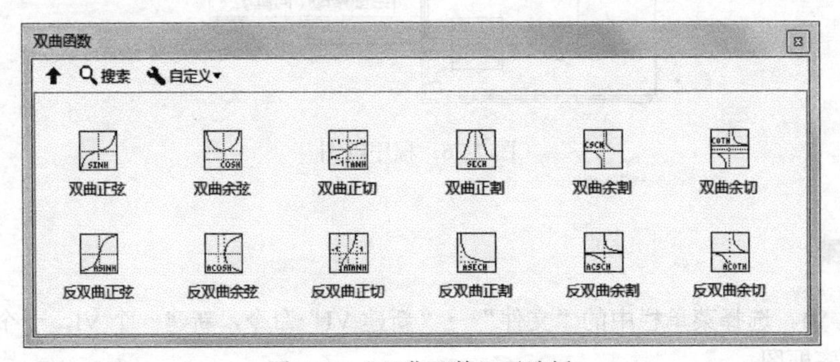

图 7-28　“双曲函数”子选板

在表 7-1 中显示了函数基本信息。

表 7-1　双曲函数

函数	缩写	公式
双曲正弦	sinh	$\sinh x=\dfrac{e^x-e^{-x}}{2}$
双曲余弦	cosh	$\cosh x=\dfrac{e^x+e^{-x}}{2}$
双曲正切	tanh	$\tanh x=\dfrac{\sinh x}{\cosh x}=\dfrac{e^x-e^{-x}}{e^x+e^{-x}}$
双曲余切	coth	$\cosh x=\dfrac{1}{\tanh x}=\dfrac{e^x+e^{-x}}{e^x-e^{-x}}$
双曲正割	sech	$\operatorname{sech} x=\dfrac{1}{\cosh x}=\dfrac{2}{e^x+e^{-x}}$
双曲余割	csch	$\cosh x=\dfrac{1}{\sinh x}=\dfrac{2}{e^x-e^{-x}}$

双曲函数与三角函数有如下的关系：

$$\sinh x = -i\sin ix$$
$$\cosh x = \cos ix$$
$$\tanh x = -i\tan ix$$
$$\coth x = i\cot ix$$
$$\operatorname{sech} x = \sec ix$$
$$\operatorname{csch} x = i\csc ix$$

7.3.4　实例——绘制双曲正弦曲线

本实例设计图 7-29 所示的程序框图，验证公式$\sinh x = \frac{e^x - e^{-x}}{2}$。

扫码看视频

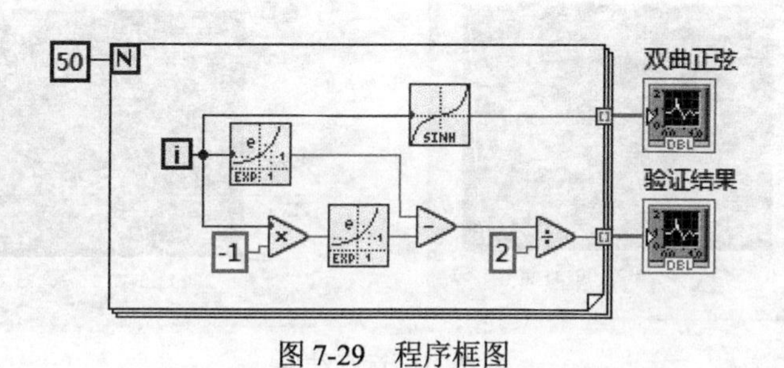

图 7-29　程序框图

操作步骤

（1）新建 VI。选择菜单栏中的“文件”→“新建 VI”命令，新建一个 VI，一个空白的 VI 包括前面板及程序框图。

（2）保存 VI。选择菜单栏中的“文件”→“另存为”命令，输入 VI 名称为“绘制双曲正弦曲线”。

（3）固定“控件”选板。单击鼠标右键，在前面板打开“控件”选板，单击选板左上角“固定”按钮，将“控件”选板固定在前面板。

（4）从“函数”选板中选择“编程”→“结构”→“For 循环”函数，拖出适当大小的矩形框，在 For 循环总线接线端创建循环次数为 50。

（5）从“函数”选板中选择“编程”→“数学”→“初等与特殊函数”→“指数函数”→“指数”函数，放置函数到循环内部。

（6）从“函数”选板中选择“编程”→“数值”→“除”“减”函数，计算指数函数的差值并除以 2 作为验证值。

（7）从“函数”选板中选择“编程”→“数学”→“初等与特殊函数”→“双曲函数”→“双曲正弦”函数，放置函数到循环内部。

（8）打开程序框图窗口，从“控件”选板中选择“新式”→“图形”→“波形图”控件，创建“双曲正弦”“验证结果”控件，如图 7-30 所示。

（9）将数据计算结果连接到“波形图”控件中，单击工具栏中的“整理程序框图”按钮，整理程序框图，如图 7-29 所示。

（10）单击“运行”按钮，运行 VI，在前面板显示运行结果，如图 7-31 所示。

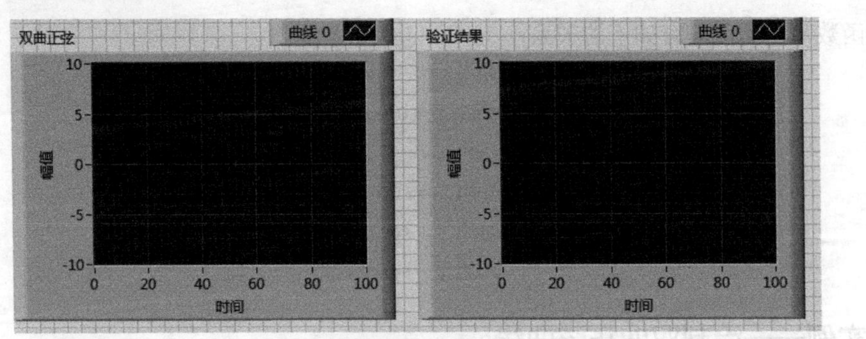

图 7-30　创建“波形图”控件

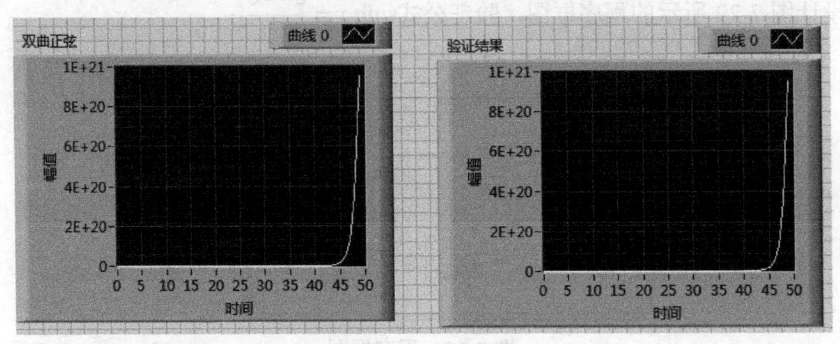

图 7-31　运行结果

7.3.5　离散数学

离散数学是传统的逻辑学、集合论（包括函数）、数论基础、算法设计、组合分析、离散概率、关系理论、图论与树、抽象代数（包括代数系统，例如群、环、域等）、布尔代数、计算模型（语言与自动机）等汇集起来的一门综合学科。离散数学的应用遍及现代科学技术的诸多领域。

“离散数学”子选板下的函数用于计算组合数学及数论领域的离散数学函数，如图 7-32 所示。

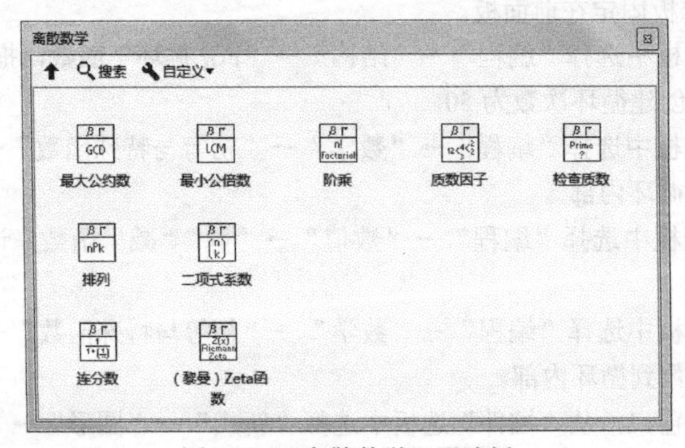

图 7-32　“离散数学”子选板

1．最大公约数 VI

该 VI 用于计算输入值的最大公约数，它是特殊函数中的一种，图 7-33 为最大公约数 VI 节点。

gcd(x, y) 是 x 和 y 的最大公约数，要计算最大公约数 gcd(x, y)，可先对 x 和 y 进行质数分解：

$$x = \Pi_i p_i^{a_i}$$
$$y = \Pi_i p_i^{b_i}$$

p_i 是 x 和 y 的所有质数因子。如 p_i 未出现在分解中，相关指数为 0。gcd(x, y) 则定义为：

$$\gcd(x, y) = \Pi_i p_i^{\min(a_i, b_i)}$$

2. 最小公倍数 VI

该 VI 用于计算输入值的最小公倍数，它是特殊函数中的一种，如图 7-34 所示为最小公倍数 VI 节点。

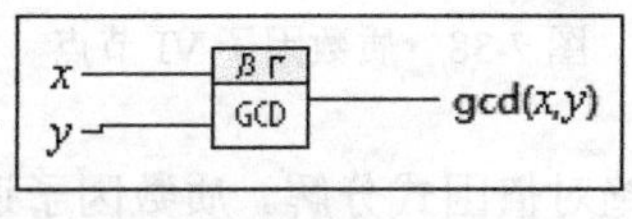

图 7-33　最大公约数 VI 节点

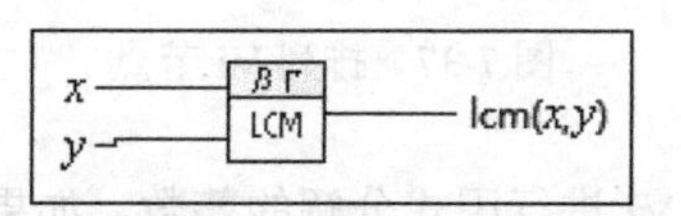

图 7-34　最小公倍数 VI 节点

lcm(x, y) 是最小整数 m，对于整数 c 和 d，存在：

$$x \times c = y \times d = m$$

要计算最小公倍数 lcm(x, y)，可先对 x 和 y 进行质数分解：

$$x = \Pi_i p_i^{a_i}$$
$$y = \Pi_i p_i^{b_i}$$

p_i 是 x 和 y 的所有质数因子。如 p_i 未出现在分解中，相关指数为 0。lcm(x, y) 则定义为：

$$\mathrm{lcm}(x, y) = \Pi_i p_i^{\max(a_i, b_i)}$$

3. 阶乘 VI

该 VI 用于计算 n 的阶乘，它是特殊函数中的一种，图 7-35 为阶乘 VI 节点。

阶乘函数的定义公式如下。

$$fact(n) = n! = \prod_{i=1}^{n} i$$

4. 二项式系数 VI

该 VI 用于计算非负整数 n 和 k 的二项式系数，它是特殊函数中的一种，图 7-36 为二项式系数 VI。

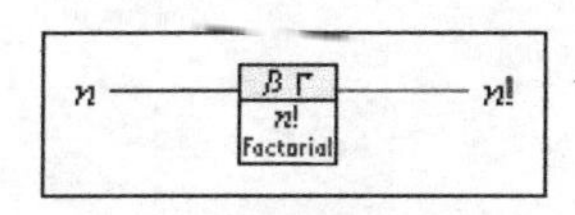

图 7-35　阶乘 VI 节点

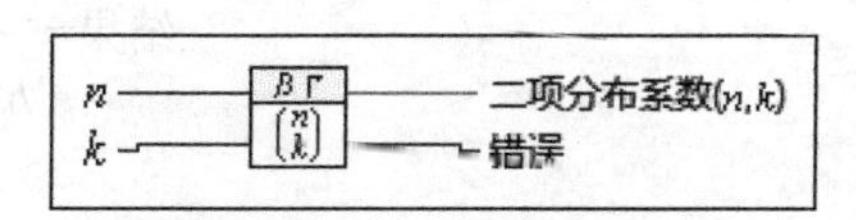

图 7-36　二项式系数 VI 节点

下列等式定义了二项式系数。

$$\binom{n}{k} = \frac{n!}{k!(n-k)!}$$

即使 n 和 k 的数字相对较小，二项式系数的位数也可以很多。最适合二项式系数的数据类型为实数。通过（不完全）Gamma 函数 VI，可直接计算 n！、k！和（$n-k$）!。

5. 排列 VI

该 VI 用于计算从 n 个元素的集合中获取有顺序的 k 个元素的方法数量，它是特殊函数中的一种，图 7-37 为排列 VI 节点。

6. 质数因子 VI

该 VI 用于计算整数的质数因子，它是特殊函数中的一种，图 7-38 为质数因子 VI 节点。

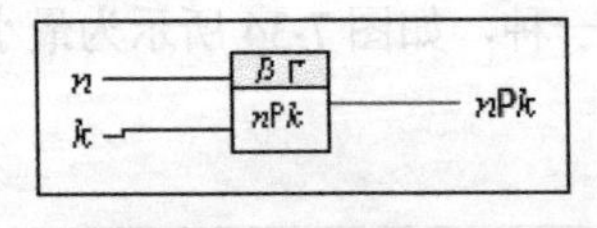

图 7-37　排列 VI 节点

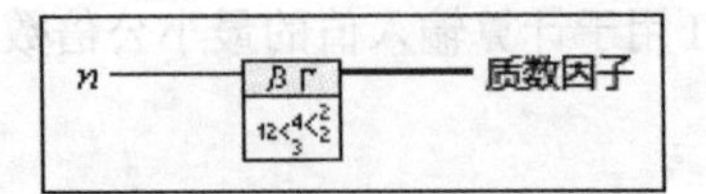

图 7-38　质数因子 VI 节点

n 是 VI 进行因式分解的整数。如果 n 为负，VI 对 n 的绝对值因式分解。质数因子返回一个质数数组，这些质数的乘积等于 n。

7.（黎曼）Zeta 函数 VI

该 VI 用于计算 Zeta 函数，它是特殊函数中的一种，图 7-39 为（黎曼）Zeta 函数 VI 节点。

x 是输入参数。z(x) 返回 zeta 函数的值。下列公式为黎曼 Zeta 函数。

$$\xi(x)=\sum_{i=1}^{\infty} i^{-x}$$

8. 连分数 VI

该 VI 用于计算两个序列（a[0]，a[1]，…，a[n]）和（b[0]，b[1]，…，b[n]）的连分数，它是特殊函数中的一种，图 7-40 为连分数 VI 节点。

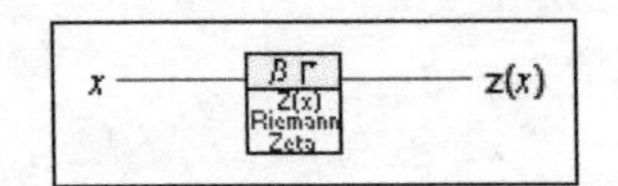

图 7-39　（黎曼）Zeta 函数 VI 节点

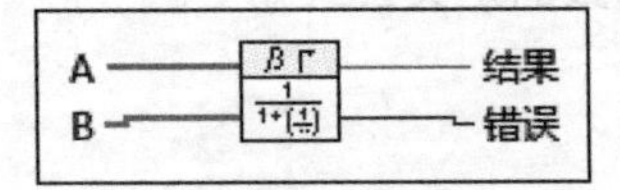

图 7-40　连分数 VI 节点

连分数的计算数列如下。

$$结果=\cfrac{a_0}{b_0+\cfrac{a_1}{b_1+\cfrac{a_2}{b_2+\cfrac{a_3}{b_3\cdots}}}}$$

连分数对于计算特殊函数非常有用。

扫码看视频

7.3.6　实例——离散计算选项卡

本实例在选项卡中设计不同的离散函数计算，程序框图如图 7-41 所示。

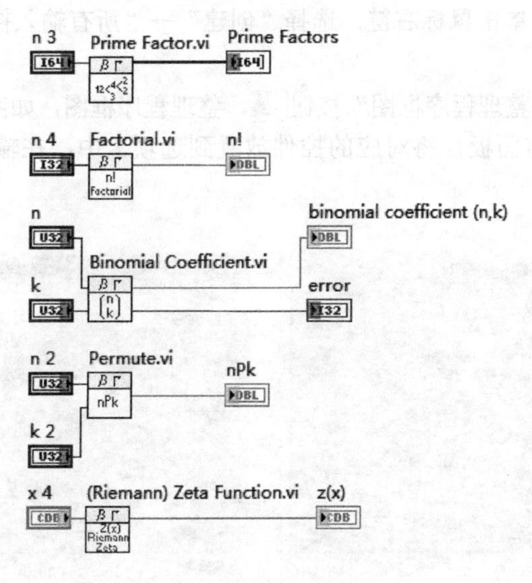

图 7-41　程序框图

操作步骤

（1）新建 VI。选择菜单栏中的“文件”→“新建 VI”命令，新建一个 VI，一个空白的 VI 包括前面板及程序框图。

（2）保存 VI。选择菜单栏中的“文件”→“另存为”命令，输入 VI 名称为“离散计算选项卡”。

（3）固定“控件”选板。单击鼠标右键，在前面板打开“控件”选板，单击选板左上角“固定”按钮，将“控件”选板固定在前面板。

（4）设置前面板

从“控件”选板中选择“新式”→“容器”→“选项卡”控件，该控件默认包含两个选项卡。单击鼠标右键，选择“在后面添加选项卡”命令，创建包含 5 个选项卡的控件，如图 7-42 所示。

（5）创建数组。

① 打开程序框图窗口，从“函数”选板中选择“数学”→“初等与特殊函数”→“离散数学”→“阶乘”“质数因子”“排列”“二项式系数”“Zeta 系数”，如图 7-43 所示。

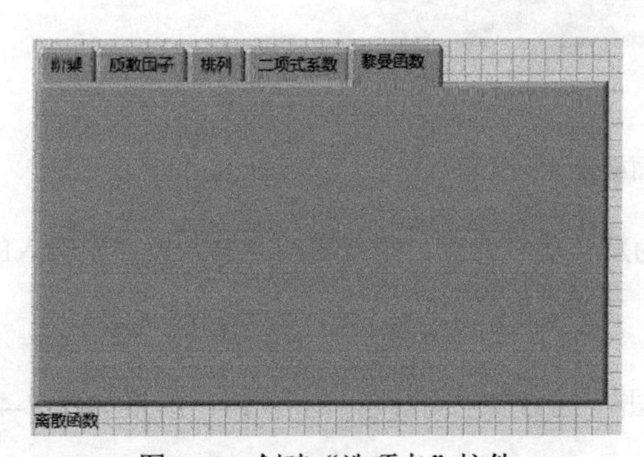

图 7-42　创建“选项卡”控件

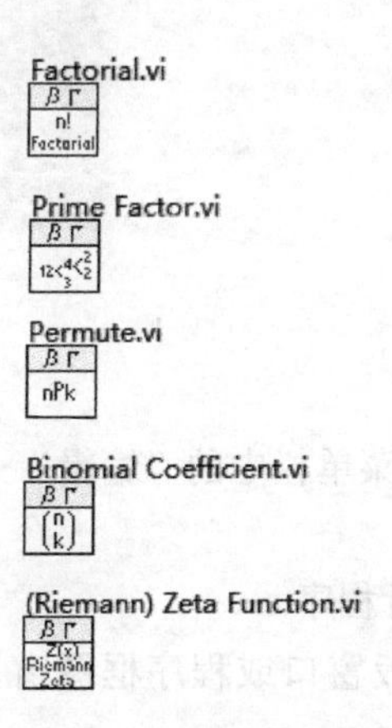

图 7-43　选择离散函数

② 选中这 5 个函数，单击鼠标右键，选择“创建”→“所有输入控件和输出控件”命令，在输入、输出端创建控件。

③ 单击工具栏中的“整理程序框图”按钮，整理程序框图，如图 7-41 所示。

④ 双击控件，打开前面板，将对应的控件放置到选项卡中，在输入控件中输入初始值，如图 7-44 所示。

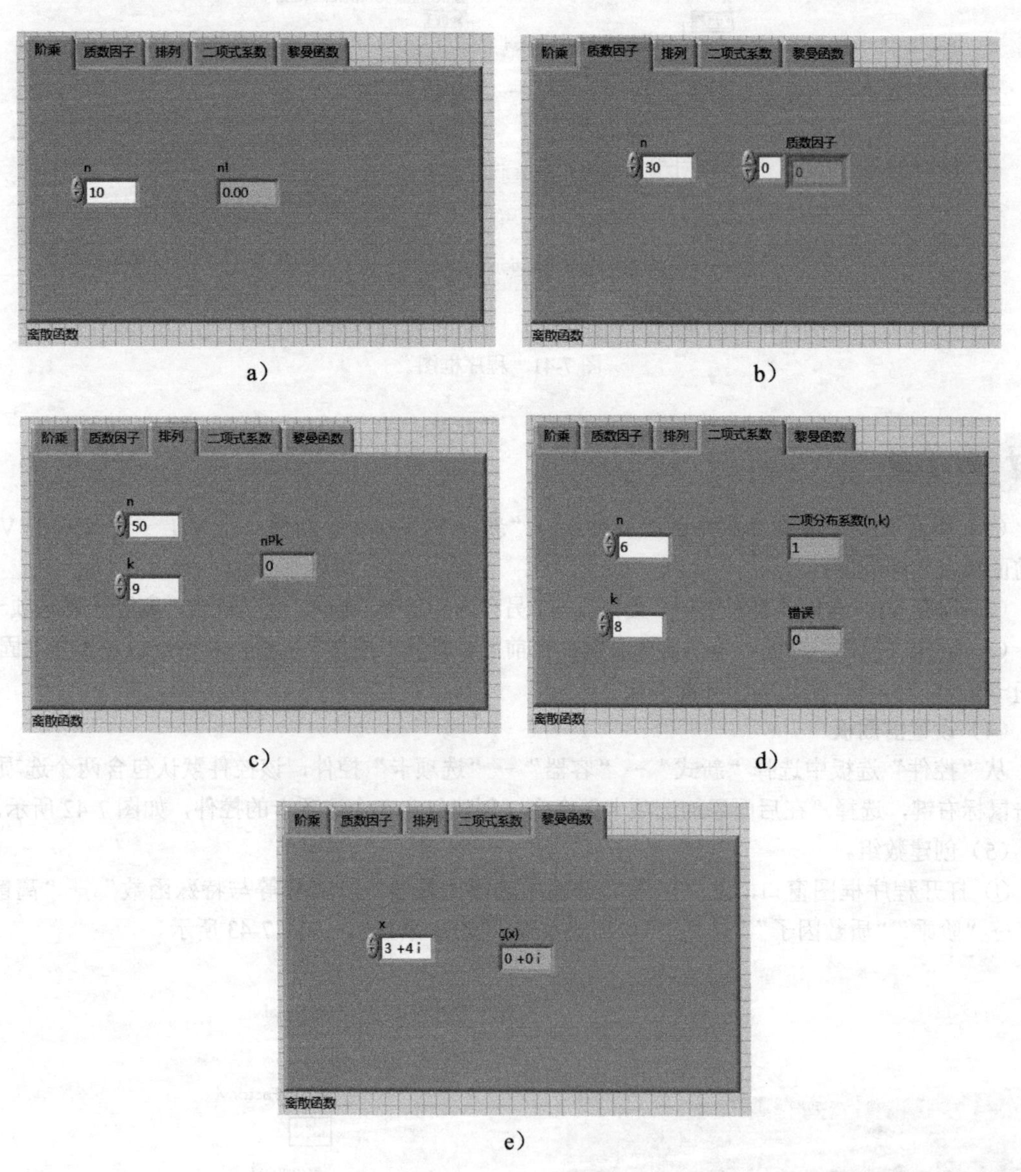

图 7-44 前面板设计

⑤ 选择菜单栏中的“编辑”→“当前值默认为默认值”命令，则保留所有输入控件中输入的数据。

（6）运行程序。

在前面板窗口或程序框图窗口的工具栏中单击“运行”按钮，运行 VI，结果如图 7-45 所示。

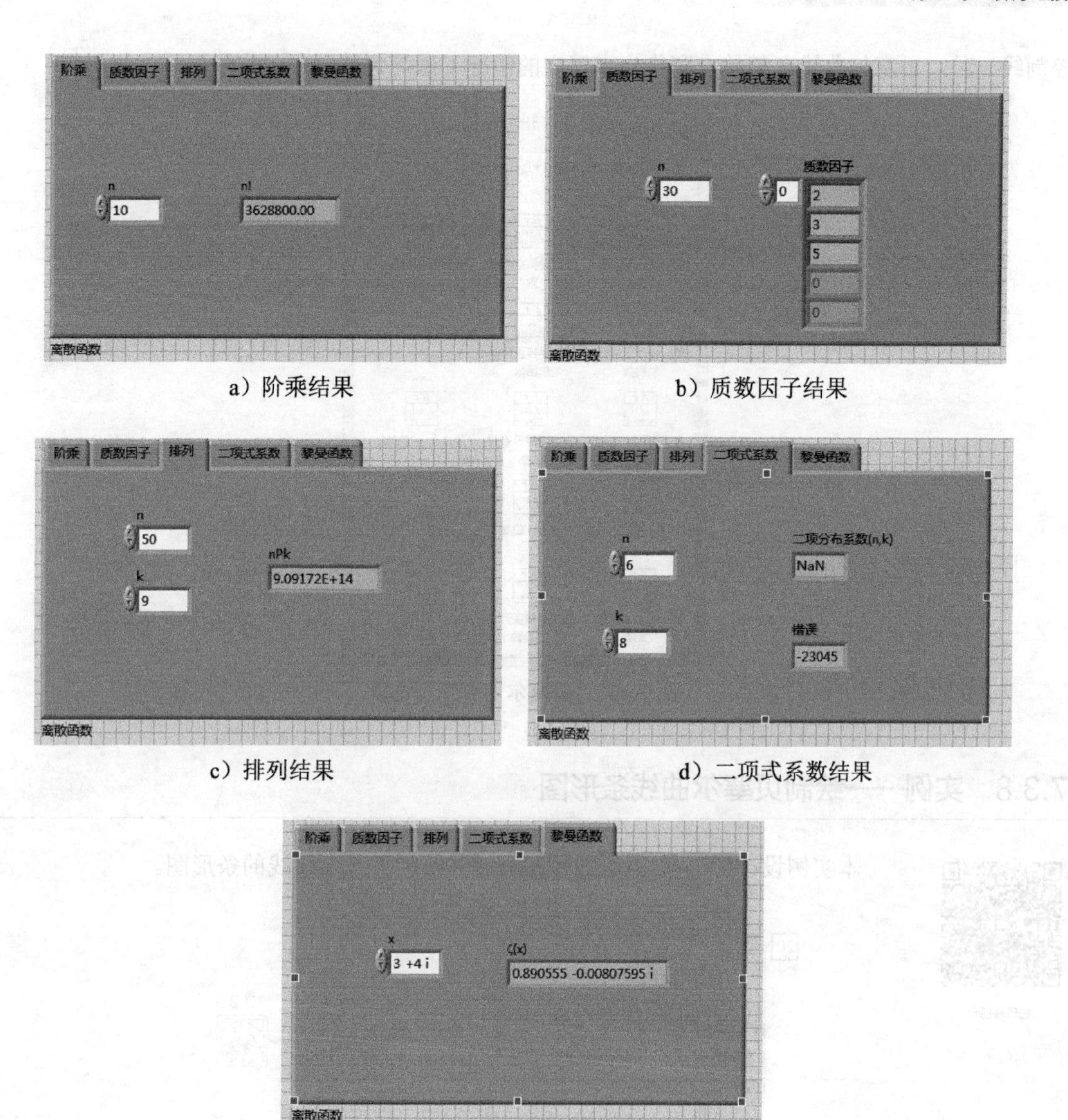

a）阶乘结果

b）质数因子结果

c）排列结果

d）二项式系数结果

e）黎曼函数结果

图 7-45　运行结果

7.3.7　贝塞尔曲线

贝塞尔曲线，又称贝兹曲线（Bézier curve），是计算机图形学中相当重要的参数曲线。一般的矢量图形软件通过它来精确地画出曲线。贝塞尔曲线由线段与节点组成，节点是可拖动的支点，线段像可伸缩的皮筋，在绘图工具上看到的钢笔工具就是来绘制这种矢量曲线的。“贝塞尔函数”子选板下的函数，主要用来计算各类贝塞尔曲线，如图 7-46 所示。

贝塞尔曲线是计算机图形造型的基本工具，是图形造型运用得最多的基本线条之一。它通过控制曲线上的 4 个点（起始点、终止点以及两个相互分离的中间点）来创造、编辑图形。其中起重要作用的是位于曲线中央的控制线。这条线是虚拟的，中间与贝塞尔曲线交叉，两端是控制端点。移动两端的端点时，贝塞尔曲线改变曲线的曲率（弯曲的程度）。移动中间点（也就是移动虚拟的控制线）时，贝塞尔曲线在起始点和终止点锁定的情况下做均匀移动。

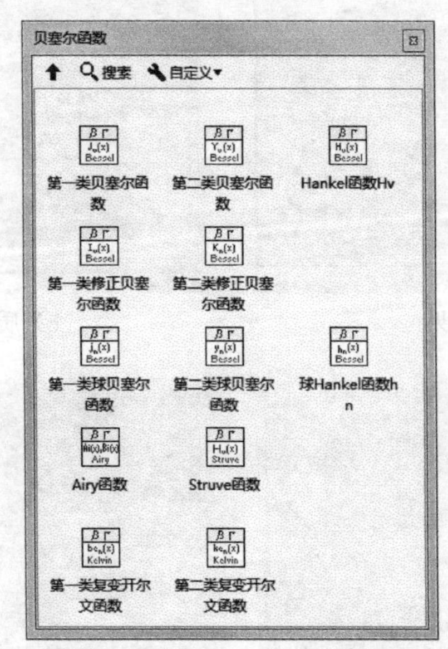

图 7-46 “贝塞尔函数”子选板

7.3.8 实例——绘制贝塞尔曲线条形图

本实例设计图 7-47 所示的程序框图，绘制贝塞尔曲线的条形图。

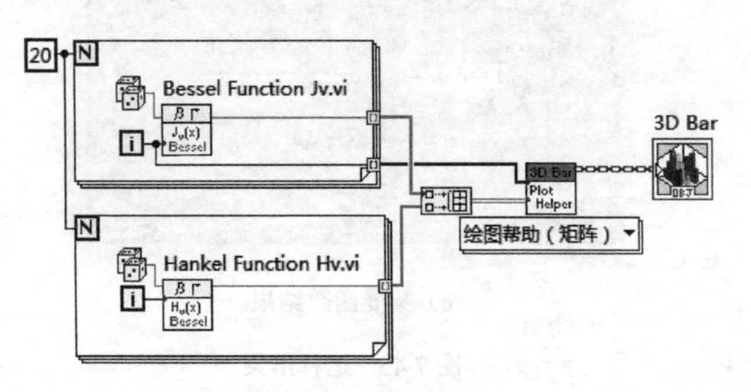

图 7-47 程序框图

（1）新建 VI。选择菜单栏中的“文件”→“新建 VI”命令，新建一个 VI，一个空白的 VI 包括前面板及程序框图。

（2）保存 VI。选择菜单栏中的“文件”→“另存为”命令，输入 VI 名称为“绘制贝塞尔曲线条形图”。

（3）固定“控件”选板。单击鼠标右键，在前面板打开“控件”选板，单击选板左上角“固定”按钮，将“控件”选板固定在前面板。

（4）从“控件”选板中选择“新式”→“图形”→“三维图形”→“条形”控件，创建“三维条形图”控件。

（5）从“函数”选板中选择“编程”→“结构”→“For 循环”函数，拖动出适当大小的矩形框。在 For 循环总线接线端创建循环次数为 20，循环计数 *i* 连接到三维条形图函数 ***y*** 向量输入端。

（6）从“函数”选板中选择“编程”→“数值”→“随机数”函数，放置函数到循环内部。

（7）从“函数”选板中选择“数学”→“初等与特殊函数”→“贝塞尔函数”→“第一类贝塞尔曲线”“Hankel 曲线 Hv”函数，分别放置函数到循环内部。

（8）从“函数”选板中选择“编程”→“数组”→“创建数组”函数，将两条贝塞尔曲线组成的数据创建为二维数组数据，连接到 ***Z*** 矩阵输入端。

（9）单击工具栏中的“整理程序框图”按钮，整理程序框图，如图 7-47 所示。

（10）单击“运行”按钮，运行 VI，在前面板显示运行结果。修改三维条形图控件图标中两条曲线的名称，分别为“第一类贝塞尔曲线”“Hankel 曲线 Hv”，如图 7-48 所示。

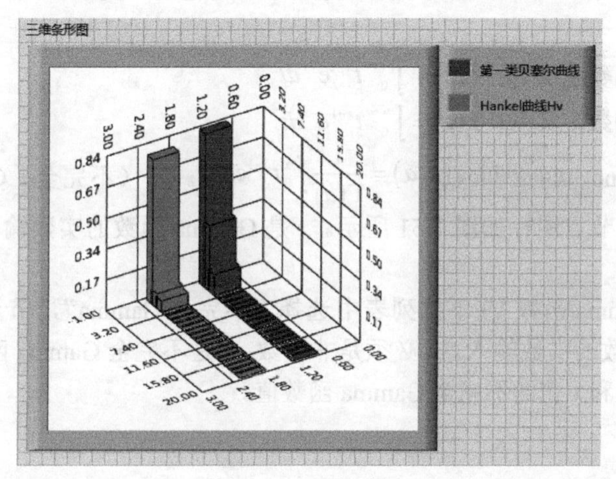

图 7-48　运行结果

7.3.9　Gamma 函数

Gamma 曲线是一种特殊的色调曲线。当 Gamma 值等于 1 的时候，曲线为与坐标轴成 45° 的直线，表示输入和输出密度相同。高于 1 的 Gamma 值将会造成输出亮化，低于 1 的 Gamma 值将会造成输出暗化。

该类函数主要用于计算 Gamma 相关函数，“Gamma 函数”子选项如图 7-49 所示。

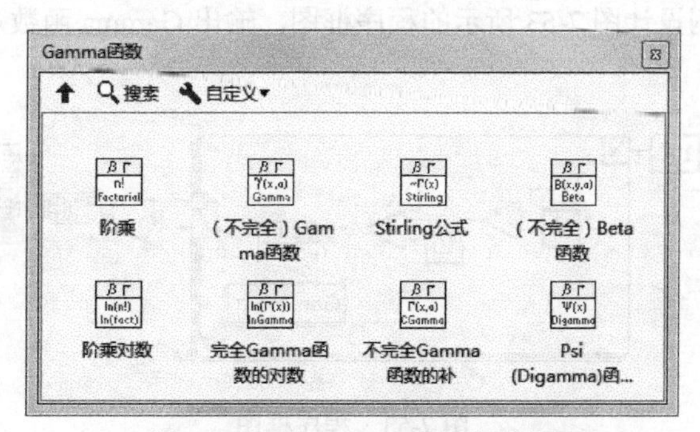

图 7-49　“Gamma 函数”子选板

1. 阶乘函数

若数列是递增数列，同时递增量为 1，即数列 1, 2, 3, 4, 5, 6, 7…*n*，则求该特殊数列中元素积的方法称之为阶乘。可以说，阶乘是累计积的特例。

在表达阶乘时，就使用“！”来表示。如 *n* 的阶乘，就表示为 *n*！。例如 6 的阶乘记作 6！，即 1×2×3×4×5×6=720。

阶乘 VI 计算 *n* 的阶乘，节点图标如图 7-50 所示。

2.（不完全）Gamma 函数

伽玛函数（Gamma 函数），也叫欧拉第二积分，是阶乘函数在实数与复数上扩展出的一类函数。一般定义的阶乘是在正整数和零（大于等于零）范围里的，小数没有阶乘。这里将 Gamma 函数定义为非整数的阶乘，即 0.5！。

伽玛函数（Gamma Function）作为阶乘的延拓，是定义在复数范围内的亚纯函数，通常写成 $\Gamma(x)$。

在实数域上伽玛函数定义为：$\Gamma(x)=\int_0^{+\infty} t^{x-1}\mathrm{e}^{-t}dt$

在复数域上伽玛函数定义为：$\Gamma(z)=\int_0^{+\infty} t^{z-1}\mathrm{e}^{-t}dt$

伽玛函数 Gammainc，$gammainc(x,a)=\frac{1}{\Gamma(a)}\int_0^x t^{a-1}\mathrm{e}^{-t}dt$。在（不完全）Gamma 函数 VI 下拉列表中选择“Gamma”，节点图标如图 7-51 所示。*x* 是 Gamma 函数的实数输入，g(*x*) 是给定 *x* 值的 Gamma 函数值。

在（不完全）Gamma 函数 VI 下拉列表中选择“不完全 Gamma”，节点图标如图 7-52 所示。*x* 是不完全 Gamma 函数的实数输入。*x* 必须是非负数；*a* 是不完全 Gamma 函数的上限，默认值为 Inf。g(*x*, *a*) 是给定 *x* 值和 *y* 值的不完全 Gamma 函数值。

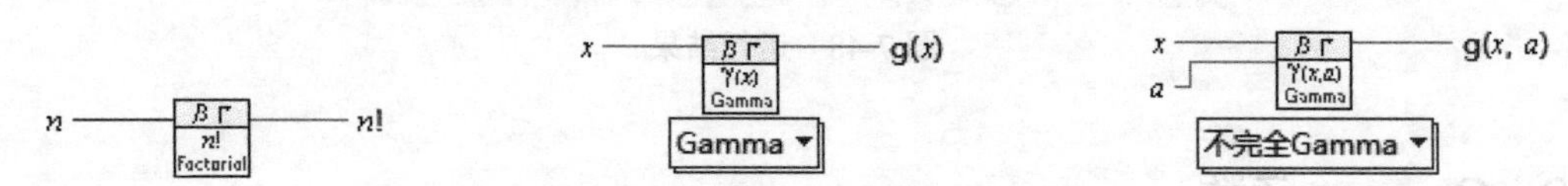

图 7-50 阶乘 VI 节点图标　图 7-51 Gamma 函数 VI 节点图标　图 7-52 （不完全）Gamma 函数 VI 节点图标

7.3.10 实例——绘制 Gamma 函数及其倒数函数

本实例设计图 7-53 所示的程序框图，输出 Gamma 函数及其倒数函数曲线。

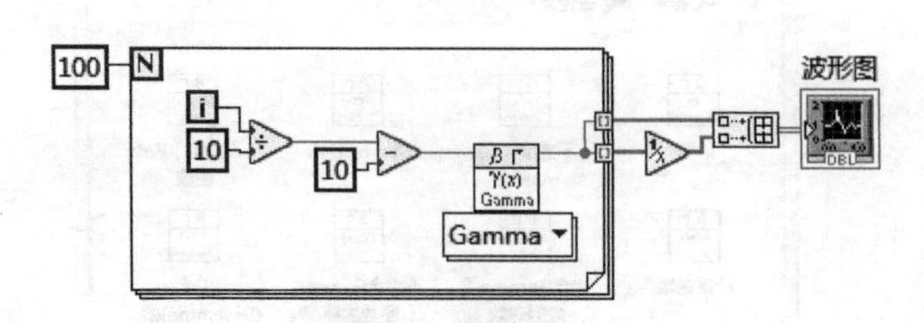

图 7-53 程序框图

操作步骤

（1）新建 VI。选择菜单栏中的“文件”→“新建 VI”命令，新建一个 VI，一个空白的 VI 包括前面板及程序框图。

（2）保存 VI。选择菜单栏中的“文件”→“另存为”命令，输入 VI 名称为“绘制 Gamma 函数及其倒数函数”。

（3）固定“控件”选板。单击鼠标右键，在前面板打开“控件”选板，单击选板左上角“固定”按钮，将“控件”选板固定在前面板。

（4）从“函数”选板中选择“编程”→“结构”→“For 循环”函数，拖动出适当大小的矩形框，在 For 循环总线接线端创建循环次数为 100。

（5）从“函数”选板中选择“编程”→“数值”→“除”“减”函数，计算循环计数 i/10-10 作为操作数。

（6）从“函数”选板中选择“数学”→“初等与特殊函数”→“Gamma 函数”→“(不完全) Gamma 函数”函数，放置函数到循环内部，连接操作数作为实数输入。

（7）从“函数”选板中选择“编程”→“数值”→“倒数”函数，放置函数到循环内部，求 Gamma 函数输出结果。

（8）从“函数”选板中选择“编程”→“数组”→“创建数组”函数，连接 Gamma 函数及其倒数函数数据，创建成二维数组数据。

（9）打开前面板，从“控件”选板中选择“新式”→“图形”→“波形图”控件，创建图形控件，用于显示二维数组数据。

（10）将数据计算结果连接到波形图中，单击工具栏中的“整理程序框图”按钮，整理程序框图，如图 7-53 所示。

（11）单击“运行”按钮，运行 VI，在前面板显示运行结果，如图 7-54 所示。

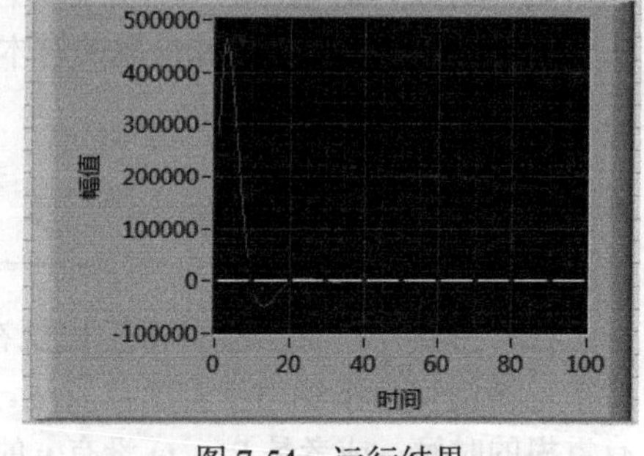

图 7-54　运行结果

（12）由于 Y 坐标相差过大，无法直观地显示曲线，需要调整坐标。在“波形图”控件坐标轴刻度上单击鼠标右键，弹出图 7-55 所示的快捷菜单，选择“复制标尺”命令，在左侧显示两列刻度，添加幅值 2。

（13）在幅值 2 刻度上单击鼠标右键，弹出图 7-56 所示的快捷菜单，选择“两侧交换”命令，在右侧显示列刻度幅值 2，双 Y 轴刻度设置完成，修改图例名称为曲线名称，结果如图 7-57 所示。

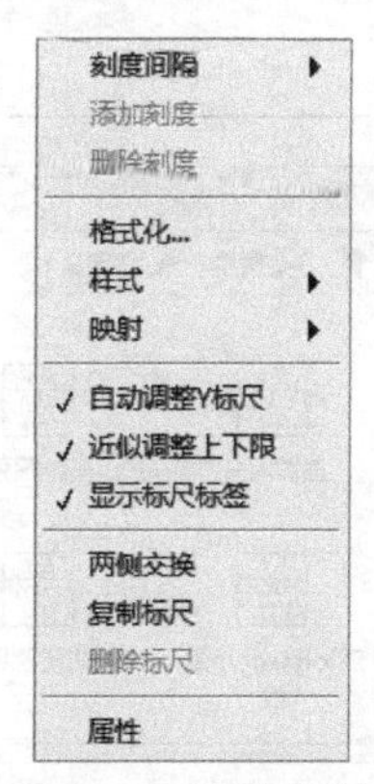

图 7-55　快捷菜单

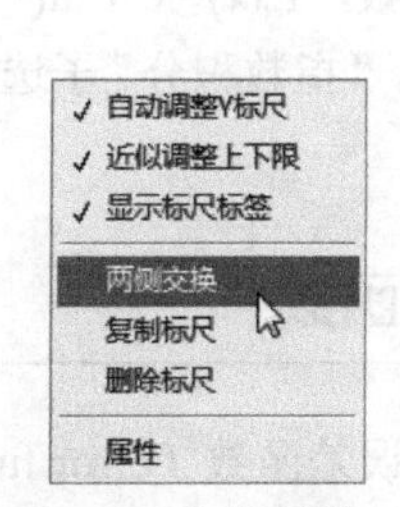

图 7-56　快捷菜单 2

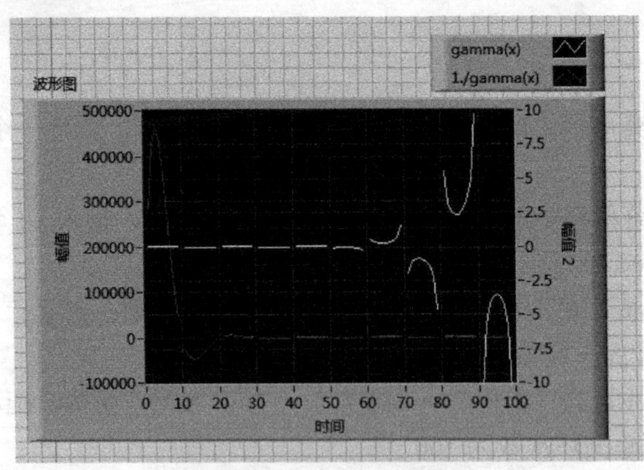

图 7-57　双 Y 轴刻度

7.3.11　超几何函数

在数学中，高斯超几何函数或普通超几何函数 $_2F_1$（a，b；c；z）是一个用超几何级数定义的函数，很多特殊函数都是它的特例或极限。所有具有 3 个正则奇点的二阶线性常微分方程的解都可以用超几何函数表示。

这种函数大都与物理学微分方程问题中的其他函数结合在一起，很少作为某个特殊问题的解本身而出现，“超几何函数”子选板如图 7-58 所示。

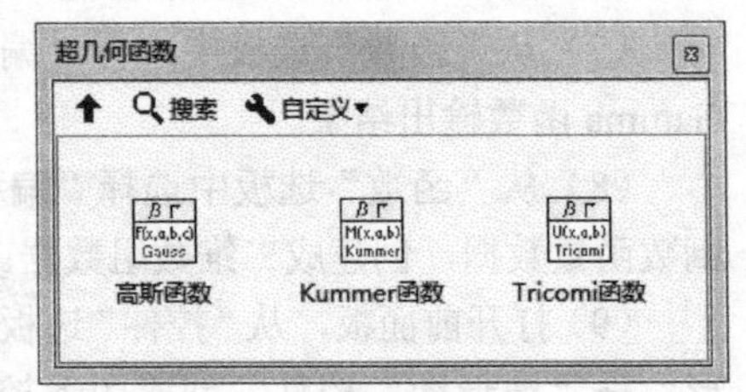

图 7-58　“超几何函数”子选板

7.3.12　椭圆积分函数

在积分学中，椭圆积分最初出现在与椭圆的弧长有关的问题中。通常，椭圆积分不能用基本函数表达。这个一般规则的例外出现在 P 有重根的时候，或者是 $R(x, y)$ 没有 y 的奇数幂时。

通过适当地简化公式，每个椭圆积分可以变为只涉及有理函数和三个经典形式的积分。在“椭圆积分”子选板中，包含第一、第二类的椭圆积分，如图 7-59 所示。

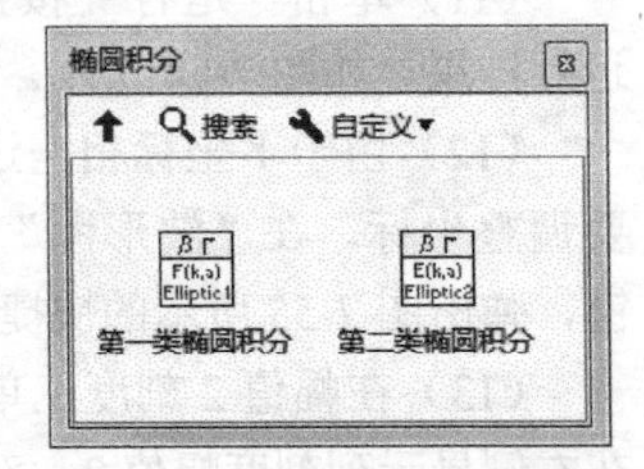

图 7-59　“椭圆积分”子选板

7.3.13　指数积分函数

在数学中，指数积分是函数的一种，它不能表示为初等函数。对任意实数，$E_i(x)=\int e^t/t\,dt(-\infty \sim x)$，这个积分必须用柯西主值来解释。“指数积分”子选板主要包括各类积分函数，如图 7-60 所示。

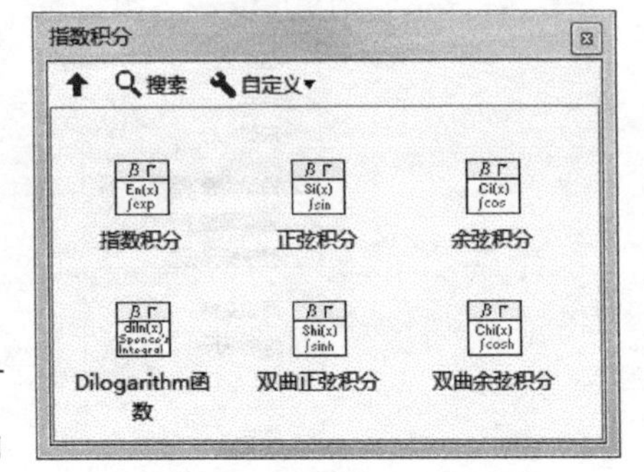

图 7-60　“指数积分”子选板

7.3.14　误差函数

在数学中，误差函数（error function）也称为高斯误差函数（Gauss error function），不是初等函数，是一种非基本函数，定义为：erf(∞)=1 和 erf)−x)=−erf(x)。“误差函数”子选板如图 7-61 所示。

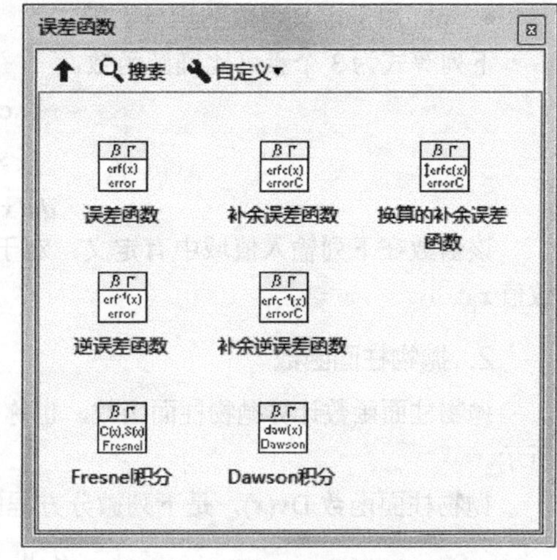

图 7-61 “误差函数”子选板

1. 误差函数

本 VI 用于计算误差函数，节点图标如图 7-62 所示。误差函数的定义见下列等式。

$$erf(x)=\frac{2}{\sqrt{\pi}}\int_0^x \mathrm{e}^{-t^2}dt$$

2. 补余误差函数

本 VI 用于计算补余误差函数，节点图标显示如图 7-63 所示。

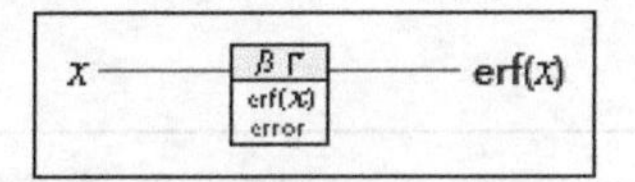

图 7-62　误差函数节点图标

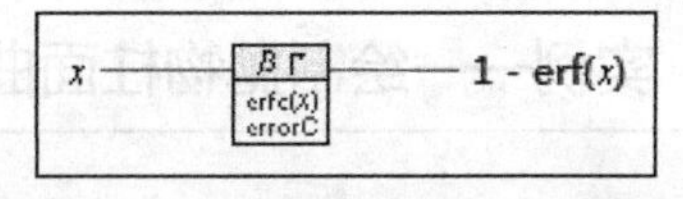

图 7-63　补余误差函数节点图标

补余误差函数的定义见下列等式。

$$erfo(x)=1-erf(x)=\frac{2}{\sqrt{\pi}}\int_x^{\infty} \mathrm{e}^{-t^2}dt$$

7.3.15　椭圆与抛物函数

“椭圆与抛物函数”子选板下的函数主要包括“雅可比椭圆函数”与“抛物柱面函数”两种，如图 7-64 所示。

1. 雅可比椭圆函数

“雅可比椭圆”函数的节点如图 7-65 所示，包括两个输入、四个输出。详细数据介绍如下。

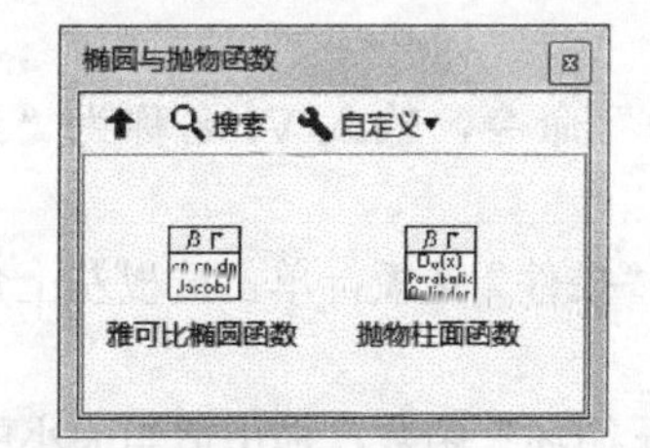

图 7-64 “椭圆与抛物函数”子选板

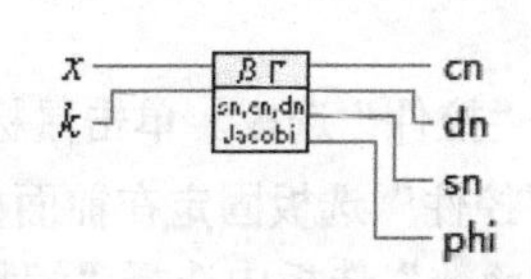

图 7-65 “雅克比椭圆”函数的节点

- x 是输入参数。
- k 是积分参数。
- cn 返回 Jacobi 椭圆函数 cn 的值。
- dn 返回 Jacobi 椭圆函数 dn 的值。
- sn 返回 Jacobi 椭圆函数 sn 的值。

- phi 用于定义函数的积分上限。

下列等式为 3 个雅可比椭圆函数。

$$cn(x, k) = \cos()$$

$$sn(x, k) = \sin()$$

$$dn(x,k) = \sqrt{1-k\sin^2\phi}$$

该函数在下列输入值域中有定义：对于单位区间中的任意实数被积参数 k，函数适用于任意实数值 x。

2. 抛物柱面函数

抛物柱面函数计算抛物柱面函数，也称韦伯函数，函数节点如图 7-66 所示。

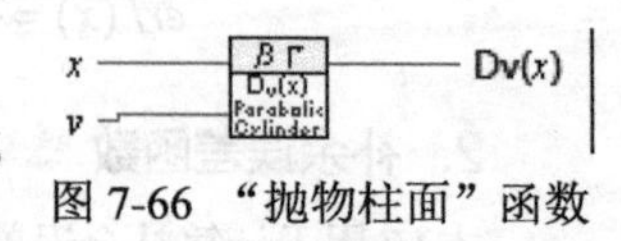

图 7-66 “抛物柱面”函数节点

抛物柱面函数 Dv(x)，是下列微分方程的解。

$$\frac{d^2w}{dx^2}-\left(\frac{x^2}{4}-v-\frac{1}{2}\right)w=0$$

7.3.16 实例——绘制抛物柱面曲线

扫码看视频

本实例设计图 7-67 所示的程序框图，输出抛物柱面曲线。

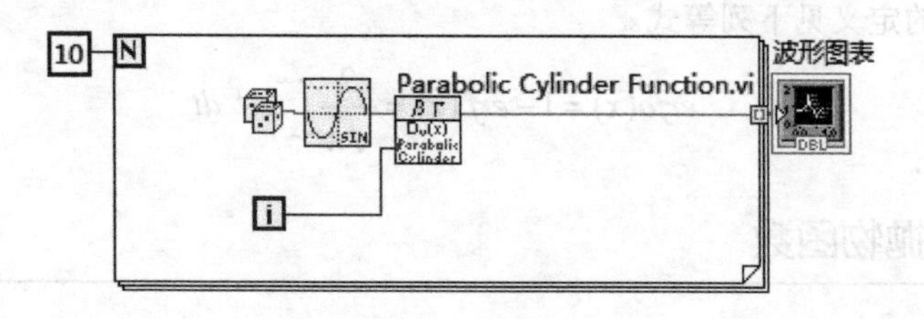

图 7-67 程序框图

操作步骤

（1）新建 VI。选择菜单栏中的“文件”→“新建 VI”命令，新建一个 VI，一个空白的 VI 包括前面板及程序框图。

（2）保存 VI。选择菜单栏中的“文件”→“另存为”命令，输入 VI 名称为“绘制抛物柱面”。

（3）固定“控件”选板。单击鼠标右键，在前面板打开“控件”选板，单击选板左上角“固定”按钮，将“控件”选板固定在前面板。

（4）从“函数”选板中选择“编程”→“结构”→“For 循环”函数，拖出适当大小的矩形框，在 For 循环总线接线端创建循环次数 10。

（5）从“函数”选板中选择“编程”→“数值”→“随机数”函数，放置函数到循环内部。

（6）从“函数”选板中选择“数学”→“初等与特殊函数”→“三角函数”→“正弦”函数，放置函数到循环内部。

（7）从“函数”选板中选择“数学”→“初等与特殊函数”→“椭圆与抛物函数”→“抛物柱面函数”函数，放置函数到循环内部。

（8）打开前面板，从“控件”选板中选择“新式”→“图形”→“波形图表”控件，创建控件。

（9）将数据计算结果连接到波形图中，单击工具栏中的“整理程序框图”按钮，整理程序框图，如图 7-67 所示。

（10）单击“运行”按钮，运行 VI，在前面板显示运行结果，如图 7-68 所示。

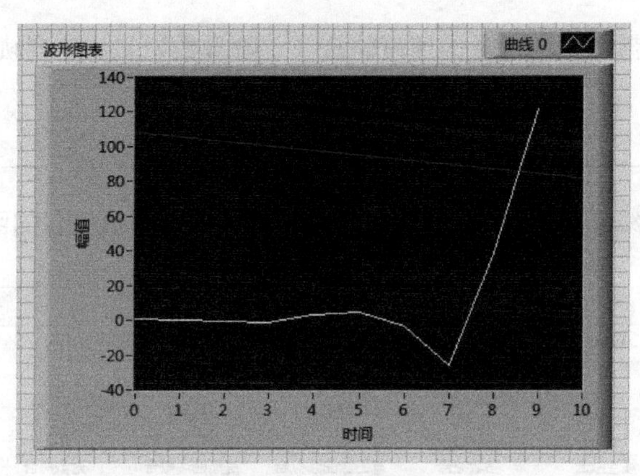

图 7-68　运行结果

7.4　拟合 VI

所谓拟合是指已知某函数的若干离散函数值 {*f*1, *f*2, ⋯, *fn*}，通过调整该函数中若干待定系数 *f*(*λ*1, *λ*2, ⋯, *λn*)，使得该函数与已知点集的差别（最小二乘意义）最小。如果待定函数是线性，就叫线性拟合或者线性回归（主要在统计中），否则叫作非线性拟合或者非线性回归。表达式也可以是分段函数，这种情况下的拟合叫作样条拟合。

拟合、插值以及逼近是数值分析的三大基础工具。通俗意义上，它们的区别在于：拟合是已知点列，从整体上靠近它们；插值是已知点列并且完全经过点列；逼近是已知曲线或者点列，使构造的函数无限靠近它们。

7.4.1　曲线拟合

曲线拟合（curve fitting）技术用于从一组数据中提取曲线参数或者系数，以得到这组数据的函数表达式。

通常，对于每种指定类型的曲线拟合，如果没有特殊说明，都存在两种 VI 可以使用。

一种只返回数据，用于对数据的进一步操作。另一种不仅返回系数，还可以得到对应的拟合曲线和均方差（MSE）。

LabVIEW 的分析软件库提供了多种线性和非线性的曲线拟合算法，例如线性拟合、指数拟合、通用多项式拟合、非线性 Levenberg-Marquardt 拟合等。

曲线拟合的实际应用很广泛。例如，

- 消除测量噪声；
- 填充丢失的采样点（例如，一个或者多个采样点丢失或者记录不正确）；
- 插值（对采样点之间的数据的估计。例如在采样点之间的时间差距不够大时）；

- 外推（对采样范围之外的数据进行估计）；
- 数据的差分（例如在需要知道采样点之间的偏移时，可以用一个多项式拟合离散数据，而得到的多项式可能不同）；
- 数据的合成（例如在需要找出曲线下面的区域，同时又只知道这个曲线的若干个离散采样点的时候）；
- 求解某个基于离散数据的对象的速度轨迹（一阶导数）和加速度轨迹（二阶导数）。

7.4.2 拟合函数

拟合 VI 用于进行曲线拟合的分析或回归运算，“拟合”子选板包含的函数如图 7-69 所示。

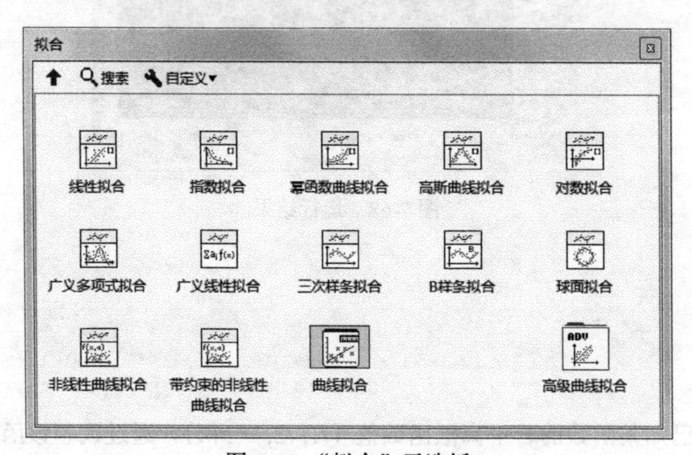

图 7-69 “拟合”子选板

1. 线性拟合 VI

线性拟合 VI 将通过最小二乘法、最小绝对残差或 Bisquare 方法返回数据集（X, Y）的线性拟合。

该 VI 通过循环调用广义最小二乘方法和 Levenberg-Marquardt 方法使实验数据拟合为下列等式代表的直线方程一般式：

$$f = ax + b$$

x 是输入序列 X, a 是斜率，b 是截距。该 VI 将得到观测点（X, Y）的最佳拟合 a 和 b 的值。

下列等式用于描述由线性拟合算法得到的线性曲线：

$$y[i] = ax[i] + b$$

该 VI 节点如图 7-70 所示。

下面介绍各输入、输出端选项含义。

- Y：由因变值组成的数组。Y 的长度必须大于等于未知参数的元素个数。
- X：由自变量组成的数组。X 的元素数必须等于 Y 的元素数。
- 权重：观测点（X, Y）的权重数组。权重的元素数必须等于 Y 的元素数。权重的元素必须不为 0。如权重中的某个元素小于 0，VI 将使用元素的绝对值。如权重未连线，VI 将把权重的所有元素设置为 1。
- 容差：确定使用最小绝对残差或 Bisquare 方法时，何时停止斜率和截距的迭代调整。对于最小绝对残差方法，如两次连续的交互之间残差的相对差小于容差，该 VI 将返回结果残差。

- 方法：指定拟合方法。0是最小二乘法（默认），1是最小绝对残差法，2是Bisquare方法。
- 参数界限：包含斜率和截距的上下限。如知道特定参数的值，可设置参数的上下限为该值。
- 最佳线性拟合：返回拟合模型的Y值。
- 斜率：返回拟合模型的斜率。
- 截距：返回拟合模型的截距。
- 错误：返回VI的任何错误或警告。将错误连接至错误代码至错误簇转换VI，可将错误代码或警告转换为错误簇。
- 残差：返回拟合模型的加权平均误差。如方法设为最小绝对残差法，则残差为加权平均绝对误差。否则残差为加权均方误差。

2. 指数拟合VI

通过最小二乘法、最小绝对残差或Bisquare方法返回数据集（X, Y）的指数拟合，如图7-71所示。

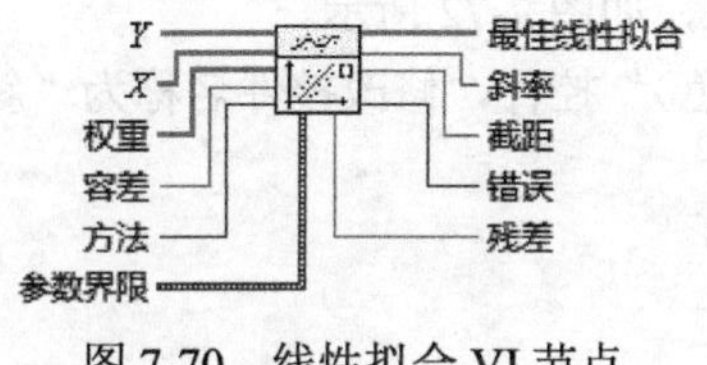

图7-70　线性拟合VI节点

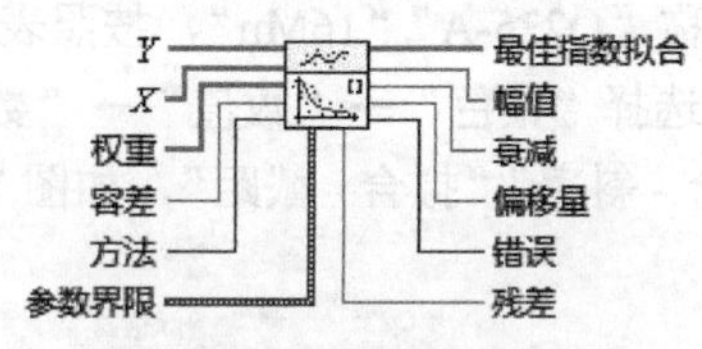

图7-71　指数拟合VI

该VI通过循环调用广义最小二乘方法和Levenberg-Marquardt方法使数据拟合为通用形式由下列等式描述的指数曲线：

$$f = ae^{bx} + c$$

x是输入序列X, a是幅值，b是衰减，c是偏移量。VI可查找最佳拟合观测（X, Y）的a、b和c的值。

下列等式用于描述由指数拟合算法得到的指数曲线：

$$y[i] = ae^{bx[i]} + c$$

7.4.3　实例——金属材料应力拟合数据

用线性拟合的方法拟合金属材料应力数据，拟定数据见表7-2。本例调用广义最小二乘方法和Levenberg-Marquardt方法使实验数据拟合为下列等式代表的直线方程一般式：

$$f = ax + b.$$

x是输入序列X, a是斜率，b是截距。该VI将得到观测点（X, Y）的最佳拟合a和b的值。

表7-2　金属材料应力数据

金属材料	组合I				组合II				组合III			
	安全系数	许用抗压弯应力	许用剪切应力	许用端面承压应力	安全系数	许用抗压弯应力	许用剪切应力	许用端面承压应力	安全系数	许用抗压弯应力	许用剪切应力	许用端面承压应力
Q235-A	1.48	152.0	87.8	228	1.34	167.9	96.9	251.9	1.2	184.4	106.5	276.6
16Mn	1.48	185.8	107.3	278.7	1.34	205.2	118.5	307.8	1.22	225.4	130.1	338.1

操作步骤

（1）新建 VI。选择菜单栏中的“文件”→“新建 VI”命令，新建一个 VI，一个空白的 VI 包括前面板及程序框图。

（2）保存 VI。选择菜单栏中的“文件”→“另存为”命令，输入 VI 名称为“金属材料应力拟合数据”。

（3）固定“控件”选板。单击鼠标右键，在前面板打开“控件”选板，单击选板左上角“固定”按钮，将“控件”选板固定在前面板。

（4）从“函数”选板中选择“编程”→“结构”→“While 循环”函数，拖出适当大小的矩形框，在循环内创建拟合数据，在 While 循环的循环条件输入端创建停止控件。默认情况下创建的控件为“新式”→“布尔”→“停止按钮”控件，在空白处单击鼠标右键，选择“替换”命令，选择“银色”→“布尔”→“停止按钮（银色）”控件。

（5）选择“银色”→“数组、矩阵与簇”→“数组 - 数值（银色）”控件，修改控件名称为金属材料名称“Q235-A”“16Mn”，按照表 7-2 所示数据输入，如图 7-72 所示。

（6）选择“银色”→“数值”→“数值输入控件（银色）”控件，修改控件名称为“斜率”“截矩”“拟合 - 斜率”“拟合 - 截距”，如图 7-73 所示。

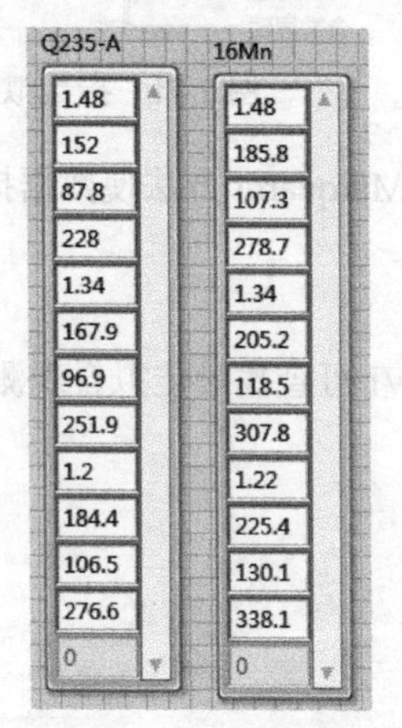

图 7-72　放置数组控件

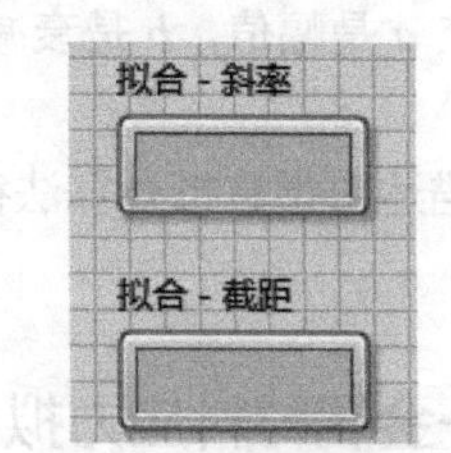

图 7-73　放置布尔控件

（7）选择“银色”→“布尔”→“开关按钮（银色）”控件，修改控件名称为“添加离群点”。

（8）从“函数”选板中选择“编程”→“结构”→“条件结构”函数，拖出适当大小的矩形框。在条件结构条件分支选择器上连接“添加离群点”控件，通过调整布尔控件的开关来控制输出真、假条件数据。

（9）从“函数”选板中选择“编程”→“数组”→“创建数组”函数，连接 Gamma 函数及其倒数函数数据，创建成二维数组数据。

（10）从“函数”选板中选择“编程”→“数值”→“除”“减”函数，计算循环计数 *i*/10-10 作为操作数。

（11）从“函数”选板中选择“信号处理”→“信号生成”→“斜坡信号”函数，放置函数到循环内部。

（12）从“函数”选板中选择“数学”→“拟合”→“线性拟合”函数，放置函数到循环内部。

（13）从“函数”选板中选择“簇、类与变体”→“捆绑”函数，放置函数到循环内部。

（14）从“函数”选板中选择“编程”→“数组”→“创建数组”函数，连接gamma函数及其倒数函数数据，创建成二维数组数据。

（15）打开前面板，从“控件”选板中选择“银色”→“图形”→“XY图（银色）”控件，创建XY控件。

（16）从“编程”子选板中选择“定时”→“等待”函数，放置在While循环内并创建输入常量100。

（17）将数据计算结果连接到XY图中，单击工具栏中的“整理程序框图”按钮，整理程序框图。

（18）单击“运行”按钮，运行VI，在前面板显示运行结果，如图7-74所示。

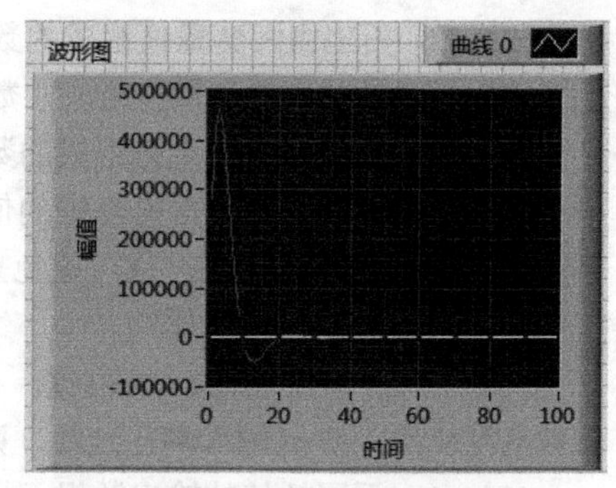

图7-74　前面板运行结果

7.5　内插与外推VI

内插与外推VI可用于进行一维和二维插值、分段插值、多项式插值和傅里叶插值，“内插与外推”子选板如图7-75所示。

1. 一维插值VI

通过选定的方法进行一维插值，方法由*X*和*Y*定义的查找表确定，该VI节点如图7-76所示。

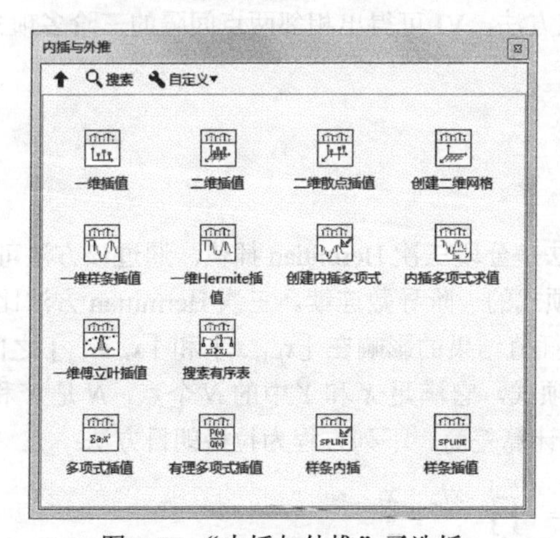

图7-75　“内插与外推”子选板

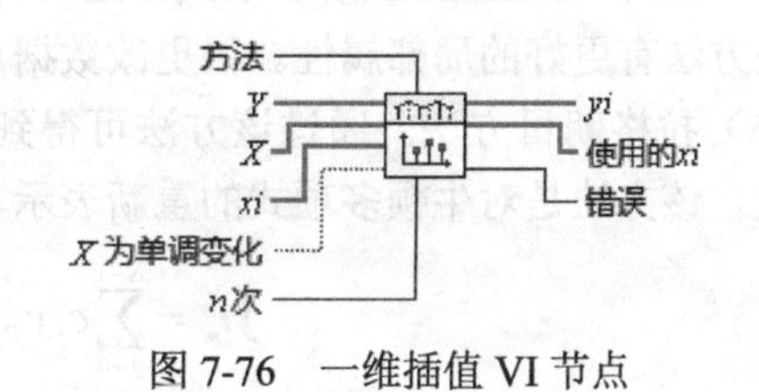

图7-76　一维插值VI节点

下面介绍各输入、输出端选项含义。

（1）方法：指定插值方法。

① 最近——选择与当前*xi*值最接近的*X*值对应的*Y*值。LabVIEW在最近的数据点设置插值。

② 线性——设置连接*X*和*Y*数据点的线段上的点的插值。

③ 样条——保证在数据点上三次插值多项式的一阶和二阶导数也是连续的。

④ cubic Hermite——保证三次插值多项式的一阶导数是连续的，设置端点的导数为特定值可保持*Y*数据的形状和单调性。

⑤ 拉格朗日——使用重心拉格朗日插值算法。

（2）Y：指定由因变量值组成的数组。

（3）X：指定由自变量值组成的数组。X的长度必须等于Y的长度。

（4）*xi*：指定由自变量值组成的数组，LabVIEW 在这些自变量的位置计算插值 *yi*。

（5）X为单调变化：指定X中的值是否随索引单调增加。如X为单调变化的值为TRUE，插值算法可避免对X进行排序，也可避免重新对Y排序。如X为单调变化的值为FALSE，VI 将按照升序排列输入数组X并对Y排序。

（6）n次：确定插值 *xi* 的位置，得到当 *xi* 为空时，每个Y元素之间的插值。Y元素之间的插值被重复n次。如 *xi* 输入端已连线，则该 VI 将忽略n次。

（7）*yi*：返回插值的输出数组，插值与 *xi* 自变量值相对应。

（8）使用的 *xi*：因变量 *yi* 的插值待计算时，自变量值的一维数组。如 *xi* 为空，使用的 *xi* 返回 $(2n-1)\times(N-1)+N$ 个点，（$2n-1$）个点均匀分布在X中相邻两个元素之间，N是X的长度。如 *xi* 有输入，VI 将忽略n，使用的 *xi* 等于 *xi*。

（9）错误：返回 VI 的任何错误或警告。将错误连接至错误代码至错误簇转换 VI，可将错误代码或警告转换为错误簇。

该 VI 的输入为因变量Y和自变量X，输出与 *xi* 对应的插值 *yi*。该 VI 查找X中的每个 *xi* 值，并使用X的相对地址查找Y中同一相对地址的插值 *yi*。

该 VI 可提供 5 种不同的插值方法。

（1）最近方法。该方法用于查找最接近X中 *xi* 的点，然后将对应的y值分配给Y中的 *yi*。

（2）线性方法。如 *xi* 在X中两个点（x_j, x_{j+1}）之间，该方法在连接（x_j, x_{j+1}）的线段间进行插值 *yi*。

（3）样条方法。该方法为三次样条方法。通过该方法，VI 可得出相邻两点间隔的三阶多项式。多项式满足下列条件。

- 在 *xj* 点的一阶和二阶导数连续。
- 多项式满足所有数据点。
- 起始点和末尾点的二阶导数为 0。

（4）Cubic Hermite 方法。三次 Hermitian 样条方法是分段三次 Hermitian 插值。通过该方法可得到每个区间的 Hermitian 三阶多项式，且只有插值多项式的一阶导数连续。三次 Hermitian 方法比三次样条方法有更好的局部属性。如更改数据点x_j，对插值结果的影响在［x_{j-1}, x_j］和［x_j, x_{j+1}］之间。

（5）拉格朗日方法。通过该方法可得到$N-1$多项式，它满足X和Y中的N个点，N是X和Y的长度。该方法是对牛顿多项式的重新表示，可避免计算差商。下列方程为拉格朗日方法：

$$yi_m=\sum_{j=0}^{N-1}c_j y_j,\ \text{其中}c_j=\prod_{k=0,k\neq j}^{N-1}\frac{xi_m-x_k}{x_j-x_k}$$

下列方法有助于选择适当的插值方法。

- 最近方法和线性方法最简单，但在多数应用中精度不能满足要求。
- 样条方法返回的结果最平滑。
- 三次 Hermite 的局部属性优于样条方法和拉格朗日方法。
- 拉格朗日方法宜于应用但不适用于应用计算。与样条方法相比，拉格朗日方法得到的插值结果带有极限导数。

2．多项式插值 VI

给定点集（*x*[*i*]，*y*[*i*]），在x处对函数f进行内插或外插，$f(x[i])=y[i]$，f为任意函数，x值为

给定值。VI 计算输出的插值 $P[n–1](x)$，$P[n–1]$ 是满足点 $n(x[i], y[i])$ 的阶数为 $n–1$ 的唯一多项式。VI 节点如图 7-77 所示。

3. 样条插值 VI

返回 x 值的样条插值，给定（$x[i]$，$y[i]$）和通过样条插值 VI 得到的二阶导数插值。点由输入数组 X 和 Y 确定。VI 节点如图 7-78 所示。

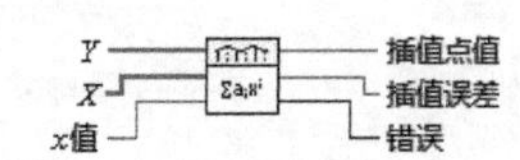

图 7-77　多项式插值 VI 节点

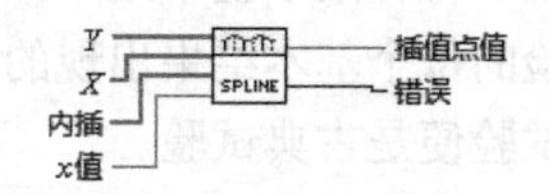

图 7-78　样条插值 VI 节点

在区间 $[xi, x_{i+1}]$，下列等式为输出插值 y。

$$y = \mathrm{A}y_i+\mathrm{B}y_{i+1}+\mathrm{C}y''_i+\mathrm{D}y''_{i+1}$$

其中

$$A = \frac{x_{i+1} - x}{x_{i+1} - x_i}$$

$$B = 1 - A$$

$$C = \frac{1}{6}(A^3 - A)(x_{i+1} - x_i)^2$$

$$D = \frac{1}{6}\left(B^3 - B\right)\left(x_{i+1} - x_i\right)^2$$

7.6　概率与统计 VI

概率与统计的理论方法在技术领域的应用十分广泛。在信号的测试与处理中，它既可控制整个过程，又可以提高信号的分辨率。

概率与统计 VI 用于执行概率计算、叙述性统计、方差分析和函数插值。其子选板函数如图 7-79 所示。

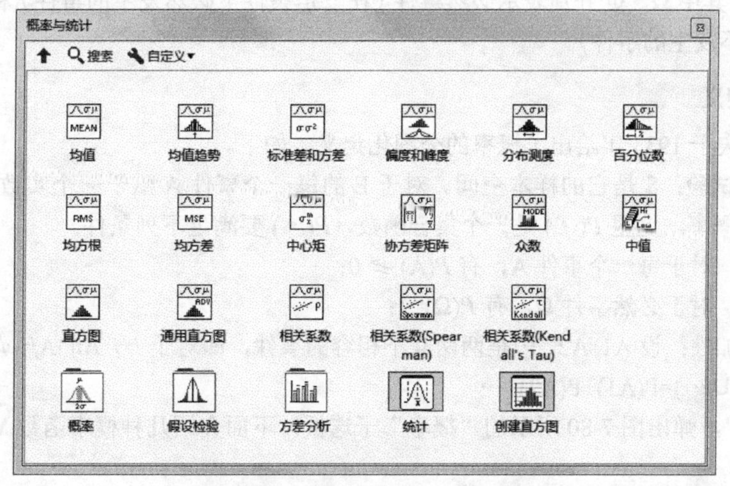

图 7-79 “概率与统计”子选板

概率（Probability）一词来源于拉丁语“probabilitas”，又可以解释为“probity”，意思是“正直，诚实”。在欧洲 probity 用来表示法庭案例中证人证词的权威性，且通常与证人的声誉相关。总之，与现代意义上的概率表示“可能性”的含义不同。

1. 古典定义

如果一个试验满足以下两条：

（1）试验只有有限个基本结果；

（2）试验的每个基本结果出现的可能性是一样的。

这样的试验便是古典试验。

对于古典试验中的事件 A，它的概率定义为：$P(\mathrm{A})=m/n$，其中 n 表示该试验中所有可能出现的基本结果的总数目。m 表示事件 A 包含的试验基本结果数。这种定义称为概率的古典定义。

2. 频率定义

随着人们遇到问题的复杂程度的增加，等可能性逐渐暴露出它的弱点，特别是对于同一事件，可以从不同的等可能性角度算出不同的概率，从而产生了种种悖论。另一方面，随着经验的积累，人们逐渐认识到，在做大量重复试验时，随着试验次数的增加，一个事件出现的频率总在一个固定数的附近，显示了一定的稳定性。米泽斯把这个固定数定义为该事件的概率，这就是概率的频率定义。从理论上讲，概率的频率定义是不够严谨的。

3. 统计定义

在一定条件下，重复做 n 次试验，n_A 为 n 次试验中事件 A 发生的次数，如果随着 n 逐渐增大，频率 n_A/n 逐渐稳定在某一数值 p，则数值 p 称为事件 A 在该条件下发生的概率，记做 $P(\mathrm{A})=p$。这个定义为概率的统计定义。

在历史上，第一个对“当试验次数 n 逐渐增大，频率 n_A 稳定在其概率 p 上”这一论断给以严格的意义和数学证明的是雅各布·伯努利（Jakob Bernoulli）。

从概率的统计定义可以看出，数值 p 就是在该条件下刻画事件 A 发生的可能性大小的一个数量指标。

由于频率 n_A/n 总是介于 0 和 1 之间，从概率的统计定义可知，对任意事件 A，皆有 $0 \leqslant P(\mathrm{A}) \leqslant 1$，$P(\Omega)=1$, $P(\Phi)=0$。其中 Ω、Φ 分别表示必然事件（在一定条件下必然发生的事件）和不可能事件（在一定条件下必然不发生的事件）。

4. 公理化定义

柯尔莫哥洛夫于 1933 年给出了概率的公理化定义，如下。

设 E 是随机试验，S 是它的样本空间。对于 E 的每一个事件 A 赋于一个实数，记为 $P(\mathrm{A})$，称为事件 A 发生的概率。这里 $P(\cdot)$ 是一个集合函数，$P(\cdot)$ 要满足下列条件。

（1）非负性：对于每一个事件 A，有 $P(\mathrm{A}) \geqslant 0$；

（2）规范性：对于必然事件 Ω，有 $P(\Omega)=1$；

（3）可列可加性：设 A1, A2, …是两两互不相容的事件，即对于 $i \neq j$，$\mathrm{A}i \cap \mathrm{A}j=\phi$，$(i, j=1, 2, \cdots)$，则有 P(A1 ∪ A2 ∪…)=P(A1)+P(A2)+…

选择“概率”，弹出图 7-80 所示的“概率”子选板，下面介绍几种概率函数 VI。

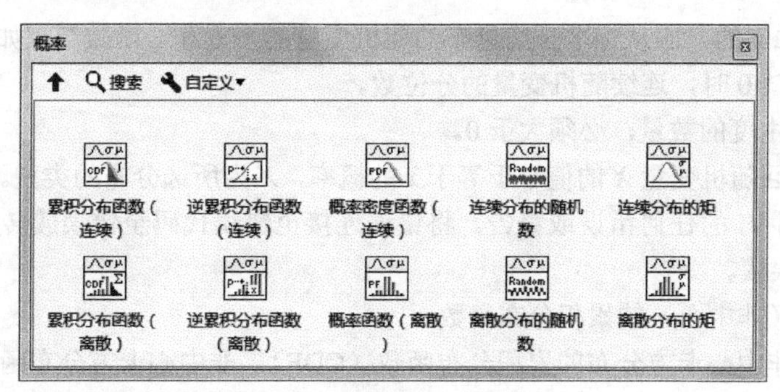

图 7-80 “概率”子选板

7.6.1 累积分布函数（连续）

该类函数计算连续累积分布函数（Cumulative Distribution Function，CDF）或随机方差 X 的值小于等于 x 的概率，X 为选定分布的类型，必须手动选择所需多态实例，如图 7-81 所示。

图 7-81 累积分布函数（连续）节点

在下拉菜单选择函数类型，下面介绍函数的类型。

（1）Beta 分布的累积分布函数。

函数节点如图 7-82 所示。

- x：指定连续随机变量的分位数，在区间［0, 1］内。
- a：指定 beta 变量的第一形状参数。
- b：指定 beta 变量的第二形状参数。
- cdf(x)：返回随机变量 X 的值小于等于 x 的概率，X 为所选分布的类型。
- 错误：返回 VI 的任何错误或警告。将错误连接至错误代码至错误簇转换 VI，可将错误代码或警告转换为错误簇。

（2）柯西分布的累积分布函数。

该函数也称为柯西分布函数，函数节点如图 7-83 所示。

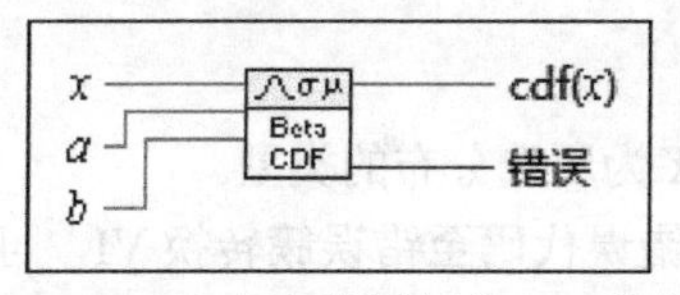

图 7-82 Beta 分布的累积分布函数节点

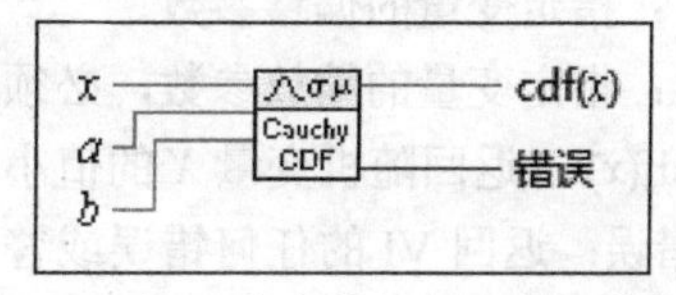

图 7-83 柯西分布的累积分布函数节点

- x：指定连续随机变量的分位数。
- a：指定变量的地址参数和中值。
- b：指定变量的缩放参数，必须大于 0。
- cdf(x)：返回随机变量 X 的值小于等于 x 的概率，X 为所选分布的类型。
- 错误：返回 VI 的任何错误或警告。将错误连接至错误代码至错误簇转换 VI，可将错误代码或警告转换为错误簇。

（3）卡方分布的累积分布函数。

该函数也称为卡方分布函数，X 是服从自由度为 k 的卡方分布的随机变量。具有自由度 k 的卡

方分布是 k 个相互独立的，服从标准正态分布的随机变量的平方和。函数节点如图 7-84 所示。

- x：指定 $x \geqslant 0$ 时，连续随机变量的分位数。
- k：指定自由度的数量，必须大于 0。
- cdf(x)：返回随机变量 X 的值小于等于 x 的概率，X 为所选分布的类型。
- 错误：返回 VI 的任何错误或警告。将错误连接至错误代码至错误簇转换 VI，可将错误代码或警告转换为错误簇。

（4）卡方分布（非中心）的累积分布函数。

该函数也称为非中心卡方分布的累积分布函数（CDF）、非中心卡方分布函数、广义 Rayleigh、Rayleigh-Rice 或 Ricean 分布函数。X 是服从自由度为 k、偏态指数为 d 的非中心的卡方分布的随机变量。具有自由度 k 且偏态指数为 d 的卡方分布是 k 个相互独立的、均值为 d、标准差为 1 且服从正态分布的随机变量的平方和，函数节点如图 7-85 所示。

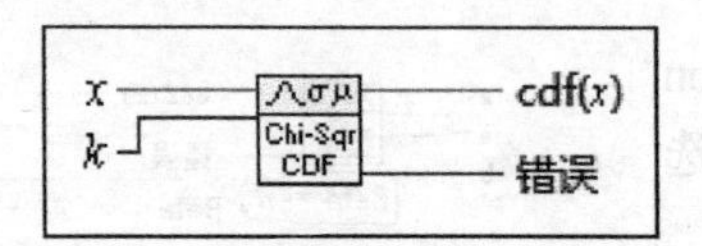

图 7-84　卡方分布的累积分布函数节点

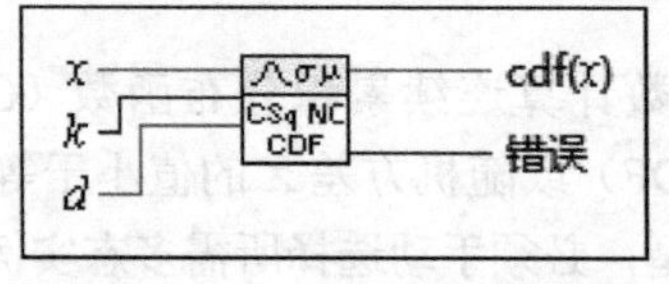

图 7-85　卡方分布（非中心）的累积分布函数节点

- x：指定 $x \geqslant 0$ 时，连续随机变量的分位数。
- k：指定自由度的数量，必须大于 0。
- d：指定非中心参数，必须大于 0。
- cdf(x)：返回随机变量 X 的值小于等于 x 的概率，X 为所选分布的类型。
- 错误：返回 VI 的任何错误或警告。将错误连接至错误代码至错误簇转换 VI，可将错误代码或警告转换为错误簇。

（5）指数分布的累积分布函数。

该函数也称为指数分布函数，X 是服从指数分布的随机变量。指数分布通常用于对泊松过程建模，泊松过程指在每个时间单位中对象按照常量概率从一个状态变为另一个状态。尺度参数 b 为该分布的均值。函数节点如图 7-86 所示。

- x：指定 $x \geqslant a$ 时，连续随机变量的分位数。
- a：指定变量的偏移参数。
- b：指定变量的缩放参数，必须大于 0。
- cdf(x)：返回随机变量 X 的值小于等于 x 的概率，X 为所选分布的类型。
- 错误：返回 VI 的任何错误或警告。将错误连接至错误代码至错误簇转换 VI，可将错误代码或警告转换为错误簇。

（6）极值分布的累积分布函数。

该函数也称为极值分布函数或 Gumbel 分布。X 表示极值变量，即在位置参数为 a，尺度参数为 b 的一组值中的最大值分布。函数节点如图 7-87 所示。

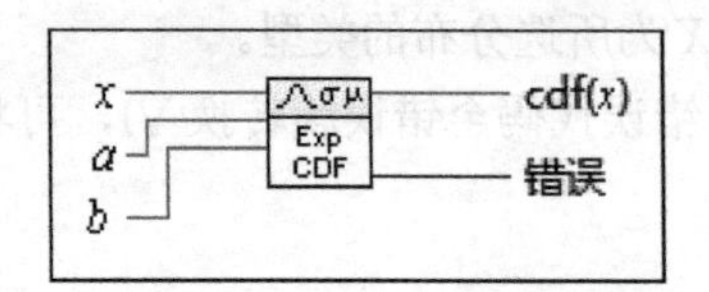

图 7-86　指数分布的累积分布函数节点

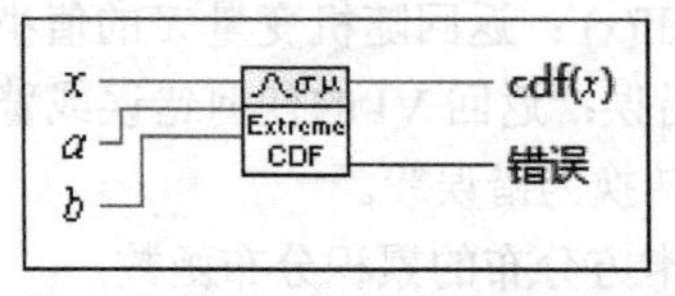

图 7-87　极值分布的累积分布函数节点

- x：指定连续随机变量的分位数。
- a：指定变量的位置参数。
- b：指定变量的缩放参数。
- cdf(x)：返回随机变量 X 的值小于等于 x 的概率，X 为所选分布的类型。
- 错误：返回 VI 的任何错误或警告。将错误连接至错误代码至错误簇转换 VI，可将错误代码或警告转换为错误簇。

（7）F 分布的累积分布函数。

该函数也称为 F 分布函数，X 表示 F 变量，该变量为两个卡方变量之比。F 变量可用于在模型中比较数据和因子的方差，通常用于发现产生较大方差的因子。$k1$ 和 $k2$ 参数表示两个卡方变量的自由度，这两个卡方变量之比即为 F 变量。函数节点如图 7-88 所示。

- x：指定 $x \geqslant 0$ 时，连续随机变量的分位数。
- $k1$：指定组成变量 F 的第一卡方变量的自由度的数量。$k1$ 必须大于 0。
- $k2$：指定组成变量 F 的第二卡方变量自由度的数量。$k2$ 必须大于 0。
- cdf(x)：返回随机变量 X 的值小于等于 x 的概率，X 为所选分布的类型。
- 错误：返回 VI 的任何错误或警告。将错误连接至错误代码至错误簇转换 VI，可将错误代码或警告转换为错误簇。

（8）Gamma 分布的累积分布函数。

该函数也称为 Gamma 分布函数。X 是服从尺度参数为 b、形状参数为 c 的 Gamma 分布的随机变量。卡方分布、Erlang 分布和指数分布为 Gamma 分布的特殊形式，但 Gamma 形状参数可以不是整型。如形状参数 c 为整型，则该 Gamma 变量称为 Erlang 变量。函数节点如图 7-89 所示。

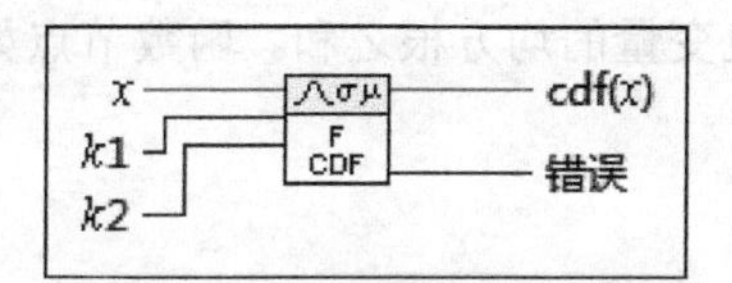

图 7-88 F 分布的累积分布函数节点

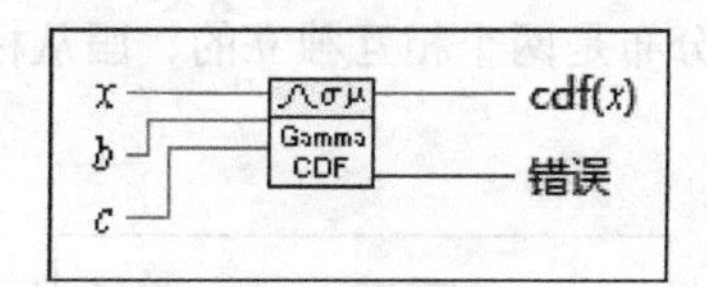

图 7-89 Gamma 分布的累积分布函数节点

- x：指定 $x \geqslant 0$ 时，连续随机变量的分位数。
- b：指定变量的缩放参数，必须大于 0。
- c：指定变量的形状参数，必须大于 0。
- cdf(x)：返回随机变量 X 的值小于等于 x 的概率，X 为所选分布的类型。
- 错误：返回 VI 的任何错误或警告。将错误连接至错误代码至错误簇转换 VI，可将错误代码或警告转换为错误簇。

（9）拉普拉斯分布的累积分布函数。

该函数也称为拉普拉斯分布函数或双指数分布。X 是服从位置参数为 a、尺度参数为 b 的拉普拉斯分布的随机变量。函数节点如图 7-90 所示。

（10）Logistic 分布的累积分布函数。

该函数为逻辑分布的累积分布函数（CDF），也称逻辑分布函数。X 是服从位置参数为 a、尺度参数为 b 的 logistic 分布的随机变量。logistic 变量可用于增值建模。函数节点如图 7-91 所示。

（11）对数正态分布的累积分布函数。

该函数也称为对数分布的累积分布函数（CDF）或对数分布函数。X 是服从对数分布的随机变量，它总是为非负数且有几个较大的值。函数节点如图 7-92 所示。

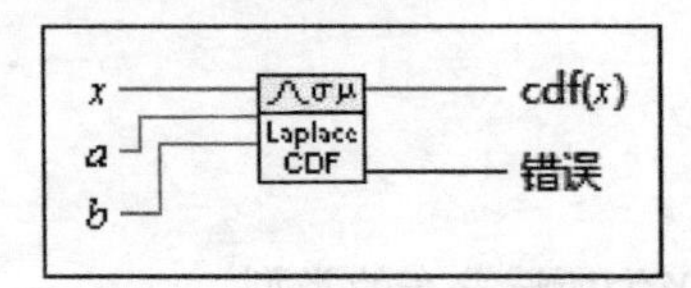

图 7-90　拉普拉斯分布的累积分布函数节点

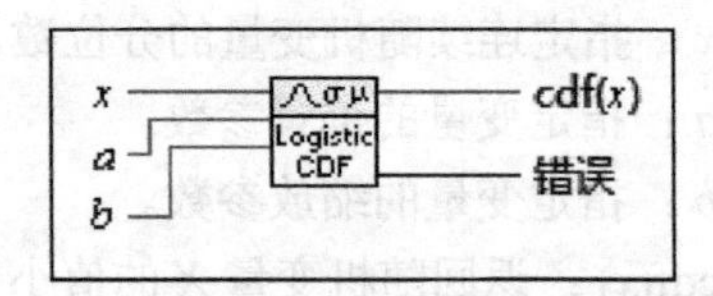

图 7-91　Logistic 分布的累积分布函数节点

（12）正态分布的累积分布函数。

该函数也称为正态分布函数或高斯分布。*X* 是服从位置参数为 mean、尺度参数为 std 的正态分布的随机变量。正态连续分布是统计学中最常用的一种分布，是在大范围内随机变量总体的渐进分布形式。函数节点如图 7-93 所示。

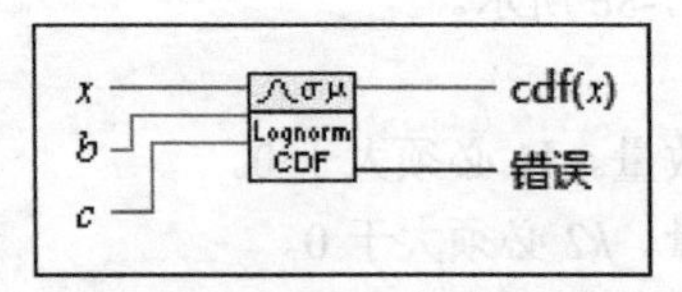

图 7-92　对数正态分布的累积分布函数节点

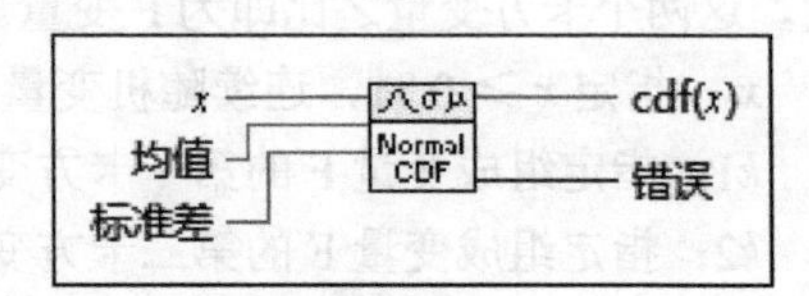

图 7-93　正态分布的累积分布函数节点

（13）Pareto 分布的累积分布函数。

该函数也称为 Pareto 分布函数。*X* 是服从位置参数为 *a*、尺度参数为 *b* 的 Pareto 分布的随机变量。Pareto 分布的一个应用范例为对工资少于 *x* 的人群分布进行建模。Pareto 分布通常适用“80/20”规则。函数节点如图 7-94 所示。

（14）Rayleigh 分布的累积分布函数。

该函数也称为 Rayleigh 分布函数。*X* 是服从尺度参数为 *b* 的 Rayleigh 分布的随机变量。Rayleigh 分布是两个相互独立的、服从标准正态分布随机变量的均方根之和。函数节点如图 7-95 所示。

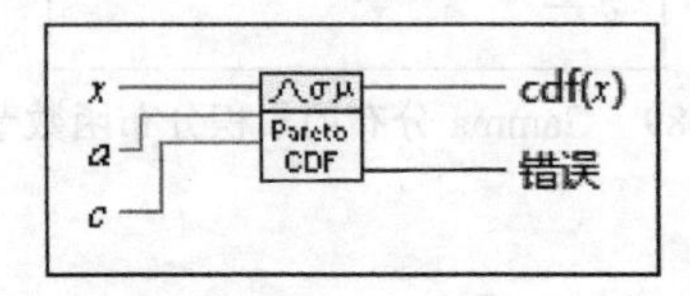

图 7-94　Pareto 分布的累积分布函数节点

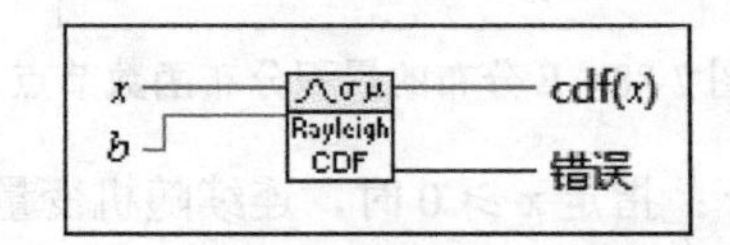

图 7-95　Rayleigh 分布的累积分布函数节点

（15）Student t 分布的累积分布函数。

该函数也称为学生氏 t 分布的累积分布函数（CDF）或学生氏 t 分布函数。*X* 是服从自由度为 *k* 的学生氏 t 分布的随机变量。学生氏 t 分布可用于检测从同一正态分布中抽取的两个采样或这两个采样的均值差异是否在统计中具有研究意义。函数节点如图 7-96 所示。

（16）三角分布的累积分布函数。

该函数也称为三角分布函数。*X* 是服从下限为 *x*min、上限为 *x*max、模式为 *x*mode 的三角分布的随机变量。函数节点如图 7-97 所示。

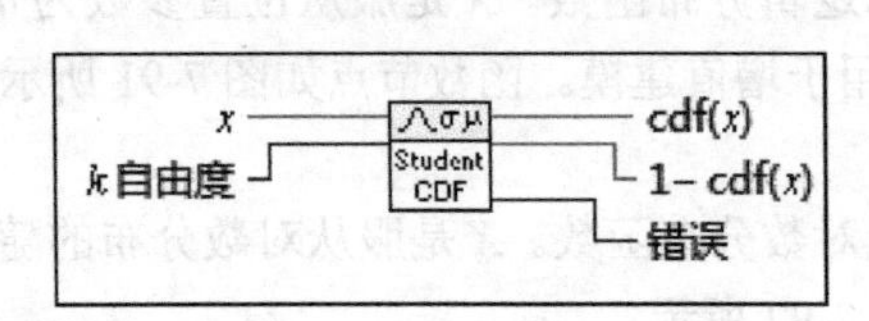

图 7-96　Student t 分布的累积分布函数节点

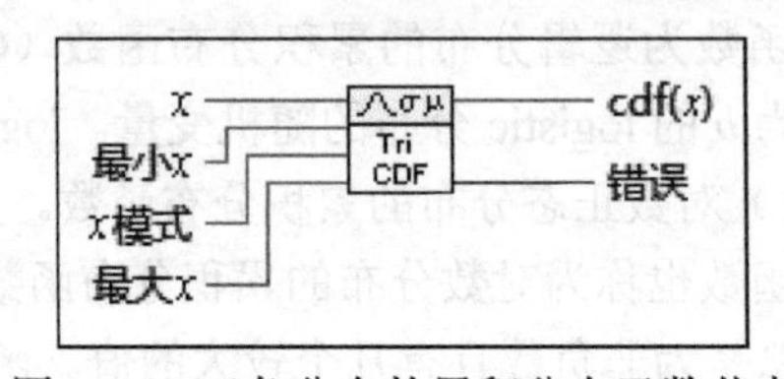

图 7-97　三角分布的累积分布函数节点

（17）均匀分布的累积分布函数。

该函数也称为均匀分布函数或矩形分布。X 是服从连续均匀分布的随机变量，根据［xmin，xmax］定义的 x 区间中的每一个值都具有相同的发生概率。均匀随机数字通常为这类分布。连续均匀分布可作为从其他统计分布中生成随机数字的基本操作。函数节点如图 7-98 所示。

（18）Weibull 分布的累积分布函数。

该函数也称为 Weibull 分布函数。X 是服从尺度参数为 a、形状参数为 b 的 Weibull 分布的随机变量。Weibull 分布可作为生命周期分布进行可靠性分析。函数节点如图 7-99 所示。

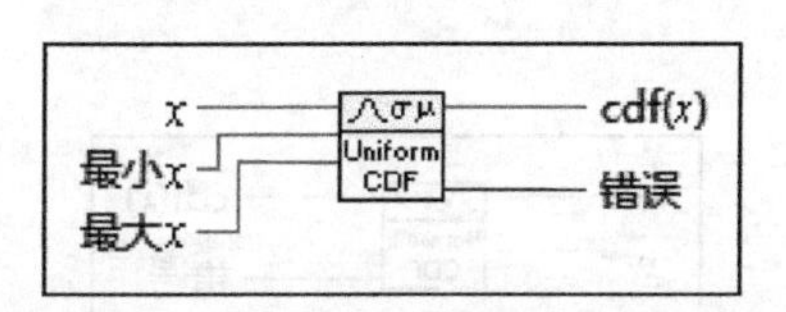

图 7-98　均匀分布的累积分布函数节点

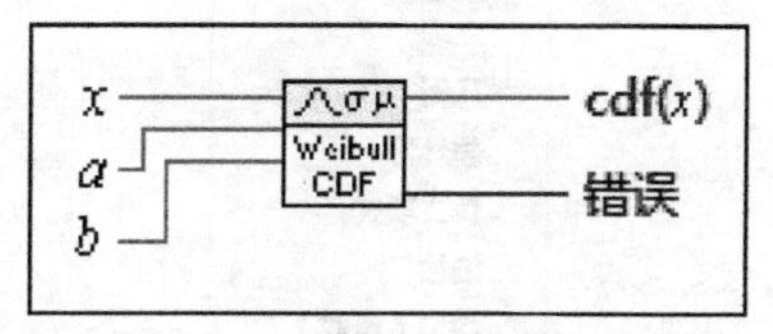

图 7-99　Weibull 分布的累积分布函数节点

7.6.2　逆累积分布函数（连续）

该类函数计算各种分布的连续逆累积分布函数，节点如图 7-100 所示。

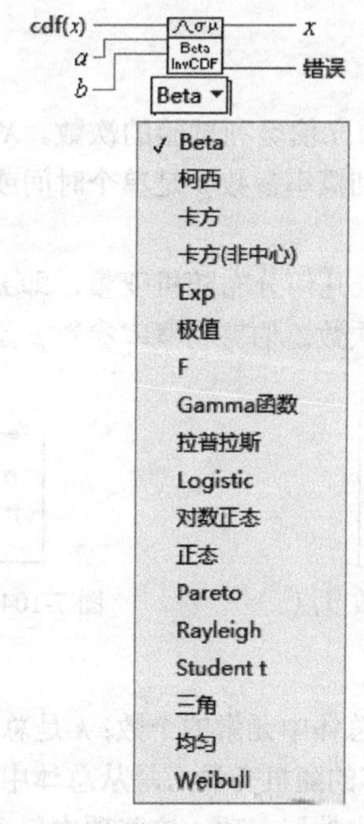

图 7-100　逆累积分布函数（连续）节点

在下拉菜单选择函数类型，同样包括 18 种函数类型，与累积分布函数（连续）相同，这里不赘述。

7.6.3　累积分布函数（离散）

该类函数计算各种分布的离散累积分布函数或随机变量 X 的值小于等于 x 的概率，X 为所选分布的类型，节点如图 7-101 所示。

在下拉菜单选择函数类型，包括 7 种函数类型，下面分别进行介绍。

（1）伯努利分布的累积分布函数。

函数节点如图 7-102 所示。

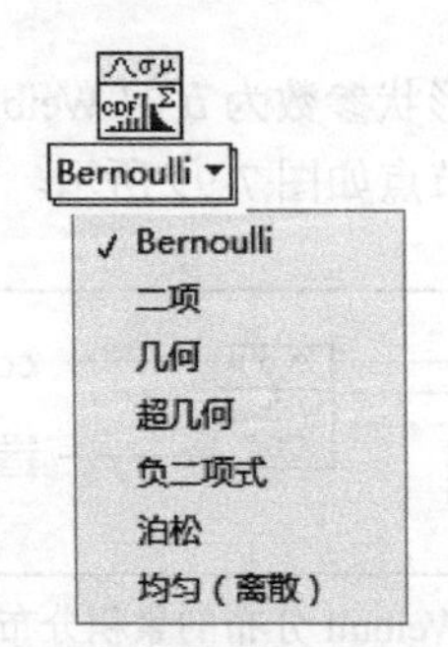

图 7-101　累积分布函数（离散）VI 节点

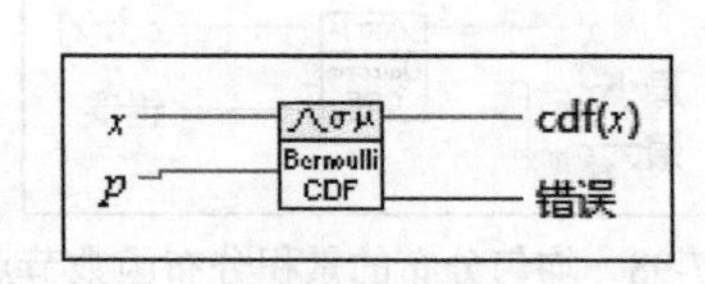

图 7-102　伯努利分布的累积分布函数节点

- cdf(*x*)：Prob[$X \leqslant x$] 的累积概率。
- *p*：试验成功的概率（概率 *x*=1），必须在［0, 1］之间。
- *x*：试验成功的次数，必须为 0 或 1。
- 错误：返回 VI 的任何错误或警告。将错误连接至错误代码至错误簇转换 VI，可将错误代码或警告转换为错误簇。

（2）二项分布的累积分布函数。

函数节点如图 7-103 所示。*n* 是独立伯努利试验的次数。*X* 代表二项分布随机变量，即 *n* 次独立的伯努利试验中成功的次数。伯努利概率参数 *p* 是单个时间或试验的成功概率。

（3）几何分布的累积分布函数。

函数节点如图 7-104 所示。*X* 代表几何分布随机变量，即 *n* 次独立的伯努利试验序列，*X* 为第一次成功之前的所有试验（或失败）次数。伯努利概率参数 *p* 是单个时间或试验的成功概率。

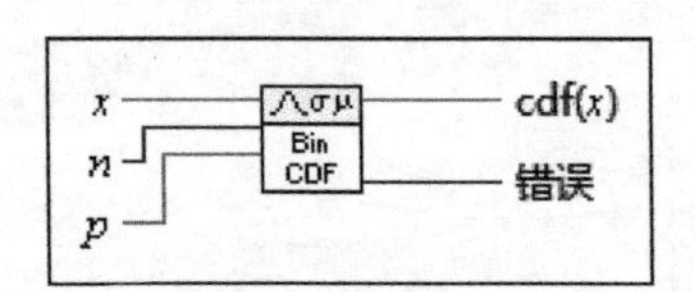

图 7-103　二项分布的累积分布函数节点

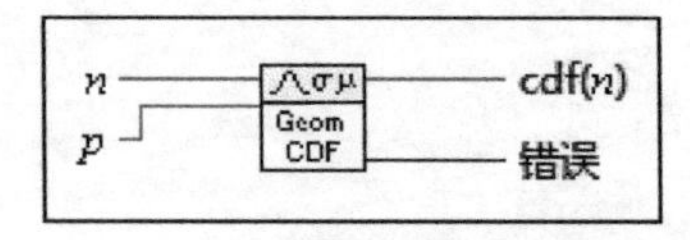

图 7-104　几何分布的累积分布函数节点

（4）超几何分布的累积分布函数。

函数节点如图 7-105 所示，*M* 是总体中元素的个数；*k* 是总体中试验成功的次数；*n* 是提取的未经替换的采样数量；*X* 代表超几何分布的随机变量，是从总体中选出的 *n* 个采样的试验成功的次数。从大小为 *M*（包含 *k* 次成功）的总体中抽取 *n* 项，这些项中包含的成功次数。

（5）负二项累积分布函数。

函数节点如图 7-106 所示。*X* 代表负二项分布随机变量，即在伯努利试验中，第 *x* 次成功之前的失败次数。伯努利概率参数 *p* 是单个时间或试验的成功概率，必须在［0, 1］内。*y* 是第 *x* 次成功之前，试验失败的次数。

（6）Poisson 分布的累积分布函数。

函数节点如图 7-107 所示。*X* 是服从采用离散、非负数值（*x* = 0, 1, 2, 3, …）的泊松分布的随机变量，通常用于表示在指定时间间隔中事件发生的次数。lambda 参数是在指定时间间隔内预期事件发生的平均次数。

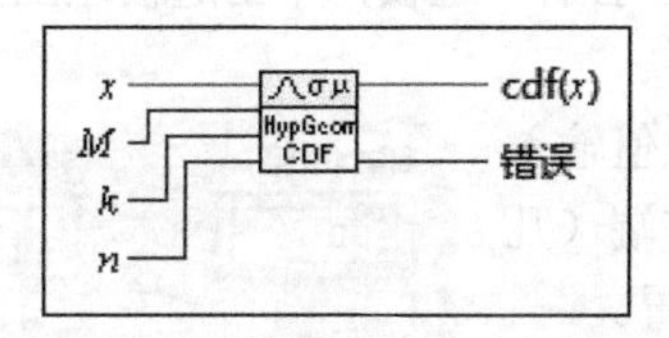

图 7-105 超几何分布的累积分布函数节点

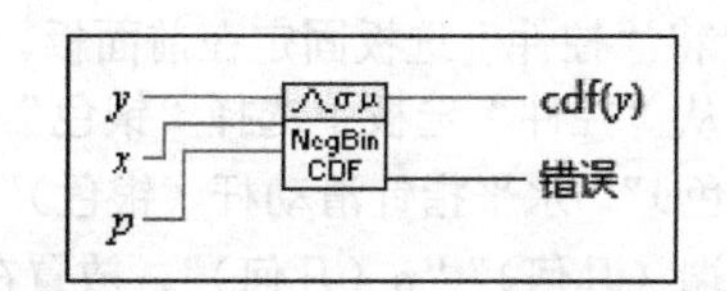

图 7-106 负二项累积分布函数节点

（7）均匀分布的累积分布函数（离散）。

函数节点如图 7-108 所示。X 表示离散均匀分布变量，所有在［1, n］区间的整数出现的概率相等。

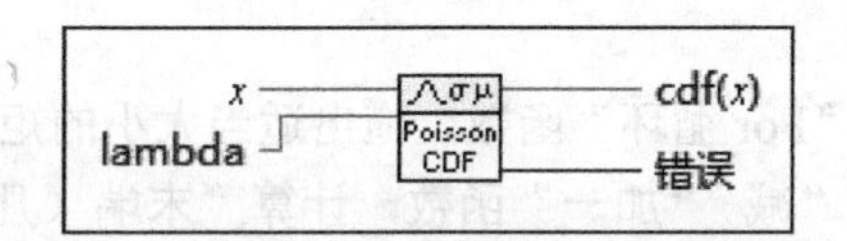

图 7-107 Poisson 分布的累积分布函数节点

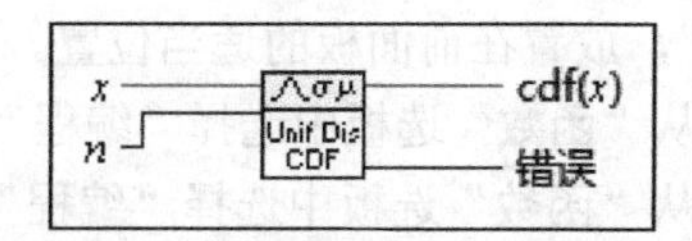

图 7-108 均匀分布的累积分布函数节点

7.6.4 逆累积分布函数（离散）

该类函数计算各种分布的逆累积分布函数，节点如图 7-109 所示。

在下拉菜单选择函数类型，同样包括 7 种函数类型，与累积分布函数（离散）VI 相同，这里不再叙述。

Bernoulli
✓ Bernoulli
二项
几何
超几何
负二项式
泊松
均匀（离散）

图 7-109 逆累积分布函数（离散）节点

7.6.5 实例——绘制几何概率曲线

本实例设计图 7-110 所示的程序框图，输出几何概率函数曲线、几何累积分布函数曲线、几何逆累积分布函数曲线。

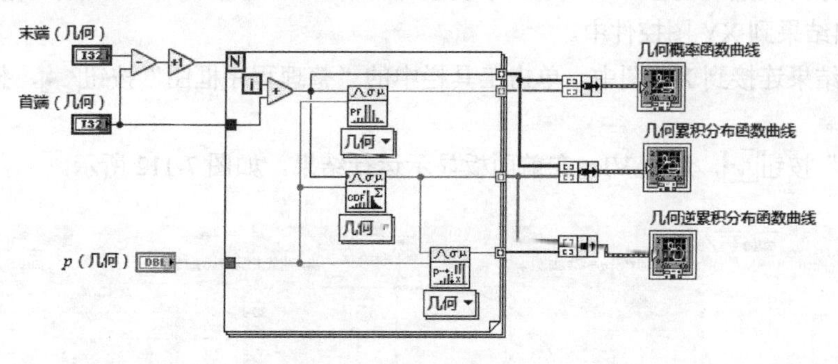

图 7-110 程序框图

（1）新建 VI。选择菜单栏中的“文件”→“新建 VI”命令，新建一个 VI，一个空白的 VI 包

括前面板及程序框图。

（2）保存VI。选择菜单栏中的“文件”→“另存为”命令，输入VI名称为“绘制几何概率曲线”。

（3）固定“控件”选板。单击鼠标右键，在前面板打开“控件”选板，单击选板左上角“固定”按钮，将“控件”选板固定在前面板。

（4）从“控件”选板中选择“银色”→“数值”→“数值输入控件（银色）”“水平指针滑动杆（银色）”，修改名称为“首端（几何）”“末端（几何）”“p（几何）”，放置在前面板的适当位置。

（5）在“p（几何）”上单击鼠标右键，选择“显示”→“数字显示”，显示水平指针滑动杆控件的数字，在控件中输入初始值，如图 7-111 所示。

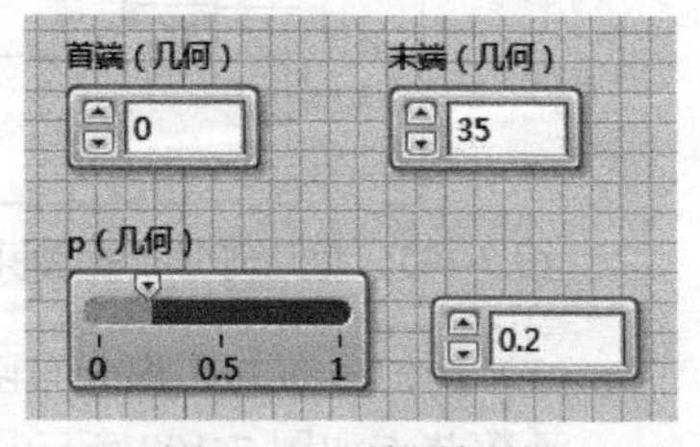

图 7-111　放置控件

（6）从“控件”选板中选择“NXG 风格”→“图形”→“XY 图（NXG 风格）”，修改名称为“几何概率函数曲线”“几何累积分布函数曲线”“几何逆累积分布函数曲线”，放置在前面板的适当位置。

（7）从“函数”选板中选择“编程”→“结构”→“For 循环”函数，拖出适当大小的矩形框。

（8）从“函数”选板中选择“编程”→“数值”→“减”“加一”函数，计算“末端（几何）-首端（几何）+1”作为For 循环总线接线端循环次数。

（9）从“函数”选板中选择“编程”→“数值”→“加”函数，计算“循环计数 i+ 首端（几何）”，作为函数操作数。

（10）从“函数”选板中选择“数学”→“概率与统计”→“概率”→“概率函数（离散）”函数，放置函数到循环内部。选择“几何”，求解几何分布的概率函数，连接操作数到 x 输入端，作为几何分布随机变量。连接“p（几何）”控件到函数“p”输入端，作为伯努利概率参数 p。

（11）从“函数”选板中选择“数学”→“概率与统计”→“概率”→“累积分布函数（离散）”函数，放置函数到循环内部。选择“几何”，求解几何分布的累积分布函数。连接操作数到 x 输入端，作为几何分布随机变量。连接“p（几何）”控件到函数“p”输入端，作为伯努利概率参数 p。

（12）从“函数”选板中选择“数学”→“概率与统计”→“概率”→“逆累积分布函数（离散）”函数，放置函数到循环内部。选择“几何”，求解几何分布的累积分布函数。连接操作数到 x 输入端，作为几何分布随机变量。连接“p（几何）”控件到函数“p”输入端，作为伯努利概率参数 p。

（13）从“函数”选板中选择“编程”→“簇、类与变体”→“捆绑”函数，放置函数到循环外部，分别捆绑函数数据输出结果到 XY 图控件中。

（14）将数据计算结果连接到 XY 图中，单击工具栏中的“整理程序框图”按钮，整理程序框图，如图 7-110 所示。

（15）单击“运行”按钮，运行 VI，在前面板显示运行结果，如图 7-112 所示。

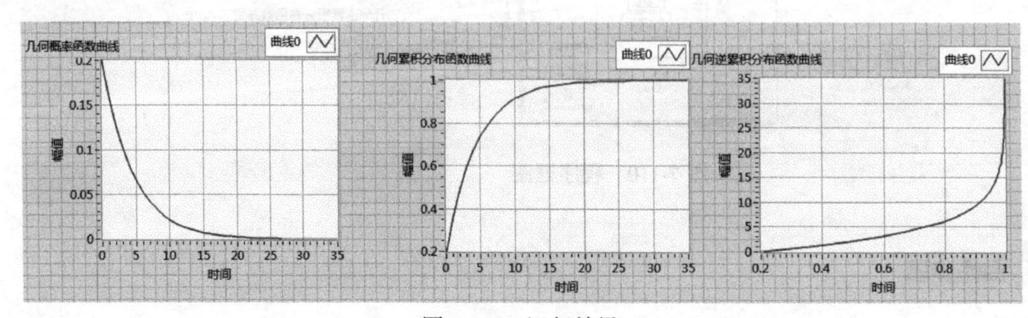

图 7-112　运行结果

（16）选中“几何概率函数曲线”控件中的图例，在图例上单击右键，弹出图 7-113 所示的快捷菜单，选择“常用曲线”命令，选择第 2 行第 3 列的曲线样式。修改曲线 X、Y 标尺名称。

（17）使用同样的方法设置其余两个 XY 图控件，最终结果如图 7-114 所示。

图 7-113　设置曲线样式

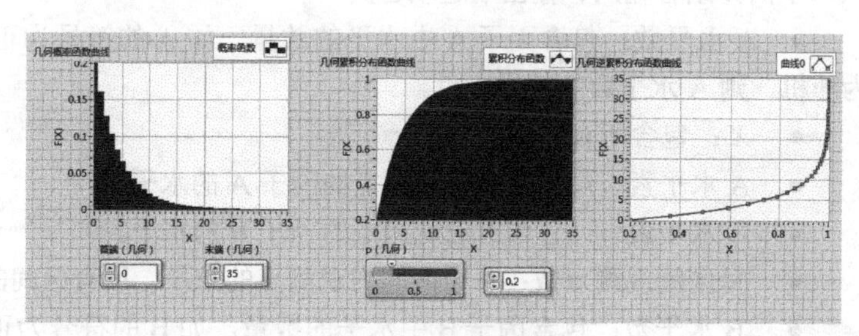

图 7-114　设置结果

7.6.6　方差分析 VI

方差分析 VI 用于进行方差分析，如图 7-115 所示。

1. 一维方差分析 VI

利用该 VI 进行固定效应模型的单向方差分析，该 VI 节点如图 7-116 所示。

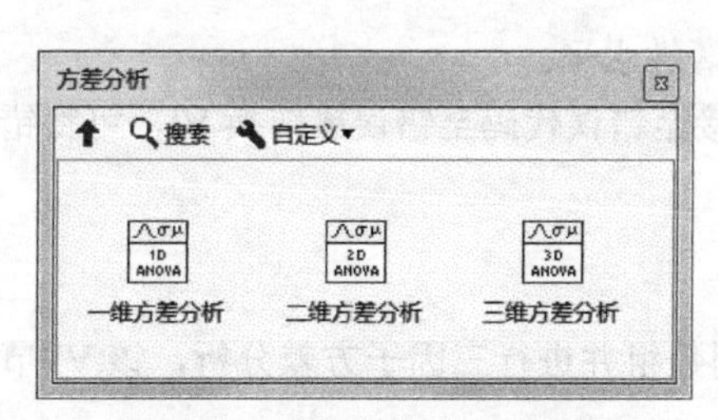

图 7-115　“方差分析”子选板

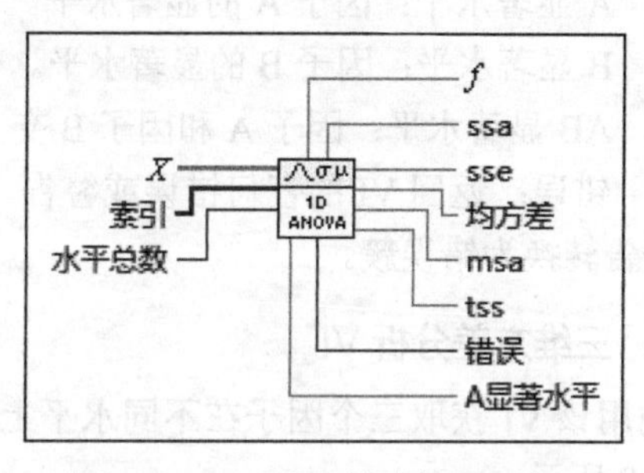

图 7-116　一维方差分析 VI 节点

下面介绍各输入、输出端选项含义。

- X：包含所有的观测数据。
- 索引：包含对应观测点所在的水平。
- 水平总数：水平的总数。
- f：该值为 f = msa/mse。
- ssa：用于衡量由因子引起的变化。
- sse：用于衡量由随机波动引起的变化。
- 均方差：与 sse 相关的均方值，通过 sse 与自由度相除得到。
- msa：与 ssa 相关的均方值，通过 ssa 与自由度相除得到。
- tss：所有均方根的和，用于衡量数据相对于总体均值的总变化。tss = ssa + sse。
- 错误：返回 VI 的任何错误或警告。将错误连接至错误代码至错误簇转换 VI，可将错误代码或警告转换为错误簇。

- A 显著水平：f 为特定值时，从 F 分布采样处获得大于 f 的值的概率。

2. 二维方差分析 VI

利用该 VI 获取两个因子在不同水平上的试验观测数组并进行双因子方差分析，该 VI 节点如图 7-117 所示。

下面介绍各输入、输出端选项含义。

- A 水平数：包含因子 A 中水平的数量。如 A 的符号为正，则 A 水平数的符号为正；如 A 为随机，则 A 水平数的符号为负。
- X：包含所有的观测数据。
- A 水平索引：包含对应观测点的因子 A 的水平。
- B 水平索引：包含对应观测点的因子 B 的水平。
- 每区间观测点数：每个区间内观测点的数量。所有区间的该值相同。
- B 水平数：包含因子 B 中水平的数量。如 B 的符号为正，则 B 水平数的符号为正；如 B 为随机，则 B 水平数的符号为负。
- 信息：4×4 的矩阵。第一列对应因子 A、因子 B、AB 交互作用和残差的平方和。第二列是相应的自由度。第三列是相应的均方。第四列是相应的 F 值。

$$信息=\begin{bmatrix} 平方和 & 自由度 & 均方 & F值 \\ ssa & dofa & msa & fa \\ ssb & dofb & msb & fb \\ ssab & dofab & msab & fab \\ sse & dofe & mse & 0.0 \end{bmatrix}$$

- A 显著水平：因子 A 的显著水平。
- B 显著水平：因子 B 的显著水平。
- AB 显著水平：因子 A 和因子 B 交互作用的显著性水平。
- 错误：返回 VI 的任何错误或警告。将错误连接至错误代码至错误簇转换 VI，可将错误代码或警告转换为错误簇。

3. 三维方差分析 VI

利用该 VI 获取三个因子在不同水平上的试验观测数组并进行三因子方差分析，该 VI 节点如图 7-118 所示。

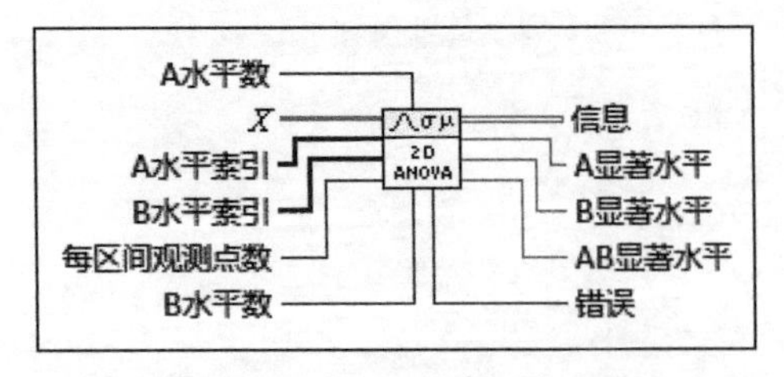

图 7-117 二维方差分析 VI 节点

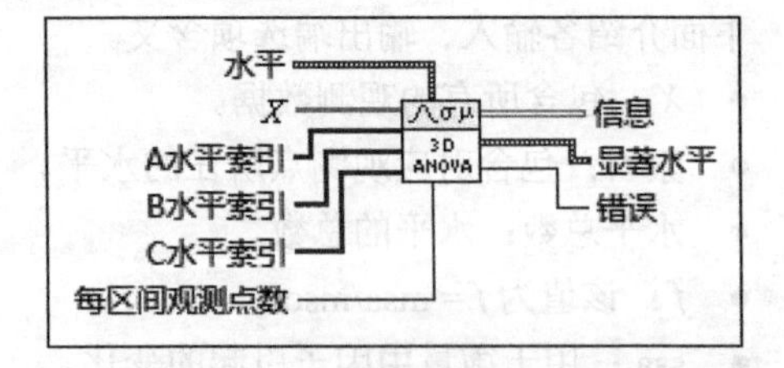

图 7-118 三维方差分析 VI 节点

下面介绍各输入、输出端选项含义。

- 水平：是含有三个数值的簇，数值分别对应因子 A、B、C 中水平的数量，以及因子的影响（固定或随机）。
- A 水平数：如 A 为固定，则为 A 的水平数量；如 A 为随机，则为 A 中水平数量的负数。

- B 水平数：如 B 为固定，则为 B 的水平数量；如 B 为随机，则为 B 的水平数量的负数。
- C 水平数：如 C 为固定，则为 C 的水平数量；如 C 为随机，则为 C 的水平数量的负数。
- *X*：包含所有的观测数据。
- A 水平索引：包含对应观测点的因子 A 的水平。
- B 水平索引：包含对应观测点的因子 B 的水平。
- C 水平索引：包含对应观测点的因子 C 的水平。
- 每区间观测点数：每个区间内观测点的数量。所有区间的该值相同。
- 信息：8×4 的矩阵，第一列为相应的因子（A，B，C）、相应的交互作用（AB，AC，BC，ABC）和残差的平方和。第二列是相应的自由度。第三列是相应的均方。第四列是相应的 F 值。
- 显著水平：该簇对应于显著水平，含有 7 个数值。A 显著水平是因子 A 的显著水平。B 显著水平是因子 B 的显著水平。C 显著水平是因子 C 的显著水平。AB 显著水平是因子 A 和因子 B 交互作用的显著性水平。AC 显著水平是因子 A 和因子 C 交互作用的显著水平。BC 显著水平是因子 B 和因子 C 交互作用的显著水平。ABC 显著水平是因子 A、B、C 交互作用的显著性水平。
- 错误：返回 VI 的任何错误或警告。将错误连接至错误代码至错误簇转换 VI，可将错误代码或警告转换为错误簇。

7.7 最优化 VI

最优化 VI 用于确定一维或 *n* 维实数的局部最大值和最小值，“最优化”子选板如图 7-119 所示。

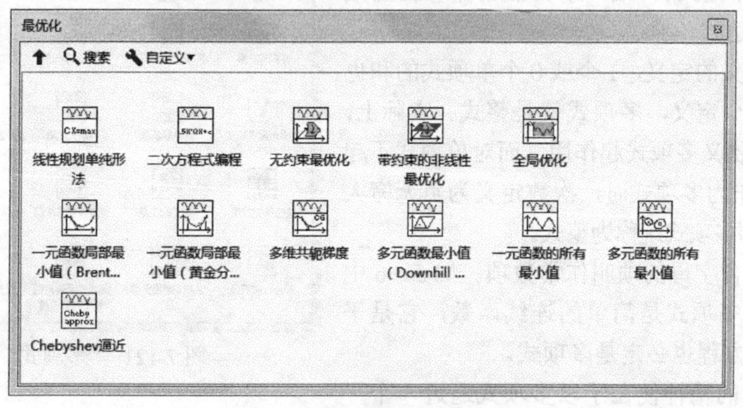

图 7-119 “最优化”子选板

最优化是一门应用相当广泛的学科，它讨论决策问题的最佳选择的特性，构造寻求最佳解的计算方法，研究这些计算方法的理论性质及实际计算表现。伴随着计算机的高速发展和优化计算方法的进步，规模越来越大的优化问题得到解决。最优化问题常见于经济计划、工程设计、生产管理、交通运输、国防等重要领域，它已受到科研机构、工业生产企业的高度重视。

7.8 微分方程 VI

微分方程是指描述未知函数的导数与自变量之间的关系的方程。微分方程的解是一个符合方程的函数。而初等数学的代数方程，其解是常数值。

微分方程的应用十分广泛，可以解决许多与导数有关的问题。物理中许多涉及变力的运动学、动力学问题，如空气的阻力为速度函数的落体运动等问题，可以用微分方程求解。此外，微分方程在化学、工程学、经济学和人口统计等领域都有应用。

数学领域对微分方程的研究着重在几个不同的方向，但大多数都是关心微分方程的解。只有少数简单的微分方程可以求得解析解。不过即使没有找到其解析解，仍然可以确认其解的部份性质。在无法求得解析解时，可以利用数值分析和电脑来找到其数值解。动力系统理论强调对于微分方程系统的量化分析，而许多数值方法可以计算微分方程的数值解，且有一定的准确度。

微分方程 VI 用于求解微分方程，“微分方程”子选板如图 7-120 所示。

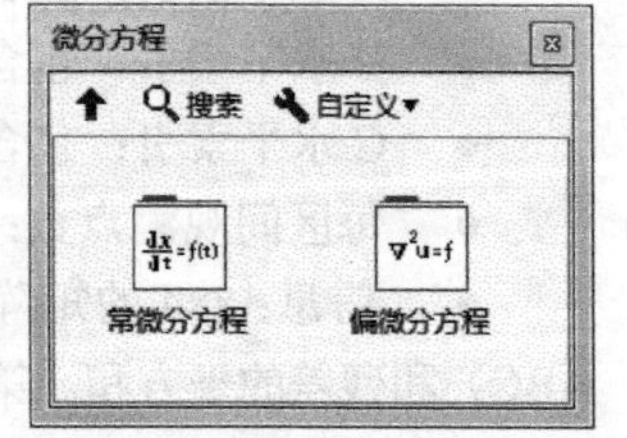

图 7-120 “微分方程”子选板

7.9 多项式 VI

由若干个单项式的和组成的代数式叫作多项式（减法中有：减一个数等于加上它的相反数）。多项式中的每个单项式叫作多项式的项，这些单项式中的最高次数，就是这个多项式的次数。

在数学中，多项式（polynomial）是指由变量、系数以及它们之间的加、减、乘、幂运算（正整数次方）得到的表达式。

对于比较广义的定义，1 个或 0 个单项式的和也算多项式。按这个定义，多项式就是整式。实际上，还没有一个只对狭义多项式起作用，而对单项式不起作用的定理。0 作为多项式时，次数定义为负无穷大（或 0）。单项式和多项式统称为整式。

多项式中不含字母的项叫作常数项。如 $5x+6$ 中的 6 就是常数。多项式是简单的连续函数，它是平滑的，它的微分方程也必定是多项式。

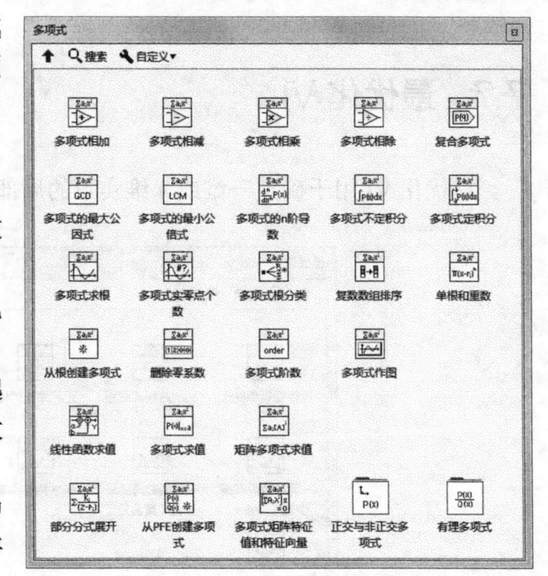

图 7-121 “多项式”子选板

泰勒多项式的精神便在于以多项式逼近一个平滑函数，此外闭区间上的连续函数都可以写成多项式的均匀极限。

多项式 VI 用于进行多项式的计算和求解，“多项式”子选板如图 7-121 所示。

7.10 综合实例——分解矩阵

扫码看视频

本例主要利用子 VI 达到简化程序的目的。经程序分布分析，可简化思维，适用于复杂程序，同时子 VI 还可用于其他程序。本例通过对帕斯卡矩阵进行分解，通过 LU 分解和奇异值分解（SVD）求矩阵 $\boldsymbol{U}$，如图 7-122 所示。在图 7-123 中调用子程序，输出数据的直方图。

矩阵的LU分解又称矩阵的三角分解，它的目的是将一个矩阵分解成一个下三角矩阵 $\boldsymbol{L}$ 和一个上三角矩阵 $\boldsymbol{U}$ 的乘积，即 $\boldsymbol{A}=\boldsymbol{LU}$。这种分解在解线性方程组、求矩阵的逆等计算中有着重要的作用。

奇异值分解（SVD）是现代数值分析（尤其是数值计算）最基本和最重要的工具之一，因此在工程实际中有着广泛的应用。所谓的SVD分解指的是将 $m\times n$ 矩阵 $\boldsymbol{A}$ 表示为三个矩阵乘积形式：$\boldsymbol{USV}^T$，其中 $\boldsymbol{U}$ 为 $m\times m$ 酉矩阵，$\boldsymbol{V}$ 为 $n\times n$ 酉矩阵，$\boldsymbol{S}$ 为对角矩阵，其对角线元素为矩阵 $\boldsymbol{A}$ 的奇异值且满足 $s_1\geqslant s_2\geqslant\cdots\geqslant s_r>s_{r+1}=\cdots=s_n=0$，$r$ 为矩阵 $\boldsymbol{A}$ 的秩。

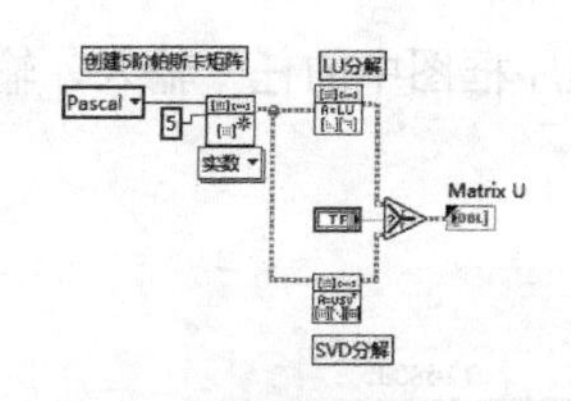

图 7-122 子程序程序框图

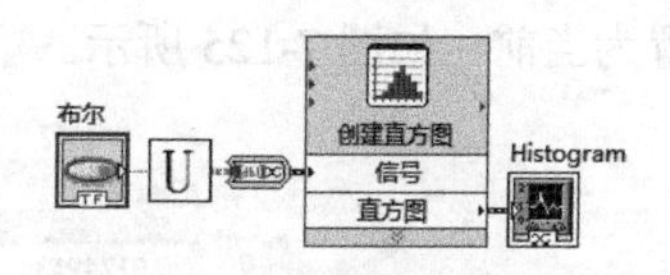

图 7-123 主程序程序框图

（1）设置工作环境。

① 新建两个VI。选择菜单栏中的“文件”→“新建VI”命令，新建一个VI，一个空白的VI包括前面板及程序框图。重复该命令，创建第二个VI。

② 保存VI。选择菜单栏中的“文件”→“另存为”命令，设置两个VI名称为“U矩阵”“矩阵直方图”。

③ 固定“函数”选板。单击鼠标右键，在程序框图窗口打开“函数”选板，单击选板左上角“固定”按钮，将“函数”选板固定在程序框图窗口。

（2）设计子VI程序框图。

① 打开“U矩阵”VI，从“函数”选板中选择“数学”→“线性代数”→“创建特殊矩阵”函数，如图7-124所示。将其放置到程序框图中，并在函数输入端创建“矩阵类型”“矩阵大小”的常量，选择矩阵类型为“Pascal”，矩阵大小为5阶。

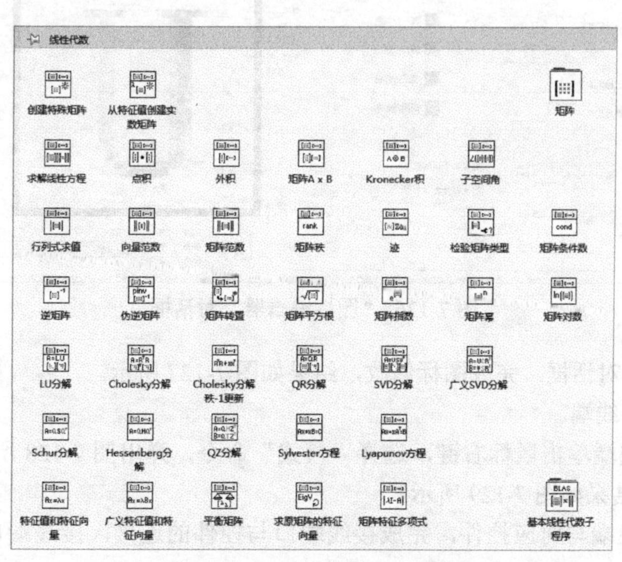

图 7-124 “线性代数”子选板

② 在图 7-124 所示的子选板上选择“LU 分解”“SVD 分解”，分解创建的帕斯卡矩阵。

③ 从“函数”选板中选择“编程”→“比较”→“选择”函数，在函数“s”输入端创建布尔输入控件（替换为“银色”子选板下的控件）。布尔控件输入为真值，输出“LU 分解”中的 ***U*** 矩阵；布尔控件输入为假值，输出“SVD 分解”中的 ***U*** 矩阵。并将结果显示在创建的“Matrix U”显示控件中。

④ 单击工具栏中的“整理程序框图”按钮，整理程序框图，结果如图 7-122 所示。

（3）设计子 VI 前面板。

选择菜单栏中的“窗口”→“显示前面板”命令，或双击程序框图中的任一输入、输出控件，将前面板置为当前，如图 7-125 所示。

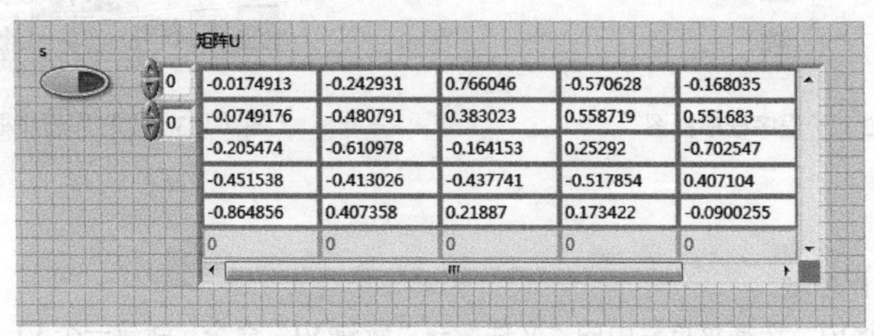

图 7-125　显示前面板

（4）设计子 VI 图标。

① 双击前面板右上角的图标，或在图标上右击选择“编辑图标”命令，弹出“图标编辑器”对话框。

② 删除黑色矩形框内图形，打开“图标文本”，在“第一行文本”输入“U”。右侧绘图区实时显示修改结果，如图 7-126 所示。

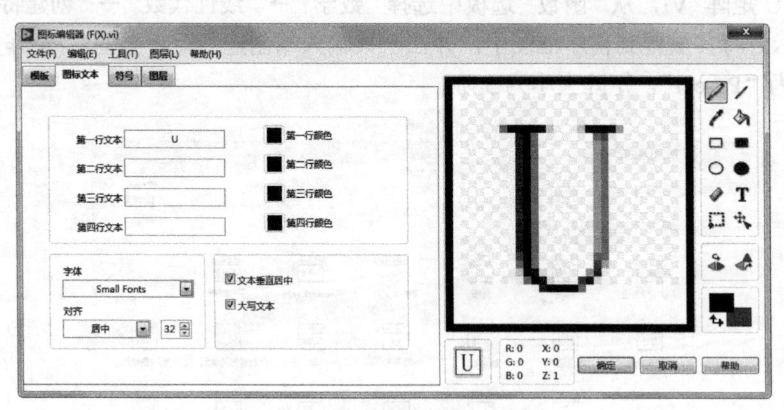

图 7-126　“图标编辑器”对话框

③ 单击“确定”对话框，完成图标修改，结果如图 7-127 所示。

（5）设计子 VI 接线端。

① 在前面板接线端单击鼠标右键，选择“模式”命令，弹出图 7-128 所示的样式面板，选择图中所示样式，修改结果如图 7-129 所示。

② 依次单击接线端与对应控件，完成接线端口与控件的连接，接线端口变色表示完成连接，如图 7-130 所示。

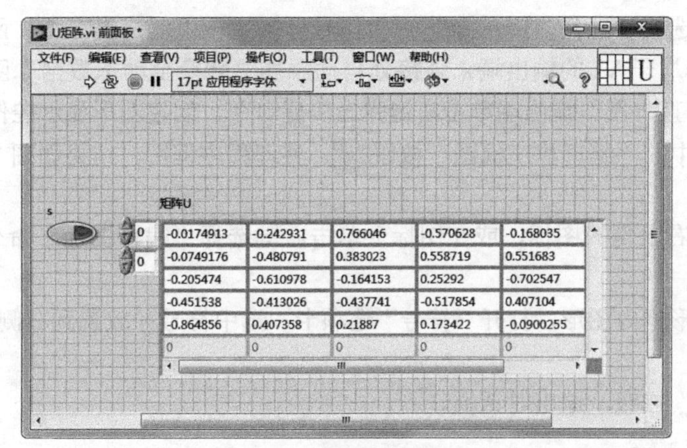

图 7-127　图标修改结果

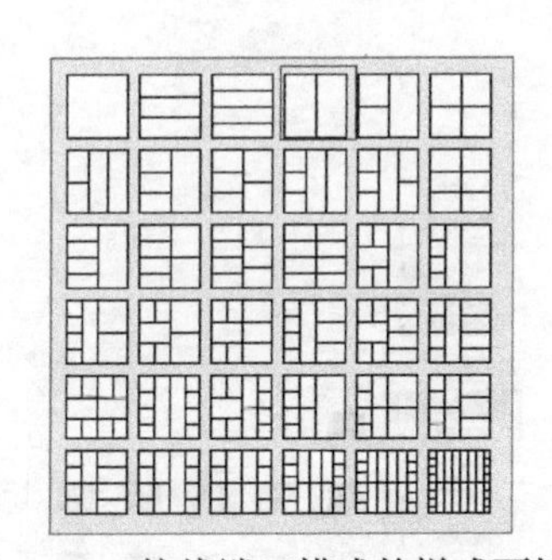

图 7-128　接线端口模式的样式面板

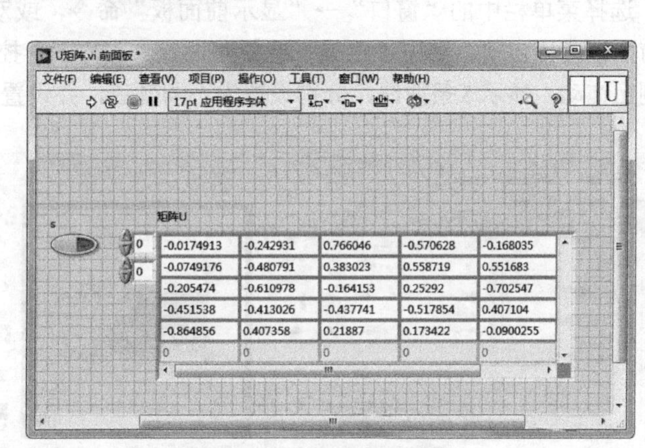

图 7-129　接线端修改结果

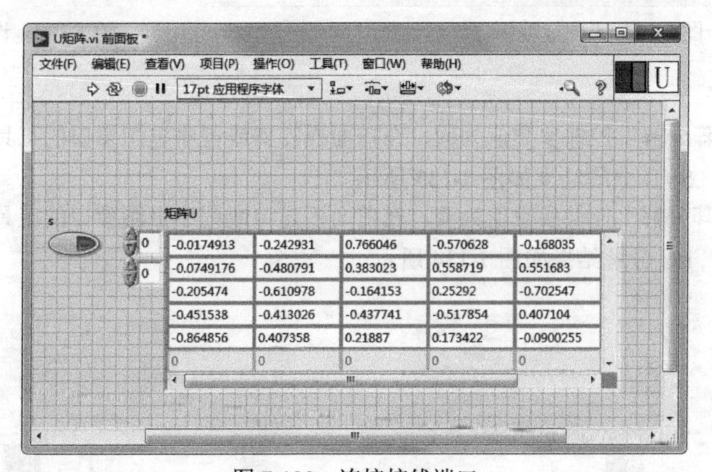

图 7-130　连接接线端口

（6）设计程序框图。

① 打开“矩阵直方图”VI，从“函数”选板中选择“选择 VI”节点。在弹出的对话框中选择上面创建的“U 矩阵”子 VI，将其放置到程序框图中，并在函数输入端创建名为“矩阵分解”的布尔输入控件。默认创建的控件为对应的子选板上的控件，为界面美观，替换为“银色”→“布尔”子选板上的控件。

② 从“函数”选板中选择“Express”→“信号分析”→“创建直方图”函数。将“信号”输入端连接至“U矩阵”子VI的输出端，连接处自动添加“转换至动态数据”函数，用于转换端口间的数据。在函数“直方图”输出端单击右键弹出快捷命令，创建图形显示控件。

③ 单击工具栏中的“整理程序框图”按钮，整理程序框图，结果如图7-122所示。

（7）设计图标。

① 双击前面板右上角的图标，或在图标上单击右键选择“编辑图标”命令，弹出“图标编辑器”对话框。

② 删除黑色矩形框内图形，打开“符号”选项卡，选中符号并放置到右侧绘图区，如图7-131所示。

③ 单击“确定”按钮，退出对话框。

（8）设计前面板。

选择菜单栏中的“窗口”→“显示前面板”命令，或双击程序框图中的任一输入、输出控件，将前面板置为当前。利用“工具”选板，设置“直方图”控件图表底色为白色。在“直方图”控件图例上拖动，显示5条曲线，分别设置为不同颜色，并设置每条曲线直方图属性，如图7-132所示。

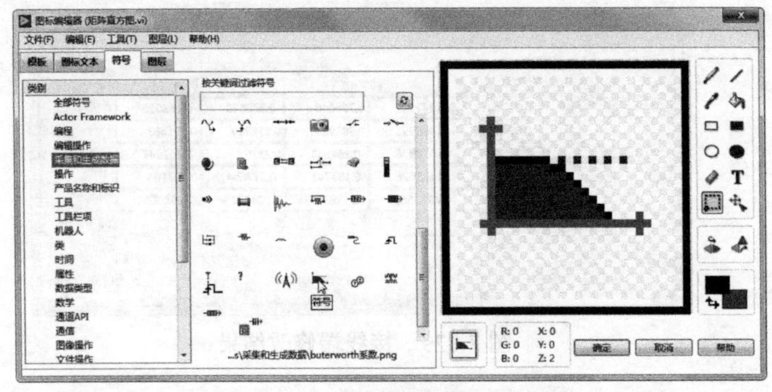

图7-131 “图标编辑器”对话框

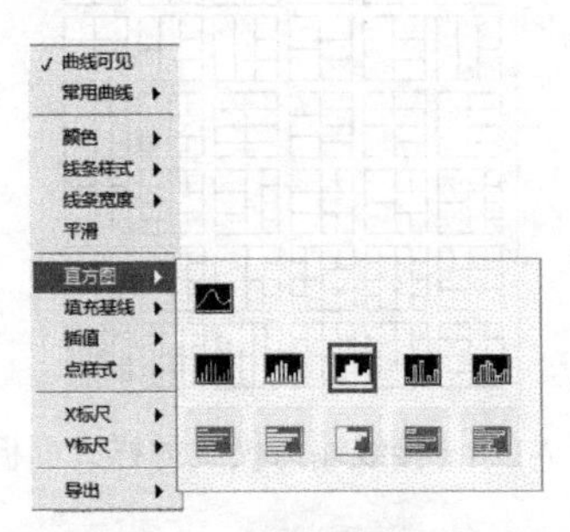

图7-132 设置曲线属性

（9）运行程序。

① 输入“矩阵分解”控件参数值为假，在前面板窗口或程序框图窗口的工具栏中单击“运行”按钮，运行VI，SVD分解结果如图7-133所示。

② 输入“矩阵分解”控件参数值为真，在前面板窗口或程序框图窗口的工具栏中单击“运行”按钮，运行VI，LU分解结果如图7-134所示。

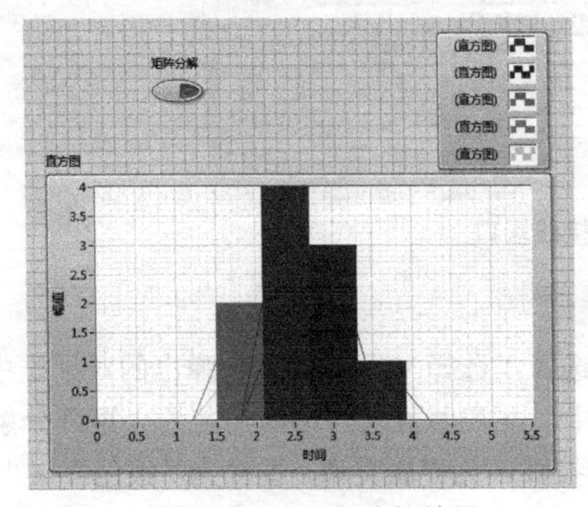

图7-133 SVD分解结果

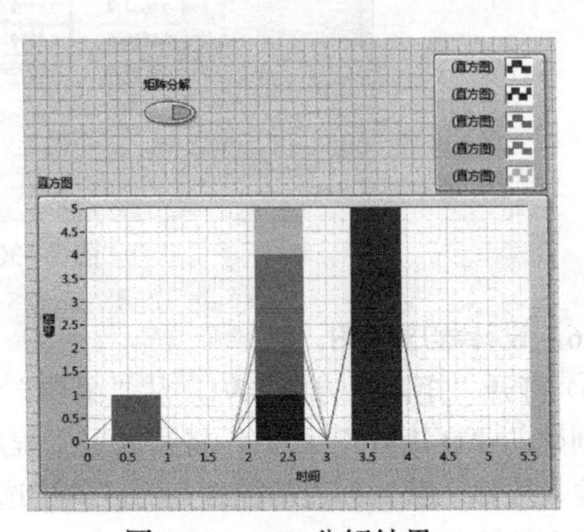

图7-134 LU分解结果

第 8 章 波形运算

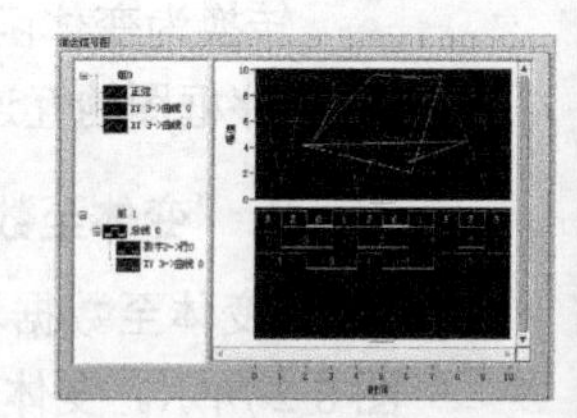

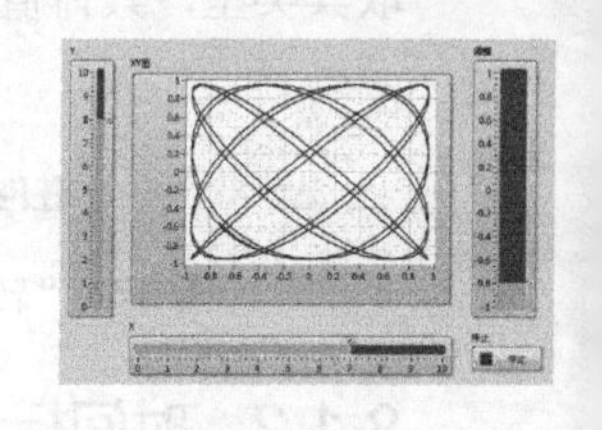

内容指南

仪器的产生源于检测，使用虚拟仪器的目的在于测试。测试过程包括波形或信号的生成、分析、输出。波形数据是 LabVIEW 中特有的一类数据类型，由一系列不同数据类型的数据组成，是一类特殊的簇，但是用户不能利用簇模块中的簇函数来处理波形数据，波形数据具有预定义的固定结构，只能使用专用的函数来处理。信号的运算是虚拟仪器处理的重要组成部分。经过特定的分析，得到有用的信息，特定的分析主要依靠丰富的信号分析处理 VI。本章将详细介绍这些 VI。

本章介绍专用的波形处理函数与 VI 的用法及应用。

知识重点

- 波形数据
- 波形生成
- 基本波形函数
- 波形调理与测量

8.1 波形数据

与其他基于文本的编程语言不同，在 LabVIEW 中有一类被称为波形数据的数据类型，这种数据类型的结构类似于“簇”的结构，由一系列不同数据类型的数据构成。但是波形数据具有与“簇”不同的特点，比如簇中的捆绑和解除捆绑相当于波形中的创建波形和获取波形成分。

在具体介绍波形之前，先介绍变体函数和时间标识数据类型。

8.1.1 变体函数

变体数据类型位于“函数”选板中“簇与变体”子选板中。任何数据类型都可以被转换为变体数据类型，然后为其添加属性，并在需要时转换回原来的数据类型。当需要独立于数据本身的类型对数据进行处理时，变体数据类型就成为很好的选择。

1. 转换为变体函数

转换为变体函数完成 LabVIEW 中任意类型的数据到变体数据的转换，也可以将 ActiveX 数据（在程序框图的互连接口的子选板中）转换为变体数据。其节点图标如图 8-1 所示。

2.“变体至数据转换”函数

“变体至数据转换”函数是把变体数据类型转换为适当的 LabVIEW 数据类型。其节点图标如图 8-2 所示。变体输入参数为变体类型数据。类型输入参数为需要转换的目标数据类型的数据，只取其类型，具体值没有意义。数据输出参数为转换之后与类型输入参数有相同类型的数据。

任何数据　变体

图 8-1 “转换为变体”函数节点图标

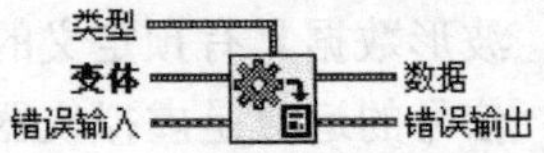

类型
变体　数据
错误输入　错误输出

图 8-2 “变体至数据转换”函数节点图标

8.1.2 时间标识

时间标识常量可以在“函数”选板→“编程”→“定时”子选板中获得，时间标识输入控件和时间标识显示控件在“控件”选板→“数值”子选板中可以获得。如图 8-3 所示，左边为时间标识常量，中间为时间标识输入控件，右边为时间标识显示控件，时间标识输入控件和时间标识显示控件中间的小图标为时间浏览按钮。

时间标识对象默认显示的时间值为 0。在时间标识输入控件上单击“时间浏览”按钮可以弹出“设置时间和日期”对话框，在这个对话框中可以手动修改时间和日期，如图 8-4 所示。

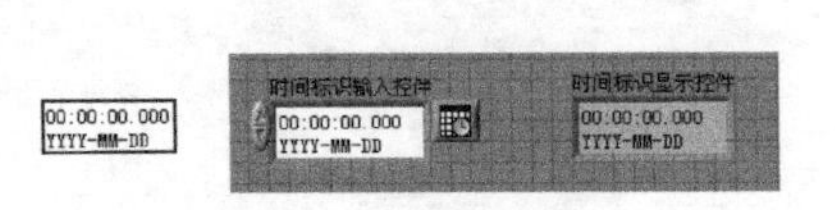

图 8-3 时间标识量

图 8-4 “设置时间和日期”对话框

8.2　波形生成

波形数据与“簇”的不同之处是，它可以由一些波形生成函数产生，可以对进行了数据采集后的数据进行显示和存储。

LabVIEW 提供了大量的波形生成节点，它们位于“函数”选板→“信号处理”→“波形生成”子选板中，如图 8-5 所示。使用这些波形生成函数可以生成不同类型的波形信号和合成波形信号。

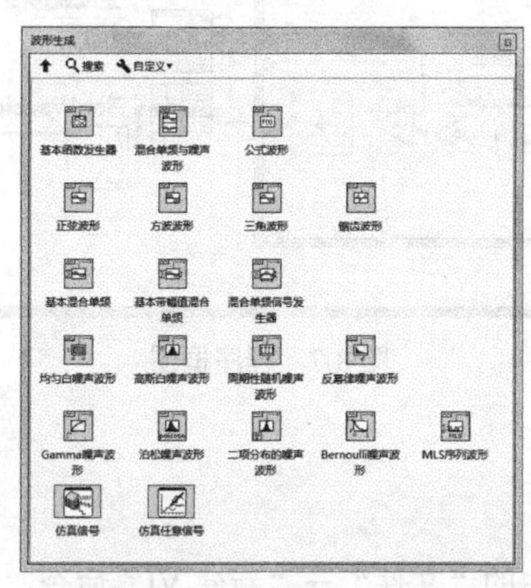

图 8-5　“波形生成”子选板

8.2.1　基本函数发生器

该 VI 产生并输出指定类型的波形。该 VI 会记住前一个波形的时间标识，并在前一个时间标识后面继续增加时间标识。它将根据信号类型、采样信息、方波占空比及频率的输入值来产生波形。基本函数发生器的节点图标如图 8-6 所示。

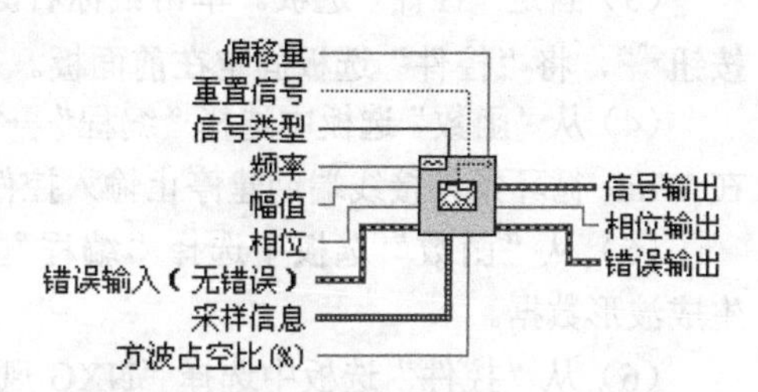

图 8-6　基本函数发生器 VI 节点图标

- 偏移量：信号的直流偏移量。默认为 0.0。
- 重置信号：如果该端口输入为 TRUE，该 VI 将根据相位输入信息重置相位，并且将时间标识重置为 0。默认为 FALSE。
- 信号类型：所产生的波形信号的类型。包括正弦波、三角波、方波和锯齿波。
- 频率：产生信号的频率，以赫兹为单位。默认为 10。
- 幅值：波形的幅值。幅值也是峰值电压。默认为 1.0。
- 相位：波形的初始相位，以度为单位。默认为 0。如果重置信号输入为 FALSE，VI 将忽略相位输入值。
- 采样信息：输入值为簇，包含了采样的信息。包括 *Fs* 和采样数。*Fs* 是以每秒采样的点数表示的采样率，默认为 1000。采样数是指波形中所包含的采样点数，默认为 1000。
- 方波占空比（%）：在一个周期中高电平相对于低电平占的时间百分比。只有当信号类型输入端选择方波时，该端口才有效。默认为 50。
- 信号输出：所产生的波形信号。
- 相位输出：波形的相位，以度为单位。

8.2.2 实例——生成正弦信号的波形图

扫码看视频

本实例对比基本函数发生器节点产生的正弦信号与“绘制波形图”函数绘制的波形图，程序框图如图 8-7 所示。

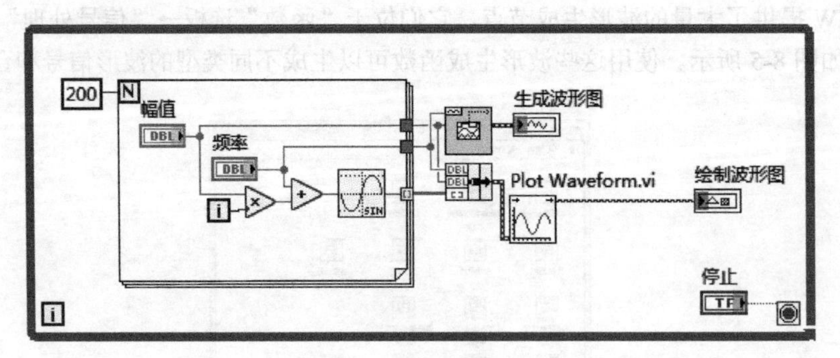

图 8-7 程序框图

操作步骤

（1）新建 VI。选择菜单栏中的“文件”→“新建 VI”命令，新建一个 VI，一个空白的 VI 包括前面板及程序框图。

（2）保存 VI。选择菜单栏中的“文件”→“另存为”命令，输入 VI 名称为“生成正弦信号的波形图”。

（3）固定“控件”选板。单击鼠标右键，在前面板打开“控件”选板，单击选板左上角“固定”按钮，将“控件”选板固定在前面板。

（4）从“函数”选板中选择“编程”→“结构”→“While 循环”函数，拖出适当大小的矩形框，在 While 循环条件接线端创建停止输入控件。

（5）从“函数”选板中选择“编程”→“结构”→“For 循环”函数，输入循环次数为 200，生成波形数据。

（6）从“控件”选板中选择“NXG 风格”→“数值”→“垂直指针滑动杆（NXG 风格）”，修改名称为“频率”“幅值”，放置在前面板的适当位置。

（7）从“函数”选板中选择“信号处理”→“波形生成”→“基本函数发生器”函数，连接频率与幅值，输出到“生成波形图”图形显示控件中，该控件替换为“银色”→“图形”→“波形图（银色）”控件。

（8）从“函数”选板中选择“编程”→“数值”→“乘”“加”函数，“函数”→“数学”→“初等与特殊函数”→“三角函数”→“正弦”函数，计算“sin（幅值 ×*i*+ 频率）”，其中 *i* 为 For 循环的循环计数。

（9）从“函数”选板中选择“编程”→“簇、类与变体”→“捆绑”函数，放置函数到循环外部，分别捆绑函数频率、幅值及正弦数据。

（10）从“函数”选板中选择“编程”→“图形与声音”→“图片绘制”→“绘制波形图”函数，连接捆绑数据，输出结果到“绘制波形图”图片显示控件中，为方便图形显示，利用“工具”选板设置图片底色为黑色。

（11）单击工具栏中的“整理程序框图”按钮，整理程序框图，如图 8-7 所示。

（12）单击“运行”按钮，运行 VI，在前面板显示运行结果，如图 8-8a）所示。调整频率与幅值大小，运行结果显示为图 8-8b）。

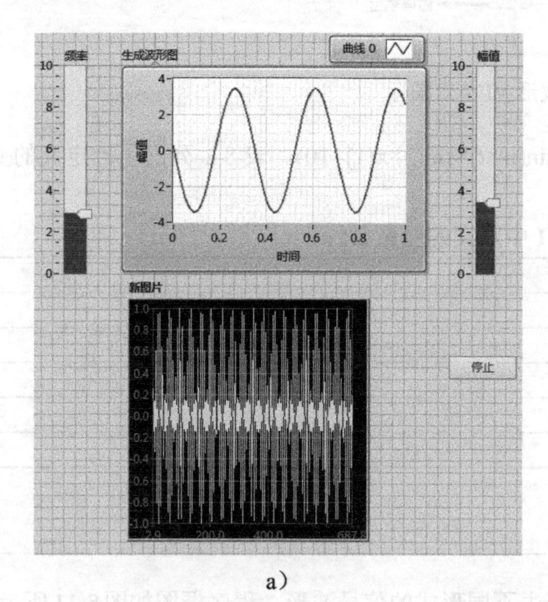

a）

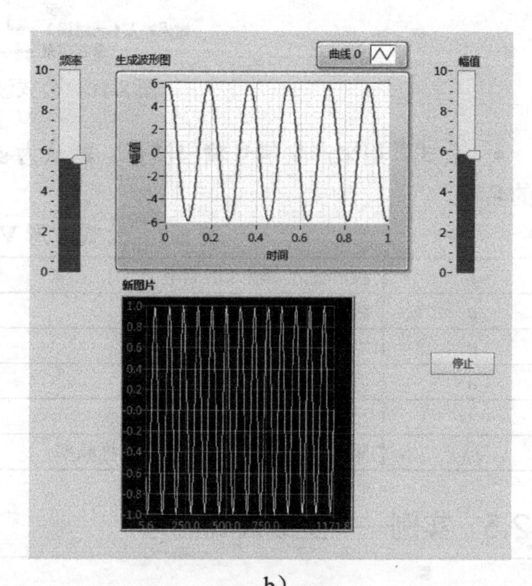

b）

图 8-8 运行结果

8.2.3 正弦波形

正弦波形 VI 产生正弦信号波形。该 VI 是重入的，因此可用来仿真连续采集信号。如果重置信号输入端为 FALSE，该 VI 记忆当前 VI 的相位信息和时间标识，并据此来产生下一个波形。正弦波形 VI 的节点图标如图 8-9 所示。

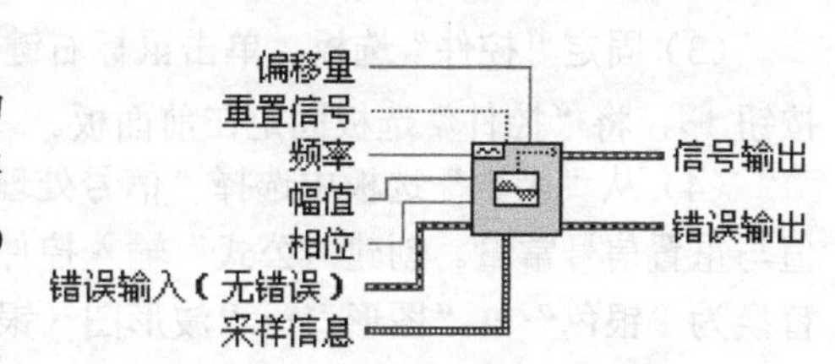

图 8-9 正弦波形 VI 节点图标

- 偏移量：指定信号的直流偏移量。默认值为 0.0。
- 重置信号：如值为 TRUE，相位可重置为相位控件的值，时间标识可重置为 0。默认值为 FALSE。
- 频率：波形频率，以赫兹为单位。默认值为 10。
- 幅值：波形的幅值。幅值也是峰值电压。默认值为 1.0。
- 相位：波形的初始相位，以度为单位。默认值为 0。如重置信号为 FALSE，则 VI 忽略相位。
- 错误输入（无错误）：表明节点运行前发生的错误。该输入将提供标准错误输入功能。
- 采样信息：包含 *Fs* 和 *#s*。*Fs* 是每秒采样率，默认值为 1000。*#s* 是波形的采样数，默认值为 1000。
- 信号输出：生成的波形。
- 错误输出：包含错误信息。该输出将提供标准错误输出功能。

8.2.4 公式波形

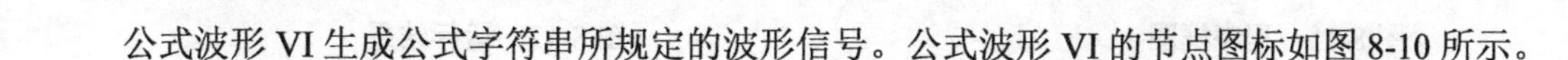

公式波形 VI 生成公式字符串所规定的波形信号。公式波形 VI 的节点图标如图 8-10 所示。

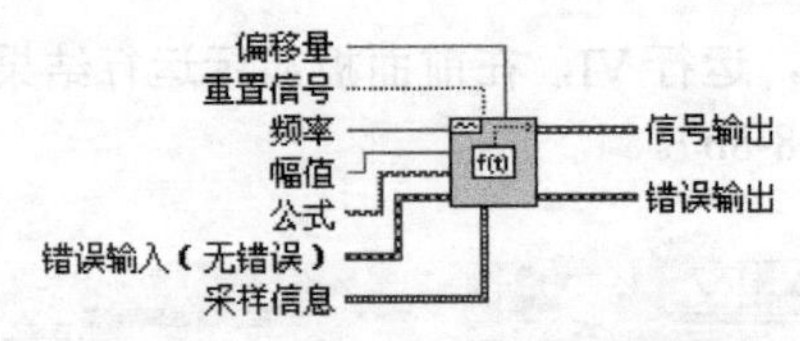

图 8-10　公式波形 VI 节点图标

- 公式：用来产生信号输出波形。默认为 $\sin(w\times t)\times\sin(2\times\pi(1)\times10)$。表 8-1 列出了已定义的变量的名称。

表 8-1　公式波形 VI 中定义的变量名称

f	频率输入端输入的频率
a	幅值输入端输入的幅值
w	$2\times\pi\times f$
n	到目前为止产生的样点数
t	已运行的秒数
Fs	采样信息端输入的*Fs*，即采样频率

8.2.5　实例——生成公式信号

扫码看视频

本实例演示使用公式波形VI产生不同形式的信号波形，程序框图如图 8-11 所示。

（1）新建 VI。选择菜单栏中的“文件”→“新建 VI”命令，新建一个 VI，一个空白的 VI 包括前面板及程序框图。

（2）保存 VI。选择菜单栏中的“文件”→“另存为”命令，输入 VI 名称为“生成公式信号”。

（3）固定“控件”选板。单击鼠标右键，在前面板打开“控件”选板，单击选板左上角“固定”按钮，将“控件”选板固定在前面板。

（4）从“函数”选板中选择“信号处理”→“波形生成”→“公式波形”函数，创建频率、幅值与重置信号常量。创建“公式”输入控件，将结果输出到“波形图”图形显示控件中，将该控件替换为“银色”→“图形”→“波形图（银色）”控件。

（5）从“函数”选板中选择“编程”→“对话框与用户界面”→“简易错误处理器”函数，连接函数的错误信息，以免因为发生错误导致程序出现异常。

（6）单击工具栏中的“整理程序框图”按钮，整理程序框图，程序框图如图 8-11 所示。

（7）打开前面板，在“公式”控件中输入公式，单击“运行”按钮，运行 VI，VI 的前面板显示运行结果，如图 8-12 所示。

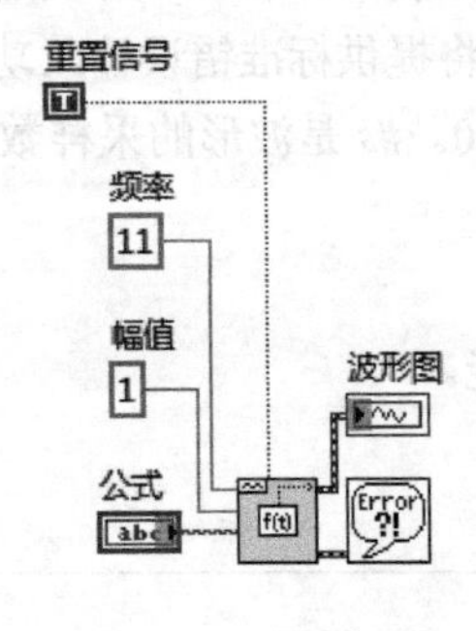

图 8-11　程序框图

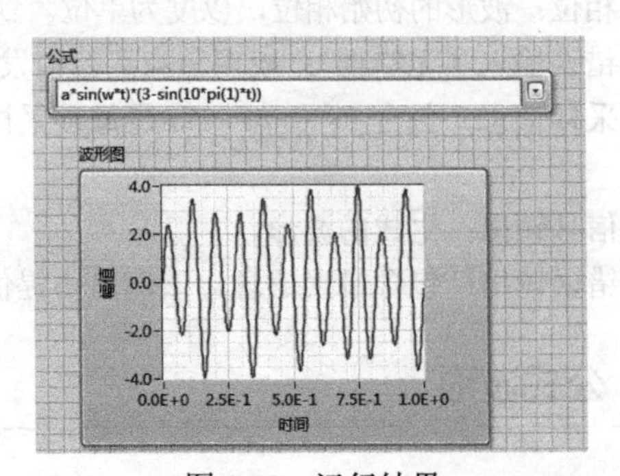

图 8-12　运行结果

8.2.6　基本混合单频

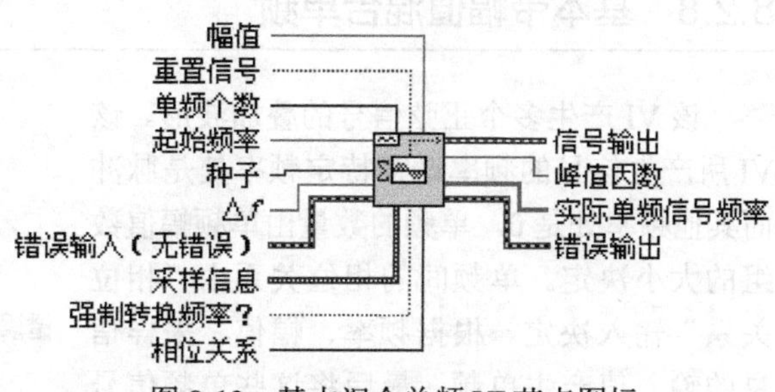

图 8-13　基本混合单频 VI 节点图标

基本混合单频 VI 产生多个正弦信号的叠加波形。所产生的信号的频率谱在特定频率处是脉冲而其他频率处是 0。根据频率和采样信息产生单频信号。这些单频信号的相位是随机的，它们的幅值相等。最后将这些单频信号进行合成。基本混合单频 VI 的节点图标如图 8-13 所示。

- 幅值：合成波形的幅值，是合成信号的幅值中绝对值的最大值。默认值为−1。将波形输出到模拟通道时，幅值的选择非常重要。如果硬件支持的最大幅值为 5V，那么应将幅值端口接 5。
- 重置信号：如果值为 TRUE，该 VI 将相位重置为相位输入端的相位值，并将时间标识重置为 0。默认为 FALSE。
- 单频个数：在输出波形中出现的单频的个数。
- 起始频率：产生的单频的最小频率。该频率必须为采样频率和采样数的比值的整数倍。默认值为 10。
- 种子：如果相位关系输入选择为线性，将忽略该输入值。
- Δf：两个单频之间频率的间隔幅度。Δf 必须是采样频率和采样数的比值的整数倍。
- 采样信息：包含 *Fs* 和采样数，是一个簇数据类型。*Fs* 是以每秒采样的点数表示的采样率，默认为 1000。采样数是指波形中所包含的采样点数，默认为 1000。
- 强制转换频率？：如果该输入为 TRUE，特定单频的频率将被强制转换为最相近的 *Fs/n* 的整数倍。
- 相位关系：所有正弦单频的相位分布方式。该分布影响整个波形峰值与平均值的比。包括随机（random）和线性（linear）两种方式。随机方式，相位是从 0 到 360 度之间随机选择的。线性方式，会给出最佳的峰值与均值比。
- 信号输出：产生的波形信号。
- 峰值因数：输出信号的峰值电压与平均值电压的比。
- 实际单频信号频率：如果“强制转换频率？”输入为 TRUE，则输出强制转换频率后单频的频率。

8.2.7　混合单频与噪声波形

混合单频与噪声波形 VI 产生一个包含正弦单频、噪声及直流分量的波形信号。混合单频与噪声波形 VI 的节点图标如图 8-14 所示。

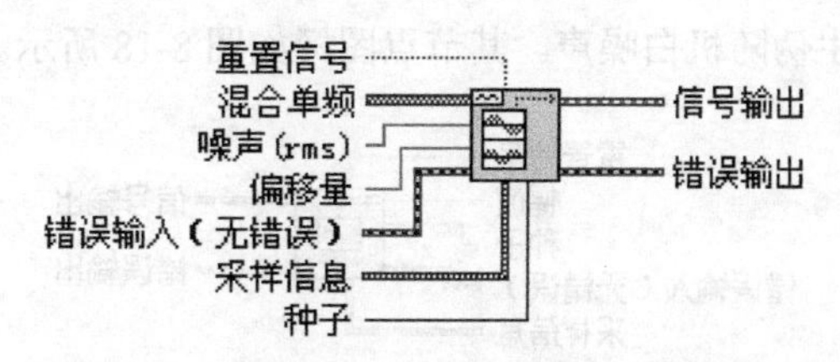

图 8-14　混合单频与噪声波形 VI 节点图标

噪声（rms）：所添加高斯噪声的 rms（均方根）水平。默认值为 0.0。

8.2.8 基本带幅值混合单频

该 VI 产生多个正弦信号的叠加波形。该 VI 所产生信号的频率谱在特定频率处是脉冲而其他频率处是 0。单频的数量由单频幅值数组的大小决定。单频间的相位关系由“相位关系”输入决定。根据频率、幅值、采样信息的输入值产生单频。最后将这些单频信号进行合成。基本带幅值混合单频 VI 的节点图标如图 8-15 所示。

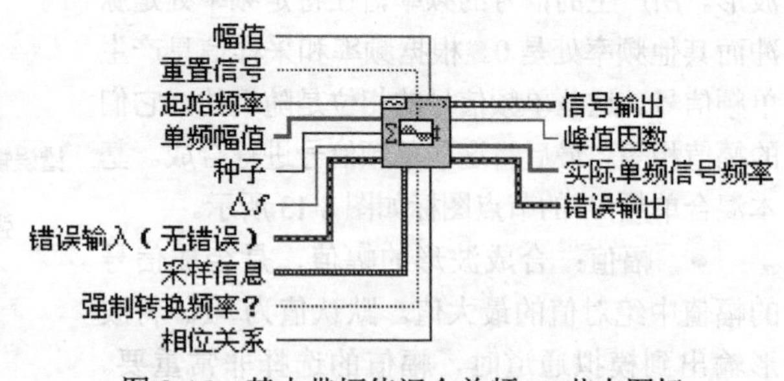

图 8-15 基本带幅值混合单频 VI 节点图标

单频幅值：是一个数组，数组的元素代表一个单频的幅值。该数组的大小决定了所产生单频信号的数目。

8.2.9 混合单频信号发生器

该 VI 产生正弦单频信号的合成信号波形。该 VI 所产生的信号的频率谱在特定频率处是脉冲而其他频率处是 0。单频的个数由单频频率，单频幅值及单频相位端口输入数组的大小决定。使用单频频率、单频幅值、单频相位端口输入的信息产生正弦单频。最后将所有产生的单频信号合成。混合单频信号发生器 VI 的节点图标及端口定义如图 8-16 所示。

LabVIEW 默认单频相位输入端输入的是正弦信号的相位。如果单频相位输入的是余弦信号的相位，将单频相位输入信号加 90° 即可。图 8-17 所示的节点图标说明了怎样使用单频相位输入信息改变余弦相位。

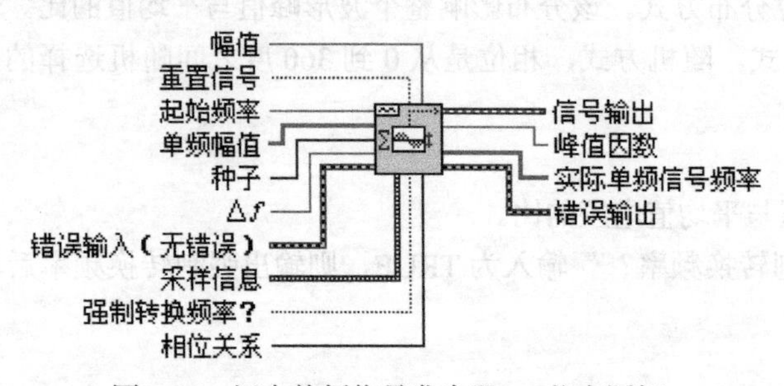

图 8-16 混合单频信号发生器 VI 节点图标

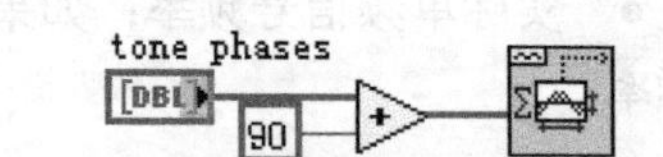

图 8-17 单频相位输入信息改变余弦相位节点图标

8.2.10 均匀白噪声波形

均匀白噪声波形 VI 产生伪随机白噪声。其节点图标如图 8-18 所示。

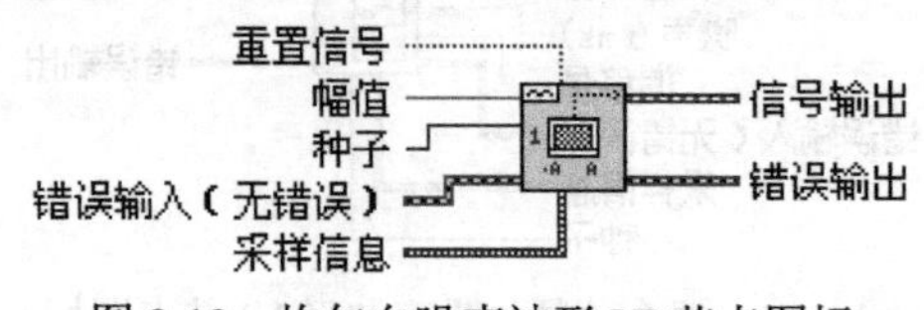

图 8-18 均匀白噪声波形 VI 节点图标

8.2.11　实例——创建均匀白噪声波形

本实例演示基本波形与均匀白噪声波形 VI 的单独显示波形与叠加显示波形，程序框图如图 8-19 所示。

（1）新建 VI。选择菜单栏中的“文件”→“新建 VI”命令，新建一个 VI，一个空白的 VI 包括前面板及程序框图。

（2）保存 VI。选择菜单栏中的“文件”→“另存为”命令，输入 VI 名称为“创建均匀白噪声波形”。

扫码看视频

（3）固定“控件”选板。单击鼠标右键，在前面板打开“控件”选板，单击选板左上角“固定”按钮，将“控件”选板固定在前面板。

（4）从“函数”选板中选择“编程”→“结构”→“While 循环”函数，拖出适当大小的矩形框，在 While 循环条件接线端创建“停止”输入控件。

（5）从“函数”选板中选择“信号处理”→“波形生成”→“基本函数发生器”函数，创建信号类型、频率、幅值与相位输入控件（“NXG”风格数值控件）。将结果输出到“原始波形”图形显示控件，该控件替换为“NXG 风格”→“图形”→“波形图（NXG 风格）”控件。

（6）从“函数”选板中选择“信号处理”→“波形生成”→“均匀白噪声波形”函数，通过信号幅值输入控件（“NXG”风格数值控件），将结果输出到“添加噪声的波形”图形显示控件中，该控件替换为“NXG 风格”→“图形”→“波形图（NXG 风格）”控件。

（7）从“函数”选板中选择“编程”→“数组”→“创建”函数，连接两个波形数据，输出到“混合波形”图形显示控件中，该控件替换为“NXG 风格”→“图形”→“波形图（NXG 风格）”控件。

（8）在“函数”选板中选择“编程”→“定时”→“等待”函数，放置在 While 循环内并输入常量 10。

（9）单击工具栏中的“整理程序框图”按钮，整理程序框图，程序框图如图 8-19 所示。

（10）在前面板窗口单击“运行”按钮，运行 VI，VI 的前面板显示运行结果，如图 8-20 所示。

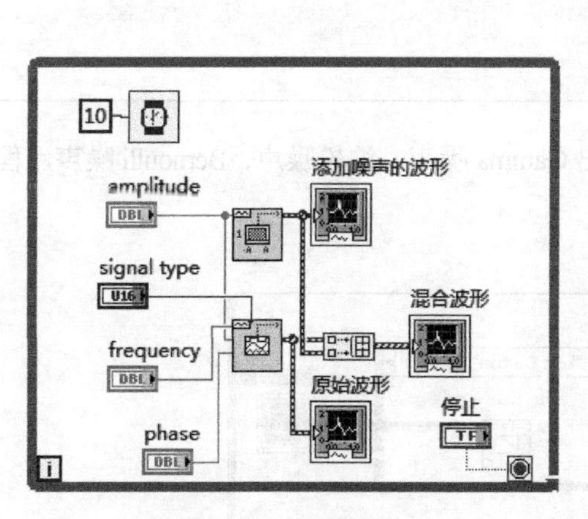

图 8-19　程序框图

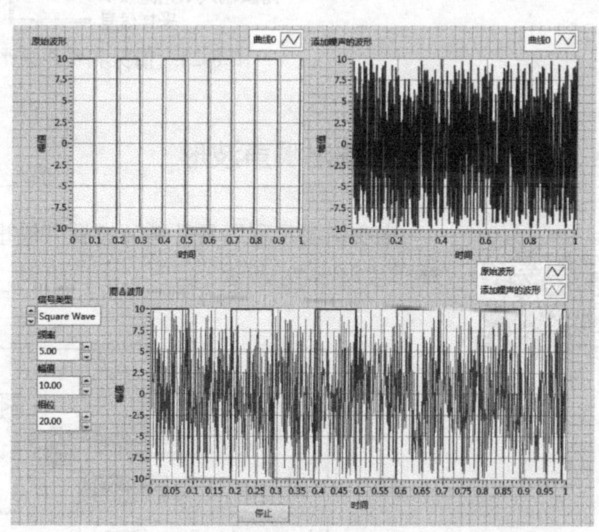

图 8-20　运行结果

8.2.12　周期性随机噪声波形

周期性随机噪声波形 VI 的输出数组包含了一个整周期的所有频率。每个频率成分的幅度谱由幅度谱输入端的输入决定，且相位是随机的。输出的数组也可以认为是具有相同幅值和随机相位的正弦信号的叠加。周期性随机噪声波形 VI 的节点图标及端口定义如图 8-21 所示。

8.2.13　二项分布的噪声波形信号

二项分布的噪声波形 VI 的节点图标如图 8-22 所示。

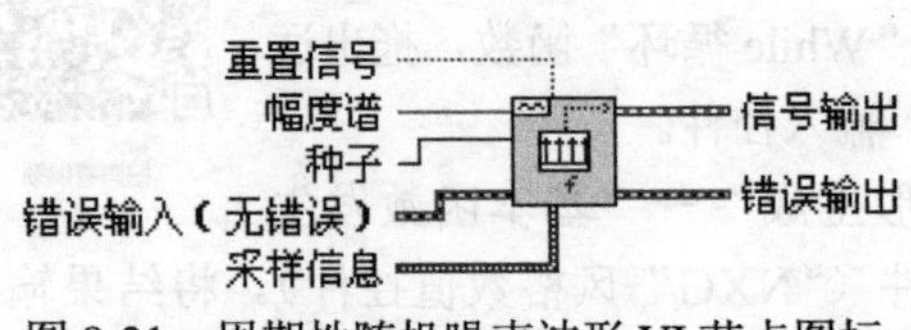

图 8-21　周期性随机噪声波形 VI 节点图标

图 8-22　二项分布的噪声波形 VI 节点图标

- 试验概率：给定试验为 TRUE 的概率。默认为 0.5。
- 试验：为一个输出信号元素所发生的试验的个数。默认为 1.0。

8.2.14　伯努利噪声波形

伯努利噪声波形 VI 产生一个包含 0 和 1 伪随机序列的信号。信号输出的每一个元素经过取 1 概率的输入值运算。如果取 1 概率输入端的值为 0.7，那么信号输出的每一个元素将有 70% 的概率为 1，有 30% 的概率为 0。伯努利噪声波形 VI 的节点图标如图 8-23 所示。

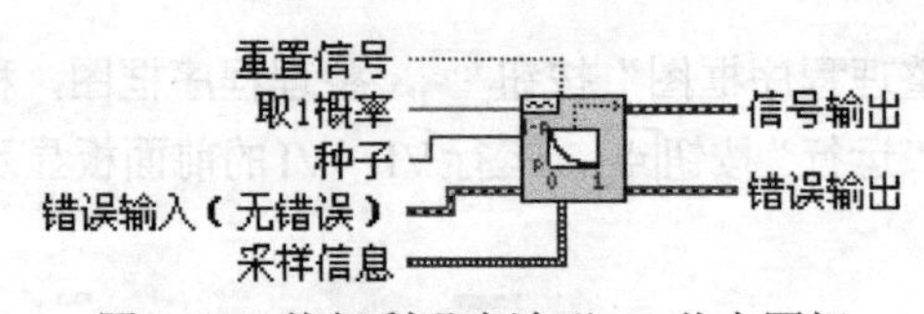

图 8-23　伯努利噪声波形 VI 节点图标

8.2.15　实例——输出噪声波形

本实例演示利用条件循环设置并输出 Gamma 噪声、泊松噪声、Bernoulli 噪声，程序框图如图 8-24 所示。

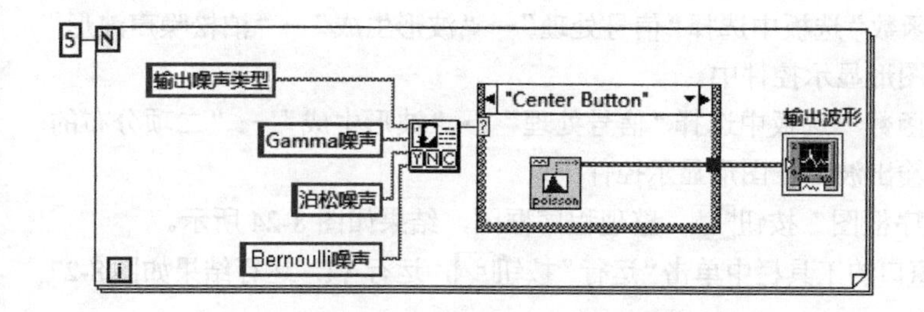

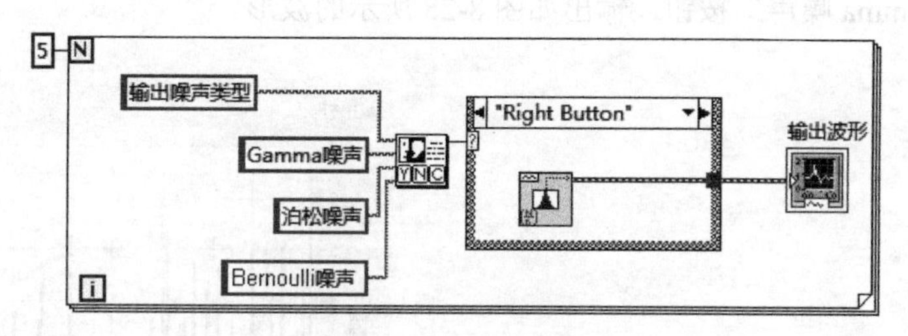

图 8-24　程序框图

（1）新建 VI。选择菜单栏中的“文件”→“新建 VI”命令，新建一个 VI，一个空白的 VI 包括前面板及程序框图。

（2）保存 VI。选择菜单栏中的“文件”→“另存为”命令，输入 VI 名称为“输出噪声波形”。

（3）从“函数”选板中选择“编程”→“结构”→“For 循环”函数，创建循环次数为 5，即执行 5 次操作。

（4）从“函数”选板中选择“编程”→“对话框与用户界面”→“三按钮对话框”函数，在“消息”输入端创建消息常量“输出噪声类型”，创建三个按钮常量“Gamma 噪声”“泊松噪声”“Bernoulli 噪声”。程序运行过程中，消息常量和按钮常量显示在对话框中，并根据按钮的选择输出不同的结果。

（5）从“函数”选板中选择“编程”→“结构”→“条件结构”，判断“三按钮对话框”函数消息输出。

① 条件结构的选择器标签包括“真”“假”两种，单击鼠标右键，选择“在后面添加分支”，显示三种条件。

② 将按钮对话框的“哪个按钮”输出端连接到“条件结构”中的“分支选择器”端，分支选择器自动根据按钮转换标签名，如图 8-25 所示。根据按钮的显示选择执行条件。

③ 选择“‘Left Button’，默认”选项，从“函数”选板中选择“信号处理”→“波形生成”→“Gamma 噪声波形”函数，信号幅值输入控件（“NXG”风格数值控件）将结果输出到“输出波形”图形显示控件中，将该控件替换为“NXG 风格”→“图形”→“波形图（NXG 风格）”控件。

从“函数”选板中选择“编程”→“文件 I/O”→“高级文件函数”→“复制”函数，结果如图 8-26 所示。

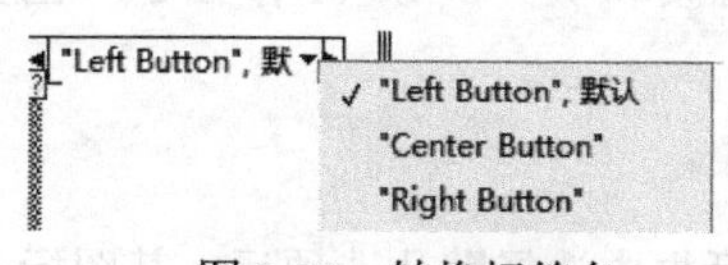

图 8-25　转换标签名

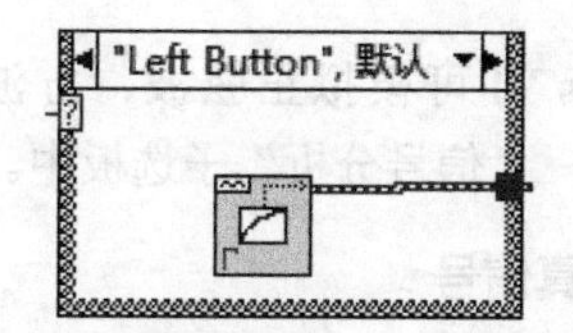

图 8-26　输出 Gamma 噪声波形

④选择“Center Button”，从“函数”选板中选择“信号处理”→“波形生成”→“泊松噪声波形”函数，将结果输出到“输出波形”图形显示控件中。

⑤选择“Right Button”，从“函数”选板中选择“信号处理”→“波形生成”→“二项分布的噪声波形”函数，将结果输出到“输出波形”图形显示控件中。

（6）单击工具栏中的“整理程序框图”按钮，整理程序框图，结果如图 8-24 所示。

（7）在前面板窗口或程序框图窗口的工具栏中单击“运行”按钮，运行 VI，运行结果如图 8-27 所示。

（8）单击“Gamma 噪声”按钮，输出如图 8-28 所示的波形。

图 8-27　运行结果

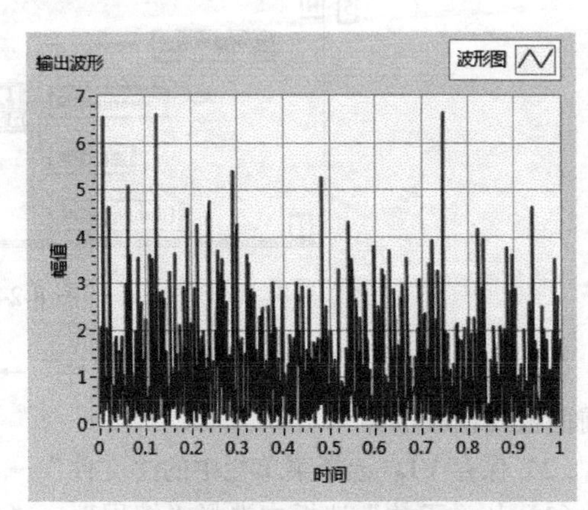

图 8-28　Gamma 噪声波形

（9）单击“泊松噪声”按钮，输出如图 8-29 所示的波形。

（10）单击“Bernoulli 噪声”按钮，输出如图 8-30 所示的波形。

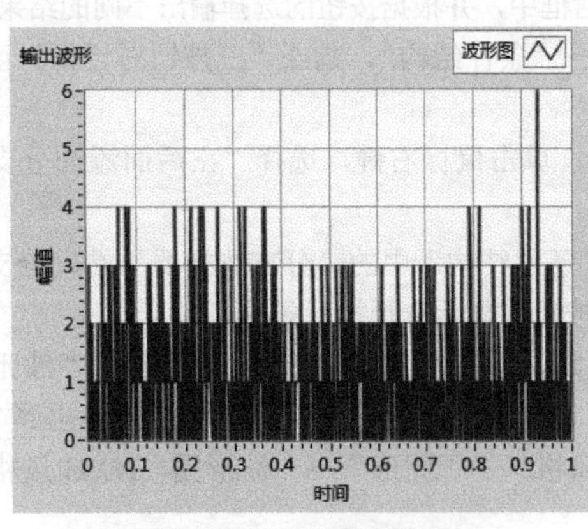

图 8-29　泊松噪声波形

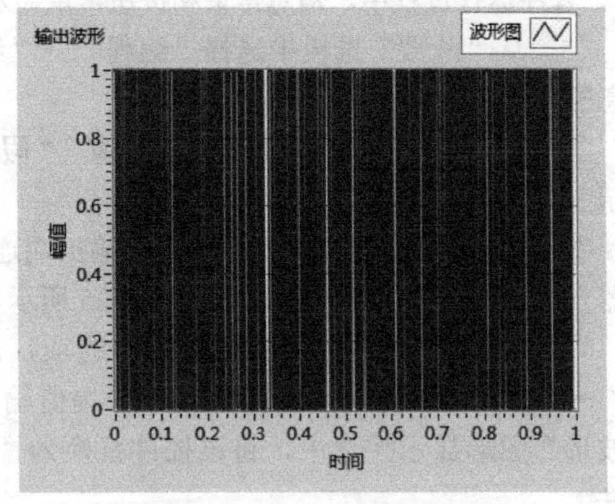

图 8-30　Bernoulli 噪声波形

8.2.16　仿真信号

Express VI 可模拟正弦波、方波、三角波、锯齿波和噪声。该 VI 存在于“函数”选板的“Express”→“信号分析”子选板中。

1. 仿真信号

Express VI 的默认图标如图 8-31 所示。在配置对话框中选择默认选项后，其图标会发生变化。

图 8-32 所示是选择添加噪声后的图标。另外，在图标上单击鼠标右键，选择“显示为图标”，可以以图标的形式显示该 Express VI，如图 8-33 所示。

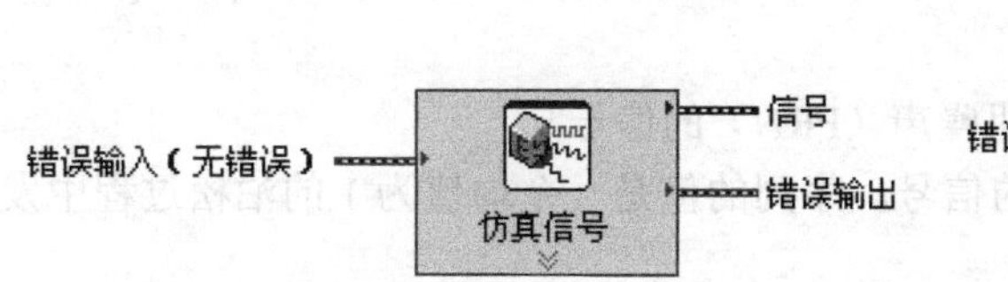

图 8-31　仿真信号 Express VI 节点图标

偏移量
频率
幅值
相位
错误输入（无错误）
噪声幅值
种子值
重置信号
仿真信号
正弦与均匀噪声
错误输出
正弦与均匀噪声

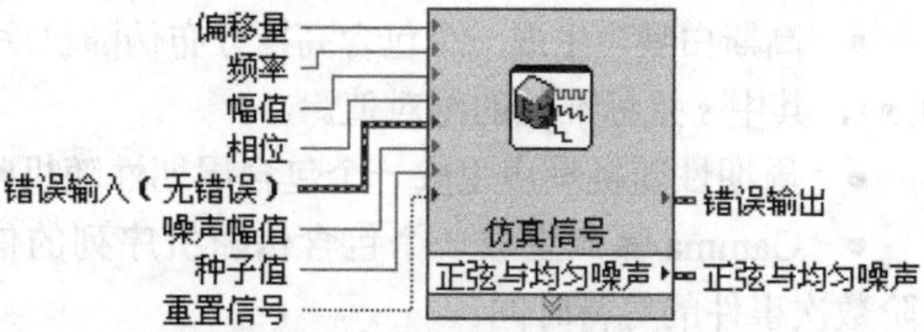

图 8-32　添加噪声后仿真信号 Express VI 节点图标

将仿真信号 Express VI 放置在程序框图上后，弹出图 8-34 所示的“配置仿真信号”对话框，在该对话框中可以对仿真信号 VI 的参数进行配置。在仿真信号 VI 的图标上双击也会弹出该对话框。

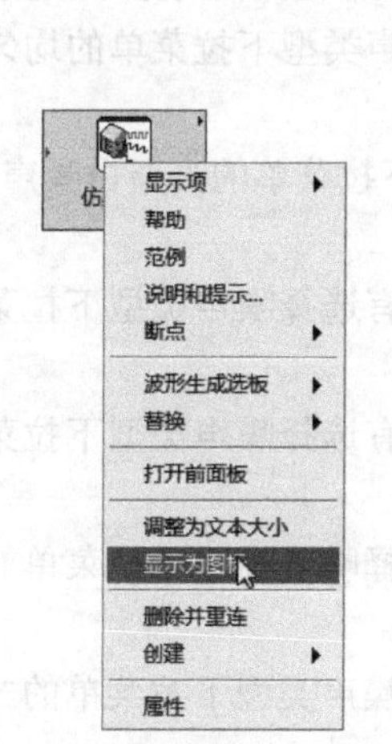

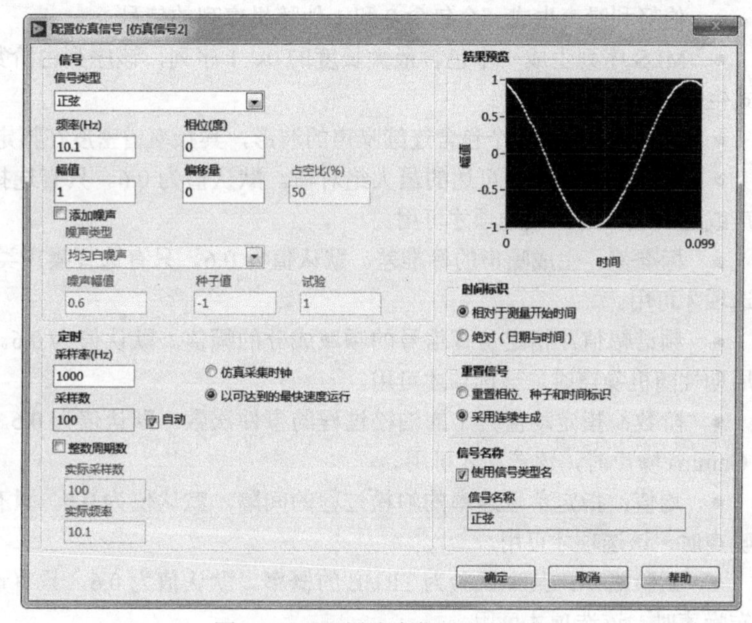

图 8-33　设置以图标形式显示 Express VI

图 8-34　“配置仿真信号”对话框

下面对“配置仿真信号”对话框中的选项进行详细介绍。

（1）信号。

下面介绍该选项组下包括的参数。

- 信号类别：模拟的波形类别。可模拟正弦波、矩形波、锯齿波、三角波或噪声（直流）。
- 频率（Hz）：以赫兹为单位的波形频率。默认值为 10.1。
- 相位（度）：以度为单位的波形初始相位。默认值为 0。
- 幅值：波形的幅值。默认值为 1。
- 偏移量：信号的直流偏移量。默认值为 0。
- 占空比（%）：矩形波在一个周期内高位时间和低位时间的百分比。默认值为 50。
- 添加噪声：向模拟波形添加噪声。
- 噪声类型：指定向波形添加的噪声类型。只有勾选了添加噪声复选框，才可使用该选项。

信号在设置过程中还可添加的噪声，类型介绍如下。

- 均匀白噪声生成一个包含均匀分布伪随机序列的信号，该序列值的范围是 [$-a, a$]，其中 a 是幅值的绝对值。
- 高斯白噪声生成一个包含高斯分布伪随机序列的信号，该序列的统计分布图为（μ，sigma）=（$0, s$），其中 s 是标准差的绝对值。
- 周期性随机噪声生成一个包含周期性随机噪声（PRN）的信号。
- Gamma 噪声生成一个包含伪随机序列的信号，序列的值是一个均值为 1 的泊松过程中发生阶数次事件的等待时间。
- 泊松噪声生成一个包含伪随机序列的信号，序列的值是一个速度为 1 的泊松过程在指定的时间均值中，离散事件发生的次数。
- 二项分布噪声生成一个包含二项分布伪随机序列的信号，其值是某个随机事件在重复实验中发生的次数，其中事件发生的概率和重复的次数事先给定。
- 伯努利噪声生成一个包含 0 和 1 伪随机序列的信号。
- MLS 序列生成一个包含最大长度的 0、1 序列，该序列由阶数为多项式阶数的模 2 本原多项式生成。
- 逆 F 噪声生成一个包含连续噪声的波形，其频率谱密度在指定的频率范围内与频率成反比。
- 噪声幅值：信号可达的最大绝对值。默认值为 0.6。只有选择噪声类型下拉菜单的均匀白噪声或逆 F 噪声时，该选项才可用。
- 标准差：生成噪声的标准差。默认值为 0.6。只有选择噪声类型下拉菜单的高斯白噪声时，该选项才可用。
- 频谱幅值：指定仿真信号的频域成分的幅值。默认值为 0.6。只有选择噪声类型下拉菜单的周期性随机噪声时，该选项才可用。
- 阶数：指定均值为 1 的泊松过程的事件次数。默认值为 0.6。只有选择噪声类型下拉菜单的 Gamma 噪声时，该选项才可用。
- 均值：指定单位速率的泊松过程的间隔。默认值为 0.6。只有选择噪声类型下拉菜单的泊松噪声时，该选项才可用。
- 试验概率：某个试验为 TRUE 的概率。默认值为 0.6。只有选择噪声类型下拉菜单的二项分布噪声时，该选项才可用。
- 取 1 概率：信号的一个给定元素为 TRUE 的概率。默认值为 0.6。只有选择噪声类型下拉菜单的伯努利噪声时，该选项才可用。
- 多项式阶数：指定用于生成该信号的模 2 本原多项式的阶数。默认值为 0.6。只有选择噪声类型下拉菜单的 MLS 序列时，该选项才可用。
- 种子值：大于 0 时，可使噪声发生器更换种子值。默认值为 −1。LabVIEW 为该重入 VI 的每个实例单独保存其内部的种子值状态。具体而言，如种子值小于等于 0，LabVIEW 将不对噪声发生器更换种子值，而噪声发生器将继续生成噪声的采样，作为之前噪声序列的延续。
- 指数：指定反 f 频谱形状的指数。默认值为 1。只有选择噪声类型下拉菜单的逆 F 噪声时，该选项才可用。

（2）定时。

- 采样率（Hz）：每秒采样速率。默认值为 1000。
- 采样数：信号的采样总数。默认值为 100。
- 自动：将采样数设置为采样率（Hz）的十分之一。

- 仿真采集时钟：仿真一个类似于实际采样率的采样率。
- 以可达到的最快速度运行：在系统允许的条件下尽可能快地对信号进行仿真。
- 整数周期数：设置最近频率和采样数，使波形包含整数个周期。
- 实际采样数：表示选择整数周期数时，波形中的实际采样数量。
- 实际频率：表示选择整数周期数时，波形的实际频率。

（3）时间标识。

- 相对于测量开始时间：显示数值对象从 0 起经过的小时、分钟及秒数。例如，十进制 100 等于相对时间 1 小时 40 分钟。
- 绝对（日期与时间）：显示数值对象从格林尼治标准时间 1904 年 1 月 1 日零时至今经过的秒数。

（4）重置信号。

- 重置相位、种子和时间标识：将相位重设为相位值，将时间标识重设为 0，将种子值重设为 −1。
- 采用连续生成：对信号进行连续仿真。不重置相位、时间标识或种子值。

（5）信号名。

- 使用信号类型名：使用默认信号名。
- 信号名：勾选了使用信号类型名复选框后，显示默认的信号名。

（6）结果预览：显示仿真信号的预览。

以上所述的绝大部分参数都可以在程序框图中进行设定。

2. 仿真任意信号

该 Express VI 用于仿真用户定义的信号。仿真任意信号 Express VI 如图 8-35 所示。

- 下一值：指定信号的下一个值。默认为 TRUE。如为 FALSE，则该 Express VI 每次循环都输出相同的值。
- 重置：控制 VI 内部状态的初始化。默认值为 FALSE。
- 错误输入（无错误）：描述该 VI 或函数运行前发生的错误情况。
- 信号：返回输出信号。
- 数据有效：显示数据是否有效。
- 错误输出：包含错误信息。如错误输入表明在该 VI 或函数运行前已出现错误，则错误输出将包含相同错误信息。否则将表示该 VI 或函数运行中出现的错误状态。

可以对 VI 进行图 8-36 所示的操作，从而以另一种样式显示输入 / 输出端口。也可以像图 8-35 那样以图标方式显示 VI。

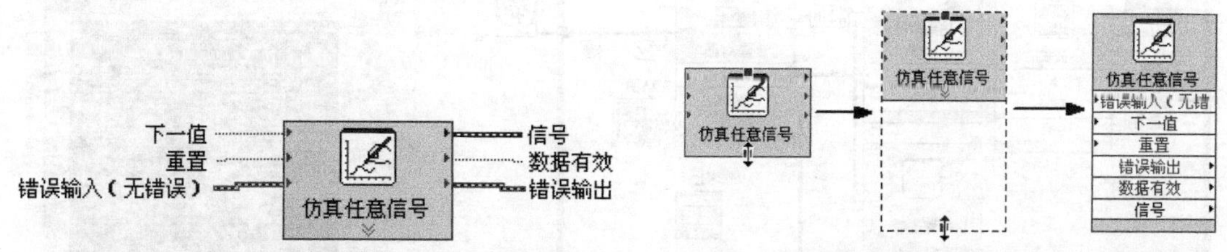

图 8-35　仿真任意信号 Express VI 节点图标　　图 8-36　改变仿真任意信号 VI 的显示样式

将仿真任意信号 Express VI 放置在程序框图上后，弹出“配置仿真任意信号”对话框，如图 8-37 所示。双击 VI 的图标或单击鼠标右键，在快捷菜单中选择属性选项，弹出该配置对话框。

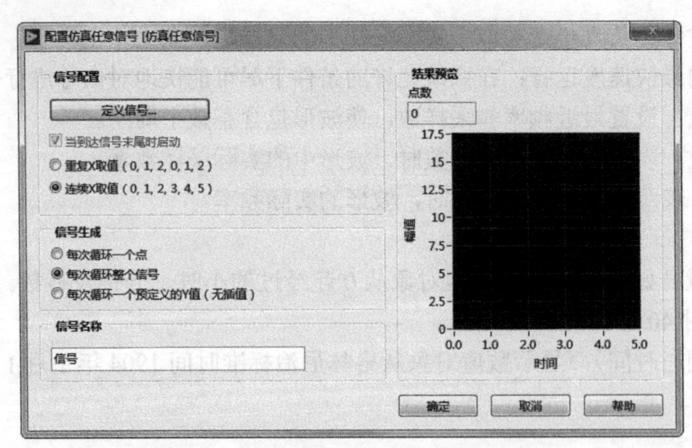

图 8-37 “配置仿真任意信号”对话框

8.2.17 实例——使用 Express VI 生成曲线

本例首先产生一个仿真信号，然后通过创建 XY 图，在 XY 图中显示一条生成的曲线，程序框图如图 8-38 所示。

1. 设置工作环境

（1）新建 VI。选择菜单栏中的“文件”→“新建 VI”命令，新建一个 VI，一个空白的 VI 包括前面板及程序框图。

（2）保存 VI。选择菜单栏中的“文件”→“另存为”命令，输入 VI 名称为“使用 Express VI 生成曲线”。

2. 设置前面板

（1）从“控件”选板中选择“银色”→“数值”→“垂直指针滑动杆”“水平指针滑动杆”控件。

（2）从“控件”选板中选择“Express”→“图形显示”→“Express XY 图”控件，放置在前面板如图 8-39 所示。

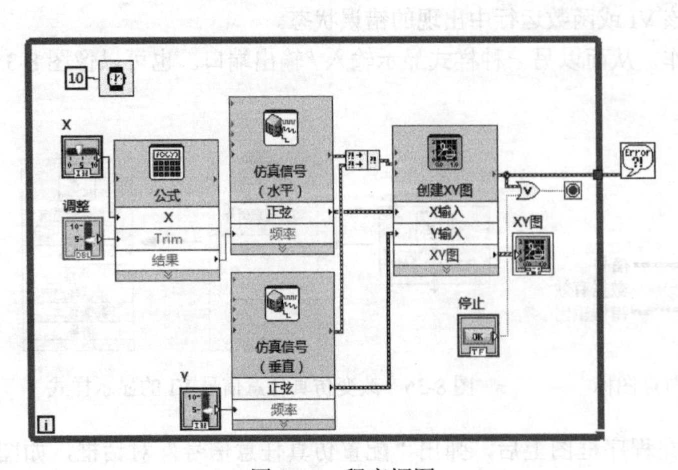

图 8-38 程序框图

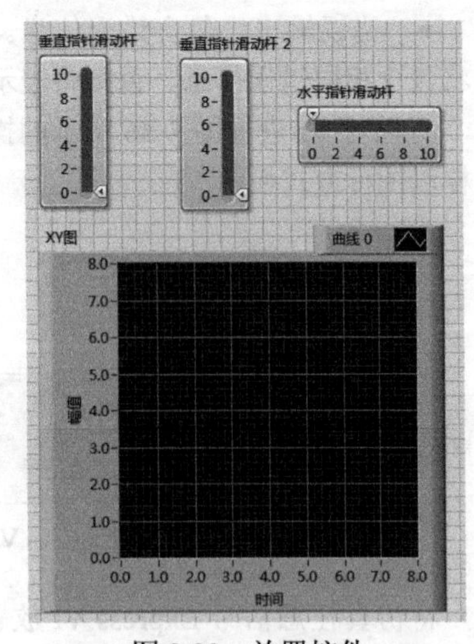

图 8-39 放置控件

（3）选中水平、垂直滑动杆控件，单击鼠标右键，选择“标尺”→“样式”，弹出刻度样式表，选择图 8-40 所示的样式，并适当调整控件外形大小。

（4）选择“XY 图”控件，单击鼠标右键，选择“替换”→“银色”→“图形”→“XY 图”，替换当前控件，调整前面板结果如图 8-41 所示。

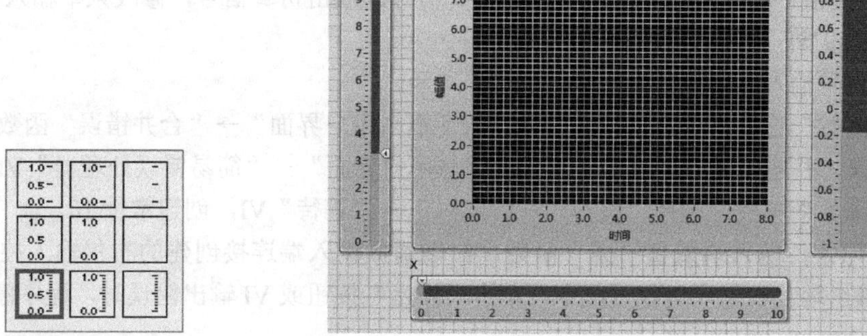

图 8-40　刻度样式表　　　　图 8-41　调整前面板

3. 生成公式波形

（1）打开程序框图窗口，从“函数”选板中选择“编程”→“结构”→“While 循环”函数，创建循环结构。

（2）从“函数”选板中选择“Express”→“算数与比较”→“公式”VI，弹出“配置公式”对话框，如图 8-42 所示。

（3）调整“公式波形”VI 输入端与输出端，连接“X”“调整”控件，如图 8-43 所示。

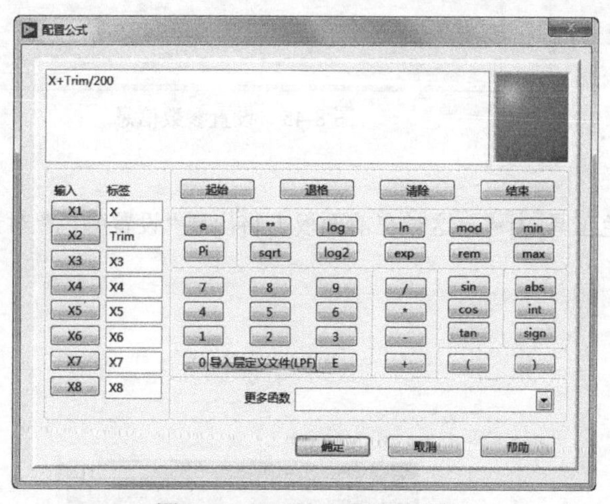

图 8-42　“配置公式”对话框

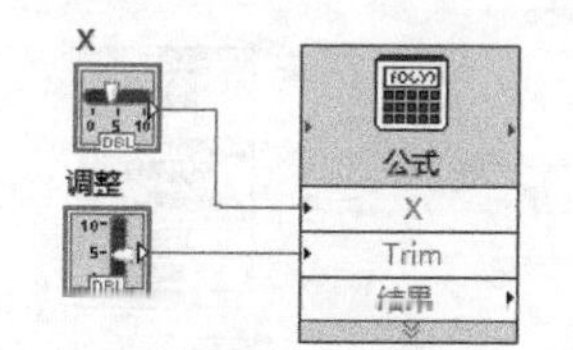

图 8-43　连接“X”“调整”控件

4. 创建仿真信号

（1）从“函数”选板中选择“Express”→“输入”→“仿真信号”VI，将“仿真信号”Express VI 放置在程序框图中，这时 LabVIEW 将自动打开“配置仿真信号”对话框。在对话框中进行如下设置。

① 在“信号类型”下拉列表框中选择“正弦”信号。

② 在“频率（Hz）”一栏中将频率设为 1Hz。

③ 在“幅值”一栏输入 0.95。

④ 在“采样率”一栏中输入 1010。

⑤ 取消勾选“自动”复选框。

（2）在更改设置的时候，可以从右上角“结果预览”区域中观察当前设置的信号的波形。其他项保持默认设置，完成后的设置如图 8-44 所示。单击“确定”按钮，退出“配置仿真信号”对话框。

（3）按住“Ctrl”键拖动仿真信号，复制仿真信号。双击仿真信号，修改频率输入值为 10，其余参数保持默认设置，如图 8-45 所示。

（4）调整信号输入“频率”，结果如图 8-46 所示。

（5）从“函数”选板中选择“编程”→“对话框与用户界面”→“合并错误”函数，合并该仿真信号输出错误，并连接到“编程”→“对话框与用户界面”→“简易错误处理器”VI 输入端。

（6）从“函数”选板中选择“编程”→“定时”→“等待”VI，创建常量 10。

（7）在循环条件输入端放置“或”函数，在该函数输入端连接创建的布尔输入控件与“创建 XY 图”错误输出端。在程序运行过程中，单击“停止”按钮或 VI 输出错误时，程序停止运行。

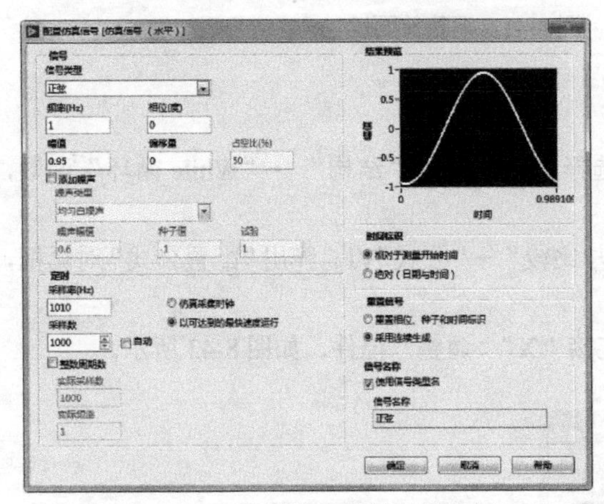

图 8-44 “配置仿真信号”对话框

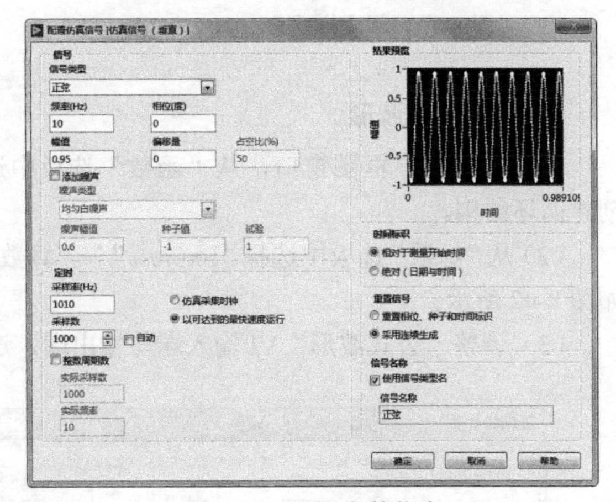

图 8-45 设置参数信息

（8）设置文本的背景色。

选中文本，选择“工具”选板中的上色工具，这时在前面板上将出现“设置颜色”对话框，如图 8-47 所示。

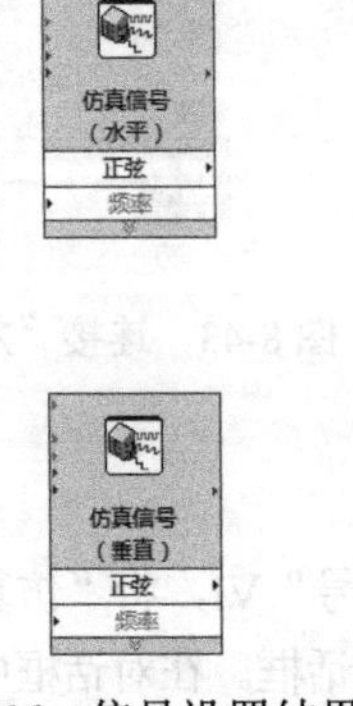

图 8-46 信号设置结果

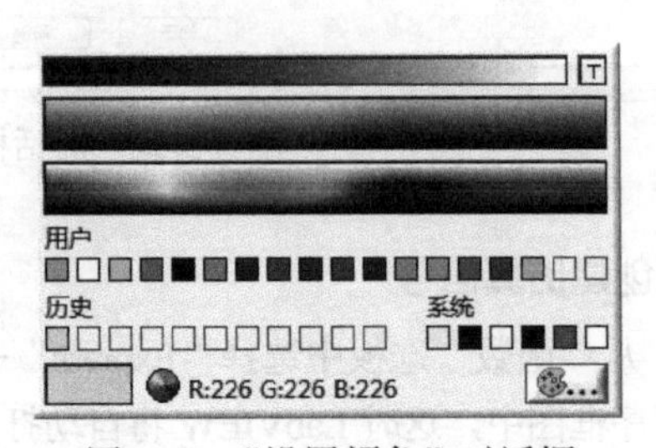

图 8-47 “设置颜色”对话框

从中选择黄色，然后单击 XY 图背景，则文本的背景色被设定为白色。

（9）程序最终的前面板和程序框图如图 8-48 和图 8-38 所示。

（10）选择“XY 图”，单击鼠标右键，选择“属性”命令，弹出“图形属性：XY Graph（XY 图）”对话框。打开“曲线”选项卡，设置曲线类型，如图 8-49 所示。

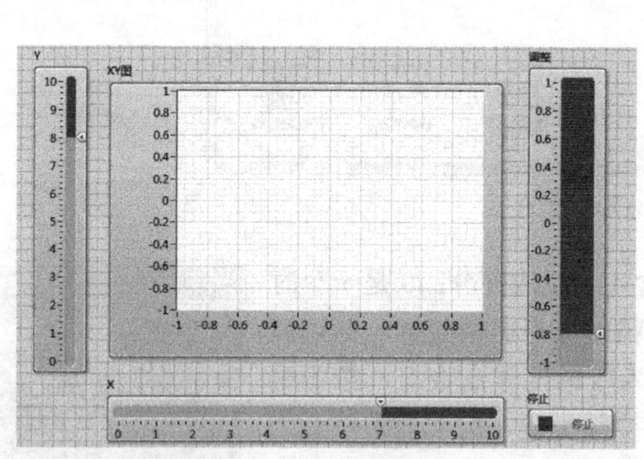

图 8-48　前面板

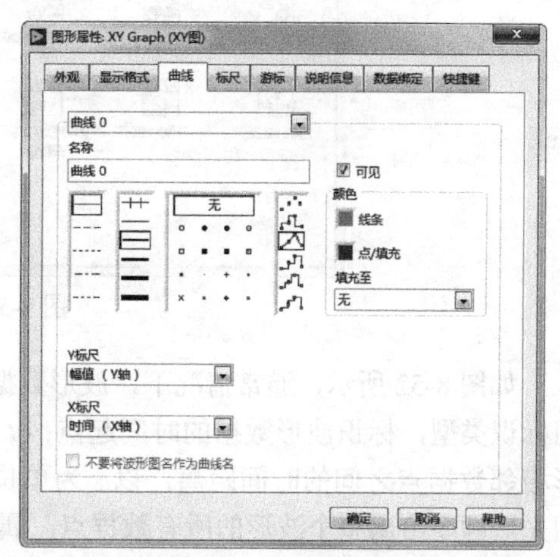

图 8-49　设置曲线类型

5. 运行程序

在前面板窗口或程序框图窗口的工具栏中单击“运行”按钮，运行 VI，运行结果如图 8-50 所示。

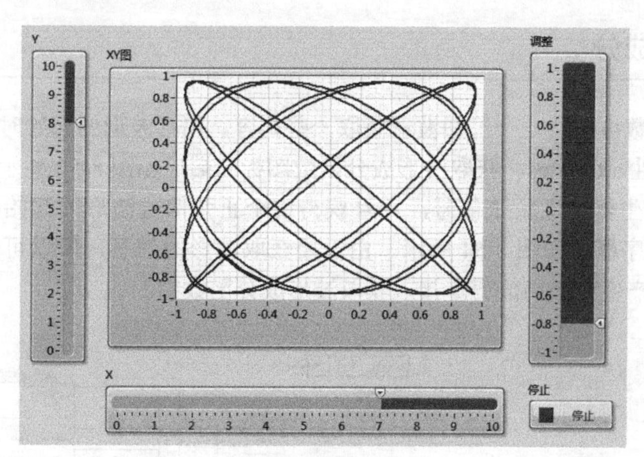

图 8-50　运行结果

8.3　基本波形函数

波形数据具有预定义的固定结构，只能使用专用的函数来处理，比如簇中的捆绑和解除捆绑相当于波形中的创建波形和获取波形成分。波形数据的引入，可以为测量数据的处理带来极大的方便。

在 LabVIEW 中，与处理波形数据相关的函数主要位于“函数”选板的“编程”→“波形”子选板中，如图 8-51 所示。

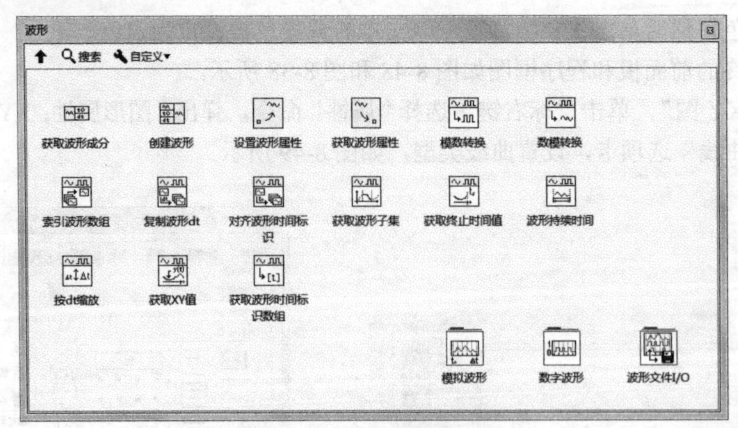

图 8-51 “波形”子选板

如图 8-52 所示，通常情况下，波形数据包含 4 个组成部分：*t*0 是一个时间标识类型，标识波形数据的时间起点；d*t* 为双精度浮点类型数据，标识波形相邻数据点之间的时间距离，以 s 为单位；*Y* 为双精度浮点数组，按照时间先后顺序给出整个波形的所有数据点；属性为变体类型，用于携带任意的属性信息。

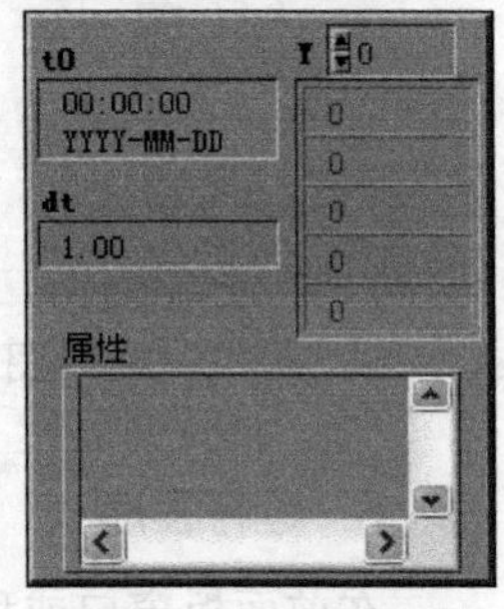

图 8-52 波形数据

波形类型控件位于“函数”选板→“编程”→“波形”子选板中。默认情况下显示三个元素：*t*0、d*t* 和 *Y*。在波形控件上单击鼠标右键弹出快捷菜单，选择“显示项”→“属性”，可以显示波形控件的变体类型元素“属性”。

下面将主要介绍一些基本波形数据运算函数的使用方法。

8.3.1 获取波形成分

获取波形成分函数可以从一个已知波形获取一些内容，包括波形的起始时刻 *t*0，采样时间间隔 d*t*，波形数据 *Y* 和属性 attributes。获取波形成分函数图标和端口如图 8-53 所示。

使用基本函数发生器产生正弦信号，并且获得这个正弦信号波形的起始时刻、波形采样时间间隔和波形数据，程序框图如图 8-54 所示。由于要获取波形的信息，所以可使用获取波形成分函数。由一个正弦波形产生一个局部变量接入获取波形成分函数中。

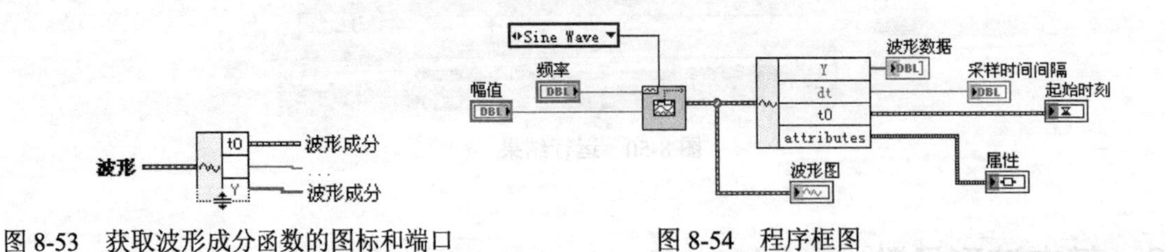

图 8-53 获取波形成分函数的图标和端口

图 8-54 程序框图

8.3.2 创建波形

创建波形函数用于建立或修改已有的波形，当上方的波形端口没有连接数据时，该函数创建一个新的波形数据。当波形端口连接了一个波形数据时，该函数根据输入的值来修改这个波形数据中的值，并输出修改后的波形数据。创建波形函数的节点图标及端口如图 8-55 所示。

图 8-56 显示的是获取波形属性函数使用的前面板。

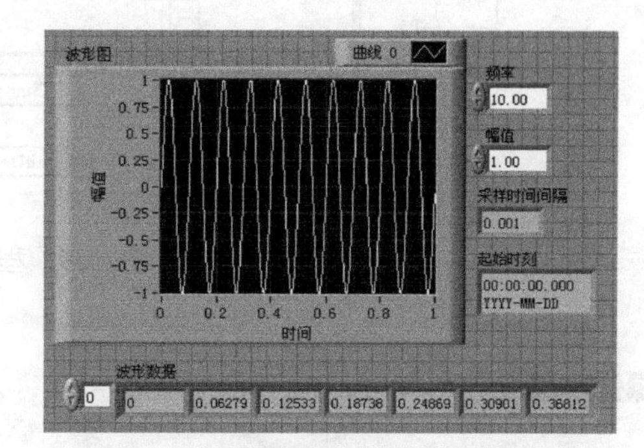

波形
波形成分
波形

图 8-55　创建波形函数的图标和端口　　　　图 8-56　获取波形属性函数使用的前面板

具体程序框图如图 8-57 所示。注意要在第一个设置变体属性上创建一个空常量。当加入属性波形类型和长度时，需要用设置变体属性函数，也可以使用后面讲到的设置波形属性函数。

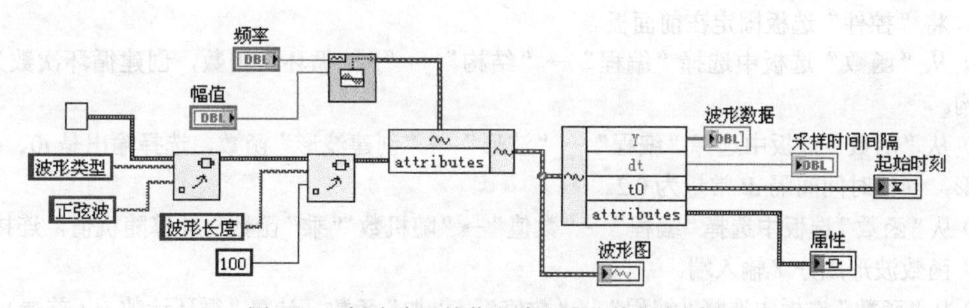

图 8-57　创建波形并获取波形成分的程序框图

相应的前面板如图 8-58 所示，需要注意的是，对于创建的波形，其属性一开始是隐藏的，在默认状态下只显示波形数据中的前三个元素（初始时间、采样间隔时间、波形数据）。可以在前面板的输出波形上单击鼠标右键，在弹出的菜单中选择显示项的属性。

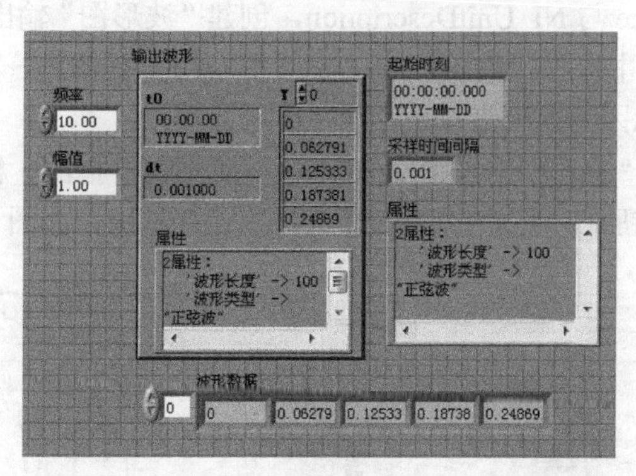

图 8-58　创建波形并获取波形成分的前面板

8.3.3　实例——创建随机波形图

扫码看视频

本实例演示通过创建波形函数创建一个包含 Y、$t0$ 和 dt 值的波形类型数据。通过波形属性函数可编辑波形属性，程序框图如图 8-59 所示。

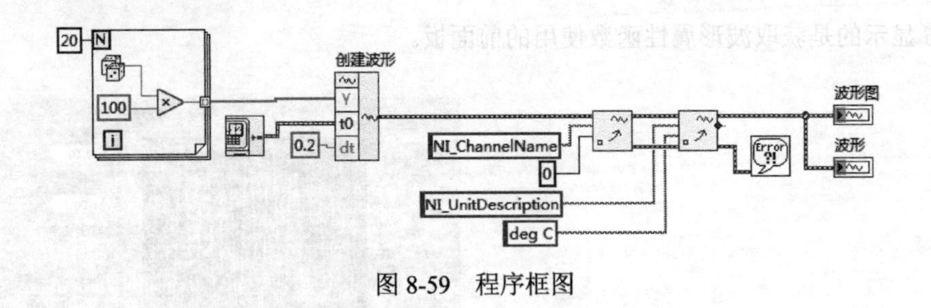

图 8-59　程序框图

操作步骤

（1）新建 VI。选择菜单栏中的“文件”→“新建 VI”命令，新建一个 VI，一个空白的 VI 包括前面板及程序框图。

（2）保存 VI。选择菜单栏中的“文件”→“另存为”命令，输入 VI 名称为“创建随机波形图”。

（3）固定“控件”选板。单击鼠标右键，在前面板打开“控件”选板，单击选板左上角“固定”按钮，将“控件”选板固定在前面板。

（4）从“函数”选板中选择“编程”→“结构”→“For 循环”函数，创建循环次数为 20 的循环结构。

（5）从“函数”选板中选择“编程”→“波形”→“创建波形”函数，选择输出是 *t*0、d*t* 和 *Y*。创建波形，创建时间间隔 d*t* 常量为 0.2。

（6）从“函数”选板中选择“编程”→“数值”→“随机数”“乘”函数，计算随机值，连接到“创建波形”函数波形成分 *Y* 输入端。

（7）从“函数”选板中选择“编程”→“数值”→“加”函数，计算“循环计数 *i*+（首端）几何”，作为函数操作数。

（8）从“编程”→“定时”子选板中选取“获取时间 / 日期（秒）”函数，连接到“创建波形”函数时间标识 *t*0 输入端。

（9）从“函数”选板中选择“编程”→“波形”→“设置波形属性”函数，分别创建保留的波形属性名称 NI_ChannelName 与 NI_UnitDescription，创建“波形图”输出结果与“波形”输出参数。

（10）从“函数”选板中选择“编程”→“对话框与用户界面”→“简易错误处理器”函数，连接函数的错误信息，以免因为发生错误导致程序出现异常。

（11）单击工具栏中的“整理程序框图”按钮，整理程序框图，程序框图如图 8-59 所示。

（12）单击“运行”按钮，运行 VI，前面板显示运行结果，如图 8-60 所示。

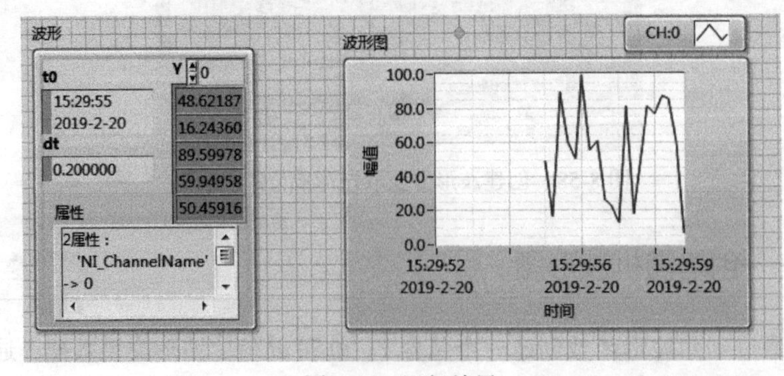

图 8-60　运行结果

8.3.4　“设置波形属性”函数和“获取波形属性”函数

“设置波形属性”函数是为波形数据添加或修改属性的，该函数的图标和端口如图 8-61 所示。当名称输入端口指定的属性已经在波形数据的属性中存在时，函数将根据值端口的输入来修改这个属性。当名称端口指定的属性名称不存在时，函数将根据这个名称以及值端口输入的属性值为波形数据添加一个新的属性。

“获取波形属性”函数是从波形数据中获取属性名称和相应的属性值，在输入端的名称端口输入一个属性名称后，若函数找到了名称输入端口的属性名称，则从值端口返回该属性的属性值（即在值端口创建显示控件），返回值的类型为变体型，需要用变体至数据函数将其转化为属性值所对应的数据类型之后，才可以使用和处理。“获取波形属性”函数的节点图标和端口如图 8-62 所示。

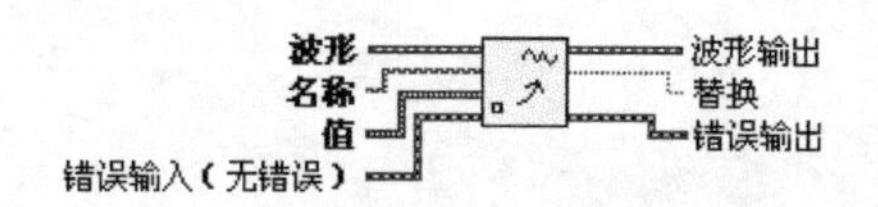

图 8-61　“设置波形属性”函数的图标和端口

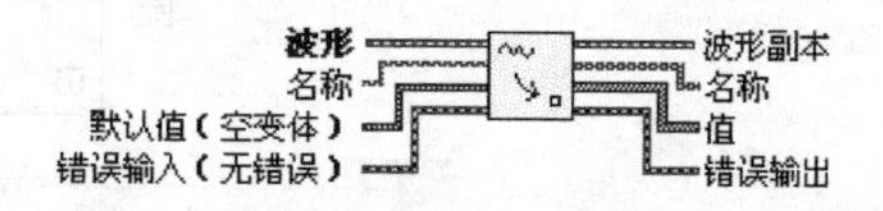

图 8-62　“获取波形属性”函数的图标和端口

8.3.5　“索引波形数组”函数

“索引波形数组”函数是从波形数据数组中取出由索引输入端口指定的波形数据。当从索引端口输入一个数字时，此时的功能与数组中的索引数组功能类似，即通过输入的数字就可以索引到想得到的波形数据；当输入一个字符串时，索引函数按照波形数据的属性来搜索波形数据。“索引波形数组”函数的节点图标和端口如图 8-63 所示。

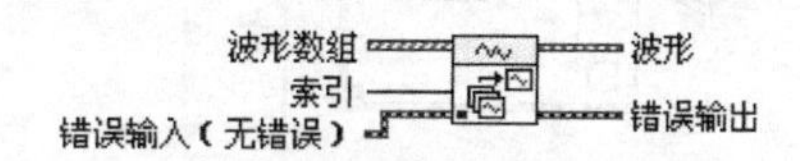

图 8-63　“索引波形数组”函数的图标和端口

8.3.6　“获取波形子集”函数

起始采样 / 时间端口用于指定子波形的起始位置，持续期端口用于指定子波形的长度；开始 / 持续期格式端口用于指定取出子波形时采用的模式，当选择相对时间模式时表示按照波形中数据的相对时间取出时间，当选择采样模式时按照数组的波形数据（*Y*）中的元素的索引取出数据。“获取波形子集”函数的节点图标和端口如图 8-64 所示。

如图 8-65 所示，采用相对时间模式对一个已知波形取其子集，注意要在在输出的波形图的属性中选择不忽略时间标识。

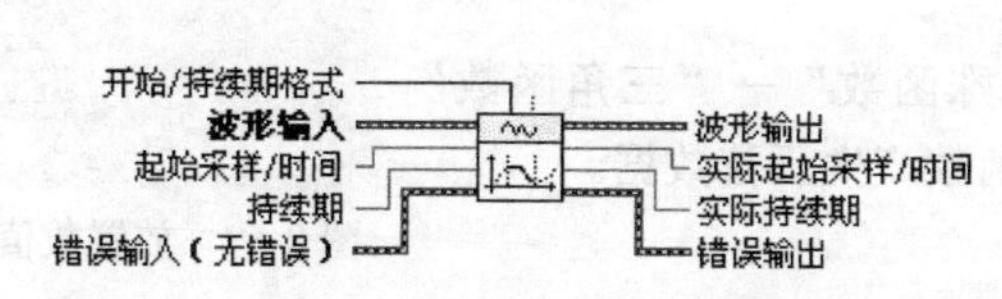

图 8-64　“获取波形子集函数”的图标和端口

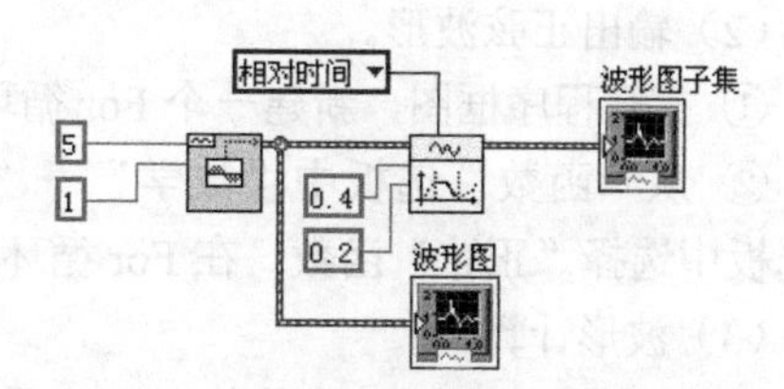

图 8-65　取已知波形的子集的程序框图

8.3.7 实例——简单正弦波形

扫码看视频

本实例演示使用正弦函数得到正弦数据的过程，不是简单的正弦输出，而是通过For循环将处理后的波形数据经过捆绑操作输出到结果中，程序框图如图8-66所示。

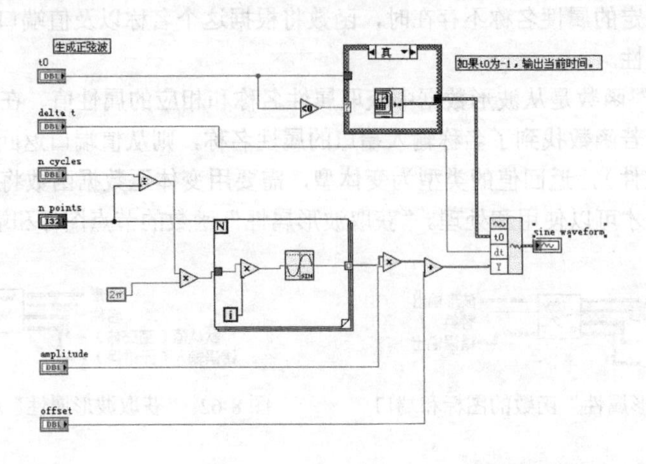

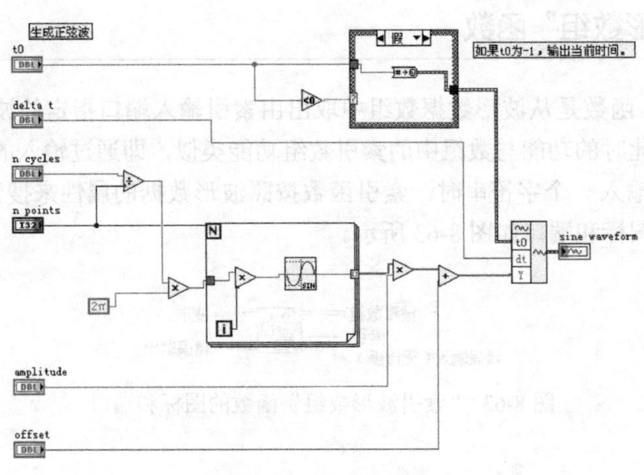

图 8-66 程序框图

（1）放置数值控件。

在前面板中打开“控件”选板，在“新式”子选板下“数值”选板中选择“数值输入控件”，连续放置六个控件，同时按照图8-67修改控件名称为“amplitude”“n cycles”“offset”“t0”“n points”“delta t”。

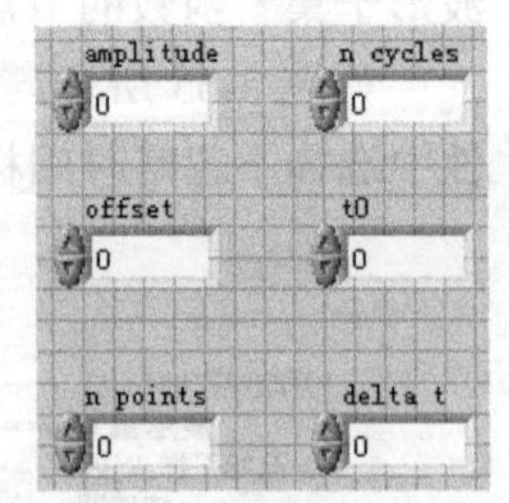

图 8-67 放置数值输入控件

（2）输出正弦波形。

① 打开程序框图，新建一个For循环。

② 从“函数”选板中“数学”→“初等与特殊函数”→“三角函数”子选板中选择“正弦”函数，在For循环中用正弦函数产生正弦数据。

（3）波形计算。

① 选择“编程”→“数值”→“乘”“除”，放置在适当位置，方便正

弦输入、输出数据的运算。

② 选择“编程”→“数值”→“数学与科学常量”→“2π”，放置在“乘”函数输入端。

③ 从程序框图新建一个条件循环结构。

④ 从“编程”→“比较”→“小于 0？”函数，放置在条件循环结构的“分支选择器”输入端。

（4）设置循环时间。

① 在条件循环结构中选择“真”条件，并选择“编程”→“定时”→“获取日期 / 时间”函数，可以将获取的日期输出到结果中。

② 在条件循环结构中选择“假”条件，并选择“编程”→“数值”→“转换”→“转换为时间标识”函数，可以将转换后的数据输出到结果中。

（5）输出波形数据。

① 选择“编程”→“波形”子选板中选取“创建波形”函数，并将循环处理后的数据结果连接到输出端，同时，根据输出数据的数量调整函数的输出端口的大小。

② 将鼠标指针放置在函数及控件的输入、输出端口，鼠标指针变为连线状态，连接程序框图。

③ 在“创建波形”函数的输出端单击鼠标右键，在弹出的快捷菜单中选择“创建”→“显示控件”命令，如图 8-68 所示，创建输出波形控件“sine waveform”。

④ 按住 <Shift> 键，同时单击鼠标右键，弹出文本编辑器。选择标签工具A，在程序框图中输入文字注释“生成正弦波”“如果 *t*0 为 −1，输出当前时间”。

（6）整理程序。

① 整理程序框图，程序框图如图 8-66 所示。

② 在数值输入控件中输入数值，同时选择“编辑”→“当前值设置为默认值”命令，保存当前输入的参数值，如图 8-69 所示。

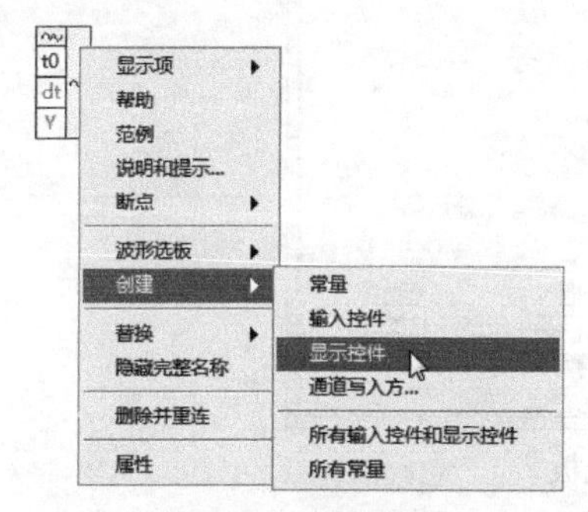

图 8-68 快捷菜单

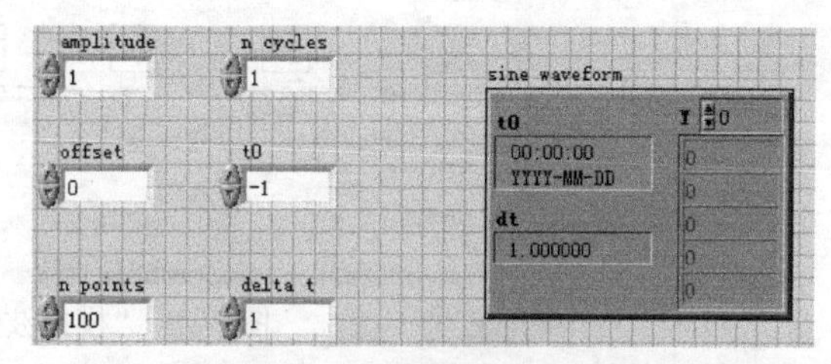

图 8-69 保存输入的参数值

③ 单击“运行”按钮，运行程序，可以在“sine waveform”输出波形控件中显示输出结果，如图 8-70 所示。

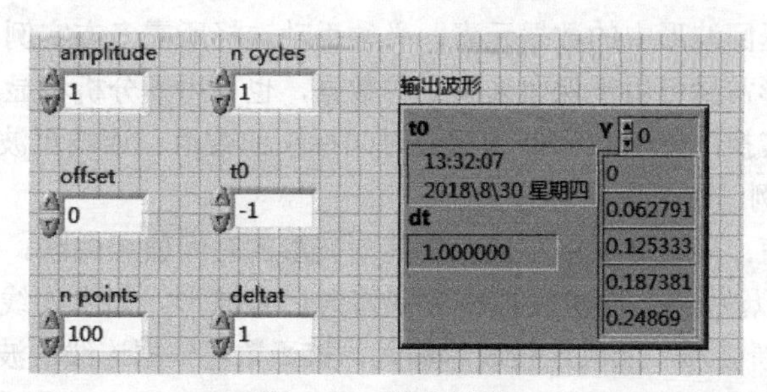

图 8-70 输出结果

④ 打开前面板窗口，在前面板窗口右上角接线端口图标上单击鼠标右键，在快捷菜单中选择“模式”命令，选择接线端口模式，如图 8-71 所示。

⑤ 分别按照图 8-72 所示建立端口与控件的对应关系。

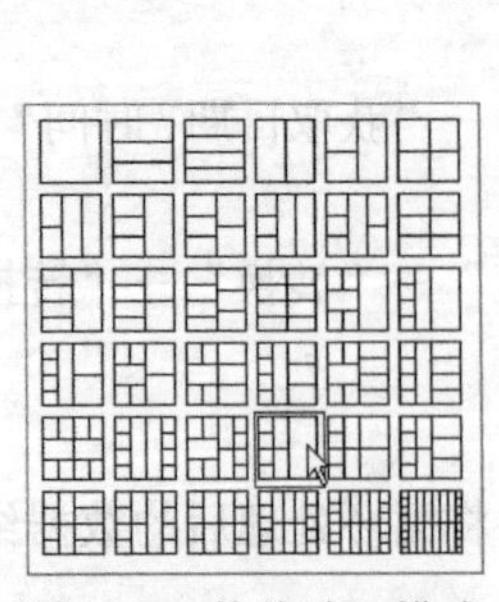
图 8-71　接线端口模式

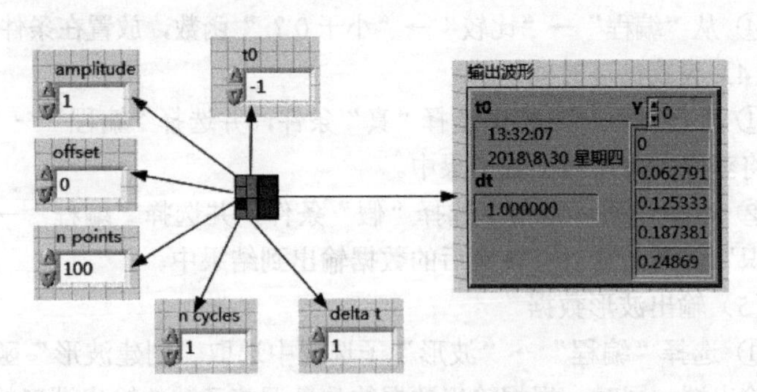

图 8-72　建立接线端口关系

8.3.8 模拟波形

模拟波形 VI 和函数用于在波形上使用算术和比较函数。主要位于“函数”选板的“编程”→“波形”→“模拟波形”子选板中，如图 8-73 所示。

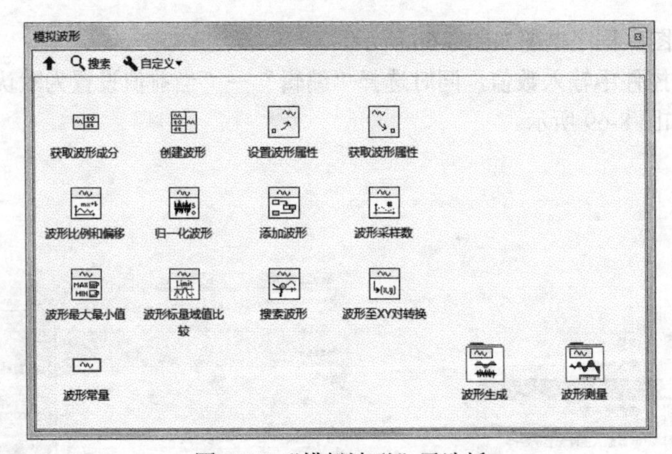

图 8-73　“模拟波形”子选板

- 波形比例和偏移：使用公式“波形输出 =（比例因子 × 波形输入 + 偏移量）”，缩放波形数据。
- 波形标量域值比较：比较波形数据值和标量值。
- 波形采样数：返回波形中的数据元素。必须手动选择所需多态实例。
- 波形常量：波形常量可用于保留采集到的数据，也可用于分析和显示。
- 波形至 XY 对转换：创建数据值和相应时间标识的数组。连线至波形输入的 *Y* 的数据类型可确定要使用的多态实例，也可手动选择实例。
- 波形最大最小值：确定最大最小值，使其与波形的时间值相关联。
- 创建波形（模拟波形）：创建模拟波形或修改已有波形。如未连线波形输入，该函数可依据连线的波形成分创建新波形。如已连线波形输入，该函数可依据连线的波形成分修改波形。
- 归一化波形：确定转换波形数据所需的比例因子和偏移量，设置最大值为 1.00，最小值为

−1.00。

- 获取波形成分（模拟波形）：返回指定的模拟波形。单击输出接线端的中部，选择并指定所需的波形成分。
- 获取波形属性：获取所有属性的名称和值。如连接了名称参数，则返回该属性的值。
- 设置波形属性：添加或替换波形成分。属性的值可以是任何数据类型。
- 搜索波形：在 x 中返回指定值的时间值。
- 添加波形：在波形 A 后添加波形 B。如采样率不匹配，错误簇可返回错误。可忽略波形 B 的触发时间。波形 A 和波形 B 中 Y 的数据类型可确定要使用的多态实例，也可手动选择实例。

1. 波形比例和偏移 VI

该 VI 使用公式缩放波形数据，其节点图标如图 8-74 所示。

- 波形输入：与数据值相乘的波形。
- 偏移量：依据等式“y =（比例因子 ×x）+ 偏移量”添加至波形值的值，x 是波形输入中的数据，y 是写入波形输出的数据。默认值为 0。
- 比例因子：与波形数据值相乘的数字。大于 0 小于 1 的值可减小波形振幅。大于 1 的值可增大波形振幅。默认值为 1.0。
- 错误输入（无错误）：表明节点运行前发生的错误。该输入将提供标准错误输入功能。
- 波形输出：返回使用新缩放数据值得到的波形。
- 错误输出：包含错误信息。该输出将提供标准错误输出功能。

2. 波形至 XY 对转换 VI

该 VI 创建数据值和相应时间标识的数组。其节点图标如图 8-75 所示。

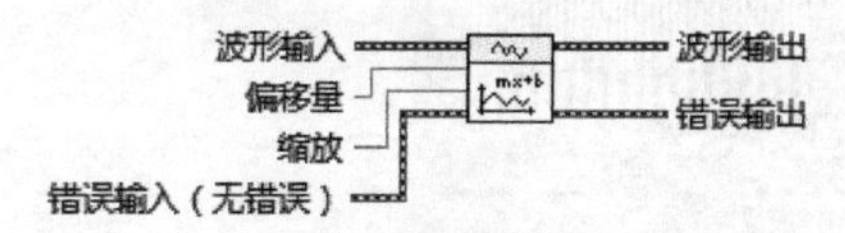

图 8-74　波形比例和偏移 VI 节点图标

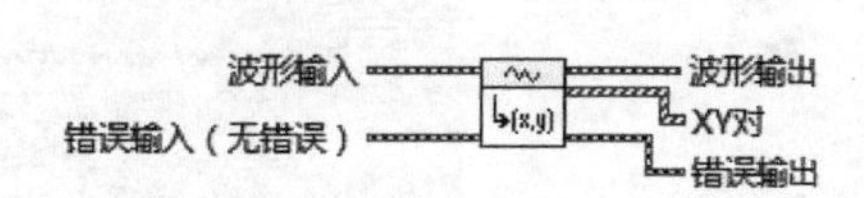

图 8-75　波形至 XY 对转换 VI 节点图标

- 波形输入：从波形中获取所需数据值和相应的时间标识。
- 错误输入（无错误）：表明节点运行前发生的错误。该输入将提供标准错误输入功能。
- 波形输出：返回未改变的波形输入。
- XY 对：波形的数据值及其对应的时间标识。x 是 y 的时间标识，y 是数据值。
- 错误输出：包含错误信息。该输出将提供标准错误输出功能。

扫码看视频

8.3.9　实例——波形的偏移与缩放

本实例演示使用波形比例和偏移 VI 将新的比例和偏移值应用至现有波形，并将波形图转换为 XY 图，程序框图如图 8-76 所示。

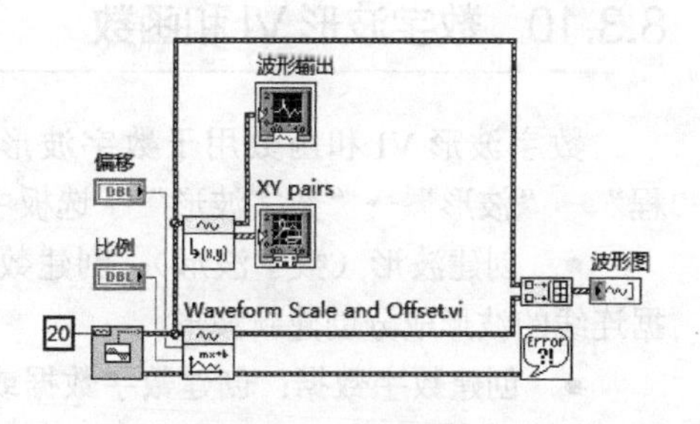

图 8-76　程序框图

（1）新建 VI。选择菜单栏中的“文件”→“新建 VI”命令，新建一个 VI，一个空白的 VI 包括前面板及

程序框图。

（2）保存VI。选择菜单栏中的“文件”→“另存为”命令，输入VI名称为“波形的偏移与缩放”。

（3）固定“控件”选板。单击鼠标右键，在前面板打开“控件”选板，单击选板左上角“固定”按钮，将“控件”选板固定在前面板。

（4）从“函数”选板中选择“信号处理”→“波形生成”→“正弦波”函数，选择频率为20Hz的正弦波。

（5）从“控件”选板中选择“银色”→“数值”→“数值输入控件（银色）”，修改名称为“偏移”和“比例”，放置在前面板的适当位置。

（6）从“函数”选板中选择“编程”→“波形”→“模拟波形”→“波形比例和偏移”函数，通过“比例”和“偏移”调整图形比例和偏移量。

（7）从“函数”选板中选择“编程”→“数组”→“创建数组”函数，将原波形与进行过偏移缩放的波形显示到“波形图”（“银色”→“图形”→“波形图（银色）”）图形显示控件中。

（8）从“函数”选板中选择“编程”→“波形”→“模拟波形”→“波形至XY对转换”函数，将正弦波转换输出在“波形输出”与“XY对”中。

（9）从“函数”选板中选择“编程”→“对话框与用户界面”→“简易错误处理器”函数，连接函数的错误信息，不至于因为发生错误导致程序出现异常。

（10）单击工具栏中的“整理程序框图”按钮，整理程序框图，程序框图如图8-76所示。

（11）单击“运行”按钮，运行VI，前面板显示运行结果，如图8-77所示。

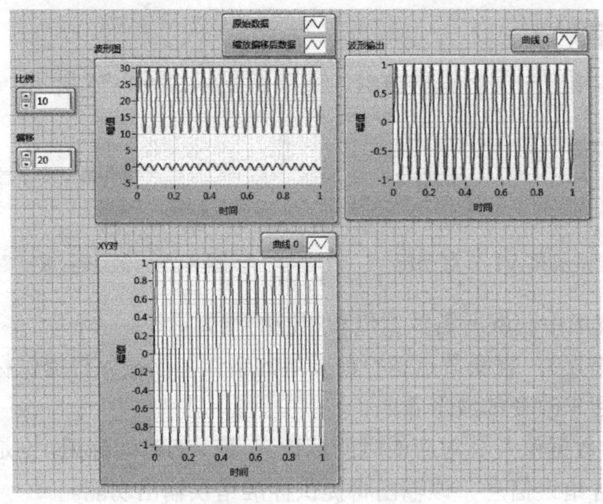

图8-77 运行结果

8.3.10 数字波形VI和函数

数字波形VI和函数用于数字波形和数字数据的相关操作，主要位于“函数”选板的“编程”→“波形”→“数字波形”子选板中，如图8-78所示。

- 创建波形（数字波形）：创建数字波形或修改现有波形。如未连线波形输入，该函数可依据连线的波形成分创建新波形。

- 创建数字数据：创建数字数据或修改现有数字数据。如未连线数字数据输入，函数可依据连线的数字数据成分创建新的数字数据。

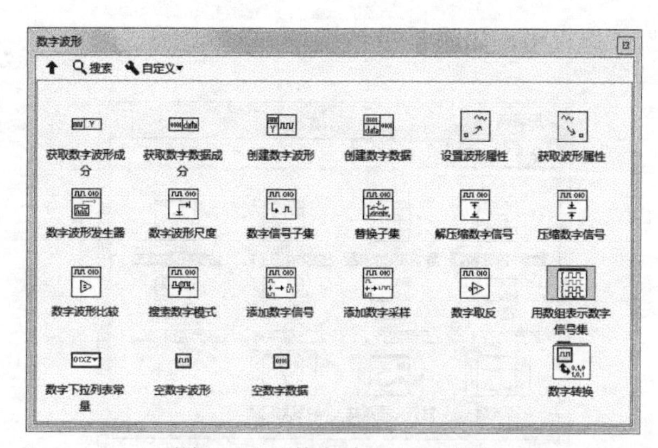

图 8-78 “数字波形”子选板

- 获取波形成分（数字波形）：返回指定的数字波形成分。
- 获取波形属性：获取所有属性的名称和值。
- 获取数字数据成分：返回指定的数字数据成分。单击输出接线端的中部并选择 transitions 或 data，确定所需成分。
- 解压缩数字信号：解压缩数字信号并在数字输出中返回结果。
- 空数字波形：返回空数字波形。该常量用于初始化移位寄存器或生成数字表格。
- 空数字数据：返回空数字数据。该常量用于初始化移位寄存器或生成数字表格。
- 设置波形属性：添加或替换波形成分。属性的值可以是任何数据类型。
- 数字波形比较：使数字波形与其他数字波形或指定值进行比较，或使数字数据与其他数字数据或指定值进行比较。
- 数字波形尺度：返回数字输入中包含的采样和信号的数量。
- 数字波形发生器：生成信号并以数字波形返回。
- 数字取反：对数字输入中的数字数据取反，使 0 变为 1（或 1 变为 0），使 H 变为 L（或 L 变为 H）。
- 数字下拉列表常量：数字下拉列表常量用于设置数字波形或数字数据的数字位状态。
- 数字信号子集：返回数字输入的子集，用于在图形上逐个绘制或按组绘制提取的信号。
- 搜索数字模式：在数字输入中搜索数字模式。
- 替换子集：从开始中指定的值开始，将一部分数字波形替换为新的数字波形数据（DWDT）或数字数据（DTbl）。
- 添加数字采样：添加数字波形 B 的所有采样至数字波形 A 之后。如二者的采样率不匹配，则错误输出返回警告。可忽略数字波形 B 的起始时间。
- 添加数字信号：添加数字波形（低位）的信号至数字波形（高位）的 LSB 一侧。如二者的采样率不匹配，则错误输出返回警告。可忽略数字波形（低位）的起始时间。
- 压缩数字信号：压缩数字信号数字输入，并在数字输出中返回结果。
- 用数组表示数字信号集：用数字数据数组表示数字数据；用数字波形数组表示数字波形集。

8.4　波形调理

波形调理 VI 主要用于对信号进行数字滤波和加窗处理。波形调理 VI 位于“函数”选板→“信号处理”→“波形调理”子选板中，如图 8-79 所示。

图 8-79 “波形调理”子选板

下面对“波形调理”子选板中包含的 VI 及其使用方法进行介绍。

8.4.1 数字 FIR 滤波器

数字 FIR 滤波器可以对单波形和多波形进行滤波。如果对多波形进行滤波，VI 将对每一个波形进行相同的滤波。信号输入端和 FIR 滤波器规范输入端的数据类型决定了使用何种 VI 多态实例。数字 FIR 滤波器 VI 的节点图标如图 8-80 所示。

该 VI 根据 FIR 滤波器规范和可选 FIR 滤波器规范的输入数组来对波形进行滤波。如果对多波形进行滤波，VI 将对每一个波形使用不同的滤波器，并且会保证每一个波形是相互分离的。

- FIR 滤波器规范：选择一个 FIR 滤波器的最小值。FIR 滤波器规范是一个簇类型，它所包含的量如图 8-81 a）所示。

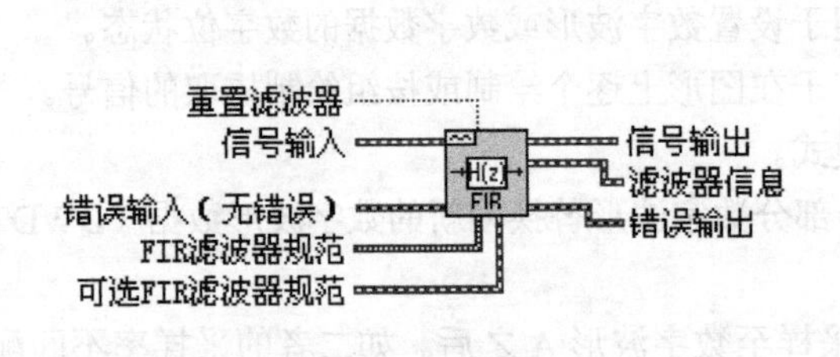

图 8-80 数字 FIR 滤波器 VI 节点图标

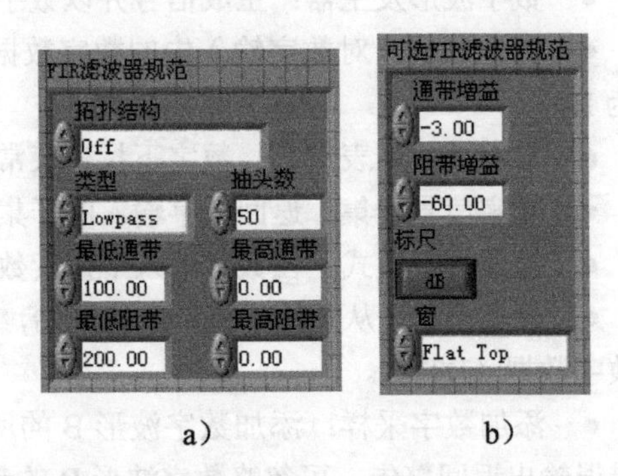

图 8-81 FIR 滤波器规范和可选 FIR 滤波器规范

- 拓扑结构：决定滤波器的类型，包括的选项是 Off（默认）、FIR by Specification、Equiripple FIR 和 Windowed FIR。
- 类型：决定滤波器的通带。包括 Lowpass（低通）、Highpass（高通）、Bandpass（带通）和 Bandstop（带阻）。
- 抽头数：FIR 滤波器的抽头的数量。默认为 50。
- 最低通带：两个通带频率中低的一个。默认为 100Hz。
- 最高通带：两个通带频率中高的一个。默认为 0Hz。
- 最低阻带：两个阻带中低的一个。默认为 200Hz。

- 最高阻带：两个阻带中高的一个。默认为 0Hz。
- 可选 FIR 滤波器规范：用来设定 FIR 滤波器的可选的附加参数，是一个簇数据类型，如图 8-81 b）所示。
- 通带增益：通带频率的增益。可以用线性或对数来表示。默认为 −3dB。
- 阻带增益：阻带频率的增益。可以用线性或对数来表示。默认为 −60dB。
- 标尺：决定了通带增益和阻带增益的翻译方法。
- 窗：选择平滑窗的类型。平滑窗减小滤波器通带中的纹波，并改善阻带中滤波器衰减频率的性能。

8.4.2　数字 IIR 滤波器

输出信号通过数字 IIR 滤波器 VI 进行滤波。通过 IIR 滤波器规范和可选 IIR 滤波器规范簇中包含的输入控件可以对滤波器的滤波参数进行调节。当拓扑结构选择 Off 时，滤波器被关闭，波形图中输出的是仿真信号 VI 输出的信号波形。

数字 IIR 滤波器可以对单个波形或多个波形中的信号进行滤波。数字 IIR 滤波器 VI 用于 1 通道的 IIR 滤波器的节点图标如图 8-82 所示。

- 重置滤波器：值为 TRUE 时，滤波器系数可强制重新设定，内部滤波器状态可强制重置为 0。
- 信号输入：1 通道中要进行滤波的波形数据。
- 滤波器结构选项：创建选项以指定 IIR 级联滤波器的阶数。
- 错误输入（无错误）：表明节点运行前发生的错误。该输入将提供标准错误输入功能。
- IIR 滤波器规范：包含 IIR 滤波器设计参数的簇。拓扑结构确定滤波器的设计类型。
- 可选 IIR 滤波器规范：该簇包含计算 IIR 滤波器阶数所需的信息。最低通带是两个通带频率中的较低值。默认值为 100 Hz。最高通带是两个通带频率中的较高值，默认值为 0。最低阻带是两个阻带频率中的较低值，默认值为 200。最高阻带是两个阻带频率中的较高值，默认值为 0。通带增益是通带频率的增益，增益按线性或 dB 设定，默认值为 –3dB。阻带增益是阻带频率的增益，增益按线性或 dB 设定，默认值为 –60dB。标尺确定解析通带和阻带增益参数的方式。
- 信号输出：生成的波形。
- 滤波器信息：该簇包含滤波器的幅度和相位响应，可绘制成图形。滤波器信息中还包含滤波器的阶数。
- 错误输出：包含错误信息。该输出将提供标准错误输出功能。

用于 N 通道的 IIR 滤波器节点图标如图 8-83 所示。

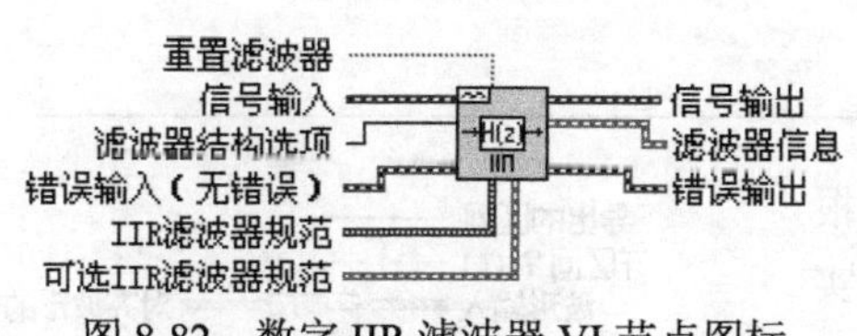

图 8-82　数字 IIR 滤波器 VI 节点图标

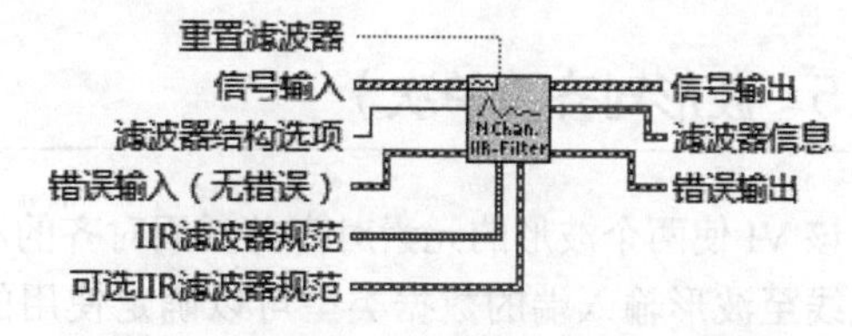

图 8-83　数字 IIR 滤波器 VI 节点图标

8.4.3　按窗函数缩放

该 VI 在时域信号和输出窗常量上使用缩放窗，用于后续分析。该项功能为输入的时域信号加窗。按窗函数缩放 VI 的节点图标及端口定义如图 8-84 所示。

- 信号输入：要加窗的信号。
- 窗：指定使用的时域窗。
- 窗参数：Kaiser 窗的 beta 参数、高斯窗的标准差，或 Dolph-Chebyshev 窗的主瓣与旁瓣的比率 *s*。如窗是其他类型的窗，VI 将忽略该输入。窗参数的默认值是 NaN，可将 Kaiser 窗的 beta 参数设置为 0、高斯窗的标准差设置为 0.2，或者将 Dolph-Chebyshev 窗的 *s* 设置为 60。
- 错误输入（无错误）：表明节点运行前发生的错误。该输入将提供标准错误输入功能。
- 信号输出：已加窗的信号。
- 窗常量：包含选定窗的重要常量。
- 错误输出：包含错误信息。该输出将提供标准错误输出功能。

8.4.4 波形对齐（连续）

该 VI 将波形按元素对齐，并返回对齐的波形。根据波形输入端输入的波形类型不同将用不同的多态 VI。波形对齐（连续）VI 的节点图标如图 8-85 所示。

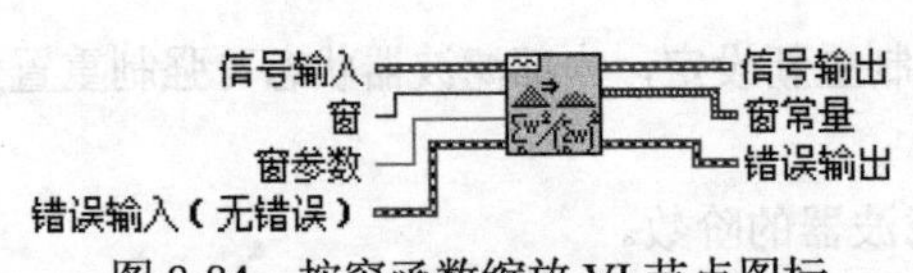

图 8-84　按窗函数缩放 VI 节点图标

重置
波形输入
插值模式
错误输入（无错误）
FIR滤波器规范
插值
波形输出
错误输出

图 8-85　波形对齐（连续）VI 节点图标

- 重置：重置相位输入控件的值，重置时间标识为 0。默认值为 FALSE。
- 波形输入：是由要对齐的波形组成的数组。
- 插值模式：指定插值方法。值与对应的方法如表 8-2 所示。

表 8-2　插值与方法

指定值	方法
0	强制-将每个输出采样设置为与其时间上最接近的输入采样的值相等。
1	线性（默认）-每个输出采样值是与其时间上最接近的两个输入采样的线性插值。
2	样条-使用样条插值算法计算重新采样的值。
3	FIR滤波-使用有限长冲激响应（FIR）滤波算法计算重采样值。

- FIR 滤波器规范：指定 VI 用于 FIR 滤波器的最小值。
- 插值：指定是否进行插值。默认值为 TRUE。

8.4.5 波形对齐（单次）

该 VI 使两个波形的元素对齐并返回对齐的波形。根据连线至波形输入端的数据类型可以确定使用的多态实例。波形对齐（单次）VI 的节点图标如图 8-86 所示。

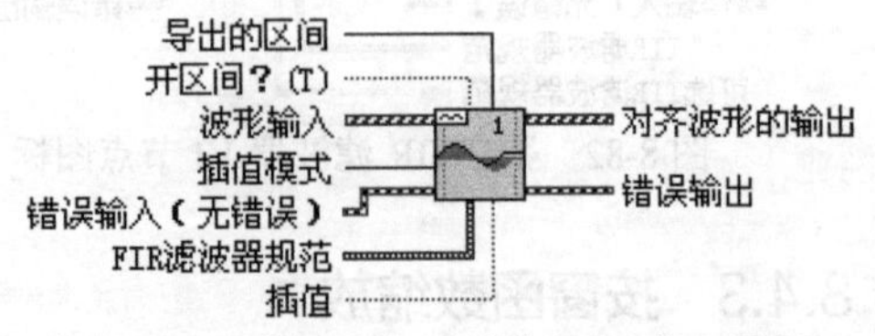

图 8-86　波形对齐（单次）VI 节点图标

- 导出的区间：确定波形输出的时间标识。
- 开区间？（T）：定义输入波形的延伸区间。默认值为 TRUE，即选择开区间。例如，如输入波形在 $t=\{0, dt, 2dt\}$ 中包含 3 个数据元素。开区间的波形定义延伸至区间 $0 \leqslant t<2dt$，闭区间的波形定义延伸至

区间 $0 \leqslant t < 3dt$。

- 波形输入：由要对齐的波形组成的数组。
- 插值模式：指定插值方法。
- 错误输入（无错误）：表明节点运行前发生的错误。该输入将提供标准错误输入功能。
- FIR 滤波器规范：指定 VI 用于 FIR 滤波器的最小值。
- 插值：指定是否进行插值。默认值为 TRUE。
- 对齐波形的输出：由对齐的波形组成的数组。
- 错误输出：包含错误信息。该输出将提供标准错误输出功能。

8.4.6　实例——波形的对齐和相减

本例演示使用重采样和对齐校正多路复用数据之间的内部通道延迟，将两个位于不同时间标识的波形对齐至同一个时间标识，程序框图如图 8-87 所示。

扫码看视频

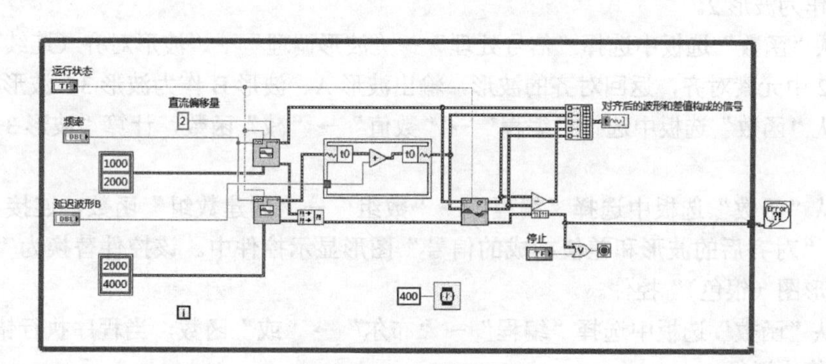

图 8-87　程序框图

（1）新建 VI。选择菜单栏中的“文件”→“新建 VI”命令，新建一个 VI，一个空白的 VI 包括前面板及程序框图。

（2）保存 VI。选择菜单栏中的“文件”→“另存为”命令，输入 VI 名称为“波形的对齐和相减”。

（3）固定“控件”选板。单击鼠标右键，在前面板打开“控件”选板，单击选板左上角“固定”按钮，将“控件”选板固定在前面板。

（4）从“函数”选板中选择“编程”→“结构”→“While 循环”函数，拖出适当大小的矩形框，在 While 循环条件接线端创建“停止”输入控件。

（5）从“控件”选板中选择“银色”→“数值”→“数值输入控件（银色）”“水平填充滑动杆（银色）”，修改名称为“频率”“延迟波形 B”，放置在前面板的适当位置。

（6）在“延迟波形 B”上单击鼠标右键，选择“显示”→“数字显示”，显示水平填充滑动杆控件的数字显示，在控件中输入初始值，如图 8-88 所示。

（7）从“函数”选板中选择“信号处理”→“波形生成”→“正弦波形”函数，创建“重置的信号”输入控件、“直流偏移量”常量、“采样信息”常量，输出正弦波，作为波形 1。

（8）从“函数”选板中选择“编程”→“对话框与用户界面”→“合并错误”函数，合并 2 个输出正弦波的错误信息。

（9）从“函数”选板中选择“编程”→“结构”→“元素同址操作结构”函数，使被计算的数据类型保存在内存中指定的数据空间，鼠标右键单击元素同址操作结构的边框，选择“添加波形解除捆绑 / 捆绑元素”边框节点，单击节点并选择标记为 $t0$，如图 8-89 所示。

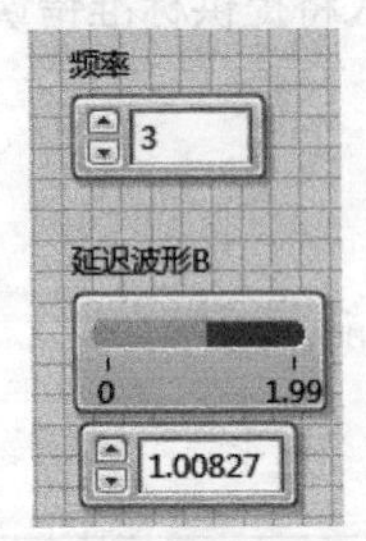

图 8-88　放置控件并输入初始值

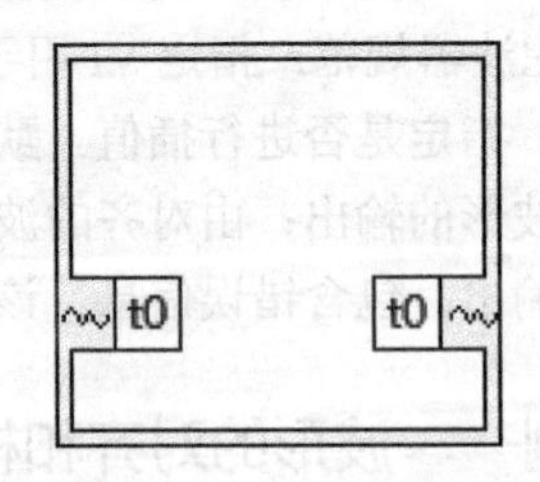

图 8-89　元素同址操作结构

（10）从“函数”选板中选择“编程”→“数值”→“加”函数，计算“延迟波形 B+$t0$”，输出波形信号作为波形 2。

（11）从“函数”选板中选择“信号处理”→“波形调理”→“波形对齐（连续）”函数，使波形 1、波形 2 中元素对齐，返回对齐的波形，输出波形 A、波形 B 作为波形 3、波形 4。

（12）从“函数”选板中选择“编程”→“数值”→“减”函数，计算“波形 3− 波形 4”作为波形 5。

（13）从“函数”选板中选择“编程”→“数组”→“创建数组”函数，连接 5 个波形信号，输出结果到“对齐后的波形和差值构成的信号”图形显示控件中。该控件替换为“银色”→“图形”→“波形图（银色）”控件。

（14）从“函数”选板中选择“编程”→“布尔”→“或”函数，当程序执行错误或单击停止按钮时程序停止运行。

（15）选择“编程”→“对话框与用户界面”→“简易错误处理器”VI，并将循环后的错误数据连接到输入端。

（16）选择“编程”→“定时”→“等待”函数，放置在 While 循环内并创建输入常量 400。

（17）单击工具栏中的“整理程序框图”按钮，整理程序框图，程序框图如图 8-87 所示。

（18）打开前面板，单击“运行”按钮，运行 VI，VI 的前面板运行结果如图 8-90 所示。

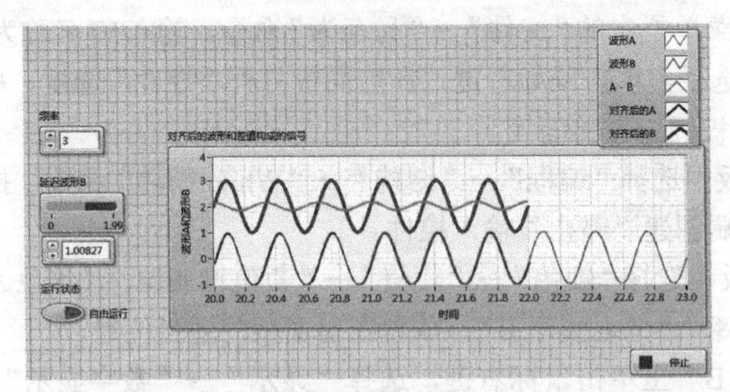

图 8-90　运行结果

8.4.7　连续卷积（FIR）

连续卷积（FIR）VI 将单个或多个信号和一个或多个具有状态信息的 kernel 相卷积，该 VI 可以连续调用。连续卷积 VI 的节点图标如图 8-91 所示。

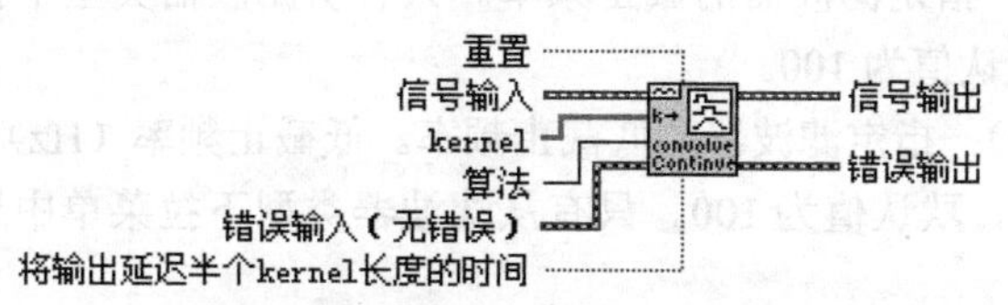

图 8-91　连续卷积（FIR）VI 节点图标

- 信号输入：输入要和 kernel 进行卷积的信号。
- kernel：被信号输入端输入的信号进行卷积的信号。
- 算法：选择计算卷积的方法。当算法选择 direct 时，VI 使用直接的线性卷积进行计算。当算法选择 frequency domain（默认）时，VI 使用基于快速傅里叶变换的方法计算卷积。
- 将输出延迟半个 kernel 长度的时间：当该端口输入为 TRUE 时，将输出信号在时间上延迟半个 kernel 的长度。半个 kernel 长度是通过 0.5×*N*×d*t* 得到的。*N* 为 kernel 中元素的个数，d*t* 来自于输入信号。
- 信号输出：已和 kernel 进行卷积的信号。

8.4.8　滤波器

滤波器 Express VI 用于通过滤波器和窗对信号进行处理。在“函数”选板的“Express”→“信号分析”子选板中包含该 VI。滤波器 Express VI 的节点图标如图 8-92 所示。滤波器 Express VI 也可以像其他 Express VI 一样对图标的显示样式进行改变。

当滤波器 Express VI 被放置在程序框图上时，弹出图 8-93 所示的“配置滤波器”对话框。双击滤波器图标或者单击鼠标右键，在快捷菜单中选择属性选项也会显示该配置对话框。

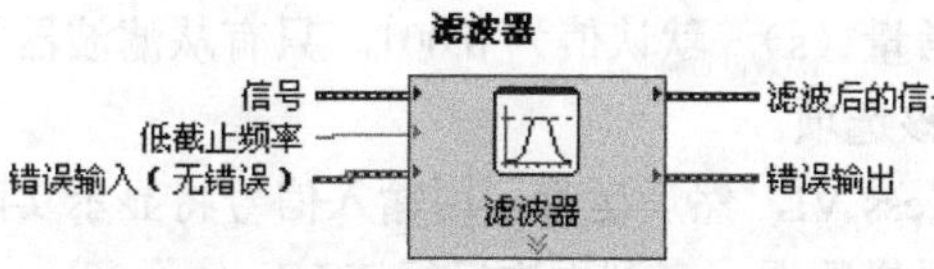

滤波器
信号
低截止频率
错误输入（无错误）
滤波后的信号
错误输出
滤波器

图 8-92　滤波器 Express VI 节点图标

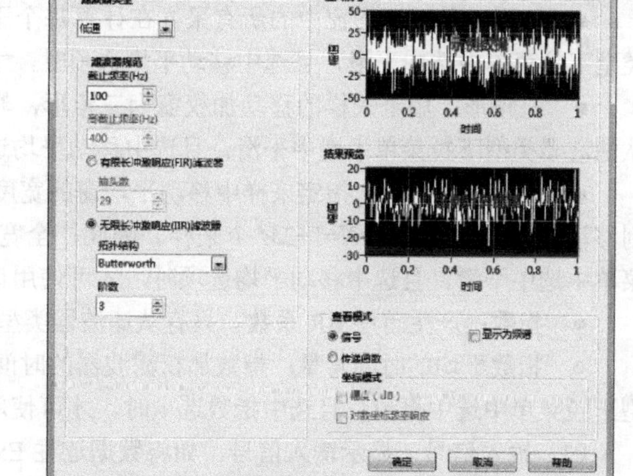

图 8-93　“配置滤波器”对话框

在该对话框中可以对滤波器 Express VI 的参数进行配置。下面对对话框中的各选项进行介绍。

（1）滤波器类型。

在下列滤波器类型中指定使用的类型：低通、高通、带通、带阻和平滑。默认值为低通。

（2）滤波器规范。

- 截止频率（Hz）：指定滤波器的截止频率。只有从滤波器类型下拉菜单中选择低通或高通时，才可使用该选项。默认值为100。
- 低截止频率（Hz）：指定滤波器的低截止频率。低截止频率（Hz）必须比高截止频率（Hz）低，且符合Nyquist准则。默认值为100。只有从滤波器类型下拉菜单中选择带通或带阻时，才可使用该选项。
- 高截止频率（Hz）：指定滤波器的高截止频率。高截止频率（Hz）必须比低截止频率（Hz）高，且符合Nyquist准则。默认值为400。只有从滤波器类型下拉菜单中选择带通或带阻时，才可使用该选项。
- 有限长冲激响应（FIR）滤波器：创建一个FIR滤波器，该滤波器仅依赖于当前和过去的输入。因为滤波器不依赖于过往输出，所以在有限时间内脉冲响应可衰减至零。因为FIR滤波器返回一个线性相位响应，所以FIR滤波器可用于需要线性相位响应的应用程序。
- 抽头数：指定FIR系数的总数，系数必须大于零。默认值为29。只有选择了有限长冲激响应（FIR）滤波器选项，才可使用该选项。增加抽头数的值，可使带通和带阻之间的转换更加急剧。但是，抽头数增加的同时会降低处理速度。
- 无限长冲激响应（IIR）滤波器：创建一个IIR滤波器，该滤波器是带脉冲响应的数字滤波器，它的长度和持续时间在理论上是无穷的。
- 拓扑结构：确定滤波器的设计类型。可创建巴特沃斯、切比雪夫、反切比雪夫、椭圆或Bessel滤波器设计。只有选中了无限长冲激响应（IIR）滤波器，才可使用该选项。默认值为巴特沃斯。
- 其他：IIR滤波器的阶数必须大于零。只有选中了无限长冲激响应（IIR）滤波器，才可使用该选项。默认值为3。阶数值的增加将使带通和带阻之间的转换更加急剧。但是，阶数值增加的同时，处理速度会降低，信号开始时的失真点数量也会增加。
- 移动平均：产生前向（FIR）系数。只有从滤波器类型下拉菜单中选择平滑时，才可使用该选项。
- 矩形：移动平均窗中的所有采样在计算每个平滑输出采样时有相同的权重。只有从滤波器类型下拉菜单中选中平滑，且选中移动平均选项时，才可使用该选项。
- 三角形：用于采样的移动加权窗为三角形，峰值出现在窗中间，两边对称斜向下降。只有从滤波器类型下拉菜单中选中平滑，且选中移动平均选项时，才可使用该选项。
- 半宽移动平均：指定采样中移动平均窗的宽度的一半。默认值为1。若半宽移动平均为M，则移动平均窗的全宽为N=1+2M个采样。因此，全宽N总是奇数个采样。只有从滤波器类型下拉菜单中选中平滑，且选中移动平均选项时，才可使用该选项。
- 指数：产生首序IIR系数。只有从滤波器类型下拉菜单中选择平滑时，才可使用该选项。
- 指数平均的时间常量：指数加权滤波器的时间常量（s）。默认值为0.001。只有从滤波器类型下拉菜单中选中平滑，且选中指数选项时，才可使用该选项。

（3）输入信号：显示输入信号。如将数据连往Express VI，然后运行，则输入信号将显示实际数据。如关闭后再打开Express VI，则输入信号将显示采样数据，直到再次运行该VI。

（4）结果预览：显示测量预览。如将数据连往Express VI，然后运行，则结果预览将显示实际数据。如关闭后再打开Express VI，则结果预览将显示采样数据，直到再次运行该VI。

（5）查看模式。

- 信号：以实际信号形式显示滤波器响应。

● 显示为频谱：指定将滤波器的实际信号显示为频谱，或保留基于时间的显示方式。频谱显示适用于查看滤波器如何影响信号的不同频率成分。默认状态下，按照基于时间的方式显示滤波器响应。只有选中信号，才可使用该选项。

● 传递函数：以传递函数形式显示滤波器响应。

（6）坐标模式。

● 幅度 dB：以 dB 为单位显示滤波器的幅度响应。

● 对数坐标频率响应：在对数标尺中显示滤波器的频率响应。

（7）幅度响应：显示滤波器的幅度响应。只有将查看模式设置为传递函数，才可用该显示框。

（8）相位响应：显示滤波器的相位响应。只有将查看模式设置为传递函数，才可用该显示框。

8.4.9 对齐和重采样

该 Express VI 用于改变开始时间，对齐信号或改变时间间隔，对信号进行重新采样。该 Express VI 返回经调整的信号。对齐和重采样 Express VI 的节点图标如图 8-94 所示。该 Express VI 的图标也可以像其他 Express VI 图标一样改变显示样式。

将对齐和重采样 Express VI 放置在程序框图上后，将显示“配置对齐和重采样”对话框。在该对话框中，可以将对齐和重采样 Express VI 的各项参数进行设置和调整，如图 8-95 所示。

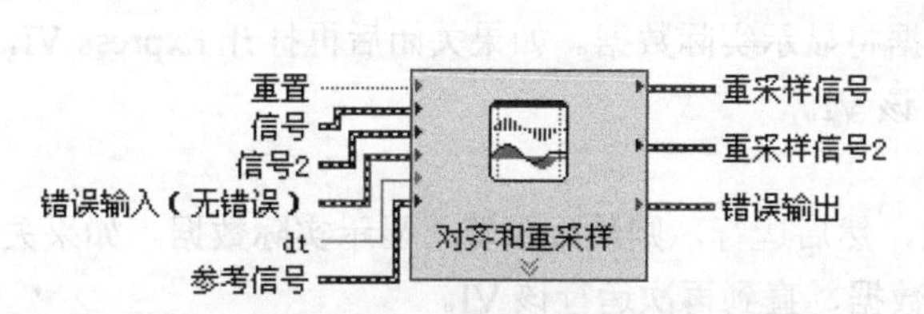

图 8-94 对齐和重采样 Express VI 节点图标

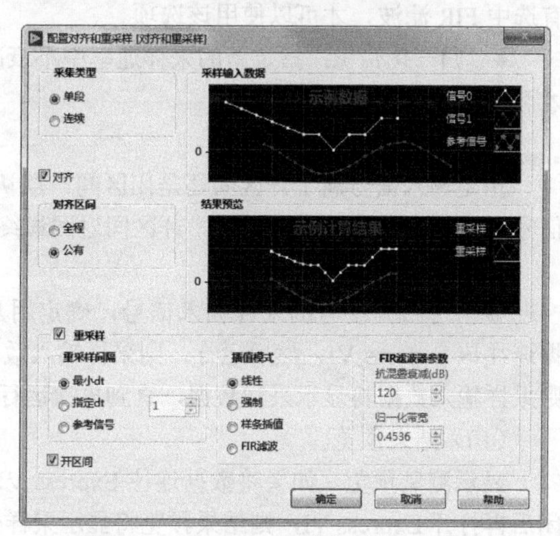

图 8-95 “配置对齐和重采样”对话框

下面对对话框中的各个选项进行介绍。

（1）采集类型。

● 单段：每次循环分别进行对齐或重采样。

● 连续：将所有循环作为一个连续的信号段，进行对齐或重采样。

（2）对齐。

对齐信号，使信号的开始时间相同。

（3）对齐区间。

● 全程：在最迟开始的信号的起始处及最早结束的信号的结尾处补零，将信号的开始和结束时间对齐。

● 公有：使用最迟开始信号的开始时间和最早结束信号的结束时间，将信号的开始时间和结束时间对齐。

（4）重采样。

按照同样的采样间隔，对信号进行重新采样。

（5）速率。

- 最小 d*t*：取所有信号中最小的采样间隔，对所有信号重新采样。
- 指定 d*t*：按照用户指定的采样间隔，对所有信号重新采样。
- d*t* 列表框：由用户自定义采样间隔。默认值为 1。
- 参考信号：按照参考信号的采样间隔，对所有信号重新采样。

（6）插值模式。

重采样时，可能需要向信号添加点。插值模式控制 LabVIEW 如何计算新添加的数据点的幅值。插值模式包含下列选项。

- 线性：返回的输出采样值等于时间上最接近输出采样的两个输入采样的线性插值。
- 强制：返回的输出采样值等于时间上最接近输出采样的输入采样的值。
- 样条插值：使用样条插值算法计算重采样值。
- FIR 滤波：使用 FIR 滤波器计算重采样的值。

（7）FIR 滤波器参数。

- 抗混叠衰减（dB）：指定重新采样后混叠的信号分量的最小衰减水平。默认值为 120。只有选中 FIR 滤波，才可以使用该选项。
- 归一化带宽：指定新的采样速率中不衰减的比例。默认值为 0.4536。只有选择了 FIR 滤波，才可以使用该选项。

（8）开区间。

指定输入信号属于开区间还是闭区间。默认值为 TRUE，即选中开区间。例如，假设一个输入信号 $t0 = 0, dt = 1, Y = \{0, 1, 2\}$。开区间返回最终时间值 2；闭区间返回最终时间值 3。

（9）采样输入数据。

显示可用作参考的采样输入信号，确定用户选择的配置选项如何影响实际输入信号。如将数据连往该 Express VI，然后运行，则采样输入数据将显示实际数据。如果关闭后再打开 Express VI，则采样输入数据将显示采样数据，直到再次运行该 VI。

（10）结果预览。

显示测量预览。如果将数据连往 Express VI，然后运行，则结果预览将显示实际数据。如果关闭后再打开 Express VI，则结果预览将显示采样数据，直到再次运行该 VI。

VI 的输入端口可以对其中默认参数进行设置和调整，使用方法请参见以上对配置对话框中各选项的介绍。

8.4.10 触发与门限

触发与门限 Express VI 用于使用触发提取信号中的一个片段。触发器状态可基于开启或停止触发器的阈值，也可以是静态的。触发器为静态时，触发器立即启动，Express VI 返回预定数量的采样。触发与门限 Express VI 的节点图标如图 8-96 所示。该 Express VI 的图标也可以像其他 Express VI 图标一样改变显示样式。

将触发与门限 Express VI 放置在程序框图上后，将显示“配置触发与门限”对话框。在该对话框中，可以对触发与门限 Express VI 的各项参数进行设置和调整，如图 8-97 所示。

下面对该对话框中的各选项及其使用方法进行介绍。

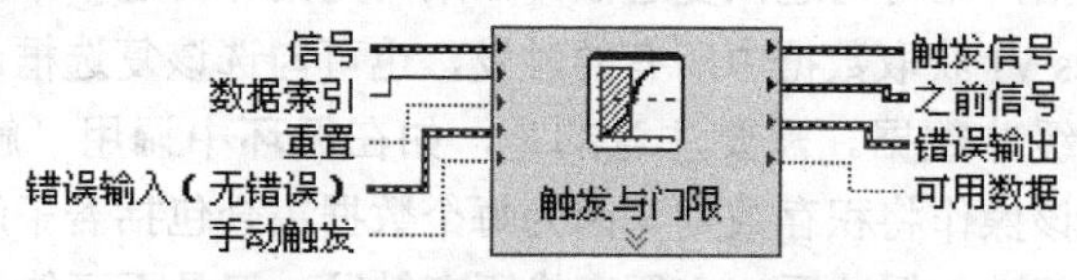

图 8-96　触发与门限 VI 节点图标

（1）开始触发。

- 阈值：使用阈值指定开始触发的时间。
- 起始方向：指定开始采样的信号边沿。选项为上升、上升或下降、下降。只有选择阈值时，才可以使用该选项。
- 起始电平：Express VI 开始采样前，信号在起始方向上必须到达的幅值。默认值为 0。只有选择阈值时，才可以使用该选项。
- 之前采样：指定起始触发器返回前发生的采样数量。默认值为 0。只有选择阈值时，该选项才可用。
- 即时：马上开始触发。信号开始时即开始触发。

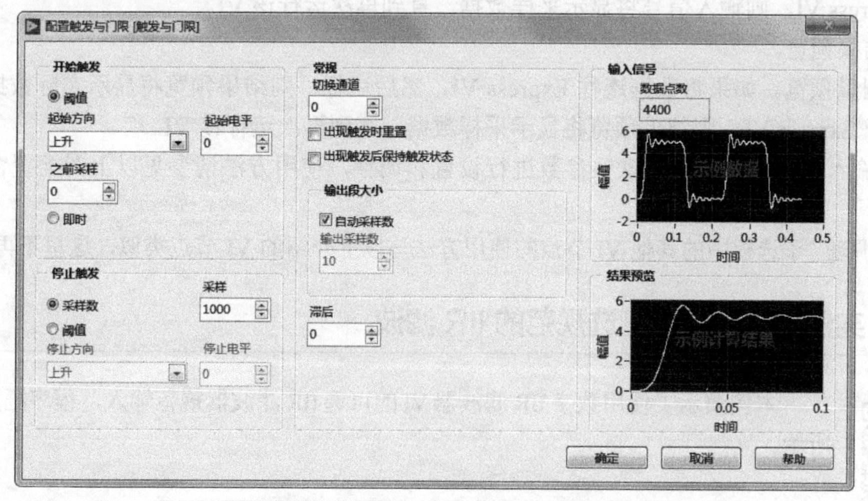

图 8-97 “配置触发与门限”对话框

（2）停止触发。

- 采样数：当 Express VI 采集到“采样”中指定数目的采样时，停止触发。
- 采样：指定停止触发前采集的采样数目。默认值为 1000。
- 阈值：通过阈值指定停止触发的时间。
- 停止方向：指定停止采样的信号边沿。选项为上升、上升或下降、下降。只有选择阈值时，才可以使用该选项。
- 停止电平：Express VI 开始采样前，信号在停止方向上必须到达的幅值。默认值为 0。只有选择阈值时，该选项才可以用。

（3）常规。

- 切换通道：如动态数据类型输入包含多个信号，则需要指定要使用的通道。默认值为 0。
- 出现触发时重置：每次找到触发后均重置触发条件。如果勾选该复选框，“触发与门限”Express VI 每次循环时，都不将数据存入缓冲区。如果每次循环都有新数据集合，且只需找到与第一个触发点相关的数据，则可勾选该复选框。如果只为循环传递一个数据集合，然后在循环中调用“触发与门限”Express VI 获取数据中所有的触发，也可勾选该复选框。如未勾选该复选框，“触发与门限”Express VI 将缓冲数据。需要注意的是，如在循环中调用“触发与门限”Express VI，且每个循环都有新数据，该操作将积存数据（因为每个数据集合包括若干触发点）。因为没有重置，来自各个循环的所有数据都进入缓冲区，方便查找所有触发，但是不可能找到所有的触发。

- 出现触发后保持触发状态：找到触发后保持触发状态。只有选择开始触发部分的阈值时，该选项才可以用。
- 滞后：指定检测到触发电平前，信号必须穿过起始电平或停止电平的量。默认值为 0。使用信号滞后，可以防止发生错误触发引起的噪声。对于上升沿起始方向或停止方向，检测到触发电平穿越之前，信号必须穿过的量为起始电平或停止电平减去滞后。对于下降沿起始方向或停止方向，检测到触发电平穿越之前，信号必须穿过的量为起始电平或停止电平加上滞后。

（4）输出段大小。

指定每个输出段包括的采样数。默认值为 100。

（5）输入信号。

显示输入信号。如将数据连往 Express VI，然后运行，则输入信号将显示实际数据。如关闭后再打开 Express VI，则输入信号将显示采样数据，直到再次运行该 VI。

（6）结果预览。

显示测量预览。如果将数据连往 Express VI，然后运行，则结果预览将显示实际数据。如果关闭后再打开 Express VI，则结果预览将显示采样数据，直到再次运行该 VI。

VI 的输入端口可以对其中默认参数进行设置和调整，使用方法请参见以上对配置窗口中各选项的介绍。

“波形调理”子选板中的其他 VI 节点的使用方法与以上介绍的 VI 节点类似，这里不再一一叙述。

8.4.11 实例——执行带可选规范的 IIR 滤波

扫码看视频

本例演示了使用数字 IIR 滤波器 VI 的可选 IIR 滤波器规范输入，程序框图如图 8-98 所示。

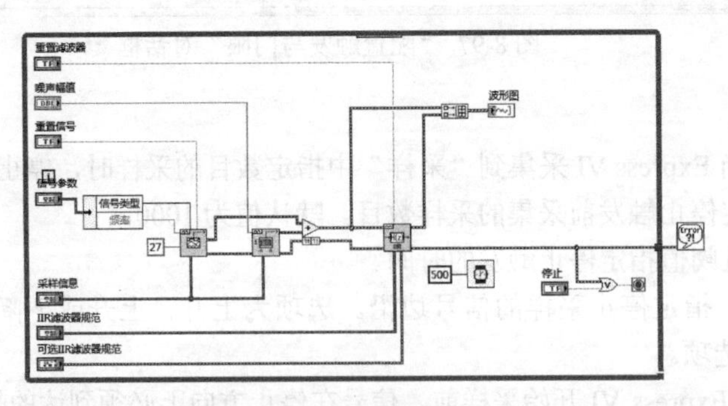

图 8-98 程序框图

操作步骤

（1）新建 VI。选择菜单栏中的“文件”→“新建 VI”命令，新建一个 VI，一个空白的 VI 包

括前面板及程序框图。

（2）保存 VI。选择菜单栏中的“文件”→“另存为”命令，输入 VI 名称为“执行带可选规范的 IIR 滤波”。

（3）固定“控件”选板。单击鼠标右键，在前面板打开“控件”选板，单击选板左上角“固定”按钮，将“控件”选板固定在前面板。

（4）从“函数”选板中选择“编程”→“结构”→“While 循环”函数，拖出适当大小的矩形框，在 While 循环条件接线端创建“停止”输入控件。

（5）从“控件”选板中选择“银色”→“数组、矩阵、簇”→“簇（银色）”，“银色”→“下拉列表与文本”→“文本下拉列表（银色）”，“银色”→“数值”→“数值输入控件（银色）”，修改名称为“信号参数”，放置在前面板的适当位置，如图 8-99 所示。

（6）从“函数”选板中选择“编程”→“簇、类与变体”→“解除捆绑”函数，解除簇控件“信号参数”中的参数。

（7）从“函数”选板中选择“信号处理”→“波形生成”→“基本函数发生器”函数，输入簇控件“信号参数”中的信号类型与频率信息，创建“相位”为 27 的“采样信息”输入控件。

（8）从“函数”选板中选择“信号处理”→“波形生成”→“均匀白噪声波形”函数，创建“噪声幅值”输入控件。

（9）从“函数”选板中选择“编程”→“数值”→“加”函数，叠加上面生成的两个波形。

（10）从“函数”选板中选择“信号处理”→“波形调理”→“数字 IIR 滤波器”VI，对叠加波形进行滤波，创建“重置滤波器”控件，控制波形是否重置。

（11）从“函数”选板中选择“编程”→“数组”→“创建数组”函数，连接叠加波形与滤波后的波形，输出结果到“波形图”图形显示控件中，该控件替换为“银色”→“图形”→“波形图（银色）”控件。

（12）从“函数”选板中选择“编程”→“布尔”→“或”函数，当程序执行错误或单击停止按钮时程序停止运行。

（13）选择“编程”→“对话框与用户界面”→“简易错误处理器”函数，并将循环后错误数据连接到输入端。

（14）选择“编程”→“定时”→“等待”函数，放置在 While 循环内并创建输入常量 500。

（15）单击工具栏中的“整理程序框图”按钮，整理程序框图，程序框图如图 8-98 所示。

（16）打开前面板，单击“运行”按钮，运行 VI，VI 的前面板显示的运行结果如图 8-100 所示。

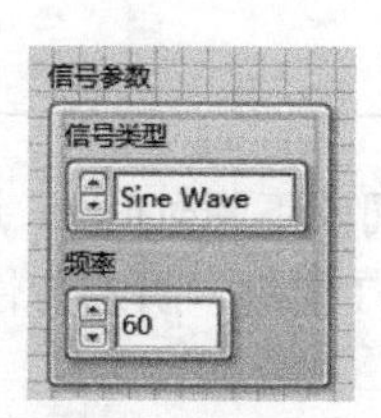

图 8-99 放置“信号参数”控件

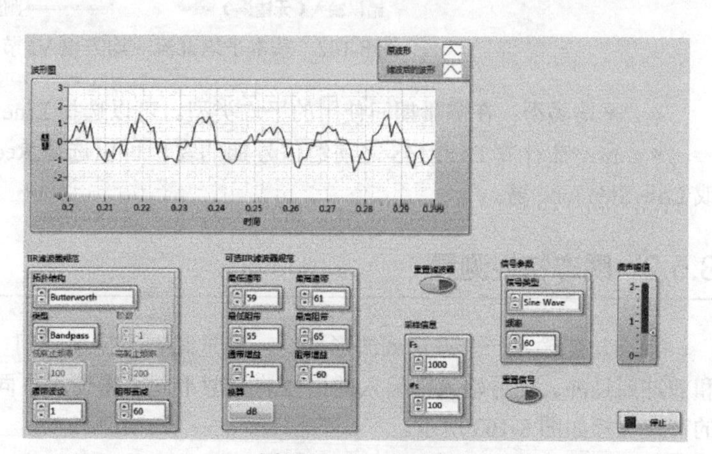

图 8-100 运行结果

8.5 波形测量

使用波形测量选板中的 VI 进行最基本的时域和频域测量，例如直流、平均值、单频频率 / 幅值 / 相位测量、谐波失真测量、信噪比及快速傅里叶变换测量等。波形测量 VI 在“函数”选板中的“信号处理”→“波形测量”子选板中，如图 8-101 所示。

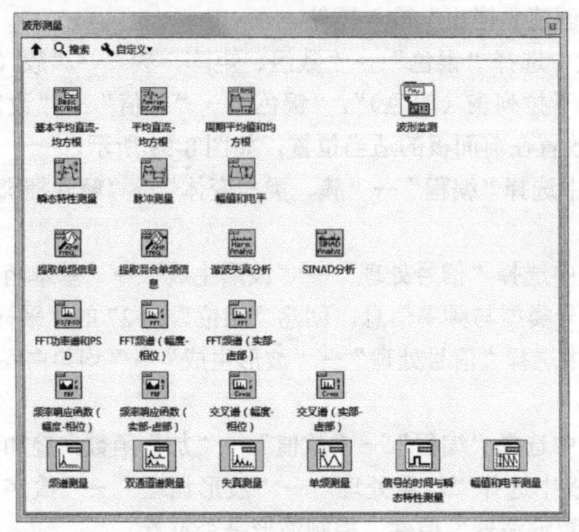

图 8-101 “波形测量”子选板

8.5.1 基本平均直流—均方根

从信号输入端输入一个波形或数组，对其加窗，根据平均类型输入端输入的值计算加窗信号的平均直流及均方根。信号输入端输入的信号类型不同，将使用不同的多态 VI 实例。基本平均直流—均方根 VI 的节点图标如图 8-102 所示。

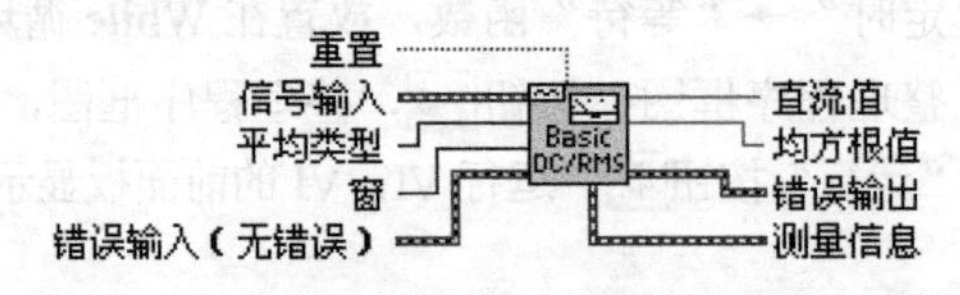

图 8-102 基本平均直流—均方根 VI 节点图标

- 平均类型：在测量期间使用的平均类型。可以选择 Linear（线性）或 Exponential（指数）。
- 窗：在计算 DC/RMS 之前给信号加的窗。可以选择 Rectangular 窗（矩形窗）、Hanning 窗或 Low Side lobe 窗。

8.5.2 瞬态特性测量

该项功能输入一个波形或波形数组，测量其瞬态持续时间（上升时间或下降时间）、边沿斜率和前冲或过冲。信号输入端输入的信号的类型不同，将使用不同的多态 VI 实例。瞬态特性测量 VI 的节点图标如图 8-103 所示。

- 极性（上升）：瞬态信号的方向，上升或下降。默认为上升。

8.5.3　提取单频信息

提取单频信息 VI 主要对输入信号进行检测，返回单频频率、幅值和相位信息。时间信号输入端输入的信号类型决定了使用的多态 VI 实例。提取单频信息 VI 的节点图标如图 8-104 所示。

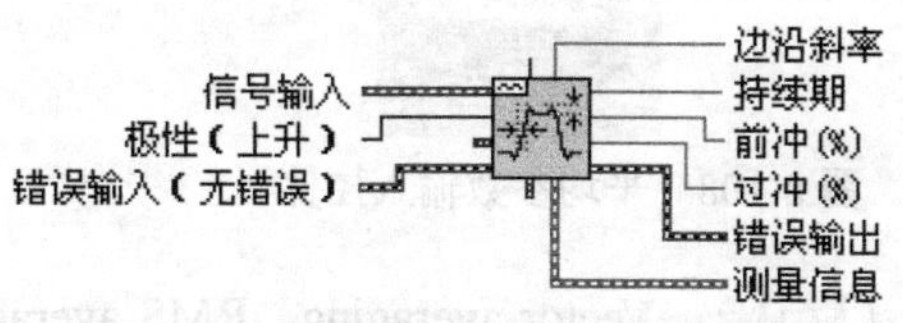

图 8-103　瞬态特性测量 VI 节点图标

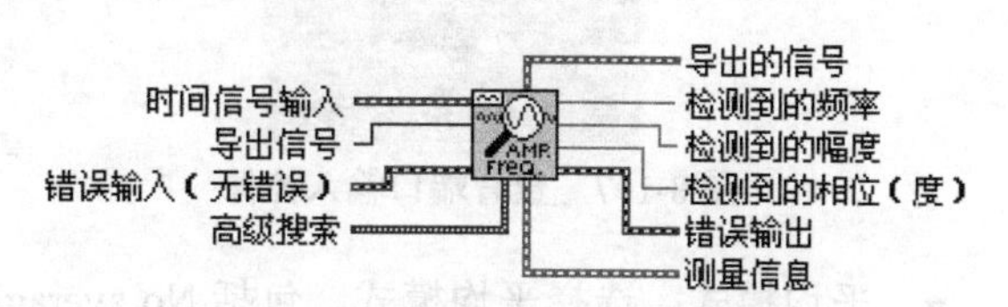

图 8-104　提取单频信息 VI 节点图标

- 导出信号：选择导出的信号输出端输出的信号。选择项包括 none（无返回信号，用于快速运算）、input signal（输入信号）、detected signal（检测信号）和 residual signal（残余信号）。
- 高级搜索：控制检测的频率范围、中心频率及带宽。使用该项缩小搜索的范围。该输入是一个簇数据类型，如图 8-105 所示。

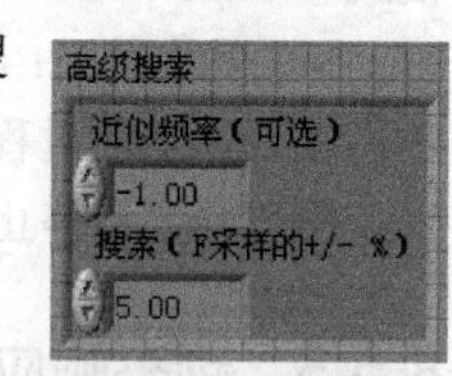

图 8-105　高级搜索

- 近似频率（可选）：在频域中搜索正弦单频时所使用的中心频率。
- 搜索（F 采样的 +/-%）：在频域中搜索正弦单频时所使用的频率宽度，是采样的百分比。

8.5.4　快速傅里叶变换频谱（幅度—相位）

快速傅里叶变换频谱（幅度—相位）VI 在软件中显示为计算时间信号的 FFT* 频谱。FFT 频谱的返回结果是幅度和相位。时间信号输入端输入信号的类型决定使用何种多态 VI 实例。FFT 频谱（幅度—相位）VI 的节点图标如图 8-106 所示。

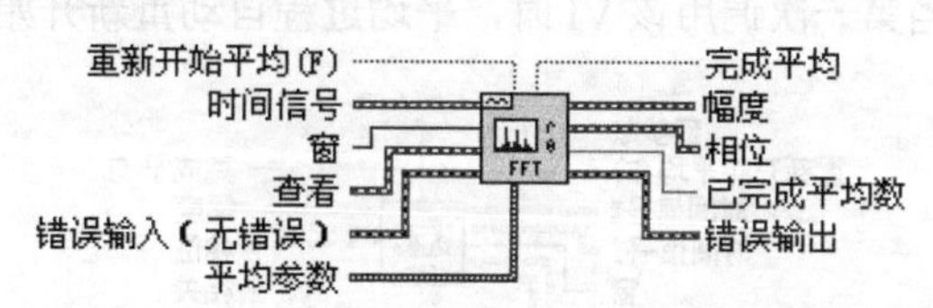

图 8-106　FFT 频谱（幅度—相位）VI 节点图标

（1）重新开始平均（F）：如果重新开始平均过程，需要选择该端。

（2）窗：所使用的时域窗。包括：矩形窗、Hanning 窗（默认）、Hamming 窗、Blackman-Harris 窗、Exact Blackman 窗、Blackman 窗、Flat Top 窗、4 阶 Blackman-Harris 窗、7 阶 Blackman-Harris 窗、Low Sidelobe 窗、Blackman Nuttall 窗、三角窗、Bartlett-Hanning 窗、Bohman 窗、Parzen 窗、Welch 窗、Kaiser 窗、Dolph-Chebyshev 窗和高斯窗。

（3）查看：定义了该 VI 不同的结果怎样返回。输入量是一个簇数据类型，如图 8-107 所示。

- 显示为 dB：结果是否以分贝（dB）的形式表示。默认为 FALSE。
- 展开相位：是否将相位展开。默认为 FALSE。
- 转换为度：是否将输出相位结果的弧度表示转换为度表示。默认为 FALSE。说明默认情况下相位输出是以弧度来表示的。

* FFT：fast fourier transform，即快速傅里叶变换。为与软件截图保持一致，后文与软件操作相关的内容将显示其英文略缩词“FFT”。

（4）平均参数：是一个簇数据类型，定义了如何计算平均值，如图 8-108 所示。

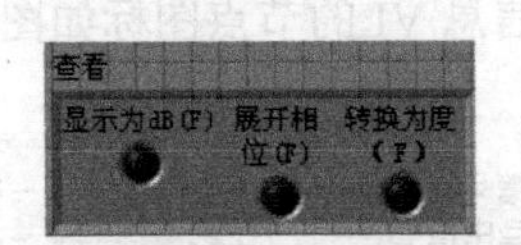

图 8-107　查看端口输入控件

图 8-108　平均参数输入控件

- 平均模式：选择平均模式。包括 No averaging（默认）、Vector averaging、RMS averaging 和 Peak hold 等 4 个选择项。
- 加权模式：为 RMS averaging 和 Vector averaging 模式选择加权模式。包括 Linear（线性）模式和 Exponential（指数）模式（默认）。
- 平均数目：进行 RMS 和 Vector 平均时使用的平均数目。如果加权模式为 Exponential（指数）模式，平均过程连续进行。如果加权模式为 Linear（线性）模式，在所选择的平均数目被运算后，平均过程将停止。

8.5.5　频率响应函数（幅度—相位）

该项功能计算输入信号的频率响应及相关性。结果返回幅度、相位及相关性。一般来说时间信号 X 是激励，而时间信号 Y 是系统的响应。每一个时间信号对应一个单独的 FFT 模块，因此必须将每一个时间信号输入到一个 VI 中。频率响应函数（幅度—相位)VI 的节点图标如图 8-109 所示。

- 重新开始平均（F)：VI 是否重新开始平均。如果重新开始平均输入端输入为 TRUE，VI 将重新开始所选择的平均过程。如果重新开始平均输入端输入为 FALSE，VI 不重新开始所选择的平均过程。默认为 FALSE。当第一次调用该 VI 时，平均过程自动重新开始。

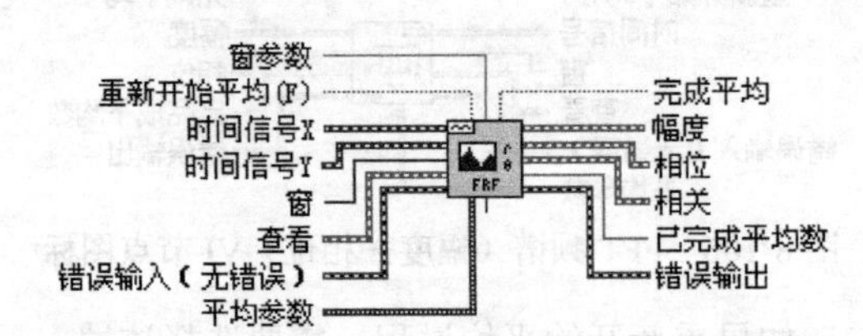

图 8-109　频率响应函数（幅度 - 相位）VI 节点图标

8.5.6　频谱测量

频谱测量 Express VI 用于进行基于 FFT 的频谱测量，例如信号的平均幅度频谱、功率谱和相位谱。频谱测量 Express VI 的节点图标如图 8-110 所示。该 Express VI 的图标也可以像其他 Express VI 图标一样改变显示样式。

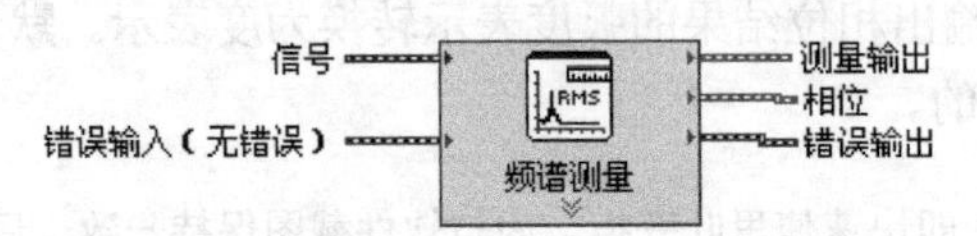

图 8-110　频谱测量 Express VI 节点图标

频谱测量 Express VI 放置在程序框图上后，将显示“配置频谱测量”对话框。在该对话框中，可以对频谱测量 Express VI 的各项参数进行设置和调整，如图 8-111 所示。

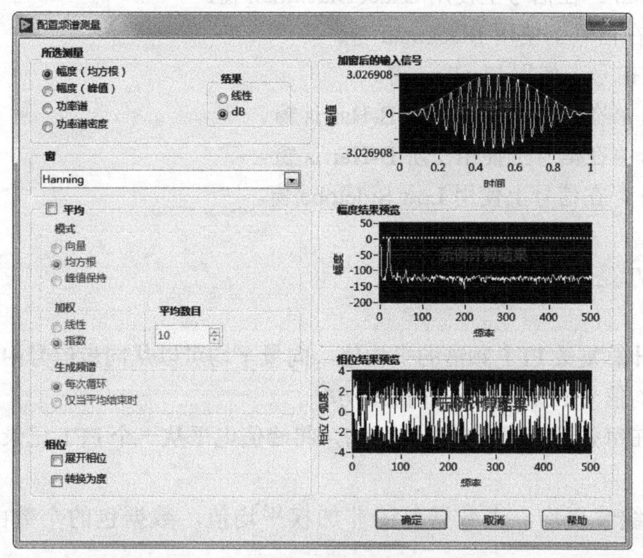

图 8-111 “配置频谱测量”对话框

下面对“配置频谱测量”对话框中的选项进行介绍。

（1）所选测量。

- 幅度（峰值）：测量频谱，并以峰值的形式显示结果。该测量通常与要求幅度和相位信息的高级测量配合使用。频谱的幅度通过峰值测量。例如，幅值为 *A* 的正弦波在频谱的相应的频率上产生了一个幅值 *A*。将相位分别设置为展开相位或转换为度，可展开相位频谱或将其从弧度转换为角度。如勾选平均复选框，平均运算后相位输出为 0。
- 幅度（均方根）：测量频谱，并以均方根（RMS）的形式显示结果。该测量通常与要求幅度和相位信息的高级测量配合使用。频谱的幅度通过均方根测量。例如，幅值为 *A* 的正弦波在频谱的相应的频率上产生了一个 0.707×*A* 的幅值。将相位分别设置为展开相位或转换为度，可展开相位频谱或将其从弧度转换为角度。如勾选平均复选框，平均运算后相位输出为 0。
- 功率谱：测量频谱，并以功率的形式显示结果。所有相位信息都在计算中丢失。该测量通常用来检测信号中的不同频率分量。虽然平均化计算功率频谱不会降低系统中的非期望噪声，但是平均计算提供了测试随机信号电平的可靠统计估计。
- 功率谱密度：测量频谱，并以功率谱密度（PSD）的形式显示结果。将频率谱归一化可得到频率谱密度，其中各频率谱区间中的频率按照区间宽度进行归一化。通常使用这种测量检测信号的本底噪声，或特定频率范围内的功率。根据区间宽度归一化频率谱，该测量独立于信号持续时间和样本数量。

（2）结果。

- 线性：以原单位返回结果。
- dB：以分贝（dB）为单位返回结果。

（3）窗。

- 无：不在信号上使用窗。
- Hanning：在信号上使用 Hanning 窗。

- Hamming：在信号上使用 Hamming 窗。
- Blackman-Harris：在信号上使用 Blackman-Harris 窗。
- Exact Blackman：在信号上使用 Exact Blackman 窗。
- Blackman：在信号上使用 Blackman 窗。
- Flat Top：在信号上使用 Flat Top 窗。
- 4 阶 B-Harris：在信号上使用 4 阶 B-Harris 窗。
- 7 阶 B-Harris：在信号上使用 7 阶 B-Harris 窗。
- Low Sidelobe：在信号上使用 Low Sidelobe 窗。

（4）平均。

指定该 Express VI 是否计算平均值。

（5）模式。

- 向量：直接计算复数 FFT 频谱的平均值。向量平均可以从同步信号中消除噪声。
- 均方根：平均信号 FFT 频谱的能量或功率。
- 峰值保持：在每条频率线上单独求平均，将峰值电平从一个 FFT 记录保持到下一个。

（6）加权。

- 线性：指定线性平均，求数据包的非加权平均值，数据包的个数由用户在平均数目中指定。
- 指数：指定指数平均，求数据包的加权平均值，数据包的个数由用户在平均数目中指定。求指数平均时，数据包的时间越新，其权重值越大。

（7）平均数目。

指定待求平均的数据包数量。默认值为 10。

（8）生成频谱。

- 每次循环：Express VI 每次循环后返回频谱。
- 仅当平均结束时：只有当 Express VI 收集到在平均数目中指定数目的数据包时，才返回频谱。

（9）相位。

- 展开相位：在输出相位上启用相位展开。
- 转换为度：以度为单位返回相位结果。

（10）加窗后输入信号。

显示 1 通道的信号。该图形显示加窗后的输入信号。如果将数据连往 Express VI，然后运行，则加窗后输入信号将显示实际数据。如果关闭后再打开 Express VI，则加窗后输入信号将显示采样数据，直到再次运行该 VI。

（11）幅度结果预览。

显示信号幅度测量的预览。如果将数据连往 Express VI，然后运行，则幅度结果预览将显示实际数据。如果关闭后再打开 Express VI，则幅度结果预览将显示采样数据，直到再次运行该 VI。

8.5.7 失真测量

失真测量 Express VI 用于在信号上进行失真测量，如音频分析、总谐波失真（THD）、信号与噪声失真比（SINAD）。失真测量 Express VI 的节点图标如图 8-112 所示。该 Express VI 的图标也可以像其他 Express VI 图标一样改变显示样式。

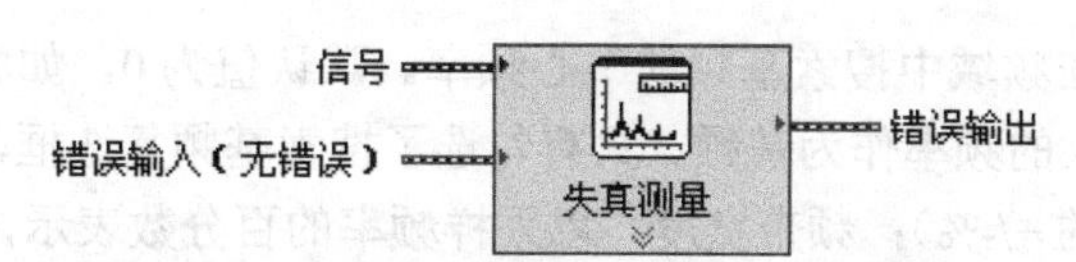

图 8-112　失真测量 Express VI 节点图标

失真测量 Express VI 放置在程序框图上后，将显示“配置失真测量”对话框。在该对话框中，可以对失真测量 Express VI 的各项参数进行设置和调整，如图 8-113 所示。

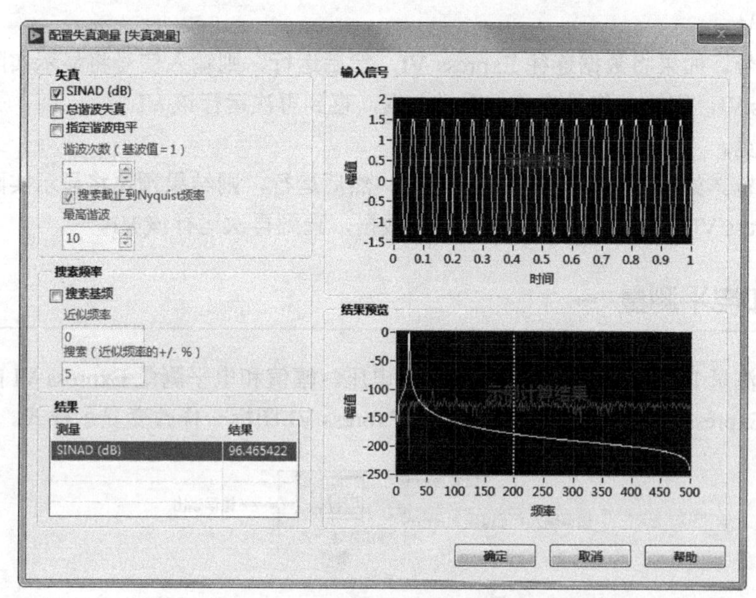

图 8-113　“配置失真测量”对话框

下面对“配置失真测量”对话框中的选项进行介绍。

（1）失真。

● SINAD(dB)：计算测得的信号与噪声失真比（SINAD）。信号与噪声失真比（SINAD）是信号 RMS 能量与信号 RMS 能量减去基波能量所得结果之比，单位为 dB。如果需要以 dB 为单位计算 THD 和噪声，可以取消选择 SINAD。

● 总谐波失真：计算达到最高谐波时测量到的总谐波失真（包括最高谐波在内）。THD 是谐波的均方根总量与基频幅值之比。要将 THD 作为百分比使用时，乘以 100 即可。

● 指定谐波电平：返回用户指定的谐波。

● 谐波次数（基波值 =1）：指定要测量的谐波。只有勾选指定谐波电平时，才可以使用该选项。

● 搜索截止到 Nyquist 频率：指定在谐波搜索中仅包含低于 Nyquist 频率（即采样频率的一半）的频率。只有勾选了总谐波失真或指定谐波电平，才可以使用该选项。若取消勾选搜索截止到 Nyquist 频率，则该 VI 继续搜索超出 Nyquist 频率的频域，更高的频率成分根据下列方程混叠：混叠 $f = Fs-$（f 模 Fs），其中 $Fs = 1/dt =$ 采样频率。

● 最高谐波：控制最高谐波，包括基频，用于谐波分析。例如，对于三次谐波分析，将最高谐波设为 3，以测量基波、二次谐波和三次谐波。只有勾选了总谐波失真或指定谐波电平，才可以使用该选项。

（2）搜索频率。

● 搜索基频：控制频域搜索范围，指定中心频率和频率宽度，用于寻找信号的基频。

● 近似频率：用于在频域中搜索基频的中心频率。默认值为0。如将近似频率设为-1，则该Express VI将使用幅值最大的频率作为基频。只有勾选了搜索基频复选框，才可以使用该选项。

● 搜索（近似频率的+/-%）：频带宽度，以采样频率的百分数表示，用于在频域中搜索基频。默认值为5。只有勾选了搜索基频复选框，才可以使用该选项。

（3）结果。

显示该Express VI所设定的测量以及测量结果。单击测量栏中列出的任何测量项，结果预览中将出现相应的数值或图表。

（4）输入信号。

显示输入信号。如果将数据连往Express VI，然后运行，则输入信号将显示实际数据。如关闭后再打开Express VI，则输入信号将显示采样数据，直到再次运行该VI。

（5）结果预览。

显示测量预览。如果将数据连往Express VI，然后运行，则结果预览将显示实际数据。如果关闭后再打开Express VI，则结果预览将显示采样数据，直到再次运行该VI。

8.5.8 幅值和电平测量

幅值和电平测量Express VI用于测量电平和电压。幅值和电平测量Express VI的初始图标如图8-114所示。该Express VI的图标也可以像其他Express VI图标一样改变显示样式。

图8-114 幅值和电平测量Express VI节点图标

幅值和电平测量Express VI放置在程序框图上后，将显示“配置幅值和电平测量”对话框。在该对话框中，可以对幅值和电平测量Express VI的各项参数进行设置和调整，如图8-115所示。

下面对“配置幅值和电平测量”对话框中的选项进行介绍。

（1）幅值测量。

● 均值（直流）：采集信号的直流分量。

● 均方根：计算信号的均方根值。

● 加窗：给信号加一个Low Sidelobe窗。只有勾选了均值（直流）或均方根复选框，才可使用该选项。平滑窗可用于缓和有效信号中的急剧变化。如能采集到整数个周期或对噪声谱进行分析，则通常不在信号上加窗。

● 正峰：测量信号中的最高正峰值。

● 反峰：测量信号中的最低负峰值。

● 峰峰值：测量信号最高正峰和最低负峰之间的差值。

● 周期平均：测量周期性输入信号一个完整周期的平均电平。

● 周期均方根：测量周期性输入信号一个完整周期的均方根值。

（2）结果：显示该Express VI所设定的测量以及测量结果。点击测量栏中列出的任何测量项，结果预览中将出现相应的数值或图表。

（3）输入信号：显示输入信号。如将数据连往Express VI，然后运行，则输入信号将显示实际数据。如关闭后再打开Express VI，则输入信号将显示采样数据，直到再次运行该VI。

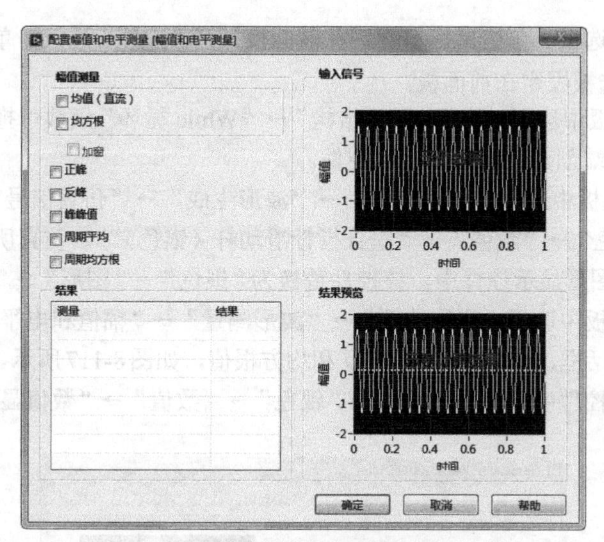

图8-115 “配置幅值和电平测量”对话框

（4）结果预览：显示测量预览。如将数据连往Express VI，然后运行，则结果预览将显示实际数据。如关闭后再打开Express VI，则结果预览将显示采样数据，直到再次运行该VI。

“波形调理”子选板中的其他VI的使用方法与以上介绍的VI类似。

8.5.9　实例——幅值和电平测量计算

本实例演示仿真信号的幅值和电平测量计算，程序框图如图8-116所示。

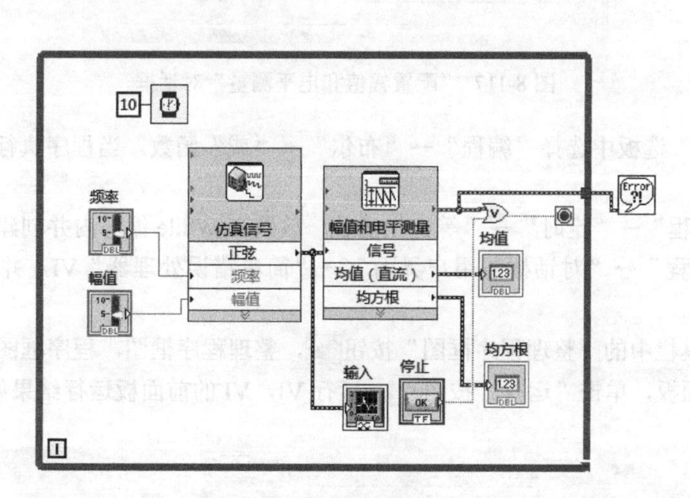

图8-116　程序框图

操作步骤

（1）新建VI。选择菜单栏中的“文件”→“新建VI”命令，新建一个VI，一个空白的VI包括前面板及程序框图。

（2）保存VI。选择菜单栏中的“文件”→“另存为”命令，输入VI名称为“幅值和电平测量计算”。

（3）固定“控件”选板。单击鼠标右键，在前面板打开“控件”选板，单击选板左上角“固定”按钮，将“控件”选板固定在前面板。

（4）从“函数”选板中选择“编程”→“结构”→“While 循环”函数，拖出适当大小的矩形框，在 While 循环条件接线端创建“停止”输入控件。

（5）从“函数”选板中选择“信号处理”→“波形生成”→“仿真信号”函数，创建频率、幅值数值输入控件（“银色”→“数值”→“垂直指针滑动杆（银色）”），仿真所选频率和幅值的信号。将结果输出到“输入”图形显示控件中，该控件替换为“银色”→“图形”→“波形图（银色）”控件。

（6）从“函数”选板中选择“信号处理”→“波形测量”→“幅值和电平测量”函数，弹出“配置幅值和电平测量”对话框，计算均值（直流）和均方根值，如图 8-117 所示。将结果输出到“均值”和“均方根”数值显示控件中，该控件替换为“银色”→“数值”→“数值显示控件（银色）”控件。

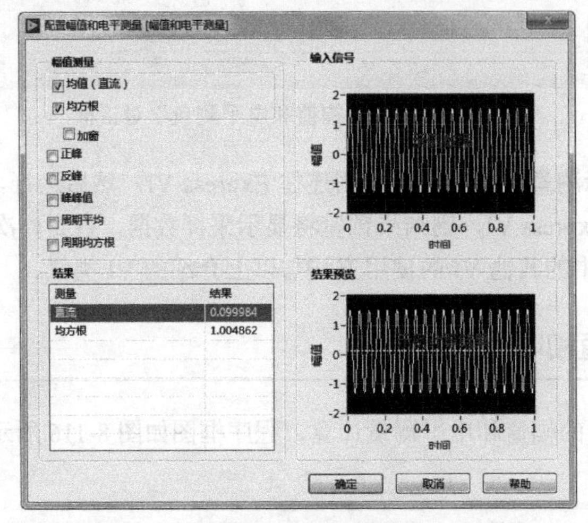

图 8-117 “配置幅值和电平测量”对话框

（7）从“函数”选板中选择“编程”→“布尔”→“或”函数，当程序执行错误或单击停止按钮时程序停止运行。

（8）选择“编程”→“定时”→“等待”函数，放置在 While 循环内并创建输入常量 10。

（9）选择“编程”→“对话框与用户界面”→“简单错误处理器”VI，并将循环后的错误数据连接到输入端。

（10）单击工具栏中的“整理程序框图”按钮，整理程序框图，程序框图如图 8-116 所示。

（11）打开前面板，单击“运行”按钮，运行 VI，VI 的前面板运行结果如图 8-118 所示。

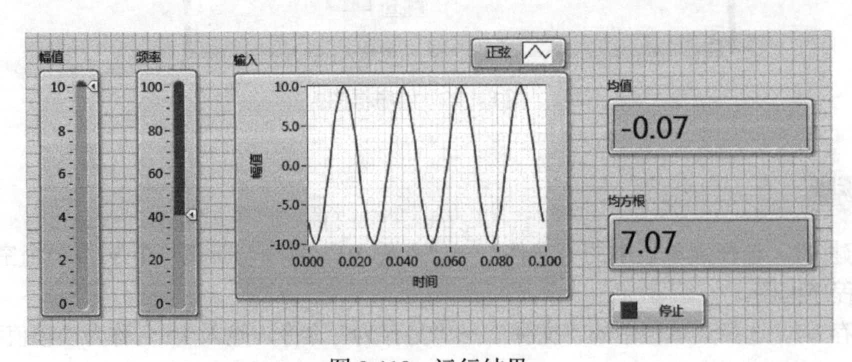

图 8-118 运行结果

8.5.10 波形监测

波形监测 VI 用于分析触发点上的波形、搜索波峰以及信号掩区及边界测试。波形监测 VI 在“函数”选板中的“信号处理”→“波形测量”→“波形监测”子选板中，如图 8-119 所示。

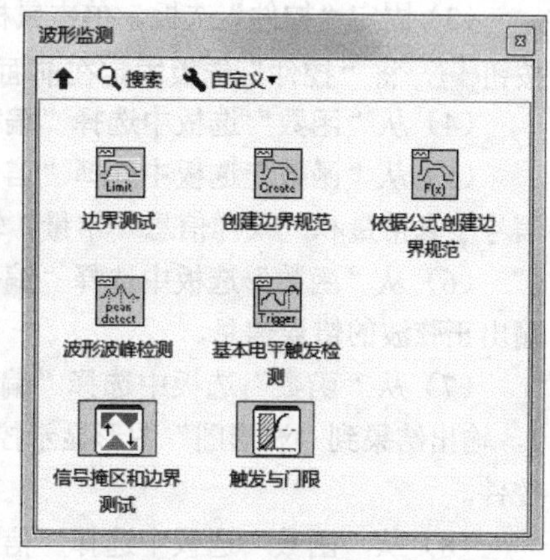

图 8-119 “波形监测”子选板

- 边界测试 VI：对波形或簇输入数据进行边界测试。该 VI 使输入信号与上限和下限比较，忽略未连接的限度输入。可连线输出值至图形，查看限度、信号和故障。
- 波形波峰检测 VI：在信号输入中查找位置、振幅和峰谷的二阶导数。
- 触发与门限 VI：通过触发提取信号中的片段。触发器状态可基于开启或停止触发器的阈值，也可以是静态的。当触发器状态为静态时，触发器立即启动，Express VI 返回预定数量的采样值。
- 创建边界规范 VI：在时域或频域中创建连续或分段掩区。可使用该 VI 的不同实例创建多个边界。
- 基本电平触发检测 VI：找到波形第一个电平穿越的位置。可使用获得的触发位置作为索引或时间。触发条件由阈值电平、斜率和滞后指定。
- 信号掩区和边界测试 VI：在信号上进行边界测试。
- 依据公式创建边界规范 VI：在时域或频域中创建连续或分段掩区。可使用该 VI 的不同实例创建多个边界。

8.5.11 实例——基本电平触发波形

本实例演示基本电平触发波形 VI 的使用、找到波形第一个电平穿越的位置，把获得的触发位置作为索引或时间，触发条件由阈值电平、斜率和滞后指定，程序框图如图 8-120 所示。

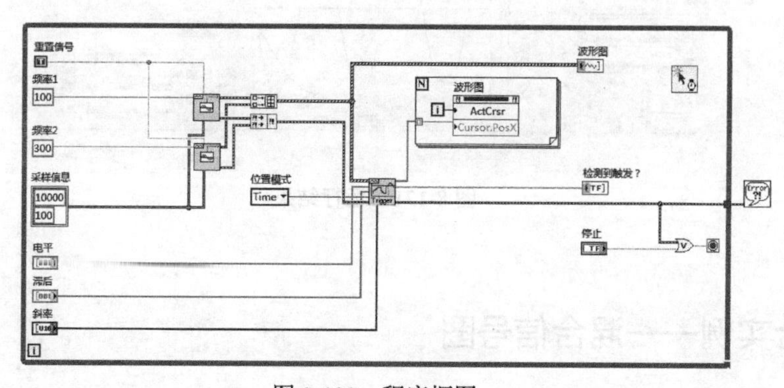

图 8-120 程序框图

（1）新建 VI。选择菜单栏中的“文件”→“新建 VI”命令，新建一个 VI，一个空白的 VI 包

括前面板及程序框图。

（2）保存VI。选择菜单栏中的“文件”→“另存为”命令，输入VI名称为“基本电平触发波形”。

（3）固定“控件”选板。单击鼠标右键，在前面板打开“控件”选板，单击选板左上角“固定”按钮，将“控件”选板固定在前面板。

（4）从“函数”选板中选择“编程”→“结构”→“While 循环”函数，监控触发器条件。

（5）从“函数”选板中选择“信号处理”→“波形生成”→“正弦波形”函数，创建“重置的信号”真常量和“采样信息”常量，输出频率为100的正弦波1，频率为300的正弦波2。

（6）从“函数”选板中选择“编程”→“对话框与用户界面”→“合并错误”函数，合并2个输出正弦波的错误信息。

（7）从“函数”选板中选择“编程”→“数组”→“创建数组”函数，输出正弦波1、正弦波2，输出结果到“波形图”图形显示控件中，该控件替换为“银色”→“图形”→“波形图（银色）”控件。

（8）从“函数”选板中选择“信号处理”→“波形测量”→“波形监测”→“基本电平触发监测”VI，找到叠加波形中第一个电平位置，获得触发位置。创建“电平”“滞后”输入控件作为触发条件，创建“斜率”控件作为触发斜率，创建“检测到触发”显示控件，显示触发检测情况。

（9）从“函数”选板中选择“编程”→“结构”→“For 循环”函数，创建“波形图”属性节点“活动游标”，“选择属性”为“游标”→“X 标尺”，将指针移动至触发位置。

（10）从“函数”选板中选择“编程”→“布尔”→“或”函数，当程序执行错误或单击停止按钮时程序停止运行。

（11）选择“编程”→“对话框与用户界面”→“简易错误处理器”VI，并将循环后的错误数据连接到输入端。

（12）选择“编程”→“对话框与用户界面”→“等待前面板活动”函数，放置在While循环内。

（13）单击工具栏中的“整理程序框图”按钮，整理程序框图，程序框图如图8-120所示。

（14）打开前面板，单击“运行”按钮，运行VI，VI的前面板显示的运行结果如图8-121所示。

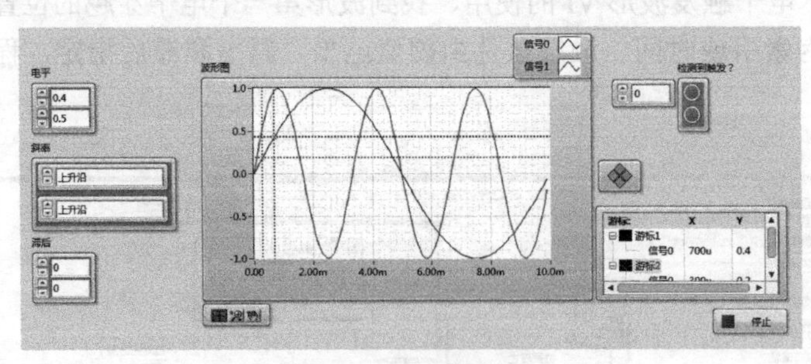

图8-121　运行结果

8.6　综合实例——混合信号图

扫码看视频

本实例演示数字波形发生器函数与仿真信号经过捆绑函数得到混合信号图的过程，演示控件如何在一个控件中显示多个信号。

绘制完成的前面板如图8-122所示，程序框图如图8-123所示。

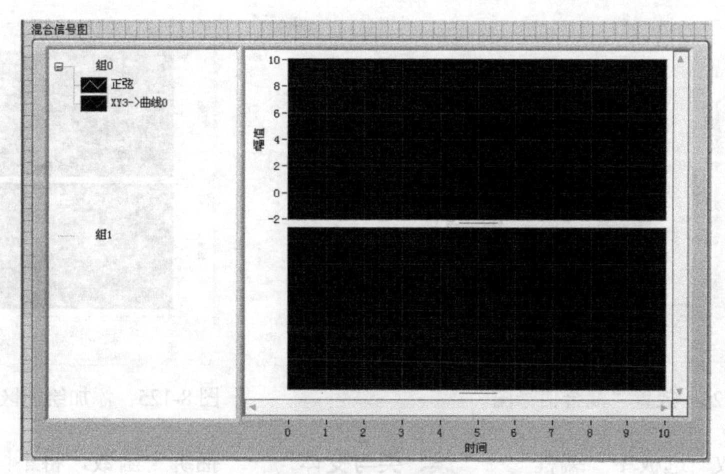

图 8-122　前面板

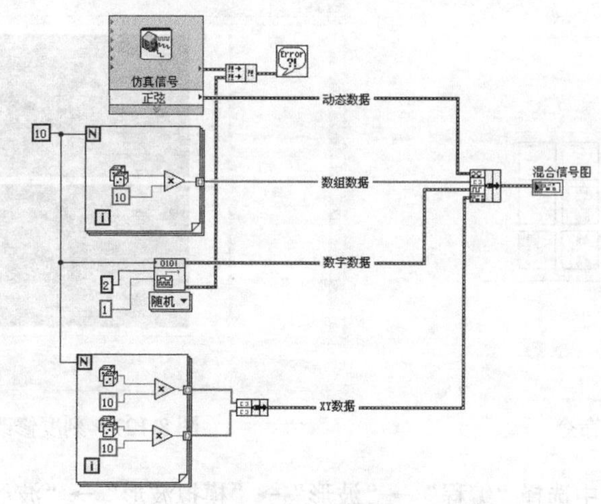

图 8-123　程序框图

操作步骤

（1）新建 VI。选择菜单栏中的“文件”→“新建 VI”命令，新建一个 VI，一个空白的 VI 包括前面板及程序框图。

（2）保存 VI。选择菜单栏中的“文件”→“另存为”命令，输入 VI 名称为“混合信号图”。

（3）固定“控件”选板。单击鼠标右键，在前面板打开“控件”选板，单击选板左上角“固定”按钮，将“控件”选板固定在前面板。

（4）从“控件”选板中选择“银色”→“图形”→“混合信号图”控件，放置在前面板中，如图 8-124 所示。

（5）在“混合信号图”控件上单击鼠标右键，弹出快捷菜单，选择“添加绘图区域”命令，增加一个绘图区域，同时手动调整控件匹配，结果如图 8-125 所示。

（6）在“组 1”刻度上单击鼠标右键，选择如图 8-126 所示的刻度样式。然后依次修改图表中的标尺刻度值，结果如图 8-127 所示。

（7）双击控件，打开程序框图。

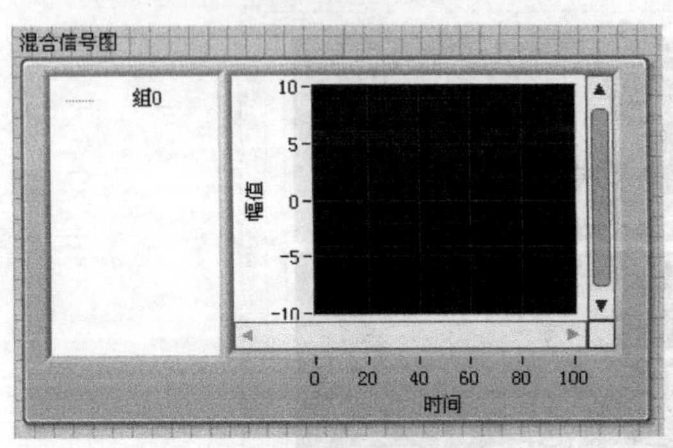

图 8-124　放置“混合信号图”

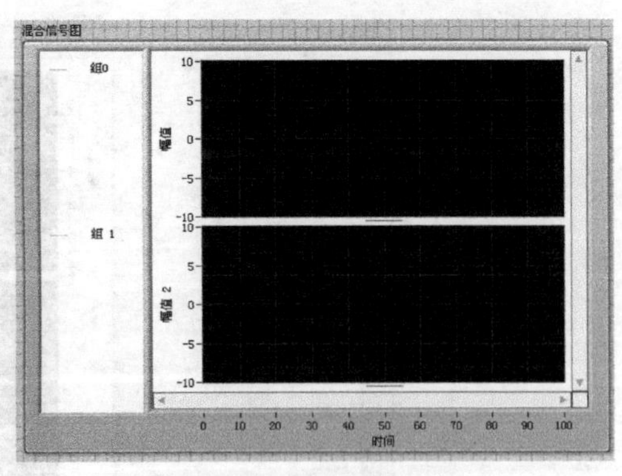

图 8-125　添加绘图区域

（8）从“函数”选板中“编程”→“簇、类与变体”→“捆绑”函数，将不同的数据类型（这些信号通常显示在不同的波形图控件中）捆绑。

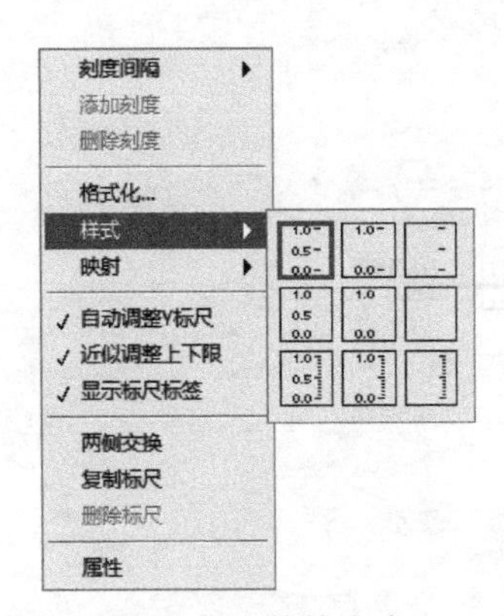

图 8-126　快捷命令

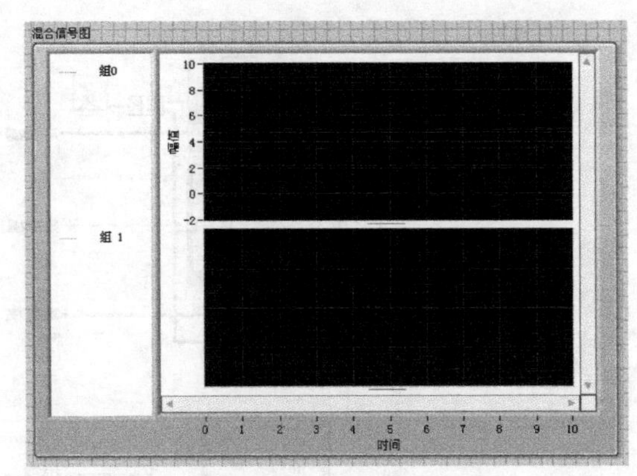

图 8-127　刻度修改

（9）从“函数”选板中选择“编程”→“波形”→“模拟波形”→“波形生成”→“仿真信号”，放置在程序框图中，自动弹出“配置仿真信号”对话框，设置频率为 0.5，采样率为 10，取消采样数右侧“自动”复选框的勾选，如图 8-128 所示。仿真信号输出的动态数据连接到“捆绑”函数输入端。

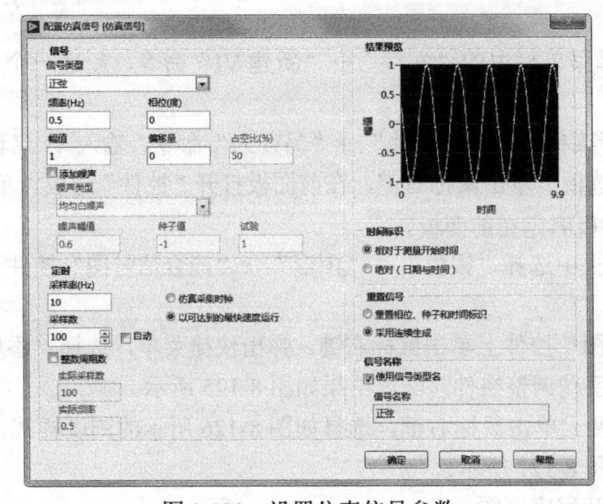

图 8-128　设置仿真信号参数

（10）新建循环次数为 10 的一个 For 循环。

（11）选择“编程”→“数值”→“乘”函数，放置在 For 循环内部，生成数组数据。

（12）选择“编程”→“数值”→“随机数（0-1）”函数，创建随机数，放置在 For 循环内“乘”函数输入端，同时在“乘”函数另一输入端创建另一常量 10。

（13）同样的方法，创建包含两个随机数函数的 For 循环，并利用“捆绑”函数，将两组数据合并成 XY 数据。

（14）从“函数”选板中选择“编程”→“波形”→“数字波形”→“数字波形发生器”VI，选择“随机”信号，创建“信号数”为 2，“采样率”为 1 的随机数字波形，生成数字数据。

（15）从“函数”选板中选择“编程”→“对话框与用户界面”→“合并错误”函数，放置在“仿真信号”与数字信号的错误输出端。

（16）从“函数”选板中选择“编程”→“对话框与用户界面”→“简单错误处理器”函数，放置在“合并错误”函数输出端。

（17）将鼠标指针放置在函数及控件的输入输出端口，鼠标指针变为连线状态，按照图 8-123 所示连接程序框图。

（18）在“捆绑”函数的输入端连线上单击鼠标右键选择“显示项”→“标签”快捷命令，依次输入数据注释“动态数据”“数组数据”“数字数据”和“XY 数据”。

（19）整理前面板与程序框图，结果如图 8-122 和图 8-123 所示。

（20）单击“运行”按钮，运行程序，可以在输出波形控件“混合信号图”中显示输出结果，如图 8-129 所示。

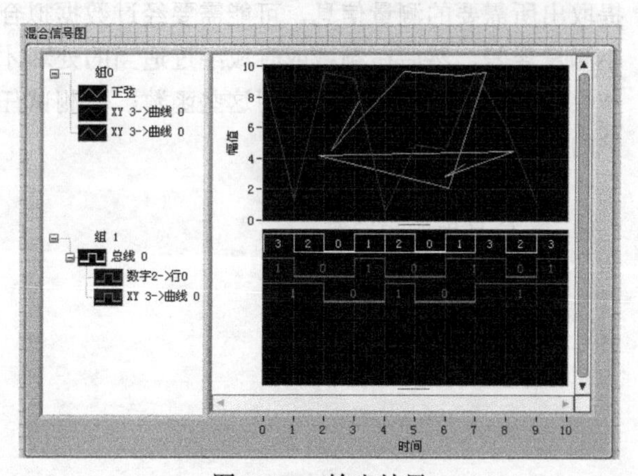

图 8-129　输出结果

第 9 章 信号生成与处理

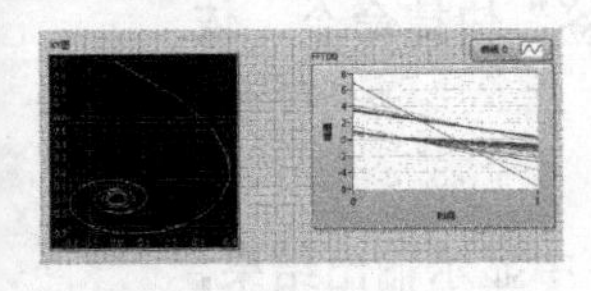

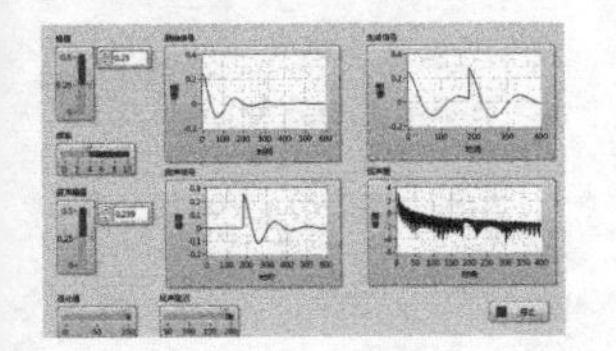

内容指南

采集得到的测量信号是等时间间隔的离散数据序列，LabVIEW 提供了专门描述它们的数据类型——波形数据。由它提取出所需要的测量信息，可能需要经过数据拟合抑制噪声，减小测量误差，然后在频域或时域经过适当的处理才会得到所需的结果。本章讲解如何合理利用这些函数，使测试任务达到事半功倍的效果。

知识重点

- 信号生成与运算
- 滤波器与谱分析
- 变换
- 逐点

9.1　信号生成

目前，对于实时分析系统，高速浮点运算和数字信号处理已经变得越来越重要。这类系统被广泛应用到生物医学数据处理、语音识别、数字音频和图像处理等各种领域。数据分析的重要性在于消除噪声干扰，纠正由于设备故障而遭到破坏的数据，或者补偿环境影响。

1. 测量任务

用于信号分析和处理的虚拟仪器执行的典型测量任务如下。

（1）计算信号中存在的总谐波失真。

（2）决定系统的脉冲响应或传递函数。

（3）估计系统的动态响应参数，例如上升时间、超调量等。

（4）计算信号的幅频特性和相频特性。

（5）估计信号中含有的交流成分和直流成分。

所有任务都要求在数据采集的基础上进行信号处理。

下面对信号的分析和处理中用到的函数节点进行介绍。

2. 测试信号

对于任何测试来说，信号的生成非常重要。例如，当现实世界中的真实信号很难得到时，可以用仿真信号对其进行模拟，向数模转换器提供信号。常用的测试信号包括：正弦波、方波、三角波、锯齿波、各种噪声信号以及由多种正弦波合成的多频信号。

音频测试中最常见的是正弦波。正弦信号波形常用来判断系统的谐波失真度。合成正弦波信号广泛应用于测量互调失真或频率响应。

3. 信号生成 VI

信号生成 VI 在“函数”选板的“信号处理”→“信号生成”子选板中，如图 9-1 所示。使用信号生成 VI 可以得到特定波形的一维数组。在该选板上的 VI 可以返回通常的 LabVIEW 错误代码，或者特定的信号处理错误代码。

9.1.1　基于持续时间的信号发生器

基于持续时间的信号发生器 VI 产生信号类型所决定的信号。基于持续时间的信号发生器 VI 的节点图标和端口定义如图 9-2 所示。信号频率的单位是 Hz（周期 /s），持续时间单位是 s。采样点数和持续时间决定了采样率，而采样率必须是信号频率的 2 倍（遵从奈奎斯特定律）。如果没有满足奈奎斯特定律，必须增加采样点数，或者减小持续时间，或者减小信号频率。

- 持续时间：以秒为单位的输出信号的持续时间。默认值为 1.0。
- 信号类型：产生信号的类型。包括正弦（sine）信号、余弦（cosine）信号、三角（triangle）信号、方波（square）信号、锯齿波（saw tooth）信号、上升斜坡（increasing ramp）信号和下降斜坡（decreasing ramp）信号。默认信号类型为正弦（sine）信号。
- 采样点数：输出信号中采样点的数目。默认为 100。
- 频率：输出信号的频率，单位为 Hz。默认值为 10。频率代表了一秒内产生整周期波形的数目。

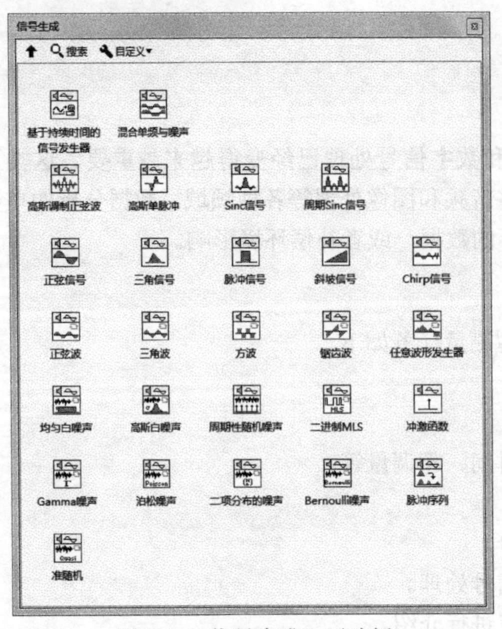

图 9-1 “信号生成”子选板

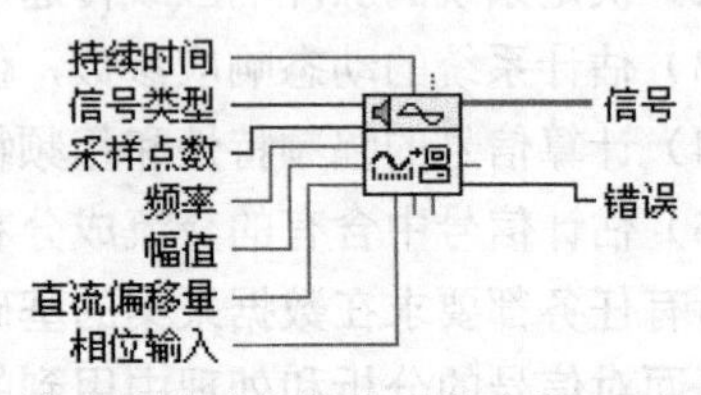

图 9-2 基于持续时间的信号发生器 VI 节点图标

- 幅值：输出信号的幅值。默认为 1.0。
- 直流偏移量：输出信号的直流偏移量。默认为 0。
- 相位输入：输出信号的初始相位，以度为单位。默认值为 0。
- 信号：产生的信号数组。

“信号生成”子选板中的其他 VI 与“波形生成”子选板中相应的 VI 的使用方法类似。

9.1.2 混合单频与噪声

混合单频与噪声 VI 产生一个包含正弦单频、噪声和直流偏移量的数组。该 VI 与产生波形子选板中的混合单频与噪声波形类似。该 VI 节点图标如图 9-3 所示。

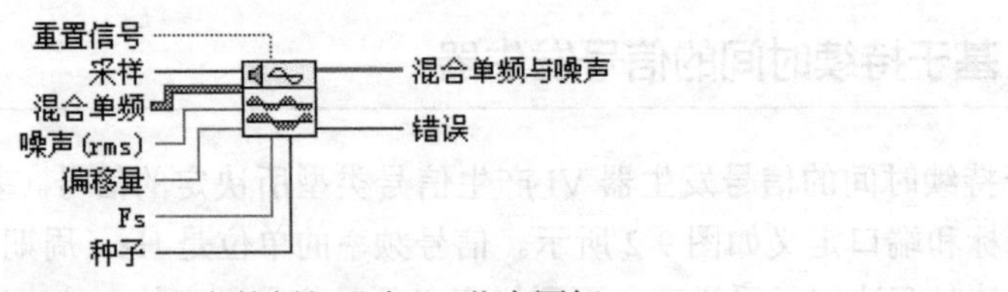

图 9-3 混合单频与噪声 VI 节点图标

9.1.3 高斯调制正弦波

高斯调制正弦波 VI 产生一个包含高斯调制正弦波的数组。高斯调制正弦波 VI 的节点图标如图 9-4 所示。

- 衰减（dB）：在中心频率两侧功率的衰减，这一值必须大于 0。默认为 6dB。
- 中心频率（Hz）：中心频率或者载波频率，以 Hz 为单位。默认值为 1。

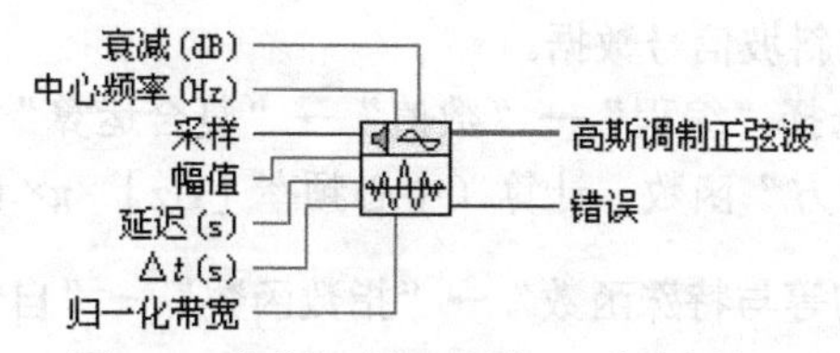

图 9-4　高斯调制正弦波 VI 节点图标

- 延迟（s）：高斯调制正弦波峰值的偏移。默认值为 0。
- Δt(s)：采样间隔。采样间隔必须大于 0。如果采样间隔小于或等于 0，输出数组将被置为空数组，并且返回一个错误。默认值为 0.1。
- 归一化带宽：该值与中心频率相乘，从而在功率谱的衰减（dB）处达到归一化。归一化带宽输入值必须大于 0。默认值为 0.15。

9.1.4　实例——计算高斯调制正弦波

本例根据下列公式计算高斯调制正弦波的包络：

$y(t)=\mathrm{e}^{-kt^2}, k=\dfrac{5\pi^2 bandwidth^2 f_c^2}{attenuation*\ln(10)}, t=i\times\Delta t-delay$，程序框图如图 9-5 所示。

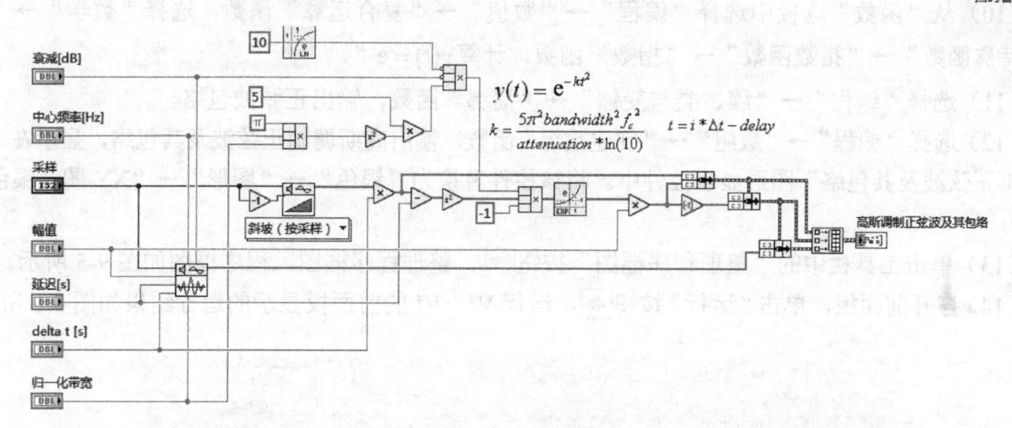

图 9-5　程序框图

操作步骤

（1）新建 VI。选择菜单栏中的“文件”→“新建 VI”命令，新建一个 VI，一个空白的 VI 包括前面板及程序框图。

（2）保存 VI。选择菜单栏中的“文件”→“另存为”命令，输入 VI 名称为“计算高斯调制正弦波”。

（3）固定“控件”选板。单击鼠标右键，在前面板打开“控件”选板，单击选板左上角“固定”按钮，将“控件”选板固定在前面板。

（4）从“函数”选板中选择“信号处理”→“信号生成”→“高斯调制正弦波”VI，创建“采样”“幅值”“延迟”“delta t[s]”“归一化带宽”输入控件，生成高斯调制正弦波数据。

（5）从“函数”选板中选择“信号处理”→“信号生成”→“斜坡信号”VI，连接“采样”与“末端”，末端 = 采样数 -1，生成斜坡信号数据。

（6）从“函数”选板中选择“编程”→“数值”→“复合运算”函数，计算（中心频率［Hz］× π × 归一化带宽），选择“平方”函数，计算（中心频率［Hz］×π× 归一化带宽）^{2}。

（7）选择“数学”→“初等与特殊函数”→“指数函数”→“自然对数”函数，计算$\frac{1}{\ln(10)}$。

（8）从“函数”选板中选择“编程”→“数值”→“复合运算”“乘”函数，计算 k，如图 9-6 所示。

（9）从“函数”选板中选择“编程”→“数值”→“乘”“减”“平方”函数，计算 $t=i\times\Delta t-delay$，如图 9-7 所示。

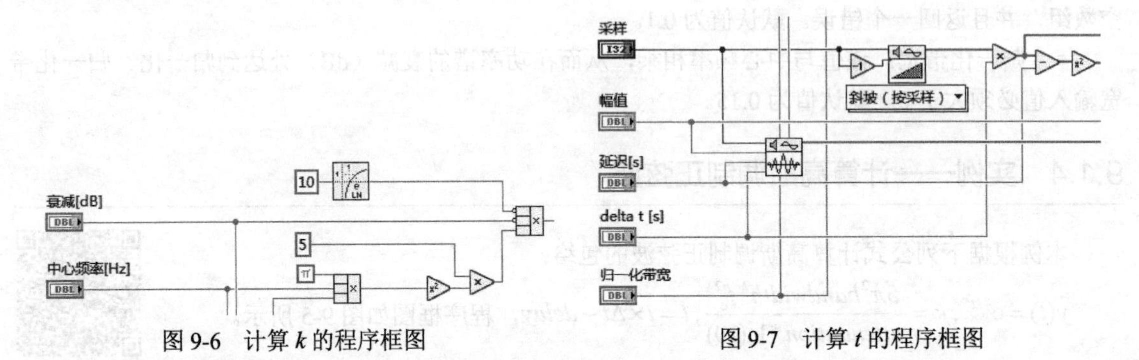

图 9-6　计算 k 的程序框图　　图 9-7　计算 t 的程序框图

（10）从“函数”选板中选择“编程”→“数值”→“复合运算”函数，选择“数学”→“初等与特殊函数”→“指数函数”→“指数”函数，计算$y(t)=\mathrm{e}^{-kt^2}$。

（11）选择“编程”→“簇、类与变体”→“捆绑”函数，输出正弦波包络。

（12）选择“编程”→“数组”→“创建数组”函数，输出高斯调制正弦波及其包络，显示在“高斯调制正弦波及其包络”图形显示控件中。将该控件替换为“银色”→“图形”→“XY 图（银色）”控件。

（13）单击工具栏中的“整理程序框图”按钮，整理程序框图，程序框图如图 9-5 所示。

（14）打开前面板，单击“运行”按钮，运行 VI，VI 的前面板显示的运行结果如图 9-8 所示。

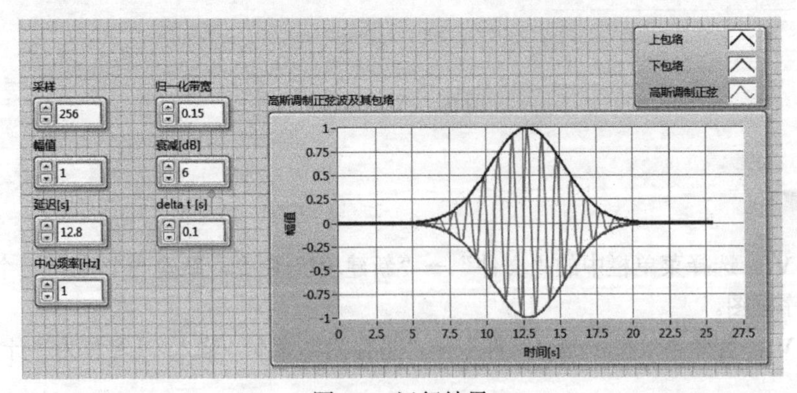

图 9-8　运行结果

9.1.5　正弦信号

正弦信号 VI 生成包含正弦信号的数组。如序列 Y 表示正弦信号，该 VI 依据下列等式生成信号。

$$y_i = a\sin(x_i), x_i = \frac{2\pi k}{n}i + \frac{\pi\phi_0}{180}, i = 0,1,2,\cdots,n-1$$

其中，a 是幅值，k 是信号中周期的个数，φ_0 是初始相位（以度为单位），n 是采样的数量。该 VI 节点图标如图 9-9 所示。

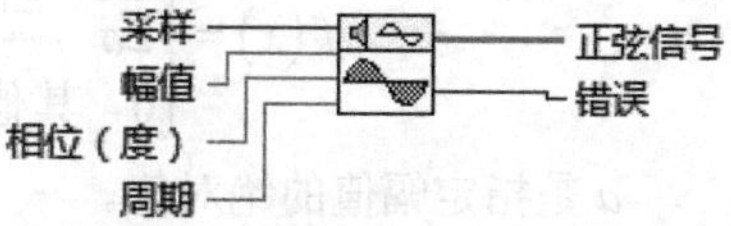

- 采样：正弦信号的采样数。采样必须大于等于 0。默认值为 128。如采样小于等于 0，VI 可设置正弦信号为空数组并返回错误。

图 9-9　正弦信号 VI 节点图标

- 幅值：正弦信号的幅值。默认值为 1.0。
- 相位：未重置的正弦波的相位输入，必须以度为单位。默认值为 0.0。
- 周期：正弦信号的完整周期数。默认值为 1.0。
- 正弦信号：该数组包含采样的正弦信号。VI 可生成的最长正弦信号取决于系统的内存容量，理论上限为 2，147，483，647（即 $2^{31}-1$）个元素。
- 错误：返回 VI 的任何错误或警告。将错误连接至错误代码至错误簇转换 VI，可将错误代码或警告转换为错误簇。

9.1.6　正弦波

产生一个含有正弦波的数组。与“波形生成”子选板中的正弦波形 VI 相类似。其节点图标如图 9-10 所示。

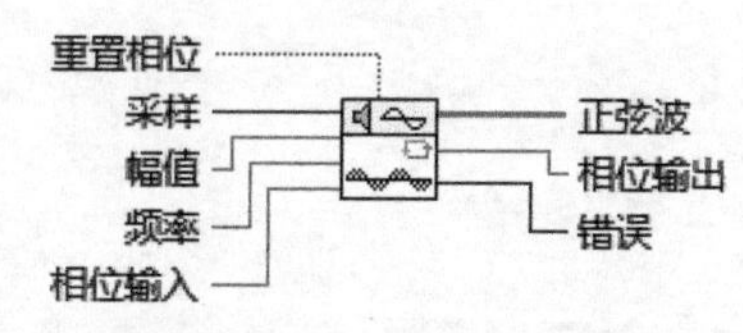

图 9-10　正弦波 VI 节点图标

- 重置相位：确定正弦波的初始相位。默认值为 TRUE。如重置相位的值为 TRUE，LabVIEW 可设置初始相位为相位输入。如重置相位的值为 FALSE，LabVIEW 可设置正弦波的初始相位为上一次 VI 执行时相位输出的值。
- 采样：正弦波的采样数。默认值为 128。
- 幅值：正弦波的幅值。默认值为 1.0。
- 频率：正弦波的频率，单位为周期 / 采样的归一化单位。默认值为 1 周期 /128 采样或 7.8125E−3 周期 / 采样。
- 相位输入：重置相位的值为 TRUE 时正弦波的初始相位，以度为单位。
- 正弦波：输出的正弦波。
- 相位输出：正弦波下一个采样的相位，以度为单位。
- 错误：返回 VI 的任何错误或警告。将错误连接至错误代码至错误簇转换 VI，可将错误代码或警告转换为错误簇。

如序列 Y 表示正弦波，该 VI 依据下列等式生成信号。

$y_i = a\times\sin$（相位［i］）

$i = 0, 1, 2, \cdots, n-1$,

a 是幅值，相位［i］= 初始相位 + 频率 ×360×i。

9.1.7　均匀白噪声

生成均匀分布的伪随机波形，值在［$-a,a$］之间。a 是幅值的绝对值。与产生波形子选板中的均匀白噪声波形相类似。其节点图标如图 9-11 所示。

该 VI 使用修正的超长周期（Very-Long-Cycle）随机数发生器算法生成伪随机波形。伪随机数发生器使用三种子线性同余算法。如概率密度函数 $f(x)$，均匀分布的均匀白噪声为

$$f(x)=\begin{cases}\dfrac{1}{2a} & 当 -a\leqslant x<a 时\\ 0 & 其他情况\end{cases}$$

重置信号
采样
混合单频
噪声(rms)
偏移量
Fs
种子
混合单频与噪声
错误

图 9-11　均匀白噪声 VI 节点图标

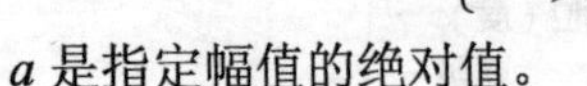
a 是指定幅值的绝对值。

下列方程定义了伪随机序列的预期均值 μ 和预期标准差。

$$\mu=E\{x\}=0$$

$$\sigma=\left[E\left\{(x-\mu)^2\right\}\right]^{1/2}=\frac{a}{\sqrt{3}}\approx 0.57735a$$

伪随机序列产生约 290 个采样后才会重复出现。

9.1.8　任意波形发生器

生成含有任意波形的数组。与“波形生成”子选板中的基本函数发生器 VI 生成的波形相类似。其节点图标如图 9-12 所示。

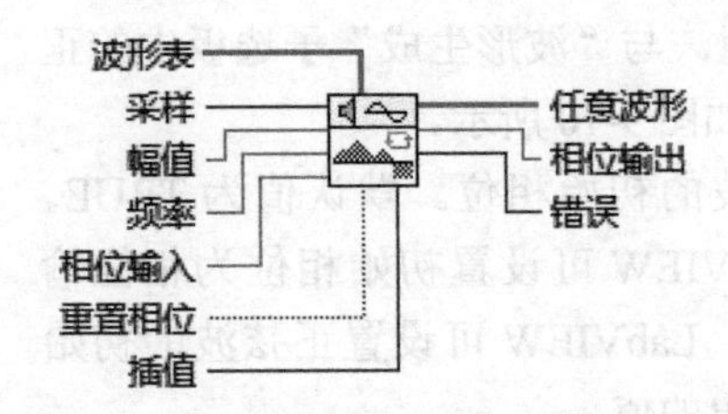

图 9-12　任意波形发生器 VI 节点图标

9.1.9　实例——对方波信号进行仿真滤波

本例对方波信号进行仿真滤波，程序框图如图 9-13 所示。

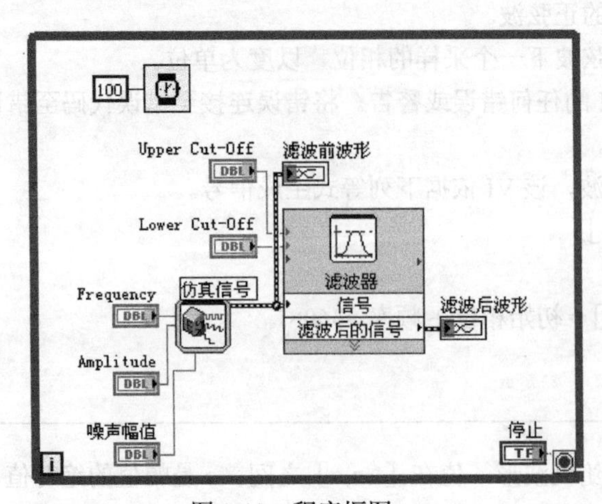

图 9-13　程序框图

操作步骤

（1）新建 VI。选择菜单栏中的“文件”→“新建 VI”命令，新建一个 VI，一个空白的 VI 包括前面板及程序框图。

（2）保存 VI。选择菜单栏中的“文件”→“另存为”命令，输入 VI 名称为“对方波信号进行仿真滤波”。

（3）固定“控件”选板。单击鼠标右键，在前面板打开“控件”选板，单击选板左上角“固定”按钮，将“控件”选板固定在前面板。

（4）从“函数”选板中选择“编程”→“结构”→“While 循环”函数，拖出适当大小的矩形框，在 While 循环的循环条件接线端创建“停止”输入控件。

（5）从“函数”选板中选择“信号处理”→“波形生成”→“仿真信号”函数，为方波信号添加 Gamma 噪声，通过仿真信号 VI 产生一个包含噪声信号的方波信号波形。

（6）从“函数”选板中选择“信号处理”→“波形调理”→“滤波器”函数，创建数字 FIR 滤波器 VI 进行滤波。

（7）滤波器 VI 配置为带通滤波器、低截止频率为 8Hz、高截止频率为 12Hz，如图 9-14 所示。当方波信号的频率在 8 ～ 12Hz 时，能够实现很好的滤波效果。

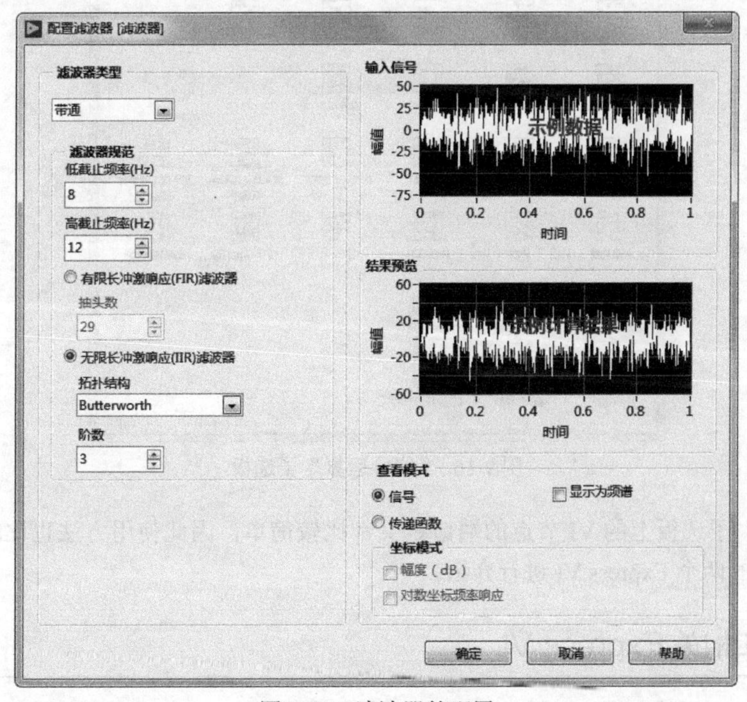

图 9-14　滤波器的配置

（8）打开前面板窗口，从“控件”选板中选择“新式”→“图形”→“波形图”控件，创建“滤波信号”显示控件。

（9）单击工具栏中的“整理程序框图”按钮，整理程序框图，结果如图 9-13 所示。

（10）打开前面板，设置控件初始值。单击“运行”按钮，运行 VI，在前面板显示运行结果，如图 9-15 所示。

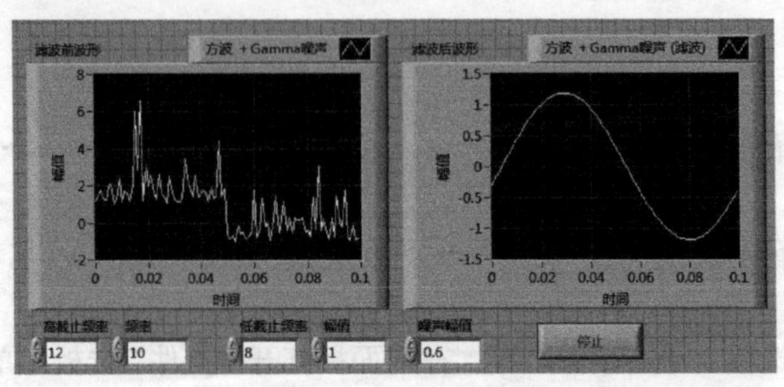

图 9-15　运行结果

9.2　信号运算

使用“信号运算”子选板中的 VI 进行信号的运算处理。信号运算 VI 在“函数”选板的“信号处理”→“信号运算”子选板中，如图 9-16 所示。

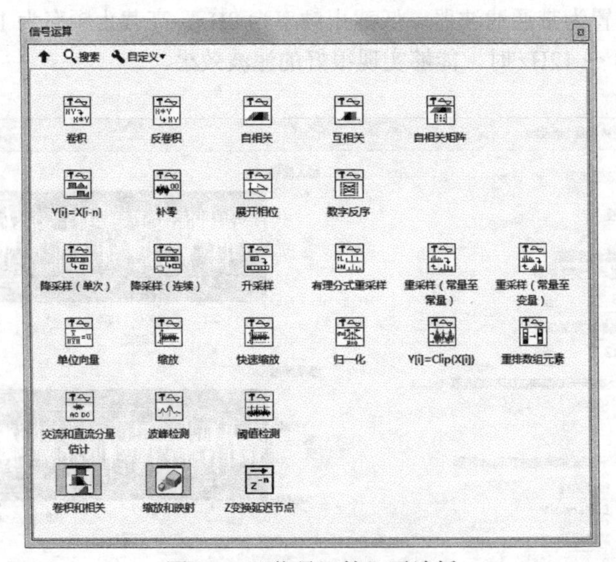

图 9-16　“信号运算”子选板

“信号运算”子选板上的 VI 节点的端口定义都比较简单，因此使用方法也比较简单，下面只对该选板中包含的两个 Express VI 进行介绍。

9.2.1　卷积和相关 Express VI

卷积和相关 Express VI 用于在输入信号上进行卷积、反卷积及相关操作。卷积和相关 Express VI 的节点图标如图 9-17 所示。该 Express VI 的图标可以像其他 Express VI 图标一样改变显示样式。

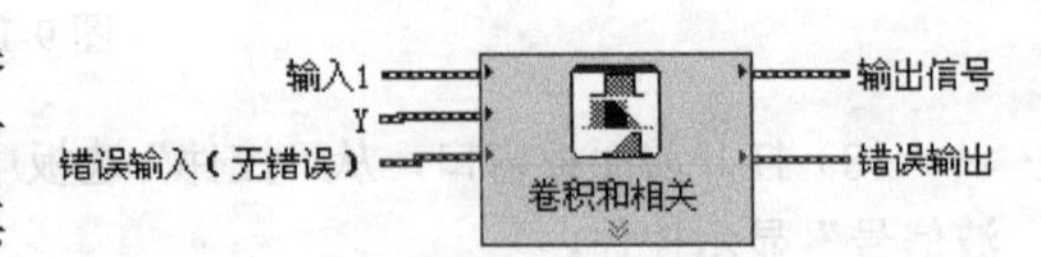

图 9-17　卷积和相关 Express VI 节点图标

卷积和相关 Express VI 放置在程序框图上，将显示“配置卷积和相关”对话框。在该对话框中，可以对卷积和相关 Express VI 的各项参数进行设置和调整，如图 9-18 所示。

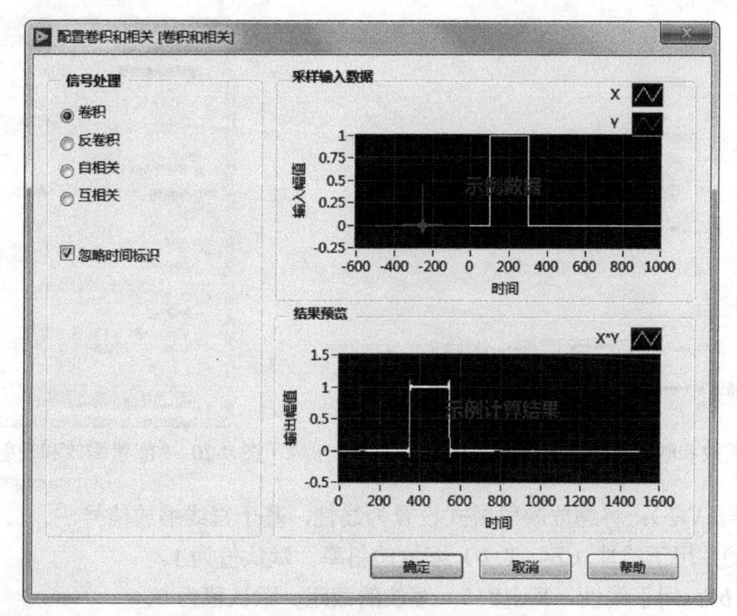

图 9-18 “配置卷积和相关”对话框

下面对“配置卷积和相关”对话框中的选项进行介绍。

（1）信号处理。

- 卷积：计算输入信号的卷积。
- 反卷积：计算输入信号的反卷积。
- 自相关：计算输入信号的自相关。
- 互相关：计算输入信号的互相关。
- 忽略时间标识：忽略输入信号的时间标识。只有勾选了卷积或反卷积复选框，才可使用该选项。

采样输入数据显示可用作参考的采样输入信号，确定用户选择的配置选项如何影响实际输入信号。如将数据连往该 Express VI，然后运行，则采样输入数据将显示实际数据。如关闭后再打开 Express VI，则采样输入数据将显示采样数据，直到再次运行该 VI。

（2）结果预览。

显示测量预览。如将数据连往 Express VI，然后运行，则结果预览将显示实际数据。如关闭后再打开 Express VI，则结果预览将显示采样数据，直到再次运行该 VI。

9.2.2　缩放和映射

缩放和映射 Express VI 通过缩放和映射改变信号的幅值。缩放和映射 Express VI 的节点图标如图 9-19 所示。该 Express VI 的图标也可以像其他 Express VI 图标一样改变显示样式。

缩放和映射 Express VI 放置在程序框图上后，将显示“配置缩放和映射”对话框。在该对话框中，可以对缩放和映射 Express VI 的各项参数进行设置和调整，如图 9-20 所示。

下面对“配置缩放和映射”对话框中的选项进行介绍。

- 归一化：确定转换信号所需要的缩放因子和偏移量，使信号的最大值出现在最高峰，最小值出现在最低峰。
- 最低峰：指定将信号归一化所用的最小值。默认值为 0。
- 最高峰：指定将信号归一化所用的最大值。默认值为 1。

图 9-19 缩放和映射 Express VI 节点图标

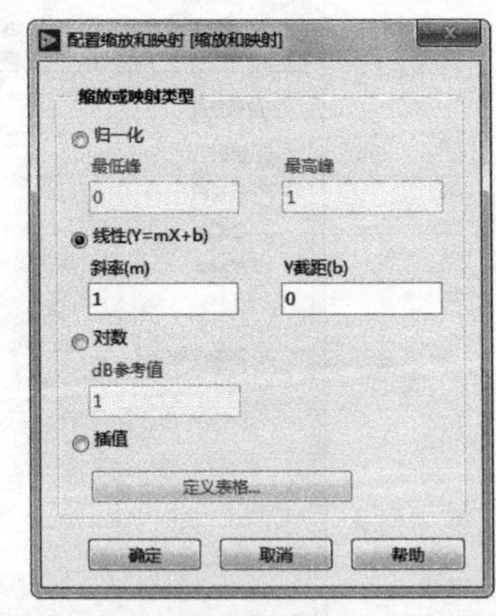

图 9-20 “配置缩放和映射”对话框

- 线性（$Y=mX+b$）：将缩放映射模式设置为线性，基于直线缩放信号。
- 斜率（m）：用于线性（$Y=mX+b$）缩放的斜率。默认值为 1。
- Y 截距（b）：用于线性（$Y=mX+b$）缩放的截距。默认值为 0。
- 对数：将缩放映射模式设置为对数，基于 dB 参考值缩放信号。LabVIEW 使用下列方程缩放信号 $y = 20\log_{10}$（x/ 参考 dB）。
- dB 参考值：用于对数缩放的参考。默认值为 1。
- 插值：基于缩放因子的线性插值表，用于缩放信号。
- 定义表格：显示定义信号对话框，定义用于插值缩放的数值表。

9.3 窗

“窗”子选板中的 VI 使用平滑窗对数据进行加窗处理，该子选板中的 VI 可以返回一个通用 LabVIEW 错误代码或者特殊信号处理错误代码。窗 VI 在“函数”选板的“信号处理”→“窗”子选板中，如图 9-21 所示。

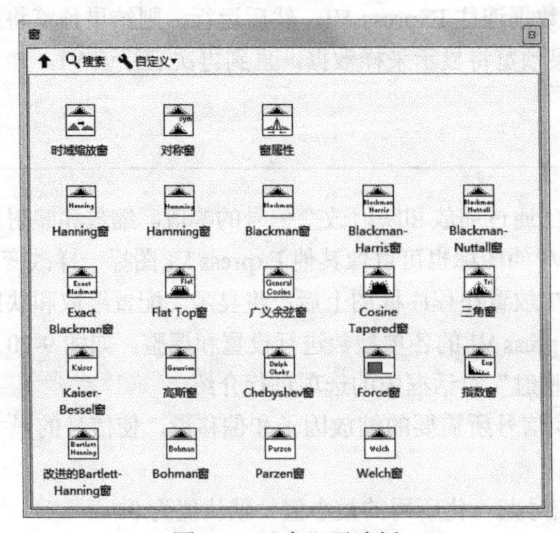

图 9-21 “窗”子选板

下面对该选板中的 VI 节点进行简要介绍。

1. 时域缩放窗

时域缩放窗 VI 对输入 X 序列加窗。X 输入端输入信号的类型决定了节点所使用的多态 VI 实例。时域缩放窗 VI 也返回所选择窗的属性信息。当计算功率谱时，这些信息是非常重要的。时域缩放窗 VI 的节点图标如图 9-22 所示。

2. 窗属性

窗属性 VI 计算窗的相干增益和等效噪声带宽。窗属性 VI 的节点图标如图 9-23 所示。

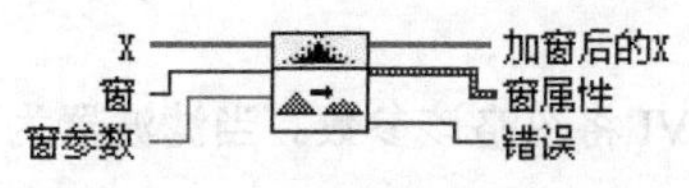

图 9-22　时域缩放窗 VI 节点图标

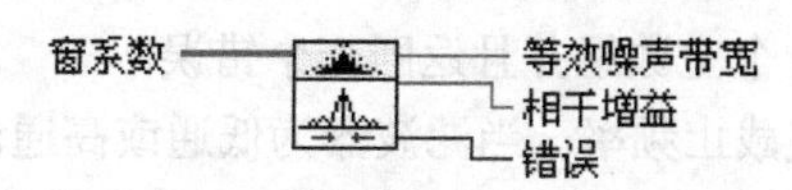

图 9-23　窗属性 VI 节点图标

9.4 滤波器

使用滤波器 VI 进行 IIR、FIR 和非线性滤波。“滤波器”子选板上的 VI 可以返回一个通用 LabVIEW 错误代码或一个特定的信号处理代码。滤波器 VI 在“函数”选板的“信号处理”→“滤波器”子选板中，如图 9-24 所示。

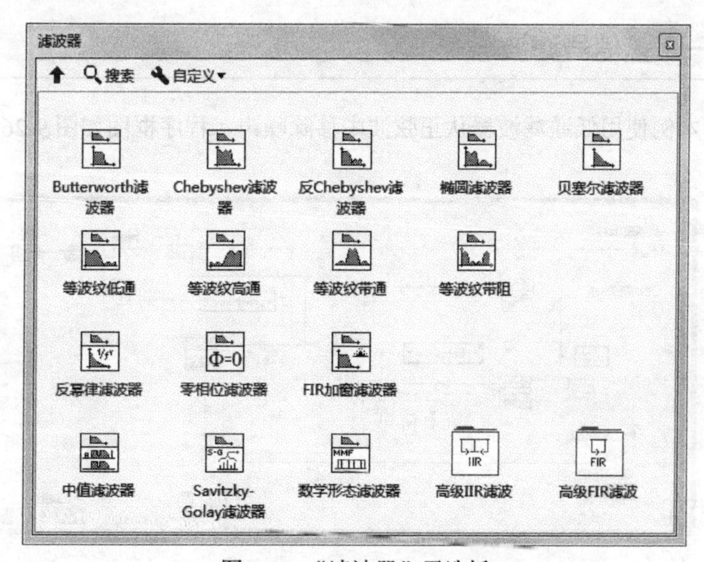

图 9-24 “滤波器”子选板

9.4.1 巴特沃斯滤波器

巴特沃斯滤波器即“Butterworth 滤波器”，通过调用 Butterworth 滤波器 VI 节点来产生一个数字巴特沃斯滤波器。X 输入端输入信号的类型决定了节点所使用的多态 VI 实例。Butterworth 滤波器 VI 的节点图标如图 9-25 所示。

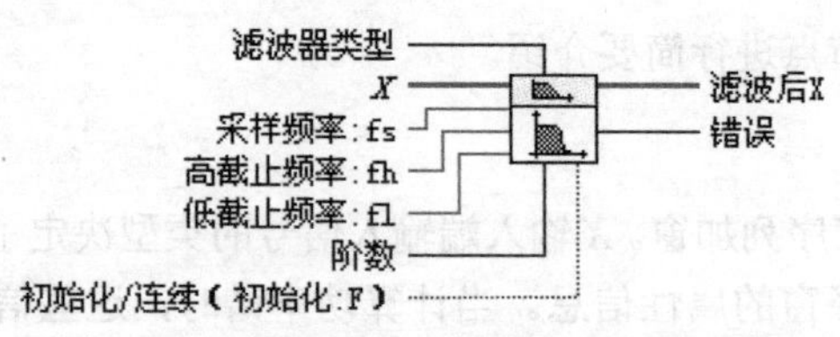

图 9-25 Butterworth 滤波器 VI 节点图标

- 滤波器类型：对滤波器的通带进行选择。包括低通（Lowpass）、高通（Highpass）、带通（Bandpass）和带阻（Bandstop）4 种类型。
- 采样频率：采样频率必须高于 0。默认为 1.0。如果采样频率高于或等于 0，VI 将滤波后的 *X* 输出为一个空数组并且返回一个错误。
- 高截止频率：当滤波器为低通或高通滤波器时，VI 将忽略该参数。当滤波器为带通或带阻滤波器时，高截止频率值必须大于低截止频率值。
- 低截止频率：低截止频率，必须遵从奈奎斯特定律。默认值为 0.125。如果低截止频率低于或等于 0 或大于采样频率的一半，VI 将滤波后的 *X* 设置为空数组并且返回一个错误。当滤波器选择为带通或带阻时，低截止频率必须小于高截止频率。
- 阶数：选择滤波器的阶数，该值必须大于 0，默认为 2。如果阶数小于或等于 0，VI 将滤波后的 *X* 输出为一个空数组并且返回一个错误。
- 初始化 / 连续：内部状态初始化控制。默认为 FALSE。第一次运行该 VI 或初始化 / 连续输入端口的值为 FALSE，LabVIEW 将内部状态初始化为 0。如果初始化 / 连续输入端的值为 TRUE，LabVIEW 初始化该 VI 的状态为最后调用 VI 实例的状态。

9.4.2 实例——正弦信号滤波

本例使用低通滤波器从正弦波中移除噪声，程序框图如图 9-26 所示。

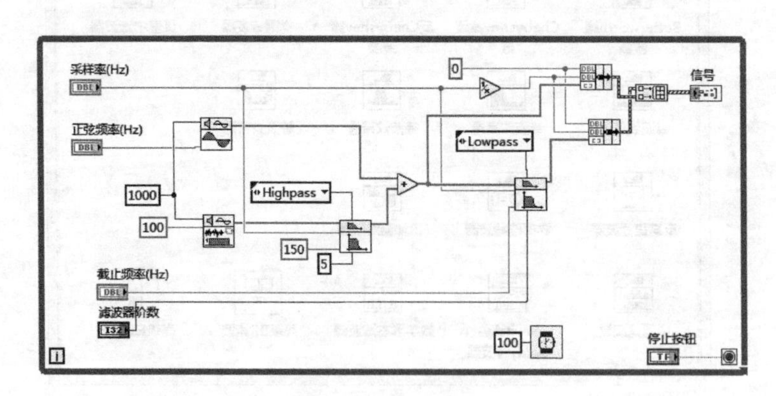

图 9-26 程序框图

（1）新建 VI。选择菜单栏中的“文件”→“新建 VI”命令，新建一个 VI，一个空白的 VI 包括前面板及程序框图。

（2）保存 VI。选择菜单栏中的“文件”→“另存为”命令，输入 VI 名称为“正弦信号滤波”。

（3）固定“控件”选板。单击鼠标右键，在前面板打开“控件”选板，单击选板左上角“固定”按钮，将“控件”选板固定在前面板。

（4）从“函数”选板中选择“编程”→“结构”→“While 循环”函数，创建循环结构，通过“停止”控件控制循序的停止。

（5）从“控件”选板中选择“银色”→“数值”→“数值输入控件（银色）”“水平指针滑动杆（银色）”，修改名称为“采样率（Hz）”“正弦频率（Hz）”“截止频率（Hz）”“滤波器阶数（Hz）”，放置在前面板的适当位置。

（6）在控件上单击鼠标右键，选择“显示”→“数字显示”，显示“正弦频率（Hz）”“截止频率（Hz）”“滤波器阶数（Hz）”控件的数字，如图 9-27 所示。

（7）从“函数”选板中选择“信号处理”→“信号生成”→“正弦信号”VI，连接“正弦频率”与“采样”，“采样”值为 1000，生成正弦波。

（8）从“函数”选板中选择“信号处理”→“逐点”→“信号生成（逐点）”→“均匀白噪声”VI，输入“采样”值为 1000、“幅值”值为 100，生成带噪声波形。

（9）从“函数”选板中选择“信号处理”→“滤波器”→“Butterworth 滤波器”VI，通过“高通”滤波器，输入低截止频率为 150，阶数为 5，生成高频噪声。

（10）从“函数”选板中选择“编程”→“数值”→“加”函数，计算正弦波与高通滤波后的噪声波形。

（11）从“函数”选板中选择“信号处理”→“滤波器”→“Butterworth 滤波器”VI，通过“低通”滤波器，输入“低截止频率”和“阶数”，提取正弦波。

（12）从“函数”选板中选择“编程”→“数值”→“倒数”函数，计算正弦周期 =(1/ 正弦频率)。

（13）选择“编程”→“簇、类与变体”→“捆绑”函数，使独立元素数值 0、正弦周期、高频噪声组合为未滤波前数据。

（14）选择“编程”→“簇、类与变体”→“捆绑”函数，使独立元素数值 0、正弦周期、提取的正弦波组合为滤波后数据。

（15）选择“编程”→“数组”→“创建数组”函数，叠加未滤波前数据和滤波后数据波形，输出到“信号”图形显示控件中，该控件替换为“银色”→“图形”→“波形图（银色）”控件。

（16）选择“编程”→“定时”→“等待”函数，放置在 While 循环内并创建输入常量 100。

（17）单击工具栏中的“整理程序框图”按钮，整理程序框图，如图 9-26 所示。

（18）打开前面板，单击“运行”按钮，运行 VI，VI 的前面板显示运行结果，如图 9-28 所示。

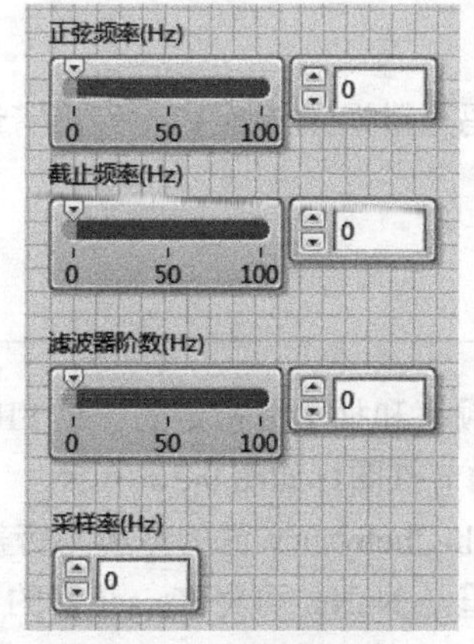

图 9-27　放置控件

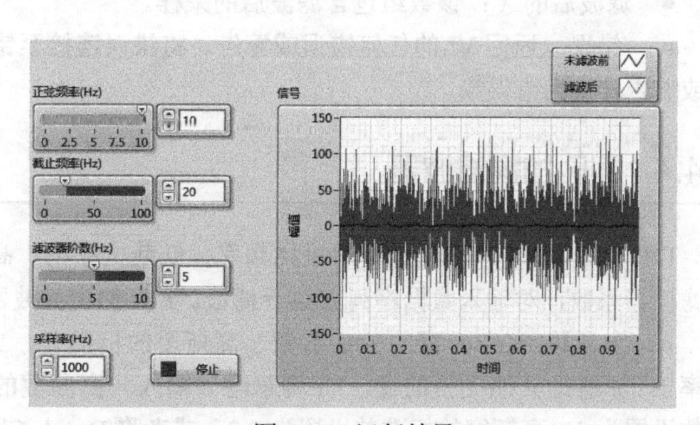

图 9-28　运行结果

9.4.3 切比雪夫滤波器

切比雪夫滤波器即“Chebyshev 滤波器”通过调用 Chebyshev 滤波器 VI 节点来产生一个数字切比雪夫滤波器。*X* 输入端输入信号的类型决定了节点所使用的多态 VI。Butterworth 滤波器 VI 的节点图标如图 9-29 所示。

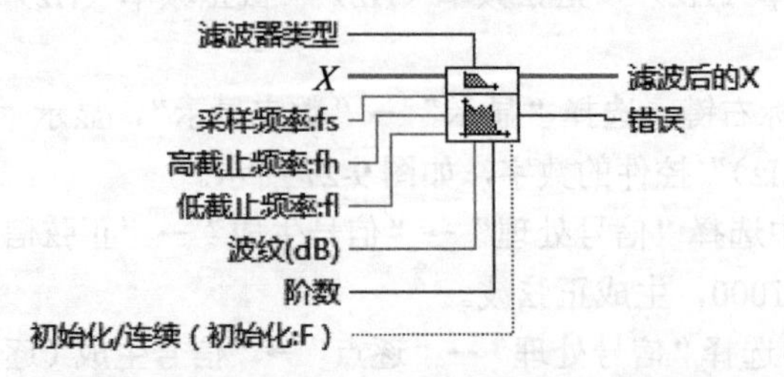

图 9-29 Butterworth 滤波器 VI 节点图标

- 滤波器类型：对滤波器的通带进行选择。包括低通（Lowpass）、高通（Highpass）、带通（Bandpass）和带阻（Bandstop）4 种类型。
- *X*：滤波器的输入信号。
- 采样频率：*X* 的采样频率并且必须大于 0。默认值为 1.0。如采样频率小于等于 0，VI 可设置滤波后的 *X* 为空数组并返回错误。
- 高截止频率：高截止频率以 Hz 为单位。默认值为 0.45。如滤波器类型为 0（lowpass）或 1（highpass），VI 忽略该参数。滤波器类型为 2（Bandpass）或 3（Bandstop）时，高截止频率必须大于低截止频率并且满足奈奎斯特定律。
- 低截止频率：fl 是低截止频率必须满足奈奎斯特定律。默认值为 0.125。如低截止频率：fl 小于 0 或大于采样频率的一半，VI 可设置滤波后的 *X* 为空数组并返回错误。滤波器类型为 2（Bandpass）或 3（Bandstop）时，低截止频率必须小于高截止频率。
- 波纹：通带的波纹。波纹必须大于 0，以分贝为单位。默认值为 0.1。如波纹小于等于 0，VI 可设置滤波后的 *X* 为空数组并返回错误。
- 阶数：指定滤波器的阶数并且必须大于 0。默认值为 2。如阶数小于等于 0，VI 可设置滤波后的 *X* 为空数组并返回错误。
- 初始化 / 连续：控制内部状态的初始化。默认值为 FALSE。VI 第一次运行时或初始化 / 连续的值为 FALSE 时，LabVIEW 可使内部状态初始化为 0。
- 滤波后的 *X*：该数组包含滤波后的采样。
- 错误：返回 VI 的任何错误或警告。将错误连接至错误代码至错误簇转换 VI，可将错误代码或警告转换为错误簇。

9.4.4 FIR 加窗滤波器

FIR 加窗滤波器 VI 通过使用采样频率、低截止频率、高截止频率和抽头数指定的一组 FIR 加窗滤波器系数，对输入数据序列 *X* 进行滤波。FIR 加窗滤波器 VI 的节点图标如图 9-30 所示。

- 窗参数：Kaiser 窗的 beta 参数、高斯窗的标准差，或 Dolph-Chebyshev 窗的主瓣与旁瓣的比率 *s*。如窗是其他类型的窗，VI 将忽略该输入。窗参数的默认值是 NaN。可将 Kaiser 窗的 beta 参数设置为 0、高斯窗的标准差设置为 0.2，或者将 Dolph-Chebyshev 窗的 *s* 设置为 60。

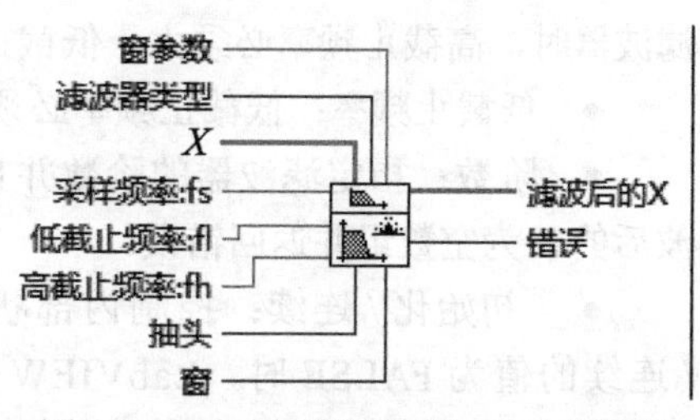

图 9-30　FIR 加窗滤波器 VI 节点图标

- 滤波器类型：对滤波器的通带进行选择。包括低通（Lowpass）、高通（Highpass）、带通（Bandpass）和带阻（Bandstop）4 种类型。
- 抽头：指定 FIR 系数的总数并且必须大于 0。默认值为 25。如抽头小于等于 0，VI 可设置滤波后的 *X* 为空数组并返回错误。对于高通或带阻滤波器，抽头必须为奇数。
- 窗：指定平滑窗的类型。平滑窗可减少滤波器通带中的波纹，并改进滤波器对滤波器阻带中频率分量的衰减。类型包括矩形（默认）、Hanning、Hamming、Blackman-Harris、Exact Blackman、Blackman、Flat Top、4 阶 Blackman-Harris、7 阶 Blackman-Harris、Low Sidelobe、Blackman Nuttall、三角、Bartlett-Hanning、Bohman、Parzen、Welch、Kaiser、Dolph-Chebyshev 和高斯。
- 滤波后的 *X*：该数组包含滤波后的采样。滤波后的 *X* 含有卷积操作产生的相关索引延迟，延迟=$\frac{抽头-1}{2}$。

9.4.5　Savitzky-Golay 滤波器

通过调用 Savitzky-Golay 滤波器 VI 节点可使用 Savitzky-Golay FIR 平滑滤波器对输入数据序列 *X* 进行滤波。Savitzky-Golay 滤波器 VI 的节点图标如图 9-31 所示。

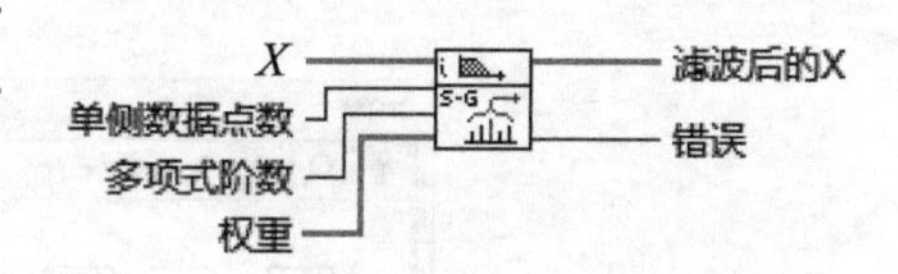

图 9-31　Savitzky-Golay 滤波器 VI 节点图标

- *X*：要进行滤波的包含采样的输入数组。
- 单侧数据点数：指定当前数据点每一边用于最小二乘法最小化的数据点数量。单侧数据点数 ×2 + 1 是移动窗口的长度，必须大于多项式阶数。
- 多项式阶数：指定多项式的阶数。
- 权重：指定用于最小二乘法最小化的权重向量。数组必须为空或长度为单侧数据点数 ×2+1。
- 滤波后的 *X*：该数组包含滤波后的采样。
- 错误：返回 VI 的任何错误或警告。将错误连接至错误代码至错误簇转换 VI，可将错误代码或警告转换为错误簇。

9.4.6　贝塞尔滤波器

通过调用贝塞尔滤波器 VI 节点，生成数字贝塞尔滤波器，贝塞尔滤波器 VI 的节点图标如图 9-32 所示。

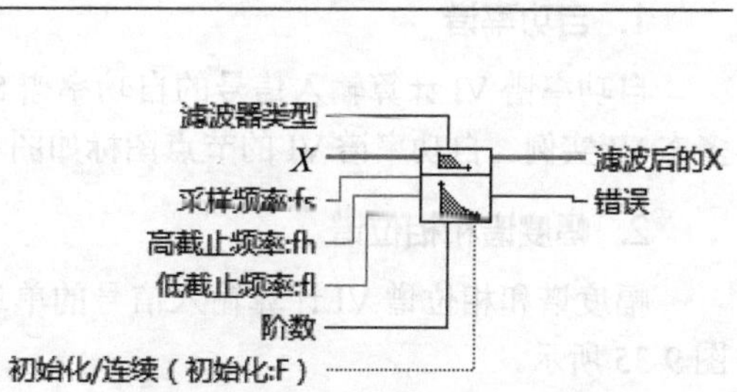

图 9-32　贝塞尔滤波器 VI 节点图标

- 滤波器类型：对滤波器的通带进行选择。包括低通（Lowpass）、高通（Highpass）、带通（Bandpass）和带阻（Bandstop）4 种类型。
- *X*：滤波器的输入信号。
- 采样频率：采样频率必须高于 0。默认为 1.0。如果采样频率高于或等于 0，VI 将滤波后的 *X* 输出为一个空数组并且返回一个错误。
- 高截止频率：当滤波器为低通或高通滤波器时，VI 将忽略该参数。当滤波器为带通或带阻滤波器时，高截止频率必须大于低截止频率。

- 低截止频率：低截止频率必须满足奈奎斯特定律。默认值为 0.125。
- 阶数：指定滤波器的阶数并且必须大于 0。默认值为 2。如阶数小于等于 0，VI 可设置滤波后的 *X* 为空数组并返回错误。
- 初始化 / 连续：控制内部状态的初始化。默认值为 FALSE。VI 第一次运行或初始化 / 连续的值为 FALSE 时，LabVIEW 可使内部状态初始化为 0。如初始化 / 连续的值为 TRUE，LabVIEW 可使内部状态初始化为 VI 实例上一次调用时的最终状态。如需处理由小数据块组成的较大数据序列，可为第一个块设置输入为 FALSE，然后设置为 TRUE，对其他的块继续进行滤波。
- 滤波后的 *X*：该数组包含滤波后的采样。

9.5 谱分析

使用谱分析 VI 节点进行基于数组的谱分析。“谱分析”子选板上的 VI 可以返回一个通用 LabVIEW 错误代码或一个特定的信号处理代码。谱分析 VI 在“函数”选板的“信号处理”→“谱分析”子选板中，如图 9-33 所示。

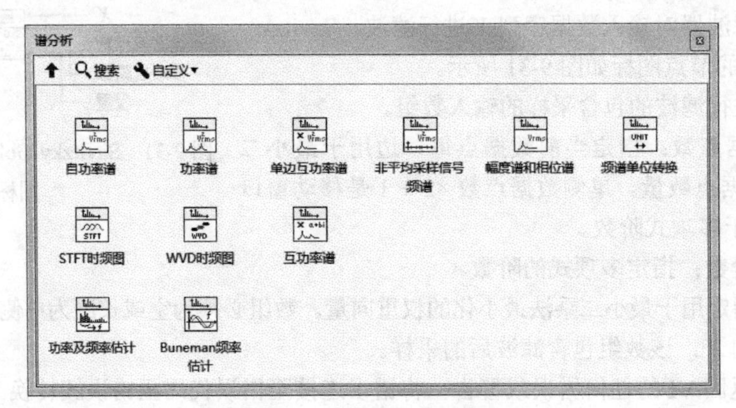

图 9-33 “谱分析”子选板

下面对该子选板中的 VI 节点进行简要介绍。

1. 自功率谱

自功率谱 VI 计算输入信号的自功率谱 Sxx。信号输入端输入信号的类型决定了节点所使用的多态 VI 实例。自功率谱 VI 的节点图标如图 9-34 所示。

2. 幅度谱和相位谱

幅度谱和相位谱 VI 计算输入信号的单边幅度谱和相位谱。幅度谱和相位谱 VI 的节点图标如图 9-35 所示。

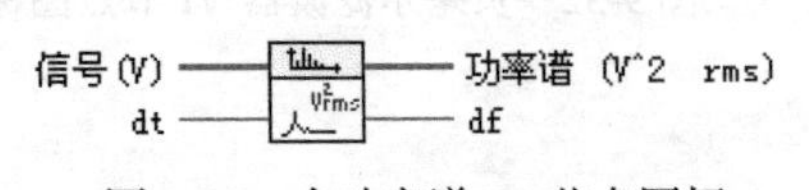

图 9-34 自功率谱 VI 节点图标

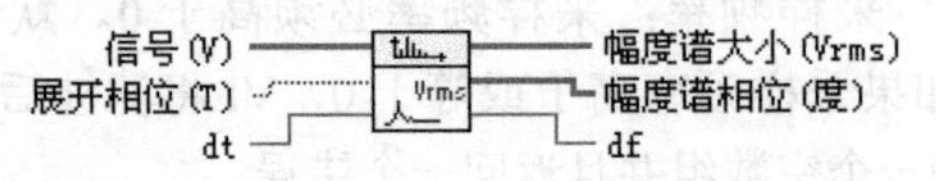

图 9-35 幅度谱和相位谱 VI 节点图标

9.6　变换

使用变换 VI 进行信号处理中常用的变换。基于 FFT 的 LabVIEW 变换 VI 使用不同的单位和标尺。“变换”子选板上的 VI 可以返回一个通用 LabVIEW 错误代码或一个特定的信号处理代码。变换 VI 在“函数”选板的“信号处理”→“变换”子选板中，如图 9-36 所示。

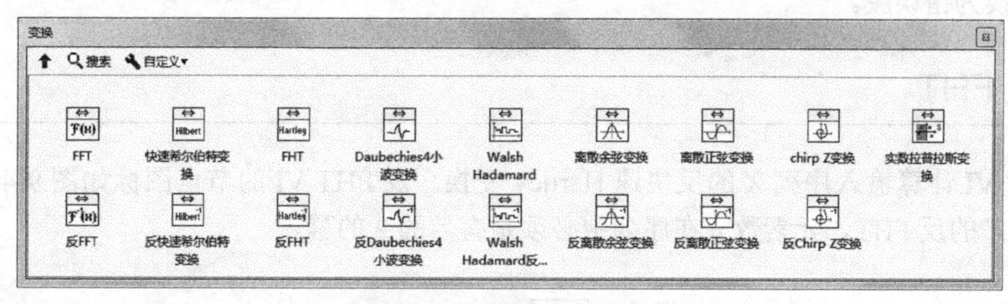

图 9-36　“变换”子选板

下面对该子选板中的部分 VI 节点进行简要介绍。

9.6.1　FFT

FFT VI 计算输入序列 *X* 的 FFT（快速傅里叶变换）。FFT VI 的节点图标如图 9-37 所示。

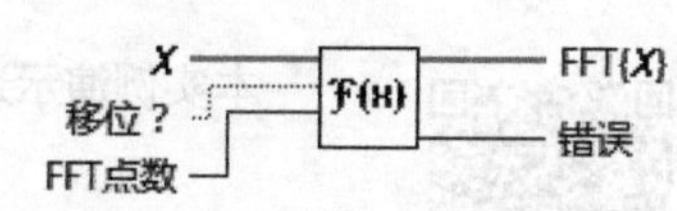

图 9-37　FFT VI 节点图标

- ***X***：实数向量。
- 移位？：指定 DC 元素是否位于 FFT｛*X*｝中心。默认值为 FALSE。
- FFT 点数：是要进行 FFT 的长度。如 FFT 点数大于 *X* 的元素数，VI 将在 *X* 的末尾添加 0，以匹配 FFT 点数的大小。如 FFT 点数小于 *X* 的元素数，VI 只使用 *X* 中的前 ***n*** 个元素进行 FFT，n 是 FFT 点数。如 FFT 点数小于等于 0，VI 将使用 *X* 的长度作为 FFT 点数。
- FFT｛*X*｝: *X* 的 FFT。
- 错误：返回 VI 的任何错误或警告。将错误连接至错误代码至错误簇转换 VI，可将错误代码或警告转换为错误簇。

9.6.2　FHT

FHT* VI 计算输入序列 *X* 的快速 Hartley 变换（FHT）。FHT VI 的节点图标如图 9-38 所示。输入序列 *X* 的元素个数必须为有效的 2 的幂。若 *X* 的元素数不是 2 的幂，VI 可设置 Hartley{*X*} 为空数组并返回错误。

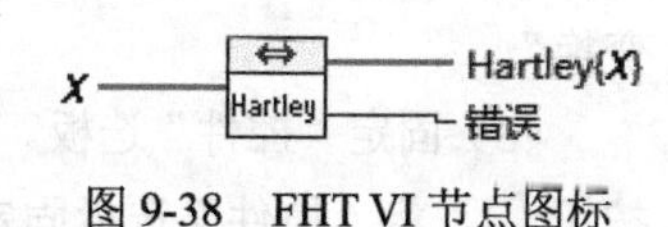

图 9-38　FHT VI 节点图标

9.6.3　反 FFT

反 FFT VI 计算输入序列 FFT{*X*} 的反离散傅里叶变换（IDFT）。反 FFT VI 的节点图标如图 9-39 所示。

*　FHT：fast hartley transform，快速哈特莱变换。为方便软件显示，后文将统一应用其英文略缩词“FHT”。

- FFT {X}：值为复数的输入序列，除第一个元素外共轭中心对称。该实例仅使用 FFT {X} 的前半部分。
- 移位？：指定 DC 元素是否位于 FFT {X} 中心。默认值为 FALSE。
- X：FFT {X} 的反实数 FFT。
- 错误：返回 VI 的任何错误或警告。将错误连接至错误代码至错误簇转换 VI，可将错误代码或警告转换为错误簇。

图 9-39　反 FFT VI 节点

9.6.4　反 FHT

反 FHT VI 计算输入序列 X 的反快速 Hartley 变换。反 FHT VI 的节点图标如图 9-40 所示。如需正确计算 X 的反 FHT，元素数 n 在序列中必须是有效的 2 的幂。

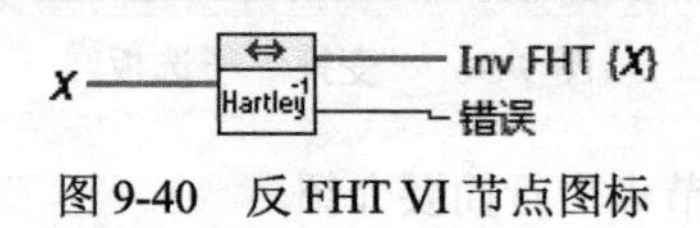

图 9-40　反 FHT VI 节点图标

9.6.5　实例——序列 FFT

扫码看视频

本实例演示通过快速傅里叶变换 VI 计算输入序列 X 的值，程序框图如图 9-41 所示。

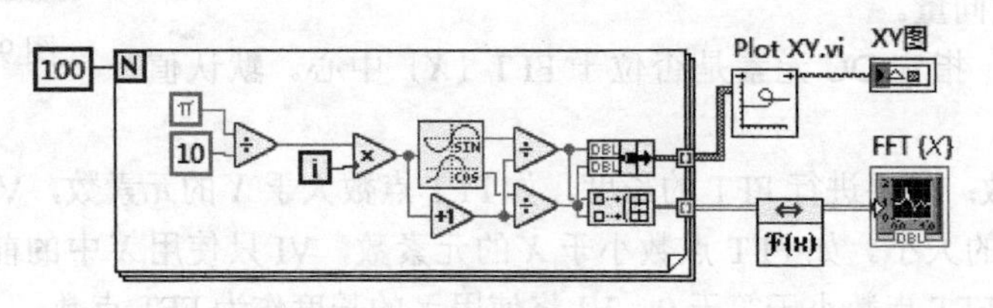

图 9-41　程序框图

操作步骤

（1）新建 VI。选择菜单栏中的“文件”→“新建 VI”命令，新建一个 VI，一个空白的 VI 包括前面板及程序框图。

（2）保存 VI。选择菜单栏中的“文件”→“另存为”命令，输入 VI 名称为“序列快速傅里叶变换”。

（3）固定“控件”选板。单击鼠标右键，在前面板打开“控件”选板，单击选板左上角“固定”按钮，将“控件”选板固定在前面板。

（4）从“函数”选板中选择“编程”→“结构”→“For 循环”函数，创建循环次数为 100 的循环结构。

（5）从“函数”选板中选择“编程”→“数值”→“除”函数，计算随机值“π/10×i”。

（6）从“函数”选板中选择“数学”→“初等与特殊函数”→“三角函数”→“正弦与余弦”函数，计算随机值的正弦与余弦。

（7）在“函数”选板中选择“编程”→“数值”→“除”“加一”函数，计算“sin(π/10×i)/

(π/10×i+1)，cos(π/10×i)/(π/10×i+1)”。

（8）从“函数”选板中选择“编程”→“簇、类与变体 ”→“捆绑”函数，将计算的数值捆绑输出为序列 *X*。

（9）从“函数”选板中选择“编程”→“图形与声音 ”→“图片绘制”函数，绘制序列 *X* 的“XY 图”图片。

（10）从“函数”选板中选择“编程”→“数组”→“创建数组”函数，将计算的数值输出为数组。

（11）从“函数”选板中选择“信号处理”→“变换”→“FFT”函数，计算序列数组的快速傅里叶变换，输出到“FFT {X}”图形显示控件中。

（12）单击工具栏中的“整理程序框图”按钮，整理程序框图，程序框图如图 9-41 所示。

（13）打开前面板，单击“运行”按钮，运行 VI，在前面板显示运行结果，如图 9-42 所示。

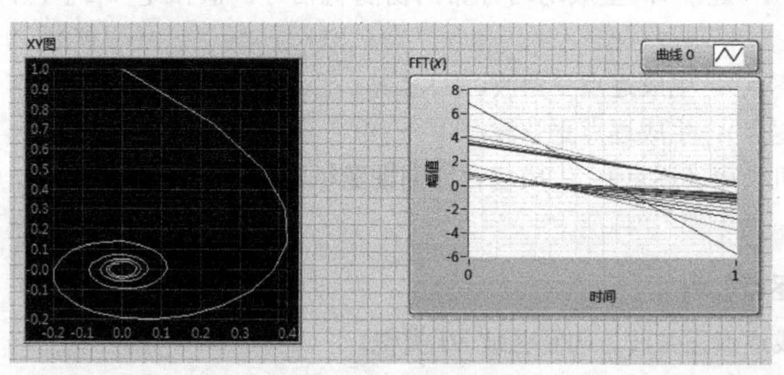

图 9-42　运行结果

9.7　逐点

传统的基于缓冲和数组的数据分析过程是：缓冲区准备、数据分析、数据输出，分析是按数据块进行的。由于构建数据块需要时间，因此使用这种方法难以构建实时的系统。在逐点信号分析中，数据分析是针对每个数据点的，一个数据点接一个数据点连续进行的，数据可以实现实时处理。使用逐点信号分析库能够跟踪和处理实时事件，分析可以与信号同步，直接与数据相连，数据丢失的可能性更小，编程更加容易，而且因为无须构建数组，所以对采样速率要求更低。

逐点信号分析具有非常广泛的应用前景。实时的数据采集和分析需要高效稳定的应用程序，逐点信号分析是高效稳定的，因为它与数据采集和分析是紧密相连的，因此它更适用于控制 FPGA 芯片、DSP 芯片、内嵌控制器、专用 CPU 和 ASIC 等。

在使用逐点 VI 时注意以下两点。

（1）初始化。逐点信号分析的程序必须进行初始化，防止前后设置发生冲突。

（2）重入（Re-entrant）。逐点 VI 必须被设置称为可重入的。可重入 VI 在每次被调用时将产生一个副本，每个副本会使用不同的存储区，所以使用相同 VI 的程序间不会发生冲突。

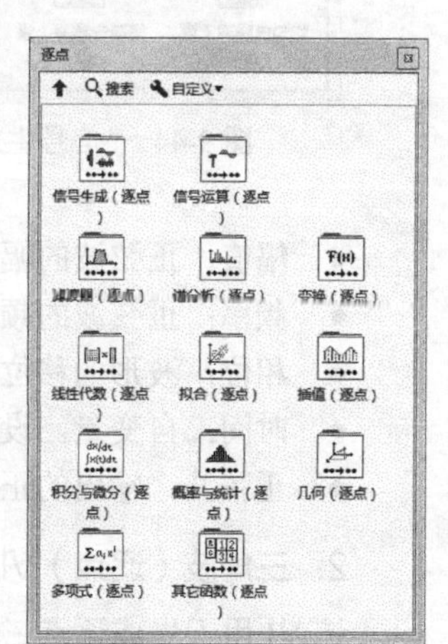

图 9-43　“逐点”子选板

“逐点”节点位于“函数”选板的“信号处理”→“逐点”子选板中，如图 9-43 所示。逐点节点的功能与相应的标准节点相同只是工作方式有所差异。

9.7.1 信号生成

信号生成（逐点）VI 用于生成描述特定波形的一维数组，其所在子选板如图 9-44 所示。下面对该子选板中的 VI 节点进行简要介绍。

- 方波（逐点）：生成逐点方波。
- 高斯白噪声（逐点）：生成高斯分布的伪随机信号，统计分布为（mu, sigma）=（0, s），s 是标准差。
- 锯齿波（逐点）：生成逐点锯齿波。
- 均匀白噪声（逐点）：生成均匀分布的伪随机信号，值在［$-a,a$］区间内。a 是幅值的绝对值。
- 三角波（逐点）：生成逐点三角波。
- 正弦波（逐点）：生成逐点正弦波。
- 周期性随机噪声（逐点）：生成包含周期性随机噪声（Petioclic Random Nolse，PRN）的输出数据。

1. 正弦波（逐点）VI

该 VI 用于生成逐点正弦波，与正弦波 VI 类似，

$$正弦波=幅值\times\sin\left(2\pi\times频率\times时间+\frac{2\pi\times相位}{360}\right)。$$

默认情况下，全部逐点 VI 中的重入执行已启用，该 VI 可以连续调用。正弦波（逐点）VI 的节点图标如图 9-45 所示。

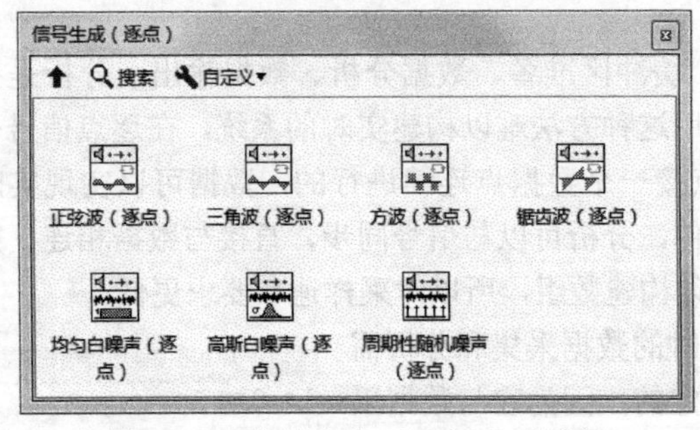

图 9-44 “信号生成（逐点）”子选板

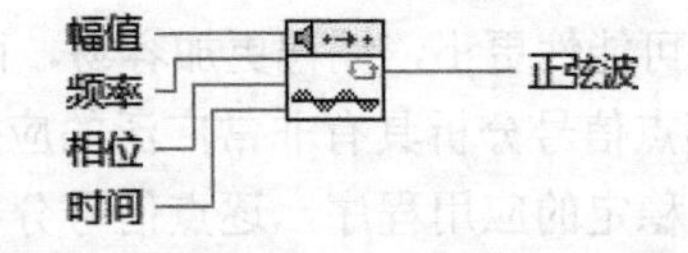

图 9-45 正弦波（逐点）VI 节点图标

- 幅值：正弦波的幅值。默认值为 1.0。
- 频率：正弦波的频率，以赫兹为单位。默认值为 1。
- 相位：波形的移位，以度为单位。
- 时间：自变量。设置时间以常量递增，正斜率。
- 正弦波：输出的正弦波。

2. 三角波（逐点）VI

该 VI 用于生成逐点三角波，与三角波 VI 类似，其中，

$$三角(q)=\begin{cases} \dfrac{q}{90} & 0 \leqslant q < 90 \\ 2-\dfrac{q}{90} & 90 \leqslant q < 270 \\ \dfrac{q}{90}-4 & 270 \leqslant q < 360 \end{cases}$$

q =（360× 频率 × 时间 + 相位）mod（360），相位的单位是度。

默认情况下，全部逐点 VI 中的重入执行已启用，该节点可以连续调用。三角波（逐点）VI 的节点图标如图 9-46 所示。

- 幅值：三角波的幅值。默认值为 1.0。
- 频率：三角波的频率，以赫兹为单位。默认值为 1。
- 相位：波形的移位，以度为单位。
- 时间：自变量。设置时间以常量递增，正斜率。
- 三角波：输出的三角波。

3. 均匀白噪声（逐点）VI

该 VI 用于生成均匀分布的伪随机信号，值在［$-a,a$］区间内，a 是幅值的绝对值，该 VI 与均匀噪声 VI 类似。

均匀白噪声（逐点）VI 的节点图标如图 9-47 所示。

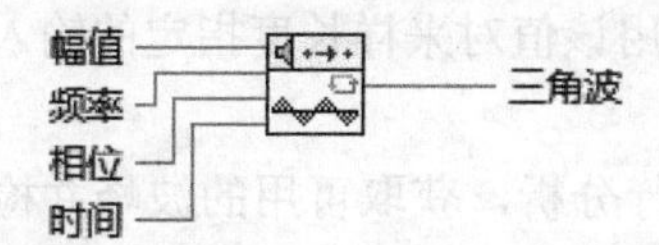

图 9-46 三角波（逐点）VI 节点图标

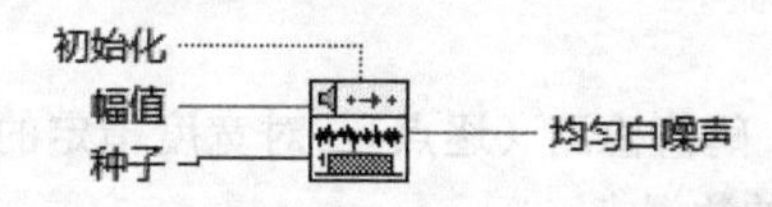

图 9-47 均匀白噪声（逐点）VI 节点图标

- 初始化：值为 TRUE 时，初始化 VI 的内部状态。
- 幅值：均匀白噪声的幅值。默认值为 1.0。
- 种子：如果种子大于 0 时，可导致噪声采样发生器更换种子。默认值为 −1。LabVIEW 为本 VI 的每个实例单独保存内部的种子状态。对于 VI 的每个特定实例，如果种子小于等于 0，LabVIEW 不更换噪声发生器的种子，噪声发生器可继续生成噪声的采样，作为之前噪声序列的延续。
- 均匀白噪声：包含均匀分布的伪随机信号。

“信号生成（逐点）”子选板中的其他 VI 与信号生成中相应的 VI 的使用方法类似。关于它们的使用方法，请参见“信号生成”子选板中 VI 的介绍部分。

9.7.2 信号运算

信号运算（逐点）VI 用于进行常用的一维和二维数值分析，其所在子选板如图 9-48 所示。

下面对该子选板中的 VI 进行简要介绍。

- *Y*[*i*]=Clip {*X*[*i*]}（逐点）：在上限和下限范围内，截取 x。
- *Y*[*i*]=*X*[*i-n*]（逐点）：通过“移位：n”采样对 x 进行移位。
- 波峰检测（逐点）：计算宽度指定的输入数据点集的波峰和波谷。
- 单位向量（逐点）：查找由采样长度指定的输入数据点的范数，然后使用范数对原有输入数据点进行归一化，获取对应的单位向量。

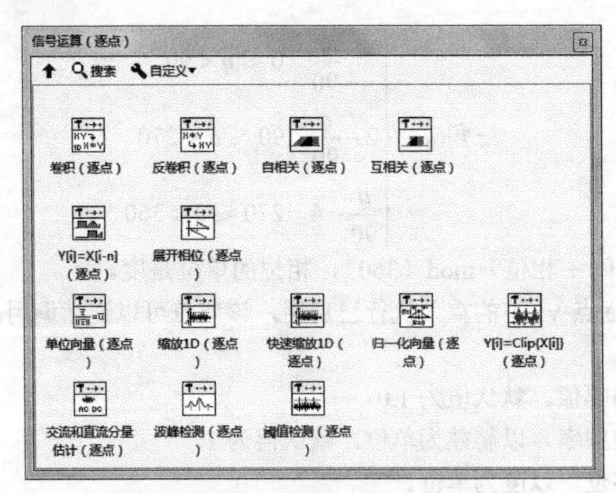

图 9-48 “信号运算（逐点）”子选板

- 反卷积（逐点）：返回“$x*y$”和 y 的卷积。
- 互相关（逐点）：返回 x 和 y 的互相关。
- 交流和直流分量估计（逐点）：估计输入信号的交流和直流电平。
- 卷积（逐点）：返回 x 和 y 的卷积。
- 快速缩放 1D（逐点）：确定由采样长度指定的输入数据点包含的最大绝对值，然后用绝对值缩放输入数据点集。
- 缩放 1D（逐点）：计算比例因子和偏移量，然后使用该值对采样长度指定的输入数据进行缩放。
- 阈值检测（逐点）：对宽度指定的输入数据点集进行分析，获取可用的波峰并检测其中超出阈值的数据点。
- 展开相位（逐点）：删除绝对值超过折叠基准线一半的不连续值，展开相位。
- 自相关（逐点）：获取采样长度指定的输入数据集的自相关。

9.7.3 滤波器

滤波器（逐点）VI 用于实现 IIR、FIR 及非线性滤波器的相关操作，其所在子选板如图 9-49 所示。

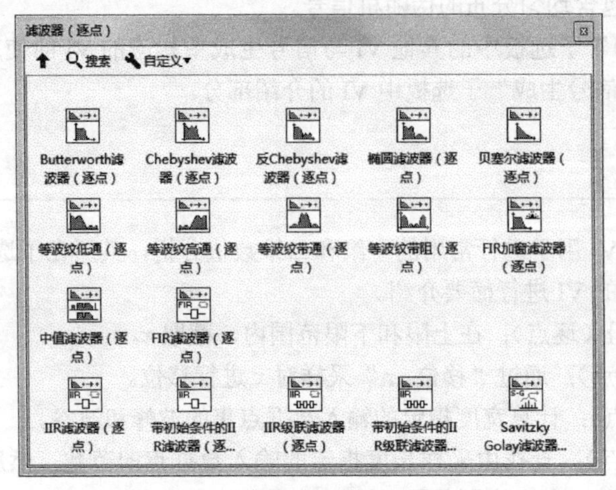

图 9-49 “滤波器（逐点）”子选板

下面对该子选板中的 VI 进行简要介绍。

- Butterworth 滤波器（逐点）：通过调用巴特沃斯系数 VI，生成数字巴特沃斯滤波器。
- Chebyshev 滤波器（逐点）：通过调用切比雪夫系数 VI，生成数字切比雪夫滤波器。
- FIR 加窗滤波器（逐点）：滤波器 *x* 使用 FIR 滤波器模型。
- FIR 滤波器（逐点）：滤波器 *x* 使用由前向系数指定的 FIR 滤波器。
- IIR 级联滤波器（逐点）：通过 IIR 滤波器簇指定的 IIR 滤波器的级联格式，对 *X* 进行滤波。
- IIR 滤波器（逐点）：通过反向系数和前向系数指定的直接型 IIR 滤波器，对 *X* 进行滤波。
- Savitzky Golay 滤波器（逐点）：以给定阶数的多项式为基础进行拟合，然后对曲线进行平滑，而不返回原始数据。
- 贝塞尔滤波器（逐点）：通过贝塞尔系数算法生成数字贝塞尔滤波器。
- 带初始条件的 IIR 级联滤波器（逐点）：通过 IIR 滤波器簇指定的 IIR 滤波器的级联格式，对 *X* 进行滤波。
- 带初始条件的 IIR 滤波器（逐点）：通过反向系数和前向系数指定的 IIR 滤波器，对 *X* 进行滤波。
- 等波纹带通（逐点）：滤波器 *x* 使用等波纹带通 FIR 滤波器模型。
- 等波纹带阻（逐点）：滤波器 *x* 使用等波纹带阻 FIR 滤波器模型。
- 等波纹低通（逐点）：滤波器 *x* 使用等波纹低通 FIR 滤波器模型。
- 等波纹高通（逐点）：滤波器 *x* 使用等波纹高通 FIR 滤波器模型。
- 反 Chebyshev 滤波器（逐点）：通过反切比雪夫系数算法生成数字 Chebyshev II 滤波器。
- 椭圆滤波器（逐点）：通过调用椭圆滤波器系数 VI 生成数字椭圆滤波器。
- 中值滤波器（逐点）：对 *X* 应用秩的中值滤波器。

9.7.4　谱分析

谱分析（逐点）VI 用于实现数学和信号处理中的常用转换，其所在子选板如图 9-50 所示。

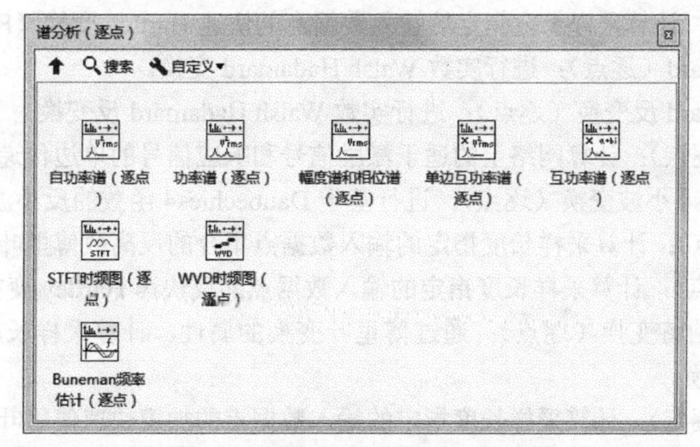

图 9-50　“谱分析（逐点）”子选板

下面对该选板中的 VI 进行简要介绍。

- Buneman 频率估计（逐点）：依据 Buneman 公式估算未知频率的正弦波频率。
- STFT 时频图（逐点）：依据短时傅里叶变换（STFT）算法，计算联合时频域中信号的能量分布。

- WVD 时频图（逐点）：依据 Wigner-Ville 分布算法，计算联合时频域中信号的能量分布。
- 单边互功率谱（逐点）：计算两个实时信号的单边且已缩放的互功率谱。
- 幅度谱和相位谱（逐点）：计算实数时域信号的单边且已缩放的幅度谱，并通过幅度和相位返回幅度谱。
- 功率谱（逐点）：计算采样长度指定的输入数据点的功率谱 Sxx。
- 互功率谱（逐点）：计算采样长度指定的输入数据点的互功率谱 Sxy。
- 自功率谱（逐点）：计算时域信号的单边且已缩放的自功率谱。

9.7.5 变换

变换（逐点）VI 用于进行常用的一维和二维数值分析，其所在子选板如图 9-51 所示。

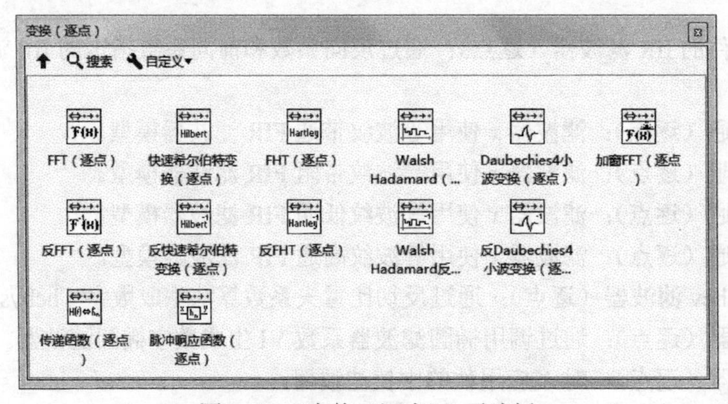

图 9-51 “变换（逐点）”子选板

下面对该子选板中的 VI 进行简要介绍。

- Daubechies4 小波变换（逐点）：进行基于 Daubechies4 函数的小波变换。
- FFT（逐点）：计算 x 的傅里叶变换。该 VI 与 FFT VI 类似。
- FHT（逐点）：计算采样长度指定的输入数据点的快速 Hartley 变换（FHT）。
- Walsh Hadamard（逐点）：进行实数 Walsh Hadamard 变换。
- Walsh Hadamard 反变换（逐点）：进行实数 Walsh Hadamard 反变换。
- 传递函数（逐点）：计算网络上的适于激励信号和响应信号的单边传递函数（频率响应）。
- 反 Daubechies4 小波变换（逐点）：进行基于 Daubechies4 函数的反小波变换。
- 反 FFT（逐点）：计算采样长度指定的输入数据点集合的反离散傅里叶变换（IDFT）。
- 反 FHT（逐点）：计算采样长度指定的输入数据点的反快速 Hartley 变换。
- 反快速希尔伯特变换（逐点）：通过傅里叶变换的属性，计算采样长度指定的输入数据点的反快速希尔伯特变换。
- 加窗 FFT（逐点）：计算采样长度指定的输入数据点的加窗快速傅里叶变换。
- 快速希尔伯特变换（逐点）：通过快速傅里叶变换（FFT）属性，计算采样长度指定的输入数据点的快速希尔伯特变换。
- 脉冲响应函数（逐点）：计算基于实数信号 x（激励信号 x）和信号 y（响应信号 y）的网络的脉冲响应。

9.7.6　实例——生成 STFT 时频图

本例演示生成带周期性噪声的正弦波，然后调用 STFT 时频图（逐点）VI，计算每个点的时频，执行实时联合时频分析（JTFA），程序框图如图 9-52 所示。

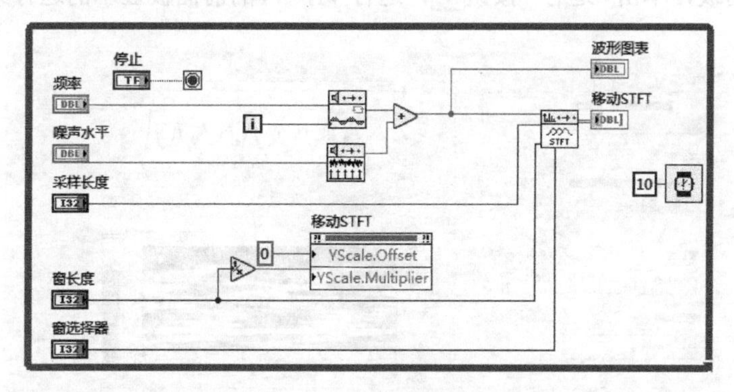

图 9-52　程序框图

操作步骤

（1）新建 VI。选择菜单栏中的“文件”→“新建 VI”命令，新建一个 VI，一个空白的 VI 包括前面板及程序框图。

（2）保存 VI。选择菜单栏中的“文件”→“另存为”命令，输入 VI 名称为“生成 STFT 时频图”。

（3）固定“控件”选板。单击鼠标右键，在前面板打开“控件”选板，单击选板左上角“固定”按钮，将“控件”选板固定在前面板。

（4）从“函数”选板中选择“编程”→“结构”→“While 循环”函数，创建循环结构，通过“停止”控件控制循序的停止。

（5）从“控件”选板中选择“银色”→“数值”→“数值输入控件（银色）”“水平指针滑动杆（银色）”，修改名称为“频率”和“噪声水平”，放置在前面板的适当位置。

（6）在控件上单击鼠标右键，选择“显示”→“数字显示”，显示“频率”和“噪声水平”控件的数字显示，在控件中输入初始值，如图 9-53 所示。

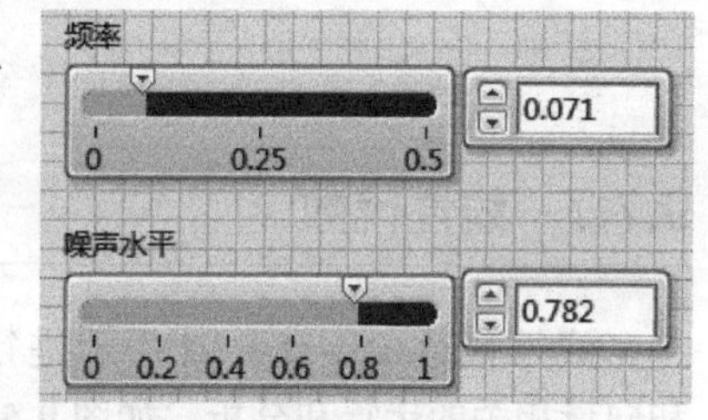

图 9-53　输入初始值

（7）从“函数”选板中选择“信号处理”→“逐点”→“信号生成（逐点）”→“正弦波（逐点）”函数，输入频率与时间，生成逐点正弦波。

（8）从“函数”选板中选择“信号处理”→“逐点”→“信号生成（逐点）”→“周期性随机噪声（逐点）”函数，输入噪声水平，生成逐点周期性随机噪声波形。

（9）从“函数”选板中选择“编程”→“数值”→“加”函数，计算叠加波形，输出到“波形图表”图形显示控件中，该控件替换为“银色”→“图形”→“波形图表（银色）”控件。

（10）从“函数”选板中选择“信号处理”→“逐点”→“谱分析（逐点）”→“STFT 时频图（逐点）”函数，输入“采样长度”“窗长度”“窗选择器”，生成“移动 STFT”图形显示控件中，该控件替换为“银色”→“图形”→“强度图（银色）”控件。

（11）创建“移动STFT”属性节点“Y标尺”→“偏移量与缩放系数”，选择“偏移量”“缩放系数”，调整“窗长度”的倒数缩放数据。

（12）选择“编程”→“定时”→“等待”函数，放置在While循环内并创建输入常量400。

（13）单击工具栏中的“整理程序框图”按钮，整理程序框图，程序框图如图9-52所示。

（14）打开前面板，单击“运行”按钮，运行VI，VI的前面板显示的运行结果如图9-54所示。

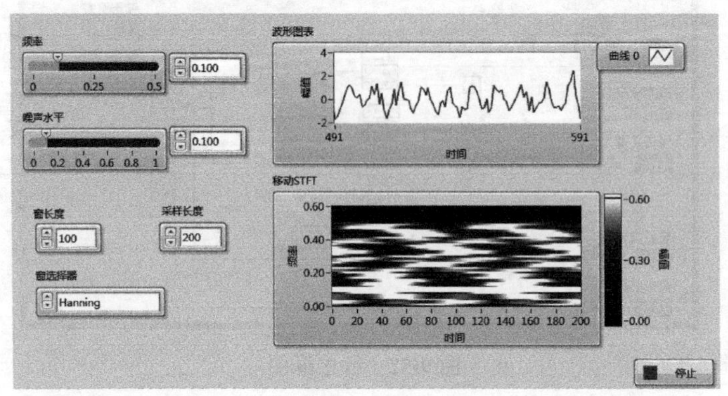

图9-54　运行结果

（15）打开前面板，更改信号的频率和噪声水平，单击“运行”按钮，运行VI，查看移动STFT强度图的结果，如图9-55所示。

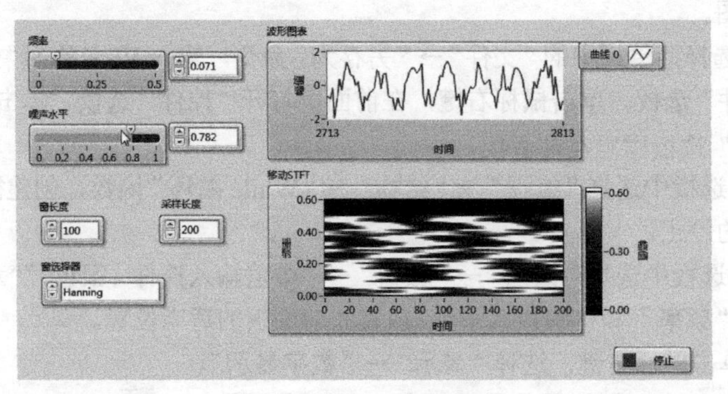

图9-55　移动STFT强度

9.7.7　线性代数

线性代数（逐点）VI用于进行矩阵相关和向量相关的运算和分析，如图9-56所示。

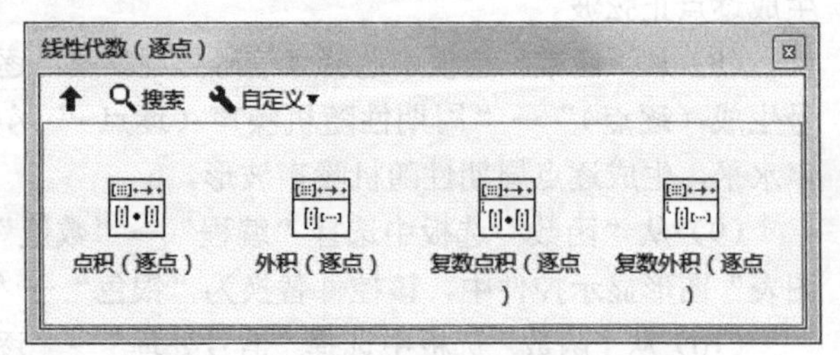

图9-56　“线性代数（逐点）”子选板

下面对该子选板中的VI进行简要介绍。

- $Y[i]$=Clip｛$X[i]$｝（逐点）：在上限和下限范围内，截取x。
- $Y[i]=X[i-n]$（逐点）：通过移位：n采样对x进行移位。
- 波峰检测（逐点）：计算宽度指定的输入数据点集的波峰和波谷。

- 单位向量（逐点）：查找由采样长度指定的输入数据点的范数，然后使用范数对原有输入数据点进行归一化，获取对应的单位向量。
- 反卷积（逐点）：返回 $x*y$ 和 y 的卷积。
- 互相关（逐点）：返回 x 和 y 的互相关。
- 交流和直流分量估计（逐点）：估计输入信号的交流和直流电平。
- 卷积（逐点）：返回 x 和 y 的卷积。
- 快速缩放 1D（逐点）：确定由采样长度指定的输入数据点包含的最大绝对值，然后用绝对值缩放输入数据点集。
- 缩放 1D(逐点)：计算比例因子和偏移量，然后使用该值对采样长度指定的输入数据进行缩放。
- 阈值检测（逐点）：对宽度指定的输入数据点集进行分析，获取可用的波峰并检测其中超出阈值的数据点。
- 展开相位（逐点）：删除绝对值超过折叠基准线一半的不连续值，展开相位。
- 自相关（逐点）：获取采样长度指定的输入数据集的自相关。

9.8　综合实例——获取回声信号的位置

本实例演示使用快速 Hartley 变换（FHT）VI 获取回声信号的位置，前面板与程序框图如图 9-57 和图 9-58 所示。

扫码看视频

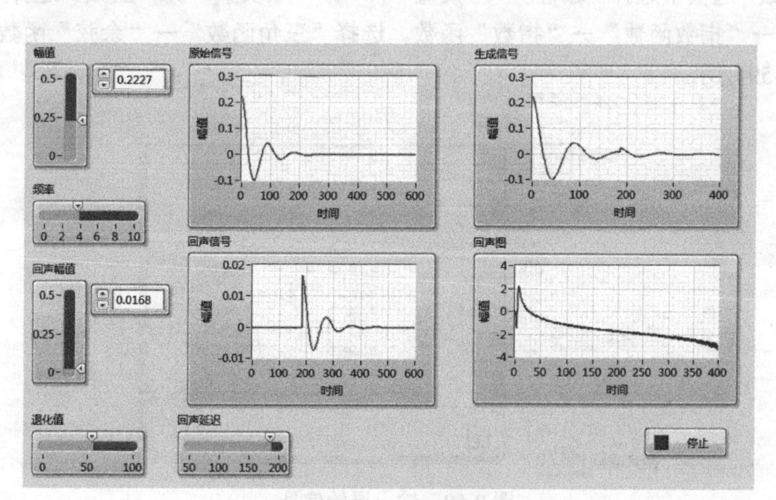

图 9-57　前面板

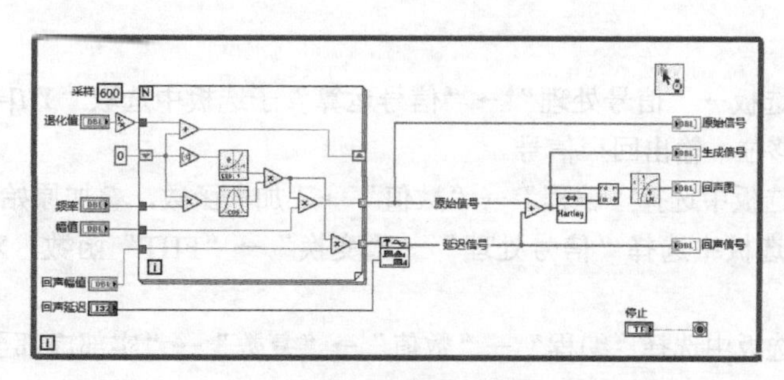

图 9-58　程序框图

1. 设置工作环境

（1）新建 VI。选择菜单栏中的“文件”→“新建 VI”命令，新建一个 VI，一个空白的 VI 包括前面板及程序框图。

（2）保存 VI。选择菜单栏中的“文件”→“另存为”命令，输入 VI 名称为“获取回声信号的位置”。

（3）从“函数”选板中选择“编程”→“结构”→“While 循环”函数，创建循环结构，通过“停止”控件控制循序的停止。

（4）选择“编程”→“对话框与用户界面”→“等待前面板活动”函数，放置在 While 循环内。

2. 创建原始信号

（1）从“函数”选板中选择“编程”→“结构”→“For 循环”函数，拖动出适当大小的矩形框，在 For 循环总线接线端创建循采样数为 600。

（2）在前面板中打开“控件”选板，在“银色”→“数值”子选板选取 2 个“垂直指针滑动杆控件”，3 个“水平指针滑动杆控件”，修改名称为“幅值”“频率”“回声幅值”“退化值”“回声延迟”，用于原始数据的输入。

（3）从“函数”选板中选择“编程”→“数值”→“倒数”函数，计算退化值的倒数。

（4）从“函数”选板中选择“编程”→“数值”→“加”“取负数”“乘”函数。选择“数学”→“初等与特殊函数”→“指数函数”→“指数”函数。选择“三角函数”→“余弦”函数，计算输出原始信号，如图 9-59 所示。

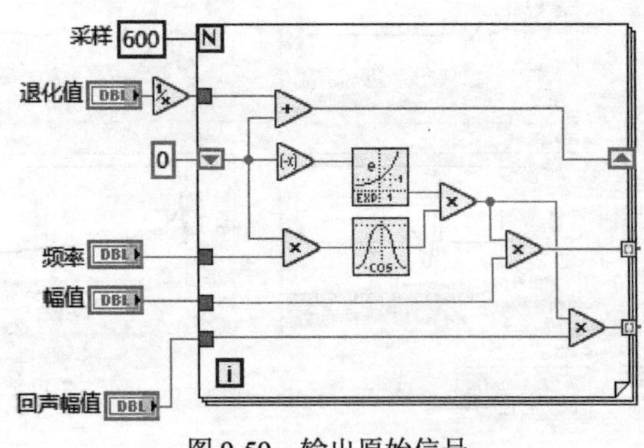

图 9-59　输出原始信号

3. 信号延迟

（1）从“函数”选板→“信号处理”→“信号运算”子选板中选取“*Y*[*i*]=*X*[*i*−*n*]”VI，对回声幅值计算数据 *x* 进行移位，输出回声信号。

（2）从“函数”选板中选择“编程”→“数值”→“加”函数，叠加原始信号与回声信号。

（3）从“函数”选板中选择“信号处理”→“变换”→“FHT”函数，对叠加信号进行快速 Hartley 变换（FHT）。

（4）从“函数”选板中选择“编程”→“数值”→“复数”→“实部虚部至极坐标转换”函数，使复数从直角坐标系转换为极坐标系。

（5）选择“数学”→“初等与特殊函数”→“指数函数”→“自然对数”函数，计算回声图数据。

4．信号运算

（1）在前面板中打开“控件”选板，从“银色”→“图形”子选板中选取4个“波形图”控件，修改名称为“原始信号”“生成信号”“回声信号”“回声图”，连接最终的数据显示。

（2）单击工具栏中的“整理程序框图”按钮，整理程序框图，程序框图如图9-58所示。

5．运行程序

（1）单击“运行”按钮，运行程序，可以在输出波形控件中显示输出波形，如图9-57所示。

（2）调整回声幅值，输出波形控件中显示输出波形，如图9-60所示。

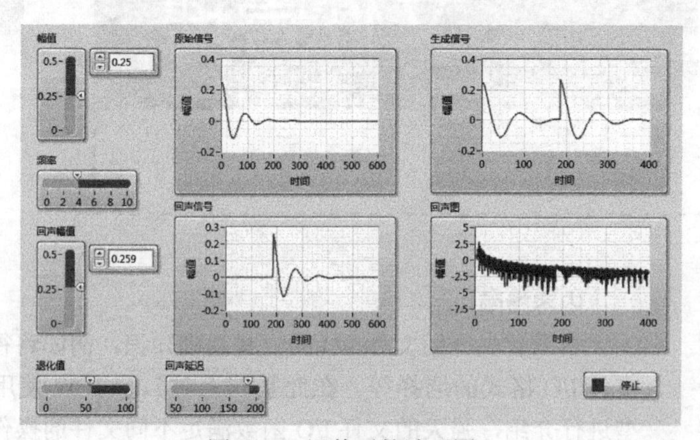

图9-60　调整后的波形图1

（3）调整退化值，波形图变化如图9-61所示。

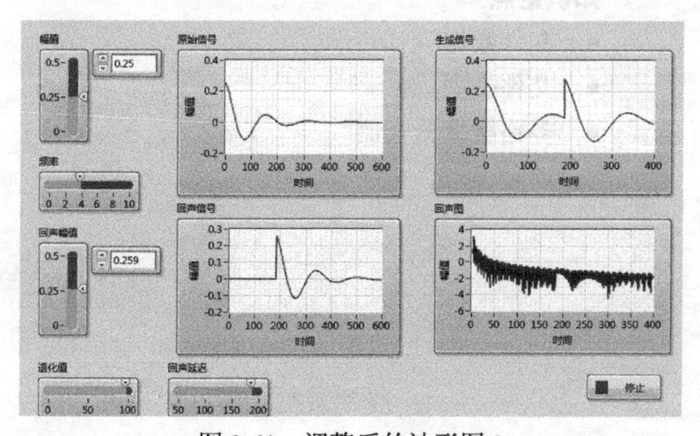

图9-61　调整后的波形图2

第 10 章 文件管理

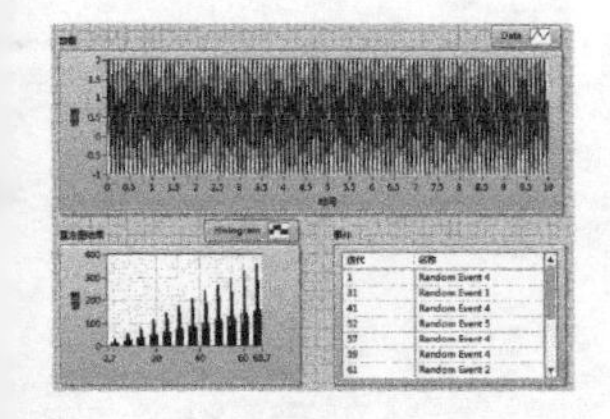

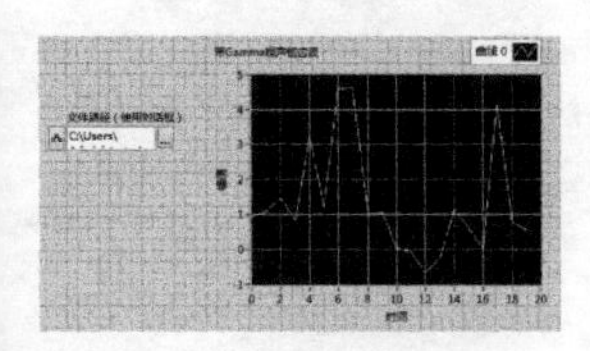

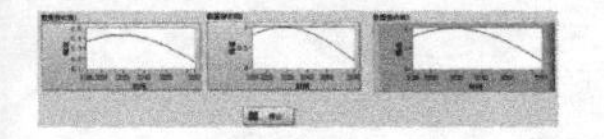

内容指南

本章首先介绍文件 I/O 的一些基础知识，例如路径、引用及文件 I/O 格式的选择等。在此基础上对 LabVIEW 使用的文件类型进行介绍，强大的文件 I/O 函数满足不同文件的操作需求，文件操作与管理是测试系统软件开发的重要组成部分，数据存储、参数输入和系统管理都离不开文件的建立、操作和维护。

知识重点

- 文件数据
- 文件类型
- 多路解调器实例

10.1　文件数据

典型的文件I/O操作包括以下流程。

（1）创建或打开一个文件，文件打开后，引用句柄，即代表该文件的唯一标识符。

（2）文件I/O VI或函数从文件中读取或向文件写入数据。

（3）关闭该文件。

文件I/O VI和某些文件I/O函数存在于“函数”选板的“编程”→“文件IO”子选板中，如图10-1所示。该函数选板中包括读取文本文件和写入文本文件可执行一般文件I/O操作的全部三个步骤。执行多项操作的VI和函数可能在效率上低于执行单项操作的函数。

图10-1　“文件I/O”子选板

10.1.1　路径

任何一个文件的操作（如文件的打开、创建、读写、删除、复制等），都需要确定文件在磁盘中的位置。LabVIEW与C语言一样，也是通过文件路径（Path）来定位文件的。不同的操作系统对路径的格式有不同的规定，但大多数的操作系统都支持所谓的树状目录结构，即有一个根目录（Root）。在根目录下，可以存在文件和子目录（Sub Directory），子目录下又可以包含各级子目录及文件。

在Windows系统下，一个有效的路径格式如下。

<drive：>\<dir…>\<file or dir>

其中，<drive：>是文件所在的逻辑驱动器盘符，<dir…>是文件或目录所在的各级子目录，<file or dir>是所要操作的文件或目录名。LabVIEW的路径输入必须满足这种格式要求。

在由Windows操作系统构造的网络环境下，LabVIEW的文件操作节点支持UNC文件定位方式，可直接用UNC路径来对网络中的共享文件进行定位。可在路径控制中直接输入一个网络，在路径只是中返回一个网络路径，或者直接在文件对话框中选择一个共享的网络文件（文件对话框参见本节后述内容）。只要权限允许，对用户来说网络共享文件的操作与本地文件操作并无区别。

一个有效的UNC文件名格式如下。

\\<machine>\<share name>\<dir>\...\<file or dir>

其中，<machine>是网络中机器名，<share name>是该机器中的共享驱动器名，<dir>\...为文件所在的目录，<file>即为选择的文件。

LabVIEW用路径控制（Path Control）输入一个路径，用路径指示（Path Indicator）显示下一个路径。

在用LabVIEW对文件进行操作的过程中，要经常用到“路径输入控件”和“路径显示控件”这两个控件。常用的路径VI包括下面两个。

1. 创建路径

创建路径VI用于在一个已经存在的基路径后添加一个字符串输入，构成一个新的路径。创建路径 VI 的节点图标如图 10-2 所示。

在实际应用中，可以把基路径设置为工作目录，每次存取文件时就不用在路径输入控件中输入很长的一个目录名，而只需输入相对路径或文件名。

- 基路径：指定函数要添加名称或相对路径的路径。默认值为空路径。如基路径无效，函数可设置添加的路径为 < 非法路径 >。
- 名称或相对路径：要添加至基路径的新路径成分。如名称或相对路径为空字符串或无效，函数可设置添加的路径为 < 非法路径 >。
- 添加的路径：作为结果的路径。

2. 拆分路径

拆分路径 VI 用于把输入路径从最后一个反斜杠的位置分成两部分，分别从拆分的路径输出端和名称输出端口输出。因为一个路径的后面常常是一个文件名，所以这个节点可以用来把文件名从路径中分离出来。如果要写一个文件重命名的 VI，就可以使用这个节点。拆分路径函数 VI 的节点图标如图 10-3 所示。

- 路径：指定要操作的路径。如该参数是空路径或非法，函数可通过拆分的路径的名称和 < 非法路径 > 返回空字符串。
- 拆分的路径：通过从路径末尾删除名称得到的路径。
- 名称：指定路径的最后一个元素。

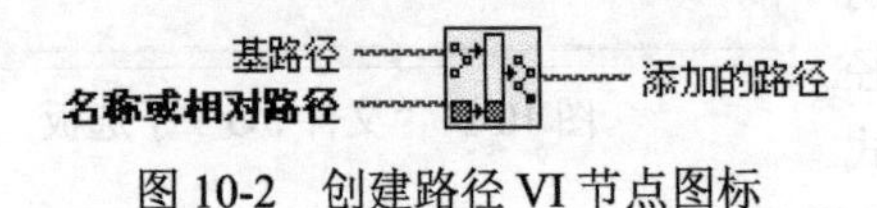

图 10-2　创建路径 VI 节点图标

图 10-3　拆分路径 VI 节点图标

10.1.2　文件 I/O 格式

采用何种文件 I/O 选板上的 VI 取决于文件的格式。LabVIEW 可读写的文件格式有文本文件、二进制文件和数据记录文件三种。使用何种格式的文件取决于采集和创建的数据及访问这些数据的应用程序。

根据以下标准确定使用的文件格式。

- 如需在其他应用程序（如 Microsoft Excel）中访问这些数据，使用最常见且便于存取的文本文件。
- 如需随机读写文件或读取速度及磁盘空间有限，使用二进制文件。在磁盘空间利用和读取速度方面二进制文件优于文本文件。
- 如需在 LabVIEW 中处理复杂的数据记录或不同的数据类型，使用数据记录文件。如果仅从 LabVIEW 访问数据，而且需存储复杂数据结构，数据记录文件是最好的方式。

1. 何时使用文本文件

磁盘空间、文件 I/O 操作速度和数字精度不是主要考虑因素，若无需进行随机读写，应使用文本文件存储数据，方便其他用户和应用程序读取文件。

文本文件是最便于使用和共享的文件格式，几乎适用于所有计算机。许多基于文本的程序可读取基于文本的文件。多数仪器控制应用程序使用文本字符串。

如需通过其他应用程序访问数据，例如文字处理或电子表格应用程序，可将数据存储在文本文件中。如需将数据存储在文本文件中，可使用字符串函数将所有的数据转换为文本字符串。文本文件可包含不同数据类型的信息。

如果数据本身不是文本格式（例如，图形或图表数据），由于数据的 ASCII 码表示通常要比数据本身大，因此文本文件要比二进制和数据记录文件占用更多内存。例如，将 −123.4567 作为单精度浮点数保存时只需 4 字节，如使用 ASCII 码表示，需要 9 字节，每个字符占用 1 字节。

另外，很难随机访问文本文件中的数值数据。尽管字符串中的每个字符占用 1 字节的空间，但是将一个数字表示为字符串所需要的空间通常是不固定的。如需查找文本文件中的第 9 个数字，LabVIEW 须先读取和转换前面 8 个数字。

将数值数据保存在文本文件中，可能会影响数值精度。计算机将数值保存为二进制数据，而通常情况下数值以十进制的形式写入文本文件。因此将数据写入文本文件时，可能会丢失数据精度。但二进制文件中并不存在这种问题。

文件 I/O VI 和函数可在文本文件和电子表格文件中读取或写入数据。

2. 何时使用二进制文件

磁盘用固定的字节数保存包括整数在内的二进制数据。例如，以二进制格式存储 0 ～ 40 亿之间的任何一个数，如 1、1000 或 1000000，每个数字占用 4 字节的空间。

二进制文件可用来保存数值数据并访问文件中的指定数字，或随机访问文件中的数字。与人可识别的文本文件不同，二进制文件只能通过计算机读取。二进制文件是存储数据最紧凑和快速的格式。在二进制文件中可使用多种数据类型，但这种情况并不常见。

二进制文件占用较少的磁盘空间，且存储和读取数据时无需在文本表示与数据之间进行转换，因此二进制文件效率更高。二进制文件可在 1 字节磁盘空间上表示 256 个值。除扩展精度和复数外，二进制文件中含有数据在内存中存储格式的映象。因为二进制文件的存储格式与数据在内存中的格式一致，无需转换，所以读取文件的速度更快。

文本文件和二进制文件均为字节流文件，以字符或字节的序列对数据进行存储。

文件 I/O VI 和函数可在二进制文件中进行读取写入操作。如需在文件中读写数字数据，或创建在多个操作系统上使用的文本文件，可考虑用二进制文件函数。

3. 何时使用数据记录文件

数据记录文件可访问和操作数据（仅在 LabVIEW 中），并可快速方便地存储复杂的数据结构。

数据记录文件以相同的结构记录序列存储数据（类似于电子表格），每行均表示一个记录。数据记录文件中的每条记录都必须是相同的数据类型。LabVIEW 会将每个记录作为含有待保存数据的簇写入该文件。每个数据记录可由任何数据类型组成，并可在创建该文件时确定数据类型。

例如，可创建一个数据记录，其记录数据的类型是包含字符串和数字的簇，则该数据记录文件的每条记录都是由字符串和数字组成的簇。第一个记录可以是（“abc”，1），而第二个记录可以是（“xyz”，7）。

数据记录文件只需进行少量处理，因而其读写速度更快。数据记录文件将原始数据块作为一个记录来重新读取，无需读取该记录之前的所有记录，因此使用数据记录文件简化了数据查询的过程。仅需记录号就可访问记录，因此可更快更方便地随机访问数据记录文件。创建数据记录文件时，LabVIEW 按顺序给每个记录分配一个记录号。

从前面板和程序框图可访问数据记录文件。

每次运行相关的 VI 时，LabVIEW 会将记录写入数据记录文件。LabVIEW 将记录写入数据记录文件后将无法覆盖该记录。读取数据记录文件时，可一次读取一个或多个记录。

如开发过程中系统要求更改或需在文件中添加其他数据，则可能需要修改文件的相应格式。修改数据记录文件格式将导致该文件不可用。存储 VI 可避免该问题。

前面板数据记录可创建数据记录文件，记录的数据可用于其他 VI 和报表中。

4. 波形文件

波形文件是一种特殊的数据记录文件，它记录了波形的一些基本信息，例如波形发生的起始时间和采样的时间间隔等。

10.1.3 文件操作

文件不可能直接进行操作，还需要进行基本的打开 / 关闭后才进行高级的拆分路径等操作，本节详细介绍文件的操作函数。

1. 打开 / 创建 / 替换文件

“打开 / 创建 / 替换文件”函数使用编程方式或对话框交互方式打开一个存在的文件、创建一个新文件或替换一个已存在的文件。可以选择使用对话框的提示或使用默认文件名。“打开 / 创建 / 替换文件”函数的节点图标如图 10-4 所示。

2. 关闭文件

“关闭文件”函数关闭一个引用句柄指定打开的文件，并返回文件的路径及引用句柄。这个节点不管错误输入端是否有错误信息输入，都要执行关闭文件的操作。所以，必须从错误输出中判断关闭文件操作是否成功。“关闭文件”函数的节点图标如图 10-5 所示。关闭文件要进行下列操作。

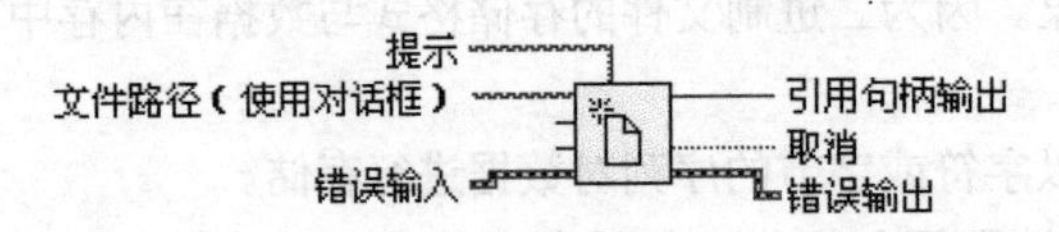

图 10-4 “打开 / 创建 / 替换文件”函数节点图标

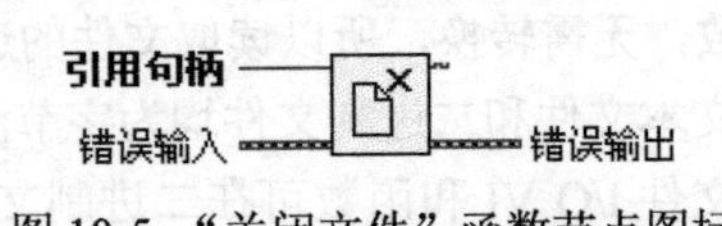

图 10-5 “关闭文件”函数节点图标

（1）把文件写在缓冲区里的数据写入物理存储介质中。

（2）更新文件列表的信息，如大小、最后更新日期等。

（3）释放引用句柄。

3. 格式化写入文件

“格式化写入文件”函数将字符串、数值、路径或布尔型数据格式化为文本格式并写入文本文件中。“格式化写入文件”函数的节点图标如图 10-6 所示。

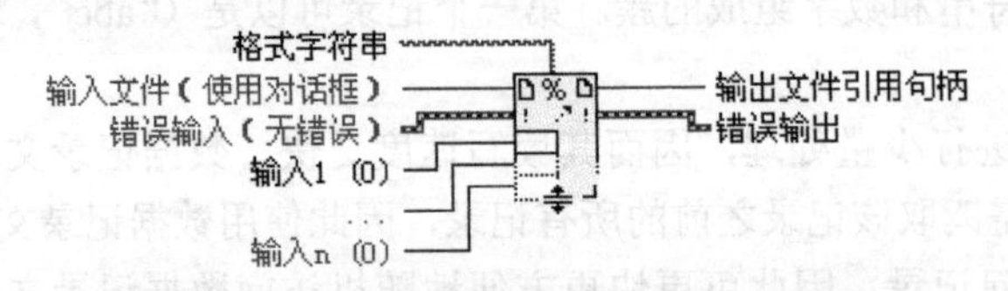

图 10-6 “格式化写入文件”函数节点图标

使用鼠标左键在“格式化写入文件”函数节点图标上双击，或者在节点图标上单击鼠标右键弹出快捷菜单，选择“编辑格式字符串”，显示“编辑格式字符串”对话框，如图 10-7 所示。该对话框用于将数字转换为字符串。

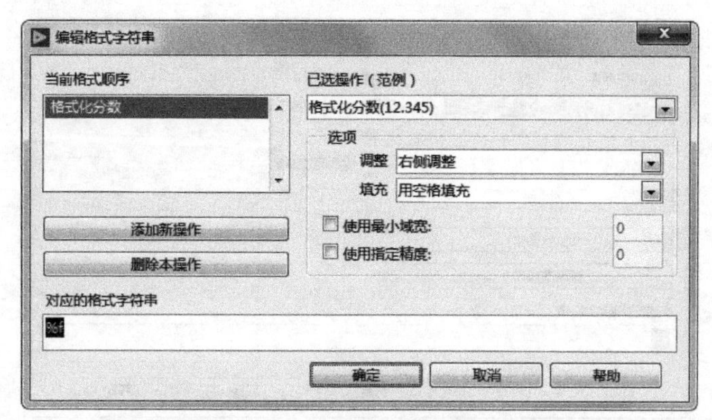

图 10-7 “编辑格式字符串”对话框

该对话框包括以下部分。

（1）当前格式顺序：表示将数字转换为字符串的已选操作格式。

（2）添加新操作：将已选操作列表框中的一个操作添加到当前格式顺序列表框。

（3）删除本操作：将选中的操作从当前格式顺序列表框中删除。

（4）对应的格式字符串：显示已选格式顺序或格式操作的格式字符串。该选项显示为只读。

（5）已选操作：列出可选的转换操作。

（6）选项：指定以下格式化选项：

- 调整：设置输出字符串为右侧调整或左侧调整。
- 填充：设置以空格或零输出字符串进行填充。

（7）使用最小域宽：设置输出字符串的最小域宽。

（8）使用指定精度：根据指定的精度将数字格式化。本选项仅在选中已选操作下拉菜单的格式化分数（12.345）、格式化科学计数法数字（1.234E1）或格式化分数 / 科学计数法数字（12.345）后才可用。

4. 扫描文件

“扫描文件”函数在一个文件的文本中扫描字符串、数值、路径和布尔数据，将文本转换成一种数据类型，并返回引用句柄的副本及按顺序输出扫描到的数据。可以使用该函数节点读取文件中的所有文本，但是使用该函数节点不能指定扫描的起始点。“扫描文件”函数的节点图标如图 10-8 所示。

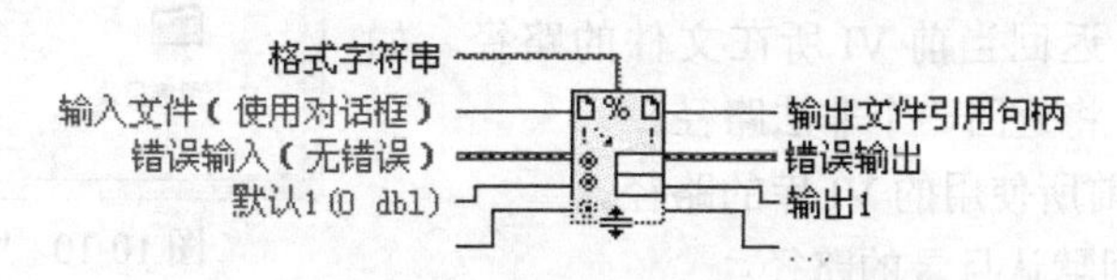

图 10-8 “扫描文件”函数节点图标

使用鼠标左键在“扫描文件节点”函数图标上双击，或者在节点图标上单击鼠标右键弹出快捷菜单，选择“编辑扫描字符串”，显示“编辑扫描字符串”对话框，如图 10-9 所示。该对话框用于指定将输入的字符串转换为输出参数的方式。

该对话框包括以下部分。

- 当前扫描顺序：表示已选的将数字转换为字符串的扫描操作。

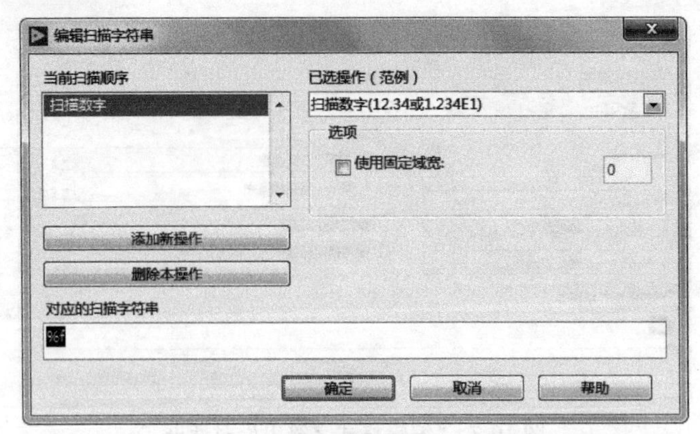

图 10-9 “编辑扫描字符串”对话框

- 已选操作：列出可选的转换操作。
- 添加新操作：将已选操作列表框中的一个操作添加到当前扫描顺序列表框。
- 删除本操作：将选中的操作从当前扫描顺序列表框中删除。
- 使用固定域宽：设置输出参数的固定域宽。
- 对应的扫描字符串：显示已选扫描顺序或格式操作的格式字符串。该选项显示为只读。

10.1.4 文件常量

“文件常量”子选板中的节点与文件 I/O 函数和 VI 配合使用。在“编程”→“文件 I/O”子选板中选择“文件常量”子选板，如图 10-10 所示。

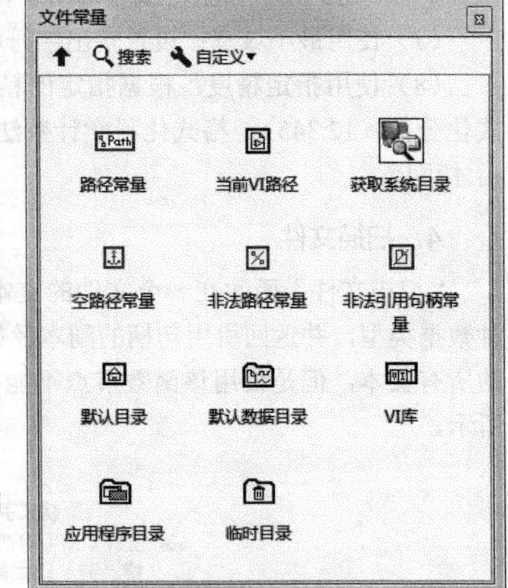

图 10-10 “文件常量”子选板

- 路径常量：使用路径常量在程序框图中提供一个常量路径。
- 空路径常量：该节点返回一个空路径。
- 非法路径常量：返回一个值为 <非法路径> 的路径。当发生错误而不想返回一个路径时，可以使用该节点。
- 非法引用句柄常量：该节点返回一个值为非法引用句柄的引用句柄。当发生错误时，可使用该节点。
- 当前 VI 路径：返回当前 VI 所在文件的路径。如果当前 VI 没有保存过，将返回一个非法路径。
- VI 库：返回当前所使用的 VI 库的路径。
- 默认目录：返回默认目录的路径。
- 临时目录：返回临时目录路径。
- 默认数据目录：所配置的 VI 或函数所产生的数据存储的位置。

扫码看视频

10.1.5 实例——格式化写入文件和扫描文件

本实例演示格式化写入文件和扫描文件函数各种选项的用法，程序框图如图 10-11 所示。

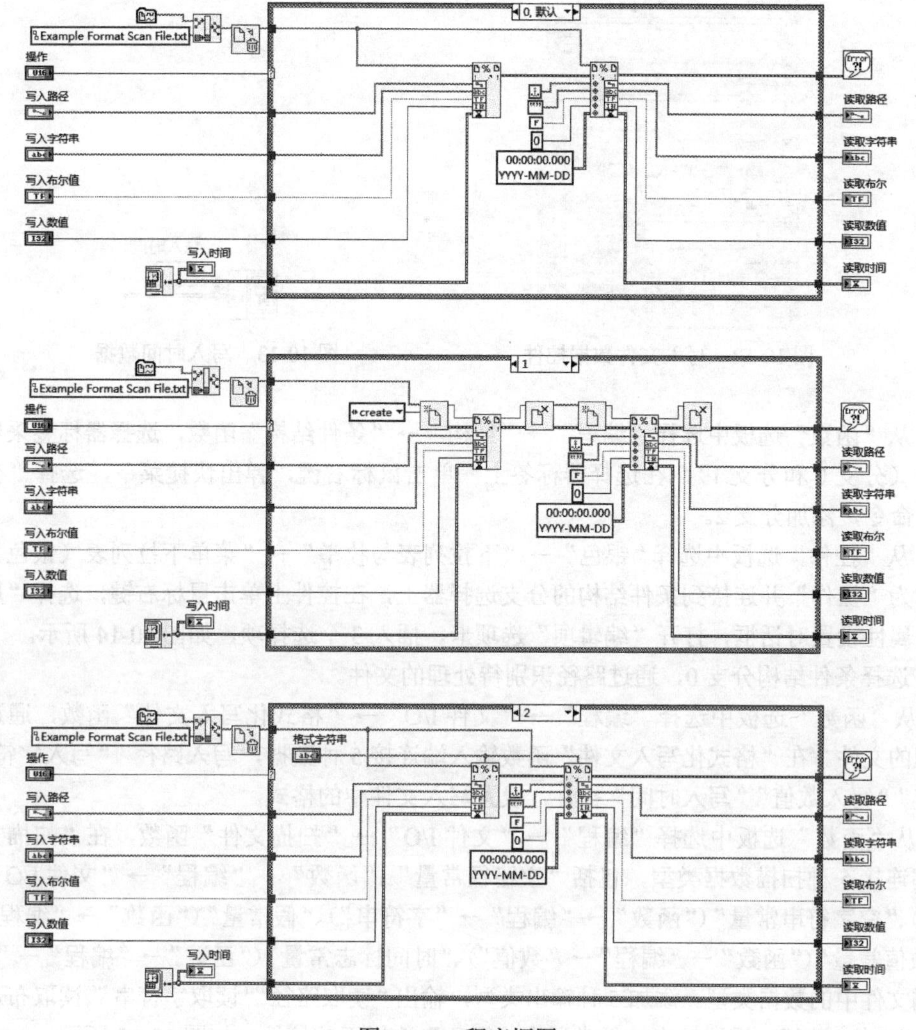

图 10-11　程序框图

操作步骤

（1）从“函数”选板中选择“编程”→“文件 I/O”→“创建路径”函数，在“基路径”输入端创建文件路径连接“默认数据目录 VI（“编程”→“文件 I/O”→“文件常量”）”，在“名称与路径”输入端创建路径常量，输入需要创建的文件名称 Example Format Scan File.txt。

（2）从“函数”选板中选择“编程”→“文件 I/O”→“高级文件函数”→“删除”函数，如果文本文件已存在，则首先删除该文件。文件也可能不存在，因此忽略错误输出。

（3）默认状态下，LabVIEW 将为函数自动创建格式字符串，对格式字符串接线端进行连线，修改这个字符串。从“控件”选板中选择“银色”→“数值”→“数值输入控件（银色）”“布尔”→“开关按钮（银色）”“字符串与路径”→“字符串输入控件（银色）”“文件路径输入控件（银色）”，修改控件名称为“写入路径”“写入字符串”“写入布尔值”“写入数值”“写入时间”，对格式字符串接线端进行连线，修改这个字符串，如图 10-12 所示。

（4）从“函数”选板中选择“编程”→“定时”→“获取日期 / 时间（秒）”函数，显示时间到“写入时间”显示控件中，如图 10-13 所示。

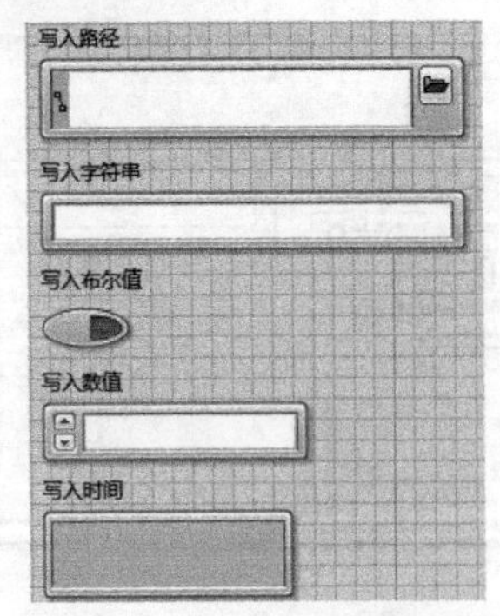

图 10-12　写入文件数据控件

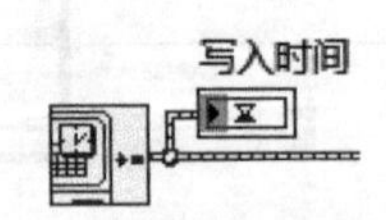

图 10-13　写入时间数据

（5）从“函数”选板中选择“编程”→“结构”→“条件结构”函数，选择器标签采用默认格式字符串（分支 0 和分支 1），在选择器标签上，单击鼠标右键，弹出快捷菜单，选择“在后面添加分支”命令，添加分支 2。

（6）从“控件”选板中选择“银色”→“下拉列表与枚举”→“菜单下拉列表（银色）”控件，修改名称为“操作”并连接到条件结构的分支选择器上，在控件上单击鼠标右键，选择“属性”命令，弹出属性设置对话框，打开“编辑项”选项卡，插入 3 个选择项，如图 10-14 所示。

（7）选择条件结构分支 0，通过路径识别待处理的文件。

- 从“函数”选板中选择“编程”→“文件 I/O”→“格式化写入文件”函数，通过路径识别待处理的文件。在“格式化写入文件”函数输入端连接 5 种数据，“写入路径”“写入字符串”“写入布尔值”“写入数值”“写入时间”控件，设置写入文件中的格式。
- 从“函数”选板中选择“编程”→“文件 I/O”→“扫描文件”函数，在“扫描文件”函数输入端连接 5 种扫描数据类型，包括“空路径常量”（“函数”→“编程”→“文件 I/O”→“文件常量”）、“空字符串常量”（“函数”→“编程”→“字符串”）、“假常量”（“函数”→“编程”→“布尔”）、“数值常量”（“函数”→“编程”→“数值”）、“时间标志常量”（“函数”→“编程”→“定时”），设置扫描文件中的数据类型。添加 5 种输出类型，输出“读取路径”“读取字符串”“读取布尔值”“写入数值”“数值时间”，设置输出控件类型为“银色”选板下的控件，如图 10-15 所示。

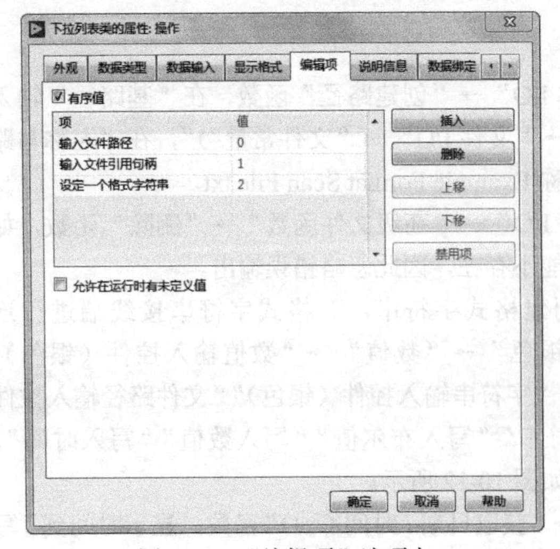

图 10-14 “编辑项”选项卡

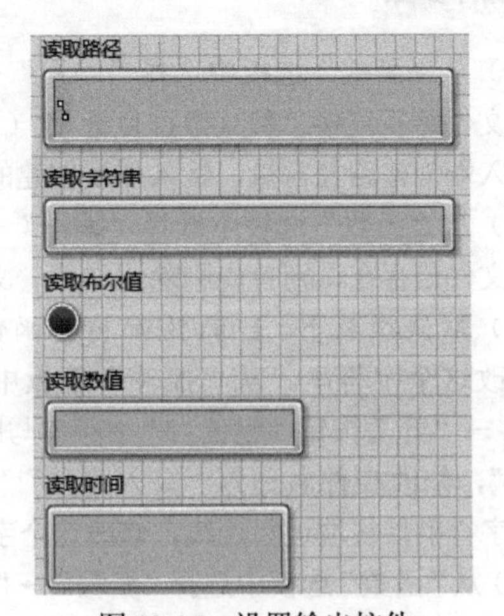

图 10-15　设置输出控件

（8）选择条件结构分支 1，通过提供的文件引用句柄识别待处理的文件。

● 从“函数”选板中选择“编程”→“文件 I/O”→“打开 / 创建 / 替换文件”函数，在“操作”输入端创建常量，设置下拉数据为“create”，创建文件 Example Format Scan File.txt。

● 从“函数”选板中选择“编程”→“文件 I/O”→“关闭文件”“格式化写入文件”和“扫描文件”函数，在“格式化写入文件”和“扫描文件”之间先关闭文件，然后重新获取引用句柄。传递引用句柄的方法，适合用于在循环内部调用“格式化写入文件”和“扫描文件”函数，具体函数调用数据方法与分支 0 相同，连接不同类型数据，程序框图如图 10-16 所示。

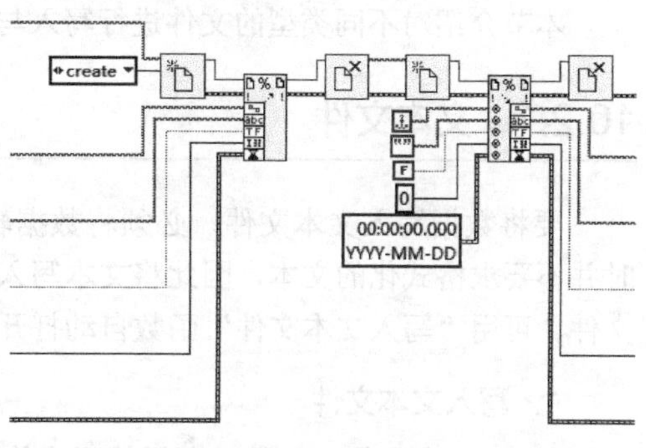

图 10-16　程序框图

（9）选择条件结构分支 2，设定格式字符串。

复制分支 0 中的程序，在“格式化写入文件”和“扫描文件”中的“格式字符串”输入端创建“格式字符串”输入控件，输入函数中的字符串格式，如图 10-17 所示。分支中的程序框图连接结果如图 10-18 所示。

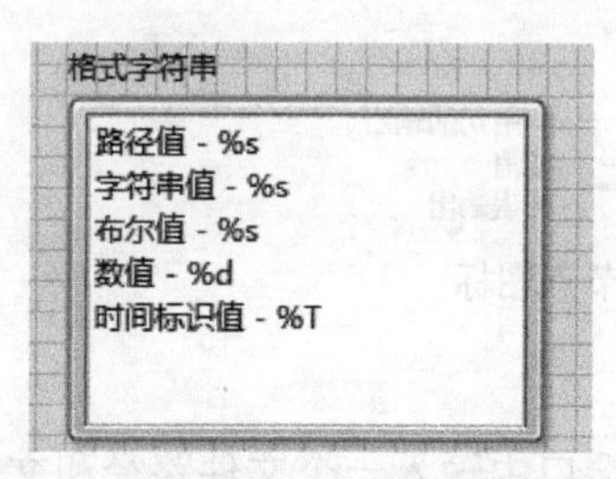

图 10-17　输入字符串

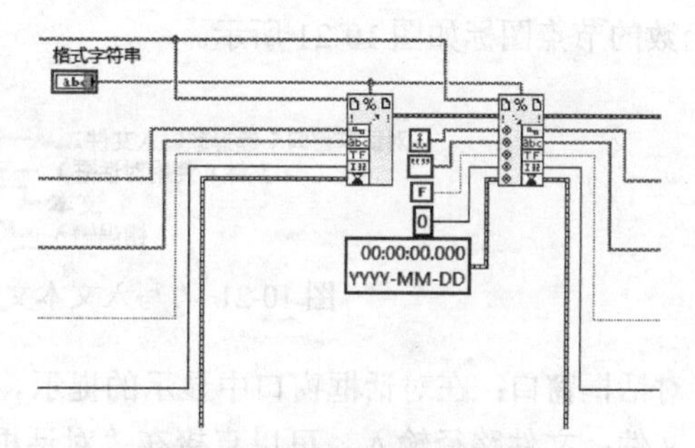

图 10-18　程序框图连接结果

（10）从“函数”选板中选择“编程”→“对话框与用户界面”→“简易错误处理器”函数，连接函数的错误信息，以免因为发生错误导致程序出现异常。

（11）单击工具栏中的“整理程序框图”按钮，整理程序框图，程序框图如图 10-11 所示。

（12）单击“运行”按钮，运行 VI，运行结果如图 10-19 所示。在目录 C：\Users\Administrator\My Documents\LabVIEW Data 下发现生成了一个名为 Example Format Scan File.txt 的文件，使用 Windows 的记事本程序打开这个文件，可以发现记事本中显示了写入的路径、字符串、布尔值、数值和时间数据，如图 10-20 所示。

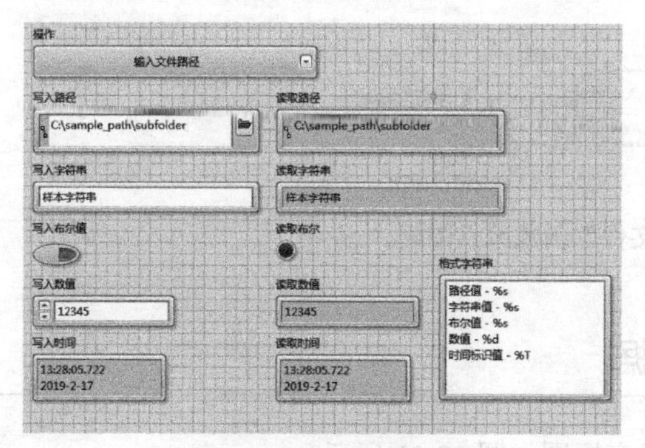

图 10-19　运行结果

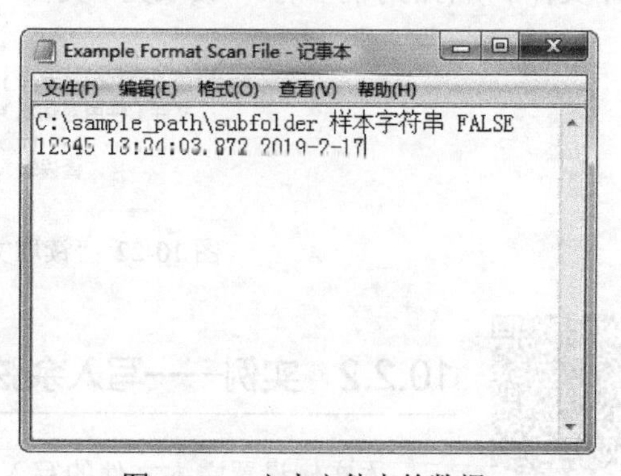

图 10-20　文本文件中的数据

10.2 文件类型

本节介绍对不同类型的文件进行写入与读取操作的函数。

10.2.1 文本文件

要将数据写入文本文件，必须将数据转化为字符串。由于大多数文字处理应用程序读取文本时并不要求格式化的文本，因此将文本写入文本文件无须进行格式化。如需将文本字符串写入文本文件，可用“写入文本文件”函数自动打开和关闭文件。

1. 写入文本文件

“写入文本文件”函数以字母的形式将一个字符串写入文件或以行的形式将一个字符串数组写入文件。如果将文件地址连接到对话框窗口输入端，在写之前 VI 将打开创建或一个文件，或者替换已有的文件。如果将引用句柄连接到文件输入端，将从当前文件位置开始写入内容。“写入文本文件”函数的节点图标如图 10-21 所示。

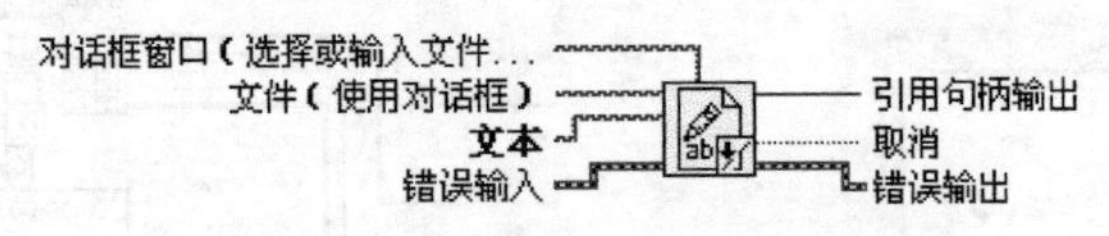

图 10-21 “写入文本文件”函数节点图标

- 对话框窗口：在对话框窗口中显示的提示。
- 文件：文件路径输入。可以直接在“对话框窗口”端口中输入一个文件路径和文件名，如果文件是已经存在的，则打开这个文件，如果输入的文件不存在，则创建这个新文件。如果对话框窗口端口的值为空或非法的路径，则调用对话框窗口，通过对话框来选择或输入文件。

2. 读取文本文件

“读取文本文件”函数从一个字节流文件中读取指定数目的字符或行。默认情况下读取文本文件函数读取文本文件中所有的字符。将一个整数输入到计数输入端，指定从文本文件中读取以第一个字符为起始的多少个字符。在图标上单击鼠标右键，在弹出的快捷菜单中选择“读取行”，计数输入端输入的数字是所要读取的以第一行为起始的行数。如果计数输入端输入的值为 -1，将读取文本文件中所有的字符和行。“读取文本文件”函数的节点图标如图 10-22 所示。

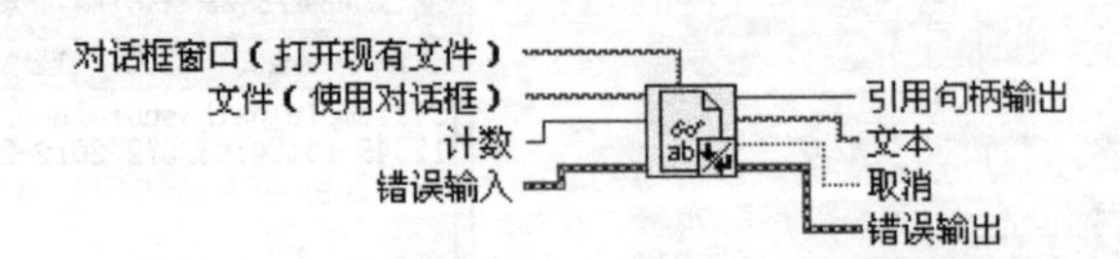

图 10-22 “读取文本文件”函数节点图标

扫码看视频

10.2.2 实例——写入余弦数据

本实例设置文本文件的写入，程序框图如图 10-23 所示。

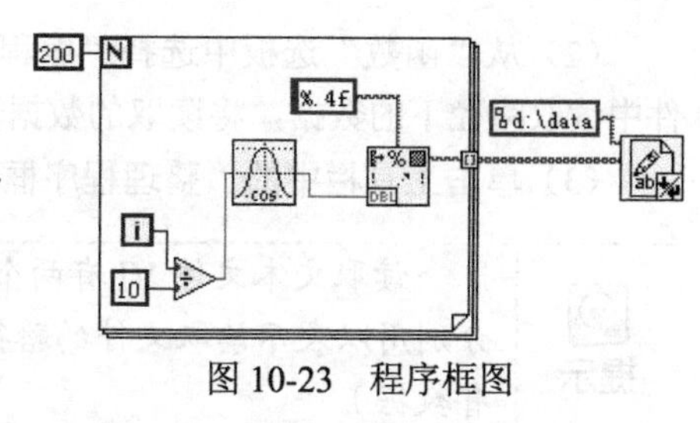

图 10-23 程序框图

操作步骤

（1）从"函数"选板中选择"编程"→"结构"→"For 循环"函数，拖出适当大小的矩形框，在 For 循环总线接线端创建循环次数为 200。

（2）从"函数"选板中选择"数学"→"初等函数与特殊函数"→"三角函数"→"余弦"函数，在 For 循环中用余弦函数产生余弦数据。

（3）从"函数"选板中选择"编程"→"字符串"→"格式化写入字符串"函数，按照小数点后保留四位的精度将余弦数据转换为字符串。

（4）从"函数"选板中选择"编程"→"文件 I/O"→"写入文本文件"函数，将转换为字符串后的数据，索引成为一个数组，一次性存储在 D 盘根目录下的 data 文件中。

（5）单击工具栏中的"整理程序框图"按钮，整理程序框图，程序框图如图 10-23 所示。

（6）单击"运行"按钮，运行 VI，可以发现在 D 盘根目录下生成了一个名为 data 的文件，使用 Windows 的记事本程序打开这个文件，可以发现记事本中显示了这 200 个余弦数据，每个数据的精度保证了小数点后有 4 位，如图 10-24 所示。

可以使用 Microsoft Excel 电子表格程序打开这个数据文件，绘图以观察波形，如图 10-25 所示，可以看到图中显示了数据的余弦波形。

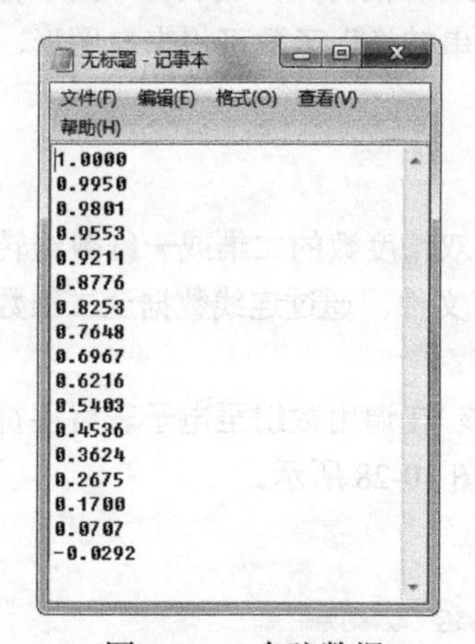

1.0000
0.9950
0.9801
0.9553
0.9211
0.8776
0.8253
0.7648
0.6967
0.6216
0.5403
0.4536
0.3624
0.2675
0.1700
0.0707
-0.0292

图 10-24 余弦数据

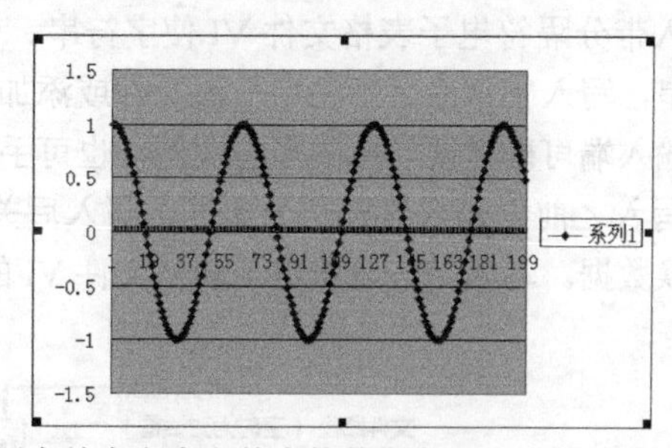

图 10-25 用存储在文本文件中的数据在 Microsoft Excel 中绘图

10.2.3 实例——读取余弦数据

本实例设置文本文件的读取，程序框图如图 10-26 所示。

扫码看视频

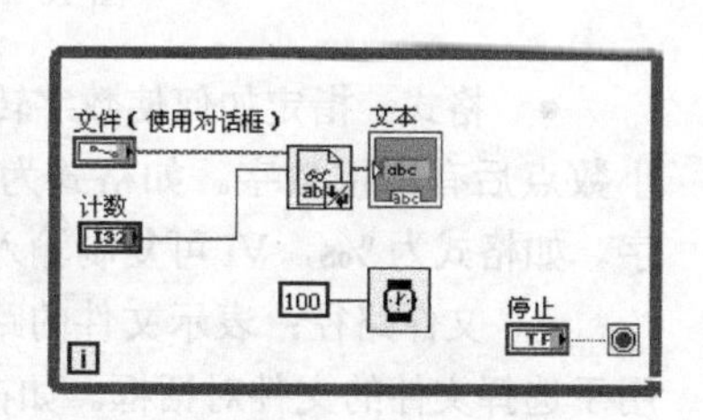

图 10-26 程序框图

（1）从"函数"选板中选择"编程"→"结构"→"While 循环"函数，拖出适当大小的矩形框，在 While 循环的循环条件接线端创建"停止"输入控件。

（2）从“函数”选板中选择“编程”→“文件 I/O”→“读取文本文件”函数，从“文件”控件中读取路径下的数据，将读取的数据输出到“文本”控件中。

（3）单击工具栏中的“整理程序框图”按钮，整理程序框图，程序框图如图 10-26 所示。

> 提示　读取文本文件 VI 有两个重要的输入数据端口，分别是文件和计数。两个数据端口分别用以表示读取文件的路径、文件读取数据的字节数（如果值为 -1，则表示读出所有数据）。

（4）读取文本文件 VI 读取 D 盘根目录下的 data 文件，并将读取的结果在文本框中显示出来，该文件中的数据由“写入余弦数据 .vi”的程序存入。

（5）单击“运行”按钮，运行 VI，在前面板显示运行结果，如图 10-27 所示。

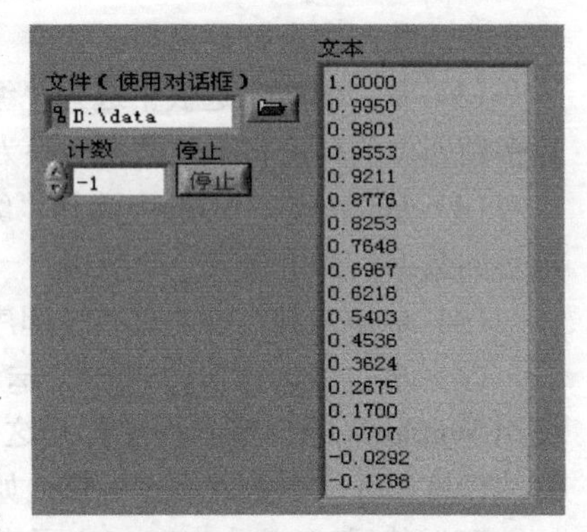

图 10-27　运行结果

10.2.4　带分隔符电子表格文件

LabVIEW 2018 提供了两个 VI 用于写入和读取带分隔符电子表格文件，它们分别是写入带分隔符电子表格文件 VI 和读取带分隔符电子表格文件 VI。

要将数据写入带分隔符电子表格，必须格式化字符串为包含分隔符（如制表符）的字符串。

写入带分隔符电子表格文件 VI 或“数组至电子表格字符串转换”函数可将来自图形、图表或采样的数据集转换为电子表格字符串。

1．写入带分隔符电子表格文件

写入带分隔符电子表格文件 VI 使字符串、带符号整数或双精度数的二维或一维数组转换为文本字符串，写入字符串至新的字节流文件或添加字符串至现有文件。通过连线数据至二维数据或一维数据输入端可确定要使用的多态实例，也可手动选择实例。

在写入之前创建或打开一个文件，写入后关闭该文件。该 VI 调用数组至电子表格字符串转换函数转换数据。写入带分隔符电子表格文件 VI 的节点图标如图 10-28 所示。

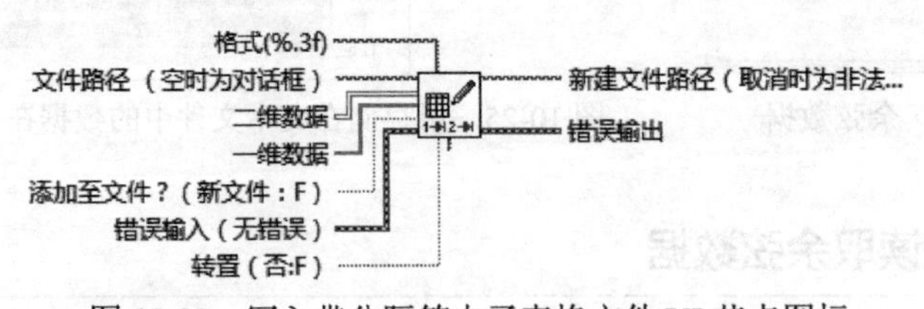

图 10-28　写入带分隔符电子表格文件 VI 节点图标

- 格式：指定如何使数字转化为字符。如格式为 %.3f（默认），VI 可创建包含数字的字符串，小数点后有三位数字。如格式为 %d，VI 可使数据转换为整数，使用尽可能多的字符包含整个数字。如格式为 %s，VI 可复制输入的字符串，使用格式字符串语法。
- 文件路径：表示文件的路径名。如文件路径为空（默认值）或为 <非法路径>，VI 可显示用于选择文件的文件对话框。如在对话框内选择取消，发生错误 43。
- 二维数据：指定一维数据未连线或为空时写入文件的数据。

- 一维数据：指定输入不为空时要写入文件的数据。VI 在开始运行前可使一维数组转换为二维数组。
- 添加至文件？：如“添加至文件？”的值为 TRUE 时，添加数据至现有文件。如“添加至文件？”的值为 FALSE（默认），VI 可替换已有文件中的数据。如不存在已有文件，VI 可创建新文件。
- 错误输入（无错误）：表明节点运行前发生的错误。该输入将提供标准错误输入功能。
- 转置：指定将数据从字符串转换后是否进行转置。默认值为 FALSE。如转置？的值为 FALSE，对 VI 的每次调用都在文件中创建新的行。

2. 读取带分隔符电子表格文件

读取带分隔符电子表格文件 VI 在数值文本文件中从指定字符偏移量开始读取指定数量的行或列，并使数据转换为双精度的二维数组，数组元素可以是数字、字符串或整数。VI 在读取之前先打开文件，在读取之后关闭文件。可以使用该 VI 读取以文本格式保存的带分隔符电子表格文件。该 VI 调用电子表格字符串至数组转换函数来转换数据。读取带分隔符电子表格文件 VI 的节点图标如图 10-29 所示。

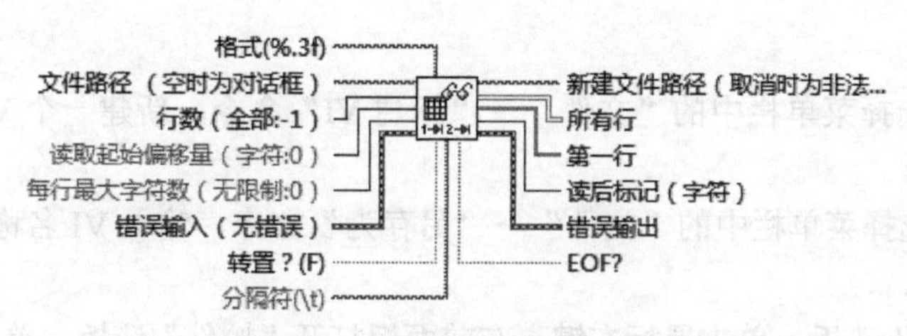

图 10-29 读取带分隔符电子表格文件 VI 节点图标

- 格式：指定如何使数字转化为字符。如格式为 %.3f（默认），VI 可创建包含数字的字符串，小数点后有三位数字。如格式为 %d，VI 可使数据转换为整数，使用尽可能多的字符包含整个数字。如格式为 %s，VI 可复制输入的字符串，使用格式字符串语法。
- 文件路径：表示文件的路径名。
- 行数：VI 读取行数的最大值。默认值为 −1。
- 读取起始偏移量：指定 VI 开始读取操作的位置，以字符（字节）为单位。字节流文件中可能包含不同类型的数据段，因此偏移量的单位为字节而非数字。如需读取包含 100 个数字的数组，且数组头为 57 个字符，需设置读取起始偏移量为 57。
- 每行最大字符数：在搜索行的末尾之前，VI 读取的最大字符数。默认值为 0，表示 VI 读取的字符数量不受限制。
- 错误输入：表明节点运行前的错误情况。
- 转置？：指定将数据从字符串转换后是否进行转置。默认值为 FALSE。
- 分隔符：用于对电子表格文件中的栏进行分隔的字符或由字符组成的字符串。
- 新建文件路径：返回文件的路径。
- 所有行：从文件读取的数据。
- 第一行：所有行数组中的第一行。可使用该输入将一行数据读入一维数组。
- 读后标记：返回文件中读取操作终结字符后的字符（字节）。
- 错误输出：包含错误信息。该输出提供标准错误输出功能。

- EOF?：如需读取的内容超出文件结尾，则值为 TRUE。

10.2.5 实例——输出带噪声锯齿波数据

扫码看视频

本例演示将带噪声锯齿波数据写入到电子表格文件中，程序框图如图 10-30 所示。

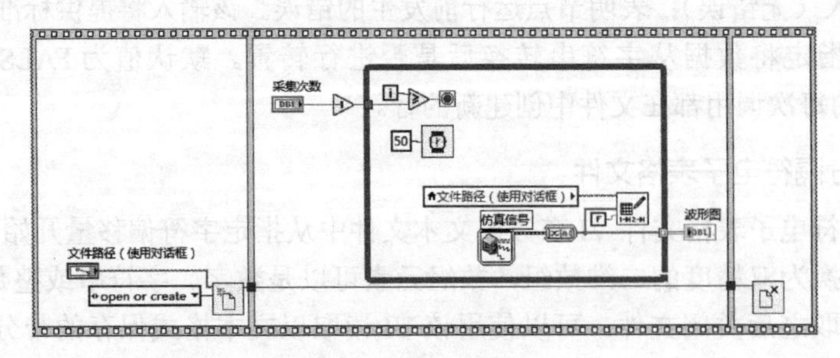

图 10-30 程序框图

操作步骤

（1）新建 VI。选择菜单栏中的“文件”→“新建 VI”命令，新建一个 VI，一个空白的 VI 包括前面板及程序框图。

（2）保存 VI。选择菜单栏中的“文件”→“另存为”命令，输入 VI 名称为“输出带噪声锯齿波数据”。

（3）固定“控件”选板。单击鼠标右键，在前面板打开“控件”选板，单击选板左上角“固定”按钮，将“控件”选板固定在前面板。

（4）从“函数”选板中选择“编程”→“结构”→“平铺式顺序结构”函数，创建 3 帧的结构。

（5）选择菜单栏中的“工具”→“选项”命令，弹出选项窗口，如图 10-31 所示。打开“前面板”选项组，在“新 VI 控件样式”选项下，选择“NXG 风格”，表示在函数或 VI 输入端口利用快捷菜单命令创建的输入与输出控件默认是“NXG 风格”控件。

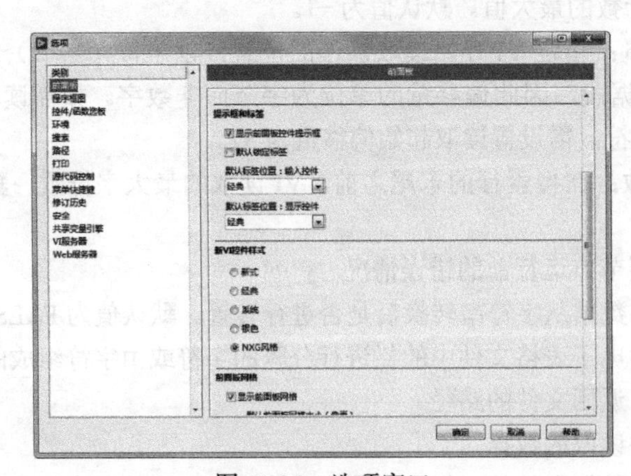

图 10-31 选项窗口

（6）从“函数”选板中选择“编程”→“文件 I/O”→“打开 / 替换 / 创建 VI”，打开一个文件，它的操作端口设置为 create or open，即创建文件或替换已有文件。在“文件路径”输入端创建路径输入控件“文件路径（使用对话框）”，在控件上单击鼠标右键，选择“创建”→“局部变量”命令，创建路径的局部变量。

（7）从“函数”选板中选择“编程”→“结构”→“While 循环”函数，拖动出适当大小的矩形框。

（8）从“函数”选板中选择“编程”→“文件 I/O”→“写入带分隔符电子表格文件”函数，输入路径端连接“文件路径”的局部变量，将数据写入到该路径下的文件中。

（9）从“函数”选板中选择“Express”→“仿真分析”→“仿真信号”，放置在程序框图中，自动弹出“配置仿真信号”对话框，选择“锯齿波”，设置频率为 0.5，采样率为 10，勾选“添加噪声”复选框，添加 Gamma 噪声，取消采样数右侧“自动”复选框的勾选，如图 10-32 所示。

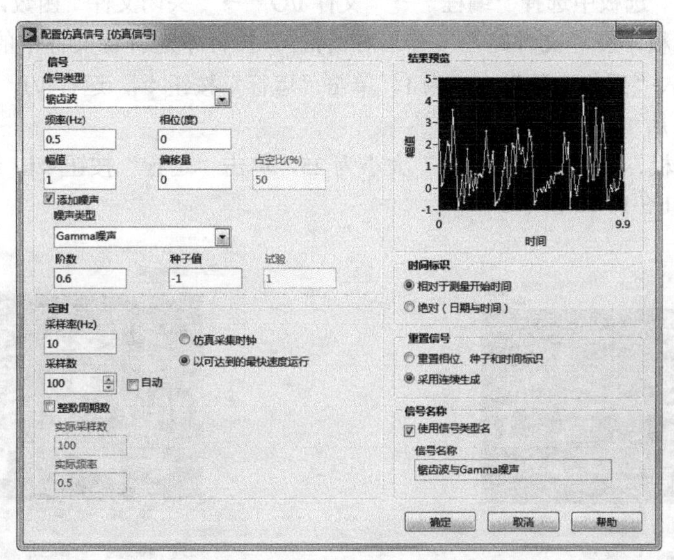

图 10-32 “配置仿真信号”对话框

（10）从“函数”选板中选择“Express”→“信号操作”→“从动态数据转换”，弹出“配置从动态数据转换”对话框，默认设置输出一维数据，将仿真信号输出的动态数据转换为一维数组数据，连接到写入带分隔符电子表格文件函数“一维数据”输入端，如图 10-33 所示。

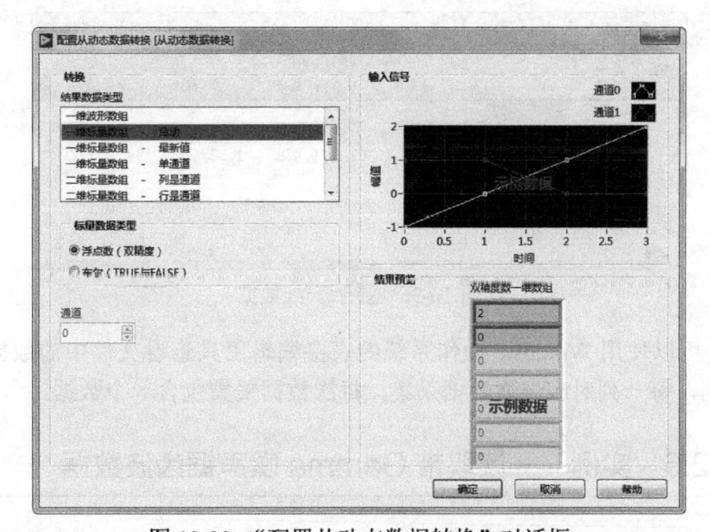

图 10-33 “配置从动态数据转换”对话框

（11）从“控件”选板中选择“NXG 风格”→“数值”→“水平指针控件（NXG 风格）”，放置在前面板中，输入名称“采集次数”。

（12）从“控件”选板中选择“NXG 风格”→“图形”→“波形图（NXG 风格）”控件，放置在前面板中，输入名称“带 Gamma 噪声锯齿波”，将经过动态转换的带 Gamma 噪声锯齿波数据连接到波形图中。

（13）从“函数”选板中选择“编程”→“比较”→“大于等于”函数，在循环中，若“采集次数”控件数值减一后的数值大于等于循环次数，则循环结束。

（14）从“函数”选板中选择“编程”→“定时”→“等待”函数，设置等待时间为 50ms。

（15）从“函数”选板中选择“编程”→“文件 I/O”→“关闭文件”函数，关闭文件。

（16）打开前面板，在“文件路径（使用对话框）”控件中选择源文件中的空白表格文件 data excel.xlsx 路径，输入“采集次数”大小为 1，单击“运行”按钮，运行 VI，VI 的前面板显示的运行结果如图 10-34 所示。

（17）打开前面板，调整“采集次数”大小为 25，单击“运行”按钮，运行 VI，VI 的前面板显示的运行结果如图 10-35 所示。

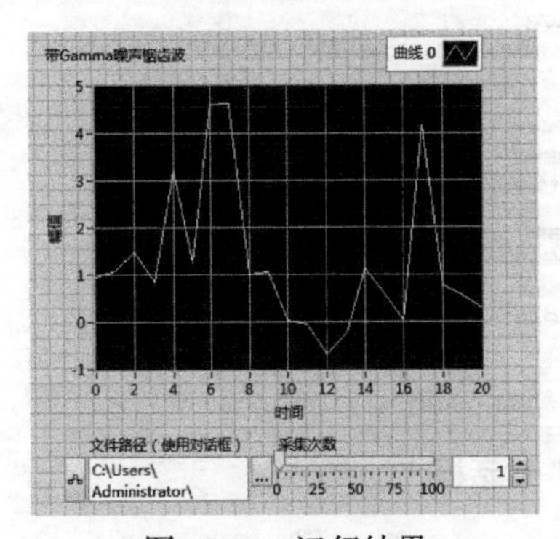

图 10-34　运行结果

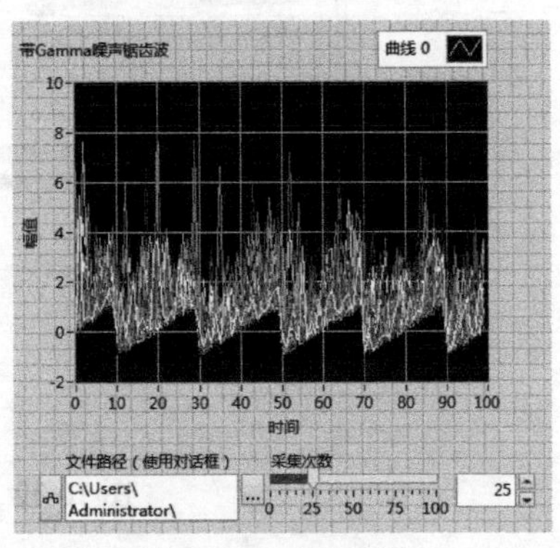

图 10-35　运行结果

（18）打开源文件下的表格文件 data excel.xlsx，显示写入带 Gamma 噪声锯齿波一维数据后的文件，如图 10-36 所示。

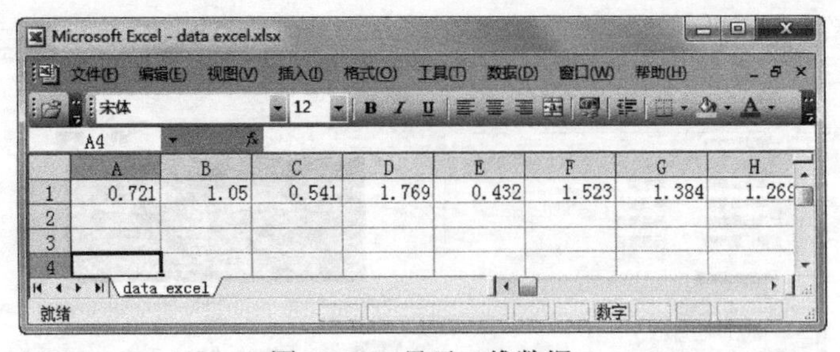

	A	B	C	D	E	F	G	H
1	0.721	1.05	0.541	1.769	0.432	1.523	1.384	1.269
2								
3								
4								

图 10-36　显示一维数据

可以使用 Windows 操作系统的表格编辑工具查看文件中的数据。数据共有 1 行 25 列，每一列对应一次数据采集，每次数据采集包含一个数据。

扫码看视频

10.2.6　实例——读取带 Gamma 噪声锯齿波数据

本例演示读取带 Gamma 噪声锯齿波电子表格数据，程序框图如图 10-37 所示。

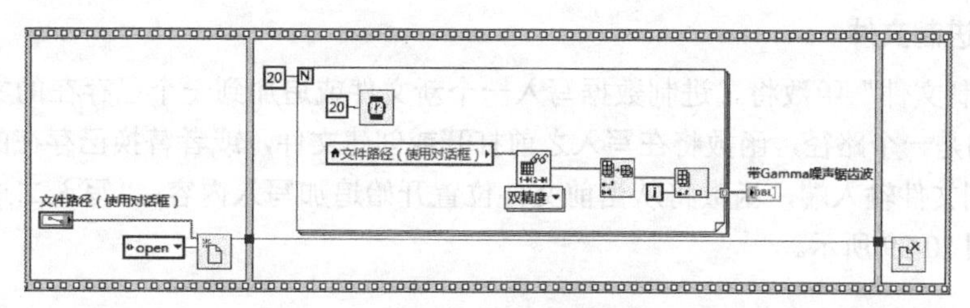

图 10-37　程序框图

操作步骤

（1）从“函数”选板中选择“编程”→“结构”→“平铺式顺序结构”函数，创建 3 帧的结构。

（2）从“函数”选板中选择“编程”→“文件 I/O”→“打开 / 替换 / 创建 VI”，打开一个文件，它的操作端口设置为 open，创建文件输入控件，打开已有电子表格文件 data excel.xlsx。

（3）从“函数”选板中选择“编程”→“结构”→“For 循环”函数，拖出适当大小的矩形框，在 For 循环总线接线端创建循环次数 20。

（4）从“函数”选板中选择“编程”→“文件 I/O”→“读取带分隔符电子表格文件”函数，利用局部变量将“文件路径”中的数据写入电子表格文件。

（5）从“函数”选板中选择“编程”→“数组”→“数组子集”→“索引数组”函数，将保存在文件中的数据逐个读出。将这些数据打包成数组送入波形图显示，显示到“带 Gamma 噪声锯齿波”波形图控件中。

（6）从“函数”选板中选择“编程”→“定时”→“等待”函数，设置等待时间为 20ms。

（7）从“函数”选板中选择“编程”→“文件 I/O”→“关闭文件”函数，关闭文件。

（8）单击“运行”按钮，运行 VI，VI 的前面板显示的运行结果如图 10-38 所示。

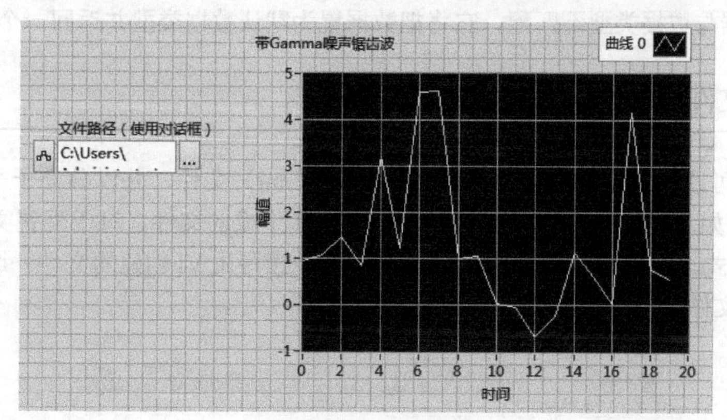

图 10-38　运行结果

对比可以知道，图 10-38 读取的是一次采集的数据，与前面写入的单次采集的电子表格数据是相同的。

10.2.7　二进制文件

尽管二进制文件的可读性比较差，是一种不能直接编辑的文本格式，但它是 LabVIEW 中格式最为紧凑，存取效率最高的一种文件格式，因而在 LabVIEW 程序设计中得到了广泛的应用。

1. 写入二进制文件

“写入二进制文件”函数将二进制数据写入一个新文件或追加到一个已存在的文件。如果连接到文件输入端的是一个路径，函数将在写入之前打开或创建文件，或者替换已存在的文件。如果将引用句柄连接到文件输入端，函数将从当前文件位置开始追加写入内容。“写入二进制文件”函数的节点图标如图 10-39 所示。

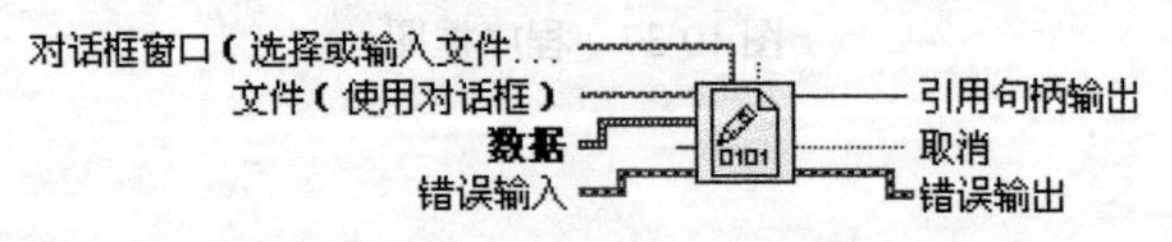

图 10-39 “写入二进制文件”函数节点图标

2. 读取二进制文件

“读取二进制文件”函数从一个文件中读取二进制数据并从数据输出端返回这些数据。数据的读取方式取决于指定文件的格式。“读取二进制文件”函数的节点图标如图 10-40 所示。

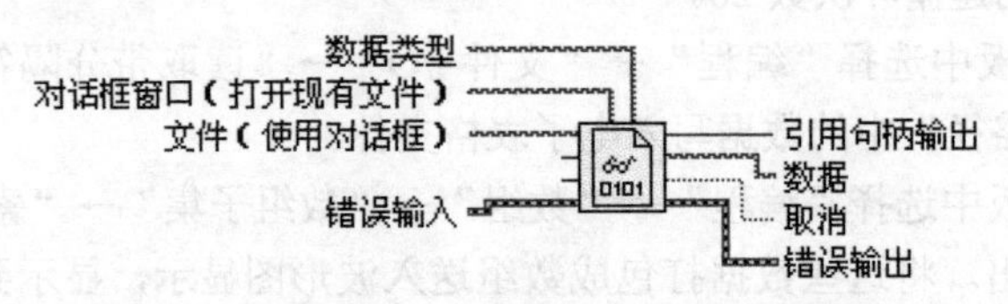

图 10-40 “读取二进制文件”函数节点图标

数据类型：函数从二进制文件中读取数据所使用的数据类型。函数从当前文件位置开始以选择的数据类型来翻译数据。如果数据类型是一个数组、字符串或包含数组和字符串的簇，那么函数将认为该数据实例包含大小信息。如果数据实例中不包含大小信息，那么函数将曲解这些数据。如果 LabVIEW 发现数据与数据类型不匹配，它将把数据置为默认数据类型并返回一个错误。

10.2.8 配置文件

配置文件 VI 可读取和创建标准的 Windows 配置（.ini）文件，并以独立于平台的格式写入特定平台的数据（例如，路径），从而可以跨平台使用 VI 生成的文件。对于配置文件，配置文件 VI 不使用标准文件格式。通过配置文件 VI 可在任何平台上读写由 VI 创建的文件。选择“编程”→“文件 I/O”→“配置文件 VI”子选板，如图 10-41 所示。

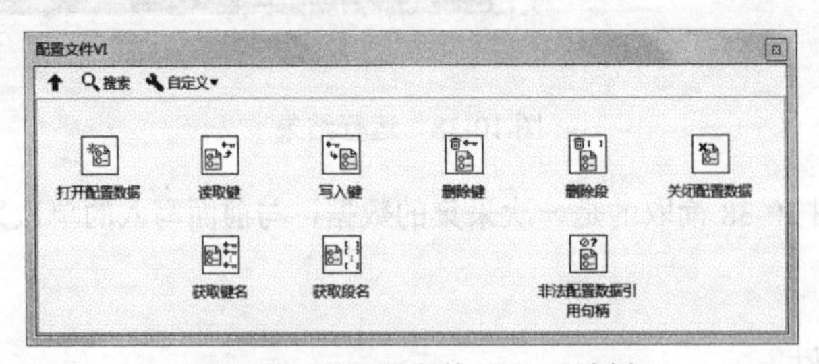

图 10-41 “配置文件 VI”子选板

1. 打开配置数据

“打开配置数据”函数打开配置文件的路径所指定的配置数据的引用句柄。“打开配置数据”函数的节点图标如图 10-42 所示。

2. 读取键

“读取键”函数读取引用句柄所指定的配置数据文件的键数据。如果键不存在，将返回默认值。“读取键”函数的节点图标如图 10-43 所示。

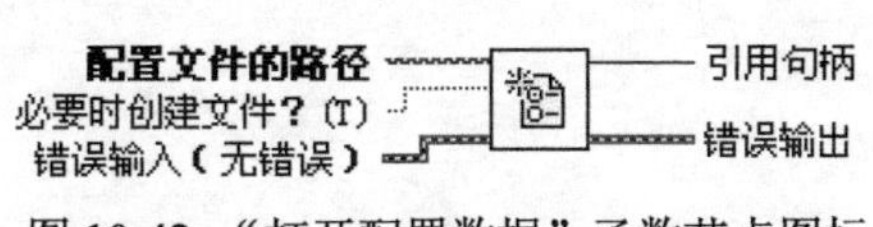

图 10-42 “打开配置数据”函数节点图标

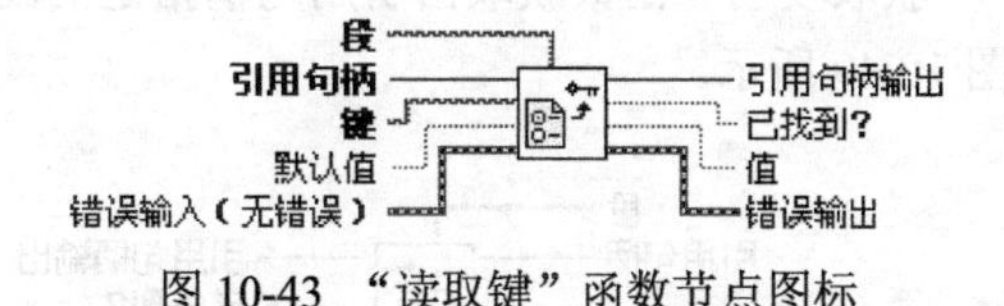

图 10-43 “读取键”函数节点图标

- 段：从中读取键的段的名称。
- 键：所要读取的键的名称。
- 默认值：如果 VI 在段中没有找到指定的键或者发生错误时 VI 的默认返回值。

3. 写入键

“写入键”函数写入引用句柄所指定的配置数据文件的键数据。该 VI 修改内存中的数据，如果想将数据存盘，使用关闭配置数据 VI。“写入键”函数的节点图标如图 10-44 所示。

4. 删除键

“删除键”函数删除由引用句柄指定的配置数据中由段输入端指定的段中的键。“删除键”函数的节点图标如图 10-45 所示。

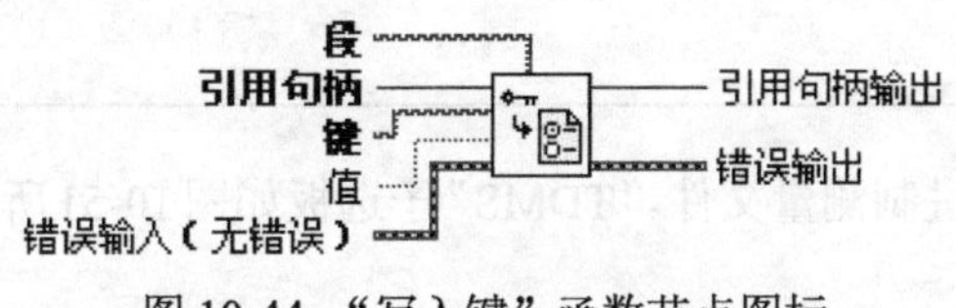

图 10-44 “写入键”函数节点图标

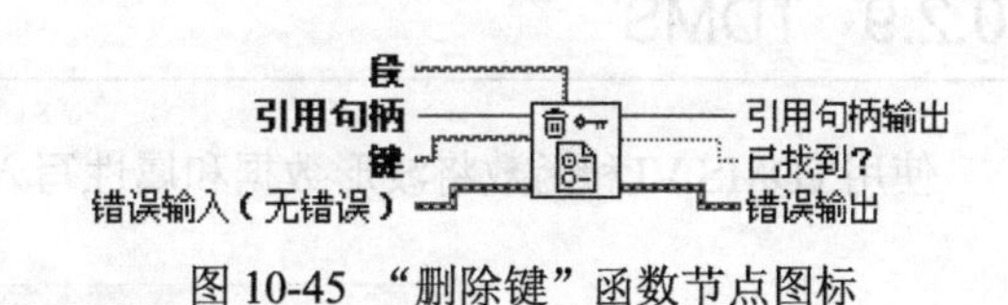

图 10-45 “删除键”函数节点图标

5. 删除段

“删除段”函数删除由引用句柄指定的配置数据中的段。“删除段”函数的节点图标如图 10-46 所示。

6. 关闭配置数据

“关闭配置数据”函数将数据写入由引用句柄指定的独立于平台的配置文件，然后关闭对该文件的引用。“关闭配置数据”函数的节点图标如图 10-47 所示。

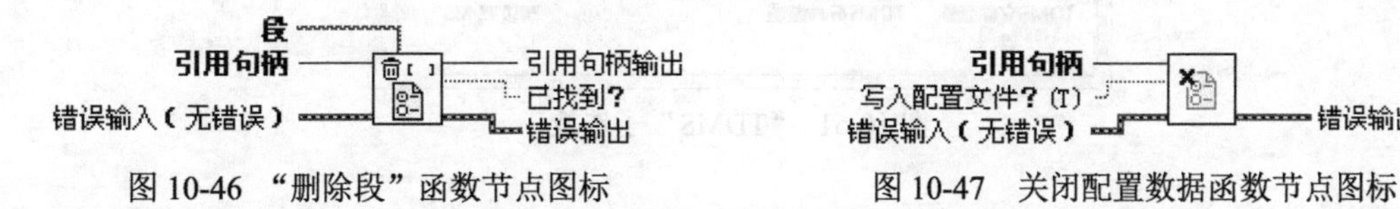

图 10-46 “删除段”函数节点图标　　图 10-47 关闭配置数据函数节点图标

- 写入配置文件？（T）：如果值为 TRUE（默认值），VI 将配置数据写入独立于平台的配置文件。配置文件由打开配置数据函数选择。如果值为 FALSE，配置数据不被写入。

7. 获取键名

“获取键名”函数获取由引用句柄指定的配置数据中特定段的所有键名。“获取键名”函数的节点图标如图 10-48 所示。

8. 获取段名

“获取段名”函数获取由引用句柄指定的配置数据文件的所有段名。获取段名函数的节点图标如图 10-49 所示。

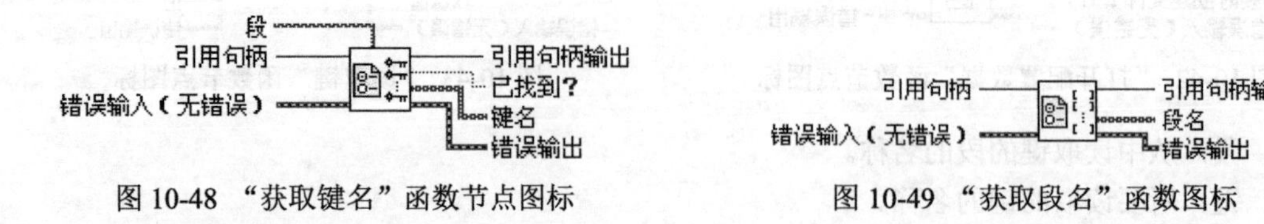

图 10-48 “获取键名”函数节点图标　　图 10-49 “获取段名”函数图标

9. 非法配置数据引用句柄

“非法配置数据引用句柄”函数判断配置数据引用是否有效。“非法配置数据引用句柄”函数的节点图标如图 10-50 所示。

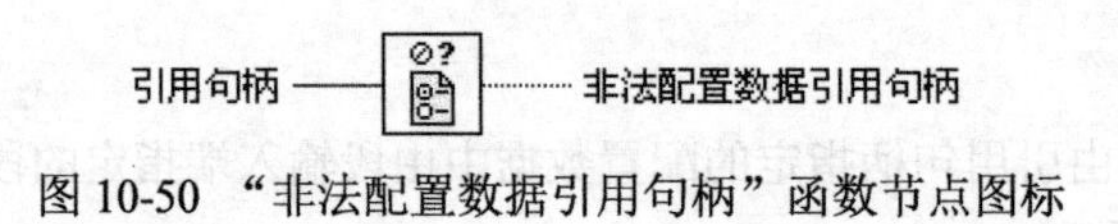

图 10-50 “非法配置数据引用句柄”函数节点图标

10.2.9 TDMS

使用 TDMS VI 和函数将波形数据和属性写入二进制测量文件。“TDMS”子选板如图 10-51 所示。

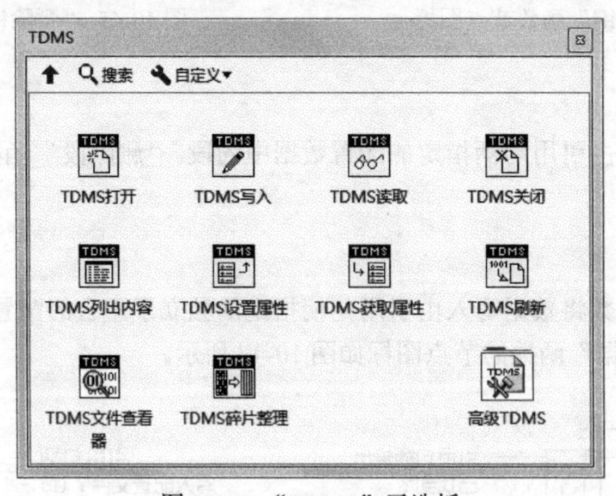

图 10-51 “TDMS”子选板

1. TDMS 打开

“TDMS 打开”函数打开一个扩展名为 .tdms 的文件。也可以使用该函数新建一个文件或替换一个已存在的文件。“TDMS 打开”函数的节点图标如图 10-52 所示。

操作：选择操作的类型。操作类型可以指定为下列 5 种类型之一。

- open（0）：打开一个要写入的 .tdms 文件。
- open or create（1）：创建一个新的或打开一个已存在的要进行配置的 .tdms 文件。
- create or replace（2）：创建一个新的或替换一个已存在的 .tdms 文件。
- create（3）：创建一个新的 .tdms 文件。
- open(read-only)（4）：打开一个只读类型的 .tdms 文件。

2. TDMS 写入

“TDMS 写入”函数将数据流写入指定 .tdms 数据文件。所要写入的数据子集由组名称输入和通道名输入指定。“TDMS 写入”函数的节点图标如图 10-53 所示。

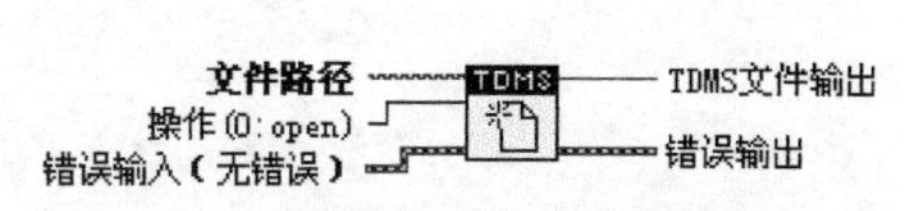

图 10-52 “TDMS 打开”函数节点图标

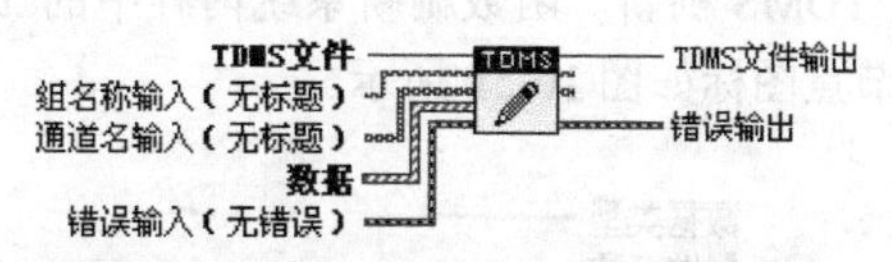

图 10-53 “TDMS 写入”函数节点图标

- 组名称输入：指定要进行操作的组名称。如果该输入端没有连接，默认为无标题。
- 通道名输入：指定要进行操作的通道名。如果该输入端没有连接，通道将自动命名。如果数据输入端连接波形数据，LabVIEW 使用波形的名称。

3. TDMS 读取

“TDMS 读取”函数打开指定的 .tdms 文件，并返回由数据类型输入端指定的类型的数据。TDMS 读取函数的节点图标如图 10-54 所示。

4. TDMS 关闭

“TDMS 关闭”函数关闭一个使用 TDMS 打开函数打开的 .tdms 文件。“TDMS 关闭”函数的节点图标如图 10-55 所示。

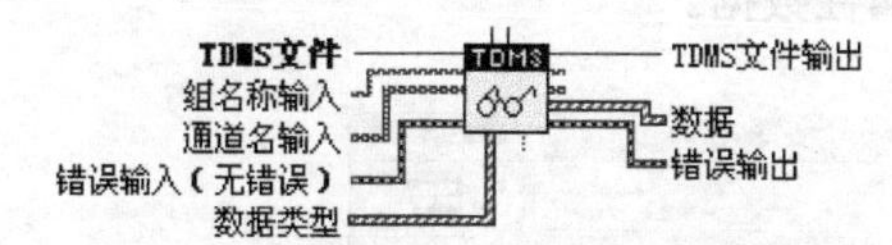

图 10-54 “TDMS 读取”函数节点图标

图 10-55 “TDMS 关闭”函数节点图标

5. TDMS 列出内容

“TDMS 列出内容”函数列出由 TDMS 文件输入端指定的 .tdms 文件中包含的组名称和通道名称。“TDMS 列出内容”函数的节点图标如图 10-56 所示。

6. TDMS 设置属性

“TDMS 设置属性”函数设置指定 .tdms 文件的属性、组名称或通道名。如果组名称或通道名输入端有输入，属性将被写入组或通道。如果组名称或通道名无输入，属性将变为文件标识。“TDMS 设置属性”函数的节点图标如图 10-57 所示。

7. TDMS 获取属性

“TDMS 获取属性”函数返回指定 .tdms 文件的属性。如果组名称或通道名输入端有输入，函数将返回组或通道的属性。如果组名称或通道名无输入，函数将返回特定 .tdms 文件的属性。“TDMS 获取属性”函数的节点图标如图 10-58 所示。

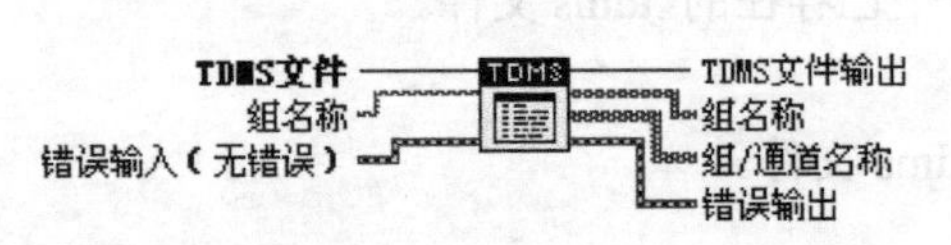

图 10-56 “TDMS 列出内容”函数节点图标

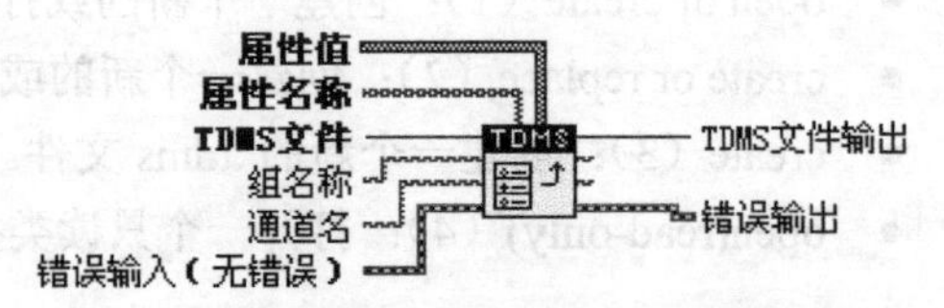

图 10-57 “TDMS 设置属性”函数节点图标

8. TDMS 刷新

“TDMS 刷新”函数刷新系统内存中的 .tdms 文件数据以保持数据的安全性。“TDMS 刷新”函数的节点图标如图 10-59 所示。

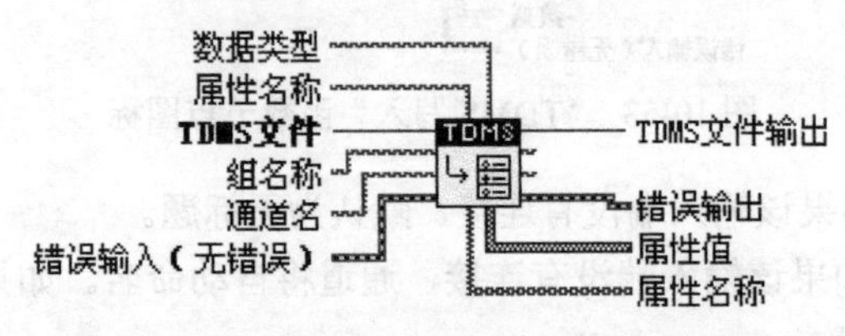

图 10-58 “TDMS 获取属性”函数节点图标

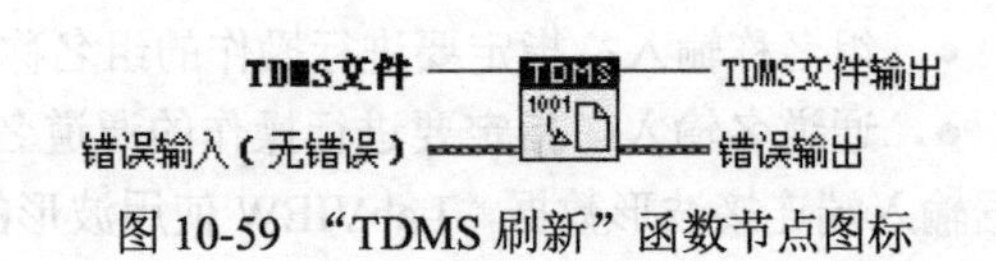

图 10-59 “TDMS 刷新”函数节点图标

9. TDMS 文件查看器

“TDMS 文件查看器”函数打开由文件路径输入端指定的 .tdms 文件，并将文件数据在 TDMS 查看器窗口中显示出来。“TDMS 文件查看器”函数的节点图标如图 10-60 所示。

图 10-60 “TDMS 文件查看器”函数节点图标

将 .tdms 文件的路径和 TDMS 文件查看器 VI 的文件路径输入相连，并运行该 VI，将出现 TDMS 文件查看器窗口，如图 10-61 所示。该窗口用于读取和分析 .tdms 文件和属性数据。

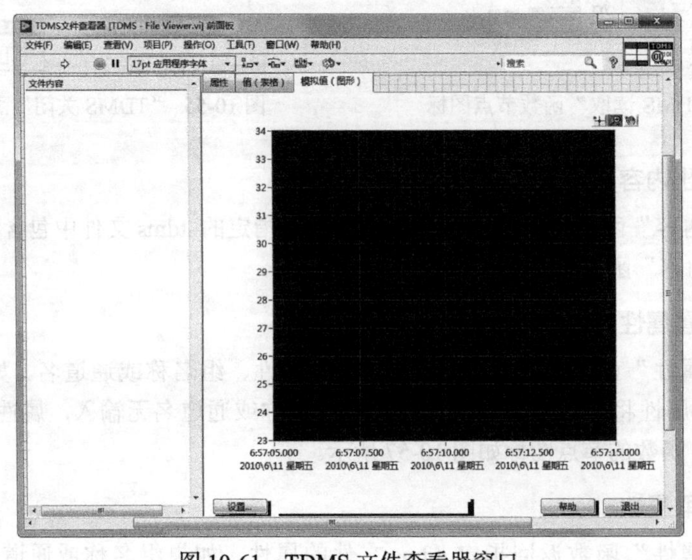

图 10-61 TDMS 文件查看器窗口

该窗口包括以下部分。

- 文件内容：列出 .tdms 文件的属性和通道数据。选择要分析的值，以及出现在文件内容列表右侧的数据。
- 属性：包含显示指定 .tdms 文件属性数据的表格。
- 值（表格）：包含显示指定 .tdms 文件原始数据值的图表。
- 模拟值（图形）：包含 .tdms 数据的图形。

10. TDMS 碎片整理

“TDMS 碎片整理”函数整理由文件路径指定的 .tdms 文件的数据。如果 .tdms 数据很乱，可以使用该函数进行整理，从而提高性能。“TDMS 碎片整理”函数的节点图标如图 10-62 所示。

图 10-62 “TDMS 碎片整理”函数节点图标

11. 高级 TDMS

高级 TDMS VI 和函数可用于对 .tdms 文件进行高级 I/O 操作（例如，异步读取和写入）。通过此类 VI 和函数可读取已有 .tdms 文件中的数据，写入数据至新建的 .tdms 文件，或替换已有 .tdms 文件的部分数据。也可使用此类 VI 和函数转换 .tdms 文件的格式版本，或新建未换算数据的换算信息。

“高级 TDMS”子选板如图 10-63 所示。

（1）高级 TDMS 打开：按照主机使用的字节顺序打开用于读写操作的 .tdms 文件。该 VI 也可用于创建新文件或替换现有文件。不同于“TDMS 打开”函数,“高级 TDMS 打开”函数不创建 .tdms 文件。如使用该函数打开 .tdms 文件，且该文件已有对应的 .tdms_index 文件，该函数可删除 .tdms_index 文件。“高级 TDMS 打开”函数的节点图标如图 10-64 所示。

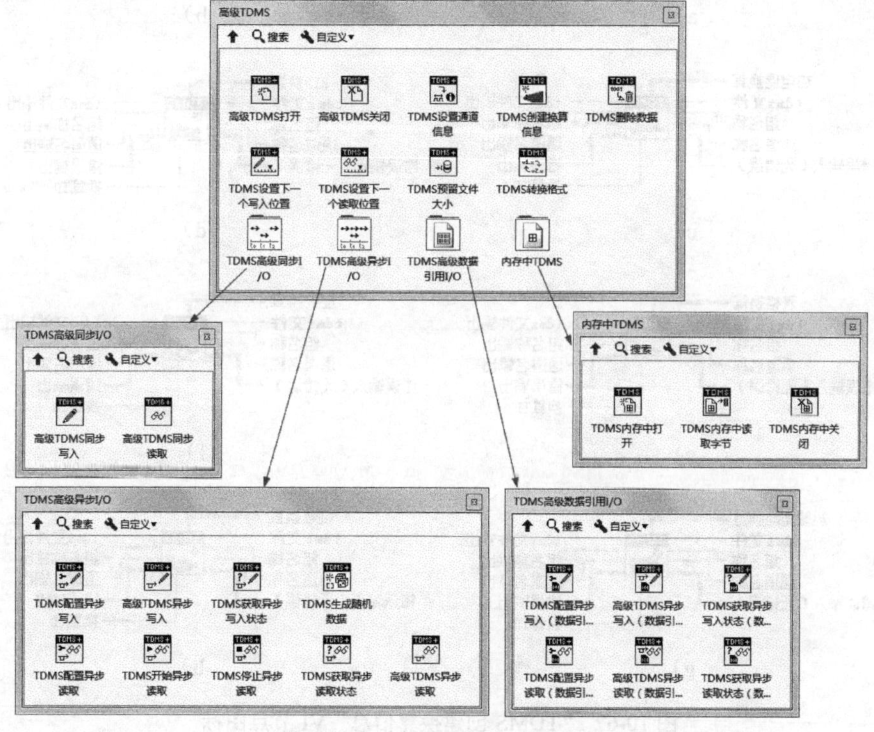

图 10-63 “高级 TDMS”子选板

（2）高级 TDMS 关闭：关闭通过高级 TDMS 打开函数打开的 .tdms 文件，释放 TDMS 预留文件保留的磁盘空间。“高级 TDMS 关闭”函数的节点图标如图 10-65 所示。

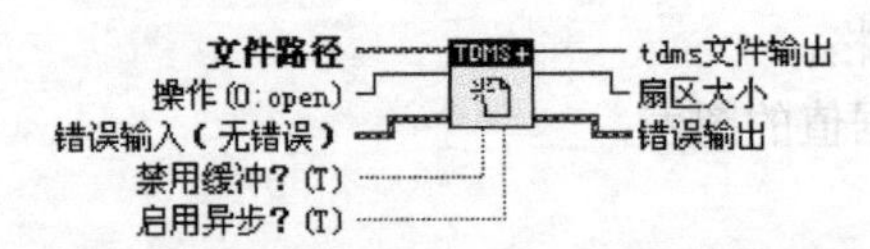

图 10-64 “高级 TDMS 打开”函数节点图标

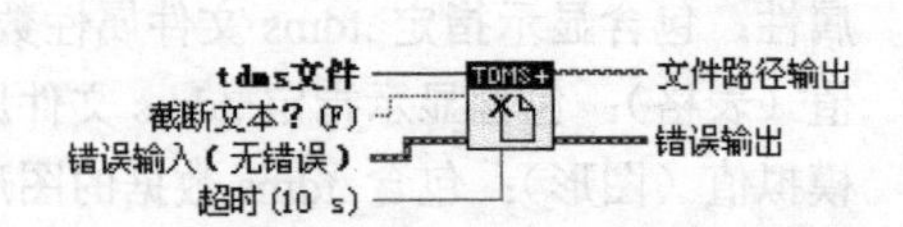

图 10-65 “高级 TDMS 关闭”函数节点图标

（3）TDMS 设置通道信息：定义要写入指定 .tdms 文件的原始数据中包含的通道信息。通道信息包括数据布局、组名、通道名、数据类型和采样数。“TDMS 设置通道信息”函数的节点图标如图 10-66 所示。

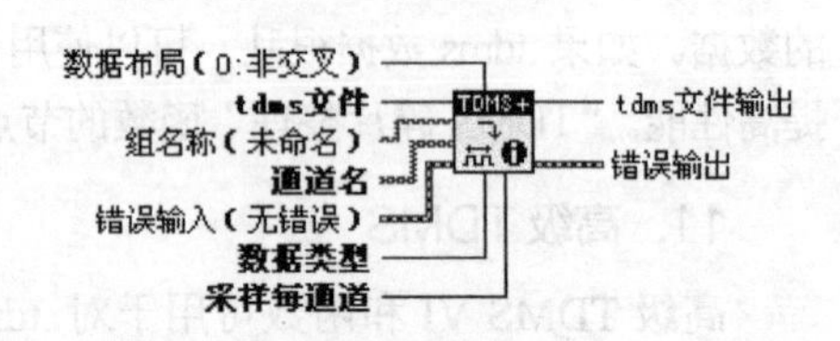

图 10-66 “TDMS 设置通道信息”函数节点图标

（4）TDMS 创建换算信息（VI）：创建 .tdms 文件中未缩放数据的缩放信息。该 VI 将换算信息写入 .tdms 文件。必须手动选择所需多态实例。TDMS 创建换算信息（线性、多项式、热电偶、RTD、表格、应变热敏电阻、倒数）如图 10-67 所示。

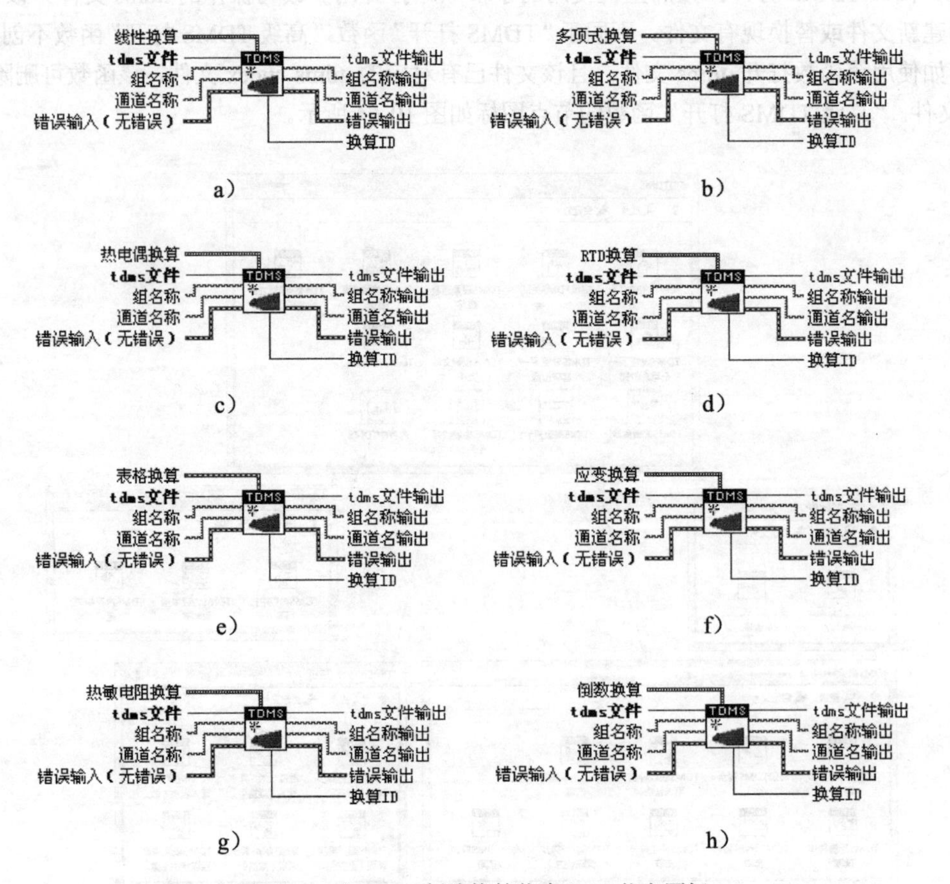

图 10-67 “TDMS 创建换算信息”VI 节点图标

（5）TDMS 删除数据（函数）：从一个通道或一个组中的多个通道中删除数据。函数删除该数据后，如 .tdms 文件中数据采样的数量少于通道属性 wf_samples 的值，LabVIEW 将把 wf_samples 的值设置为 .tdms 文件中的数据采样。其节点图标如图 10-68 所示。

（6）TDMS 设置下一个写入位置（函数）：配置高级 TDMS 异步写入或高级 TDMS 同步写入函数开始重写 .tdms 文件中已有的数据。如高级 TDMS 打开的禁用缓冲？输入为 TRUE，则设置的下一个写入位置必须为磁盘扇区大小的倍数。其节点图标如图 10-69 所示。

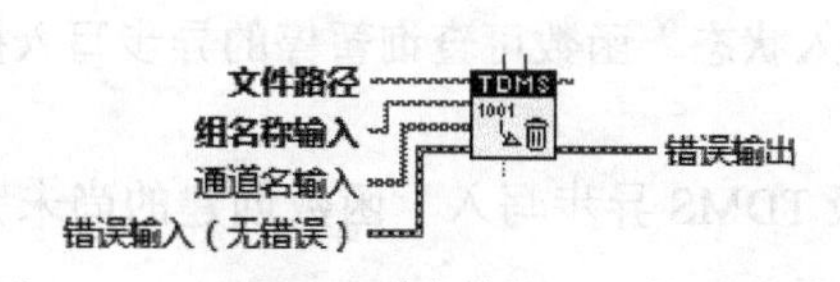

图 10-68 “TDMS 删除数据”函数节点图标

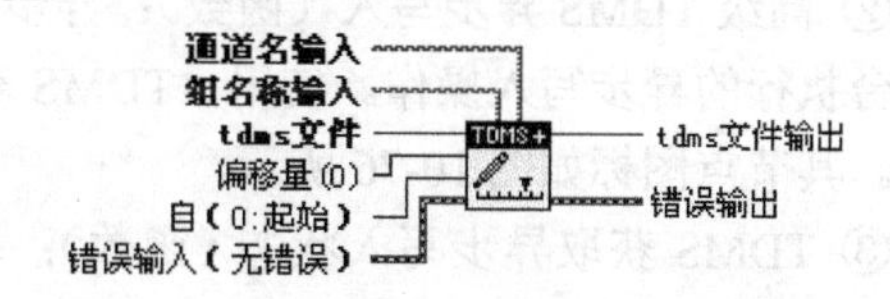

图 10-69 “TDMS 设置下一个写入位置”函数节点图标

（7）TDMS 设置下一个读取位置（函数）：配置高级 TDMS 异步读取函数读取 .tdms 文件中数据的开始位置。如高级 TDMS 打开的禁用缓冲？输入为 TRUE，则设置的下一个读取位置必须为磁盘扇区大小的倍数。节点图标及端口定义如图 10-70 所示。

（8）TDMS 预留文件大小（函数）：为写入操作预分配磁盘空间，防止文件系统碎片。函数使用 .tdms 文件时，其他进程无法访问该文件。节点图标及端口定义如图 10-71 所示。

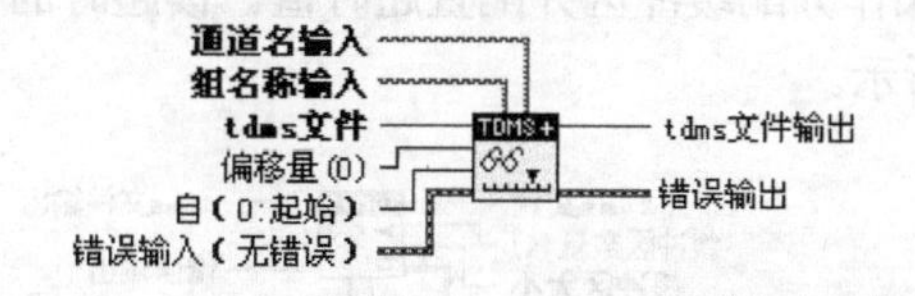

图 10-70 TDMS 设置下一个读取位置节点图标

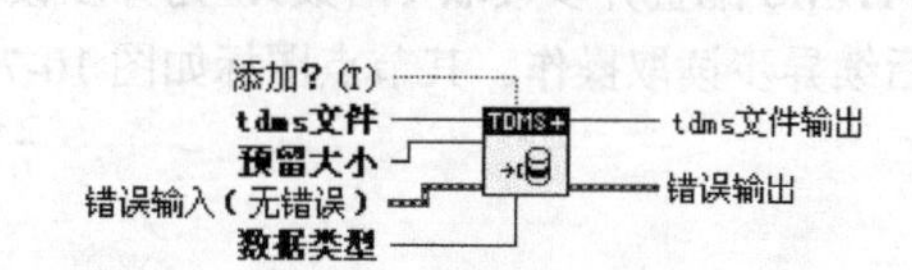

图 10-71 TDMS 预留文件大小节点图标

（9）TDMS 转换格式（VI）：将 .tdms 文件的格式从 1.0 转换为 2.0，或者相反。该 VI 依据目标版本中指定的新文件格式版本指定重写 .tdms 文件，如图 10-72 所示。

（10）TDMS 高级同步 I/O（VI）：用于同步读取和写入 .tdms 文件。

① 高级 TDMS 同步写入 .tdms 文件。同步写入数据至指定的 .tdms 文件。高级 TDMS 同步写入的节点图标及端口定义如图 10-73 所示。

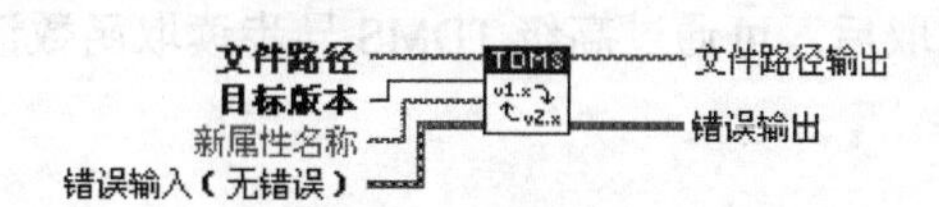

图 10-72 TDMS 转换格式（VI）节点图标

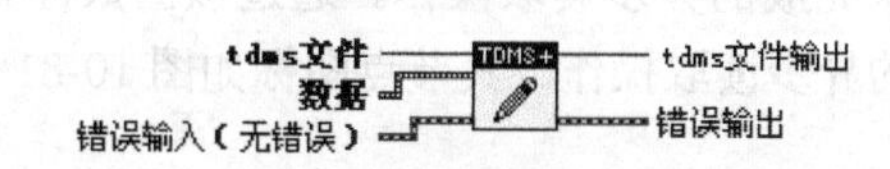

图 10-73 高级 TDMS 同步写入函数节点图标

② 高级 TDMS 同步读取。读取指定的 .tdms 文件并以数据类型输入端指定的格式返回数据。高级 TDMS 同步读取的节点图标及端口定义如图 10-74 所示。

（11）TDMS 高级异步 I/O：用于一部读取和写入 .tdms 文件。

① TDMS 配置异步写入（函数）：为异步写入操作分配缓冲区并配置超时值。写超时的值适用于所有后续异步写入操作。节点图标及端口定义如图 10-75 所示。

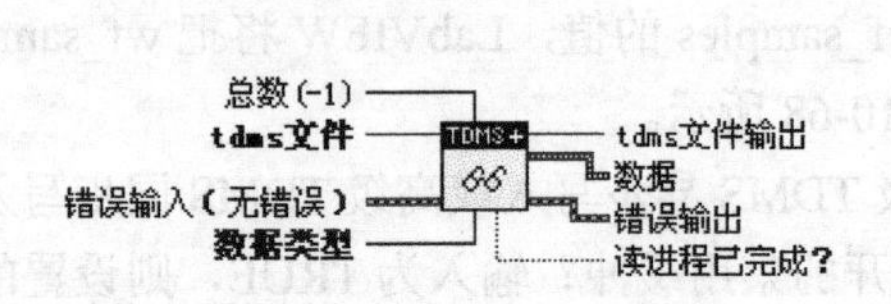

图 10-74 高级 TDMS 同步读取节点图标

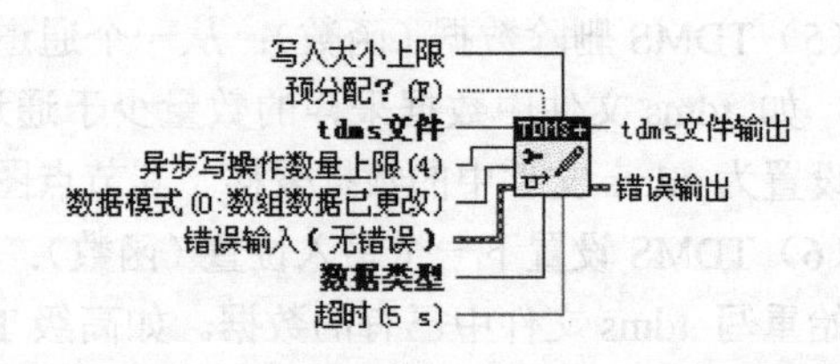

图 10-75 “TDMS 配置异步写入”函数节点图标

② 高级 TDMS 异步写入（函数）：异步写入数据至指定的 .tdms 文件。该函数可同时执行多个在后台执行的异步写入操作。使用“TDMS 获取异步写入状态”函数可查询暂停的异步写入操作的数量。其节点图标如图 10-76 所示。

③ TDMS 获取异步写入状态（函数）：获取“高级 TDMS 异步写入”函数创建的尚未完成的异步写入操作的数量。其节点图标如图 10-77 所示。

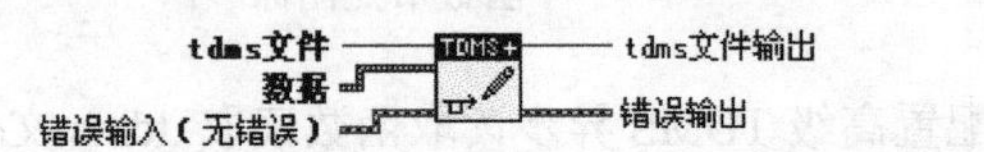

图 10-76 “高级 TDMS 异步写入”函数节点图标

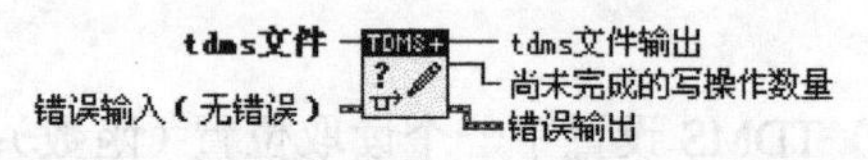

图 10-77 “TDMS 获取异步写入状态”函数节点图标

④ TDMS 生成随机数据（VI）：可以使用生成的随机数据去测试高级 TDMS VI 或函数的性能。在标记测试时中利用从数据获取装置中生成的数据，使用该 VI 进行仿真。其节点图标如图 10-78。

⑤ TDMS 配置异步读取（函数）：为异步读取操作分配缓冲区并配置超时值。读超时的值适用于所有后续异步读取操作。其节点图标如图 10-79 所示。

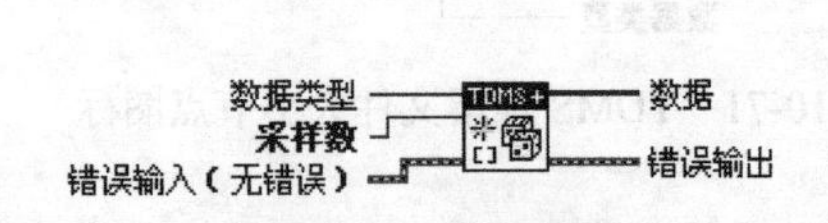

图 10-78 TDMS 生成随即数据 VI 节点图标

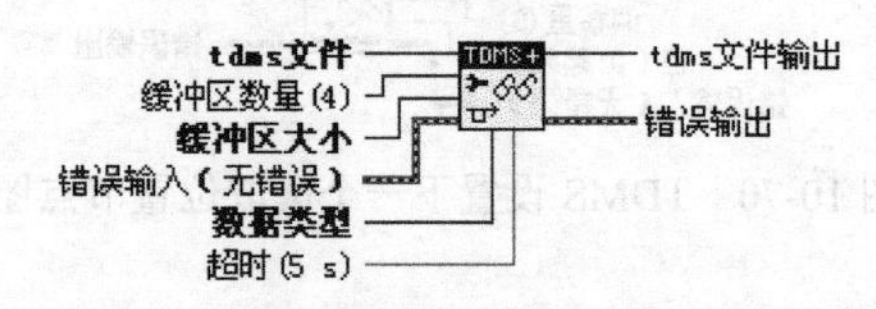

图 10-79 “TDMS 配置异步读取”函数节点图标

⑥ TDMS 开始异步读取（函数）：开始异步读取过程。此前异步读取过程完成或停止前，无法配置或开始异步读取过程。通过“TDMS 停止异步读取”函数可停止异步读取过程。其节点图标如图 10-80 所示。

⑦ TDMS 停止异步读取（函数）：停止发出新的异步读取。该函数不忽略完成的异步读取或取消尚未完成的异步读取操作。通过该函数停止异步读取后，可通过高级 TDMS 异步读取函数读取完成的异步读取操作。其节点图标如图 10-81 所示。

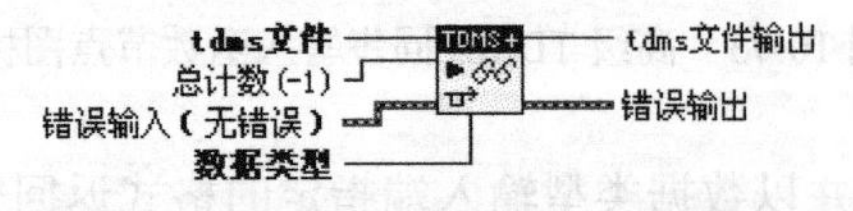

图 10-80 “DMS 开始异步读取”函数节点图标

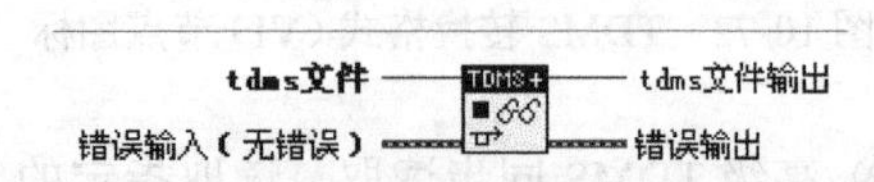

图 10-81 “TDMS 停止异步读取”函数节点图标

⑧ TDMS 获取异步读取状态（函数）：获取包含“高级 TDMS 异步读取”函数要读取数据的缓冲区的数量。其节点图标如图 10-82 所示。

⑨ 高级 TDMS 异步读取（函数）：读取指定的 .tdms 文件并以数据类型输入端指定的格式返回

数据。该函数可返回此前读入缓冲区的数据，缓冲区通过 TDMS 配置异步读取函数配置。该函数可同时执行多个异步读取操作。其节点图标如图 10-83 所示。

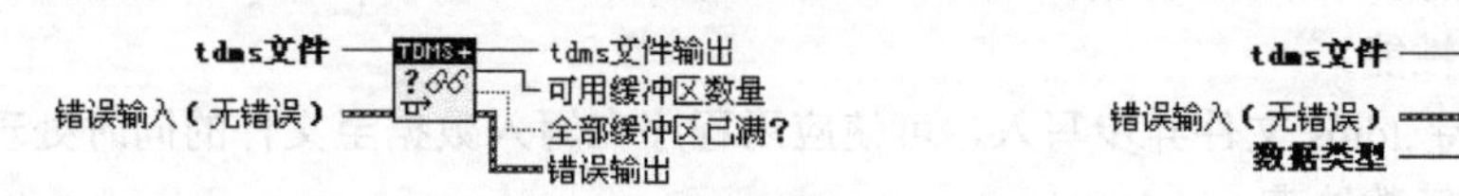

图 10-82 “TDMS 获取异步读取状态”函数节点图标　　图 10-83 “高级 TDMS 异步读取”函数节点图标

（12）TDMS 高级数据引用 I/O（函数）：用于与数据交互，也可使用这些函数从“.tdms”文件异步读取数据并将数据直接置于 DMA 缓存中。

① TDMS 配置异步写入（数据引用）：配置异步写入操作的最大数量以及超时值。超时的值适用于所有后续写入操作。使用 TDMS 高级异步写入（数据引用）之前，必须使用该函数配置异步写入。其节点图标如图 10-84 所示。

② 高级 TDMS 异步写入（数据引用）：该数据引用输入端指向的数据异步写入指定的“.tdms”文件。该函数可以在后台执行异步写入的同时发出更多异步写入指令，还可以查询挂起的异步写入操作的数量。其节点图标如图 10-85 所示。

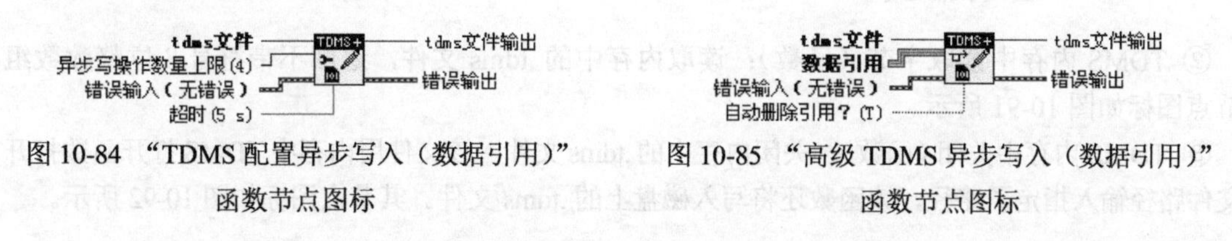

图 10-84 “TDMS 配置异步写入（数据引用）”函数节点图标　　图 10-85 “高级 TDMS 异步写入（数据引用）”函数节点图标

③ TDMS 获取异步写入状态（数据引用）：返回高级 TDMS 异步写入（数据引用）函数创建的尚未完成的异步写入操作的数量。其节点图标如图 10-86 所示。

④ TDMS 配置异步读取（数据引用）：配置异步读取操作的最大数量，待读取数据的总量，以及异步读取的超时值。使用 TDMS 高级异步读取（数据引用）之前，必须使用该函数配置异步读取。节点图标及端口定义如图 10-87 所示。

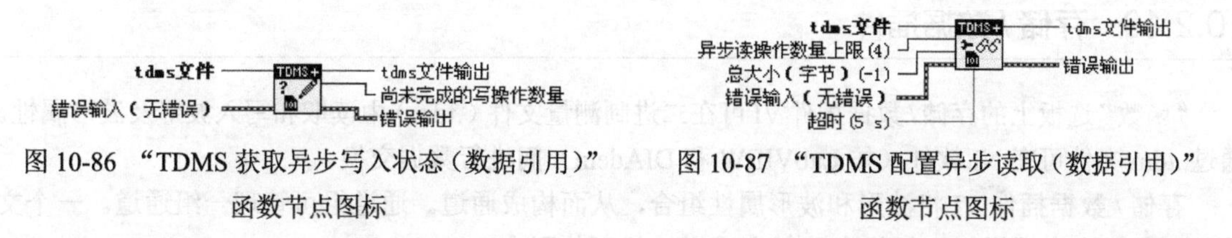

图 10-86 “TDMS 获取异步写入状态（数据引用）”函数节点图标　　图 10-87 “TDMS 配置异步读取（数据引用）”函数节点图标

⑤ 高级 TDMS 异步读取（数据引用）：从指定的 .tdms 文件中异步读取数据，并将数据保存在 LabVIEW 之外的存储器中。该函数在后台执行异步读取的同时发出更多异步读取指令，其节点图标如图 10-88 所示。

⑥ TDMS 获取异步读取状态（数据引用）：返回高级 TDMS 异步读取（数据引用）函数创建的尚未完成的异步读取操作的数量。其节点图标如图 10-89 所示。

文件格式 2.0 包括文件格式 1.0 的所有特性，以及下列特性。

- 可写入间隔数据至 .tdms 文件。
- 在 .tdms 文件中写入数据可使用不同的 endian 格式或字节顺序。

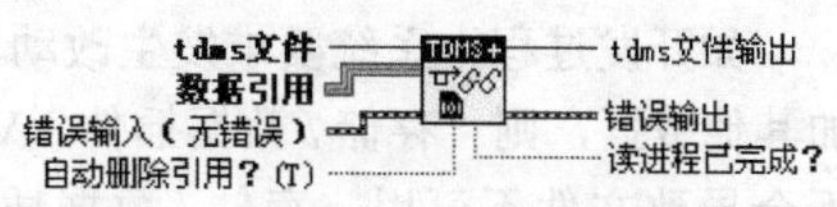

图 10-88 “高级 TDMS 异步读取（数据引用）”函数节点图标

- 不使用操作系统缓冲区写入 .tdms 数据，可使性能提高，特别是在冗余磁盘阵列（RAID）中。
- 也可使用 NI-DAQmx 在 .tdm 文件中写入带换算信息的元素数据。
- 通过位连续数据的多个数据块使用单个文件头，文件格式 2.0 可优化连续数据采集的写入性能，可改进单值采集的性能。
- 文件格式 2.0 支持 .tdms 文件异步写入，可使应用程序在写入数据至文件的同时处理内存中的数据，无需等待写入函数结束。

（13）内存中 TDMS（函数）：用于与数据交互，也可使用这些函数从 .tdms 文件异步读取数据并将数据直接置于 DMA 缓存中。

① TDMS 内存中打开（函数）：在内存中创建一个空的 .tdms 文件进行读取或写入操作。也可使用该函数基于字节数组或磁盘文件创建一个文件。使用内存中 TDMS 关闭函数可关闭对该文件的引用。其节点图标如图 10-90 所示。

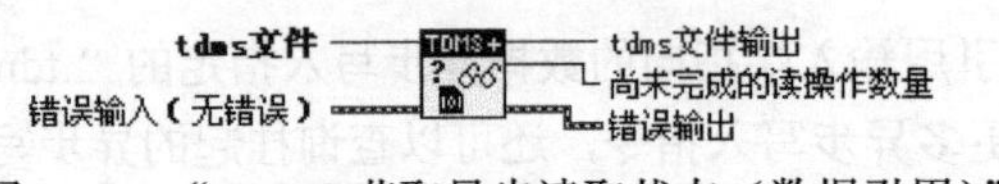

图 10-89 “TDMS 获取异步读取状态（数据引用）”函数节点图标

图 10-90 “TDMS 内存中打开”函数节点图标

② TDMS 内存中读取字节（函数）：读取内存中的 .tdms 文件，返回不带符号 8 位整数数组。其节点图标如图 10-91 所示。

③ TDMS 内存中关闭（函数）：关闭内存中的 .tdms 文件，该文件用内存中 TDMS 打开函数打开。如文件路径输入指定了路径，该函数还将写入磁盘上的 .tdms 文件。其节点图标如图 10-92 所示。

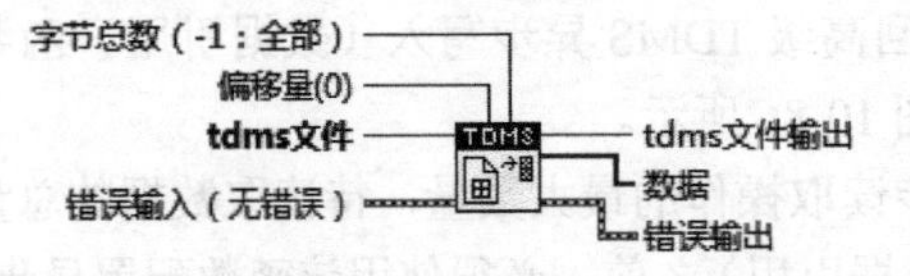

图 10-91 “TDMS 内存中读取字节”函数节点图标

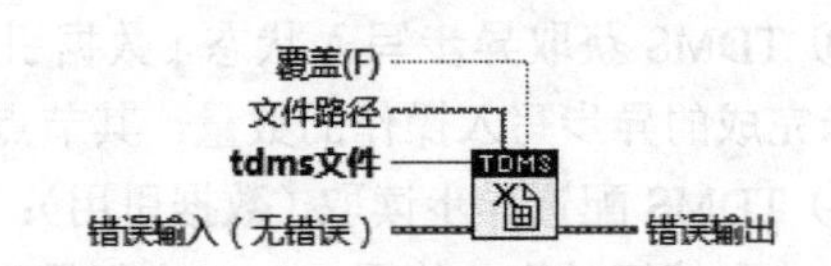

图 10-92 “TDMS 内存中关闭”函数节点图标

10.2.10 存储 / 数据插件

“函数”选板上的存储 / 数据插件 VI 可在二进制测量文件（.tdm）中读取和写入波形及波形属性。通过 .tdm 文件可在 NI 软件（如 LabVIEW 和 DIAdem）间进行数据交换。

存储 / 数据插件 VI 将波形和波形属性组合，从而构成通道。通道组可管理一组通道。一个文件中可包括多个通道组。如按名称保存通道，就可从现有通道中快速添加或获取数据。除数值之外，存储 / 数据插件 VI 也支持字符串数组和时间标识数组。在程序框图上，引用句柄可代表文件、通道组和通道。存储 / 数据插件 VI 也可查询文件以获取符合条件的通道组或通道。

如开发过程中系统要求发生改动，或需要在文件中添加其他数据，则“存储 / 数据插件”VI 可修改文件格式且不会导致文件不可用。存储 / 数据插件子选板如图 10-93 所示。

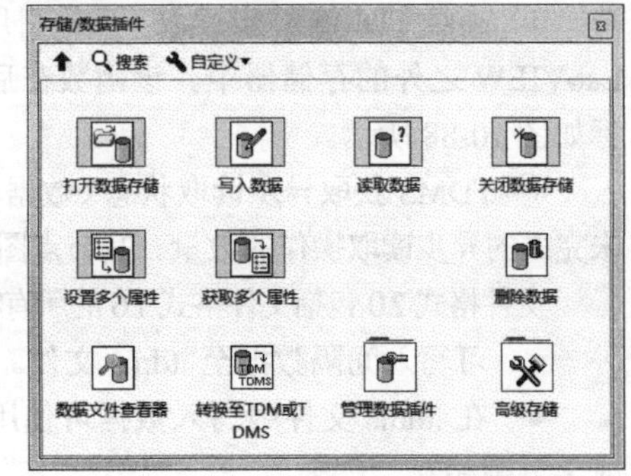

图 10-93 “存储 / 数据插件”子选板

1. 打开数据存储

打开NI测试数据格式交换文件（.tdm）以用于读写操作。该VI也可以用于创建新文件或替换现有文件。通过关闭数据存储VI可以关闭文件引用。

2. 写入数据

添加一个通道组或单个通道至指定文件。也可以使用这个VI来定义被添加的通道组或者单个通道的属性。

3. 读取数据

返回用于表示文件中通道组或通道的引用的句柄数组。如果选择通道作为配置对话框中的读取对象类型，该VI就会读出这个通道中的波形。该VI还可以根据指定的查询条件返回符合要求的通道组或者通道。

4. 关闭数据存储

对文件进行读写操作后，将数据保存至文件并关闭文件。

5. 设置多个属性

对已经存在的文件、通道组或单个通道定义属性。如果在将句柄连接到存储引用句柄之前配置这个VI，根据所连接的句柄，可能会修改配置信息。例如，如果配置VI用于单通道，然后连接通道组的引用句柄，由于单个通道属性不适用于通道组，VI将在程序框图上显示断线。

6. 获取多个属性

从文件、通道组或单个通道中读取属性值。如果在将句柄连接到存储引用句柄之前配置这个VI，根据所连接的句柄，可能会修改配置信息。例如，如果配置VI用于单通道，然后连接通道组的引用句柄，由于单个通道属性不适用于通道组，VI将在程序框图上显示断线。

7. 删除数据

删除一个通道组或通道。如果选择删除一个通道组，该VI将删除与该通道组相关联的所有通道。

8. 数据文件查看器

连线数据文件的路径至数据文件查看器VI的文件路径输入，运行VI，可显示该对话框。该对话框用于读取和分析数据文件。

9. 转换至TDM或TDMS

将指定文件转换成.tdm格式的文件或.tdms格式的文件。

10. 管理数据插件

可罗列、导出、注册或取消注册本地计算机上已安装的数据插件。

11. 高级存储

使用高级存储VI进行程序运行期间的数据的读取、写入和查询。

10.2.11 实例——写入TDM数据文件

扫码看视频

本例演示打开数据存储VI新建一个TDM文件。写入数据VI写入通道数据至文件。如发生随机事件（此时，随机数值等于0），则TDM文件内部的三个独立通道更新直方图（Histogram）、事件时间（Event Time）和事件类型（Event Type）。完成100个数据采集后，关闭数据存储VI关闭文件引用。程序框图如图10-94所示。

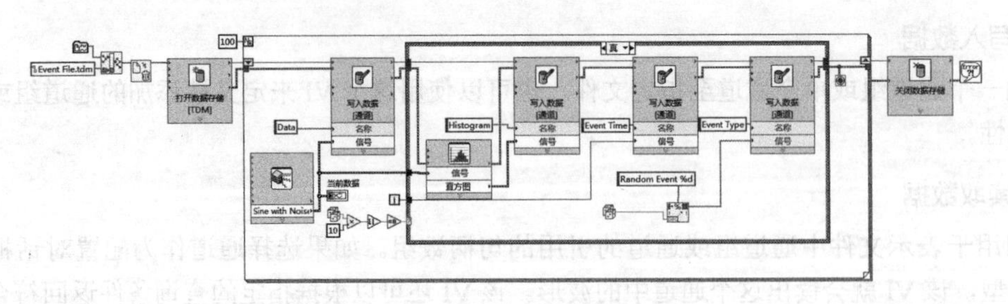

图10-94　程序框图

操作步骤

（1）新建VI。选择菜单栏中的“文件”→“新建VI”命令，新建一个VI，一个空白的VI包括前面板及程序框图。

（2）保存VI。选择菜单栏中的“文件”→“另存为”命令，输入VI名称为“写入TDM数据文件”。

（3）固定“控件”选板。单击鼠标右键，在前面板打开“控件”选板，单击选板左上角“固定”按钮，将“控件”选板固定在前面板。

（4）从“函数”选板中选择“编程”→“文件I/O”→“创建路径”函数，在“基路径”输入端创建文件路径连接“默认数据目录VI”（“编程”→“文件I/O”→“文件常量”），在“名称与路径”输入端创建路径常量，输入需要创建的文件名称Event File.tdm。

（5）从“函数”选板中选择“编程”→“文件I/O”→“高级文件函数”→“删除”函数，如TDM文件已存在，则首先删除该文件。

（6）从“函数”选板中选择“编程”→“文件I/O”→“存储/数据插件”→“打开数据存储”函数，打开路径下的该文件中的数据存储。

（7）从“函数”选板中选择“编程”→“结构”→“For循环”函数，创建循环次数为100，在循环上单击鼠标右键，选择“条件接线端”命令，为循环结构添加条件接线端。

（8）从“函数”选板中选择“编程”→“文件I/O”→“存储/数据插件”→“写入数据”函数，在循环内部写入存储数据，在循环的连接处替换为移位寄存器，并连接数据的错误信息，创建名称为“Data”。

（9）从“函数”选板中“Express”→“信号分析”→“仿真信号”，放置在程序框图中，自动弹出“配置仿真信号”对话框，选择“正弦”，设置频率为10.1，勾选“添加噪声”复选框，添加MLS序列噪声，输入信号名称为Sine with Noise，如图10-95所示。

在仿真信号输出端创建图形显示控件“当前数据”，将仿真信号连接到第一个“写入数据”函数信号输入端，写入数据Express VI写入通道数据至文件。

（10）从“函数”选板中选择“编程”→“结构”→“条件结构”函数，选择条件“真”。在“函数”选板上选择“编程”→“文件I/O”→“存储/数据插件”→“写入数据”函数，条件循环内部TDM文件的三个独立通道更新直方图（Histogram）、事件时间（Event Time）和事件类型（Event Type），如图10-96所示。

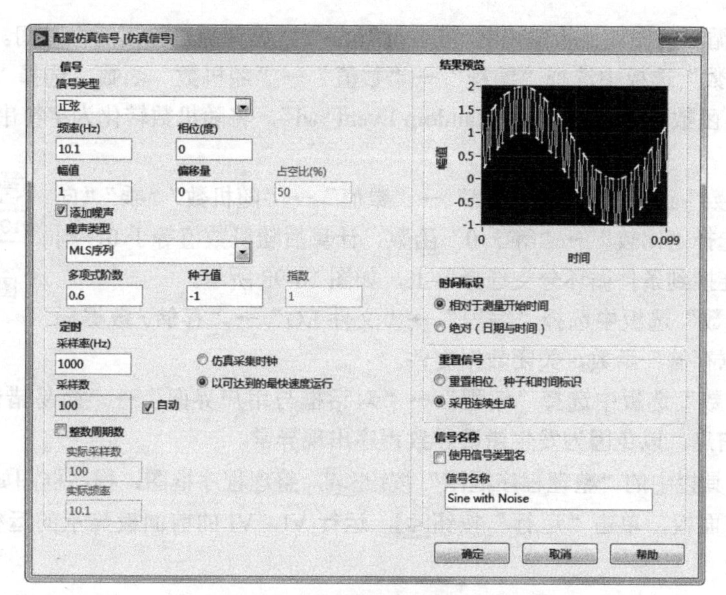

图 10-95 “配置仿真信号”对话框

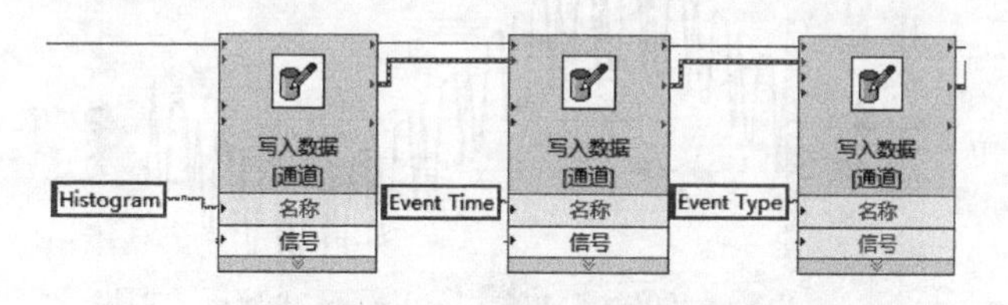

图 10-96　创建三个独立通道

（11）从“函数”选板中选择“Express”→“信号分析”→“绘制直方图”，利用仿真信号绘制直方图，将直方图信号输出到“Histogram”数据通道，直方图图标放置在程序框图中，自动弹出“配置创建直方图”对话框，设置区间数、最大值与最小值，如图 10-97 所示。

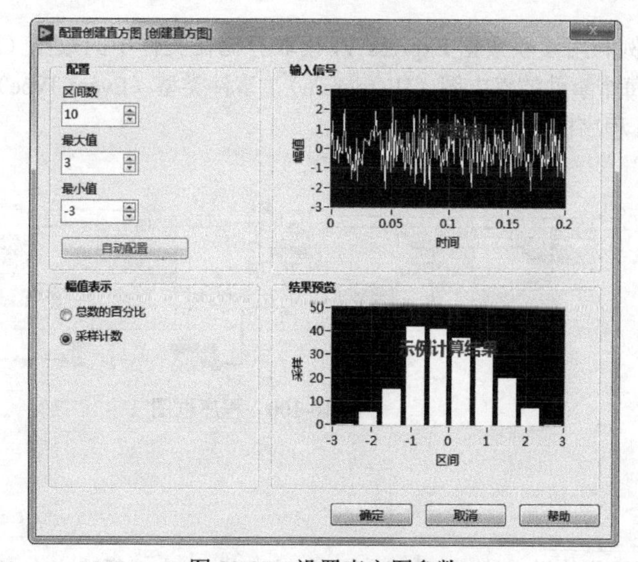

图 10-97　设置直方图参数

（12）将 For 循环的循环计数输出到“Event Time”数据通道，输出随机时间。

（13）从“函数”选板中选择“编程”→“数值”→“随机数”函数，选择“字符串”→“格式化写入字符串”函数，设置格式为“Random Event %d”，将随机数转化为字符串，写入到“Event Type”数据通道。

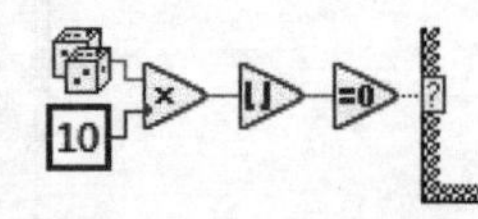

图 10-98　生成随机事件

（14）从“函数”选板中选择“编程”→“数值”→“随机数”“乘”“向下取整”函数，选择“比较”→“等于 0”函数，计算后随机数值等于 0，则生成一个事件，连接到条件循环分支选择器上，如图 10-98 所示。

（15）从“函数”选板中选择“编程”→“文件 I/O”→“存储 / 数据插件”→“关闭数据存储”函数，关闭数据文件。

（16）从“函数”选板中选择“编程”→“对话框与用户界面”→“简易错误处理器”函数，连接函数的错误信息，以免因为发生错误导致程序出现异常。

（17）单击工具栏中的“整理程序框图”按钮，整理程序框图，程序框图如图 10-94 所示。

（18）打开前面板，单击“运行”按钮，运行 VI，VI 的前面板显示的运行结果如图 10-99 所示。

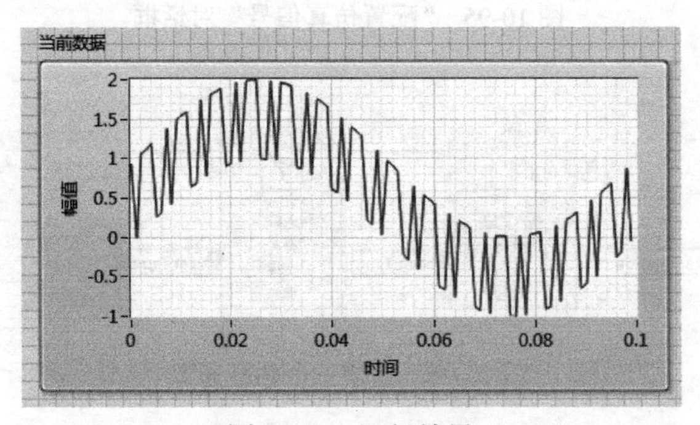

图 10-99　运行结果

10.2.12　实例——读取 TDM 文件

扫码看视频

本例利用读取数据 Express VI 读取存储在文件中的数据（Data）及数据记录中发生的每个事件的直方图（Histogram）、事件类型（Event Type）和事件时间（Event Time），程序框图如图 10-100 所示。

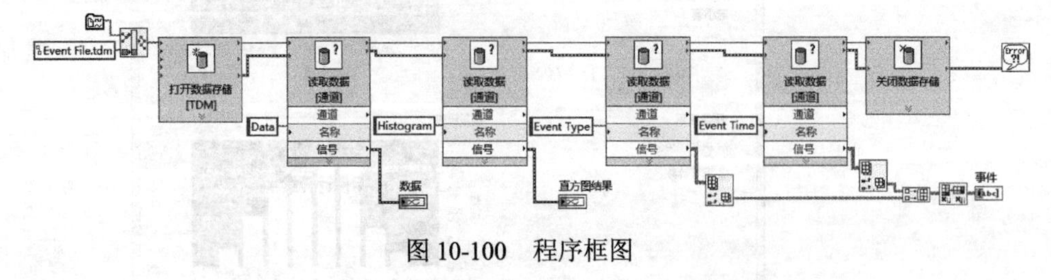

图 10-100　程序框图

操作步骤

（1）新建 VI。选择菜单栏中的“文件”→“新建 VI”命令，新建一个 VI，一个空白的 VI 包

括前面板及程序框图。

（2）保存 VI。选择菜单栏中的“文件”→“另存为”命令，输入 VI 名称为“读取 TDM 文件”。

（3）固定“控件”选板。单击鼠标右键，在前面板打开“控件”选板，单击选板左上角“固定”按钮，将“控件”选板固定在前面板。

（4）从“函数”选板中选择“编程”→“文件 I/O”→“创建路径”函数，在“基路径”输入端创建文件路径连接“默认数据目录 VI”（“编程”→“文件 IO”→“文件常量”），在“名称与路径”输入端创建路径常量，输入需要打开的文件名称 Event File.tdm。

（5）从“函数”选板中选择“编程”→“文件 I/O”→“存储 / 数据插件”→“打开数据存储”函数，打开路径下的该文件中的数据存储。

（6）从“函数”选板中选择“编程”→“文件 I/O”→“存储 / 数据插件”→“读取数据”函数，读取“Data”通道中的数据，并显示在“数据”显示控件中，如图 10-101 所示。

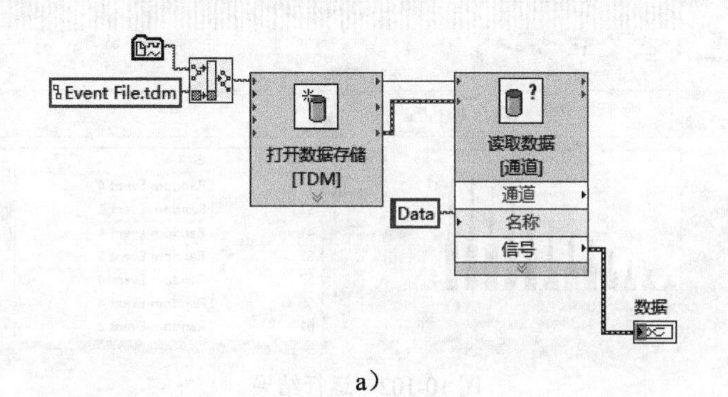

a）

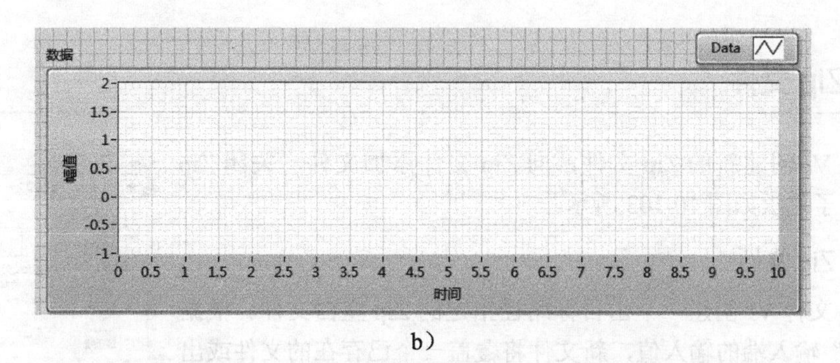

b）

图 10-101　打开数据通道的程序框图与前面板

（7）从“函数”选板中选择“编程”→“文件 I/O”→“存储 / 数据插件”→“读取数据”函数，读取“Histogram”通道中的数据，并显示在“直方图结果”波形图控件中。

（8）从“函数”选板中选择“编程”→“文件 I/O”→“存储 / 数据插件”→“读取数据”函数，读取“Event Type”通道中的数据。

（9）从“函数”选板中选择“编程”→“文件 I/O”→“存储 / 数据插件”→“读取数据”函数，读取“Event Time”通道中的数据。

（10）从“函数”选板中打开“编程”→“数组”子选板，选择“索引数组”函数，返回“Event Type”通道、“Event Time”通道中的数据；选择“创建数组”函数，将两通道中的数据组合在一起。选择“二维数组转置”函数，重新排列两通道数据，将保存在文件中的通道数据送入到“事件”表格控件（“银色”→“列表、表格和树”→“表格（银色）”）中显示。

（11）从“函数”选板中选择“编程”→“文件 IO”→“存储 / 数据插件”→“关闭数据存储”函数节点，关闭文件。

（12）从“函数”选板中选择“编程”→“对话框与用户界面”→“简易错误处理器”函数，连接函数的错误信息，以免因为发生错误导致程序出现异常。

（13）单击工具栏中的“整理程序框图”按钮，整理程序框图，程序框图如图 10-100 所示。

（14）单击“运行”按钮，运行 VI，VI 的前面板显示的运行结果如图 10-102 所示。

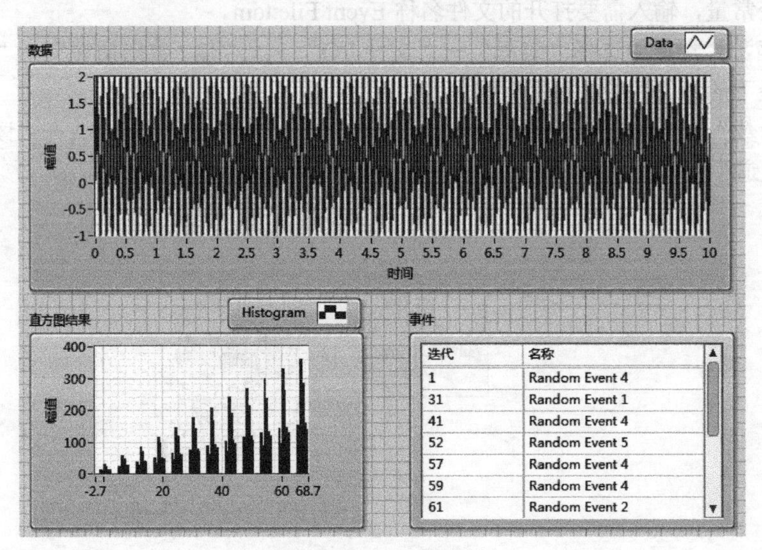

图 10-102　运行结果

10.2.13　Zip 文件

使用 Zip VI 创建新的 Zip 文件，向 Zip 文件添加文件，关闭 Zip 文件。“Zip”子选板如图 10-103 所示。

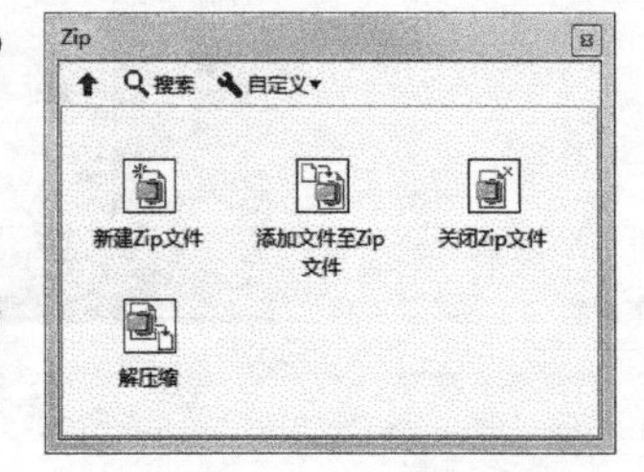

图 10-103　“Zip”子选板

1. 新建 Zip 文件

新建 Zip 文件 VI 创建一个由目标路径指定的 Zip 空白文件。根据“确认覆盖？”输入端的输入值，新文件将覆盖一个已存在的文件或出现一个确认对话框。新建 Zip 文件 VI 的节点图标如图 10-104 所示。

目标：指定新 Zip 文件或已存在 Zip 文件的路径。VI 将删除或重写已存在的文件。不能在 Zip 文件后面添加数据。

2. 添加文件至 Zip 文件

添加文件至 Zip 文件 VI 将源文件路径指定的文件添加到 Zip 文件中。Zip 文件目标路径控件可指定已压缩文件的路径信息。添加文件至 Zip 文件 VI 的节点图标如图 10-105 所示。

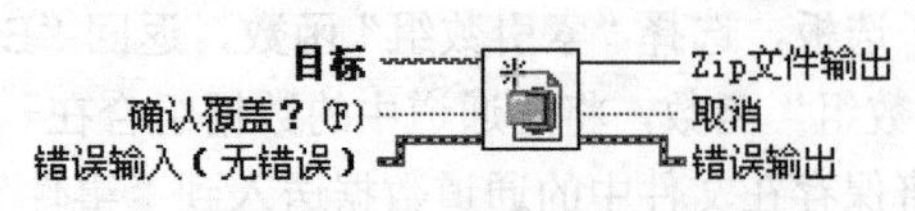

图 10-104　新建 Zip 文件 VI 节点图标

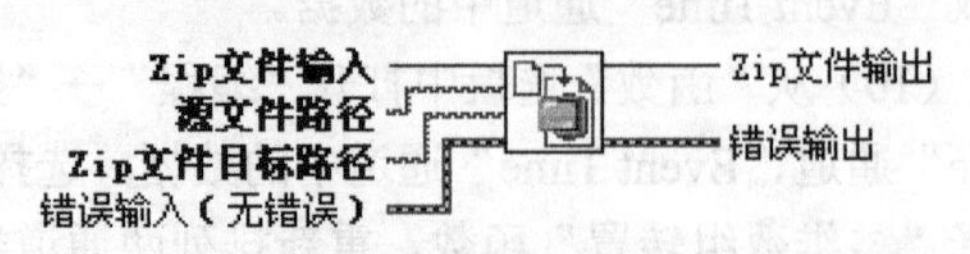

图 10-105　添加文件至 Zip 文件 VI 节点图标

3. 关闭Zip文件

关闭Zip文件VI关闭Zip文件输入端指定的Zip文件。关闭Zip文件VI的节点图标如图10-106所示。

4. 解压缩

解压缩VI使压缩文件的内容解压缩至目标目录。该VI无法解压缩有密码保护的压缩文件。解压缩VI的节点图标如图10-107所示。

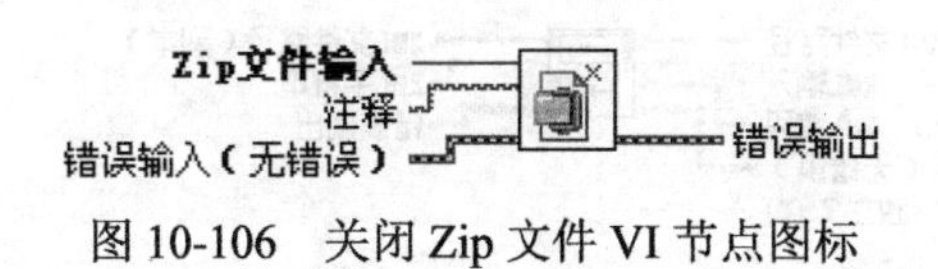

图10-106 关闭Zip文件VI节点图标

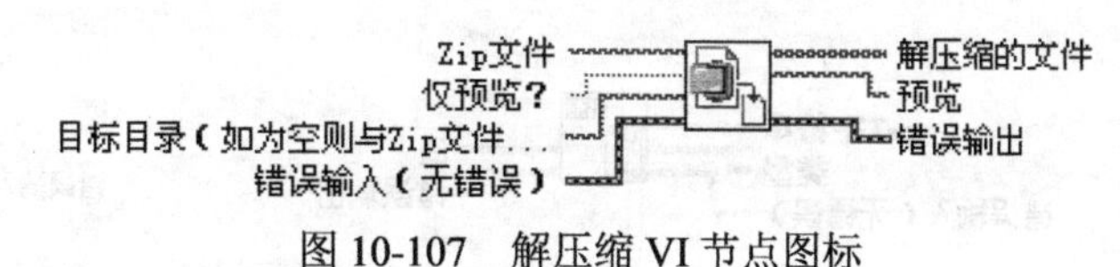

图10-107 解压缩VI节点图标

10.2.14 XML格式

XML VI和函数用于操作XML格式的数据，可扩展标记语言（XML）是一种独立于平台的标准化统一标记语言（SGML），可用于存储和交换信息。使用XML文档时，可使用解析器提取和操作数据，而不必直接转换XML格式。例如，文档对象模型（DOM）核心规范定义了创建、读取和操作XML文档的编程接口。DOM核心规范还定义了XML解析器必须支持的属性和方法。“XML”子选板如图10-108所示。

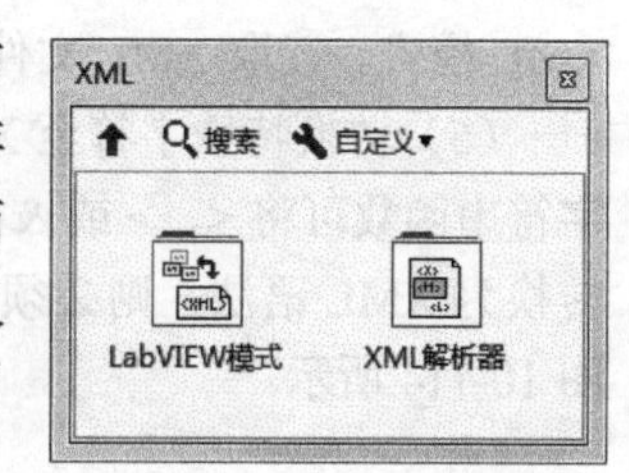

图10-108 “XML”子选板

1. LabVIEW模式VI和函数

LabVIEW模式VI和函数用于操作XML格式的LabVIEW数据。“LabVIEW模式”子选板如图10-109所示。

（1）平化至XML：将连线至任何数据的数据类型根据LabVIEW XML模式转换为XML字符串。如任何数据含有<、>或&等字符，该函数将分别把这些字符转换为<；、>；或&；。使用转换特殊字符至XMLVI可将其他字符（例如，"）转换为符合XML语法的字符。“平化至XML”函数的节点图标如图10-110所示。

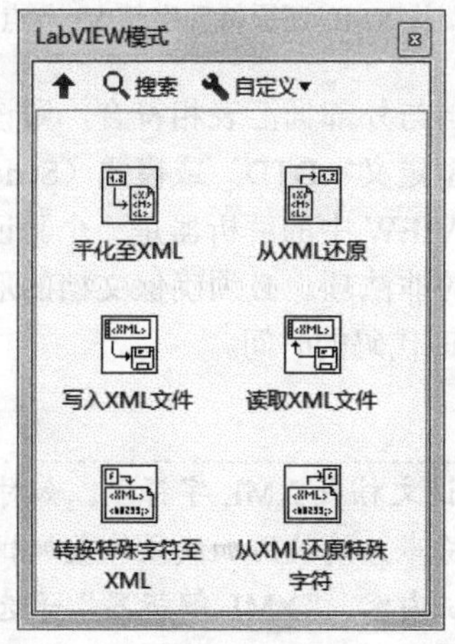

图10-109 “LabVIEW模式”子选板

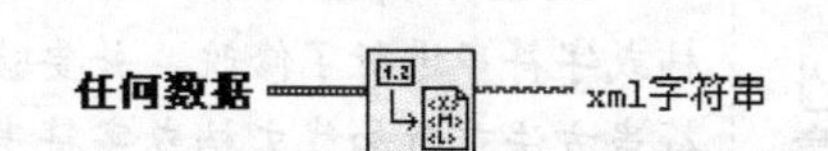

图10-110 “平化至XML”函数节点图标

（2）从 XML 还原：依据 LabVIEW XML 模式将 XML 字符串转换为 LabVIEW 数据类型。如 XML 字符串含有 <；、>；或 &；等字符，该函数将分别把这些字符转换为 <、> 或 &。使用从 XML 还原特殊字符 VI 转换其他字符（例如，"；）。“从 XML 还原”函数的节点图标如图 10-111 所示。

（3）写入 XML 文件：将 XML 数据的文本字符串与文件头标签同时写入文本文件。通过将数据连线至 XML 输入端可确定要使用的多态实例，也可手动选择实例。所有 XML 数据必须符合标准的 LabVIEW XML 模式。“写入 XML 文件”函数的节点图标如图 10-112 所示。

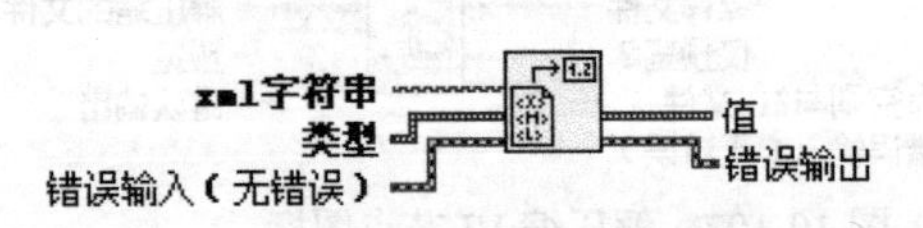

图 10-111 “从 XML 还原”函数节点图标

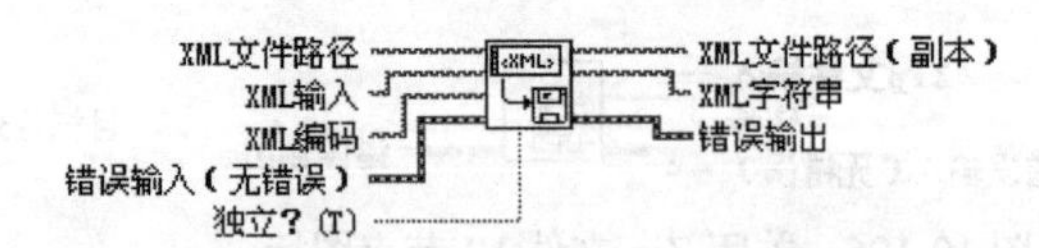

图 10-112 “写入 XML 文件”函数节点图标

（4）读取 XML 文件：读取并解析 LabVIEW XML 文件中的标签。将该 VI 放置在程序框图上时，多态 VI 选择器可见。通过该选择器可选择多态实例。所有 XML 数据必须符合标准的 LabVIEW XML 模式。读取 XML 文件 VI 的节点图标如图 10-113 所示。

（5）转换特殊字符至 XML：依据 LabVIEW XML 模式将特殊字符转换为 XML 语法。平化至字符串函数可将 <、> 或 & 等字符分别转换为 <；、>；或 &；。但如需将其他字符（如 "）转换为 XML 语法，则必须使用转换特殊字符至 XML VI。转换特殊字符至 XML VI 的节点图标如图 10-114 所示。

图 10-113 读取 XML 文件 VI 节点图标

图 10-114 转换特殊字符至 XML VI 节点图标

（6）从 XML 还原特殊字符：依据 LabVIEW XML 模式将特殊字符的 XML 语法转换为特殊字符。从 XML 还原函数可将 <；、>；或 &；等字符分别转换为 <、> 或 &。但如需转换其他字符（如 "；），则必须使用从 XML 还原特殊字符 VI。从 XML 还原特殊字符 VI 的节点图标及端口定义如图 10-115 所示。

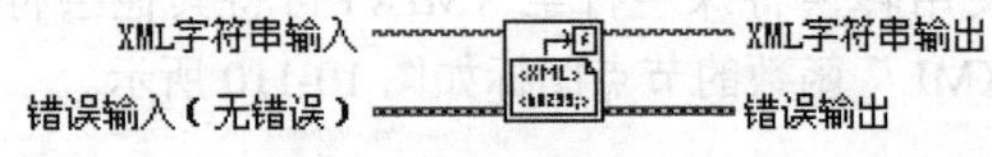

图 10-115 从 XML 还原特殊字符 VI 节点图标

2. XML 解析器

XML 解析器可配置为确定某个 XML 文档是否有效。如文档与外部词汇表相符合，则该文档为有效文档。在 LabVIEW 解析器中，外部词汇表可以是文档类型定义（DTD）或模式（Schema）。有的解析器只解析 XML 文件，但是加载前不会验证 XML。LabVIEW 中的解析器是一个验证解析器。验证解析器根据 DTD 或模式检验 XML 文档，并报告找到的非法项。必须确保文档的形式和类型是已知的。使用验证解析器可省去为每种文档创建自定义验证代码的时间。

XML 解析器在加载文件方法的解析错误中报告验证错误。

注意 XML 解析器在 LabVIEW 加载文档或字符串时验证文档或 XML 字符串。如对文档或字符串进行了修改，并要验证修改后的文档或字符串，请使用加载文件或加载字符串方法重新加载文档或字符串。解析器会再一次验证内容。“XML 解析器”子选板如图 10-116 所示。

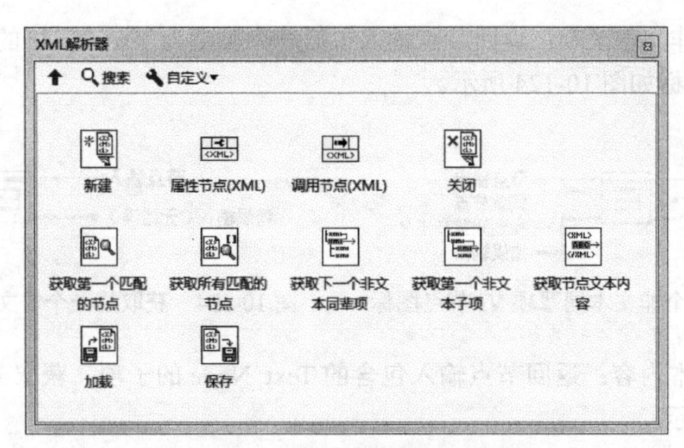

图 10-116 “XML 解析器”子选板

（1）新建：通过该 VI 可新建 XML 解析器会话句柄。新建 VI 的节点图标如图 10-117 所示。

（2）属性节点（XML）：获取（读取）和 / 或设置（写入）XML 引用的属性。该节点的操作与属性节点的操作相同。属性节点（XML）VI 的节点图标如图 10-118 所示。

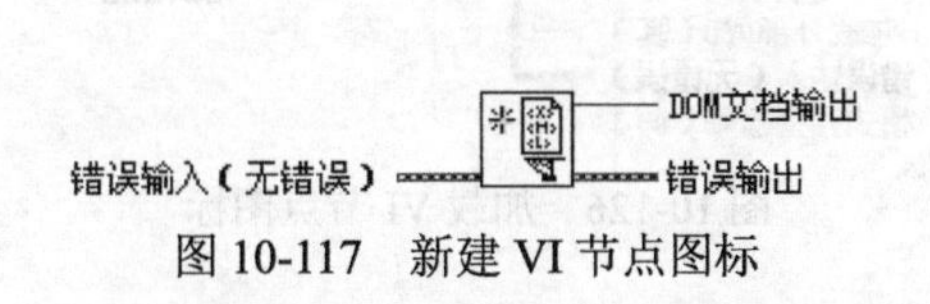

图 10-117 新建 VI 节点图标

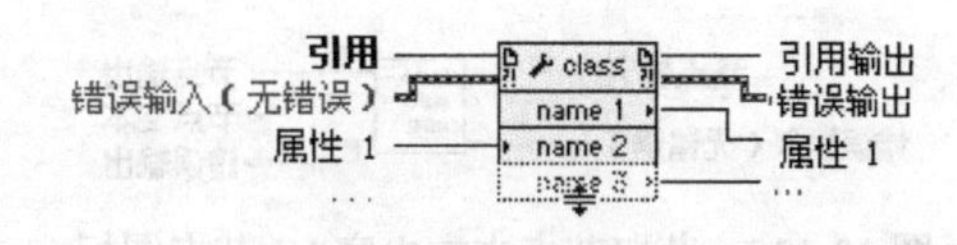

图 10-118 属性节点（XML）VI 节点图标

（3）调用节点（XML）：调用 XML 引用的方法或动作。该节点的操作与调用节点的操作相同。调用节点（XML）VI 的节点图标如图 10-119 所示。

（4）关闭：关闭所有 XML 解析器类的引用。通过该 VI 可关闭 XML_ 指定节点映射类、XML_ 节点列表类、XML_ 实现类和 XML_ 节点类的引用句柄。XML_ 节点类包含其他 XML 类。关闭 VI 的节点图标如图 10-120 所示。

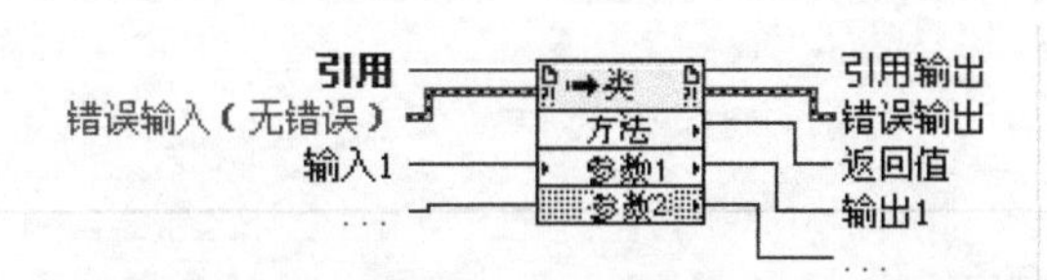

图 10-119 调用节点（XML）VI 节点图标

图 10-120 关闭 VI 节点图标

（5）获取第一个匹配的节点：返回节点输入的第一个匹配 Xpath 表达式的节点。获取第一个匹配的节点图标如图 10-121 所示。

（6）获取所有匹配的节点：返回节点输入的所有匹配 Xpath 表达式的节点。获取所有匹配的节点图标如图 10-122 所示。

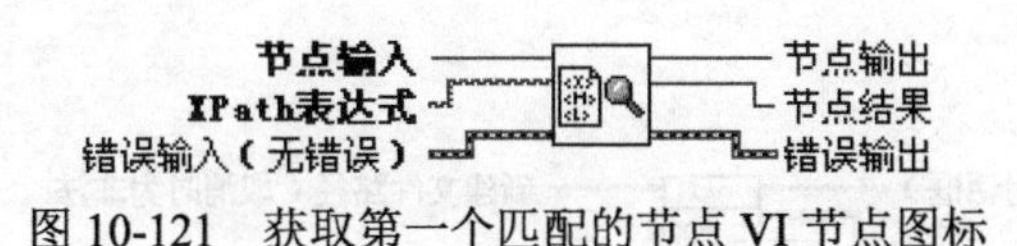

图 10-121 获取第一个匹配的节点 VI 节点图标

节点输入
XPath表达式
错误输入（无错误）
节点输出
节点结果数组
错误输出

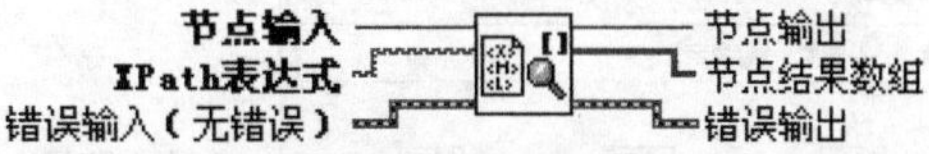

图 10-122 获取所有匹配的节点 VI 节点图标

（7）获取下一个非文本同辈项：返回节点输入中第一个类型为 Text_Node 的同辈项。获取下一个非文本同辈项 VI 的节点图标如图 10-123 所示。

（8）获取第一个非文本子项：返回节点输入中第一个类型为 Text_Node 的子项。获取第一个非文本子项 VI 的节点图标如图 10-124 所示。

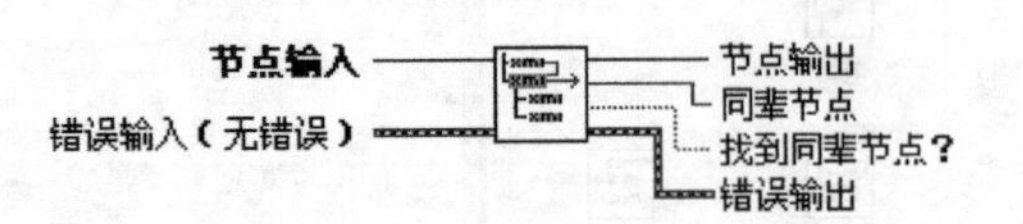

图 10-123　获取下一个非文本同辈项 VI 节点图标

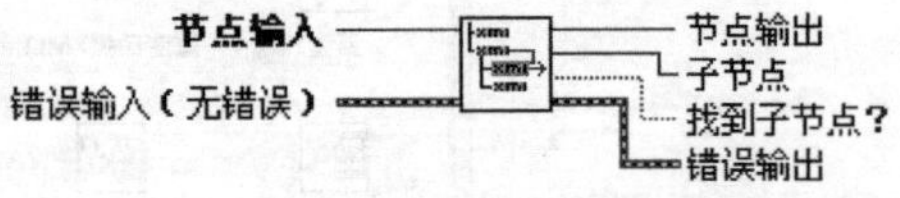

图 10-124　获取第一个非文本子项 VI 节点图标

（9）获取节点文本内容：返回节点输入包含的 Text_Node 的子项。获取节点文本内容 VI 的节点图标如图 10-125 所示。

（10）加载：打开 XML 文件并配置 XML 解析器依据模式或文档类型定义（DTD）对文件进行验证。加载 VI 的节点图标如图 10-126 所示。

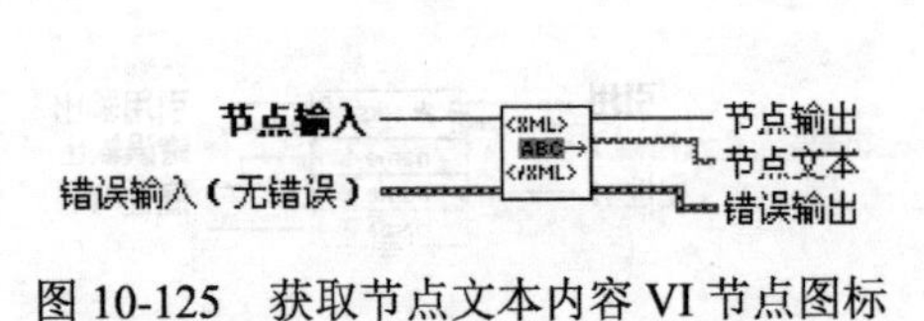

图 10-125　获取节点文本内容 VI 节点图标

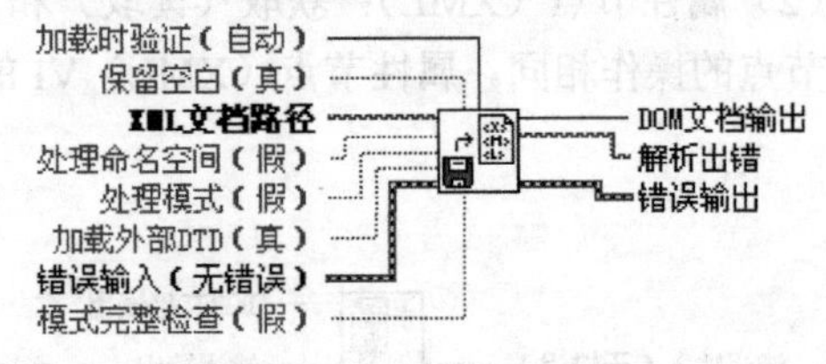

图 10-126　加载 VI 节点图标

（11）保存：保存 XML 文档。保存 VI 的节点图标及端口定义如图 10-127 所示。

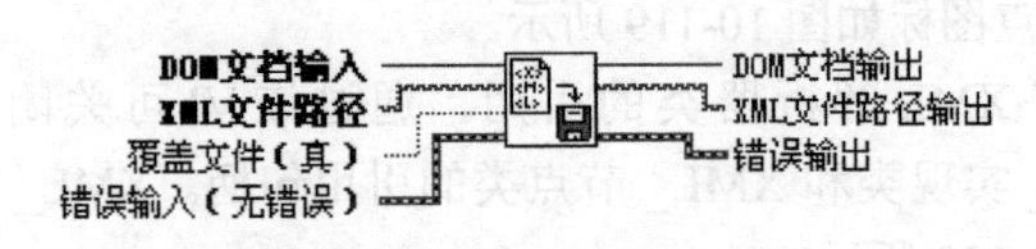

图 10-127　保存 VI 节点图标

10.2.15　波形文件 I/O 函数

“波形文件 I/O”子选板上的函数用于从文件读取写入波形数据。“波形文件 I/O”子选板如图 10-128 所示。

1. “写入波形至文件”函数

创建新文件或添加至现有文件，在文件中指定定数量的记录，然后关闭文件，检查是否发生错误。“写入波形至文件”函数的节点图标如图 10-129 所示。

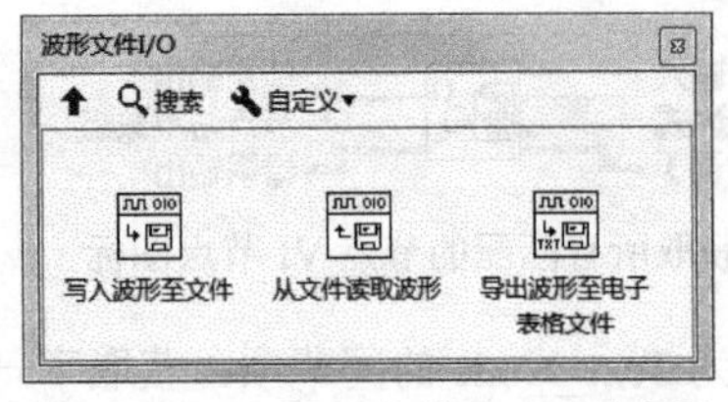

图 10-128 “波形文件 I/O”子选板

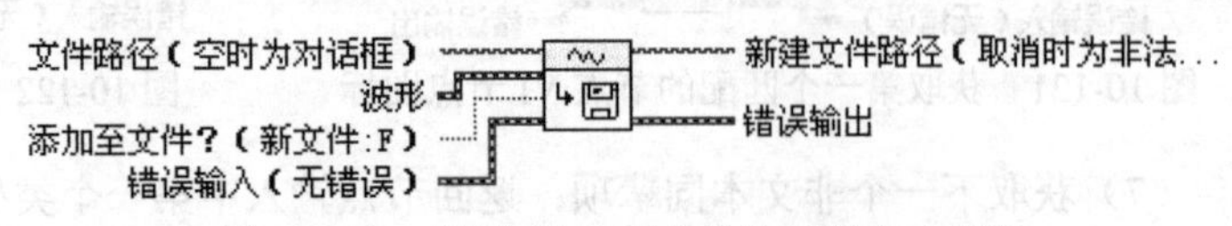

图 10-129 “写入波形至文件”函数节点图标

2. “从文件读取波形”函数

打开使用写入波形至文件 VI 创建的文件，每次从文件中读取一条记录。该 VI 可返回记录中所有波形和记录中第一波形，单独输出。“从文件读取波形”函数的节点图标如图 10-130 所示。

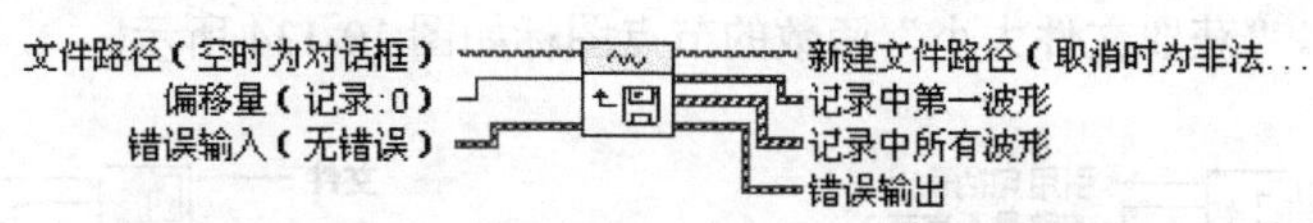

图 10-130 “从文件读取波形”函数节点图标

3. “导出波形至电子表格文件”函数

使波形转换为文本字符串，然后使字符串写入新字节流文件或添加字符串至现有文件。“导出波形至电子表格文件”函数节点图标如图 10-131 所示。

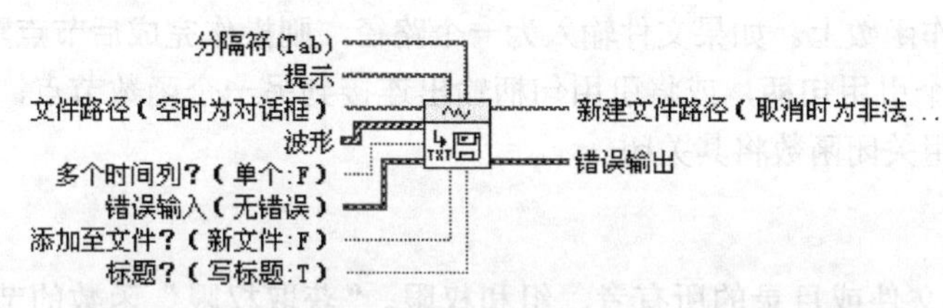

图 10-131 “导出波形至电子表格文件”函数节点图标

10.2.16 高级文件函数

使用高级文件 VI 和函数对文件、目录及路径进行操作。“高级文件函数”子选板如图 10-132 所示。

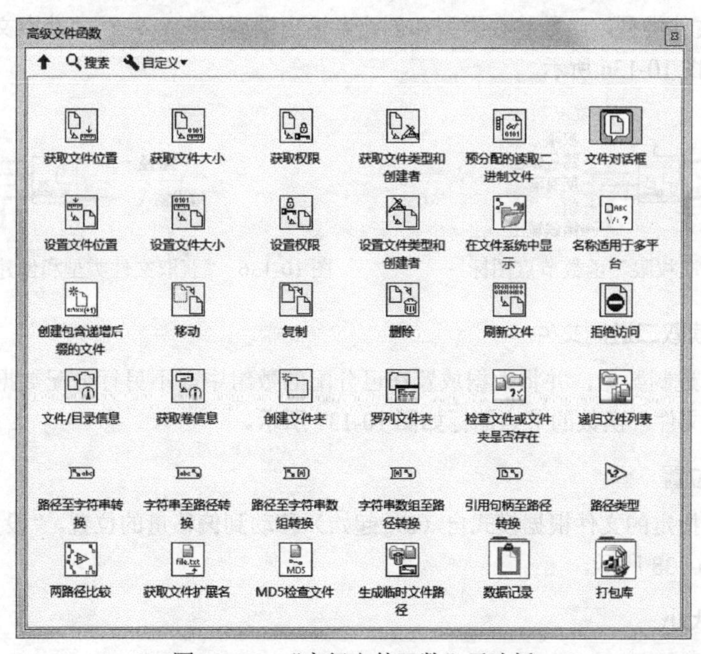

图 10-132 “高级文件函数”子选板

1. 获取文件位置

返回引用句柄指定的文件的相对位置。“获取文件位置”函数的节点图标如图 10-133 所示。

2. 获取文件大小

返回文件的大小。“获取文件大小”函数的节点图标如图 10-134 所示。

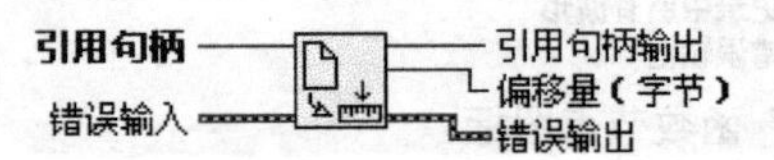

图 10-133 “获取文件位置”函数节点图标

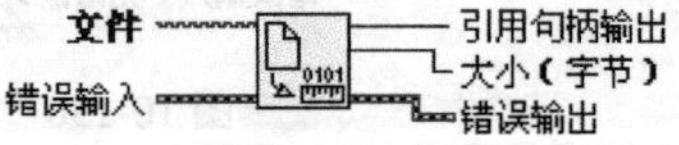

图 10-134 “获取文件大小”函数节点图标

● 文件：该输入可以是路径也可以是引用句柄。如果是路径，节点将打开文件路径所指定的文件。

● 引用句柄输出：函数读取的文件的引用句柄。根据所要对文件进行的操作，可以将该输出连接到另外的文件操作函数上。如果文件输入为一个路径，则操作完成后节点默认将文件关闭。如果文件输入端输入一个引用句柄，或将引用句柄输出连接到另一个函数节点，LabVIEW 则认为文件仍在使用，直到使用关闭函数将其关闭。

3. 获取权限

返回由路径指定文件或目录的所有者、组和权限。“获取权限”函数的节点图标如图 10-135 所示。

● 权限：函数执行完成后输出包含当前文件或目录的权限设置。

● 所有者：函数执行完成后输出包含当前文件或目录的所有者设置。

4. 获取文件类型和创建者

读取由路径指定的文件的类型和创建者。类型和创建者有 4 种类型。如果指定文件名后有 LabVIEW 认可的字符，例如 .vi 和 .llb，那么函数将返回相应的类型和创建者。如果指定文件包含未知的 LabVIEW 文件类型，函数将在类型和创建者输出端返回？？？？。“获取文件类型和创建者”函数的节点图标如图 10-136 所示。

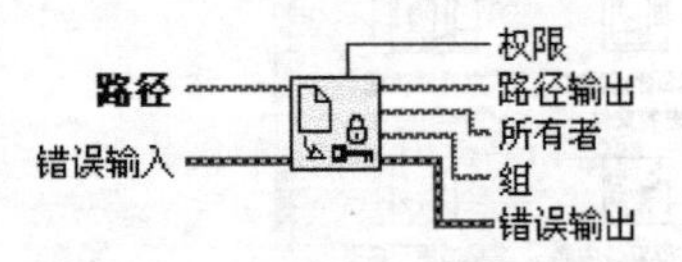

图 10-135 “获取权限”函数节点图标

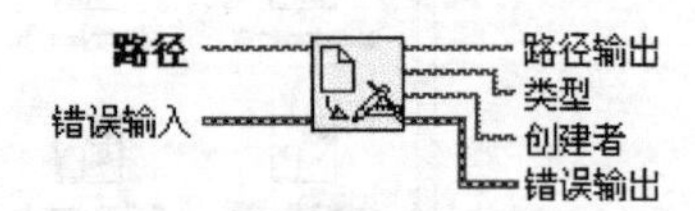

图 10-136 “获取文件类型和创建者”函数节点图标

5. 预分配的读取二进制文件

从文件读取二进制数据，并将数据放置在已分配的数组中，不另行分配数据的副本空间。“预分配的读取二进制文件”函数的节点图标如图 10-137 所示。

6. 设置文件位置

将引用句柄所指定的文件根据模式自（0：起始）移动到偏移量的位置。“设置文件位置”函数的节点图标如图 10-138 所示。

7. 设置文件大小

将文件结束标记设置为文件起始处到文件结束位置的大小字节，从而设置文件的大小。该函数不可用于 LLB 中的文件。“设置文件大小”函数的节点图标如图 10-139 所示。

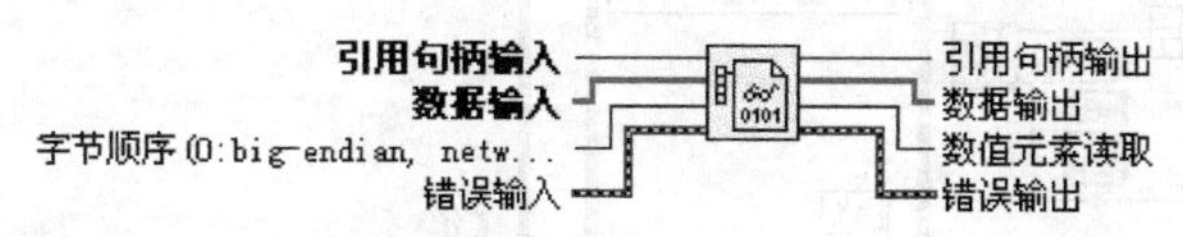

图 10-137　“预分配的读取二进制文件”函数节点图标

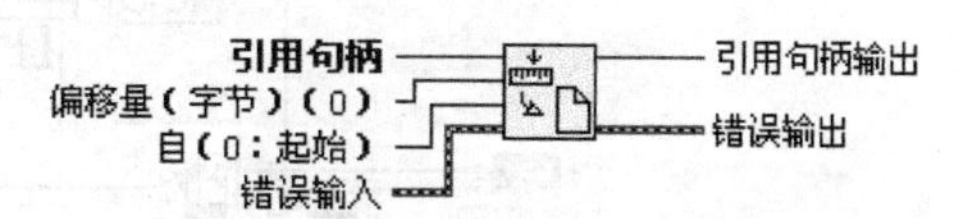

图 10-138　“设置文件位置”函数节点图标

8. 设置权限

设置由路径指定的文件或目录的所有者、组和权限。该函数不可用于 LLB 中的文件。“设置权限”函数的节点图标如图 10-140 所示。

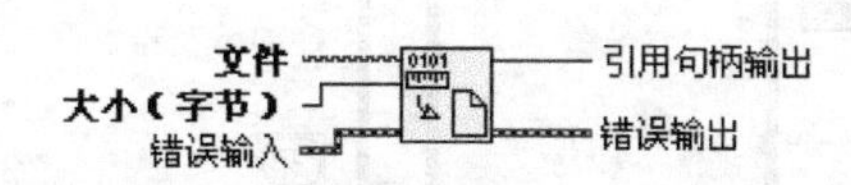

图 10-139　“设置文件大小”函数节点图标

图 10-140　“设置权限”函数节点图标

9. 设置文件类型和创建者

设置由路径指定的文件类型和创建者。类型和创建者均为含有四个字符的字符串。该函数不可用于 LLB 中的文件。“设置文件类型和创建者”函数的节点图标如图 10-141 所示。

10. 创建包含递增后缀的文件 VI

如文件已经存在，VI 创建一个文件并在文件名的末尾添加递增后缀。如文件不存在，VI 创建文件，但是不在文件名的末尾添加递增的后缀。创建包含递增后缀的文件 VI 的节点图标如图 10-142 所示。

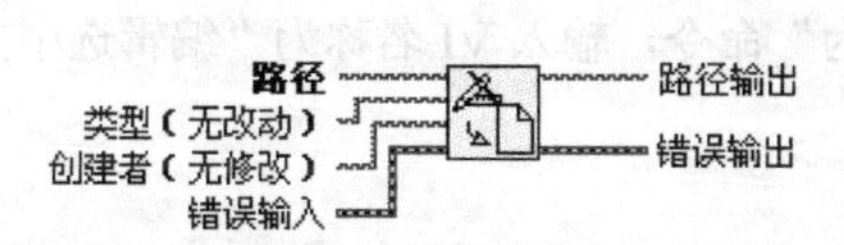

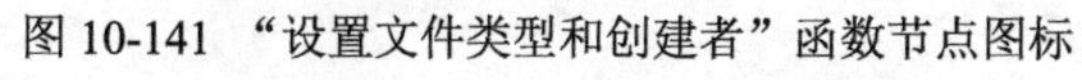

图 10-141　“设置文件类型和创建者”函数节点图标

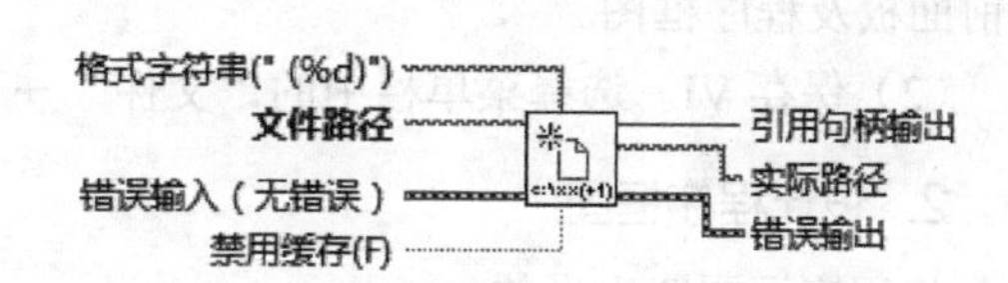

图 10-142　创建包含递增后缀的文件 VI 节点图标

10.2.17　实例——编辑选中的文件

本实例演示用“罗列文件夹”函数读取文件夹路径，对该文件夹下文件进行复制、删除。程序框图如图 10-143 所示。

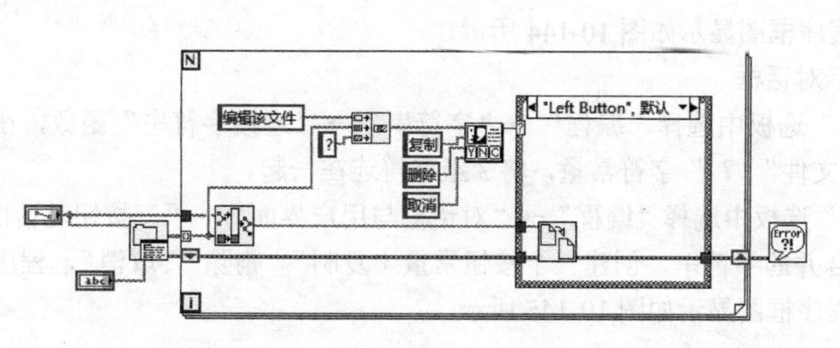

a）

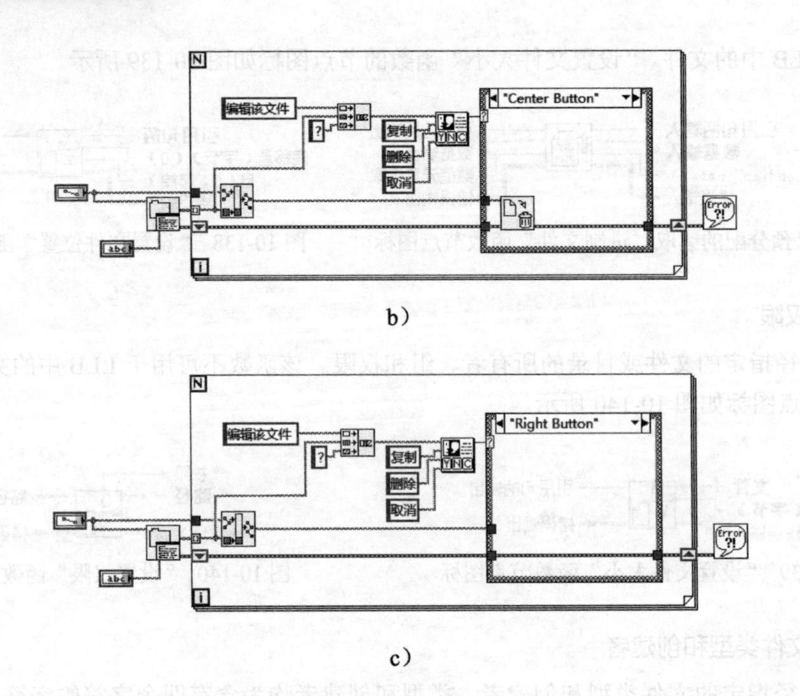

b）

c）

图 10-143　程序框图

操作步骤

1. 设置工作环境

（1）新建 VI。选择菜单栏中的“文件”→“新建 VI”命令，新建一个 VI，一个空白的 VI 包括前面板及程序框图。

（2）保存 VI。选择菜单栏中的“文件”→“另存为”命令，输入 VI 名称为“编辑选中文件”。

2. 设计程序框图

将程序框图置为当前。

（1）获取文件路径

① 从“函数”选板中选择“编程”→“文件 I/O”→“高级文件函数”→“罗列文件夹”函数，在输入端创建“路径”“文件类型”输入控件。

② 从“函数”选板中选择“编程”→“结构”→“For 循环”，拖动鼠标，创建 For 循环。

③ 从“函数”选板中选择“编程”→“文件 I/O”→“创建路径”函数，在输入端将“路径”输入控件连接到“基路径”输入端，将“文件名”输出端连接到“名称或相对路径”输入端，获取选定文件路径，程序框图显示如图 10-144 所示。

（2）编辑显示对话框

① 从“函数”选板中选择“编程”→“字符串”→“连接字符串”函数，在输入端连接“文件夹名”“编辑该文件”“？”字符常量，将 3 组字符连在一起。

② 从“函数”选板中选择“编程”→“对话框与用户界面”→“三按钮对话框”函数，在“消息”输入端连接合并的字符串，创建三个按钮常量“复制”“删除”“取消”，程序运行过程中，显示在对话框中，程序框图显示如图 10-145 所示。

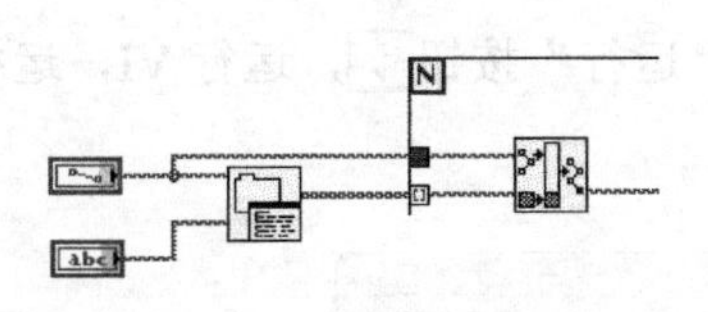

图 10-144 获取文件路径

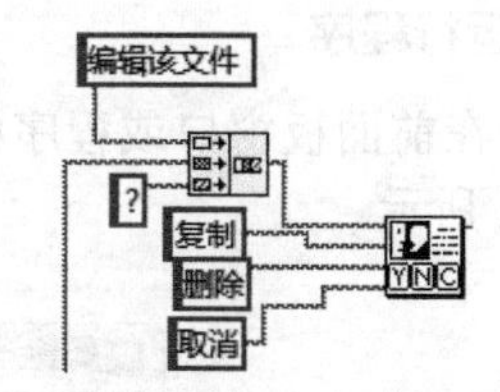

图 10-145 编辑显示对话框的程序框图

（3）设置编辑条件

① 从“函数”选板中选择“编程”→“结构”→“条件结构”，拖动鼠标，在“For 循环”内部创建条件结构。

条件结构的选择器标签包括“真”“假”两种，单击鼠标右键，选择“在后面添加分支”，显示三种条件。

② 将按钮对话框的“哪个按钮”输出端连接到“条件结构”中的“分支选择器”端，分支选择器自动根据按钮转换标签名，如图 10-146 所示。根据按钮的显示选择执行哪个条件。

③ 选择“Left Button，默认”选项，从“函数”选板中选择“编程”→“文件 I/O”→“高级文件函数”→“复制”函数，程序框图如图 10-147 所示。

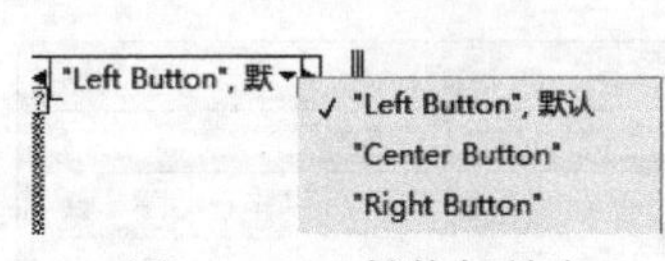

图 10-146 转换标签名

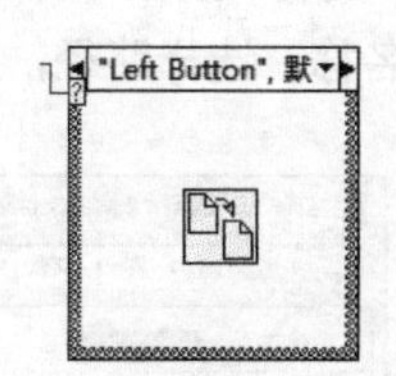

图 10-147 复制文件的程序框图

④ 选择“Center Button”，从“函数”选板中选择“编程”→“文件 I/O”→“高级文件函数”→“删除”函数，程序框图如图 10-148 所示。

⑤选择“Right Button”，直接连接输入、输出端，如图 10-149 所示。

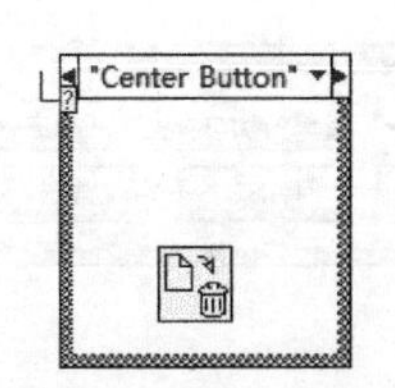

图 10-148 删除文件的程序框图

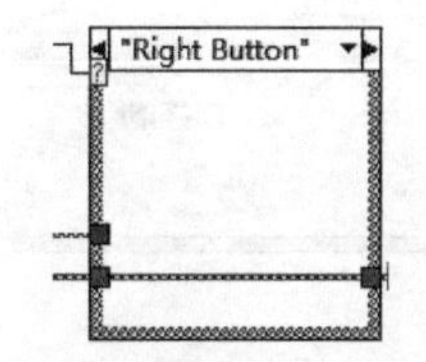

图 10-149 连接输入、输出端

⑥ 从“函数”选板中选择“编程”→“对话框与用户界面”→“简易错误处理器”，连接输出错误。

⑦ 连接剩余程序框图，单击工具栏中的“整理程序框图”按钮，整理程序框图，结果如图 10-143 所示。

3. 显示文件路径

打开前面板，在控件中输入路径与文件类型，如图 10-150 所示。

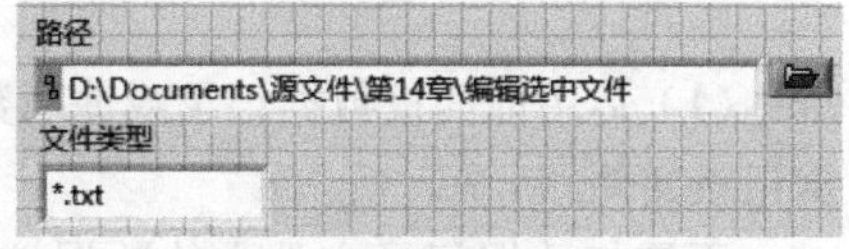

图 10-150 输入路径与文件类型

提示

“路径”控件中只显示文件的路径，不包括文件名称，否则出现警告。

4. 运行程序

（1）在前面板窗口或程序框图窗口的工具栏中单击“运行”按钮，运行 VI，运行结果如图 10-151 所示。

图 10-151　运行结果

（2）单击“复制”按钮，弹出如图 10-152 所示的“选择或输入需复制的终端文件路径”对话框，输入复制文件名称，选择路径，完成文件的复制。

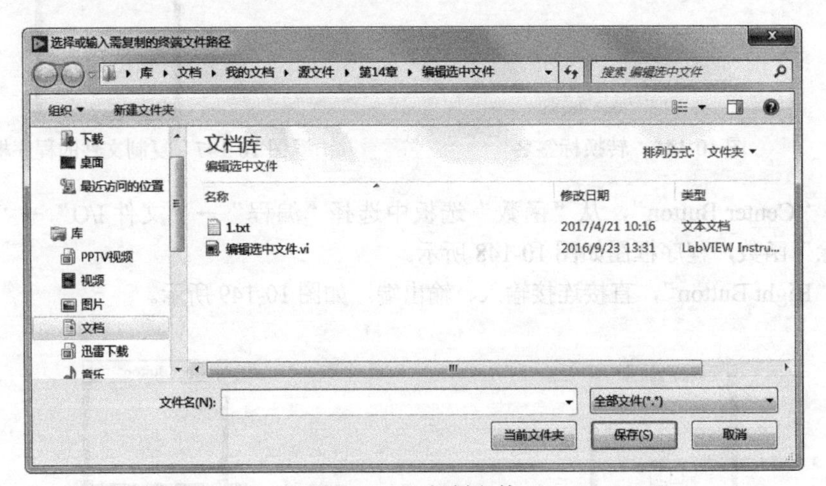

图 10-152　复制文件

如果单击“删除”按钮，则直接删除选中的文件。

如果单击“取消”按钮，关闭该对话框，不对选中文件执行任何操作，返回程序框图。

10.2.18　数据记录文件的创建和读取

（1）启用前面板数据记录或使用数据记录函数采集数据并将数据写入文件，从而创建和读取数据记录文件。

无需将数据记录文件中的数据按格式处理。但是，读取或写入数据记录文件时，必须首先指定数据类型。例如，采集带有时间和日期标识的温度读数时，将这些数据写入数据记录文件需要将该数据指定为包含一个数字和两个字符串的簇。

如读取一个带有时间和日期记录的温度读数文件，需将要读取的内容指定为包含一个数字和两个字符串的簇。

（2）数据记录文件中的记录可包含各种数据类型。数据类型由数据记录到文件的方式决定。LabVIEW 向数据记录文件写入数据的类型与“写入数据记录”函数创建的数据记录文件的数据类型一致。

在通过前面板数据记录创建的数据记录文件中，数据类型为由两个簇组成的簇。第一个簇包含时间标识，第二个簇包含前面板数据。时间标识中用 32 位无符号整数代表秒，16 位无符号整数代表毫秒，根据 LabVIEW 系统时间计时。前面板上数据簇中的数据类型与控件的 <Tab> 键顺序一一对应。

10.2.19　记录前面板数据

前面板数据记录可记录数据，并将这些数据用于其他 VI 和报表中。例如，先记录图形的数据，并将这些数据用于其他 VI 中的另一个图形中。

每次 VI 运行时，前面板数据记录会将前面板数据保存到一个单独的数据记录文件中，其格式为二进制格式文件。可通过以下方式获取数据。

- 使用与记录数据相同的 VI 通过交互方式获取数据。
- 将该 VI 作为子 VI 并通过编程获取数据。
- 文件 I/O VI 和函数可获取数据。

每个 VI 都包括一个记录文件绑定，该绑定包含 LabVIEW 用于保存前面板数据的数据记录文件的位置。记录文件绑定是 VI 和记录该 VI 数据的数据记录文件之间联系的桥梁。

数据记录文件所包含的记录均包括时间标识和每次运行 VI 时的数据。访问数据记录文件时，通过在获取模式中运行 VI 并使用前面板控件可选择需查看的数据。在获取模式下运行 VI 时，前面板顶部的数据获取工具栏将包括一个数字控件，用于选择相应数据记录，如图 10-153 所示。

[0..0]　2007-7-20 11:10:57.766

图 10-153　数据获取工具栏

选择“操作”→“结束时记录”可启用自动数据记录。第一次记录 VI 的前面板数据时，LabVIEW 会提示为数据记录文件命名。以后每次运行该 VI 时，LabVIEW 都会记录该次运行 VI 的数据，并将新记录追加到该数据记录文件中。LabVIEW 将记录写入数据记录文件后将无法覆盖该记录。

选择“操作”→“数据记录”→“记录”，可交互式记录数据。LabVIEW 会将数据立即追加到数据记录文件中。交互式记录数据可选择记录数据的时间。自动记录数据在每次运行 VI 时记录数据。

波形图表在使用前面板数据记录时每次仅记录一个数据点。如果将一个数组连接到该图表的显示控件，数据记录文件将包含该图表所显示数组的一个子集。

记录数据以后，选择“操作”→“数据记录”→“获取”，可交互式查看数据。数据获取工具栏如图 10-153 所示。

高亮显示的数字表示正在查看的数据记录。方括号中的数字表明当前 VI 记录的范围。每次运行 VI 时均会保存一条记录。日期和时间表示所选记录的保存时间。单击递增或递减箭头按钮可查看下一个或前一个记录。也可使用键盘中的向上和向下箭头键。

除数据获取工具栏外，前面板外观也会根据在工具栏中所选的记录而改变。例如，单击递增箭头按钮并前移到另一个记录时，控件将显示保存数据时特定的记录数据。单击✓按钮退出获取模式，返回查看数据记录文件的 VI。

● 删除记录：在获取模式中，可删除特定记录。通过查看该记录并单击“删除数据记录”按钮可将一个记录标记为删除。再次单击“删除数据记录”按钮，可恢复数据记录。在获取模式中选择“操作”→“数据记录”→“清除数据”可删除所有被标记为删除的记录。如单击按钮之前没有删除被标记的记录，则 LabVIEW 会提示删除这些已被标记的记录。

● 清除记录文件绑定：当记录或获取前面板数据时，通过记录文件绑定可将该 VI 与所使用的数据记录文件联系起来。一个 VI 可绑定两个或多个数据记录文件。这有助于测试和比较 VI 数据。例如，可将第一次和第二次运行 VI 时记录的数据进行比较。如需将多个数据记录文件与一个 VI 清除绑定，选择“操作”→“数据记录”→“清除记录文件绑定”，即可清除记录文件绑定。在启用自动记录或选择交互式记录数据的情况下再次运行 VI 时，LabVIEW 会提示指定数据记录文件。

● 修改记录文件绑定：选择“操作”→“数据记录”→“修改记录文件绑定”可修改记录文件绑定，从而可用其他数据记录文件保存或获取前面板数据。LabVIEW 会提示选择不同的记录文件或创建新文件。如需在 VI 中获取不同的数据或将该 VI 中的数据追加到其他数据记录文件中，可选择修改记录文件绑定。

可以通过编程获取前面板数据，子 VI 或“文件 I/O”VI 和函数可获取记录数据。

10.2.20 实例——获取子 VI 前面板记录

扫码看视频

本实例获取子 VI 前面板记录，程序框图如图 10-154 所示。

（1）从“函数”选板中选择“选择 VI”选项，将计算两数之积的“乘法运算 .vi”作为子 VI 添加到程序框图中。

（2）在子 VI 上单击鼠标右键，从快捷菜单中选择“启用数据库访问”时，该子 VI 周围会出现黄色边框，如图 10-155 所示。

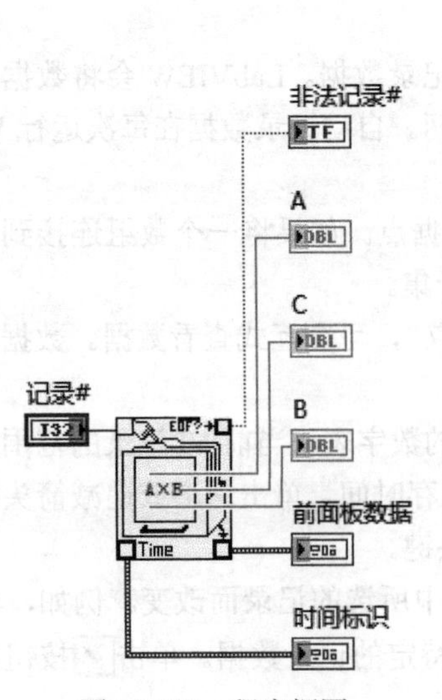

图 10-154 程序框图

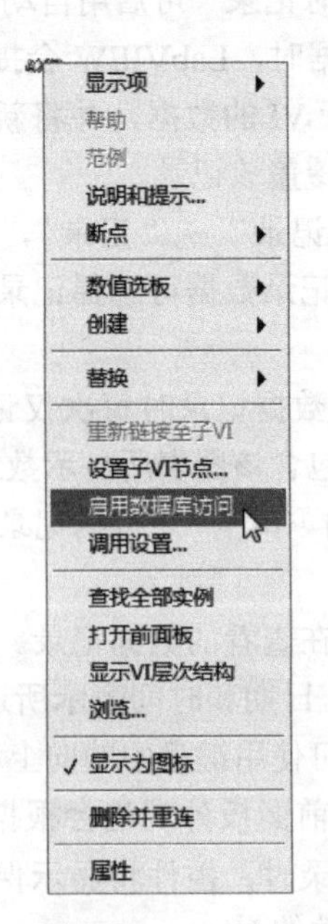

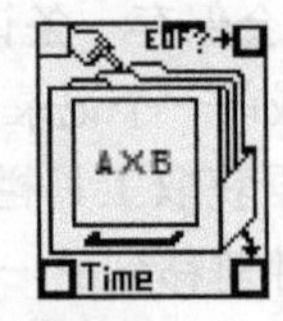

图 10-155 子 VI 启用数据库访问

（3）黄色边框像是一个存放文件的柜子，其中包含了可从数据记录文件访问数据的接线端，创建所有的输入输出控件，如图 10-154 所示。

当该子 VI 启用数据库访问时，输入和输出实际上均为输出，并可返回记录数据。“记录 #”表示所要查找的记录，“非法记录 #”表示该记录号是否存在，“时间标识”表示创建记录的时间，而“前面板数据”是前面板对象簇。将前面板数据簇连接到“解除捆绑”函数可访问前面板对象的数据。

10.2.21　数据与 XML 格式间的相互转换

可扩展标记语言（XML）是一种用标记描述数据的格式化标准语言。与 HTML 标记不同，XML 标记不会告诉浏览器如何按格式处理数据，而是使浏览器能识别数据。

同样，也可根据名称、值和类型对 LabVIEW 数据进行分类。可使用以下 XML 语句表示一个用户名称的字符串控件。

- <String>
- <Name>User Name</Name>
- <Value>Reggie Harmon</Value>
- </String>

将 LabVIEW 数据转换成 XML，需要格式化数据，以便将数据保存到文件时，可从描述数据的标记方便地识别数值、名称和数据类型。例如，将一个温度值数组转换为 XML，并将这些数据保存到文本文件中，则可通过查找用于表示每个温度的 <Value> 标记确定温度值，如图 10-156 所示。

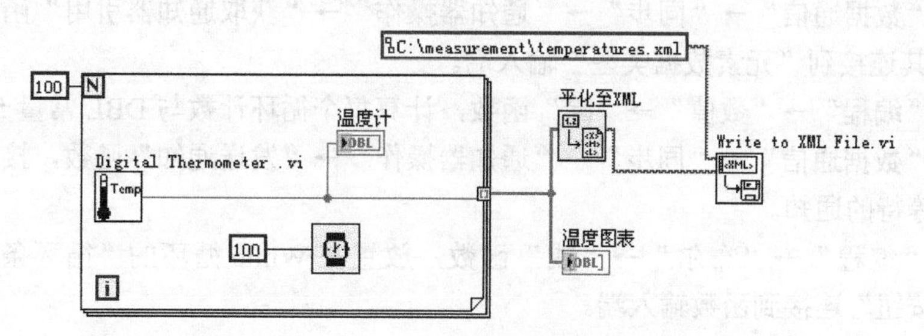

图 10-156　将一个温度值数组转换为 XML

平化至 XML 函数可将 LabVIEW 数据类型转换为 XML 格式。图 10-157 所示程序框图生成了 100 个模拟温度值，并将该温度数组绘制成图表，同时将数字数组转换为 XML 格式，最后将 XML 数据写入 temperatures.xml 文件中。

从 XML 还原函数可将 XML 格式的数据类型转换成 LabVIEW 数据类型。

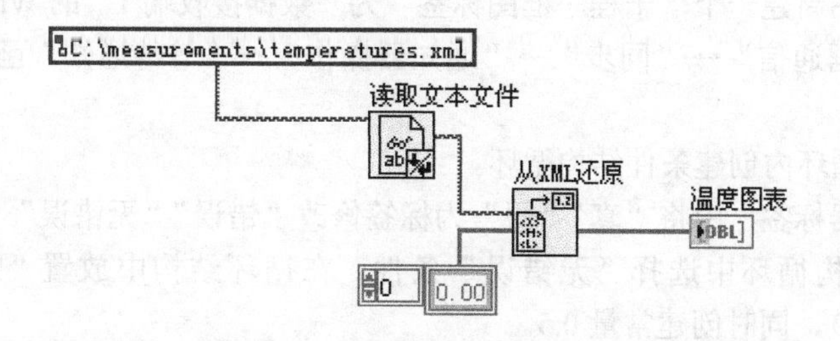

图 10-157　将 XML 格式的数据还原至温度数组的程序框图

10.3 综合实例——多路解调器

扫码看视频

本实例演示使用通知器函数实现多路解调器的作用。循环数据使用发送通知函数发送数据，并利用等待通知函数接受数据，最终显示在数据接收端图表中。

绘制完成的前面板如图 10-158 所示，程序框图如图 10-159 所示。

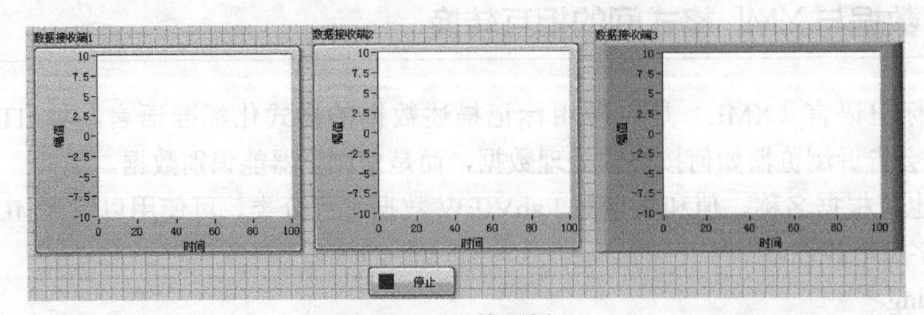

图 10-158 前面板

（1）新建一个 VI，在前面板中打开“控件”选板，在“银色”→“图形”子选板中选取“波形图表”，连续放置 3 个控件，同时修改控件名称为“数据接收端 1”“数据接收端 2”和“数据接收端 3”。

（2）打开程序框图，新建一个 While 循环。

（3）从“函数”选板中选择“数学”→“初等与特殊函数”→“三角函数”→“正弦”函数，在 While 循环中用正弦函数产生正弦数据。

（4）选择“数据通信”→“同步”→“通知器操作”→“获取通知器引用”函数，创建为 0 的 DBL 常量，将其连接到“元素数据类型”输入端。

（5）选择“编程”→“数值”→“除”函数，计算每个循环计数与 DBL 常量 50 相除。

（6）选择“数据通信”→“同步”→“通知器操作”→“发送通知”函数，接收正弦函数输出的数据，发送等待的通知。

（7）选择“编程”→“布尔”→“或”函数，放置在 While 循环的“循环条件”◉输入端，同时将“停止按钮”连接到函数输入端。

（8）选择“编程”→“定时”→“等待”函数，放置在 While 循环内并创建输入常量 10。

（9）选择“数据通信”→“同步”→“通知器操作”→“释放通知器引用”函数，在循环外接收数据。

（10）选择“编程”→“对话框与用户界面”→“简单错误处理器”VI，并将释放通知器引用后的错误数据连接到输入端。

（11）在 While 循环上添加“子程序框图标签”为“数据资源”。

（12）在程序框图新建一个“子程序框图标签”为“数据接收端 1”的 While 循环。

（13）选择“数据通信”→“同步”→“通知器操作”→“等待通知”函数，在循环内接收通知器输出数据。

（14）在 While 循环内创建条件结构循环。

（15）在“选择器标签”中将“真”“假”为标签修改“错误”“无错误”。

（16）在条件结构循环中选择“无错误”条件，在循环结构中放置“乘”函数（位于“编程”→“数值”选板），同时创建常量 0.5。

（17）在条件结构循环中选择“错误”条件，默认为空。

（18）同样的方法，创建 While 循环“数据接收端 2”“数据接收端 3”。

（19）将鼠标指针放置在函数及控件的输入 / 输出端口，鼠标指针变为连线状态，按照图 10-159 所示连接程序框图。

（20）整理程序框图，如图 10-159 所示。

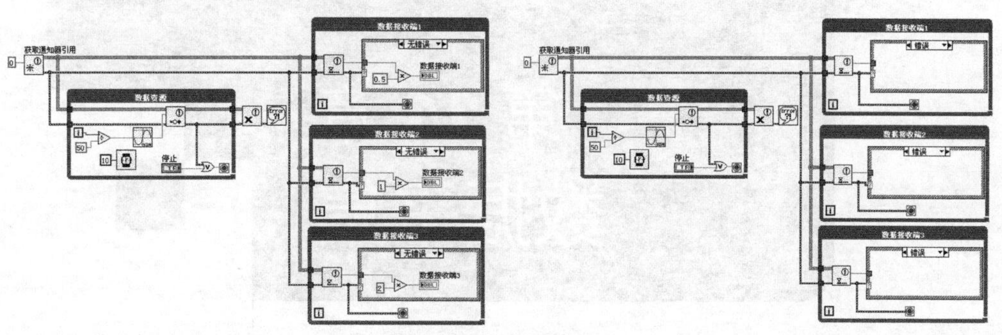

图 10-159　程序框图

（21）打开前面板，单击“运行”按钮 ⇨，运行程序，可以在输出波形控件中显示运行结果，如图 10-160 所示。

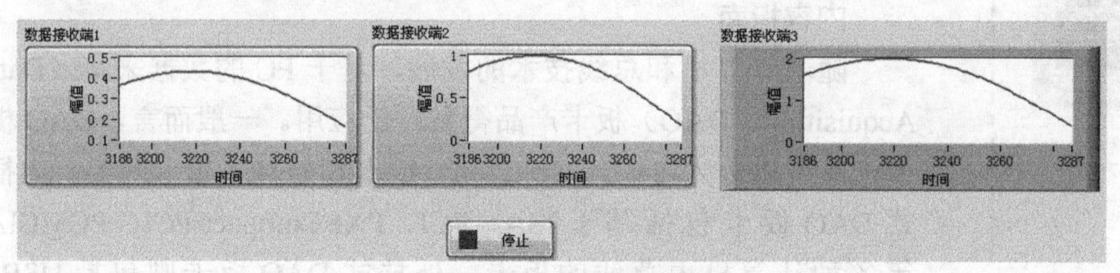

图 10-160　运行结果

第 11 章 数据采集

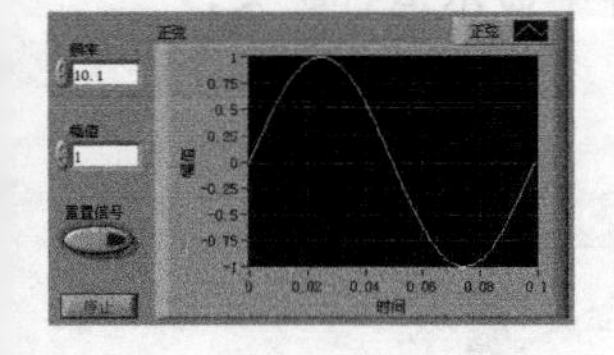

内容指南

随着计算机和总线技术的发展，基于 PC 的数据采集（Data Acquisition，DAQ）板卡产品得到广泛应用。一般而言，DAQ 板卡产品可以分为内插式（plug-in）板卡和外挂式板卡两类。内插式 DAQ 板卡包括基于 ISA、PCI、PXI/Compact PCI、PCMCIA 等各种计算机内总线的板卡，外挂式 DAQ 板卡则包括 USB、IEEE1394、RS232/RS485 和并口板卡。内插式 DAQ 板卡速度快，但插拔不方便；外挂式 DAQ 板卡连接使用方便，但速度相对较慢。NI 公司最初因研制开发各种先进的 DAQ 产品成名，因此，丰富的 DAQ 产品支持和强大的 DAQ 编程功能一直是 LabVIEW 系统的显著特色之一，并且许多厂商也将 LabVIEW 驱动程序作为其 DAQ 产品的标准配置。另外，NI 公司还为没有 LabVIEW 驱动程序的 DAQ 产品提供了专门的驱动程序开发工具——LabWindows/CVI。

知识重点

- 数据采集基础
- DAQmx 节点及其编程

11.1 数据采集基础

在学习LabVIEW所提供的功能强大的数据采集和分析软件之前，先对数据采集系统的原理、构成进行了解是非常有必要的。因此，本节首先对DAQ系统进行了介绍，然后对NI-DAQ的安装及NI-DAQ节点中常用的参数进行介绍。

11.1.1 DAQ功能概述

典型的基于个人计算机的DAQ系统如图11-1所示。它包括传感器、信号调理、数据采集硬件设备以及装有DAQ软件的个人计算机。下面对数据采集系统的各个组成部分及其重要原则进行介绍。

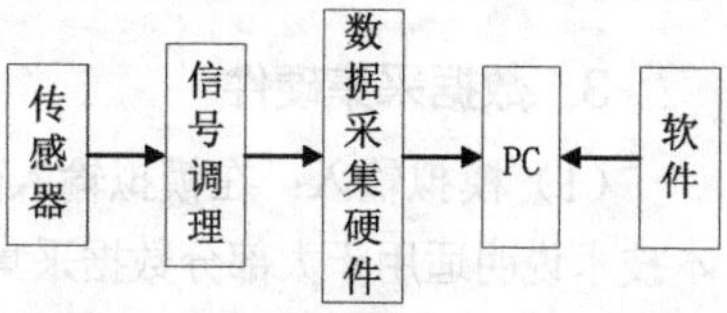

传感器 → 信号调理 → 数据采集硬件 → PC ← 软件

图11-1 典型的基于个人计算机的DAQ系统

1. 个人计算机（PC）

数据采集系统所使用的计算机会极大地影响连续采集数据的最大速度，而当今的技术已可以使用Pentium和PowerPC级的处理器，它们能结合更高性能的PCI、PXI/CompactPCI和IEEE1394（火线）总线以及传统的ISA总线和USB总线。PCI总线和USB接口是目前绝大多数台式计算机的标准配置，而ISA总线已不再经常使用。PCMCIA、USB和IEEE 1394的出现，为基于桌面个人计算机的数据采集系统提供了一种更为灵活的总线替代选择。对于使用RS-232或RS-485串口通信的远程数据采集应用，串口通信的速率常常会使数据吞吐量受到限制。在选择数据采集设备和总线方式时，请记住选择的设备和总线所能支持的数据传输方式。

计算机的数据传送能力会极大地影响数据采集系统的性能。所有个人计算机都具有可编程I/O和中断传送方式。目前绝大多数个人计算机可以使用直接内存访问（Direct Memory Access，DMA）传送方式，它使用专门的硬件把数据直接传送到计算机内存，从而增加了系统的数据吞吐量。采用这种方式后，处理器不需要控制数据的传送，因此它就可以用来处理更复杂的工作。为了利用DMA或中断传送方式，选择的数据采集设备必须能支持这些传送类型。例如，PCI、ISA和IEEE1394设备可以支持DMA和中断传送方式，而PCMCIA和USB设备只能支持中断传送方式。所选用的数据传送方式会影响数据采集设备的数据吞吐量。

限制采集大量数据的因素常常是硬盘，磁盘的访问时间和硬盘的分区会极大地影响数据采集和存储到硬盘的最大速率。对于要求采集高频信号的系统，就需要为用户的个人计算机选择高速硬盘，从而保证有连续（非分区）的硬盘空间来保存数据。此外，要用专门的硬盘进行采集并且在把数据存储到磁盘时使用另一个独立的磁盘运行操作系统。

对于要实时处理高频信号的应用，需要用到32位的高速处理器以及相应的协处理器或专用的插入式处理器，如数字信号处理（DSP）板卡。然而，对于在1s内只需采集或换算一两次数据的应用系统而言，使用低端的个人计算机就可以满足要求。

在满足短期目标的同时，要根据投资所能产生的长期回报的最大值来确定选用何种操作系统和计算机平台。影响选择的因素可能包括开发人员和最终用户的经验和要求、个人计算机的其他用途（现在和将来）、成本的限制以及在实现系统期间内可使用的各种计算机平台。传统平台包括具有简单的图形化用户界面的Mac OS，以及Windows 9×。此外，Windows NT 4.0和Windows 2000能提供更为稳定的32位OS，并且使用起来和Windows 9×类似。Windows 2000/XP是新一代的Windows NT OS，它结合了Windows NT和Windows 9×的优势，这些优势包括固有的即插即用和电源管理功能。

2．传感器和信号调理

传感器感应物理现象并生成数据采集系统可测量的电信号。例如，热电偶、电阻式测温计（RTD）、热敏电阻器和IC传感器可以把温度转变为模拟数字转换器（Analog to Digital Converter，ADC）可测量的模拟信号。其他例子包括应力计、流速传感器、压力传感器，它们可以相应地测量应力、流速和压力。在这些情况下，传感器可以生成和它们所检测的物理量成比例的电信号。

为了满足数据采集设备的输入范围要求，由传感器生成的电信号必须经过处理。为了更精确地测量信号，可以使用信号调理配件来放大低电压信号，并对信号进行隔离和滤波。此外，某些传感器则需要有电压或电流激励源来生成电压输出。

3．数据采集硬件

（1）模拟输入：在模拟输入的基本技术说明中将给出关于数据采集产品的精度和功能的信息。基本技术说明适用于大部分数据采集产品，包括通道数目、采样速率、分辨率和输入范围等方面的信息。

（2）模拟输出：经常需要模拟输出电路来为数据采集系统提供激励源。数模转换器（DAC）的一些技术指标决定了所产生输出信号的质量——稳定时间、转换速率和输出分辨率。

（3）触发器：许多数据采集的应用过程需要基于一个外部事件来起动或停止数据采集的工作。数字触发使用外部数字脉冲来同步采集与生成电压。模拟触发主要用于模拟输入操作，当一个输入信号达到一个指定模拟电压值时，根据相应的变化方向来启动或停止数据采集的操作。

（4）RTSI总线：NI公司为数据采集产品开发了RTSI总线。RTSI总线使用一种定制的门阵列和一条带形电缆，能在一块数据采集卡上的多个功能之间或者两块甚至多块数据采集卡之间发送定时和触发信号。通过RTSI总线，用户可以同步模数转换、数模转换、数字输入、数字输出和计数器/定时器的操作。例如，通过RTSI总线，两个输入板卡可以同时采集数据，同时第三个设备可以与该采样率同步产生波形输出。

（5）数字I/O（DIO）：DIO接口经常在个人计算机数据采集系统中使用，它被用来控制过程、产生测试波形、与外围设备进行通信。在每一种情况下，最重要的参数包括可应用的数字线的数目、在这些通路上能接收和提供数字数据的速率以及通路的驱动能力。如果数字线被用来控制事件，例如打开或关掉加热器、电动机或灯，由于上述设备并不能很快地响应，因此通常不采用高速输入输出。数字线的数量应该与需要被控制的过程数目相匹配。在上述的每一个例子中，需要打开或关掉设备的总电流必须小于设备的有效驱动电流。

（6）定时I/O：计数器/定时器在许多应用中具有很重要的作用，包括对数字事件产生次数的计数、数字脉冲计时，以及产生方波和脉冲。通过三个计数器/定时器信号就可以实现所有上述应用——门、输入源和输出。门是指用来使计数器开始或停止工作的一个数字输入信号。输入源是一个数字输入，它的每次翻转都导致计数器的递增，提供了计数器工作的时间基准。在输出线上则输出数字方波和脉冲。

4．软件

软件使个人计算机和数据采集硬件形成了一个完整的数据采集、分析和显示系统。没有软件，数据采集硬件是毫无用处的，或者使用比较差的软件，数据采集硬件也几乎无法工作。大部分数据采集应用实例都使用了驱动软件。软件层中的驱动软件可以直接对数据采集硬件的寄存器编程，管理数据采集硬件的操作并把它和处理器中断，把DMA和内存这样的计算机资源结合在一起。驱动软件隐藏了复杂的硬件底层编程细节，为用户提供容易理解的接口。

随着数据采集硬件、计算机和软件复杂程度的增加，好的驱动软件就显得尤为重要。合适的驱动软件可以最佳地结合灵活性和高性能的优点，同时还能极大地减少开发数据采集程序所需的时间。

为了开发出用于测量和控制的高质量数据采集系统，用户必须了解组成系统的各个部分。在所有数据采集系统的组成部分中，软件是最重要的。这是由于插入式数据采集设备没有显示功能，软件是用户和系统的唯一接口。软件提供了系统的所有信息，用户也需要通过它来控制系统。软件把传感器、信号调理配件、数据采集硬件和分析硬件集成为一个完整的多功能数据采集系统。

11.1.2　NI-DAQ 安装及节点介绍

NI 公司官方提供了支持 LabVIEW 2018 的 DAQ 驱动程序，可按照图 11-2 所示的方式进行下载。把 DAQ 板卡与计算机连接后，就可以开始安装驱动程序了。把压缩包解压以后，双击 Setup，就会出现图 11-3 所示的安装界面。

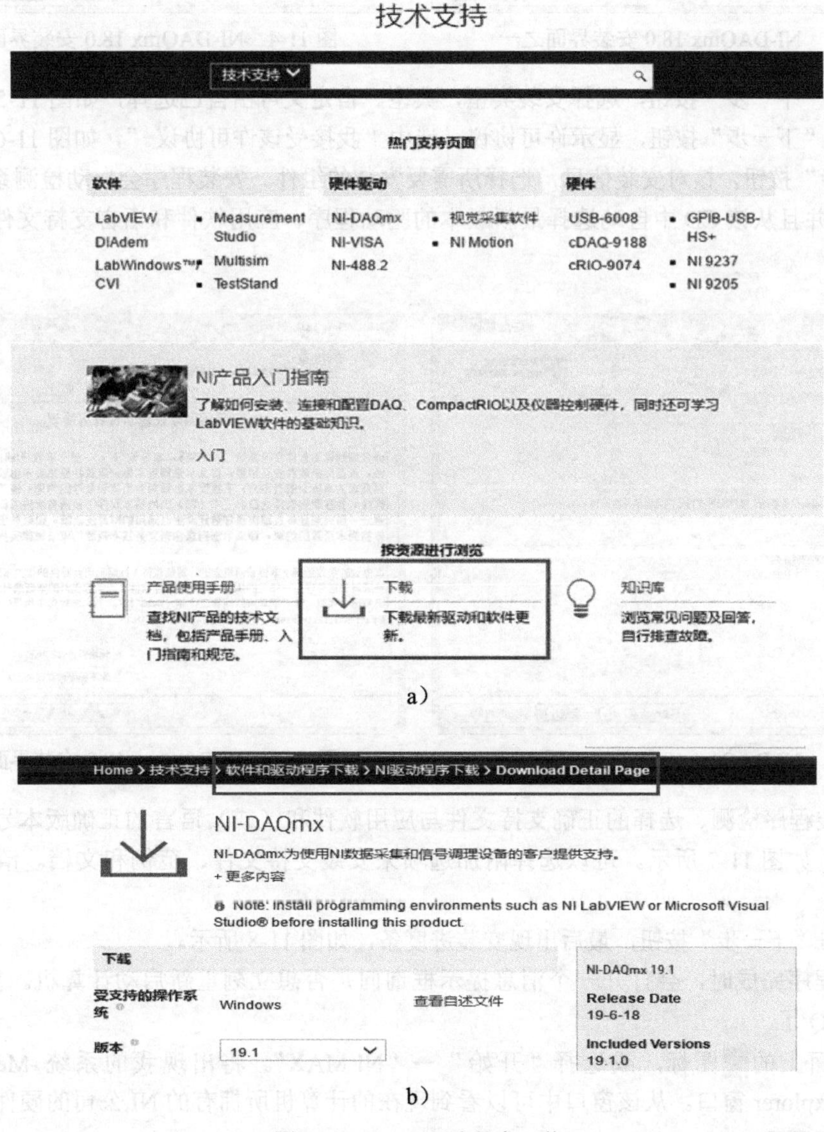

图 11-2　DAQ 驱动程序下载

- 单击“下一步”按钮，对安装路径进行选择，如图 11-4 所示。

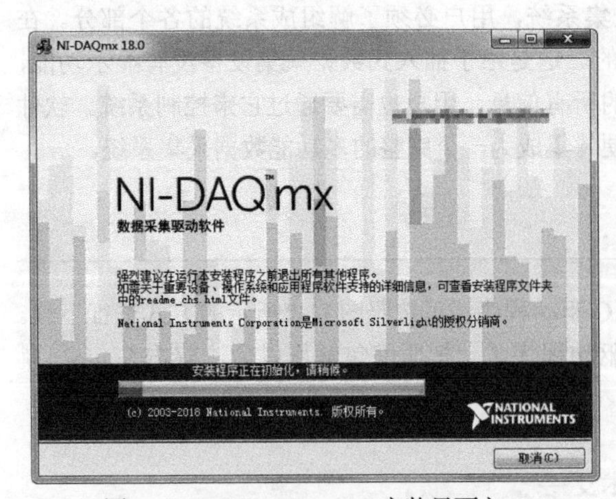

图 11-3　NI-DAQmx 18.0 安装界面之一

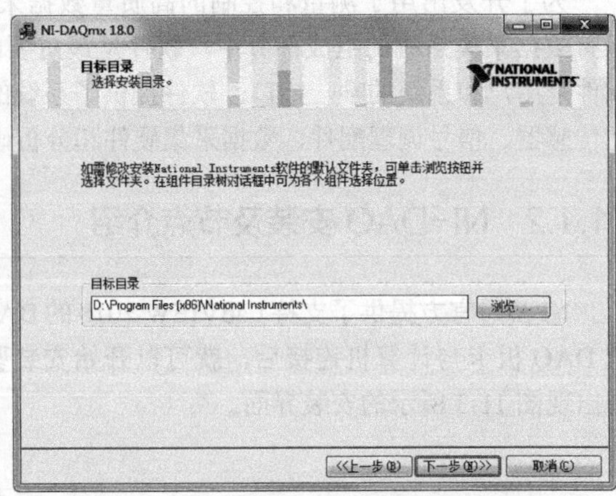

图 11-4　NI-DAQmx 18.0 安装界面之二

- 单击“下一步”按钮，选择安装类型，典型、自定义可由自己选择，如图 11-5 所示。
- 单击“下一步”按钮，显示许可协议，选中“我接受该许可协议。”，如图 11-6 所示。继续单击“下一步”按钮，核对安装信息，选择所需要安装的组件。安装程序会自动检测系统中已安装的 NI 软件，并且从该 CD 中自动选择最新版本的驱动程序、应用软件和语言支持文件，如图 11-7 所示。

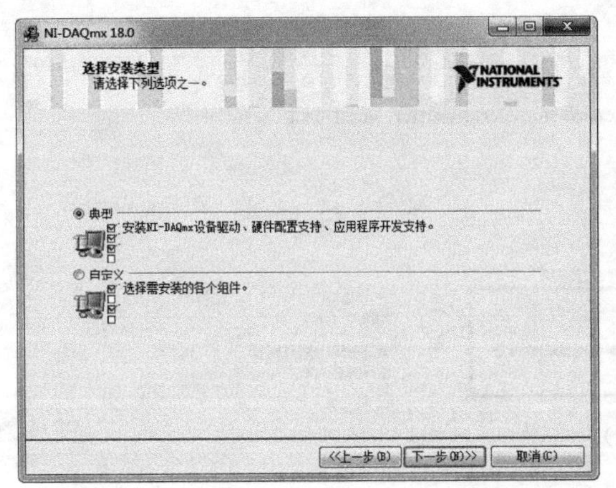

图 11-5　NI-DAQmx 18.0 安装界面之三

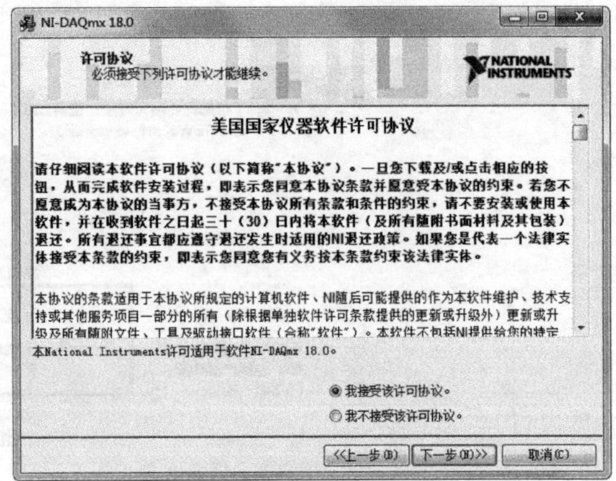

图 11-6　NI-DAQmx 18.0 安装界面之四

检查安装程序检测、选择的正确支持文件与应用软件和（或）语言的正确版本号。显示子特征项的列表，如图 11-7 所示。可以选择附加选项来安装支持文件、范例和文档。请按照软件的提示操作。

直接单击“下一步”按钮，最后出现安装进度条，如图 11-8 所示。

当安装程序完成时，会打开一个消息提示框询问是否想立刻重新启动计算机。重启计算机，即可使用 DAQ 了。

双击桌面上的图标，或选择“开始”→“NI MAX”。将出现我的系统 -Measurement & Automation Explorer 窗口。从该窗口中可以看到现在的计算机所拥有的 NI 公司的硬件和软件的情况，如图 11-9 所示。

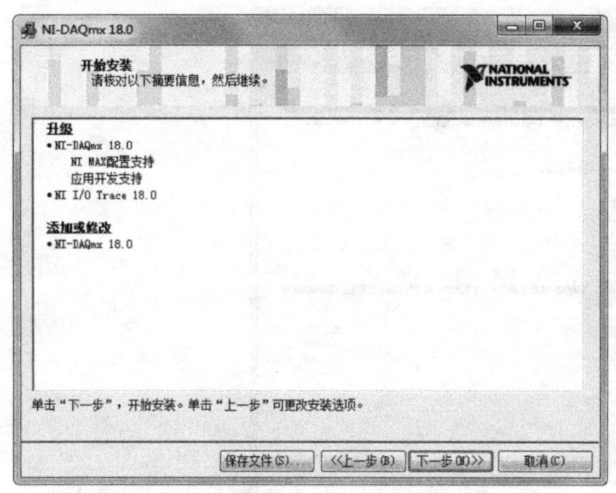

图 11-7　NI-DAQmx 18.0 安装界面之五

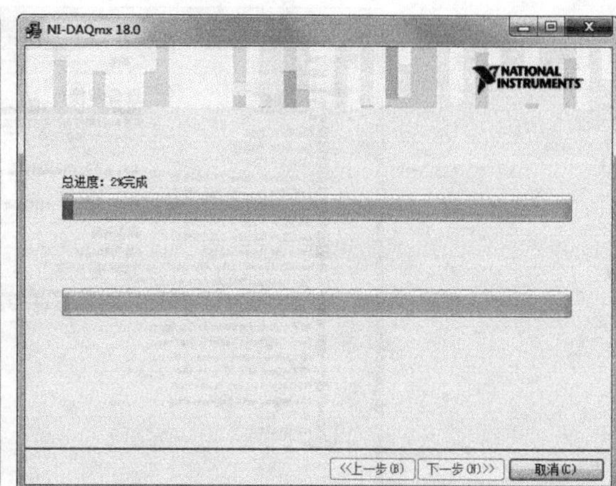

图 11-8　NI-DAQmx 18.0 安装界面之六

在该窗口中，可以对本计算机拥有的 NI 公司的软、硬件进行管理。

安装完成后，选择 PCI 接口，显示 DAQ 虚拟通道和物理通道，在图 11-9 中，在"设备和接口"上单击鼠标右键选择"新建"命令，如图 11-10 所示。弹出"新建"对话框，选择"仿真 NI-DAQmx 设备或模块化仪器"选项，如图 11-11 所示。单击"完成"按钮，弹出"创建 NI-DAQmx 仿真设备"对话框。在对话框中选择所需接口型号，如图 11-12 所示。单击"确定"按钮，完成接口的选择，如图 11-13 所示。

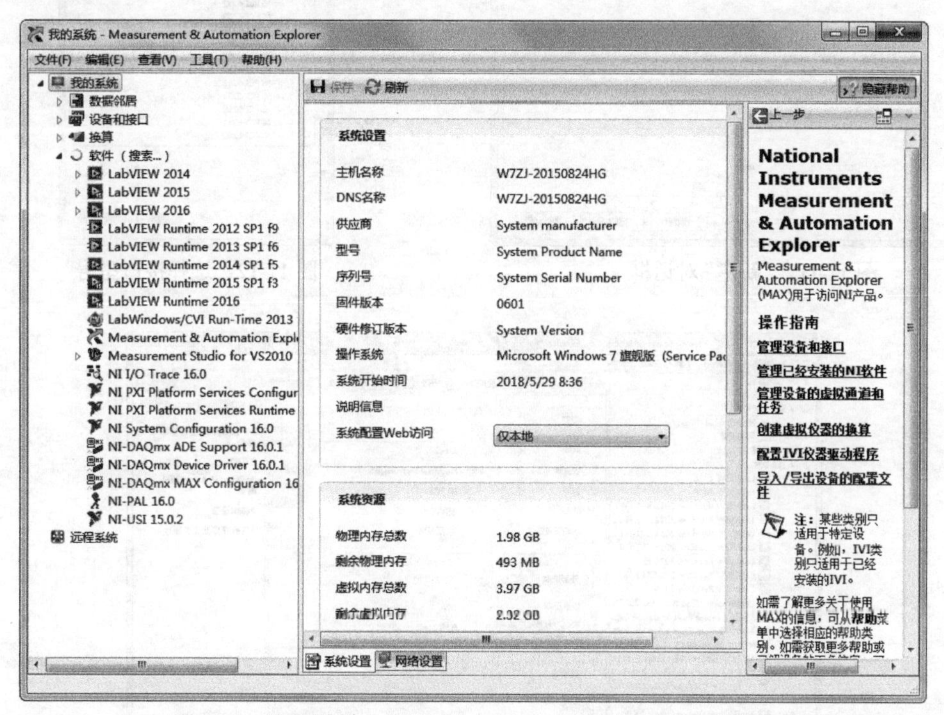

图 11-9　我的系统 -Measurement & Automation explorer 窗口

NI-DAQmx 安装完成后，"函数"选板中将出现"DAQ- 数据采集"子选板。

LabVIEW 是通过 DAQ 节点来控制 DAQ 设备完成数据采集的，所有的 DAQ 节点都包含在"函数"选板中的"测量 I/O"→"DAQmx- 数据采集"子选板中，如图 11-14 所示。

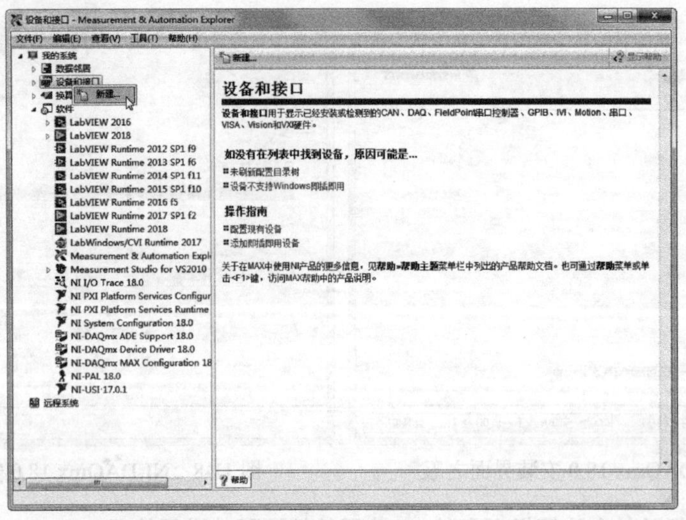

图 11-10 新建接口

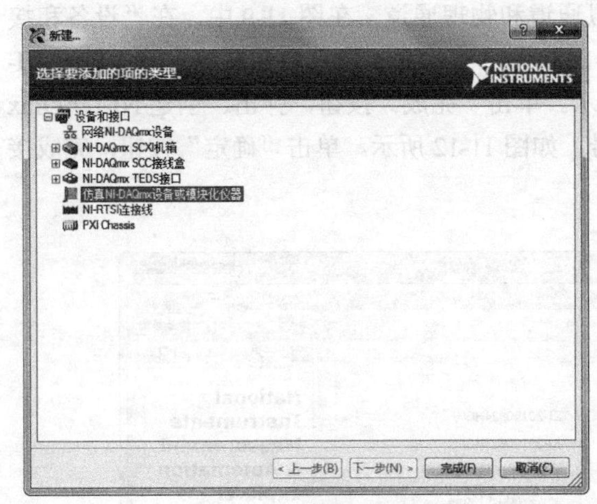

图 11-11 “新建”对话框

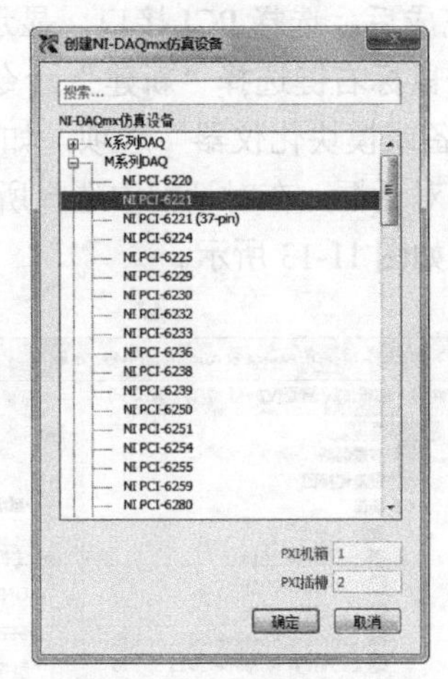

图 11-12 选择接口型号

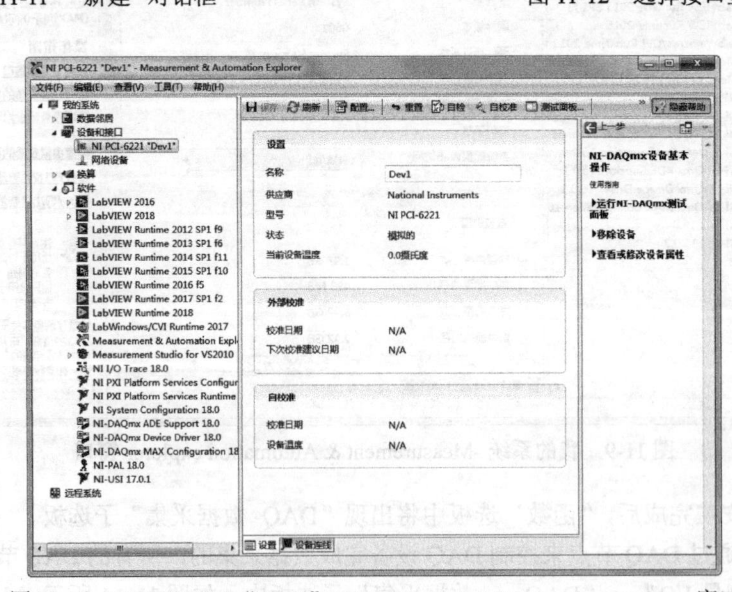

图 11-13 NI PCI-6221“Dev1”-Measurement & Automation explorer 窗口

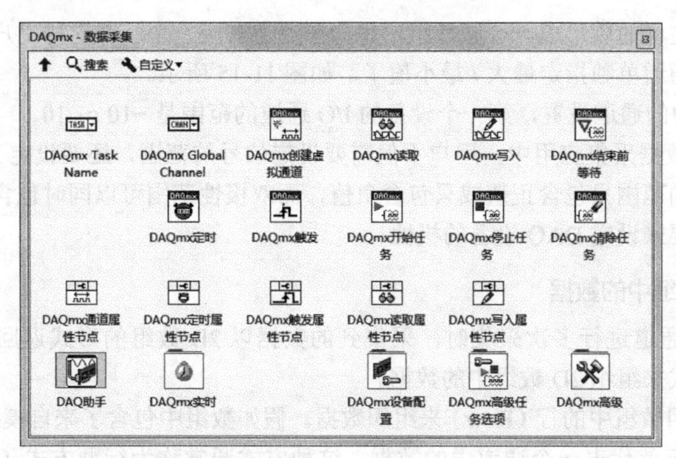

图 11-14 “DAQmx- 数据采集”子选板

11.1.3　DAQ 节点常用的参数简介

在详细介绍 DAQ 节点的功能之前，为使用户更加方便地学习和使用 DAQ 节点，先介绍一些 LabVIEW 通用的 DAQ 参数的定义。

1. 设备号和任务号（Device ID 和 Task ID）

设备号（Device ID）是指在 DAQ 配置软件中分配给所用 DAQ 设备的编号，每一个 DAQ 设备都有一个唯一的编号与之对应。在使用 DAQ 节点配置 DAQ 设备时，这个编号可以由用户指定。任务号（Task ID）是系统给特定的 I/O 操作分配的一个唯一的标识号，贯穿于以后的 DAQ 操作的始终。

2. 通道（Channels）

在信号输入输出时，每一个端口叫作一个 Channel。Channels 中所有指定的通道会形成一个通道组（Group）。VIS（Visual Identity System）会按照 Channels 中所列出的通道顺序进行采集或输出数据的 DAQ 操作。

3. 通道命名（Channel Name Addressing）

要在 LabVIEW 中应用 DAQ 设备，必须对 DAQ 硬件进行配置，为了让 DAQ 设备的 I/O 通道的功能和意义能更加直观地为用户所理解，用每个通道所对应的实际物理参数意义或名称来命名通道是一个理想的方法。在 LabVIEW 中配置 DAQ 设备的 I/O 通道时，可以在 Channels 中输入具有一定物理意义的名称来确定通道的地址。

用户在使用通道名称控制 DAQ 设备时，就不需要再连接 device，input limits 以及 input config 这些输入参数了，LabVIEW 会按照在 DAQ Channel Wizard 中的通道配置来自动配置这些参数。

4. 通道编号命名（Channel Number Addressing）

如果用户不使用通道名称来确定通道的地址，那么还可以在 Channels 中使用通道编号来确定通道的地址。可以将每个通道编号都作为一个数组中的元素。也可以将数个通道编号填入一个数组元素中，编号之间用逗号隔开。还可以在一个数组元素中指定通道的范围，例如 0: 2，表示通道 0、1、2。

5. I/O 范围设置（Limit Setting）

I/O 范围设置是指 DAQ 板卡所采集或输出的模拟信号的最大 / 最小值。请注意，在使用模拟输入或输出功能时，用户设定的最大 / 最小值必须在 DAQ 设备允许的范围之内。一对最大 / 最小值组成一个簇，多个这样的簇形成一个簇数组，每一个通道对应一个簇。这样用户就可以为每一个模拟输入或模拟输出通道单独指定最大 / 最小值了，如图 11-15 所示。

按照图 11-15 中的通道设置，第一个设备的 I/O 通道的范围是 −10 ～ 10。

在模拟信号的数据采集应用中，用户不但需要设定信号的范围，还要设定 DAQ 设备的极性和范围。一个单极性的范围只包含正值或只包含负值，而双极性范围可以同时包含正值和负值。用户可以根据自己的需要来设定 DAQ 设备的极性。

6. 组织 2D 数组中的数据

当用户在多个通道进行多次采集时，采集到的数据以 2D 数组的形式返回。在 LabVIEW 中，用户可以用两种方式来组织 2D 数组中的数据。

第一种方式是用数组中的行（Row）来组织数据。假如数组中包含了来自模拟输入通道的数据，那么，数组中的一行就代表一个通道中的数据，这种方式通常称为行顺方式（Row Major Order）。当用户用一组嵌套 for 循环来产生一组数据时，内层的 for 循环每循环一次就产生 2D 数组中的一行数据。用这种方式构成的 2D 数组如图 11-16 所示。

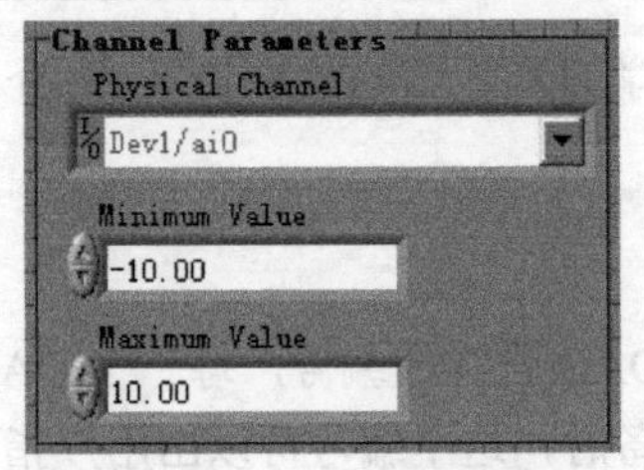

图 11-15　I/O 范围设置

Channel 0
Scan 0

ch0, sc0	ch0, sc1	ch0, sc2	ch0, sc3
ch1, sc0	ch1, sc1	ch1, sc2	ch1, sc3
ch2, sc0	ch2, sc1	ch2, sc2	ch2, sc3
ch3, sc0	ch3, sc1	ch3, sc2	ch3, sc3

图 11-16　行顺方式组织数据

第二种方式是通过 2D 数组中的列（Column）来组织数据。节点把从一个通道采集来的数据放到 2D 数组的一列中，这种组织数据的方式通常称为列顺方式（Column Major Order），此时 2D 数组的构成如图 11-17 所示。

> **注意**　在图 11-16 和图 11-17 中出现了一个术语 Scan，称为扫描。一次扫描是指用户指定的一组通道按顺序进行一次数据采集。

假如需要从这个 2D 数组中取出其中某一个通道的数据，将数组中相对应的一列数据取出即可，程序框图如图 11-18 所示。

Scan 0
Channel 0

sc0, ch0	sc1, ch1	sc0, ch2	sc0, ch3
sc1, ch0	sc1, ch1	sc1, ch2	sc1, ch3
sc2, ch0	sc2, ch1	sc2, ch2	sc2, ch3
sc3, ch0	sc3, ch1	sc3, ch2	sc3, ch3

图 11-17　列顺序方式组织数据

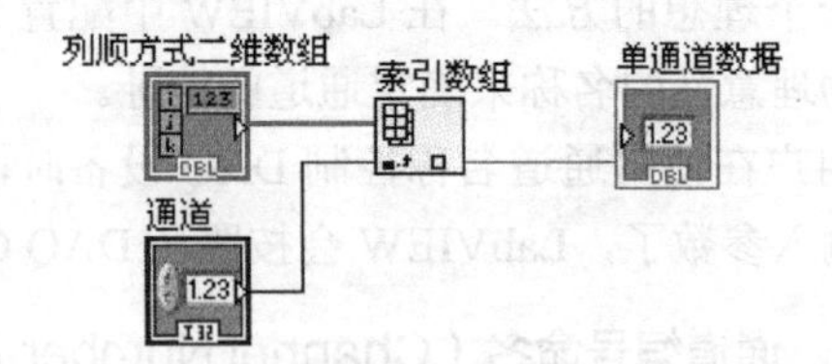

图 11-18　从二维数组中取出其中某一个通道的数据的程序框图

7. 扫描次数（Number of Scans to Acquire）

扫描次数是指在用户指定的一组通道进行数据采集的次数。

8. 采样点数（Number of Samples）

采样点数是指一个通道采样点的个数。

9. 扫描速率（Scan Rate）

扫描速率是指每秒完成一组指定通道数据采集的次数，它决定了在所有的通道中在一定时间内所进行数据采集次数的总和。

11.2 DAQmx 节点及其编程

下面对常用的 DAQmx 节点进行介绍。

1. DAQmx 创建虚拟通道

“NI-DAQmx 创建虚拟通道”函数创建了一个虚拟通道并且将它添加至一个任务。它也可以用来创建多个虚拟通道并将它们都添加至一个任务。如果没有指定一个任务，那么这个函数将创建一个任务。“NI-DAQmx 创建虚拟通道”函数有许多的实例，这些实例对应于特定的虚拟通道所实现的测量或生成类型。该函数节点的图标及端口定义如图 11-19 所示。图 11-20 是 6 个不同的 NI-DAQmx 创建的虚拟通道 VI 实例。

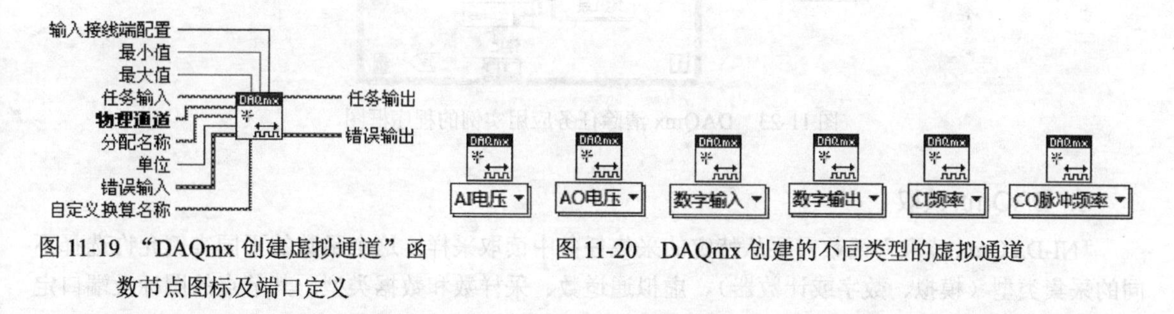

图 11-19 “DAQmx 创建虚拟通道”函数节点图标及端口定义

图 11-20 DAQmx 创建的不同类型的虚拟通道

“NI-DAQmx 创建虚拟通道”函数的输入随每个函数实例的不同而不同。但是，某些输入对大部分函数的实例是相同的。例如一个输入需要用来指定虚拟通道使用的物理通道（模拟输入和模拟输出）、线数（数字）或计数器。此外，模拟输入、模拟输出和计数器操作使用最小值和最大值输入来配置和优化基于信号最小和最大预估值的测量和生成。而且，一个自定义的刻度可以用于许多虚拟通道类型。在图 11-21 所示的 LabVIEW 程序框图中，NI-DAQmx 创建虚拟通道 VI 用来创建一个热电偶虚拟通道。

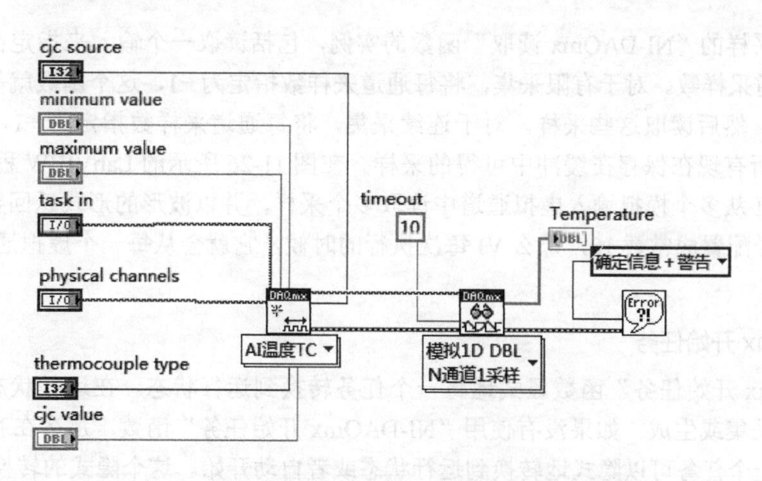

图 11-21 利用创建虚拟通道 VI 创建热电偶虚拟通道

2. DAQmx 清除任务

“NI-DAQmx 清除任务”函数可以清除特定的任务。如果任务现在正在运行，那么这个函数首先中止任务然后释放掉它所有的资源。一旦一个任务被清除，那么它就不能被使用，除非重新创建它。因此，如果一个任务还会使用，那么“NI-DAQmx 清除任务”函数就必须用来中止任务，而不是清除它。“DAQmx 清除任务”函数的节点的图标及端口定义如图 11-22 所示。

任务输入　错误输入　错误输出

图 11-22 “DAQmx 清除任务”函数节点图标及端口定义

对于连续的操作，“NI-DAQmx 清除任务”函数可以用来结束真实的采集或生成。在图 11-23 所示的 LabVIEW 程序框图中，一个二进制数组不断输出直至循环退出和 NI-DAQmx 清除任务 VI 执行。

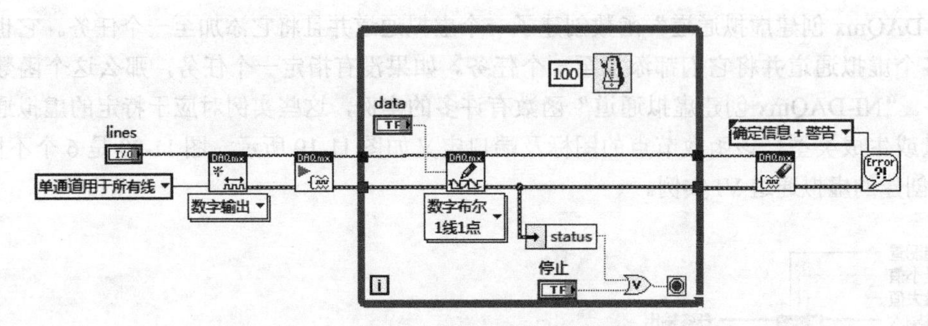

图 11-23　DAQmx 清除任务应用实例的程序框图

3. DAQmx 读取

“NI-DAQmx 读取”函数需要从特定的采集任务中读取采样。这个函数的不同实例允许选择不同的采集类型（模拟、数字或计数器）、虚拟通道数、采样数和数据类型。其节点的图标及端口定义如图 11-24 所示。图 11-25 是 4 个不同的 NI-DAQmx 读取 VI 的实例。

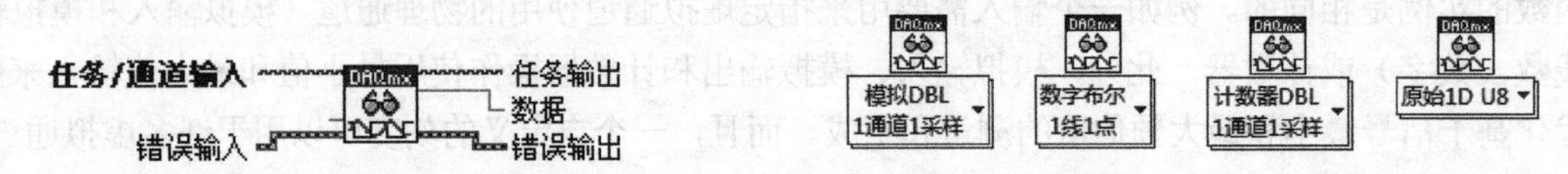

图 11-24 “DAQmx 读取”函数节点图标及端口定义　　图 11-25　不同的 NI-DAQmx 读取 VI 的实例

读取多个采样的“NI-DAQmx 读取”函数的实例，包括读取一个输入来指定在函数执行时读取数据的每通道采样数。对于有限采集，将每通道采样数指定为 -1，这个函数就等待采集完所有请求的采样数，然后读取这些采样。对于连续采集，将每通道采样数指定为 -1，这个函数在执行的时候读取所有现在保存在缓冲中可得的采样。在图 11-26 所示的 LabVIEW 程序框图中，NI-DAQmx 读取 VI 从多个模拟输入虚拟通道中读取多个采样，并以波形的形式返回数据。而且，每通道采样数已经配置成常数 10，那么 VI 每次执行的时候，它就会从每一个虚拟通道中读取 10 个采样。

4. DAQmx 开始任务

“NI-DAQmx 开始任务”函数显式地将一个任务转换到运行状态。在运行状态下，这个任务将完成特定的采集或生成。如果没有使用“NI-DAQmx 开始任务”函数，那么在 NI-DAQmx 读取函数执行时，一个任务可以隐式地转换到运行状态或者自动开始。这个隐式的转换也发生在“NI-

DAQmx 开始任务”函数未被使用而 NI-DAQmx 写入函数与它相应指定的自启动输入一起执行时。其节点的图标及端口定义如图 11-27 所示。

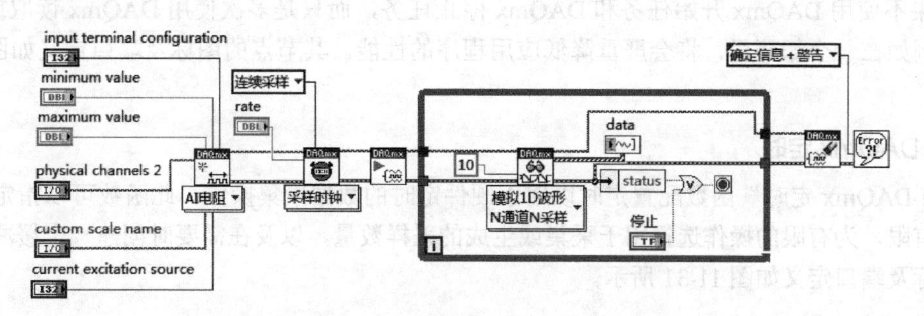

图 11-26　从模拟通道读取多个采样值实例

虽然不是经常需要使用这个函数，但是使用“NI-DAQmx 开始任务”函数来显式地启动一个与硬件定时相关的采集或生成任务是更好的选择。而且，NI-DAQmx 读取函数或 NI-DAQmx 写入函数将会多次执行。例如在循环中，就应当使用“NI-DAQmx 开始任务”函数。否则，任务的性能将会降低，因为它将会重复地启动和停止。图 11-28 所示的 LabVIEW 程序框图演示了不需要使用“NI-DAQmx 开始任务”函数的情形，因为模拟输出的生成仅仅包含一个单一的、软件定时的采样。

图 11-29 所示的 LabVIEW 程序框图演示了应当使用“NI-DAQmx 开始任务”函数的情形，因为 NI-DAQmx 读取函数需要多次执行来从计数器中读取数据。

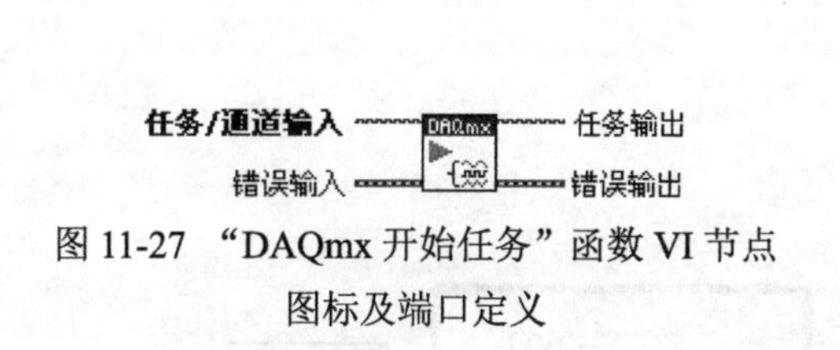

图 11-27 “DAQmx 开始任务”函数 VI 节点图标及端口定义

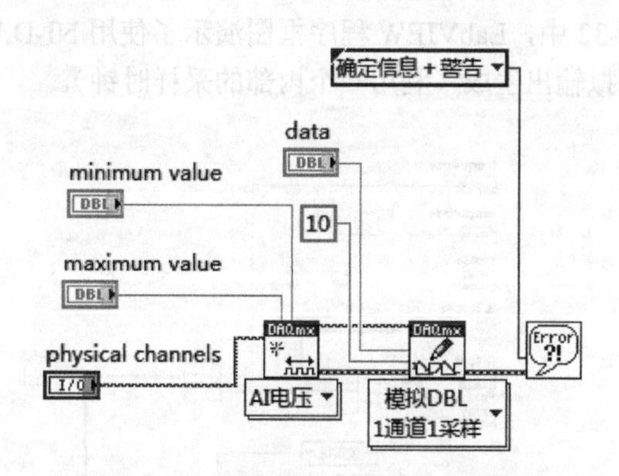

图 11-28　模拟输出一个单一的采样

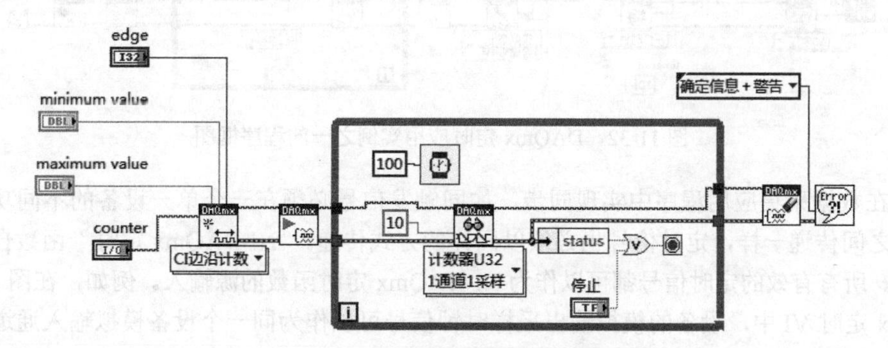

图 11-29　多次读取计数器数据实例

5. DAQmx 停止任务

“NI-DAQmx 停止任务”函数能够使任务经过该节点后进入 DAQmx 开始任务 VI 节点之前的状态。

如果不使用 DAQmx 开始任务和 DAQmx 停止任务，而只是多次使用 DAQmx 读取或 DAQmx 写入，例如在一个循环里，将会严重降低应用程序的性能。其节点的图标及端口定义如图 11-30 所示。

6. DAQmx 定时

“NI-DAQmx 定时”函数配置定时以用于硬件定时的数据采集操作。此函数可以指定操作是否连续或有限，为有限的操作选择用于采集或生成的采样数量，以及在需要时创建一个缓冲区。其节点的图标及端口定义如图 11-31 所示。

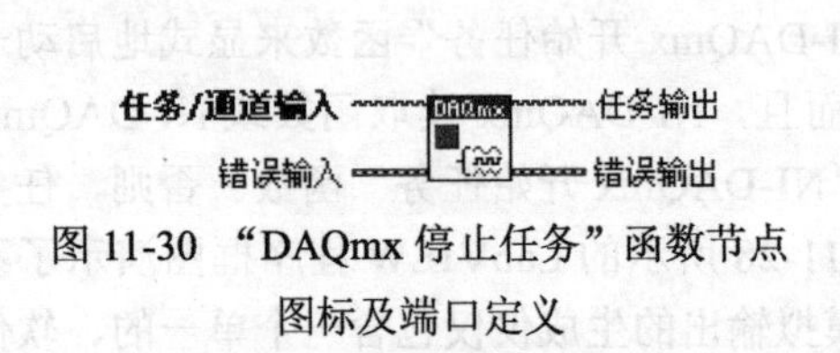

图 11-30 “DAQmx 停止任务”函数节点图标及端口定义

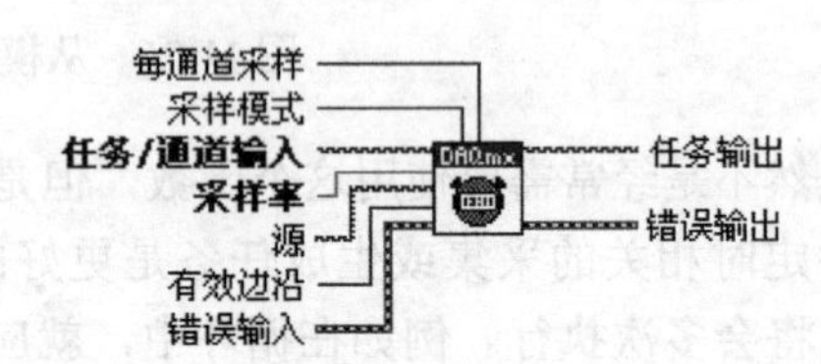

图 11-31 “DAQmx 定时”函数节点图标和端口定义

对于需要采样定时的操作（模拟输入、模拟输出和计数器），NI-DAQmx 定时函数中的采样时钟实例设置了采样时钟的源（可以是一个内部或外部的源）和速率。采样时钟控制了采集或生成采样的速率。每一个时钟脉冲为每一个包含在任务中的虚拟通道初始化一个采样的采集或生成。图 11-32 中，LabVIEW 程序框图演示了使用 NI-DAQmx 定时 VI 中的采样时钟实例来配置一个连续的模拟输出生成（利用一个内部的采样时钟）。

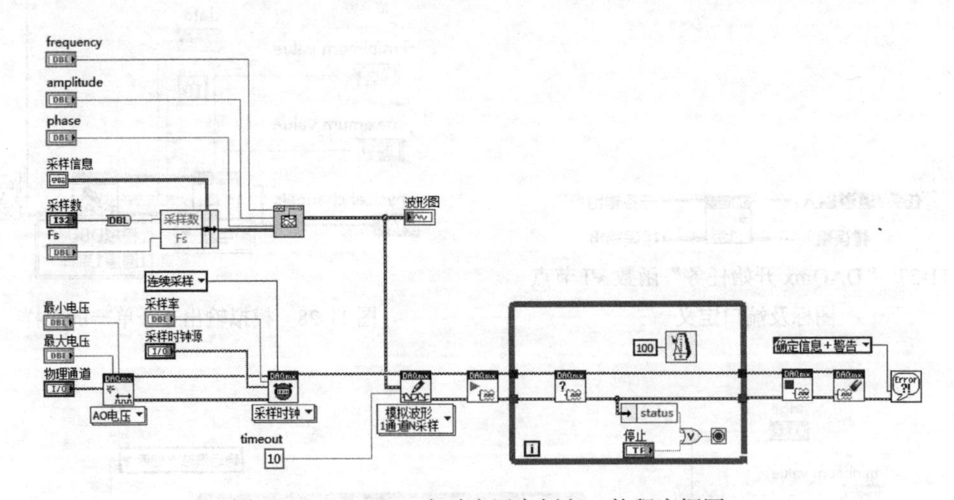

图 11-32 DAQmx 定时应用实例之一的程序框图

为了在数据采集应用程序中实现同步，如同触发信号必须在一个单一设备的不同功能区域或多个设备之间传递一样，定时信号也必须以同样的方式传递。“NI-DAQmx 定时”函数自动地实现这个传递。所有有效的定时信号都可以作为 NI-DAQmx 定时函数的源输入。例如，在图 11-33 所示的 DAQmx 定时 VI 中，设备的模拟输出采样时钟信号可以作为同一个设备模拟输入通道的采样时钟源，而无需完成任何显式的传递。

大部分计数器操作不需要采样定时，因为被测量的信号提供了定时。“NI-DAQmx 定时”函数的隐式实例应当用于这些应用程序。例如，在如图 11-34 所示的 DAQmx 定时 VI 中，设备的模拟输出采样时钟信号作为同一个设备模拟输入通道的采样时钟源，无需完成任何显式的传递。

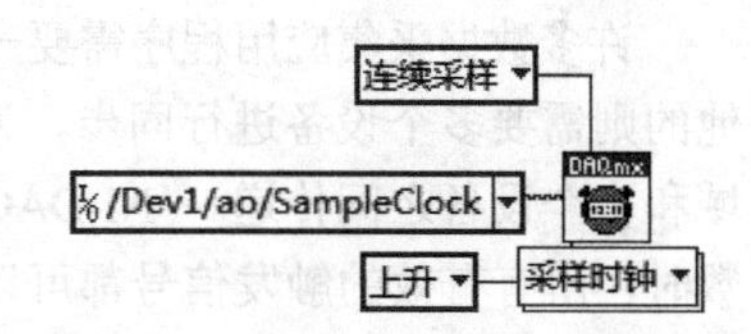

图 11-33 模拟输出时钟作为模拟输入时钟源

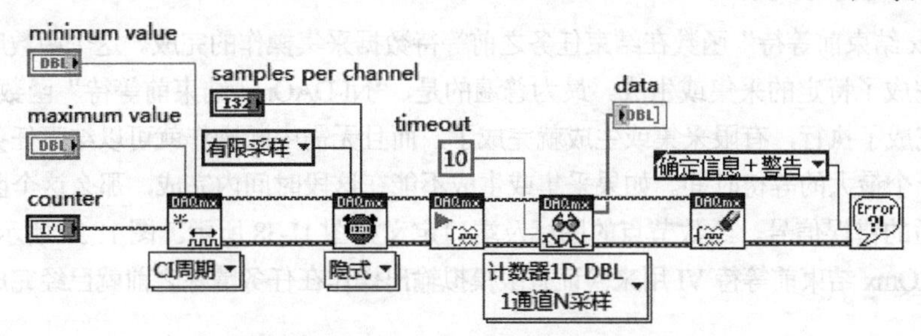

图 11-34 DAQmx 定时应用实例之二

某些数据采集设备支持将“握手”作为它们数字 I/O 操作的定时信号的方式。握手使用与外部设备之间请求和确认定时信号的交换来传输每一个采样。NI-DAQmx 定时函数的握手实例为数字 I/O 操作配置握手定时。

7. DAQmx 触发

“NI-DAQmx 触发”函数配置触发器来完成一个特定的动作。常用的触发器是启动触发器（Start Trigger）和参考触发器（Reference Trigger）。启动触发器初始化一个采集或生成。参考触发器确定所采集的采样集中的位置，在此前触发器数据（pre trigger）结束，而后触发器（post trigger）数据开始。这些触发器都可以配置成在数字边沿、模拟边沿或者模拟信号进入或离开窗口时发生。其节点的图标及端口定义如图 11-35 所示。

任务/通道输入 —— 任务输出
错误输入 —— 错误输出

图 11-35 “DAQmx 触发”函数节点图标和端口类型

在图 11-36 所示的 LabVIEW 程序框图中，利用 NI-DAQmx 触发 VI，启动触发器和参考触发器都配置成在一个模拟输入操作的数字边沿发生。

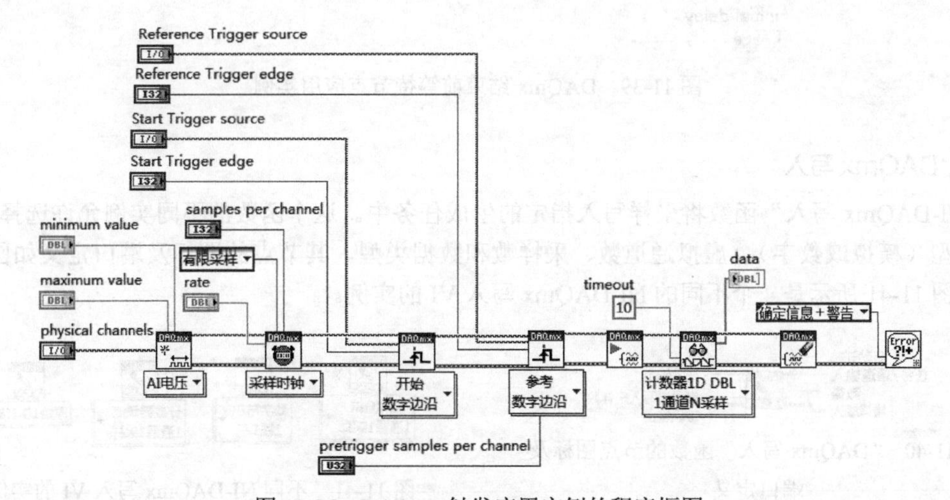

图 11-36 DAQmx 触发应用实例的程序框图

许多数据采集应用程序需要一个单一设备不同功能区域的同步（例如，模拟输出和计数器）。其他的则需要多个设备进行同步。为了达到这种同步性，触发信号必须在一个单一设备的不同功能区域和多个设备之间传递。“NI-DAQmx”函数自动地完成了这种传递。当使用“NI-DAQmx 触发”函数时，所有有效的触发信号都可以作为函数的源输入。例如，在图 11-37 所示的 NI-DAQmx 触发 VI 中，用于设备 2 的启动触发器信号可以用作设备 1 的启动触发器的源，而无需进行任何显式的传递。

8. DAQmx 结束前等待

“NI-DAQmx 结束前等待”函数在结束任务之前等待数据采集操作的完成。这个函数应当用于保证在任务结束之前完成了特定的采集或生成。最为普遍的是，“NI-DAQmx 结束前等待”函数用于有限操作。一旦这个函数完成了执行，有限采集或生成就完成了，而且无需中断操作就可以结束任务。此外，超时输入允许指定一个最大的等待时间。如果采集或生成不能在这段时间内完成，那么这个函数将退出而且会生成一个合适的错误信号。函数节点的图标及端口定义如图 11-38 所示。图 11-39 所示 LabVIEW 程序框图中的 NI-DAQmx 结束前等待 VI 用来验证有限模拟输出操作在任务清除之前就已经完成。

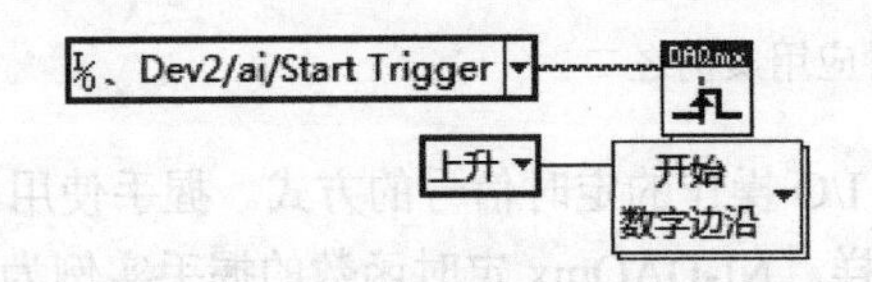

图 11-37　用设备 2 的触发信号触发设备 1

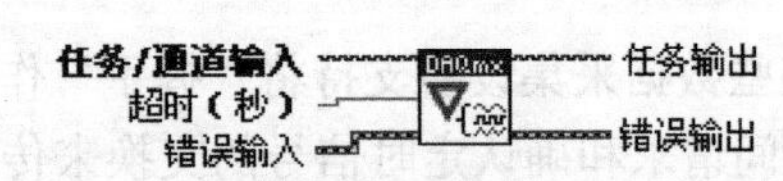

图 11-38　“DAQmx 结束前等待”函数的节点图标及端口定义

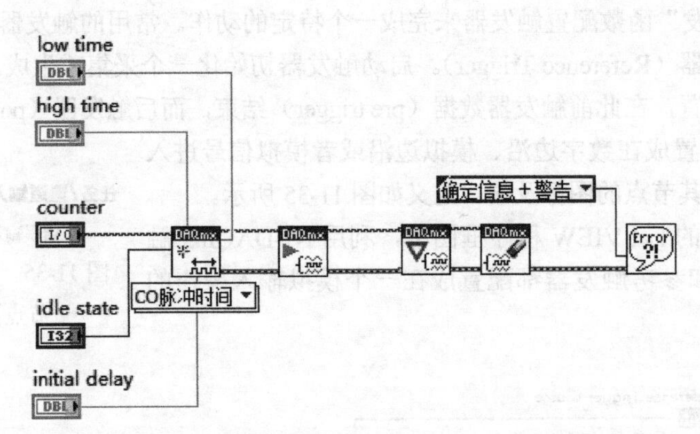

图 11-39　DAQmx 结束前等待节点应用实例

9. DAQmx 写入

“NI-DAQmx 写入”函数将采样写入指定的生成任务中。这个函数的不同实例允许选择不同的生成类型（模拟或数字）、虚拟通道数、采样数和数据类型。其节点的图标及端口定义如图 11-40 所示。图 11-41 所示是 4 个不同的 NI-DAQmx 写入 VI 的实例。

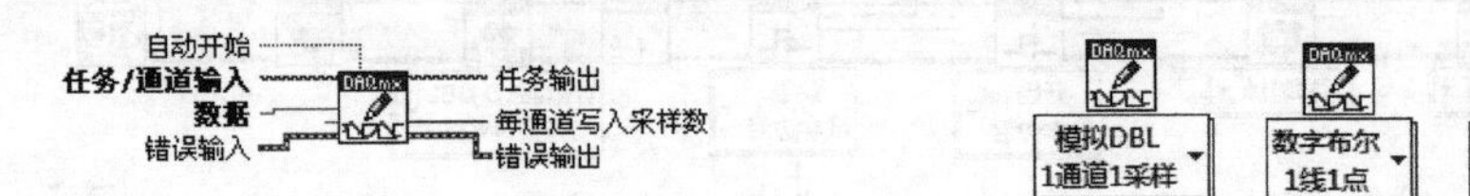

图 11-40　“DAQmx 写入”函数的节点图标及端口定义

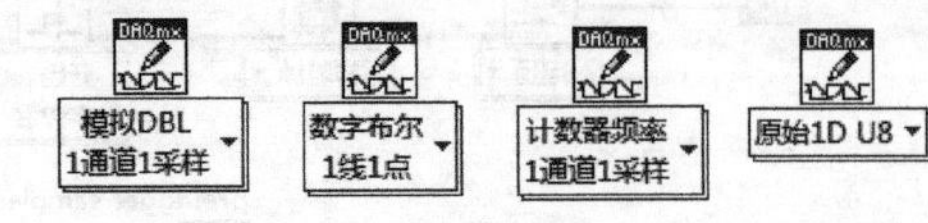

图 11-41　不同 NI-DAQmx 写入 VI 的实例

每一个NI-DAQmx写入函数实例都有一个自启动输入来确定启动任务，如果还没有显式地启动，那么这个函数将隐式地启动任务。正如我们刚才在本文DAQmx开始任务部分所讨论的那样，NI-DAQmx开始任务函数应当用来显式地启动一个使用硬件定时的生成任务。它也应当用来最大化性能，如果NI-DAQmx写入函数将会多次执行。对于一个有限的模拟输出生成，图11-42所示的LabVIEW程序框图中，NI-DAQmx写入VI的自启动输入值为“假”的布尔值，因为生成任务是硬件定时的。NI-DAQmx写入VI将把一个通道模拟输出数据的多个采样以一个模拟波形的形式写入任务中。

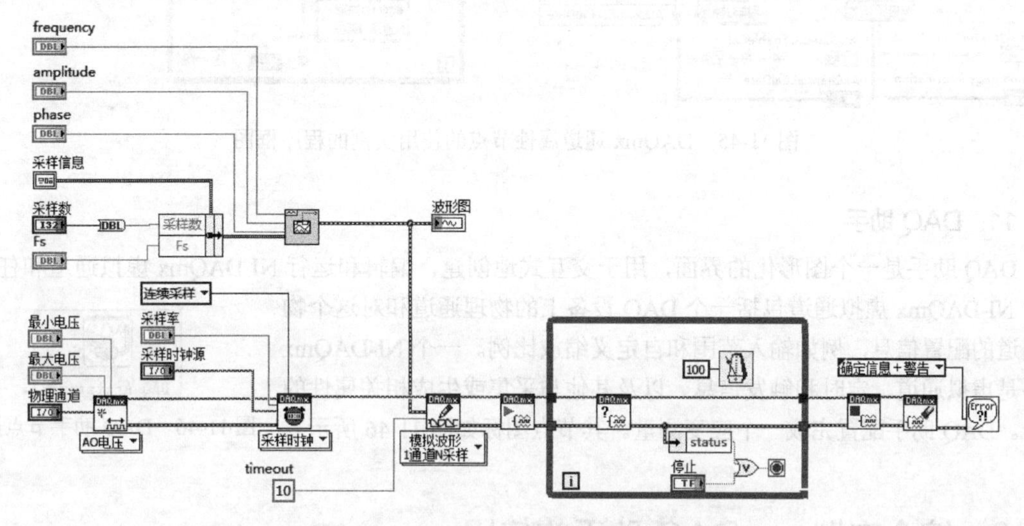

图11-42　DAQmx写入应用实例的程序框图

10. DAQmx属性节点

NI-DAQmx属性节点可以访问所有与数据采集操作相关属性，如图11-43所示。这些属性可以通过写入NI-DAQmx属性节点来设置，当前的属性值也可以从NI-DAQmx属性节点中读取。而且，在LabVIEW中，一个NI-DAQmx属性节点可以用来写入多个属性或读取多个属性。例如，图11-44所示的LabVIEW NI-DAQmx定时属性节点设置了采样时钟的源，然后读取采样时钟的源，最后设置采样时钟的有效边沿。

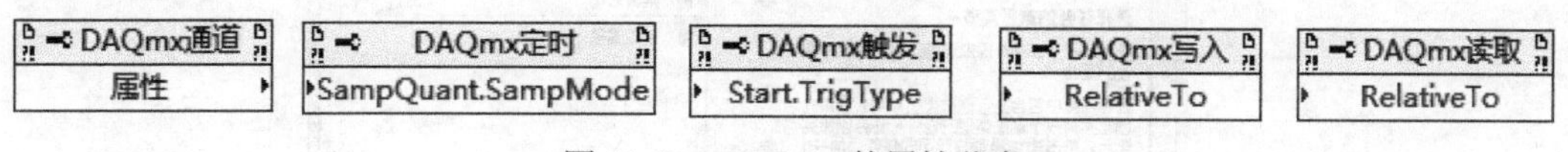

图11-43　DAQmx的属性节点

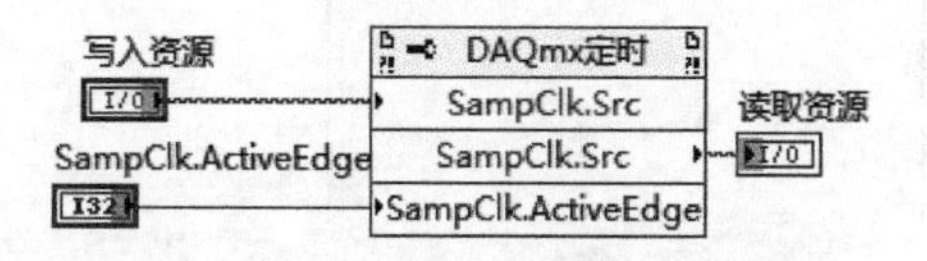

图11-44　DAQmx定时属性节点使用

许多属性可以使用前面已经讨论的NI-DAQmx函数来设置。例如，采样时钟源和采样时钟有效边沿属性可以使用NI-DAQmx定时函数来设置。然而，一些相对不常用的属性只可以通过NI-

DAQmx 属性节点来设置。在图 11-45 所示的 LabVIEW 程序框图中，NI-DAQmx 通道属性节点用来使能硬件低通滤波器，然后设置滤波器的截止频率来用于应变测量。

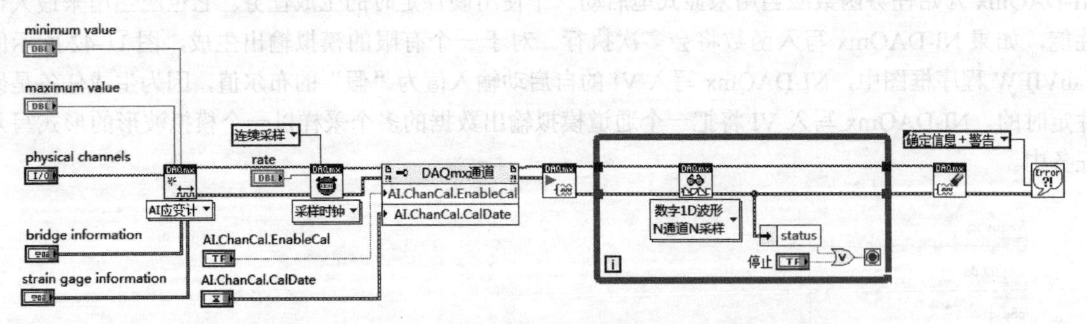

图 11-45　DAQmx 通道属性节点的使用实例的程序框图

11. DAQ 助手

DAQ 助手是一个图形化的界面，用于交互式地创建、编辑和运行 NI-DAQmx 虚拟通道和任务。一个 NI-DAQmx 虚拟通道包括一个 DAQ 设备上的物理通道和对这个物理通道的配置信息，例如输入范围和自定义缩放比例。一个 NI-DAQmx 任务是虚拟通道、定时和触发信息、以及其他与采集或生成相关属性的组合。DAQ 助手配置完成一个应变测量。其节点图标如图 11-46 所示。

图 11-46　DAQ 助手节点图标

11.3　综合实例——DAQ 助手的使用

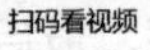
扫码看视频

下面对该节点的使用方法进行介绍。

“DAQ 助手”在“测量 I/O”→“DAQmx—数据采集”子选板中。先放置一个“DAQ 助手”到程序框图上，系统会自动弹出如图 11-47 所示对话框。

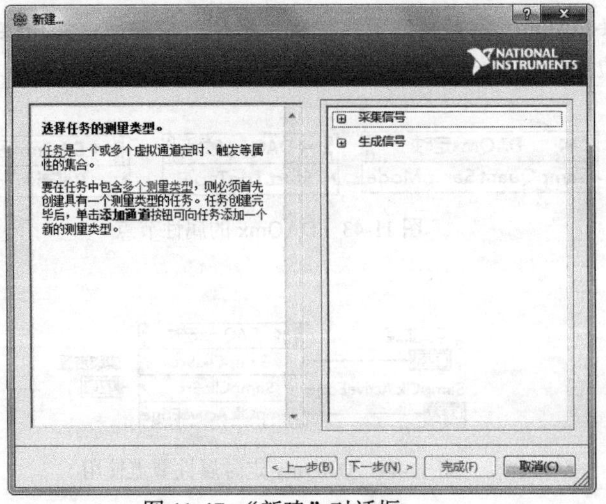

图 11-47　“新建”对话框

下面以 DAQ 输出正弦波为例来介绍 DAQ 助手的配置方法。

选择“模拟输出”，如图 11-48 所示。

选择“电压”，用电压的变化来表示波形。然后系统弹出对话框，如图 11-49 所示。

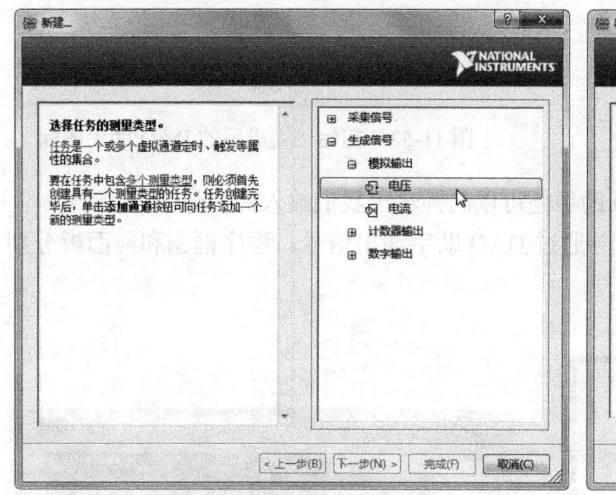

图 11-48　选择“模拟输出”

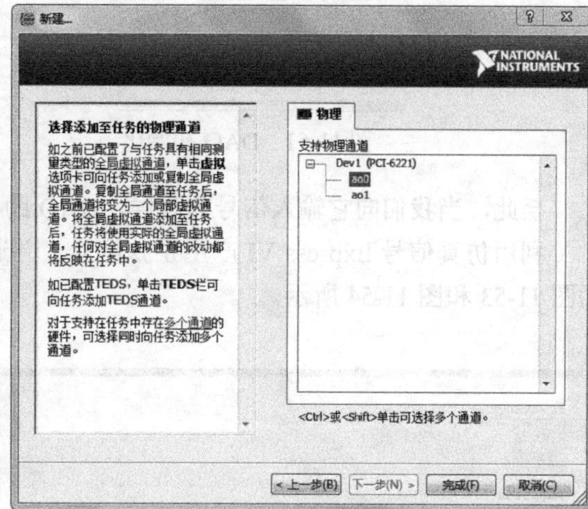

图 11-49　设备配置

选择通道 ao0，点击“完成”按钮，将弹出图 11-50 所示对话框。

按照图 11-50 所示配置完成后，点击“确定”按钮，系统便开始对 DAQ 进行初始化，如图 11-51 所示。

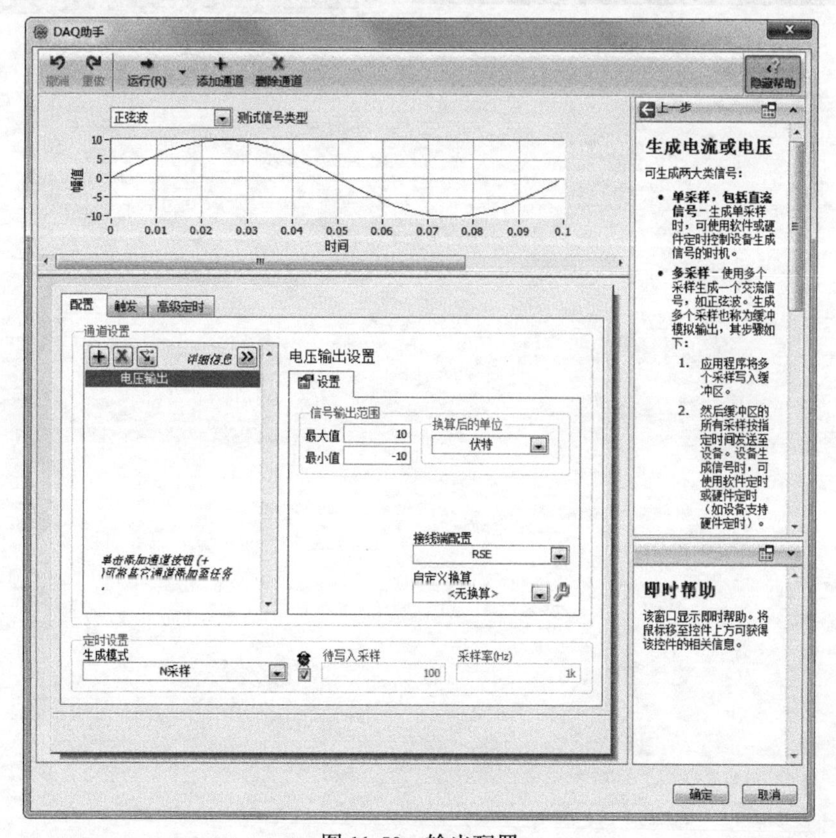

图 11-50　输出配置

初始化完成后，DAQ 助手的图标如图 11-52 所示。

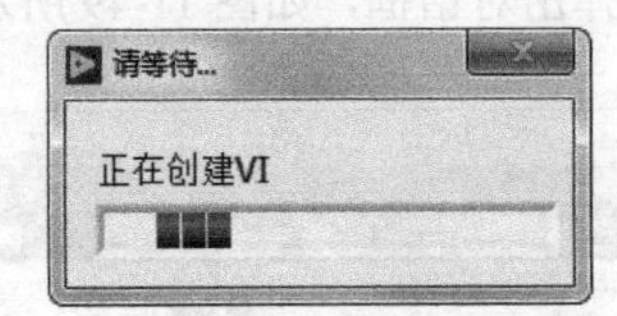

图 11-51　DAQ 初始化

图 11-52　初始化完成后的 DAQ 助手图标

至此，当我们向它输入信号的时候，DAQ 助手便可以向外输出我们输入的信号了。

利用仿真信号 Express VI 产生正弦信号，并通过 DAQ 助手输出信号。程序框图和前面板分别如图 11-53 和图 11-54 所示。

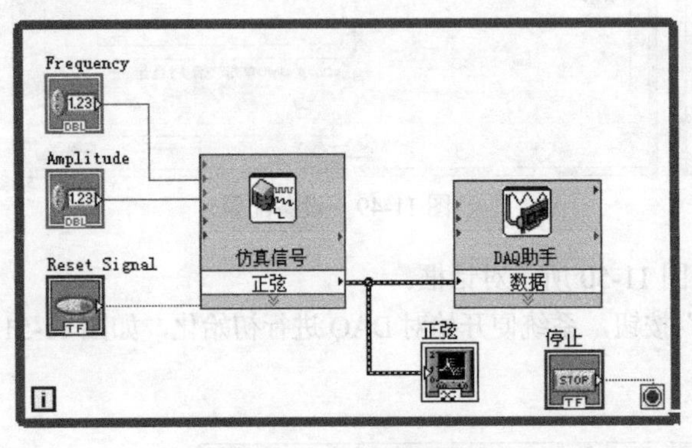

图 11-53　程序框图

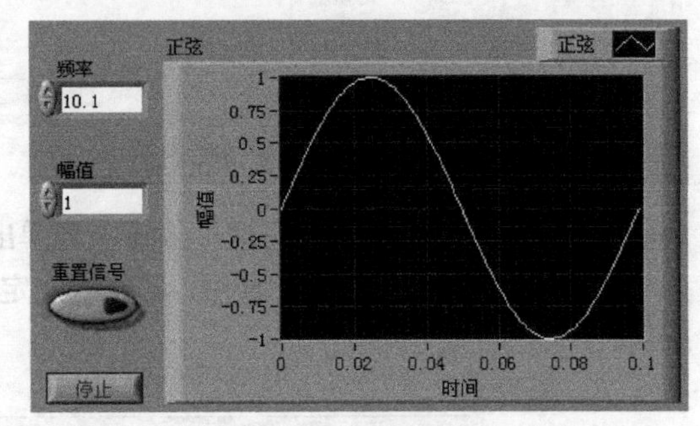

图 11-54　前面板

第 12 章 通信技术

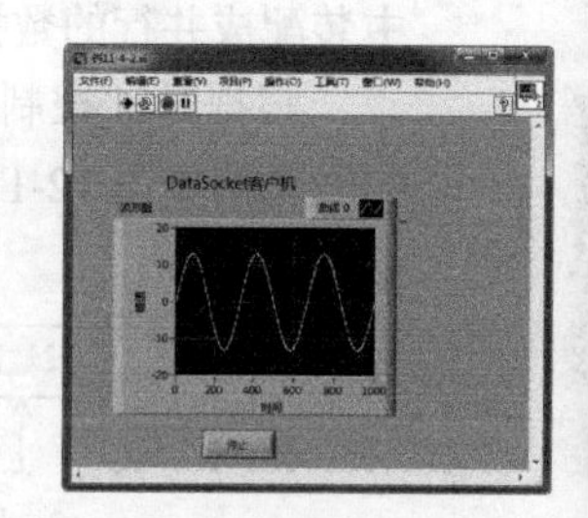

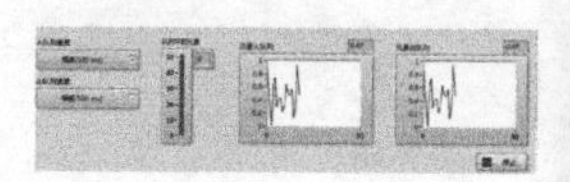

内容指南

串行通信是工业现场仪器或设备常用的通信方式，网络通信则是构建智能化分布式自动测试系统的基础。

本章介绍使用 LabVIEW 进行串行通信与网络通信的特点与步骤对 DataSocket 技术及其在 LabVIEW 中的使用方法和步骤进行了介绍。

知识重点

- 串行通信技术
- DataSocket 技术
- TCP 通信
- 其他通信方法

12.1 串行通信技术

串行通信是一种目前仍较为常用的传统通信方式。早期的仪器、单片机等均使用串口与计算机进行通信。目前也有不少仪器或芯片仍然使用串口与计算机进行通信，如 PLC、Modem、OEM 电路板等。本节将详细介绍如何在 LabVIEW 中进行串行通信。

12.1.1 串行通信介绍

串行通信是指将构成字符的每个二进制数据，依照一定的顺序逐位进行传输的通信方式。计算机或智能仪器中处理的数据是并行数据，因此在串行通信的发送端，需要把并行数据转换成串行数据后再传输。而在接收端，又需要把串行数据转换成并行数据再处理。数据的串并转换可以用软件和硬件两种方法来实现。硬件方法主要是使用了移位寄存器。在时钟控制下，移位寄存器中的二进制数据可以顺序地逐位发送出去；同样在时钟控制下，接收的二进制数据，也可以在移位寄存器中装配成并行的数据字节。

根据时钟控制数据发送和接收的方式，串行通信分为同步通信和异步通信，这两种通信方式的示意图如图 12-1 所示。

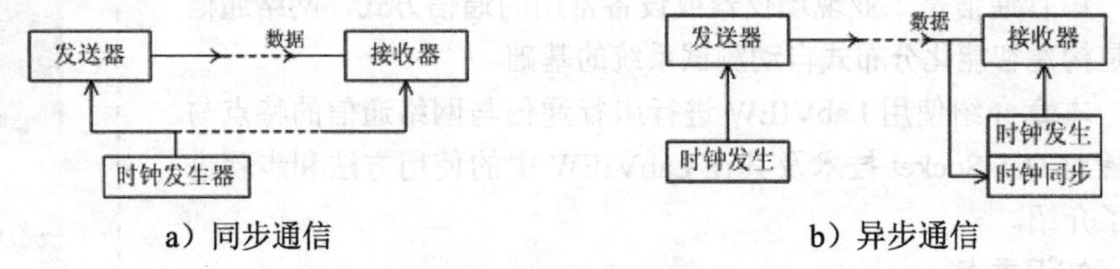

a）同步通信　　b）异步通信

图 12-1　串行通信方式

（1）在同步通信中，为了使发送和接收保持一致，串行数据在发送和接收两端使用的时钟应同步。通常，发送和接收移位寄存器的初始同步是使用一个同步字符来完成的。当一次串行数据的同步传输开始时，发送寄存器发送出的第一个字符应该是一个双方约定的同步字符。接收器在时钟周期内识别该同步字符后，即与发送器同步，开始接收后续的有效数据信息。

（2）在异步通信中，只要求发送和接收两端的时钟频率在短期内保持同步。通信时发送端先送出一个初始定时位（称起始位），后面跟着具有一定格式的串行数据和停止位。接收端首先识别起始位，同步时钟，然后使用同步的时钟接收紧跟而来的数据位和停止位，停止位表示数据串的结束。一旦一个字符传输完毕，线路空闲。无论下一个字符在何时出现，它们将重新进行同步。

同步通信与异步通信相比较，优点是传输速度快；不足之处是，同步通信的实用性将取决于发送器和接收器保持同步的能力。若在一次串行数据的传输过程中，接收器接收数据时，若由于某种原因（如噪声等）漏掉一位数据，则余下接收的数据都是不正确的。

LabVIEW 中用于串行通信的节点实际上是 VISA 节点，为了方便用户使用。LabVIEW 将这些 VISA 节点单独组成一个子选板，包括 8 个节点，分别实现配置串口、串口写入、出口读取、关闭串口、检测串口缓冲区和设置串口缓冲区的功能。这些节点位于“函数”选板的“数据通信”→“协议”→“串口”子选板中，如图 12-2 所示。

串行通信节点的使用方法比较简单，且易于理解，下面对各节点的参数定义、用法及功能进行介绍。

12.1.2 VISA 配置串口

VISA 配置串口初始化、配置串口。该节点可以设置串口的波特率、数据位、停止位、奇偶校验位、缓存大小以及流量控制等参数。其图标及端口定义如图 12-3 所示。

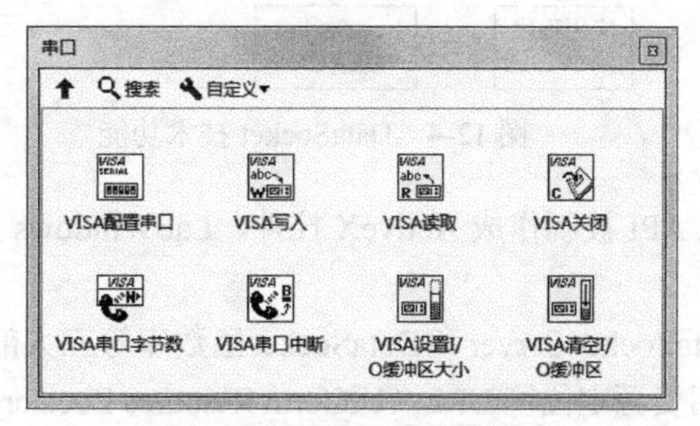

图 12-2 “串口”子选板

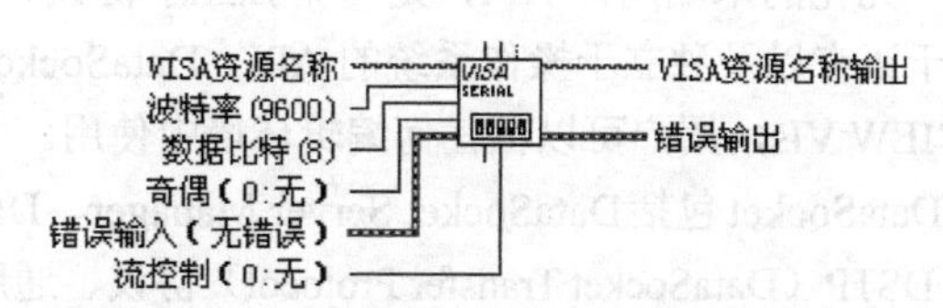

图 12-3 VISA 配置串口图标及端口定义

- VISA 资源名称：指定了要打开的资源。该控件也可指定会话句柄和类。
- 波特率：传输率。默认值为 9600。
- 数据比特：输入数据的位数。数据比特的值介于 5 和 8 之间，默认值为 8。
- 奇偶：指定要传输或接收的每一帧数据所使用的奇偶校验。默认为无校验。
- 错误输入：表示 VI 或函数运行前发生的错误情况。默认值为无错误。
- 停止位：指定用于表示帧结束的停止位的数量。10 表示停止位为 1 位，15 表示停止位为 1.5 位，20 表示停止位为 2 位。
- 流控制：设置传输机制使用的控制类型。
- VISA 资源名称输出：VISA 函数返回的 VISA 资源名称的一个副本。
- 错误输出：包含错误信息。如错误输入表明在 VI 或函数运行前已出现错误，错误输出将包含相同的错误信息。否则，它表示 VI 或函数运行中产生的错误状态。

12.2 DataSocket 技术

DataSocket 技术是虚拟仪器的网络应用中一项非常重要的技术，本节将对 DataSocket 的概念和在 LabVIEW 中的使用方法进行介绍。

12.2.1 DataSocket 技术

DataSocket 技术是 NI 公司推出的一项基于 TCP/IP 协议的新技术。DataSocket 面向测量和网上实时高速数据交换，可用于一个计算机内或者网络中多个应用程序之间的数据交换。虽然目前已经有 TCP/IP、DDE 等多种用于两个应用程序之间共享数据的技术，但是这些技术都不是用于实时数据（Live Data）传输的。只有 DataSocket 是一项在测量和自动化应用中用于共享和发布实时数据的技术，如图 12-4 所示。

DataSocket 基于 Microsoft 的 COM 和 ActiveX 技术，源于 TCP/IP 协议并对其进行高度封装，面向测量和自动化应用，用于共享和发布实时数据，是一种易用的高性能数据交换编程接口。它能有效地支持本地计算机上不同应用程序对特定数据的同时应用，以及网络上不同计算机的多个应用程序之间的数据交互，实现跨机器、跨语言、跨进程的实时数据共享。用户只需要知道数据源、数据宿及需要交换的数据就可以直接进行高层应用程序的开发，实现高速数据传输，而不必关心底层的实现细节，从而简化通信程序的编写过程，提高编程效率。

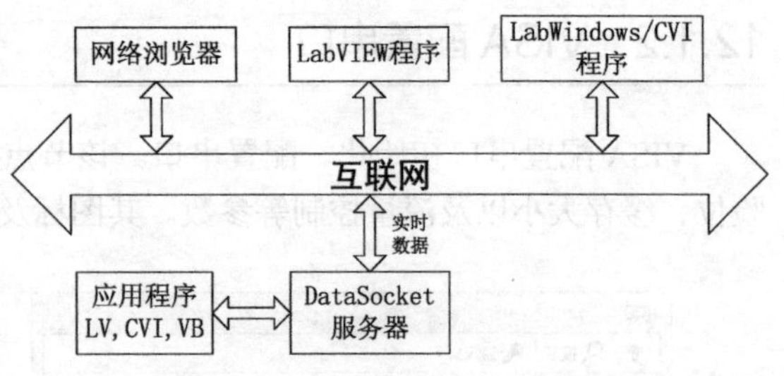

图 12-4　DataSocket 技术功能

DataSocket 实际上是一个基于 URL 的单一的、一元化的末端用户 API，是一个独立于协议、独立于语言以及独立于操作系统的 API。DataSocket API 被制作成 ActiveX 控件、LabWindows 库和 LabVIEW VIs，用户可以在任何编辑环境中使用。

DataSocket包括DataSocket Server Manager、DataSocket Server和DataSocket函数库等三大部分，以及 DSTP（DataSocket Transfer Protocol）协议、通用资源定位符 URL（Uniform Resource Locator）和文件格式等规程。DataSocket 遵循 TCP/IP 协议，并对底层进行高度封装，所提供的参数简单友好，用户只需要设置 URL 就可在互联网即时分送所需传输的数据。用户可以像使用 LabVIEW 中的其他数据类型一样使用 DataSocket 读写字符串、整型数、布尔量及数组数据。DataSocket 提供了三种数据目标：File、DataSocket Server、OPC Server，因而可以支持多进程并发。DataSocket 摒除了较为复杂的 TCP/IP 底层编程，解决了传输速率较慢的问题，大大简化了互联网上测控数据交换的编程。

在 LabVIEW 中，利用 DataSocket 节点就可以完成 DataSocket 通信。DataSocket 节点位于“函数”选板的“数据通信”→“DataSocket”子选板中，如图 12-5 所示。

LabVIEW 将 DataSocket 函数库的功能高度集成到了 DataSocket 节点中，与 TCP/IP 节点相比，DataSocket 节点的使用方法更为简单和易于理解。

12.2.2　读取 DataSocket

从连接输入端口指定的 URL 连接中读出数据。读取 DataSocket 节点图标如图 12-6 所示。

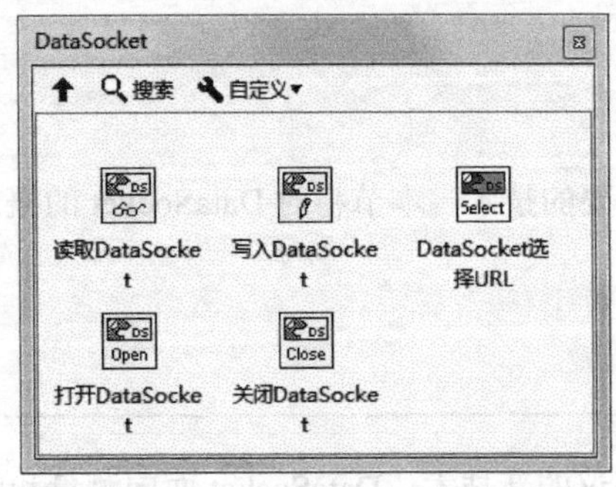

图 12-5　“DataSocket”子选板

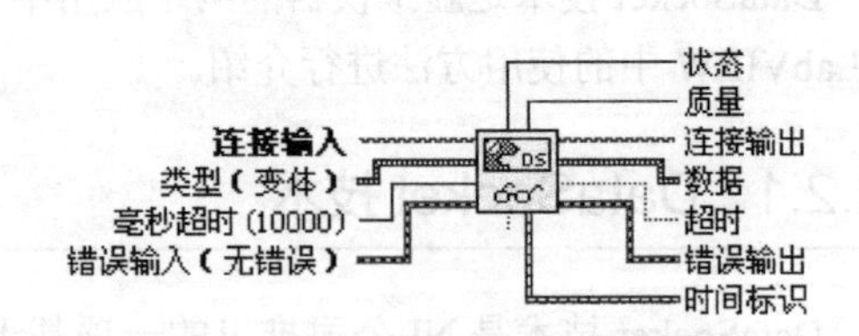

图 12-6　读取 DataSocket 节点图标

（1）连接输入：标明了读取数据的来源可以是一个 DataSocket URL 字符串，也可以是打开 DataSocket 节点返回的连接 ID（DataSocket connection refnum）。

（2）类型：标明所要读取的数据的类型，并确定了该节点输出数据的类型。默认为变体类型，该类型可以是任何一种数据类型。把所需数据类型的数据连接到该端口来定义输出数据的类型。LabVIEW 会忽略输入数据的值。

（3）毫秒超时：确定在连接输入缓冲区出现有效数据之前所等待的时间。如果等待更新值端口输入为 FALSE 且连接输入为有效值，那么该端口输入的值会被忽略。默认输入为 10000ms。

（4）状态：报告来自 PSP 服务器或 Field Point 控制器的警告或错误。如果第 31 位为 1，则状态表明是一个错误。其他情况下该端口输入是一个状态码。

（5）质量：从共享变量或 NI 发布 - 订阅协议数据项中读取的数据的数据质量。该端口的输出数据是用来进行 VI 的调试。

（6）连接输出：连接数据所指定数据源的一个副本。

（7）数据：读取的结果。如果该函数超时，那么该端口将返回该函数最后一次读取的结果。如果在读取任何数据之前函数就已超时或者类型端口确定的类型与该数据类型不匹配，数据端口将返回 0、空值或无效值。

（8）超时：如果等待有效值的时间超过毫秒超时端口规定的时间，该端口将返回 TRUE。

（9）时间标识：返回共享变量和 NI-PSP 数据项的时间标识数据。

12.2.3　写入 DataSocket

将数据写到由连接输入端口指定的 URL 连接中。数据可以是单个或数组形式的字符串、逻辑（布尔）量或数值量等多种类型。写入 DataSocket 的节点图标如图 12-7 所示。

（1）连接输入：标识了要写入的数据项。连接输入端口可以是一个描述 URL 或共享变量的字符串。

（2）数据：被写入连接的数据。该数据可以是 LabVIEW 支持的任何类型数据。

（3）毫秒超时：规定了函数等待操作结束的时间。默认为 0ms，说明函数将不等待操作结束。如果毫秒超时输入端口输入值为 -1，函数将等待直到操作结束或超时。

（4）超时：如果在函数在毫秒超时端口所规定的区间内无错误地操作完成，该端口将返回 FALSE。如果毫秒超时端口输入值为 0，超时端口将输出 FALSE。

12.2.4　打开 DataSocket

打开一个用户指定 URL 的 DataSocket 连接。打开 DataSocket 的节点图标如图 12-8 所示。

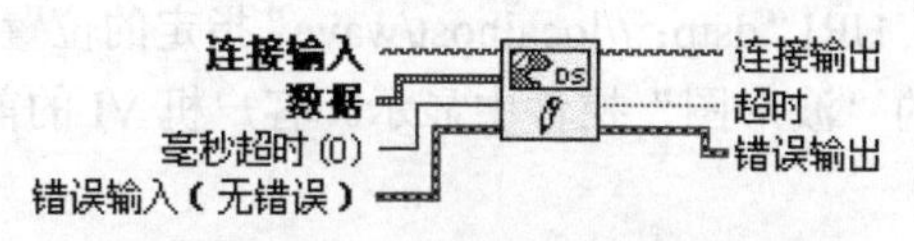

图 12-7　写入 DataSocket 节点图标

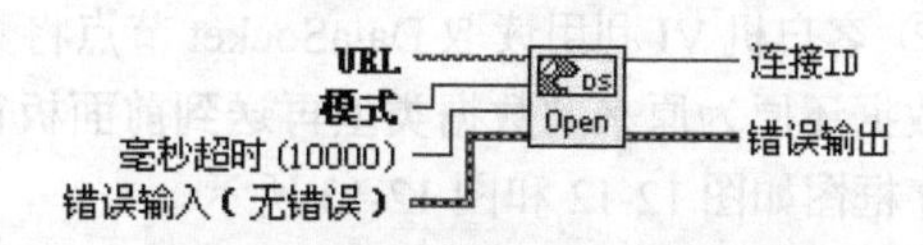

图 12-8　打开 DataSocket 节点图标

（1）模式：规定了数据连接的模式。根据要做的操作选择一个值，0 为只读，0 为只写，2 为读 / 写，3 为读缓冲区，4 为读 / 写缓冲区。默认值为 0，说明为只读模式。当使用 DataSocket 读取函数读取服务器写的数据时使用缓冲区。

（2）毫秒超时：规定了等待 LabVIEW 建立连接的时间。默认为 10000ms。如果该端口输入值为 -1，函数将无限等待。如果输入值为 0，LabVIEW 将不建立连接并返回一个错误。

12.2.5　关闭 DataSocket

关闭一个 DataSocket 连接。关闭 DataSocket 的节点图标如图 12-9 所示。

（1）毫秒超时：规定了函数等待操作完成的毫秒数。默认值为 0，标明函数不等待操作的完成。

输入端口输入值为 -1 时，函数将等待直到操作结束或超时。

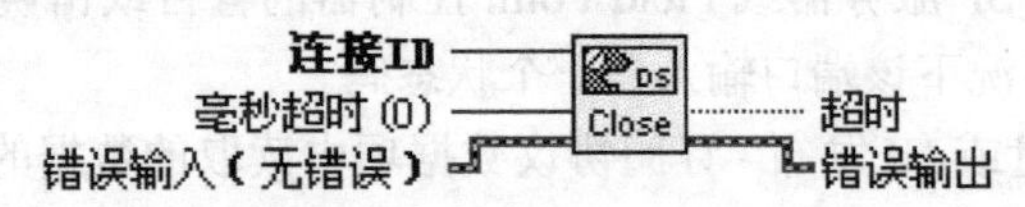

图 12-9　关闭 DataSocket 节点图标

（2）超时：如果函数在毫秒超时端口规定的区间内无错误地完成操作，该端口将返回 FALSE。如果毫秒超时端口输入值为 0，毫秒超时端口输出为 FALSE。

12.2.6　实例——正弦信号的远程通信

本实例将演示 DataSocket 的打开与关闭，实现正弦信号的远程通信。

扫码看视频

1. DataSocket 客户机

DataSocket 客户机包括一个服务器 VI 和一个客户机 VI。

① 服务器 VI 产生一个波形数组，并利用写入 DataSocket 节点将数据发布到 URL“dstp：//localhost/wave”指定的位置。服务器 VI 的前面板和程序框图如图 12-10 和图 12-11 所示。

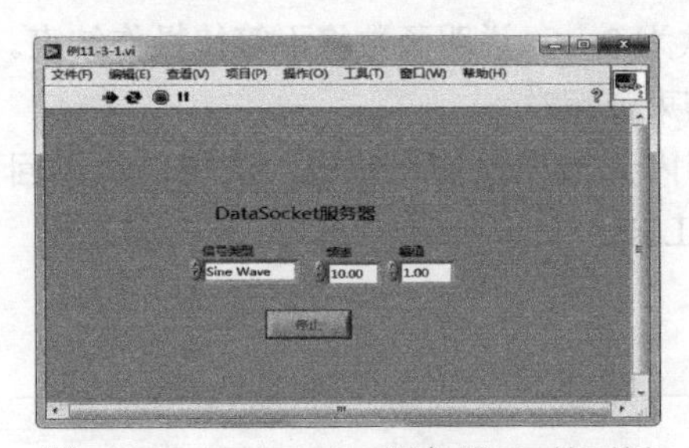

图 12-10　DataSocket 服务器 VI 前面板

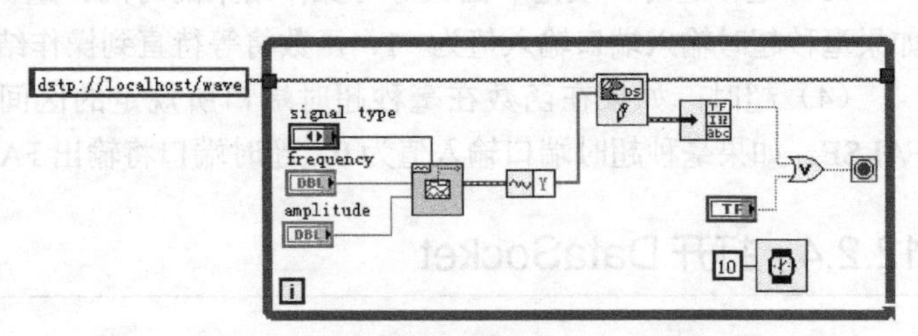

图 12-11　DataSocket 服务器 VI 程序框图

② 客户机 VI 利用读取 DataSocket 节点将数据从 URL“dstp：//localhost/wave”指定的位置读出，并将数据还原为原来的数据类型再送到前面板窗口的“波形图”控件中显示。客户机 VI 的前面板和程序框图如图 12-12 和图 12-13 所示。

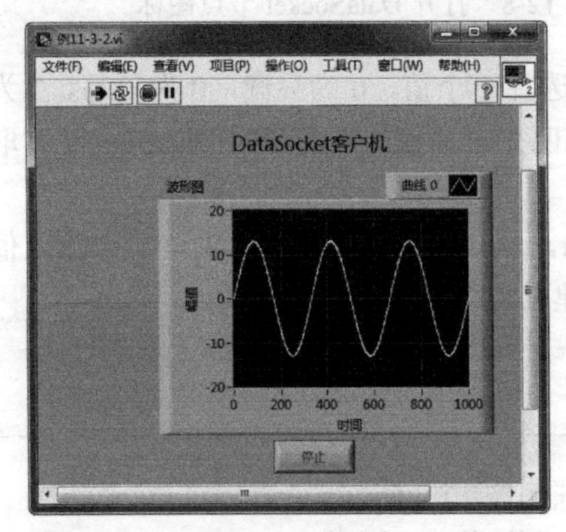

图 12-12　DataSocket 客户机 VI 前面板

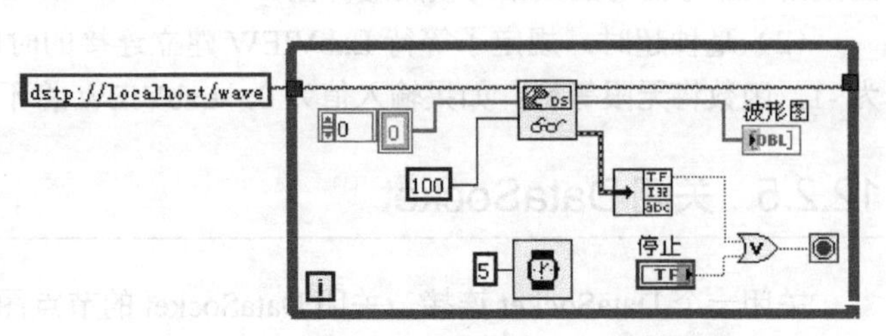

图 12-13　DataSocket 客户机 VI 程序框图

2. DataSocket 服务器

按照上述方法改进 DataSocket 通信示例中的服务器，其前面板和程序框图如图 12-14 和图 12-15 所示。在“波形图”输出控件中显示波形数组。设置该输出控件的数据绑定属性。属性配置如图 12-16 所示。

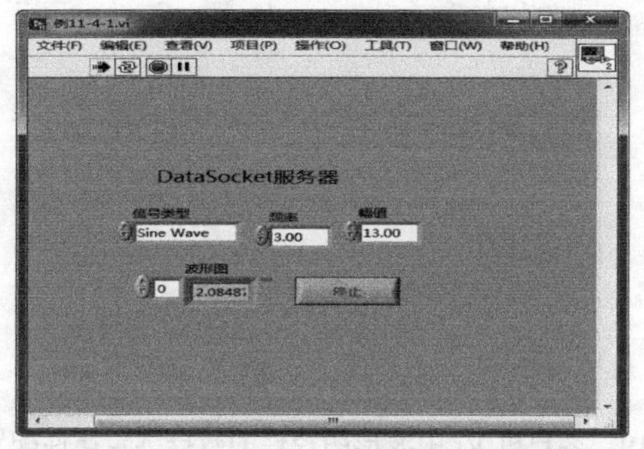

图 12-14　DataSocket 服务器 VI 前面板

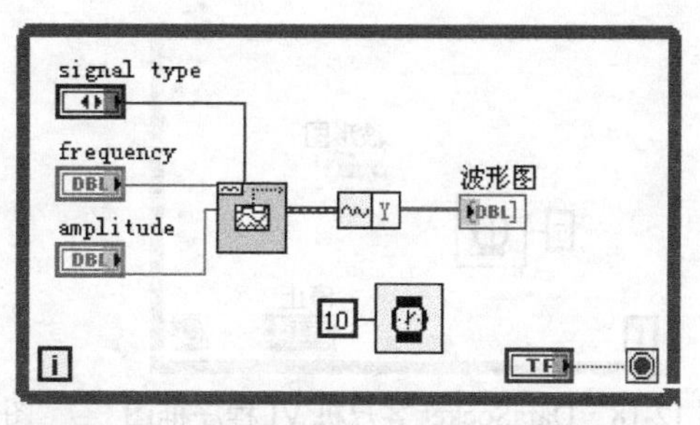

图 12-15　DataSocket 服务器 VI 程序框图

图 12-16　服务器 VI 中波形图控件的数据绑定属性配置

DataSocket 通信示例中客户机的前面板及程序框图如图 12-17 和图 12-18 所示。将波形图控件绑定为 DataSocket 通信节点后，程序框图显得非常简单。“波形图”控件的数据绑定属性配置如图 12-19 所示。

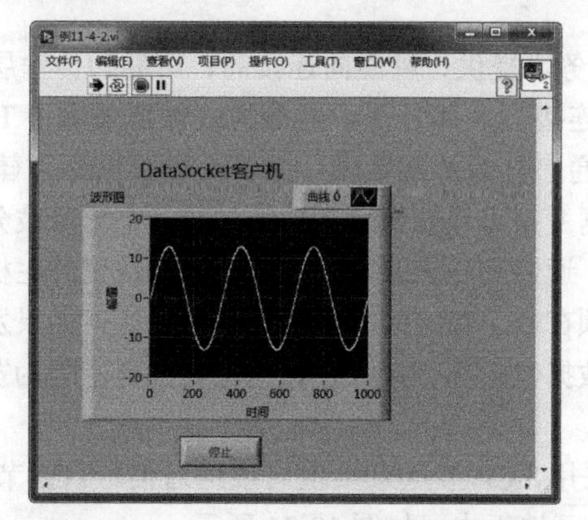

图 12-17　DataSocket 客户机 VI 前面板

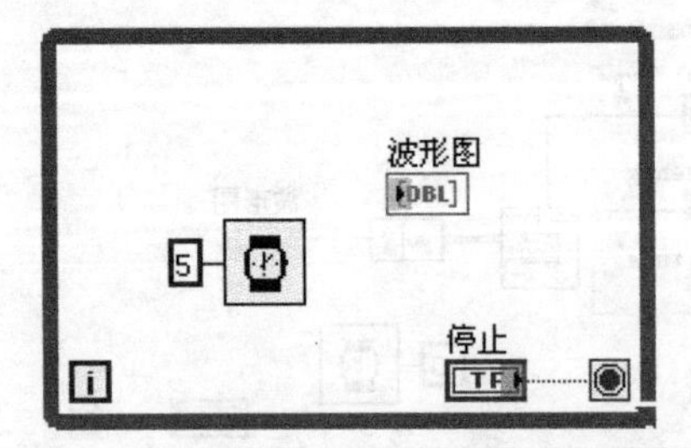

图 12-18　DataSocket 客户机 VI 程序框图

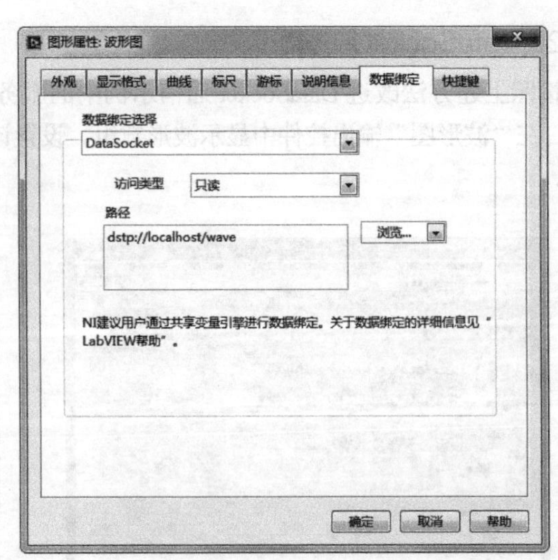

图 12-19　客户机 VI 中波形图控件的数据绑定属性配置

12.3　TCP 通信

LabVIEW 提供了强大的网络通信功能，包括 TCP、UDP、DataSocket 等，其中基于 TCP 协议的通信方式是最为基本的网络通信方式，本节将详细介绍怎样在 LabVIEW 中实现基于 TCP 协议的网络通信。

12.3.1　TCP

TCP 是 TCP/IP 中的一个子协议。TCP/IP 是 Transmission Control Protocol/Internet Protocol 的缩写，中文译名为传输控制协议 / 互联网协议，TCP/IP 是互联网最基本的协议。TCP/IP 是 20 世纪 70 年代中期美国国防部为其 ARPAnet 广域网开发的网络体系结构和协议标准，以 ARPAnet 广域网为基础组件的互联网是目前国际上规模最大的计算机网络。互联网的广泛使用，使得 TCP/IP 成了事实上的标准。TCP/IP 实际上是一个由不同层次上的多个协议组合而成的协议族，共分为四层：链路层、网络层、传输层和应用层，如图 12-20 所示。从图中可以看出 TCP 是 TCP/IP 传输层中的协议，使用 IP 作为网络层协议。

TCP 使用不可靠的 IP 服务，提供一种面向连接的、可靠的传输层服务，面向连接是指在数据传输前就建立好了点到点的连接。大部分基于网络的软件都采用了 TCP。TCP 采用比特流（即数据被作为无结构的字节流）通信分段传送数据，主机交换数据必须建立一个会话。通过每个 TCP 传输的字段指定顺序号，数据变换可以获得可靠性。如果一个分段被分解成几个小段，接收主机会知道是否所有小段都已收到。通过发送应答，发送者可以确认别的主机是否收到了数据。对于发送的每一个小段，接收主机必须在一个指定的时间返回一个确认。如果发送者未收到确认，发送者会重新发送数据。如果收到的数据包损坏，接收主机会将其舍弃，因为发送者未收到确认，发送者会重新发送分段。

在 LabVIEW 中，可以采用 TCP 节点来实现局域网通信。TCP 节点在“函数”选板的“数据通信”→“协议”→“TCP”子选板中，如图 12-21 所示。

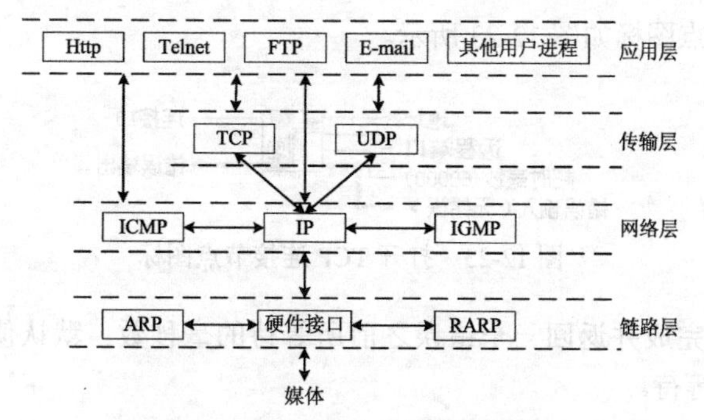

图 12-20　TCP/IP 协议族层次图

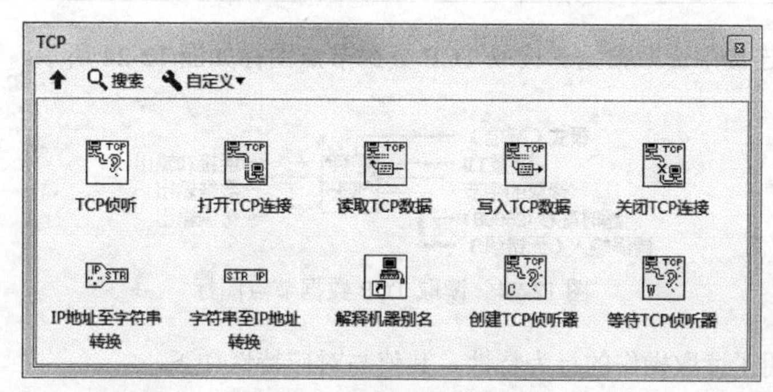

图 12-21 “TCP” 子选板

下面对 TCP 节点及其用法进行介绍。

12.3.2　TCP 侦听

创建一个接听者，并在指定的端口上等待 TCP 连接请求。该节点只能在作为服务器的计算机上使用。TCP 侦听 VI 的节点图标如图 12-22 所示。

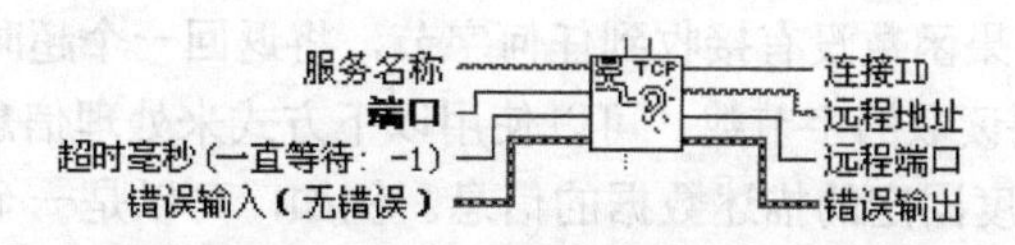

图 12-22　TCP 侦听 VI 节点

（1）端口：所要侦听的连接的端口号。

（2）超时毫秒：建立连接所要等待的毫秒数。如果在规定的时间内连接没有建立，该 VI 将结束并返回一个错误。默认值为 –1，表明该 VI 将无限等待。

（3）连接 ID ：唯一标识 TCP 连接的网络连接引用句柄。客户机 VI 使用该标识来找到连接。

（4）远程地址：与 TCP 连接协同工作的远程计算机的地址。

（5）远程端口：使用该连接的远程系统的端口。

12.3.3　打开 TCP 连接

用指定的计算机名称和远程端口来打开一个 TCP 连接。该节点只能在作为客户机的计算机上使用。打开 TCP 连接节点图标如图 12-23 所示。

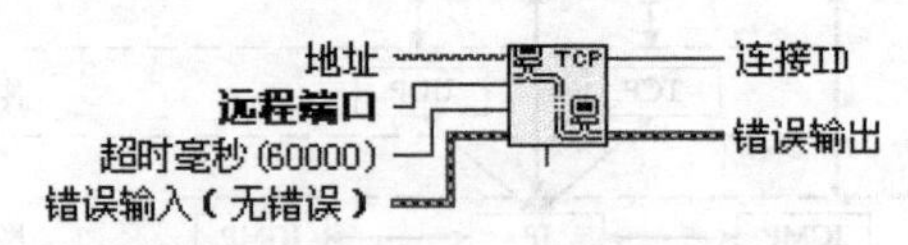

图 12-23　打开 TCP 连接节点图标

超时毫秒：在函数完成并返回一个错误之前所等待的毫秒数。默认值是 60000ms。如果值是 -1，则表明函数将无限等待。

12.3.4　读取 TCP 数据

从指定的 TCP 连接中读取数据。读取 TCP 数据节点图标如图 12-24 所示。

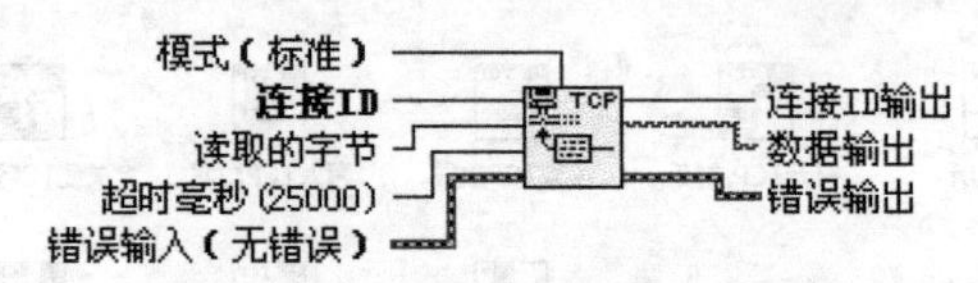

图 12-24　读取 TCP 数据节点图标

（1）模式：表明了读取操作的行为特性。其值与对应特性如下。

- 0：标准模式（默认），等待直至设定需要读取的字节全部读出或超时。返回读取的全部字节。如果读取的字节数少于所期望得到的字节数，将返回已经读取到的字节数并报告超时错误。
- 1：缓冲模式，等待直到设定需要读取的字节全部读出或超时。如果读取的字节数少于所期望得到的字节数，不返回任何字节并报告一个超时错误。
- 2：CRLF 模式，等待直到函数接收到 CR（Carriage Return）和 LF（LineFeed）或则发生超时。返回所接收到的所有字节及 CR 和 LF。如果函数没有接收到 CR 和 LF，不返回任何字节并报告超时错误。
- 3：立即模式，只要接收到字节便返回。只有当函数接收不到任何字节时才会发生超时。返回已经读取的字节数。如果函数没有接收到任何字节，将返回一个超时错误。

（2）读取的字节：所要读取的字节数。可以使用以下方式来处理信息。

- 在数据之前放置长度固定的描述数据的信息。例如，可以是一个标识数据类型的数字，或是说明数据长度的整型量。客户机和服务器都先接收 8 字节（每一个整数是 4 字节），把它们转换成两个整数，根据长度信息决定再次读取的数据包含多少字节。数据读取完成后，再次重复以上过程。该方法灵活性非常高，但是需要读取两次数据。实际上，如果所有数据是用一个写入函数写入的话，第二次读取操作会立即完成。
- 使每个数据具有相同的长度。如果所要发送的数据比确定的数据长度短，则按照事先确定的长度发送。这种方式的效率非常高，因为它以偶尔发送无用数据为代价，使接收数据只读取一次就完成。
- 以严格的 ASCII 码为内容发送数据，每一段数据都以 CR 和 LF 结尾。如果读取函数的输入端连接了 CRLF 模式，那么直到读取到 CR 和 LF 时，函数才结束。对于该方法，如果数据中恰好包含了 CR 和 LF，那么将变得很麻烦，不过在很多互联网协议里，比如 POP3、FTP 和 HTTP，这种方式应用得很普遍。

（3）超时毫秒：以ms为单位来确定一段时间，在所选择的读取模式下返回超时错误之前所要等待的最长时间。默认为25000ms。输入值为-1时表明将无限等待。

（4）连接ID输出：与连接ID返回的内容相同。

（5）数据输出：包含从TCP连接中读取的数据。

12.3.5　写入TCP数据

通过数据输入端口将数据写入到指定的TCP连接中。写入TCP数据节点图标及端口定义如图12-25所示。

图12-25　写入TCP数据节点图标

- 数据输入：包含要写入指定连接的数据。数据操作的方式，请参见读取TCP数据部分的解释。
- 超时毫秒：函数在完成或返回超时错误之前将所有字节写入到指定设备的一段时间，以ms为单位。默认为25000ms。如果值为-1，表示将无限等待。
- 写入的字节：VI写入TCP连接的字节数。

12.3.6　实例——随机波形的局域传递

本例由服务器产生一组随机波形，通过局域网送至客户机进行显示。双机通信的流程如图12-26所示。

扫码看视频

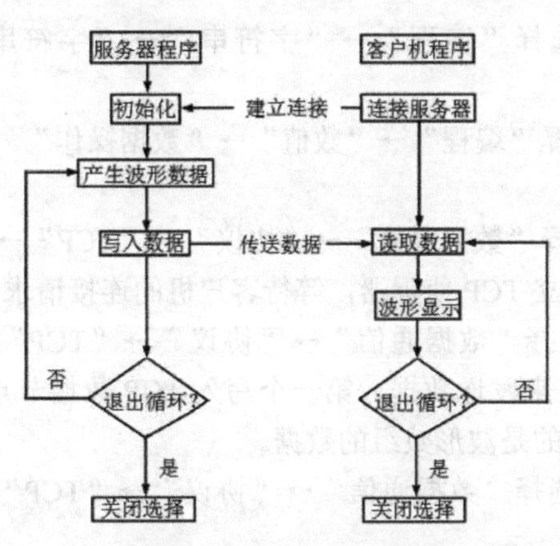

图12-26　双机通信流程

TCP通信服务器和客户机的程序框图如图12-27和图12-28所示。

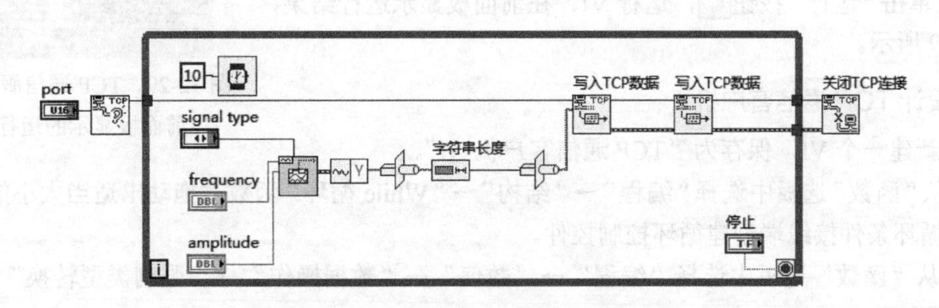

图12-27　TCP通信服务器程序框图

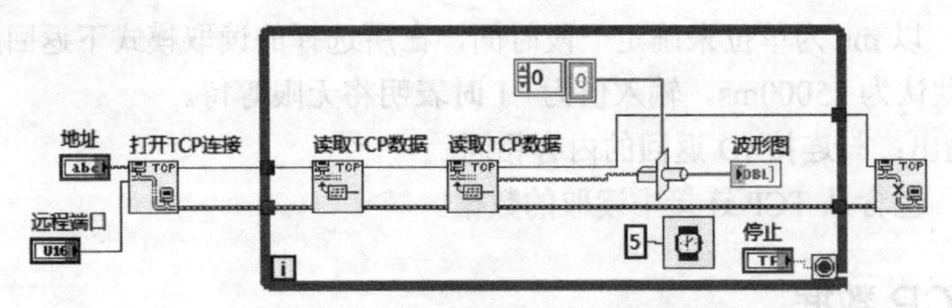

图 12-28　TCP 通信客户机程序框图

1. 设计 TCP 通信服务器

（1）新建一个 VI，保存为“TCP 通信服务器 .vi”。

（2）从“函数”选板中选择“编程”→“结构”→“While 循环”函数，拖动出适当大小的矩形框，在 While 循环的循环条件接线端创建循环控制控件。

（3）从“函数”选板中选择“信号处理”→“波形生成”→“基本函数发生器”函数，设置信号类型为正弦，通过频率、幅值确定正弦信号波形。

（4）从“函数”选板中选择“编程”→“波形”→“获取波形成分”函数，获取正弦波形信息。

（5）从“函数”选板中选择“编程”→“数值”→“数据操作”→“强制类型转换”函数，转换数据类型。

（6）从“函数”选板中选择“编程”→“字符串”→“字符串长度”函数，获取字符串长度。

（7）从“函数”选板中选择“编程”→“数值”→“数据操作”→“强制类型转换”函数，转换数据类型。

（8）从“函数”选板中选择“数据通信”→“协议”→“TCP”→“TCP 侦听”函数，指定网络端口，并用侦听 TCP 节点建立 TCP 侦听器，等待客户机的连接请求，这是初始化的过程。

（9）从“函数”选板中选择“数据通信”→“协议”→“TCP”→“写入 TCP 数据”函数，采用了两个写入 TCP 数据节点来发送数据。第一个写入 TCP 数据节点发送的是波形数组的长度；第二个写入 TCP 数据节点发送的是波形数组的数据。

（10）从“函数”选板中选择“数据通信”→“协议”→“TCP”→“关闭 TCP 连接”函数，关闭端口。

（11）单击工具栏中的“整理程序框图”按钮，整理程序框图，结果如图 12-27 所示。

（12）单击“运行”按钮，运行 VI，在前面板显示运行结果，如图 12-29 所示。

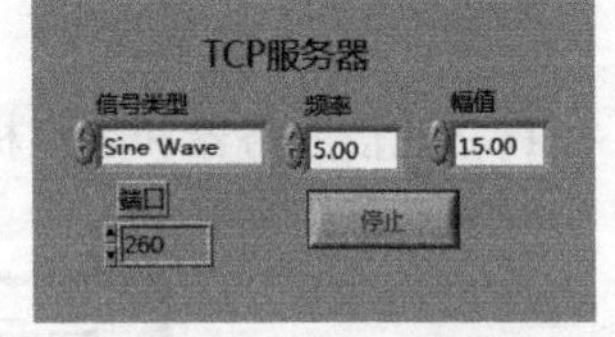

图 12-29　TCP 通信服务器程序前面板显示的运行结果

2. 设计 TCP 通信客户机

（1）新建一个 VI，保存为“TCP 通信客户机 .vi”。

（2）从“函数”选板中选择“编程”→“结构”→“While 循环”函数，拖动出适当大小的矩形框，在 While 循环条件接线端创建循环控制控件。

（3）从“函数”选板中选择“编程”→“数值”→“数据操作”→“强制类型转换”函数，转换数据类型。

（4）从“函数”选板中选择“数据通信”→“协议”→“TCP”→“打开TCP连接”函数，在指定的网络端口，建立TCP连接。

（5）从“函数”选板中选择“数据通信”→“协议”→“TCP”→“读取TCP数据”函数，采用了两个读取TCP数据节点读取服务器送来的波形数组数据。第一个节点读取波形数组数据的长度，第二个节点根据这个长度将波形数组的数据全部读出。

（6）从“函数”选板中选择“数据通信”→“协议”→“TCP”→“关闭TCP连接”函数，关闭端口。

（7）打开前面板，选择“新式”→“图形”→“波形图”控件，连接转换后的数组数据。

（8）单击工具栏中的“整理程序框图”按钮，整理程序框图，结果如图12-28所示。

（9）单击“运行”按钮，运行VI，在前面板显示运行结果，如图12-30所示。

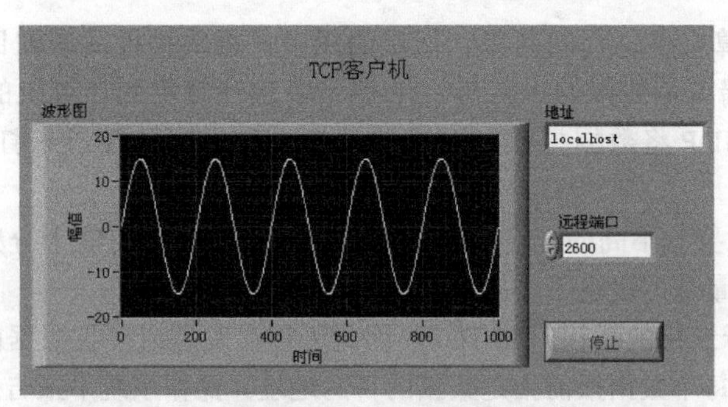

图12-30 TCP通信客户机程序前面板显示的运行结果

与服务器框图程序相对应，客户机程序框图也采用TCP连接的方法，这种方法是TCP/IP通信中常用的方法，可以有效地发送、接收数据，并保证数据不丢失。建议用户在使用TCP节点进行双机通信时采用这种方法。

注意

在用TCP节点进行通信时，需要在服务器框图程序中指定网络通信端口号，客户机也要指定相同的端口，才能与服务器之间进行正确的通信，如上例中的端口值为2600。端口值由用户任意指定，只要服务器与客户机的端口保持一致即可。在一次通信连接建立后，就不能更改端口的值了。如果的确需要改变端口的值，则必须先断开连接，才能重新设置端口值。

还有一点值得注意的是，在客户机程序框图中首先要指定服务器的名称才能与服务器之间建立连接。服务器的名称是指计算机名。若服务器和客户机程序在同一台计算机上同时运行，客户机框图程序中输入的服务器的名称可以是localhost，也可以是这台计算机的计算机名，甚至可以是一个空字符串。

12.4 其他通信方法介绍

LabVIEW的通信功能是为满足应用程序的各种特定需求而设计的。除了以上介绍的通信方法之外，还有以下方法供选择。

- 共享变量：可用于与本地或远程计算机上的VI及部署于终端的VI共享实时数据。无需编程，写入方和读取方是多对多的关系。

● LabVIEW 的 Web 服务器：用于在网络上发布前面板图像。无需编程，写入方和读取方是一对多的关系。

● SMTP E-mail VI：可用于发送一个带有附件的 E-mail。需要编程，写入方和读取方是一对多的关系。

● UDP VI 和函数：可用于与使用 UDP 协议的软件包通信。需要编程，写入方和读取方是一对多的关系。

● IrDA 函数：用于与远程计算机建立无线连接。写入方和读取方是一对一的关系。

● 蓝牙 VI 和函数：用于与蓝牙设备建立无线连接。写入方和读取方是一对一的关系。

12.4.1 UDP 通信

UDP 用于执行计算机各进程间简单、低层的通信。将数据报发送到目的计算机或端口即完成了进程间的通信。端口是数据的出入口。IP 用于处理计算机到计算机的数据传输。当数据报到达目的计算机后，UDP 将数据报移动到目的端口。如果目的端口未打开，UDP 将放弃该数据报。

（1）对传输可靠性要求不高的程序可使用 UDP。例如，程序可能十分频繁地传输有信息价值的数据，以至于遗失少量数据段也不成问题。

（2）UDP 不是基于连接的协议，如 TCP，因此无需在发送或接收数据前建立与目的地址的连接。但是，需要在发送每个数据报前指定数据的目的地址。操作系统不报告传输错误。

“UDP”函数在“函数”选板的“数据通信”→“协议”→“UDP”子选板中，如图 12-31 所示。

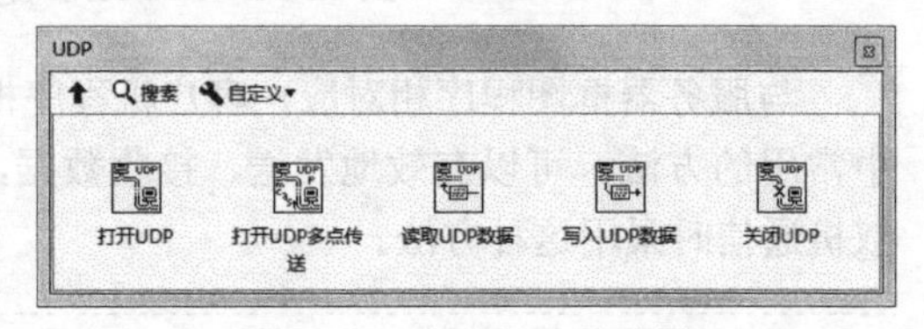

图 12-31 “UDP”子选板

● “打开 UDP”函数用于在端口上打开一个 UDP 套接字。可同时打开的 UDP 端口数量取决于操作系统。“打开 UDP”函数返回唯一指定 UDP 套接字的网络连接句柄。该连接句柄可用于在以后的 VI 调用中引用套接字。

● “写入 UDP 数据”函数用于将数据发送到一个目的地址。“读取 UDP”函数用于读取该数据。每个写操作需要一个目的地址和端口。每个读操作包含一个源地址和端口。UDP 会保留为发送命令而指定的数据报的字节数。

理论上，数据报大小可以任意。然而，鉴于 UDP 可靠性不如 TCP，通常不会通过 UDP 发送大型数据报。

当端口上所有的通信完毕，可使用“关闭 UDP”函数来释放系统资源。

12.4.2 实例——数据的地址传送

扫码看视频

本实例使用 UDP 实现双机通信和数据的地址传送。

（1）图 12-32 和图 12-33 是 UDP 通信发送端的前面板和程序框图。图 12-34 和图 12-35 是 UDP 通信接收端的前面板和程序框图。

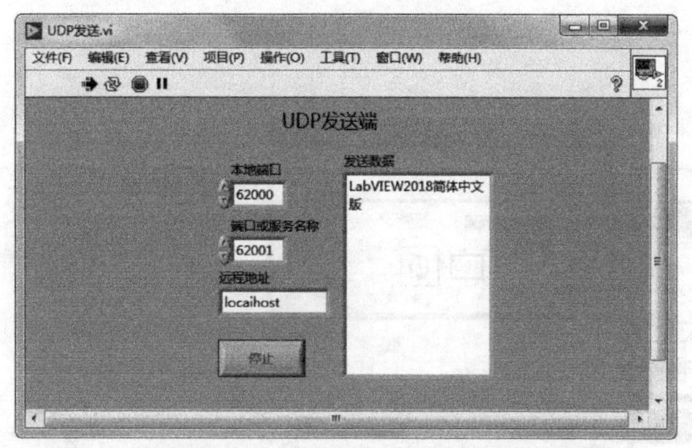

图 12-32　UDP 发送端前面板

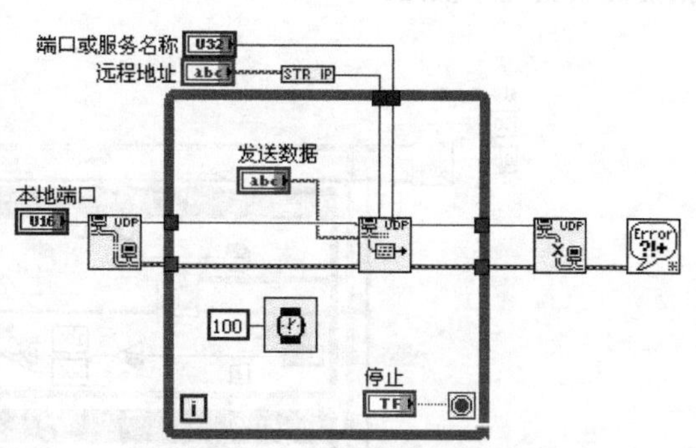

图 12-33　UDP 发送端程序框图

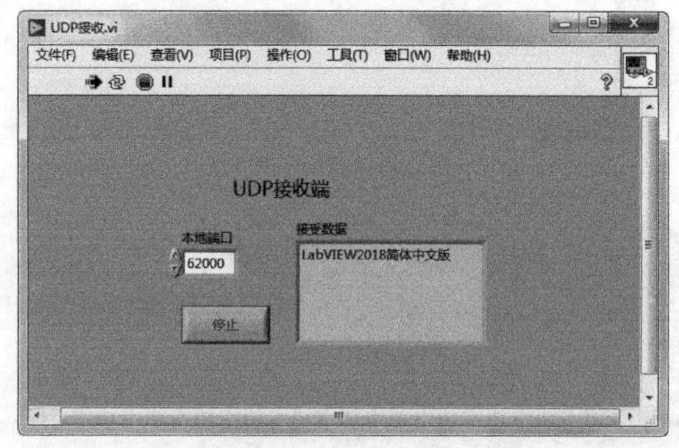

图 12-34　UDP 接收端前面板

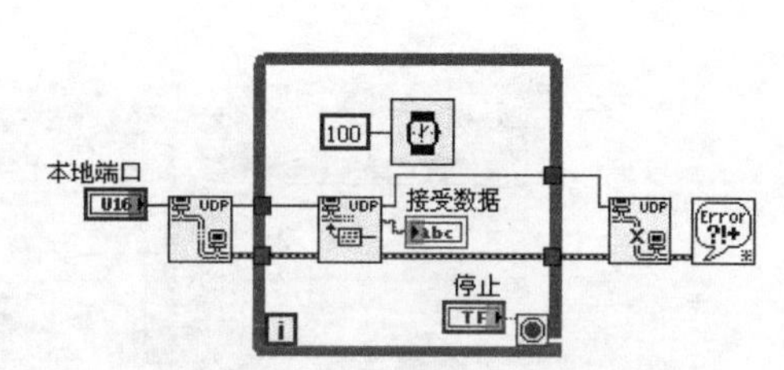

图 12-35　UDP 接收端程序框图

（2）UDP 函数通过广播与单个客户端（单点传送）或子网上的所有计算机进行通信。如需与多个特定的计算机通信，则必须配置 UDP 函数，使其在一组客户端之间循环。LabVIEW 向每个客户端发送一份数据，同时需维护一组对接收数据感兴趣的客户端，这样便造成了双倍的网络报文量。

（3）发送方指定一个已定义多点传送组的多点传送 IP 地址。多点传送 IP 地址的范围是 224.0.0.0 到 239.255.255.255。若客户机想要加入一个多点传送组，它需要接收该组的多点传送 IP 地址。一旦接收多点传送组的传送地址，客户端便会收到发送至该多点传送 IP 地址的数据。

12.5　综合实例——队列速度的控制

本实例演示使用队列函数以不同的速度入队列和出队列数据，这种情况可能导致上溢或下溢。当入队列速度等于出队列速度时，队列中的元素值保持为常量。设置入队列速度为快速，出列速度为慢速。一旦队列被填满，入队列循环必须等待才能继续将元素输入队列。设置入队列速度为慢速，出队列速度为快速。一旦队列被清空，出队列循环必须等待才能继续将元素移出队列。本实例的程序框图及前面板如图 12-36 和图 12-37 所示。

扫码看视频

操作步骤

1. 设置工作环境

（1）新建 VI。选择菜单栏中的“文件”→“新建 VI”命令，新建一个 VI，一个空白的 VI 包

括前面板及程序框图。

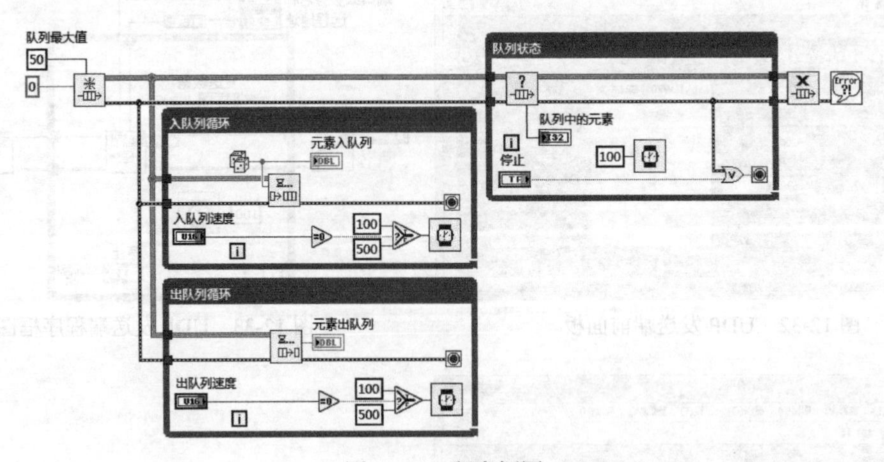

图 12-36　程序框图

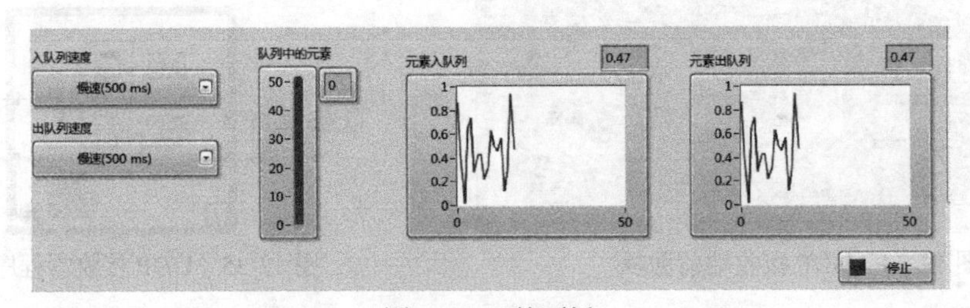

图 12-37　前面板

（2）保存 VI。选择菜单栏中的“文件”→“另存为”命令，输入 VI 名称为“队列速度的控制”。

2. 添加图形控件

（1）在前面板中打开“控件”选板，选择“银色”→“图形”→“波形图表”，连续放置 2 个控件，同时修改控件名称为“元素入队列”“元素出队列”，如图 12-38 所示。

（2）选择“银色”→“下拉列表与枚举”→“菜单下拉列表”，连续放置 2 个控件，同时修改控件名称为“入队列速度”“出队列速度”，如图 12-39 所示。

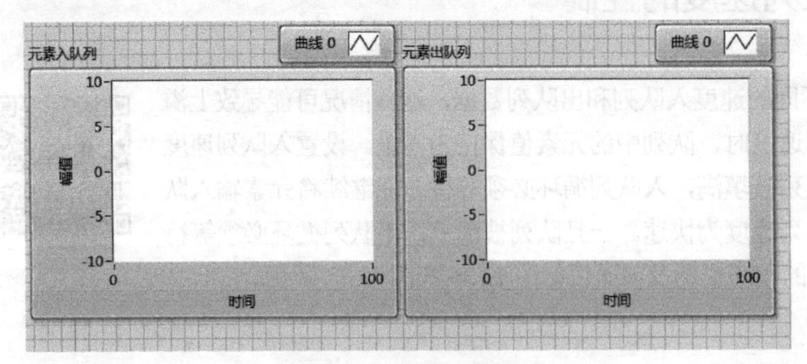

图 12-38　前面板控件 1

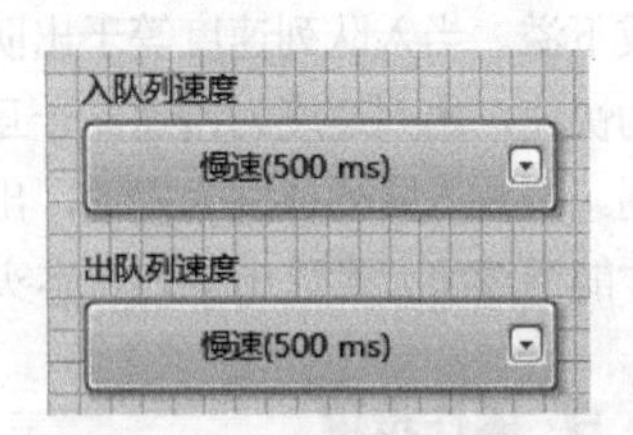

图 12-39　前面板控件 2

（3）选择“数据通信”→“队列操作”→“获取队列引用”函数，创建值为 0 的 DBL 常量，创建“队列最大值”为 50，输出队列值。

3. 设计入队列循环

（1）打开程序框图，新建一个 While 循环，输入子程序框图标签为“入队列循环”。

（2）选择“数据通信”→“队列操作”→“元素入队列”函数，输入队列值。

（3）从“函数”选板中选择“编程”→“数值”→“随机数”函数，输入队列元素为随机数。

（4）选择“编程”→“比较”→“等于 0”“选择”函数，计算“入队列速度”范围。当速度在区间（0, 100）内，输出“等待”函数等待时间。

出队列循环与入队列循环相似，复制入队列循环的修改，结果如图 12-40 所示。

4. 设计队列状态

（1）在 While 循环上添加“子程序框图标签”为“队列状态”。

（2）选择“数据通信”→“队列操作”→“获取队列状态”函数，连接获取的引用数据值，将队列中的元素值输出到“队列中的元素”数值显示控件。

（3）选择“编程”→“布尔”→“或”函数，放置在 While 循环的“循环条件”输入端，同时将“停止按钮”连接到函数输入端。

（4）选择“编程”→“定时”→“等待”函数，放置在 While 循环内并创建输入常量 100，如图 12-41 所示。

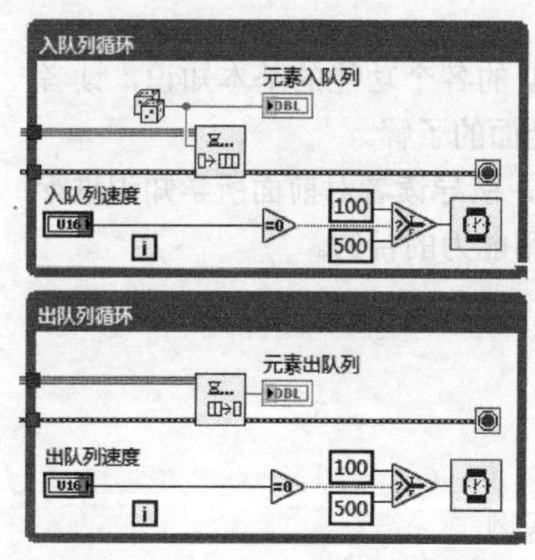

图 12-40　入队列循环与出队列循环

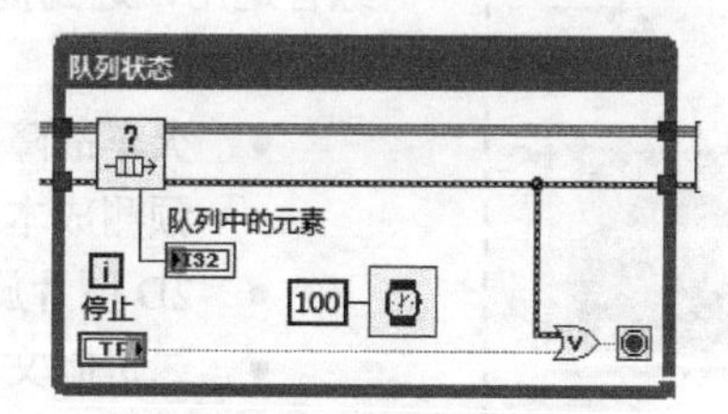

图 12-41　队列状态循环

5. 释放数据

（1）选择“数据通信”→“队列操作”→“获取队列状态”“释放队列引用”函数，在循环外释放数据。

（2）选择“编程”→“对话框与用户界面”→“简单错误处理器”VI，并将释放队列引用后的错误数据连接到输入端。

（3）整理程序框图，结果如图 12-36 所示。

6. 运行程序框图

打开前面板，单击“运行”按钮，运行程序，可以在波形控件中显示输出结果，前面板如图 12-37 所示。

第 13 章
综合实例

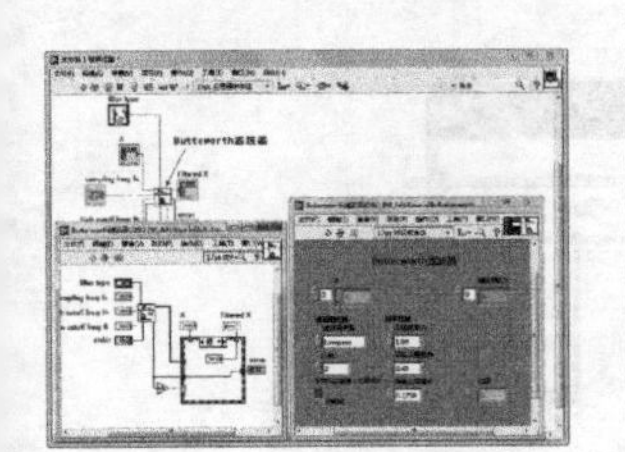

内容指南

前面完整地讲述了 LabVIEW 的各个功能的基本知识，读者对 LabVIEW 的功能有一个比较全面的了解。

本章主要介绍 4 个综合实例，引导读者对前面所学知识进行综合运用，达到提高读者实际应用能力的目的。

知识重点

- 火车故障检测系统实例
- 预测成本实例
- 2D 图片旋转显示实例
- 二进制文件的字节顺序实例

13.1　火车故障检测系统实例

扫码看视频

在本例中，火车站的维护人员必须检测到火车上存在故障的车轮。目前的检测方式是由铁路工人使用锤子敲击车轮，通过听车轮是否传出异常声响判定车轮是否存在问题。自动监控必须替代手动检测，因为手动检测速度过慢、容易出错且很难发现微小故障。自动监控方案提供了动态检测功能，火车车轮在检测过程中可处于运转状态，而无需保持静止。逐点检测应用必须分别分析高频和低频组件。数组最大值与最小值（逐点）VI 提取波形数据，该波形反映了每个车轮、火车末端及每个车轮末端的能量水平。程序框图如图 13-1 所示。

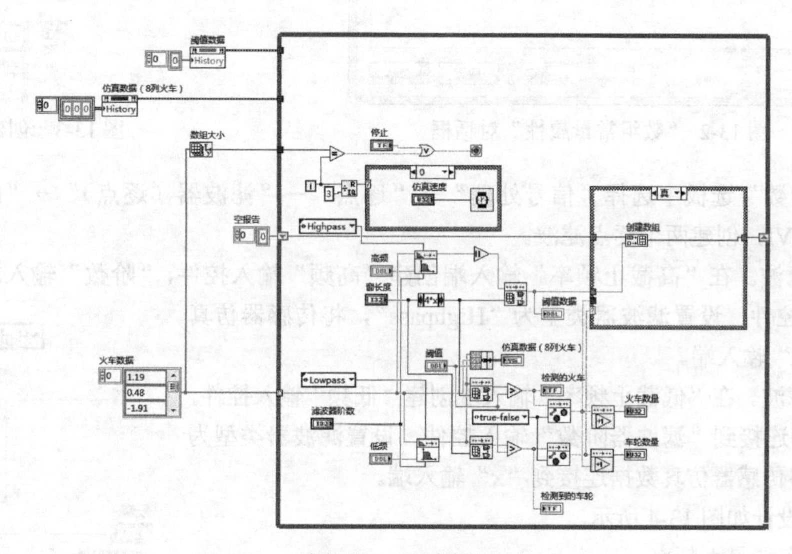

图 13-1　程序框图

操作步骤

（1）设置工作环境。

① 新建 VI。选择菜单栏中的“文件”→“新建 VI”命令，新建一个 VI，一个空白的 VI 包括前面板及程序框图。

② 保存 VI。选择菜单栏中的“文件”→“另存为”命令，输入 VI 名称为“火车故障检测系统”。

（2）设置传感器参数。

① 从“函数”选板中选择“编程”→“数组”→“数组常量”，“编程”→“数值”→“DBL 数值常量”，组合数组常量。单击鼠标右键选择“属性”命令，弹出“数值常量属性”对话框，如图 13-2 所示。勾选“显示垂直滚动条”复选框，单击“确定”按钮，关闭对话框。

② 向下拖动“数组常量”，则显示 3 个文本框，如图 13-3 所示，在该数组常量中设置传感器仿真数据。

（3）过滤数据。

① 从“函数”选板中选择“编程”→“结构”→“While 循环”函数，在该循环中检测火车车轮故障。

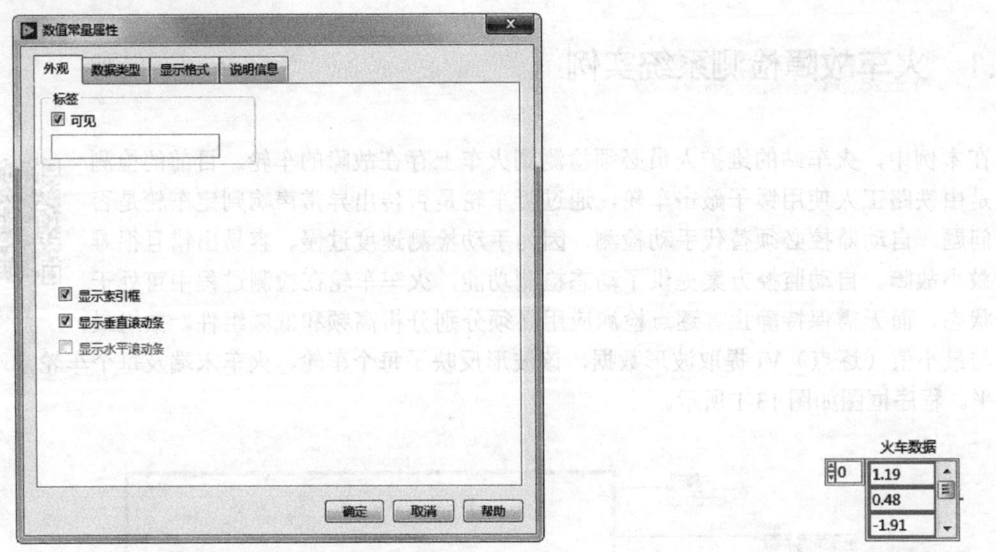

图 13-2 “数组常量属性”对话框

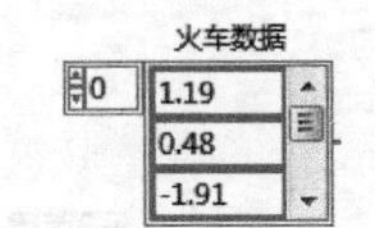

图 13-3 创建数组常量

② 从“函数”选板中选择“信号处理”→“逐点”→“滤波器（逐点）”→“Butterworth 滤波器（逐点）”VI，创建两个逐点滤波。

- 高频滤波。在“高截止频率”输入端创建“高频”输入控件，“阶数”输入端创建“滤波器阶数”输入控件，设置滤波器类型为“Highpass”，将传感器仿真数据连接到“x”输入端。
- 低频滤波。在“低截止频率”输入端创建“低频”输入控件，“阶数”输入端连接到“滤波器阶数”输入控件，设置滤波器类型为“Lowpass”，将传感器仿真数据连接到“x”输入端。

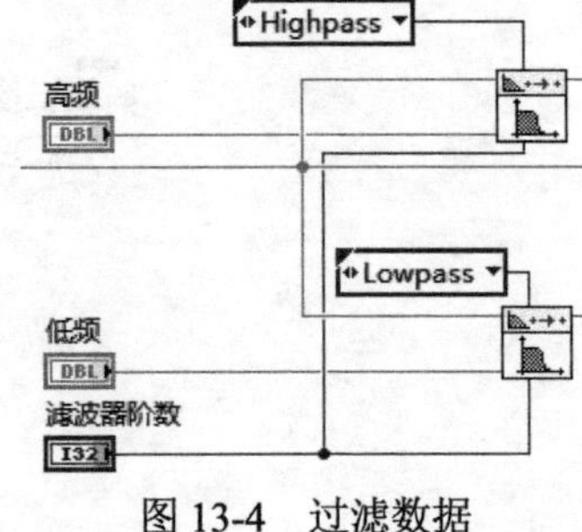

图 13-4 过滤数据

程序框图设计如图 13-4 所示。

（4）获取车轮最大频率。

① 从“函数”选板中选择“编程”→“数值”→“绝对值”函数，对高频滤波后的 x 取绝对值。

② 从“函数”选板中选择“信号处理”→“逐点”→“其它函数（逐点）”→“数组最大值与最小值（逐点）”VI，输入高频滤波结果。

③ 从“函数”选板中选择“编程”→“数值”→“表达式节点”函数，设置表达式为“4*x”，将输入控件“窗长度”进行计算后作为“采样数”连接到“数组最大值与最小值（逐点）”VI 输入端。

④ 输出“最大值”显示在“阈值数据”波形图控件中，前面板显示如图 13-5 所示。

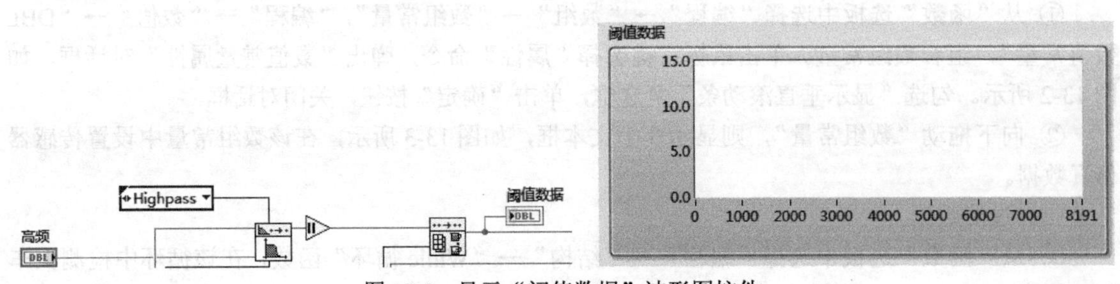

图 13-5 显示“阈值数据”波形图控件

（5）检测数据峰值。

① 仿真数据。

从“函数”选板中选择“编程”→“簇、类与变体”→“捆绑”函数，在输入端连接传感器仿真数据、低频滤波 x，“阈值”输入控件。组合“滤波”“火车数据”“阈值”，显示在“仿真数据（8 列火车）”显示控件中，如图 13-6 所示。

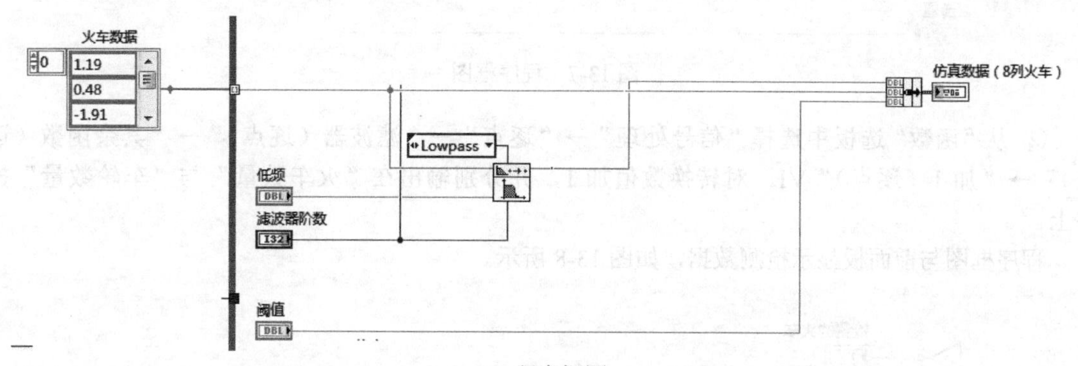

a）程序框图

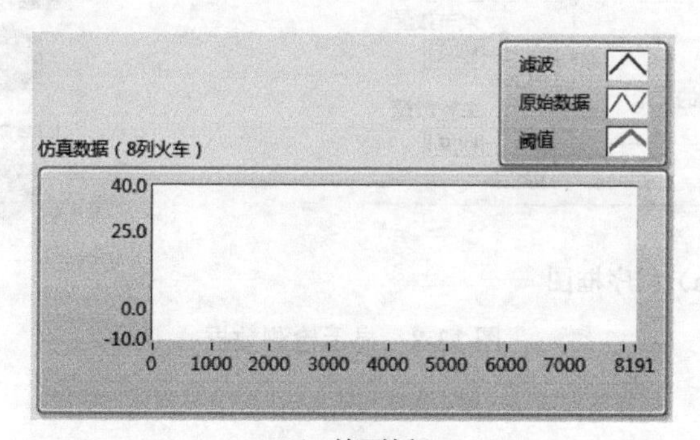

b）前面板

图 13-6　生成仿真数据

② 检测火车。

从“函数”选板中选择“信号处理”→“逐点”→“其它函数（逐点）”→“数组最大值与最小值（逐点）”VI，输入低频滤波 x，设置“采样数”为“表达式节点”输出值。

将计算的“最大值”与输入的“阈值”进行“大于”函数计算，显示是否检测到火车，并将检测到的火车显示在输出控件上。

③ 检测车轮。

从“函数”选板中选择“信号处理”→“逐点”→“滤波器（逐点）”→“数组最大值与最小值（逐点）”VI，输入低频滤波 x，设置“采样数”为“窗长度”输入值。

将计算的“最大值”与输入的“阈值”进行“大于”函数计算，显示是否检测到车轮，并将检测到的车轮显示在输出控件上。

程序框图如图 13-7 所示。

（6）输出检测数据。

① 从“函数”选板中选择“信号处理”→“逐点”→“其余函数（逐点）”→“布尔值转换（逐点）”VI，分别将检测结果从布尔类型转换为数值类型。在“方向”输入端创建常量，设置参数为“true-false”，转换成数值后，真值初始值为 0。

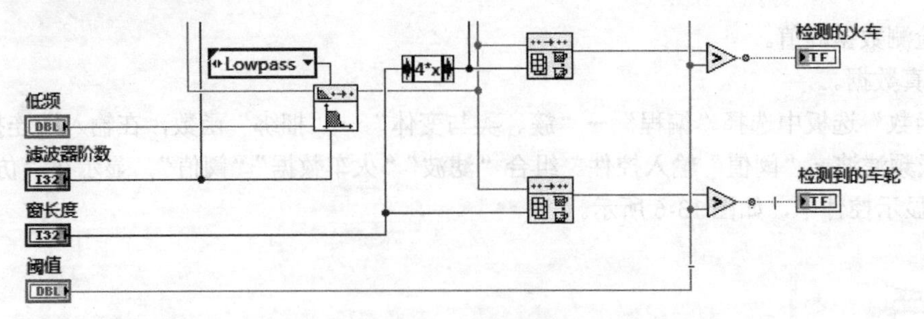

图 13-7　程序框图

② 从“函数”选板中选择“信号处理”→“逐点”→“滤波器（逐点）”→“其余函数（逐点）”→“加 1（逐点）”VI，对转换数值加 1，并分别输出在“火车数量”与“车轮数量”控件上。

程序框图与前面板显示检测数据，如图 13-8 所示。

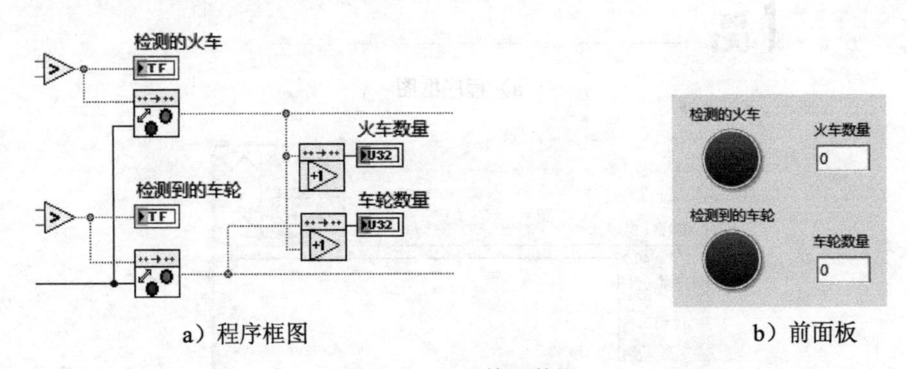

a）程序框图　　b）前面板

图 13-8　显示检测数据

（7）显示车轮故障。

从“函数”选板中选择“编程”→“结构”→“条件结构”，拖动鼠标，创建条件结构。将“车轮数量”布尔转换值连接到“分支选择器”上，根据车轮好坏显示不同的结果。将数组常量“空波形”“阈值数据”“火车数量”的布尔转换值连接到条件结构上。

① 在选择器标签中选择“真”。

从“函数”选板中选择“编程”→“数组”→“创建数组”函数，将数组常量“空波形”与“阈值数据”连接到输入端。输出的数组通过移位寄存器连接到循环结构边框上，获取检测车轮时窗的最大振动值。

② 在选择器标签中选择“假”。

将“火车数量”布尔转换值连接到“分支选择器”上，每检测到一辆火车，进行一轮新数据显示。在“函数”选板上选择“编程”→“结构”→“条件结构”，嵌套条件结构。

- 选择“真”条件。每检测到一辆新火车，显示最大值并重置为零，清除旧数据，在“坏/好的车轮”显示控件上显示新火车车轮情况，如图 13-9 所示。
- 选择“假”条件。若没检测到新火车，则不刷新数据，继续监测数据，如图 13-10 所示。

（8）清除图表缓存数据。

① 创建图表控件“阈值数据”与“仿真数据（8 列火车）”的属性节点“历史数据”，连接到“While 循环”上，根据循环清除这两个图表控件的缓存数据，如图 13-11 所示。

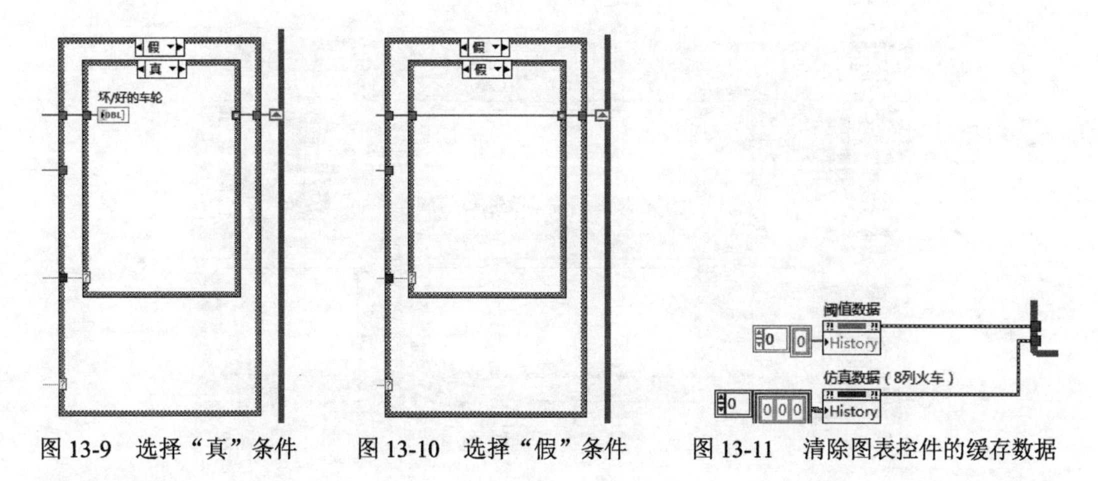

图 13-9　选择“真”条件　　图 13-10　选择“假”条件　　图 13-11　清除图表控件的缓存数据

② 从“函数”选板中选择“编程”→“数组”→“数组大小”函数，连接“火车数据”数组常量，统计该数组的大小，将结果连接到循环结构上。

若数组元素个数与循环次数相等或单击“停止”按钮，则循环结束，完成火车车轮故障检测。

程序框图如图 13-12 所示。

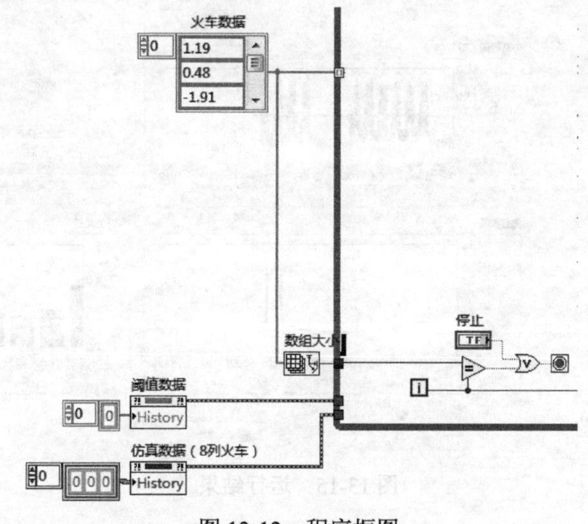

图 13-12　程序框图

（9）火车运行速度设置。

① 设置每 3 次循环，使用等待减速，程序框图如图 13-13 所示。

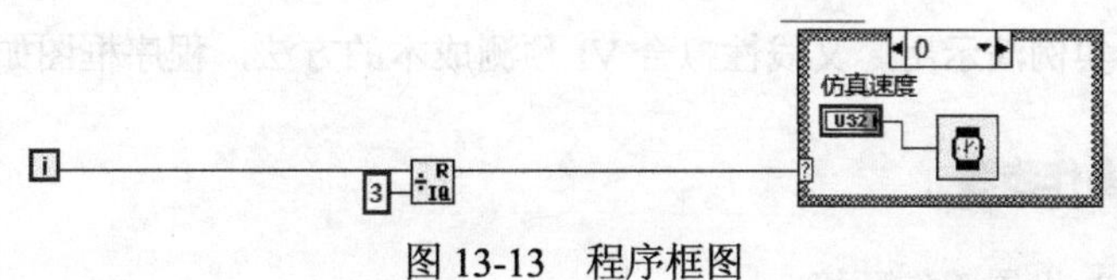

图 13-13　程序框图

② 单击工具栏中的“整理程序框图”按钮，整理程序框图，结果如图 13-1 所示。

③ 选择菜单栏中的“窗口”→“显示前面板”命令，打开前面板，设计结果如图 13-14 所示。

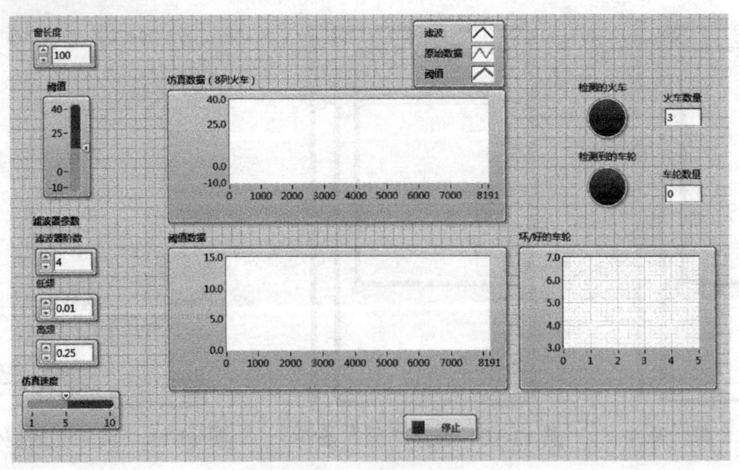

图 13-14　设计结果

（10）运行程序。

在前面板窗口或程序框图窗口的工具栏中单击“运行”按钮，运行 VI，运行结果如图 13-15 所示。

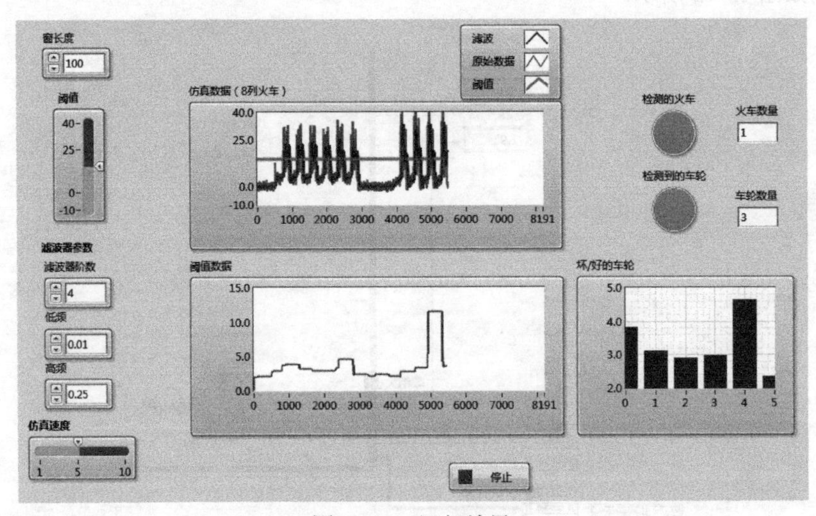

图 13-15　运行结果

13.2　预测成本实例

本实例演示用广义线性拟合 VI 预测成本的方法，程序框图如图 13-16 所示。

扫码看视频

操作步骤

（1）设置工作环境。

① 新建 VI。选择菜单栏中的“文件”→“新建 VI”命令，新建一个 VI，一个空白的 VI 包括前面板及程序框图。

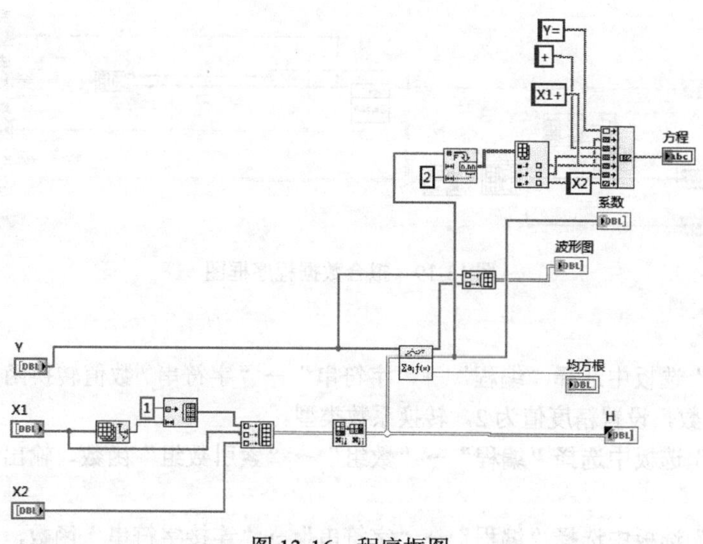

图 13-16 程序框图

② 保存 VI。选择菜单栏中的“文件”→“另存为”命令，输入 VI 名称为“预测成本”。

（2）构造 ***H*** 型矩阵。

① 从“控件”选板中选择“银色”→“数组、矩阵与簇”→“数组（数值）”控件，放置 2 个数组 *X*1、*X*2，如图 13-17 所示。

② 从“函数”选板中选择“编程”→“数组”→“数组大小”函数，计算 *X*1 数组常数量。

③ 从“函数”选板中选择“编程”→“数组”→“初始化数组”函数，将 *X*1 元素设置为 1 维数组中的元素。

④ 从“函数”选板中选择“编程”→“数组”→“创建数组”函数，连接初始化后的数组 *X*1、*X*2，创建新数组。

⑤ 从“函数”选板中选择“编程”→“数组”→“二维数组转置”函数，输出转置新数组 *H*。

程序框图如图 13-18 所示。

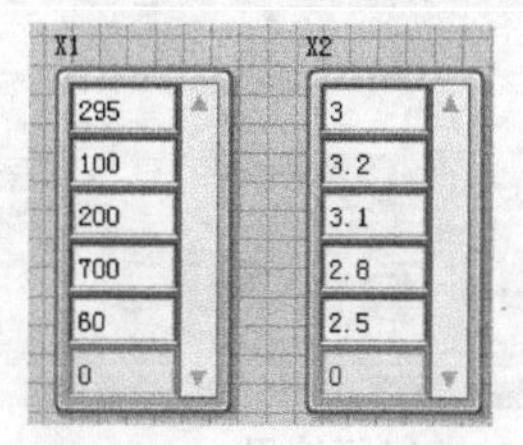

图 13-17 放置 2 个数组

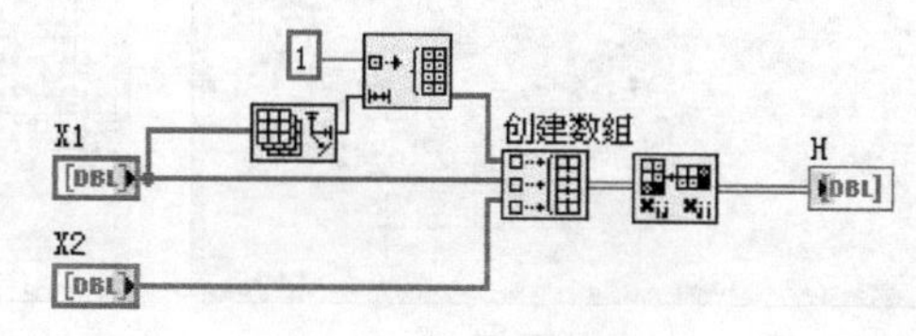

图 13-18 程序框图

（3）拟合数据。

① 从“函数”选板中选择“数学”→“拟合”→“广义线性拟合”函数，在“Y”“H”输入端连接数组，输出拟合数据。

② 在“残差”输出端创建“均方差”数值显示控件。

③ 在“系数”输出端创建“系数”数组显示控件。

④ 将“最佳拟合”输出数据与数组“Y”通过“创建数组”函数，输出显示“波形图”显示控件上。

程序框图设计如图 13-19 所示。

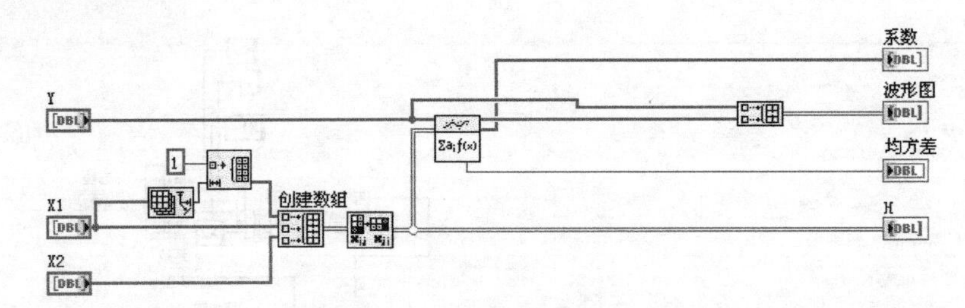

图 13-19　拟合数据程序框图

（4）显示方程。

① 从“函数”选板中选择“编程”→“字符串”→“字符串 / 数值转换函数”→“数值至小数字符串转换”函数，设置精度值为 2，转换系数类型。

② 从“函数”选板中选择“编程”→“数组”→“索引数组”函数，输出转换后的系数中的元素 a、b、c。

③ 从“函数”选板中选择“编程”→“字符串”→“连接字符串”函数，根据索引输出的三个元素创建方程关系 Y=a+b×X1+c×X2，输出到显示控件“方程”，显示结果。

程序框图、前面板如图 13-16 和图 13-20 所示。

（5）运行程序。

在前面板窗口或程序框图窗口的工具栏中单击“运行”按钮，运行 VI，运行结果如图 13-21 所示。

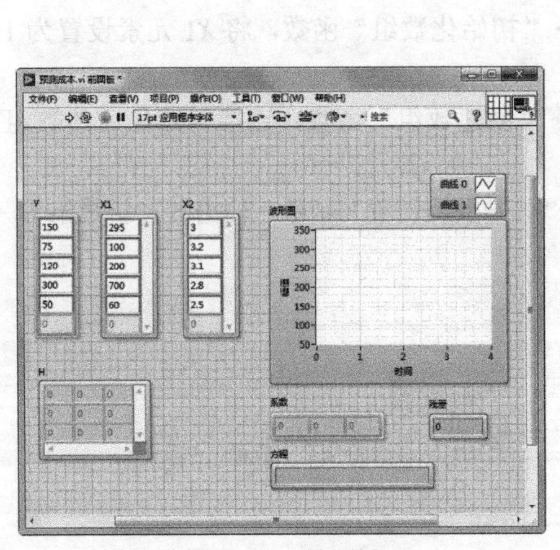
图 13-20　前面板

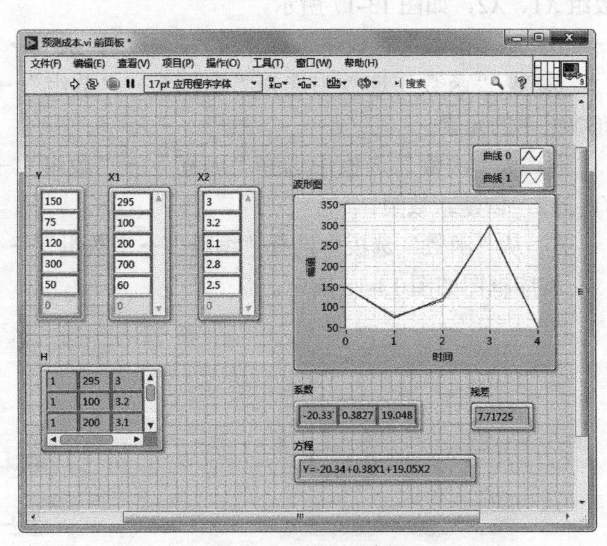

图 13-21　运行结果

13.3　2D 图片旋转显示实例

扫码看视频

本实例演示使用绘制还原像素图 VI 得到 2D 图片的过程，并利用“旋钮”控件控制图片内模型旋转。

绘制完成的前面板如图 13-22 所示，程序框图如图 13-23 所示。

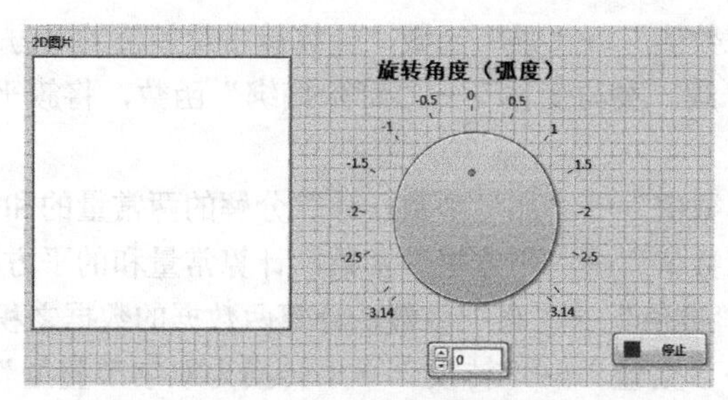

图 13-22　前面板

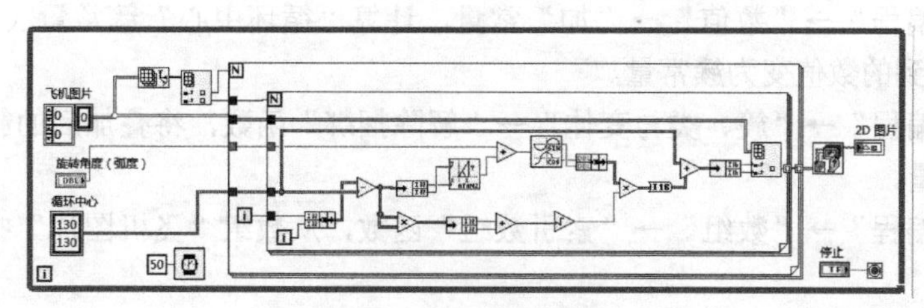

图 13-23　程序框图

操作步骤

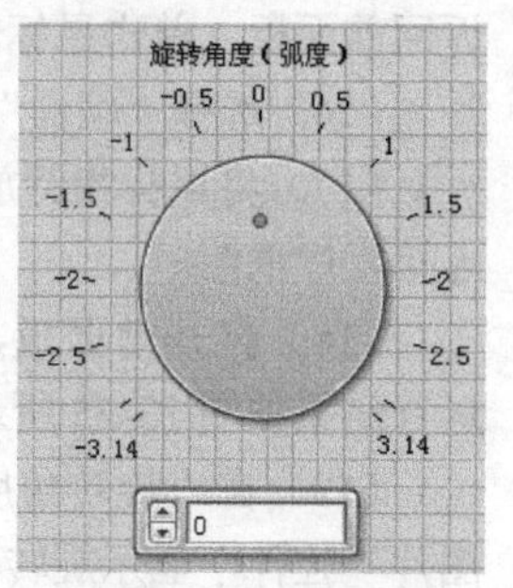

图 13-24　放置控件

（1）新建一个 VI，在前面板中打开“控件”选板，选择“银色”→“数值”→“旋钮（银色）”，同时在控件上单击鼠标右键选择“显示项”→“数字显示”命令，能更精确地显示旋转数值。修改控件名称为“旋转角度（弧度）”，如图 13-24 所示。

（2）打开程序框图，新建一个 While 循环。

（3）选择“编程”→“数组”→“数组大小”“索引数组”函数，并组合连接。在“数组大小”函数输入端创建数组常量。

（4）在新建的数组常量上单击鼠标右键选择命令“添加维度”，“表示法”设置为“V32”，修改名称为“飞机图片”。

（5）在程序框图新建两个嵌套的 For 循环。

（6）选择“编程”→“簇、类与变体”→“捆绑”函数，将两个 For 循环中的“循环计数”组合成簇。

（7）选择“编程”→“数值”→“减”函数，计算组合成的簇数据与新建的“循环中心”簇常量（表示法为 I16）的差值。

（8）选择“编程”→“簇、类与变体”→“解除捆绑”函数，将簇差值常量分解为两个 I32 格式的数值常量，接下来将数据分为并列的两项。

数据 1。

- 选择“数学”→“初等与特殊函数”→“三角函数”→“反正切（2 个输入）”函数，计算数值常量的反正切值。
- 选择“编程”→“数值”→“加”函数，计算反正切结果与“旋转角度（弧度）”值的和。
- 选择“数学”→“初等与特殊函数”→“三角函数”→“正弦与余弦”函数，输入弧度和值并输出正弦与余弦值。
- 选择“编程”→“簇、类与变体”→“捆绑”函数，组合弧度和的正弦与余弦值。

数据 2。

- 选择“编程”→“数值”→“乘”函数，计算簇常量差值的平方。
- 选择“编程”→“簇、类与变体”→“解除捆绑”函数，将簇平方常量分解为两个 I32 格式的数值常量。
- 选择“编程”→“数值”→“加”函数，计算分解的两常量的和。
- 选择“编程”→“数值”→“平方根”函数，计算常量和的平方根。

（9）选择“编程”→“数值”→“乘”函数，计算两数据的数据之积。

（10）选择“编程”→“数值”→“转换”→“转换为双字节整型”函数，将经过解除捆绑、表示法为 I32 的常量转换为整型。

（11）选择“编程”→“数值”→“加”常量，计算“循环中心”簇常量（表示法为 I16）与整型常量之和，得到的数值变为簇常量。

（12）选择“编程”→“簇、类与变体”→“解除捆绑”函数，将叠加后的簇常量分解为两个 I16 格式的数值常量。

（13）选择“编程”→“数组”→“索引数组”函数，从数组“飞机图片”中索引数据，将结果输出到循环结构。

（14）选择“编程”→“图形与声音”→“图片函数”→“绘制还原像素图”函数，将连接至输入端的数据组成的像素图转换为图片，将图片显示在单击鼠标右键创建的显示控件“2D 图片”中。

（15）在 While 循环中“循环条件”上单击鼠标右键创建输入控件“停止”按钮。双击控件，返回前面板，单击鼠标右键选择相应命令将控件替换为“银色”→“布尔”→“停止按钮”控件。

（16）选择“编程”→“定时”→“等待（ms）”函数，放置在 While 循环内并创建输入常量 50。

（17）将鼠标指针放置在函数及控件的输入、输出端口，鼠标指针变为连线状态，按照图 13-3 连接程序框图。

（18）打开前面板，单击“运行”按钮⇨，运行程序，可以在“2D 图片”中显示飞机模型，运行结果如图 13-25 所示。

（19）在“旋转角度（弧度）”控件上旋转旋钮，在数值显示中显示旋转的角度，同时在“2D 图片”控件中显示旋转的模型，如图 13-26 所示。

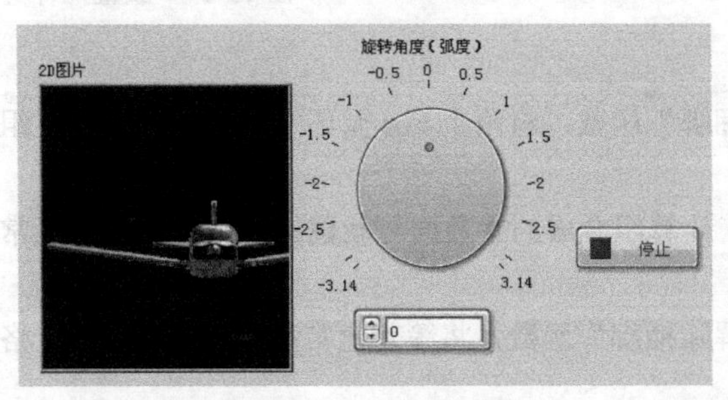

图 13-25　运行结果

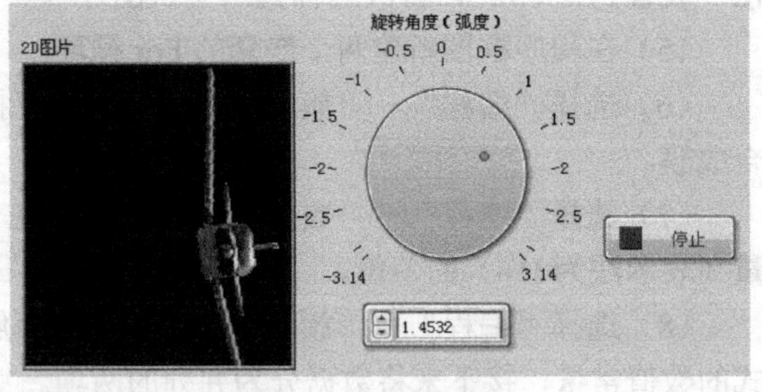

图 13-26　旋转模型

13.4　二进制文件的字节顺序实例

扫码看视频

本实例演示用“读取二进制文件”函数读取不同类型和字节顺序的数据，来源于不同文件（不同格式）的数据将显示在不同的图中。

绘制完成的前面板如图 13-27 所示，程序框图如图 13-28 所示。

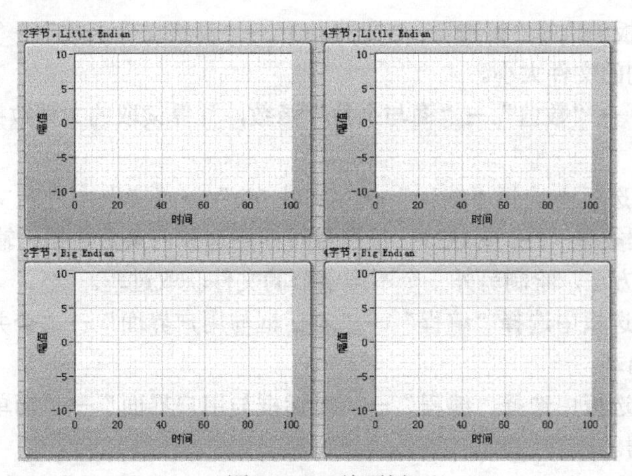

图 13-27　前面板

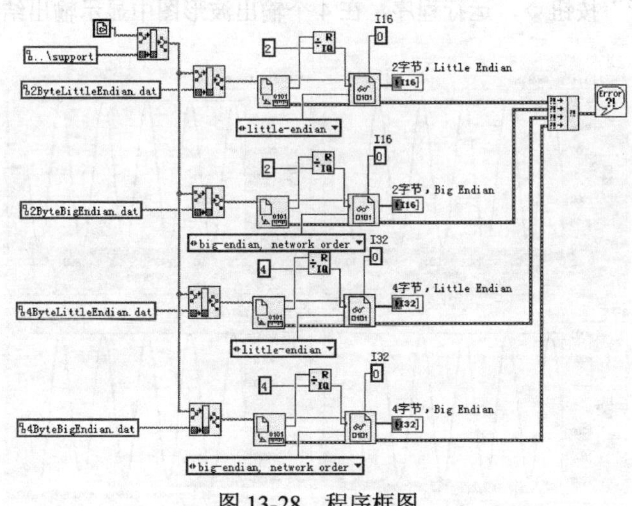

图 13-28　程序框图

操作步骤

（1）新建一个 VI。

（2）在前面板中打开“控件”选板，在“银色”子选板下“图形”选板中选取“波形图”，连续放置 4 个波形图，同时按照图 13-27 修改控件名称。

（3）打开程序框图窗口。

（4）从“函数”选板中选择“编程”→“文件 I/O”→“创建路径”函数，创建“名称或相对路径”常量。

（5）从“函数”选板中选择“编程”→“文件 I/O”→“文件常量”→“当前 VI 路径”函数，放置在“创建路径”函数的“基路径”输入端。

（6）从“函数”选板中选择“编程”→“文件 I/O”→“文件常量”→“路径常量”函数，放置在“创建路径”函数“名称或相对路径”输入端，并添加路径，输入绝对路径，即文件名称。

（7）在“创建路径”函数添加的路径输出端继续连接下一级“创建路径”函数，并在“名称或相对路径”输入端创建路径常量，并添加绝对路径。

（8）从“函数”选板中选择“编程”→“文件 I/O”→“高级文件函数”→“获取文件大小”函数，获取在默认路径中得到的文件大小。

（9）选择“编程”→“数值”→“商与余数”函数，计算读取的文件数据，创建的数值常量表示法为“I64”。

（10）从“函数”选板中选择“编程”→“文件 I/O”→“读取二进制文件”函数，创建字节顺序常量、对应的数据类型（I16 或 I32），读取经过四则运算的余数数据，输出到波形图中。

（11）使用同样的方法，绘制另外三个不同字节的文件获取过程。

（12）从“函数”选板中选择“编程”→“对话框与用户界面”→“合并错误”函数，连接四组二进制文件错误输出端。

（13）从“函数”选板中选择“编程”→“对话框与用户界面”→“简单错误处理器”VI，综合处理合并的错误数据。

（14）将鼠标指针放置在函数及控件的输入、输出端口，鼠标指针变为连线状态，按照图 13-28 连接程序框图。

（15）单击“运行”按钮，运行程序，在 4 个输出波形图中显示输出结果，如图 13-29 所示。

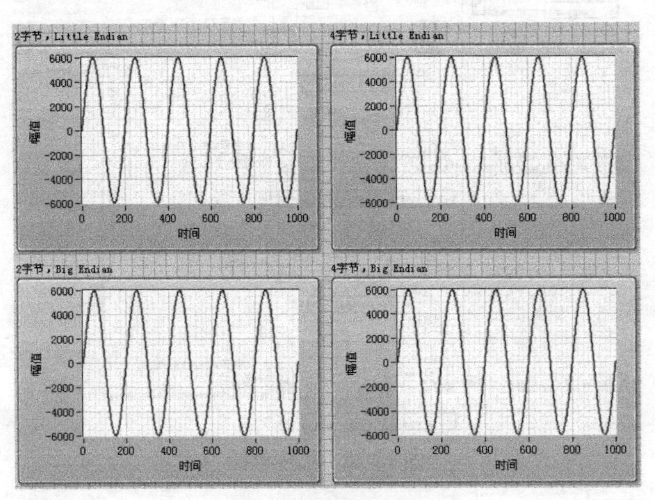

图 13-29　运行结果